Flore médicale des signatures

5-7, rue de l'Ecole-Polytechnique, 75005 Paris

http://www.harmattan.fr
diffusion.harmattan@wanadoo.fr

ISBN : 978-2-343-09472-4
EAN : 9782343094724

Guy DUCOURTHIAL

Flore médicale des signatures

(XVIe – XVIIe siècles)

L'Harmattan

DU MÊME AUTEUR

La pomme, Bibliothèque des symboles. Pardes. 1996.

Flore magique et astrologique de l'Antiquité, Editions Belin. 2003.

Atlas de la Flore magique et astrologique de L'Antiquité, ouvrage numérisé consultable sur le site de la Bibliothèque interuniversitaire de médecine de Paris 5 www.biusante.parisdescartes.fr/ducourthial/debut.htm

Recueil de Recettes pour remèdes et autres Secrets, un manuscrit inédit du XVIIIe siècle. Présentation et Commentaires. Éditions Belin. 2007

La Botanique selon Jean-Jacques Rousseau. Éditions Belin. 2009.

Petite Flore mythologique Éditions Belin. 2014

INTRODUCTION

Depuis la nuit des temps, les hommes n'ont cessé de rechercher les propriétés des plantes pour soigner leurs maladies et guérir leurs plaies. Très tôt, ils ont ainsi constitué une pharmacopée qu'ils n'ont cessé d'enrichir au fil des siècles par tâtonnements successifs et souvent au prix de tests parfois mortels.

Médecins, botanistes ou encore philosophes grecs et latins nous ont laissé des inventaires de plantes médicinales. Mais leurs descriptions sommaires, leur absence de rigueur pour désigner par un nom spécifique, commun à tous, chacune de celles qu'ils ont recensées et leur incapacité à imaginer un système quelque peu élaboré pour les classer, font que les plantes qu'ils ont répertoriées sont souvent difficiles à identifier avec certitude, divisant encore aujourd'hui hellénistes et latinistes.

Parmi les noms qu'ils ont donnés aux plantes, on remarque que quelques-uns évoquent leur couleur, leur morphologie et parfois la ressemblance de certaines de leurs parties avec celles du corps humain ou les diverses manifestations extérieures des maladies. Ces dénominations témoignent de la pertinence de leurs observations, mais celle-ci ne les incita nullement à rechercher les causes de telles analogies.

Ce n'est qu'au XVI ème siècle que l'on envisagea de ne plus considérer ces dernières comme des fruits du hasard et que l'on en vint à supposer qu'elles n'étaient peut-être pas fortuites. C'est sans aucun doute Paracelse qui aborda la question avec le plus de conviction et de détermination. Il affirme en effet à plusieurs reprises dans ses nombreuses publications, qu'elles sont l'œuvre de Dieu qui, dans sa grande compassion pour les hommes, aurait appliqué des signes particuliers sur un certain nombre de plantes pour leur indiquer les vertus curatives dont elles étaient porteuses. Pour accéder à la connaissance de celles-ci ou plutôt des principes actifs qu'elles contiennent et demeurent cachés au commun des mortels, il propose d'avoir recours à une méthode originale qu'il appelle "l'art des signatures" et qui consiste pour l'essentiel à savoir interpréter les différentes analogies observées entre certains des éléments qui constituent une plante et les parties du corps humain ou les manifestations des maladies dont souffre celui-ci. Mais, peu intéressé par l'étude du règne végétal, il se limita à ne donner que quelques exemples pour étayer l'essentiel de ses prescriptions, généralement perçues par la suite comme une "théorie des signatures".

En revanche, ses idées séduisirent un certain nombre de médecins passionnés de botanique, qui s'employèrent à rédiger de véritables Flores composées de nombreuses plantes médicinales dont ils avaient déduit les propriétés à partir des signatures qu'ils avaient cru déceler chez elles.

Malheureusement, leur démarche ne s'inscrivit guère dans l'extraordinaire développement des recherches entreprises à leur époque par les botanistes pour tenter de recenser, décrire et nommer le plus grand nombre possible de plantes, à partir d'observations *in situ*. En effet, leurs inventaires apparaissent purement théoriques, essentiellement fondés sur des références aux principaux auteurs de flores médicales d'époques antérieures, mais surtout de l'Antiquité. Leur lecture laisse aisément percevoir qu'ils n'ont guère herborisé et pas davantage vérifié par l'expérimentation sur leurs patients les vertus qu'ils accordaient aux plantes porteuses de signatures qu'ils avaient tout particulièrement remarquées. Leur contribution à l'élaboration d'une pharmacopée végétale est cependant loin d'être négligeable et n'est pas dépourvue d'intérêt, car elle révèle un aspect encore peu étudié de l'histoire de la botanique.

Attaché à combler cette lacune, nous avons tenté de reconstituer la *Flore médicale des signatures* que ces médecins disciples de Paracelse se sont évertués à élaborer avec beaucoup de constance et de passion. Pour ce faire, nous avons dépouillées les œuvres des plus engagés d'entre eux, généralement rédigées en latin, le plus souvent tombées dans l'oubli, réservant une place de choix à celle de Giambattista della Porta, un érudit napolitain qui leur a consacré le traité le plus complet, jamais publié sur le sujet, sans négliger pour autant de réserver une place aux propos de ceux qui ont contesté avec plus ou moins de vigueur une telle voie de recherche pharmacologique.

Les plantes qu'ils ont sélectionnées étant mentionnées en fonction d'approches différentes d'un auteur à l'autre, nous avons choisi, par souci de clarté, de les présenter en les répartissant en quatre catégories, selon qu'elles sont porteuses de signatures astrologiques, chromatiques, morphologiques ou biologiques.

Le résultat de nos recherches exposé dans cette *Flore médicale des signatures* ne saurait constituer qu'une première approche du sujet.

Une identification plus précise des plantes qui y sont répertoriées serait en effet souhaitable. Car les noms qui leur sont donnés dans les ouvrages que nous avons analysés sont généralement empruntés aux écrivains grecs et latins qui ont servi de référence à leurs auteurs, ce qui nous a parfois conduit à nous limiter à indiquer le Genre botanique auquel elles appartiennent et *a fortiori* à renoncer à en déterminer l'espèce.

Par ailleurs, notre *Flore des signatures* demanderait à être complétée par la prise en compte d'un certain nombre d'ouvrages de moindre importance que ceux que nous avons retenus, mais qui contiennent probablement quelques plantes qui ont échappé à nos investigations.

Notre souhait est que celles-ci suscitent suffisamment l'intérêt des chercheurs pour qu'elles les incitent à les poursuivre.

CHAPITRE 1

Des signes dans la nature aux signes dans le ciel

De tout temps, les hommes ont tenté de porter remède aux maladies et aux blessures dont ils souffraient, aussi bien en mettant en œuvre des pratiques religieuses et magiques qu'en ayant recours aux substances les plus diverses que pouvait leur procurer leur environnement immédiat parmi lesquels les plantes occupent une place de choix, sinon la première.

En effet, la prodigieuse variété des espèces végétales, la grande diversité de leurs formes et de leurs tailles, les différents aspects de leurs racines, les multiples nuances des couleurs de leurs fleurs, de leurs fruits, de leurs feuilles ou de leurs tiges, n'ont jamais manqué de susciter leur intérêt. Mais, confrontés à une telle richesse du monde végétal, ils éprouvèrent très tôt les plus grandes difficultés à sélectionner les seules plantes qui pouvaient leur être d'une quelconque utilité thérapeutique.

On peut aisément imaginer qu'ils en vinrent progressivement et par tâtonnements successifs, à distinguer celles qui possédaient quelque propriété curative de celles qui n'en détenaient aucune, mais aussi de celles qui étaient dangereuses, car toxiques, voire mortelles.

Une telle sélection nécessita certainement de nombreux essais plus ou moins heureux, car certaines expériences furent sans nul doute fatales aux malheureux qui avaient été tentés d'ingurgiter des végétaux dont l'aspect extérieur ou la rareté avaient attiré leur attention.

Dans un court passage de son *Histoire Naturelle* où il évoque les découvertes des vertus des premiers végétaux utilisés pour soigner les humains, Pline l'Ancien** n'hésite pas à écrire qu'elles furent tout simplement fortuites, à l'exception de quelques cas où les récits mythiques les attribuent à une révélation des dieux :

> " Il n'existe pas de méthode sûre pour découvrir (les plantes médicinales), car même les plantes connues doivent leur découverte, les unes au hasard (*casus*), les autres pour dire vrai, à une divinité (*deus*)." (*H.N.* XXV, 16).

Les révélations des divinités

Certaines divinités bienveillantes, voire quelques héros légendaires passaient alors en effet pour avoir révélé à des mortels privilégiés et dans des circonstances exceptionnelles, les vertus de différentes plantes qu'elles avaient elles-même découvertes.

En souvenir, les Anciens leur donnèrent d'ailleurs un nom qui pouvait aisément les évoquer. Ils leur témoignaient ainsi leur reconnaissance, mais peut-être était-ce également pour eux une façon à peine voilée de les solliciter à l'occasion, pour qu'elles accordent à la plante ainsi nommée toutes les vertus et l'efficacité que l'on attendait d'elle.

C'est ainsi, par exemple, qu'ils avaient appelé une plante ***artemisia****, en souvenir de la déesse Artémis, une autre ***achillea****, en mémoire d'Achille, une autre ***paeonia**** en l'honneur Paeon, le médecin des dieux au cours de la guerre de Troie, une autre encore ***melampodium**** en hommage à Mélampus personnage mythique, originaire de Thessalie, à la fois devin et médecin, réputé pour sa connaissance des herbes magiques et médicinales et pour avoir guéri de leur folie les filles de Proétos.

Le plus souvent les dieux passaient pour avoir utilisé les songes quand ils avaient décidé d'informer un heureux mortel des vertus de certaines plantes. En voici un exemple parmi de nombreux autres rapporté par Pline qui concerne le ***cynorhodon****:

> "Jusqu'à ces dernières années, la morsure du chien enragé, qui provoque la crainte de l'eau et l'aversion pour toute boisson était incurable. Récemment, la mère d'un homme servant dans les prétoriens reçut en songe l'avis d'envoyer à son fils, pour qu'il la prit en boisson, la racine du rosier sauvage appelé *cynorhodon*, dont la vue l'avait agréablement frappée la veille dans un buisson. Ceci se passait en Lacétanie, province d'Espagne la plus proche, et le hasard fit que ce soldat, mordu par un chien, commençait à éprouver de l'horreur pour l'eau lorsqu'il reçut la lettre où sa mère le priait de suivre l'avertissement divin ; il fut sauvé contre toute espérance, ainsi que tous ceux qui depuis ont eu recours à ce même remède." (*H.N.* XXV, 17)

Mais le texte le plus célèbre relatif aux révélations des propriétés d'une plante est sans conteste, un passage de l'*Odyssée*, où Ulysse raconte comment le dieu Hermès lui est apparu pour lui remettre une plante exceptionnelle, le ***moly*** (ou *molu**), grâce à laquelle il put faire recouvrer une forme humaine à ses compagnons et les délivrer de la magicienne Circé qui les avait séquestrés après les avoir transformés en porcs :

> "Tu viens les délivrer ?, dit le dieu à Ulysse, ... Tu n'en reviendras pas, crois-moi ; tu resteras à partager leur sort... Mais je veux te tirer du péril, te sauver. Tiens ! C'est "l'herbe de vie" ! Avec elle, tu peux entrer en ce manoir, car sa vertu t'évitera le mauvais jour. Et je vais t'expliquer les desseins de Circé et tous ses maléfices. Ayant fait son mélange, elle aura beau jeter sa drogue (*pharmaka*) dans ta coupe, le charme en tombera devant l'herbe de vie (*pharmakon esthlon*) que je vais te donner. Mais, suis bien mes conseils : aussitôt que, du bout de sa longue baguette, Circé t'aura frappé, toi, du long de ta cuisse, tire ton glaive à pointe et, lui sautant dessus, fais mine de l'occire !... Tremblante, elle voudra te mener à son lit ; ce n'est pas le

moment de refuser sa couche ! Songe qu'elle est déesse, que, seule, elle a pouvoir de délivrer tes gens et de te reconduire ! Mais fais-la te prêter le grand serment des dieux qu'elle n'a contre toi aucun autre dessein pour ton mal et ta perte. Ayant ainsi parlé, le dieu aux rayons clairs tirait (*eruein*) du sol une herbe (*pharmakon*), qu'avant de me donner, il m'apprit à connaître : la racine en est noire et la fleur blanc de lait ; *môlu* disent les dieux ; ce n'est pas sans effort que les mortels l'arrachent (*olussein*), mais les dieux peuvent tout.... Puis Hermès, regagnant les sommets de l'Olympe, disparut dans le bois." (*Odyssée*. X, 284-308)

Cette mystérieuse "herbe de vie" a fait l'objet de nombreux commentaires et suscité de non moins abondantes tentatives d'identification, mais aucune ne nous semble vraiment convaincante (1).

On rappellera aussi que de nombreuses plantes étaient censées avoir pour origine la métamorphose d'un personnage illustre : Myrrha, la mère d'Adonis, par exemple transformée en arbre à myrrhe, la nymphe Daphné en laurier, Cyparissos en cyprès, Carya en noyer, Dryope en peuplier, Myricé en tamaris, Phyllis en amandier, Hyacinthos, aimé d'Apollon, en une fleur qui porte son nom. Évoquées par de nombreux auteurs, notamment par Ovide dans ses *Métamorphoses*, ces plantes occupent une place importante dans la Flore mythologique gréco-romaine.

Les enseignements de la Nature

Les plantes dont les propriétés avaient été dévoilées aux hommes par des divinités compatissantes étaient peu nombreuses et n'étaient évidemment pas susceptibles de traiter toutes les affections dont le genre humain était atteint.

Aussi, faute d'attendre de nouvelles et incertaines interventions divines, il était nécessaire, comme l'écrit Pline, de s'en remettre au hasard, c'est-à-dire, selon lui, à l'observation minutieuse de la nature pour découvrir "les plantes qui soignent". Car la Nature n'est autre qu'une divinité bienfaisante et généreuse envers l'humanité, une éducatrice qui ne cesse de dispenser ses leçons aux hommes qui savent lui prêter attention :

"C'est le hasard, oui le hasard, le dieu qui est le grand inventeur dans notre vie ; hasard, nom sous lequel il faut entendre également la nature, qui est à la fois la mère de toutes choses et notre éducatrice." (*HN*, XXVII, 8)

Dans différents passages de son *Histoire Naturelle*, Pline exprime une telle conception de la Nature et ne manque pas de faire partager son émerveillement devant la beauté et la variété des espèces qui la peuplent. Selon lui, en se laissant guider par elle, les hommes peuvent parvenir à découvrir les secrets qu'elle cache et notamment les propriétés médicinales des végétaux. Car, il y a une finalité cachée dans la nature et rien n'y est laissé au hasard. (2)

"(La nature) a placé aussi des remèdes dans les plantes haïes puisqu'elle a doté de propriétés médicinales même les plantes épineuses...; et là-même nous ne pouvons assez admirer et comprendre la prévoyance de la nature. Elle nous avait donné, comme nous l'avons dit, des plantes douces au toucher et agréable à manger ; dans les fleurs, elle avait orné de couleurs les remèdes et elle avait aussi attiré notre attention par le seul spectacle en mêlant l'utile à l'agréable. Elle a imaginé des plantes à l'aspect hirsute, dangereuses à toucher ; et il me semble presque entendre la voix de la nature elle-même qui les crée et nous explique ses motifs : c'est pour empêcher qu'un quadrupède avide ne les broute, que des mains effrontées ne les arrachent, qu'un pied inattentif ne les foule, qu'un oiseau s'y perchant ne les brise ; en les protégeant de ses aiguillons et en leur donnant ces armes, elle a voulu défendre et sauver les remèdes que portent ces plantes. Ainsi même ce que nous haïssons en elles a été imaginé dans l'intérêt de l'homme." (*HN*, XXII, 15-17)

Pline évoque encore cette prévenance de la nature pour les hommes dans d'autres passages, comme celui-ci consacré aux ronces (***rubus****):

"La nature n'a pas non plus créé les ronces uniquement pour être malfaisantes, et c'est pourquoi elle leur a aussi donné les mûres, c'est-à-dire un aliment pour les hommes." (*H.N.* XXIV, 117)

Il n'hésite pas à affirmer ailleurs que la sollicitude de la nature pour les hommes va jusqu'à leur livrer des remèdes simples, en quelque sorte "prêts à l'emploi" et dont l'efficacité est supérieure à celle des médicaments composés de diverses substances, qui, juge-t-il, n'ont été inventés que par cupidité, dans un but purement spéculatif :

"En vérité, les œuvres de la nature naissent, achevées et parfaites, ne réunissant que peu d'éléments pour une raison déterminée, et non par conjecture, quand par exemple des substances sèches sont mélangées à un liquide pour les rendre coulantes, ou bien des substances liquides à un corps solide pour le rendre consistant. Mais quand l'homme rassemble et combine au scrupule près les propriétés des ingrédients, il fait œuvre non de conjecture, mais d'impudence." (*HN*, XXII, 117-118)

Une vision personnelle de la Nature et un jugement sans concession sur l'inutilité des remèdes composés qu'il expose dans un autre passage :

"Les forêts même, et la nature dans son aspect sauvage ne sont pas dépourvus de remèdes : cette sainte mère de toutes choses en a disposé partout pour l'homme, au point que le désert même est source de remèdes… La nature ne nous avait destiné que des remèdes partout tout préparés, faciles à trouver et sans aucune dépense, tirés des substances qui nous font vivre. Plus tard, la fraude humaine et des inventions lucratives ont produit ces officines où l'on promet à chacun de la vie pour de l'argent." (*HN*, XXIV, 1 – 4).

Mettant à profit l'importante documentation qu'il avait pu réunir, il avance alors l'idée, mais sans y consacrer de trop longs développements, que la Nature aurait répandu dans le monde un certain nombre de signes qui devraient permettre à celui qui saurait les repérer et les interpréter, de sélectionner entre toutes, les plantes d'une flore locale, celles qui posséderaient des vertus curatives. Ce don gratuit de la Nature bienfaisante envers les hommes se présenterait en quelque sorte comme un guide caché, permettant à qui sait le déchiffrer, d'éviter les aléas d'une recherche en aveugle et de faciliter efficacement ses investigations.

De tels signes peuvent être notamment recherchés en prêtant une attention particulière aux comportements de certains animaux vis à vis de la flore qui les entoure, mais surtout par l'observation de la morphologie et de la couleur de nombreuses plantes. seIls sont en effet de nature à conduire, si l'on sait correctement les déchiffrer, à la découverte des propriétés curatives de différents végétaux.

Mais il serait sans aucun doute excessif de voir une préfiguration de la "*Théorie des signatures*" dans les passages de son *Histoire naturelle* où Pline aborde ce thème des "signes indicateurs", mais certains de ses propos seront repris et développés ultérieurement par ceux qui en seront les plus fervents défenseurs.

Les signes donnés par les animaux

Pline avance à plusieurs reprises, en se référant à des exemples précis où se mêlent des compte-rendus d'observations sur le terrain à des croyances populaires, que le comportement de certains animaux peut être interprété comme un signe par lequel la Nature facilite la découverte des propriétés thérapeutiques de différentes plantes. En effet :

> "Certaines plantes naissent pour servir de remèdes aux animaux, car la divinité prodigue les secours, et on ne peut assez admirer son génie à les répartir suivant les espèces, les causes et les époques ; de la sorte que chaque heure a son remède approprié et il n'est, pour ainsi dire point de jour sans sauvegarde." (*H.N.* XXII, 30)

et dans un autre passage, il rappelle que :

> "Les Anciens nous ont transmis des remèdes employés par les bêtes, en nous faisant connaître comment des animaux empoisonnés se guérissaient d'eux-mêmes." (*H.N.*XXVII, 6)

A l'appui de ces affirmations, Pline donne plusieurs exemples où l'observation du comportement des animaux a révélé aux hommes les propriétés de certaines plantes :

> " Bien des animaux ont fait des découvertes qui devaient servir à l'homme aussi. Le cerf qui, en mangeant de l'herbe dictamne (*dictamnus**), fait tomber le trait qui l'a frappé, lui a montré l'usage de cette plante pour extraire les flèches ; le cerf encore piqué par l'espèce d'araignée que l'on appelle phalange, ou par quelque bête semblable, se guérit en mangeant des écrevisses. Il y a aussi une herbe souveraine contre les morsures de serpents, avec laquelle les lézards blessés se réconfortent dans les combats qu'ils leur livrent. L'hirondelle nous a montré le pouvoir salutaire pour la vue de la chélidoine (*chelidonia**), en traitant avec cette plante l'inflammation des yeux de ses petits. La tortue refait ses forces contre les serpents en mangeant la cunile (*cunila**), ou herbe aux bœufs ; la belette avec de la rue (*ruta**), dans les combats qu'elle livre dans sa chasse aux rats ; la cigogne se guérit des maladies avec de l'origan (*origanum**), le sanglier, avec du lierre, et en mangeant des écrevisses, surtout celles que la mer rejette. Le serpent, qui se couvre d'une membrane dans l'engourdissement de l'hiver, se débarrasse de la peau qui le gêne grâce au jus du fenouil (*foeniculum**), et reparaît, au printemps, brillant de jeunesse. Il s'en dépouille en commençant par la tête, opération qui ne dure pas moins d'un jour et une nuit, et la retourne de façon que l'endroit se trouve à l'envers.

Le même animal, dont la vue s'est obscurcie dans sa retraite d'hiver, se frotte contre la plante marathon (*maratho**), et s'en frictionne les yeux pour leur rendre leur vigueur ; si ses écailles demeurent engourdies, il se gratte contre les épines de genévrier (*juniperus**). Le dragon se purge au printemps de sa nausée avec le suc de la_laitue sauvage (*lactuca**). Les barbares chassent la panthère avec des morceaux de viande frottés d'aconit (c'est un poison). Elle est aussitôt prise d'étouffement, aussi appelle-t-on parfois cette planté énéneuse *pardalianchès* (*i e* "étouffeuse de panthère"). Mais l'animal s'en guérit avec les excréments de l'homme, dont il est d'ailleurs tellement avide que les bergers font exprès d'en mettre dans un vase qu'ils suspendent hors de la portée de ses bonds : l'animal s'épuise à sauter y atteindre, et finit par expirer. Autrement la panthère a la vie si dure qu'éventrée et les intestins sortis, elle combat longtemps encore. L'éléphant a-t-il dévoré un caméléon, dont la couleur se confond avec le feuillage – c'est un poison pour lui -, il recourt à l'olivier sauvage (*oleaster**). Les ours, quand ils ont goûté du fruit nocif de la mandragore (*mandragora**), lèchent les fourmilières. Le cerf par le *cinare** se défend contre les plantes vénéneuses de ses pâtis. Les ramiers, les choucas, les merles, les perdrix se purgent chaque année avec les feuilles du laurier (*laurus**), les colombes, les tourterelles, les poules, avec l'herbe appelée *helxine**, les canards, les oies, et les autres oiseaux aquatiques, avec la *sidéris**, les grues et les oiseaux semblables, avec le jonc de marais. Le corbeau, quand il a tué un caméléon, qui est nuisible à son vainqueur même, éteint avec du laurier le pouvoir du venin." (*H.N.* VIII, 97-101)

On peut ajouter à ce long passage d'autres exemples cités par Pline, comme celui qui porte sur l'utilisation de l'**aconit** par les scorpions, probablement inspiré de Théophraste (*HP,* IX, 18, 2)

"Les scorpions deviennent paralysés au seul contact de l'aconit (*aconitum**), ils demeurent sans mouvement et sans couleur, avouant ainsi leur défaite. Ils trouvent un secours dans l'hellébore blanc (*helleborus albus**), dont le toucher dissipe leur torpeur, et l'aconit cède alors à deux ennemis, au sien propre et à celui de tous. Après cela, celui qui croirait qu'aucune découverte de ce genre ait pu être faite par l'homme, se montrerait ingrat envers les présents des dieux. " (*HN*, *XXVII*, 6) (3)

ou encore celui qu'il consacre au suc de fenouil (***feniculum****) utilisé par les serpents pour s'éclaircir la vue :

"Le fenouil a été rendu célèbre par les serpents qui, comme nous l'avons dit en mangent quand ils se dépouillent de leur vieille peau et s'éclaircissent la vue avec leur suc ; on comprit par là que pour l'homme aussi c'était un excellent remède pour éclaircir la vue." (*H.N.* XX, 254)

et celui où il revient sur la question de l'utilisation de la chélidoine par les hirondelles pour soigner les blessures touchant les yeux de leurs petits :

"Des animaux ont aussi découvert des plantes, et d'abord la chélidoine. C'est avec elle que les hirondelles <soignent> les yeux de leurs petits au nid et leur rendent la vue, même quand les yeux ont été arrachés. Il y en a deux espèces.... Ces plantes fleurissent à l'arrivée des hirondelles et se fanent à leur départ. On exprime le suc quand elles sont en fleur et on le fait cuire doucement dans un vase de cuivre, avec du miel attique, sur la cendre chaude. C'est un remède unique contre les taies oculaires." (*HN*, XXV, 90)

Pline reste cependant prudent sur la validité des signes donnés par les comportements des animaux et il laisse entendre qu'on ne saurait se limiter à rechercher les propriétés médicinales des plantes en se contentant de les observer. D'ailleurs certains passaient pour être des cachottiers. Il n'omet pas de signaler en effet que selon une opinion alors assez répandue, on croyait que certains animaux, le chien par exemple, tenaient à garder le secret des plantes dont ils faisaient usage :

> " Les chiens aussi trouvent une plante avec laquelle ils guérissent le manque d'appétit ; ils la mangent sous nos yeux, mais de façon qu'on ne puisse jamais l'identifier, car on ne la voit qu'une fois mâchée. On a noté une plus grande malice de cet animal concernant une autre plante. En effet, frappé par un serpent, il se guérit, dit-on, avec une herbe, mais il ne la cueille pas quand un homme la regarde." (*H.N.* XXV, 91)

Et Pline se demande par ailleurs si les animaux sont capables de garder en mémoire leurs propres découvertes. Le cas de la panthère l'amène même à se poser la question de savoir quelles sont les parts respectives de l'inné et de l'acquis dans leur comportement :

> "On frotte avec de l'aconit (*aconitum**) des morceaux de viande, et l'on tue de cette façon les panthères qui en goûtent, et qui, sans cela, pulluleraient dans ces régions...Mais il est prouvé que les panthères, en ce cas, échappent à la mort en mangeant aussitôt des excréments humains. Qui peut douter que la découverte de ce remède ne soit due au seul hasard, et que, toutes les fois qu'il est pratiqué, aujourd'hui encore, il ne se présenta aux panthères comme une nouveauté, puisque les animaux sauvages n'ont ni raisonnement ni moyens de transmettre leur expérience....les animaux sauvages renouvellent-ils chaque jour leurs découvertes ou la connaissent-ils de tout temps ? " (*HN*, XXVII, 7- 8)

avant de déplorer l'ignorance des hommes :

> "N'est-ce pas un sujet de honte pour nous, que tous les animaux, sauf l'homme, sachent ce qui leur est salutaire ?" (*H.N.* XXVII, 8)

L'observation des mœurs des animaux, si elle était riche d'enseignement, paraissait donc insuffisante et elle pouvait être trompeuse. Aussi, les Anciens avaient-ils recherché d'autres méthodes d'investigation pour percer les secrets de la nature et avoir accès à la connaissance des vertus curatives des végétaux.

L'examen attentif d'un certain nombre d'entre eux les conduisit à remarquer que la forme et la couleur de leur racine, leur tige, leur feuille, leur fleur, leur fruit ou encore leur graine, voire leur suc, pouvaient évoquer la morphologie et la physiologie de certaines parties du corps humain (4), mais aussi les manifestations les plus courantes des maladies susceptibles de les affecter.

Ils en déduirent que ces ressemblances n'étaient pas fortuites mais devaient être interprétées comme des "signes" utilisés par les plantes pour indiquer quelles possédaient des propriétés curatives susceptibles de les soigner.

Mais si quelques-uns de ces "signes" étaient souvent assez évidents à percevoir, d'autres étaient plus difficiles à repérer, voire purement imaginaires (5). On peut schématiquement les classer selon qu'ils se rapportent à la morphologie ou à la couleur des plantes.

L’attention prêtée à la morphologie de certains végétaux

Un compte-rendu assez représentatif des déductions auxquelles pouvait conduire l’observation des ressemblances morphologiques entre plantes et corps humain nous est proposé par une notice de l’*Histoire naturelle* de Pline consacrée au ***lithospermon****, appelé vulgairement grémil ou "herbe aux perles". Après l’avoir sommairement décrit et précisé son mode d’emploi, Pline n’hésite pas à affirmer que l’on doit interpréter la forme et la consistance de ses fruits comme un signe grâce auquel la plante indique quelles sont ses vertus thérapeutiques :

> "Parmi toutes les plantes aucune n’est plus admirable que le *lithospermon*, qu’on appelle aussi *exonychon* ou *Dios pyron* ou *Héracléous*. C’est une plante haute de cinq pouces environ avec des feuilles environ deux fois plus grandes que celles de la rue, de petites branches ligneuses de la grosseur du jonc. Elle porte près des feuilles des sortes de petites barbes isolées, et au sommet de ces barbes, de petites pierres blanches et rondes comme des perles, grosses comme un poids chiche, et dures comme de la pierre. A l’endroit où ces pierres sont attachées aux pédicules, elles ont comme de petits trous, et dans ces trous, la graine. Le *lithospermon* croît aussi en Italie, mais le plus estimé pousse en Crète, et parmi les plantes, il n’en est aucune qui m’ait davantage étonné : telle est la beauté de ces perles dont la blancheur se détache parmi les feuilles ; on dirait qu’un orfèvre les a disposées alternativement tant il y a de recherche et de difficulté à faire naître ainsi une pierre d’une plante…Il est reconnu que ces petites pierres prises à la dose d’une drachme dans du vin brisent et chassent les calculs, et dissipent la difficulté d’uriner. Aucune herbe n’indique avec plus de certitude à quel remède elle est destinée ; son aspect est tel en effet que, même sans autre garant, on peut la reconnaître d’un premier coup d’œil." (*HN*, XXVII, 98)

Le cas du *lithospermon** n’est pas isolé. Les auteurs grecs et latins de textes botaniques signalent bien d’autres plantes dont l’aspect ou seulement celui d’un de leurs éléments pouvaient évoquer une partie du corps humain, une maladie courante ou encore la cause de son apparition.

On se limitera à en présenter ci-dessous quelques-unes qui passaient pour traiter avec succès les affections oculaires, les problèmes capillaires, les lithiases urinaires, les morsures de serpent, le sectionnement des nerfs, les fièvres ou encore différentes questions portant sur les rapports sexuels et la procréation.

Les affections oculaires

Parmi les quelques plantes, assez peu nombreuses il est vrai, qui peuvent évoquer un œil, le grand ***aizoum****, est l’une de celles qui avait tout particulièrement attiré l’attention des Anciens, si bien même que les Grecs l’avaient également appelé ***buphthalmos**** (*i e* "œil de vache") ou ***zoophthalmos**** (*i e* "œil d’animal") et les Italiens, plus simplement *oculus*, l’œil.

Le médecin grec Dioscoride note

> "que ses feuilles sont luisantes, de la grandeur du pouce, en forme de languette à la pointe. Les feuilles du bas sont couchées, celles du sommet relevées les unes contre les autres, dessinant un œil circulaire." (*M M*, IV, 88)

Pline écrit à peu près la même chose :

> "Les feuilles, à leur pointe, ont la forme d'une langue ; elles sont charnues, grasses, pleines de suc, de la largeur du pouce, les unes courbées vers la terre, les autres dressées, de sorte que le cercle qu'elles forment a l'aspect d'un œil." (*H.N.* XXV, 160).

Après avoir précisé qu'il existe un grand et un petit ***aizoun****, et que d'autres plantes leur ressemblent, comme, par exemple l'***andrachle****, il ajoute un peu plus loin :

> "Toutes ces plantes ont les mêmes propriétés : elles sont rafraîchissantes et astringentes. Les feuilles en application ou le suc en onction guérissent les fluxions oculaires ; ce suc en effet nettoie les ulcères des yeux, les remplit et les cicatrises ; il décolle les paupières "(*H.N.* XXV, 163).

Les Anciens avaient également remarqué chez une autre plante, le ***cotyledon**** (du grec *kotyledôn* "creux d'une coupe"), une espèce du genre *Saxifraga* L. difficile à déterminer avec précision, que la disposition des feuilles en rosette dense entourant un centre creux pouvait être comparé à un œil. Pline (*HN*, XXV, 159) et Dioscoride (*MM*, IV, 92) ne manquent pas de signaler que son suc est efficace pour soigner les affections oculaires. Voici ce qu'en dit ce dernier :

> "Il existe encore une autre espèce de *cotyledon*, à feuilles larges et brillantes, comme des languettes, serrées autour de la racine, dessinant tout autour une sorte d'œil au centre, comme le grand *aizoum*, d'un goût amer… Il a les mêmes propriétés que l'*aizoum*. (*M.M.* IV, 92)

Les problèmes capillaires

Parmi les plantes auxquelles on attribuait la propriété de traiter l'alopécie, voire de provoquer la pousse d'une belle et abondante chevelure, quelques-unes devaient leur réputation à la ressemblance de certaines de leurs parties avec les cheveux. La plus renommée d'entre elles était sans doute l'***adianton**** (ou *adiantum* pour les Romains), un mot qui désigne toutefois différentes plantes. C'est évidemment parce que l'*adianton* avait attiré l'attention des Anciens par la finesse mais aussi par la couleur noire de ses nombreux pétioles susceptibles d'évoquer une abondante chevelure brune, qu'ils lui avaient tout naturellement attribué la propriété de traiter les problèmes capillaires.

Théophraste, Pline ainsi que Dioscoride vantent ses qualités, mais de nombreux ouvrages médicaux y font également référence. Théophraste, par exemple, écrit :

> "Il en existe deux espèces, le blanc appelé aussi *trichomanes* (ce qui signifie "à la chevelure folle") et le noir, tous deux utiles broyés dans l'huile, pour la chute des cheveux." (*H.P.* VII, 14,1)

ce que complète Pline par plusieurs remarques :

> "Quelques-uns l'appellent *callitrichon* (*i e* "aux beaux cheveux") d'autres *polytrichon** (*i e* "à l'abondante chevelure"), deux noms dus à ses propriétés : il noircit en effet les cheveux ; pour cela, on le fait cuire dans du vin avec de la graine d'ache, et on ajoute de l'huile en abondance si l'on veut qu'il rende la chevelure crépue et épaisse ; il empêche la chute des cheveux." (*HN*, XXII, 62-63)

Et il précise dans un autre passage comment distinguer le ***polythryx**** (ou *polytrichon*) du ***callithrix**** (ou *callitrichon*):

> "Le *polythryx* diffère du *callithrix* par ses crosses blanches, ses feuilles plus nombreuses et plus grandes ; la tige est aussi plus grande. Il fortifie les cheveux et les épaissit." (*H.N.* XXV, 132)

Les lithiases urinaires

Nous avons signalé plus haut que le ***lithospermon****, "l'herbe aux perles", avait la réputation de détruire les calculs et que la plante signalait une telle propriété par ses fruits blancs et brillants qui pouvaient évoquer les calculs urinaires.

Mais d'autres plantes étaient censées posséder des vertus analogues parce qu'elles présentaient aussi certaines caractéristiques susceptibles de suggérer la forme ou l'emplacement de calculs. Ainsi, le fruit de l'***halicacabon**** (*Physalis alkekengi* L.) ne pouvait manquer d'éveiller l'attention : il se présente en effet comme une petite boule écarlate enfermée à maturité dans une sorte de vessie ovale rouge orangé qui n'est autre que le calice fructifère de ses fleurs. Pour voir dans une telle configuration le signe que la plante possédait la propriété de soigner les calculs vésicaux, il n'y avait pas à se livrer à de trop grands efforts de réflexion ! Pline en rend rapidement compte :

> "[La plante] dont les baies écarlates, qui renferment des graines, sont contenues dans des vésicules, se nomme *halicacabon* ou *callion,* et chez nous *vesicaria*, parce qu'elle est bonne pour la vessie et les calculs." (*H.N.* XXI 176)

L'attention avait aussi été attirée par certaines plantes que l'on trouvait tout particulièrement dans les terrains pierreux. On pensait que si elles poussaient dans de tels endroits, c'était parce qu'elle affectionnait les pierres, voire même qu'elles les brisaient afin de permettre à leurs racines d'atteindre la terre nourricière sous-jacente et l'on en avait déduit qu'elles étaient donc bonnes pour soigner "la maladie de la pierre". Celle que les Romains appelaient ***calcifraga**** et les Grecs ***empetros**** étaient l'une des plus connues. Selon Pline :

> "Elle pousse dans les monts, au bord de la mer, dans les terrains pierreux…fraîche et bouillie dans l'eau ou pilée, elle est diurétique, et brise les calculs. Pour donner créance à cette propriété, on affirme que les cailloux avec lesquels on la fait bouillir se brisent eux aussi." (*HN*, XXVII, 75)

Le sectionnement des nerfs

Pline consacre plusieurs passages de son *Histoire Naturelle* au ***potirion****, une espèce d'astragale dont les racines évoquent les nerfs :

"Le *potirion* dit encore *phrynion* ou *neuras* a deux ou trois racines, chacune de deux coudées en profondeur, nerveuses (*radices nervosas*), blanches et fermes"

ce qui lui avait valu d'être considéré comme merveilleusement efficace

" dans la guérison des blessures, et surtout en topique pour les blessures des nerfs, même tranchés" (*HN*, XXVII, 122-123)

Et il précise dans un autre passage (*H N*, XXVI, 130) " que le ***phrynion***, dit-on, réunit même les tendons sectionnés, si on l'applique immédiatement, pilé ou mâché."

Dioscoride (*MM*, III, 15) indique de son côté que ce sont les racines longues de deux ou trois coudées qui pilées et utilisées en emplâtre sont bonnes pour les nerfs coupés et pour refermer les plaies.

On notera que le *potirion* était également appelé *phrynion** (de *phrunê* : crapaud), parce qu'il était réputé pour combattre le venin des crapauds, voire celui des grenouilles, selon Pline (*H N*, XXVI, 130).

Morsures de serpent et piqûres de scorpion

Les ressemblances observées entre les parties de plusieurs plantes et les reptiles avaient suggéré l'idée qu'elles avaient la propriété de guérir leurs morsures et leurs piqûres. Il en est ainsi, par exemple, de l'***echion****. Selon Dioscoride

"L'*echion* a des fleurs purpurines contenant une graine semblable à une tête de vipère...Non seulement la racine, prise dans du vin, secourt ceux qui ont été mordus par des serpents, mais elle évite leurs morsures à ceux qui la prennent préventivement, de même que les feuilles et le fruit." (*MM*, IV, 27)

Pline note qu'on l'appelle aussi ***pseudoanchusa*, échis**** ou ***doris*** et il ajoute que son odeur forte éloigne les serpents (*H.N.* XXII 50). Son nom grec évoque d'ailleurs la vipère (*echis*).

Nicandre (*Th.* 541-549) explique pour sa part que les vertus de l'*echios* avaient été découvertes par un certain Alcibios qui, ayant été mordu par un serpent alors qu'il dormait, eut l'idée de l'appliquer sur sa blessure et fut guéri. C'est pour cette raison qu'on l'appelait d'ailleurs *alkibion* chez les Grecs et *alcibium* chez les Romains.

Le *dracunculus** (6) dont le nom fait référence à un serpent fabuleux nommé *draco* présente un rhizome cylindrique replié deux ou trois fois sur lui-même et se termine en pointe au sommet n'avait pas davantage manqué d'attirer l'attention :

"Les serpents, selon Pline, fuient celui qui en porte seulement sur lui. On le dit particulièrement bon en boisson pour ceux qui ont été mordus." (*H.N.* XXIV, 149)

Ce ***dracunculus*** qui est vraisemblablement la couleuvrée ou renouée bistorte (*Polygonum bistorta* L.) doit toutefois être distingué d'une autre espèce de plante désignée par le même nom, qui est la serpentaire (*Arum dracunculus* L.) dont l'aspect et l'étrange comportement comparable à celui des serpents devaient être interprétés comme des signes qui témoignent de la prévenance de la nature à l'égard des hommes :

"Dans la même province, écrit Pline, sur les terres de mon hôte, j'ai vu une plante à tige nommée *dracunculus* qu'on y avait récemment découverte, de la grosseur du pouce, avec des taches diversement colorées comme les vipères ; on assurait que c'était un spécifique contre les morsures de tous les animaux. Différente de celle du même nom dont nous avons parlé dans un livre précédent, elle a un autre aspect et est merveilleuse d'une autre façon : quand les serpents commencent leur mue, elle s'élève hors de terre à deux pieds environ de hauteur, puis se renfonce avec eux dans le sol, et tant qu'elle est complètement cachée, aucun serpent n'est visible ; cela serait un très grand service que rendrait la nature, si elle ne faisait que nous avertir et nous indiquer le moment du danger." (*HN*, XXV, 18 - 19).

Le port rampant de certaines plantes, comme celui du serpolet pouvait aussi assez aisément évoquer un serpent. Le nom que lui avaient donné les Romains, ***serpullum****, est d'ailleurs dérivé du verbe *serpere* qui signifie "ramper". Selon Pline :

"On pense que le nom du serpolet vient de ce que cette plante serpente sur le sol... Il est efficace contre les serpents, surtout contre la *cenchris*, les scolopendres terrestres et marines et les scorpions quand on fait bouillir les rameaux et les feuilles dans le vin.... Son odeur aussi, quand il est brûlé, les met tous en fuite." (*H.N.* XX, 245)

Dioscoride (*M M*, III, 38, s v *herpullos*) note plus succinctement que "cette plante est bonne contre les serpents, en boisson ou en application."

Les Anciens avaient par ailleurs remarqué que la racine, la graine ou l'inflorescence de différentes plantes présentaient une extrémité pointue et recourbée qui pouvait aisément évoquer la queue d'un scorpion et ils leur attribuaient d'efficaces propriétés pour en guérir les piqûres.

Théophraste, par exemple, rapporte que

"le *thêlyphonon**, que certains nomment *scorpion** (*skorpios*) parce que sa racine ressemble à un scorpion, tue le scorpion sur lequel on la racle....On l'utilise en boisson comme remède à la piqûre du scorpion." (*HP*, IX, 18, 2) (7)

Il mentionne aussi cette plante dans un autre passage pour évoquer la forme de sa racine ses propriétés thérapeutiques :

"Un certain nombre de racines ont des formes particulières, comme celles de la plante appelée "herbe au scorpion" et celle du polypode. La première ressemble à un scorpion, et, entre autres usages, elle est particulièrement employée pour soigner sa piqûre." (*HP*, IX, 13, 6)

On peut encore citer une autre plante appelée également ***scorpiouron**** identifié au grand héliotrope, à cause de la forme de son inflorescence, selon Dioscoride (*MM*, IV, 190 s v *heliotropion to mega* ou de sa graine, selon Pline (*H.N*, XXII, 60) qui avait tout autant la réputation d'être efficace pour soigner les piqûres de scorpion :

"La seconde espèce (d'héliotrope) que nous avons appelée *tricoccum** porte aussi le nom de *scorpiuron*... Sa graine a la forme d'une queue de scorpion, d'où son nom. Elle est efficace contre tous les animaux venimeux et les araignées phalanges, mais surtout contre les scorpions, en lotion. Quand on en a sur soi, on n'est pas piqué, et si on trace sur le sol avec un rameau d'héliotrope un cercle autour d'un scorpion, on dit que celui-ci n'en sort pas et qu'il meurt immédiatement, si on le couvre de la plante même, ou si seulement on l'asperge avec la plante humide." (*H N*, XXII, 60)

Une telle propriété était pareillement prêtée à la graine de momordique ou concombre sauvage (***cucumis sylvestris****), sans doute parce qu'on avait remarqué que "sa graine présente une queue recourbée comme celle des scorpions." (Pline *HN*, XX, 7-8).

Rapports sexuels et procréation

Les végétaux dont certaines parties pouvaient évoquer les organes sexuels masculins sont relativement nombreux. Ce sont surtout les racines, qui ont tout particulièrement excité l'imagination des Anciens. Notons que ceux-ci employaient le mot racine (*rhiza* en grec, *radix* en latin) pour désigner les parties souterraines de plantes, sans préciser s'il s'agissait de rhizomes, de tubercules, de cormes ou de bulbes pour la simple raison qu'ils n'avaient pas créé de termes particuliers pour les distinguer.

Parmi les plus fréquemment citées, on retiendra l'*orchis**, un mot grec utilisé pour désigner différentes espèces d'orchidée, dont les auteurs anciens se plaisaient à signaler que leurs doubles tubercules ressemblaient à des testicules. (8)

Certains précisent que l'un des deux est ferme et lisse tandis que l'autre est flasque et ridé, ce qui est une observation exacte, car en fin de saison l'un des tubercules est maigre, son contenu ayant servi à nourrir les parties aériennes de la plante durant l'année écoulée, l'autre est renflé, vu qu'il renferme les matières de réserve où la plante puisera son alimentation au cours de l'année suivante.

Mais ils en tirent de surprenantes conclusions. N'ont-ils pas imaginé en effet, que l'aspect et la taille de chacun des deux tubercules étaient des signes qui donnaient une précieuse indication sur leurs propriétés, aphrodisiaque ou anaphrodisiaque. Pour Pline

> "Peu de plantes sont aussi merveilleuses que l'*orchis* ou *sérapias*. Il a des feuilles de poireau, la tige haute d'une palme, une fleur pourpre et la racine double en forme de deux testicules dont le plus gros, certains disent le plus mince, absorbé dans de l'eau, excite les désirs sexuels, et le plus petit ou le plus mou, pris dans du lait de chèvre les éteint." (*H N* XXVI, 95)

Théophraste lui accorde des vertus identiques, mais il fait référence aux dimensions de la plante et non aux caractéristiques des tubercules :

> "Il y en a deux espèces, la grande et la petite ; la grande est la plus efficace pour les relations amoureuses, la plus petite leur est défavorable et les empêche." (*H.P.* IX, 18, 3)

Quant à Dioscoride (*M M*, III, 126), il note qu'en Thessalie, les femmes boivent le plus charnu des tubercules dans du lait de chèvre afin de s'exciter et emploient de la même manière celui qui est ridé pour calmer leurs désirs érotiques. Mais Pline en rapporte un emploi différent :

"En Thessalie, les hommes avalent la racine la plus tendre dans du lait de chèvre pour s'exciter au coït et la plus dure pour en réprimer l'envie." (*HN*, XXVII, 65)

L'espèce blanche *d'**éryngé*** ou *éryngion* appelée aussi "herbe aux cent têtes" (*Eryngium campestre* L.) passaient également pour posséder des propriétés aphrodisiaques à cause de la morphologie de ses tubercules. Pline rapporte à son sujet :

"La racine ressemble aux organes sexuels d'un homme ou d'une femme ; elle est rare à trouver, mais les hommes qui trouvent la racine mâle provoquent l'amour." (*HN*, XXII, 20)

Une autre plante appelée ***saturion**** avait également la réputation de posséder des propriétés aphrodisiaques. Pline en distingue deux espèces aux propriétés différentes :

"L'une a des feuilles plus allongées que celles de l'olivier, la tige haute de quatre doigts, la fleur pourpre et la racine double en forme de testicules humains qui, chaque année, alternativement, se gonflent et se dégonflent. L'autre espèce est appelée *satyros orchis* et l'on pense que c'est la plante femelle. On la distingue à ses entrenœuds et à sa ramure plus fournie ; sa racine sert pour les maléfices. Elle croît ordinairement au bord de la mer. Elle guérit les enflures et les affections génitales, appliquées avec de la polenta ou seulement broyée. La racine de la première, prise dans du lait de brebis de ferme, produit l'érection et, dans de l'eau, la détumescence." (*HN*, XXVI, 96)

Mais il remarque que les Grecs donnent de leur côté le nom de *saturion** à une plante qui lui paraît différente mais dont les propriétés sont comparables :

"Les Grecs décrivent le *saturion** comme une plante ayant les feuilles du lis rouge et n'en portant pas plus de trois au-dessus de la terre, une tige lisse, haute d'une coudée, et nue, la racine double dont l'inférieure, qui est la plus grande ferait engendrer des mâles, et la supérieure qui est plus petite, des femelles." (*HN*, XXVI, 97)

et il ajoute plus loin que

"les Grecs donnent d'ailleurs le nom de *saturion** à toute substance qui provoque l'excitation sexuelle, comme le *crataegis**, le *thélugonon**, et l'*arrhénogonon**, dont la graine ressemble à des testicules." (*HN*, XXVI, 99)

Ces plantes n'étaient d'ailleurs pas seulement considérées comme aphrodisiaques. On leur prêtait aussi le pouvoir de donner à ceux qui en faisaient usage la possibilité de choisir à l'avance le sexe de l'enfant qu'ils désiraient :

"Si un homme et une femme avalent du *crataegonon** (synonyme de *crataegis*) dans du vin avant le repas, à la dose de trois oboles dans autant de cyathes d'eau, quarante jours avant la conception, on dit que l'enfant sera de sexe masculin." (*HN*, XXVII, 62)

"On prétend que le *thélugonon**, pris en boisson, fait concevoir des filles ; l'*arsenogonon** n'en diffère que par sa graine qui ressemble à celle de l'olivier ; l'absorber dans un breuvage ferait, si l'on en croit ce qu'on dit, engendrer des garçons. D'autres soutiennent que ces deux plantes ressemblent au basilic, avec cette différence que la graine de l'*arsenogonon** est double et rappelle la forme des testicules." (*HN*, XXVI, 162)

Dioscoride, de son côté note que la consommation des parties souterraines de la variété d'*orchis* appelée *cunos orchis**(*i e* "couille de chien"), permet de choisir le sexe de l'enfant à concevoir :

"On dit que si les hommes mangent la plus grosses des deux racines, elle fait engendrer des mâles, et que si l'autre est mangée par des femmes, elle fait engendrer des filles". (*MM*, III, 126)

Les particularités de certaines plantes avaient suffisamment attiré l'attention des Anciens pour qu'ils leur attribuent la propriété de favoriser les accouchements ou de provoquer les avortements. La plus remarquable d'entre elles est sans conteste la momordique ou concombre sauvage (***cucumis sylvestris****) (9). En effet, lorsqu'il est à maturité, son fruit ovoïde, en forme de gland, se détache brusquement de son pédoncule, au moindre contact, et projette à distance par l'ouverture ainsi créée, le suc et les graines qu'il contient tandis que son enveloppe est envoyée en sens inverse. Cette expulsion brutale ne pouvait manquer d'évoquer celle du fœtus et de susciter l'idée de son emploi en obstétrique.

"On pense, écrit Pline, que la graine favorise la conception si on la porte attachée sans qu'elle ait touché la terre et l'accouchement si on l'attache enveloppée dans de la laine de bélier sur les reins de la femme, sans qu'elle le sache, en prenant soin de l'emporter hors de la maison aussitôt après l'accouchement." (*H.N.* XX, 6)

Avec le jus du fruit, on élaborait même, au dire de Pline,

"un médicament appelé *elaterium* qui provoque les règles, mais chez les femmes enceintes, l'avortement." (*H.N.* XX, 3)

et si l'on en croit Dioscoride qui en donne la recette, on pouvait obtenir un vin au pouvoir abortif si l'on en semait des graines auprès des ceps de vigne :

"On fait aussi un vin qui provoque l'avortement (*oinos phthorios*); on plante auprès des pieds de vigne l'hellébore, la momordique ou la scammonée, plantes dont le raisin prend la propriété. Le vin de ce raisin est abortif. On le donne aux femmes à jeun, après les avoir fait vomir, mêlé d'eau, à la dose de 8 cyathes." (*M.M.* V, 67)

Pline note que ce vin qui devait être réputé était appelé *phtorium* (*H N,* XIV, 110).

L'interprétation des couleurs des végétaux

Si la recherche des particularités morphologiques des plantes exigeaient beaucoup de patience et d'attention, celle de la couleur des fleurs, des fruits, des feuilles ou de la tige des végétaux était évidemment beaucoup plus facile à entreprendre. Il n'est donc pas surprenant qu'elle ait donné matière à des associations d'idées nettement plus nombreuses. On remarquera toutefois que trois couleurs ont plus particulièrement éveillé l'intérêt des Grecs et des Romains : le rouge, le jaune et le blanc.

La couleur rouge

Les auteurs qui décrivent les plantes dont les fleurs, voire une autre de leurs parties, sont de couleur rouge, leur prêtent fréquemment des propriétés hémostatiques et cicatrisantes ou emménagogues, parfois les deux. Ils suggèrent en effet plus ou moins explicitement l'idée qu'une telle couleur ne peut manquer d'évoquer celle du sang et que ces plantes signalent ainsi qu'elles ont la propriété de soigner les blessures et de provoquer ou d'arrêter les règles.

On remarquera en outre qu'il était fréquemment recommandé de les prendre comme remède avec du vin rouge, ce qui n'est pas anodin, car on croyait, qu'en associant la couleur du vin à celle de la plante, on ne pouvait évidemment manquer de renforcer ses propriétés.

On se limitera à en citer quelques-unes parmi celles, nombreuses, signalées par Pline et Dioscoride.

La plante appelée ***tragos**** ou ***scorpion****, dont l'identification est incertaine

"est haute d'un demi-pied, munie de nombreux rejetons, dépourvue de feuilles, avec de petites grappes rouges dont les pointes, pilées et bues dans du vin, à raison de dix ou douze sont un remède pour l'hémoptysie et les règles trop abondantes." (Pline *H N*, XXVII, 142).

L'aloès (***aloes****) dont la tige "est tendre et rouge au milieu" qui était recommandée, entre autre, pour soigner les blessures, les crachements de sang et "arrêter les hémorragies, qu'elles proviennent de blessures ou de tout autre cause." (Pline *H N*, XXVII, 14 – 18)

La racine du ***médion****

"qui a les feuilles de l'iris cultivé, une tige de trois pieds et sur elle une grande fleur pourpre et ronde… arrête les règles des femmes et la graine prise dans du vin se donne aussi contre les hémorragies des femmes." (Pline *H N*, XXVII, 104)

L'***androsaimon**** dont les cimes, broyées, distillent un suc couleur de sang, avait, selon Pline (*HN*, XXVII, 26) la réputation d'être hémostatique.

La plante appelée ***sideritis**** dont le nom fait référence au fer (en grec : *sideros*) et implicitement aux blessures qu'il provoque, a selon Dioscoride

"des petites feuilles blanchâtres un peu rouges et de petites fleurs rouge-écarlate, d'un goût piquant, visqueuses. En application, elle referme les blessures." (*MM*, IV, 35)

La plante que mentionne Pline (*HN* XXV, 34), sous le nom d'***heraclion siderion**** dont la fleur est rouge écarlate et qui possède des propriétés comparables car elle"guérit efficacement toutes les blessures faites par le fer."

La plante "à forme de poireau et à bulbe rouge que les Grecs appellent ***bolbinè**** qui avait également, selon Pline (*H N*, XX, 107), la réputation d'être "merveilleusement utile pour les blessures, pourvu qu'elles soient récentes".

La racine rouge de l'***eruthrodanon**** (du grec *eruthros*, rouge) qu'on appelle aussi *éreuthodanum,* et *rubia*, passait selon Pline (*H N*, XXIV, 94), pour posséder des propriétés emménagogues, mais aussi, d'après Dioscoride (*M M*, III, 143), pour "provoquer une urine abondante et épaisse, au point de faire même uriner le sang."

On croyait encore que l'***hypocistis****, une plante parasite des cistes dont certaines feuilles squamifères sont d'un rouge écarlate, pouvait, selon Pline (*HN*, XXVI, 49), arrêter les pertes de sang, s'il était pris dans du vin rouge.

Quant aux "graines rouges de la pivoine (***glycyside**** ou ***paeonia****) prises à la dose de quinze environ dans du vin noir" on leur prêtait la propriété "d'arrêter les règles rouges", selon Pline (*HN*, XXVII, 86) et Dioscoride *MM*, III, 140 s v *glukusidê*).

La couleur jaune

Les fleurs jaunes de certaines plantes ont également attiré l'attention des Anciens et suggéré l'idée qu'elles pourraient être efficaces pour soigner différentes affections causées par un dérèglement biliaire ou urinaire.

On en citera quelques-unes que Pline et Dioscoride ont mentionnées pour leurs propriétés médicinales réputées efficaces dans ces domaines. Ajoutons que, dans certains cas, il était prescrit d'incorporer au remède des substances comme le miel ou l'hydromel, comme si elles pouvaient contribuer à renforcer l'action de la plante parce qu'elles étaient de couleur proche du jaune.

Les fleurs de l'***helichrysus**** dont la couleur pouvait être comparée à celle de l'urine, passaient pour être efficaces comme diurétique,

Le ***chrusolachanum**** "à fleurs d'or et à feuilles de choux" avait, d'après Pline (*HN*, XXVII, 66-67), la réputation de guérir les ictériques qui la portaient en amulette de "telle manière qu'ils puissent la voir."

Les graines de la plante appelée ***andraphaxus**** ou ***chrusolachanon*** par les Grecs et ***atriplex**** par les Romains, - sans doute l'arroche cultivée - étaient utilisées, selon Dioscoride (*MM*, II, 119, s v *andraphaxus*), pilées dans du vin miellé, pour soigner la jaunisse.

La ***chrysocomé**** (du grec *chrusos* : or et *komê* : chevelure), une espèce d'aster aux capitules jaune vif passait également pour avoir la propriété de guérir la jaunisse.

La chelidoine (***chelidonium****) dont les radicelles sont de couleur jaune, avait, selon Dioscoride (*M M*, II, 180 s v *chelidonion*) des propriétés identiques.

On notera pour terminer que, d'après Pline (*HN,* XX, 15), on pouvait également soigner la jaunisse, en prenant "sept graines de coloquinte jaune et de l'hydromel aussitôt après." l'absorption d'hydromel, également de couleur jaune, étant sans doute recommandée pour renforcer l'action curative de la coloquinte (*colocynthis**).

La couleur blanche

Certaines plantes donnent des fleurs blanches, chez d'autres la tige ou les feuilles contiennent un suc blanchâtre. Il n'en fallait pas davantage pour que l'on ait prêté à quelques-unes d'entre elles des propriétés en rapport avec le lait, la bave ou les troubles de la vue, voire le sperme. On en citera quelques-unes, mentionnées par Pline ou Dioscoride.

Selon le premier, l'*iasinée**

> "est une plante rampante et remplie d'un suc laiteux portant une fleur blanche qu'on nomme *conchylium*. Elle est recommandée aussi comme aphrodisiaque. Mangée crue avec du vinaigre, elle donne du lait en abondance aux nourrices." (*HN,* XXII, 82).

D'après le second (*M M*, II, 131, s v *sogchos*), le suc du *sogchos**, pris en boisson, provoque une lactation abondante chez les femmes. Pline (*HN*, XXII, 89) précise que la tige de la plante, une fois rompue, laisse s'échapper un suc blanchâtre évoquant le lait. Selon lui, "la tige elle-même bouillie donne du lait en abondance aux nourrices."

Le suc blanc d'autres plantes avait la réputation de soigner les affections oculaires. Dans la mesure où le blanc, par opposition au noir, est souvent considéré comme le symbole de la lumière, il n'est pas surprenant qu'une substance végétale blanche ait été supposée avoir la propriété de guérir la cécité, voire plus modestement les troubles de la vue dont sont atteints ceux qui ne perçoivent plus les objets qu'à travers un brouillard blanchâtre.

Ainsi, par exemple, selon Pline, le suc blanc d'une laitue sauvage appelée ***hieracion**** "parce que l'épervier (*hierax*) en la grattant et en se mouillant les yeux de son suc s'éclaircit la vue quand il la sent s'obscurcir", passait pour

> "guérir toutes les affections des yeux avec du lait de femme, les points blancs, les néphélions, les cicatrices et toutes les brûlures, surtout les brouillards. On l'applique aussi sur les yeux dans de la laine contre les larmoiements". (*HN*, XX, 61)

De même, selon Pline (*H.N.* XXV, 143), on attribuait à une des nombreuses espèces d'euphorbe (***tithymalus****), "utilisée en friction, la propriété d'éclaircir la vue" et celui-ci rapporte que les propriétés du suc de cette plante étaient considérées comme si puissantes qu'elles passaient même pour agir à distance.

> "La plante a une telle force qu'on en recueille le suc à distance en l'incisant avec une perche ; on place dessous comme récipient un estomac de chevreau. On croit voir couler du lait… Ceux qui le recueillent ont la vue plus claire." (*H N*, XXV, 78)

Mais on attribuait également des propriétés aphrodisiaques au *tithymalus**, peut-être parce que le liquide qui s'échappait de sa tige lorsqu'on la brisait avait quelque peu l'apparence, sinon la consistance du sperme. Selon Pline, on disait que

> " ceux qui ont sur eux de la moelle de branches d'euphorbe deviennent plus enclins à faire l'amour" (*H N*, XXVI, 99)

A contrario, la plante désignée sous le nom de ***lactuca**** (10) qui contenait également un liquide laiteux, comparable à celui des euphorbes, passait pour avoir la propriété d'éteindre les effets aphrodisiaques du *satyrion*, cité plus haut.

Plus subtile est sans doute l'association de l'épilepsie avec une espèce de pavot (***papaver****) appelée "pavot d'Héraclès" (*mêkôn Hêrakleia*) ou pavot écumeux (*mêkôn aphrôdês*) dont Dioscoride (*M M*, IV, 66) dit qu'elle est tout entière "écumeuse". Cette plante doit peut-être cette dénomination à la couleur blanche de ses feuilles dont les poils très abondants pouvaient évoquer, surtout lorsqu'ils étaient couverts de rosée au matin, la bave blanchâtre qui s'écoule de la bouche des épileptiques (11).

Recherche des sympathies et des antipathies dans le monde végétal

Les auteurs grecs et latins d'ouvrage de botanique n'ont pas seulement rendu compte des correspondances que l'on pouvait observer entre certaines particularités morphologiques ou chromatiques des plantes et les différentes parties du corps humain, voire des maladies dont il pouvait être atteint. Ils ont aussi rapporté que diverses plantes paraissaient se développer de préférence à proximité d'espèces végétales parfois fort différentes alors que d'autres au contraire semblaient s'exclure mutuellement dans un espace donné. Ils ont également fait état de certaines plantes dont les animaux évitaient de s'approcher et de quelques autres qui les faisaient même fuir.

Ils avaient déduit de ces différentes observations, souvent exactes, qu'il devait exister des relations de sympathie et d'antipathie dans la nature et que celles-ci pouvaient être interprétés comme des signes, susceptibles d'indiquer à ceux qui savaient les interpréter quelles étaient les propriétés cachées des plantes. Ils pensaient en effet que si deux plantes semblaient manifester une certaine sympathie l'une envers l'autre, en poussant et en se développant l'une à proximité de l'autre, elles signalaient ainsi qu'elles possédaient des propriétés comparables, sinon identiques et que l'on pourrait utiliser sans risque l'une à la place de l'autre pour obtenir les mêmes effets.

Ils imaginaient à l'inverse que si deux plantes ne pouvaient coexister en un même lieu, elles avaient des propriétés opposées si bien que l'on pourrait avoir recours à l'une comme antidote de l'autre, ce qui pouvait être particulièrement utile lorsque l'une des deux était toxique.

La croyance en l'existence de sympathie et d'antipathie, d'attirance et de répulsion, d'attrait et d'aversion entre les éléments du règne végétal, mais aussi du règne animal, voire du règne minéral, donna matière à de nombreux ouvrages qui lui étaient entièrement consacrés, mais aucun n'est parvenu complet jusqu'à nous et nous n'en connaissons l'existence que par quelques fragments ou des citations d'auteurs qui les ont utilisés.

L'un des plus renommé fut celui de Bolos** qui, largement diffusé, inspira de nombreux auteurs jusqu'à la fin du Moyen-âge. Malheureusement, seuls quelques fragments en ont été conservés.

Sympathies et antipathies entre plantes

C'est dans l'œuvre de Théophraste que l'on relève les premières observations sur la sympathie ou l'antipathie que certaines plantes peuvent éprouver les unes à l'égard des autres. Elles témoignent de la perspicacité de ses recherches et l'on peut voir dans les quelques lignes ci-dessous une première approche de l'importante question des associations végétales qui ne commença guère à susciter l'intérêt des botanistes qu'au cours du XIX ème siècle. (12)

"Il y a des cas, écrit-il, où les végétaux se détruisent mutuellement en se dérobant la nourriture et en se gênant dans leurs autres fonctions. Le voisinage du lierre est nuisible, nuisible également celui de la luzerne en arbre, qui tue pour ainsi dire toute végétation. Mais le pourpier de mer est plus fort qu'elle : il tue la luzerne en arbre. 6. Certaines plantes ne détruisent pas, elles détériorent par les propriétés de leurs sucs et de leurs odeurs : telle est l'action du chou et du laurier sur la vigne. Celle-ci, dit-on, perçoit les odeurs et les absorbe ; c'est pourquoi lorsque le jeune sarment arrive au voisinage < de ces plantes >, il s'infléchit en sens inverse et se détourne, comme si leur odeur le rebutait. Androcyde alla jusqu'à exploiter la chose comme preuve du remède contre le vin qu'il tirait du chou et qui, à l'en croire, chassait l'ivresse ; car, disait-il, la vigne aussi étant vivante, fuit, on le sait, l'odeur du chou." (*HP*, IV, 16, 5-6) (56)

Le sujet ne laissa pas Pline indifférent, et il l'aborda dans plusieurs passages de son *Histoire Naturelle*. Au début du Livre XX, consacré aux remèdes tirés des plantes de jardin, il avertit son lecteur qu'il abordera la question des sympathies et des antipathies que l'on peut observer dans la nature et dont l'homme pourrait tirer profit :

"Je montrerai la paix et la guerre naturelles que se livrent ces éléments, les haines et les amitiés des choses sourdes et privées de sens, et dont l'homme, merveille plus grande encore, est le bénéficiaire. C'est ce que les Grecs ont appelé sympathie et antipathies : parmi les éléments de toutes chose, l'eau éteint le feu, le soleil dévore l'eau, que la lune produit ; ces deux astres s'éclipsent l'un par l'autre et, pour descendre de ces hauteurs, l'aimant attire à soi le fer tandis qu'un autre aimant le repousse ; le diamant, joie rare de l'opulence, réfractaire et invincible à toute autre violence, se brise par l'action du sang de bouc ; et tant d'autres merveilles égales ou plus grandes dont nous parlerons en leur lieu." (*HN*, XX, 1-2)

Et il reprend cette question au début du Livre XXIV consacré aux remèdes tirés des arbres sauvages. Il en profite, une fois encore, pour vanter au passage les bienfaits de la nature, mais aussi pour fustiger les médecins qui ont imaginé de confectionner des médicaments composés de nombreuses substances provenant souvent de contrées lointaines, alors que la nature livre aux hommes des remèdes simples, "prêts à l'emploi" et dans leur propre pays :

"Les forêts même et la nature dans son aspect sauvage ne sont pas dépourvues de remède : cette sainte mère de toutes choses en a disposé partout pour l'homme, au point que le désert même est source de remèdes ; mais on rencontre à chaque pas de merveilleux exemples de cette antipathie (*discordia*) et de cette sympathie (*concordia*) bien connues. Une haine (*odium*) si opiniâtre oppose le chêne et l'olivier que, transplanté l'un à la place de l'autre, ils meurent. Le chêne meurt auprès du noyer. La vigne et le chou ont l'un pour l'autre une haine mortelle (13); ce légume lui-même qui chasse la vigne, sèche en présence du cyclamen et de l'origan....et il est encore une infinité d'autres exemples, que nous mentionnerons en leur lieu sans en omettre.

De là est née la médecine. La nature ne nous avait destiné que des remèdes partout tout préparés, faciles à trouver et sans aucune dépense, tirées des substances qui nous font vivre. Plus tard la fraude humaine et des inventions lucratives ont produit ces officines où l'on promet à chacun la vie pour de l'argent. Aussitôt, on nous vante des compositions et des mixtures compliquées, tout le monde prise l'Arabie et l'Inde ; pour un petit ulcère on demande un remède à la mer Rouge, tandis que chaque jour tous les plus pauvres dînent avec des remèdes. Si on empruntait les remèdes aux jardins, si on employait les herbes ou les arbrisseaux, aucune profession n'aurait moins de crédit (que la médecine)." (*H N*, XXIV, 1- 4)

L'expression d'une telle hostilité à l'encontre de ces médecines composées n'est pas exceptionnelle chez Pline, nous l'avons déjà noté (cf. p. 4). En voici un autre exemple où il évoque l'existence de sympathies et d'antipathies dans la nature (14):

"Nous traitons des remèdes simples, écrit-il dans un autre Livre, où se montre la nature, tandis que se manifeste dans les autres des conjectures assez souvent trompeuses, car personne n'observe assez, en faisant les compositions, la sympathie et l'antipathie naturelle des ingrédients." (*H N.* XXII, 106)

qu'il complète ainsi quelques notices plus loin :

"Ces compositions, avons-nous dit, sont dues à l'ingéniosité humaine. Cédrat, onguents, emplâtres, collyres, antidotes n'ont pas été créés par la divine Mère, créatrice de l'Univers. Ce sont les produits des officines, plus exactement de la cupidité. En vérité, les oeuvres de la nature naissent, achevées et parfaites, ne réunissant que peu d'éléments pour une raison déterminée, et non par conjecture." (*H N.* XXII, 117)

Pour Pline, l'existence de ces sympathies et antipathies est due à la "force de la nature" (*naturae vis*) qui régit l'organisation du cosmos, et se manifeste, entre autres, dans les propriétés opposées des racines du roseau et de celles de la fougère :

"Nous avons indiqué vingt-huit espèces de roseaux. Nulle part ailleurs n'est plus évidente cette force de la nature que nous signalons dans cette série de livres. En effet, la racine de roseau (*harundo**) pilée et appliquée fait sortir les échardes de fougère (*filix**), comme la racine de fougère les échardes de roseau." (*HN*, XXIV, 85)

Il donne également quelques exemples d'antipathie dans d'autres passages comme dans ceux qu'il consacre aux raiforts (15):

"Il existe une extrême antipathie (*odium*) entre (les raiforts) et la vigne, qui fuit ceux qui sont semés dans le voisinage (*HN*, XIX, 87)

"Quand on a présenté une dose trop forte de raifort en remède, on recommande de donner tout de suite de l'hysope ; il y a antipathie (*antipathia*) entre ces deux plantes." (*H.N.* XX, 28)

Pline ne s'en tient pas à donner des exemples d'antipathie, il remarque qu'il existe aussi des relations de sympathie entre certains végétaux, mais il n'en donne que peu d'exemples. On relèvera toutefois le cas de la rue et du figuier :

"La rue a tant de sympathie (*amicitia*) pour le figuier que nulle part elle ne vient mieux que sous cet arbre." (*H.N.* XIX, 156)

Quant à la pratique de planter certains végétaux à proximité des pieds de vigne comme l'ellébore noir, la scammonée, l'hysope ou le concombre sauvage en vue de parfumer le vin (16), Pline lui consacre plusieurs notices, mais il ne précise pas si elle a été inspirée par l'idée que ces végétaux éprouveraient de la sympathie pour la vigne au point d'en parfumer ses grappes. C'est une hypothèse vraisemblable, mais aucun texte n'y fait explicitement référence.

En revanche, Pline n'hésite pas à expliquer que certains cépages se plaisent davantage dans une région que dans une autre, en invoquant une sorte de sympathie qui existerait entre les pieds de vigne et le sol. Une façon sans doute quelque peu simpliste et réductrice d'aborder la délicate question de l'influence du milieu sur les cultures et celle de l'acclimatation des végétaux transplantés !

"L'*eugénie*, dont le nom indique la valeur, venue des collines de Tauroménium, est cultivée sur le seul territoire d'Albe ; transplantée, elle dégénère aussitôt. Certaines plantes ont en effet un tel amour (*amor*), peut-on dire, pour le terroir qu'ils y laissent toute leur gloire, et perdent toujours, en émigrant, de leurs qualités. C'est le sort de la *Rhétique* et de l'*Allobroge*, que nous avons appelé *poissée* célèbres dans leur patrie, méconnaissables ailleurs." (*HN*, XIV, 25)

La question revêtait une grande importance lorsqu'il s'agissait de transplanter des végétaux de régions plus ou moins lointaines et de tenter de les acclimater Un exemple célèbre dans l'Antiquité, est celui du *persea* (17). Pour certains, ses fruits passaient pour être toxiques en Perse et comestibles en Égypte. Pour d'autres, comme Théophraste, "le *persea* fructifie en Égypte, et n'importe où dans les contrées voisines alors qu'à Rhodes, il parvient seulement à fleurir." Mais pour ce dernier, il n'est nullement question d'antipathie, mais de l'influence du milieu. En effet, la nature de ce dernier suffit à expliquer qu'un végétal peut fructifier dans une région et ne donner aucun fruit dans une autre (cf. Théophraste *HP*, III, 3,5 et IV, 2,5).

Cette croyance est rapportée notamment par Dioscoride (*M.M.* I, 129) et Pline (*H.N.* XV, 45) et aussi, entre autres, par le scholiaste de Nicandre**:

"Mais Bolos le Démocritéen, dit dans son *Peri tôn sumpatheiôn kai antipatheiôn* que les Perses avaient chez eux une plante mortelle qu'ils ont planté en Égypte en pensant que beaucoup d'Égyptiens en mourraient, mais que c'est le contraire qui se produisit et que la plante y donna le fruit très doux qu'on voit maintenant." (*Commentaire* à *Thériaque* v.764)

Sympathies et antipathies entre plantes et animaux

Différents textes anciens laissent à croire que certaines plantes passaient pour éprouver de l'antipathie non pas envers d'autres plantes, mais à l'encontre de certains animaux.

Plutarque, par exemple, en fait rapidement état dans ses *Propos de Table* :

"D'autres (convives) évoquèrent les fameuses antipathies naturelles (*tas antipatheias thrulountes*) et toutes ces étrangetés que l'on pouvait entendre rapporter par des gens qui en avaient été les témoins : que l'éléphant furieux se calme à la vue d'un bélier, que la vipère s'arrête lorsqu'elle sent le contact d'un rameau de chêne, que le taureau sauvage se tient tranquille et s'adoucit quand on l'attache à un figuier, que l'ambre met en mouvement et attire tous les corps étrangers, à l'exception du basilic et de ceux qui ont été trempés dans l'huile, que l'aimant n'entraîne pas le fer qui a été frotté d'ail." (*Moralia* 641 B – C)

La littérature gréco-romaine nous offre bien d'autres exemples d'antipathies entre plantes et animaux. C'est probablement Elien** qui en a réunis le plus grand nombre dans différents passages de son *De Natura Animalium*. En voici un exemple :

"La plante que l'on appelle la grande consoude (*symphutum**) est mortelle pour l'aigle, comme la bile de l'hyène pour l'ibis, les graines d'ail (*allium**) pour l'étourneau, le bitume (*bitumine*) pour le gravelot et la plante que l'on nomme "épi d'eau" (*potamogiton**) pour le milan. Le milan ne résiste pas à la bile du puffin. L'épervier, la mouette, la tourterelle, le merle et la famille des vautours meurent s'ils mangent une grenade ouverte (*malum punicum**). Les feuilles de cèdre (*cedrus**) sont fatales à la fauvette des marais, la fleur de gattilier (*amerina**) à la mésange noire et les graines de roquette (*eruca**) au corbeau. Le cafard succombe au parfum et la huppe à la graisse de gazelle. La corneille meurt si elle tombe sur des restes de viandes qu'un loup a dévorées. Le cochevis huppé est anéanti par la graine de moutarde (*sinapis**), et la grue qui mange de la résine de vigne aussi (*vitis lacryma**)." (VI, 46)

Toujours selon Elien**, l'animal pouvait parfois tirer parti de cette antipathie que la plante semblait éprouver pour un autre animal ou une pierre. Ainsi, le pic-vert passait-il pour se servir ingénieusement de l'antipathie d'une herbe (*poa*) – dont il ne précise malheureusement pas le nom – envers les pierres pour se dégager d'un mauvais tour qu'on lui a joué :

"Le pic-vert a un bec recourbé à son extrémité dont il se sert pour becqueter les chênes et c'est à l'intérieur de l'arbre qu'il loge ses petits, comme si c'était un nid, et il n'a nul besoin de se procurer des brindilles, de les tresser ensemble et de construire un nid. Or, si l'on obstrue l'ouverture que s'est aménagé notre oiseau en y mettant une pierre, il prend acte de la manœuvre et va chercher une herbe qui a un pouvoir antipathique sur la pierre et il la place dessus. La pierre accablée par ce poids et incapable de le supporter, s'éjecte, et voilà de nouveau ouvert à notre oiseau l'accès à son précieux abri." (I, 45)

Les comportements de ces animaux ont parfois été interprétés comme des signes par lesquels la nature indiquait quelles étaient les propriétés thérapeutiques d'une plante dont les hommes pourraient bénéficier. On en citera deux exemples relevés chez Pline.

Le premier porte sur les différentes espèces de frêne (***fraxinus****):

"Contre les morsures de serpents, qu'on exprime leur jus pour le boire ou qu'on les applique sur la plaie, (les feuilles de frêne) sont d'une efficacité que rien n'égale. Telle est leur vertu qu'un serpent ne passe sous leur ombre, même le matin ou le soir, lorsqu'elle est la plus longue, et même se tient loin de l'arbre. Notre expérience nous permet de dire que, si l'on enferme un serpent auprès d'un feu dans un cercle de feuillages de frêne, il se jette pour s'enfuir dans les flammes plutôt que dans le frêne. Par une merveilleuse bonté de la nature, le frêne fleurit avant la sortie des serpents et ne perd ses feuilles qu'après leur retraite." (*H.N.* XVI, 64).

Le second exemple donné par Pline concerne la *myricé**. Cette plante passait pour éprouver une telle antipathie pour un organe précis d'un animal, la rate, qu'elle était supposée avoir la propriété de le détruire, ce qui avait évidemment conduit à en déduire qu'elle pouvait avoir des vertus thérapeutiques efficaces pour traiter certaines affections humaines touchant ce même organe :

"La *myricé* est excellente pour la rate, si on en exprime le suc pour le boire dans du vin, et on lui accorde une si merveilleuse antipathie (*antipathia*) pour ce seul viscère que lorsque les porcs, assure-t-on, boivent dans des auges faites de ce bois, on ne leur trouve pas de rate. Et c'est pourquoi aux hommes aussi malades de la rate, on donne la nourriture et la boisson dans des vases faits de ce bois." (*H.N.* XXIV, 67)

Mais les antipathies observées chez différentes plantes envers certains animaux n'ont que rarement été interprétés comme des signes dispensés par la nature pour informer les hommes de leurs propriétés cachées.

De même, l'utilisation par les animaux de plantes supposées posséder en elles des "forces d'opposition" suffisamment puissantes pour écarter les dangers dont ils se sentaient menacés, n'a pas été interprétée comme un signe que la nature aurait eu la bonté d'indiquer au genre humain pour qu'il les utilise à son profit. Ainsi, par exemple, aucune trace d'une telle interprétation chez Elien** dans son catalogue des plantes utilisées par les animaux pour se protéger du mauvais œil et des sorts jetés par les sorciers malfaisants :

"Même les bêtes privées de raison se protègent contre le mauvais œil des sorciers et des magiciens par une sorte d'instinct étrange et mystérieux. J'apprends ainsi que les palombes avalent de petits bourgeons de laurier (*laurus**) qu'elles insèrent ensuite dans leurs nids, comme préservatifs contre la sorcellerie pour protéger leurs petits ; les milans usent pour cela de nerprun épineux (*rhamnus**), les éperviers de laitue amère (*cichorium sylvestre**), les tourterelles quant à elles, du fruit de l'*iris**, les corbeaux du gattilier (*vitex**), les huppes de l'adiante (*adiantum**) que certains appellent aussi "poil soyeux" (*callitrichum**), la corneille de verveine (*aristereon**), l'"harpé" de lierre (*hedera**), le héron de la [pierre] crabe, la perdrix du panache d'un roseau (*arundo**), les grives d'un rameau de myrte (*myrtus**), l'alouette huppée se protège, elle avec du chiendent (*gramen**) et l'aigle avec une pierre à laquelle il a d'ailleurs donné son nom : laétite ("aiglonne"). ... "

".... Les cigognes jonchent leurs nids de feuilles de platane (*platanus**). Lorsque les chauves-souris s'en approchent, elles sont paralysées et n'ont plus les moyens de nuire. D'ailleurs la nature a doté les hirondelles d'un don équivalent : ce sont les blattes qui abîment leurs œufs ; aussi les mères coiffent-elles leurs petits d'une touffe de céleri sauvage (*apium**) qui maintient les blattes à distance. Si on lance de la rue (*ruta**) sur les poulpes, ils s'immobilisent, comme le dit la tradition. Si l'on frappe un serpent avec un roseau (*arundo**), au premier coup, il s'immobilise, et pétrifié par la torpeur, il ne bouge plus ; mais si on lui donne encore un ou deux coups, on lui redonne sa vigueur. C'est la même chose avec la murène qui, frappée une seule fois par une baguette de férule (*bacillum*), arrête de bouger, mais qui devient furieuse si on la frappe à plusieurs reprises. Les pêcheurs racontent également que les poulpes montent sur la terre si un rameau d'olivier (*olivae germen*) traîne sur le rivage. » (*Personnalité des animaux* I, 35 et 37)

A la recherche des correspondances entre les plantes et les astres

La recherche de signes susceptibles de révéler les propriétés cachées des plantes à partir de leurs particularités morphologiques ou chromatiques supposait de longues et patientes observations de la flore locale. Quant aux comportements étranges de différents animaux vis à vis de certaines plantes qui pouvaient parfois être interprétés comme des signes extérieurs de leurs vertus thérapeutiques, il supposait tout autant d'efforts d'investigation dans la nature.

Il en allait tout autrement de la recherche de signes dans le ciel. Elle s'inscrit en effet dans une démarche particulièrement complexe que l'on désigna indifféremment jusqu'au début de l'ère chrétienne par les mots *astronomia* et *astrologia* (18). Celle-ci est fondée sur la croyance en l'existence de correspondances (19) entre le macrocosme et le microcosme et elle prétend qu'il existe des sortes de "chaînes" verticales reliant entre eux par affinités les différents éléments du *cosmos*.

On ne saurait exposer ici, même succinctement, l'histoire, le contenu et les buts de cette vision de l'organisation du *cosmos* (20). Nous avons toutefois jugé nécessaire d'en rappeler brièvement quelques-uns de ses principaux aspects afin de rendre intelligibles au lecteur d'aujourd'hui certains textes de botanique médicale rédigés à la Renaissance et présentés dans les chapitres suivants.

Macrocosme et Microcosme

La croyance en l'existence d'analogies et de correspondances dans l'univers suppose que celui-ci forme un tout et qu'il existe des liens de dépendance entre toutes ses parties, ou plutôt des actions et des réactions continuelles entre les éléments qui le composent grâce à la sympathie universelle qui les lie. Selon elle, l'homme est un microcosme, un petit monde, qui est en quelque sorte un résumé, une synthèse du monde, lequel est conçu comme un macrocosme, un grand monde. De cette vision de l'organisation du monde découle la conviction mainte fois affirmée que chacun des composants du corps humain est en correspondance avec les éléments qui constituent l'univers. De nombreux textes y font référence, comme, par exemple, celui-ci que nous devons à Olympiodore (21) :

> "Hermès se représente l'homme comme un microcosme, tout ce que contient le macrocosme, l'homme le contient aussi. Le macrocosme contient des animaux terrestres et aquatiques : ainsi l'homme a-t-il des puces, des poux et des vers intestinaux. Le macrocosme a des fleuves, des sources, des mers : l'homme a des entrailles. Le macrocosme a des animaux aériens : l'homme a les cousins. Le macrocosme contient des souffles qui jaillissent en son sein, par exemple les vents : l'homme a des flatuosités. Le macrocosme a le soleil et la lune : l'homme a les deux yeux, et l'on réfère l'œil droit au soleil et l'œil gauche à la lune. Le macrocosme a des monts et des collines : l'homme a les os. Le macrocosme a le ciel : et l'homme a la tête. Le macrocosme a les douze signes du ciel : et l'homme les contient aussi, depuis la tête, c'est-à-dire le bélier, jusqu'aux pieds qu'on assimile aux Poissons."

Les "chaînes"

Parmi ces multiples correspondances qui lient entre eux, les différents éléments qui constituent le cosmos, certaines ont été tout particulièrement privilégiées par les astrologues. Ils ont en effet imaginé qu'elles étaient organisées sur des sortes de "chaînes" qui associent une divinité, un astre, une pierre, un animal, une plante et une partie du corps humain.

Une telle conception impliquait qu'un certain nombre de plantes étaient marquées de signes permettant de distinguer sur quelle chaîne elles se trouvaient intégrées et d'en déduire quelles étaient leurs propriétés. Celles-ci étaient en effet supposées guérir les maladies qui atteignaient une des parties du corps placées sous la domination de la planète ou du signe du zodiaque qui dominaient la chaîne ou encore les affections dont les symptômes paraissaient en relation avec les caractéristiques de l'une ou de l'autre.

Les végétaux que les astrologues ont retenus pour figurer sur ces "chaînes" (22) sont relativement peu nombreux. Leur sélection a sans doute été effectuée au regard des correspondances observées entre les principales caractéristiques attribuées aux planètes ou aux signes du zodiaque et un certain nombre de critères qui relèvent de la botanique comme la morphologie de leurs différentes parties (racine, tige, feuille, fleurs, fruits), leur couleur ou encore la consistance de leurs secrétions.

Les listes des plantes figurant sur ces "chaînes" soulèvent toutefois de nombreuses questions. Il est notamment impossible de savoir quels ont été les critères précis que les astrologues ont privilégiés pour les choisir et les attribuer de préférence à une planète ou à un signe zodiacal déterminé. En effet, les auteurs de traités de botanique astrologique ne donnent généralement pas de justification à leur sélection. On ne saurait d'ailleurs affirmer qu'ils ont sélectionné et intégré ces plantes à une "chaîne" *a priori*, c'est-à-dire à partir de l'observation de signes susceptibles d'informer un œil averti qu'elles sont sous la domination d'une planète ou d'un des signes du zodiaque. On peut en effet tout aussi bien imaginer qu'ils les ont attribuées *a posteriori* à ces derniers en fonction des parties du corps humain que dominaient chacun d'eux parce qu'elles étaient censée les guérir, ainsi qu'ils avaient pu le constater après avoir expérimenté leurs propriétés curatives sur des malades.

Il est par ailleurs malaisé d'identifier avec certitude chacune des plantes qu'ils ont sélectionnées, car ils ont négligé, comme la plupart des auteurs de cette époque, d'en faire une description précise et les noms qu'ils utilisent pour les désigner peuvent s'appliquer à plusieurs végétaux différents.

Quoiqu'il en soit, les plantes répertoriées et intégrées sur ces "chaînes" constituent l'ébauche d'une sorte d'*herbier astrologique*, au départ assez peu fourni, mais qui ne cessa de s'enrichir au fil des siècles, comme peuvent en témoigner, nous le verrons plus loin, les ouvrages d'un certain nombre d'auteurs du XVI ème et du XVII ème siècle qui s'en inspirèrent largement.

Deux grands types de "chaînes" sont toutefois à distinguer : les unes sont constituées sous la domination des planètes, les autres le sont sous celle des constellations représentées par les signes du zodiaque.

Plantes et Planètes

Les Grecs ne connaissaient que sept planètes qu'ils désignèrent d'abord par l'expression "l'astre de" suivi du nom d'une divinité, comme par exemple "l'astre de Zeus" ou "l'astre d'Hermès", mais l'usage courant finit par imposer les noms de Kronos, Hermès, Aphrodite, Arès, Zeus, pour désigner respectivement Saturne, Mercure, Vénus, Mars, et Jupiter. De plus, ils attribuèrent à chacune d'elles des caractéristiques particulières, parmi lesquelles leur couleur, leur qualité sensible, leur sexe, leur caractère bienveillant ou malveillant et leur domicile tiennent une place essentielle.

Chacune de ces planètes étaient supposées dominer les différents éléments qui avaient été fixés sur la chaîne au sommet de laquelle elle était placée. On y compte en général une partie du corps humain, un animal, une plante et un minéral. Du fait de la coexistence de plusieurs écoles d'astrologie concurrentes, les éléments constitutifs de chaque chaîne varient d'un auteur à l'autre.

- Couleurs des planètes

Des couleurs symboliques avaient été attribuées aux planètes par les astronomes chaldéens.

Les Grecs les imitèrent. Au Soleil était généralement affectée la couleur or tandis que l'on réservait la couleur argent à la Lune. Selon Ptolémée** (*Tetrabiblos*, II, 9) le noir est la couleur de Saturne, le blanc celle de Jupiter, le rouge celle de Mars, le jaune, celle de Vénus. Quant à Mercure, c'est une couleur changeante et par suite mal définie qui lui était attribuée. Mais, cette répartition des couleurs ne faisait sans doute pas l'unanimité, car on note des attributions différentes d'un auteur à l'autre.

- Qualités sensibles des planètes

Les Grecs avaient attribué aux planètes les différentes qualités sensibles définies par Aristote, - le chaud, le froid, le sec et l'humide - qui pouvaient d'ailleurs faire l'objet de quatre combinaisons possibles avec les quatre éléments ou "corps simples"

> "à savoir celles du chaud et du sec, du chaud et de l'humide, du froid et de l'humide, du froid et du sec. Ceci est une conséquence logique de l'existence des corps simples, le feu, l'air, l'eau et la terre. Le feu est en effet chaud et sec, l'air est chaud et humide, étant une sorte de vapeur ; l'eau est froide et humide ; la terre est froide et sèche." (*Génération et corruption* 329 b-330 b)

Si des divergences apparaissent entre les astrologues, celles qui leur sont les plus généralement attribuées sont mentionnées par Ptolémée : Le Soleil est masculin, chaud et sec, la Lune est féminine, froide et humide, Saturne est masculin, froid et sec (mais il est parfois considéré comme humide), Jupiter est masculin, chaud et humide, Mars est masculin, chaud et sec, Vénus est féminine, chaude et humide, Mercure "participe de l'une et l'autre natures, attendu qu'il produit tantôt de la sécheresse, tantôt de l'humidité.

- *Sexe des planètes*

Les astrologues grecs imaginèrent également de doter les planètes d'un sexe en prenant pour critère les qualités sensibles qu'ils leur avaient attribuées. Selon Ptolémée :

> "Du fait qu'il y a deux genres principaux, le masculin et le féminin, il convient d'y assimiler la nature des planètes. Ainsi, celles qui sont plus humides appartiennent à la nature féminine, car les choses qui appartiennent à ce sexe sont universellement humides. Quant aux plus chaudes, elles s'accordent avec le sexe masculin. C'est pourquoi fort à propos la Lune et Vénus sont dites féminines d'autant qu'en elles l'humidité surabonde. Le Soleil, Saturne, Jupiter et Mars sont réputés masculins. Mercure participe de l'un et de l'autre nature, attendu qu'il produit tantôt la sécheresse, tantôt l'humidité." (*Tetrabiblos* I, 6)

mais ce système apparemment simple et logique fut compliqué à souhait, si bien que l'attribution d'un sexe aux planètes compte de nombreuses variantes.

- *Caractères des planètes*

Pour les astrologues, les planètes n'étaient pas seulement sexuées, elles avaient également un caractère et exerçaient une action bienfaisante ou malfaisante sur le monde. Ptolémée le rappelle ainsi :

> " On distingue quatre humeurs naturelles : deux fécondes et vivifiantes, le chaud et l'humide - car d'elles toutes choses naissent et se fortifient - et deux au contraire pernicieuses et mortelles, le froid et le sec par lesquelles toutes choses se détruisent et périssent. C'est de là que les Anciens nous ont convaincus qu'il y avait deux planètes bienfaisantes, Jupiter et Vénus - avec elle la Lune - en raison de leur nature tempérée d'autant que la chaleur et l'humidité prédominent en elles. Ils ont en outre estimé que Saturne et Mars sont malfaisants à cause de la vertu contraire qu'ils ont de refroidir et de dessécher. La nature commune du Soleil et de Mercure les a conviés à s'accommoder du jeu de ces courants communs en un centre qui se détermine selon les rencontres des planètes." (*Tetrabiblos* I, 5)

- *Domiciliation des planètes.*

Selon les astrologues, chaque planète était censée avoir choisi à la naissance du monde d'élire domicile dans une constellation. A ce moment privilégié, souvent désigné par les expressions "*Géniture du monde*" ou encore "*Thème du monde*", la situation se serait présentée ainsi :

- la Lune (*Selênê*) se trouvait dans la constellation du Cancer (*Karkinos*),
- le Soleil (*Hêlios*) dans celle du Lion (*Leôn*),
- Mercure (*Hermes*) dans celle de la Vierge (*Parthenos*),
- Vénus (*Aphroditê*) dans celle de la Balance (*Zugos*),

– Mars (*Ares*) dans celle du Scorpion (*Scorpios*),
– Jupiter (*Zeus*) dans celle du Sagittaire (*Toxotes*),
– Saturne (*Kronos*) dans celle du Capricorne (*Aigokerôs*).

Cette configuration ne parut cependant pas entièrement satisfaisante aux yeux de certains astrologues car elle conduisait à mettre à l'écart de ce système certaines constellations du zodiaque. Ils imaginèrent d'y apporter une solution en attribuant non pas un, mais deux domiciles à chacune des planètes, à l'exception du Soleil et de la Lune qui ne pouvaient à l'évidence n'avoir qu'un domicile diurne, pour le premier et un domicile nocturne pour la seconde. (23)

- Mélothésies planétaires

Selon la théorie des "chaînes", chacune des plantes attribuée à une planète avait la propriété de soigner les affections qui touchaient la ou les parties du corps placées sous sa domination. Mais l'unanimité ne s'était pas faite entre les astrologues, car il existait des "écoles d'astrologie" différentes dont chacune avait élaboré sa propre théorie du *cosmos* et leurs nombreuses divergences apparaissent dans les textes qui nous sont parvenus.

Pour Ptolémée, par exemple :

"Kronos est le maître (*kurios estin*) de l'oreille droite, de la vessie, de la rate, de la pituite et des os ; Zeus (est le maître) du (sens) du toucher, des poumons, des artères et du sperme, Arès (est le maître) de l'oreille gauche, des reins, des veines et des parties génitales, Hélios (est le maître) du sens de la vue, du cerveau, du cœur, des nerfs, et de la partie droite du corps, Aphrodite (est le maître) du sens de l'odorat, du foie et de la chair, Hermès (est le maître) de la parole, de la langue, de la bile et du fondement, Sélênê (est le maître) du goût, du gosier, de l'estomac, du ventre, de la matrice et du flanc gauche." (*Tetrabiblos* III, 12)

Mais selon l'auteur du texte ci-dessous, choisi parmi de nombreux autres, les correspondances sont différentes :

" Kronos régit (*kurieuei*) les jambes, les genoux, les nerfs, les substances aqueuses (du corps), les humeurs, la vessie, les reins...., Zeus régit les cuisses, les pieds, le sperme, la matrice, le foie, la partie droite du corps et les dents..., Arès régit la tête, le fondement, les parties génitales, la bile, le sang, les excréments, les secrétions, la face arrière (du corps)....., Hélios régit la tête, les (organes) des sens, l'œil droit, les flancs, le cœur...., Aphrodite régit le nez, toute la face arrière (du corps), l'union des parties sexuelles, et, à l'intérieur, les poumons....Hermès régit les mains, les épaules, les doigts, les articulations, le ventre, les intestins, les reins, les artères la langue...., Sélênê régit l'œil gauche, la gorge, les seins, le souffle, la rate..." (C.C.A.G. VII, 213-224) (24)

- Aperçu des "herbiers astrologiques planétaires".

Les plantes attribuées à chacune des sept planètes diffèrent d'un opuscule astrologique à l'autre. Mais d'une façon générale, chaque plante est supposée avoir la propriété d'être bonne pour soigner les parties du corps placées sous la domination de la planète à laquelle elle est elle-même affectée. Nous avons réuni les plus fréquemment citées dans le tableau suivant :

PLANÈTES	Noms des plantes dans les traités astrologiques	Propositions d'identification
HÊLIOS, le Soleil.	*augia**	Synonyme d'*hêlioskopios**
	*chamaileôn**	*Atractylis gummifera* L.
	*hêlioskopios**	Genre *Euphorbia* L. (*Euphorbia helioscopia* L.?)
	*hêliotropion**	Genre *Heliotropium* L. ou *Crozophora tinctoria* A. Juss.
	*kamelon**	Synonyme de *chamailêon**
	*kichorion**	*Cichorium intybus* L.
	*pêlogonia**	Synonyme de *polugonon*
	*polugonon**	*Polygonum aviculare* L. (?)
	(ou polugonos)	" "
	*tsirasol**	Synonyme d'*hêlioskopios**
SELÊNÊ, la Lune	*aglaophanton**	Synonyme de *paeonia**
	*aglaophôtis**	Synonyme de *paeonia*
	*alphaônia**	Synonyme de *paeonia*
	*glaophôtê**	Synonyme de *paeonia*
	*glukusidê**	Synonyme de *paeonia*
	*glukusiditos**	Synonyme de *paeonia*
	*helenion**	= *selênion* = *selênaia*, synonyme de *paeonia*
	*kunosbatos**	*Rosa canina* L.
	*kunobatê**	*Rosa canina* L.
	*lounaria**	Synonyme de *paeonia*
	*paeônia ou paionia**	Genre *Paeonia* L.
	*selênaia **	Synonyme de *paeonia*
KRONOS, la planète Saturne	*aeizôon**	Genre *Sedum* L. ou *Aeonium arboreum* (L.) Webb & Berth ou *Sempervivum tectorum* L.(?)
	*asphentilia**	Synonyme d'asphodelos
	*asphodelos**	*Genre Asphodelus* L.
	*asphodilon**	Synonyme d'asphodelos
ZEUS, la planète Jupiter	*alcharanios**	Synonyme de *huoskuamon*
	*architônia**	Synonyme de *huoskuamon*
	*chrusagkathon**	Synonyme de *huoskuamon*
	*chrusakanthos**	Synonyme de *huoskuamon*
	*chrusanêthon**	Synonyme de *huoskuamon*
	*eupatorion**	*Agrimonia eupatoria* L.
	*huoskuamon**	Genre *Hyosciamus* L.
	*pentadaktulos**	Synonyme de *eupatorion*
	*sakcharanion**	Synonyme de *huoskuamon*
	*sagcharônion**	Synonyme de *huoskuamon*
	*sioukiamious**	Synonyme de *huoskuamon*
ARÊS, la planète Mars	*akinakês**	Synonyme de *petasites*
	*arnoglôsson**	*Plantago major* L.
	*pentaneuron**	Synonyme d'*arnoglôsson*
	(ou pentaneuros)	Synonyme d'*arnoglôsson*
	*pentasitês**	Synonyme de *petasitês*
	*petasitês**	Genre *Petasites* Miller.
	*peukedanos**	Genre *Peucedanum* (*Peucedanum officinale* L.(?)
	(ou peukedanon)	Genre *Peucedanum* (*Peucedanum officinale* L.(?)
	*platumandila**	Synonyme de *Petasitês*

APHRO-DITÊ, la planète Vénus	*agorabotonon**	Synonyme de *saturion*
	(ou agôrobotanon)	Synonyme de *saturion*
	*hêrakleion**	Synonyme de *panakeia*
	*kallitrichon**	*Adiantum capillus Veneris* L. ou *Asplenium adiantum nigrum* L. ou *Asplenium trichomanes* L.
	*panakeia**	Synonyme de *kallitrichon.*
	*peristereôn**	*Verbena officinalis* L
	*plokamis**	Synonyme de *kallitrichon*
	saturion (ou *satorion*)	Un des Genres de la famille des *Orchidacées*
HERMÊS, la planète Mercure	*anthrôpocheira **	Synonyme de *pentadaktulon*
	*anthrôpocheiron**	Synonyme de *pentadaktulon*
	*eupatorion**	Synonyme de *pentadaktulon*
	Hermou rhabdos	Synonyme de *phlomos*
	*pentadaktulon**	Genre *Potentilla* L. (*Potentilla reptans* L. (?))
	*pentapetalon**	Synonyme de *pentadaktulon*
	*pentaphullon**	Synonyme de *pentadaktulon*
	(ou pentaphullos)	Synonyme de *pentadaktulon*
	*phlomos**	Genre *Verbascum* L.
	*pseudoselinon**	Synonyme de *pentadaktulon*

Plantes et Signes du Zodiaque

Si une partie des astrologues grecs avait considéré que l'efficacité des propriétés d'un certain nombre de plantes dépendait de l'influence que les planètes exerçaient sur elles, d'autres étaient convaincus que cette efficacité même était fonction de la position respective des planètes dans les signes du zodiaque et que ceux-ci exerçaient une influence directe sur les plantes. Cette divergence de points de vue avait conduit à la constitution d'une astrobotanique particulière dont les tenants avaient attribué une ou plusieurs plantes différentes à chacun des signes du zodiaque.

Pour les astrologues, les signes, tout comme les planètes, étaient supposés posséder des caractères propres. Aussi, chacun d'eux pouvait-il être distingué des autres en fonction des quatre qualités sensibles, mais aussi des quatre éléments, des quatre saisons, des âges de l'homme, des humeurs.... De telles répartitions ont fait l'objet de longues spéculations entre astrologues concurrents, quelquefois divergentes, dont rendent compte les différents manuscrits astrologiques parvenus jusqu'à nous. Nous avons réunis ci-dessous les caractères de chacun des signes les plus souvent cités, sans entrer dans les subtiles nuances qui permettent de les différencier les uns des autres :

- Aux trois signes du Bélier, du Taureau et des Gémeaux sont généralement attribués : l'air, le printemps, le sud, le sang, l'enfance, l'humide, le tempérament chaud et humide, la couleur rouge.
- Aux signes du Cancer, du Lion et de la Vierge : le feu, l'été, le levant, la bile jaune, la jeunesse, le chaud, le tempérament chaud et sec, la couleur jaune.
- Aux signes de la Balance, du Scorpion et du Sagittaire : la terre, l'automne, le nord, la bile noire, l'âge mûr, le sec, le tempérament froid et sec, la couleur noire.

– Aux signes du Capricorne du Verseau et des Poissons : l'eau, l'hiver, le couchant, le phlegme, la vieillesse le froid, le tempérament froid et humide, la couleur blanche.

Les signes du zodiaque ont en outre été répartis en signes diurnes et signes nocturnes et selon le sexe qui leur a été attribué.

Selon Ptolémée, par exemple, les signes zodiacaux sont classés en six signes diurnes de sexe masculin et six signes nocturnes de sexe féminin, ce qui donne la distribution suivante : le Bélier, les Gémeaux, le Lion, la Balance, le Sagittaire et le Verseau sont des signes masculins et diurnes tandis que le Taureau, le Cancer, la Vierge, le Scorpion, le Capricorne et les Poissons sont des signes féminins et nocturnes.

- *Mélothésie zodiacale*

Les astrologues avaient imaginé d'attribuer les différents organes ou les différentes parties du corps humain aux douze signes du zodiaque en suivant une règle relativement simple : étendre le corps humain sur le cercle déroulé du zodiaque, en faisant poser la tête sur le Bélier et les pieds sur les Poissons. Dès lors, les parties du corps humain se répartissaient ainsi : le cou correspond au Taureau, les épaules et les bras aux Gémeaux ; la poitrine au Cancer ; les flancs au Lion ; le bas-ventre et la vessie à la Vierge ; les fesses à la Balance, les organes sexuels au Scorpion, les cuisses au Sagittaire, les genoux au Capricorne, les jambes au Verseau et les pieds aux Poissons (25).

- *Aperçu des "herbiers zodiacaux"*

La sélection des plantes attribuées aux différents signes du zodiaque est plus complexe que celle qui a guidé l'établissement des listes des "plantes planétaires". En effet, la plupart des "plantes zodiacales" ne semblent pas avoir été distinguées uniquement pour leur aptitude à guérir les affections propres aux parties du corps placées sous l'influence des signes zodiacaux. Leur choix paraît avoir été également déterminé en fonction des caractères attribués par les astrologues aux planètes qui étaient domiciliées dans chaque signe du zodiaque, ainsi que nous l'avons vu plus haut. C'est pourquoi les "plantes zodiacales" sont fréquemment recommandées pour soigner non seulement les parties ou les organes attribués aux signes zodiacaux, mais aussi, très souvent, celles ou ceux sur lesquels "domine" la planète qui a son domicile dans le signe. Les astrologues pouvaient ainsi justifier les propriétés médicinales ou magiques d'une plante zodiacale en se référant à la fois aux mélothésies zodiacales et aux mélothésies planétaires.

Dans le tableau suivant nous avons regroupé les plantes les plus souvent attribuées par les auteurs de traité d'astrologie aux douze signes du zodiaque :

Signes du Zodiaque	Plantes citées dans les opuscules astrologiques grecs	Propositions d'identification
Krios, le signe du Bélier	*muriophullon** *elelisphakos**	Genre *Achillea* L. Genre *Salvia* L.
Tauros, le signe du Taureau	*triphullion* *peristereon**	Genre *Trifolium* L. (?) ou genre *Melilotus* Miller (?) ou Genre *Lotus* L. (?) ou Genre *Origanum* L. (?) *Verbena officinalis* L. (?)
Didumoi, le signe des Gémeaux	*xiphion** *peristereon**	*Gladiolus italicus* Miller. *Verbena officinalis* L. (?) *Lycopus europaeus* L. (?)
Karkinos, le signe du Cancer	*mandragora** *sumphuton**	Genre *Mandragora* L. Genre *Symphytum* L. (?)
Leon, le signe du Lion	*balôtê** *kuklaminon**	*Ballota nigra* L. Genre *Cyclamen* L.
Parthenos, le signe de la Vierge	*struchnos** *kalaminthê**	*Solanum nigrum* L. ou *Physalis alkekengi* L. ou *Withania somnifera* (L) Dunal. ou *Datura stramonium* L ou *Atropa belladonna* L. Genre *Mentha* L. ou Genre *Calamintha* L.
Zugos, le signe de la Balance	*betonikê** *skorpiouros**	*Stachys officinalis* (L.) Trevisan *Heliotropium europaeum* L.
Scorpios, le signe du Scorpion	*kunoglôsson** *artemisia**	Genre *Plantago* L. Genre *Artemisia* L.
Toxotes, le signe du Sagittaire	*anakardios** *anagallis**	*Anacardium occidentale* L. (?) *Anagalis arvensis* L.
Aigokeros, le signe du Capricorne	*tragion** *lapathon**	*Pimpinella tragium* Vill. (?) ou *Pistacia palestina* Boiss. (?) Genre *Rumex* L.
Hudrochoos, le signe du Verseau	*batrachion** *marathron**	Genre *Ranunculus* L. *Foeniculum vulgare* L.
Ichthues, le signe des Poissons	*aristolochia**	Genre *Aristolochia* L.

Relativité des propriétés thérapeutiques des plantes

Il n'a pas échappé à la sagacité des Anciens qu'il ne suffisait pas de découvrir parmi la riche flore qui les entourait, les seules plantes porteuses de propriétés thérapeutiques. Ils se sont très vite demandé comment ils pourraient en tirer le meilleur parti possible.

Leurs recherches les ont conduits à découvrir qu'une même plante pouvait offrir plusieurs propriétés curatives et que les différentes parties d'une plante médicinale n'avaient pas nécessairement les mêmes vertus curatives. Aussi, les auteurs des textes les plus précis de Flore médicale mentionnent-ils généralement pour chacune des plantes qu'ils citent quelle en est la partie qu'il convient d'utiliser ainsi que la maladie qu'elle est susceptible de guérir. Ce sont surtout les feuilles, les racines, les graines, l'écorce, plus rarement les fleurs mais aussi le suc ou le jus des fruits. En voici un exemple, extrait de l'*Histoire Naturelle* de Pline :

> "Les feuilles de l'ache (*apium**), en cataplasme, attendrissent les indurations des seins. L'eau dans laquelle a bouilli de l'ache est plus agréable à boire. Le suc, surtout de la racine, avec du vin, calme les douleurs lombaires ; ce même liquide, instillé dans les oreilles, diminue la dureté de l'ouïe. La graine est diurétique, provoque les règles et la sortie de l'arrière-faix...La graine avec du vin ou la racine avec du vin vieux brise les calculs de la vessie." (*H N*, XX, 115)

Au fur et à mesure qu'ils enrichissaient leur expérience en pratiquant de nombreux essais sur les malades, auxquels certains ne résistèrent sans doute pas, les médecins s'attachèrent en outre à définir les doses des plantes qu'ils prescrivaient à leurs patients. Ils prirent en effet conscience qu'entre le remède et le poison, c'était la dose qui faisait la différence. Pline ne manque pas de s'en étonner dans une notice consacrée aux vertus des laitues :

> " Aucun aliment ne peut davantage donner et ôter l'appétit. <u>C'est la mesure qui change l'effet</u> : ainsi encore, prises en grande quantité, elles relâchent le ventre, en petite quantité, elles le resserrent." (*H N*, X X, 64)

Ajoutons que l'indication des doses est souvent accompagnée d'une recommandation sur la fréquence et le moment des prises, plus rarement sur la durée du traitement.

En revanche, les auteurs de textes médicaux précisent généralement si le remède doit être pris par voix interne (buccale, anale, auriculaire...) ou par voie externe (onction, friction, fumigation, cataplasme, port en amulette...) ainsi que le mode préparation surtout s'il doit être mélangé à d'autres substances.

Les auteurs qui rendent compte de leurs observations comme Dioscoride ou Pline remarquent par ailleurs que la qualité des propriétés thérapeutiques d'une plante pouvait varier selon les mois et ils ont souvent pris soin de préciser quelle est l'époque de l'année la plus favorable à la cueillette des plantes qu'ils avaient sélectionnées, allant même quelquefois, jusqu'à recommander le moment de la journée et le type de temps, ensoleillé ou pluvieux, qu'il fallait privilégier ou éviter pour leur récolte.

Ils attirent aussi l'attention sur le fait que les plantes récoltées ne peuvent conserver l'efficacité de leurs propriétés au-delà d'un certain temps.

Ainsi, Pline juge-t-il à la fin du Livre XXVII de son *Histoire Naturelle*

> "qu'il n'est pas hors de propos de signaler que les propriétés des plantes varient avec l'âge. C'est, comme nous l'avons dit, l'*élaterium** qui dure le plus longtemps ; le *chamaeleon** noir dure quatre ans ; la centaurée (*centaurium**) ne dépasse pas douze ; le peucédan (*peucedanum**) et l'aristoloche (*aristolochia**) vont jusqu'à six, la vigne sauvage (*vitis sylvestris**) ne dure qu'un an ; tout cela à condition de conserver ces plantes à l'ombre." (*H N*, XXVII, 143),

Et Dioscoride précise dans la préface de son *De Materia medica* que "l'efficacité des plantes ne saurait se prolonger au-delà de trois ans à l'exception de l'hellébore, noir ou blanc qui, on ne sait pourquoi, reste efficace plus longtemps."

Mémoriser les découvertes des propriétés des plantes

Pour transmettre un savoir acquis par l'expérience sur les propriétés des plantes et leur mode d'emploi, il était indispensable de les nommer. Les "signes", qu'ils soient morphologiques, chromatiques ou astrologiques, ont parfois été pris en compte pour désigner les végétaux sur lesquels ils avaient été observés. C'était en quelque sorte un moyen mnémotechnique commode pour les identifier tout en signalant implicitement leurs propriétés thérapeutiques. Plusieurs plantes témoignent ainsi de l'association de leurs "signes" avec la maladie, ses symptômes, ses causes, l'organe ou la partie du corps malade, comme en témoigne Pline dans le bref extrait suivant :

> "La plante nommée *thélyphonon* est appelée par d'autres *scorpion* à cause de la ressemblance (*propter similitudinem*) de sa racine, dont le contact tue les scorpions ; aussi la prend-on en boisson contre leurs piqûres." (*H.N.* XXV 122)

Il existe bien d'autres cas de végétaux dont les noms rendent compte de ces associations. Nous en avons mentionnés quelques-uns plus haut, comme celui des différentes espèces de capillaires réputées pour favoriser la repousse des cheveux, de l'***androsaemon**** aux vertus hémostatiques, de l'***erythrodanum**** aux propriétés emménagogues, de l'*orchis** dont la racine évoquait les testicules et qui était réputée comme aphrodisiaque ou encore de la joubarbe, parfois appelée *oculus*, utilisée pour soigner les affections oculaires. On peut aussi citer la fougère appelée polypode (***polypodium****) qui doit son nom à la morphologie de son rhizome ressemblant aux tentacules d'un poulpe, réputée efficace selon Pline (*H.N.* XXVI, 58) pour traiter les polypes dans les narines, la ***conferva*** dont la consistance peut évoquer un tissu cartilagineux et le nom est dérivé du verbe *conferuminare* "souder", d'après Pline (*H.N.* XXVII, 69) à laquelle on prêtait la propriété de réduire les fractures.

Mais ce procédé de désignation des végétaux, fondé sur l'observation d'associations diverses et variées, fut loin d'être le plus généralement adopté par les Anciens. N'ayant établi aucune règle pour désigner les plantes, la plupart des noms qu'ils leur ont donnés témoignent de la plus grande confusion possible, d'autant qu'ils sont fréquemment différents d'un auteur à l'autre. Ce sont souvent des noms vernaculaires, d'origine populaire et rurale qui entérinent généralement une observation ou le résultat d'une expérience. Ainsi, de nombreux phytonymes évoquent l'aspect des végétaux, leur couleur, les particularités morphologiques d'un de leurs éléments, leur habitat, leur pays d'origine, leur utilité, leurs propriétés ou encore la divinité qui les a découvertes et a fait bénéficier les hommes de leurs vertus. (26)

Si Grecs et Romains jugeaient pouvoir préserver leurs connaissances d'un inévitable oubli en donnant un nom à chaque plante, ils n'imaginaient certainement pas que la diversité de leurs appellations pour un même végétal, serait à l'origine d'une incroyable source de confusion.

Car il était inéluctable qu'une même plante soit souvent désignée par des noms différents. Ainsi, par exemple la pivoine l'est généralement par le mot *paeonia* mais elle est aussi appelée *selênaia*, *aglaophanton*, *aglaophôtis*, *alphaônia, glaophôtê, glukusidê, glukusiditos, helenion, kunosbatos, kunobatê, lounaria.*

A contrario, il était tout aussi prévisible qu'un même mot pourrait désigner plusieurs espèces végétales sans aucune parenté entre elles. Ainsi, par exemple, le mot ***vesicaria*** Il désigne en effet trois plantes qui pour des raisons différentes font référence à la vessie, *vesica* : l'une est l'alkékenge (*Physalis alkekengi* L.) dont le fruit est une baie orange enfermée dans un grand calice, qui pourrait tout aussi bien évoquer une lanterne qu'une vessie, l'autre est le poireau des vignes (*Allium ampelopsarum* L.) dont les propriétés diurétiques évoquent évidemment la fonction de la vessie, la troisième est une renoncule (*Ranunculus sceleratus* L. ou *Ranunculus sardous* L.) dont le suc provoque des cloques comparables à de petites vessies.

Cette multiplication des noms donnés à une même plante perdurera durant des siècles. Quelques botanistes, comme G Bauhin**, par exemple, essayèrent d'en faire l'inventaire, mais il faudra attendre Linné** pour que soit enfin établie une nomenclature des plantes, admise par tous les botanistes.

Dans ces conditions, il n'y a rien d'étonnant à ce que l'identification précise des plantes mentionnées dans les ouvrages antérieurs au XVIII ème siècle donne souvent matière à des hypothèses plus ou moins fondées qui ne manquent pas, aujourd'hui encore, de diviser les spécialistes et de susciter la controverse.

Si différents auteurs de l'Antiquité, aussi bien Grecs que Romains, font état des signes observés sur certaines plantes et en déduisent qu'ils indiquent ainsi leurs vertus curatives, aucun ne laisse supposer que la recherche de ces signes ait pu constituer un moyen privilégié d'accéder à la connaissance des propriétés des végétaux. Les analogies qu'ils ont constatées ne les ont pas conduits à une quelconque théorisation et ils ne les mentionnent le plus souvent que pour justifier l'efficacité des propriétés prêtées aux plantes qu'ils ont citées.

Mais l'ensemble de leurs observations sera mis à profit à la Renaissance par différents médecins-botanistes, qui s'appliqueront à recenser les signes dont sont marqués un certain nombre de plantes pour échafauder alors une véritable "*Théorie des signatures*".

NOTES DU CHAPITRE 1

1. Pour davantage d'informations sur les différentes hypothèses d'identification du moly, on pourra se reporter en priorité aux articles très complets de S.Amigues (1995), de J. Stannard (1962) et de J.André (1958).

2. Pline évoque aussi le rôle éducateur de la Nature dans d'autres domaines comme celui de l'art de faire des plantations (*H N* XVII, 65 et 67) ou de greffer les arbres (*H N* XVII, 99).

3. Pline a utilisé ici un passage de Théophraste (*HP,* IX, 18, 2). Il s'agit du *Doronicum orientale* Hoffm. ou du *Doronicum pardalianches* Jacq. Cf. *infra* note 7 et les commentaires de ce texte par S. Amigues *in Recherches sur les plantes*, Livre IX (Tome 5, p. 218 -219).

4. La comparaison de la morphologie et de la physiologie des plantes avec celles des animaux, voire du corps humain, remonte aux philosophes présocratiques. Ultérieurement, Aristote la reprendra à son compte en notant que les plantes sont comme des animaux inversés "avec le haut du corps placé en bas et le bas en haut. En effet, les racines jouent chez les végétaux le rôle d'une bouche et d'une tête tandis que la semence se trouve à l'opposé ; elle se forme en haut et à l'extrémité des pousses". (*Parties des animaux* 686 b) et dans un autre passage : "les racines constituent le haut des plantes ; c'est de là que la nourriture se distribue aux végétaux qui la reçoivent par elle comme les animaux par la bouche." (*Marche des animaux* 705 b).

La comparaison de la morphologie des plantes avec celle des animaux est récurrente dans la littérature ancienne. Pline, par exemple, note dans un passage de son *Histoire naturelle* consacré aux arbres : " Le corps des arbres, comme celui des animaux, a une peau, du sang, de la chair, des nerfs, des veines, des os, de la moelle. La peau, c'est l'écorce... Immédiatement sous l'écorce est généralement une graisse nommée aubier pour sa couleur, partie molle et la plus mauvaise du bois... Sous l'aubier est la chair, sous celle-ci les os, c'est-à-dire le meilleur du bois." (*H.N.* XVI, 181 – 183)

5. Ces "signes" permettent d'associer la plante à une partie du corps humain, et, par suite aux maladies dont il peut être atteint. Rappelons qu'Aristote (*Peri mnêmês* II, 451 a) distingue trois genres d'associations : "Quand nous poursuivons une pensée qui ne s'offre pas immédiatement à nous, nous y sommes conduits, en partant d'une autre idée, soit par la ressemblance (*aph' omoiou*) soit par le contraste (*e anantiou*) soit par la contiguïté (*e tou suneggus*)." Cette distinction traditionnelle des différents genres d'association d'idées a suscité en psychologie de nombreux travaux et des discussions persistantes au sujet de leur irréductibilité fondamentale ou de la possibilité de les ramener à une seule (contiguïté ou similarité).

6. Le mot *dracunculus* désigne plusieurs plantes différentes cf. Index des plantes. Il s'agit vraisemblablement ici de la couleuvrée ou renouée bistorte (*Polygonum bistorta* L.). Les botanistes ont rappelé par l'épithète "*bistorta*" que son rhizome était deux fois replié sur lui-même.

7. *thêlyphonon*, la plante est également appelée *skorpiouron*. Pline (*H.N.* XXV, 122 et XXVII, 9) note que le *theluphonon* a une racine ressemblant à une queue de scorpion,

ce qui lui a valu d'être appelé *scorpion*. Il signale que son contact tue les scorpions. Le *thêlyphonon* est d'une espèce de doronic (*Doronicum pardalianches* L. ou *Doronicum orientale* Hoffm.) dont la souche rampante émet de longs stolons et le rhizome, assez gros est annelé comme un scorpion. Cf . *sup*. note 3. Sur son identification, cf. S.Amigues, *Une famille d'assassins : les akoniton, in* Nomina rerum, Hommage à Jacqueline Manessy-Guitton, Nice, LAMA, n°13, 1994. On notera que le mot *skorpios* est employé par Théophraste dans un autre passage (*H.P.* VI, 4, 2) pour désigner une plante différente dont l'identification est loin de faire l'unanimité. S. Amigues note dans son commentaire à ce passage (p. 166, note 5) qu'il ne s'agirait pas d'un genêt (*Genista scorpius* (L) DC ou *Genista acanthoclada* DC), comme on le croit généralement, mais de la soude (*Salsola kali* L.).

8. Le mot *orchis* signifie "testicule" en grec. Le mot orchite qui en est d'ailleurs dérivé désigne les inflammations aigües ou chroniques des testicules.

9. Les Grecs l'appelaient *sikuos agrios* ou *elatêrion* et les Romains *cucumis agrestis*. Le nom botanique donné à cette Cucurbitacée (*Ecballium elaterium* (L) A. Richard) vient du grec *ekballein* : projeter et de *elatêrion* : qui chasse, expulse, pousse devant soi. Dioscoride (*MM*, IV, 150, 3) donne des indications assez voisines de celles de Pline. Sur les différents noms grecs (11noms) et latins (7 noms), donnés à la momordique, cf. André (J) (1956).

10. Le mot *lactuca* désigne différentes plantes qui ont en commun la caractéristique de contenir un liquide blanchâtre, comme différentes espèces de laitues, mais aussi certaines euphorbes ou encore la guède. Cf J. André (1985) *s v lactuca.*

11. On notera que l'épilepsie est souvent désignée sous le nom de "mal d'Héraclès". Cette référence à Héraclès s'appuie sur différents mythes grecs, selon lesquels le héros aurait été atteint d'accès de fureur comparable à des crises d'épilepsie. Pline (*HN*, XX, 207) note qu'on l'appelle *héraclium* et que sa graine, couverte d'écume, est très utile pour l'épilepsie.

12. Les associations végétales, dont l'étude systématique ne remonte guère au delà du XIXème siècle est l'objet même de la phytosociologie. Cf.M. Guinochet, *Phytosociologie* Paris, Masson 1973. Rappelons succinctement "qu'une association végétale est un groupement naturel de plantes qui se définit par la présence et la dominance de certaines espèces et par l'absence de certaines autres." (F.Brice 2011). On peut préciser "qu'à la différence d'une association humaine qui traduit l'union et l'entraide entre des personnes en vue de réaliser un objectif, on pourrait dire que la réalité de l'association végétale correspond bien mal à cette définition puisque ce sont plutôt les phénomènes de compétition et de concurrence qui vont dominer les comportements mutuels de cette "société" végétale. La concurrence implique l'action de trois catégories de facteurs ; 1. les facteurs liés à la constitution même de l'organisme végétal avec ses aptitudes propres (génotype, phénotype); 2. les facteurs relevant des caractéristiques du milieu physique (sol, climat); 3. les facteurs propres au milieu biologique (compétition racinaire, excrétions toxiques, parasitisme, etc.) (B.Fischesser et M-F Dupuis-Tate (1966). On trouvera de nombreux exemples de ces relations complexes entre les végétaux dans B.Boullard : *Guerre et paix dans le règne végétal* Paris, Ellipses, 1990.

13. Pline rappelle cette antipathie entre le chou et la vigne dans un autre passage où il écrit que "la vigne fuit (le chou) par dessus tout ou meurt si elle ne peut le fuir." (*HN*, XX, 93) Théophraste mentionne également cette observation dans son *De Causis plantarum* : "L'odeur de certaines plantes est nuisible, comme celle du laurier et du chou pour la vigne." (*CP*, II, 18, 4)

14. Pline (*HN*, XXXVII, 59) rappelle que les mots *Antipathia* et *Sympathia* sont d'origine grecque et correspondent aux mots latins *discordia et concordia.* On trouvera *in* Th.Weidlich (1894) (p 49-50) une longue liste des synonymes des mots *antipathia* et *sumpathia* utilisés dans l'*Histoire Naturelle* avec leur référence.

15. Pline qui semble s'être inspiré d'un passage de Théophraste (*HP*, IV, 16, 6) s'est probablement trompé dans la traduction de ses sources, en confondant le raifort avec le chou. Il a en effet traduit le mot grec *raphanos* qui signifie "le chou", par *raphanus* qui signifie "le raifort". Cf aussi Théophraste (*CP*, 2, 18, 4) cité supra (note 13).

16. La pratique qui consiste à semer certaines plantes au voisinage des ceps de vigne pour qu'elles parfument le vin et lui transmettent leurs propriétés est signalée par Pline (*H.N.* XIV, 109) et par Dioscoride (*M.M.* V, 67). Ainsi par exemple le vin d'hysope de Cilicie désigné par le mot *hyssopitès* et le vin d'absinthe appelé *absintithès* étaient obtenus en semant l'absinthe et l'hysope autour des vignes.

17. L'identification du *persea* a fait l'objet de différentes propositions. Pour J. André (1985), ce serait le sébestier (*Cordia mixa* L.). Plus récemment, S. Amigues (Commentaire à Théophraste *H.P.* IV, 2, 5, note 6, pp.205 - 207) a avancé qu'il s'agirait du *Mimusops schimperi* Hochst, après avoir rejeté plusieurs hypothèses d'identification antérieures. Cf . aussi l'article de S. Amigues "Sur le persea d'Egypte" *in Hommages à F.Daumas*, Montpellier, 1986, pp. 25-31.

18. La distinction entre les deux mots ne s'établit que tardivement. Toutefois, quand on voulait apporter davantage de précision dans son propos, on utilisait différents termes ou expressions pour désigner l'astrologie proprement dite comme, par exemple, *mathêmatika* et *astromanteia.* On ajoutait aussi des épithètes tels que *genethliakê* ou *apotelesmatikê* aux mots *astrologia* ou *astronomia* ou encore au mot *technê.* Quant aux astrologues, les Grecs les désignaient par les noms d'*astrologoi*, d'*astronomoi*, de *mathêmatikoi*, de *genethliakoi*, d'*apotelesmatikoi* ou encore de *chaldaioi.* Pour les Grecs, en effet, c'étaient aux Chaldéens qu'ils attribuaient une telle maîtrise de la connaissance et de l'exercice de l'astrologie si bien qu'à l'époque hellénistique ils désignaient couramment les astrologues par le mot *chaldaioi.*

19. Certains auteurs anonymes de traités d'astrologie élaborèrent même des schémas relativement complexes de quadrillage de l'espace et du temps dont l'objet était d'établir des correspondances et des rapports étroits entre les astres et les différentes parties du monde terrestre, chacun des jours de la semaine, voire chacune des heures du jour et de la nuit, mais aussi les différentes parties du corps humain. Le mot mélothésie (du grec : *melos*, membre et *thesis*, action de placer) désigne plus particulièrement la répartition des influences célestes (planètes, signes du zodiaque) sur les différentes parties du corps humain.

20. Pour plus de détails, cf. notre *Flore magique et astrologique de l'Antiquité.*

21. Ce texte d'Olympiodore, commentateur de Pythagore (Vème ou VI ème siècle ?) a été publié par M. Berthelot (*La collection des anciens alchimistes grecs*, p. 105) et par A – J Festugière (*La révélation d'Hermès Trismégiste*, Tome I, p.127).

22. On remarquera qu'en les intégrant dans les différentes "chaînes" présidées chacune par une divinité astrale, les astrologues considéraient que chacune d'elles pourrait en outre bénéficier non seulement de la sympathie de l'astre ou du signe zodiacal auquel ils l'avaient attribuée, mais aussi des relations de sympathie qu'entretenaient entre eux les différents éléments appartenant à la même "chaîne". Aussi recommandaient-ils assez fréquemment d'associer ces plantes à des pierres et à des fragments d'animaux dans la confection des phylactères ou dans la préparation de remèdes pour rendre plus efficaces leurs propriétés et renforcer leur action.

23. Les domiciles des planètes sont ainsi répartis dans le *Tetrabiblos* de Ptolémée (I, 17): Saturne a pour domicile diurne le signe du Capricorne, et pour domicile nocturne le signe du Verseau ; - Jupiter a pour domicile diurne le signe du Sagittaire et pour domicile nocturne le signe des Poissons ; - Mars a pour domicile diurne le signe du Scorpion et pour domicile nocturne le signe du Bélier ; Vénus a pour domicile diurne le signe de la Balance et pour domicile nocturne le signe du Taureau ; Mercure a pour domicile diurne le signe de la Vierge et pour domicile nocturne le signe des Gémeaux.

24. Il existe des correspondances différentes chez d'autres auteurs. Ainsi, par exemple, celle-ci, de source inconnue : " Kronos (règne sur) la tête et le cou, Zeus sur les épaules et le tronc, Arès sur la partie supérieure du dos, Hélios sur le cœur, les poumons et le foie, Aphrodite sur les parties génitales, Hermès sur les cuisses et les genoux, Selênê sur la vessie et le ventre." (*Catalogus Codicum Astrologicorum Graecorum* (C.C.A.G) VI, 83). L'astrologue Vettius Valens*en propose une autre, nettement plus précise : " Hélios (le Soleil) gouverne (*kurieuei*) la tête, les sens, l'œil droit, les flancs, le cœur, le souffle ou toute perception, les nerfs.....Sélênê (la Lune) gouverne l'œil gauche, la gorge, les seins, le souffle, la rate, le cerveau, la moelle et elle fait par suite les hydropiques.... Kronos (Saturne) régit les jambes, les genoux, les nerfs, les substances aqueuses du corps, les humeurs, la vessie, les reins et tous les organes internes.....Zeus (Jupiter) régit l'extérieur des cuisses, les pieds, et par suite préside à la course dans les exercices physiques ; pour l'intérieur : le sperme, la matrice, le foie ; la partie droite du corps..... Arès (Mars) régit pour le corps la tête, le fondement, les parties génitales, et, à l'intérieur, le sang, les canaux spermatiques, la bile, les excréments et les secrétions, toute la face arrière de l'individu.....Aphrodite (Vénus) régit le cou, le visage, les lèvres, le nez, la face antérieure du corps, des pieds à la tête, l'union des parties génitales, et pour l'intérieur, les poumons.... Hermès (Mercure) régit, pour le corps, les mains, les épaules, les doigts, les articulations, le ventre, les oreilles, les artères, les intestins, la langue..." (*Anthologies* I, 1) Ces différentes mélothésies planétaires portaient sur la totalité des parties du corps humain. Mais il en existait aussi de plus succinctes et certaines négligeaient même de prendre en compte des membres ou des organes pourtant essentiels. Certaines, par exemple, ne concernaient que la tête (cf. A.J. Festugière (1989-1990) Tome I, p.130).

25. En voici un exemple extrait d'un opuscule attribué à Hermès Trismégiste, intitulé *Livre sacré d'Hermès à Asklépios* :

"Le Bélier est la tête du monde, le Taureau le cou, les Gémeaux les épaules, le Cancer la poitrine, le Lion les omoplates, le cœur et les côtes, la Vierge le ventre, la Balance les fesses, le Scorpion le pubis, le Sagittaire les cuisses, le Capricorne les genoux, le verseau les Jambes, les Poissons les pieds." trad. de A.J. Festugière (1989-1990) Tome I, p.141).

26. On trouvera un grand nombre de ces synonymes grecs dans l'édition du *De Materia Medica* publiée par M.Wellmann (Berlin, 1906-1914); ils figurent au début de chacune des notices du pseudo Dioscoride, publiées à la suite de celles de Dioscoride (précédées des lettres *RV*, *i e Recensio Vindobonensis*). On pourra aussi consulter l'inventaire des différents noms latins donnés à chaque plante par les principaux auteurs latins de textes consacrés aux végétaux publié par J. André (1985) *Index des noms savants des plantes* p. 305 – 332).

CHAPITRE 2

Des signes aux signatures : les propositions de Paracelse

Si quelques auteurs grecs et latins de l'Antiquité avaient parfois noté que certaines plantes présentaient des signes plus ou moins manifestement en rapport avec les maladies qu'elles pouvaient soigner, ils n'avaient pas pour autant songé à les répertorier et encore moins à les organiser en système.

Il faut attendre le XVI ème siècle pour que l'on voie apparaître une *théorie des signes*, ou plutôt une *théorie des signatures*, car, selon ses concepteurs, les signes ne sont autres que des signatures apposées par Dieu sur certains éléments de la nature pour indiquer aux hommes qu'ils ont la propriété de guérir les affections dont ils souffrent.

Ceux qui l'imaginèrent proposent ainsi une nouvelle méthode pour rechercher les vertus thérapeutiques des végétaux, ce qui n'exclue nullement à leurs yeux d'avoir également recours aux nombreuses observations botaniques mentionnées par les auteurs des siècles précédents.

Une telle "*Théorie des signatures*" appliquée aux plantes survient dans un contexte d'autant plus favorable à sa diffusion que la Botanique connaît alors un exceptionnel renouveau et que les plantes font l'objet de recherches particulièrement innovantes.

Sans doute les botanistes et les médecins de la Renaissance se réfèrent-ils toujours à un certain nombre de concepts philosophiques et médicaux hérités des Anciens qui permettent de caractériser et de classer les substances végétales qui constituaient alors la plus grande partie de la Matière médicale.

Mais, sous l'impulsion d'un petit nombre d'entre eux, la Botanique élargit considérablement le champ de ses investigations, auparavant limitée presqu'exclusivement à l'étude des plantes médicinales. Son enseignement s'affranchit de celui de la Médecine, et l'on assiste alors à la publication d'ouvrages consacrés aux flores locales, à la création des premiers herbiers et des premiers jardins botaniques, tandis que se constitue un véritable réseau de botanistes européens qui échangent plantes et graines pour s'assurer de leur exacte identification et confronter leurs expériences afin de vérifier la pertinence des vertus qui leur sont attribuées.

On attribue généralement à Paracelse l'invention de cette "Théorie des signatures". S'il est vrai qu'il en a lancé l'idée et en a jeté les bases avec force conviction, il ne lui a guère accordé de longs développements pour en justifier l'application aux végétaux. L'étude de ces derniers ne paraît guère l'avoir attiré et il se montre piètre botaniste dans les quelques écrits qu'il leur a consacré. Il présente toutefois la "théorie des signatures" comme une voie de recherche à explorer pour détecter les vertus curatives des plantes, tout comme il recommande d'accorder la plus grande attention à l'influence des astres dans le choix des remèdes, de soigner les maladies en privilégiant les traitements fondés sur la "théorie des semblables" et de rechercher les principes actifs des plantes en procédant à leur distillation.

Ce sont en fait ses plus fervents admirateurs qui se sont attachés à donner la forme élaborée d'une véritable doctrine à cette "théorie des signatures". Ils n'hésiteront d'ailleurs pas à entreprendre la rédaction de catalogues de plantes médicinales où ils s'évertueront à mettre en évidence les signatures dont elles sont marquées pour signaler leurs vertus curatives. Ce faisant, ils n'ont pas manqué de provoquer d'âpres discussions entre leurs partisans et leurs détracteurs, qu'ils soient médecins, botanistes, philosophes ou théologiens.

Aux sources d'une classification des substances végétales

Au début du XVIème siècle, les plantes constituent une part importante, sinon la majorité, des remèdes prescrits par les médecins ; ceux-ci doivent une grande partie de leurs connaissances sur le règne végétal à l'étude d'un certain nombre d'ouvrages dont les auteurs – qui ne sont d'ailleurs pas tous médecins - appartiennent à l'Antiquité gréco-romaine ou à la littérature médicale écrite en arabe au Moyen-âge et traduite en latin. Parmi ceux auxquels ils font le plus souvent référence, on relève Hippocrate**, Théophraste**, Dioscoride**, Pline**, Celse**, Galien** ainsi que des médecins de l'Antiquité tardive comme Oribase**, Aetius**, Paul d'Egine** ou encore des auteurs de langue arabe (1) comme Mésué**, Rhazes**, Avicenne** ou encore Serapion**.

L'enseignement de la botanique médicale dispensé dans les Facultés de Médecine se limitera alors en grande partie et pendant encore de longues années à de simples commentaires de ces ouvrages de référence. Il s'appuiera également sur un certain nombre de théories philosophiques et médicales héritées de l'Antiquité qui serviront à caractériser les propriétés des substances végétales. Nous en évoquerons succinctement les plus souvent citées.

La théorie des quatre éléments

Les spéculations sur les éléments constituant l'univers remontent aux philosophes présocratiques. On en trouve des échos dans plusieurs traités de la *Collection hippocratique*, dont les auteurs considèrent l'homme comme un microcosme à l'image de l'univers composé d'un ou plusieurs éléments fondamentaux. Mais les opinions divergent d'un ouvrage à l'autre. Selon l'auteur des *Vents*, il y a un principe fondamental, l'air ; selon l'auteur du *Régime* il y en a deux, opposés et complémentaires : le feu et l'eau, selon celui des *Chairs*, il en existe trois : le chaud, la terre et l'air et selon l'auteur des *Semaines* il y en a sept : le chaud, le froid, l'humide, le sang, l'amer, le doux et le salé. La théorie finalement adoptée - et qui sera promise à un bel avenir- fut celle d'un cosmos constitué de quatre éléments : l'air, le feu, l'eau et la terre (2). Les auteurs ultérieurs d'ouvrages de théologie, de philosophie, voire de médecine et de botanique ne manqueront pas d'en faire état et nous verrons plus loin que Paracelse ainsi que ses disciples s'y réfèrent à de nombreuses reprises.

La théorie des qualités premières ou qualités sensibles

Dans le cadre de leur réflexion sur l'organisation et la structure du cosmos, les philosophes présocratiques avaient porté leur attention sur les nombreuses oppositions qu'ils avaient remarquées dans la nature et ils avaient tout particulièrement distingué parmi elles l'existence de quatre "qualités sensibles" opposées deux à deux, le chaud et le froid d'une part, le sec et l'humide d'autre part.

Leurs spéculations sur ces qualités inhérentes à de nombreux éléments qui composent l'univers susciteront pendant de longs siècles aussi bien l'intérêt des médecins qui y feront référence pour caractériser les "tempéraments" de l'homme que celui des botanistes qui les mirent à profit pour classer les végétaux. (3)

La théorie des humeurs

L'observation des divers liquides présents dans le corps humain, aussi bien chez l'homme bien portant que chez le malade ou le blessé a conduit les médecins grecs à imaginer que ces fluides organiques, qualifiés "d'humeurs", devaient circuler à l'intérieur du corps, attirés par certains organes et absorbés ou encore expulsés par d'autres. Les auteurs des différents traités de la *Collection hippocratique* sont partagés sur leur nombre et leur nature. Mais la théorie humorale qui finit par l'emporter est celle des quatre humeurs et elle resta au cours des siècles suivants attachée au nom d'Hippocrate, bien qu'elle soit plus vraisemblablement due à son gendre et disciple Polybe. (4)

Rappelons brièvement que cette théorie repose sur l'idée que la santé du corps comme celle de l'âme réside dans l'équilibre de quatre humeurs – sang, phlegme ou pituite, bile jaune, bile noire ou atrabile- et des quatre qualités sensibles qui les accompagnent –chaud, froid, humide, sec – opposés deux à deux. Le schéma ci-dessous nous dispensera d'une trop longue digression :

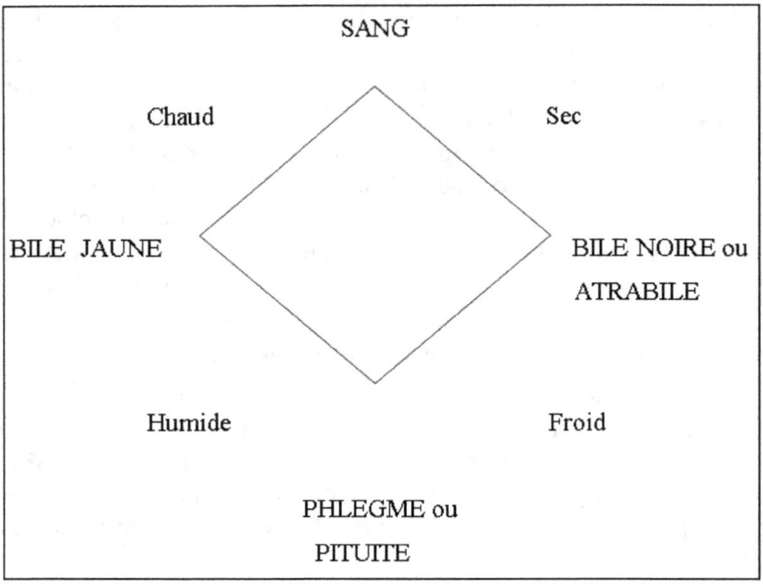

Selon une telle théorie, les maladies s'expliquent par un dérèglement ou dyscrasie (*duskrasia*) des relations entre ces quatre humeurs sous l'effet de facteurs intérieurs ou extérieurs qui entraînent la formation dans le corps d'humeurs viciées spécifiques accompagnée d'une réaction de l'organisme qui se manifeste par de la fièvre et une détérioration de l'état général du malade. Dès lors, on imagine que leur guérison ne saurait être obtenue que par le rétablissement de l'équilibre des humeurs dans le corps en procédant à l'évacuation de celles qui sont viciées, sans négliger pour autant de tenir le plus grand compte de l'environnement du malade et de données qui lui sont spécifiques comme, par exemple, son sexe, son mode de vie, son régime alimentaire, et même son désir de guérir ou pas.

Ajoutons qu'en croisant les quatre qualités sensibles avec les quatre humeurs, les médecins avaient été conduits à imaginer quatre types de tempéraments, le sanguin, le lymphatique (*i e* flegmatique), le bilieux (*i e* cholérique) et le nerveux (*i e* atrabilaire), entre lesquels il leur était possible de répartir les individus. Une telle typologie, résumée dans le tableau ci-dessous, présentait notamment l'intérêt pour les médecins de pouvoir théoriquement adapter leur prescriptions en fonction du tempérament du malade.

	CHAUD	FROID
SEC	Bilieux ou Cholérique	Nerveux ou Atrabilaire
HUMIDE	Sanguin	Lymphatique ou Flegmatique

La théorie des contraires et celle des semblables

Dès l'Antiquité deux théories sont invoquées pour traiter efficacement les diverses affections dont souffre l'humanité.

Selon l'une, guérir un malade, c'est "s'opposer" à la maladie et à sa cause, ce qui implique de prescrire des remèdes qui sont contraires à la maladie (5). Cette conception des effets bénéfiques provoqués par la mise en présence des contraires est très présente dans la médecine antique. Sa mise en œuvre impose toutefois au médecin mesure et modération. La recherche de la guérison ne doit pas avoir en effet pour conséquence de causer quelque mal que ce soit au patient : "*primum nihil nocere*" est un aphorisme fondamental qui s'impose à lui, notamment dans le choix des remèdes et leur posologie ainsi que dans celui du meilleur moment pour traiter l'affection. Le rôle du médecin est de lutter (*antagonisasthai*) grâce à son art contre la maladie. Il lui faut donc prescrire un traitement hostile à la maladie. C'est ce que déclare l'auteur de la *Maladie sacrée* :

"Il faut dans cette maladie comme dans toutes les autres, ne pas augmenter le mal, mais l'épuiser en lui administrant ce qui lui est *hostile* [*polemiotaton*] à chaque maladie et non pas à ce qui lui est familier. Car, par ce qui lui est familier, elle prospère et croît, tandis que, par ce qui lui est *hostile* [*polemiou*], elle dépérit et s'affaiblit." (*Maladie sacrée* c. 18).

La médecine allopathique qui est généralement exprimée sous sa formule latine "*contraria contrariis curantur*" est nettement privilégiée dans la *Collection hippocratique.*

L'auteur des *Aphorismes* note, par exemple :

« Les maladies qui proviennent de la plénitude sont guéries par évacuation, celles qui proviennent de vacuité, par réplétion, et, en général, par les contraires. » (*Aphorismes* II, 22).

Et celui du traité sur les Vents recommande clairement d'y avoir recours :

« Si on connaît la cause de la maladie, on sera en mesure d'administrer au corps ce qui lui est utile, en partant des contraires pour s'opposer à la maladie. Cette médecine est en effet la plus naturelle. Par exemple, la faim est une maladie ; car, ce qui afflige l'homme reçoit précisément le nom de maladie. Quel est donc le remède de la faim ? ce qui supprime la faim. Or, cela, c'est la nourriture. C'est donc par ce remède-ci qu'il faut soigner cette maladie-là. Autre exemple : la boisson supprime la soif ; ou encore la répétition est soignée par la vacuité, la vacuité par la répétition, l'exercice par le repos, le repos par l'exercice. Bref, en un mot, les remèdes sont les remèdes des contraires. » (*Vents* c. 1)

Le traitement par les contraires est privilégié, notamment par Galien et la plupart des auteurs médicaux grecs et latins. Oribase, par exemple, rappelle dans son *Encyclopédie médicale* (*Coll. Méd.* IX, 21, 3) qu'il faut toujours se souvenir que "les contraires sont guéris par les contraires" (*aei gar chrê memnêsthai tou ta enantia tôn enantiôn iamata einai*)

Selon une autre théorie, ce qui cause la maladie peut guérir la maladie. Autrement dit, il est possible de soigner les semblables par les semblables, c'est-à-dire d'avoir recours à l'homéopathie, une thérapie que l'on définit souvent par la formule latine : "*simila similibus curantur* " (6). On en trouve une formulation claire dans ce bref passage d'un Traité de la *Collection hippocratique* qui sera d'ailleurs fréquemment cité par les tenants de la médecine homéopathique pour en justifier l'ancienneté et partant, le bien fondé :

> « La maladie est produite par les semblables et par les semblables que l'on fait prendre, le patient revient de la maladie à la santé. Ainsi, ce qui produit la strangurie qui n'est pas enlève la strangurie qui est. La toux, comme la strangurie, est causée et enlevée par les mêmes choses. » (*Lieux de l'homme* c 42)

Il convient toutefois de nuancer le propos, car pour certains médecins de l'Antiquité, les deux modes de traitements ne sont pas incompatibles. Pour eux en effet, le choix de la thérapie à privilégier dépend de la nature de la maladie et de ses causes. Ainsi, dans le passage suivant, qui est un des plus explicites de la *Collection hippocratique*, l'auteur envisage les deux thérapies et justifie le recours à chacune d'elles :

> « La douleur se produit et par le froid et par le chaud, et par l'excès et par le défaut. Elle se produit chez ceux qui ont éprouvé un refroidissement, par le réchauffement ; chez ceux qui ont éprouvé un échauffement, par le refroidissement ; elle se produit chez les personnes de constitution froide par le chaud, de constitution chaude par le froid, de constitution sèche par l'humide, de constitution humide par le sec. Car les douleurs surviennent toutes les fois qu'il y a changement et corruption de nature. Les douleurs se guérissent par les contraires ; chaque maladie a ce qui est propre ; ainsi aux constitutions chaudes devenues malades par le froid, conviennent les échauffants, et ainsi de suite. Autre procédé : la maladie est causée par les semblables ; et par les semblables que l'on fait prendre, le patient revient de la maladie à la santé . Ainsi, ce qui produit la strangurie qui n'est pas, enlève la strangurie qui est ; la toux, comme la strangurie est causée et enlevée par les mêmes choses. Autre procédé : la fièvre née par la phlegmasie (*abondance de sucs*) tantôt est produite et supprimée par les mêmes choses, tantôt est supprimée par les contraires de ce qui l'a produite. Ainsi veut-on laver le sujet avec de l'eau chaude et lui. La douleur se produit et par le froid et par le chaud, et par l'excès et par le défaut. Elle se produit chez ceux qui ont éprouvé un refroidissement, par le réchauffement ; chez ceux qui ont éprouvé un échauffement, par le refroidissement ; elle se produit chez les personnes de constitution froide par le chaud, de constitution chaude par le froid, de constitution sèche par l'humide, de constitution humide par le sec. Car les douleurs surviennent toutes les fois qu'il y a changement et corruption de nature. Les douleurs se guérissent par les contraires ; chaque maladie a ce qui est propre ; ainsi aux constitutions chaudes devenues malades par le froid, conviennent les échauffants, et ainsi de suite. Autre procédé : la maladie est causée par les semblables ; et par les semblables que l'on fait prendre, le patient revient de la maladie à la santé . ainsi, ce qui produit la strangurie qui n'est pas, enlève la strangurie qui est ; la toux, comme la strangurie est causée et enlevée par les mêmes choses. Autre procédé : la fièvre née par la phlegmasie (*abondance de sucs*) tantôt est produite et supprimée par les mêmes choses, tantôt est supprimée par les contraires de ce qui l'a produite. Ainsi veut-on laver le sujet avec de l'eau chaude et lui donner des boissons abondantes ? Il est ramené à la santé par la phlegmasie (*abondance de sucs*) ; ce qui rend phlegmatique enlève la fièvre existante. De la même façon, veut-on administre un purgatif et un vomitif ? la fièvre est supprimée par ce qui la produit et produite par ce qui la supprime. Autre exemple : si, à un homme qui vomit, on donne à boire de l'eau en abondance, on le débarrasse, avec le

vomissement, de ce qui le fait vomir ; de la sorte vomir enlève le vomissement. Mais, si on l'arrête directement, c'est qu'on fera passer par le bas une partie de ce qui, étant dans le corps, enlève le vomissement. Ainsi, de deux façons contraires, la santé se rétablit. Et, s'il en était de même dans tous les cas, la chose serait entendue, et l'on traiterait tantôt par les contraires selon la nature et l'origine de la maladie, tantôt par les semblables suivant encore la nature et l'origine de la maladie. » (*Lieux dans l'homme*, 42 ; trad. E. Littré, Tome VI, pp. 335-336).

Nous verrons plus loin que les adeptes de la théorie des signatures attachent une grande importance à la recherche des semblables dans la Nature et que les médecins qui s'en inspirent se déclareront de farouches partisans d'une thérapie homéopathique.

La théorie des degrés

Au II ème siècle après J-C, apparaît une théorie à laquelle il sera fait ultérieurement référence dans la plupart des traités de Matière médicale où les plantes occupent une large place mais aussi dans les ouvrages plus spécialement consacrés à la Botanique. On la doit au médecin grec Galien qui considère à juste titre que la répartition des substances en fonction des quatre qualités premières énumérées plus haut est beaucoup trop sommaire pour rendre compte des nuances de la réalité. Afin de mieux cerner l'efficacité de leurs propriétés, il propose dans un premier temps de subdiviser chacune d'elles en quatre degrés (qu'il appelle *taxis*). Ce qui lui permet une classification comportant au total 16 degrés entre lesquels il pense que la totalité des plantes utilisées en médecine doit pouvoir être réparties. Prenons l'exemple du chaud. Selon lui, il convient de classer au premier degré, ce qui n'échauffe pas de façon évidente (*enargôs*), ou, si l'on préfère, ce qui est à peine perceptible (*amudrôs*), au deuxième degré, ce qui est manifestement (*saphôs*) chaud ; au troisième degré, ce qui possède une chaleur forte (*ischurôs*), voire violente (*sphodrôs*); enfin, au quatrième degré, ce qui est d'une chaleur telle que son action peut provoquer des brûlures. (7)

Mais cette classification ne satisfait pas entièrement Galien. Considérant en effet que l'intensité des substances est plus ou moins forte à l'intérieur d'un même degré, il propose alors de distinguer trois subdivisions possibles (*diaphorai*) à l'intérieur de chaque degré afin de nuancer davantage encore les propriétés des substances. Mais il n'utilisera guère ces subdivisions, se contentant d'indiquer les degrés d'une grande partie des plantes qu'il a mentionnées. En effet, il ne donnera pas toujours cette précision, loin s'en faut. (8)

Quelques siècles plus tard, Oribase rappelle en la résumant la théorie de Galien sur les degrés. Après avoir expliqué d'abord comment il convient de déterminer la propriété des médicaments par rapport à un corps parfaitement bien tempéré :

« Appelons bien tempéré ce qui développe dans un autre corps une chaleur égale à la température de ce corps, quand bien même le médicament en question semblerait manifestement réchauffer d'une manière très prononcée un vieillard refroidi et donnons à ce qui réchauffe ou refroidit un corps exactement tempéré le nom de chaud quand il réchauffe et de froid quand il refroidit. » (*Coll. Méd.* XIV, 4)

il reproduit presque textuellement le passage de Galien où celui-ci expose avec le plus de précision sa théorie des degrés :

« Un médecin accompli ne doit pas seulement savoir que tel ou tel médicament est chaud, mais aussi à quel degré il surpasse les autres en chaleur. Pour chaque qualité prédominante (*epikrateia*), il suffit, pour l'usage, d'admettre quatre degrés, d'appeler chaud *au premier degré* ce qui nous réchauffe sans que cela soit d'une manière évidente, et d'en agir de même pour le froid, le sec et l'humide. On regardera comme appartenant *au second degré*, toutes les substances qui sont de nature à échauffer, à refroidir, à dessécher ou à humecter manifestement (*saphôs*), et *au troisième*, celles qui produisent fortement (*sphodrôs*) ces effets, sans cependant qu'ils arrivent au suprême degré, celles qui échauffent tellement, qu'elles produisent des escarres et qu'elles brûlent, appartiennent *au quatrième degré* ; de même celles qui refroidissent jusqu'au point de stupéfier, appartiendront aussi au quatrième degré. Il n'existe aucune substance qui dessèche au quatrième degré sans qu'elle brûle : car aussitôt qu'une substance dessèche au suprême degré, elle brûle nécessairement aussi. » (*Coll. Méd.* XIV, 11)

La théorie des degrés, adoptée par les auteurs arabes de traités de *Matière médicale*, donna à leur suite matière à différents ouvrages comme le *De Gradibus* d'Urso de Salerne au XII ème siècle, ou un siècle plus tard, le *De Gradibus* d'Arnaud de Villeneuve (9). Elle est très présente dans les pharmacopées du Moyen-Âge, qui serviront longtemps de référence comme, par exemple, l'*Antidotaire Nicolas*, le *Livre des simples médecines* de Platearius, davantage connu sous le nom de *Circa instans*, d'après les premiers mots de son prologue ou encore le *Tacuinum sanitatis* (10).

La plupart des auteurs d'ouvrage de botanique médicale qui se succèderont au cours des siècles suivants ne manqueront pas davantage de se référer aux degrés de Galien pour caractériser le "tempérament" d'une plante médicinale. Ainsi, par exemple, au XVI ème siècle, P. A. Matthioli** prend-il soin d'en justifier l'utilité dans son *Avertissement au Lecteur* de ses Commentaires au *De Materia Medica* de Dioscoride, qui précède un tableau où sont classées toutes les plantes citées dans son ouvrage selon leurs qualités sensibles et leur degré d'intensité :

« Parce peut-étre qu'on pourroit entendre d'une autre façon les remedes et facultez des Simples décrits aux precedentes tables, & qu'il y auroit de la difficulté à les ordonner sans quelque assurance, ou raison : afin que le tout en soit mieux assuré, vü méme le grand interét qu'il y a à en user autrement, nous avons icy mis par ordre Alphabétique, les premieres qualitez des Simples dont Galien a fait mention, pousuivants jusques au quatrième degré : & les secondes & les troisiémes : que nous estimons être fort necessaires à toutes personnes qui s'adonne à la Medecine. »

(*Les Commentaires de M. P. André Matthioli, Medecin senois sur les six Livres de Pedacius Dioscoride, traduit de Latin en François par M.Antoine du Pinet*, p. LXXXII)

L'âge d'or de la Botanique

Jusqu'au XVI ème siècle, la Botanique était pour l'essentiel consacrée à l'étude des plantes utilitaires, et tout particulièrement à celle des plantes médicinales. Son enseignement allait d'ailleurs de pair avec celui de la médecine. Les plus grands botanistes de la Renaissance sont d'ailleurs tous médecins. Il reposait principalement sur les connaissances livresques héritées des auteurs grecs et romains et enrichies par les apports des médecins arabes. La liste des végétaux étudiés et intégrés dans la pharmacopée alors en usage avait toutefois été complétée par un certain nombre de plantes courantes en Europe occidentales mais inconnues dans les pays méditerranéens et au Proche Orient.

Mais au cours du XVI ème siècle, la Botanique change progressivement de statut pour devenir une discipline autonome (11). En effet, son enseignement à l'Université commence à être dispensé indépendamment de celui de la médecine dont elle ne s'est cependant pas encore totalement affranchie. On assiste par ailleurs à une profonde modification de son contenu. De moins en moins conçue comme une simple dissertation sur les ouvrages légués par les auteurs des siècles précédents, elle tend à devenir progressivement une science d'observation et d'investigation qui privilégie l'étude des végétaux *in situ*. En outre, il est désormais admis que son champ de recherche ne saurait être limité aux seules plantes médicinales, mais qu'il doit s'étendre à la totalité de la flore.

Son enseignement est facilité par la création des premiers jardins botaniques universitaires, ainsi que par l'utilisation d'herbiers (12), les uns comme les autres destinés à seconder la pédagogie et la recherche, mais il n'exclue nullement de recourir aux expérimentations pour vérifier ou affiner les connaissances acquises sur les propriétés des plantes. Dans le même temps, on assiste à un développement des communications entre botanistes, accompagnées souvent d'échanges de plantes ou de graines pour confronter les résultats de leurs investigations et apporter éventuellement des corrections à leurs identifications.

Un tel regain d'intérêt pour la Botanique et le nouveau visage sous lequel elle apparaît ne pouvaient manquer de susciter la naissance d'une importante littérature. Certes, de nombreux ouvrages portent-ils encore tout particulièrement sur les plantes qui passent pour soigner les affections les plus courantes, mais certains témoignent aussi de la volonté de recenser et de décrire le plus grand nombre de végétaux possible dans de véritables flores dont les textes de plus en plus précis sont généralement accompagnés de nombreux dessins gravés sur bois ou sur cuivre. Quelques-uns accordent même une large place aux nombreuses plantes nouvelles en provenance des pays récemment découverts.

Le développement de l'imprimerie facilite évidemment leur diffusion et si beaucoup sont encore écrits en latin, nombre d'entre eux font l'objet de traductions en langues vulgaires, et certains sont même écrits directement dans la langue de leur auteur.

Mais tous les botanistes de cette époque souffrent de la même difficulté à classer et à désigner les plantes qu'ils ont rassemblées dans leurs ouvrages, et ceux-ci font apparaître plus que jamais l'impérieuse nécessité de mettre de l'ordre dans les différentes dénominations des plantes et d'imaginer un système fiable et cohérent pour répartir la multitude des espèces recensées. Il faudra attendre deux siècles pour que ces questions soient en grande partie résolues avec les travaux de Linné**. On peut néanmoins considérer le XVI ème siècle comme l'âge d'or de la Botanique.

Remarquons toutefois que, paradoxalement, l'approfondissement de la connaissance des plantes et de leurs propriétés que l'on peut aisément constater à la lecture des ouvrages publiés à cette époque - dont la plupart sont d'une grande qualité - n'a nullement entraîné la disparition d'une littérature populaire également consacrée aux pouvoirs thérapeutiques des plantes qui reste fortement teintée de magie et d'astrologie.

L'observation des plantes *in situ*

Pour décrire convenablement les plantes, il est évidemment impératif d'aller les observer dans la nature ou dans les jardins où elles ont été plantées. Une telle nécessité semblait curieusement avoir échappé à la plupart des auteurs d'ouvrages sur les plantes antérieurs au XVI ème siècle. Théophraste, Pline, Dioscoride ou encore de Galien avaient pourtant invité ceux qui s'intéressaient à l'étude des plantes à les observer *in situ* pour les bien décrire et ne pas en confondre les différentes espèces. Pline, par exemple, rappelle que la connaissance des remèdes (*i.e* des plantes) ne s'acquiert que « par la vue et la pratique » (*H.N.* XXVI, 12) et il prétend, sans doute avec quelque exagération, qu'il a observé lui-même la plus grande partie des plantes qu'il a citées dans son *Histoire Naturelle* :

> « Nous, du moins, à l'exception d'un tout petit nombre, nous avons eu la chance de les examiner toutes, grâce à la science d'Antonius Castor, la plus grande autorité de notre temps dans cette partie, en visitant son petit jardin (*hortulus*) où il en cultivait un très grand nombre, plus que centenaire sans avoir jamais éprouvé de maladie et sans que l'âge eût altéré sa mémoire et sa vigueur.... » (*H.N.* XXV, 9):

Galien de son côté insiste pour que le médecin aille observer lui-même la plupart des plantes qu'il prescrit à ses malades, tout en rappelant qu'il allait récolter celles qui lui étaient nécessaires dans les environs de Rome où il exerça la médecine une partie de sa vie :

> « Le médecin doit, autant que possible, connaître toutes les plantes : sinon, qu'il en connaisse du moins le plus grand nombre, et celles qui sont les plus utiles. Celui qui en connaît les différentes espèces, dans toutes les phases de leur développement, que ces plantes soient jeunes et petites ou bien en pleine maturité, et qui peut ainsi les distinguer, trouvera en maints endroits certaines plantes utiles, comme j'en ai moi-même trouvé en diverses régions d'Italie alors que celui qui ne les connaît que mortes et desséchées ne les connaît jamais, que ce soit de jeunes pousses ou des plantes ayant atteint leur maturité. Il n'y a pas de charlatan qui ne puisse facilement identifier par les fruits les plantes qui sont importées de Crète, mais tous ignorent

qu'il serait facile de recueillir quelques-unes de ces plantes aux environs de Rome, en respectant l'époque de leur maturité.. Pour moi, je connais bien cette saison et je pars chercher *chamaepitys*, chamaedrus*, thlaspi*, centaurium*, hypericum*, polium** et autres plantes du même genre à l'époque qui convient. Je les récolte dans leur parfaite maturité, n'attendant pas qu'elles l'aient dépassée, et qu'elles soient grillées par le soleil, sans toutefois aller les chercher trop tôt, c'est-à-dire avant que le fruit soit bien constitué. » (*Peri Antidotôn*, Kühn, XIV, 30 - 31) (27)

C'est seulement au XVI ème siècle, et en Italie que les médecins – botanistes reprendront à leur compte les recommandations de leurs lointains aînés. Selon le témoignage d'Aldrovandi**, ce fut L. Ghini** qui fut l'un des premiers non seulement à enseigner la botanique à Pise, indépendamment de la médecine, mais encore à juger indispensable de compléter ses cours par l'observation d'échantillons récoltés dans la nature et par de fréquentes excursions à la campagne afin d'étudier les plantes là où elles poussaient naturellement. Son exemple sera rapidement suivi et inspirera toute une génération de botanistes.

Les jardins botaniques (*Hortus vivus*)

Toutefois, on se rendit compte que les excursions botaniques, pour nécessaires qu'elles fussent, prenaient beaucoup de temps et n'étaient pas toujours aisées à organiser. De plus, on pouvait aisément constater que la nature environnante n'offrait qu'un nombre relativement restreint de végétaux. Dès lors, l'idée se fit jour qu'il était possible d'en examiner un plus grand nombre non loin de l'Université où étaient dispensés les cours de botanique, en aménageant des espaces réservés qui pourraient accueillir la plupart de celles qui faisaient l'objet d'un enseignement, permettant ainsi d'en réaliser une étude plus approfondie et de suivre leur évolution au fil des saisons.. C'est dans ce but que fut créé en Italie le premier jardin botanique (13), probablement à Pise, sous l'impulsion de Luca Ghini en 1543, précédant de peu ceux de Padoue (1545), de Florence (1545) et de Bologne (1568). De nombreuses villes universitaires comme, par exemple, Leiden aux Pays-Bas (1577) ou Montpellier en France (1598) s'inspirèrent de l'exemple italien pour aménager à leur tour de tels jardins. Ils se distinguent à l'évidence de ceux du Moyen-âge qui étaient créés soit pour l'agrément, au voisinage immédiat de résidences royales ou princières, voire de demeures de riches bourgeois, soit pour des besoins utilitaires qu'il s'agisse de jardins potagers ou de jardins des simples, notamment dans l'enceinte des couvents où les moines avaient besoin de plantes curatives pour soigner ceux d'entre eux qui étaient souffrants ainsi que les malades qu'ils y accueillaient.

De tels jardins ayant pour vocation l'étude ou la conservation des plantes avaient probablement déjà été imaginés dès l'Antiquité. Nous avons évoqué plus haut celui d'Antonius Castor, très apprécié par Pline. On peut aussi citer celui que Théophraste avait crée à Athènes, un jardin auquel il devait sans doute tenir beaucoup si l'on se souvient qu'il s'était préoccupé de son devenir après sa mort ; il avait en effet donné dans son testament des instructions précises à son sujet, sans négliger pour autant ceux qui étaient chargés de son entretien :

« Après ma mort, comme convenu, le temple, le tombeau, le jardin, le parc, seront confiés à Pompyle, qui y demeure, et qui surveillera l'ensemble comme il l'a fait de son vivant. ... Quand Manès et Callias auront travaillé quatre ans au jardin sans mériter de réprimandes, ils seront affranchis ». (Diogène Laerce, *Vie des philosophes* V. 52-55)

C'est peut-être le premier jardin botanique européen de l'histoire ! (14) Théophraste avait en effet la possibilité d'y observer de près un nombre non négligeable de végétaux, parmi lesquels figuraient sans doute des plantes en provenance de régions lointaines dont on lui avait fait parvenir les graines. La transplantation de végétaux sauvages dans les jardins et des essais d'acclimatation d'espèces exotiques étaient en effet déjà pratiquées à l'époque. (15)

Les premiers herbiers (*Hortus siccus*)

Si les jardins botaniques avaient l'avantage de permettre l'étude d'un grand nombre de plantes dans un espace restreint et de pouvoir suivre les différentes phases de leur développement tout au long de l'année, ils avaient évidemment l'inconvénient d'être soumis au rythme des saisons et du climat local. En hiver, notamment, certaines plantes ne pouvaient y être observées. En outre, il était exclu d'y accueillir bon nombre de végétaux originaires de régions plus clémentes ou plus rigoureuses que celles où ils avaient été créés.

Pour compenser ce qui pouvait limiter l'intérêt de ces jardins, l'idée se fit jour, également au XVI ème siècle, de conserver des spécimens de plantes, après les avoir pressées et séchées et s'être assuré qu'elles conservaient la plupart des caractéristiques permettant de les identifier sans un trop grand risque d'erreurs. En assemblant les feuilles de papier sur lesquelles elles avaient été collées, on en vint à constituer de véritables ouvrages ou herbiers qui présentaient l'intérêt d'offrir la possibilité d'observer les plantes à toute époque de l'année. Ils avaient aussi pour vocation de faciliter, par comparaison avec leur contenu, l'identification de végétaux récoltés au cours d'excursions botaniques ou sommairement décrits par les auteurs anciens. Les plus riches d'entre eux dans lesquels avaient été intégrées des plantes en provenance de régions plus ou moins lointaines permettaient également d'étudier avec profit les auteurs de relations de voyage qui les citaient.

C'est sans doute en Italie que furent confectionnés les premiers herbiers et l'un des plus anciens, aujourd'hui perdu, est probablement celui de L. Ghini qui contenait plusieurs centaines de plantes (16). Fort heureusement, ceux de Césalpin (réalisé vers 1563) (34) qui en compte sept-cent soixante huit et celui d'Aldrovandi (commencé à partir de 1551) qui en rassemble plus de sept mille sont parvenu jusqu'à nous dans un bon état de conservation. La plupart des botanistes s'attachèrent par la suite à composer le leur.

La consultation de ces herbiers s'avérait cependant délicate et d'un intérêt parfois limité. Ils étaient en effet fragiles et, à la différence des livres et des manuscrits, on ne pouvait guère les communiquer à des correspondants éloignés sans courir le risque de les détériorer. Ils ne comptaient par ailleurs qu'un nombre restreint de végétaux. En outre, la plupart d'entre eux ne contenaient qu'un spécimen de chaque plante et, de ce fait, ne permettaient généralement pas de la reconnaître aux différents cycles de sa vie.

La naissance d'une "Littérature botanique"

L'intérêt porté à l'étude des plantes au XVI ème siècle se traduisit par la naissance et l'essor rapide d'une littérature botanique dont les premiers ouvrages sont essentiellement consacrés aux plantes qui possèdent des propriétés médicinales ou qui sont d'une certaine utilité pour l'homme. Botanistes italiens, allemands, flamands, britanniques, suisses et français rivalisent d'érudition et publient en latin ou dans leur propre langue de véritables encyclopédies botaniques où ils ont rassemblé la somme de leurs connaissances.

La plupart sont composées d'une succession de notices, de structure à peu près identique d'un auteur à l'autre, chacune étant consacrée à une plante et souvent accompagnées de dessins.

Mais faute d'une systématique commune à tous les botanistes (17), les notices y sont généralement présentées en suivant l'ordre alphabétique des noms attribués à chaque plante par l'auteur de l'ouvrage. Quelques auteurs font état des expérimentations auxquelles ils se sont livrés pour tester l'efficacité des propriétés curatives des plantes qu'ils décrivent.

La structure des notices

La plupart des notices sont composées suivant des plans très proches les uns des autres. Leur auteur commence généralement par une liste des différents "*Noms*" donnés à la plante, notamment en grec, en latin et dans sa propre langue, parfois dans différentes langues européennes. Il en distingue ensuite les différentes "*Espèces*" et s'attache à en donner une description assez détaillée, généralement sous une rubrique intitulée "*La Forme*", en insistant sur les caractéristiques qui lui paraissent essentielles pour l'identifier facilement.

Notons ici que le vocabulaire descriptif alors utilisé pouvant prêter à confusion, certains auteurs ont cru bon de définir avec précision les termes qu'ils utilisaient. Fuchs** par exemple y consacre quatre pages entières au début de son *De Historia Stirpium* (1542), qui constituent sans doute un des premiers lexiques de nomenclature botanique où les mots sont classés par ordre alphabétique. De même, Dodoens** jugera nécessaire de consacrer deux chapitres au début de son *Stirpium Historiae* (1619) au contenu des termes qu'il emploie.

Après avoir décrit la plante, l'auteur mentionne quels sont les "*Lieux*" où elle pousse : jardins, bois, terres incultes, altitude, à l'ombre ou dans un endroit ensoleillé, en plaine ou en altitude, parfois les pays dans lesquels on la rencontre le plus souvent …

Il indique également "*Le Temps*" c'est-à-dire l'époque ou, parfois, plus précisément, le mois de sa floraison ; mais il consacre de plus amples développements à son "*Tempérament*" (c'est-à-dire ses "qualités premières"(cf. *supra*. p. XXX) et parfois ses saveurs (acide, amer, âcre, douce..), ses "*Vertus et Opérations*", c'est-à-dire ses propriétés thérapeutiques ainsi que ses modes d'emploi et ses "*Nuisances*", c'est-à-dire ses effets indésirables, voire sa dangerosité. Très souvent, l'auteur rappelle dans un paragraphe particulier les opinions que les auteurs anciens portaient sur la plante et ses propriétés.

Outre un nombre plus ou moins important de notices, certains ouvrages contiennent un ou plusieurs Index répertoriant toutes les plantes citées sous leurs différentes appellations, ainsi que leurs vertus, classées selon les affections qu'elles sont censées soigner.

Les illustrations (Hortus pictus)

La nécessité d'accompagner le texte des notices par un dessin se fit bientôt sentir.

Les premières illustrations de plantes accompagnant les notices des ouvrages de botanique remontent à l'Antiquité. Pline y fait allusion, pour les critiquer :

> "Parmi les auteurs grecs qui ont traité [des herbes médicinales], Krateuas, Denys et Métrodore ont usé d'une méthode très séduisante, mais qui ne fait guère que prouver la difficulté de la chose : ils ont en effet reproduit les plantes en couleur et ont décrit en dessous leurs effets. Mais la peinture est trompeuse, tant les couleurs sont trompeuses, surtout si l'on veut rivaliser avec la nature et elle est fort altérée par les divers hasards de la copie. De plus, il ne suffit pas de peindre chacune des plantes dans une période unique de sa vie puisqu'elle change d'aspects avec les quatre saisons de l'année." (XXV, 8)

Si les critiques de Pline ne sont pas dénuées de fondement, ce ne sont pas elles qui constituèrent une entrave majeure à la réalisation d'herbiers illustrés, mais bien plutôt le coût de leur réalisation. Le faible nombre d'exemplaires produits ne pouvait être réservé qu'à des personnages lettrés, fortunés et de rang élevé. L'apparition de l'imprimerie leva cet obstacle et il devint possible d'illustrer à moindre frais les ouvrages consacrés aux végétaux. Mais certains éditeurs firent malheureusement preuve d'une absence totale de rigueur. En effet, par souci d'économie, ils n'hésitèrent pas à illustrer parfois un nouvel ouvrage avec des gravures sur bois déjà publiées dans un autre qu'ils avaient édité auparavant, si bien que, d'un ouvrage à l'autre, la même planche put ainsi accompagner des textes consacrés à des plantes différentes.

Afin de remédier à de tels risques de confusion, le besoin de reproductions exactes s'imposa rapidement, car les médecins et les apothicaires aussi bien que les botanistes voulaient disposer d'ouvrages de référence leur offrant une représentation fiable des plantes dont ils avaient à connaître.

Dès 1503, A. Dürer avait montré la voie en peignant une grande touffe d'herbe (19) qui reste un modèle de précision, bien qu'il ne s'agisse nullement d'une gravure destinée à l'illustration d'un ouvrage consacré aux plantes. Les auteurs d'ouvrages de botanique (20) exigeront la même rigueur scientifique des illustrations qui accompagneront leur texte. Ils feront d'ailleurs appel à des artistes de renom pour y parvenir (21).

Les illustrations botaniques, réalisées avec un souci de réalisme et d'esthétique, apparaissent à la fois comme des documents pédagogiques et des guides utiles pour la détermination des plantes rencontrées dans la nature. En effet, en l'absence de vocabulaire technique et de nomenclature botanique, les gravures se révèlent un outil indispensable pour reconnaître et identifier les espèces végétales. Certaines sont d'une précision telle qu'elles reproduisent même les signes d'une maladie qui a affecté la plante ou les traces des dommages qui lui ont été causés par les insectes.

Les illustrations présentent de grands avantages sur les herbiers et les jardins botaniques. A la différence de ces derniers, elles permettent d'exhiber les plantes, quelles qu'elles soient, tout au long de l'année, sans que l'on ait à attendre l'époque de leur floraison. Par rapport aux herbiers, elles offrent la possibilité de donner à voir des végétaux qu'il est souvent difficile d'y intégrer, comme les plantes à bulbes ou les plantes aquatiques. En outre, grâce à une représentation tridimensionnelle, les gravures donnent une image plus réaliste des plantes qui ont dû être pressées pour être intégrées dans un herbier. On ajoutera que le dessin laisse à l'artiste la possibilité de représenter simultanément les fleurs et les fruits sur la même plante ou encore l'avers et le revers des feuilles, mais aussi de reproduire dans leur diversité les couleurs des fleurs d'une même plante qui peuvent être différentes d'un sujet à l'autre.

Ces illustrations ne sont pas exemptes de critiques. Parmi les plus pertinentes, on peut signaler l'absence de l'indication de l'échelle des dessins, par rapport au modèle observé ou encore l'omission fréquente de représentation des caractéristiques internes des fleurs ou de la structure des fruits.

Les planches illustrées permettront néanmoins une circulation des connaissances entre chercheurs éloignés les uns des autres bien plus aisée que celle qui consistait en échanges de sujets frais ou d'herbiers de plantes séchées.

L'incontournable référence aux Anciens

La référence aux Anciens notamment à Théophraste, Pline et Dioscoride, mais aussi aux médecins arabes traduits en latin demeure très présente dans tous les ouvrages consacrés aux plantes, tout spécialement dans les passages consacrées à leurs propriétés thérapeutiques ou aux recommandations pour leur cueillette.

De même, certains thèmes développés dans la littérature gréco-romaine comme celui des ressemblances entre les plantes et les animaux est évoqué à l'occasion. Le médecin Jacques Dubois, par exemple, y fait allusion dans un passage de sa Pharmacopée, sans pour autant y voir des "signatures" :

> « Comme on dit aussi de plusieurs autres [simples] qu'ils doyvent avoir la forme, effigie, ressemblance et qu'ils doivent estre façonnez à la figure et façon d'un œil de bœuf, de la teste d'un Taureau, d'une corne de Chièvre, de la queue d'un Scorpion,

en forme de puce, de l'animal qu'on dit Ricinus et en français Tiquet, des naseaux d'un veau, des pieds d'un poisson nommé Polypus et en français Cancre de mer, de Couillons d'un Chien ou de quelque autre chose, comme quand nous disons qu'ils doyvent ressembler aux cheveux, à la langue d'un bœuf, à l'oreille d'un Rat, à un Dauphin, à la plume d'un Oiseau, avoir peu de nœuds, ou plusieurs, estre fort branchu, ressembler au Jonc, à une Trufe, avoir la racine bulbeuse, composée de plusieurs pièces, de la forme d'un Oignon, d'une pomme, d'une poire, d'un Coing, d'un gland ou d'une Olive. » (*Pharmacopée*, chapitre 4)

Le thème des sympathies et des antipathies existant entre certaines espèces végétales n'est pas davantage absent de certains ouvrages. En voici un exemple tiré du *De Subtilitate* de Cardan**:

"J'estime qu'il est assez connu que les plantes ont haines entre elles et qu'elles s'entraiment, aussi qu'elles ont membre propre pour faire leur opération. On dit que l'olive et la vigne haient les chous ; le concombre fuit l'olive et la vigne aime l'ormeau. Ainsi, le myrte planté auprès du grenadier le rend plus fructueux, le myrte en est plus odorant. L'un et l'autre provient fertile et abonde en tout. Toutefois une cause est générale pourquoi aucunes plantes sont pernicieuses aus autres voisines. car entendu qu'elles croissent par la chaleur du Soleil et l'humeur de la terre, il est nécessaire que tout arbre opaque et épés soit pernicieus aux autres : aussi, celui qui a plusieurs racines ; car par la grande multitude des racines l'humeur vitale est épuisée et consumée par lequel la plante voisine qui est débile doit estre nourrie et par l'ombre les plantes et la terre sont réfrigérées en sorte que pour ceste cause les arbres ou les herbes qui sont à l'ombre semblent estre anéanties..... La vertu des ombres des arbres est admirable : l'ombre mortifère comme j'ai dit, est du reagal dit toxicum, du noyer, de la lecture marine, du figuier vieil et du cormier d'Inde ; l'ombre salutaire est de l'alizier dit lotus, du hestre et du hobion d'Inde." (*De Subtilitate,* Livre VIII)

Toutefois, l'intérêt porté par les humanistes de la Renaissance aux auteurs d'ouvrages de botanique qui les ont précédés ne leur interdit pas de les critiquer.

Ils constatent d'abord qu'ils sont manifestement incomplets. Brasavola**, par exemple, n'hésite pas à écrire que les Anciens ne connaissaient pas la centième partie des plantes existant dans le monde et que beaucoup de celles qui étaient utilisés de son temps leur étaient totalement inconnues. Les botanistes de l'Europe du Nord, de leur côté, remarquent que les travaux de leurs devanciers portent essentiellement sur les végétaux de la région méditerranéenne et négligent une grande partie de ceux qui ne poussent que dans leur pays. Cardan ne craint pas de critiquer ouvertement Dioscoride dans son *De Subtilitate* et nous verrons plus loin que Paracelse se fera un plaisir de s'élever avec véhémence contre les Anciens.

L'inévitable recours aux ouvrages des Anciens ne pouvait manquer de soulever la question de l'identification des végétaux qu'ils citaient. Les plantes médicinales sommairement décrites par les auteurs grecs et latins de l'Antiquité, comme, par exemple, celles qui figuraient dans les différentes versions du *De Materia Medica* de Dioscoride auxquelles on faisait constamment référence, avaient-elles été correctement identifiées ?

Le sujet donna matière à d'âpres controverses entre les botanistes du XVI ème siècle, dont plusieurs ouvrages se font l'écho. Nous emprunterons à P. A. Matthioli** un passage de son commentaire au *De materia medica* de Dioscoride, pour donner la mesure de la vivacité des débats. Il porte sur l'identification du *tragium** (p. 387):

« Pline au Livre XIII, c 21. dit la première espèce de tragium, que Dioscoride dit estre du tout semblable au lentisque, estre semblable au terebenthin, et en un autre lieu, il dit qu'elle est semblable au genevre. En quoy, on peut voir ceste plante lui avoir esté incognüe : et que ce qu'il en escrit, est après les autres qui peut-estre en sçavaient aussi peu que luy. Pour le jourd'hui nous n'en avons point en Italie, que je sçache et croy que cette plante y est inconnüe, à mon jugement. Il se faut donc bien garder d'ajouter foy à ces impostures qui maintiennent le dictame blanc estre le vray et légitime tragium, attendu que la plante du dictam blanc est fort commune et ne provient seulement en Candie, ains en beaucoup d'autres lieux et quasi partout. Et mesme entre les susdits, il s'en est trouvé un tout nouvellement forgé, lequel n'a eu honte d'escrire contre moy, et d'accuser mon dire de fausseté. Ce me seroit quasi assez pour le convaincre de forte temerité, de le renvoyer à ce qu'en ont éscrit Dioscoride, Galien, Oribase, Paulus Egineta et Pline qui tous d'un consentement ont laissé par escrit, le tragium ne croistre en autre lieu que Candie. Mais voyons un peu sa bestise et le peu de sens qu'il a ; car non content de se montrer beste, il tasche d'envelopper les susdits autheurs au mesme erreur que le sien. Quant à moy, je ne pense point qu'il y ait personne si hors entendement qui ose tant bien deroger à ces graves autheurs, que de les accuser de si lourde inanimadvertence. »

En voici un autre exemple (p. 401), concernant l'identification du *solanum** :

"Je ne doute aucunement que la plante que j'ay icy fait portraire, ne soit le vray & légitime solanum dormitif, veu ses marques tant bien correspondantes bien qu'il y en ait plusieurs qui gazouillent contre mon dire, mais leur bruit ne fait que m'estourdir."

La confusion des dénominations

La grande diversité des noms donnés aux plantes, non seulement d'un pays à l'autre, mais encore entre les auteurs d'un même pays fut également une inépuisable source de confusion. A la lecture des ouvrages de botanique du XVI ème siècle, on constate en effet non seulement qu'une même plante pouvait être désignée par de nombreux noms différents, mais aussi qu'un nom identique était fréquemment attribué à des plantes appartenant pourtant à des espèces distinctes. On peut aisément imaginer qu'un tel foisonnement d'appellations compliquait singulièrement la connaissance de la Matière médicale d'origine végétale. De plus, la multiplicité des noms donnés à une même plante pouvait s'avérer lourde de conséquences lorsqu'il s'agissait de plantes médicinales dont on voulait mettre à profit les propriétés thérapeutiques, car le risque était alors grand de prendre une plante pour une autre désignée par le même nom. Par ailleurs, elle compliquait singulièrement toute tentative de substituer une plante à une autre aux vertus supposées identiques, alors que chacune d'elles était répertoriée sous plusieurs noms.

Aussi, certains médecins jugeaient-ils parfois nécessaire de s'assurer de la justesse de leur propre identification d'une plante qu'ils envisageaient de prescrire à leurs patients en consultant quelques-uns de leurs confrères qui avaient acquis une réputation d'excellents botanistes. Aussi, pour confirmer ou infirmer la détermination à laquelle ils étaient parvenus, n'hésitaient-ils pas à leur adresser des échantillons de la plante qui leur posaient problème, accompagnés de commentaires.

Nous empruntons un exemple de ces fructueux échanges entre botanistes à P.A. Mathioli (p. 372) qui écrit dans ses Commentaires au *De Materia Medica* de Dioscoride au sujet de la détermination des différentes espèces de *saxifraga**:

> "Un certain Medecin qui avoit faict estat de cette sorte de saxifraga contre la pierre à un mien amy deja vieil & caduc m'enseigna le lieu afin que quand il en auroit besoin, je peusse sçavoir le lieu. Mais lors, comme ne me souciant encore gueres de la médecine, n'en faisois conte & n'y prenois garde. Or, M.François Partinus Roboretanus, Medecin de l'Empereur Maximilien deuxième m'envoya l'année passée une plante [un échantillon de cette sorte de saxifraga], d'autres miens amis aussi m'en ont envoyé....La troisième espèce que j'appelle par sa force & effet, Grande saxifraga m'a été envoyée de Vérone par M François Calzolarius, Apothicaire fort studieux de la matière des simples....[celui-ci] m'en a fait grande estime la louant fort contre la pierre des reins. Et mesmes il m'a envoyé pour preuves & signes manifestes de cet effet force pierres, desquelles plusieurs surpassoient la grosseur d'une fève, toutes tirées du corps d'un citoyen de Vérone, nommé M. Hierome de Tortis, usant de cette herbe en breuvage."

Mais, en dépit de ces louables recherches, la confusion sur une identification correcte des végétaux ne manqua pas de susciter contestations et querelles entre médecins ou apothicaires sur l'efficacité des vertus thérapeutiques des plantes qu'ils prescrivaient. La virulente controverse qui opposa le médecin S. Colin (23) à l'apothicaire P. Braillier (24) nous en offre un assez bon exemple.

On doit à Gaspard Bauhin** d'avoir tenté d'apporter un peu de clarté dans l'imbroglio des noms donnés aux végétaux. Dans son *Pinax Theatri Botanici* qui sera longtemps considéré comme un ouvrage de référence, il a en effet tenté de rassembler les différents noms donnés à une même plante par plus d'une centaine d'auteurs dont il a consulté les œuvres pour mener à bien son travail.

Pour méritoire qu'elle fut, son entreprise était malheureusement appelée à être rapidement dépassée, car on assistait dans le même temps au recensement à travers toute l'Europe d'un nombre croissant de plantes jusqu'alors inconnues ainsi qu'à l'apport d'une grande variété de végétaux en provenance des Indes orientales et occidentales, dont les noms restaient encore à transcrire dans les différentes langues européennes.

Les errances de la Systématique

Les auteurs d'ouvrages de Botanique des XVI ème et XVII ème siècles se heurtèrent à une autre difficulté pour présenter leurs travaux. En l'absence d'un système classificatoire des végétaux qui fasse l'unanimité, ils eurent à organiser leur propre catalogue des plantes qu'ils avaient recensées. La plupart d'entre eux choisirent de les répertorier par ordre alphabétique. Mais si certains choisirent de les classer selon leur nom latin, d'autres préférèrent avoir recours à la langue de leur pays, en retenant le nom le plus courant qui y était utilisé pour désigner chaque plante. Conscients des difficultés que leur choix pouvait entraîner, la plupart jugèrent nécessaire d'établir des index répertoriant tous les noms de plantes qu'ils avaient mentionnés dans leur ouvrage avec renvoi aux pages où elles figuraient. Certains jugèrent utile d'ajouter également un classement des plantes selon leurs propriétés thérapeutiques. (25)

Il faut toutefois signaler quelques tentatives de classification innovantes parmi lesquelles celle de Césalpin** qui fut l'un des premiers, sinon le premier, à percevoir tout l'intérêt de fonder la classification des plantes à partir de l'observation de leurs différentes parties. Mais elle n'emporta pas l'adhésion de ses contemporains. Différentes propositions de classification des végétaux furent proposées par la suite, mais ce n'est guère qu'à la fin du XIX ème siècle que fut enfin adoptée une Systématique rigoureuse fondée sur des critères précis par les botanistes du monde entier. (26)

Les expérimentations : à la recherche de la bonne dose

Dès l'Antiquité, on comprit qu'il ne suffisait pas d'avoir découvert qu'une plante possédât des propriétés thérapeutiques pour la prescrire aux malades, mais qu'il importait tout autant de savoir sous quelle forme et à quelle dose l'utiliser. On prit en effet conscience que l'efficacité des substances qu'elle contenait était variable selon les quantités administrées. On constata qu'un dosage trop faible était susceptible de n'avoir aucun effet, mais qu'en revanche avec un dosage trop fort, on courait le risque de provoquer l'intoxication, voire la mort du patient. Entre la plante-remède et la plante-poison, tout n'était donc que question de mesure !

Si certains végétaux étaient marqués de signes qui pouvaient être interprétés comme des indicatifs de leurs propriétés, il fallait bien admettre que ceux-ci n'étaient guère susceptibles de fournir des informations plus précises. Leur mode d'emploi et leur posologie restaient donc à découvrir. Pour y parvenir, force fut d'expérimenter à différents dosages l'effet de chaque plante sur les malades, dont beaucoup durent souvent faire les frais, comme le laisse supposer, par exemple, cet extrait d'une lettre du médecin Ctésias, un jeune parent d'Hippocrate, dans laquelle il évoque les hésitations et les craintes qu'éprouvaient les praticiens à prescrire l'emploi de l'hellébore*:

> « Du temps de mon père et de mon grand-père, on ne donnait pas d'hellébore, car on ne connaissait ni le mélange, ni la mesure, ni le poids suivant lequel il fallait l'administrer. Quand on présentait ce remède, le malade avait été préparé comme devant courir un grand danger. Parmi ceux qui le prenaient, beaucoup succombaient, peu guérissaient. Maintenant, l'usage en paraît plus sûr. » (E. Littré, Œuvres d'Hippocrate, Tome I, p. 69)

Des siècles plus tard, la seule façon de mesurer les effets des plantes et de se protéger de leur éventuelle nocivité nécessitait encore de procéder à des expérimentations sur les condamnés, voire sur les patients. On se limitera à citer ici le témoignage du médecin italien P A Matthioli qui rend compte de ses essais sur la toxicité de l'aconit napel* (*Aconitum napellus* L.). Il y rapporte d'abord les conditions d'une expérience destinée à vérifier l'efficacité d'une préparation huileuse proposée au Pape comme un antidote de l'aconit :

« Toute la plante est fort pernicieuse et sur tout la racine, tellement mesme que la tenant à la main, jusques à ce qu'elle s'eschauffe, elle cause la mort à la personne. Voire mesme, on a veu des pasteurs mourir, qui avoient seulement usé de la tige de napellus en lieu d' haste, faisans rostir des petits oiseaux. Le napellus est si venimeux et est sa poison si vehemente qu'il n'y a contrepoison qui y serve, si on n'y obvie soudainement et incontinent. Ce qui n'advient à ceux qui ont pris de l'aconit. Il me souvient que l'an 1524, au mois de novembre, l'an mesme que le pape Clément fut fait Pape, je vis au Capitole de Rome, la vertu de la poison de napellus. Car ledit Seigneur, voulant esprouver la vertu d'un huile que M. Grégoire Caravita Bolognois, Chirurgien fort expérimenté et mon maistre pour lors, avoit composé pour obvier à toutes poisons et aux morsures de toutes bestes venimeuses : sa Sainteté ordonna de donner à manger du napellus à deux brigands qui estoient condamnez à être pendus pour esprouver sur eux la vertu dudit huile. Ce qui fut fait et leur bailla-on la dite poison parmy de massepin. Celui qui avoit plus mangé dudit massepin, par l'ordonnance des médecins de Sa Sainteté, ordonna de donner à manger du napellus à deux brigands qui estoient condamnez à être pendus pour esprouver sur eux la vertu dudit huile. Ce qui fut fait et leur bailla-on la dite poison parmy de massepin. Celui qui avoit plus mangé dudit massepin, par l'ordonnance des médecins de Sa Sainteté, fut souvent engraissé dudit huile, trois jours durant, et ne mourut point, combien il endurast de grandes et horribles passions. Et quant à l'autre, qui en avait mois pris, il ne fut engraissé dudit huile, pour voir la vertu et la vehemence de cette poison. Ce qu'on vid aisément : car après quelques heures, ce pauvre homme mourut, ayant souffert toutes les douleurs, tourmens et travaux, que ceux qui boivent de napellus endurent, selon que dit Avicenne. » (*op cit.* pp 407-408.)

Matthioli poursuit son exposé en relatant comment il a lui-même essayé sur un condamné à la peine capitale, les propriétés d'un autre antidote :

« Nous expérimentasmes le mesme l'an 1561, au mois de Decembre, à Prague, ville metropolitaine du Royaume de Boheme, à l'endroit d'un larron, qui avoit esté condamné d'estre pendu : auquel fut baillé par le bourreau, presens les Medecins de l'Empereur, une drachme des racines de napellus, incorporée en succre rosat, pour esprouver si l'antidote fort fameux, par le moyen duquel un peu auparavant avoit esté dilivré un autre mal-faicteur à qui on avoit donné à boire deux drachmes d'arsenic du plus fin, auroit la mesme vertu contre le napellus. Il beut doncques fort volontiers ledit breuvage, aymant quasi mieux ainsi mourir que d'estre pendu, ou mesmes sous espoir que nous luy sauverions la vie. Et ja passé une heure et demie, sans luy advenir aucun accident : nous commençasmes tous à douter et craindes qu'en Boheme, pour cause de l'inclemence de lair, il ne provint point de napellus venimeux, ou que la racine, destituée de jus, pour s'estre jettée en tige, fleurs et graine, n'executeroient rien. Et pour ce, on luy en donna une autre prise preparée de la tige, feuilles, fleurs et graine de la mesme napellus. Et cependant ce pauvre miserable demeura encore deux autres heures, sans rien endurer de mal. On le ramene en prison, tout le monde s'en va et me laisse-on tout l'affaire en charge. Une heure apres le geolier me vint avertir qu'il commençoit à se trouver mal. J'y accours et l'interroge de sa disposition. Il se doulait d'une lassitude ulcereuse, grande debilité et d'une pesanteur à l'entour du cœur. Or, combien qu'il parlast encore fermement sans se troubler et n'eust la veuë abbatuë, ains ferme et constante : considerant toutefois qu'il rendroit par le front une sueur froide, et que son poux commençoit à se retirer, je commenday qu'on luy baillast l'antidote. Lequel apres avoir beu, tout aussi tost tournant les yeux en la teste, tordant la bouche, et laissant tomber sa teste en arriere, fut mené de telle sorte, qu'on l'eust jugé pour mort et mesme fut tombé en terre, si le geolier ne l'eust retenu. Cependant, je luy fis jetter du vin sur la face, et commenday qu'on le tirast par les cheveux. Et ainsi revenu à soy, ayant jeté par le bas force excremens je le fis mettre sur de paille qui estoit là, pour en voir l'issuë : lors il commence à se plaindre qu'il avoit grand froid et peu apres vint à vomir une matière pourrie, en partie bilieuse, en partie de couleur inde, de quoi il se sentoit, disoit-il, grandement soulagé. Sur ce fait, il se tourna du costé gauche, comme voulant dormir. Je l'empesche : Et en fin ne luy advenant autre chose devint muet et tout d'un trait mourut, luy devenant la face telle qu'à un qu'on auroit estranglé. »

A l'appui de son commentaire sur les propriétés de l'aconit napel, Matthioli ajoute un compte rendu détaillé d'une troisième expérience qui se termine fort heureusement mieux pour le condamné que les deux premières. (27)

La persistance d'une botanique médicale astrologique

Loin de tomber dans l'oubli, un certain nombre d'opuscules de botanique médicale astrologique, fort nombreux au cours de l'Antiquité tardive, furent traduits du grec en latin dès lors que l'usage du grec fut moins répandu. De nouveaux opuscules firent même leur apparition au cours du Moyen-âge et à la Renaissance. Leurs auteurs y décrivent les plantes des planètes et celles du zodiaque, sans grande originalité par rapport à leurs modèles grecs, en y ajoutant parfois quelques espèces nouvelles. Ceux du pseudo-Albert sont parmi les plus connus et les plus diffusés, mais de nombreux auteurs, nous le verrons plus loin, ne manquent pas d'inclure un chapitre sur les plantes astrologiques dans les ouvrages qu'ils ont consacrés à la théorie des signatures.

Absence de recherches sur la physiologie et la biologie végétale

Alors qu'ils se passionnaient pour établir un inventaire des plantes le plus complet possible, les botanistes du XVI ème siècle ne paraissent guère s'être intéressés à la physiologie et à la biologie végétale. Les nombreuses questions que ne manquaient pas de soulever l'existence même des végétaux et les modalités de leur reproduction avaient pourtant dès l'Antiquité, attiré l'attention des philosophes présocratiques comme, par exemple, Démocrite ou Empédocle (28). Et leurs propositions de réponses avaient donné matière à réflexion dont se feront l'écho bien plus tard Aristote et Théophraste. Mais les botanistes de la

Renaissance se contenteront de faire éventuellement référence à ceux-ci sans s'interroger sur leur pertinence.

Ainsi, par exemple, ils ne chercheront pas à savoir s'il existe des plantes de sexe différent, ou si les deux sexes sont confondus sur une même plante. Ils ne seront pas davantage tentés d'approfondir la question de la génération spontanée chez les végétaux. Et s'ils abordent la morphologie des plantes, ce n'est pas pour étudier la fonction des différents éléments qui les constituent, mais pour les comparer à l'anatomie des hommes.

Plantes mâles et plantes femelles

Les Anciens utilisaient fréquemment les expressions "plantes mâles" et "plantes femelles", mais ces termes sont trompeurs. En effet, les auteurs qui les utilisent – comme Théophraste ou Pline – ignorent tout de la reproduction sexuée chez les végétaux et de la fonction des différentes parties de la fleur dans le processus de fécondation chez les phanérogames, de même que la distinction entre plantes monoïques et plantes dioïques. Ils considèrent que la distinction entre plantes mâles et plantes femelles est fondée sur leur aspect extérieur. Selon eux, les plantes mâles sont celles qui sont les plus robustes, les plus rugueuses, les plus hérissées de poils tandis que les plantes femelles sont, celles qui paraissaient les plus faibles, les plus lisses, les plus glabres, mais aussi les plus aptes à porter des fruits (29). Les botanistes de la Renaissance reprendront ces expressions à leur compte, cédant aux attraits d'une démarche purement spéculative, sans avoir jugé nécessaire de les justifier par un recours systématique à l'observation.

La génération spontanée des végétaux

La question de la reproduction des végétaux avait été largement abordée par les Anciens et l'idée que les sexes étaient confondus chez les plantes avait été avancée par les philosophes présocratiques et reprise par Aristote. Elle fut contestée, donna sans doute matière à débats et finalement abandonnée. Théophraste qui évoque prudemment quelques-unes des hypothèses proposées sur ce sujet (*H P*, III, 1, 4), semble avoir pressenti le mécanisme de la reproduction des plantes, si l'on en juge par ce bref passage consacré à la fécondation du palmier (phoenix*) qui sera d'ailleurs évoqué par certains auteurs d'ouvrages de botanique de la Renaissance, mais ceux-ci ne chercheront pas à en vérifier l'exactitude par des observations *in situ* et ne se soucieront pas de savoir si ce genre de reproduction sexuée pouvait concerner d'autres plantes :

> "Voici comment se déroule [l'opération que certains appellent caprification]: quand l'arbre mâle fleurit, sitôt après avoir détaché la spathe d'où émerge l'inflorescence, telle quelle on la secoue pour faire tomber le duvet, la fleur et la poussière sur les fruits (en réalité les fleurs) de l'arbre femelle qui, soumis à ce traitement, les conserve jusqu'au bout sans perte. Apparemment... le mâle prête son concours aux femelles puisqu'on appelle femelle l'arbre qui porte des fruits." (*H P*, II, 8, 4)

Morphologie des végétaux

La comparaison des différentes parties d'un végétal avec les membres de l'animal ou de l'homme est parfois évoquée par certains auteurs grecs ou latins de l'Antiquité. Nous en avons donné quelques exemples au chapitre précédent. Nous verrons plus loin qu'un certain nombre de botanistes de la Renaissance auront recours à de telles comparaisons pour étayer la théorie des signatures appliquées aux plantes. En revanche, ces derniers ne chercheront guère à approfondir leurs connaissances sur les fonctions des différentes parties des plantes et s'en tiendront aux enseignements hérités des Anciens. Il est vrai que leur faisaient défaut les instruments d'optique indispensables à une observation de la structure des végétaux (30). Et il faudra attendre l'invention du microscope, et les travaux de savants, passionnés d'histoire naturelle tels que Jung**, Malpighi**, Grew**, ou Haller** (31) sur la structure des plantes pour que s'engagent enfin des recherches sérieuses et approfondies en biologie et en physiologie végétale.

Une nouvelle méthode pour rechercher les propriétés des plantes : les propositions de Paracelse

Parmi les différentes méthodes mentionnées par les Anciens pour connaître les vertus thérapeutiques des végétaux, quelques-unes n'ont pas manqué de susciter à la Renaissance l'intérêt de plusieurs chercheurs, attirés par l'étude des plantes, qu'ils soient d'ailleurs médecins ou non. Certains d'entre eux paraissent avoir été tout particulièrement séduits par celles qui proposaient de déceler les vertus curatives des végétaux en recherchant les ressemblances que pouvait évoquer l'une ou l'autre de leurs parties avec un organe du corps humain ou les manifestations extérieures d'une maladie. D'autres semblent avoir préféré s'en remettre à l'observation du comportement de certains animaux en présence d'une plante précise pour déterminer quelles étaient ses propriétés médicinales. Mais si ces lointaines méthodes d'investigation ont éveillé leur curiosité, elles n'ont pas nécessairement emporté leur conviction en toute occasion. D'autant que les auteurs des ouvrages qui les signalaient, affirmaient que ces ressemblances et ces comportements animaux n'étaient pas dus au hasard, mais avaient pour origine une intervention bienveillante de la Nature ou plutôt de la Providence en faveur des hommes. Quelques-uns n'hésitèrent d'ailleurs pas à s'interroger, souvent avec perspicacité, sur leur validité au regard de leurs propres observations ou des résultats de leurs expérimentations sur les malades ou les condamnés. Mais, à quelques exceptions près, ils exprimèrent leurs doutes avec une grande prudence. Peut-être par souci de ne pas déclencher une controverse trop vive avec leurs collègues, peut-être aussi par crainte de la censure de l'Eglise, d'autant que l'Inquisition suspectait facilement d'hérésie toute interprétation nouvelle des œuvres de référence, héritées de l'Antiquité qui pourrait conduire à leur remise en cause.

On trouve chez Cardan**, par exemple, le genre d'interrogations que pouvaient se poser les chercheurs de son temps sur la pertinence des observations relevées dans les œuvres des Anciens et les doutes qu'elles faisaient naître :

> « Aucunes plantes manifestent leur vertu par la figure, comme la graine d'echion*, dite l'herbe de bouc, laquelle donne bon remède contre le venin des vipères, couleuvres et serpents et les fleurs du petit navet, dit napellus, autant qu'elles soient ouvertes, montrent la tête d'un homme mort ou plus tôt la part devant dite *calvaria* et cette espèce de navet est mortifère. Ceci avient-il par cas fortuit ou par nature ou si quelque bon esprit l'a inventé ? ceci mesmement est manifesté aus animaus : certes, les chiens cognoissent une herbe qui les fait vomir et les chèvres cognoissent le diptamum de Crète, témoing Virgile. Telles graines ne sont incognues aux chèvres, etc. Mesmement, les ânes malades de l'humeur mélancolique mengent l'asplenon*, herbe dite vulgairement coterac ou citerac et ostent la tumeur de la rate. On dit que les arondelles cognoissent la chelidoine* et qu'elles expérimentent sa force pour récupérer la veue. Par mesme raison, les chadonnets cognoissent l'herbe dite eufragia* et les vipères le fenouille* pour récupérer la veue. Et souvent les chadonnets frottent leurs yeux à l'euphragie. Plusieurs exemples sont de choses semblables. Et de référer toutes choses à la Providence sans alléguer raison, cela est absurde, veue que plusieurs de ces choses aviennent par cas fortuit, et ce seroit chose plus absurde de ne rien référer à la Providence, autrement autant voudrait qu'elle ne fut point. » (*De Subtilitate*, Livre VIII, *Des plantes, des arbres et des herbes,* p. 160)

Si certains s'interrogeaient sur la signification et la raison de ces ressemblances entre les plantes et les parties du corps ainsi que sur leur validité, d'autres au contraire continuèrent d'affirmer qu'elles n'étaient nullement fortuites, mais qu'elles devaient être perçues comme des signes que Dieu avait inscrits sur les plantes pour indiquer aux hommes quelles étaient leurs propriétés thérapeutiques. Paracelse est sans doute celui qui le déclara avec le plus de force. Affirmant à maintes reprises que ces signes n'étaient rien d'autre que des signatures divines et que leur étude constituait "*l'Art des signatures*", il s'est vu attribuer par la suite la paternité de ce qu'on a appelé la "*Théorie des signatures*" ou "*Doctrine des signatures*". S'il est vrai qu'il en a exposé clairement le fondement dans plusieurs passages de ses ouvrages, il ne faut pas oublier que le principe de l'observation des analogies dans la nature avait été posé dès l'Antiquité. Toutefois, en en y ajoutant des considérations théologiques et en se référant à une certaine conception de l'organisation du monde, Paracelse donna l'impression qu'il en était l'auteur.

Génie et instigateur d'une médecine nouvelle selon les uns, charlatan illuminé selon les autres, Paracelse est un personnage complexe et de ce fait, très controversé, déjà même de son vivant. On s'en tiendra à n'évoquer ici que les principaux aspects de sa conception de la Botanique et de ses applications médicales (31).

Paracelse, une vie tumultueuse !

Les données biographiques concernant Paracelse sont relativement minces, et certaines périodes de sa vie nous demeurent inconnues.

De son vrai nom Théophraste Bombast von Hohenheim, Paracelse (32) est né en 1493 (ou 1494 ?) à Einsiedeln, le village de sa mère, près de Zurich, en Suisse. Son père était médecin, originaire de Souabe. Vers 1502, la famille s'installe à Villach, en Carinthie, à proximité des mines qui appartenaient à la famille des Fugger. Le jeune Théophraste y rencontre l'abbé Trithéme qui l'initie à la Cabale ; il restera, tout au long de sa vie, profondément marqué par cet enseignement. Entre 1513 et 1516, il séjourne en Italie, notamment à Ferrare, où il suit des cours de médecine ; mais on ne sait si ses études furent couronnées par un titre de Docteur en médecine, celui-ci lui ayant été contesté par la suite.

De 1517 à 1524, il parcourt une partie de l'Europe et se fixe à Salzbourg, mais, après quelques guérisons spectaculaires de patients là où les médecins locaux avaient échoué, il se fâche rapidement avec les milieux politiques, religieux et médicaux de la ville et s'enfuit à Strasbourg où il séjourne en 1526, puis il se rend à Bâle en 1527 où il obtient le poste de médecin municipal, grâce aux recommandations de l'humaniste W.Capito et à l'appui de l'éditeur Froben qu'il soigne avec succès. Mais il suscite rapidement la réprobation de la Faculté de Médecine par ses provocations : il professe en effet son premier cours en allemand (et non en latin comme il était d'usage à l'époque), il refuse d'enseigner la médecine selon Hippocrate et Galien, préférant se fier à son expérience personnelle et il va même jusqu'à brûler en place publique le Canon d'Avicenne. Dans le même temps, il suscite également contre lui une vive opposition des apothicaires dont il dénonce les fraudes. Après avoir perdu un procès contre un de ses patients qui occupait des fonctions importantes dans la cité, il doit quitter Bâle. S'ensuit alors une longue errance qui le conduit notamment à Colmar (1528), puis à Nuremberg (1529). Mais, ici encore, il s'attire l'hostilité non seulement des membres de l'Eglise luthérienne locale, mais encore celle des médecins, à l'occasion de la guérison de plusieurs lépreux, obtenue sans recourir aux remèdes traditionnellement utilisés, et aussi celle des Fugger, importateurs exclusifs du bois de gaïac alors employé pour soigner la syphilis, une fois que Paracelse en eût dénoncé la totale inefficacité, dans un court traité qu'il lui consacra. On le trouve alors successivement à Beratzhausen où il entreprend la rédaction de son *Paragranum*, l'un de ses ouvrages majeurs dans lequel il expose sa conception des fondements de la médecine, puis à Saint-Gall (1531) où il achève une autre de ses œuvres maîtresses, l'*Opus Paramirum* consacré à ses principales doctrines médicales. On suit ensuite sa trace à Appenzell, aux mines de Hall et de Schwaz où il rédige un ouvrage sur la maladie des mineurs, ainsi qu'à Saint Moritz où il s'intéresse de près aux propriétés thérapeutiques des eaux thermales. Après de brefs séjours dans différentes villes, en particulier à Ulm et à Augsbourg, il parcourt la Bohême, passe à Presbourg et à Vienne. C'est durant cette période qu'il rédige plusieurs de ses ouvrages parmi les plus importants, tels que « *La grande Chirurgie* », l'*Astronomia Magna* ou *Philosophia sagax*, mais aussi quelques traités de moindre importance comme le traité sur le *tartre*, le *Labyrinthe des médecins égarés* (ou *errants*), le *Pro vita sua,* les *Sept Défenses*. En 1541, il se rend à Salzbourg à l'invitation de l'évêque, mais son séjour y est bref, car il y décède le 24 septembre. .

Paracelse, un auteur prolifique !

L'œuvre de Paracelse, dont une partie seulement a été publiée de son vivant, est si variée et si considérable que l'on a été jusqu'à supposer que beaucoup d'ouvrages publiés sous son nom n'étaient en fait que des apocryphes, un seul homme ne pouvant au cours d'une existence relativement courte avoir pu rédiger autant de pages (33). Il est vrai que l'on ne peut manquer d'être perplexe au vu du nombre de traités, d'opuscules et de notes publiés sous son nom et de la variété des thèmes de réflexion qui y sont traités. Et force est de constater par ailleurs que si certains de ses ouvrages sont consacrés à un sujet précis, qu'il soit philosophique, religieux, médical, alchimique ou encore astrologique, la plupart d'entre eux abordent plusieurs questions au fil des pages, passant souvent sans grande rigueur de l'une à l'autre, sans qu'elles aient toujours de rapports évidents entre elles.

Ajoutons que Paracelse les a généralement écrits dans un des différents dialectes alémaniques pratiqués de son temps, ce qui ne facilite guère leur lecture aujourd'hui, d'autant que sa langue est lourde, souvent tortueuse, redondante, émaillée de fréquents néologismes dont il ne définit pas toujours le sens avec suffisamment de clarté.

Nous nous limiterons à évoquer dans les pages suivantes les principaux textes que Paracelse a consacrés à la Botanique médicale, ainsi que ceux où il expose avec le plus de netteté ses propres conceptions de la recherche des propriétés thérapeutiques des plantes, parmi lesquelles la référence aux astres, la théorie des signatures et l'extraction de la quintessence occupent une place majeure.

Paracelse, un piètre botaniste

Parmi les pléthoriques écrits de Paracelse, ceux qui sont consacrés aux végétaux n'occupent qu'une place modeste. De plus, ils ne portent que sur les seules plantes susceptibles de posséder des propriétés curatives, c'est-à-dire aux simples (*Kräuter*). Celles qu'il cite sont relativement peu nombreuses et il ne se livre jamais à leur description, ce qui laisse à penser que ses connaissances des végétaux ne devaient être ni approfondies, ni particulièrement étendues. Il est vrai qu'il n'a jamais prétendu être botaniste. Il n'hésite d'ailleurs pas à déclarer avec une certaine désinvolture dans la *Préface* de son *Herbarius,* qu'il se contentera d'y donner les noms et les propriétés d'un certain nombre de plantes et qu'il s'en remet « à un bon commentateur » (*ein guter Kommentator*) pour décrire leur constitution.

Son manque d'intérêt pour la Botanique ne l'empêche cependant pas de critiquer les ouvrages qui lui sont consacrés (*Kräuterbücher*) et qu'il a pu avoir entre les mains. Dans deux fragments d'un traité dont on ignore l'objet et le titre (34), il reproche pêle-mêle à leurs auteurs qu'il néglige d'ailleurs de nommer, d'avoir recueilli leurs informations auprès d'historiens, de poètes et de vieilles femmes, sans avoir jamais vérifié ce qu'ils rapportent, de n'avoir aucune connaissance des maladies et des simples qu'ils recommandent pour les traiter et il juge que leurs prescriptions n'ont aucune valeur. Bref, selon lui, ils n'ont été écrits que pour « soulager la bourse des paysans »...!

Ses principaux écrits botaniques

A notre connaissance, aucun recensement complet des écrits que Paracelse a consacrés aux plantes n'a encore été établi. Nous ne disposons pas davantage d'un index des différents noms (allemands et latins) qu'il utilise pour les désigner, accompagnés de leur identification botanique (35).

Les textes les plus importants qu'il ait écrits sur la Botanique sont réunis dans deux ouvrages.

- Le premier est un *Herbarius* (36) que Paracelse présente comme un ouvrage limité à l'exposé des vertus des simples que l'on trouve naturellement en Allemagne, et plus particulièrement à celles de leurs racines et de leurs graines. Il y fait allusion à plusieurs reprises dans différents ouvrages (37), mais le texte dont nous disposons aujourd'hui est relativement court. Il ne porte en effet que sur trois plantes et n'en donne aucune description. Il est impossible de savoir s'il s'agit de fragments d'un ouvrage dont la plus grande partie aurait été perdue ou bien du début d'un traité qui n'a jamais été achevé. La première notice (*Von der schwarzen Niesswurz*) est consacrée à l'hellébore noir* (***Helleborus niger*** L.) dont il loue les propriétés évacuantes et qu'il recommande donc pour soigner l'épilepsie, la goutte, l'apoplexie et l'hydropisie, mais aussi pour provoquer les menstrues, l'avortement ou encore l'évacuation des vers. Paracelse vante ensuite (*Ueber die Persicaria*) les mérites de la persicaire* (***Polygonum persicaria* L.**) qui convient pour les plaies béantes des hommes et des animaux mais aussi pour calmer les maux de dents et guérir les « grandes chaleurs » comme les maux de tête, les mania, ou les frénésies, car elle possède aussi des propriétés narcotiques. Il consacre enfin sa troisième notice (*Ueber die englische Distel**) au chardon anglais (***Cirsium anglicum* (Lam.) D C** = *Cirsium dissectum* (L) Hill.) qui a reçu de Dieu un pouvoir prédestiné et occulté, mais qui se révèle souverainement efficace chez celui qui a su le découvrir pour expulser les maladies cachées.

Ces trois notices et les quelques compléments que Paracelse leur a ajouté sont décevantes et quelque peu surprenantes. Elles sont très éloignées de celles que l'on peut trouver dans les ouvrages de Botanique de la même époque. Il y fait en effet fréquemment état de pratiques magiques et de croyances populaires, y ajoute des considérations théologiques ou astrologiques et ne manque pas de souligner toute l'efficacité des propriétés occultes des plantes, et accompagne le tout de critiques récurrentes adressées aux médecins "*humoralistes*" (c'est-à-dire qui ont adopté les théories d'Hippocrate et de Galien).

Ainsi, par exemple, ses recommandation pour soigner le mal de dents font nettement appel à des croyances magiques et populaires selon lesquelles l'évolution de la plante est mise en relation avec celle de la maladie et sont comparables à celles que Pline a rapportées dans son *Histoire Naturelle* (38)

> « Pour utiliser l'herbe persicaire, il faut procéder ainsi : prendre l'herbe et la tremper dans un ruisseau frais, ensuite, l'étendre sur l'endroit à soigner, juste le temps que l'on prendrait pour manger la moitié d'un œuf, puis l'enterrer dans un lieu humide afin qu'elle pourrisse. Pendant ce temps, le mal guérit » (Aschner, III, 503)

> « Que personne ne s'étonne si l'on doit l'enterrer et l'alourdir d'une pierre et la bien couvrir parce qu'il y a une raison naturelle à cela : si l'herbe est verte et reste sur sa tige dans le jardin, elle est inactive ; car pendant qu'elle vit, elle œuvre avec les astres et les astres avec elle et par une telle opération, elle n'est utile à personne. Mais si on la cueille, elle meurt et les astres cessent d'agir avec elle ; de même les hommes vivants n'ont plus rien à faire avec les morts. Mais, à présent qu'elle est morte, la vertu pour laquelle elle a été créée et dont elle a reçu le sceau, passe dans l'homme.... L'herbe doit guérir la plaie, c'est là son travail et elle s'y applique jusqu'à sa propre et complète décomposition. Là s'arrête son jour de travail et la plaie guérit. Donc, plus est tardif le pourrissement, plus tardive sera la guérison, plus long le travail. Mais si elle pourrit vite, et que cela se passe dans la terre, son lieu d'origine et de croissance, la guérison est d'autant plus rapide. » (Aschner, III, 504)

Ses références à l'astrologie apparaissent clairement à plusieurs occasions, notamment quand il déclare qu'il faut accorder une grande importance à l'instant où les plantes doivent être récoltées. Il rappelle en effet qu'il doit être fixé en fonction de la position des astres, car ceux-ci exercent une influence déterminante sur leurs propriétés curatives. Il conseille par exemple "de bien choisir le jour et l'heure où la racine du chardon anglais doit être ramassée" pour en obtenir toute l'efficacité souhaitée. Ou encore :

> "On doit extraire la racine de l'hellébore noir à la lune décroissante, sous le signe de la Balance, lequel convient le mieux à l'épilepsie ; puis on doit la faire sécher à l'ombre, par vent du nord, à midi, sous l'influence de la planète Vénus." (Aschner, III, 496)

Notons qu'il ne manque pas aussi de faire référence à une théorie qui lui est chère (cf. *infra*) quand il affirme qu'il existe une correspondance entre la plante et la maladie :

> « Lorsque le haut mal monte des membres à la tête, la racine [de l'hellébore noir] peut être administrée selon la correspondance qui existe entre elle et la maladie. » (Aschner, III, 496)

Et dans un autre passage :

> « Il y a dans la persicaire une nature similaire à la chair blessée, en sorte qu'elle agit sur la chair comme l'aimant sur l'aiguille. En conséquence, comprenez qu'il faut en premier lieu établir une union : une correspondance entre la chair de la blessure et cette herbe, de telle façon que la chair soit en contact avec l'herbe comme l'aiguille de la boussole avec l'aimant. » (Aschner, III, 504)

On remarquera également qu'il ne peut s'empêcher à plusieurs reprises de s'en prendre aux médecins de son temps dont il se plait à maintes occasions à stigmatiser l'ignorance et l'incompétence. En voici deux exemples :

"La Nature a probablement mis dans l'herbe persicaire beaucoup plus d'intelligence pour lutter contre la maladie qu'elle n'en a prodigué à trois ou quatre docteurs issus de l'Académie." (Aschner, III, 507)

"Il est inutile de d'expliquer la façon dont on déterre le chardon, ni son mode d'emploi. Les humoralistes étant des lecteurs, à quoi bon dès lors répandre des perles devant eux ? elles seraient piétinées dans la boue". (Aschner, III, 507)

- Le second ouvrage que Paracelse a plus particulièrement consacré aux propriétés des plantes se présente sous la forme d'un recueil de notes, rédigées par un de ses disciples nommé J. Oporinus. Celles-ci font explicitement référence à un poème, probablement composé au Moyen-âge et dont l'auteur n'est connu que sous le pseudonyme de Macer Floridus (39). Il ne s'agit nullement d'un commentaire de l'œuvre de ce dernier, mais d'un recueil de formules de remèdes où les plantes, qui y tiennent une large place, sont présentées les unes à la suite des autres dans l'ordre que le poète a choisi de suivre. Paracelse ne tient pas ce poème en haute estime. Il en déconseille même la lecture dans son *Paragranum* :

"Qui peut m'en vouloir de ne pas faire grand cas de Macer et de ses semblables et de ne pas en conseiller la lecture." (*Paragranum II*, Aschner I, 377)

Et dans un fragment de texte - publié par Aschner (III, 584)- dont on ignore l'ouvrage auquel il était destiné, il accable Macer de critiques, lui reprochant notamment d'avoir rédigé son œuvre en vers, sans aucune description des plantes, sans référence à aucun médecin et sans avoir vérifié ce qu'il écrit en le soumettant à l'épreuve de l'expérimentation. Il lui fait en outre grief de citer tantôt l'un, tantôt l'autre, sans aucun esprit critique, de ne pas avoir adopté un ordre pour que le médecin puisse le consulter facilement et enfin d'avoir puisé son savoir auprès de vieilles femmes, de vagabonds et de médecins vantards, ou bien quelquefois dans des livres, mais sans avoir jamais vérifié ses dires. Il juge que ce poème est une somme où se côtoient le vrai et le faux comme le bon et le mauvais et il le qualifie finalement de *Pludermus*, c'est-à-dire de bric-à-brac.

Les notes rassemblées par J.Oporinus ne concernent que 37 plantes (40) sur les 77 que comprend le poème. Pour chacune d'elles, il y est rappelé les différentes propriétés thérapeutiques qui lui sont attribuées ainsi que la liste des maladies qu'elle est censée guérir. Il est souvent précisé quelles sont les parties de la plante qu'il convient d'utiliser et comment il faut en effectuer la préparation. Les différentes substances avec lesquelles elle doit être mélangée, ainsi que la mention des doses à respecter sont également indiquées. Pour de nombreuses affections enfin, la posologie à suivre et la durée du traitement prescrit y sont aussi mentionnés

Il peut paraître curieux que Paracelse n'ait pas jugé opportun d'accorder de développement particulier à "*l'Art des signatures*" appliqué aux plantes, dans aucun de ces deux ouvrages, alors qu'on sait toute l'importance qu'il revêtait à ses yeux pour déceler les propriétés curatives des végétaux. Il n'abordera en effet cette question que dans d'autres écrits où il s'attachera à en justifier le bien fondé et l'utilité.

A ces deux livres que Paracelse a consacré aux plantes, on peut ajouter un certain nombre de textes qui, bien que de moindre importance, ne sont pas pour autant dénués d'intérêt.

- On citera d'abord plusieurs chapitres du Traité *Von der natürlichen Dingen* (publiés par Aschner (III, 593-695), en particulier les chapitre I et X consacrés au ***Terpentin**** (térébenthine) que l'on extrait du mélèze en Allemagne, ou encore les chapitres II, III et V qui portent respectivement sur l'hellébore noir et l'hellébore blanc* (*Von der **schwarzen und weissen Niesswurz***), la persicaire* (*Von dem **Wasserblut***) et le millepertuis (*Von dem Sakt Johannes-Kraut* ou ***Hypericon****). Ses propos sur les deux hellébores trahissent la minceur de ses connaissances botaniques. Paracelse ne semble pas avoir perçu en effet qu'il s'agissait de deux plantes totalement différentes et que si l'hellébore noir est bien un hellébore (***Helleborus niger*** L.), l'hellébore blanc est un vératre (***Veratrum album*** L.). Or, il considère que ce dernier est un hellébore jeune tandis que le premier est un vieil hellébore et il recommande en conséquence d'utiliser l'hellébore jeune pour traiter les malades âgés de moins de cinquante ans et l'hellébore noir pour soigner ceux qui ont dépassé cet âge. Il y mentionne les affections que cette plante peut soigner et qu'il avait citées dans son *Herbarius*, en développant toutefois certains aspects de ses propriétés qu'il n'y avait pas abordés (41). Le chapitre consacré à la persicaire (*persicaria**) se présente également comme une sorte de complément à la notice qu'il lui a réservé dans son *Herbarius*. S'il lui prête les mêmes propriétés, il insiste tout particulièrement sur les "signatures" qu'il y observe (42). Quant au millepertuis (*hypericum**) auquel il n'a consacré aucune notice dans son *Herbarius*, il observe que ses feuilles sont percées multiples trous qui laissent passer la lumière. Ayant considéré ceux-ci comme des signatures, il en déduit que le millepertuis est bon pour refermer les plaies ouvertes, chasser les vers qui percent la peau, soigner ceux qui ont des visions provoquées par un esprit et qu'il a les vertus d'un baume apaisant.

On remarquera que ce traité est l'un de ceux où Paracelse accorde une large place à ce qu'il se plaît à appeler" l'Art des signatures"

- Il faut ajouter à ces différents textes un certain nombre de passages relativement brefs de Traités dans lesquels Paracelse mentionne différentes plantes à l'appui d'une démonstration, ou pour prouver la justesse de son point de vue.

On peut ainsi citer, par exemple, quelques pages de notes, plus ou moins longues, destinées à compléter certaines parties de son Traité *Über die Grade und Zusammensetzungen des Rezepte und natürlischen Dinge* où l'on relève, entre autres plantes brièvement citées (*Cichorea*, *Tereniabin*) que "la mélisse (***Melissa*** L.) est de toutes les plantes celle qui est la meilleure pour soigner le cœur » (Aschner III, 452), mais aussi que :

« *Arona** est le meilleur remède pour les affections de la rate et les mélancoliques ; *Artemisia** est ce qu'il y a de meilleur pour la menstruation ; *Borrago** est ce qu'il y a de meilleur pour les maladies du cœur, et aussi contre les battements du cœur, et les maux d'estomac provoqués par la faiblesse ; *Angelica** qui est un *Ostrutium* transplanté (?), *Veronica** et *Cardo** sont très bons pour le sang ; *Cichorea* est le meilleur remède pour protéger de la lèpre, de la *leonina* et de la *thyria* ; *Peucedanum** est le meilleur remède pour conserver le principe vital dans la tête et contre *mania, phrenesia, melancholia, phantasia, ebreitas* et la danse de Saint Guy ; *Crocus** est le meilleur remède contre l'*afflictio*, celle-ci étant ce qui arrive quand quelqu'un tombe dans le désespoir ; *Verbena** est un bon remède pour les fièvres aiguës.... » (Aschner III, 465)

On peut aussi relever un passage de l'ouvrage intitulé *Über die Eigenschaften der Dinge* (publié par Aschner (III, 578-584) où Paracelse mentionne quelques plantes pour leurs propriétés *incarnatives* (c'est-à-dire cicatrisantes), laxatives ou "*consolidantes*" comme ***Serpentina, Hypericon, Centaurea, Koloquinte, Scammonea, Consolida, Di****agridium* ou encore ***Harmel***. (43). Et encore mentionner un fragment de texte destiné à la Préface d'un ouvrage de botanique (*Vorrede zum Buche über die Kräuter)* dans lequel il cite quelques noms de plantes (44).

- On n'oubliera pas enfin d'ajouter à ces différents textes les diverses formules de remèdes qui figurent dans plusieurs de ses ouvrages médicaux où les plantes occupent une place qui est loin d'être négligeable et dont il prescrit l'emploi pour traiter une maladie particulière, ainsi que les quelques consultations médicales (*Concilia medica* publiées par Aschner (II, 461-486)) que Paracelse a rédigées à l'attention de patients ou de confrères qui lui ont demandé par écrit quel traitement il prescrirait pour soigner une affection dont ils décrivaient les symptômes.

Mais au total, Paracelse ne cite guère qu'une centaine de plantes dans l'ensemble de ses écrits et il ne s'est qu'exceptionnellement intéressé au problème de la dénomination des végétaux qui était pourtant à l'époque une source de grande confusion et pas davantage à celui de leur classification.

Paracelse et la Nomenclature botanique

Comme ses contemporains, Paracelse s'est heurté au problème de la désignation des plantes par un nom suffisamment répandu pour être compris de tous et permettre leur identification sans risque d'erreur.

Il évoque cette question dans son *De Natura rerum* où il rappelle que le premier à avoir donné un nom à toutes les créatures est « Adam, notre père ». « Après la création, écrit-il, il a donné à chaque chose un nom particulier : à chaque animal, à chaque arbre, à chaque simple, à chaque racine. » Il compare cette opération à un baptême qui fut agréable à Dieu et note que celui qui fut ainsi le premier à avoir nommé les choses (*der erste Bezeichner*), qu'il l'a effectué en s'appuyant sur des principes solides et non pas selon son bon plaisir, mais au contraire selon un art prédestiné, qu'il appelle "*l'Art des désignations*" (*Kunst der Bezeichnung*).

Sans entrer dans de trop longues considérations linguistiques, Paracelse se contente ensuite de signaler, en s'appuyant sur quelques exemples, que les noms donnés à de nombreuses plantes font référence à leurs propriétés médicinales :

« L'*Augentrost* est appelé ainsi parce que cette plante est bénéfique et d'un grand secours pour ceux qui ont les yeux malades. La *Blutwurzel* porte ce nom parce qu'elle est meilleure que les autres racines pour arrêter le sang. La *Feigwarzenkraut* est ainsi appelée parce qu'elle est meilleure que d'autres simples pour soigner les fics. La *Grindwurzel* porte ce nom parce qu'elle soigne les croûtes et les gales. La *Harnkraut* parce qu'elle est diurétique. L'*Eisenkraut* parce qu'on peut durcir le fer dans son suc ou son eau, etc. Il en est ainsi de bien d'autres plantes que je pourrais énumérer par centaine. Toutes doivent leur nom à leur propriété et à leur vertu, comme nous l'avons décrit dans notre *Herbarius*. (*De Natura rerum, chap 9 De signaturis*, Aschner III, 308-309) (45)

A l'inverse, Paracelse proposa de donner à certaines maladies le nom de la plante qui possède les vertus thérapeutiques susceptibles de les soigner. C'est ainsi qu'il parle de la « maladie de l'hellébore » ou de la « maladie de la térébenthine ». Une telle proposition, particulièrement audacieuse, qu'il formule dans *Paragranum* I, (B. Aschner I, 350), fut, on s'en doute, largement contestée par ses confrères, peu ouverts à ses innovations. Il en défend le bien-fondé dans plusieurs passages de ses « *Sept Défenses* » où il écrit :

« Il m'est arrivé de donner des noms nouveaux à des maladies que personne ne connaît ni ne comprend. Pourquoi, dit-on, n'en suis-je pas resté aux anciens noms ? Comment puis-je utiliser les dénominations anciennes qui ne partent pas de la base réelle d'où sourd la maladie et qui ne sont que des dénominations superficielles dont personne ne sait jamais s'il est en droit ou non de les utiliser pour désigner exactement la maladie qu'il traite ? Si je découvre et si je connais l'incertitude d'un tel système, pourquoi me fatiguer avec ces noms ? Comprenant et décelant la maladie, je puis bien appeler l'enfant comme il me plait. Pourquoi parler d'apoplexie ou *d'apoplexia ?* Pourquoi me préoccuper de savoir s'il faut dire qu'il y a production ou corruption de la paralysie, si le *caducus fulguris* s'appelle *epilentia* ou *epilepsia*, si la chose est grecque, arabe, algoïque ? Je me soucie seulement d'établir l'origine de la maladie, la manière de la soigner, et de trouver un nom concordant. » (*Les sept défenses, II ème Défense,* Aschner I, 473).

Il constate par ailleurs que certains noms donnés aux plantes ont été inspirés par leur aspect, leur forme ou leur consistance, et il en mentionne un certain nombre à titre d'exemple :

« Mais vous devez savoir aussi que de nombreuses racines et plantes ne doivent pas leur nom à cause de leur force et de leur propriété, mais aussi à leur aspect, leur forme ou leur substance comme *Abbisswurzel, Fünffingerkraut, Hohlwurz, Hundszunge, Natternzunge, Wintergrün, Katzenschwanz, Leberkraut, Maulbeere, Ochsenzunge, Zahnkraut, Rittersporn, Perforata, Stendelwurz, Siegwurz, Syderica, Durchwachs, Prunella, Sonnenwirbel* et beaucoup d'autres encore qui ne sont pas toutes énumérées ici, mais seront rapportées dans des endroits appropriés comme dans mon *Herbarius*. » (*De Natura rerum, chap 9 De signaturis*, Aschner III, 308-309) (46)

Ayant toutefois parfaitement pris conscience de la confusion qu'entraînait inéluctablement la multiplication des noms donnés à une même plante, il aborde la question de la nomenclature botanique dans d'autres textes, notamment dans un projet de *Préface* destinée à un ouvrage de botanique (*Kräuterkunde*) que nous avons cité plus haut (Aschner (III, 573). Il y déplore en particulier que beaucoup de noms donnés aux plantes proviennent de l'arabe, du chaldéen, de l'hébreu ou du grec peuvent donc prêter à confusion, tout comme d'ailleurs les noms latins généralement utilisés, car ils n'ont pas été traduits en allemand. (47) Mais il ne propose pas de solution pour surmonter cette difficulté.

Il évoque aussi les difficultés causées par les incertitudes de la nomenclature botanique dans un passage de ses *Sept Défenses* où il se justifie d'avoir proposé de désigner les remèdes - dont ceux qui proviennent de plantes - par des mots nouveaux :

> « Vous ne devez pas vous étonner de ce que j'utilise des dénominations et des médicaments nouveaux. Si je défends mon point de vue, je ne le fais point par simplicité d'esprit, ou par ignorance. Chacun sait que n'importe quel néophyte peut lire tout de suite et reconnaître à la première lecture les noms et les médicaments qui sont hérités des Anciens. Voilà justement ce qui me fait les rejeter : tant de langues ont forgé et assemblé ces noms qu'il nous est désormais impossible d'arriver totalement à la compréhension de ce qu'ils désignent. il leur est impossible de se comprendre et de se reconnaître eux mêmes : de même, en allemand, d'un village à l'autre, les noms changent. » (*Les sept Défenses*, II ème Défense, Aschner I, 472)

Peut-être Paracelse a-t-il songé à donner de nouveaux noms à chacune des plantes dont il prescrivait l'emploi pour traiter un certain nombre d'affections. Mais aucun texte ne permet de l'affirmer, et force est de constater qu'il s'en est généralement tenu dans ses écrits botaniques à désigner les plantes par les noms latins utilisés à son époque, et parfois aussi, par quelques mots allemands courants.

Paracelse et la Systématique botanique

Comme les auteurs d'ouvrage de botanique de son temps, Paracelse se montre embarrassé pour répertorier les plantes auxquelles il entend consacrer un commentaire. Le seul essai de classification qu'il ait tenté se trouve dans son Traité *De Gradibus* où il a entrepris de répartir les plus couramment utilisées par les médecins selon les degrés, ce qui est d'autant plus surprenant qu'il a combattu avec beaucoup de passion la notion même de degré et qu'il a recommandé aux médecins, nous le verrons plus loin, de ne plus y faire référence. Mais sa conception des degrés est différente de celle qui était alors couramment admise. Il précise en effet, qu'il n'y a que deux degrés, un chaud et un froid et non pas quatre, car, écrit-il, ce qui est chaud est nécessairement sec et ce qui est froid nécessairement humide (48). Et il juge que toutes les substances (*Dinge*) se répartissent selon leur nature qui peut être chaude ou froide sur une échelle qui comprend quatre degrés. Il donne une esquisse d'une telle classification où les plantes occupent la plus grande place (49):

I. Ce qui est de nature chaude
1. Ce qui vient de la terre est de nature chaude au premier degré.
(1) Diptamum, (2) Agrimonia (3), Fumus terrae (4), Alchimilla, (5) Gentiana, (6) Cardo, (7) Anthos, (8) Enula campana, (9), Cheyri, (10) Lacca, (11) Cyperus, (12) Melitotum, (13) Epithymum, (14) Cataputia, (15) Gallitrichum, (16) Ficus, (17) Galanga, (18) Filla, (19) Genesten, (20) Filipendula (21) Calamus, (22),Costus, (23) Sanguinaria, (24) Hirundinaria, (25) Pulegium, (26) Laudanum, (27) Poeonia, (28) Humulus, (29) Caryophilli, (30) Zinziber, (31) Leucopiper, (32) Garna paradisi, (33) Flammula, (34) Siselios, (35) Citonia, (36), Herba paralysis, (37) Basilicon (38) Melissa, (39), Lavendula, (40) Marrubium, (41) Camepitheos, (42) Sinapis, (43) Serapium, (44) Bdellium, (45) Galbanum, (46) Gamandrea, (47) Diagridium, (48) Maiorana, (49) Liquiritia, (50) Labrum, (51) Serpillum, (52) Cichorea, (53) Sinuaw, (54) Opopanacum, (55) Cubebe, (56) Lappatium, (57) Armoniacum, (58) Cardamomum, (59) Macropiper, (60) Glycyrrhiza, (61), Cretamus (62) Foeniculum
2. Ce qui vient de l'air est chaud au deuxième degré.
(63) Tereniabin, Nubae, Chaos, Ilech.
3. Ce qui provient de l'eau est chaud au troisième degré
Vitriolum, Margasita rubea, Kakimia sulfurea, Kalkimia salis, Sulfur, Argentum vivum, Talk aureum, Sal congelatum, Chimolea calcis, Rubinus, Cuprum, Sal gemmae, (64) Hyacinthus, (65) Granatus, Topazius, Aurum, Chrysolithus, Realgar, Carniola, Smaragdus, Ogorum, Arsenicus rubeus et albus, Astramentum, Alumen plumosum.
4. Ce qui provient du feu est chaud au quatrième degré
Fulgur co : cal : Grando cal : Aethna omnis

II. Ce qui est de nature froide
1. Ce qui provient de la terre est froid au premier degré
(1) Cuscuta, (2) Genera sandalorum, (3) Quatuor sem. frig.minora, (4) Fraga, (5) Consolida, (6) Traganthum, (7) Faba (8) Branca ursina, (9) Solatrum, (10) Galla, (11) Casteneus, (12)Tapsus barbatus, (13) Crispula (Hb. Menthae crispae), (14) Nenuphar, (15) Lactuca, (16), Fraximus, (17) Lenticula, (18) Endivia, (19) Melon, (20) Emphragia, (21) Orobus, (22) Oranth (?), (23) Mandragora, (24) Malva, (25) Pisa, (26) Quator semina frigida maiora, (27) Mercuralis, (28) Lolium, (29) Mala mat., (30) Flor : mor, (31) Ribes, (32) Granatum, (33) Genera myrabolanorum, (34) Dactyli, (35) Gladiolus, (36) Lilium convalium, (37) Rosa, (38) Flor. Frumenti, (39) Citrulli, (40) Acetum, (41) Jusquiamus, (42) Barba sylvana, (43) Ciconidion, (44) Portulaca, (45), Psylium, (46) Cucurbita, (47) Citrum, (48) Genera papaverum
2. Ce qui provient de l'eau est froid au deuxième degré
Wie Nebulgea
3. Ce qui provient de l'eau est froid au troisième degré
Plumbum, Antimonium, Argentums, Camphora Haematites Alumen entail Kakimia alba Stannum tri. Gener. Talk album Electrum ter. Alumen de glacie Tria gen. Corallorum Thallena a. Marcasita argent. Lotho Thallena frigida Ferrum Aqua glariona
4. Ce qui provient du feu est froid au quatrième degré
Crystallus, Fulgur frigidus, Citrinula, Arles, Citrinaeus, Nix, Berillus, Grando frig. Glacies

Au regard des textes qu'il a rédigé sur les végétaux, Paracelse ne saurait être considéré comme un botaniste, fut-il modeste, et comparé aux nombreux médecins de son temps qui se sont passionnés pour l'étude des plantes médicinales, il fait pâle figure (50). Il est vrai que les simples n'occupent pas une place privilégiée dans ses traitements, car c'est aux remèdes minéraux qu'il donne sa préférence.

Toutefois, l'attention qu'il a portée à certaines plantes médicinales et à leur utilisation n'est pas sans intérêt. La place qu'il leur a réservée dans son œuvre s'inscrit en effet dans une réflexion profondément nouvelle sur ce que devrait être la formation des médecins et l'exercice même de la médecine. S'il critique sans concession les praticiens et les apothicaires de son temps, ce n'est pas pour engager avec eux une controverse stérile, mais bien plutôt pour leur opposer ses propres conceptions d'une médecine fondées sur sa vision très personnelle de l'organisation du monde. L'emploi de substances végétales n'en est pas exclu, mais il s'inscrit dans une thérapie qui privilégie le traitement homéopathique des maladies, la prescription de plantes choisies au regard des signatures dont elles sont marquées pour signaler leurs propriétés et le recours au principe actif (ou quintessence) caché au sein des végétaux qui peut être obtenu au terme de délicates manipulations (al)chimiques.

Paracelse, pourfendeur des médecins et des apothicaires

Avant de proposer une nouvelle manière de pratiquer la médecine, Paracelse commence par se livrer à une critique en règle non seulement des médecins et des apothicaires de son temps, mais encore des auteurs d'ouvrages médicaux qui, depuis l'Antiquité, servaient encore de référence à son époque. Ses critiques sont violentes et ses diatribes sur « les errements de la science médicale » très présentes dans de nombreux passages de ses écrits. En voici quelques exemples tirés de son important Traité consacré pour l'essentiel à la médecine, intitulé *Paragranum* (« *Au-delà du grain* »), rédigé vers 1529-1530.

Dans celui-ci et à différentes reprises, il dénonce l'ignorance des médecins :

> « Je vous le dis, le poil follet que j'ai dans la nuque est plus savant que vous et tous vos auteurs, et mes lacets de souliers en savent plus que votre Galien et votre Avicenne, et ma barbe a plus d'expérience que toutes les grandes écoles. Je veux ne pas manquer l'heure où les truies vous culbuteront dans la boue. » (*Paragranum, Préface*, Aschner I, 342)

> « Vous êtes docteur à la manière de vos simples : ils sont pourris, malades, bons à jeter et véreux et aucun de vous ne connaît les propriétés qu'ils contiennent. Votre science à leur égard est donc vide, et en vous, réciproquement l'on ne connaît que vide ; car ce que vous avez à propos des pharmacies, c'est ce que l'on voit encore en vous de meilleur. Vous ne savez rien parce que vous reposez sur un fondement aussi peu solide.... Et vous lisez et vous lisez, et vous apprenez et vous apprenez et vous êtres incapables. » (*Paragranum IV*, Aschner I, 413)

Dans les passages suivants, il juge que si les médecins sont d'une telle incompétence, c'est parce que leur formation, essentiellement livresque, est fondée sur la seule connaissance des écrits d'Hippocrate, de Galien et des médecins arabes traduits en latin :

« Pensez-vous que le fondement de la médecine soit dans les livres ? Absolument pas. C'est comme si l'on voulait être charpentier avec un couteau à pain. Pensez-vous que ce que l'on a écrit sur les degrés ou les compositions soit exact ? Loin de là ». (*Paragranum, Préface*, Aschner I, 344)

Et dans un autre Traité, il dénie tout intérêt aux "livres de papier" qui ont été écrits sur l'art médical :

« Il ne faut pas s'étonner si je ne renvoie personne aux livres de papier pour y apprendre le commencement de la médecine. Ils ne sont en effet pas digne de considération » (*Labyrinthe des médecins égarés II,* Aschner I, 502)

Pour lui, en effet, les connaissances médicales, de même que celle des plantes, reposent d'abord sur l'observation et l'expérience et non sur les écrits des anciens auteurs qui servaient de référence aussi bien aux médecins qu'aux apothicaires de son temps. Il oppose ainsi avec force celui qui observe et qui enquête à celui qui rapporte ce qu'il a lu dans des ouvrages à ses yeux totalement périmés :

« Pline et Dioscoride ont parlé des herbes, sans aucune pratique ; ils tenaient leur science du bavardage mielleux et des traités de nobles et savantes personnes. N'est-ce pas de l'impudence. Expérimentez et voyez si c'est exact. » (*Paragranum III*, Aschner I, 388)

D'ailleurs :

« C'est la guérison qui consacre un médecin et ce sont les œuvres qui vous élèvent au rang de maître et de docteur, ni empereur, ni pape, ni faculté, ni grande école ; car ceux-là ignorent ce qui consacre le médecin ...Les grandes écoles n'ont jamais encore engendré de médecin, jamais non plus d'homme capable en connaissance de cause et dans la vérité d'exposer les motifs de la moindre maladie. » (*Paragranum, Préface,*, Aschner I, 339)

Et plus loin, il condamne également la formulation de leurs prescriptions médicales :

« Vous êtes obscurs pour tous. Vous avez composé pour vous d'étranges glossaires et lexiques. A voir votre conduite, on ne peut éviter d'être couverts d'excréments. Vous envoyez les gens à la pharmacie avec des ordonnances écrites dans un tel charabia, qu'ils trouveraient dans leurs jardins de meilleurs remèdes. » (*Paragranum I*, Aschner I, 351)

Il stigmatise aussi tous ces médecins qui se sont égarés dans le labyrinthe de l'ignorance, ainsi que "ceux qui ont hautement célébré la médecine des Juifs, qui détiennent la plus ancienne médecine, mais sont les plus anciens filous de tous les peuples" ainsi que "les Arabes qui, par des mensonges l'ont tellement emporté qu'eux aussi ont eu l'audace de trafiquer avec la médecine et avec tous les peuples" (*Labyr medic*, *Avant-propos*, Aschner I, 497).

Les médecins allemands ne trouvent pas davantage grâce à ses yeux :

« Nombreux sont les Allemands qui ont décrit les plantes et ont consigné leurs observations dans un livre. Leur travail est semblable au manteau d'un mendiant aux multiples pièces réunies ensemble pour n'en faire qu'une seule ; en réalité cela ne vaut rien, tombe en lambeaux, comme le manteau du mendient qui lâche de partout. Et, juste quand on en a besoin, il n'y a plus rien. Ces fous, ces suborneurs, ces donneurs de fausses indications et faux maîtres en médecine, je m'en moque ! Ils ne sont utiles à personne, si ce n'est aux imprimeurs qui s'enrichissent et s'engraissent de leur cuisine. Quant à l'acheteur, il tire un bien maigre profit de sa lecture, si toutefois, il en tire un !» (*Herbarius, Préface,* Aschner III, 491)

Considérant par ailleurs qu'il pousse en Allemagne toutes les plantes nécessaires à la guérison de toutes les affections, il reproche aux médecins allemands de ne pas les utiliser et de leur préférer des plantes importées de pays étrangers. Il attribue ces pratiques à l'Italie, cette "mère de l'ignorance et de l'inexpérience", d'où proviennent une grande partie d'entre elles. De plus il leur reproche de ne pas avoir écrit leurs ouvrages dans leur propre langue. N'a-t-il pas montré l'exemple lui-même lorsqu'il donna ses cours de médecine à Bâle en allemand, et non en latin, comme il était alors d'usage dans les Facultés de médecine :

« La médecine s'est séparée des savants comme le fourrier des hommes pieux, alors qu'elle doit parler la langue claire et pure de sa propre patrie.. » (*Paragranum III*, Aschner I, 351)

Les apothicaires ne sont pas davantage à l'abri de ses critiques :

« De tels scribouilleurs ont écrit que l'on doit chercher la rhubarbe et l'hermodactyle au-delà des mers. De là vient la bêtise des apothicaires qui ignorent les bases et le contenu de la médecine. On dirait quelqu'un qui appelle un orateur pour parler à sa place, alors qu'il a lui-même assez de voix et qu'il ne lui manque que de l'exercice. La gentiane peut devenir rhubarbe et le paysan médecin. Mettez vous en tête que l'on peut former la diction de chaque homme et que la nature de même se laisse forcer. Car la médecine croît dans les jardins et tout près du malade. » (*Paragranum II*, Aschner I, 378)

Dans une certaine mesure, la démarche de Paracelse est comparable à celle de certains de ses contemporains, généralement médecins et botanistes. En effet, ceux-ci, nous l'avons vu plus haut, n'avaient pas hésité à critiquer les ouvrages de références de l'Antiquité consacrés aux plantes médicinales, ceux de Théophraste, Pline et Dioscoride notamment. En recommandant de privilégier l'observation à la lecture des livres, ils incitaient leurs élèves à se transporter dans la nature pour apprendre à reconnaître les plantes médicinales *in situ* et non dans les écrits de leurs lointains prédécesseurs, à parcourir la campagne pour inventorier la flore locale et à expérimenter sur les malades les propriétés des végétaux qu'ils avaient récoltés.. Mais, à la différence de Paracelse, ils ne recourent jamais à l'invective pour justifier leurs critiques, leurs propos sont exempts de toute grossièreté, ils ne se montrent pas virulents à toutes occasions et ils ne prétendent pas être des philosophes ou des mystiques qui chercheraient à expliquer l'origine des propriétés curatives des plantes par une intervention divine.

Paracelse, promoteur d'une nouvelle médecine

Après avoir contesté les compétences des médecins de son époque et critiqué leur mode de formation, purement livresque, Paracelse explique longuement dans différents ouvrages, notamment dans son *Labyrinthe des médecins égarés* (*Labyrinthus medicorum errantium*) et dans son *Paragranum* quels devraient être la formation idéale du médecin et l'exercice de la médecine. Selon lui, ce dernier devra être à la fois philosophe, astrologue, alchimiste et vertueux (51). En effet, selon lui, la médecine, est fondée sur quatre colonnes :

> "La première colonne est la philosophie tout entière de la terre et de l'eau, la seconde est l'astronomie et l'astrologie qui mènent à la connaissance parfaite des deux éléments, de l'air et du feu. La troisième est l'alchimie tout entière, avec ses préparations, routes ses propriétés et tout son art, par lequel elle domine les quatre éléments. Que la quatrième colonne est la vertu (*proprietas*), et qu'elle demeure dans la médecine jusqu'à la mort, elle enferme et elle soutient les trois autres colonnes." (*Paragranum*, *Préface*, Aschner I, 334, Traduction de B. Gorceix *in* Paracelse, PUF, 1968, p. 32).

Mais le médecin ne devra jamais oublier qu'il doit puiser ses connaissances à la *Lumière de la Nature* qui est l'œuvre de Dieu. Paracelse l'affirme avec force dans l'*Avis au Lecteur* du *Labyrinthe des médecins égarés* :

> « Quelle est la bonne porte pour pénétrer dans la médecine ? Faut-il le faire avec l'aide d'Avicenne, de Galien, de Mésué ou de Rhasès ou bien grâce à la Lumière de la Nature ? Parce qu'il y a deux entrées : l'une qui s'appuie sur les livres mentionnés, l'autre sur la Nature. N'est-il pas juste, Lecteur, d'examiner quelle est la bonne porte et quelle est la mauvaise ? La bonne est celle de la Lumière de la Nature. L'autre signifie entrer par le toit. Elles ne s'accordent pas. Les écrits des scribes sont une chose ; la Lumière de la Nature en est une autre. La lumière des apothicaires est aussi une chose ; celle de la Nature une autre chose. [Scribes et apothicaires] ne sont donc pas une voie la véritable voie doit être unique. Et moi, je veille à ce que ce livre soit le vrai, celui que Dieu a donné, écrit, dicté et établi....Sache bien, Lecteur, que l'art médical procède d'un seul : Dieu. » (*Labyr medic. Avis au lecteur*, Aschner I, 498).

Et un peu plus loin :

> « Le premier et suprême livre de toute médecine se nomme Sagesse. Sans lui, nul ne réussira rien qui soit fécond… Tout est régi, conduit et amené à sa perfection par la connaissance et ce livre c'est Dieu Soi-même, Dieu par qui tout fut créé et qui de tout a établi la sagesse et le fondement. » (*Labyr medic.I*, Aschner I, 499).

Entre tradition et innovation, Paracelse en quête des plantes qui guérissent

Les très nombreux textes que Paracelse a écrits aussi bien sur la médecine que sur les remèdes contiennent un curieux mélange d'idées originales ou de réflexions personnelles avec des conceptions héritées du passé qu'il a reprises à son compte.

S'il a dénoncé avec véhémence la formation et les pratiques des médecins, tout comme celles des apothicaires, qui ignorent à ses yeux les vertus réelles des végétaux et sont incapables de les identifier *in situ*, Paracelse s'est attaché avec tout autant de passion à proposer de nouvelles méthodes pour identifier avec certitude les plantes aux vertus curatives et pour en obtenir la plus grande efficacité possible.

Les textes qu'il leur a plus particulièrement consacrés sont disséminés dans différents ouvrages que l'on peut schématiquement répartir en quatre groupes :

- ceux qui sont inspirés par la croyance au pouvoir des astres et à leur action sur les différents éléments présents sur terre, contiennent les éléments d'une botanique médicale astrologique que Paracelse a peut-être envisagé de rédiger.
- ceux qui tendent à prouver que de nombreuses plantes portent des signatures par lesquelles Dieu a voulu indiquer aux hommes quelles étaient leurs propriétés thérapeutiques.
- ceux qui ont pour objet de démontrer que les multiples correspondances aisément observables dans le monde incitent à privilégier l'homéopathie pour traiter efficacement les maladies.
- ceux enfin qui recommandent d'appliquer les connaissances de l'alchimie à la recherche de la quintessence des plantes, c'est-à-dire des principes actifs qui sont cachés en leur sein et se confondent avec leurs propriétés curatives.

Le recours à la Botanique médicale astrologique

Nous avons vu au chapitre précédent que, selon certains auteurs de l'Antiquité, il existait des correspondances entre le macrocosme et le microcosme, entre les astres et les divers éléments de la nature, entre les planètes, les minéraux, les plantes et les différentes parties du corps humain. Il est probable que Paracelse ait pu avoir connaissance de certains des nombreux textes grecs qui avaient été rédigés sur ce thème à l'époque hellénistique (52) et traduits ultérieurement en latin. Mais il est vraisemblable qu'il ait pu également avoir accès à des ouvrages plus récents, consacrés à ce sujet et très largement diffusés à son époque comme, par exemple, le *Picatrix* (53), traité arabe de magie rédigé au XIII ème siècle et traduit en latin dont un chapitre entier est consacré aux relations entre les planètes et les plantes, les animaux et les minéraux.

Adoptant les différents concepts qui y sont exposés, Paracelse associe par le jeu des correspondances, le macrocosme, à l'échelle de l'univers, au microcosme, à l'échelle humaine. Et il s'attache à en développer considérablement les applications.

Affirmant à différentes reprises que la connaissance de la composition de l'homme tout entier est inséparable de celle de l'organisation du monde, il invite les médecins à connaître les propriétés célestes pour diagnostiquer les maladies qui sont dans l'homme car « le ciel extérieur lui indique la nature du ciel intérieur », afin de prescrire les remèdes les plus efficaces pour les traiter. Il écrit, par exemple, dans son *Paragranum* :

« Il y a à l'intérieur comme à l'extérieur de l'homme un ciel et un air ; tout comme la mélisse corporelle correspond à la mélisse terrestre, la voie lactée est aussi en nous.... Il peut vous paraître curieux, médecins des humeurs, que la galaxie traverse le ventre, que l'homme possède les deux pôles, les planètes et le zodiaque. Il vous a paru bien étrange que la mélisse crût dans le ventre et que le fer rouillât à l'intérieur du corps. Le médecin, pour guérir l'homme, doit comprendre d'abord cette autre partie de l'homme dont s'occupe la philosophie astronomique. Il doit y insérer l'homme et faire pénétrer le ciel à l'intérieur de l'homme. » (*Paragranum II*, Aschner I, 363)

« En ce qui concerne la santé et la maladie du corps, il est indispensable que le médecin connaisse, comprenne et saisisse l'ascendant, les conjonctions, les culminations des planètes ainsi que toutes les constellations. » (*Paragranum II*, Aschner I, 370)

« Et tant que vous ne placerez pas vos maladies sous le signe du Lion, du Sagittaire, de Mars, de Saturne, vous serez toujours dans le malheur et vous n'arriverez à rien. » (*Paragranum II*, Aschner I, 380)

et un peu plus loin, il incite vivement le médecin à n'avoir que le ciel pour guide :

« Le médecin doit abandonner la théorie des degrés et des complexions, des humeurs et des qualités. Il doit savoir reconnaître avec force la médecine dans les astres, d'après les astres inférieurs et supérieurs ; et la médecine qui ne peut rien sans l'aide du ciel doit avoir le ciel pour guide. C'est-à-dire, il faut que tu éloignes la terre, c'est la seule méthode, car le ciel ne peut diriger la médecine qu'autant qu'elle est séparée de la terre. Une fois cette séparation accomplie, la médecine est soumise à la volonté astrale qui la guide et qui la dirige. La Lune conduit au cerveau ce qui appartient au cerveau, Saturne à la rate ce qui appartient à la rate ; ainsi, le Soleil pour le cœur, Vénus pour les reins, Jupiter pour le foie, Mars pour la bile. Et il faudrait non seulement parler de ces astres, mais de tous les astres dont l'action est indescriptible. Quelle médecine, sachez-le, pourrais-tu donner aux femmes sans les conseils de Vénus ? que serait sans la Lune la médecine du cerveau ? et ainsi de suite. »

« Tu dois avoir le ciel pour guide. Tu ne dois pas dire de ton art, *melissa* (*Melissa officinalis* L.) est une plante pour la matrice, et *Majorana* (*Origanum vulgare* L.) pour la tête. Ces propos sont ceux d'un insensé. Leur effet dépend de Vénus et de la Lune. Il doit être conjugué si tu veux que leur action corresponde à tes intentions. Voilà l'erreur qui a envahi la médecine. Pour une telle médecine appliquée qui aide comme elle peut, point besoin d'Avicenne et de Galien. Chaque valet de ferme peut la pratiquer.

Comment, médecin de cette race, pouvez-vous donner des conseils pour traiter des maladies de la tête, du cerveau, du foie alors que vous ne connaissez pas le ciel ? C'est au ciel de vous donner conseil. » (*Paragranum III,* Aschner I, 383 - 384)

Avoir le ciel pour guide signifie notamment pour Paracelse qu'il faut accorder une attention toute particulière à la domination que les planètes exercent sur l'homme et les différentes parties de son corps. Il en dénombre sept, comme l'avaient affirmé Ptolémée et les astronomes grecs :

« L'astre humain est le fils de Mars, de Saturne, de Jupiter, de Mercure, de Vénus, du Soleil, de la Lune….Puisque l'homme contient nécessairement le ciel, tous les ascendants font partie de l'homme. » (*Paragranum II*, Aschner I, 370)

et il en déduit que les plantes doivent être classées en sept espèces, une nouvelle proposition assez inattendue de Systématique botanique à laquelle il n'a d'ailleurs pas donné suite :

« Les plantes doivent être réparties en sept espèces tout comme les autres éléments. On y procède en se référant à l'espèce et à la nature des astres parce qu'on classe ceux-ci en sept espèces. Comme cela exige une répartition en sept membres, le corps est également réparti en sept membres. Chacun des membres doit être en rapport avec une plante. Ce qui est sous le Soleil convient au cœur et cela doublement. Ce qui est sous la Lune convient pour le cerveau. Ce qui est sous Vénus convient pour les nerfs. Ce qui est sous Saturne fortifie la rate. Ce qui est sous Mercure protège le foie. Ce qui est sous Jupiter veille sur les poumons. Ce qui est sous Mars se rapporte à la bile dans tous les cas de cicatrisation. » (*De Gradibus IV, chap. 1 et 2*, Aschner III, 403)

Il propose toutefois des correspondances quelque peu différentes dans son *Paramirum* (54) et on relève par ailleurs des indications plus précises sur les parties du corps humain placées sous l'influence des planètes dans un court fragment présenté par Aschner (III, 475) comme un complément destiné à être intégré à son Traité *De Gradibus* :

« Soleil : poitrine, thorax et seins ; Lune : tête, occiput, front, nuque, sommet de la tête ; Mars : visage, joue, menton, cou, oreilles, yeux ; Jupiter : dos, côtés, colonne vertébrale ; Mercure : ventre, fesses, reins ; Vénus : organes sexuels, cuisses, genoux ; Saturne : pieds, jambes, bras. »

Paracelse n'a pas cru bon de proposer une répartition des plantes selon les planètes avec lesquelles chacune était supposée être en relation, mais il imagine qu'il existe une sorte « d'herbier sidéral », qu'il appartiendra au médecin d'avoir en mémoire, car, du fait des correspondances multiples entre le ciel et la terre, il juge que chaque plante est non seulement en relation avec une planète, mais aussi, plus précisément, avec une étoile, puisqu'aussi bien elle est une étoile terrestre, et que chaque étoile est une plante céleste :

« Chaque étoile extrait sa plante de la terre grâce à sa force d'attraction…. Vous devez remarquer que beaucoup de plantes peuvent être comparées aux astres et aux étoiles. Chaque plante est une étoile terrestre et appartient au ciel. Chaque étoile est une plante céleste dans sa forme spirituelle qui ne se distingue pas des plantes qui poussent sur terre. La matière seulement est autre…Ainsi, les plantes célestes sont en correspondance avec les plantes terrestres qui les ont engendrées. En connaissance de cause, vous direz : cette étoile s'appelle *stella rosmarini*, celle-là *stella absinthi* et elle a la force de l'absinthe. Alors vous pourrez être considérés comme des Docteurs et vous pourrez confectionner un riche *Herbarium* qui sera plus précieux que l'or, l'argent et les pierres fines. …Vous connaîtrez la constellation des plantes. » (*Über die Pest*, Aschner I, 675)

Convaincu que les différentes parties du corps humain subissent la domination des astres, Paracelse en déduit tout naturellement que « notre état de santé dépend du cours du monde extérieur », et que de nombreuses maladies qui affectent l'homme sont en relation avec les planètes et les signes du zodiaque. (55)

"L'air n'exerce en fait aucune action nuisible, s'il n'y a en toi une constellation défavorable. Sachez qu'il ne s'agit pas de chercher dans le mouvement des choses extérieures des causes superficielles, de parler de l'éclat du soleil sans regarder le soleil. Le soleil ne cause aucun dommage à la lune, ni la lune au soleil. Le soleil nuit au soleil et la lune à la lune. Sachez que les maladies ne naissent pas d'une influence légère, extérieure et superficielle. Notre état de santé dépend du cours du monde extérieur. Nous lui sommes livrés et nous sommes exposés à ses maladies et à sa santé." (*Paragranum II*, Aschner I, 372)

Il lui arrive même d'être plus précis. Ainsi, par exemple, pour expliquer la localisation des principaux indices de la peste sur le corps, il indique que les six endroits où la maladie se manifeste prioritairement (*sedes morbi*) sont en correspondance avec six planètes (Mercure étant passé sous silence !):

« La peste est une maladie qui infecte six endroits différents du corps de l'homme, à savoir derrière chacune des deux oreilles, les deux aisselles et les deux plis de l'aine. Mais il y a à l'extérieur du corps de l'homme six endroits où la peste a son domicile. Ces endroits sont infestés par le ciel et agressé par le poison de la peste. ...Car ce n'est pas sans raison et en vain qu'il a été décidé par Dieu qu'il y ait trois endroits chez l'homme qu'elle touche, agresse et infecte. Le médecin avisé peut en déduire les emplacements des planètes. Le semblable agit toujours sur le semblable. Saturne et la Lune agissent sur la partie supérieure du corps, c'est-à-dire derrière les oreilles, Mars et le Soleil sur les aisselles, Jupiter et Vénus sur les plis de l'aine. » (*Über die Pest I,* Aschner I, 645).

Paracelse affirme par ailleurs que si la connaissance de l'astrologie est indispensable au médecin pour diagnostiquer correctement la nature des maladies, elle lui est tout aussi nécessaire pour établir ses prescriptions, car le choix des remèdes doit tenir le plus grand compte des correspondances existant entre la maladie, l'organe ou la partie du corps qu'elle atteint et l'astre dont elle subit l'influence :

« Celui qui veut être un Docteur avisé doit apprendre à comprendre quelle est la composition d'une prescription selon la conjonction des herbes et des étoiles au firmament. Il sait alors aussi que la conjonction des étoiles terrestres, que sont les plantes, donne la composition de la prescription. Car toute plante dont les fleurs sont de deux couleurs possède deux propriétés et si elles sont de trois couleurs, c'est qu'il y a trois propriétés en elle. Ce sont là les degrés, en non pas le froid, le chaud, le sec..., mais la forme, la couleur, l'anatomie » (*Über die Pest I,* Aschner I, 680)

« Les médicaments n'ont aucun effet, s'ils sont prescrits en opposition avec leurs propriétés astrales et avec les symptômes locaux du mal qui causent la maladie. Car la maladie est semblable à l'étoile. Celui qui connaît l'étoile connaît aussi la maladie. Cette science permet uniquement de déterminer la nature propre du remède. Si tu connais l'ami, tu connais aussi l'ennemi. Le ciel, s'il est un ennemi est un ami dans la sphère inférieure. S'il est un ennemi dans la sphère inférieure, il est un ami dans la sphère supérieure. L'aide ne vient pas seulement des plantes, mais aussi des arcanes célestes. » (*Paragranum II*, Aschner I, 375)

Le médecin devra donc être capable de déceler aisément la correspondance entre l'astre responsable de la maladie et l'astre qui la guérit par l'entremise du médicament, et avoir toujours présent à l'esprit

> « qu'il existe deux domaines, le domaine céleste et le domaine terrestre, mêlés l'un à l'autre, comme le feu au bois, si bien que chacun peut y perdre son nom. On doit donc dire : la maladie s'appelle *acorinus* ; le malaise (*aegritudo*) s'appelle *anthera.* Le médecin naturel peut alors connaître l'anatomie du grand monde et par lui celle du petit monde. Dites que la maladie vient du pouliot, de la mélisse, de la sabine, ainsi vous pourrez prescrire un traitement sûr déduit du nom...Le médecin naturel véritable dit :"c'est une maladie du térébinthe, c'est une maladie de l'hellébore, c'est une maladie de la saxifrage des montagnes", et non : "c'est du phlegme, de la bronchite, du coryza ou du catarrhe." Ces mots n'ont pas de fondement médical. Il faut à l'aide du nom joindre les semblables, et les œuvres reposent sur cette comparaison. Bref, le médecin révèle les arcanes des maladies. » (*Paragranum I,* Aschner I, 350)

Paracelse précise dans un autre passage du même ouvrage sa conception des remèdes eux-mêmes qui doivent être choisis et préparés en fonction de leur correspondance avec les astres, car leur action spécifique en dépend :

> « Une fois connues la philosophie et l'astronomie, les différents types et l'ensemble des maladies et des remèdes, la dernière et la plus noble des étapes, la résolution nécessaire consistent à savoir comment appliquer ses connaissances. Or, pour que ta médecine ait de l'effet, la nature t'indique elle-même la voie par laquelle tu dois conduire tes efforts. Il faut la faire mûrir comme le soleil fait mûrir les poires et les raisins pour qu'elle ait une action favorable. La médecine doit porter ses fruits comme l'été ; or, sachez que l'été agit nécessairement par les astres auxquels il est soumis. Sache aussi que la préparation du remède doit aussi être soumise aux astres qui achèvent seuls l'œuvre médicale. Sur eux doivent se régler la compréhension, le dosage et la nature du médicament. Ne parlez plus du froid, du chaud, du sec et de l'humide. Le médecin est sur la bonne voie s'il parle de Saturne, de Mars, de Vénus et de Polus [l'étoile polaire]. Il doit savoir soumettre à son bon vouloir, comparer et conjuguer dans leur action Mars en tant qu'astre et en tant que plante… Les astres supérieurs causent les maladies, la mort, la santé. Tout ce qui arrive doit arriver par les astres. Il faut donc préparer le médicament pour qu'il agisse par l'intermédiaire du ciel. » (*Paragranum III,* Aschner I, 382)

Mais Paracelse ne s'en tient pas à recommander au médecin d'accorder une vigilante attention à l'observation des astres pour diagnostiquer les maladies et déterminer les remèdes qu'il doit prescrire pour les traiter efficacement. Il lui demande également de tenir le plus grand compte de l'état du ciel - et notamment des phases de la lune en relation avec les signes du zodiaque - pour fixer la date et même l'heure à laquelle il faut récolter les plantes destinées à entrer dans la composition de ses remèdes afin d'obtenir de leurs propriétés la plus grande efficacité possible. Une telle croyance était déjà répandue dans l'Antiquité et certains opuscules lui étaient même entièrement consacrés. Elle est à l'origine de nombreuse traditions populaires dont Paracelse a probablement eu connaissance et recueilli certaines versions auprès des populations rurales qu'il a côtoyées au cours de ses déplacements. Il en fait d'ailleurs une mention précise, démonstration à l'appui, dans son petit Traité « *De la différence des temps* »:

« Tous les temps ne sont pas bons pour ramasser des herbes, cueillir des fruits, déterrer des racines ou recueillir des baumes ou des gommes, car tout doit avoir lieu dans son temps balsamique [c'est-à-dire quand il y a conjonction astrale idéale], compte tenu des mois, de la lune et des signes, et particulièrement du moment du jour.... Mais pour que tu vois que cela est vrai, apprends-le par un exemple : coupe un morceau de bois d'un arbre quand celui-ci est encore en terre, en un temps balsamique, comme il est dit ci-dessus ; puis dans un autre temps qui est contraire (dans un signe d'air ou d'eau comme les Gémeaux, la Balance, le Verseau, le Cancer, le Scorpion ou les Poissons ; ou bien dans la Lune ascendante ou dans la nouvelle Lune ; ou bien encore pendant la journée, après midi ou quand le Soleil se couche, coupe aussi une branche du même arbre, de taille identique et soupèse les deux morceaux. Tu verras alors que le premier, celui qui a été coupé en un temps balsamique, est plus menu et moins chargé d'humidité que l'autre...on n'y trouvera pas de vermine et il n'abritera pas de vers ; il ne pourrira pas rapidement et durera plus longtemps. » (*De la différence des temps*, Aschner IV, 347-349)

Il y fait également allusion dans son *Herbarius* dans le passage qu'il y consacre à la racine de l'hellébore noir réputée efficace pour soigner l'épilepsie :

« On doit l'extraire à la Lune décroissante, sous le signe de la Balance, lequel convient le mieux à cette maladie ; puis on doit la faire sécher à l'ombre., par vent du nord, à midi, sous l'influence de Vénus. Les Anciens avaient coutume d'utiliser le remède brut, sans rien y ajouter. Son utilisation est donc à décrire selon mon plan : à savoir, purger le malade trois jours avant que la maladie ne se déclare. Pour une personne jeune, bouillie dans du lait ; pour une personne âgée, dans du vin. La moitié d'une demie once dans la boisson, à prendre trois fois et cela jusqu'au paroxysme de la maladie ; le tout à répéter plusieurs fois. Ainsi procédaient les Anciens. » (*Herbarius, Von der schwarzen Niesswurz*, Aschner III, 496)

L'Astrologie occupe une large place dans les conceptions médicales de Paracelse, et, à maintes reprises, celui-ci se montre convaincu que la recherche des propriétés des plantes médicinales et leur emploi suppose une parfaite connaissance des astres, et plus précisément des correspondances entre le macrocosme et le microcosme que représente l'homme. Si un tel concept d'une « Astrobotanique médicale » remonte à l'Antiquité, Paracelse l'a fait sien tout en lui apportant de nombreux compléments. Mais il ne semble pas avoir été tenté d'en rédiger un véritable Traité, à l'imitation de divers auteurs de l'Antiquité. Sans doute une approche si particulière de la connaissance des propriétés thérapeutiques des plantes satisfaisait-elle son goût pour l'occultisme et l'ésotérisme, d'autant qu'elle ne lui paraît pas incompatible avec ses propres croyances religieuses et son mysticisme, comme en témoignent paradoxalement maintes références à Dieu et à Jésus–Christ, dans de nombre de ses écrits d'ailleurs souvent confus, obscurs et brouillons.

Paracelse et la promotion de "l'Art des signatures"

La recherche des correspondances entre les astres, les différentes parties du corps touchées par les maladies et les plantes considérées comme leurs remèdes est loin d'être une démarche aisée. Paracelse en est parfaitement conscient. Aussi estime-t-il qu'elle est facilitée par l'existence de signes très présents sur certaines plantes qui, selon lui, ont pour raison d'être d'indiquer les propriétés qu'elles détiennent.

Il n'a cependant pas consacré d'ouvrage à ce sujet. Mais les quelques développements qu'il accorde aux signes ou signatures dans plusieurs de ses œuvres ont suffisamment attiré l'attention pour qu'on lui attribue la paternité d'une "*Théorie des signatures* " ou "*Doctrine des signatures*" qui connaîtra par la suite un grand succès, grâce surtout au prosélytisme de certains de ses disciples.

Elle est fondée sur l'idée que maladies et remèdes ont été donnés à l'homme par Dieu :

> « Dieu donne la santé et les maladies et il donne en même temps les remèdes qui doivent leur être appliqués. Pour chaque remède, cela dépend d'un point très précis. Ce point est le moment. Toutes les maladies sont déterminées pour être guéries à leur moment et non pas quand nous le souhaitons ou le voulons. Aucun médecin ne peut savoir à l'avance le moment de la guérison. Seul Dieu le sait. La maladie est un purgatoire. » (*Paramirum, ChapII De Ente Dei*, Aschner I, 55)

Et elle a pour corollaire l'affirmation que Dieu ne s'est pas contenté de créer les remèdes, mais qu'il a éprouvé une telle mansuétude à l'égard du genre humain qu'Il a apposé une signature sur chaque être de la création afin que l'homme puisse découvrir grâce à elle quelles sont les propriétés qui y sont cachées.

Paracelse a exposé cette conception dans de nombreux textes (56), comme, par exemple dans ceux-ci, qui sont assez représentatifs de sa pensée :

> « Car tout ce que Dieu a créé, il l'a fait pour le bien de l'homme et l'a livré entre ses mains afin que cela ne demeure point caché. Et bien qu'il nous l'ait livré voilé, il ne l'a pas laissé sans signes visibles et extérieurs, conformément à sa destination particulière – de la même manière que celui qui enfouit un trésor et qui ne le laisse pas sans repères, mais le munit de signes extérieurs afin qu'il puisse le retrouver. » (*De Natura Rerum, 9ème Livre : von den mineralischen Zeichnen*, Aschner III, 303)

> « Il n'y a rien sur quoi la nature n'ait apposé sa marque et c'est par là que nous pouvons connaître ce que recèlent les choses ainsi signées » (*Die grosse Astronomie* Aschner IV, 475)

> « La Nature n'a rien laissé sans signe. C'est pourquoi elle peut agir aussi bien vis à vis des hommes que vis à vis d'une petite fleur des champs. Elle les signe et donne à chacun de le reconnaître, de telle sorte qu'elle dévoile grâce aux signes ce qui est à l'intérieur des choses. Celui qui sait interpréter les signes peut reconnaître, grâce à eux, la vertu qui habite chaque être, que ce soit une herbe, un arbre, un être sensible ou un être inerte. De cette manière, les experts en signes ont découvert beaucoup de remèdes, de médicaments et autres vertus dans les choses naturelles. Et celui qui ne décrit pas les vertus des plantes d'après leur signature, celui-là ne sait pas ce qu'il

écrit. Ainsi chaque homme est signé de telle sorte qu'il peut être distingué d'un autre. Et cela, Dieu l'a voulu. Les hommes se divisant en une multitude d'espèces, on peut ainsi reconnaître à laquelle chacun d'eux appartient, tout comme on reconnaît les propriétés des fleurs et des autres plantes d'après leur forme ; celle-ci correspond à leur nature. » (*Astronomia Magna*, Aschner IV, 542).

On ne peut manquer de rapprocher ces différents passages de celui de Pline que nous avons cité au chapitre précédent où l'auteur latin invoque la bonté de la Nature envers l'humanité.

Après avoir déploré que les hommes aient négligé une telle facilité donnée par Dieu pour leur permettre d'accéder à la connaissance des propriétés contenues dans les choses naturelles, et reproché aux médecins d'écrire leurs ouvrages en se fiant aux livres des auteurs anciens et à des racontars glanés ici ou là - ce qui revient à s'en remettre à une expérience aveugle-, il les engage vivement à apprendre la signification des signes :

« Il n'y a rien qui ne soit signé ; la Nature ne s'est pas laissé aller à ne pas marquer d'un signe ce qui est à l'intérieur des choses. La Nature a tout marqué d'un signe et elle exige seulement que vous deviez apprendre les signes… Ainsi donc, pourriez-vous dire : « Qui peut voir dans une plante ce qui est en elle ? Non, examine seulement son signe et tu sais tout ce qui est en elle. » (*Von den natürlichen Dingen*, Aschner III, 611- 612)

Dans son *Traité sur la Peste*, Paracelse rappelle également que "*l'Art de(s) la signature(s)*" (*Kunst der Signatur*) est un don divin et que le mépriser revient à offenser gravement Dieu :

« La Nature a donné une couleur particulière aux fleurs et aux feuilles de chaque plante, et tu voudrais dire que c'est par hasard et sans raison que c'est différent d'une plante à l'autre. Tu prends ainsi Dieu pour un imposteur et tu méprises l'art de la chiromancie et tous les autres arts qui sont indispensables à la profession de médecin. » (*Ûber die Pest,* Aschner I, 658)

Pour illustrer ce qu'il entend par signe ou signature, Paracelse a recours à quelques exemples qu'il expose dans différents ouvrages.

On en relève plusieurs dans son *De Natura rerum* (IX) (Aschner III, 283-284), où il commence assez curieusement ses explications par une référence à la petite insigne jaune que portaient les Juifs sur leur habit ou leur manteau à son époque. "Qu'est-ce donc, écrit-il sinon un signe par lequel tout un chacun peut reconnaître un Juif ? ". Il propose fort heureusement à la suite d'autres exemples tirés de la vie courante. Il note entre autres que l'on peut facilement savoir à quelle autorité appartient un archer grâce à sa tenue et à la couleur de ses manches et qu'un artisan désigne son ouvrage par une marque particulière ou un signe de telle façon que l'on puisse aisément le reconnaître. Et pourquoi, demande-t-il, un messager porte-t-il un étui ou un écusson sur son manteau si ce n'est pour indiquer à qui il appartient et d'où il vient afin qu'on le laisse passer sans difficulté. Quant aux hommes de guerre qui arborent une bande de couleur, celle-ci n'est rien d'autre qu'un signe pour se distinguer de l'adversaire et indiquer au service de qui ils combattent. Il fait également état d'un certain nombre de signes permettant de distinguer les choses les unes des autres, qui vont des effigies sur les monnaies aux étiquettes sur les bocaux des apothicaires. D'une façon générale, ces signes ont la même fonction et n'ont d'autre but que d'indiquer la nature et les propriétés des objets sur lesquels ils sont apposés.

Bien que ces signes soient omniprésents dans la Nature, Paracelse admet que leur recherche est loin d'être aisée et que leur interprétation l'est tout autant. Il déclare en effet que l'une et l'autre constituent tout un savoir, tout un art, "*l'Art de(s) la signature(s)*", fondé sur l'observation, l'intuition et l'imagination. Mais il donne à celui qui a acquis cet art la capacité d'accéder à l'invisible à partir du visible, de connaître l'intérieur des choses en examinant leur extérieur et notamment de détecter les propriétés curatives qui sont cachées dans une plante.

Le nombre des végétaux que Paracelse a cités à l'appui de ses déclarations apparaît toutefois relativement modeste.

Quelques-uns sont mentionnés dans son *Traité sur la Peste* (*Über dir Pest*) (Aschner I, 656 –659).

Il y signale d'abord la petite plante appelée *Satyrion** (*Orchis* L.) dont les racines ressemblent à des testicules, et il explique que cette forme est une signature par laquelle la plante signale qu'elle a des propriétés aphrodisiaques ; il cite ensuite le *Nenuphar* (***Nymphea*** L.) dont la ressemblance avec la matrice et le cordon ombilical est une signature indiquant qu'elle est un médicament pour expulser l'arrière-faix. Plus loin, il réserve quelques lignes au chardon (***Distel*** = ***Carduus*** L.), une plante dont les épines doivent être perçues comme une signature dont le but est de faire connaître qu'elle est bonne pour soigner les élancements dans la poitrine et les points de côté. Son exposé sur la ***Persicaria**** ou ***Wasserpfeffer*** qu'il appelle aussi *Sapena riparum* est plus développé ; selon lui, elle est bonne pour les blessures récentes, mais aussi quand surviennent une blessure, un œdème, une forte chaleur et un écoulement de sang abondant à la suite de désordres provoqués par l'alimentation et la boisson. La forme de sa fleur et la goutte de sang qui est au milieu de sa feuille ne sont en effet rien moins que des signatures par lesquels la plante indique quelles sont ses propriétés thérapeutiques. (57)

Quelques autres plantes trouvent également place dans son « *Buch über die (magischen) Bildnisse* », pour démontrer tout l'intérêt que présentent la connaissance et l'exercice de "*l'Art des signatures*":

> "Grâce à l'Art de la Chiromancie, de la Physiognomie, et de la Magie, il est possible de connaître immédiatement d'après leur aspect extérieur, les propriétés et les vertus de chaque plante et de chaque racine, et cela n'a pas besoin de preuve et d'expérience. Car, au commencement, Dieu a soigneusement différencié chaque chose, et il n'a donné à aucune un aspect et une forme qui seraient identique chez une autre, mais il a pendu un grelot à chacune, comme on dit « on reconnaît les fous à leurs grelot ». Aussi, dans la Magie, un grelot indique un fou. Vous devez donc reconnaître également les plantes et les racines, à leurs grelots et à leurs signes. Et seulement à leurs signes. Par exemple, regardez la racine de *satyrion** (*Orchis* L.); n'est-elle pas formée comme les testicules d'un homme ? On ne peut rien dire d'autre sinon que cela a été indiqué par la Magie et que l'on a trouvé grâce à la Magie qu'elle restaure la virilité et le désir sexuel que l'homme avait perdus.

(Regardez) aussi le chardon (*Distel* = *Carduus* L.): ses feuilles ne piquent-elles pas comme des aiguilles ? A cause de ces signes, il a été trouvé grâce à la Magie qu'il n'avait point de meilleur remède contre les élancements internes. De même, la *Siegwurz* (*Allium* L.) a un entrelacement (de radicelles) tout autour d'elle (de son bulbe) comme une côte de maille. C'est un signe magique qui signale qu'elle est efficace pour protéger des armes, comme une côte de maille. De même la racine *Syderica* (*Sideritis* L.) dont la partie aérienne a sur chacune de ses feuilles une image qui représente la figure d'un serpent. La Magie signale ainsi qu'elle préserve de tout envenimement. Il y a aussi la racine *Wegewart* (*Cichorium* L.) qui a une influence particulière et innée qui lui vient du Soleil. On le voit à ce que ses fleurs se tournent vers celui-ci, comme si elle voulait lui exprimer ainsi sa reconnaissance. » (*Buch über die (magischen) Bildnisse* ou *De imaginibus*, Chap.9, Aschner, IV, 339)

Paracelse cite également quelques plantes dans son *Labyrinthe des médecins égarés,* parce qu'elles présentent la forme du membre ou de l'organe qu'elles ont la propriété de soigner. Mais il n'y fait aucune allusion à "*l'Art des Signatures*":

« Soyez plus attentifs encore : s'il existait une racine qui contenait en son corps sidéral tous les corps des hommes, une fois absorbée, elle serait dans l'homme, chaque membre dans le membre correspondant. Il s'ensuit que les *Specula pennarum* (?), si l'on en boit, guérissent les seins des femmes, car leur forme est celle des mamelles et des tétins. L'image du remède se trouve maintenant dans son membre, celui auquel elle appartient. De même, le *Dactiletus* (*Aristolochia* L.) guérit le chancre lorsqu'on en boit car son image se met dans le corps à la place à laquelle sa forme appartient. » (*Labyr. Médicor X*, Aschner I, 530)

On peut encore mentionner un passage d'un autre ouvrage (*Von natürlichen Dingen*) consacré aux feuilles du millepertuis (***hypericum****) dont les perforations sont facilement observables à l'œil nu et que Paracelse prend comme exemple pour démontrer combien l'observation des signes sur les plantes revêt une grande importance pour le médecin :

« Grâce au signe (*Bezeichnung*), il est possible de savoir ce que Dieu a déposé dans les choses pour l'utilité des hommes. Ce signe devra être tout particulièrement examiné ici, en particulier la perforation [des feuilles], la forme des feuilles et des fleurs, les rameaux et aussi les veines des feuilles. Je veux vous expliquer que les perforations qui sont dans les feuilles signifient que cette plante convient pour tous les orifices intérieurs et extérieurs de la peau. Ce qui doit être évacué par les pores peut l'être par là. Les fleurs se décomposent sous la forme du sang. C'est un signe qu'elles sont bonnes pour les blessures et ce qui provient des plaies. Aussi, doit-on les utiliser lorsqu'on doit cicatriser les chairs. Les veines des feuilles sont un signe que *Perforata* chasse toutes les visions que l'homme peut avoir en lui et aussi en dehors de lui. Car les visions suscitent des apparitions si bien que les gens voient des fantômes et des spectres. Ce sont des maladies qui poussent les gens à se suicider. Ils sortent de leurs rêveries, deviennent furieux, sombrent dans le délire. La plante toute entière indique qu'elle peut soigner tout ce qui se manifeste ainsi chez l'homme, où que ce soit dans le corps. C'est un remède universel pour l'homme tout entier. Son suc est si fort contre les vers qu'ils s'enfuient de celui chez lequel on l'étend. ...Il y a quatre forces dans la *Perforata,* contre les visions, contre les vers, contre les blessures et elle possède des vertus balsamiques. » (*Von natürlichen Dingen*, Aschner III, 630)

On aurait pu s'attendre à ce que Paracelse accorde une attention particulière aux racines de la mandragore (*Alraune*) qui avaient depuis l'Antiquité donné matière à de nombreuses croyances car elles pouvaient parfois prendre la forme d'un corps humain. Or, il n'en est rien. Bien au contraire ! Paracelse déclare en effet dans son *De Imaginibus* (Chap.9) (Aschner IV, 340) que c'est une supercherie et un tour de passe-passe de vagabonds qui trompent les gens à plus d'un titre.

Il précise toutefois que la prise en compte des seules signatures ne saurait être suffisante pour parvenir à la connaissance des vertus curatives des plantes. Il remarque notamment que les différentes parties d'un végétal n'ont pas des propriétés identiques :

> « Sachez que la force des bourgeons est différente de celle des feuilles, des fleurs, des fruits non mûrs, et des fruits mûrs, d'une si merveilleuse façon que la forme et les vertus des derniers fruits sont tout différentes de celles du premier. Aussi, faut-il faire jaillir particulièrement la connaissance du commencement jusqu'à la fin. » (*Paragranum III*, Aschner I, 390)

Il note également que les propriétés des plantes et leur efficacité varient au cours du temps. Il considère en particulier que si les plantes et leurs parties se distinguent par la forme et la couleur, elles le doivent aux variations de leur composition matérielle qui dépend de l'heure et de la saison. Il observe en outre que leurs vertus changent à chaque instant en fonction du développement de la maturation qui s'effectue en elles. Selon lui, ce ne sont pas des vertus inhérentes à la matière qui évoluent ainsi, mais celles qui sont liées au moment et à la saison. Elles dépendent donc du temps et ne sont que des propriétés éphémères qui s'opposent à l'*arcanum* qui est une propriété permanente (58), ou, si l'on veut, des vertus intermédiaires, des sous-produits du temps qui se constituent dans la plante tandis qu'elle évolue vers l'étape ultime de son développement :

> « Une chose n'a pas une seule propriété, il en a plusieurs : voyez les fleurs qui ont plusieurs couleurs en une seule et voyez comment chaque couleur a des nuances infinies. Il y a de même dans les choses autant de vertus à saisir. Or l'alchimie des couleurs sait distinguer l'art et la variété de chaque couleur : les vertus des choses doivent être, elles aussi isolées comme les couleurs et elles se modifient aussi souvent.. Or chaque couleur a sa vertu et son pouvoir particulier…Or ces vertus se révèlent seulement dans la forme et dans la couleur : viennent d'abord les petites pousses, puis la moelle, puis le feuillage, les fleurs, les feuilles et enfin le fruit dans leurs stades progressifs. Par un tel processus qui fait mûrir les vertus des choses, sui les fait pousser et se développer, à chaque stade et à chaque unité, chaque jour et chaque minute, les forces intérieures se modifient. Ce qui provoque le relâchement des jeunes pousses, ce n'est pas leur matière, mais c'est le temps qui modifie les vertus et les forces des choses. Le temps qui donne aux acacias leur astringence particulière entre toutes les plantes donne aussi aux plantes avant leur dernier développement des vertus intermédiaires. (*Paragranum* III, Aschner I, 390)

En effet, pour Paracelse, les plantes n'acquièrent que progressivement leurs propriétés, tout comme leur forme et il prend comme exemple celui d'une graine pour montrer comment le végétal prend sa forme définitive et acquiert ses vertus au terme de son évolution :

> « Toute chose qui croît est sans forme dans sa première matière. Elle n'est comme rien. Un exemple : un hêtre, un sapin, un chêne n'est tout d'abord qu'une graine dans laquelle, il n'y a rien de ce qu'il sera plus tard. Lorsque l'on met la graine en terre, elle doit d'abord pourrir, sinon il n'en sortira rien. Elle pourrit donc et se décompose entièrement. Auparavant, c'était une graine, et donc quelque chose. Mais quand elle pourrit, elle n'est plus rien. Mais alors, cette putréfaction engendre la première matière qui fait pousser l'arbre à présent et lui donne sa forme. » (*Labyr. Médecor. X*, Aschner I, 529)

En conséquence, Paracelse invite le médecin à tenir le plus grand compte de l'ancienneté des plantes dont l'efficacité est fonction de leur âge, mais aussi des mouvements des astres, au regard de l'âge de la maladie :

> « Au temps du malade, de la maladie et du remède s'ajoute le temps de l'astre, car les vertus de toute herbe ne sont libérées que selon le cours du Ciel. Une maladie vieille d'un mois se soigne et se guérit plus rapidement qu'une autre vieille de 2 ou 5 mois. Une herbe qui a un an d'âge agit et guérit plus rapidement qu'une autre qui en a 2, 3, 4 ou 5 « Il convient donc d'employer les herbes jeunes pour guérir de vieilles maladies et les herbes plus vieilles pour guérir les maladies les plus jeunes. Car associer ce qui est vieux à ce qui est vieux, c'est donner un aveugle pour guide à un autre aveugle. » (*De Natura rerum*, Aschner III, 297)

Il rappelle également dans son *Labyrinthe des médecins égarés* que l'efficacité des propriétés contenues dans le végétal varie avec son âge :

> « Plus l'enfant grandit, plus il devient raisonnable ; parallèlement, les plantes s'accroissent et deviennent fortes dans leurs vertus et leurs formes jusqu'à ce qu'elles aient accomplis leur temps. Puis viennent l'âge et la faiblesse et commence le déclin, comme au début l'épanouissement. De même faut-il comprendre le remède : il possède son degré, comparable à la force des plantes selon qu'il est dans sa vigueur ou sa faiblesse. En outre remarquez que tous les corps revêtent la forme de ce en quoi ils se tiennent. Ainsi également tous les remèdes qui sont en eux. L'un est visible, l'autre invisible, l'une est corporelle, élémentaire, l'autre spirituelle, sidérale. Il s'ensuit que tout médecin doit avoir son herbier spirituel, sidéral grâce à quoi il sait où se tient le remède dans la forme. Un remède pris spirituellement dans son essence, revêt la forme du corps dans lequel il arrive. A l'instar de l'arc-en-ciel, dans le ciel ; de l'image ou de la figure dans un miroir : si elle a la forme des pieds, elle se tient dans les pieds, si elle a la forme des mains, elle se tient dans les mains. » (*Labyr. Médicor. X*, Aschner I, 529)

Incidemment, Paracelse note également dans son *Traité sur la Peste* que chaque plante doit être utilisée à un moment précis. Il est inexact de dire, écrit-il, que la rhubarbe purge toute l'année. Et il précise par ailleurs que la grande et la petite ortie doivent être utilisées selon les personnes, tantôt en été, tantôt en automne, celle-ci pour les femmes et celle-là pour les hommes. (*Über die Pest*, Aschner I, 672)

On remarquera que Paracelse indique aussi, mais brièvement, que les propriétés des plantes sont variables selon les régions dans son *Traité sur les maladies des mineurs* :

> « Une plante qui s'appelle *Cepa* (*Allium cepa* L.) a un aspect différent dans un terrain différent, bien qu'elle porte le même nom. Si les caractères morphologiques sont différents, si quelque chose se modifie, la Nature agit – sachez-le bien – de sorte que les propriétés actuelles, elles aussi se modifient par l'action de la force terrestre jusqu'à adopter les caractères propres à la contrée déterminée. Aussi vaut-il mieux connaître la médecine d'une contrée précise que celle des contrées étrangères. En cas de maladie, de même, il faut soigner quelque chose par son semblable. » (*Des maladies des mineurs, Livre I, II ème Traité, chap. 5*, Aschner II, 384)

et il rappelle cette observation sous une autre forme, plus imagée, dans son *Labyrinthe des médecins égarés* où il compare la Nature à une gigantesque pharmacie qui offre tous les remèdes nécessaires au traitement de toutes les maladies :

> "La Nature fait du monde une pharmacie. Comme dans une pharmacie, les herbes sont rassemblées pour qu'on puisse les trouver. Et une pharmacie en possédera plus qu'une autre et de différentes sortes. De même dans le monde, il existe un ordre naturel des pharmacies : champs et prairies, montagnes et collines. Et c'est la Nature qui nous donne cette pharmacie : elle nous fournit ce qui est nécessaire pour remplir la nôtre." (*Labyr. Medicor.* VII, Aschner I, 519)

S'il est vrai que Paracelse recommanda des remèdes dérivant d'analogies de formes ou de couleurs extérieures, il n'appliqua pas systématiquement "*l'Art des signatures*" dans les nombreuses prescriptions qui nous ont été conservées. Celui-ci n'apparaît pas y jouer un rôle prédominant, tant s'en faut, et l'on remarque qu'il fit même largement appel à la thérapie par les contraires. De plus, force est de constater que nombre de plantes dont il recommande l'emploi ne ressemblent en effet à aucun organe du corps humain et à aucune des diverses manifestations de la maladie qu'elles étaient censées guérir.

D'ailleurs la place qu'il consacre, parmi ses nombreux écrits, à la "*Théorie des signatures*" dans le monde végétal se révèle bien modeste au regard de la réputation dont il a bénéficié sur ce thème après sa mort.

Botanique médicale et homéopathie

Paracelse juge qu'on ne saurait donner d'explication valable à la très grande diversité des maladies par la seule référence aux quatre humeurs et aux quatre qualités sensibles qui étaient héritées des Anciens et toujours enseignées de son temps. Il en propose donc de nouvelles dans une série d'ouvrages particulièrement innovants qui ne manquèrent pas de provoquer de vives discussions entre médecins et, dans l'ensemble, une large réprobation. Il y affirme notamment que c'est en observant les correspondances et les analogies entre les éléments du cosmos et les différentes parties de l'homme qu'il faut rechercher aussi bien l'origine des maladies que les remèdes les plus efficaces pour les traiter. Une telle démarche le conduit tout naturellement à proposer de soigner les semblables par les semblables. Il en donne un exemple qui lui paraît probant dans un passage de son *Traité sur la Peste*. Il y rapporte en effet qu'il a appris auprès de 80 paysans que les plantes sont à comparer aux maladies par leur forme et leur anatomie et qu'à partir de ces observations qu'ils ont mis à profit, ils sont merveilleusement parvenus à guérir des malades sous ses yeux.

Convaincu par l'efficacité de cette pratique qui lui paraît pertinente, il invite à l'appliquer pour traiter les personnes atteintes de la peste. Il prescrit aux femmes chez lesquelles on a observé les marques de la peste et des bubons de boire de l'ortie à fleurs blanches (***Lamium album*** **L.**) mais en revanche de boire de la petite ortie brûlante (***Urtica urens*** **L.**) qui n'a aucune fleur, si ces marques sont absentes. Et il en conclue que :

> "Toutes les plantes sans fleurs sont à utiliser pour soigner les maladies qui ne se manifestent par aucun signe. Quant aux nombreuses maladies qui se manifestent par des signes extérieurs, on doit les traiter avec des plantes à fleurs. " (*Über die Pest*, Aschner I, 672).

Cet exemple et la conclusion que Paracelse en tire illustrent assez bien sa conviction qu'il existe entre les organes et les maladies la même relation spécifique qu'entre celles-ci et les remèdes dont le choix doit donc tenir le plus grand compte. A ces correspondances, il ne manque évidemment pas d'ajouter celle de l'astre qui exerce son influence sur la maladie et l'organe ou la partie du corps qu'elle atteint.

Mais quand Paracelse affirme que "tous les remèdes ont été créés pour les malades", il précise à différentes reprises qu'ils sont de deux sortes. Les uns sont extérieurs et sont élaborés par l'homme, les autres sont intérieurs et produits par la nature. Si ces derniers sont générés par l'organe malade lui-même (59), il appartient en revanche aux hommes de rechercher et de confectionner les remèdes extérieurs qui sont très présents dans la nature, ce qui suppose notamment de leur part une parfaite connaissance des plantes et de leurs propriétés :

> "Celui-là seul connaît le nombre des maladies qui connaît le nombre des plantes et des arcanes naturels. Aucune de ces deux séries ne l'emporte sur l'autre ... Puisqu'il y a autant de plantes que d'arcanes, qui doit commencer à les dénombrer ? Le philosophe d'un côté, l'astronome de l'autre, égaux entre eux et maîtres des maladies. Le médecin seul ne peut les apprendre, car il n'est qu'une contrée parmi les autres, qu'une année parmi les autres, la première ou la deuxième. Il ne sait rien de lui même et il ne connaît pas l'origine des noms. " (*Paragranum II*, Aschner 379-380)

Mais, le choix des remèdes doit tenir compte des relations de sympathies qui lient entre eux les astres, les maladies, les organes du corps humains et les remèdes, c'est-à-dire de leurs correspondances ou de leurs similarités :

> "Les médicaments n'ont aucun effet, s'ils sont prescrits en opposition avec leurs propriétés astrales et avec les symptômes locaux du mal qui causent la maladie. Car la maladie est semblable à l'étoile. Celui qui connaît l'étoile connaît aussi la maladie. Cette science permet uniquement de déterminer la nature propre du remède. Si tu connais l'ami, tu connais aussi l'ennemi. Le ciel, s'il est un ennemi est un ami

dans la sphère inférieure. S'il est un ennemi dans la sphère inférieure, il est un ami dans la sphère supérieure. L'aide ne vient pas seulement des plantes, mais aussi des arcanes célestes. " (*Paragranum II*, Aschner I, 375)

En effet, si le remède et la maladie sont accordés l'un à l'autre par le jeu des correspondances "comme la clé à la serrure", il est vain de vouloir faire réagir le contraire sur le contraire et le précepte *Contraria a contrariis curantur* n'est pas justifié. Car ce qui est froid ne chasse pas ce qui est chaud dans les maladies qualifiées de « chaudes » ni le chaud ne combat ce qui est froid dans les maladies "froides":

"Sachez également que deux éléments opposés ne peuvent se trouver face à face sans dommage mutuel, l'hiver doit céder à l'été et réciproquement. Or, d'après l'ordonnance naturelle, aucune chose ne renverse son contraire. Car deux opposés ne peuvent se joindre dans le cours naturel et seul ce qui se ressemble s'assemble. " (*De la maladie des mineurs, III ème Livre, 3ème Traité, chap. 2)*

"Les maladies sont différentes des éléments. Les éléments ne tombent pas malades, c'est le corps qui le devient. Le scorpion guérit donc le scorpion, le réalgar le réalgar, le mercure le mercure, la mélisse la mélisse, le cœur le cœur, la rate la rate et les poumons les poumons. " (*Paragranum* I, Aschner I, 361)

Si Paracelse privilégie la "médecine des semblables", il n'en est cependant pas l'auteur. Nous avons vu en effet qu'elle remontait à l'Antiquité. D'ailleurs, il ne cite guère de remèdes et notamment de plantes, dont la sélection aurait pu être fondée sur une telle conception de la thérapie, mais il en a suffisamment vanté les mérites, du moins en théorie, que certains ont fait abusivement de lui le père de l'homéopathie et le génial prédécesseur d'Hahnemann. (60)

A la recherche de la "quintessence" des plantes

Si les signatures permettent de sélectionner les plantes médicinales dans la nature et de savoir quelles sont les endroits du corps atteints par la maladie qu'elles peuvent soigner, elles ne fournissent qu'une indication par trop générale. Aussi Paracelse juge-t-il nécessaire d'approfondir les indications fournies par l'observation des signatures, en recourant à des investigations plus poussées. Il engage le médecin à acquérir la connaissance de la forme intérieure et invisible des remèdes contenus dans les plantes et à apprendre comment en extraire leur principe actif ou "quintessence".

Considérant que par leur forme ou leur couleur, - qui peuvent dans une certaine mesure être considérées comme des signatures -, les plantes donnent de précieuses indications sur les arcanes qu'elles contiennent, Paracelse recommande au médecin de les observer avec attention :

"Voyez que la Nature n'a rien caché dans les couleurs, ni dans l'aspect : ce sont les choses qui recèlent l'arcane qui n'a ni couleur, ni aspect...Impossible de reconnaître la maladie en examinant le seul foyer où elle se développe. Voici pourquoi je le dis ici : la pivoine révèle l'épilepsie, le moment, l'heure où elle se développe, où elle atteint son paroxysme, son essence et ses signes particuliers. Tu dois connaître la nature de la pivoine. Sinon, tu n'es qu'un médecin fait de bric et de broc ... Dans le liseron du chêne, tu apprends aussi à reconnaître une autre variété d'épilepsie. Il en est de même pour les autres arcanes. Il y a autant d'arcanes que d'espèces de maladies. Et qui plus est, les vers viennent du millepertuis et de la nigelle des champs et autres. Sans cette expérience, tu demeures dans l'ignorance. Tu ne peux les chasser avec de la centaurée ou avec de la gentiane. " (*Paragranum I*, Aschner I, p. 357 ; traduction de B. Gorceix *in* Paracelse, PUF, Paris, 1968, p.51)

Mais il estime que ces indications, pour précieuses qu'elles soient, ne sont pas toujours suffisantes pour éclairer le diagnostic de médecin. Les connaissances tirées de l'observation des signatures ont leurs propres limites. Il faut donc les approfondir en étudiant l'organisation interne des plantes pour parvenir à mieux cerner leurs propriétés thérapeutiques.

D'ailleurs, leur anatomie n'est-elle pas comparable à celle de l'homme ? Paracelse ne manque pas de le rappeler, mais il ne s'étend guère sur cette comparaison qui avait été notée bien avant lui et à divers reprises par des auteurs tels que Théophraste ou Pline :

"De même qu'un homme a ses organes en lui, tel à un endroit, tel à un autre, pareillement, les plantes ont aussi leurs organes : un cœur, un foie, une rate correspondant à ceux de l'homme. " (*Labyr. Medicor.* IX, Aschner I, 526)

En revanche, il se plait à développer l'idée qu'il existe une correspondance entre l'anatomie des plantes et celle des maladies :

"Considérez, par exemple la rose et le lys. Dans quel but Dieu leur a-t-il donné leur forme ? et il en est de même pour toute chose. Il a créé le médecin et il lui fait pousser les médicaments hors de terre de telle sorte que celui-ci connaisse l'anatomie des plantes terrestres. Le médecin se doit alors de se tourner vers l'anatomie des maladies. Si le médecin connaît l'anatomie des plantes, il devra connaître ensuite les anatomies des maladies : il trouvera alors une concordance entre maladie et remède et il saura lequel convient . C'est du parallèle qu'il établira entre ces deux anatomies que le médecin progresse ; sinon, il n'est rien. (*II Opus Paramirum I, 5*, Aschner I, 82)

Selon Paracelse, le parallèle entre ces deux anatomies qui se correspondent est essentiel à établir, car il permet de comprendre comment agissent les propriétés des plantes. Il explique en effet à sa manière que c'est leur forme intérieure et invisible qui agit dans le corps des hommes, car celle-ci est en correspondance avec la même forme qui est présente en eux. Ainsi, lorsqu'un remède dérivant de l'une des substances telles que les pierres, les métaux, les minéraux et la plupart des plantes pénètre dans le corps, sa "forme intérieure" le conduit à l'organe malade dont la forme est analogue.

Dans son *Labyrinthe des médecins égarés*, il prend l'euphrasie* (***Euphrasia officinalis*** **L.**) comme exemple pour illustrer sa théorie et démontrer que "la Nature achemine chaque corps vers sa forme, tel un sculpteur, qui prend un bois informe et y sculpte une forme jusqu'à son achèvement":

"J'ai souvent remarqué que les médecins parlaient du *dirigentibus*, du *directoris*, c'est-à-dire du complément que les remèdes doivent conduire à sa place, alors que cela est sans aucun fondement. Ils disent en effet que la sauge (*salvia**), la lavande (*lavendula**), la marjolaine (*majorana**) sont des conducteurs pour la tête et y font monter le remède comme quelqu'un qui ne sait pas le chemin. Mais cela n'a rien de médical. Le remède ne doit pas s'acheminer de cette façon, mais se guider lui-même, attiré par la force de son image. Par exemple, l'*Euphrasie* (*euphrasia**) présente la forme et l'image de l'œil ; si donc, on en absorbe, elle se place dans son membre et dans la forme du membre, de telle sorte qu'elle devient un œil tout entier. Quel remède existe-t-il qui pourrait en conduire un autre dans l'œil et s'y placer ? Tous les membres de l'homme ont leur forme dans les choses qui poussent, dans les roches aussi, dans les métaux, les minerais, etc. et quelque soit l'essence, là, cependant se trouve cette image. Lorsqu'elle est prise, la nature du microcosme place la même image en l'homme. Alors le remède va à l'endroit qui lui revient. " (*Labyr. Medicor.* X, Aschner I, 530).

Pour Paracelse, la détection de ces parallèles s'inscrit dans un cadre plus large et plus général dans lequel le chercheur, et singulièrement le médecin, doit se situer et agir pour parvenir à la connaissance des propriétés des "choses" (*Dinge*). Dans son *Labyrinthe des médecins égarés*, il explique que cette connaissance s'obtient par l'expérience (*Erfahrung* ou *experimentia*), laquelle doit être distinguée de l'expérimentation (*Experiment*) et du savoir ou science (*Wissen* ou *Scientia*). Selon lui, l'expérience est un « savoir certain », alors que l'expérimentation n'est qu'un « savoir purement accidentel. » Et la science est un savoir exact contenu dans tout objet qui lui permet d'atteindre son but spécifique ; elle est en quelque sorte la source d'où dérive l'expérience.

Paracelse prend la scammonée (***scammonia****) comme exemple pour expliquer que le médecin ne pourra acquérir son "expérience" que si il a su appréhender et s'approprier la « science » de chaque plante, c'est-à-dire le mécanisme interne grâce auquel elle agit, réalisant ainsi une sorte d'union entre elle et quelque chose de semblable à elle, présent en lui :

"Le médecin doit apprendre par l'expérience et la médecine n'est rien d'autre qu'une solide expérience. Tout ce qu'il fait se fonde sur elle. Et celui qui n'a pas appris sa matière de l'expérience et de la vérité qui est en elle, n'est pas un médecin fiable. Ce que l'expérience -qui est comme un juge- confirme ou infirme doit être accepté ou rejeté. C'est pourquoi, cette expérience doit aller de pair avec la science, car la science est expérience. Et, si une expérimentation est trouvée dans l'expérience, et qu'elle est éprouvée, elle doit être guidée par la science dans l'expérience. C'est alors seulement que l'on comprendra comment on devra l'utiliser ultérieurement. Mais, sans la science, elle reste une expérimentation. C'est là qu'on distingue l'expérimentation de l'expérience. L'expérimentation sans la science va au hasard. Mais l'expérience est certaine, si elle est employée avec la science. Car la science est mère de l'expérience, et sans la science, il n'y a rien. La scammonée (*scammonia**) purge, et cela est une expérimentation ; Sophia (*sophia**) guérit les fractures des membres, et c'est une expérimentation ; le saphir guérit l'anthrax et c'est une expérimentation. ...Le poirier porte des fruits et doit le faire par la science. Cette science lui a été donnée par Dieu, et c'est grâce à elle qu'il porte des fleurs, fabrique des feuilles et forme des poires....Voici un autre exemple : la scammonée purge ; elle le fait avec la science que Dieu lui a donnée et qui lui indique ce qu'elle doit purger et comment. Quand tu apprends de la scammonée la science qui est en elle, celle-ci est en toi comme elle est dans la scammonée, et tu as alors acquis l'expérience avec la science, et ce n'est pas une expérimentation. Mais quand tu ne connais ni la nature ni la science de la scammonée, dans toutes ses propriétés, tu as une expérimentation sans science. " (*Labyrinthus Medic* 6, Aschner I, 514-517)

Toutefois, Paracelse ne se contente pas d'affirmer que le médecin doit savoir établir le parallèle entre l'anatomie de la plante et celle de la maladie, tout comme la concordance entre le ciel et celle-ci, il doit aussi savoir que c'est au ciel de diriger le remède vers l'organe malade. Pour Paracelse, il importe en effet que le remède soit adapté à la nature spécifique des forces astrales, c'est-à-dire avoir été séparé de ce qui est terrestre en lui et être passé à l'état volatil, car, si Dieu en a fournit les bases, il reste encore à achever son œuvre :

> "Le médicament a été créé par Dieu, mais il n'a pas été préparé jusqu'à son terme. Il reste au contraire dissimulé parmi les scories.... Il faut donc en premier lieu débarrasser les remèdes des scories ; alors, on trouve le remède. " (*Labyr. Medicor. V*, Aschner I, 512)

Pour y parvenir, il appartient au médecin, à l'instar des alchimistes, de procéder à la séparation et à l'extraction des principes actifs des plantes et des minéraux. Une recherche à laquelle ne se livrent pas les médecins et les apothicaires qui, dénonce Paracelse, se contentent d'ajouter des substances les unes aux autres et proposent des remèdes composés d'un grand nombre d'ingrédients, alors qu'une seule plante suffit pour guérir une affection si l'on a su extraire ce qui est actif en elle pour la rendre efficace :

> "Je veux éliminer de vos médicaments le thériaque, le mithiridate et le trifère et je supprimerai la bonne centaine de médicaments qui demeureront. " (*Paragranum I*, Aschner I, 359)

Il est vrai qu'à son époque, les préparations médicamenteuses étaient souvent complexes, d'autant que certaines des substances entrant dans leur composition n'avait pour seul objet que d'atténuer la toxicité de certaines d'entre elles. Paracelse saisit une fois encore l'occasion pour critiquer les médecins de son temps et vanter l'inépuisable richesse de la Nature :

> "Avec quelle maladresse et quelles analogies bon marché avez-vous composé vos sirops, vos pilules et autres, à l'aide des simples, et comme vous avez détruit par votre ignorance, les variétés, l'essence et les qualités naturelles ! L'art des médicaments est dans la nature. La nature l'achève elle-même. Si elle a donné à l'or des propriétés particulières, elle en a aussi donné aux violettes. Tu n'as rien à y ajouter, ni sucre, ni miel, de même que tu ne peux pas parfaire l'or. La nature a créé des perles sans ton intervention, elle a aussi créé sans ton aide la *Verbena** qui apaise le sang. Inutile d'y ajouter de la *Bursa** ou de la *Barba Jovis**. Comprenez-moi donc : un simple seul possède toute l'efficacité. Cette force n'est pas fragmentée en deux ou trois, quatre ou cinq simples. Un seul suffit. Ce simple unique n'a besoin que de l'aide alchimique qui agit comme agit le mineur, le fondeur, le porion. Il s'agit d'une extraction, et non d'une composition. Il s'agit de déceler la nature des choses et non de grouper et de raccommoder plusieurs morceaux. Les meilleures culottes sont d'une seule pièce. Les plus mauvaises sont celles qui sont rapiécées et raccommodées. Quel homme sage est assez simple et assez sot pour penser que la nature a fragmenté les forces, qu'elle les a confiées à telle ou telle herbe et qu'elle a laissé à vous, messieurs les Docteurs, le soin de les rassembler ? La nature est assez

pleine de sagesse pour ne pas vous déléguer ce pouvoir. Car vous êtes vides. " (*Paragranum I*, Aschner I, 357)

Et, un peu plus loin il ajoute :

"La nature a de sa propre autorité établi les arcanes et elle a assemblé ce qu'il convenait d'assembler.... C'est la nature qui est le médecin, pas vous. C'est elle qui compose le remède et non vous. Cherchez à savoir où la nature a ses pharmacies, ses vertus et les flacons qui les contiennent. Ne cherchez pas dans Mesué, ni dans Lumen, ni dans Prépositus la lumière et la règle. Ils sont opposés à la nature. Tu ne peux rien y trouver. Car ils séparent ce qui unit, ils confondent les fragments et les ensembles ...C'est la nature qui est le pharmacien qui compose les remèdes et point le médecin. " (*Paragranum* I, Aschner I, 358).

Pour découvrir les principes actifs contenus dans les différents éléments qui composent la nature, dont les végétaux font évidemment partie, Paracelse juge que le recours aux techniques de l'alchimie est indispensable, car elles constituent un moyen d'investigation performant et sûr pour rechercher l'interne à partir de l'examen attentif de l'externe et de percevoir l'invisible à partir de l'observation du visible :

"L'alchimie est l'art qui sépare l'utile de l'inutile pour l'acheminer à sa matière finale et à son essence dernière. ...l'alchimie a été établie par Dieu comme un art véritable de la Nature et la bourbe dont les apothicaires de Montpellier font commerce n'est pas de l'art, mais bien plutôt un travail de cochon sorti de leur cuisine malpropre. "(*Labyr. Medicor. V*, Aschner I, 514)

Grâce à l'alchimie, Paracelse est persuadé qu'il sera possible d'isoler et d'extraire de chaque plante la vertu particulière (ou arcane) qui exerce son action spécifique sur une ou plusieurs maladies. "Les arcanes composent la pharmacie du médecin " ne manque-t-il pas de rappeler dans son *Paragranum I*, (Aschner I, 361).

Ces arcanes ne sont rien d'autre que les principes actifs contenus dans la plante et en constituent la quintessence ou cinquième essence (*Quinta Essentia*) à laquelle Paracelse consacre de longs développements pour en préciser le sens. Celle-ci est selon lui un extrait subtil, puissant et efficace, différent des autres éléments présents dans tous corps (61), mais dont il ne contient pas les qualités élémentaires. Nous retiendrons les deux passages suivant où il l'expose avec le plus de détail :

"La quintessence est une matière extraite de toute chose que la nature a produite et de chaque chose qui possède la vie corporelle en elle-même, une matière la plus subtilement purgée de toute impureté et de toute mortalité et séparée de tout élément. D'après ceci, il est évident que la quintessence est pour tout dire une nature, une force, une vertu et une médecine à la fois, en vérité enfermée en toute chose, mais désormais libre de tout domicile et de toute incorporation extérieure. De même, c'est aussi la couleur, la vie, les propriétés des choses : c'est un esprit comme l'esprit de vie. Mais le fait que la quintessence guérisse toutes les maladies, ne vient pas de l'élévation du tempérament, mais d'une qualité innée, c'est-à-dire de sa grande propreté et pureté par laquelle d'une façon merveilleuse, elle modifie le corps en le purifiant et en le transformant totalement... Dès lors, il arrive que quelques quintessences soient astringentes, d'autres narcotiques, d'autres attrayantes, d'autres encore somnifères, amères, douces, piquantes, stupéfiantes et quelques-unes capables de renouveler l'organisme pour le rajeunir, pour lui préserver la santé, en tant que purgatifs, ou pour causer la constipation, selon le cas. Leurs vertus sont innombrables et quoiqu'elles ne soient pas toutes exprimées ici, cependant elles devraient être parfaitement connues des médecins. La quintessence est donc ce qui donne la couleur ; ainsi, par exemple, la quintessence des coraux est une sorte de graisse de couleur rouge tandis que le corps est blanc. la quintessence de l'émeraude est aussi un jus vert et son corps est blanc... La quintessence peut être extraite par exemple par sublimation, par calcination, par les eaux-fortes, par des corrosifs, par des substances douces, par des amères et en fait toute voie peut être envisagée. Ici, il doit être pris soin que chaque chose qui aura été mélangé avec la quintessence par la nécessité d'une extraction doit à nouveau en être retirée jusqu'à ce que la quintessence puisse demeurer seule, non polluée et non mélangée avec d'autres choses. Apprenons maintenant en plus, les différences entre les quintessences, car quelques-unes sont d'un grand secours pour le foie, pour résister à tous ses déséquilibres, quelques autres pour les reins, d'autres pour les poumons, d'autres pour la rate, et d'autres encore. Ainsi certaines opèrent seulement sur le sang, d'autres dans le choléra seulement tandis que d'autres ont un effet seulement sur les humeurs, d'autres sur l'esprit vital, d'autres sur l'appétit ; d'autres opèrent sur les os, d'autres sur la chair, d'autres sur la moelle, d'autres sur les cartilages, d'autres sur les artères ; et il y en a d'autres qui ont un effet seulement contre certains déséquilibres et rien d'autre...Quelques-unes sont reconnues pour être des narcotiques, d'autres des remèdes anodins, d'autres des soporifiques, des astringents, des dépuratifs, des cicatrisants, des fortifiants, des stupéfiants..." (*Archidoxis IV*, Ascher III, 21-22)

"Puisque le ciel et non le médecin règle la maladie par l'intermédiaire des astres, il faut donner au remède un état aérien qui le rende susceptible d'être guidé par les astres...Aussi la quintessence n'est-elle rien d'autre que l'arcane et l'arcane est ce qui reste, une fois que l'on a séparé l'arcane des quatre autres corps...La préparation du médicament consiste donc à séparer les quatre corps des arcanes, à connaître ensuite l'astre de la maladie en question et à opposer à la maladie l'astre du médicament. Voilà comment se règle la maladie. L'estomac qu'est l'alchimiste achève le médicament que tu prescris. Or l'estomac rend possible l'intervention des astres, sinon le remède, sans être dirigé, demeure dans l'estomac pour être ensuite éliminé par la voie normale. La science suprême du médecin consiste à connaître la concordance des deux astres, car elle est à la base de toutes les maladies....Crée des arcanes et oppose- les aux maladies. La maladie doit céder et c'est là l'essentiel. Toute cette science a pour source la nature qui est le précepteur et qui est le garant. La nature et l'homme, dans la santé et dans la maladie veulent donc être joints, unis, assemblés l'un à l'autre. Voilà la voie de la guérison et de la santé. " (*Paragranum III*, Aschner I, 384).

Malheureusement, Paracelse ne s'est guère intéressé à l'alchimie des plantes, lui préférant celle des métaux et des minéraux. Il ne nous a d'ailleurs laissé aucun texte sur la quintessence de certains végétaux et pas davantage de comptes rendus des expériences alchimiques qu'il aurait pu réaliser sur quelques-uns d'entre eux.

En recommandant avec insistance de prolonger l'observation superficielle des éléments de la nature, par des investigations complémentaires où l'alchimie joue un rôle majeur, afin de parvenir à percer le secret de l'efficacité des remèdes, Paracelse a fait preuve d'une géniale intuition dont s'inspireront ultérieurement de nombreux chercheurs, en quête de médicaments nouveaux ou plus efficaces. Aussi n'est-il pas excessif de le considérer comme l'un des premiers promoteurs et prescripteurs de remèdes spagiriques ou chimiques (62) qu'E. Littré oppose d'ailleurs aux remèdes galéniques ou végétaux dans son *Dictionnaire de médecine.*

Les nombreuses publications de Paracelse et les thèses qu'il y défend ne pouvaient passés inaperçues !

Certains de ses contemporains ont été séduits par l'étrangeté du personnage, la réussite spectaculaire de certaines de ses guérisons et l'originalité de ses théories. Mais son caractère difficile et irascible, son goût de la provocation, la virulence de ses innombrables invectives, la grossièreté de ses propos, et sans doute aussi son entêtement et l'arrogance dont il faisait preuve à toute occasion ont écarté de lui une grande partie de ceux qui étaient attirés par ses idées, et aussi suscité une franche hostilité chez beaucoup d'autres.

Nous verrons dans les pages suivantes que ceux qui se réclameront de lui ont sans doute médité cette affirmation qu'il a consignée dans son *Paragranum* II "Le malheur est dans l'ignorance, le bonheur est dans le savoir" (Aschner I, 379) ou encore cette exhortation : "Apprends, apprends, questionne, questionne, n'ais pas honte" (*Buch über die magischen Bildnisse*, Aschner IV, 340). Ils vont en effet s'attacher à constituer une véritable "*Flore médicale des signatures*" composée de plantes "signées" en approfondissant les théories dont Paracelse n'avait fait que jeter les bases et donner quelques exemples significatifs.

NOTES DU CHAPITRE 2

1. Sur les auteurs d'ouvrages de médecine de langue arabe, cf. D. Jacquart et F. Micheau (1990), M. Ullmann (1995) D. Jacquart (2005) ainsi que les différents articles consacrés à la médecine publiés dans le Tome III de « *L'Histoire des sciences arabes* » (1997).

2. Cf. J. Jouanna (1992) p. 399 sq.

3. Certains auteurs, comme P. A. Matthioli**, par exemple, (cf. *infra* note 23) donnent même au début de leur ouvrage une répartition de toutes les plantes qu'ils y ont recensées selon leur "qualités premières". Sur ce système d'oppositions, cf. G.E.R. Lloyd : "*The hot and the cold, the dry and the wet in greek philosophy*" (*The Journal of hellenic Studies* LXXXIV London 1964).

4. Sur l'humorisme hippocratique, cf. J. Jouanna (1992) pp.442-452.

5. La thérapie par les contraires s'appuie sur le principe de contrariété. Celui-ci est fondé sur l'idée qu'il existe des relations d'antipathie entre un certain nombre d'êtres et d'éléments de la nature. On en trouve de nombreuses applications, non seulement en médecine, mais aussi dans un grand nombre de pratiques magiques. Dans son étude sur la Magie (*Théorie générale de la Magie* (Année philologique 1902-1903, rééd. *in Sociologie et anthropologie*, Paris, PUF, 1989, pp. 57- 67), M. Mauss l'appelle "*loi de contrariété*" et précise qu'elle peut être résumée sous différentes formes, telles que : "Le semblable fait partir le semblable pour susciter le contraire" ou "le contraire chasse son contraire en suscitant son semblable", ou encore "le semblable qui évoque un semblable fait partir un contraire".

6. Dans son étude sur la Magie, citée ci-dessus, M. Mauss note qu'il existe aussi une autre "loi de la magie" qu'il appelle "*loi de similarité*". Il précise que l'on en connaît deux formules principales qu'il importe de distinguer. La première s'énonce ainsi : " le semblable évoque le semblable, *simila similibus evocantur*" ; la seconde :"le semblable agit sur le semblable et spécialement guérit le semblable, *simila similibus curantur*." Dans son *Rameau d'or* (1981) (Tome I, p. 41), J.G Frazer la nomme "*loi de similitude*" sur laquelle se fonde la "magie imitative" ou magie "homéopathique".

7. Galien en donne les définitions dans le Traité *De simplicium medicamentorum et facultatibus* (Kühn, XI, 786-788). Sur les degrés de Galien, cf. G. Harig : *Bestimmung der Intensität in medizinischen System Galens*, Akademie der Wissenschaften der D D R Zentral Institut für alte Geschichte und Archäologie, Berlin 1974.

8. Selon G. Harig (*op. cit.* ci-dessus, p. 119), sur 475 substances végétales ou "simples" recensées, Galien ne l'indiquera que pour 161 d'entre elles, estimant sans doute que ses expérimentations étaient insuffisantes pour les autres.

9. Le *De Gradibus* d'Arnaud de Villeneuve fut écrit au XIII ème siècle, et s'inspire largement d'un traité d'un auteur arabe, al-Kindi, consacré aux degrés des remèdes et traduit en latin un siècle auparavant par Gérard de Crémone. Toutefois si la théorie des degrés était assez simple d'application, lorsque l'on prescrivait une seule substance

végétale, elle posait problème dès lors qu'il s'agissait de recommander des remèdes composés de plusieurs substances. La détermination du dosage de chacune d'elles afin d'obtenir le tempérament du remède fit donc l'objet de réflexions approfondies et nous devons à Arnaud de Villeneuve, médecin à Montpellier un traité qui lui est consacré, largement inspiré de la méthode proposée par le médecin arabe al Kindi. Ce traité se présente comme une ébauche de pharmacologie mathématique, où il est expliqué comment calculer les degrés d'intensité des médicaments composés de plusieurs substances simples, en déterminant le dosage de chacune d'elles. Pour en résumer le principe, nous empruntons à D. Jacquart et F.Micheau (1990) (p.188), le passage suivant : "La principale règle énoncée par al-Kindi est la suivante : à une progression arithmétique du degré d'intensité qui caractérise un effet (chaud, froid, sec ou humide), correspond une progression géométrique du rapport entre les qualités opposées qui détermine cet effet. Par exemple :

Effet	Parts de chaud	Parts de froid
Tempéré	1	1
Ier degré (chaud)	2	1
2 eme degré	4	1
3 ème degré	8	1
4 ème degré	16	1

Pour plus de détails, cf. M.R MC Vaugh : Arnaldi de Villanova, *Aphorismi de Gradibus*, Grenade-Barcelone, 1975.

10. On entend par "simples" les substances - principalement les substances végétales - qui étaient employés sans être mélangés à d'autres. Dans la littérature grecque, les traités intitulés *Peri haplôn pharmakôn* leur sont consacrés. On les distingue ainsi de ceux dont l'objet est de donner la composition de médicaments composés (*Peri suntheseôs pharmakôn*) qui peuvent être présentés selon leur genre ou selon les lieux, c'est-à-dire les parties du corps auxquelles ils sont destinés. Une version de l'*Antidotaire Nicolas* a été publiée par P. Dorveaux (Paris, Welter, 1896), une reproduction d'une version du *Livre des Simples médecines* a été publié en 1986 (Paris, B N, éd. Ozalid); une reproduction d'une version du *Tacuinum sanitatis* a été publiée en 1995 (Ed. du Félin), sous le titre "*L'Art de vivre au Moyen-âge*". Ces différentes publications sont accompagnées d'importants commentaires.

11. Sur l'histoire de la botanique au XVI ème siècle, cf. E. Meyer (1854-1857, Tome IV), F.Hofner (1872), J. von Sachs (1892), E. Lee Greene (1909, Tome II), M. Möbius (1937) L. Thorndike (1923) Tome VI, Chap. XXXVIII, p.254 -297, "*The sixteenth century Naturalists*", J. Magnin-Gonze (2004). On pourra aussi consulter pour la période précédente l'ouvrage de H. Fischer (1929).

12. Ces premiers "herbiers" ne doivent pas être confondus avec les "herbiers" du Moyen-Age, qui sont des livres illustrés. Sur les "herbiers" du Moyen-Age, Cf : A.Arber : *Herbals*, Cambridge University Press, 1912 (rééd. 1938); F.J. Anderson : *An illustrated history of the Herbals*, New-York, Columbia University Press, 1977 ; M. Collins : *Medieval Herbals* Britisch Library 2000. On pourra aussi consulter A.Arber : *From Medieval Herbalism to the Birth of Modern Botany* (in *Science, Médicine and History : Essays on the evolution of scientific Thought and medical practise written in*

honour of Ch. Singer, London, Oxfprd University Press, 1953). W Blunt, *The Art of Botanical Illustration*, Dover publications Inc, NewYork, 1994.

13. Sur les jardins botaniques italiens, cf. A.Chiarugi : *Le date di fondazione dei primi orti botanici del mondo* (Nuovo Giornale Botanico Italiano, vol LX, n.. 4, 1953.); C. Serarchangeli : *L'orto dei simpli : primo tentativo di insegnamento pratico* (Medicina nei Secoli - Journal of History of medicine- Arte e Scienza 16/2 (2004) pp. 439-453.

14. De nos jours, un jardin botanique a plusieurs vocations : 1. Il a d'abord pour objet de **conserver** les différentes espèces de plantes qui poussent dans le monde, et, en priorité, celles qui sont menacées d'extinction (conservation accompagnée souvent aussi de celle de semences avec publication d'un *Index seminum*). Il participe ainsi à la conservation de la biodiversité. Dans ce cadre, il constitue un élément essentiel dans l'élaboration de l'inventaire des plantes cultivées dans une région donnée et de leurs variétés sauvages afin de conserver leur patrimoine génétique. Certains jardins botaniques se sont spécialisés dans la conservation de "collections" de certaines espèces sauvages ou cultivées ; 2. Il offre aux spécialistes et aux chercheurs la possibilité d'**étudier** tout au long de l'année les plantes qu'il conserve ; 3. Il joue un rôle **éducatif.** Ouvert au public, il permet au plus grand nombre d'accéder à la connaissance du patrimoine végétal d'une région, voire d'un pays. Quelques jardins botaniques sont aussi des jardins historiques qui rappellent certains aspects de l'histoire de la botanique ; 4. Il doit fonctionner en réseau, et entretenir avec les autres jardins botaniques des relations d'**échanges** d'observations, de plantes et de graines.

15. Sur les transformations des plantes transplantées, cf. Théophraste (*H P*, II, 2). Pline évoque la question dans plusieurs passages de son Livre XV.

16. Sur les premiers herbiers, cf. E. H F Meyer, *Geschichte der Botanik* IV, p.266 – 273. Cf. aussi, *Les herbiers, un outil d'avenir, Tradition et modernité,* Actes du Colloque, Lyon, 20-22 novembre 2002, Villers-les Nancy, Association Française pour la Conservation des Espèces Végétales (AFCEV).

17. Pour distinguer les différentes espèces de végétaux qu'ils ont recensées, quelques auteurs - comme Dodoens, par exemple - ont retenu une classification identique à celle adoptée par Théophraste (*H.P.* I, 3, 1) qui se contente de répartir les espèces végétales en quatre groupes : arbres (sg.: *dendron*), arbrisseaux (sg.:*thamnos*), sous-arbrisseaux (sg.: *phruganon*) et plantes herbacées (sg.: *poa*).

18. Pour plus de details, cf. W. Blunt : *The Art of Botanical Illustration, an illustrated History*, Dover Publications, New York (rééd. 1994); W. Wheeler : *L'Illustration botanique*, Paris 1999 ; M. Pinault-Sorensen : *Le livre de botanique* (B N F, 2008)

19. Dans cette célèbre aquarelle (*Das grosse Rasenstück*) appelée indifféremment en français "La grande Touffe d'herbe " ou "Le grand morceau de prairie", A. Dürer a représenté avec une remarquable précision les différentes plantes qu'il a observées. Parmi elles, on reconnaît tout particulièrement *Achillea millefolium, Taraxacum officinale, Poa pratensis, Plantago major, Bellis perenis, Cynoglossum officinale.*

20. Parmi les ouvrages les plus connus, édités au XVI ème siècle et dont les illustrations sont particulièrement réussies, on peut citer ceux d'Otto Brunfels (*Herbarum vivae eicones*, (1530-1536)), de Hieronimus Bock, dit Tragus (*Kreuterbuch*, (1551)), de Leonhardt Fuchs (*Neue Kräuterbuch* (1543)).

21. Des dessinateurs et des graveurs sur bois interviennent dans la confection des planches destinées à être imprimées. Par exemple, Fuchs fait appel pour illustrer son ouvrage à trois artistes ; A.Meyer qui dessine les plantes, H. Füllmaurer qui transfert les dessins sur des panneaux de bois et V. Rudolf Speckle qui grave les bois avant impression. Les dessins sont généralement exécutés d'après nature, car il s'agit le plus souvent de plantes endémiques poussant exclusivement dans une région donnée. Certaines illustrations sont cependant réalisées d'après échantillon (notamment lorsqu'il s'agit de plantes exotiques).

22. Le médecin Jacques Dubois**, par exemple, s'inspire des Anciens pour établir la liste des critères à observer lors de la cueillette des plantes médicinales. Il y consacre les premiers chapitres de sa *Pharmacopée* publiée en 1574, intitulée « *Manière de bien choisir les simples* ».

23. Sébastien Colin est un médecin qui serait né à Fontenay le Comte en 1519 et dont la date de la mort est inconnue (on la situe avant 1578). Il publia sous le nom de Lisset Benancio un pamphlet intitulé « *Déclaration des abuz et tromperies que font les apoticaires, fort utile et nécessaire à un chacun studieus et curieux de sa santé* » dirigé contre les apothicaires dont il fait une critique acerbe. Les qualificatifs dont il les affuble laissent à penser le peu d'estime dans laquelle il tenait nombre d'entre eux. On relève par exemple les mots antropophages, sophistiqueurs, abuseurs, négociateurs, oïnopoles, myropoles, canonistes, saphranistes, quiproquistes, droguistes, clystérizistes, poudristes, rheubarbaristes, succristes, antidotistes... On lui doit également un ouvrage sur le traitement des fièvres (1558) et un *Traité de la Peste* (1566)

24. Pierre Braillier est un marchand apothicaire lyonnais qui a écrit en 1557-1558 un pamphlet intitulé "*Déclaration des abus et ignorance des médecins, œuvre très utile et profitable à chacun studieux et curieux de sa santé.*" où il fustige les pratiques des médecins de son temps. Cet opuscule est une réponse à celui de Sébastien Colin Il leur reproche notamment de s'exprimer en latin et non en français, de recommander l'utilisation de substances en provenance de pays lointains alors que les plantes locales seraient plus efficaces, de prescrire des remèdes composés de beaucoup trop de substances dont ils ignorent souvent les propriétés. En voici un extrait particulièrement savoureux et qui reflète assez bien le ton de la publication : « Mais [les médecins] n'ont cognoissnance ny intelligence aux médicaments non plus que bestes et n'oseroyent entreprendre d'expérimenter autre que ce qu'ilz ont leu en leurs livres ; et pour ce qu'ils vilipendent l'estat de pharmacie, je dys que jamais ne fut et ne sera bon médecin s'il n'a été apotiquaire et qu'il ayt fréquenté l'herbolage et les drogues pour cognoistre la force, saveur, vertu et acrimonie, les avoir veu composer pour seurement en ordonner après, et ne faire celuy qui me demanda dernièrement si j'avaids du sirop d'absinthe romain et je luy dis que ouy. Il me dit qu'il avoyt plus de vertu à conforter l'estomac que l'absinthe pontic et en va donner pour boire en eau bouillie et à la cueiller à une jeune demoiselle, sans regarder que l'amertume est si grande que quand la jeune demoiselle en tasta, cruda crever de vomir et rua fiole, sirop et en voirre par terre. Et si le médecin eust veu

faire le sirop et en eust tasté, il se fust bien gardé d'en ordonner pour boire en eau, car il est trop plaisant ; et s'il se fust trouvé près de la demoiselle quand elle gousta du sirop, elle lui eust jetté par la teste. Aini font-ilz des autres choses pource qu'ilz ne virent jamais rien faire des compositions qu'ils ordonnent et ne sçavent si elles son aigres ou doulces, vertes ou blanches. » (pp. 38-39) Le texte complet de la *Déclaration* de Brahier a été réédité par P.Dorveaux (Poitiers, 1906).

25. Matthioli, par exemple, donne au début de ses *Commentaires* au *De Materia Medicina* de Dioscoride (pp. LXXXVI à XCIV) un classement des plantes selon les maladies qu'elles ont la propriété de guérir. Il donne ainsi deux listes de celles qui sont bonnes, l'une d'après Dioscoride et l'autre d'après lui "Aux Maladies de la tête, aux Nerfs, aux Yeux, aux Oreilles, au Nez, à la Bouche & à la Langue, aux Dents & Gencives, à la Gorge et au Gozier, à la Poictrine & au Poulmon, aux Mammelles, à l'Estomach, au Foye, à la Ratte, aux Intestins, au Siège & Fondement, aux Reins, à la Vescie, aux membres Génitaux & parties honteuses, à la Matrice, aux bras & aux jambes". Il ajoute une liste complémentaire où il cite celles qui conviennent "aux Maladies aux fièvres, aux Apostumes, Enflures & Tumeurs, aux Playes, aux Ulcères, aux Rompures & dislocations, aux Poisons & venins." Matthioli donne également une répartition des simples selon leurs "Qualitez premières" (chaud, sec, froid, humide) auxquelles il ajoute une liste des "Simples que l'on estime temperez". Ce genre de classement se retrouve souvent dans de nombreux ouvrages de botanique médicale de la même époque. Car il répond à une nécessité pratique. Mais il en existe bien d'autres, comme, par exemple, de nombreuses années plus tard, celui adopté par Pierre Jean Baptiste Chomel (1671 - 1740), Médecin du Roi et Botaniste de renom, dans son *Abrégé de l'histoire des plantes usuelles* (1712), plusieurs fois réédité : "Première Partie : plantes évacuantes, 1ère classe : plantes purgatives ; 2ème classe : plantes béchiques ou pectorales ; 3ème classe : plantes errhines ou sternutatoires et salivantes ; 4ème classe : plantes hystériques ; 5ème classe : plantes apéritives et diurétiques ; 6ème classe : plantes diaphorétiques et sudorifiques ; 7ème classe : plantes cordiales et alexitères ; II ème partie : plantes alterantes du premier ordre, section première ; 1ère classe : plantes céphaliques et aromatiques ; 2ème classe : plantes ophtalmiques ; 3ème classe : plantes stomachiques et vermifuges ; 4ème classe : plantes fébrifuges ; 5ème classe : plantes hépatiques et spléniques ; 6ème classe : plantes carminatives ; 7ème classe : plantes antiscorbutiques ; seconde section : plantes alterantes de second ordre : 1ère classe : plantes vulnéraires astringentes, plantes vulnéraires détersives, plantes vulnéraires apéritives ; seconde classe : plantes émollientes ; 3ème classe : plantes résolutives ; 4ème classe : plantes assoupissantes et anodines ; 5ème classe : plantes rafraîchissantes et épaississantes."

26. Le premier texte définissant les règles à appliquer pour nommer les plantes fut publié en 1897, et les *Lois de la Nomenclature botanique* furent éditées en 1904, sous le titre "Code de la nomenclature botanique", à la suite du Congrès international de Botanique tenu à Vienne (Autriche). De nouvelles classifications, dites phylogénétiques, actuellement encore à l'étude, prennent en compte la notion d'évolution des espèces et des données de la biologie moléculaire. (cf. APG I en 1998, APG II en 2003, APG III en 2009). Elles ont fait l'objet de publications, Cf. R E Spichiger, V Savolainen, M Figeat, D Jeanmonod, *Botanique systématique des plantes à fleurs* (Presses polytechniques et universitaires romandes, 2002); W Judd, C Campbell, E. Kellogg, P. Stevens *Botanique systématique* (De Boeck Université Bruxelles 2002), M Botineau,

Botanique systématique et appliquée des plantes à fleurs (Angiosperm Phylogeny Group II) (Edit. Tec. & Doc., Lavoisier Paris 2010); une nouvelle classification phylogénétique des Angiospermes (Group III) a été proposée en 2009

27. Matthioli n'hésite pas à rapporter une troisième expérience à l'appui de son commentaire sur les propriétés de l'aconit. L'issue en est plus heureuse, grâce à l'action efficace de la pierre Bezoar, considérée comme un antidote que l'on a administré au condamné : "Mais les accidens qui advindrent à un autre brigand, pareillement aussi condamné à estre pendu, auquel on bailla une drachme du mesme napellus, pour esprouver si la pierre que les Arabes appellent Bezoar, estoit suffisante pour reprimer son immanité, furent bien differens aux susdits. Ce brigand estoit sur le 27. an., lequel ayant pris le breuvage susdict, disoit qu'il avoit le gout du poyvre. Une heure apres ayant commencé à vomir, on luy donna en vin pur sept grains de cette pierre Bezoar. Or fut-il après la prise de l'antidote, agité de divers et fascheux accidens, vomissant maintenant de matière verte ; maintenant disant qu'il sentoit à l'entour du nombril une chose ronde, laquelle montant vers l'estomach, causoit un vent froid au front, & au derrière de la teste. Peu de temps après il tumba en un estourdissement quasi tel qui'une paralysie, laquelle luy occupoit tellement les bras & jambes du costé gauche qu'il n'eûr sçeu tourner un seul doigt, tel accident se remuant au costé droit en un moment laissant le gauche sain. Finalement cessant telle paralysie, il se plaignoit de ses veines, qu'il sentoit toutes froides. Outre tout cecy il se disoit molesté de plusieurs vertiginositez & autres perturbations & esmotions du cerveau, telles quasi que celles de l'eau qui bout en la chaudière. Il tournoit ses yeux en la teste, tordoit la bouche, endurant, ce disoit-il, une merveilleuse douleur és maschoire & mesmes il les frottoit souvent avec les mains, & les soustenoit, de crainte qu'elles ne tombent. Quant au dehors, il avoit les yeux enflez, la face livide, les levres noires, le ventre gros à la mode des hydropiques : son poux estoit fort divers : son esprit fort troublé, pour cause des accidens fascheux qui se suivoient l'un l'autre. Maintenant il n'avoit aucun espoir de vie, ores il vivoit en espoir : maintenant il estoit en son bon sens, ores il resvoit : maintenant il chantoit, ores il pleuroit. Il supplioit grandement qu'on luy baillast de l'eau froide, esperant que ce seul moyen pouvoit tost reschapper. Tout ce temps cy par trois fois il devint aveugle, & par trois fois, il disoit estre venu jusques aux portes de la mort. La langue seule luy demeura en son integrité, exempte de tout accident, car jamais il ne devint muet, ny mesme begue. Or la septième heure après la prise, l'antidote ayant amorty toute la force du venin, les accidens susdits s'esvanouyrent, le poulx retourna à sa mode accoustumée. Il reprint sa couleur naïve, ses forces revinrent. Bref, ce pauvre miserable par un merveilleux conflict avec la mort, eschappa le danger qui le pressoit. Ce qui servira de preuve assez suffisante pour montrer que ce que Avicenne a escrit au sujet du napellus, ne sont fables." La pierre appelée Bezoar est une concrétion minérale de l'estomac et de l'intestin de différents herbivores à laquelle on attribuait des propriétés d'antidote ; pour cette raison, on l'appelait d'ailleurs "pierre à venin". Dans son *Dictionnaire universel des drogues simples* (1760), N. Lemery en distingue quatre sortes.

28. Sur les approches théoriques de Démocrite et d'Empédocle relatives à l'origine et la reproduction des végétaux, cf. notre *Flore magique*…p.37 – 39.

29. Sur la distinction entre plantes mâles et plantes femelles chez les auteurs de l'Antiquité, cf. notre *Flore magique* … p. 40 – 44.

30. Sur l'invention du microscope, cf. M. Daumas : Les instruments scientifiques aux XVII ème et XVIII ème siècles Paris ; PUF, 1953.

31. Les ouvrages consacrés à Paracelse sont extrêmement nombreux. On se limitera à citer, parmi ceux qui ont été publiés en français : W. Pagel : Paracelse, Paris, Arthaud 1963 (indications bibliographiques pp. 35-37), traduction française de *Paracelsus, an Introduction to Philosophical Medicine in the area of the Renaissance,* Bâle et New-York, Katger, 1958. R.Allandry : *Paracelse, le médecin maudit,* Paris, Gallimard 1937 ; G. Bechtel : *Paracelse et la naissance de la médecine alchimique,* Paris, 1970 ; L. Braun : *Paracelse*, Lucerne-Lausanne 1988 ; B. Whiteside et S. Hutin, *Paracelse*, Paris, 1966 ; P. Rivière : *Paracelse, médecin alchimiste, "philosophe par le feu"*, Paris, de Vicchi 2000. On trouvera en outre une bibliographie récente dans l'ouvrage de H. Baudry : *Contribution à l'étude du paracelsisme en France au XVI ème siècle*, Paris, Champion 2005. Signalons aussi les *Nova Acta paracelcica* édités par la Schweizerische Paracelsus Gesellschaft qui mentionnent les travaux portant sur Paracelse, au fur et à mesure de leur parution.

32. Théophraste Bombast von Hohenheim est plus connu sous le pseudonyme de Paracelse. Celui-ci a donné matière à plusieurs explications, dont aucune n'est certaine. Il pourrait s'agir de la traduction latine du mot Hohenheim ("la maison élevée") qui est celui du domaine que la famille possédait en Souabe ; ou bien une référence à Celse**, auteur latin (Ier siècle après J-C) d'une encyclopédie dont seule la partie consacrée à la médecine nous est parvenue. Selon cette hypothèse, Paracelse pourrait signifier "à l'égal de Celse", "au niveau de Celse", ou selon certains admirateurs de Paracelse "au-delà de Celse" c'est-à-dire "au-dessus de Celse", mais à notre avis, cette interprétation force par trop le sens de *para* ; ou encore, selon d'autres, "au-delà de celui qui est élevé", en prenant *celsus* dans le sens de "grand, élevé" (?). On sait s'il a lui-même choisi ce pseudonyme ou si ce sont ses proches qui le lui ont attribué.

33. La plus grande partie des ouvrages de Paracelse ne furent pas publiés de son vivant. Un certain nombre le furent quelque dix ans après sa mort, mais l'édition intégrale de ses écrits ne fut réalisée que bien plus tard et nous la devons à Johan Huser de Waldkirch, de Bade, médecin à Glogau et elle comprend 10 volumes (*Paracelsus, Bücher und Schrifften*, (1589- 1591 ; 1603 ; 1605). L'édition la plus complète des œuvres de Paracelse dont on dispose aujourd'hui est celle de K. Sudhoff : *Theophrast von Hohenheim genannt Paracelsus, Sämtliche Werke*, 14 volumes, Münich-Berlin, Oldenburg 1922-1933 dont le texte a été établi à partir de l'édition de J. Huser : L'édition de K. Sudhoff a été complétée par W. Matthiessen et, plus récemment par K. Goldammer. L'édition de J. Huser a été transcrite en allemand moderne par B. Aschner : *Paracelsus, Sämtliche Werke*, 4 volumes, Vienne, G.Fischer 1926-1932. Les traductions de Paracelse en français sont peu nombreuses. B. Gorceix *Paracelse* Paris, PUF, 1968 en a donné une liste in *Avertissement du traducteur* (p.VII –XIII,) dans son ouvrage qui contient la traduction des traités suivants : *Les sept défenses* (1537-1538), *Paragranum* (1529-1530), *De l'épilepsie* (*De caducis liber I*) (1530), *De la maladie des montagnes* (1533-1534), *Des maladies invisibles* (*De causis morborum invisibilium* (1531-1532). On peut lui ajouter les traductions suivantes : L'*Herbarius*, trad. de l'allemand par H. Hombourg et Ch. Le Brun, Paris, Dervy, 1987 ; le recueil suivant : "*Quatre traités de Paracelse : le Labyrinthe des médecins errants, Cinq traités de Philosophie, Le Livre de la Restauration, Le Livre de Longue Vie*" trad. de l'allemand

par H. Hombourg et Ch. Le Brun, Paris, Dervy, 1992 ; M. Haven : les sept livres de l'*Archidoxe magique*, trad. de l'allemand par P. Dujols et Thomas, 1909 ; *La grande Astronomie*, trad. de l'allemand par P. Deghaye, Paris, Dervy, 2000 ; *De la Magie*, trad. de l'allemand par Braun, Presse Universitaire de Strasbourg, 1998. Nous avons fréquemment utilisé ces traductions, en leur apportant à l'occasion quelques modifications, après consultation du texte allemand publié par B. Aschner.

34. Le premier fragment est intitulé "*Zu den Irrtümern des gewöhnlichen Kräuterbüches*"; le second "*Zu allen Kräuternbüchern*". Les deux sont publiés par B. Aschner (III, 586-587).

35. B. Aschner a publié une liste des principales plantes citées par Paracelse, mais il n'a malheureusement pas indiqué les ouvrages dans lesquels elles sont citées. (*Biologische Heilkunst* 1932, 13, pp. 190-191).

36. Le texte de l'*Herbarius* a été publié par Aschner III, 491- 531) et traduit en français par Horst Hombourg et Charles Le Brun (Paris, Dervy-Livres, 1987).

37. Par exemple, dans le *Traité sur la peste* (Aschner I, 675), dans le *De Natura rerum*, (Aschner III, 309).

38. Pline avait écrit : "On arrache l'*erigeron* (*Senecio vulgaris* L.) et on touche trois fois la dent en crachant à chaque fois, et si on remet la plante au même endroit de manière qu'elle reprenne, cette dent, dit-on, ne fera plus souffrir". (*H N* XXV, 167)

39. Le poème de Macer Floridus est intitulé *De viribus herbarum* ; il comprend 2568 vers et porte sur 77 plantes médicinales. Il semble avoir été publié pour la première fois à Naples en 1477. De nombreuses éditions lui succédèrent. Certaines sont illustrées de gravures sur bois, comme celle de 1522. Une traduction française par Lucas Tremblay en fut éditée à Rouen en 1588. cf. E.H.F. Meyer (*op.cit*) (Tome III, pp. 426-434). Son auteur demeure inconnu On l'a parfois identifié à Othon de Morimont ou, avec plus de vraisemblance, à Othon de Meung, qui vivaient l'un et l'autre au XIIème siècle ; parfois on en fait aussi un auteur de l'école de Salerne.

40. Les 37 plantes citées (Aschner III, 531 –573) sous leur nom latin ou allemand sont les suivantes : Artemisia (*Artemisia vulgaris* L.), Abrotanum (Stabwurz, *Artemisia abrotanum* L.), Absinthium (*Artemisia absinthium* L.), Nessel (*Urtica* L.), Lauch (*Allium sativum* L.), Wegerich (*Plantago major* L.), Raute (*Ruta graveolens* L.), Apium (*Petroselinum crispum* (Miller) A.W. Hill), Althea oder Malva (*Althea officinalis* L.), Anethum (Dillenkraut, *Anethum graveolens* L.), Betonica (Pfaffenröhrlein, *Stachys officinalis* (L.) Trevisan), Savina (Sabina, *Juniperus Sabina* L.), Porrum, das ist Lauch (*Allium porrum* L.), Chamomilla (Kamillen, *Matricaria chamomilla* L. = *Chamomilla recutica* (L.) Rauschert), Nepita (*Calamintha nepeta* Savi), Pulegium (*Mentha pulegium* L.), Fenchel (*Foeniculum vulgare* Miller), Acedula = Aciula (*Sempervivum arboreum* L. = *Aeonium arboreum* (L.) Webb &Berth), Portulaca (*Portulaca oleracea* L.), Lactuca (*Lactuca* L.), Rose (*Rosa* L.), Lilien (*Lilium* L.), Satureia (*Satureia thymbra* L.), Salvia (*Salvia officinalis* L.), Ligusticus (Liebstôckel, *Levisticum officinale* Koch), Ostrutium (Radix imperatoriae, Meisterwurz, *Peucedanum ostruthium* Koch), Cerefolium (Körbelkraut, *Anthriscus cerefolium* (L.) Hoffm.), Atriplex (*Atriplex* L.), Coriander

(*Coriandrum sativum* L.), Nasturtium (Brunnenkresse, *Lepidium sativum* L.), Eruca (*Eruca vesicaria* (L.) Cav. *subsp. sativa* Miller) Thell.), Papaver (Mohn, *Papaver somniferum* L.), Zwiebeln (*Allium cepa* L.), Buglossa (Ochsenzunge, *Anchusa* L.), Sinapium (Senf, *Sinapis arvensis* L.), Caulis (Kohl, *Brassica oleacera* L.), Pastinaca (Pastinak, *Daucus carota* L. ou *Pastinaca sativa* L. subsp. *sylvestris* (Miller) Rouy & Camus).

41. La distinction entre les deux espèces d'hellébores était pourtant bien connue des botanistes ; cf., par exemple, le long commentaire de Matthioli au *De Materia medica* de Dioscoride (op. cit, p. 443 – 445) qui distingue correctement les deux plantes, dessins à l'appui. Paracelse leur consacre le chapitre II du premier Livre de son *von dem natürlichen Dingen* (Aschner III, p. 601- 610). Il y note que la plante est bonne pour soigner l'épilepsie, la goutte, les attaques d'apoplexie et l'hydropisie.

42. Paracelse traite des "signatures" de la persicaire (désignées pat les mots *Signatur* ou *Bezeichnung* ou *Zeichen*) au chapitre III du premier Livre de son *von dem natürlichen Dingen* (B. Aschner III, p. 610 – 619). Les "signatures" qu'il observe sur la plante sont des dessins de gouttes de sang.

43. Paracelse utilise tantôt des mots allemands, tantôt des mots latins pour désigner les plantes qu'il cite : *Serpentina* (*Arum dracunculus* L.), *Hypericon* (*Hypericum* L.), *Centaurea* (*Centaurea* L.), Koloquinte (*Citrulus colocynthis* Schader), *Scammonea* (*Convolvulus scammonia* L.), *Consolida* (*Symphytum officinale* L.), *Diagridium* (suc exprimé et desséché de la *Scammonea* = *Convolvulus scammonia* L.) ou encore *Harmel* (*Peganum harmala* L.).

44. Ce texte est publié par B. Aschner (III, 573 – 577) sous l'intitulé "*Eine Fragmente über Kräuterkunde*"; les plantes citées sont *Cheyri* (*Cheiranthus* L.), *Asa* (*Ferula asa foetida* L.), *Gentiana* (*Gentiana* L.), *Rheubarber* ou *Rhabarber* (*Rheum rhabarbarum* L.), *Koloquint* (*Citrulus colocynthis* Schader), *Consolida* (*Symphytum officinale* L.).

45. L'identification de certaines des plantes citées dans ce passage est incertaine. L'*Augentrost* (mot composé de "*Augen*" (yeux) et de "*Trost*" (réconfort)) est l'euphraise (*Euphrasia* L.), réputée bonne pour soigner les inflammations ophtalmiques. La *Blutwurzel* (mot composé de "*Blut*)"(sang) et de "*Wurzel*" (racine) est une potentille (*Potentilla* L.) employée pour arrêter le sang. La *Feigwarzenkraut* (mot composé de "*Feigenwarzen*" (fics, condylomes, hémorroïdes) et de "*Kraut* " (herbe)) est peut-être une espèce de *Ranunculus* L. (*Ranunculus ficaria* L.) appelée aussi *chelidonium minus* et *scrofularia minor* à l'époque de Paracelse, utilisée pour résorber les excroissances de chair. La *Grindwurzel* (mot composé de "*Grind* " (croûtes) et de "*Wurzel*" (racine) est probablement une espèce de *Rumex* L. utilisée pour soigner les croûtes et les gales. La *Harnkraut* (mot composé de "*Harn*" (urine) et "*Kraut*" (herbe) est la linaire (*Linaria vulgaris* Miller), recommandée comme diurétique. L'*Eisenkraut* (mot composé de "*Eisen*" (fer) et de "*Kraut*" (herbe)) est une verveine (*Verbena officinalis* L.) ainsi nommée parce qu'on croyait pouvoir durcir le fer plongé dans son suc ou son eau.

46. Identification probable des noms des plantes citées par Paracelse. Certaines sont incertaines.

Noms donnés aux plantes par Paracelse	Étymologie	Noms scientifiques	Noms vulgaires français
Abbisswurzel	mot composé de *Abbiss* (morsure) et de *Wurzel* (racine)	une espèce du Genre *Scabiosa* L.	une espèce de scabieuse
Fünffingerkraut	mot composé de *fünf Finger* (cinq doigts) et de *Kraut* (herbe)	une espèce du Genre *Potentilla* L.	une espèce de potentille
Hohlwurz	mot composé de *hohl* (creux) et de *Wurz* (racine)	une espèce du Genre *Aristolochia* L. ou *Asarum* L.	une espèce d'aristoloche
Hundszunge	mot composé de "*Hund* (chien) et de *Zunge* (langue)	une espèce du Genre *Cynoglossum* L.	une espèce de cynoglosse
Natternzunge	mot composé de *Natter* (vipère) et de *Zunge* (langue)	*Ophioglossum vulgaris* L.	ophioglosse
Wintergrün	mot composé de grün (vert) et de Winter (hiver)	une espèce du Genre *Pyrola* L.	une espèce de pyrole
Katzenschwanz	mot composé de *Katze* (chat) et de *Schwanz* (queue)	une espèce du Genre *Equisetum* L. ou *Acalypha* L. (?)	une espèce de prêle ou d'acalypha (?)
Leberkraut	mot composé de *Leber* (foie) et de *Kraut* (herbe)	une espèce du Genre *Hepatica* Miller	une espèce d'hépatique
Maulbeere	mot composé de *Maul* (gueule) et de *Beere* (baie)	une espèce du Genre *Morus* L.	une espèce mûrier
Ochenzunge	mot composé de *Ochs* (bœuf) et de *Zunge* (langue)	une espèce du Genre *Anchusa* L.	une espèce de buglosse
Zahnkraut	mot composé de *Zahn* et de *Kraut* (herbe)	*Cardamine bulbifera* (L) Cranz = *Dentaria bulbifera* L.	cardamine
Rittersporn	mot composé de *Ritter* (chevalier) et de *Sporn* (éperon)	une espèce du Genre *Delphinium* L.	une espèce de dauphinelle
Perforata	La "perforée"	*Hypericum perforatum* L.	une espèce de millepertuis
Stendelwurz	mot composé de *Stendel* (orchis) et de *Wurz* (racine)	une espèce du Genre Orchis L.	une espèce d'orchis
Siegwurz	mot composé Sieg (victoire) et de *Wurz* (racine)	une espèce du Genre *Allium* L.	une espèce d'ail
Syderica synonyme de Sideritis et de Gliedkraut	mot composé de Glied, les membres et de *Kraut* (herbe)	une espèce du Genre *Sideritis* L.	une espèce de crapaudine
Durchwachs	"qui pousse à travers"	une espèce du Genre *Bupleurum* L.	une espèce de buplèvre
Prunella	"petite prune"	*Prunella vulgaris* L.	brunelle commune
Sonnenwirbel	mot composé de *Sonne* (soleil) et de Wirbel (tourbillon, qui tourne)	une espèce du Genre *Cichorium* L. ou du Genre *Heliotropium* L.	une espèce de chicorée ou d'héliotrope

47. Paracelse remarque que les noms latins donnés à certaines plantes l'ont été pour indiquer la propriété curative qu'elles détiennent, comme *Consolida* (*Symphytum officinale* L.), qui désigne la consoude réputée pour résoudre les fractures, mais c'est pour regretter que personne n'y ait encore prêté attention.

48. Paracelse aborde également cette question dans les premiers chapitres du Traité "*Über die Grade und Zusammensetzungen des Rezepte und natürlichen Dinge*" (Aschner III, 380)

49. Nous reproduisons ici la répartition des "choses" (*Dinge*) selon les degrés que Paracelse a publiée dans son Traité *De Gradibus* (Livre II, Chap. 7 et 8), telle qu'elle figure dans les *Œuvres complètes* de Paracelse publiées par B. Aschner (III, 390-393). La plupart des noms donnés aux végétaux par Paracelse dans ce passage sont mentionnés dans le *Dictionnary of Plant Names de* H.L. Gerth van Wijk, le *Mittelalterische Pflanzenkunde* de H. Fischer et le *Handwörterbuch der Pflanzennamen* de Zander. Un certain nombre des identifications qui y sont proposées ne sauraient être considérées que comme des hypothèses en l'état actuel des recherches, un même mot pouvant désigner différentes plantes. On a retenu dans le tableau ci-dessous, celles qui nous ont paru les plus vraisemblables et cité entre parenthèses les mots allemands correspondant aux identifications proposées par Ashner.

I. Végétaux "de nature chaude"
(1) *Origanum dictamnus* L., (2) *Agrimonia eupatoria* L.,(3) *Fumaria officinalis* L. (Erdrauch),(4) *Alchemilla vulgaris* L. (5) *Gentiana lutea* L., (6) *Carduus* L. (Karde), (7) fleur de *Rosmarinus officinalis* L., (8) *Inula helenium* L., (9) *Cheiranthus cheiri* L. (Goldlack), (10) gomme-résine, (11) *Cyperus rotundus* L., (12) *Melitotus* Miller ou *Melittis melissophyllum* L., (13) *Cuscuta epithymum* L., (14) *Euphorbia lathyris* L., (15) *Salvia* L.,(16) *Ficus carica* L., (17) *Alpinia officinarum* Hance, (18) non identifié, (19) *Spartium scoparium* L. = *Cytisus scoparius* (L.) Link., (20) *Filipendula ulmaria* (L.) Maxim., (21) *Acorus calamus* L., (22) racine de *Sausserea lappa* L. (Kostwurz), (23), *Polygonum aviculare* L.(?), (24) *Chelidonium majus* L., (25) *Mentha pulegium* L. ou *Polygonum* L. (Flohkraut) (?), (26) Oleo-résine de *Cistus incanus* L. subsp *creticus* (L.) Heywood, (27) *Poeonia* L., (28) *Humulus lupulus* L. (Hopfen), (29) *Eugenia caryophillata* Thumb. = *Syzygium aromaticum* Merr. Et Perr. (30) *Zingiber officinale* Rosc., (31) *Piper* L., (32) Graines d'*Aframomum meleguetta* K. Schum. et d'*Aframomum granum-paradisi* (33) *Clematis flammula* L. soit *Ranunculus sceleratus* L., soit *Ruscus hypoglossum* L. (34) *Siler montanum* L. = *Laserpitium siler* L. (?), (35) *Cydonia oblonga* Miller (= *Cydonia vulgaris* Pers. L.), (36) *Primula veris* L. = *Primula officinalis* (L.) Hill. (?), (37) *Ocimum basilicum* L., (38) *Melissa officinalis* L., (39) *Lavandula* L., (40) *Marrubium vulgare* L. (Andorn), (41) *Ajuga chamaepithis* (L.) Schreber, (42) *Sinapis arvensis* L., (43) Gomme-résine d'une espèce du genre *Ferula* L., (44) Gomme-résine d'une des espèces du genre *Commiphora*, peut-être *Commiphora mukul* (Hook. ex Stocks) Engl. (45) Résine de *Ferula galbaniflua* Boissier et Buhse, (46) *Veronica* L. (Ehrenpreis), (47) Suc provenant d'une espèce de scammonée, probablement *Convolvulus scammonia* L. ou *Cynanchum acutum* L., (48) *Origanum majorana* L., (49) *Glycyrrhiza glabra* L., (50) *Dipsacus fullonum* L., (51) *Thymus serpillum* L. (Thymian), (52) *Cichorium intybus* L., (53) *Alchemilla* L. (54) Suc extrait d'une espèce d'*Opopanax* L.(55) *Piper cubeba* L., (56) *Rumex acetosa* L., (57) Gomme de *Dorema ammoniacum* Don., (58) *Elettaria cardamomum* White et Matton ou *Amomum cardamomum* L., (59) *Piper longum* L., (60) *Glycyrrhiza* L., (61) non identifié (*Chrithmum maritimum* L. ?), (62) *Foeniculum vulgare* L., (63) Exsudat des feuilles de différents arbres en provenance de Perse (selon N. Lémery, p 755), (64) *Hyacinthus* L., (65) *Punica granatum* L.

II. Végétaux "de nature froide"
(1) *Cuscuta epithymum* Murr, (Flachsseide), (2) *Santalum album* L. (Sandelholz) (3) Les quatre semences froides mineures : *Cichorium intybus* L., *Cichorium endivia* L., *Portulaca oleacera* L., *Lactuca* L. (4) *Fragaria vesca* L., (5) *Symphytum officinale* L., (6) Traganthum = Tragacanthum : *Asrtagalus gummifera* Labill., (7) *Vicia faba* L., (8) *Arctostaphylos alpinus* (L) Sprengel (Bärentraube), (9) *Solanum nigrum* L., (10) Noix de galle, (11) *Castanea sativa* Miller, (12) *Verbascum tapsus* L. (Wollkraut), (13) *Mentha crispa* L. = *Mentha spicata* L., (14) *Nymphea alba* L. (15) *Lactuca* L., (16) *Fraximus excelsior* L. (17) *Lens culinaris* Medicus = *Lens esculenta* Moench, (18) *Cichorium endivia* L., (19) *Cucumis melo* L., (20) *Euphrasia* L., (21) *Latyrus* L. ou *Vicia* L. (Erve), (22) Oranth, peut-être pour Orant, *Origanum vulgare* L. (?), (23) *Mandragora* L., (24) *Malva* L.,(25) *Pisum sativum* L., (26) Les quatre semences froides majeures : *Cucurbita pepo* L. (citrouille), *Cucurbita maxima* Duchesne (courge ou potiron), *Cucumis sativus* L.(concombre), *Cucumis melo* L. (melon), (27) *Mercurialis annua* L. (Bingelkraut), (28) *Lolium* L. ou *Nigella damascena* L., (29) *Pyrus malus* L. = *Malus domestica* Borkh., (30) Fleurs de *Morus alba* L., (31) *Ribes rubrum* L., (32) *Punica granatum* L., (33) *Terminalia* L., (34) *Phoenix dactyliphera* L., (35) *Gladiolus* L., (36) *Convalaria majalis* L., (37) *Rosa* L., (38) Fleur de froment, (*Triticum aestivum* L.), (39) *Citrulus colocynthis* (L.) Schrad., (40) vinaigre de vin (41) *Hyosciamus niger* L., (42) *Alisma plantago-aquatica* L. (Pfeilkraut), (43) non identifié (Storchschnabel *Aquilegia* L. (?), (44) *Portulaca oleacera* L., (45) *Plantago psyllium* L. (Flohkraut), (46) *Lagenaria* L., *Citrulus* L., *Cucurbita* L. (47) *Citrus* L., (48) *Papaver* L.

50. Hofner (op. cit.), J. von Sachs (op. cit) E.Lee Greene (op. cit.) Magnin – Gonze (op. cit) ne citent pas Paracelse dans leurs Histoires de la Botanique. E.H.F. Meyer en revanche lui consacre un passage de sa *Geschichte der Botanik*, IV, pp. 423- 432), mais ne lui accorde que quelques lignes pour sa théorie des signatures dont il donne quelques exemples, sans références précises : Wasserblut (*Polygonum* L.) dont les taches rouges sur les feuilles signalent qu'il a la propriété de soigner les blessures. Johanniskraut (*Hypericum perforatum* L.) dont les feuilles perforées signalent que la plante est bonne pour soigner les blessures provoquées par une pointe. Knabenkrauts (*Orchis* L.) dont la forme de la racine signale que la plante a des propriétés aphrodisiaques. Distel (*Carduus* L.) dont les pointes sont le signe de ses propriétés pour traiter les picotements internes. Siegwurz (*Allium victorialis* L.) dont les entrelacs des radicelles sont le signe que la plante possède un pouvoir de protection comme une cuirasse tressée. Il ajoute que Paracelse avait une connaissance très limitée des plantes. "En effet, écrit-il, dans ses ouvrages médicaux, on ne peut guère trouver qu'une petite douzaine de noms de plantes et même un certain nombre d'entre eux ne sont que des synonymes comme *Persicaria* et *Raphena* qui désignent la même plante. Dans la première partie de son *Herbarius*, - qui, il est vrai, n'est que fragmentaire – il ne cite que 7 plantes médicinales différentes pour se soigner après avoir en revanche mentionné de nombreux moyens minéraux aux vertus curatives." Meyer conclut qu'on ne peut classer Paracelse parmi les botanistes, mais il reconnaît que des traces manifestes de son influence sur la botanique seront perceptibles encore longtemps après sa mort.

51. Précisons que par "vertueux" Paracelse entend que le médecin doit offrir son service aux autres, "tel la brebis qui donne sa laine au tisserand", avoir conscience du devoir, agir en vérité, être animé par une foi vive en Dieu, être éclairé par la lumière de la Nature, acquérir connaissance et expérience tout au long de sa vie et être dévoué envers ses malades Il ne doit jamais oublier que "l'art médical procède d'un seul : Dieu"

(*Paragranum* IV, Ascher, p. 399), une assertion qui sera souvent reprise par Paracelse. Paracelse insiste sur le devoir pour le médecin de ne pas rechercher le profit aux dépens de ses patients : "Il ne doit pas regarder au bénéfice ; et la fin de son pouvoir et de sa science, en cas qu'il les possède, n'est point de briguer manière de cours et luxe pompeux, ni de mettre à son épouse des chaînes en or pour en faire l'égal d'une duchesse." (*Paragranum* IV Traduction de B. Gorceix *in* Paracelse, PUF, 1968, p. 87).

52. Sur le contenu de ces opuscules, voir notre *Flore magique et astrologique de l'Antiquité* (2003).

53. Sur *Picatrix*, Cf. David Pingree : *Picatrix, the latin version*, London, The Warburg Institut 1986 ; B. Bakhouche, F. Fauquier et B. Pérez-Jean : *Picatrix, un traité de Magie oriental* . (Introduction et traduction) Turnhout, Brepols 2003. Le chapitre I du Livre III est consacré aux "Rapports des planètes aux plantes, animaux et métaux". L'extrait suivant en donne un aperçu : "Je parlerai d'abord de Saturne. Saturne est la source de la puissance de rétention. Il concerne …parmi les parties extérieures du corps, l'oreille droite et parmi les intérieures, la rate, source de la bile noire qui permet de joindre entre eux tous les membres….parmi les arbres, le sureau, le chêne, le caroubier, le palmier, la vigne ; parmi les plantes, le cumin, la rue, l'oignon et toutes les plantes qui ont des feuilles épaisses ; parmi les plantes aromatiques, l'aloès, la myrrhe et autres produits semblables comme la céruse et la coloquinte ; parmi les aromates, la cannelle et le storax." (trad. B. Bakhouche et al.). La réputation de cet ouvrage était très grande à la Renaissance. Rabelais y fait même allusion au Chapitre 23 de son *Tiers Livre*.

54. Dans son *Paramirum* (III, Chap.4, Aschner I, 37-38) Paracelse met en correspondance Jupiter avec le foie, la Lune avec le cerveau, le Soleil avec le cœur, Saturne avec la rate, Mercure avec les poumons et Vénus avec les nerfs. (Mars est oublié !).

55. Dans son *Paramirum* (Aschner I), Paracelse explique que les maladies proviennent de l'action de cinq "entités" (*Ens*): l'entité des astres (*Ens astrorum*) qui exercent une influence sur les individus et peuvent "envoyer" des affections sur les différents organes de leur corps avec lesquels ils sont en correspondance ; l'entité des poisons (*Ens veneni*) qui concerne les intoxications provoquées notamment par les déchets toxiques de l'alimentation ; l'entité naturelle (*Ens naturale*) qui porte sur les maladies liées à la constitution naturelle des individus ; l'entité spirituelle (*Ens spirituale*) qui fait référence aux passions et aux fantasmes de l'homme et enfin l'entité divine (*Ens Dei*) qui se rapporte aux maladies perçues comme un châtiment envoyé par Dieu pour punir les individus de leurs graves manquements.

56. Les références à la "*Théorie des signatures* " figurent notamment dans les traités suivants : *Labyrinthus médecorum errantium*, *Über die Pest*, *De Natura Rerum*, *Die Grosse Astronomie*, *Von den natürlichen Dingen*, et *Über die (magischen) Bildnisse*. De courtes allusions à la théorie des signatures figurent également dans d'autres ouvrages ou dans des fragments d'ouvrages inachevés. Ainsi, par exemple, dans un court recueil de notes et de fragments ont également été publiés deux textes de Paracelse consacrés l'un à l'Art des signes (*Kunst der Zeichendeutung*) et l'autre à la science des signes (*Zur Wissenschaft des Zeichendeutung*). Paracelse rappelle plus précisément dans ce dernier que c'est grâce aux signes que les plantes, les semences, les pierres, les racines,

signalent ce qui est présent en elles : "Toutes les choses dévoilent par leur propriétés et qualités, par leur forme et leur aspect ce qui leur est inhérent. Donc les plantes, les semences, les pierres, les racines sont reconnues à leur signe. C'est grâce à leurs signes que les savants ont trouvé ce qu'il y a dans les plantes, les pierres et les racines." (*Zur Wissenschaft des Zeichendeutung*, in *Ein Anderes Kompendium oder Erklärung der ganzen Astronomie,* Aschner IV, 819-820).

57. Paracelse réserve un développement plus important aux propriétés de cette plante ainsi qu'à ses propres signatures dans son *Von natürlichen Dingen* (von dem*Wasserblut* (*Persicaria*) B. Aschner III, 610- 619) cf. sup. note 42.

58. Le mot "arcane" signifie généralement une préparation mystérieuse et secrète réservée aux adeptes, c'est-à-dire aux alchimistes parvenus au grand œuvre. Paracelse l'emploie fréquemment, mais il ne lui donne pas toujours le même sens. En général il désigne par arcane (*arcanum*) une propriété permanente provenant du dernier stade d'une substance. Il précise dans son *Paragranum* I, que "Les arcanes des éléments sont invisibles, ils le sont aussi dans l'homme" (Aschner I, 366) et plus loin que "Les arcanes se distinguent en arcanes proprement dits et en remède ; les arcanes agissent au sein de leur propre essence, le remède au sein d'éléments contradictoires. Les arcanes en fait précèdent les remèdes qui n'a rien à voir du reste avec les théories prétentieuses qui veulent guérir le froid par le chaud et qui veulent purger. Les essences des arcanes, elles, appartiennent à la nature et elles sont opposées à la nature propre de l'ennemi comme deux lutteurs qui jouent de ruse"(*Paragranum* I, Aschner I, 375, Traduction de B. Gorceix *in* Paracelse, PUF, 1968, p. 67). Dans son *Paramirum* (Aschner I), il assimile Ens à "entité" ou encore à "arcane" et indique qu'il s'agit de "l'origine, la cause qui, se manifestant, est suffisante pour engendrer tous les maux, passés, présents et futurs."

59. Paracelse a une conception toute personnelle et particulièrement complexe de la maladie. Selon lui, l'homme est chargé de toutes les maladies dès sa naissance, mais au même instant, il lui est également donné une sorte de médecin interne et des remèdes intérieurs qui les empêchent de se développer (isopathie). Il imagine par ailleurs qu'il y a tout au long de la vie de chaque individu une opposition interne entre un "conservateur de la santé " (*Bewahrer der Gesundheit*) et un "destructeur de la santé" (*Zerstörer der Gesundheit*). Le jour où ce dernier prend le dessus, alors la maladie éclate, et quand il triomphe définitivement, c'est la mort qui survient (*Labyr. Medic. VII,* Aschner I, 518-521). Il affirme en outre que les maladies sont en germe dans les éléments et qu'elles proviennent du développement de ce germe quand celui-ci est soumis à l'action d'une substance ou d'une influence externe. "Les éléments, écrit-il, ne sont pas la cause des maladies ; la cause, c'est la graine (*semen*) qui fut semée en elles et qui s'y développe jusqu'à sa nature dernière et sa matière ultime par quoi nous croissons et par quoi se produit la croissance des maladies. Et ce qui a mûri, c'est la maladie. Celui qui veut reconnaître la maladie doit la reconnaître comme un arbre : l'un porte des pommes, l'autre des poires, le troisième des noix, etc..." (*Labyr. Medic.* XI, Aschner I, 534). De même que les arbres se distinguent par les *semina* responsables des fruits spécifiques qu'ils portent, les maladies se différencient donc en fonction des *semina* qui les causent. Aussi, expulser l'élément ou l'humeur défectueuse n'est pas guérir. C'est le *semen* de la maladie qui corrompt les éléments et, par là, rend l'homme malade. Par suite, le médecin doit connaître et comprendre les semences de toutes les maladies et prescrire

des remèdes spécifiques pour chacune d'elles. Selon Paracelse, il y a deux types de semences : la semence iliastrique et la semence cagastrique. La première est comparable à celle de la pomme ou de la poire et les maladies iliastriques sont l'hydropisie, la jaunisse, la podagre ; la semence cagastrique vient de la corruption et les maladies cagastriques sont la pleurésie, la pestilence, la fièvre (*Labyr medic* IX, Aschner I, 535).

60. Hahnemann, né en 1755 à Meissen, en Saxe, mort à Paris en 1843. Il est le fondateur de l'homéopathie dont il énonce les principes dans son *Organon der rationellen Heilkunde* ouvrage de référence publié en 1810. Selon lui, "Pour guérir d'une manière douce, prompte, certaine et durable, il faut choisir dans chaque cas de maladie, un médicament qui soit capable, par lui-même de provoquer une affection semblable à celle contre laquelle on se propose de l'employer." A ce principe de similitude, l'homéopathie en ajoute un autre qui continue aujourd'hui encore d'alimenter la polémique : la dissolution infinitésimale du principe actif des substances dans le remède élaboré. On remarquera que les théories originales de Paracelse sur la thérapeutique ne portent en aucune manière sur ces deux concepts fondamentaux de l'homéopathie. D'ailleurs, Hahnemann refusera toujours de reconnaître en Paracelse l'initiateur de ses propres théories et il niera s'être inspiré de celui-ci pour concevoir les fondements mêmes de l'homéopathie.

61. Paracelse propose une approche nouvelle, très personnelle et particulièrement complexe de la composition de la matière et de tout ce qui existe, à laquelle il se réfère constamment. On ne saurait la résumer ici. On en notera quelques aspects essentiels. Paracelse considère que les quatre éléments (terre, eau, air, feu) qui se trouvent dans toute matière, dans les plantes aussi bien que dans l'homme (Cf. notamment *Labyr. Medic.* Chap.III, Aschner I, 505), n'en sont pas les composants ultimes et irréductibles, bien qu'ils y jouent un rôle essentiel. Ils sont considérés par Paracelse comme les "matrices " - c'est-à-dire les mères - des éléments où les objets sont engendrés, où ils sont domiciliés, où ils reçoivent une signature qui leur assigne leur destination finale - et non pas comme une composition chimique particulière. "Les quatre mères des éléments, écrit-il, naissent dans l'homme avec telle propriété et chacune a sa nature issue de la terre, de l'eau, du feu et du *chaos* (*i.e.* l'air). Il s'ensuit qu'à l'instar de la *flammula* (renoncule) et de la mandragore qui, bien que de nature différente, poussent de la terre et n'ont portant qu'une seule mère, les maladies de l'homme surgissent des éléments." (*Labyr. Medic. III,* Aschner I, 506, traduction de H. Hombourg et Ch. Le Brun, Pais, Dervy, 1992, p.31). Toutefois, selon lui, ce qui provient d'un élément n'en possède pas nécessairement les qualités élémentaires (chaud, froid, sec, humide). Ainsi, par exemple, la renoncule (*flammula*) et la mandragore sont issues d'une mère commune, la terre, qui est froide et sèche. Bien qu'elles soient ainsi étroitement apparentées, leurs complexions sont cependant différentes, la qualité de l'une étant chaude et celle de l'autre froide. En outre, pour Paracelse, les éléments ne sont pas des corps simples, mais composés. En effet, à l'instar des alchimistes, il est convaincu que chacun d'eux "est composé de trois parties : Mercure, Sel, et Soufre, sous une apparence, une forme, une couleur, une figure et un aspect" (*Labyr. Medic. III*, Aschner I, 506). Selon lui, ces "parties" doivent être considérées non pas comme des substances chimiques, mais comme des "principes" qui confèrent à la matière structure et fonction. Paracelse a d'ailleurs consacré un petit Traité à ces "Trois Principes" (B. Aschner, I, III Teil), mais il s'y réfère fréquemment dans d'autres ouvrages. Selon lui, le Soufre donne aux objets corps, substance et structure, le Mercure rend instable, fugitif, vaporeux ou spirituel, le

Sel confère couleur et solidité et protège de la corruption (en tant que "baume"). Ajoutons que pour Paracelse, ces "principes" (ou "humeurs" ou "essences" ou encore "forces") diffèrent en qualité et en quantité selon les objets, si bien qu'il y a autant de Soufre, de Mercure et de Sel qu'il existe d'objets et il y a autant de combinaisons possibles entre eux qu'il existe de métaux, de plantes, d'animaux et d'hommes. Paracelse en déduit que les maladies se distinguent les unes des autres, selon les modes d'interaction de ces trois "principes" avec les quatre "éléments". Et par suite, chacune est une espèce spécifique comme tout objet présent sur terre. La prescription des remèdes devra en tenir compte et s'en inspirer. Dans le *Labyrinthe des médecins égarés*, il déclare que le médecin ne doit pas indiquer les "humeurs" et les "qualités" comme mères des maladies, mais les éléments et leurs procréations en tant qu'espèces et non en tant qu'humeurs. Reprenant l'exemple de la *flammula*, il écrit que l'on doit dire "qu'une maladie provient du feu et non de la cholère, de la terre et non de la mélancolie, de l'eau et non du phlègme, et de l'air et non du sang....Si donc, le médecin apprend ainsi à connaître les éléments, il trouvera dans les générations toutes les maladies dont l'homme est accablé. Et si telle est la *flammula*, telle aussi la maladie de la *flammula*. A quoi bon fouiller dans les livres, courir et chercher d'ou viennent les cloques ? Sais-tu d'où vient le *linum palustre*, l'*urtica*, le melon, le *plumosum*. Tu sais donc leurs maladies et leurs espèces." (*Labyr. Medic.* Chap. III, Aschner I, 506, traduction de H. Hombourg et Ch. Le Brun, Pais, Dervy, 1992, p. 32).

62. Le mot spagyrie (ou spagirie) est formé de deux mots grecs *spaô* qui signifie "extraire" et *ageirô* qui veut dire "rassembler", et se réfère à un des principes de l'alchimie "*solve et coagula*" (dissous et coagule). Il s'agit de perfectionner les corps en transformant l'impur afin de le rendre pur, de séparer l'utile de l'inutile. Dans son *De Natura Rerum* (Aschner, III, 259), par exemple, Paracelse consacre plusieurs pages à quelques-unes des différentes opérations "de laboratoire" auxquelles doit se livrer celui qui veut connaître la "composition des corps": calcination, sublimation, dissolution, décomposition, distillation, coagulation, teinture. On utilise plus généralement ce mot pour désigner la chimie ancienne. Les opérations les plus importantes de la pratique spagyrique sont : la dissolution (ou décomposition avec décantation et filtration), la fermentation ou putréfaction, la distillation et rectification (avec circulation ou rotation), la calcination ou cémentation, la sublimation ou exaltation, la cohobation ou réunion, la coagulation ou fixation. On trouve la définition précise de ces différents termes dans les anciens ouvrages de chimie, comme ceux de M.Charas (*Pharmacie royale galénique et chimique*, 1691) ou de N. Lémery (*Cours de Chymie* (1687).

CHAPITRE 3

Premières ébauches d'une Flore médicale des signatures

À différentes reprises, Paracelse avait incité les médecins à observer avec la plus grande attention les relations d'analogie entre certaines caractéristiques des plantes et les parties ou les organes du corps humain ainsi que les maladies qui pouvaient les atteindre. Considérant que de telles relations n'étaient pas fortuites, mais devaient être perçues comme des signatures que Dieu avait inscrites sur les végétaux, il affirmait qu'elles avaient pour objet de révéler aux hommes leurs propriétés thérapeutiques, demeurées cachées à ceux qui ne savaient pas les observer attentivement et les interpréter correctement. Mais il n'avait pas cherché à approfondir ces assertions et à dresser une sorte d'inventaire des végétaux "signés". Il est vrai qu'il n'avait jamais fait preuve d'un grand intérêt pour l'étude des plantes.

Toutefois cette "théorie des signatures" qu'il avait assez sommairement esquissée ne passa pas inaperçue. Son originalité éveilla même suffisamment l'attention d'un certain nombre d'esprits curieux, quelque peu naturalistes, mais aussi attirés à des degrés divers par l'ésotérisme, l'occultisme et les secrets de l'astrologie, pour qu'ils lui consacrent une partie de leurs recherches, bien que celles-ci aient surtout porté sur les fondements et les applications de la médecine spagirique ou la découverte de la quintessence des éléments.

On aurait pu imaginer qu'ils aient laissé quelque trace de leurs investigations dans les nombreux traités ou opuscules rédigés à l'époque (1) où les auteurs dissertent à l'envi sur l'origine du cosmos, les mystères de son organisation, la constitution des différents éléments qui le composent (2), les diverses correspondances qu'ils décèlent entre macrocosme et microcosme ainsi que les nombreuses sympathies et antipathies qu'ils observent dans le monde. (3) Il n'en est rien !

Il est vrai que la plupart de ces ouvrages - dont la publication et la diffusion furent d'ailleurs grandement favorisées par le développement récent de l'imprimerie - ont en commun d'être plus ou moins profondément inspirés par des considérations philosophiques, théologiques ou métaphysiques et d'être rédigés, généralement en latin (et pas toujours du meilleur !) dans un style souvent confus et abscons.

La recherche de l'insolite et du merveilleux ainsi que les emprunts à la littérature ésotérique de l'Antiquité gréco-romaine y occupent une large place, mais les considérations religieuses inspirées par une certaine exégèse biblique dominent largement la plupart des réflexions.

On y chercherait en vain des contributions sérieuses à l'étude du règne végétal, et *a fortiori* sur la théorie des signatures végétales.

Si les plantes sont ainsi généralement absentes de ces publications, elles occupent en revanche une large place dans quelques-unes d'entre elles qui sont plus particulièrement consacrées à la *Magie Naturelle* (4). Leurs auteurs y ont en effet réservé d'importants passages au rôle des végétaux dans l'univers ainsi qu'à leurs relations avec les astres, et ils y décrivent par le détail des procédés plus ou moins complexes à mettre en œuvre pour parvenir à la connaissance de leurs propriétés occultes, voire les modifier pour en tirer le meilleur profit possible. Mais la théortie des signatures végétales n'y est pas davantage abordée, ni même évoquée.

Elle est tout aussi absente des ouvrages dont les auteurs se sont fixés comme objectif de décrire les *Merveilles de la Nature* ou encore les *Secrets de la Nature*. (5) Ceux-ci se présentent pourtant comme de véritables encyclopédies d'Histoire Naturelle qui couvrent un vaste champ de recherches où sont réunies aussi bien des observations, souvent exactes, que des explications et des considérations diverses, souvent erronées. On y trouve, entre autres, des textes consacrés au règne végétal parmi lesquels s'inscrivent des tentatives de classification des végétaux, mais limitées aux seules plantes médicinales selon les critères alors retenus dans la plupart des pharmacopées en usage, ainsi que des exposés sur certains aspects de la botanique astrologique, mais sans aucune référence à la théorie des signatures végétales.

Celle-ci est néanmoins évoquée dans différents ouvrages, relativement rares il est vrai, dont l'objet est tout autre, et où l'on ne s'attendrait pas à en trouver mention, mais dont l'auteur semble avoir été suffisamment intéressé par elle pour lui réserver quelques lignes, voire un chapitre (6), parfois d'ailleurs pour en contester le bien-fondé. (7)

La théorie des signatures végétales proposée par Paracelse a néanmoins fait l'objet d'un certain nombre de publications, en définive relativement rares, mais où elle est exposée avec un grand souci de précision et enrichie de nombreux exemples. Nous les devons à quelques-uns de ses plus chauds partisans qui jugèrent utiles de publier un compte-rendu de leurs investigations, voire de leur consacrer un ouvrage particulier.

Ce sont majoritairement des médecins, sans doute parce qu'ils étaient sensibilisés à l'étude de la botanique qui faisait alors partie intégrante de leur formation. Considérant que l'observation des signatures végétales était un moyen parmi d'autres pour parvenir à la connaissance des propriétés thérapeutiques du plus grand nombre possible de plantes, ils ont tenté, avec plus ou moins de perspicacité, de dresser des listes de plantes "signées " accompagnées de l'indication de leurs vertus médicinales.

Les contributions les plus intéressantes et les plus complètes sont celles de :

- Leonard Thurneisser zu Turn (1551 - 1596)
- Ulisse Aldrovandi (1522 - 1605)
- Joseph Duchesne (1544 - 1609)
- Daniel Sennert (1572 - 1637)
- Johan Pharamund Rhumelius (1597 - 1661)
- Oswald Crollius (1597 - 1661)
- Jacques Gaffarel (1601 - 1681)

Une place à part devant être réservée à Giambattista della Porta (1535 - 1615) auquel nous devons sous le titre de *Phytognomonica* l'incontestable ouvrage de référence sur le sujet, car le plus complet.

Ces quelques tenants de la *Théorie des signatures* conduisent généralement leur exposé selon des schémas qui diffèrent peu de l'un à l'autre.

Ils rendent d'abord compte du plus grand nombre possibles d'analogies qu'ils ont pu observer dans le règne végétal, par exemple entre la forme d'une partie d'une plante et celle d'un membre ou d'un organe du corps humain ou bien entre la couleur d'une fleur et celle d'une des quatre humeurs répertoriées par Hippocrate.

Ils affirment ensuite, en fidèles disciples de Paracelse, que de telles analogies - dont beaucoup d'ailleurs avaient déjà été signalées par les auteurs grecs et latins - doivent être interprétées ou plutôt décodées.

Pour ce faire, ils recourent à des syllogismes plus ou moins explicites, voire à des sophismes (8), déclarant, à maintes reprises, que les différentes analogies qu'ils ont pu recenser ne sont pas fortuites, mais doivent être considérées comme des signes permettant d'accéder à la connaissance des vertus des plantes.

Les inventaires de "plantes porteuses de signatures" qu'ils ont ainsi réalisés et qu'ils ont voulu aussi complets que possible constituent ainsi une première ébauche d'une *Flore médicale des signatures*. Celles qu'ils ont recensées se répartissent en trois grandes catégories :

- Les "**signatures chromatiques**", qui prennent en compte les analogies entre les différentes couleurs que peuvent revêtir les plantes et les humeurs que contient le corps humain ou les couleurs des diverses affections qui l'atteignent.
- Les " **signatures morphologiques**" qui s'appuient sur les analogies entre les formes des différentes parties des plantes et celles du corps humain ou les maladies qui les touchent.
- Les " **signatures astrales**" qui se fondent sur les relations que sont supposées entretenir les plantes et les astres ou les signes du zodiaque. Elles occupent une place bien particulière dans la *Flore des signatures*.

L'importance du nombre de végétaux signés répertoriés dans ces différentes ébauches de Flore médicale des signatures doit toutefois être appréciée avec prudence.

En effet, en l'absence d'une nomenclature commune qui se serait imposée à tous, une même plante y est fréquemment désignée par des noms différents d'un auteur à l'autre, voire par le même auteur et des végétaux qui n'ont souvent que peu de caractères communs sont dénommés par le même terme.

Une telle confusion - qui remonte à l'Antiquité (9) - a pour effet de donner au nombre des noms cités par les auteurs pour désigner les plantes porteuses de signatures une importance largement supérieure à celui des plantes elles-mêmes qu'ils ont effectivement recenséees.

Elle a aussi pour conséquence de rendre souvent difficile l'identification exacte des plantes répertoriées, d'autant que celles-ci ne sont généralement pas décrites, ne serait-ce que sommairement. Aussi, est-il plus prudent dans bien des cas de s'en tenir à déterminer le genre d'un végétal plutôt que de vouloir à tout prix en préciser l'espèce. Nous avons dû nous y résoudre à maintes reprises.

On remarquera par ailleurs que l'indication des maladies que la plante est supposée guérir en vertu de la conclusion du syllogisme auquel il est implicitement fait référence reste souvent assez vague. Il est vrai qu'à cette époque, écrit avec justesse F.Lebrun, (*Se soigner autrefois* (1995) p. 129 - 130) "la nosologie, c'est-à-dire l'identification et la classification des maladies, est encore très embryonnaire et se fonde sur de tout autres critères que ceux d'aujourd'hui. C'est qu'exceptionnellement que le mal est défini comme une entité nosologique précise que l'on sait reconnaître et distinguer des affections voisines : c'est le cas par exemple, de la pestede la dysenterie, de la variole, de la rage, ce qui ne signifie pas pour autant que ces termes soient toujours sans ambiguité. Mais le plus souvent, le mal est défini en fonction de l'organe atteint – on parlera de maux de poitrine, ou de reins, ou d'yeux – ou en fonction des symptômes observés, fluxion, tumeur, vomissement, crachement de sang, fièvre surtout...Par ailleurs, un même terme apparemment clair peut désigner deux réalités différentes, celle d'hier et celle d'aujourd'hui, soit parce que ce terme a été employé hier de façon imprécise ou erronée par rapport à ce qu'il désigne aujourd'hui - ainsi en est-il de l'angine ou de la jaunisse-, soit parce que la maladie elle-même a évolué. Enfin le relatif silence des textes sur des maladies aussi fréquentes naguère ou aujourd'hui que la tuberculose, le cancer, les affections cardio-vasculaires, voire même les différents troubles mentaux, ne signifie pas forcément qu'ils ne sévissaient pas, mais peut-être seulement qu'on ne savait pas les identifier clairement."

Leonard Thurneisser zu Turn (1531 – 1596)

Sa vie

Il est né à Bâle en 1531. Fils d'un orfèvre, il éprouva très tôt un vif intérêt pour la minéralogie et l'alchimie. Entré au service d'un médecin, Johannes Huber, il s'initia auprès de lui à la connaissance des plantes médicinales ainsi qu'à la préparation des remèdes. Ce dernier lui fait également connaître les théories médicales de Paracelse qui le marqueront profondément.

De 1547 jusqu'à 1555, il mène une vie errante, puis il se fixe à Bâle, s'y marie, y exerçe la profession d'orfèvre et y est admis comme membre de la

“Zunft der Hausgenossen” qui réunit changeurs et orfèvres. Mais dès 1558, il reprend ses voyages et on le retrouve à la tête d’une entreprise métallurgique et d’une mine, à Tarentz, dans le Tyrol. A cette époque, il fait la connaissance de différents érudits comme Pietro Paulo Vergerio et Girolamo Cardan ainsi que de nombreux spécialistes dans les principaux domaines qui le passionnent : pharmacie, chimie, botanique, médecine, métallurgie, mathématiques, astronomie.

Il parvient à attirer l’attention et à gagner la confiance de l’archiduc Ferdinand d’Autriche (qui deviendra l’empereur Ferdinand II de Habsbourg). Celui-ci l’incite à entreprendre à ses frais, différents voyages, notamment au Moyen Orient et en Afrique. Ils lui permettront de compléter et d’approfondir ses connaissances en histoire naturelle et en pharmacologie. Il en rapportera des minéraux mais aussi des plantes ainsi que différentes formules de remèdes.

Et c’est à la suite de ces voyages qu’il décidera de se consacrer essentiellement à l’étude des médicaments.

De 1569 à 1570, il vit à Münster où l’évêque J.von Hoya l’engage comme médecin personnel et lui confie la réalisation d’une apothicairerie. Mais, faute de financement suffisant, Thurneisser ne réalisera pas le projet. C’est alors qu’il rencontre l’Electeur de Brandebourg à Francfort sur l’Oder. Convaincu de ses compétences, car il a soigné avec succès son épouse, celui-ci le fait venir à Berlin, et le prend à son service comme médecin personnel. Il met à sa disposition une partie de l’ancien monastère des Franciscains, surnommé « le Monastère gris » pour qu’il puisse y aménager son logement, sa bibliothèque ainsi que ses laboratoires et y poursuivre ses recherches. Thurneisser y installera également une imprimerie, et il éditera différents ouvrages en allemand, en latin, en grec, et même en hébreu et en arabe. Il créra également un cabinet de curiosité, essentiellement consacré à l’histoire naturelle, ainsi qu’un jardin botanique.

Il affirme alors qu’il connaît des endroits du Brandebourg où l’on peut trouver des saphirs, des rubis et des émeraudes, et il soutient également que la Sprée charrie des pépites d’or et il qu’il n’hésite pas à prétendre qu’il est capable de transformer du plomb en or.

Il devient assez rapidement riche, notamment grâce aux revenus que lui procurent les entreprises chimiques qu’il dirige, aux intérêts de ses prêts sur gages, à la vente de calendriers, d’horoscopes et de talismans destinés à conjurer le mauvais sort et protéger du démon, mais aussi de mystérieux remèdes aux vertus incomparables. Il finit par susciter la jalousie de nombreux confrères, s’attirer de solides inimitiés et acquérir une tenace réputation d’aventurier et de charlatan. Il est même accusé de sorcellerie.

En 1559, il se décide donc à quitter Berlin pour Bâle, où il fait transférer une partie de sa fortune. Il s’y remarie, mais, en 1580, il doit quitter sa ville natale pour revenir à Berlin à la suite de graves différents avec son épouse. Ses biens sont d’ailleurs saisis et attribués à celle-ci.

Ruiné, accusé de plusieurs escroqueries et, sans preuve, d’avoir empoisonné l’alchimiste Sébastian Siebenfreud afin de lui dérober le secret de la pierre philosophale, il doit quitter définitivement Berlin en 1584. Il se réfugie en Italie, puis en Allemagne où il meurt dans un monastère proche de Cologne en 1595. Il avait demandé à être inhumé aux côtés d'Albert le Grand.

Thurneisser a écrit plusieurs ouvrages, consacrés notamment à la chimie et l'astronomie, mais c'est dans celui qu'il a rédigé sur les plantes médicinales qu'il aborde la *Théorie des signatures* dont il se montre un fervent partisan.

Son *Historia sive descriptio plantarum omnium tam domesticarum quam exoticarum* (1578)

Cet ouvrage se présente comme le premier volume d'une sorte d'encyclopédie d'Histoire naturelle où Thurneisser avait sans doute nourri l'ambition de réunir le plus grand nombre possible de données sur le genre végétal connues à son époque, mais il ne semble en avoir publié que le premier livre.

Il précise au début de son ouvrage que celui-ci est consacré à un catalogue des racines, des plantes ligneuses, des plantes herbacées, des fleurs, des fruits et des graines qui portent la signature des parties du corps humain, et sont en sympathie avec les constellations. Il indique aussi qu'il y mentionnera les différentes caractéristiques des plantes citées, telles que leurs qualités premières, leur constitution, les régions où elles poussent, leur forme, leurs propriétés, leur efficacité et l'essence que l'on en peut extraire. Il annonce encore que l'on trouvera également dans son ouvrage, grâce aux signatures qu'elles portent, la méthode la plus efficace pour soigner les maladies qui touchent les différentes parties du corps humain, tant internes qu'externes. Il signale enfin qu'il mentionnera ce qu'en a dit Paracelse et qu'il fera état des connaissances et de l'expérience des praticiens anciens et récents

L'ouvrage comprend 156 pages consacrées à l'étude de 36 plantes, chacune faisant l'objet d'un chapitre. L'auteur y a ajouté de nombreux index qui figurent en fin de volume. Chaque chapitre est composé d'une dizaine de rubriques qui se succèdent à peu près dans le même ordre d'un chapitre à l'autre : description de la plante, indication des régions où elle pousse, des constellations avec lesquelles elle est en relation, énumération des différents noms utilisés pour la désigner, liste de ses propriétés et appréciation de leur efficacité, inventaire de ses emplois selon les Anciens auteurs et selon Paracelse.

De courtes notes en marge complètent en les précisant certains passages du texte.

Chaque chapitre est illustré d'une gravure représentant la plante, entourée de vignettes donnant succinctement ses différentes propriétés, ses noms hébreux et grecs, la proportion de sel, de mercure et de sulfure qui la composent, ainsi que ses principaux effets thérapeutiques.

De plus, des indications complémentaires font l'objet de courtes notices en petits caractères insérées en milieu de page. L'auteur y donne des précisions sur certains points qu'il n'a pas développés dans le corps du chapitre. Elles portent notamment sur les signatures qu'il a décelées sur la plante, le mode de distillation à utiliser, la recette pour préparer un onguent, un emplâtre, un élixir, ou un antidote, l'influence céleste qui agit sur la plante, la mesure de son efficacité. Chaque notice est précédée d'une vignette qui illustre son contenu. Celles qui portent sur les signatures représentent généralement un corps humain sous différentes formes en relation avec les principales propriétés de la plante : un corps masculin, féminin ou de bébé, un squelette, un écorché avec un schéma de la répartition des vaisseaux sanguins ou des nerfs et des principaux organes notamment le cœur, les poumons, le foie et les reins.

Théorie générale

Dans le premier chapitre, Thurneisser insiste tout particulièrement sur la différence qu'il faut faire entre les plantes mâles et les plantes femelles d'une même espèce, les premières devant toujours être préférées aux secondes, car elles possèdent des propriétés plus efficaces.

Dans la première petite notice, intitulée *signatura* qu'il a insérée dans ce chapitre, Thurneisser esquisse rapidement ce qu'il faut entendre par signature. Après avoir rappelé qu'on distingue dans une plante la racine (*radix*), la tige (*caulis*), les feuilles (*folia*), les fleurs (*flores*), la graine (*semen*), et le fruit (*fructus*), il expose qu'on y peut voir la structure et l'organisation de la totalité du corps humain, de ses différentes parties, de ses membres et de ses fonctions. Il prend pour exemple celui d'une plante dont l'unique tige se termine par une ombelle. Il explique que celle-ci évoque la forme d'un crâne humain et représente l'enveloppe du cerveau. Selon lui, la base de l'ombelle qu'il appelle *capitulum* ou *calix* et qui correspond à la collerette de feuilles ou involucre d'où émergent les rayons dont chacun se termine par une fleur, correspond à la structure du foie, les plus grandes feuilles aux poumons, les plus petites à la rate, la racine à l'estomac, étant donné qu'elle apporte la nourriture à la plante entière, les extrémités de la racine qui ressemblent à de minces filaments à l'intestin, les nervures des feuilles aux veines, aux nerfs et aux tendons. Il ajoute par ailleurs que les branches et les rameaux d'un végétal correspondent aux membres de l'homme, c'est-à-dire aux bras, aux mains et aux pieds ; que la tige est comparable au tronc de l'homme, la moelle qui est contenu dans la tige correspond à la substance du cœur parce que toutes les espèces de fruits et de graines lui doivent leur qualité, les petites membranes internes qui entourent la moelle à cette pellicule graisseuse que l'on appelle *omentum* chez l'homme, les nœuds de la tige aux articulations des os, l'écorce à la peau, les minces plaques de la tige, des rameaux et des feuilles aux cheveux, la partie ligneuse qui se trouve entre l'écorce et la moelle aux os, la graine aux testicules et aux reins, le suc qui a l'aspect d'une humeur blanchâtre à la vessie, mais celui qui est jaunâtre ou vert, au fiel.

Il précise dans une autre notice insérée dans le chapitre 2 qu'il faut observer tout particulièrement les trois parties principales d'une plante : la racine, la tige avec ses feuilles, la fleur et ses graines ; la première donne sa force au cœur, la seconde au foie, la troisième au cerveau. Il ajoute toutefois que chaque partie possède ses propres propriétés en fonction de l'influence du ciel sur elle, de ses éléments naturels et de leur mélange.

Ebauche d'un Catalogue des plantes portant une signature

Chacun des chapitres suivants est consacré à l'étude de l'une des 36 plantes qu'il a sélectionnées et qui appartiennent toutes à la famille des Apiacées ou Ombellifères. Pour chacune d'elles, il consacre un premier chapitre à une espèce mâle dont les propriétés signalées par une signature sont jugées efficaces pour soigner les hommes, un autre à une espèce femelle plus particulièrement recommandée pour soigner les femmes et un troisième à une espèce de petite taille ou à un embryon de l'une des deux espèces précédentes destinée à traiter les affections des enfants. Son catalogue comprend ainsi trois espèces d'***imperatoria****, d'***angelica****, de ***ferula****, de ***pimpinella****, de ***daucus****, de ***fœniculum****, de ***cuminum****, de ***petroselinum****, de ***chœrephyllum****, de ***cervaria****, de ***seseli****, et enfin d'***œnanthe**** (10). Pour chacune, il a écrit une petite notice consacrée à la signature qu'il a observée sur elle et aux propriétés thérapeutiques que cette signature révèle à ceux qui savent l'interpréter.

L'identification de ces plantes est loin d'être toujours aisée. Les mots utilisés par Thurneisser pour les nommer prêtent parfois à confusion. En effet, en l'absence d'une nomenclature botanique communément admise à son époque, ils peuvent ne pas toujours désigner la même plante, mais plusieurs plantes, différentes d'un botaniste à l'autre. Nous avons proposé en note les hypothèses d'identification qui nous ont semblé les plus vraisemblables pour la plupart d'entre elles.

imperatoria*. La première espèce (11) présente la caractéristique d'avoir une racine, une tige et des feuilles épaisses, ce que Thurneisser interprète comme une signature par laquelle elle signale qu'elle est particulièrement efficace pour soigner les parties les plus grasses et les plus robustes du corps humain, comme la chair, les cartilages et les muscles. La seconde espèce est l'*imperatoria fœmina* (12) qui présente à peu près les mêmes caractéristiques que la première, mais qui est plus particulièrement recommandée pour soigner les femmes. La troisième espèce d'*imperatoria*, (13), qui se distingue des deux autres par une certaine imperfection et qui est dépourvue de chaleur, du fait de son excès d'humidité, convient tout particulièrement pour soigner les différentes parties des enfants, lesquels ne sont pas encore parvenus à maturité, et ne peuvent donc encore être considérés comme un homme ou comme une femme.

angelica.* La première espèce est *l'angelica mare minor* (14) dont les délicates feuilles dégagent une agréable odeur que Thurneisser interprète comme une signature. Selon lui, celle-ci a pour objet d'attirer l'attention pour signaler que la plante contient une substance aérienne et qu'elle est donc bonne pour soigner les parties les plus subtiles du corps, c'est-à-dire les plus vitales, telles que les nerfs, le cerveau, les méninges ou la moelle. La seconde espèce est l'*angelica magna fœmina* (15), qui est efficace pour soigner les parties les plus délicates du corps de la femme, notamment les nerfs, le cerveau et l'utérus ainsi que les vaisseaux qui transportent la nourriture au fœtus, génèrent le lait et évacuent les règles. Quant à la troisième espèce qui est l'*angelica major* (16), elle est bonne pour l'enfant en formation et elle favorise tout ce qui contribue au développement de ses muscles et de ses os.

ferula* (17). Ce sont sans doute les tiges robustes des férules qui ont attiré l'attention de Thurneisser qui y a vu une signature destinée à signaler leurs propriétés pour soigner les parties les plus dures du corps humain.

La première est une *ferula mare* (18) qui est recommandée pour rendre plus solides les os, les dents, les ongles des mains et des pieds et renforcer les articulations La seconde est la *ferula fœmina* (19) qui a les mêmes propriétés que la précédente, mais qui est plus particulièrement désignée pour soigner les femmes. La troisième espèce de *ferula*, appelée *narthex* (20) doit être plus spécialement utilisée pour fortifier les parties du corps des enfants citées aux deux chapitres précédents.

pimpinella *. La première espèce est dénommée *pimpinella robustor mare* (21). Thurneisser observe que la plante porte la signature de la moelle de tous les os du corps humain, sans s'étendre davantage. La seconde espèce est appelée *bibenella aleximor* ou *bibenella vera fœmina* (22) porte la même signature, tout comme la troisième espèce, plus petite qu'il appelle *bibenella nigra soboles* (23) et toutes deux possèdent donc les mêmes propriétés que la première.

daucus*. Thurneisser associe (probablement) le jus des différentes espèces à l'humeur vitale qui se répand dans tout le corps par les muscles, les nerfs et les vaisseaux, entretient l'esprit. La première espèce est *daucus germanicus mas* (24), la seconde *daucus creticus fœmina* (25) et la troisième *daucus magnus soboles* (26)

fœniculum*. Ce sont sans doute les nombreux segments filiformes des feuilles plumeuses, tri à quadripennées, du fenouil qui ont pu suggérer à Thurneisser la comparaison avec les vaisseaux sanguins, le conduire à y voir une signature et en déduire que la plante avait la propriété d'être efficace pour la circulation sanguine dans tout le corps. La première espèce est le *fœniculum mare* (27), la seconde le *fœniculum fœmina* (28) et la troisième le *fœniculum vulgare soboles* (29).

cuminum*. Les trois espèces portent la signature des vaisseaux qui, en irriguant le cerveau, le cœur et les poumons, assurent la circulation du souffle vital et du sang dans le corps. La première espèce est le *cuminum mare* (30), la seconde est le *cuminum foemina* (31) et la troisième le *cuminum soboles* (32). Comme pour le *foeniculum*, ce sont sans doute les nombreux segments filiformes de leurs feuilles qui ont attiré l'attention de Thurneisser et l'ont incité à y voir une signature.

petroselinum*. Thurneisser note que les trois espèces ont la propriété de dissoudre et d'évacuer les humeurs gluantes et remplies de tartre dont elles portent la signature. Il précise que celles-ci sont présentes dans tout le corps humain, notamment dans les intestins, le sang, les muscles, les nerfs, les tendons, les vaisseaux et dans la peau. Ces trois espèces sont le *petroselinum mare* (33), le *petroselinum foemina* (34), le *petroselinum soboles* (35).

chaerephyllum*. Thurneisser voit dans chacune des trois espèces, *chærephyllum* mare (36), *chærephyllum foemina* (37) et *chærephyllum soboles* (38) la signature des vaisseaux des poumons et des parties inférieures du corps humain. Elles sont donc bonnes pour traiter les affections qui les atteignent.

cervaria*. Selon Thurneisser, les trois espèces portent la signature des vaisseaux qui partent du cœur pour irriguer les parties inférieures du corps et il juge qu'elles conviennent pour les soigner. Il les nomme *cervaria mare* (39), *cervaria fœmina* (40) et *cervaria soboles* (41)

seseli*. Thurneisser remarque que l'on peut observer chez chacune des trois espèces, *seseli mare* (42), *seseli foemina* (43) et *seseli soboles* (44) la signature des vaisseaux sanguins qui partent du foie pour irriguer les parties inférieures du corps humain et on en peut déduire qu'elles sont bonnes pour les soigner.

œnanthe*. Thurneisser voit dans la première espèce, l'*œnanthe mare* (45), la signature des vaisseaux, des fibres et des nerfs qui vont du foie vers le cerveau, siège des facultés et de la pensée. Il voit plus particulièrement dans la seconde espèce, l'*œnanthe fœmina* (46), la signature des relations entre le cœur et le cerveau et dans la troisième, l'*œnanthe soboles* (47), les artères carotides qui alimentent le cerveau depuis le cœur.

Chacune d'elles convient donc pour soigner la partie du corps dont elle porte la signature.

La contribution de Thurneisser à l'élaboration d'une *Flore médicale des signatures* apparaît donc assez modeste. Il est vrai qu'il ne s'agit que d'une mince première partie d'un ouvrage inachevé. Son auteur la présente d'ailleurs comme un projet qui doit s'inscrire dans le prolongement des réflexions de Paracelse en ce domaine et dont elle ne constitue qu'une première tentative d'application.

Ses connaissances botaniques paraissent toutefois assez limitées et son choix de regrouper par trois des plantes fort différentes au prétexte qu'elles portent le même nom et des signatures identiques illustre assez le caractère artificiel et purement spéculatif de sa démarche .

Il appartiendra à d'autres de poursuivre son entreprise, à charge pour eux d'offrir un inventaire plus large de plantes "signées", en le justifiant par des observations botaniques plus pertinentes avec le souci d'être plus convaincants.

Ulisse Aldrovandi (1522 –1605)

Sa vie

Ulisse Aldrovandi est né à Bologne le 11 septembre 1522. Après avoir étudié à Padoue, puis à Bologne, les Belles Lettres, le Droit, les Mathématiques, les Sciences naturelles ainsi que la Médecine, et acquis une large culture encyclopédique, il obtient son Doctorat "Philosophie et Médecine" en 1553, mais il n'exerçera jamais. D'un naturel curieux, il se passionne pour les Sciences Naturelles. Toujours soucieux d'accorder une place prééminente à l'observation, il fait preuve d'un réel esprit scientifique dont témoignent ses nombreuses notes qui sont parvenues jusqu'à nous. Il parcourt différentes régions d'Italie où il récolte de nombreux échantillons de roches et de végétaux. Il réunit ainsi dès 1549 et jusqu'aux dernières années de sa vie une importante collection de spécimens de plantes, de minéraux et d'animaux qui constituait une sorte de musée d'histoire naturelle ou "cabinet de curiosités", très apprécié de ses contemporains.

Après avoir enseigné à Bologne, aux côtés de Cesare Odone qui était titulaire de la chaire intitulée *De simplicibus* medicinalibus, après le départ de L. Ghini** pour Pise en 1544, il finit par obtenir en 1560 la chaire de *Philosophie naturelle ordinaire* c'est-à-dire d'Histoire naturelle, ce qui lui permit de traiter *De fossilibus, plantis er animalibus*. En 1568, il obtient du Sénat l'autorisation de créer un jardin botanique. Nommé inspecteur des drogues et des pharmacies de la ville, il se heurte à l'hostilité des apothicaires et des médecins quand il conteste leur composition de la thériaque, mais reçoit l'appui du pape Grégoire XIII. Il écrit en 1574 un *Antidotarii Bononiensis Epitome* qui servira de modèle à de nombreuses pharmacopées ultérieures.Durant la quarantaine d'années qu'il consacre à l'enseignement où les sciences naturelles et notamment la Botanique occupaient une place majeure, il rédige entre autre un important traité de botanique intitulé *Syntaxis de plantis*, il poursuit la réalisation d'un herbier, commencé en 1551 qui finit par compter plus de 7000 échantillons de végétaux rassemblés en seize volumes. Il fait exécuter par ailleurs de nombreuses planches peintes représentant en majorité des végétaux en provenance aussi bien d'Europe que des pays lointains – rassemblés en dix volumes – par des artistes célèbres comme Lorenzo Bennino de Florence, Cornélius Swintus de Francfort ou encore Christophe Coriolan de Nuremberg. Il entreprend la rédaction d'un traité d'histoire naturelle en quatorze volumes, mais il n'en publie que quatre de son vivant (douze sont consacrés à la zoologie, un aux minéraux, et un aux arbres (*Dendrologia naturalis scilicet arborum historiae libri duo*) qui ne sera édité qu'en 1667 par Montalbanus, professeur de botanique à Bologne. Un grand nombre de ses manuscrits, rédigés tout au long de sa vie, n'ont pas encore été publiés. Parmi eux, on remarquera un précieux *Syntaxis plantarum*.

Ayant achevé de donner des cours à l'Université en 1600, il se consacre entièrement à ses recherches sur le règne végétal jusqu'à sa mort survenue en 1602.

C'est dans les éditions posthumes de ses œuvres que l'on trouve quelques développements sur la théorie des signatures, mais il n'est pas absolument certain que ceux-ci soient de lui. Le texte le plus important sur le sujet est publié en 1642 par Bartholomaeus Ambrosinus, dans un ouvrage intitulé *Monstrorum Historia* où il ne couvre que trois pages (48).

Signaturae Partium Humani corporis in plantis

C'est sous ce titre que sont éditées dans l'ouvrage d'Ambrosius ces trois pages attribuées à Aldrovandi et consacrées à la *Théorie des signatures* observées chez les plantes. Elles débutent par un bref exposé sur ses fondements même : c'est Dieu qui aurait donné aux hommes la possibilité de connaître les propriétés des plantes en apposant sur elles des signes qui, par une similitude de forme, rappellent les parties du corps humain.

En conséquence, son auteur invite les professeurs - et leurs élèves - à accorder une attention toute particulière à l'observation de l'aspect extérieur des végétaux pour y rechercher les indices de leurs propriétés occultes.

Pour sa part, il a recensé une centaine de plantes sur lesquelles il a décelé des signatures. Adoptant un plan souvent retenu par les auteurs d'ouvrages de pharmacopée et de médecine qui remonte à l'Antiquité, il les présente avec leurs propriétés dans un ordre qui fait référence aux différentes parties du corps humain, en partant de la tête pour terminer par les pieds :

***Les cheveux* : *polytricon Apulei**, *adiantum** et *trichomanes** qui sont recouverts de poils bouclés passent pour être efficaces dans le traitement de l'alopécie ; *thapsia** aux feuilles minces qui ressemblent à la chevelure humaine et qui est, selon Avicenne, un remède efficace pour ceux qui souffrent d'alopécie ; *muscus oblongus** tout en longueur qui adhère aux arbres ainsi que les plantes qui poussent dans les endroits marécageux dont la forme évoque les cheveux et qui sont recommandées, en décoction, pour traiter leur chute.

La tête : la noix (***nux****) possède la signature de la tête. Son enveloppe extérieure qui a la couleur de l'herbe est comme celle du "péricrâne" ou membrane qui enveloppe le crâne, la partie dure de son enveloppe est comme celle du crâne, la petite peau des cerneaux est comme celle des méninges. Aussi, la décoction de l'enveloppe extérieure est-elle bonne pour teindre les cheveux en noir tandis que le suc que l'on en extrait convient-il pour soigner les plaies du péricrâne. Et les noix conviennent également pour chasser tout poison du cerveau, et prises en application, elles fortifient celui-ci. L'huile de ***nux indica**** qui ressemble à un crâne humain convient parfaitement pour les affections de la tête ; ***scylla**** qui ressemble également à une tête est bonne pour soigner l'épilepsie et autres affections de ce genre. L'enveloppe de la fleur de ***paeonia**** évoque non pas un crâne, mais ses sutures ; aussi utilise-t-on les fleurs, les semences et les racines de cette plante pour soigner les affections cérébrales ; ***betonica**** a des fleurs en épi et des semences qui ont une forme globulaire, aussi les médecins ont-ils raison de ne pas négliger de les utiliser pour soigner ceux dont la tête tourne. Les capsules de ***papapaver****, mais aussi ***mala cydonia****, ***cucurbitae**** et ***melones**** ont une forme qui ressemble à celle d'un crâne ; aussi sont-ils d'une grande utilité pour soigner les maux de tête ; on ne doit pas oublier ***antirrhinum sylvestre**** dont la fleur et la graine ressemblent à un crâne humain.

Les yeux : Les plantes appelées ***caltha****, ***anthemis****, ***buphtalmus****, ***abrotonum fœmina****, ***aconitum pardalianches****, ***helenium****, ***aster atticus****, ***argemone****, ***anemone**** & ***hieracium**** (que l'épervier utilise pour remédier à l'obscurcissement de sa vue), et qui ont des fleurs à l'image des yeux, sont pour cette raison, d'un grand secours pour traiter les affections oculaires ; il est rappelé que ***sempervivum majus****, que l'on désigne aussi par le mot ***zoophtalmon****, et que les Romains appelaient ***oculus Jovis****, dont les feuilles évoquent le pourtour d'un œil est recommandée par Dioscoride pour soigner les inflammations oculaires. Les semences de ***l'herba Paris**** ont la signature de la pupille ; par une opération chimique, on en obtient une huile que les chimistes appellent *oculorum anima*. La fleur de ***potentilla**** représente la pupille de l'œil ; on en obtient une eau sublimée qui est parfaite pour soigner les affections des yeux. On ne saurait oublier l'***euphrasia**** dont tous les botanistes signalent la signature et son emploi en ophtalmologie.

Le nez. Il est dans un rapport très subtil avec les feuilles de ***mentha aquatica****. Aussi leur extrait est-il considéré comme très efficace pour recouvrer le sens de l'odorat perdu.

Les oreilles. Les feuilles de l'***asarum**** ont la forme des oreilles ; aussi utilise-t-on les fleurs de cette plante pour traiter la surdité.

Les gencives. Le ***sedum minus**** qui adhère aux murs a la signature des gencives ; le suc exprimé de cette plante est bon pour soigner le scorbut et les autres affections des gencives.

Les dents. Les baies de ***malum punicum**** ont la forme des dents ; c'est pourquoi elles guérissent les gencives et les dents endommagées. Il en est de même de ***viola dentaria*** *et des autres espèces de ***dentaria**** qui présentent une racine dont les sortes d'écailles imitent les dents. La cosse de ***hyosciamus**** a la forme des dents maxillaires ; l'huile que l'on obtient de ses racines ou de ses graines préparée dans du vinaigre est un excellent remède pour l'odontalgie. Les pignons de pins (***pinei nuclei****) ont la forme des incisives et les racines de ***pseudohermodactylus**** celle des canines. C'est pourquoi les feuilles [*i.e.* les aiguilles] de pin cuites dans du vinaigre calment les maux de dents. Les racines d'***uvularia****, de ***cervicaria**** et de ***scrophularia**** qui ont la forme des glandes de la gorge sont efficaces pour les écrouelles.

Les poumons. La ***pulmonaria**** qui adhère aux murs et aux arbres et l'autre *pulmonaria* qui porte des taches blanchâtres qui évoquent la substance des poumons conviennent pour soigner les maladies pulmonaires.

Le cœur. Les fruits de l'***anacardium**** qui ont la forme et la couleur du cœur sont propres à ranimer ceux qui ont perdu connaissance. Les racines d'***anthora**** et de ***nardus montana**** sont semblables à de petits cœurs, les fruits du citronnier (***citrus****) ressemblent à un cœur, les feuilles de ***melissa**** et celles du ***trifolium acetosum**** ont la forme d'un cœur ; aussi, tous sont-ils utilisés pour fortifier le cœur ; ***solanum vesicarium**** produit des graines noires contenues dans de petites vessies, mais la couleur noire des graines laisse apparaître une image blanche représentant un cœur humain, c'est pourquoi on recommande ces graines pour le cœur. Les femmes de Sicile appellent cette plante ***concordia****, de nature douce, parce qu'elle réconcilie les époux qui en viennent aux mains. C'est à dessein que nous omettons de citer ***mala persica**** et autres fruits du même genre qui paraissent artistiquement imiter un cœur.

Les mains et les doigts. On peut voir des simulacres d'une main dans les feuilles de ***ficus**** et de ***ricinus**** ainsi que dans les racines de ***palma Christi****. Aussi, Mésué** attribue-t-il à ces plantes la propriété de purger les humeurs qui s'écoulent des articulations. Les racines de l'***hermodactylus**** évoquent l'image des doigts sur lesquels on aperçoit également des ongles rudimentaires ; selon les recommandations de Serapion**, ces racines sont bonnes pour la goutte aux mains (*chiragra*); le ***gramen**** qui pousse sur les murs se divise en cinq fourches, comparable aux cinq doigts de la main, et que l'on appelle ***ischemon****, est d'une grande utilité pour les doigts et les ongles.

Les intestins. On observe la figure des intestins sur le ***calamus aromaticus**** et la tige creuse de ***cassia****, et aussi celle d'un nombril dans le ***cotyledone**** ou nombril de Vénus (***umbilicus Veneris****). Selon Dioscoride, cette plante est bonne pour les relations amoureuses ; certains appellent le nombril "lumière de la luxure".

La rate et le foie. On pourrait aussi déceler la forme de la rate chez ***scolopendra**** ou ***cetrach****, ainsi que chez la ***lingua cervina**** ou ***phyllitide****; ces plantes sont excellentes pour la rate. Les feuilles de l'***hepatica**** représentent les petits lobes du foie et sont un médicament inégalable pour "rafraîchir" le foie. La racine de ***fumaria bulbosa**** que l'on appelle aussi ***capnos phragmitis**** a la forme du foie, aussi utilise-t-on son sirop pour soigner les foies déficients, au dire d'Aetius**. On ne saurait oublier les poires (***pyra****) qui présentent la signature du foie et sont d'une grande aide pour soigner celui-ci.

Les reins et la vessie. On observe la signature des reins sur le ***portulaca**** et cette herbe n'est pas un médicament à négliger pour les affections des reins. L'***alkekenge**** ou ***halicacabum****, ***solanum vesicarium**** rampant, le ***staphilodendron**** et ***colutea vesicaria**** présentent des vessies comparables à la vessie humaine ; aussi ces différentes plantes sont-elles bonnes pour soigner les affections de la vessie.

L'utérus. On observe la figure de l'utérus dans la racine de l'***aristolochia rotunda****, c'est pourquoi, cette racine est merveilleusement bonne pour les accouchements. La racine de ***cyclaminum**** et celle de ***leontopetalum**** ont la figure de l'utérus ; aussi, référence faite à Théophraste et Dioscoride, sont-elles bonnes pour les relations sexuelles. Une écorce enveloppe la ***nux myristica****, tout comme la matrice enveloppe le fœtus ; aussi cette écorce et la ***nux myristica**** sont-elles des remèdes salutaires pour les affections de l'utérus. La ***nymphea**** a la signature de l'arrière faix et l'enveloppe intérieure verte de la ***betula**** de même que la ***sabina**** évoquent la figure de la matrice aux veines couleur de sang ; elles dissolvent le tartre qui s'est déposé dans ces parties ; et les remèdes préparés avec de la ***nymphea**** font sortir l'arrière-faix. On ne saurait passer sous silence les ***pisa****, entourés d'une enveloppe qui portent la signature de l'utérus.

Les parties intimes et le sexe. L'*arone** montre l'appareil génital tout entier ; l'anatomie des parties sexuelles est parfaitement représentée par les fèves (***fabae****) et la tige du gland (***glans****). Aussi, leur farine est-elle bonne comme aphrodisiaque. Le fruit du pin (***pinus****) représente le gland du pénis et c'est un stimulant sexuel. Le ***cichorium**** dont le pistil est dressé évoque le pénis. Sa décoction en usage interne ou externe est d'un incroyable effet aphrodisiaque. N'oublions pas de signaler que ***cicer**** et ***lupinus**** ont aussi la forme du membre viril.

Toutes les espèces d'***orchis**** ont la forme des testicules et occupent la première place quand Vénus s'assoupit. En particulier ***tragorchis**** et cette espèce de ***satyrium**** qui répand une odeur de bouc, rend les hommes fortement portés aux relations sexuelles, car le bouc est le plus luxurieux de tous les animaux. La racine de ***dracunculus major**** qui présente des bulbes comparables à des testicules passe pour un excitant sexuel. Le ***porrum**** semblable au scrotum a également la réputation d'être un excitant sexuel. Et, selon Hadrianus Junius, le ***phallus**** qui a la forme d'un membre viril est de nature à prolonger les rapports sexuels. Il y a aussi les grains de raisin (***uva****) qui ont la signature du sexe ; d'où la sentence : "sans Bacchus, Vénus est frigide."

Les veines. De nombreuses plantes dont les racines évoquent les veines variqueuses ou les hémorrhoides donnent des fruits qui conviennent pour les soigner, comme ***chelidonium minus*, filipendula*** et de beaucoup d'espèces de ***ranonculus****; il y a aussi ***lapathum sanguineum**** qui présente la signature des autres veines.

Les nerfs. Le ***plantago**** présente la signature des nerfs.

L'épine dorsale. L'***equisetum**** et ***filix femina**** évoquent l'épine dorsale ; leur décoction dans de l'eau et du vin est d'un grand secours pour cette partie déterminée du corps.

Les pores de la peau. Les feuilles d'***hypericon**** présentent des perforations comparables aux pores de la peau. Aussi sont-elles bonnes pour provoquer la sueur et chasser tout ce qui obstrue les pores.

Les os. Le ***geranium**** a la signature des os du tibia. Aussi sa poudre est-elle bonne pour résoudre les fractures des os.

Ajoutons qu'il existe des plantes qui présentent la figure de la totalité du corps humain, comme, par exemple, les racines de la mandragore (***mandragora****) et de la bryone (***briona****) et qu'il y a dans les endroits boisés une espèce de ***satyrium**** qui donne en grandissant une fleur à effigie humaine. Certains botanistes l'appellent pour cette raison ***anthropophoron****.

Ces quelques pages attribuées à Aldovandi semblent avoir été rédigées dans le but d'attirer l'attention des médecins - qui ont aussi une formation de botanistes - sur une voie de recherche que leur offre la nature, encore peu explorée à son sens. Son auteur dresse donc à leur intention une liste relativement courte de végétaux dont on peut déceler les propriétés thérapeutiques à partir de l'observation des signatures qu'elles doivent à un Dieu compatissant à l'égard des hommes. On notera que son exposé ne comprend ni un catalogue des maladies avec en regard la mention des plantes "signées", susceptibles de les soigner, ni un inventaire des végétaux marqués d'une signature astrologique.

Joseph Du Chesne ou Quercetanus, (1544 - 1609)

Sa vie

Joseph Du Chesne, (ou Duchesne), Sieur de la Violette, appelé aussi sous son nom latinisé, Quercetanus selon la mode de l'époque, est né vers 1544 à Esture et mort à Paris en 1609.Il étudie les sciences naturelles et la médecine en Allemagne et il obtient le grade de docteur en médecine à Bâle. Il réside à Genève et il entre au Conseil des Deux Cents en 1587. Il se rend à Paris en 1593 où il se fixe jusqu'à sa mort, après avoir occupé la fonction de médecin ordinaire du Roi Henri I et suscite l'hostilité et la jalousie de certains de ses confrères. (49)

Fervent partisan des théories de Paracelse et de la médecine spagirique (50), il adhère à la doctrine des signatures et lui consacre même deux traités, rédigés en français, qu'il a intégrés dans son *De priscorum philosophorum* ; le premier consacré aux "signatures externes des simples", le second aux "signatures internes et spécifiques des choses." (51)

Son Catalogue des plantes porteuses de signatures

Du Chesne commence son propos par exposer ce qu'il faut entendre par signatures :

> "Les signatures des plantes ne se prennent seulement pas des figures & semblances qu'en leurs racines, ou en leurs tiges, feuilles, fleurs & fruicts elles ont communes avec nous, c'est-à-dire les parties interieures ou exterieures de nostre corps, ou avec quelque autre chose, soit animée, soit inanimée. Mais on discerne aussi lesdites signatures par les couleurs, odeurs, saveurs & plusieurs autres circonstances d'icelles plantes."

Après avoir rappelé que l'anatomie de l'homme peut être comparée à celle de la plante, que les végétaux sont attaqués par diverses maladies et sont capables de guérison par eux-mêmes et qu'il existe des relations de sympathie et d'antipathie entre certaines plantes, il explique que les signatures sont l'œuvre de Dieu qui manifeste ainsi sa grande bonté envers les hommes :

> "Nature n'a pas en vain produit telles & semblables choses en ce theatre du monde : car selon que porte l'axiome tres veritable *Dieu & Nature ne font rien pour neant* ; c'est pourquoi on ne doit pas estimer que ces signatures soient innutiles & fortuites, ains il faut croire que nature les a produites pour quelque fin. Mais à quelle autre fin les dirons-nous estre plustost produite que pour l'utilite de l'homme ? Au bien, dis-je, de l'image de Dieu, pour laquelle toutes choses ont este crées, voire sont multipliées & conservées par continuelle succession. Et certes par cela comme par un miroir, Nature semble nous montrer visiblement à quoy chaques choses sont convenables, propres & utiles, & pourquoy elle les a produites. A quoy donc comparerés vous plustost le semblable qu'à ce qui lui ressemble ? Où chercherés vous plustost des remèdes qu'en ce qui est tres semblable à la partie mal disposée, voire mesme à la nature ? Ceux-là donque n'ont pas mal philosophé qui ont estimé que par quelque ressemblance de nature & de facultés, nature a gravé les plantes & toutes autres choses és beste brutes & le tout en l'homme, qui est la plus parfaite & plus noble des créatures. Qui nous empeschera donc de conclure que les propriétés

occultes des plantes se doivent pour la pluspart discerner & juger par signatures, c'est à dire par ressemblance de la forme & figure tant des animaux que des choses inanimées ? Disons donc que les plantes esquelles sont représentez les animaux ou leurs parties ont la vertu de chasser les maladies qui peuvent survenir desdits animaux." (p. 128)

Les signatures des animaux

Pour justifier le bien fondé de son propos, Duchesne cite un certain nombre de plantes qui présentent quelques ressemblances avec un animal

"La grande serpentine qui représente un serpent, le nerprin ou aubespine qui a des aiguillons semblables aux dens de serpent, guérissent la morsure du serpent. Ainsi, l'espèce de satyrion qui pour la semblance de sa fleur est appellé pusculeux par les modernes, duit aux piqueures des abeilles. La semence de psyllium qui ressemble aux puces chasse les puces mesmes. Celles qui représentent la queue d'un scorpion, comme divers genres de scorpionide, le telephium ou pourpier sauvage, la fleur de tournesol ou de l'herbe au chancre & leurs semblables, ont de grandes vertus pour guérir les playes des scorpions, de mesme la semence de soulsi qui a des bras semblables à une escrevisse, remedie au mal nomme cancre, ce que fait pareillement l'escrevisse mesme animal d'entre ceux qui portent crouste ; les plantes figurées en œil d'animaux, sont reconuës pour salutaires aux yeux, comme l'euphraise." (p.128-129)

Les signatures des organes du corps humain

Quercetanus poursuit son exposé en citant les plantes qui ressemblent à une partie des organes du corps humain et sont donc efficaces selon lui pour soigner les affections qui les touchent :

"Celles qui ressemblent à la matrice, servent à l'enfantement, comme l'aristoloche, le cyclame, dont les racines sont rondes et creuses. Celles qui ont la semblance d'une vessie, conviennent aux maux de la vessie, telles que sont les baguenaudes & noix vescieres. Celles qui représentent une rate, subviennent aux maladies de la rate, comme le ceterach, le lierre. Celles qui ont apparence de foye, duissent au foye, comme l'hépatique & le figuier, la fumeterre est aussi une plante autant hépatique que splénique, c'est à dire qui est aussi bonne pour le foye que pour la rate, la signature d'icelle qu'en sa racine schireuse elle represente aucunement la figure de l'un & l'autre desdits visceres. Celles qui ressemblent aux poumons, comme la poulmoniere qui se trouve fichée aux troncs des arbres, ne plus que moins un champignon, ou de la mousse, ou plustost en façon de couverture, le cynoglosse & sa semblable la pommelée ou poulmoniere tachetée. Celles qui rapportent la figure de cœur, conviennent au cœur, comme le citron, les fruits anacardins, les racines de l'asphodille, le nard, la melisse qui a des feuilles en forme de cœur : toutes lesquelles plantes ont une merveilleuse vertu contre les maux de cœur, les myrobolans, coins etc, sont aussi cordiaux. " (p. 129-131)

Les signatures des parties externes du corps humain

Du Chesne continue sa démonstration en mentionnant différentes plantes qui lui paraissent porter la signature de certaines parties externes du corps humain, mais sans suivre aucun ordre logique de citation, et sans toujours apporter de justifications à sa sélection.

"Il y a des [plantes] testues, c'est à dire dont quelque partie s'enfle en façon de teste, comme la squille qui pour cette cause est ordonnée contre le mal caduc appellé des Médecins Epilepsie. Item la fleur de pevoine avant qu'elle soit espanouie ; laquelle représente le crasne avec ses sutures, est un remede specifique au dit mal caduc.

Les noyaux de pin qui ressemblent aux dens qu'on appelle canines, aussi subviennent-ils à la douleur des dens, ce que fait pareillement l'herbe dentiere, dont la racine semble estre composée & entrelacée de pures dents. Celles des plantes qui représentent des jointures, nœuds ou tupheaux, ont de l'efficacité contre la podagre, chiragre, gonagre & toutes sortes de gouttes. Les plantes formées en génitoires sont en estime pour la génération, comme les febves, pois, pois chiches, lupins, les especes de satyrion, etc. Item le vit recommandé pour ce mesme usage par Hadrian du Ion Medecin fort sçavant qui en a faict un traicté particulier, comme aussi les morilles, mousserons & plusieurs sortes de champignon.

"Les plantes grasses sont propres à engraisser, comme tous arbres oleagineux & ceux qui produisent du fruit huileux ; telles sont les noix, noisettes, amandes, noyaux de pin, etc

Les maigres emmaigrissent les corps gras, comme la salse petrille, les charnues engendrent & font croistre la chair, comme les navets, oignons, tiges de choux & de chardons.

Les herbes vertébrales, c'est à dire celles qui representent l'espine du dos, conviennent aux maladies des vertèbres, telles que sont plusieurs sortes de souchet & de jonc, principalement les odoriferants.

Les nerveuses duisent aux nerfs & cartilages comme le lin & la chanvre qui amolissent les nerfs retirez ou racourcis.

Les plantes ou fruicts laicteux font engendre du laict, telles que sont les figues, les especes de laictue, l'orge & les amandes. Mais il faut mettre difference es plantes laicteuses, car aucunes sont sereuses, & pourtant elles evacuent les humeurs sereuses, comme diverses sortes de tithymale, qui purgent l'eau d'entre cuir & chair ainsi que dit Mesué** L'espurge aussi pour avoir abondance de laict aqueux, provoque les eaux à puissance. Telles sont la thymelée, les especes d'aulnée & la scammonée, de laquelle se tire un suc fort usité pour purger.

En outre les semences laicteuses augmentent le sperme, comme la semence de panets, les amandes, avelines, noyaux de pin, noix nouvelles, etc. les plantes dont le suc fait cailler le laict, font aussi abonder le sperme, & on croit qu'elles ont beaucoup de vertu pour faire conçevoir ou engendrer, comme le chardon espineux, l'artichaut tant domestique que sauvage, & le galium. Mais au contraire celles qui dissoudent le laict, font perdre le sperme, & empeschent la generation, comme les feuilles de menthe, qui, plongées dans du lait l'empeschent de se cailler. D'avantage appliquées sur les mammelles, elles dissoudent les grumeaux de laict, ce qu'on experimentent tous les jours. Mais la ruë pilée simplement, ou avec vinaigre dissout encore plus puissament le laict caillé és mammelles ; semblablement le cumin estant aussi pilé ou broyé avec du vinaigre, & appliqué sur lesdites mamelles, dans peu d'heures il empesche comme par quelque enchantement que le laict ne s'accroisse, & chasse celui qui est desja engendré, ce qui soit dit en passant." (p. 131-134)

Les signatures chromatiques

Quercetanus n'a garde d'oublier de signaler que "les couleurs des plantes ont aussi bien leurs signatures que les parties d'icelles" et d'ajouter "c'est pourquoy leur diversité sert de conjectures et d'indices pour cognoistre [leurs] diverses facultez". Car, précise-il un peu plus loin "les plantes ont des sucs proportionnels aux humeurs de notre corps, les jaunes se rapportent pour la plupart aux jaunes, les blancs aux blanches, les noirs aux noirs, les rouges aux rouges & les autres à leurs semblables." (p. 135)

Il se contente toutefois de mentionner le Blanc, le Jaune, le Rouge, la couleur perse et le Noir ainsi que les couleurs mélangées.

Le blanc : "Les plantes ornées de fleurs blanches conviennent pour la pluspart aux maladies pituiteuses, telles que sont la coulevrée ou vigne blanche, le sureau, l'hièble, la thymelée, chamelée, lis blanc, le petit muguet & semblables dont la pluspart sert à purger la pituite." (p. 135)

Le jaune : "Les plantes ou sucs de couleur jaune duisent à la bile flave, comme la rhabarbe, le rhapontic, la rhabarbe dite des moines, la racine de gentiane, de centaurée & autres de tel genre : lesquelles purgent la bile jaune : l'esclere ou chelidoine qui duit grandement à la jaunisse causée de bile."

Le rouge : "Les racines & les herbes qui rendent une decoction rouge ou sanguine purifient grandement le sang, comme la racine de Chine, de fougère, l'aigremoine, la germandrée, la racine d'ozeille, etc." (p. 135)

"Les plantes rougeastres ou mesme de couleur semblable à escarlate, & en general rouges comme feu & flamme, servent pour la pluspart à esteindre les inflammations internes : de quoy rend tesmoignage le pavot sauvage, l'eau & poudre duquel est fort bonne à la pleuresie & peripneumonie, comme aussy le sirop que l'on faict de son suc. Item le mourron & le stoecas citrin qui convient à l'inflammation des poumons. Semblablement de l'eescorce d'avellines rouges, & le coral rouge se fait une poudre qu'on faict prendre avec eau de pavot sauvage, le poids d'une drachme, comme un remede specifique à la pleuresie. " (p. 136)

Duchesne ajoute plus loin :

" Qui plus est, aucunes plantes rouges & adstringentes arrestent l'eruption de sang, telles sont les vulneraires, le meurier, le polygone, la sanguinaire, le millepertuis, la bistorte, l'amaranthe, le fraizier." (p. 137)

La couleur perse (*i e* entre le vert et le bleu) : "Les plantes de couleur perse provoquent les urines, comme l'auronne syriaque, le saffran, l'areste de bœuf"

Les couleurs meslées : " Les couleurs meslées des plantes semblent extraire les humeurs mixtes, & on a observé que l'iris de diverses couleurs ne purge pas seulement l'humeur sereuse, mais aussi les humeurs mixte.

Outre plus il y a grande diversité de couleurs és fleurs qu'és feuilles, à cause que les feuilles sont pour la pluspart participantes de la seule liqueur mercuriale : D'où vient que par distilation vous n'en tirerez jamais presque autre chose, que ce qui est mercuriel, c'est à sçavoir la liqueur & l'humidité qui en distille. Donc les fleurs contiennent une liqueur nitrosulphurée ou huile, comme nous disons cy apres. Donques les fleurs blanches & jaunes purgent la pituite & la bile, comme les fleurs d'armoise, le parthenium, la rhabarbe jaune & la rouge purgent la pituite & le sang, l'iris la pituite & la bile." (p. 137)

Le noir : "Les herbes de couleur noire subviennent aux maladies melancholiques, comme plusieurs des modernes ont recommandé pour cet effect l'herbe de Paris." (p. 137)

Les signatures astrales

Duchesne n'accorde pas une grande place aux signatures astrales. Après avoir noté que "les plantes portent la semblance des astres, & leur ressemblent en mouvement, couleur & autres figures, aussi participent-elles en quelque sorte aux vertus d'yceux.", il se limite à citer les plantes qui sont sous la domination du Soleil et de la Lune et n'accorde aucune place à celles qui sont en relation avec les signes du Zodiaque :

Les herbes solaires : " Les herbes solaires sont celles qui de tous costés semblent jetter des rayons non seulement au regard de leurs feuilles disposées en forme ronde rayonnée, mais aussi de leur couleur propre comme le tournesol ainsi nommé, par ce qu'il pourne toujours sa fleur vers le Soleil, & par ce moyen suit le cours d'iceluy : ce que faict pareillement & le plus apparemment de toutes la grande fleur du Perou, & les petites fleurs qui pour mesme raison sont appellées solaires : Item le soulsi, le saffran etc lesquelles herbes sont presque toutes cordiales." (p. 138)

Les herbes lunaires : " Les herbes lunaires produisent des fleurs blanches & duisent au cerveau, comme l'aenanthe, le dictame, le petit muguet, et celles qui representent la pleine Lune, comme la camomille. Comme aussi celles qui ont des feuilles eschancrées ou crenellées en forme de cornes, telles qu'est la petite lunaire dite botrytis & celles qui en croissant & decroissant semblent se conformer à la Lune. Toutes ces dites herbes ont la reputation de fortifier le cerveau par quelque participation de la vertu Lunaire." (p. 138-139)

Les signatures morphologiques et physiologiques

Quercetanus consacre encore quelques pages à différentes signatures qui peuvent être observées sur certaines plantes et permettent d'en déceller les propriétés thérapeutiques.

Les plantes perforées : Les herbes trouées, & dont l'expression est rouge comme sang, ce qui paroist evidemment és fleurs de millepertuis, sont bonnes aux playes recentes, pourveu qu'on les broye avec les doigts. On rapporte aussi en ce lieu la petite gentiane et l'orme." (p. 140)

Les plantes fistuleuses : "Les plantes fistuleuses conviennent aux fistules, comme la gentiane, la grande consoulde, le lupin etc." (p. 140)

Les plantes à tiges carrées : "Aucuns estiment que les tiges carrées peuvent guérir la fièvre quarte, le nombre de telles plantes est infiny.... Par mesme conjecture, ils opinent que les trigones ou triangulaires remédient aux fievres tierces." (p. 140)

Plantes mâles et plantes femelles : "Cecy est plus remarquable, à sçavoir que les herbes masles sont mieux appropriées aux hommes & les femelles aux femmes, aussi veut-on que les masculines ayent plus d'efficaces que les feminines. Certes la mercuriale femelle qui n'a point de testicules duit grandement à repurger la matrice des femmes, selon le tesmoignage d'Hippocrate mesme, Prince des Medecins. Et moy je prescriray un extrait & syrop mercurial specifique à mesme maladie : la mercuriale masle estant de plus haute corpulence ou stature s'approprie mieux aux hommes. La pevoine masle s'administre aux hommes, & la femelle aux femmes affligées d'epilepsie. L'aristoloche longue est le masle, la ronde est la femelle, la rave longue est le masle, la ronde la femelle....Les guimauves sont reputées masles en leur espece, la mauve est tenuë pour femelle, l'ortie masle qui a des petits nœuds & comme des testicules, comme aussi celle-la principalement que les Herbiers appellent romaine est beaucoup plus aspre, plus nuisible & plus piquante que la femelle, mais icelle femelle est plus douce, parce qu'elle abonde moins en ce sel vegetable de plume " (p. 141-142)

Les arbres de longue vie : "Ils monstrent par cela qu'ils ont grande abondance de sel & de souphre, ou de bausme naturel, à raison de quoy ils verdissent toujours comme le genevrier des bayes duquel se prépare un excellent remede pour la conservation de la vie. Item le pin ; car les noyaux d'iceluy nous prolongent la vie, pour autant qu'ils font aucunement croistre & augmenter nostre bausme. En outre la palme dont les fruictes appellez dattes sont favorables à la vieillesse, d'où vient qu'on la dit exempte de vieillesse. Certes on a recogneu qu'elle parvient à un age grand & de plusieurs centaines d'années : l'arbre est pareillement toujours verd, dont comme des plantes susdites se font de tres bons remedes pour la conservation de la santé & la prolongation de la vie, comme aussi de l'hellébore, chelidoine & autres, qui pour l'abondance de sel demeurent toujours en verdure." (p. 144-145)

Les arbres résineux : "Ils ont aussi convenance avec notre bausme, tels que sont la myrrhe, l'encens, le mastic & semblables, & ce d'autant qu'ils ont beaucoup de bausme radicale." (p. 145)

Les arbres vermoulus : "Les arbres & fruicts sujets à vermoulure, & qui representent la matiere des vers, engendrent des vers en notre corps, tels que sont les figues, poires, pommes douces & entre les herbes le basilic. Au contraire ceux qui ne sont point sujets aux vers, ains les font mourir & empeschent leur generation, sont utiles contre les vers, & entre autres le millepertuis : avec lequel si vous enveloppez un fourmage, jamais les vers ne s'y engendreront. Le millepertuis est aussi specifique contre les vers, estant appliqué sur l'estomach en forme de cataplasme, & prins dans un bouillon. Du suc ou decoction d'iceluy millepertuis se faict pareillement un syrop de notre description, qui est un remede specifique contre les vers." (p. 146)

Les plantes tachetées :"Elles duisent à oster les taches des hommes, comme les fleurs des febves, le cyclame, les divers semences de palme de Christ, dont on nous a depuis peu apporté des Indes de fort belles especes : elles sont aussi propres aux meurtrisseures, comme la persicaire tachetée, dont se faict un excellent remede pour toutes contusions." (p. 147)

Plantes et pierres : "Les plantes qui produisent quelque chose de pierreux, sont par beaucoup d'experiences recommandées pour le calcul, comme le *milium solu*, qui pour la dureté de sa semence est appellée des Grecs lithospermon, c'est à dire semence de pierre. Item les osselets des neffles, comme aussi celles qui croissent és pierres & és fentes des rochers, dont il y a plusieurs especes. La saxifrage semble de nom & d'effect tenir le premier lieu : & celles en outre dont les racines sont divisées en forme de petites boules ou boutons." (p. 147-148)

Les plantes belles et agréables à voir : "soit en feuilles soit en fleurs, plaisent à la nature, ce que nous appercevons non seulement par la veuë, mais aussi par l'odeur mesme : Dequoy font preuve la rose, les œillets, violettes, l'hyacinthe, principalement orientale, le narcisse sur tout celuy que le docte personnage M. Pena, amy de nostre profession, & Medecin du Roy a d'un nom merveilleux, mais toutefois proprement appellé *Leuconarcissolirie* en son herbier. " (p. 149)

Les plantes difformes : "Quant aux difformes, on les trouve presque toutes de mauvaise odeur, & quelques unes sont mesme veneneuses, comme l'aconit, la cicuë, l'odeur desquelles comme aussi du pavot, mais encore plus de la matricaire, est aucunement contraire à la nature." (p. 149)

Au terme de son exposé, Du Chesne ne manque pas d'affirmer que les auteurs qui ont soutenu que les propriétés thérapeutiques des plantes étaient révélées par leurs signatures, se sont attachés à vérifier leurs affirmations par leurs propres expériences sur les malades.

"Il est besoin d'experiences pour ajouster foy à la signarure : laquelle doit estre au Physicien & Medecin non regle, mais occasion pour discerner les vertus des plantes & des choses ou plustost quelques signes probables qui deviendront certains & indubitables s'ils sont confirmez par l'experience." (p. 140)

"Telles & semblables signatures presque infinies, qui ont incité les Anciens à la cognoissance des choses se pourroient bien rapporter en ce lieu, mais nous semblons mesme nous y estre par trop arresrez, toutefois par ce denombrement general, nous avons bien voulu exposer acomme aux yeux du Lecteur ce qui a poussé quelques philosophes de grand renom, tant Anciens que Modernes à la recherche & contemplation des signatures, *Ripleus**, Isaac Hollandois **, Paracelse & entre les nouveaux Ioan. B. Porta Neapolitain ont beaucoup escrit.* Car voyans quelque chose qui ressembloit aucunement aux parties de notre corps, soudain ils ont subtilement conjecturé qu'il y avoit ressemblance de nature & comme quelque sympathie : puis somme dit a esté, ayans recogneu cela mesme par experience, leur opinion qui n'estoit que conjecturale & vray semblable, est devenue certaine & indubitable." (p. 149- 150)

Du Chesne a recensé environ 150 plantes dont la plupart avait été déjà mentionnées par Aldrovandi (52). On aura remarqué que dans sa conclusion, il soulève la question fondamentale de la vérification par l'expérience des propriétés curatives attribuées aux plantes porteuses de signatures. En effet, la plupart des auteurs qui les citent se contentent généralement de faire référence à des sources écrites grecques et romaines, en particulier à Théophraste, Dioscoride et Pline, mais aussi à des ouvrages de médecins arabes, notamment à ceux d'Avicenne** et de Mésué**. Mais, ils ne paraissent pas avoir beaucoup observé par eux-mêmes les plantes qu'ils mentionnent et ils ne paraissent pas davantage avoir expérimenté les propriétés qu'ils leur prêtent.

Duchesne semble croire que certains ont cependant vérifié personnellement le bien fondé de ce qu'ils avançaient en expérimentant sur des patients l'efficacité des vertus des plantes qu'ils avaient signalées.

Force est de constater pourtant que, dans l'ensemble, leur démarche reste purement spéculative. Fondée sur un raisonnement déductif qu'ils jugent implicitement comme infaillible, on ne relève guère dans leurs textes l'évocation de leur souci d'avoir à vérifier la réalité et l'efficacité des vertus thérapeutiques des plantes qu'ils signalent en rapport avec ce qu'ils considèrent comme des signatures.

Daniel Sennert (1572 – 1637)

Sa vie

Daniel Sennert est né à Breslau en 1572 et mort à Wittenberg en 1637. Il étudie la médecine dans différentes Universités (Leipzig, Iena, Francfort sur l'Oder), et obtint son doctorat à Witemberg en 1601. Il exerce alors dans cette ville et y enseigne la médecine à l'Université jusqu'à sa mort en 1637. Il publie alors plusieurs ouvrages de médecine ainsi qu'un important Traité de chimie (*De chymicorum cum Aristotelicis et Galenicis consensu ac dissensu*), paru en 1619. C'est dans cet ouvrage, écrit en latin, qu'il consacre plusieurs pages à la *Théorie des signatures*. Selon certains, rapporte Sennert, on peut découvrir les propriétés des médicaments grâce à des signes en assez grand nombre qu'ils appellent "signatures". Chez les plantes, note-t-il, ils sont d'une grande diversité, laquelle est particulièrement perceptible dans leur forme ou leur couleur. Selon ceux qui en font mention, ajoute-t-il, ces signes ne sont pas fortuits mais ont été voulus par le Créateur dans le but de dévoiler à nos yeux la nature et la vertu des plantes et nous indiquer à quel usage elles conviennent. Ainsi, par exemple, avancent-ils, les plantes qui représentent un animal ou une partie d'un animal ou qui offrent une certaine ressemblance avec une quelconque de ses parties ont la propriété de fortifier ces parties elles-mêmes ou encore celle de soigner les maladies suscitées par ces animaux ou qui peuvent se manifester dans ces parties.

Son catalogue des plantes porteuses de signatures

Après avoir exposé brièvement les fondements même de la *théorie des signatures*, Sennert s'emploie à rapporter les propos de ses partisans -sans les nommer- se limitant toutefois à mentionner ceux qui s'appliquent au seul règne végétal. On notera qu'il ne se prononce pas sur leur pertinence et on ne sait s'il partage ou non cette théorie. Toutefois, en réunissant les apports des uns et des autres, il élargit considérablement son champ d'application. Il cite en effet plus de 300 plantes qu'il répartit en quatre ensembles, sans accorder aucun commentaire sur les signatures qu'elles portent et le bien-fondé des propriétés qui sont attribuées à chacune d'elles. Il s'attache ainsi à mentionner successivement :

- Les plantes qui portent la signature des planètes.
- Les plantes associées aux quatre humeurs : le sang, la bile, la mélancolie et la pituite ;
- Les plantes qui sont en relation avec les différentes parties du corps humain.
- Les plantes dont la morphologie particulière correspond à une signature.

Les plantes des planètes

Sennert commence son inventaire des plantes portant une signature par celles qui sont en relation avec les sept planètes. Selon lui, la couleur, l'odeur, la saveur, la forme d'une plante ainsi que l'endroit où elle pousse peuvent être considérés comme autant de signatures par lesquelles une plante manifeste qu'elle est placée sous la domination d'une planète. Ces signatures ne sont en effet que l'expression aisément perceptible sur la plante des propres caractéristiques attribuées à chaque planète.

La planète Saturne : Sennert dresse une liste de plantes qui présentent une ou plusieurs des caractéristiques en relation avec cette planète réputée malfaisante. Selon lui, ce sont celles qui ont un aspect rébarbatif et déplaisant, de couleur noire, sombre, pâle et plombée, à l'aspect rabougri, maigres, à la texture fibreuse, desséchée, à la saveur âpre, et pourtant sèche, à l'odeur désagréable, qui se plaisent dans les endroits marécageux et pollués, dans les vallées boisées, obscures, exposées au nord et à l'abri du soleil. Ce sont aussi toutes les espèces qui sont en antipathie avec le soleil et passent pour être attribuées à la rate. Sennert rappelle qu'on les dit au dernier ou au troisième degré et abondamment pénétrées de l'esprit de Saturne. Il ajoute enfin qu'elles sont toxiques et vénéneuses, dangereuses pour les forces vitales, de nature à dessécher le corps et à le faire tomber en langueur. En voici la liste : ***consiligo*, aconitum*, cicuta*, taxus*, helleborum*, hyoscyamum*, filix*, xanthium*, asplenum*, tamariscum*, solanum*, cupressus*, sabina*, sena*, capparis*, polypodium*, bursa pastoris*, salix*, agnus castus*, atriplex*, blitum*, apium****.

La planète Jupiter : Sennert écrit que les plantes qui appartiennent à Jupiter ont une consistance grasse, une odeur et une saveur agréables, sont de couleur rouge ou bleue, dont les feuilles sont planes, se plaisent dans les terres riches, passent pour être attribuées au foie, régénérer abondamment le sang et le purifier, éliminer toutes les espèces de substances vénéneuses, cicatriser les blessures et réparer les fractures. Les plantes qui présentent ces caractéristiques sont les suivantes : ***balsamum*, olea*, gariophyllos hortenses et sylvestres*, ribes*, berberes*, betonica*, gariophyllata*, lilium*, centaurium*, rosa marina*, fumaria*, persicaria*, teucrium*, verbascum*, origanum*, symphytum*, chamaedrys*, amygdalum*, rubia tinctoria*, rhabarbarum****.

La planète Mars : Sennert rappelle que les plantes qui sont en relation avec cette planète ont une couleur qui penche vers le rouge, sont épineuses et rugueuses, ont une saveur brûlante, sont corrosives et se plaisent dans les endroits secs. Celles qu'il a recensées sont peu nombreuses : ***urtica*, carduus*, ononis*, esula*, rhamnus*, rubus****.

Le Soleil : Selon Sennert, les plantes qui passent pour être en relation avec le soleil exhalent une odeur suave, ont une saveur agréable, des fleurs de couleur jaune ou fauve, se plaisent dans les endroits chauds, méridionaux, exposés aux rayons du soleil. Ces plantes fortifient, augmentent et renforcent la force vitale, éclaircissent la vue et sont efficaces comme contrepoisons : ***crocus*, malum***

citrium*, malum aurentium*, laurum, helenium*, melissa*, ros marina*, hypericum,* helychrysum*.

La planète Vénus : On attribue à Vénus, note Sennert, les plantes qui dégagent une odeur capiteuse, ont une saveur délicate, des fleurs blanches, des feuilles glabres, non découpées, un suc visqueux. Ce sont : ***satyria*, lilia omnia*, lilium convalium*, narcissus*, rosa*, nymphaea*, ficus*, hyacynthus****.

La planète Mercure : Les plantes de Mercure, écrit Sennert, sont celles qui sont de couleurs variées, se plaisent dans des endroits sablonneux, donnent des cosses, ont une odeur pénétrante, concernent la langue et les poumons, fortifient la force physique, chassent les vents et dissipent les obstructions. Il a sélectionné celles-ci : ***parietaria sylvestris*, chamaemelum*, aquilegia*, fabae flore vario*, bellides*, trifolia omnia*, juniperus*, corylus*, juglans*, sambucus****.

La Lune : Sennert rappelle que les plantes qui passent pour être sous la domination de la Lune ont des feuilles tendres, épaisses, succulentes, ont une saveur aqueuse ou douceâtre, se plaisent dans les endroits marécageux ou humides, et poussent rapidement. Celles que Sennert a recensées sont les suivantes : ***cucurbita*, cucumeres*, melo*, citrullus*, brassica capita*, lactuca*, allium*, caepa*, porum*, mandragora*, papaver*, tilia*, paeonia*, fungi*, lens palustris*, potamogetum*, sagitta Herculis****, ainsi que toutes les autres plantes aquatiques.

Les plantes associées aux quatre humeurs

Le sang : Sennert énumère d'abord un certain nombre de plantes dont les fleurs ou les racines ont une grande affinité avec le sang : les fleurs de ***tunica*, rosa*, paeonia*, buglossos*, borrago*, viola purea*, fumaria*, digitalis*, glycyrrhiza*, anagallis**** **ainsi que les racines de** ***rubia tinctorum*, anchusa*, satyrium rubrum*, persicaria*.***

Sennert ajoute que ces plantes sont particulièrement utiles pour les personnes qui souffrent d'anémie à la suite d'une maladie ou de naissance et que, si on les prend surtout au printemps, elles rénovent et augmentent le sang, rétablissent les forces. Il complète son propos en notant que, mélangées à des cordiaux, elles procurent la bonne humeur, et qu'elles sont profitables aux vieillards qui sont plus affaiblis et plus anémiés.

Il croit utile de préciser à la suite que parmi ces différentes plantes, certaines sont plus particulièrement bonnes pour les "*sanguificationi*", c'est-à-dire la "génération" ou production de sang : les fleurs d'œillet (***tunica*****), les roses rouges (***rosae rubrae*****), les violettes pourpres, (***violae purpureae*****), la réglisse (***glycyrrhiza*****), le mouron rouge (***anagallis*****) ainsi que l'orchidée appelée ***satyrium rubrum*****.

Il note que d'autres sont efficaces pour purger le sang de l'humeur mélancolique, comme la buglosse (***buglossum*****), la bourrache (***borago*****); ou encore de le purger de la bile, comme la fumeterre (***fumaria*****) ou du phlegme comme la persicaire (***persicaria****). Il signale aussi que quelques-unes sont recommandées pour évacuer l'excès de sang, comme la garance (***rubia tinctorum****), l'orcanette (***anchusa****) et que certaines sont bonnes pour arrêter les flux de sang comme la tormentille (***tormentilla****), la bistorte (***bistorta****), le ***géranium****, les racines d'iris jaune (***iris lutea****), la rose rouge (***rosa rubra****), la patience (***lapathum acutum****) et l'oseille (***acetosa****).

La bile : Sennert note que différentes plantes ont une certaine affinité avec la bile et, par suite, sont bonnes pour évacuer la bile viciée et aussi pour soigner toutes les maladies provoquées par la bile, comme l'épilepsie, la gale sèche, les éruptions cutanées prurigineuses, l'érysipèle, les fièvres bilieuses. Il cite les suivantes : ***eupatorium*, rhabarbarum*, myrobalanos citryoas****, (*flores*) ***cheiri*, crocus*, chamaepitys*, caryophyllata*, acetosa*, malum citrium**** et il note qu'il faut leur ajouter, sans les nommer, les plantes qui n'évacuent pas la bile mais qui atténuent son ardeur et son agressivité.

La mélancolie : Selon Sennert, les plantes qui portent la signature de la mélancolie sont de couleur sombre ou foncée, d'une saveur généralement âcre, parfois plus douce, parfois styptique, comme, par exemple : ***polypodium*, elleborum niger*, sena*, asarum*, filix*, cappares*, vitis nigra*, tamarix*, ruscus****.

Sennert précise que *veratrum**, probablement ici l'hellébore noir (***Helleborus niger*** L.) est efficace pour purger de l'humeur mélancolique et éliminer les affections de toutes sortes dues à la mélancolie, que la bryone est bonne pour enlever les taches noires sur le corps et chasser les maladies qui, comme le cancer, se répandent dans le corps ; que les petites feuilles de séné dissipent les vents provoqués par l'atrabile, que le tamaris agit en pénétrant dans le corps même de la rate, que le polypode ne chasse pas seulement l'humeur mélancolique, mais aussi l'altère et qu'il soigne la flatulence styptique et acétique ; par conséquent, il est utile pour ceux chez lesquels la bile noire s'est répandue dans le ventre. Sennert note encore que l'asaret ajouté au polypode du chêne chasse la fièvre quarte ; que la fougère n'est pas seulement bonne pour évacuer l'humeur mélancolique, mais convient aussi pour éliminer la gale ainsi que les maladies cutanées, utilisée en friction et en onction.

La pituite : Sennert indique que certaines plantes sont en affinité avec la pituite, et qu'elles sont par conséquent bonnes pour la chasser ou pour en augmenter la sécrétion. Ce sont : ***colocynthis*, cucumis asininum*, mercurialis*, atriplex*, cucurbita*, cucumis sativus*.***

Il considère que l'on peut compléter cette liste avec toutes les plantes qui sont sous la domination de la Lune et qui concernent le ventre et la tête, ainsi que celles qui chassent le phlegme et les maladies comme la "gale humide". Il note qu'il convient aussi de leur ajouter celles qui ne purgent pas, mais produisent de la pituite, - une humeur opposée à la bile- et qui sont utiles pour traitre les fièvres ardentes provenant de la bile, les renvois causés par la chaleur et la sécheresse du ventre ainsi que les autres affections provoquées par la chaleur et la sécheresse. Mais il n'en cite aucune !

Les plantes et les parties du corps humain

La tête et le cerveau : Sennert rapporte que ce qui concerne le cerveau doit être soigné avec des médicaments qui sont sous la domination de la Lune, puisqu'il est gouverné par elle. Après avoir énuméré un certain nombre de minéraux utiles pour traiter les affections cérébrales, il note que les remèdes appropriés pour soigner la tête sont, à ce que l'on enseigne, ceux dont un élément évoque la forme d'une tête. Ainsi "les fleurs de ***paeonia**** avant qu'elles ne s'ouvrent ressemblent à une tête et pour cette raison sont bonnes pour soigner les affections cérébrales ; les fleurs de ***nymphea****, qui ont la propriété de soigner les maux de tête dus à la fièvre ainsi que la tête du papaver qui provoque le sommeil, sont bonnes pour traiter les maux de tête et les fièvres cérébrales ; de même le ***cynorrhodon**** ou ***rosa sylvestris**** qui a la signature de la tête et des cheveux est somnifère, -si bien que les Allemands l'appellent Schlaffapfel- et arrête la chute des cheveux.

Et Sennert cite Pline (*H N* XXV, 2) à l'appui de ce qu'il rapporte.

Les cheveux : les plantes qui ont la propriété de donner de la force aux cheveux et d'arrêter leur chute portent la signature des cheveux, comme : ***capillus veneris*, polytrichum aureum*, muscus capillaris****, les ***spongiolae**** qui viennent sur les églantiers, ***abrotonum*, ros solis*, lanuginosum verbascum*, muscus arborum*.***

Les yeux : On dit, écrit Sennert, que les plantes qui sont efficaces pour soigner les yeux sont celles qui sont resplendissantes et éclatantes et sont donc en rapport avec le Soleil, soit par la chaleur, soit par une autre signature (mais il n'en cite aucune) grâce à laquelle on peut déduire qu'elles sont sous la domination du Soleil : ***flos solis*, helenium*, hypericum, heliotropium*, crocus*, solsequium*, chelidonium****, *(flores)* ***tiliae****.

Sennert distingue ensuite certaines plantes qui portent la signature des yeux : ***euphragia*, uva lupina****, (*flores*) ***buphtalmon*, chamaemelum*, calendula*, anserina****.

Les oreilles : Selon Sennert, les plantes qui portent la signature des oreilles sont : *asarum**, dont les feuilles fortifient le cerveau et l'ouïe, ***auricula murina****, qui fait mourir les vers dans les oreilles, les feuilles de ***cyclaminum**** dont les racines sont bonnes pour les bourdonnements d'oreilles et la surdité.

Les dents : Sennert note que : *filix** dont les racines ont des écailles qui ressemblent à des dents sont bonnes pour soigner les maux de dents, consolider celles qui sont branlantes ainsi que les manifestations du scorbut ; de même, les semences (*semina*) de (***malum***) ***granatum****, les graines (*nuclei*) de ***picea**** sont également utiles pour soigner les maux de dents, l'*hyoscyamum** dont les semences contenues dans des capsules ressemblent à des molaires sont également bonnes pour les douleurs dentaires.

Les poumons. On dit, écrit Sennert, que sont attribuées aux poumons les plantes qui sont sous la domination de Mercure et de Jupiter, et qui sont spongieuses, d'une consistance peu dense, flasques et d'une humeur légère, comme ***pulmonaria arborea*, muscus arboreus**** que les Allemands appellent

Lungkraut ; Pour traiter les maladies pulmonaires, on recommande d'utiliser ***pulmonaria maculosa****, ***tussilago****, ***digitalis****, ***cervicaria****, ***scabiosa****, ***rosmarina****, ainsi que les plantes qui abondent en chaleur aérienne, sont couvertes de poils laineux et dont la couleur est proche d'un blanc mêlé de vert, comme le ***verbascum**** et sont donc indiquées pour les poumons, les artères et le cerveau ; de ce fait, elles sont efficaces pour soigner les phtisiques, purifier le cerveau, chasser les cathares et sont plutôt utilisés sous forme d'éclegme : ***althaea*, prassium*, veronica*, botrys*.***

Le cœur. Sennert note que les remèdes pour le cœur sont sous la domination du Soleil, sont de couleur jaune comme l'or, de tempérament et d'odeur chauds, se terminent par des rayons qui évoquent le Soleil et portent la figure du cœur : ***poma aurentia*, citria*, granata*, cydonia*, melissa*, nux moschata*, trifolium acetosum****, ***anacardium**** qui a plus particulièrement la propriété de soigner les palpitations cardiaques ; ***laurus, radices anthora**** qui sont bonnes contre les poisons et les palpitations cardiaques ; ***nardus*, crocus*, hypericum*, hellenium*.***

Sannert note qu'il y a toutefois des différences entre elles. D'une façon générale pour renforcer le cœur, protéger contre les poisons, arrêter les affections mélancoliques et les évanouissements, il faut utiliser la mélisse et l'orange ; pour certaines dyscrasies comme celles qui sont froides et humides : l'écorce de citron, le nard, le laurier ; pour les dyscrasies qui sont chaudes et les fortes fièvres : le jus de citron et de grenade ; contre les poisons : le safran, le millepertuis, le citron ; pour dissiper les humeurs excrémentielles qui se produisent autour du cœur : l'inule ; pour les défaillances : la noix muscade et le macis [l'arille qui entoure la noix muscade] et surtout le vin.

Le foie. On dit, rapporte Sennert, que les plantes qui conviennent le mieux pour soigner le foie sont celles qui sont sous la domination de Jupiter et aussi de Mars, sont de couleur pourpre ou rouge sang, de tempérament chaud et humide ou qui portent la signature du foie : les fleurs de ***caryophyllum sylvestris*** et ***hortense****, ***buglossum*, hepatica*, aloe hepatica*, trifolium aureum*, glycirrhyza****, les racines de ***beta*, uvae passae*, bellis*, asparagus*, borrago*, rosae rubrae*, anchusa*, rubia tinctorum*, lichen**** qui est bon pour les obstructions du foie et que les Allemands appellent *Steinlebkraut*.

On dit aussi, ajoute Sennert, que les plantes qui sont de couleur jaune et de constitution chétive sont bonnes pour les affections de la vésicule biliaire :***agrimonia*, eupatorium*, chamaepytis*, rhabarbarum*, centaurium majus*, centaurium minus****.

La rate. Sont bonnes pour la rate, les plantes qui sont sous la domination de Saturne, de couleur sombre, terreuse et verdâtre, ont un aspect tortueux, poussent dans les endroits en pente, encaissés, humides et sur les arbres en décompositions ou qui portent la signature de la rate. Ce sont : ***veratrum nigrum*, polipodium quernum*, sena*, tamariscus*, ceterach*, lingua cervina, trichomanes*, asarum*.***

L'estomac. Les plantes qui sont bonnes pour l'estomac sont celles qui ont une humeur puissante, dense et épaisse et qui portent la signature de l'estomac.

Ce sont : ***zinziber*, nux moschata*, angelica*, lentiscus*, smirnium, pastinaca*, carvi*, cuminum*, olusatrum, gingidium*, seseli*, raphanum*, caepa*, scilla*, allium****, racines d'***aron****.

Les reins et les organes de reproduction.Pour les reins et les organes de la reproduction, les plantes curatives (*médicamenta*) qui conviennent sont celles qui sont sous la domination de Vénus et aussi de la Lune, soit seule, soit en association avec Mars, celles portant sa signature qui se manifeste par un liquide séminale, une odeur et un goût piquant, celles qui ont la forme des testicules. Celles qui sont plus particulièrement bonnes pour les reins sont : ***camphorum*, umbilicum veneris*, satyrion*, rosa alba*, polygonatum*, cava*, tribulum aquaticum*, been album et rubrum*, nux moschata*, phaseolos****.

Les plantes qui ont la forme des testicules sont bonnes pour celles-ci. Ce sont : ***satyria*, orchides*, bulbos*, lilium album*, narcissus*, aron**** dont les tiges et les baies évoquent le membre viril et qui a la propriété de rétablir leur force aux organes génitaux masculins qui l'ont perdue ***nux moschata*, tribulum aquaticum*, crassula*, pera pastoris*, nymphea lutea* et alba, struthium*.***

Sennert ajoute que si la force de ces parties est excessive, elle peut être atténuée par les plantes qui sont sous la domination de Saturne, bien qu'elles soient aussi sous celle de Vénus et de la Lune auxquelles elles doivent beaucoup, selon l'endroit et l'époque : ***nymphae*** et semences de ***tribulum aquaticum****.

Il termine son propos en notant que si la force vitale demeure déficiente, elle peut être restaurée par ***satyria*, orchides* et bulbos****.

La vessie. Les plantes qui sont sous la domination de Saturne et de la Lune et qui se signalent par de petites vessies ou des gousses qui contiennent du liquide ou des semences, portent la signature de la vessie ; elles poussent dans des endroits humides. Ce sont : ***alkekange*, staphylodendron*, staphylier****, les follicules de ***sana*** (***sena****), ***periclimentum*, hyposistis****, la semence de ***plantago****, le fruit de l'***asparagus****, ***melanthium****, les racines de ***saxifraga alba****.

L'utérus.Les plantes qui sont sous la domination de la Lune, de Vénus ou de Saturne ou qui portent sa signature sont bonnes pour l'utérus. Ce sont : les fleurs ***d'aristolochia longa****, les racines d'***aristolochia ronda****, ***bryonia*, cruciata****, les fleurs de *primula veris*, celles de ***lilium album*, asarum*, anthera rosarum**** (53) et ***liliorum alborum*, digitalis*, melissophyllon*, calamintha*, meum*.***

Sennert ajoute à cette liste quelques plantes qui ont des propriétés évacuantes et portent la signature des menstrues : ***sagapenum*, myrrha*, asa foetida****.

Il précise en outre que, parmi celles-ci, certaines sont plus particulièrement des remèdes pour différentes affections de l'utérus : ***primula veris*, aristolochia longa*, asarum****. D'autres conviennent pour arrêter les règles : ***myrrha*; asarum*; calamintha*; meum****; les racines d'***aristolochia**** ainsi que l'***anthera liliorum alborum*** et ***rosarum****. D'autres sont bonnes pour faciliter la conception : décoction de feuilles de ***populus alba**** avec des feuilles de ***lilium album****. Il note enfin qu'à l'inverse, ***struthium**** avec ***asarum**** a la propriété d'empêcher la conception.

Les intestins.Les plantes qui s'enroulent sur une grande longueur ont la signature des intestins. Ce sont : ***lupulus*, ruba Idaea* et ruba vulgaris*, oenanthe*, volubilis*, amara dulcis*, vitis nige*r, hedera*, vitis vinifera*, capreolos*, saria parilla*, cuscuta*.***

La langue. Les plantes qui représentent la langue sont bonnes pour la langue : ***cunoglossos*, buglossum*, lingua cervina*, lingua avis*.***

Les mains et les pieds. Les plantes qui sont attribuées aux mains et aux pieds et qui ont la propriété de soigner les douleurs articulaires sont : ***palma christi*, hermodactylos**** qui évacue les humeurs des articulations, ***ricinus*, sanicula*, leontopodium**** pour le tremblement des mains et la goutte.

Les signatures morphologiques de certaines plantes

Sennert complète son inventaire des plantes porteuses de signatures par une liste de végétaux auxquels il attribue des propriétés en relation avec certaines de leurs caractéristiques qu'il interprète comme des signatures.

Les plantes épineuses. Selon Sennert, les plantes épineuses sont bonnes pour soigner les douleurs provoquées par des piqûres et des épines. Et de citer : ***carduus Mariae*, carduus benedictus*, eryngium*, juniperus*.***

Les plantes à nodosités. Les plantes dont les racines présentent des nœuds sont bonnes pour soigner les tubercules* et les tumeurs : ***scrophularia**** qui convient comme son nom l'indique pour traiter les scrofules ; les racines d'***arum minus****, ***chelidonium minus****, les racines d'***asphodelus****, les racines de ***lilium album****, ***ranunculus bulbosus*, caepa*, allium*, agaricus*.***

Les plantes perforées. Les plantes qui ont des feuilles perforées ou qui ont la forme d'une hache, d'une scie ou de tout autre objet susceptible de blesser sont bonnes pour soigner les blessures : ***hypericum*, perfoliata lunaria minor*, consolida Saracenica*, sanicula*, betonica*, serratula lunaria*, lunaria minor*, securidaca*, balsamina fœmina*, geranium*, millefolium*, verbena*, agrimonia****.

Les plantes "résineuses" ou à exsudat. Toutes les plantes qui donnent un suc visqueux et collant, qui exsudent de la résine et de la gomme, sont bonnes pour souder et cicatriser les plaies. Sennert cite : ***consolida major*, fabaria*, althaea*, malva*, flos*** ou ***corona Solis*, viscum*, nicotiana*, aloes*, myrrha*, thus*, sanguis draconis*, terebinthina*, mastiche****, *(gummi)* ***elemi*, sarcocola****.

Les plantes tachetées. Les plantes qui ont des feuilles tachetées ou écailleuses sont bonnes pour guérir la gale et toutes les espèces de maladies de peau : ***scabiosa succisa*, oxylapathum*, scrophularia*, polypodium*, filix*, lingua cervina*, asplenum*, sabina****.

Les plantes "serpentines". Les plantes qui ressemblent à un serpent, à un scorpion ou à d'autres animaux venimeux sont bonnes pour soigner les plaies qu'ils provoquent. Ce sont : ***serpentaria major****, ***spina alba**** qui a des épines semblables à des dents de serpent est bon pour soigner les morsures de serpent, l'espèce d'***orchis**** qui est appelée *muôdês* à cause de ses fleurs est bonne pour les piqûres des abeilles ; la semence de ***psyllium****, ***scorpioidum**** dont les fleurs sont semblables à celles de l'*heliotropium** est bonne pour soigner les piqûres de scorpion ; ***scorzonera*, dracunculus major*, chondria*, aristolochia longa*, ophioglossum*, allium colubrinum*, aconitum pardalianches*, echium*, ocymastrum*, heliotropium majus****.

Considérant sans doute que les quelques pages qu'il avait consacrées aux plantes "signées" ne donnaient qu'un modeste aperçu de la flore des signatures, et qu'il n'avait pas suffisamment donné d'explications pour justifier les propriétés thérapeutiques qu'on leur prêtait au regard de leurs signatures, Sennert a cru bon de terminer son exposé en invitant ses lecteurs à se reporter aux ouvrages de Porta, de Quercetanus et de Crollius, pour approfondir la question.

Johan Pharamund Rhumelius (1597 – 1661)

Sa vie

Johan Pharamund Rhumelius est né à Neumark (Haut Palatinat) en 1597 et mort à Nuremberg en 1661. Il a écrit de nombreux ouvrages parmi lesquels le plus connu est sa *Medicina spagyrica*, publié en 1648. Une partie distincte de cet important traité, intitulée *Herbarium hermeticum* est consacrée pour l'essentiel aux plantes et à leurs signatures.

Il se déclare en effet convaincu que Dieu a voulu permettre aux hommes d'accéder à la connaissance des propriétés des différents éléments qui composent le monde en marquant ceux-ci de signes.

Il écrit par exemple, dans son *Compendium herméticum Aliud* :

> "On cherchera donc les signatures des trois règnes, car Dieu parle à l'homme au moyen des signes imprimés sur toute la création. Ces signes lui parlent et se recommandent à lui, comme le vin par la grappe suspendue à la vigne. C'est par eux que les Anciens ont eu la connaissance des remèdes, qu'ils ont découvert la nature et la vertu des végétaux, des animaux et des produits des mines. Et voici : c'est l'alphabet de la nature à l'aide duquel on peut lire et comprendre le grand livre de la nature." (Chap. 2)

Son *Herbarium hermeticum*

Rhumelius a répertorié dans son *Herbier hermétique* une centaine de plantes qui portent des signatures en relation plus ou moins apparente avec les maladies qu'elles ont la propriété de soigner. Il y a intégré les plantes qui portent une signature astrologique, c'est-à-dire celle des planètes qui dominent les différentes parties du corps humain. Malheureusement, il ne précise pas toujours quelle est exactement la signature que porte chacune des plantes qu'il a sélectionnées et permet de déceler ses propriétés thérapeutiques. En outre, son répertoire est loin d'être organisé selon un classement systématique, par exemple selon les parties du corps que les plantes sont censées soigner ou selon leurs propriétés thérapeutiques. En effet, les végétaux y sont cités les uns à la suite des autres, sans ordre apparent et désignés tantôt par des noms allemands, tantôt par des noms latins sans aucune justification du choix adopté. L'absence de toute description, fut-elle sommaire, des différentes plantes mentionnées, pourrait laisser penser que Rhumelius ne s'était peut-être jamais livré à leur observation et qu'il s'était contenté de se référer aux divers ouvrages qu'il avait consultés, ce qui laisse planer un doute sur la pertinence de ses connaissances botaniques. Aussi, de telles négligences rendent-elles particulièrement difficiles l'identification de quelques-unes des plantes qui composent son catalogue.

On remarquera par ailleurs que Rhumelius n'a pas toujours cru bon de donner sinon une description des signatures dont les plantes étaient marquées, du moins quelques indications susceptibles de les imaginer. Dès lors, si certaines signatures se laissent aisément deviner, d'autres ne manquent pas de laisser perplexe.

Son *Herbier hermétique* présente néanmoins l'intérêt de nous offrir une autre ébauche d'une Flore des signatures. En voici le contenu (54) :

rosen (Genre *Rosa* L.). Le bouton de la rose ressemble à la tête d'un homme, c'est pourquoi, il convient pour les maux de tête.

urtica* ou Nessel (*Urtica urens* L.) L'ortie brûlante a des feuilles qui sont découpées comme les dents d'une scie. C'est par cette signature que la Nature nous informe que l'ortie brûlante est bonne pour faire passer les atroces tiraillements qui surviennent dans le ventre.

persicaria * ou Wasser Pfeffer (*Polygonum persicaria* L.). [Cette plante] a sur ses feuilles comme des gouttes de sang rouge, ce qui indique qu'elle est bonne pour cicatriser les plaies ouvertes et arrêter les hémorragies. (55)

hypericon* ou Johannis Kraut (*Hypericum* L.). Quand on presse le milleperuis, il donne un suc semblable au sang. La Nature a voulu nous faire comprendre par là qu'il était bon pour arrêter les hémorragies et les menstrues. (56)

lilium convallium*(*Convallaria majalis* L.). Le lis des vallées (ou muguet) a la signature d'une demie tête comme découpée par une scie. La nature nous indique par là que cette petite fleur a la propriété de dissiper les douleurs et les élancements dans le cerveau. En effet, puique cette petite fleur est comparable à une tête, la plante est donc bonne pour évaquer les mucosités qui se forment dans le cerveau sous l'effet du froid.

anthos* ou Rossmarin (*Rosmarinus officinalis* L.). Il a de petites feuilles épaisses et grasses, comme le foie et la rate. Cette signature nous apprend que cette herbe est bonne pour les embarras du foie et de la rate. (57)

origanum*ou Wolgemuth (*Origanum vulgare* L.). Il a de petites feuilles percées comme les pores de la peau, ce qui nous montre qu'il est bon pour purifier le sang par la sudation.

majorana * (*Origanum majorana* L.). La marjolaine présente comme le dessin d'une tête, nous indiquant ainsi qu'elle est bonne pour les rhumes et les écoulements qui proviennent de la tête. (58)

borago * ou Boretsch (*Borago officinalis* L.) La bourrache officinale qui a des petites fleurs [dont les cinq pétales] se terminent en pointe est utile pour fortifier les cinq sens et dissiper toutes les mélancolies.

buglossa * ou Ochsenzungen (*Anchusa officinalis* L.). [La plante qui] a des feuilles semblables à une langue de bœuf est bonne pour la langue blessée par une brûlure et les angines.

bethonica *ou Bethonien (*Stachys officinalis* (L) Trev.). Sa signature nous indique qu'elle est bonne pour les enflures du corps. (59)

poenia ou Gichtwurzel (*Paeonia officinalis* L.) Sa signature nous montre qu'elle est bonne pour guérir toutes les vilaines croûtes de la tête.

primula veris * ou Schlossenblumen (*Primula veris* L.). Sa couleur indique qu'elle est bonne pour traiter la jaunisse qui se manifeste dans le cerveau et dans les yeux.

verbascum * ou Müllkraut (une espèce du Genre *Verbascum* L.). La molène nous montre qu'elle est bonne pour toutes les enflures des parties intimes. (60)

aquilegia * ou Aglen (*Aquilegia vulgaris* L.) L'ancolie a la signature des yeux, c'est pourquoi elle dissipe toutes les affections oculaires. (61)

scrophularia *ou Braunwurtz (*Scrofularia nodosa* L.). La scrofulaire a beaucoup de nœuds, aussi dissipe-t-elle les fics, les bosses et les kystes. (62)

cichorium * ou Wegwart (*Cichorium intybus* L.) Quand on la sèche dans un four alors que le Soleil est dans le Lion, elle se couvre de petites gouttes de sang ; la Nature nous montre ainsi que la plante est le meilleur remède pour tous les écoulements de sang. (63)

carduus Mariae * ou Rohr Distel (*Silybum marianum* (L) Gaertner). Le chardon Marie a des feuilles semblables à une aiguille ; aussi est-il bon pour les douleurs aiguës du foie et de la rate.

carduus Benedictus *(*Cnicus benedictus* L.) Le chardon béni est plein de piquants et sa graine a la forme d'un cœur ; c'est pourquoi il est bon contre tous les élancements et les douleurs aiguës du cœur ; et il convient aussi pour tous les poisons et les piqûres d'araignée où l'on peut reconnaître une signature car elles ont la forme d'une araignée.

hieracium * ou Pfaffenrrohrlein (une espèce du Genre *Taraxacum* L., peut-être *Taraxacum officinale* Weber,). Le pissenlit porte la signature du conduit urinaire ; c'est pourquoi il convient pour la strangurie et pour faire uriner. (64)

eryngium * ou Manns Treu (*Eryngium campestre* L.). La racine porte la signature du membre viril ; c'est pourquoi, il est utile comme aphrodisiaque. (65)

satyrium* ou Stendelwurtz (une espèce du genre *Orchis* L.). Sa signature montre qu'il est bon contre l'impuissance. (66)

herba cancri *ou Krebskraut (une espèce du Genre *Heliotropium* L.). Ses petits boutons floraux ont la forme d'une écrevisse, ce qui montre qu'il est bon pour soigner les ulcères cancéreux et tous les dommages qui les accompagnent. (67)

sempervivum* ou Hausswurtz (*Sempervivum tectorum* L.) La joubarbe des toits montre qu'elle est bonne pour calmer toutes les douleurs aiguës. (68)

vermicularis* ou Katzendreck (une espèce du Genre *Sedum* L.): ses petites feuilles pendent les unes à côté des autres comme des dents, aussi est-elle bonne pour calmer les maux de dents. (69)

flos cuculi* ou Gauchblumen (*Anagallis arvensis* L.). Le mouron rouge a de petites fleurs rouges ; par cette signature, il nous montre qu'il est bon pour les taches rouges des enfants.

fumaria * ou Erdrauch (*Fumaria purpurea* Pugsley) La fumeterre a de petites fleurs rouges, qui nous indiquent qu'elle est bonne pour faire disparaître les taches rouges des enfants en provoquant la transpiration.

melissa * ou Mutterkraut (*Melissa officinalis* L.). La mélisse porte la signature de la matrice ; aussi est-elle bonne pour en traiter les inflammations. (70)

mentha * (une espèce du Genre *Mentha* L.). Elle porte la signature de la matrice ; c'est pourquoi elle est bonne pour en calmer les douleurs. (71)

arthemisia * ou Beifuss (une espèce du Genre *Artemisia* L.). La signature de l'armoise indique qu'elle est bonne pour les menstrues. (72)

absynthium *(*Artemisia absinthium* L.) L'absinthe porte la signature de l'intérieur de l'estomac ; c'est pourquoi elle chasse de l'estomac toutes les mauvaises secrétions et les sérosités. (73)

scolopendrium * ou Hirschzungen (*Phyllitis scolopendrium* (L) Newmann, *Phyllitis sagittata* (D C) Guinea & Heywood). Cette plante porte la signature de la rate ; aussi convient-elle pour les élancements et les engorgements de la rate. (74)

polypodium * ou Engelsuss (*Polypodium vulgare* L.). Sa racine noueuse montre ainsi qu'elle est utile pour faire disparaître toutes les nodosités du corps ainsi que les tophus et les affections semblables. (75)

lens * ou Linsen (*Lens culinaris* Medicus). La lentille porte la signature des taches de rousseur ; c'est pourquoi, l'eau des lentilles les chasse radicalement.

chamomilla * ou Camillen. Elle porte la signature du nombril ; aussi est-elle bonne pour les coliques et les hernies ombilicales. (76)

aristolochia * ou Holtzwurtz (une espèce du Genre *Aristolochia* L.). Elle porte la signature du sexe féminin ; aussi en guérit-elle toutes les affections. (77)

enula * ou Alantwurtz (une epèce du genre *Inula* L.). L'inule porte la signature de la poitrine ; c'est pourquoi elle est bonne pour les vieilles toux et toute affection de la poitrine.

bryona * ou Stickwurtz (*Bryonia dioïca* Jacq.) La bryone porte les signes des poumons ; c'est pourquoi elle a la propriété d'en chasser toutes leurs mucosités (78)

rhabarbarum * (une espèce du Genre *Rheum* L., peut-être *Rheum rhabarbarum* L. rhubarbe). Elle porte la signature du foie ; c'est pourquoi, elle en chasse les mucosités. (79)

centaurium * ou Tausenguldenkraut (*Centaurium erythrea* Rafn.). Sa signature nous avertit qu'elle est bonne pour chasser les maladies qui se manifestent par une coloration rouge [de la peau] et toutes les fièvres. (80)

diptamus* ou Diptam (*Origanum dictamnus* L.). Le signe porté sur ses fleurs et ses semences nous indique qu'il a la propriété d'extraire les épines et les pointes. (81)

chelidonia * ou Schellkraut (*Chelidonium majus* L.). La chélidoine nous donne à connaître qu'elle chasse la jaunisse en faisant transpirer. (82)

angelila * ou Englisch Distel (*Carlina acaulis* L. ou *Carlina vulgaris* L.). La carline porte la signature des artères ; c'est pourquoi elle chasse le poison de toutes les artères. (83)

tussilago * ou Hupplatisch (*Tussilago farfara* L.). Le tussilage porte la signature des bronches et des poumons ; c'est pourquoi il calme merveilleusement toutes les toux. (84)

symphitum * ou Wallwurtz (*Symphytum officinale* L.) La consoude est grasse comme la graisse ; c'est pour cela qu'elle a la propriété de suturer les blessures cutanées. (85)

calamus aromaticus * (*Acorus calamus* L.). Le roseau odorant porte la signature des intestins ; aussi est-il bon pour traiter toutes leurs lésions. (86)

hedera terrestris * ou Gundelreben (*Hedera helix* L.). La signature du lierre consiste en baies bosselées ; c'est pourquoi il convient pour traiter le goitre.

acetosa * ou Sauerampfer (*Rumex acetosa* L.). L'oseille porte uns signature rouge ; c'est pourquoi, il est efficace pour la dysenterie teintée de rouge. (87)

asparagus * ou Spargel (*Asparagus officinalis* L.). Les petites baies de l'asperge nous montrent, par cette signature, qu'elle est bonne pour traiter l'érysipèle et pour guérir les lèvres crevassées.

cardiaca * ou Hertzgespan (*Leonurus cardiaca* L.). Les graines de l'agripaume ressemblent à un cœur humain ; c'est pourquoi il est bon pour les palpitations cardiaques.

synapi * ou Senff (une espèce du Genre *Sinapis* L.) La moutarde porte la signature du sable et du gravier ; c'est pourquoi, elle convient pour expulser le sable et le gravier. (88)

caepa * ou Zuvieffel (*Allium cepa* L.). L'oignon porte la signature des bosses et des enflures ; c'est pourquoi il ramollit les abcès et les fait disparaître. (89)

salvia * ou Salben (une des nombreuses espèces du Genre *Salvia* L.). La sauge porte la signature de la langue : aussi guérit-elle la grenouillette sous la langue et redonne-t-elle la parole à celui qui l'a perdue. (90)

ruta * ou Weinrauten (*Ruta graveolens* L.). La rue porte la signature des verrues ; aussi élimine-t-elle les boutons verruqueux. (91)

umbilicus veneris * ou Nabelkraut (*Umbilicus rupestris* (Salisb.) Dandy). Le nombril de Vénus porte la signature du nombril ; aussi est-il bon pour soigner les hernies ombilicales. (92)

perfoliata* ou Durchwachs (*Hypericum perforatum* L.). Le millepertuis perforé porte la signature des intestins ; aussi est-il efficace pour soigner l'entérocèle.

cyanus * ou Kornblumen (*Centaurea cyanus* L.). Le bleuet porte la signature du globe oculaire ; c'est pourquoi il est bon pour soigner les affections oculaires ainsi que les yeux pochés et les taches sur l'œil. (93)

viscum*ou Misstel (*Viscum album* L.). Le gui porte la signature du mal français (*i e* la syphilis) et le guérit par la transpiration. (94)

senecio * ou Creuswurtz (une des espèces du Genre *Senecio* L.). Le séneçon porte la signature de la teigne qu'il soigne ainsi que toutes les autres croûtes teigneuses. (95)

sideritis *ou Gleichkraut (une espèce du Genre *Sideritis* L.). La crapaudine porte sur sa feuille la signature du serpent ; aussi est-elle bonne pour soigner les morsures de serpents. (96)

morsus Diaboli * ou Teufels Abiss (*Scabiosa succisa* L. = *Succisa pratensis* Moench). [La plante] porte la signature de l'apostème (*apostematum*); c'est pourquoi elle est bonne pour soigner les abcès. (97)

fragaria * ou Erdbeer (une espèce du Genre *Fragaria* L.). La fraise porte la signature du sable dans la vessie ; aussi est-elle bonne pour traiter la pierre et la gravelle. (98)

sigillum Salomonis * ou Weisswurtz (*Polygonatum odoratum* (Miller) Druce). Le sceau de Salomon : ses petites baies noires ont la signature de la petite vérole noire et sont donc bonnes pour la traiter.

alkekengi * ou Judenkocklein (*Physalis alkekengi* L.). La plante a la signature de la vessie et pour cela, est efficace pour stimuler la miction et chasser les calculs vésicaux.

helleborus niger * ou Christwurtz (*Helleborus niger* L.). L'hellébore noir porte la signature des vers ; aussi expulse-t-il avec force tous les vers et tous les déchets hors du corps. (99)

pruna sylvestris * ou Schlehendorn (*Prunus spinosa* L.). Le prunellier porte la signature d'une aiguille pointue ; aussi le jus de ses fruits chasse-t-il toute douleur aiguë dans le ventre. (100)

rumex * ou Grindwurtz (une espèce du Genre *Rumex* L.). Il porte la signature du plexus ; c'est pourquoi il soigne tous les réseaux (101)

palma Christi * (*Ricinus communis* L.). Le ricin porte la signature des mains tuméfiées ; c'est pourquoi il fait disparaître toutes les enflures et les inflammations des mains et des pieds. (102)

persicaria * ou Wassermänlein (*Polygonum persicaria* L.) porte la signature de l'enflure provoquée par l'hydropisie ; aussi est-elle bonne pour soigner celle-ci. (103)

chelidonia * ou Schellkraut (*Chelidonium majus* L.). Elle porte la signature de la bile ; aussi guérit-il les fièvres qui sont causées par la bile. (104)

crocus * ou Saffran (*Crocus sativus* L.). Le safran porte la signature de la jaunisse ; c'est pourquoi il est efficace pour la soigner. (105)

tormentilla * ou Blutwurtz (*Potentilla erecta* (L.) Räusch). La plante porte la signature de la dysenterie ; elle est le meilleur remède pour la soigner.

poenia * (*Paeonia officinalis* L.). La pivoine porte la signature de la tête ; aussi est-elle bonne pour soigner l'épilepsie.

artemisia * ou Beifuss (probablement *Artemisia vulgaris* L.) [La plante] porte la signature de l'érysipèle ; aussi est-elle bonne pour le soigner ainsi que toutes les pertes de sang. (106)

millefolium* (*Achillea millefolium* L.). [Il] porte la signature de la lèpre ; aussi est-il bon pour expulser le sang impur. (107)

pulmonaria * ou Lungenkraut (*Pulmonaria officinalis* L.). [La plante] porte la signature des poumons ; c'est pourquoi elle est bonne pour les soigner. (108)

epatica * ou Leberkraut. [La plante porte la signature du foie ; aussi est-elle bonne pour soigner le foie endommagé. (109)

fabae * ou Bonen (*Vicia faba* L.). Les fèves portent la signature des reins ; c'est pourquoi, elles sont bonnes pour soigner les douleurs rénales. (110)

plantago *ou Wegrich (une des différentes espèces du Genre *Plantago* L.). Le plantain porte la signature des veines ; aussi est-il bon pour soigner les tumeurs qui les atteignent et leurs blessures.

Rhumélius complète son inventaire des plantes porteuses de signatures morphologiques ou chromatiques indicatives de leurs vertus curatives, par une liste de végétaux dont les signatures sont astrologiques. Parmi les nombreuses mélothésies disponibles à son époque, il a choisi celle-ci, qui est loin d'être rigoureuse : la tête est sous la domination de la Lune et du Bélier ; la gorge sous celle du Bélier ; la nuque et les épaules, sous celle des Gémeaux ; le cœur sous celle du Soleil ; la rate sous celle de Saturne ; le foie, sous celle de Jupiter ; la bile, sous celle de Mars ; les poumons, sous celle de Mercure ; l'estomac, sous celle du Lion ; le ventre et les intestins, sous celle de la Vierge ; les reins sous celle de Vénus ; les organes sexuels, sous celle du Scorpion ; les lombes et les hanches, sous celle du le Sagittaire ; les membres inférieurs, sous celle de la Balance ; les articulations des pieds et des mains, sous celle des Poissons. On notera qu'il a mentionné deux plantes différentes portant la signature du Bélier et qu'il a oublié d'en citer une pour le signe du Taureau. Adoptant les théories des astrologues, Rhumélius affirme implicitement ici qu'une plante jugée sous la domination d'une planète ou d'un signe zodiacal en porte la signature et, par conséquent, est censée guérir la partie du corps qui bénificie de la même domination qu'elle.

Sa sélection comprend les végétaux suivants :

ros solis* (*Drosera rotundifolia* L.). La plante appelée "rosée du soleil" porte la signature du Soleil ; elle est efficace pour les affections du soleil du microcosme, c'est-à-dire pour soigner toutes les maladies cardiaques. (111)

lilien * ou Weiss Lilien (*Lilium candidum* L.) Les lis blancs portent la signature de la Lune ; sont donc efficaces pour soigner les affections de la Lune du microcosme, c'est-à-dire les affections de la tête.

scabiosa * ou Apostemakraut (*Succisa pratensis* L.). [La plante] porte la signature du Saturne du microcosme, c'est-à-dire la rate.

endivia * (*Cichorium endiva* L.) [La plante] porte la signature de Jupiter ; elle est donc bonne pour soigner toutes les maladies de Jupiter chez l'homme, c'est-à-dire les affections du foie.

esula * ou Wolfsmilch (une espèce du Genre *Euphorbia* L.) [La plante] porte la signature de Mars ; elle est donc bonne pour soigner le Mars du microcosme, c'est-à- dire les affections dues à la bile.

Violen ou Venus (*Viola odorata* L.) [La plante] porte la signature de Vénus ; elle est donc bonne pour soigner les maladies de Vénus, c'est-à-dire les affections des reins.

Hyssopen (*Hyssopus officinalis* L.). [La plante] porte la signature de Mercure ; elle est donc bonne pour soigner toutes les maladies de Mercure, c'est-à-dire les affections pulmonaires.

veronica * ou Ehrenpreiss (*Veronica officinalis* L.). [La plante] porte la signature du Bélier ; elle est donc bonne pour toutes les maladies de la tête parce que le Bélier régit la tête.

imperatoria * ou Eberwurtz (*Peucedanum ostruthium* (L) Koch), [La plante] porte la signature du cheveu ; c'est pourquoi elle est efficace pour faire pousser la barbe et les cheveux. (112)

murisculus * ou Meissöhrenlein (*Hieracium pilosella* L.) [La plante] porte la signature des oreilles ; c'est pourquoi, elle est bonne pour soigner les maux d'oreille. (113)

baldriana * ou Biesenkraut (une espèce du Genre *Valeriana* L.). [La plante] porte la signature du Bélier ; c'est pourquoi elle soigne les maladies de la gorge, car le Bélier régit la tête et la gorge.

gallus * ou Galläpfel. La galle du chêne (Genre *Quercus* L.) porte la signature du goitre ; c'est pourquoi elle est bonne pour les enflures du cou. (114)

anisum * ou Anis (*Pimpinella anisum* L.). [La plante] porte la signature des Gémeaux ; c'est pourquoi elle soigne les rhumatismes des épaules, car les Gémeaux régissent la nuque.

spica (*Latifolia spica* L. = auj. *Lavandula latifolia* L.). [La plante] porte la signature du Lion ; c'est pourquoi elle est bonne pour les gastro-entérites, car le Lion régit l'estomac.

lactuca * ou Huflattich (une espèce du Genre *Lactuca* L.). La laitue porte la signature de la Vierge ; c'est pourquoi, elle est bonne pour les maladies intestinales, car la Vierge régit le ventre et les intestins.

anserina * ou Anserich (*Potentilla anserina* L.). [La plante] porte le signe de la Balance ; c'est pourquoi elle est bonne pour la dysenterie et tous les écoulements qui touchent les membres inférieurs, car la Balance régit les membres inférieurs.

***savina* [=*sabina*]** * ou Gevenbaum (*Juniperus sabina* L.). [La plante] porte la signature du Scorpion ; c'est pourquoi elle est bonne pour les affections des parties intimes, car le Scorpion régit les organes de la reproduction.

juniperi * ou Wachholder (*Juniperus communis* L.). [La plante] porte la signature du Sagittaire ; c'est pourquoi elle est bonne pour les douleurs lombaires et celles des hanches, car le Sagittaire régit les lombes et les hanches.

sanicula * ou Samikel (*Sanicula europea* L.) [La plante] porte la signature du Capricorne ; c'est pourquoi elle est bonne pour soigner la goutte qui touche les genoux et les pieds car le Capricorne régit les genoux.

sinari* (*Senecio cineraria* DC). [La plante] a la signature du Verseau ; c'est pourquoi elle est bonne pour les tumeurs et les érysipèles au tibia et au mollet, car le Verseau régit ces parties du corps.

foenum graecum *(*Trigonella foenum-graecum* L.). [La plante] a la signature des Poissons ; c'est pourquoi elle guérit les humeurs dans les articulations des pieds et des mains, car les Poissons régissent ces parties du corps.

Rhumelius achève son catalogue en affirmant que les plantes dont il a dressé la liste sont suffisantes pour soigner toutes les maladies :

"Voici donc les plantes qui sont les plus utiles et les plus réconfortantes d'après les expériences qui en ont été faites. Et point n'est besoin d'une plus grande quantité ; celles qui répondent aux besoins du corps et qui ont été bien éprouvées suffiront."

Rhumelius reconnaît toutefois implicitement que certaines plantes "non signées" ont également des propriétés curatives. Aussi, a-t-il jugé utile de de compléter son inventaire en lui ajoutant quelques plantes qui lui paraissent particulièrement efficaces pour traiter certaines maladies, bien qu'elles paraissent dépourvues de signatures particulières, car il n'y fait aucune allusion. Il note ainsi que : *lignum Fraxinum** ou Eschern Holtz (*Fraxinus excelsior* L., bois du frêne) taillé le soir de la St Pierre guérit toutes les piqûres ; *santonicum** (*Santolina chamaecyparissus* L., santoline) récoltée le soir de la St Jean fait passer aussitôt les douleurs de la pierre ; Weisse Wegwartwurtzel (une espèce du Genre *Cichorium* L., probablement *Cichorium intybus* L.), déterrée le soir de la Ste Marie, guérit les saignements qui se produisent sous la langue ; **Wasserpfefer** (*Polygonum hydropiper* L.) c'est-à-dire le poivre d'eau, récolté à la St Philippe guérit toutes les séquelles des fluxions.

Il insiste tout particulièrement par ailleurs sur l'importance qu'il faut accorder à l'époque de l'année où l'on doit récolter les plantes médicinales. Ses recommandations sont toutes imprégnées de considérations astrologiques, et il accorde tout particulièrement une grande importance à la position du soleil dans chacune des constellations zodiacales. Ses conseils portent sur une quinzaine de plantes. Ce sont :

Rittersporn (une espèce du Genre *Delphinium* L.). Récolté le jour de la Saint Jean, quand la Lune est dans un Signe d'air, il fortifie la vue ; c'est pourquoi une couronne de ses fleurs desséchées suspendue dans la chambre passe pour illuminer la vue.

Schwartze Niesswurtz ou ***savina*** (115). Récoltée quand la Lune décroît dans le signe de la Balance avant le coucher du Soleil, [la plante] est bonne pour soigner le haut-mal.

Poeonien (*Paeonia* L.). La racine de la pivoine, arrachée à la Lune descendante dans les Signes du Bélier et des Gémeaux est bonne pour soigner l'épilepsie chez les jeunes enfants, s'ils la portent pendue au cou.

Breitwegerich (*Plantago major* L.). La racine du plantain, déterrée quand Mars est en conjonction avec la Lune et que la Lune est dans le Bélier ou le Scorpion, est bonne pour soigner l'apoplexie.

helleborum nigrum (*Helleborus niger* L.). L'hellébore noir, récoltée au déclin de la Lune dans le Signe du Lion, du Bélier ou du Sagittaire, guérit l'hydropisie.

phu ou gross Valeriana (*Valeriana officinalis* L.). La valériane, cueillie à la conjonction du Soleil et de la Lune est un contrepoison et guérit de la peste.

Melissen (*Melissa officinalis* L.). La mélisse, cueillie au déclin de la Lune dans le Bélier, le Lion ou le Sagittaire, est bonne pour les affections cardiaques.

Magsamen (*Papaver somniferum* L.). Le pavot, récolté quand la Lune est dans un trigone avec Mars ou dans le sextil est bon pour les maux de tête.

Miltzkraut (*Chrysosplenium alternifolium* L.). La dorine, récoltée quand le Lion, le Verseau ou la Balance sont en conjonction avec Saturne, quand la Lune est décroissante, est bon pour les points de côté.

fumaria (*Fumaria officinalis* L.). La fumeterre doit être récoltée pendant une conjonction de Vénus avec Jupiter dans le Lion. Elle est bonne pour soigner la lèpre et toutes les maladies infectieuses.

gratiola (*Gratiola officinalis* L.). La gratiole cueillie quand la Lune est en conjonction avec Saturne dans le Capricorne est bonne pour toutes les fièvres.

Griesskraut (116). Récoltée quand la Lune est en conjonction avec Vénus dans la Balance, [cette plante] guérit la pierre et la gravelle.

uvularia. Cueillie quand la Lune est dans le Signe des Gémeaux et quand Mercure est conjonction, [la plante] est bonne pour les maux de gorge.

Mullkraut (*Verbascum lychnitis* L.) (?). Récoltée quand la Lune est dans le Verseau [la plante] est bonne pour les enflures.

endivia (*Cichorium endivia* L.). Cueillie quand la Lune est dans le Sagittaire en conjonction avec Jupiter, [la plante] guérit toutes les obstructions du foie.

Rhumelius complète son catalogue des plantes médicinales par deux observations.

- La première porte sur le moment de la journée auquel il est préférable de les récolter :

"Toutes les plantes doivent être cueillies et déterrées avant le lever du soleil, parce que leurs vertus sont alors en elles toutes entières. Mais dès que le soleil paraît, elles se mettent à travailler, et, dans la journée et au coucher du soleil, elles ont perdu beaucoup de leur efficacité et sont faibles et épuisées."

- La seconde est d'une toute autre portée. Rhumelius affirme que si l'observation des signatures est un moyen de découvrir les propriétés des végétaux, le médecin doit ensuite procéder à l'extraction du principe actif grâce auquel la plante agit sur les maladies. Il s'inscrit ainsi dans la droite ligne des prescriptions énoncées par Paracelse. Après avoir exposé que l'Art hermétique est fondé sur l'axiome "*les semblables se soignent par les semblables*", et s'oppose par conséquent à la méthode galénique qui repose sur le principe selon lequel "*les contraires doivent être soignés par les contraires*", il écrit :

"Le principe fondamental [de l'Art hermétique] en est la sympathie et l'antipathie, dont le médecin doit avant tout s'informer, car, de ces penchants vont découler les vrais moyens et remèdes, quand le médecin aura observé l'analogie et la concordance magnétique entre le Macrocosme et le Microcosme. Il recherchera ensuite, parmi les plantes, les minéraux et les animaux s'ils n'ont pas une signature en conformité avec le membre ou l'organe malade, et choisira l'objet porteur de cette signature comme remède. Et puisque la signature est imprimée par l'esprit, le remède agira quand on l'aura dépouillé de ses parties grossières ; alors, il ira droit à son semblable. Ainsi, la forme ou signature du cœur ira au cœur, celle des mains ou des pieds ira aux mains ou aux pieds ; de même pour la rate, le foie et tous les membres. Mais le médicament ne devra contenir que le baume extrait de son corps, afin de conforter le baume du Microcosme et aider à l'homme." (Trad. P. Rabbe)

En revanche, Rhumelius n'a pas abordé la question de la durée de conservation des plantes pour qu'elles gardent toutes leurs propriétés thérapeutiques et leur efficacité dans le traitement des maladies qu'elles sont censées guérir. Il n'a pas davantage consacré de notes à la posologie : l'importance des doses à administrer, la fréquence des prises et la durée du traitement sont des indications totalement absentes de son traité.

Oswald Crollius. (1560 – 1609)

Sa vie

Crollius est né en 1560 à Wetter, près de Marburg. Il étudie à l'Université de Marburg, puis à Heidelberg, Strasbourg et Genève. Il est reçu docteur en médecine en 1582. Après un court séjour en France auprès de la famille d'Esnes, il entre au service du comte Maximillien von Pappenheim. Il voyage en Europe où il exerce la profession de médecin et se fixe à Prague. Il soigne notamment le Prince Christian I de Anhalt-Bernburg avec lequel il s'entretient fréquemment sur des questions d'alchimie et de médecine. Il est également souvent consulté par l'Empereur Rudolph II qui soutient financièrement ses recherches sur les remèdes chimiques. Il est mort à Prague en 1609.

Disciple convaincu de Paracelse auquel il fait d'élogieuses références à plusieurs reprises, Oswald Croll (ou Crollius) est l'auteur de deux livres particulièrement importants : l'un est un traité de chimie, *Basilica Chymica* (117) dans lequel il recommande aux médecins de privilégier le traitement des maladies par des remèdes chimiques dont il donne d'ailleurs à maintes reprises la composition précise.

L'autre, intitulé *De signaturis seu vera et viva anatomia majoris et minoris Mundi,* est au contraire en grande partie consacré aux "plantes signées". Il a été traduit sous le titre *Traité des signatures ou vraye et vive anatomie du grand & petit monde* (118).

Son *Traité des signatures*

Croll déclare dès les premières lignes de sa longue Préface que l'objet même de son livre est de montrer que l'on peut découvrir les vertus des plantes grâce à l'étude des signatures que Dieu, dans son infinie bonté, a apposées sur elles. Il affirme en effet que le visible conduit nécessairement à la connaissance de l'invisible, et, quand il s'agit de plantes, que l'observation de leur morphologie ou de leur couleur permet de déceler leurs propriétés curatives qui demeurent cachées en elles. Après avoir regretté que les botanistes de son temps ne se soient livrés qu'à une étude partielle des végétaux, Croll se propose de leur offrir un premier aperçu des connaissances complémentaires et indispensables que l'on peut acquérir en prêtant une plus grande attention aux signatures des végétaux et à leurs relations avec les parties du corps humain.

> "La mienne volonté que les botaniques de nostre temps, lesquels ignorans la forme interne des herbes, n'en recognoissent que la substance matérielle, employassent aussi bien leur estude à la cognoissance de leurs signatures, qu'ils sont pour l'ordinaire à la denomination d'icelles ; sur quoy ils fondent une infinité de vaines disputes, lesquelles ne sçauroient apporter aucun profit à la republique de medecine. Mais comme plusieurs (choses qui arrive en toute sorte d'arts) ayant laissé la moüelle, & noyau de la science à la façon du vulgaire), lequel ne vise qu'à l'exterieur) ne se veulent occuper qu'autour de l'amertume de l'escorce ; il arrive qu'il se trouve une infinité de nomenclateurs herboristes, lesquels ne se meslent d'autre chose que de descrire les lieux, noms & escorces des plantes, disant que c'est

là où est toute leur force, sans se prendre garde que le vray & exacte medecin se doit plustost arrester à l'hombre & image de Dieu, qu'elles portent, ou à la vertu interne, laquelle leur a esté donnée du ciel, comme par dot naturel, que non pas à ces baguenoderies ; vertu, dis-je, laquelle se recognoist plustost par la signature, ou sympathie analogique, & mutuelle des membres du corps humain, à ces plantes-là, qu'en autre chose que ce soit." (*Traicté des Signatures ou vraye et vive anatomie du grand & petit monde*, Préface, traduction de J.Marcel de Boulenc, 1634)

Un peu plus loin, Croll se livre à un long exposé sur les fondements mêmes de la *théorie des signatures* afin d'en justifier tout l'intérêt :

"Ne semble-il pas que les herbes parlent au curieux médecin par leur signature, lui descouvrant par quelque ressemblance, leurs vertus intérieures cachées sous le voile du silence de la nature ? Aussi (si j'use des paroles du docte B.Aporta [*i e* G-B della Porta] c'est un moyen duquel la supreme bonté se sert souvent pour manifester les divins secrets cachez au plus profond des entrailles des choses naturelles : lesquelles neantmoins semblent avoir quelque signature des idées divines, aussi ne pouvait-il (à mon jugement) treuver une voye plus convenable & admirable que celle-là : car supposons que les plantes puissent parler d'elles-mesme, & dire les admirables secrettes vertus, desquelles la nature les a enrichies, asseurement, elles ne seront pas entendues de tous, ni leurs facultés si bien manifestées que par les écrits cogneus par tout le monde ; ou il eut fallu necessairement que les plantes fussent esté toute une nation, ou bien qu'elles eussent parlé en toute sorte de langues : c'est donc assez que la sage nature manifeste subtilement son pouvoir par quelque sympathie & signature cogneue de tout le monde. N'est-il pas vray que toutes les herbes plantes, arbres et autres provenans des entrailles de la terre sont autant de livres, & signes magiques, communiquées par l'infinie miséricorde de Dieu ? Je ne veux pas dire toutefois, que ces signes seuls soient nostre médecine : mais il me sera permis d'asseurer, que par la faveur de ces signes-là, nous venons à la vraye & parfaite cognoissance de la médecine. Donc celuy qui désire estre expert médecin (avec la théorie de son art) doit avoir la cognoissance de la signification interieure des signatures, d'autant que tout ce qui est à l'interieur porte la figure de son secret tant aux creatures sensibles qu'aux insensibles ; & des lors que nous sommes en silence, la nature parle par quelques signes, s'il semble & manifeste les mœurs et l'entendement d'un chacun. C'est à dire que le silence monstre en quelque façon le jugement des personnes, mais la nature parle quasi comme par signe, & revele les mœurs et affections d'un chacun. Et tout ainsi comme nos mœurs et humeurs internes peuvent estre recogneues par les signes interieurs du corps, de mesme façon aussi l'homme peut averer les vertus internes des plantes par leurs signes ou signatures exterieures. La plante, par des parolles secretes s'il semble, restaure les hommes & leur faict offre de ses thresors cachez, afin qu'ils puissent recognoistre le moyen pour subvenir à leur necessitez & maladies." (*Traicté des Signatures ou vraye et vive anatomie du grand & petit monde*, Préface, traduction de J.Marcel de Boulenc, 1634)

Le *Traité des signatures* de Croll se compose de deux grandes parties, la première consacrée "aux signatures des plantes représentant les parties du corps humain", la seconde "aux signatures des maladies" dont la plupart peuvent être soignées par des plantes qui en portent la signature. Croll mentionne également au passage quelques animaux et pierres qui portent des signatures significatives.

Dans la première partie de son Traité, Croll nous livre un catalogue de plantes médicinales en relation avec les différentes parties du corps humain en commençant par la tête pour finir par les pieds suivant en cela un ordre déjà fréquemment adopté par les auteurs grecs et latins d'ouvrages de médecine. Il en indique aussi, mais très succinctement, quelles en sont les propriétés. Il n'omet pas de citer à l'occasion les auteurs auxquels il a emprunté ses données. Il semble en effet que, pour une bonne part, ses connaissances soient purement livresques et qu'il ne se soit guère livré à beaucoup d'observations des végétaux *in situ.* On ne saurait donc le compter parmi les médecins botanistes qui œuvraient à son époque.

Tel qu'il se présente, son ouvrage peut toutefois être considéré comme l'une des tentatives les plus réussies d'établissement d'une *Flore médicale des signatures.* Si Croll ne néglige généralement pas d'expliquer pour quelles raisons il a sélectionné chacune des quelques 200 plantes qui composent son catalogue, il lui arrive aussi de ne donner aucune justification à son choix, laissant à ses lecteurs le soin de comprendre pourquoi elles peuvent être regardées comme des "plantes signées" susceptibles d'être utilisées pour soigner une partie bien précise du corps humain. (119)

On notera aussi qu'à la différence de nombreux auteurs d'ouvrages qui portent sur les signatures des végétaux, il ne s'est aucunement intéressé aux plantes porteuses de signatures astrales. Celles-ci sont en effet absentes de son traité, à l'exception cependant de l'*hypericon*, considéré comme une plante solaire.

Les plantes répertoriées par Crollius sont les suivantes, d'après l'édition princeps en latin de 1609 :

Ière Partie : "De la signature des plantes qui représentent une similitude avec les parties du corps humain"

La tête

papaver* dont la couronne représente la tête et le cerveau est fort utile, en décoction, pour toutes les maladies de la tête.

juglandes* : les noix ont la signature de la tête ; leur enveloppe verte extérieure représente le péricrâne ; aussi le sel de cette enveloppe est-il bon pour les plaies du péricrâne. L'écorce intérieure ou coquille ligneuse qui est plus dure est bonne pour les plaies du crâne ; la pellicule qui entoure le cerneau représente les méninges et l'enveloppe du cerveau ; les cerneaux ressemblent au cerveau ; c'est pourquoi, ils sont utiles pour le cerveau et en chassent les poisons. Pilés avec la quintessence du vin et appliqués sur la tête, ils fortifient puissamment le cerveau et la tête.

folliculus floris paeoni *: les enveloppes de la fleur de pivoine portent une signature car elles présentent quelque analogie avec les sutures de la tête et les veines qui entourent le cerveau ; les fleurs prêtes à s'ouvrir dévoilent une pellicule externe qui ressemble au crâne, elles chassent l'épilepsie ou maladie apoplectique, tout comme leur graine qui est ensuite expulsée avec force.

agaricum* qui est une excroissance en forme de champignon qui survient sur un arbre, nommé mélèze, en latin *larix,* purge grandement la tête.

scylla* est utile pour soigner l'épilepsie, à cause de sa signature.

Les cheveux

malum cydonium*: les fins poils des coings ressemblent en quelque sorte à des cheveux ; aussi leur décoction est-elle très efficace pour faire repousser les cheveux qui sont tombés à la suite d'une maladie vénérienne.

muscus oblungus* [une mousse] qui s'attache aux arbres, comme une chevelure est recommandée, en décoction, pour traiter la chute des cheveux. [Il existe aussi] une herbe qui pousse dans les endroits marécageux, semblable à de longs poils flottant sur l'eau, et qui porte une petite fleur blanche dont la décoction est également bonne pour la chute des cheveux.

adiantum*, ***trichomanes**** et ***polytrichon Apulei**** sont aussi des plantes capillaires, rigides, bouclées, fines et filamenteuses qui ressemblent à des cheveux ; elles rendent ceux-ci abondants, frisés et très beaux.

thapsia*, aux feuilles semblables au fenouil et au cheveu n'a pas son pareil, selon Avicenne pour traiter l'alopécie.

Les oreilles

asariun*. Ses fleurs portent une signature. Aussi les conserve-t-on pour les consommer afin d'aiguiser l'ouïe et d'améliorer la mémoire.

Les yeux

herba Paris* ou *aconitum salutiferum.* Ses grains noirs de portent la signature de la pupille. On en extrait une huile qui est très efficace pour traiter les affections oculaires, si bien qu'on l'appelle l'âme des yeux (*anima oculorum*).

euphrasia*. Sa fleur porte la marque de toutes les affections oculaires ; aussi est-elle très utile pour les soigner.

Les plantes suivantes sont bonnes pour les yeux, car elles en portent la signature :

anthémis*, ***caltha****, ***hieracium**** (lequel convient tout particulièrement pour remédier à un affaiblissement de la vision, (comme l'épervier qui l'utilise pour aiguiser la sienne), ***argémone*, anémone*, scabiosa*, flos asteri attici*.***

potentilla. Sa fleur de représente la pupille de l'œil ; l'eau que l'on en obtient par distillation est particulièrement bonne pour les affections oculaires.

Le nez

mentastrum aquaticum*. Ses feuilles étroites et velues ont la forme du nez et ses fleurs sont d'une couleur rouge pâle. Leur extrait est efficace pour traiter la perte de l'odorat.

Les gencives

sedum minus * qui adhère aux murailles, porte la signature des gencives ; c'est pourquoi son suc est très efficace pour soigner le scorbut ou les affections buccales.

Les dents

hyosciamus* Les graines que l'on observe sur le réceptacle portent la figure des dents maxillaires ; aussi l'huile que l'on en extrait ainsi que la décoction de ses racines mélangées dans du vinaigre avec l'herbe *persicaria* est efficace, en application chaude pour calmer les maux de dents.

malum punicum**.** Les graines (*acini*) de la grenade représentent les dents ; aussi leur décoction est-elle bonne pour les affections des gencives et consolider les dents. Les graines des pommes de ***pinus*** imitent la forme des dents incisives ; aussi les feuilles de pins, en décoction avec du vinaigre calment les maux de dents.

herba dentaria * dont la racine est couverte d'écailles, admirable chef d'œuvre de la Nature, a les mêmes propriétés.

Le gosier

pyrolla* est utile en gargarismes.

uvularia* [sans commentaire]

cervicaria* [sans commentaire]

Le foie

hepatica*, lichen*. [sans commentaire]

fungus* betulinus* et *quercinus ont également la signature d'un foie, l'organe du sang ; aussi les deux espèces réduites en poudre, conviennent merveilleusement pour arrêter les saignements de nez et ceux qui s'écoulent des blessures.

jecoraria* qui adhère aux parois des fontaines est bonne pour traiter les maladies et les tumeurs (*scirrhos*) du foie.

pyra *. Les poires portent aussi la signature du foie ; elles conviennent pour soigner les maladies du foie.

Le cœur

citrium ***.** Le citron qui ressemble au cœur.

anthora * dont les deux racines représentent deux petits cœurs.

alleluia *porte à l'extrémité de ses branches des feuilles qui ont la forme du cœur.

melissophyllum * dont la feuille a l'aspect du cœur.

cardiaca* ou ***molucca****(120) dont les feuilles sont les mêmes que celles de ***melissa*, nardus *, myrobalanum*, malum cydonium****.

Toutes ces plantes qui portent la figure du cœur sont d'excellents remèdes pour le cœur.

Les poumons

pulmonaria * adhère aux rochers et aux arbres. II y en a une espèce qui est parsemée de petites taches blanchâtres, qui est bonne pour soigner, prise en décoction, toutes les affections pulmonaires.

Le fiel

juglans *.Le jus tiré de l'enveloppe verte de la noix, qui est de même couleur et de même saveur que le fiel est bon, pris en boisson, pour purger le foie.

La rate

scolopendrium *, ***asplenium*** *, ***ceterach*** * [sans commentaire]
lingua cervina * et appelée communément ***phyllitis**** [sans commentaire]
lupinus *. Il porte l'image de la rate et sa décoction est utile pour la rate.

Les ventricules

cyclamen *.Les feuilles seulement [sont utiles], car les racines paralysent les membres.
zingiber * [sans commentaire]
galanga * qui est le ventricule externe par lequel l'interne est conservé.

Le nombril

umbilicus veneris* ou ***cotyledon**** dont la feuille est arrondie ressemble au nombril charnu d'une femme est aphrodisiaque selon Dioscoride, si bien que les médecins disent que l'*umbilicus* est le siège de la luxure.

Les intestins

calamus aromaticus * [sans commentaire]
cassia fistula * [sans commentaire]

La vessie

alkekengi *[ou] ***halicacabus****, ***vesicaria**** portent de petits sacs comparables à la vessie de l'homme dans lesquelles se trouve un grain qui est excellent pour les calculs.
vesicaria repens*, ***staphylodendros****
colutea *[sans commentaire]
solanum*, [sans commentaire]

Les parties sexuelles (*pudendi*)

aron * dont le pistil évoque le membre viril, celui qui assure la reproduction.

Exceptionnellement Croll fait ici un court commentaire :" il y en a, écrit-il, qui croient que l'*aron* est le *satyrion erythroneum* ou le *satyrion verum* de Paracelse, ou toutes les espèces de *dracontium* parce que ces plantes portent la signature des parties sexuelles, et, après être montées en graines, se couchent sur le sol, tout comme des serpents. "

***fabœ**.** Les fèves ont aussi la forme des parties sexuelles ; aussi étaient-elles condamnées par Pythagore. Leur farine, du fait de cette ressemblance, est très utile pour apaiser les inflammations des parties sexuelles.

cichorium *. Son pistil érigé de, évoque une verge ; aussi sa décoction, utilisée en interne ou en externe, est-elle bonne pour chasser les maléfices provoqués par des incantations [qui rendent impuissant].

hieracion *La décoction de la tige arrondie, mêlée à de l'eau, prise en boisson chaude chaque jour est un remède spécifique pour l'inflammation purulente de la verge.Chez le ***cicer**** et surtout chez le ***lupinus**** , on remarque la forme du membre viril. Les cônes du pin (***pinus****) et les fruits du pistachier (***pistacia****) représentent également celui-ci. Aussi excitent- ils aux relations sexuelles.

Glans. Le gland a la signature du bout de la verge recouvert par le prépuce.

Les testicules

Chez les plantes bulbeuses, toutes les espèces d'*orchis* sont aphrodisiaques, du fait de leur ressemblance avec les testicules. L'un [des deux bulbes], qui se trouve au-dessus de l'autre, est plus grand et plus rempli, stimule le coït, l'autre qui est en dessous, plus petit et desséché, a un effet inhibitif.

Crollius commente ainsi cette observation ; "La Nature, préoccupée par la reproduction des hommes, a voulu leur indiquer, par cette image des testicules, que la plante était bonne pour les relations sexuelles, la conception et la reproduction, d'autant que ces bulbes ont également l'odeur du sperme. De même, l'essence de ***satyrion*** est très efficace pour rendre leur virilité aux hommes frappés d'impuissance. Ces plantes imitent si artistiquement les testicules des hommes et des animaux qu'en les regardant, on ne peut avouer qu'on ne les reconnait pas.

tragorchis * ou testicule de bouc exhale une odeur de bouc et rappelle la barbe de chèvre, excite aux relations sexuelles ; c'est la plus aphrodisiaque des plantes bulbeuses, le bouc étant le plus lubrique des animaux.

satyrum erythronium * dont la mince racine est rouge au dehors et blanche à l'intérieur est aussi un excitant aux relations sexuelles, si on la tient seulement dans la main et encore plus si on la boit mêlée à du vin, selon Lobelius à la suite de Dioscoride (121). Matthioli et les Italiens l'appellent **hermodactylus**

dracunculus major* dont les racines bulbeuses évoquent des testicules, excite également aux relations sexuelles, consommé dans du vin.

porrum * qui est tellement semblable au scrotum qu'il en est proverbial, est également aphrodisiaque.

cynosorchis * Ses fleurs de rendent les hommes féconds et les incitent aux relations sexuelles ; elles les favorisent, les stimulent, les augmentent et excitent ceux qui sont assoupis.

boletus cervinus* porte la signature des parties sexuelles ; c'est pourquoi il est très efficace, utilisé aussi bien par voie interne que par voie externe, pour les inflammations des testicules.

phallus* est recommandépar Adrien Junius [médecin hollandais (1511-1575)] pour le même usage.

uvarum acini * Les grains de raisin ont la signature des deux sexes, masculin et féminin.

C'est pourquoi les Anciens aimaient à dire que "sans Bacchus, Vénus est froide".

La matrice et l'uterus

aristolochia rotunda* qui ressemble vraiment à l'utérus est excellente pour faciliter l'accouchement,

pisa* [sans commentaiire]

betula*. Son écorce intérieure verte porte la signature de la matrice avec ses veinules veines rougies de sang ; sa décoction purge la matrice.

sabina * porte la signature des veines de la matrice ; aussi dissout-elle le tartre dans les veines des femmes

malum granatum* ou ***punicum*** est glabre et protégé par une peau appelée *malicorium* celle-ci se fend au soleil et s'ouvre au moindre souffle d'air quand il est parvenu à maturité ; tout comme la matrice s'ouvre quand l'enfant a achevé sa formation.

cyclaminus * a une racine bulbeuse arrondie qui ressemble élégamment à l'utérus de la femme. Théophraste [*i e* Paracelse] dit que ce bulbe est bon pour inciter aux relations sexuelles.

leontopetalon* a une racine couverte d'un duvet floconneux et souple qui évoque la pubescence de la femme ; aussi Dioscoride écrit-il qu'elle est bonne pour exciter au coït.

macis* porte aussi la signature de la matrice ; elle contient en effet la noix muscade (*i e* la signature du fœtus dans l'utérus) tout comme la matrice contient l'embryon.

Les reins

portulaca* porte la signature des reins.

L'arrière-faix (*secundinæ*)

nymphaea * porte la signature de l'arrière-faix ; aussi est-elle bonne pour l'expulser.

L'épine dorsale

equisetum * [sans commentaire]

filix fœemina*. Sa décoction (en cas de sciatique ou de douleurs dorsales) et en fomentation avec du vin et de l'eau pendant plusieurs jours est selon l'art des signatures un remède des plus efficaces. En effet, elle représente ostensiblement l'épine dorsale.

Le tibia et les os

gratia Dei * ou ***geranium*** * porte la signature du tibia ; aussi s'en sert-on, réduit en poudre, pour les fractures des os.

Les nerfs et les veines

plantago * porte parfaitement la signature, voire la figure chiromantique des mains et des pieds, vu que les feuilles sont les mains de la plante.

savina* porte aussi la signature des veines.

Les pores de la peau

hypericon * Ses feuilles perforées ont la signature [des pores]; aussi sont-elles utiles pour supprimer leur obstruction et pour chasser la sueur.

Les mains

palma Christi * [sans commentaire]

folia ficus * Les feuilles de figuier sont bonnes pour les douleurs articulaires.

II ème Partie : "S'ensuivent les signatures des maladies".

La seconde partie du *Traité des signatures* est consacrée aux signatures des maladies. Au regard d'une liste d'affections courantes, classées par ordre alphabétique, Croll cite pour chacune d'elle un certain nombre d'animaux, de pierres ou de plantes qui en portent la signature. Nous nous limiterons à ne mentionner que les maladies pour le traitement desquelles il est fait appel à des végétaux.

De l'apoplexie

lilium convalium * Sa fleur porte la signature d'une goutte, car la fleur pend comme une goutte : aussi est-elle bonne pour traiter la goutte.

Des calculs

Tout ce qui chasse le calcul est magiquement signé par une ressemblance avec des manifestations de la maladie.

saxifraga * Ses racines [ont cette propriété]

lithospermon* ou ***milium solis**** porte la signature des calculs, à cause de la blancheur et de la rondeur de ses [fruits en forme de] perles, qui ont la dureté des pierres, comme d'autres graines dures qui sont bonnes pour évacuer les calculs.

ononis * Ses fruits et ses cosses.

lacryma jobbea * n'est pas moins digne d'éloge pour expulser les calculs.

fructus alkekengi * [sans commentaire].

Les noyaux de cerises (***nuclei cerasorum***), de pêches (***persicorum***), de nèfles (***mespilorum***) [sans commentaire]

fructus Roseti rubei. Le fruit de la rose rouge de même que beaucoup d'autres fruits qui prennent une couleur rouge à l'automne, quand ils arrivent à maturité.

cæpæ portent aussi la signature des calculs.

Des chancres

dactyletus* Selon Paracesle, il fait disparaître les chancres. Quelques-uns croient que c'est l'***hermodactylum exoticum*** des officines dont la racine ronde se contracte en son centre, guérit également les chancres.

lunaria *qui porte la signature du cancer, guérit les cancers des seins, à ce qu'affirme Carrichter**.

ros solis* ou ***rosela*** * [sans commentaire].

De la colique

convolvulus * représente les intestins ; aussi sa décoction est-elle un remède efficace pour la colique.

Des cicatrices

olea*, [sans commentaire]

ulmus *, [sans commentaire]

resiniferae (tous les arbres résineux), dont le tronc est fissuré sont très utiles pour la cicatrisation des plaies.

De la dysenterie

acorus aquaticus luteus* Sa racine cueillie au mois de mai, et posée comme une amulette sur le ventre, est un excellent remède contre la dysenterie : elle porte en effet la couleur et la signature des excréments.

sambucus * Ses baies ont les mêmes propriétés.

De l'érysipèle

oxylapathon * Sa semence qui a la couleur de chair, pas tout à fait rouge ; sa décoction, prise en boisson, est des plus efficaces.

acorus palestris * porté au cou a les mêmes propriétés.

De l'épilepsie

viscus quercinus * dont la glu guérit la maladie.

paeonia * Ses graines rondes et noirâtres surtout avant qu'elles soient parvenues à maturité (car elles sont alors éjectées).

Des excroissances

Les excroissances de l'***agaricum*** * et toutes les autres excroissances des arbres lorsqu'elles arrivent aux branches et aux feuilles guérissent chez l'homme les excroissances qui surviennent aux articulations.

Des exanthèmes

semen raparum * [sans commentaire]

lens * Sa décoction les fait disparaître.

Du fic de l'anus

Scrofularia* ***major*** et ***minor*** en ont la signature ; aussi leur décoction prise en boisson est d'une grande utilité pour faire disparaître les fics de l'anus, mais également si on les suspend au cou et les laisse pendre jusqu'au nombril.

Des fistules

juncus aquaticus * en a la signature. Aussi le sel qu'on en extrait artificiellement pris en interne ou en externe est-il d'un grand secours

rapunculus* appelé aussi ***herba carrichteri*** dont la fleur est jaune porte la même signature et possède la même efficacité.

Des fœtus qui ont grandi dans l'utérus

Les graines des fleurs de ***tilia**** qui pendent à l'extrémité d'un pédoncule et ont grandi au milieu de la bractée ressemblent au fœtus dans l'utérus ; on en donne cinq ou six aux enfants qui viennent de naître ou également à la femme qui vient d'accoucher ; ils doivent être récoltés le jour de la décollation de Saint Jean ; il faut en donner cinq graines à la femme enceinte, après en avoir enlevé l'écorce.

Des maléfices (*fascini*)

Toutes sortes d'herbes qui sortent par la fente ou le trou d'une pierre [sans autres précisions].

De la hernie ou rupture

- la racine d'***aron*** * [sans commentaire]
- la racine de ***perfoliatum*** * [sans commentaire]
- la racine de ***herniaria**** [sans commentaire]
- la racine de ***telephium*** * [sans commentaire]

fraxinus * Ses feuilles en portent aussi la signature ; aussi l'huile que l'on extrait de son bois, utilisée en onction est-elle d'une grande efficacité

ulmus * Au mois de mai, de petites vessies apparaissent sur ses feuilles remplies d'humeur vulnéraire ; elles sont très efficaces pour l'entérocèle.

poma quercini* Les galles qui croissent sur les feuilles des chênes au mois de mai, placées dans un verre, au soleil, donnent un liquide qui est excellent en onction.

De l'hémorragie

santalum rubrum * Sa décoction mélangée à du vin rouge astringent arrête l'hémorragie.

tormentilla * sa racine [sans commentaire] La sixième espèce de ***geranium**** appelée ***sanguinarium*** *qui a une racine rouge est également recommandée pour arrêter les écoulements de sang.

chalcanthum qui prend une couleur rouge quand on le brûle arrête merveilleusement les hémorragies qui se produisent sur les veines du cerveau ou de la poitrine.

anagalis * mâle dont la fleur est de la couleur du sang, pressé dans la main jusqu'à ce qu'il soit chaud, arrête le sang qui s'écoule d'une veine coupée.

Des hémorroïdes

Toutes les plantes couvertes de poils ou dont les feuilles sont molles, couvertes d'un duvet laineux, comme si elles blanchissaient, sont utiles du fait de leur sympathie pour les hémorroïdes, qui détestent tout ce qui est rugueux au toucher.

folia verbasci* qui sont blanches, épaisses, laineuses, couvertes d'une bourre soyeuse, est utile [pour les soigner].

oculus populi* arboris La décoction du bourgeon de peuplier macéré dans de l'huile d'olive et chauffée au soleil, est très utile ; la semence de couleur sanguine représente les fesses.

pes leporis* qui est également laineux est utile en décoction.

scrofularia * qui a en abondance des renflements et de petites boules en forme de boutons.

aron minus* [est bon pour] les amygdales et les hémorrhoïdes.

Parmi les différentes espèces de ***verbascum****, il y a celle qu'on appelle ***lupina cauda*** à cause de ses poils laineux et souples dont la décoction est utile [pour les soigner].

De hydropisie

La racine de ***brionia*** * porte la signature des pieds de l'hydropique ; aussi son extrait fait-il sortir les eaux des hydropiques.

La racine de ***michoaca*** * [sans commentaire] (122)

dentaria * ou ***aneblattum*** porte la signature du cœur gonflé par l'hydropisie.

sambucus * Sa moelle une fois extraite, laisse un espace vide, tout comme celui que nous voyons aux pieds des hydropiques ; aussi le suc de l'arbre, de même que l'eau distillée des champignons qui viennent au pied du s*ambucus* sont-ils utiles.

mala persica * ont également la signature [de l'hydropisie]; aussi ses fleurs et ses feuilles mélangés à ses noyaux séchés et réduits en poudre et données en petite quantité chassent les tumeurs et l'hydropisie.

De la jaunisse

chelidonia * et ***crocus*** * qui se ressemblent par leur couleur jaune sont d'un grand secours, tout comme la racine de ***curcuma*** *.

centaurea * [sans commentaire]

oxycantha * Sa peau interieure jaune, de même que l'écorce jaune qui est au milieu du ***sambucus*** *

anchusa *La décoction de la racine qui est de couleur rouge et dont la saveur est amère, est utile.

anthos rosarum * Les roses conviennent tout particulièrement.

primula veris * Les primevères également, prises à raison d'une demie drachme, pendant quelque temps.

Des lentilles

betula*. Son écorce couverte de taches blanches, semblables au plumage d'un étourneau, fait disparaître les lentilles et les taches du visage.

sambucus *. Ses fleurs de sont également couvertes de taches ; aussi en recommande-t-on la fomentation obtenue à partir de la décoction des fleurs dans l'eau.

De la lèpre

***fraga* *.** Les fraises ont la signature de la lèpre ; c'est pourquoi l'eau qu'on en extrait par distillation rend pâle la face rougeâtre des lépreux si on la leur fait boire et si on en enduit leurs macules. Raymond Lulle** recommande dans son livre consacré à la *Quinta Essentia* de les consommer macérées dans du vin pour traiter la lèpre.

Des vers

viciæ * Les vesces ont la signature des vers, aussi leur décoction est-elle utile pour les expulser [du corps].

Dans le calice des ***rosae caninae*** * se trouvent quelquefois des filets blancs dont beaucoup se servent avec succès, une fois pulvérisés, pour chasser les vers de l'intestin.

Des menstrues

artemisia rubra *est des plus efficace pour arrêter et modérer les règles trop abondantes.

Des membres putréfiés

salix * ne porte aucune semence, mais un rameau coupé, même presque désséché, et planté dans le sol, se met à croître. Aussi, un bain de la décoction de bois de saule est excellent pour traiter les membres putréfiés.

Des taches

allium*, [sans commentaire]
arum* *, [sans commentaire]
arisarum* *, [sans commentaire]
dracontium*, [sans commentaire]
persicaria*, [sans commentaire]
***hirundinaria minor**.* Toutes les plantes tachetées effacent les taches de notre corps.

Des nodosités dans la peau

mercurialis * avec ses nœuds. Sa décoction, mélangée avec ***mechoara*** * fait disparaître les nodosités de la peau.

De la prunelle ou goitre

prunella * Ses fleurs representent la forme du gosier ; aussi sont-elles recommandées pour traiter le goitre.

Des points de côté

carduus benedictus * indique par ses pointes épineuses qu'il est bon pour soigner la pleurésie.
carduus Mariae * distillé et en décoction a les mêmes propriétés.
hippoglossum* porte des feuilles différentes, dont certaines sont très épineuses, ce qui n'est pas sans montrer l'intervention rare et merveilleuse de la Nature ; elles sont bonnes pour soigner les points de côté, selon l'expérience des Modernes.
consolida regalis * qui porte trois ou neuf fleurs les dissipe également.

Des fantômes (*phantasmatum*)

hypericon * Les nervures sur ses feuilles en ont la signature, étant donné qu'elles sont perforées ; cueillies à un certain moment et selon les règles, elles chassent les fantômes et les esprits fantastiques qui sont dans l'homme et en dehors de celui-ci, sans aucune superstition. Le nom grec *huper eikonas* indique d'ailleurs qu'elle exerce sa domination sur les visions et les spectres, aussi le nom donné à cette plante est-il également *fuga daemonum* (*i e* fuite des démons). C'est pourquoi, selon certains, comme le dit le très célèbre philosophe Raymond Lulle**, la fumée de sa semence chasse tout démon du corps ou de la maison. Portus Neapolitainus (*i e* G B della Porta) affirme que ceux qui sont possédés par les démons ne peuvent sentir, et porter cette herbe sur eux. Car, si l'on a reconnu que le Soleil celeste chassait tous les mauvais esprits qui se plaisent dans les ténèbres, on a également reconnu que l'*hypericon*, l'une des principaales herbes du Soleil, appelée "Soleil terrestre" par Paracelse, avait la même vertu que le soleil.

ruta* à cause de sa graine qui est marquée d'une croix. La croix naturelle de la baie de ***juniperus*** * et principalement des grosses qui ressemblent presque à des noisettes, comme celles que j'ai vues au bord de la mer Tyrrhenienne, dans la campagne napolitaine. L'experience montre qu'elles sont très efficaces chez ceux qui sont possédés par des esprits malins.

anthirrinum * [est également utile] contre les enchantements et les fantômes ; sa semence représente en effet comme un corps désséché et ressemble à une tête de mort.

Du panaris

archangelica * ou ***urtica alba*** * en porte la signature ; c'est pourquoi elle fait disparaître aussitôt le panaris, si après l'avoit broyée, on l'applique dessus.

De la peste

germandrea * dont le fruit est rond porte aussi la signature de la peste ; c'est pourquoi elle est d'un grand secours pour ceux qui en sont atteints ; ils doivent mâcher cette herbe en boisson quotidienne, mais celle-ci doit avoir été produite sous le même climat que celui du malade.

tubera rotunda quercubus. Les galles rondes du chêne qu'elles soient anciennes ou récentes conviennent aussi pour traiter la peste, si on les applique, après avoir été pilées. De même la poudre de noix muscade (***nucistae***) macérées, employée en application, fait sortir le poison.

De la gonorrhée

urtica mortua *, ***galeopsis****; leur décoction prise dans du vin est vivement recommandée par Carrichter** pour la soigner.

Des scrofules

scrofularia* est utile pour les soigner

scrofularia minor * ou ***chelidonium minus*** * également dont la racine est scrofuleuse et ressemble à de nombreux grains de blé.

De la squinancie (inflammation des amygdales, angine)

morus*. Ses fruits portent la signature de la squinancie ; aussi leur jus et les feuilles, en gargarisme, sont-ils très utiles.

De la gale du corps et des pieds

***arbuta**.** Les arbouses ressemblent à des cônes de pin hérissés d'écailles ; leur décoction avec du vitriol mort, utilisée en externe, est un excellent médicament pour soigner la gale

scabiosa * produit à l'extrémité de ses tiges, des fleurs dont les calices sont disposés comme des écailles serrées ; aussi sont-elles bonnes pour traiter la gale.

polipodium * dont le dessous [des feuilles] est rugueux a les mêmes propriétés et chasse la gale.

Des squames de la peau

vitis* et les arbres qui donnent de la résine et perdent leur écorce sont utiles pour peler la peau et en faire tomber les squames.

herba filicis * ou ***filiculae*** * est utile pour les squames de la tête.

Des strumes (tumeurs scrofuleuses)

gladiolus * dont la racine qui présente des renflements noueux, semblables à de petits bulbes, l'un au dessus de l'autre, celui du bas étant mince, celui du dessus plus vigoureux, convient pour soigner les strumes.

scrofularia * a une racine rugueuse du fait d'excroissances et de pustules, la partie du dessous étant applatie ; elle est efficace, comme émolient pour traiter les strumes et les pustules, durcies par une humeur froide.

ficus * les figues sont gonflées comme des strumes ; aussi sont-elles bonnes pour soigner celles-ci.

iris * Sa racine noueuse fait disparaître les strumes.

scrofularia minor* a des feuilles qui ressemblent à celles du lierre, et de nombreuses racines d'une certaine dureté, petites et suspendues, regroupées en amas comme des grains de froment ; on doit en prendre trois ou quatre au plus, celles qui sont longues et non celles qui sont rondes ; les modernes les emploient pour supprimer les strumes, les fics et les fics de l'anus.

Des meurtrisseures

persicaria *qui est marquée de taches qui ressemblent à des quartiers de Lune, est efficace pour faire disparaître les meurtrissures.

chelidonium minus * aussi, à cause de la signature magiques de ses feuilles, est particulièrement efficace : en effet, mélangée à des onguents et employée en onction, elle ne fait pas seulement disparaître les marques externes des meurtrissures. Mais elle évacue merveilleusement aussi les caillots de sang qui sont dans le corps, si on la prend en boisson trois à quatre fois par jour, après l'avoir fait macérée dans du vin.

Du tartre dans le ventre

cassutha *ou ***cuscuta*** * en porte la signature ; sa décoction est particulièrement recommandée.

De la rétention d'urine

calamus anserinus* La moelle qu'il contient, une fois séchée et broyée et mélangée à du vin fait étonnement revenir la miction.

Du poison

syderica *, ***dracontium majus**** dont les feuilles portent la figure d'un serpent ; Cette image magique indique que sa décoction est efficace pour soigner les morsures des serpents.

dracunculus minor * par un miracle de la Nature ne sort de terre que lorsque les serpents commencent leur mue et s'enfonce avec eux dans la terre et tant qu'il est entièrement caché, aucun serpent n'apparaît. C'est un grand service que nous rend la nature en nous montrant ainsi le remède et nous avertissant de l'époque du danger.

bistorta *, ***serpentaria*** *, ***colubrina**** sont efficaces pour les morsures des vipères et des reptiles.

ophioglossum *qui porte la figure d'une langue de serpent est bon contre [les serpents] qui désirent mordre.

Parmi les espèces d'***allium*** *, l'***ophioscorodon*** * porte la signature des serpents. Toutes les espèces de plantes qui ressemblent à la dépouille maculée du serpent, ou portent des taches qui évoquent la diversité des couleurs de la vipère, ou qui portent une figure visible de serpent en quelqu'une de leurs parties, sont efficaces contre leurs morsures.

Des verrues

Les nœuds des tiges (*culmorum nodi*) du blé portent la signature des verrues ; aussi les enlèvent-ils par un effet magique.

Des plaies

sapena riparum * ou ***hydropiper*** * qui poussent dans les eaux calmes, au cours paresseux et dont les feuilles portent des taches rouge-sang, sont bons pour soigner les complications qui arrivent aux plaies récentes.

persicaria * un écoulement sanguin semble présent dans la tige rouge envoyé par le soleil. Paracelse l'appelle "Mercure terrestre" et dit qu'il contient en lui une influence charnelle ou attractive, ce qui n'est pas différent du soleil et des autres astres qui attirent à eux ce qui leur est inferieur, alors que ce qui est inférieur attire à lui ce qui lui est supérieur ; ses feuilles ont la signature des gouttes [de sang].

hypericon * dont les feuilles sont perforées d'innombrables trous, comme si elles avaient été transperçées par une aiguille : aussi sont-elles fort bonnes pour toutes les blessures de la peau, tant internes qu'externes. D'autant que les fleurs putréfiées deviennent rouges comme le sang, signalant ainsi leur emploi pour soigner les blessures.

millefolium * et ***betonica*** * aux feuilles déchiquetées et découpées.

gentianella * ou ***cruciata*** * dont les racines sont comme transperçées en croix

ascyrum *et ***ulmus*** * qui a également des feuilles percées, ainsi que toutes les plantes qui ont des feuilles percées, sont bonnes pour soigner les plaies.

Crollius donne ensuite une liste de différents médicaments qui présentent quelque similitude avec certaines affections et peuvent donc être d'une grande utilité pour les soigner. Il s'agit de pierres, d'animaux et de plantes. Celles qui sont citées ic sont peu nombreuses et les quelques brefs commentaires qui accompagnent chacune d'elles ne sont que des redites. Il commence par mentionner l'***aconitum*** * qui, donné avec du vin tiède, est efficace contre les morsures de serpents ou [les piqûres] de scorpions, ce qui a été éprouvé par de nombreux médecins très expérimentés, car les poisons sont généralement des poisons pour les poisons. Il cite ensuite le ***boletus cervinus*** *, un champignon, "qui provient de la semence génitale d'un cerf", et que l'on emploie pour les affections vénériennes. Viennent ensuite, entrecoupées par des références à différents animaux et quelques pierres, l'évocation d'une dizaine de plantes, déjà citées dans les paragraphes précédents.

Les fruits mûrs de ***cucumer silvestris*** * qui expulsent un suc au moindre attouchement ; celui-ci appelé ***elaterium*** *, une fois coagulé, est utilisé pour chasser avec force les humeurs séreuses du corps humain ;

rhabarbarum * qui évacue bile jaune car elle en a la couleur.

Les champignons (***fungi*** *) que l'on trouve chaque année cachés parmi les pierres dans la région de Naples, près de la ville de Soma, donnés après avoir été séchés et broyés, à raison de trois drachmes dans de l'eau appropriée, matin et soir, brisent les calculs et les chassent, une fois réduits en poudre ;

gladiolus *une fois pilé et employé en application, extrait les épines et les pointes à cause de sa similitude avec celles-ci ;

La semence de ***lingua hircina*** * ou ***echium*** * qui ressemble à une tête de vipère ; aussi est-elle efficace pour soigner les morsures des vipères et des autres serpents ; c'est aussi un médicament prophylactique ;

Les fruits et les feuilles de ***morus*** * mis en poudre guérissent les boutons saignants qui se forment au fondement, ou au scrotum ;

sagittalis * qui pousse sur les rives, et qui a la forme d'une flèche convient pour extraire les flèches ;

La racine de ***scorzonera*** * [qui] aa la forme d'un serpent appelé scorzone, est le seul remède pour soigner ses morsures.

La racine noueuse de la ***tormentilla****, pilée et employée en application, enlève les nodosités de la peau.

La gomme de ***cerasus****, dissoute dans du vinaigre est bonne, en application, pour faire disparaître les abcès et les tumeurs gommeuses qui viennent sur nos membres.

La décoction de semence de ***lens**** et de ***rapum*** *est bonne pour soigner les taches qui viennent sur les enfants, du fait de leur similitude.

aconitum salutiferum *ou ***uvae versae*** * a des feuilles et des baies noires qui portent la signature des petites ampoules qui viennent aux pieds, aussi Phedro assure-t-il qu'avec cette plante il a guéri les ulcères aussi bien que Paracelse avec la ***persicaria*** *."

Crollus achève son Traité par deux courts exposés dont les plantes sont absentes : d'une part un tableau des "Correspondances des signatures entre le Grand et le Petit Monde, c'est-à-dire du corps humain et du monde", et un exposé – assez confus- où il explique que c'est dans l'observation des animaux et de leur comportement que se trouvent les origines de la connaissance des vomitifs et des cathartiques.

En dépit de ses lacunes et des explications par trop sommaires qui accompagnent les plantes qu'il a sélectionnées, le Traité de Croll est sans doute l'une des tentatives les plus abouties d'établissement d'une flore médicale des signatures. Elle fait toutefois pâle figure à côté de la *Phytognomonica* de Porta à laquelle nous consacrerons trois chapitres.

Auparavant, il nous a semblé intéressant d'évoquer la figure de Jacques Gaffarel qui publia un important recueil de "curiosités de la Nature" où il accordera une place non négligeable aux signatures végétales. En effet, son livre illustre assez bien jusqu'à quelles extravagances une telle théorie pouvait conduire.

Jacques Gaffarel (1601 – 1681)

Sa vie

Jacques Gaffarel est né à Mane, (Alpes de Haute Provence), en 1601 et mort à Sigonce en 1681. Au terme de ses études à Apt, puis à Valence et enfin à Paris, il obtient le titre de docteur en droit canon. Il est ordonné prêtre et devient prieur de Ganagobie. Il est alors réputé pour sa connaissance de l'hébreu, du syrien, de l'arabe et du persan. Mais il se passionne surtout pour les antiquités juives et les spéculations cabalistiques. On le sait partisan des thèses de Galilée, et il se montre l'ami d'humanistes tels que Nicolas-Claude Fabri de Peiresc et Pierre Gassendi. Devenu bibliothécaire de Richelieu, celui-ci l'envoie en Italie, à la recherche de manuscrits rares (1626 -1633). Il y rencontre notamment Pic de la Mirandole. C'est durant cette période qu'il publie en 1629 un ouvrage intitulé *Curiositez inouyessur la sculpture talismanique des persans,horoscope des patriarches et lecture des Estoilles* dans lequel il aborde les sujets les plus divers où la magie et l'ésotérisme occupent une grande place, ce qui lui vaut d'être condamné par les théologiens de la Sorbonne bien qu'il ait écrit dans sa Préface "qu'il n'entend pas rejetter l'ordre des commendements establis par l'Eglise". Contraint à faire des excuses, il s'exécute dans une "Rétractation" qui fut publiée.

Considèrant que la question des signatures des végétaux n'avait pas été suffisamment traitée jusqu'alors, il lui consacre plusieurs pages. Ni médecin, ni botaniste, il ne cite qu'un petit nombre de plantes, mais ses propos, qui sont ceux d'un compilateur peu exigeant, nous offrent un exemple assez significatif des dérives spéculatives auxquelles pouvait conduire la théorie des signatures. La place laissée au merveilleux y est loin d'être négligeable et la crédulité dont il fait preuve est consternante.

Après avoir exposé que les "Naturalistes" répartissaient les végétaux en quatre catégories, il inventorie les signatures qui sont observables sur chacune des parties de la plante :

> "Venons maintenant aux figures des plantes.
>
> Les plus sçavants Naturalistes les ont divisées de cette façon. La plante, disent-ils, ou bien elle est *Arbor* ou *Cremium*, ou *Frutex* ou *Herba*. L'arbre est la plante qui a un gros tronc & une grande tige, le *Cremium* qui l'a petite, le *Frutex* qui en a plusieurs, & l'herbe est lorsque commençant à se monstrer sur terre, elle produit deux petites feuilles : je trouve donc aux unes & aux autres une infinité de figures admirables, que les philosophes ont appellé *Signatura rerum*. Or une partie de la plante figurée, & non pas toute la plante, est appelée *Signatura* ou bien Signature est quelque chose en la partie. Je ne parle point des signatures internes, cette doctrine appartient aux Chimistes, je n'avance ici que celles qui se rencontrent aux plantes, peu considérées aux siècles passez : je commence donc à monstrer par ordre des parties des plantes, les signatures ou figures merveilleuses que la nature y produit." (p. 85)

Après ces brèves considérations, Gaffarel débute son exposé par les signatures que peut évoquer la racine, se limitant toutefois à ne citer qu'un exemple : " La racine de plusieurs plantes représentent plusieurs parties de notre corps, ainsi celle de l'***hermodacte**** porte la figure de la main." (123) Il s'émerveille en revanche sur les signatures que l'on peut observer sur la tige :

> " La tige est encore admirable : car soit en celle des grands arbres, ou des petites plantes, on trouve des figures qui représentent celle des animaux : en celle-cy la ***serpentaria major*** *ressemble parfaitement à la peau d'un serpent, comme aussi le ***dracunculus*** * & l'***ophioscorodon****." (124)

Il remarque par ailleurs "qu'en l'écorce on y voit par fois en celle des vieux arbres des figures représentant diverses choses par la variété des fentes et crevasses", mais "qu'aux jeunes qui l'ont unie, elles sont marquées par de petites traces, comme peintes." Mais il n'en donne qu'un seul exemple, celui d'un jeune cerisier à l'écorce lisse sur laquelle il a autrefois observé "des petits arbres chargez de fruits si naïvement exprimez qu'il semblait que le pinceau y eut passé".

Quant au bois, il lui semble encore plus digne d'admiration et, pour en justifier le bienfondé, il n'hésite pas à relater, avec quelque réserve toutefois, "qu'on a trouvé en Hollande un arbre, mis en pièce par un bûcheron sur lequel on a trouvé en un endroit la figure d'un calice, en l'autre celle d'une aube, en l'autre celle d'une estole, & bref presque tous les ornemens d'un Prestre." Et il note que "si l'histoire en est véritable, confessons que ces figures ne sont point fortuites."

Il ajoute : "Mais voyons-en de plus communes aux tables d'erable, bois cogneu de presque tous, sur lequel on a souvent recogneu la forme d'un serpent, d'un oyseau, d'une mouche, & parfaictement marquee par les traces de ce bois bigarré. On trouve aussi de ces figures, non pas peintes, mais en bosse".

A l'appui de cette observation, il rapporte qu'il vit quand il séjournait à Apt "une souche de vigne qui représentoit naïvement la teste d'un homme, qu'on y voyoit mesme jusques aux cheveux ; tout le reste comme front, aureilles, yeux, nez, bouche & menton, estant d'une assez juste proportion."

Si les branches ne font pas l'objet de développements particuliers de sa part, Gaffarel note cependant qu'on y remarque "souvent la disposition des doigts de la main, & l'espesseur des cheveux & c'est pour cette raison, à mon jugement, que les Poëtes discourent en leurs Métamorphoses du changement des hommes en arbres, disent que leurs doigts & cheveux estoient changez en branches", mais il n'en donne aucun exemple. Il n'en cite pas davantage pour les feuilles qui lui "semblent surpasser tout le reste, estant divisées en tant de figures qu'il semble n'y avoir rien en la nature dont elles ne portent l'image, car, s'il est question de toutes les parties du corps, elles les représentent.

Il rappelle que "les fleurs ne sont pas moins merveilleuses, puisqu'elles portent pareillement la figure de plusieurs animaux, poissons, oyseaux, astres, arc en ciel & presque tous les autres météores", mais il n'en cite aucune.

Quant aux fruits,

"à cause de la forme & figure, ils sont également admirables : & bien qu'ils ne représentent pas tant de choses comme les fleurs & les feuilles, si ne laisent-ils pas d'en représenter plusieurs & tres-considerables, comme on voit en quelques courges, poires, pommes & autres fruicts. Les pois appellez *Arietini* représentent la teste d'un belier, & d'autres, celle d'une colombe, appellez pour cette raison, *Columbini*, avec cette qualité convenante à leur figure, qu'ils sont tous deux esgalement chauds. Les feves portent d'un costé la forme & la figure des parties honteuses de l'homme, & de l'autre celles de la femme ; Et je ne sçay si pour ceste seule raison Pithagore auroit donné cet advis qu'on n'a iamais sceu bien entendre, *A fabis abstineto*.

Et la semence

"qui est la dernière partie accomplie des plantes, comme la plus importante n'est pas encore dénuée de la beauté de ces figures, celle de l'***Echion**** que nous appelons buglosse sauvage, ressemble à la reste d'un serpent, mais sa gueule & ses yeux ; c'est pourquoy elle est souveraine contre leur morsure selon Dioscoride. Celle de la Ruë est faicte comme une croix, & c'est par aventure la cause quelle a tant de vertu contre les possedez, & que l'Eglise s'en sert en les exorcisant. On peut aussi remarquer quelque forme des parties honteuses tant de l'homme que de la femme, aux grains de blez & aux pépins de raisin, & à mon jugement suivant cette remarque, on peut philosopher par dessus le commun sur ce proverbe : *sine Cerere & Baccho friget Venus*."

Gaffarel distingue ensuite les différents types de signatures que l'on peut observer sur les végétaux :

"Or en toutes les parties des plantes, les figures sont ou interieures ou exterieures seulement ;ou exterieures & interieures ensemble : les interieures dont comme ce fruit de la Palestine qui porte forme de cendres au dedans & toutes les figures qui se trouvent en sciant des marbres. Les exterieures, comme celles qui sont peintes & colorees, à la superficie des fruits, & non pas au dedans, ainsi que les pommes de rambour tachees de rouge, comme gouttes de sang sur la peau seulement. Les exterieures & interieures tout ensemble, comme de l'Erable, & de plusieurs sortes de pierres. Les interieures sont encore manifestees par la coupeure indifferente ou particuliere : l'indifferente, comme cette sorte de pomme qu'on a veüe en Granate, au rapport de Nider, laquelle coupee en toutes les façons, tousiours on y voyoit un Crucifix. Particulierement comme la racine de Fougere, qui coupee en une façon seulement, represente parfaitement l'Aigle. J'ay souvent observé que l'Orangez ainsi couppee, non de travers, mais en long, represente en ses grains & pellicules un oranger charge de ses Oranges. On a encore observe que les grains de pomme representent l'arbre. Les figues consistent encore ou à la couleur, ou à la division des parties ; à la couleur, comme la fleur d'Ephraise, qui represente toutes celles de l'œil à la division des parties, comme celles que nous avons veu".

Pour démontrer que les figures "qui se trouvent es plantes et leurs parties agissent en la mesme chose qu'elles représentent", Gaffarel se refère à Porta et à Crollius auxquels il invite ses lecteurs à se reporter, se limitant pour sa part à ne mentionner que quelques plantes. Il en cite d'abord quelques-unes dont il a relevé les noms chez le premier :

"La puissance [des figures] qui se trouvent és plantes et leurs parties, peut estre en quelque façon semblable avec celle des figures des pierres : parce qu'elles agissent en la mesme chose qu'elles représentent, comme la citrouille ronde qui porte aucunement la figure de la teste, tres souveraine, dit Porta, contre les maux qui la travaillent ; l'***Argemone****, le ***Seris*** *et le ***Bolloculus*** *qui représentent l'œil le guérissent aussi s'il est malade, la ***dentaria*** * qui a forme de dents et en apaise la douleur, le ***Palma Christi*** * & l'***Ischaemon****, faites comme les mains, qui en guérissent les plaies & le ***Geranopodium**** celle des pieds parce qu'il les ressemble (125)."

Il ajoute à ce bref inventaire quelques citations tirées de Crollius qui, selon lui, "procède plus méthodiquement en la déduction des merveilles de cette ressemblance des simples avec les parties du corps humain":

"La teste est représentée par la racine de ***squille*** (***scilla****) qui en a la même figure, c'est pourquoy elle est propre à ses maux.

Les cheveux par les barbes qui poussent sur les chênes appelez ***Piliquercini*** & qui par la fleur de chardon dont le suc distillé les fait croistre.

Les aureilles par l'***Ascarum*** * dit Cabaret excellent pour la sourdité.

Les yeux par la fleur de ***Potentilla*** * mot incogneu aux Anciens, dit Fusk (Histor. Plantarum cap. 237) & tourné en ***tanaize sauvage*** * dont l'eau de la fleur est singulière pour la veuë

Le nez par la ***Mente aquatique****, l'eau de laquelle fait revenir l'odorat perdu.

Les dents, par la ***Dentaria*** * qui appaise la rage

Les mains, par la racine d'***Hermodacte*** * propre pour les crevasses.

Le cœur, par le citron & l'herbe appelée ***Alleluia*** qui lui est souverain

Le poulmon par l'herbe ainsi nommée (***pulmonaria****)

Le foye, par l'***hépatique**** favorable à ses maux."

Après avoir donné ce bref aperçu de l'ouvrage de Crollius, en citant ces quelques exemples, Gaffarel invite ses lecteurs à le consulter :

"Voyez les autres simples chez le mesme Autheur, qui représente le reste des parties du corps, comme mammelles, ventricule, nombril, ratte, entrailles, vescie, rheins, genitoires, matrice, espine du dos, chair, os, nerfs, pores, veines, & mesme jusques les parties honteuses, comme le ***Phalus Hollandica****, descrit particulièrement par Adrianus Junius."

Il croit bon de conclure son exposé sur les signatures des plantes en ajoutant que celles-ci conservent leurs propriétés thérapeutiques même après avoir été réduites en cendres car :

"Il faut rapporter cette puissance au naturel de la plante & non pas en la figure, qu'elles n'ont plus, puisqu'elles sont en poudre.

Je respond que, bien qu'elles soient hachees, brisees & mesme bruslees, elles ne laissent point de retenir au jus ou aux cendres, par une secrete & admirable puissance de la nature, toute la mesme forme & figure qu'elles avoient auparavant : & bien qu'on ne la voye pas, on peut pourtant la voir, si par art, on la sçait exciter."

Et pour justifier le bien fondé de son propos, Gaffarel ne trouve rien mieux que de citer une anecdote qui trouve tout naturellement place parmi les "curiosités inouies" qu'il a recensées. Il précise qu'il l'a extraite

"des œuvres de M. du Chesne, sieur de la Violette, un des meilleurs chimistes que notre siècle ait produit, rapportant qu'il avoit vu un tres habile Polonois Medecin de Cracovie, qui conservoit dans des phioles la cendre de presque toutes les plantes dont on peut avoir la cognoissance, de façon que lorsque quelqu'un par curiosite vouloit voir, par exemple, une rose dans ces phioles, il prenoit celle dans laquelle la cendre de rosier étoit gardee, & la mettant sur une chandelle allumee, apres qu'elle avoit un peu senti la chaleur, on commençoit à voir remuer la cendre, puis estant montee & dispersee dans la phiole, on remarquoit comme une petite nuë obscure, qui se divisant en plusieurs parties, venoit en fin à representer une rose si belle, si fresche & si parfaite, qu'on l'eust jugee estre palpable & odorante comme celle qui vient du rosier."

Ni botaniste, ni médecin, mais passionné par l'ésotérisme, Gaffarel s'est contenté de réunir dans son ouvrage un certain nombre d'histoires merveilleuses consacrées aux propriétés des plantes qu'il a relevées chez différents auteurs plus ou moins dignes de foi, sans prendre aucune distance par rapport à ce qu'ils rapportent. Si certaines d'entre elles sont empruntées à des publications qui faisaient référence à son époque, sur la théorie des signatures appliquée au règne végétal d'autres proviennent d'obscurs opuscules dont les auteurs sont inconnus ou de racontars qu'il a recueillis de vive voix. La plupart de ses citations n'ont donc rien d'original. Si Gaffarel les a sélectionnées, c'est parce qu'elles lui paraissaient les plus à même de captiver ses lecteurs qui n'avaient pas manqué d'être attirés par le titre de son livre. Bien qu'il n'ait accordé à la théorie des signatures propre aux végétaux qu'une place modeste dans ce dernier, celle-ci témoigne néanmoins de l'intérêt qu'elle pouvait susciter de son temps, notamment quand on privilégiait pour la présenter ses aspects occultes et magiques.

A ceux qui ne pouvaient se satisfaire des données sur la flore médicale des signatures qu'il avait rapportées dans son ouvrage, Gaffarel avait recommandé de consulter des traités plus détaillés, notamment ceux de Crollius et de Porta. Nous avons exposé plus haut les principales conceptions du premier, nous consacrerons les chapitres suivants à celles du second.

NOTES DU CHAPITRE 3

1. Pour plus de détails sur cette abondante littérature, on se reportera en tout premier à : L. Thorndyke : *History of Magic and Experimental Science* (8 vol) Columbia University Press, 1923 – 1958, en particulier aux volumes 6 à 8 ; on pourra aussi consulter les ouvrages suivants et leurs bibliographies : A. Faivre : L'ésotérisme Paris, PUF 2002 ; E Mozzani : *Le Livre des superstitions* R. Laffont, 1995 ; A. Nataf : *Les Maîtres de l'occultisme*, Paris, Bordas, 1989 ; J. P.A. Riffard : *L'Esotérisme*, Paris, R. Laffont, 1990 ; A.Roob : *Alchimie et Mystique*, Taschen, 2006. M. Sallman (sous la direction de): *Dictionnaire historique de la Magie et des sciences occultes*, La Pochothèque, Paris, 2006 ; Tondriau, *L'occultisme* Paris, Marabout Université 1974.

2. De nombreux ouvrages traitant des propriétés occultes des éléments de la nature paraissent au cours du XVI ème siècle. Ainsi, par exemple, entre autres : Antonius Ludovicus : *De occultis propriétatibus libri quinque* (1540); Cornelius Petrus : *De rebus occultis in natura mirandis et alia quaedam lectu digna* (1533); Gaspar Peucer : *Commentarius de praecipuis divinationum generibus...*(1553); Guillaume Dupuis : *De occultis pharmacorum purgantium facultatibus* (1554); Thomas Eraste : *De occutis pharmacorum potestatibus* (1574); Giovanni Francesco Olmo (Ulmus): *De occultis in re medica proprietatibus libri quatuor* (1597); Alexander de Vicentinis : *De calore per motum excitato et de coeli influxu in sublunaria corpore* (1634); Giovanni Piero Valeriano : *Hieroglyphica sive de sacris Aegyptiorumliteris comentarii Ioannis Pierii Valeriani Bolzanii Bellunensis* (1556).

3. Ce sont des thèmes de réflexion qui ont été largement abordés dans l'Antiquité. Parmi les nombreux ouvrages publiés aux XVI ème et XVII ème siècles et consacrés en tout ou partie aux sympathies et antipathies, on citera Jerome Fracastoro : *De sympathia et antipathia rerum* (1546); Caesar Aevolus Neapolitanus : *De causis antipathiae et sympathiae rerum* (1580); Mathias Mairhoffer : *De principiis discernendi philosophiam veram reditioremque a magia infami ac superstitiosa disputatio philosophica* (1581); Girolamo Mercurialis : *De Venenis et morbis venenosis tractatus locupletissim* (1584); Rudolf Göckel (Gocelius): *Mirabilium naturae liber* (1625); Claudius Dodoneatus *Pantheum Hygiasticum* (1628).

4. Plusieurs ouvrages consacrés à la *Magie Naturelle* ont été édités au cours des XVI ème et XVII ème siècles. Les plus connus sont ceux d'Heinrich Cornelius Agrippa von Nettesheim, de Giambatistta della Porta. On peut aussi citer celui de Wolfgang Hildebrand : *Magia naturalis* (1610). Une grande partie de ces recueils est consacrée à des "recettes" variées pour obtenir par des moyens magiques des résultats inespérés dans les domaines les plus divers. Selon Porta, "cette magie, douée d'une considérable puissance, abonde en mystères cachés, et fait connaître les choses qui gisent au sein de la nature, avec leurs qualités et leurs propriétés : c'est le sommet de toute philosophie. Encore enseigne-t-elle que par l'aide des choses, par leur mutuelle et opportune application, elle fait des œuvres que le monde estime être des miracles, qui surpassent toute admiration, de même que toutes les facultés de l'entendement." (*Magie naturelle*, Livre1, chap. 1)

5. Plusieurs ouvrages sur les *Merveilles* ou les *Secrets de la Nature* paraissent au cours des XVI ème et XVII ème siècle, parmi lesquels, on peut citer : Alessio Piemontese : *De secretis libri sex mira quamdam rerum varietate referti* (1561); Girolamo Ruscelli :

Secreti nuovidi maravigliosa virtu (1567); Levinus Lemnius : *Occulta naturae miracula* (1580); Cornelius Petrus : *De rebus occultis in natura mirandis*, dans un ouvrage consacré au commentaire de Dioscoride : *Annotatiunculae aliquot Cornelii Petri leydenensis physici in quatuor libros Dioscoridis Anazerbei* (1533); Adolphus Scribonius : *Rerum naturalium doctrina methodica* (1583); Thomaso da Ravenna : *Idea del Giardino del mondo ove oltre molti secreti maravigliosi di natura* (1597); Rudolf Göckel (Goclenius): *Mirabilium naturae liber concordias et repugnantias rerum in plantis, animalibus, animaliumque morbis et partibus manifestans, nunc primo in lucem datus* (1625); J.J Wecker : *Les secrets et merveilles de la Nature* dans lequel le Livre IX est consacré aux "secrets des plantes" (1627); Athanasius Kircher : *Mundus Subterranus* (1663-1665) où figure notamment des tableaux de classification des plantes selon leurs parties et leurs propriétés thérapeutiques ainsi qu'un exposé de botanique astrologique.

6. On peut relever des références plus ou moins développées à la théorie des signatures dans différents ouvrages, comme, par exemple, ceux de Gerard Dorn : *Compendium astronomiae* (1584); de Henricus Kunrath : *Amphitheatrum sapientiae aeternae solius verae* (1609); Joannes Bickerus : *Hermes revivivus* (1612); Johan Ernst Burggrav (*Introduction à la philosophie de la vie … où sont démontrés les remèdes de toutes maladies par L'Anatomie et l'Art des signatures* (1623); Claude Dieudonné (Deodatus): *Pantheum Hygiasticum* (1628); Johann Schröder : *Pharmacopeia medico-chymica* (1641); Heinrich Andreas Mengering : *Quaestionum aliquot philosophicarum lanx satura de societate calendarum, signaturis plantarum…*(1649); Francesco Redi : *Osservazioni intorno alle vipere* (1664); Isac Cardoso : *Philosopha libera in septem libros* (1673); R.G.Crausius : *Disputatio inauguralis de signaturis vegetabilium respondente Geor. Henr. Rosenberg* (1697); Emanuelis König : *Regnum vegetabile* (chap. 3 : *De figuris plantarum earumque signatura* (1708).

7. On peut mentionner ici, par exemple, Ulisse Aldrovandi (1522 – 1605), Rembert Dodoens (1517 – 1585), Simon Paulli (1603 – 1680), John Ray (1623 – 1705) qui réservent quelques pages à la *Théorie des signatures* dans leurs traités de botanique, mais généralement pour la contester. Cf. *infra* Chapitre 8.

8. Le syllogisme est un raisonnement déductif défini par Aristote (384 – 322 av. J 4 C) dans ses *Premiers analytiques* (un des Livres de son *Organon* qui en comprend six, consacrés à la Logique). Selon lui, ce raisonnement contraint l'interlocuteur, lorsqu'il a admis certains principes appelés prémisses, à reconnaître comme valable la conclusion qui s'impose absolument à lui. Rappelons plus précisément qu'un syllogisme est formé d'une suite de trois propositions élémentaires, les deux premières (ou prémisses) devant conduire à une troisième (ou conclusion). Il comprend trois termes unis deux à deux, appelés moyen terme, grand terme et petit terme, en raison de leur extension.Le mécanisme du syllogisme consiste à relier le sujet et l'attribut de la conclusion au moyen d'un terme qui figure dans les deux prémisses, et disparaît dans la conclusion. Si les auteurs d'ouvrages qui traitent de la théorie des signatures ne font généralement pas explicitement référence au syllogisme, celui-ci sous-tend leurs exposés. Ainsi, par exemple, la conclusion qu'ils déduisent de leur perception de certaines analogies de couleurs, repose sur le syllogisme suivant :

- 1ère prémisse, (proposition ou majeure): La couleur rouge (sujet, moyen terme) est celle du sang (prédicat, attribut, grand terme) ou, si l'on préfère, le sang (sujet) est rouge (attribut)

- 2ème prémisse, (proposition, mineure) **Or** il existe des plantes (sujet, petit terme) dont une partie (fleur, tige ou racine notamment) est de couleur rouge (attribut),
- conclusion : Elles ont **donc** une relation privilégiée avec le sang, c'est-à-dire qu'elles ont la propriété de soigner différentes affections où le sang joue un rôle majeur.

Ce syllogisme peut s'exprimer sous d'autres formes, telle que par exemple sous celle-ci : "Toute plante rouge est hémostatique ; **or**, la pivoine est rouge, **donc** la pivoine est hémostatique." Mais en affirmant que toute plante rouge est hémostatique et émménagogue, ou que toute plante rouge est hémostatique, ceux qui sont acquis à la théorie des signatures généralisent abusivement une observation qu'ils ne justifient aucunement par une référence à l'expérimentation. Leur raisonnement est donc erroné. Les contestataires de la *Théorie des signatures* ne manqueront pas de le faire remarquer et d'objecter qu'il existe de nombreuses plantes de couleur rouge qui n'ont aucunement ces propriétés. Ajoutons que le syllogisme est un **sophisme** quand on l'énonce ainsi : "Toute plante hémostatique est rouge ; **or,** la pivoine est rouge ; **donc,** la pivoine est hémostatique", car le sujet de la majeure et celui de la mineure ayant les mêmes attributs, on n'en peut déduire aucune conclusion.

9. Une telle confusion se perpétura malheureusement tout au long du XVI ème et du XVII ème siècle et même sur une large partie du XVIIIème siècle, jusqu'aux travaux de Linné. Quelques botanistes ont bien perçu que cette multiplicité des noms donnés aux plantes était source d'erreur et ils ont tenté de recenser le plus grand nombre possible d'appelations données à une même plante. Le *Pinax theatri botani* (1623) de Gaspard Bauhin (1560 - 1624) en est sans nul doute le recueil le plus complet. On trouvera aussi d'importantes listes des différents synonymes utilisés par les botanistes prélinéens pour désigner une même plante dans le *Dictionnaire universel des drogues simples* de N. Lémery (1645- 1715) dont la première version a été éditée en 1698. Nos nombreuses citations de ce Dictionnaire sont empruntées à son édition de 1760.

10. Les 36 plantes sélectionnées par Thurneisser, appartiennent toutes à la famille des Apiaceae (ou Apiacées) (autrefois appelés Umbelliferae ou Ombellifères).

11. L'*imperatoria*, appelé aussi *ostrutium*, et en allemand Meissterwurtz, selon Thurneisser, est le *Peucedanum ostruthium* (L) Koch. La plante doit son nom (qui doit être compris comme "qui est digne d'un empereur") aux nombreuses propriétés qui lui étaient prêtées. Selon N. Lémery (op. cit. p. 390), "elle est incisive, pénétrante, détersive, apéritive ; elle atténue les humeurs visqueuses du poumon, elle aide à l'expectoration, elle fortifie le cerveau et l'estomac, elle résiste au venin, elle corrige la mauvaise haleine, elle est propre pour l'apoplexie, pour la paralysie, pour la léthargie, pour la colique venteuse, pour la fièvre quarte, pour les humeurs froides, pour les maladies du cerveau. " C'était surtout son rhizome dont on peut extraire une substance huileuse qui était alors utilisé.

12. L'*imperatoria fœmina*, que l'on appelle aussi *panax heracleonis* selon Thurneisser est l'*Opopanax hispidus* (Friev) Griseb. Selon N. Lémery (op. cit. p. 546 - 547), la gomme jaune que l'on tire de la racine de cette plante "amollit, atténue, digère, fait dissiper les vents ; il est propre pour les maladies hystériques ; il résiste à la pourriture."

13. La troisième espèce d'*imperatoria* (*soboles*) est la berce (*Heracleum sphondylium* L.), ou peut-être une des deux autres espèces citées ci-dessus, avant qu'elles parviennent à maturité. L'adjectif *soboles* utilisé par Thurneisser signifie généralement rejeton et par suite peut évoquer une petite taille ou un aspect chétif.

14. L'*angelica mare minor* est l'angélique (*Angelica archangelica* L.). Selon N. Lémery (op. cit. p. 41-42), "la racine est d'une odeur suave,, d'un goût aromatique tirant sur l'amer, et elle contient beaucoup d'huile exaltée et de sel volatil. Elle est cordiale, stomacale, céphalique, apéritive, sudorifique, vulnéraire ; elle résiste au venin ; on l'employe pour la peste, pour les fièvres malignes, la morsure du chien enragé, pour le scorbut."

15. Thurneisser précise que l'*angelica magna fœmina* est aussi appelée *silphium*. Ce nom désignait le *laserpitium* selon N. Lémery (op. cit. p. 417). Ce pourrait donc être le laser à larges feuilles (*Laserpitium latifolium* L.) auquel on prêtait alors de nombreuses propriétés. Selon N. Lémery, "la plante est incisive, atténuante, résolutive, histérique, carminative, détersive, vulnéraire, propre pour résister au venin."

16. Thurneisser note que l'*angelica majore* est également appelée *levisticum*, et en allemand Laubstücke. Il s'agit de la livèche (*Levisticum officinale* Koch). Selon N. Lémery (op. cit. p. 429), "elle est incisive, apéritive, vulnéraire, elle excite les mois aux femmes, elle fortifie l'estomac, elle résiste au venin, elle aide à la respiration.".

17. Les différentes espèces de *férula* sont considérées par Thurneisser comme des sous arbrisseaux (Le titre des chapitres qui leur sont consacrés est *De subfructice*). Il s'est peut-être inspiré d'un passage de Théophraste (*H P*, VI, 2) qui a consacré une longue notice aux différentes espèces de férules, considérées comme des sous arbrisseaux. Selon N. Lémery (op. cit. p. 310), qui ne fait pas de différence entre les différentes espèces de férule, "La moelle de la férule étant prise en décoction, est propre pour arrêter le sang, pour apaiser la douleur de tête. Sa semence est carminative, propre pour la colique venteuse, pour exciter la sueur."

18. Cette *ferula mare* que certains appelle *libanotis*, et en allemand Wegrauchswurtz est peut-être *Ferulago campestris* (Besser) Grec. (= *Ferula ferulago* L.).

19. La *ferula fœmina*, appelée aussi *thapsia* ou *hypopion*, selon Thurneisser, est peut-être *Thapsia garganica* L. . Celui-ci avait mentionné cette plante au chapitre précédent où il lui prêtait la propriété de renforcer différentes parties du corps humain. Il leur ajoute ici les côtes et les vertèbres.

20. La troisième espèce de *ferula* est aussi appelée *narthex*. Ce mot désigne chez Théophraste *Ferula communis* L., mais Thurneisser note que c'est une férule de petite taille ; c'est d'ailleurs pour cette raison qu'il la recommande pour soigner les enfants. Il s'agit peut-être ici de *Ferulago sylvatica* (Besser) Reichenb. ou de *Ferulago nodosa* (L) Boiss., à moins qu'il ne s'agisse d'une des deux espèces citées ci-dessus, au début de leur développement.

21. La *pimpinella robustor mare*, appelée aussi *petrapium* ou *saxifraga hirsina*, selon Thurneisser est un boucage, probablement le grand boucage (*Pimpinella major* (L)

Hudson). N. Lémery (op. cit. pp. 767-768, s v *tragoselinum*), distingue quatre espèces de boucages, ou bouquetines, auxquelles il accorde des vertus voisines : "Elles sont apéritives, détersives, sudorifiques, vulnéraires, propres pour briser la pierre des reins et de la vessie ; pour résister au venin et à la malignité des humeurs, pour lever les obstructions, pour exciter l'urine et les mois des femmes, étant prises en décoction ou en poudre." Aucune n'a un quelconque rapport avec la moelle des os et leurs éventuelles propriétés pour fortifier ceux-ci.

22. La *bibenella aleximor* ou *bibenella vera fœmina* pourrait être la troisième espèce de boucage citée par N. Lémery (probablement *Pimpinella saxifraga* L.).

23. La troisième espèce de *pimpinella* que Thurneisser appelle *bibenella nigra soboles* (*soboles* signifie rejeton, enfant) ou *bipennula* ou *solbastella* peut correspondre soit à la seconde espèce de boucage citée par N. Lemery qu'il appelle "bouquetine noire", soit à la quatrième espèce de *tragoselinum*, appelée également à son époque *Pimpinella saxifraga minor*, à cause de sa petite taille.

24. Le *daucus germanicus mas*, appelé en allemand Eisenach ou Erlach selon Thurneisser, est peut-être le panais (*Daucus carota* L.). N. Lémery (op. cit. p. 170) note que "sa racine et sa semence sont apéritives ; propres pour la pierre et pour exciter les mois aux femmes ; ses feuilles sont vulnéraires et sudorifiques."

25. Le *daucus creticus fœmina*, appelé aussi *daucion* selon Thurneisser est l'*Athamanta cretensis* L. N. Lemery (op. cit. pp. 270-271) note que "la semence nous est envoyée de Candie" et selon lui, "elle est apéritive, elle excite les mois aux femmes, elle chasse les vents, elle résiste au venin, elle atténue la pierre du rein."

26. Le *daucus magnus soboles*, appelé aussi *daucus italicus* selon Thurneisser est probablement une des nombreuses sous espèces de la carotte cultivée (*Daucus carota* L.)

27. Le *fœniculum mare*, appelé aussi *hippomarathron* selon Thurneisser est sans doute le fenouil officinal (*Foeniculum vulgare* Miller). Théophraste (*H P* VI, 1) et Dioscoride (*M M* III, 71) en font mention. Il désignerait, selon les dernières hypothèses d'identification *Cachrys ferulaca* (L) Calestani. De son côté, Pline (*H N* XX, 255) mentionne une espèce d'*hippomarathum* comme un fenouil sauvage dont l'identification est loin de faire l'unanimité. Le mot *hippomarathron* est emprunté au grec. Dans de nombreux cas, le préfixe "hippo" était souvent utilisé par les Grecs pour préciser que la plante était de grande de taille (en référence au cheval considéré comme un animal de grande taille). N. Lemery (op. cit. p. 316) dit :"Les feuilles du fenouil sont bonnes pour les maladies des yeux ; elles détergent, elles fortifient, elles éclaircissent la vue, elles excitent le lait aux nourrices ; elles adoucissent les chaleurs de la poitrine elles fortifient l'estomac. Sa racine est fort apéritive, et bonne pour purifier le sang. Sa semence est carminative, ou propre pour chasser les vents ; elle fortifie l'estomac, elle aide à la digestion, elle donne bonne bouche, étant mâchée."

28. Le *fœniculum fœmina*, appelé aussi *fœniculum montanum* et en allemand Berwurtz, selon Thurneisser est le fenouil des Alpes (*Meum athamanticum* Jacq.).

29. Le *fœniculum vulgare soboles* ou *fœniculum hortense* selon Thurneisser est un fenouil cultivé.

30. Le *cuminum mare*, appelé aussi *haemodoron* par Thurneisser, est le cumin cultivé (*Cuminum cyminum* L.) ou sauvage (*Lagoecia cuminoides* L.), mais l'*haemodoron* est une plante parasite du cumin (*Orobanche cruenta* Bertol = *Orobanche gracilis* Sm.). N. Lémery (op. cit. p. 260) dit que "la semence est résolutive, digestive, atténuante, carminative, elle excite les urines et les mois aux femmes."

31. Le *cuminum fœmina*, également appelé *carvi* et *cuminum germanicum*, selon Thurneisser, est *Carum carvi* L.. N. Lémery (op. cit. p. 171) dit que la semence, qui est alors seule à être utilisée " est incisive, apéritive, carminative ; elle fortifie l'estomac, elle aide à la digestion, elle donne une bonne haleine, étant mâchée ; elle est propre pour la colique, pour le vertige, pour augmenter le lait aux nourrices."

32. Le *cuminum soboles* ou *chaemonasus* est difficile à identifier ; il s'agit peut-être du cumin des prés (*Silaum silaus* (L) Schinz et Thelle).

33. Le *petroselinum mare*, qui est aussi appelé *petroselinum macedonium* et *olusatrum*, selon Thurneisser est probablement le persil des moissons (*Petroselinum segetum* (L) Koch). Selon N. Lémery (op. cit. p. 581): " Le persil est fort apéritif en toutes ses parties ; il atténue la pierre du rein et de la vessie, il lève les obstructions, il est vulnéraire et résolutif, il chasse les vents, il fait dissiper le lait des femmes, étant pilé et appliqué sur le sein. Il est bon pour adoucir et résoudre les hémorroïdes, étant pilé et échauffé ; on en fait recevoir la vapeur."

34. Le *petroselinum fœmina* ou *petroselinum alexandrinum* ou *olusatrum*, est une autre espèce de persil que l'on faisait venir d'Alexandrie d'Egypte.

35. Le *petroselinum soboles* ou *petroselinum germanicum* et *hortense* ou *olixatrum*, est sans doute une des espèces de persil cultivé (*Petroselinum crispum* (Miller)A.W. Hill (= *Petroselinum hortense* auct, *Petroselinum sativum* Hoffm.). Thurneisser précise que la plante est bonne pour résoudre et expulser les concrétions (*tophus*) et les calculs.

36. Le *chærephyllum mare*, appelée aussi *petroselinum agreste et caucalis* est une des différentes espèces de cerfeuil (Genre *Chaerophyllum* L), entre lesquelles il est difficile de faire un choix. Selon N. Lémery (op. cit. p. 192): "Cette plante est fort apéritive, elle lève les obstructions, elle atténue la pierre du rein, elle dissout le sang caillé ; ele est fébrifuge ; elle purifie le sang, étant prise intérieurement ; on l'applique aussi en cataplasme ou en fomentation, pour la colique néphrénique, pour la rétention d'urine, pour l'érésipèle."

37. Le *chærephyllum fœmina*, appelé aussi *chærephyllum sylvestris* et *myrrhis* selon Thurneisser, est probablement une des différentes espèces d'anthrisque (*Anthriscus* Pers.)

38. Le *chærephyllum soboles*, appelé aussi *gingidium* ou *cerefolium*, selon Thurneisser est également une espèce de cerfeuil, plus petite que le *cerefolium mare*. N. Lemery (op. cit. p. 192) note que le *cerfolium* est aussi appelée *gingidium*.

39. La *cervaria mare*, également appelée *sardinaca, cervaria rubra nigra, causimon, thymoleon* et, en allemand Hirtzwurtz, est une espèce de peucédan (*Peucedanum* L.), peut-être le peucédan herbe aux cerfs (*Peucedanum cervaria* (L) Lapeyr.) ? N. Lemery (op. cit. p. 549 – 550) note que l'on donne le nom de *cervaria nigra* à l'*oreoselinum* (*Peucedanum oreoselinum* (L) Moench) appelé en français "persil de montagne". "Elle est incisive, détersive, apéritive ; on se sert de sa semence et de sa racine pour la pierre, pour la gravelle, pour exciter l'urine."

40. La *cervaria fœmina alba*, appelée aussi *cervaria germanica, pinastellum, cordylon* et *tordylon*, selon Thurneisser est également une espèce de peucédan. Notons toutefois que N. Lemery (op. cit. p. 429) mentionne la *cervaria alba* parmi les différents noms donnés au *libanotis*, "une espèce de laser ou *laserpitum*" dont "la semence et la racine sont apéritives, carminatives, propres pour exciter les mois aux femmes, & les urines, pour battre les vapeurs, pour remédier aux tous invétérées."

41. La *cervaria soboles*, appelée aussi *phaenicia, herbaturum* ou *peucedanum*, selon Thurneisser, est également une espèce de peucédan, de taille plus petite, en provenance du Moyen-Orient.

42. Le *seseli mare*, également appelé *massiliense* ou *siler montanum* selon Thurneisser est le seseli tortueux (*Seseli tortuosum* L.). N. Lemery (op. cit. p. 702) mentionne ce "seseli de Marseille" ou "fenouil tortu". Il note que la semence "est incisive, discussive, apéritive, céphalique, propre pour résister au venin, pour l'épilepsie, pour les convulsions."

43. Le *seseli fœmina* appelé aussi *seseli aethiopium*, ou *gordilion* selon Thurneisser, est plus délicat à identifier. Cette espèce qui est mentionnée par Dioscoride (M M, III, 53) et par Pline (H N XX, 36) est généralement reconnue comme le buplèvre ligneux (*Bupleurum fruticosum* L.). N. Lémery (op. cit. p. 429) note que l'on donnait aussi le nom de *seseli aethiopicum* au *libanotis* (*Seseli libanotis* (L) Koch. = *Libanotis montana* Crantz). Il note que " Sa semence et sa racine sont apéritives, carminatives, propres pour exciter les mois des femmes et les urines, pour abattre les vapeurs, pour remédier aux toux invétérées."

44. Le *seseli soboles* appelé aussi *creticum* ou *polopenese* ou *tordylion* et en allemand Morrentümmich selon Thurneisser est le tordyle (*Tordylium officinale* L.). N. Lémery (op. cit. pp. 764-765) note que "sa semence est propre pour exciter l'urine et les mois aux femmes, pour la pierre, la néphrétique, pour la colique venteuse."

45. L'*œnanthe mare*, appelé aussi *oenosme* peut être ici soit la lambrusque ou vigne sauvage (*Vitis vinifera* Moench, subsp. *sylvestris* (C.C.Gmelin) Hegi) (= *Vitis sylvestris* C.C.Gmelin), soit la filipendule (*Filipendula vulgaris* Moench (= *Spirea filipendula* L.) N. Lémery (op. cit. p. 402) note que "la *labrusca* (= lambrusca) ou *vitis sylvestris*, la vigne sauvage, est détersive, apéritive et que son fruit est astringent." Quant à la plante que certains auteurs appellent *filipendula*, N. Lemery (op. cit. p. 538) note qu'il s'agit d'une plante dont les feuilles sont semblables à celles du persil. Il ajoute qu'elle est détersive, apéritive, carminative et qu'on l'emploie pour la pierre et pour les hémorroïdes." Il signale en outre qu'il en existe une espèce particulièrement toxique. L'identification de l'oenanthe avec une filipendule généralement adoptée à son époque

est contestée par Matthiole (op. cit. p.339-340) qui avoue son incapacité à lidentifier les différentes plantes auxquelles ont été donné le nom d'oenanthe. Il donne d'ailleurs quatre dessins de plantes appelées oenanthe qui illustrent bien leurs différences.

46. L'*œnanthe fœmina*, appelée aussi *gleucanthon* selon Thurneisser, est une des nombreuses espèces d'œnanthe qu'il est difficile d'identifier.

47. L'*œnanthe soboles* ou *œnanthoïdes* est également une des nombreuses espèces d'œnanthe qu'il est difficile d'identifier.

48. Un autre texte a été publié par Ovidius Montalbanus en 1668, avec référence à Croll et à Porta sous le titre *Dendrologiae naturalis scilicet arborum historiae libri duo : Sylva glandaria, acinosumque pomarium, ubi eruditiones omnium generum una cum botanicis doctrinis ingenia quaecunos non parum juvant et objectant...* (p. 84).

49. Guy Patin, par exemple, écrit à son sujet avec la méchanceté dont il est coutumier : "Cette meme annee (1609) Il mourut ici un mechant pendard de Charlatan, qui en a bien tue durant sa vie et apres sa mort par les malheureux ecrits qu'il nous a laisses sous son nom, qu'il a fait faire par d'autres Médecins et Chymistes deça et de dela. C'est Josephus Quercetanus, qui se faisoit nommer à Paris le Sieur de la Violette lequel étoit un grand Charlatan, un grand yvrogne et un franc Ignorant, qui ne savoit rien en Latin et qui n'étant de son premier Métier, que garçon Chirurgien [à Journeyman-barber] du Païs d'Armagnac, passa à Paris et particulièrement à la Cour pour un grand Medecin, parce qu'il avoit appris quelque chose de la Chimie en Allemagne : je ne vous dirai rien de ce Monstre davantage. . . ." (N L i. p. 269).

50. Du Chesne est l'auteur de plusieurs ouvrages consacrés à la médecine spagirique, notamment un *De priscorum philosophorum verae medicinae materia, praeparationis modo, atque in curandis morbis praestantia, deque simplicium et rerum signaturis... introductis duo tractatus* (1603). Cet ouvrage écrit en latin contient également un autre traité intitulé *De dogmaticorum medicorum legitima et restituta medicamentorum praeparatione libri duo... itemque selecta quaedam consilia medica...* On lui doit aussi *Pharmacopoea dogmaticorum restitua* (1607), traduit en français sous le titre : *Pharmacopée des dogmatiques, réformée et enrichie de plusieurs remèdes excellens et tirez de l'art spagyrique avec un Traité familier de l'exacte préparation spagyrique des médicaments, pris dans les minéraux, animaux et végétaux* (édit en 1624 et en 1639).

51. Le *De priscorum philosophorum* a été traduit en français sous le titre : Traité de la Matière, Préparation et excellente vertu de la médecine balsamique des anciens philosophes auquel sont aioutez deux traitez, l'un des signatures externes des choses, l'autre des internes et spécifiques, conformément à la doctrine et pratique des Hermétiques (1626).

52. Les plantes citées par Du Chesne, classées par ordre alphabétique, sont les suivantes : aigremoine, amande, amaranthe, anacarde, aristoloche, areste de bœuf, aristoloche, armoise, artichaut, asphodille, aulnée, auronne syriaque, aveline, baguenaude, basilic, bistorte, botrytis, camomille, centaurée, ceterach, chamelée, chanvre, chardon, chardon épineux, chelidoine, chou, cicue, citron, coin, consoulde (grande), coulevrée, cumin, cyclame, cynoglosse, dictame, (encens), esclere, espurge,

euphraise, fève, figuier, fougère, fraizier, fumeterre, galium, genévrier, gentiane, germandrée, guimauve, hellébore, hépatique, herbe au chancre, herbe dentière, herbe de Paris, herbe du Perou, hièble, hyacinthe orientale, iris, jonc, laictue, leuconarcissolirie, lierre, lin, lis blanc, lithospermon, lunaire, lupin, (mastic), matricaire, mauve, mélisse, menthe, mercuriale, meurier, milium solu, (cf.lithospermon), millepertuis, morille, mourron, mousseron, muguet, myrobolan, myrrhe, narcisse, nard navet, nerprin, neffle, noisette, noix, noix vescieres, œillet, oenanthe,oignon, orge, orme, ortie, ozeille, palme, palme de Christ, panet, parthenium, pavot sauvage, Pérou (grande fleur du), persicaire tachetée, pevoine, pin, poire, pois, polygone, pomme douce, pommelée, poulmoniere, poulmoniere tachetée, pourpier sauvage, psyllium, racine de Chine, rave, rhabarbe, rhaponic, rose, ruë, saffran, salse petrille, sanguinaire, satyrion, saxifrage, scammonée, serpentine, serpentaria (ou serpentinaria), souchet, soulsi, squille, stoecas citrin, sureau, telephium, thymelée, tithymale, tournesol, triangulaire (cf. trigone), trigone, vigne blanche, violette, vit.

53. L'expression *anthera rosarum* (i e semences de rose) est expliquée par N.Lémery (op. cit., p.648). Selon lui, elle désigne "les petits corps jaunes qui se trouvent au milieu de la rose" et qui conviennent pour fortifier les gencives ; il s'agit en fait des graines – et non des anthères - qui étaient utilisées à des fins thérapeutiques ; même explication pour les anthères des lis également mentionnées par Sennert.

54. L'herbier de J.P Rhumelius a été publié dans *"Medicina spagyrica, oder Spagyrische Artzney-Kunst"*, qui comprend : I. *"Compendium hermeticum", darinnen die Kranckheiten ingemein in ihrem Ursprung zu erkennen, und wie zu curiren.* II. *"Antidotarium chymicum", darinnen allerhand-chymische medicamenta. III. "Iatrium chymicum", darinnen unterschiedliche Kranckheiten auff spagyrische Weiss zu curiren gelehrt wird, erstlich von Joh. Pharamundo Rhumelio, stückweiss an Tag geben, jetzo aber mit Hinzuthuung "Pharmacopaeae chymicae" und "Herbarii Hermetici" zusammen gelesen... nebenst einer Beschreibung unterschiedlicher warmer Bäder und Sauer-Brunnen.* Francfort 1648. L'ouvrage a été réédité à Francfort sur le Main (1712). L'*Herbarium hermeticum* est exposé dans les pages 338 à 355. Dans la traduction que nous en proposons ici, nous avons conservé les noms latins et allemands donnés aux plantes par Rhumelius et en avons proposé leurs identifications botaniques. Une traduction française partielle – et pas toujours fidèle au texte original- a été publiée par Pierre Rabbe en 1932. Elle a été rééditée en 1999 par les Editions traditionnelles, Paris.

55. *persicaria.* On distingue en effet une tache foncée, voire rougeâtre sur les feuilles de la persicaire. On peut aussi remarquer que ses fleurs réunies en épi sont rose foncé. N. Lémery (op. cit. p.579) note que la plante "est détersive, astringente, vulnéraire, rafraîchissante, propre pour arrêter les hémorragies, étant prise en décoction & appliquée extérieurement."

56. *hypericon.* La macération des sommités fleuries du millepertuis donne une huile d'un rouge cramosi. N. Lémery (op. cit. p. 379) note, entre autre, qu'elles "sont apéritives, détersives, vulnéraires, ells excitant l'urine & les mois aux femmes."

57. *anthos.* Les propriétés cholagogues, cholérétiques et digestives du romarin étaient déjà reconnues dans l'Antiquité. (cf. par exemple, Dioscoride *M M*, III, 74 s v *libanôtis* ; Pline *H N*, XXIV, 99 -100)

58. *majorana.* C'est peut-être la disposition des fleurs, en corymbe, ou la rondeur des graines ronde qui a suggéré la comparison avec la forme d'une tête. Selon N. Lémery (op. cit. p. 461): "les marjolaines sont résolutives, vulnéraires, nervales, céphaliques, carminatives ; on s'en sert dans l'épilepsie, dans l'apoplexie & dans les autres maladies du cerveau."

59. *bethonica.* C'est peut-être la souche épaisse de la plante qui a été perçue comme la signature de ses propriétés bien particulières pour traiter les oedèmes.

60. *verbasum.* Il s'agit probablement de l'utilisation de la plante pour traiter les hémoroïdes, une propriété signalée par N.Lémery (op.cit. p. 780):" La plante est détersive, anodine, astringente, résolutive ; elle arrête les cours de ventre, elle adoucit la douleur des hémoroïdes, étant appliquée dessus." C'est sans doute l'aspect général de la plante qui a attiré l'attention, notamment ses fleurs en épis denses qui ont pu être aisément être perçues comme la signature de ses propriétés thérapeutiques.

61. *aquilegia.* Difficile de savoir quelle est la signature des yeux que Rhumélius a pu percevoir chez l'ancolie. De plus l'emploi de celle-ci n'a jamais été recommandé pour traiter les affections oculaires.

62. *scrophularia.* C'est la tige souterraine de cette plante vivace qui porte des renflements noueux qui ont été interprétés comme une signature de ses propriétés thérapeutiques. N. Lémery (op.cit. p. 691) note "qu'on a nommé cette plante *scrophularia*, à cause qu'elle est bonne pour les écrouelles qu'on appelle en latin *scrophulae* ; ou bien parce que sa racine représente des scrofules par ses inégalités." Il précise "qu'elle est résolutive, vulnéraire, attenuante ; on l'employe extérieurement dans les maladies scrophuleuses & pour les playes."

63. *cichorium.* L'emploi de la chicorée signalée par Rhumelius pour arrêter les écoulements de sang, n'est guère mentionné parmi les nombreuses propriétés thérapeutiques qui lui étaient reconnues. N. Lémery (op.cit. p. 213) note seulement qu'elle est bonne pour purifier le sang.

64. *hieracium.* C'est la tige creuse de la plante qui est interprétée comme une signature.

65. *eryngium.* La fleur, avant son épanouissement, aurait pu tout aussi bien suggérer la forme de l'extrémité d'un pénis.

66. *satyrium.* N. Lémery note (op. cit. p. 679) que plusieurs auteurs l'appellent *cynosorchis*, c'est-à-dire testicule de chien parce que les racines de cette plante ont la figure des testicules d'un animal et qu'elles excitent la semence.

67. *herba cancri* ou Krebskraut. Il s'agit dune espèce du Genre *Heliotropium* L. N. Lemery écrit (op. cit.p. 355) que "les fleurs de l'*Heliotropium majus* appelé aussi *Herba cancri major* représentent en figure la queue d'un scorpion." Mais on peut tout aussi bien y voir la queue d'une écrevisse (en allemand Krebs).

68. *sempervivum.* Ce sont les feuilles, lancéolées et pointues de la joubarbe qui ont suggéré l'idée que la plante pouvait adoucir les douleurs aigues. Selon N. Lemery (op.

cit.p. 694) la joubarbe "est fort rafraichissante, incrassante, astringente, propre pour les inflammations, pour adoucir les douleurs de la brûlure, de la goutte, des cancers."

69. *vermicularis.* Les feuilles alternes, lancéolées, pointues et dentées qui se répartissent tout le long de la tige dressée de plusieurs orpins, tels que *Sedum acre* L., *Sedum album* L., par exemple, ont pu suggérer la comparaison avec les dents.

70. *melissa.* C'est probablement la forme de la corolle des fleurs de la mélisse divisée en deux parties ou lèvres, caractéristique des Labiées, qui a pu être comparée aux différentes parties du sexe féminin et suggérer une signature.

71. *mentha.* Même remarque que pour la fleur de mélisse (cf. note 69 ci-dessus). N. Lemery (op. cit.p. 486) décrit les fleurs ainsi : "ells sont petites, purpurines, disposées en épi & en gueule, découpées en deux lèvres courtes, fendues de manière que ces fleurs semblent être un tuyau à cinq découpures." Il ajoute que "cette plante s'employe pour les passions histériques, & pour les maladies de la tête & de la poitrine."

72. *arthemisia.* C'est sans doute la couleur rougeâtre de la tige de l'armoise commune (*Artemisia vulgaris* L.) qui a été perçue comme la signature de ses propriétés émménagogues.

73. *absynthium.* Il est difficile d'identifier la particularité de l'intérieur de l'estomac qui a pu être considérée comme une signature des propriétés thérapeutiques de cette plante. Selon N. Lemery (op. cit.p. 3), "l'*absinthium* est vulnéraire, elle fortifie l'estomac, elle aide à la digestion."

74. *scolopendrium.* Cette plante avait dans l'Antiquité la réputation de consummer la rate. (Dioscoride, *M M* III, 135 s v *hemionitis* ; Pline *H N* XXV, 45). Selon N. Lemery (op. cit.p. 441), "La plante *scolopendrium*, appelée aussi *lingua cervina*, est un peu astringente, pectorale, vulnéraire, apéritive, propre pour les maladies de la rate & de la poitrine.

75. *polypodium.* N. Lemery (op. cit.p. 607) décrit ainsi sa racine :" Elle est longue, grosse comme le doigt d'un enfant, rampante, garnie de fibres menües comme des poils, de couleur obscure en dehors& verdâtre en dedans, relevée de plusieurs petits tubercules ou verruës, facile à rompre, d'un gout doux & un peu aromatique, mais qui n'est point agréable." Selon lui, "cette plante est laxative, apéritive, dessicative, propre pour lever les obstructions du foie, de la rate, du mésentère, pour le scorbut, pour la mélancolie hypocondriaque, pour les scrofules."

76. *chamomilla.* C'est sans doute la partie centrale de la fleur, le réceptacle bombé, qui émerge au milieu des fleurs ligulées qui l'entourent, qui a pu être comparé à un nombril et par suite être considéré comme une signature.

77. *aristolochia.* C'est encore ici la morphologie de la fleur qui est considérée comme la signature des propriétés de la plante qui était déjà recommandée pour faciliter les accouchements, depuis l'Antiquité.

78. *bryonia.* La signature des poumons observée sur la bryone a peut-être été suggérée par la consistance du suc jaunâtre contenu dans les baies comparée à celle des mucosités présentes dans les poumons. N. Lemery (op. cit.p. 126) note que les bryones "purgent les sérosités par le ventre et par les urines ; elles lèvent les obstructions."

79. *rhabarbarum.* C'est peut-être la racine de la plante, jaune à l'intérieur qui a pu être considérée comme la signature du foie. N. Lemery (op. cit.p. 640) note que "*rhabarbarum* est propre pour le cours de ventre, pour nettoyer & fortifier l'estomac, pour exciter l'appétit, pour tuer les vers ; ell purge doucement l-humeur billeuse, en resserant."

80. *centaurium.* C'est la couleur rouge de ses fleurs qui a été perçue comme la signature de ses propriétés thérapeutiques hémostatiques et fébrifuges. N. Lemery (op. cit.p. 188) rapporte que "la petite centaurée est détersive, apéritive, vulnéraire, sudorifique, fébrifuge ; on s'en sert pour les fièvres intermittentes, pour exciter les mois aux femmes, pour le scorbut, pour les vers, pour la morsure du chien enragé", tandis que "la grande centaurée est vulnéraire, astringente, elle arrête les cours de ventre & les hémorragies ; elle lève les obstructions ; elle excite l'urine."

81. *diptamus.* Peut-être est-ce le calice aux sépales pointus qui a pu être perçu comme la signture des propriétés thérapeutiques de la plante. Le dictamne était réputé pour ses propriétés vulnéraires et pour faciliter les accouchements.

82. *chelidonia.* C'est la couleur jaune de ses fleurs et du suc contenu dans ses tiges qui fut sans doute considérée comme la signature des propriétés cholagogues de la chélidoine.

83. *angelila.* Ce sont sans doute les fleurs tubuleuses de l'énorme capitule, comparées à des artères qui ont été perçues comme des signatures des propriétés curatives de la plante.

84. *tussilago.* Le nom qui lui a été donné rappelle qu'elle est bonne pour soigner la toux (*tussis*). Les Grecs l'appelaient *bêchion* pour les mêmes raisons (Dioscoride *M M*, III, 112). N. Lemery (op. cit.p. 775) note que la plante appelée *tussilago* "est pectorale & propre pour le rhume, pour exciter le crachat, pour déterger & adoucir les ulcères de la poitrine, pour purifier le sang."

85. *symphitum.* C'est le "suc glutineux" contenu dans sa racine "dans lequel consiste sa vertu" selon N. Lemery (op. cit.p. 734) qui est comparé à une graisse par Rhumélius qui voit en lui la signature des propriétés cicatrisantes de la consoude.

86. *calamus aromaticus.* C'est probablement le rhizome aromatique du jonc odorant qui a été perçu comme la signature de ses propriétés curatives des lésions de l'intestin.

87. *acetosa.* C'est la tige de la plante, rougeâtre et veinée, ainsi que ses panicules, également rougeâtres, qui ont été considérés comme la signature des vertus curatives de la plante. Selon N. Lemery (op. cit.p. 9) "elle arrête le cours de ventre & les pertes de sang."

88. *synapi.* Ce sont sans doute dans ses graines que Rhumélius a vu les signatures des propriétés de la moutarde. N. Lemery (op. cit.p. 707) note "qu'elles sont incisives, atténuantes, apéritives, promptes pour exciter l'appétit, pour discuter les phlegmes, pour briser la pierre du rein."

89. *caepa.* C'est évidemment le bulbe tuniqué qui est la signature de ses propriétés thérapeutiques. N. Lemery (op. cit.p. 188) note que "l'oignon est bon, entre autre, pour faire mûrir les abcès."

90. *salvia.* Ce sont les feuilles, dont la forme a pu être comparée à celle de la langue, qui ont été perçues comme des signatures. Selon N. Lémery, (op. cit. p. 668) "les sauges sont céphaliques, nervales, hystériques, stomachales, résolutives : on s'en sert intérieurement & extérieurement pour la paralysie, pour la léthargie, pour l'apoplexie."

91. *ruta.* C'est le fruit qui est une capsule, dont la surface est véruqueuse, qui a été perçu comme porteur de signature. N. Lemery (op. cit.p. 655) note que "les rues sont incisives, atténuantes, discussives", mais il ne précise pas son utilisation pour faire disparaître les verrues.

92. *umbilicus veneris.* C'est évidemment la forme de ses feuilles charnues et creusées en leur centre qui a donné son nom à cette plante. Elle était utilisée en usage externe pour ses propriétés détersives et résolutives.

93. *cyanus.* C'est peut-être la forme globulaire du capitule qui est la signature de la plante. Elle peut en effet évoquer celle d'un globe oculaire, les fleurs périphériques ou les bords des bractées florales étant susceptibles d'être comparés à des cils. Selon N. Lémery (op. cit.p. 264), celle-ci est astringente & rafraîchissante, propre pour la maladie des yeux ; on en tire par la distillation une eau qu'on appelle *casselunette* parce qu'elle éclaircit la vüe."

94. *viscum.* Le suc visqueux et blanchâtre contenu dans les baies du gui dont la consistance peut être comparée à celle du sperme est peut-être la signature à laquelle se réfère Rhumélius. Les propriétés sudorifiques du gui ne sont guère mentionnées par les auteurs de Matière médicale. Il était en revanche recommandé par Galien (Livre des simples médecines VI), cité ainsi par Matthioli : "Il attire fort vertueusement les humeursqui sont au profond du corps : resolvant & demestant non seulement celles qui sont subtiles, mais aussi celles qui sont grosses & visqueuses."

95. *senecio.* Il est possible que ce soient les boutons floraux avant leur éclosion, qui aient pu être comparés aux croûtes du cuir chevelu souvent appelées teignes. L'utilisation du seneçon pour traiter les dermatoses parasitaires du cuir chevelu n'est pas mentionnée dans les ouvrages de Matière médicale.

96. Le mot *sideritis* désigne plusieurs plantes appartenant à des espèces différentes. Matthioli avoue lui-même qu'il est difficile de les identifier (op. cit. p.379 – 380). Il s'agit peut-être ici de *Sideritis hirsuta* L. C'est probablement la forme des feuilles, dentelées sur leurs bords terminées par une petite pointe légèrement épineuse ainsi que l'aspect de leur surface qui a pu suggérer l'idée d'une comparaison avec un serpent.

Selon N. Lemery (op. cit.p. 702), "elle est détersive, vulnéraire, astringente, propre pour les hernies, pour les playes", sans autre précision ou évocation des morsures de serpents.

97. *morsus Diaboli.* Ce sont peut-être les capitules floraux hémisphériques, longuement pédonculés, constitués de fleurs bleues qui ont pu être perçus comme la signature des propriétés thérapeutiques de cette scabieuse. On l'employait pour soigner les affections cutanées. N. Lémery (op. cit.p. 680), note que cette plante est appelée *scabiosa*, "parce qu'on prétend qu'elle est propre pour guérir la gale."

98. *fragaria.* Ce sont les petits grains verdâtres (c'est-à-dire les akènes), perceptibles à la surface de la fraise qui sont comparés à des grains de sable et considérés comme la signature de la plante. Selon N. Lémery (op. cit.p. 319),"la fraise humecte, fortifie le cœur & le cerveau ; elle pousse par les urines & par la transpiration."

99. *helleborus niger.* Les tiges des fleurs de l'hellébore noir sont "marquées de points purpurins, comme en serpentaire", écrit N. Lemery (op. cit.p. 357); mais la signature signalée par Rhumélius doit sans doute être recherchée dans les nombreuses et menues radicelles qui peuvent évoquer quelque ressemblance avec des vers de terre. "Elles purgent par le haut & par le bas, précise-t-il, elles détachent les humeurs mélancoliques & bilieuses brûlées : on s'en sert pour la mélancolie hypocondriaque, pour la manie, pour la folie, pour la fièvre quarte."

100. *pruna sylvestris.* Le prunellier est un arbrisseau épineux. Les épines dont ses branches sont couvertes ont été considérées comme la signature de ses propriétés. "Son bois, ses feuilles & son fruit, note N. Lemery (op. cit. p. 617) sont fort astringentes, propres pour la dysenterie & pour les autres cours de ventre."

101. *rumex.* C'est la racine que N.Lémery (op. cit. p. 8-9) décrit comme "rampante, ligneuse, fibreuse, rouge", qui est la signatue des propriétés thérapeutiques de l'oseille sauvage. "Les diverses espèces d'oseille fortifient le cœur, elles excitent l'appétit, elles désaltèrent, elles résistent au venin, elles arrêtent le cours de ventre & les pertes de sang."

102. *palma Christi.* Ce sont les feuilles qui ont été perçues comme la signature des propriétés de la plante. C'est, l'huile obtenue par broyage des graines qui était utilisée en application sur les mains et les pieds pour traiter les engelures. Mais elle était surtout employée en usage interne comme purgatif.

103. *persicaria.* Cette plante, écrit N.Lémery (op. cit. p. 579) "croît aux lieux aquatiques, dans les marais, dans les fossés, dans les étangs." On ne voit guère quelle est la partie renflée de la plante que Rhumélius a considérée comme une signature de ses propriétés à soigner la goutte. La plante qui était effectivement recommandée pour soigner l'hydropisie a probablement acquis cette réputation à cause de son habitat préférentiel.

104. *chelidonia.* La chélidoine a déjà été mentionnée plus haut pour ses propriétés cholagogues. Mais ce sont ici les propriétés fébrifuges de la chélidoine qui sont signalées pour faire tomber la fièvre provoquée par la jaunisse.

105. *crocus.* C'est le stigmate d'un jaune orangé intense qui est la signature de la plante. La propriété que lui prête Rhumélius n'est pas mentionnée dans la plupart des ouvrages de phytothérapie.

106. *artemisia.* C'est probablement la couleur rougeâtre de la tige de l'*Artemisia vulgaris* L. qui a été perçue comme la signature des propriétés hémostatiques de la plante. La plante a déjà été mentionnée plus haut pour ses propriétés émménagogues.

107. *millefolium.* Ce sont peut-être les petits capitules, comprimés en corymbes denses, qui, comparés à des papules, ont pu être perçus comme la signature de la lèpre. La plante était notamment recommandée dès l'Antiquité, pour ses propriétés antiseptiques et vulnéraires. Pline rapporte que les propriétés cicatrisantes de la plante appelée *achilleos* ont été découvertes par Achille et que celui-ci les mit à profit pour guérir les plaies de Télèphe qu'il avait lui-même blessé avec sa lance (H N, XXV, 42).

108. *pulmonaria.* Ce sont les taches blanchâtres que l'on peut aisément percevoir sur les feuilles de la plante qui sont la signature de ss propriétés thérapeutiques. N.Lémery (op. cit. p. 622) qui distingue deux espèces de pulmonaire note qu'elles sont humectantes, détersives, consolidantesvulnéraires, propres pour les maladies du poumon & de la poitrine, pour exciter le crachat."

109. Le mot *epatica* peut désigner l'hépatique des fontaines (*Marchantia polymorpha* L.), dont les thalles auraient l'aspect des lobes du foie, ou l'*Anemone hepatica* L. = auj. *Hepatica nobilis* Miller dont les feuilles trilobées auraient la forme des lobes du foie, et la face inférieure de leur limbe la couleur de cet organe. N.Lémery (op. cit. p. 358) ne mentionne que l'hépatique des fontaines qui est, selon lui, "détersive, apéritive et dont on se sert pour les maladies du foie, de la ratte, pour la gratelle, pour purifier le sang, prise en décoction." Il est impossible de savoir si c'est la plante signalée par Rhumélius sous le nom d'*épatica.*

110. *fabae.* Ce sont les graines dont la forme peut être comparée à celle d'un rein qui sont la signature des propriétés thérapeutiques de la plante. N.Lémery (op. cit. p. 303) note que "la gousse de la fève est bonne, étant prise en décoctiob, pour la pierre, pour la gravelle, pour la néphrétique."

111. *Ros solis* Selon N.Lémery (op. cit. p. 649 -680) on appelle cette plante *ros solis* "parce qu'on trouve toujours & même pendant que le soleil échauffe cette plante, des gouttes d'eau dans le creux de ses feuilles, comme si c'étoit une rosée. " Il précise que la plante "est cordiale, pectorale, propre pour la phtisie, pour résister au venin, pour l'épilepsie, pour douleurs de tête, pour les maladies des yeux, pour purifier le sang. ".

112. Rhumelius semble avoir confondu ici deux plantes différentes : le mot *imperatoria* désigne généralement l'impératoire (*Peucedanum ostruthium* (L) Koch), alors que le mot Eberwurtz désigne une tout autre plante, une carline (*Carlina acaulis* L.). C'est peut-être cette dernière que Rhumélius évoque ici. En effet, les nombreuses bractées argentées qui entourent les capitules ainsi que les feuilles très découpées disposées en rosette, sous la fleur, peuvent être comparées à des cheveux. De plus, les bractées qui se déploient largement par temps sec, mais se redressent et se rapprochent en forme de

cône au-dessus des capitules par temps humide ont pu donner l'illusion de leur croissance, transposée à celle des poils et des cheveux.

113. *murisculus.* C'est la forme des feuilles qui évoque des oreilles de souris qui lui a valu son nom, et que Rhumélius perçoit comme la signature de ses propriétés thérapeutiques.N.Lémery (op. cit. p. 592) note que la *pilosella* "est détersive, astringente, vulnéraire." Elle était en effet recommandée pour les ulcérations internes.

114. *gallus.* Le chêne (Genre *Quercus* L.) offre une grande diversité de galles, souvent de grande taille et colorées, causées par les piqûres de différents insectes. L'une des plus spectaculaires est la galle du bourgeon qui peut atteindre jusqu'à 4 cm de diamètre.

115. Rhumelius semble avoir confondu ici deux plantes différentes. Schwartze Niesswurtz désigne l'hellébore noir (*Helleborus niger* L.), mais *savina* ou *sabina* désigne le genévrier sabine (*Juniperus sabina* L.).

116. Selon H.L. Gerth vanWijk (op. cit. s v . Griesskraut), le mot Griesskraut peut désigner différentes plantes : *Aegopodium podagraria* L., *Melitis melissophyllum* L., *Potentilla anserina* et *Potentilla reptans* L. Il s'agit probablement ici d'une espèce d'une potentille. N. Lémery (op.cit.), p.615) note qu'elle "est astringente, rafraîchissante, détersive, propre pour les hémorragies, pour les coups de ventre, pour la pierre."

117. Le titre complet de la Royale Chimie est *Basilica Chymica. Pluribus selectis et secretissimis propria manuali experimenta approbatis descriptionibus et usu remediorum chymicorum selectissimorum aucta.* La première édition aurait été publiée en 1609. L'édition la plus souvent citée est celle de 1634, que l'on doit à J. Hartmann (Leipzig). Réédition de l'édition de 1609 avec traduction en allemand (1996)

118. Le *De signaturis seu vera et viva anatomia majoris et minoris Mundi,* publié à la suite de la *Basilica Chymica* comprend 74 pages et 2 index. Il a été traduit en français par J. Marcel de Boulenc en 1634. Ce texte a fait l'objet de plusieurs rééditions. Une édition latine a été éditée à Genève en 1658.

119. Pour chacune des plantes citées par Croll, la traduction française de Marcel de Boulenc donne généralement les synonymes des noms latins employés par celui-ci pour les désigner, notamment en grec, en français, en italien, en allemand, en espagnol, en arabe, ou encore en en flamand. Malheureusement, leur identification par le traducteur n'est pas toujours pertinente. En effet les synonymes qu'il propose désignent parfois des plantes différentes de celles que Croll a sélectionnées. Ce qui introduit de regrettables confusions. De plus, le traducteur s'est cru obligé à maintes reprises d'ajouter son propre commentaire au texte de Croll. En effet, à de nombreuses occasions, Croll s'est contenté de donner le nom des végétaux, sans aucune justification de sa sélection.

120. *cardiaca.* Ce mot peut aussi désigner à l'époque de Croll, un marrube (*Marrubium vulgare* L.) et aussi un lycope, pied de loup (*Lycopus europaeus* L.); *molucca* : plante exotique en provenance des îles Moluques, appelée aussi *melissa molucca*

121 *satyrium erythronium* : différentes identifications ont été proposées pour cette plante citée par le ps-Dioscoride (*M M* III, 128 R V) et Pline (*H N* XXVI, 97): helléborine (*Serapias cordigera* L.) ou erythrone dent-de-chien (*Erythronium dens canis* L.) ou fritillaire (*Fritillaria pyrenaica* L.); Crollius en rend compte car il note que "certains l'identifient à l'*aron* ou au *satyrion.*"

122. *mechoaca* ou *michoaca* : jalap, plante originaire d'Amérique (*Ipomoea pandurata* Meyer); son nom est celui d'une province du Mexique. on en utilisait la racine, récemment importée en Europe à l'époque de Croll. N.Lémery note (op. cit. p.477) qu'on l'appelle aussi *bryonia amaricana* et qu'on utilise sa racine dans l'hydropisie.

123. hermodacte : nom qui signifie "doigt d'Hermès". Son identification a fait l'objet de plusieurs propositions que mentionne ainsi N. Lémery : (op. cit. p.360 – 361):"L'hermodacte est une racine tubéreuse ou bulbeuse, grosse comme une petite châtaigne, ayant la figure d'un cœur...On n'est pas encore bien sur de l'espèce de plante qu'elle pousse : la commune opinion veut que ce soit une espèce de colchique ...Les autres croient que c'est une espèce d'Iris tubéreux... Pomet, auteur moderne, est sur ce sujet d'une opinion bien différente ; il prétend que l'hermodacte n'est pas une racine, mais un fruit qui naît à un arbre d'Egypte." Il peut s'agir soitde *Potentilla reptans* L. ou peut-être du colchique d'automne (*Colchicum autumnale* L.)

124. Les différents mots utilisés pour désigner des plantes dont la morphologie, - notamment la racine ou la tige – pouvait évoquer une peau de serpent ont donné matière à confusion, dès l'Antiquité, chacun d'eux pouvant désigner plusieurs végétaux différents. Les plus couramment cités sont : *arum**, *bistorta**, *colubrina**, *dracunculus**, *dracontium**, *ophioscorodon**, *serpentaria**. Nous avons indiqué les hypothèses les plus souvent avancées de leur identification à *l'Index des plantes citées.*

125. *geranopodium* : ce mot est donné par Porta (*Phyto.* Livre VI, chap 20) comme synonyme de *saxifica* et de *petrae barbus*, une plante qui pousse parmi les pierres et qui a la propriété de briser les calculs. Gaffarel l'a confondu avec *polipodium* que Crollius a mentionné parmi les plantes qui sont efficaces pour soigner la galle des pieds.

CHAPITRE 4

Flores médicales des signatures astrales

Loin de sombrer dans l'oubli, un certain nombre d'opuscules d'astrobotanique rédigés au cours de l'Antiquité, suscitèrent suffisamment l'intérêt des esprits curieux pour qu'ils fussent traduits en arabe avant de l'être ultérieurement en latin. Ainsi transmis, ils inspirèrent quelques érudits dont les ouvrages furent publiés au cours du Moyen-Âge, mais surtout à la Renaissance où l'on assista à un regain de d'intérêt pour l'astrologie.

On y trouve entre autre des exposés - plus ou moins confus et d'inégale importance d'un spécialiste à l'autre - sur l'organisation du cosmos, les correspondances entre macrocosme et microcosme, l'influence des astres sur la destinée des hommes, les rapports de sympathie et d'antipathie entre les différentes parties du corps humain et les astres mais aussi sur les relations occultes que ceux-ci entretiennent avec un certain nombre de végétaux (1). Leurs auteurs y interprètent tout particulièrement la forme ou la couleur des plantes comme des signatures astrales, car ils les jugent en rapport avec certaines des caractéristiques attribuées aux planètes ou aux signes zodiacaux et ils en veulent pour preuve qu'elles ont la propriété de guérir les affections qui touchent les organes ou les parties du corps qui sont sous l'influence des unes ou des autres.

Certaines de ces publications bénéficièrent d'une telle notoriété qu'elles furent rapidement considérées comme des références incontournables.

Nous évoquerons dans les pages suivantes, parmi les plus prisées d'entre elles, celles où les plantes répertoriées sont les plus nombreuses, constituant ainsi une partie importante de la *Flore médicale des signatures*. Les unes ne sont que des traductions d'opuscules grecs plus ou moins bien adaptées, les autres au contraire sont des œuvres nettement plus originales bien que leurs auteurs aient puisé la plupart de leurs observations dans des ouvrages de l'Antiquité.

La Flore médicale des signatures astrales inspirée des opuscules grecs de l'Antiquité

Parmi les textes de botanique médicale astrologique hérités de l'Antiquité, deux paraissent avoir été tout particulièrement appréciés si l'on en juge par les nombreuses citations dont ils font l'objet : l'un est un *Herbarius* attribué à Apulée, l'autre est un ouvrage intitulé *De viribus herbarum* dont l'auteur passait pour être Albert le grand.

Les plantes astrales du pseudo-Apulée

Sous le nom d'Apulée, circula vers le quatrième siècle de notre ère un petit traité consacré aux plantes médicinales. On ne sait quel en est le véritable auteur. Il est peu probable qu'il puisse s'agir de l'écrivain latin Apulée né vers 125 après J-C à Madaura dans la province de Constantine et mort à Carthage vers 180. Ce dernier était un grand voyageur, un esprit curieux passionné de science, de philosophie et même de magie. On lui doit plusieurs ouvrages, notamment "*Les Métamorphoses*" (ou "*L'âne d'or*"), les "*Florides*" ainsi qu'une "*Apologie*" où il se défend des accusations portées contre lui de pratiquer la magie. Certains critiques supposent en se référant à différents passages de ses ouvrages, qu'il avait des connaissances médicales, voire même qu'il était médecin (2). C'est peut-être à cause de cette réputation que l'on eut l'idée de lui attribuer, longtemps après sa mort, un ouvrage où étaient rassemblées un certain nombre de notices sur les propriétés curatives de nombreuses plantes, largement utilisées à cette époque par les médecins pour soigner la plupart des maladies alors connues. Cette œuvre parue sous le titre d'*Herbarius* nous est parvenue sous différentes versions dont les plus anciennes remontent au VI-VII ème siècle et son auteur anonyme est généralement désigné aujourd'hui sous le nom de pseudo-Apulée. Il comprend, selon les éditions, 128 ou 132 notices. (3)

Certaines d'entre elles sont complétées par des extrapolations du *De Materia Medica* de Dioscoride. Quelques-unes contiennent des recommandations qui proviennent des traités de botanique magique élaborés aux premiers siècles de notre ère et portent notamment sur le moment où les plantes doivent être récoltées et sur leurs modes d'emploi.

Ce n'est cependant pas à cet *Herbarius*, que se réfèrent certains auteurs de la Renaissance, quand ils font mention des plantes astrologiques citées par Apulée, mais à un opuscule qui lui a été ajouté peut-être à la fin du moyen-Age et qui porte sur 19 plantes placées sous la domination des planètes ou des signes du zodiaque. Il se présente, en quelque sorte, comme un complément à l'*Herbarius* du pseudo-Apulée lui-même. Il comprend treize pages qui ont été publiées à la suite de l'*Herbarius*, la première commençant au verso de la dernière page de ce dernier, ce qui laisse à penser qu'il était considéré comme appartenant au même auteur et non comme un ouvrage distinct, enliassé dans une même publication, comme il était d'usage courant à l'époque. L'ensemble a été édité en 1543, par Pierre Drouart, rue Jacob à Paris. (4)

Cet opuscule comprend deux parties. La première, intitulée *Herbarum singulorum zodiaci demonstratio necnon & stellarum errantium quae quid possit* est consacrée aux plantes des signes zodiacaux (pp. 26 – 30), la seconde à celles des planètes, sous le titre *Virtutes herbarum unius cuiusque septem planetarum* (pp. 30 – 33). Il s'agit d'une traduction latine d'un opuscule grec d'un auteur inconnu, qui a probablement été écrit aux premiers siècles de notre ère (5). Nous en avons donné une traduction dans notre *Flore magique et astrologique de l'Antiquité*. On remarquera toutefois que cette version latine est incomplète et souvent fautive. D'ailleurs, le traducteur a laissé subsister un certain nombre de mots grecs qu'il ne comprenait peut-être pas. Mais qu'importe ! Il s'agissait pour lui de rendre accessible un ouvrage de référence à un plus grand nombre de lecteurs qui connaissaient le latin mais ignoraient ou ne maîtrisaient que très imparfaitement la langue grecque ancienne.

L'ouvrage comprend 19 notices, sept portent sur les plantes planétaires, douze sur les plantes zodiacales. Chacune est consacrée à une seule plante médicinale dont les vertus sont jugées en rapport avec les caractéristiques généralement attribuées à la planète ou au signe zodiacal qui la "domine". L'essentiel de leur contenu est constitué de recettes de préparations de remèdes plus ou moins complexes dont l'efficacité est garantie par l'auteur. Parfois, ce dernier recommande de récolter la plante à un moment précis qu'il considère comme le plus favorable pour obtenir de ses propriétés la plus grande efficacité possible.

Nous avons accompagné notre traduction de quelques commentaires qui portent sur l'identification des végétaux cités dans l'opuscule. En revanche, nous n'avons pas jugé utile d'expliquer les raisons qui ont pu inciter l'auteur de ces textes à sélectionner les plantes qu'il a répertoriées. Nous avons en effet déjà traité cette question dans notre *Flore* précitée et la reprendre ici aurait par trop alourdi notre propos. Nous invitons donc le lecteur intéressé par le sujet à s'y reporter. *Herbarum singulorum zodiaci demonstratio necnon & stellarum errantium quae quid possit*

Les 12 plantes des signes du zodiaque

La plante du Bélier. La première notice de l'opuscule est consacrée à la plante attribuée au Bélier. L'auteur n'en recommande l'emploi que pour traiter l'hémoptysie, les phtisiques, les douleurs des reins, de la rate et la sciatique, mais surtout différentes affections de la matrice. Le texte complète ainsi celui de l'*Herbarius* du pseudo-Apulée lui-même (Chap.CII) qui n'en reconnaissait l'utilité que pour calmer les démangeaisons des testicules et de l'anus.

"I. *ARIETIS ELELISPHACOS*

L'*elelisphacos** du Bélier. La première plante, l'*elelisphacos*, possède de nombreuses propriétés, notamment, pour l'hémoptysie, les phtisiques, le retournement de la matrice et autres affections de celle-ci.

- Pour l'hémoptysie, on mélange trois cyathes de son suc à une once de miel d'Attique et on donne à boire à jeun et aussitôt le sang s'arrête de couler.

- Pour les phtisiques, on confectionne des pilules de cette manière : safran de Coricos, c'est-à-dire de Cilicie : 5 drachmes, nard indien : 2 drachmes, myrrhe de troglodytique : 4 drachmes, graine grillée de l'*elelisphacos* : 4 drachmes, poivre long : 2 drachmes ; réunis [ces substances] au suc de l'*elelisphacos* et confectionne des pilules ; et donnes-en trois le matin à jeun et trois le soir. Après avoir avalé les pilules, on boit aussitôt 2 cyathes d'eau chaude.

- Pour les affections de la matrice, c'est-à-dire syrosin (syrosin : du grec *surreusis* : "écoulement en un même point") et écoulements et autres affections de celle-ci, on confectionne un calmant de cette manière : écorce de la racine de câprier : 12 drachmes, graine de lierre : 8 drachmes, fruit de myrrhe blanche : 4 drachmes, myrrhe de Troglodytique : 2 drachmes, on réunit [ces substances] broyées et tamisées au suc de l'*elelisphacos* et on confectionne des pilules de trois scrupules chacune et on en donne une le matin à jeun et une le soir.

- De même, pour les affections de la matrice, c'est-à-dire, syrosin*, écoulements et autres affections de la matrice, on confectionne un calmant de cette manière : cire blanche : 12 drachmes, moelle de cerf : 9 drachmes, roses séchées : 4 drachmes, graisse d'oie : 6 drachmes, suc d'*elelisphacos* : 4 cyathes ; on broie les matières sèches et on les tamise, le reste, on le réduit à feu doux, quant au suc, on le fait cuire jusqu'à réduction du quart et on conserve [ce calmant] dans un récipient d'étain. On l'utilise ainsi : on enduit la matrice avec précaution. Si la douleur est intolérable, on fait bouillir l'*elelisphacos* avec ses racines dans beaucoup d'eau et on fait asseoir la femme dans cette eau, en bain total ou en bain de siège.

On confectionne ainsi un onguent à partir des racines de l'*elelisphacos* pour les douleurs des reins, de la rate et de la sciatique : cire : 8 drachmes, larmes de gomme d'ammoniaque : 16 drachmes, *galbanum* : 8 drachmes, résine de cèdre (= huile de cade ?): 18 drachmes, graisse de taureau : 14 drachmes, racines sèches de l'*elelisphacos* : 32 drachmes. Ce qui est sec, on le broie et on le tamise et on le mélange avec ce que l'on a liquéfié et on le filtre. On peut également utiliser le calmant décrit plus haut pour les affections mentionnées ci-dessus."

L'***elelisphacos*** n'est autre qu'une sauge (genre ***Salvia*** L.) En revanche, il est impossible de définir avec certitude quelle en est l'espèce dont notre auteur mentionne les vertus. En effet le genre *Salvia* L. en comprend plusieurs centaines dans le monde. On l'identifie pourtant souvent à *Salvia triloba* L. décrite par Dioscoride avec une relative précision (*M.M.* III, 33).

La réputation des nombreuses propriétés thérapeutiques attribuées à l'*elelisphacos* était si bien établie dès l'Antiquité que les Romains l'avaient appelée *salvia**, celle qui sauve (de tous les maux), dénomination adoptée ultérieurement par les botanistes. On remarquera toutefois que le texte insiste tout spécialement sur ses propriétés hémostatiques, cicatrisantes et adoucissantes.

La plante du Taureau. Notre auteur la désigne par l'expression *peristereon orthos* et lui prête essentiellement des propriétés pour soigner les affections oculaires. Celui de l'*Herbarius* ne lui attribue également qu'une seule vertu, mais elle est différente. Selon lui, elle "chasse tous les poisons" et on doit la donner à boire en poudre (Chap. LXVI).

" II. *TAURI PERISTEREON ORTHOS*.

La seconde plante est *peristereon orthos** dont les vertus sont inimaginables. Ainsi, elle guérit en trois jours les affections désespérées des yeux, grâce à la préparation médicamenteuse.

- Pour une douleur violente des yeux, un abcès et tout larmoiement, on utilise le collyre suivant : safran : 14 drachmes, amidon 2 drachmes, *glaucium* 16 drachmes, *tragacantha* 4 drachmes ; on broie avec soin trois blancs d'œuf et on les mélange avec le suc de *peristereon orthos* et on confectionne des collyres auxquels on aura recours.

- Pour tous les autres écoulements [oculaires], on fait cuire l'herbe *peristereon* avec ses racines et on utilise cette fomentation et {le patient] guérira en peu de temps.

- Pour les taies sur l'œil, les cataractes et les affections désespérées des yeux, on confectionne cette préparation : *oppopanax* : 2 drachmes, *lycium indicum* 2 drachmes, hématite 4 drachmes, amidon 2 drachmes, *glaucium* : 6 drachmes, *tragacantha* 2 drachmes, poivre blanc 2 drachmes, *opobalsamum* 2 drachmes, miel 4 drachmes, racine de l'herbe *peristereon* broyée et tamisée : 1 once, fiel de chèvre : 3 drachmes. Cette préparation guérit les affections mentionnées ci-dessus en trois jours.

- Les excroissances formées sur la cornée (*pterugia*), les tumeurs à l'œil (*sycoses*), les orgelets (*chalazia*) et ce qui lui est semblable sont guéris en un jour. Il ne m'appartient pas de louer la majesté divine, mais les connaissances apprises de l'expérience."

L'auteur de notre traité n'a pas essayé de traduire l'expression grecque ***peristereon orthos*** utilisée pour désigner la plante attribuée au signe du Taureau qui figurait sans doute dans l'ouvrage qui lui servait de modèle ; il s'est contenté de la transcrire telle quelle. Il est vrai que l'exercice n'était pas facile. Les Grecs utilisaient en effet le mot *peristereon* pour désigner deux plantes différentes. Mais la plupart des auteurs de l'Antiquité ne donnaient aucune indication pour les distinguer l'une de l'autre. Quelques-uns cependant en prenant leur port comme critère pour les différencier appelaient l'une *peristereon orthos* et l'autre *peristereon huptios* ; selon eux, la première (6) offrait aux regards une tige droite tandis que la seconde aux tiges penchées vers la terre se distinguait par un aspect étalé, voire rampant. (7)

Les botanistes ont longtemps identifié cette espèce à une verveine (*Verbena officinalis* L. et *Verbena supina* L.). Mais cette identification a été contestée au XIX ème siècle et l'on a proposé alors de l'identifier à une espèce de *Lycopus* (*Lycopus europaeus* L. ou *Lycopus exaltatus* L.) bien que les propriétés thérapeutiques de cette espèce qui appartient à la famille des Lamiacées soient bien modestes et sans grand rapport avec celles que lui prêtaient les Anciens. (8)

La plante des Gémeaux. L'auteur de notre manuscrit l'appelle ***peristereon huptios**** et en recommande seulement l'emploi pour traiter les ulcères et les affections de la bouche. En revanche, celui de l'*Herbarius* qui donne à cette plante le nom de *verbenaca* (Chap. III) lui attribue de nombreuses propriétés.

Selon lui, elle est efficace pour soigner les blessures et les affections de l'oreille, ceux dont les veines sont durcies et qui ne peuvent prendre de nourritures, les affections du foie, les calculs, les maux de tête, les morsures de serpents, celles de chien enragé, les piqûres des araignées phalanges, les blessures récentes et enfin ceux qui sont atteints du "mal royal" ou ictère.

"III. *GEMINORUM PERISTEREON HUPTIOS*.

La troisième plante est *peristereon huptios** dont le suc est utilisé pour la confection d'un remède très efficace pour le traitement des ulcères (*cancromata*) ainsi composé : 1 once et demie, rose séchée : 1 once, *melilotus* du Pont : 1 once et demie et 6 scrupules, alun : 1 once en fragments. On broie et on tamise avec soin ; on ajoute le suc de cette herbe *peristereon* à raison de 4 setiers et on fait cuire dans un vase neuf jusqu'à la consistance du miel et on l'utilise. Il guérit toutes les affections de la bouche."

Cette deuxième espèce de *peristereon* est sans doute la verveine officinale (*Verbena officinalis* L.)

La plante du Cancer. L'auteur du manuscrit lui donne le nom grec de ***symphytos**** et lui reconnaît de très nombreuses vertus alors que celui de l'*Herbarius* (Chap. CXXVII) ne lui prête que la propriété d'arrêter les pertes de sang des femmes.

" IV. CANCRI *SYMPHYTOS*

La quatrième plante est le *symphytos**. Sa racine et son suc ont de nombreuses propriétés. C'est vrai que sa racine cicatrise les blessures et les nerfs sectionnés, ainsi [préparée]: cire : 7 onces, moelle de cerf : 1 once, grains d'encens : 1 once et 2 drachmes, *melilotus* d'Attique : 6 drachmes, safran : 2 drachmes, résine de térébinthe : 2 onces et 2 drachmes, racine de *symphutos* broyée et tamisée : 4 onces, huile rosat : 3 onces. On mélange les substances sèches à celles qui sont liquides et on utilise.

- Pour les écoulements de la poitrine, c'est-à-dire les artères et les veines ainsi que les crachements- Pour les écoulements de la poitrine, c'est-à-dire les artères et les veines ainsi que les crachements de sang, on confectionne une pastille avec le suc de *symphyses* de cette façon : graine d'*apium* : 6 drachmes, *anisum* : 4 drachmes, safran : 3 drachmes, racine d'*acorum* : 1 once et 2 drachmes ; après avoir mélangé aux substances sèches, on confectionne des pastilles d'une drachme chacune et on en donne une au patient le matin à jeun. Elle arrête aussi les écoulements de sang des femmes.

- Pour les écoulements des yeux et les *anabrôteis* (*anabrôteis* : les "corrosions" de l'œil), on confectionne ainsi un collyre avec le suc de *symphutos* : *psimithium* (*psimithium* : céruse) : 1 once, épine de nard : 4 drachmes, safran : 2 drachmes, *melilotus* : 1 once, cumi : 3 drachmes ; on mélange avec le suc de *symphutos* et on utilise le collyre ainsi confectionné."

Les Grecs utilisaient le mot *sumphuton* pour désigner différentes plantes qui avaient en commun la propriété de cicatriser les plaies et de résoudre les fractures. Dioscoride par exemple en distingue deux (*MM*, IV, 9).

Le *symphutos* de notre texte astrologique est une des différentes espèces que compte le genre *Symphytum* L., c'est-à-dire une consoude. Mais il est difficile de préciser avec certitude de laquelle il s'agit. En effet, le *Symphytum officinalis* L. ou grande consoude est une espèce qui ne pousse que dans la partie septentrionale de la Grèce. Or l'auteur du texte grec qui a servi de modèle était probablement originaire de la partie orientale (Asie mineure) ou méridionale de la Méditerranée (Egypte). On peut avancer qu'il pourrait s'agir de *Symphytum tuberosum* L. ou de *Symphytum bulbosum* C. Schimper que l'on trouve dans ces régions. Il reste toutefois à vérifier que ces consoudes possèdent des propriétés thérapeutiques identiques ou proches de *Symphytum officinalis* L.

La plante du Lion. Notre auteur l'appelle ***cyclaminus****. Les propriétés qu'il lui prête sont quelque peu différentes de celles qui sont mentionnées dans l'*Herbarius* (Chap. XVII, *s.v. herba orbicularis*) où l'on relève qu'elle pousse dans les endroits cultivés et montagneux, et qu'on l'emploie pour dégager la tête, "exciter le ventre" et pour les douleurs de la rate.

" V. *LEONIS CYCLAMINUS.*

La cinquième plante est le *cyclaminus**. Son feuillage est sans intérêt ; en revanche, sa racine est admirable. Elle est en effet tellement gorgée d'humidité que l'on peut aisément en exprimer le suc. Si l'on mélange à part égale de ce suc avec du miel, et qu'on l'introduit dans les narines, on expulsera le mal de tête et le flegme.

- La racine séchée, broyée et tamisée mélangée à du miel et du *lycium indicum* à part égale, guérit rapidement les plaies des narines et aussi celles des parties sexuelles ; et des dents qui sont devenues branlantes. Elle fait venir sans difficulté les menstrues aux femmes. Elle fait venir le fœtus si l'on a enveloppé le remède dans de la laine.

- Elle est également efficace pour les affections des oreilles. On confectionne ainsi le remède : cire 7 onces et 4 drachmes, résine de térébinthe : 5 onces, litharge : 3 onces, racine de *cyclaminus* broyée et tamisée 1 livre et 2 drachmes, vieille huile 5 onces ; on mélange les substances sèches à celles qui sont liquides et on l'utilise. Ses propriétés font disparaître les écrouelles (*struma*), les parotides, les abcès (a*postemata*), les furoncles et toutes les indurations. Elle fait éclater les abcès qui suppurent, et lorsqu'ils sont ouverts, on emploie ce remède fait de miel et de *lycium*. En effet, il assainit les plaies, les comble et les cicatrise."

Le *cyclaminus* de notre manuscrit est une espèce du genre *Cyclamen* L. de la famille des Primulacées dont Dioscoride donne une description assez précise (*MM.* II, 164). Il peut être identifié à *Cyclamen græcum* Link ou à *Cyclamen persicum* Miller, tous les deux largement répandus en Grèce et sur le pourtour de la mer Egée, ou encore à *Cyclamen purpurascens* Miller, présent en Italie et en Europe centrale, mais absent de Grèce.

La plante de la Vierge. Notre auteur n'a sélectionné que quelques-unes des nombreuses vertus prêtées généralement au ***calaminthe*** dans les ouvrages grecs et latins consacrés aux plantes médicinales. L'auteur de l'*Herbarius* ne lui a pourtant pas consacré de notice particulière. Il indique toutefois dans celle qu'il a rédigée sur l'*herba mentastrum* que les Grecs appelaient celle-ci c*alaminte* et qu'elle était efficace pour soigner les douleurs des oreilles ainsi que l'éléphantiasis.

" VI. *VIRGINIS CALAMINTHES.*

La sixième plante, le *calaminthes**, possède des vertus fort admirables. On confectionne donc [avec elle] un remède composé de *psimmythium*, autant qu'on veut, auquel on ajoute ensuite de l'huile rosat et du suc de *calaminthes* à part égale jusqu'à obtenir la consistance du miel ; employé en onction, il guérit les brûlures ; et, ce qui est admirable, c'est qu'il ne laisse subsister aucune cicatrice et qu'il provoque la repousse des poils.

Il écartera également le feu sacré. De même, si on mélange à part égale le suc de *nepeta* avec de l'huile rosat et que l'on en enduit celui qui souffre de la fièvre, on le guérira. Si, de même, on réalise en mélangeant à part égale de la terre de Cimolia et de l'aloès [un remède] de la consistance du miel, et que l'on en enduit le front et les tempes de celui qui a mal à la tête, on calmera rapidement sa douleur."

Le mot grec *kalaminthê* (en latin *calaminte*) désignait différentes espèces de plantes. Dioscoride, par exemple, en distingue trois (*M.M.* III, 35), mais ses indications sont insuffisantes pour parvenir à une identification sûre de celle de notre texte, on s'en tiendra prudemment ici à considérer qu'il s'agit d'une des nombreuses espèces de menthe sauvage (*Calamintha* Miller) qui était alors prescrite par les médecins. .

La plante de la Balance. L'auteur de notre texte latin l'appelle ***scorpiurus****
et se limite à recommander d'avoir recours à ses propriétés pour soigner tout particulièrement deux affections qui ont pour point commun d'entraîner des déformations plus ou moins spectaculaires du corps : l'éléphantiasis et l'hydropisie.

"VII. *LIBRAE SCORPIURUS.*

La septième plante est *scorpiurus** dont il existe deux espèces qui ne peuvent être différenciées par les feuilles. L'une porte un fruit d'un bleu foncé, semblable à au raisin noir, l'aspect et la couleur de l'autre sont semblables au myrte. Elles ont des propriétés différentes. On exprime le suc du fruit et des feuilles de celle qui est bleue. Avec les feuilles, on confectionne des pilules pour les hydropiques ainsi composées : fruit de *cnicus* : 4 drachmes, aloes : 7 drachmes, scamonée : 1 drachme, safran de Cnide : 2 drachmes. On mélange au suc de *scorpiurus* et on confectionne des pilules d'une drachme chacune. A ceux qui souffrent d'hydropisie à ses débuts, on en donne une drachme, à ceux qui en sont à un stade désespéré, on en donne deux drachmes.

- Avec le suc de son fruit, on confectionne des pilules pour ceux qui souffrent d'éléphantiasis ainsi composées : *Colophon :* 4 drachmes, suc de *meum* : 6 drachmes, myrte noir : 4 drachmes, nard stacte myrrhe : 6 drachmes, iris d'Illyrie broyée et tamisée : 12 drachmes ; on mélange au suc de *scorpiurus* et on confectionne des pastilles d'une drachme chacune. On en donne une seule drachme à ceux qui souffrent d'"éléphantiasis à ses débuts et deux drachmes à ceux qui sont en danger. A celui qui a des vers, on on donne une demie drachme et on le purge sans danger.

- Avec les racines de *scorpiurus*, on confectionne un cataplasme pour les hydropiques, ceux qui souffrent de la rate et de toutes affections internes ; il expulse également les vers. En voici la composition : *ervum* * broyé et tamisé avec soin : 1 drachme, cire : 120 drachmes, résine de térébinthe : 30 drachmes, résine de cèdre : 80 drachmes, racines de *scorpiurus :* 300 drachmes ; on mélange les substances sèches à celles qui sont liquides et on l'emploie.

- L'autre espèce de plante appelée *scorpiurus* a des propriétés plus utiles. Elle soulage aisément ceux qui ont été blessés par des bêtes sauvages, des serpents, des [animaux] de moindre importance, telles que les scorpions, les scolopendres et les animaux marins venimeux ; à leur intention, on confectionne des pastilles ainsi composées : graine de *daucus* : 8 drachmes, cumin : 6 ou 7drachmes, graine de *raphanus* broyée et tamisée : 4 drachmes ; après avoir broyé et tamisé, on mélange avec le suc et on confectionne des pastilles d'une drachme chacune. Et on en donne deux après quatre cyathes de vin rouge.

- Pour les piqûres des aspics, on confectionne ainsi une pastille avec le suc du fruit : 9 drachmes de graines de rue sauvage broyées et tamisées que l'on mélange au suc et on en confectionne des pastilles d'une drachme chacune. Lorsque quelqu'un est piqué, on lui donne une pastille dans du vinaigre fait avec deux cyathes de *scille* et on le force à courir.

- On confectionne ainsi un onguent : moelle de cerf : 6 onces, galbanum : 6 onces, vieille huile : 6 onces. Si on en est enduit, on peut dormir parmi les serpents, sans en être mordu.

- Contre les morsures des bêtes, telles que les hyènes, les loups, les ours, on confectionne un emplâtre de cette façon : cire : cire : 120 drachmes, galbanum : 40 drachmes, fiente de colombe broyée et tamisée : 24 drachmes, résine de térébinthe : 30 drachmes, moelle de cerf : 40 drachmes, vieille huile : 70 drachmes, racine de la plante *scorpiurus* broyée et tamisée : 80 drachmes ; on mélange les substances sèches à celles qui sont liquides et on emploie. On confectionne cette préparation pour [traiter] les blessures causées par les animaux marins."

Selon Diocoride (*M.M.* IV, 190), le mot *scorpiurus* est utilisé par les Grecs comme synonyme de *heliotropion to mega*. Il note que la plante doit son nom à la forme de sa fleur tandis que pour Pline elle le doit à sa graine qui a la forme d'une queue de scorpion.

L'auteur de l'*Herbarius* signale quant à lui (Chap. LXIX) que l'*herba heliotropia* est aussi désignée par le mot *scorpion* et que cette plante a la propriété d'être efficace contre les poisons et pour soigner les luxations. Il note également que la plante pousse dans les endroits propres et cultivés ainsi que dans les prés, que ses petites fleurs se tournent vers le soleil et que, quand il se couche, celles-ci se ferment ; et s'ouvrent de nouveau quand le soleil se lève. Il ajoute, pour conclure qu'elle sert à la confection de nombreux remèdes.

Le *scorpiurus* de notre texte désigne une espèce du genre *Heliotropium* L. et probablement l'*Heliotropium europaeum* L.

La plante du Scorpion. C'est la plante appelée ***artemisia**** qui est attribuée au signe du Scorpion par notre auteur :

" VIII. *SCORPII ARTEMISIA*

La huitième plante est l'*artemisia**. Son suc, recueilli à la pleine lune, quand le soleil est dans le Bélier, est d'un grand intérêt. Il soulage de la fièvre quarte et de la fièvre tierce, si on le mélange à part égale avec de l'huile rosat et que l'on en enduit (le patient).

- Pour les "lunatiques" (= épileptiques), on confectionne avec la plante une pastille de cette manière : graines de jusquiame : 6 drachmes, iris d'Illyrie broyé et tamisé : 3 drachmes, résine de Colophon : 9 drachmes, *lathyris**: 2 drachmes ; on mélange au suc d'*artemisia* et on confectionne des pastilles d'une drachme chacune que l'on met de côté. Quand on veut utiliser une pastille, on la dissout dans un cyathe de lait d'ânesse et on en enduit (le patient) comme pour ceux qui souffrent de fièvre quarte.

- On confectionne également avec l'*artemisia* un remède adoucissant pour ceux qui souffrent de maladies nerveuses de cette manière : cire : 40 drachmes, graisse d'oie : 12 drachmes, moelle de cerf : 20 drachmes, *galbanum* : 16 drachmes, marc de safran : 12 drachmes, iris d'Illyrie broyé et tamisé : 15 drachmes, huile d'iris : 20 drachmes, vieille huile : 24 drachmes, suc d'*artemisia* : 6 cyathes ; après avoir broyé, on mélange et on fait cuire jusqu'à obtention d'une substance épaisse. Cette préparation convient aussi pour ceux qui sont fortement touchés par la paralysie.

- Avec les racines d'*artemisia*, on confectionne ainsi un onguent pour les retournements de la matrice, l'agitation nerveuse et la paralysie : cire : 120 drachmes, résine de térébinthe : 40 drachmes, xylobalsamum* broyé et tamisé : 12 drachmes, résine de cèdre : 32 drachmes ; on mélange les substances sèches à celles qui sont liquides et on utilise.

- Si on fait cuire la plante *artemisia* et qu'une femme s'assoit au-dessus de la vapeur [dégagée lors de la cuisson], alors qu'elle est atteinte d'un resserrement de la matrice, maladie que les Grecs appellent *pêgma*, et de carcinome, elle sera guérie."

L'identification de la plante *artemisia* sélectionnée par notre auteur est particulièrement difficile. En effet ce mot était utilisé par les Grecs pour désigner différentes plantes. Dioscoride en distingue trois espèces (*M.M.* III, 113), mais il accorde à chacune d'elles des vertus assez voisines. Pline (*H.N.* XXV, 73) après avoir indiqué que, selon certains, elle devrait son nom à Artemise, reine de Carie et de Rhodes, femme du roi Mausole, avance qu'elle le devrait plutôt à la déesse Artémis Illythie, car cette plante passait pour un remède spécifique des maladies des femmes. Cette épiclèse fait référence à la fille de Zeus et d'Héra qui, dans la mythologie grecque, présidait aux accouchements. Une telle propriété prêtée à la plante avait d'ailleurs conduit à l'appeler aussi *locheia* (c'est-à-dire "*accouchement*").

L'auteur de l'*Herbarius* (Chap. XII) suggère une explication différente. Pour lui, c'est le centaure Chiron qui aurait donné ce nom à différentes plantes en témoignage de reconnaissance à la déesse Artémis qui lui en avait indiqué les propriétés. Il en distingue trois espèces différentes aux propriétés distinctes et il consacre une notice à chacune d'elles : l'*herba artemia monoclonos* est bonne pour ceux qui voyagent, les douleurs des pieds et des intestins, l'*herba artemisia tragantes* l'est pour les douleurs de la vessie, la strangurie, les douleurs aux cuisses, aux nerfs, aux pieds, ainsi que pour les fièvres, et l'*herba artemisia leptofillos* l'est pour les douleurs de l'estomac et les tremblements nerveux.

Il s'agit de différentes espèces d'armoises qui appartiennent au genre *Artemisia* L.

La plante du Sagittaire. Ce sont en fait deux espèces d'une plante appelée ***anagallis**** que notre auteur attribue au signe du Sagittaire. On remarquera que certaines de ses indications sont de véritables compositions galéniques. Cette plante est absente de l'*Herbarius*.

"IX. *SAGITARII ANAGALLIS.*

La neuvième plante est l'*anagallis**. Il y en a deux espèces, une qui est rouge et l'autre bleue. On en utilise seulement les feuilles. Le suc de l'*anagallis* bleue, mélangée à part égale avec du miel et introduit dans les narines, expulse le flegme et apaise les maux de dents.

- Si l'on mélange le suc de cette *anagallis* avec de l'huile rosat avec du miel, du *lycium indicum* et du vinaigre piquant et on donne [cette préparation] à une femme pour qu'elle s'en enduise le visage, elle rendra celui-ci clair et lisse.

- Le suc de l'*anagallis* rouge, mélangé avec du miel injecté dans les narines, rend la santé aux épileptiques ainsi qu'aux aliénés. Ces affections ont en effet beaucoup de points communs, mais elles diffèrent en ceci que l'épilepsie n'est pas accompagnée de fièvre alors que l'aliénation est accompagnée de fièvre. Cette affection est la plus forte lorsque les méninges sont contractés et resserrés par le froid et qu'une humeur abondante oppressant l'esprit qui n'a plus d'ouverture aisée [sur l'extérieur] et provoque alors l'égarement de l'esprit et la démence. La plante *anagallis* qui est de nature pénétrante, injectée dans les narines, les assainit.

- On confectionne également avec elle un onguent qui enlève les taches sur la peau du visage (*pholidas*), les lentilles, les petits boutons (*ionthous)* et les taches noires que les Grecs appellent *alphous* avec cette préparation ainsi composée : *alcion* : 4 drachmes, pierre ponce calcinée : 8 drachmes, noix de galle d'Asie : 9 drachmes, *lycium indicum* : 12 drachmes, iris d'Illyrie : 24 drachmes, miel piquant : 8 drachmes, suc de la plante anagallis : 20 drachmes. On mélange toutes ces substances, on les pétrit et on les conserve dans un vase en étain. Quand on l'utilisera pour soigner, on lavera d'abord l'endroit [à traiter] avec du nitre et de l'eau, puis on appliquera en onction."

Il s'agit de deux espèces de mouron que Dioscoride (*M.M.* II, 178) et Pline (*H.N.* XXV, 144) distinguent correctement : l'une a des fleurs bleues (*Anagallis arvensis* L. = *Anagallis phœnicea* Scott) et l'autre des fleurs rouges (*Anagallis fœmina* Miller = *Anagallis cœrulea* Schreber).

La plante du Capricorne. Notre manuscrit mentionne le ***lapathus****** comme plante du signe du Capricorne. Une brève notice lui est consacrée dans l'*Herbarius* (Chap. XIII) pour signaler qu'elle est bonne pour les tumeurs à l'aine. Dans un additif à cette notice, il est noté qu'elle convient aussi pour les apostèmes et les démangeaisons qui surviennent sur tout le corps. De plus, il lui est reconnu le pouvoir de protéger des morsures des bêtes sauvages et des chiens qu'elle a en outre la propriété de faire fuir.

"X. *CAPRICORNI LAPATHUS*

La dixième plante est le le *lapathus* qui a un très petit nombre de propriétés, mais des plus utiles. Si l'on broie son suc avec du cyclamen et que l'on en enduit le corps, on n'est pas mordu par les bêtes sauvages. Les chiens le fuient également.

- Avec les racines de *lapathus*, on confectionne un remède pour [soigner] les morsures de chien : cire 8 drachmes, résine de pin : 20 drachmes, galbanum : 12 drachmes, graisse de porc : 12 drachmes, racine de *lapathus* broyée et tamisée : 30 drachmes, huile de *storax* : 20 drachmes ; mélange le tout et utilise-le contre les morsures de chien enragés ; mais donne en plus un demi cyathe de suc de *lapathus* par jour pendant sept jours. Si le patient est hydrophobe et ne veut pas boire le suc, mélange [celui-ci] à six cotyles chacun d'huile et de miel et donne-lui en lavement et tu en admireras les effets."

Le mot *lapathum* désigne une plante réputée pour ses propriétés laxatives et fréquemment citée dans les textes médicaux. Dioscoride n'en dénombre pas moins cinq espèces (*M.M.* II, 114 et 115). Il s'agit ici d'une des différentes espèces du genre *Rumex* L., généralement impossible à identifier avec précision.

La plante du Verseau. Notre auteur attribue au signe du Verseau une plante qu'il appelle *dracontea**, mais il signale qu'on la désigne aussi par le mot ***marathrum****.

"XI. *AQUARII DRACONTEA.*

La onzième plante est le *dracontea**, que l'on appelle aussi *marathrum**. Celui qui est enduit de son suc n'est pas mordu par les serpents.

- Celui qui est mordu par un serpent doit boire du suc de *dracontea* mélangé à part égale avec du vin, et il est rapidement soulagé. On [calcule] la dose de la potion à donner en fonction des propriétés [venimeuses] du serpent.

- On confectionne ainsi un collyre pour les obscurcissements de la vue : *cadmia botryitis* (*cadmia botryitis* : appelé aussi "pierre calaminaire", oxyde de zinc naturel ou artificiel, résidu provenant des parois des hauts fourneaux) : 9 drachmes, *psimmythium* : 4 drachmes, noyaux de dattes brûlés : 15 drachmes, cuivre calciné : 2 drachmes, *lycium indicum* : 2 drachmes, miel amer : 2 drachmes ; on mélange [tout cela] au suc de *dracontea* et on triture jusqu'à l'obtention de la consistance du miel." (26)

Notre auteur semble avoir utilisé des sources différentes et en avoir déduit que *dracontea* et *marathrum* désignaient la même plante. En effet, selon les manuscrits grecs d'astrologie, la plante marquée du signe du Verseau est tantôt l'une, tantôt l'autre. Or, il s'agit de plantes distinctes dont la morphologie n'a guère de points communs. Le *dracontea* désigne la serpentaire (*Dracunculus vulgaris* Schott.) qui était surtout recommandée pour soigner les morsures ou piqûres d'animaux venimeux, et aussi pour traiter les ophtalmies. Le mot *maratum* (= *marathrum*) était employé par les Grecs pour désigner une tout autre plante appelée *herba feniculum*, c'est-à-dire le fenouil (*Fœniculum vulgare* Mill.) à laquelle Pline (*H N*, XX, 256 – 258) attribue de nombreuses vertus thérapeutiques dont celles mentionnées par notre auteur. Des propriétés identiques attribuées aux deux plantes expliquent sa confusion.

La plante des Poissons. Deux espèces de la plante désignée sous le nom d'***aristolochia**** sont attribuées au signe des Poissons. Notre auteur leur consacre une notice beaucoup plus longue que celle qui lui est consacrée dans l'*Herbarius*. Dans ce dernier pourtant, il lui était attribué de nombreuses propriétés : elle était en effet recommandée pour soigner les envenimements, les fièvres, les fistules, les brûlures causées par le froid, les morsures des serpents et des hommes (!), pour provoquer le rire chez les enfants tristes et traiter les carcinomes qui se produisent dans les narines.

"XII. *PISCIUM ARISTOLOCHIA.*

La douzième plante est l'*aristolochia**. Il y en a deux espèces, une mâle et une femelle. On appelle l'espèce femelle *clematitis* et l'espèce mâle *astragalus*. Je commence par l'espèce femelle. Celle-ci a un fruit en forme de pomme dont le suc est utilisé pour confectionner un collyre pour la cataracte et le glaucome ainsi composé : cadmia botryitis brûlée, éteinte et lavée au vin de Salerne : 8 drachmes, cuivre calciné : 3 drachmes, antimoine : 6 drachmes, poivre blanc : 2 drachmes, miel d'Attique : 4 drachmes, *lycium indicum* : 4 drachmes ; on broie tout cela et on le mélange avec le suc jusqu'à obtenir la consistance du miel. Quand on commence les soins, on utilise d'abord du nitre en onction, jamais de l'huile.

- Avec le suc des feuilles, on confectionne ainsi un onguent qui rend l'éclat et la blancheur au visage et qui enlève également les taches blanches sur la peau ainsi que les taches noires que les Grecs appellent *alphomelanas* : hellébore blanc : 4 drachmes, terre de Chio : 20 drachmes, iris d'Illyrie : 40 drachmes, miel piquant : 8 drachmes, *lycium indicum* : 8 drachmes ; on broie et on tamise le tout et on le mélange au suc jusqu'à l'obtention de la consistance du miel.

- Avec les racines de l'*aristolochia*, on confectionne un collyre pour les taches sur la cornée, les ulcères sur la cornée, les ulcères sordides qui se manifestent sur les yeux ; il purifie et cicatrise : *cadmia botryitis* : 15 drachmes, encens : 8 drachmes, safran de Corycos : 5 drachmes, racine d'*aristolochia* broyée et tamisée : 14 drachmes, cumin : 12 drachmes ; on mélange le tout à du vin d'Aminea.

- Pour les ulcères de Chiron et ceux qui sont sordides et ne peuvent se cicatriser à cause des humeurs qui s'écoulent avec persistance, on confectionne un remède de cette manière : cire : 20 drachmes, galbanum : 20 drachmes, grains d'encens : 40 drachmes, résine de térébinthe : 40 drachmes, *ion* : 40 drachmes, racines d'*aristolochia* broyées et tamisées : 75 drachmes, vieille huile : 40 drachmes, on mélange les substances sèches au tout et on l'emploie. Ce remède mélangé avec de l'huile rosat et du miel guérit toutes les plaies aux narines et à la bouche. Il convient également pour celles qui se situent aux oreilles, aux parties sexuelles ainsi qu'à l'anus.

- Avec le suc des feuilles de l'*aristolochia* appelée *astragalus*, on confectionne aussi des pastilles pour traiter les ulcères à la poitrine ; il débarrasse du flegme et du pus qui s'en écoulent et il cicatrise : safran : 23 drachmes, tubes de cassia : 6 drachmes, bdellium : 12 drachmes, lentilles bâtardes : 12 drachmes, amandes amères décortiquées : 8 drachmes ; on broie, on tamise et on mélange au suc en quantité suffisante et on confectionne des pastilles d'une drachme chacune. On en donne une le matin et une le soir au coucher.

- Avec le suc du fruit, on confectionne une pastille pour les calculs et les pustules du psoriasis, ceux qui urinent peu et avec douleur ainsi que ceux dont les urines contiennent du sang : graines de *petroselinum* de Macédoine : 14 drachmes, graines de rue : 14 drachmes, graines de *daucus* : 14 drachmes, *costus* : 18 drachmes, poivre : drachmes, iris d'Illyrie : 4 drachmes, miel d'Attique : 12 drachmes ; on broie et on mélange le tout et on confectionne des pastilles d'une drachme chacune et on en donne une à jeun, dans un cyathe de vin blanc. Il dissout les calculs, purifie les plaies et cicatrise en trois jours.

- Avec les racines d'*aristolochia*, on confectionne un onguent pour les écrouelles, les gonflements des glandes parotides, les athéromes et les tumeurs graisseuses dont la composition est la suivante : cire : 120 drachmes, résine de térébinthe : 40 drachmes, galbanum : 14 drachmes, gomme ammoniaque : 12 drachmes, racines d'*aristolochia* broyées : 80 drachmes, résine de cèdre : 40 drachmes ; on mélange les substances sèches à celles qui sont liquides et on emploie. Sa propriété est de fractionner ce qui est très dur et de faire éclater les abcès ; lorsqu'il les aura ouverts, on met de la plante *clematis* en quantité suffisante ; en effet celle-ci guérit et purifie les plaies."

L'*aristolochia* est une plante fréquemment citée dans les ouvrages anciens qui traitent des remèdes. Dioscoride en distinguait trois espèces (*M.M.* III, 4) et Pline quatre (*H.N.* XXV, 95). Ce mot désigne différentes espèces du genre *Aristolochia* L. (*Aristolochia rotunda* L. *Aristolochia longua* L. *Aristolochia clematis* L. et *Aristolochia pistolochia* L.).

Les plantes des 7 planètes

Après avoir exposé les propriétés de chacune des plantes des signes zodiacaux, notre auteur déclare qu'il a jugé nécessaire de présenter celles que l'on prête généralement aux plantes planétaires.

La plante du Soleil. La plante attribuée au Soleil dans notre opuscule est l'***heliotropion****. Cette plante a déjà été mentionnée plus haut dans la notice consacrée à la plante du signe de la Balance, sous le nom de ***scorpiurus***. Mais les vertus qui lui sont prêtées ici ne sont pas les mêmes.

"I. *SOLIS HELIOTROPION.*

La première de toutes les plantes est l'*heliotropion.* Il existe de nombreuses espèces d'*heliotropion*, mais la plus utile de toutes est celle que l'on appelle *cicorion.* On mélange son suc à de l'huile rosat pour en faire un onguent des plus appropriées pour les cardiaques. Il guérit aussi les fièvres quartes et tierces, et calme les maux de tête, si l'on a mélangé suc et huile à parts égales.

- On confectionne aussi avec ses racines des pilules pour les cardiaques et ceux qui souffrent de l'estomac et ne peuvent garder les aliments. Quand ils les prendront, ils digèreront aisément leur nourriture : nard indien : 8 drachmes, mélilot : 14 drachmes, safran : 12 drachmes, fleurs de lentisque : 6 drachmes, racines d'*heliotropion* broyées et tamisées : 24 drachmes ; on mélange à du vin très vieux et à du miel et on confectionne des pastilles d'une drachme chacune et on donne aux cardiaques ainsi qu'aux malades de l'estomac avec du vin."

La plante de la Lune. Selon l'auteur de notre opuscule, c'est une plante appelée ***aglaophotis**** qui est la plante de la Lune. Ce mot grec évoque l'éclatante beauté (*aglaos*) de la lumière (*phôs*) diffusée par l'astre, mais ce n'est qu'une des nombreuses dénominations utilisées par les Grecs et les Romains pour désigner la pivoine (***Paeonia*** L.). Les vertus prêtées à celle-ci étaient fort nombreuses et un petit traité avait même été rédigé dans l'Antiquité pour en vanter l'efficacité (9). En revanche, l'*Herbarius* ne lui accorde que la propriété de soigner les "lunatiques" – c'est-à-dire les épileptiques- et ceux qui souffrent de sciatique dans la courte notice qu'il lui consacre sous le nom d'*herba peonia*. (Chap. XVV). On notera que la plupart des auteurs anciens qui mentionnent la pivoine et ses vertus curatives, notamment Dioscoride (*M.M.* III, 140) et Pline (*H.N.* XXVII 84-87), distinguent une espèce mâle et une espèce femelle, une distinction que notre opuscule ne prend pas en compte.

"II. *LUNAE AGLAOPHOTIS.*

La seconde plante, celle de la Lune, est l'*aglaophotis**. Elle pousse surtout en Arabie et en Syrie. Elle partage cette ressemblance avec la Lune : quand la Lune est croissante, elle croît, quand la Lune est décroissante, elle décroît. Elle est d'une très grande utilité ; si l'on enduit avec son suc mélangé à de l'huile rosat, alors qu'elle est elle-même décroissante, ceux qui souffrent de fièvre quarte ou tierce, ils en seront incontestablement délivrés. Si l'on attache sa racine à un lunatique, il sera délivré de sa maladie. Si quelqu'un est possédé par un démon, on lui fait une fumigation en brûlant des racines d'*aglaophotis*, le démon s'enfuit aussitôt.

- Il faut veiller scrupuleusement à ne faire ni d'onction ni de fumigation quand la Lune est croissante, car le mal augmenterait. Si les marins qui subissent une tempête, font une fumigation avec ses racines, la tempête se calmera.

- On confectionne également avec les racines croissantes ou décroissantes de la plante un remède qui a les mêmes propriétés que l'*aristolochia clematis*. La racine décroissante convient pour traiter les écrouelles et toutes les excroissances de chair à leur début ou lorsqu'elles se sont développées. La racine croissante est bonne pour purifier les plaies et les cicatriser. Tu peux comprendre, en homme avisé, que grâce à la diversité de son utilisation, selon l'utilisation mentionnée précédemment, toute affection du corps et de l'âme peut augmenter ou diminuer."

La plante de Saturne. Notre auteur attribue à Saturne une plante appelée ***sempervivum****, et il ne lui prête guère que la propriété de soigner la goutte dont il distingue d'ailleurs deux espèces. Il a latinisé le mot grec de la plante, *aeizôon*, (= *aizoum*) qui figurait dans l'opuscule qui lui a servi de modèle. Dioscoride précise qu'il en existe trois espèces (*M.M.* IV, 88-90), un grand, un petit et un troisième que l'on appelle aussi *andrachnê agria*. Il est vraisemblable que ce soit la première dont notre manuscrit vante les vertus et que l'on identifie généralement à la joubarbe arborescente (*Sempervivum arboreum* L. (auj. *Aeonium arboreum* (L.) Webb & Berth.). L' *Herbarius* (Chap. CXXIV) prête à l'*herba sempervivum* la propriété de soigner les apostèmes et l'hémitritée (fièvre demi-tierce).

" III. *SATURNI SEMPERVIVUM.*

La troisième plante, celle de Saturne, est appelée *sempervivum**. C'est la seule plante dont les propriétés apparaissent après qu'elle ait été cuite et filtrée. Son suc doit avoir la consistance du miel et il convient pour soigner la goutte chaude et la [goutte] froide ; il en existe en effet une chaude et une froide. La différence entre les deux se reconnaît à ce que la chaude disparaît avec des remèdes froids et la froide par des remèdes opposés. Lorsqu'on aura reconnu la différence entre les deux affections, pour la chaude, on mélangera le suc à de l'huile rosat et on enduira la partie douloureuse ; pour la froide, on utilisera de la myrrhe de Syrie. Si la douleur se manifeste violemment, on ajoute du *castoreum* (*castoreum* : substance provenant des glandes placées sous l'abdomen du castor) pour la froide et du suc d'armoise pour la chaude."

La plante de Jupiter. Notre auteur affecte la plante nommée ***eupatorium**** à la planète Jupiter et il cite plusieurs affections que l'on peut soigner avec elle. Il indique en outre pour chacune la composition des remèdes qu'il convient d'employer, en précisant les différentes substances avec lesquelles elle doit être associée.

" IV. JOVIS *EUPATORIUM*.

La quatrième plante, celle de Jupiter, est l' *eupatorium* que l'on appelle aussi *dactylum*. Avec son suc, on confectionne pour ceux qui souffrent de léthargie des pilules dont la composition est la suivante : nard desséché : 2 drachmes, *cassia* : 4 drachmes, opopanax : 2 drachmes, livèche : 8 drachmes, cumin noir : 4 drachmes ; après avoir broyé et tamisé le tout, on le mélange au suc d'*eupatorium* et on confectionne des pilules d'une demie drachme chacune et on en donne dans un cyathe d'eau chaude. Si on mélange le suc avec de l'huile rosat et que l'on en enduit un léthargique, celui-ci sera guéri.

- Avec les racines de l'*eupatorium*, on confectionne des pastilles pour les hémorragies, la dysenterie, les plaies et toutes les affections qui touchent le ventre ; en voici la composition : myrte blanche : 2 drachmes, rue de Syrie : 24 drachmes, racines d'*eupatorium* broyées : 24 drachmes, écorce de grenade broyée : 28 drachmes, noix de galle d'Asie : 6 drachmes ; on mélange le tout après l'avoir broyé et tamisé à du vin sec et on confectionne des pastilles d'une drachme chacune. On en donne une avec de l'eau chaude à ceux qui ont de la fièvre, et avec du vin sec à ceux qui n'ont pas de fièvre. Elle arrête aussi immédiatement les écoulements sanguinolents du ventre. Ne donne pas plus d'une pastille et ne cherches pas avec une seconde à relâcher complètement le ventre.

- Avec les racines, on confectionne aussi un collyre pour les taches blanches sur l'œil, les excroissances qui se forment sur la cornée, les taies sur l'œil et autres affections semblables : hématite broyée et lavée : 6 drachmes, cadmie broyée et lavée : 4, molybdène calciné : 3 drachmes, myrrhe de la Troglodytique : 4 drachmes, safran : 9 drachmes, racines de l'*eupatorium* broyées : 24 drachmes, cumin : 8 drachmes ; on mélange avec du vin sec et on emploie. Ce collyre fait disparaître les enflures sur le visage, tout bleu provenant d'un coup, ainsi que les dartres et il rend blanches les cicatrices noires."

Le mot *eupatoroium* désigne l'aigremoine (*Agrimonia eupatoria* L.). Dioscoride lui consacre une notice (*M.M.* IV, 41) et lui prête des propriétés astringentes, anti diarrhéiques et cicatrisantes, mais aucunement des vertus pour soigner les affections oculaires sur lesquelles, notre auteur s'étend longuement. Dioscoride signale toutefois que certains appelaient aussi par erreur cette plante *argemônion*, laquelle était alors réputée pour ses propriétés ophtalmiques. Son nom dérive d'ailleurs du mot grec *argema* qui signifie "taie sur le blanc de l'œil". Il n'est pas impossible que notre auteur ait complété sa propre notice en ajoutant aux propriétés de l'*eupatorium* proprement dit, celles de l'*argemônion* qui, outre l'*Argemonia eupatoria* L., pouvait désigner aussi bien l'*Aster amellus* L. que le *Papaver argemone* L. ou encore différentes espèces d'*Anemone* L.

Notre auteur n'a d'ailleurs fait que traduire scrupuleusement en latin l'opuscule grec qui lui sert de modèle, sans en rectifier les erreurs.

L'*Herbarius* ne consacre aucune notice à *l'eupatorium*. En revanche, il en a réservé une à l'*herba argimonia* qui, selon lui, est bonne pour traiter les affections et les douleurs des yeux, les douleurs du ventre, les blessures et les carcinomes, les luxations, les verrues, les morsures de serpents, les coups portés par une épée ou un pieu, les douleurs de la rate et toutes plaies.

La plante de Mars. Notre auteur l'appelle ***peucedanus**** et lui attribue de nombreuses propriétés. Si Dioscoride lui consacre une longue notice dans laquelle il lui prête également de nombreuses vertus curatives, l'*Herbarius* en revanche, (Chap. XCV) ne lui reconnaît que la propriété de faire fuir les serpents ainsi que celle de soigner les "frénétiques". Il s'agit d'une espèce du genre *Peucedanum* L., peut-être *Peucedanum officinale* L., mais les descriptions par trop sommaires qui en est faite par les auteurs grecs et latins invitent à la prudence.

" V. *MARTIS PEUCEDANUS.*

La cinquième plante, celle de mars, est le *peucedanum**. Son suc est utile contre les morsures de serpent ; voici comment on confectionne le remède : moelle de cerf : 40 drachmes, *sansucus**: 12 drachmes, *cyperus**: 8 drachmes, galbanum : 4 drachmes, résine de térébinthe : 6 drachmes, cire : 40 drachmes, vieille huile : 16 drachmes, *peucedanum* : 40 drachmes,; on broie et fait cuire jusqu'à obtenir la consistance du miel. Celui qui est enduit de cette préparation ne sera pas mordu. S'il a été blessé auparavant et qu'il est enduit, il guérira.

- On confectionne aussi des pilules avec le suc de *peucedanum* contre les morsures de serpent : *amomum* : 8 drachmes, graines de coriandre : 16 drachmes ; selon une autre formule : miel d'Attique : 20 drachmes ; on mélange au suc et on confectionne des pilules d'une drachme chacune ; on donne avec 4 cyathes de vin rouge et on fait courir [le patient].

- Pour la jaunisse, on confectionne une pastille avec les racines de *peucedanum* ; elle guérit aussi les hydropiques : pierre chelonitis broyée et tamisée : 8 drachmes, safran de Corycos : 12 drachmes, fleurs de sarriette : 24 drachmes, aloès : 8 drachmes, *sylphium* : 12 drachmes, pierre hématite : 4 drachmes, miel piquant : 20 drachmes, racine de *peucedanum* broyée : 40 drachmes ; on broie et on tamise le tout et on le mélange à du vin d'outre-mer ; on en confectionne des pastilles d'une drachme chacune et on donne dans 3 cyathes de vin d'outre-mer à ceux qui sont fiévreux, dans de l'eau chaude.

- On confectionne aussi un remède pour les plaies et ceux qui ont eu les nerfs sectionnés afin d'obtenir une cicatrisation en trois jours : cire : 80 drachmes, *sarcocolla* : 16 drachmes, résine sèche : 40 drachmes, encens mâle : 12 drachmes, graisse de taureau : 14 drachmes, *castoreum* : 8 drachmes, racine de *peucedanum* broyée : 80 drachmes, huile de Cilicie : 40 drachmes. On mélange les substances sèches à celles qui sont liquides et on emploie."

La plante de Vénus. Notre opuscule attribue à la planète une plante qui est désignée sous différents noms. Grâce à l'un d'eux, ***kallitrichos****, il est possible de l'identifier sans un trop grand risque d'erreur. Toutefois, comme les auteurs qui citent cette plante sous ce nom précisent qu'il en existe deux espèces, il peut s'agir soit du capillaire de Montpellier (*Adiantum capillus veneris* L.), soit du capillaire rouge (*Asplenium trichomanes* L.). Dioscoride (*MM*, IV, 134-135) tout comme Pline (*H.N.* XXII, 64-65) lui prêtent de nombreuses propriétés. L'*Herbarius* consacre une courte notice à l'***herba callitricum**** (Chap. XLVII) pour lui reconnaître la propriété de teindre les cheveux et d'être efficace pour soigner les scrofules chez les femmes.

" VI. *VENERIS PANACES.*

La sixième plante, celle de Vénus, est la *panaces*. Nous l'appelons *plokamitis*, et quelques-uns *kallitrikos*. Son suc a des propriétés importantes et qui lui sont propres ; et ses racines en ont qui ne sont pas moindres. Si on s'enduit la chevelure avec le suc de la plante *panaces* mélangé à du nard, on conservera pour toujours des cheveux noirs et ils seront plus drus et plus beaux.

- On confectionne aussi un collyre qui imprègne le glaucome dans les yeux. Il rend également les yeux clairs ou foncés ; on le confectionne ainsi : acacia noir : 8 drachmes, *misyos* (*misyos* : sorte de métal, peut-être pyrite de fer) : 7 drachmes, fleurs de cuivre : 1 drachme, cuivre calciné : 1 drachme, safran : 8 drachmes ; après avoir broyé et tamisé le tout, on mélange au suc jusqu'à obtenir la consistance du miel.

- On confectionne également un onguent pour tout le corps afin que son odeur et sa couleur soient les meilleures possibles : *sausaucum :* 16 drachmes, roses séchées : 1 drachme, cire : 40 drachmes, *psimmithium* : 12 drachmes, amomum : 8 drachmes, iris d'Illyrie : 40 drachmes, mélilot : 20 drachmes, de la meilleure huile d'Espagne : 40 drachmes, suc de *panaces* : un setier ; on mélange le tout une fois broyé et tamisé aux substances liquides et on fait cuire jusqu'à obtenir la consistance du miel. Cet onguent guérit aussi toutes les affections de la matrice. Ces propriétés du suc lui sont en propre ; la racine est aussi d'un très grand intérêt.

- Avec la racine de *panaces*, on confectionne une pastille : si on la boit, même si on a pris les poisons de Circé, on ne souffre d'aucun mal. Et si on boit la pastille avant d'absorber le poison et après [l'avoir absorbé], on en est immédiatement délivré : myrrhe : 6 drachmes, aloès : 14 drachmes, graines de cornouiller : 12 drachmes, safran : 8 drachmes, opopanax : 8 drachmes ; selon une autre formule : *opobalsamum* : 8 drachmes, graines d'aneth : 12 drachmes, tige de nard : 2 drachmes, miel d'Attique : 20 drachmes, racine de *panaces* broyée : 1 drachme ; on broie et on tamise le tout, on le mélange à de l'eau de mer et on confectionne des pastilles d'une drachme chacune. A ceux qui n'ont pas été intoxiqués par le poison, on donne une seule pastille dans deux cyathes de vin ; à ceux qui ont été intoxiqués avant, on donne 2 pastilles dans trois cyathes de vin.

- On confectionne aussi un emplâtre pour les plaies à la tête et pour faire repousser les cheveux de cette manière : résine de cèdre : 4 drachmes, litharge : 8 drachmes, grains d'encens : 20 drachmes, cire : 40 drachmes, *ion* : 6 drachmes, vieille huile : 9 drachmes, racine de *panaces* séchée et broyée : 120 drachmes,; on mélange les substances sèches à celles qui sont liquides et on emploie.

- On confectionne aussi un onguent pour le visage des femmes, afin qu'il soit sans rides et demeure lisse. Il enlève également toutes les éruptions cutanées): *lycium indicum* : 1 drachme, miel d'Attique : 20 drachmes, hellébore blanc : 8 drachmes, alun découpé : 2 drachmes, mélilot : 40 drachmes, racine de *panaces* séchée et broyée : 40 drachmes, vinaigre amer : 1 setier ; on mélange le tout une fois broyé et tamisé et on fait cuire jusqu'à obtenir la consistance du miel."

La plante de Mercure. Notre auteur qui l'appelle ***flomus**** ne lui consacre qu'une courte notice dans laquelle il donne différentes formules de remèdes. Ce mot désigne une plante du genre *Verbascum* L., c'est-à-dire une espèce de molène. Pline (*H.N.* XXV, 120) comme Dioscoride (*M.M.* IV, 103) en distinguent deux espèces, sous le nom de *phlomos*, une blanche qui est l'espèce mâle et une noire qui est l'espèce femelle, mais leurs descriptions sont insuffisamment précises pour qu'on puisse les identifier sans un trop grand risque d'erreur. La notice de l'*Herbarius* qui lui est consacrée sous le nom d'*herba verbascum* (Chap. LXXII) signale seulement qu'elle est bonne pour soigner la goutte et qu'elle possède le pouvoir de protéger des mauvaises rencontres celui qui la porte sur lui.

" VII. *MERCURII FLOMUS* .

La septième plante, celle de Mercure, est appelée *flomus*. Avec son suc, on confectionne un remède grâce auquel, si on s'en enduit avant de se mettre en route, on ne sentira pas la fatigue. Si on s'en enduit après ressentir la fatigue, celle-ci disparaîtra aussitôt. On le confectionne ainsi : *sansucus* : 12 drachmes, moelle de cerf : 40 drachmes, galbanum : 8 drachmes, huile d'Espagne : 40 drachmes, racine de *flomus* séchée et broyée : 80 drachmes ; om mélange les substances sèches à celles qui sont liquides et on emploie.

- On confectionne également un remède avec les racines pour extraire les pointes de flèches du corps ; en voici la formule : cire 80 drachmes, résine de térébinthe : 40 drachmes, galbanum : 20 drachmes, huile d'Espagne : 40 drachmes, racine de *flomus* broyée et tamisée : 80 drachmes ; on mélange les substances sèches à celles qui sont liquides et on emploie. "

On a réuni dans le tableau suivant les 19 plantes composant la flore des signatures astrales du pseudo-Apulée.

PLANTES des SIGNES DU ZODIAQUE		
1 Bélier	*elelisphacos*	Genre *Salvia* L.
2 Taureau	*peristereon orthos*	*Lycopus europaeus* L. (?)
3 Gémeaux	*peristereon huptios*	*Verbena officinalis* L. ou *Verbena supina* L.
4 Cancer	*sumphutum*	Genre *Symphytum* L.
5 Lion	*cyclaminus*	*Cyclamen græcum* Link ou *Cyclamen persicum* Miller.
6 Vierge	*calaminthes*	Genre *Mintha* L. ou Genre *Calamintha* Miller
7 Balance	*scorpiurus*	*Heliotropium europæum* L.
8 Scorpion	*artemisia*	Genre *Artemisia* L.
9 Sagittaire	*anagallis*	*Anagallis arvensis* L. = *Anagallis phœnicea* Scott et *Anagallis fœmina* Miller = *Anagallis cærulea* Schreber).
10 Capricorne	*lapathus*	Genre *Rumex* L.
11 Verseau	*dracontea* *marathrum*	*Dracunculus vulgaris* Schott.) *Foeniculum vulgare* L.
12 Poissons	*aristolochia*	Genre *Aristolochia* L.

PLANTES des PLANÈTES		
1 Soleil	*heliotropion*	*Heliotropium europæum* L.
2 Lune	*aglaophotis*	*Paeonia* L.
3 Saturne	*sempervivum*	*Aeonium arboreum* (L.) Webb & Berth
4 Jupiter	*eupatorium*	*Agrimonia eupatoria* L.
5 Mars	*peucedanus*	genre *Peucedanum* L
6 Vénus	*panaces*	*Adiantum capillus veneris* L. ou *Asplenium trichomanes* L.
7 Mercure	*flomus*	Genre *Verbascum* L.

Le *De virtutibus herbarum, lapidum et animalium* attribué à Albert le Grand

Albert le Grand, né à Lavinguen en Souabe, en 1193 et mort à Cologne en 1280, a laissé une œuvre considérable qui porte sur presque tous les domaines de la connaissance et de la recherche abordés à son époque. Moine bénédictin à la curiosité insatiable et au savoir encyclopédique, il demeure une des grandes figures intellectuelles du Moyen-Âge. Pour nous en tenir au seul domaine de la botanique, on rappellera que nous lui devons un magistral traité sur les végétaux (*De vegetationibus*) en 7 Livres, en partie inspiré du *De Plantis* du pseudo-Aristote (10). Nous y trouvons de longs exposés sur la biologie et la physiologie végétales ainsi qu'une importante liste d'arbres et de plantes accompagnée de leur description et des principales propriétés qui leur étaient alors prêtées (11).

La réputation d'Albert le Grand fut rapidement si largement répandue qu'on lui attribua très tôt des ouvrages d'alchimie, de magie et d'astrologie dont il n'était nullement l'auteur. L'opuscule intitulé "*De virtutibus herbarum, lapidum, et animalium*" fait partie de cet ensemble de livres apocryphes. Ses versions les plus anciennes dont nous disposons aujourd'hui remontent au XVème siècle. Il a souvent été incorporé dans un traité intitulé "*Liber Aggregationis*", puis dans le livre II du *Grand Albert* (12) dont il constitue les trois premiers chapitres.

La traduction que nous proposons ci-dessous a été établie à partir d'un incunable imprimé en latin vers 1493, et conservé à Paris, à la bibliothèque du Muséum national d'histoire naturelle (13). Celui-ci comprend deux parties. La première porte sur seize plantes que son auteur désigne par leur nom chaldéen, grec, latin et parfois français. Leurs propriétés sont magiques et appartiennent pour l'essentiel au domaine du merveilleux et du miraculeux. Il n'y est pas question de signatures. (14)

La seconde partie de cet incunable est consacrée aux plantes planétaires. On y trouve une brève notice sur chacune des sept plantes qui tirent leurs vertus de la domination des sept planètes avec lesquelles elles sont en correspondance, ce qui signifie qu'elles en portent la signature. Il s'agit très vraisemblablement d'une traduction latine, souvent fautive et maladroite, d'un ouvrage grec de botanique astrologique médicale qui remonte aux premiers siècles de notre ère. (15)

Le *Liber aggregationis*

Son auteur présente ainsi l'ouvrage :

"Livre du rassemblement ou livre des secrets d'Albert le Grand sur les vertus des pierres, des plantes et des animaux. Livre premier : sur les vertus de quelques plantes. Le philosophe [*i.e.* Aristote] soutient en plusieurs endroits que toute science est bonne en soi, mais que son application est bonne ou mauvaise selon la fin vers laquelle on la dirige et l'usage que l'on en fait. On en tire deux conclusions : la première, c'est que la magie n'est point mauvaise puisque par sa connaissance on peut éviter le mal et faire le bien ; la seconde c'est qu'on loue l'effet à cause de la fin et qu'on blâme une science dont la fin n'est pas dirigée vers le bien ou à la vertu. Il s'ensuit qu'une science ou une application est bonne ou mauvaise. Pour cette raison, la magie est bonne, comme on le présume, et fort mauvaise lorsqu'elle spécule sur les choses naturelles, comme on l'observe chez les auteurs anciens et moi-même, Albert, j'ai appris la vérité chez plusieurs d'entre eux et je place la vérité dans le livre de Chyrandis et dans celui d'Alchorat. Je commencerai ce traité en parlant de la vertu de certaines herbes, ensuite celles des pierres, enfin celles de certains animaux.

La partie du traité consacrée aux plantes planétaires commence par une référence à l'empereur Alexandre pour souligner tout le sérieux de son propos. (16)

"Les sept plantes suivantes, selon l'empereur Alexandre, tirent elles-mêmes leurs propriétés de l'influence des planètes. Chacune reçoit sa vertu des [puissances] naturelles supérieures.

L'auteur aborde ensuite les propriétés de chacune des plantes attribuées aux planètes.

La plante de Saturne

"La première est la plante de Saturne et s'appelle *affodilius**. Son suc est efficace pour apaiser la douleur des reins et des jambes. On donne sa racine, sans trop la cuire, aux malades qui souffrent de douleur de la vessie. Et ceux qui sont possédés par un démon ou les mélancoliques qui la portent sur eux dans un linge de lin propre seront aussi délivrés et elle chasse les démons des maisons, s'il y en avait. Les enfants qui la portent n'éprouvent aucune douleur lorsqu'ils font leurs dents et elle est si bonne que celui qui porte la racine sur lui passera une nuit calme sans avoir peur (= sans cauchemars) et il ne sera pas blessé par les autres."

Le mot ***affodilius*** est une transcription fautive du grec *asphodellos* (translittéré en latin en *asphodellus*) qui désigne l'asphodèle (genre *Asphodelus* L.), sans qu'il soit possible d'en déterminer l'espèce avec précision.

La plante du Soleil

" La seconde est la plante du Soleil et s'appelle *poligonia** ou *corrigiola*. Le nom de cette plante lui vient en effet du Soleil, car celui-ci est le géniteur d'une multitude [d'êtres] et cette plante est également très prolifique ; d'autres l'ont appelé cette plante *alchone* (17) qui est le domicile du Soleil. Cette plante guérit en effet les affections du cœur et de l'estomac (18). Celui qui touche cette plante a une vertu qui lui vient de son signe ou de la planète (19). Si quelqu'un boit son suc, il sera capable d'avoir de nombreux coïts. Si quelqu'un porte sa racine sur lui, elle le guérira de [ses] affections oculaires. S'il souffrait auparavant d'une autre affection, et qu'il boit son suc, il ne lui arrivera pas d'affection oculaire. Elle est également utile aux frénétiques si ceux-ci la portent sur les endroits [douloureux], c'est-à-dire la poitrine. Elle aide aussi ceux qui souffrent de péripneumonie et leur donne une bonne respiration ; elle est aussi utile pour les flux de sang des mélancoliques."

La plante que le ps-Albert désigne par le mot ***poligonia*** est probablement la renouée des oiseaux (*Polygonum aviculare* L.). Ce mot est synonyme de *polygonum*, transcription du grec *polugônos* ou *poligônon*.

La plante de la Lune

" La troisième est la plante de la Lune et s'appelle *chynostates**. Son suc, avec du *castoréum*, fait disparaître les aigreurs de l'estomac et de la poitrine, parce que cette plante est celle de la Lune (20). La fleur de cette plante nettoie les rates dilatées, car elle croît et diminue comme la Lune. Elle est efficace pour les ophtalmies, elle rend la vue perçante et elle est bonne pour [soigner] les yeux injectés de sang. Si l'on met de sa racine pilée sur l'œil, elle éclaircit merveilleusement la vue, car la lumière des yeux est mystérieusement proche de la substance lunaire. On utilise également son suc, pris en boisson, pour ceux qui souffrent de l'estomac et ne peuvent digérer la nourriture. Elle est efficace aussi pour ceux qui ont des scrofules."

Le mot ***chrynostates*** que le ps-Albert utilise pour désigner la plante de la Lune est vraisemblablement une transcription fautive du mot grec *kunosbatê* (ou *kunosbatos*) qui désigne un rosier sauvage (probablement *Rosa canina* L.)

La plante de Mars

" La quatrième est la plante de Mars et s'appelle *arnoglossa**. Sa racine est merveilleusement efficace pour les douleurs de la tête, car on croit que le Bélier qui est le domicile de Mars est à la tête du monde entier. Elle est également efficace pour le mauvais fonctionnement des testicules ainsi que pour les ulcères pourris et sordides, car Mars a son domicile dans le Scorpion (21), qui est un signe qui retient le sperme, c'est-à-dire la semence qui provient des testicules. Son suc, pris en boisson, est utile pour ceux qui souffrent de dysenterie et ceux qui crachent le sang, ainsi que pour les hémorroïdes et les affections de l'estomac."

La plante de Mars (Arès chez les Grecs) sélectionnée par le ps-Albert est l'***arnoglossa***, mot latinisé du grec *arnoglôsson* qui désigne le plantain (*Plantago major* L.).

La plante de Mercure

" La cinquième est la plante de Mercure et s'appelle *pentaphilon** ; quelques-uns l'appellent *petadactilus*, d'autres *calipendalo*. La racine de cette plante, utilisée en emplâtre après l'avoir broyée, guérit les plaies et les indurations. Son suc, pris en boisson avec de l'eau, fait rapidement disparaître les scrofules. Il guérit aussi les affections du pharynx, les affections et les douleurs de la poitrine. Si l'on garde son suc dans la bouche, il apaise les maux de dents et toutes les affections de la bouche. Si on la porte sur soi, elle donne du travail et elle est d'un grand secours si l'on veut demander quelque chose à un roi ou à un prince. Elle confère le don de l'éloquence et celui qui la porte sur lui obtient ce qu'il veut. Son suc est également efficace pour les calculs et la dysurie."

Le mot grec ***pentaphyllon*** employé pour nommer la plante de Mercure (Hermès chez les Grecs) désigne différentes espèces de potentille parmi lesquelles la plus répandue est la potentille rampante (*Potentilla reptans* L.).

La plante de Jupiter

"La sixième est la plante de Jupiter et s'appelle *achaton** (22); quelques-uns l'appellent *jusquiamus*. Sa racine, posée sur les ulcères, les fait disparaître et elle protège cet endroit des flegmons. Si on la porte sur soi avant de souffrir de bubons, on n'en aura jamais. Sa racine est également efficace pour la goutte si après l'avoir pilée, on la met sur l'endroit où souffre le malade, et cette action est due à la vertu des signes qui ont des pieds ou qui dominent les pieds. Son suc, en boisson avec du miel ou du *mellicratum* (*mellicratum* : translittération fautive du grec *melikraton*) est un mélange de miel et d'un liquide, généralement du lait), est efficace pour les douleurs du foie et toutes ses affections, parce que Jupiter domine le foie. De même, on l'emploie pour avoir de nombreux coïts. Elle est également utile à ceux qui, en la portant sur eux, veulent se faire aimer des femmes. Elle rend en effet gais et agréables ceux qui la portent sur eux."

Le mot ***achaton*** utilisé par le ps-Albert pour désigner la plante de Jupiter est une transcription erronée du mot grec *chrusagkathon* qui désigne une des nombreuses espèces de jusquiame réunies dans le Genre *Hyoscyamus* L.

La plante de Vénus

" La septième est la plante de Venus, et on l'appelle *pistereon**. Quelques-uns la nomment aussi *Hierobota*, c'est-à-dire la plante [appelée] *columbaria* et *verbena*. La racine de cette plante portée au cou guérit les scrofules, les parotides, les ulcères au cou et les tumeurs à la luette et si l'on en fait un emplâtre que l'on met sur ces affections. Elle guérit également les écorchures et les condylomes, c'est-à-dire les indurations, qui se manifestent à l'anus ainsi que les hémorroïdes. Si l'on boit son suc avec du miel dans de l'eau chaude, elle dilue ce qui est dans les poumons et donne une bonne respiration, car elle occupe le poumon. Elle est efficace pour les rapports sexuels, c'est-à-dire le coït, car son suc augmente beaucoup le sperme. Lorsque quelqu'un veut avoir des rapports sexuels, elle accroît son désir et la vertu de cette plante est plus grande si on la porte sur soi, car on pourra alors avoir de nombreux coïts. Toutefois, on ne devra porter sur soi aucune autre plante que celle-ci. Si on la met dans une maison ou une vigne ou une terre, on en tirera des revenus en abondance. De plus, sa racine est efficace pour ceux qui veulent planter des vignes ou des arbres, et les enfants qui la porteront sur eux seront de bons élèves et ils aimeront les études ; ils seront épanouis et joyeux. On l'emploie aussi pour purger et elle chasse tous les démons."

L'auteur ajoute quelques recommandations qui portent essentiellement sur le moment le plus favorable à la récolte de ces sept herbes, les paroles à prononcer à cette occasion et les précautions à prendre pour les conserver au mieux :

"Toutefois les plantes citées ci-dessus doivent être cueillies du vingt-troisième jour de la Lune jusqu'au trentième, en commençant par Mercure, à toute heure du jour ; en l'arrachant, fais mention de l'affection, en la [désignant] évidemment par son nom ou de la raison pour laquelle tu cueilles cette plante et prends-la ; mets-la sur du froment ou de l'orge, et sers-t-en ensuite pour ton usage."

Le mot ***pistereon*** employé par le ps-Albert pour désigner la plante de Vénus (Aphrodite chez les Grecs) est une transcription maladroite du grec *peristereôn* qui désigne plusieurs plantes (23). Il s'agit ici de la verveine (*Verbena officinalis* L.).

Nous avons réuni dans le tableau suivant les sept plantes mentionnées dans le *De virtutibus herbarum, lapidum et animalium* attribué à Albert le Grand.

PLANTES DES PLANÈTES du PSEUDO-ALBERT		
Saturne	*affodilius*	Genre *Asphodelus* L.
Soleil	*poligonia*	*Polygonum aviculare* L.
Lune	*chynostates*	*Rosa canina* L.
Mars	*arnoglossa*	*Plantago major* L.
Mercure	*pentaphillon*	*Potentilla reptans* L.
Jupiter	*achaton*	Genre *Hyosciamus* L.
Vénus	*pistereon*	*Verbena officinalis* L.

Recopiées avec plus ou moins de bonheur, les indications des manuscrits grecs de botanique astrologique médicale se transmirent ainsi de siècles en siècles jusqu'à une époque récente grâce au Grand Albert. Les utilisateurs de ce manuel pratique de magie qui fut longtemps un ouvrage de référence en la matière, étaient sans doute loin d'imaginer qu'ils devaient aux Grecs des premiers siècles après Jésus-Christ une grande partie des recettes qu'il contenait.

Comme l'opuscule attribué au pseudo-Athénée, il n'apporte aucun élément nouveau par rapport à son modèle grec et les plantes qu'il mentionne sont identiques à celles de ce dernier.

Ces deux transpositions latines publiées et diffusées sous les noms prestigieux d'Athénée et d'Albert le Grand présentent néanmoins l'intérêt de témoigner que la tradition s'était maintenue d'attribuer des propriétés thérapeutiques à certaines plantes, au seul motif qu'elles étaient censées subir l'influence des planètes ou des signes zodiacaux qui les avaient marquées de leurs signatures. Ces deux textes laissent implicitement supposer que ces signatures ne consistent nullement en une caractéristique extérieure particulière susceptible d'attirer l'attention, mais sont révélées à travers les propriétés prêtées à chacune des plantes sélectionnées.

L'élaboration d'une Flore médicale des signatures astrales

Les flores des signatures astrales inspirées par les opuscules grecs de l'Antiquité, traduits en latins et sans doute, pour certains, en français suscitèrent l'intérêt d'un certain nombre d'érudits des XVI ème et XVII ème siècles. Mais ceux-ci ne se livrèrent pas à de simples compilations des ouvrages qu'ils consultaient. En effet, ils ne se contentèrent pas de retenir les quelques plantes qu'avaient mentionnées les auteurs anonymes grecs de ces opuscules. Ils s'attachèrent à en rechercher d'autres, en se référant aux critères que ceux-ci avaient suggérés pour les sélectionner. A partir des données qu'ils recueillirent, et parfois suivant leurs propres observations, ils tentèrent de recenser le plus grand nombre possible de plantes portant une signature astrale, de décrire celles-ci et de justifier leur sélection par des considérations fondées sur les caractéristiques des planètes ou des signes du zodiaque. Leurs inventaires sont donc incomparablement plus riches que ceux de leurs devanciers. Si certains n'ont consacré que quelques lignes à l'exposé de leurs investigations, d'autres comme, par exemple, J.Ph Rhumélius, A. Etzler, H-C. Agrippa et surtout G B della Porta ont jugé que leurs propres recherches méritaient des exposés plus développés,

La flore médicale des signatures astrales selon J - P Rhumelius

Nous avons vu au chapitre précédent que Jean Pharamond Rhumelius avait élaboré une liste de cent plantes marquées, selon lui, par une signature dont une observation attentive permettait de connaître aisément les propriétés médicinales. Jugeant sans doute souhaitable de rappeler celles qui étaient "signées " par les planètes ou les signes du zodiaque, il les a regroupées à la fin de son Herbier, dans un bref inventaire (cf *supra* p 154-156) qui comprend une plante par planète et une par signe du zodiaque, à l'exception des signes du Taureau et du Cancer auxquels il n'a attribué aucune plante tandis qu'il en affectait deux au Bélier. Mais il n'a pas complété cet inventaire par des commentaires particuliers, les indications données dans sa liste des cent "plantes signées" lui paraissant sans doute suffisantes.

Rappelons que, selon lui, les sept plantes qui portent la signature des planètes sont *ros Solis** qui porte celle du Soleil, ***lilium**** celle de la Lune, ***scabiosa**** celle de Saturne, ***endivia**** celle de Jupiter, ***esula**** celle de Mars, ***viola**** celle de Vénus, ***hyssopus**** celle de Mercure.

Quant aux plantes qui portent la signature des signes du Zodiaque, ce sont : ***veronica**** et ***baldriana*** (?) qui portent la signature du Bélier, ***anisum**** celle des Gémeaux, ***spica**** celle du Lion, *lactuca* celle de la Vierge, ***anserina*** celle de la Balance, ***savina*** celle du Scorpion, ***juniperus*** celle du Sagittaire, ***sanicula*** celle du Capricorne, ***sinari*** celle du Verseau et ***foenum grœcum*** celle des Poissons.

La flore médicale des signatures astrales de Rhumelius est évidemment fondée sur sa croyance aux mélothésies planétaires et zodiacales. Mais celui-ci ne s'est guère étendu sur les critères qu'il a retenus pour l'établir. Les propriétés thérapeutiques qu'il reconnaît à chacune d'elles, c'est-à-dire leurs principes actifs, lui paraissent suffire pour témoigner de la relation de domination ou d'appartenance qui existe entre la planète ou le signe zodiacal – c'est-à-dire le Macrocosme- et les parties du corps humain conçu lui-même comme un Microcosme et touchées par une affection déterminée.

Une telle perception du monde aurait pu le conduire à établir un répertoire contenant un bien plus grand nombre de plantes. Il ne semble pas avoir été tenté d'entreprendre une telle démarche et son inventaire apparaît bien succinct.

La Flore médicale des signatures astrales d'August Etzler

On doit au médecin August Etzler un exposé sur les plantes qui portent la signature des planètes. On ne sait pas grand chose de sa vie et de son activité de praticien qui vécut en Allemagne au XVII ème siècle. Plus important et cependant moins connu que l'*Herbier* de Rhumelius, le catalogue d'A Etzler couvre plusieurs pages de son important traité de Matière Médicale au long titre latin : *Isagoge physico magico medica in qua signaturae non paucorum vegetabilium et animalium tam internae quae externae accurate depinguntur* imprimé à Strasbourg en 1631.

Comme son titre l'indique, l'ouvrage n'est pas uniquement consacré aux plantes. Dans chacun de ses chapitres, Etzler expose en effet quelles sont les relations de chacune des planètes avec plante, animal, partie du corps humain, minéral, régions du globe et maladies. On notera qu'Etzler ne s'est intéressé qu'aux plantes dominées par les planètes, n'accordant aucune place aux végétaux en relation avec les signes du zodiaque.

L'ouvrage d'Etzler n'est pas sans intérêt. En effet, à la différence de Rhumelius, son auteur y expose pour chaque planète, les caractéristiques des plantes qui sont sous sa domination, ce qui revient à donner implicitement les critères qui lui ont permis de les sélectionner. Il indique par ailleurs les propriétés thérapeutiques qui leur sont attribuées, ainsi que les affections pour le traitement desquelles elles sont plus particulièrement recommandées. Selon lui, chaque plante doit son efficacité à la planète qui la domine, soit du fait de la qualité, chaude ou froide de celle-ci notamment, soit du fait de l'antipathie ou de la sympathie que la planète dominante éprouve pour une autre planète. A l'appui de son exposé, il cite souvent différents auteurs de l'Antiquité, aussi bien des Grecs comme Homère, Hippocrate, Aristote, Galien, Dioscoride Oribase ou encore Nicandre, que des Latins, notamment Pline, Virgile, Horace, Ovide, Sénèque, ou Celse ; il cite aussi à l'occasion des passages de la Bible. Il a par ailleurs souvent recours dans ses démonstrations à des expressions employées couramment par les auteurs de traité d'astrologie ainsi qu' aux théories de l'astrologie dont Ptolémée avait jeté les bases, ses lecteurs étant supposés les connaître, ce qui le dispense de les rappeler, mais ne concourt pas toujours à la clarté de ses explications. De plus, celle-ci sont souvent succinctes et parfois confuses, sinon obscures et les arguments qu'il emploie pour justifier sa sélection des plantes semblent bien légers… On trouvera ci-dessous l'essentiel des quelques 80 pages qu'il a consacré à la Flore médicale des signatures astrales.

Les plantes de Saturne ont pour caractéristiques d'être hérissées d'épines et d'un aspect déplaisant, d'une couleur noire, fauve, pâle ou de celle du plomb, elles ont des "corps" ramassés, rugueux, maigres, striés de minces fibres, un aspect chétif et triste. Leur saveur est amère, sèche, elles ont la qualité de l'élément terre, elles sont d'une odeur abominable ou pour le moins désagréable. Elles se plaisent dans les endroits humides et pollués, escarpés, sur les hauteurs, les vallées encaissées, à l'écart, exposés au Nord, à l'abri du soleil, dans les bois et les endroits sombres.

Selon d'A. Etzler, ces plantes ont la propriété d'être efficaces pour soigner les "maladies de Saturne" qui sontque sont l'ictère, la phtisie (*phytisis*), l'hypochondrie (*hypocondriaca*), et surtout la lèpre (*lepra*) et le *vitiligo*, ainsi que toutes les maladies causées par l'humeur de Saturne (*humor Saturni*), c'est-à-dire la bile noire, les affections de la rate (*tumor splenis*), les maux de dents (*dolor dentium*), la paralysie (*paralysis*), les spasmes (*spasmus*), la fièvre quarte (*quartana*), la gale (*scabies*), les lithiases (*lêthiasis*). Quelques-unes sont d'excellents contrepoisons. Certaines agissent même si l'on se contente de les porter en amulette. Etzler a sélectionné la trentaine de plantes suivantes :

- ***pastinaca lutea**** qui est en partie sous la domination de Saturne, mais aussi d'autres planètes, n'est pas pour autant imprégnée de soufre terrestre. Si l'on se frotte les mains avec cette plante quand le Soleil est dans le Cancer et la Lune dans le Lion, à la dixième heure ou à midi et si l'on imagine avec malveillance un visage couvert de sueur, celui-ci est aussitôt couvert de lèpre. En effet, l'esprit de Saturne s'échappe alors de la plante et, attiré par la respiration [de la personne dont on a imaginé le visage] en corrompt le sang et provoque la "lèpre saturnienne". *pastinaca sylvestris** que Dioscoride appelle *staphylinon agrion** a des racines gorgées d'une épaisse humidité et elle perturbe la raison, sous l'action de "l'esprit de Saturne".

- ***consiligo**** répand une odeur repoussante et possède une saveur désagréable. Cette plante se plait dans les endroits ombragés et humides. Elle [ses feuilles] présente un aspect découpé et rugueux ; aussi est-elle sous la domination de Saturne au 3ème degré et elle est extrêmement toxique. En pénétrant dans le microcosme, le poison atteint le cœur. On utilise sa racine pour capturer les loups et les renards. Celle-ci, suspendue au cou, est une amulette efficace pour se protéger de la peste et des poisons. Ce qui peut être facilement prouvé : en effet, si l'on suspend sa racine au cou d'un chien, [on peut constater que] le poison n'a aucun effet sur lui.

- ***aster****est de couleur foncée, a une odeur et une saveur désagréable ; sa fleur est verdâtre ; cette plante pousse de préférence dans les forêts et les endroits boisés et sombres où les rayons du soleil ne pénètrent pas. Elle appartient à Saturne au 3ème degré. C'est pourquoi elle est vénéneuse et détruit le cœur à cause de Saturne qui est l'ennemi du Soleil. La *physiognomia* (*i e*, la morphologie) de cette plante laisse à penser que, portée en amulette, elle est très efficace lors des épidémies, pour protéger de la peste ; en outre, grâce à l'art des chimistes, elle guérit, par antipathie pour les poisons, ceux qui ont été victime d'un empoisonnement. Les magiciens malfaisants (*cacomagi*) utilisent cette plante - avec d'autres qui appartiennent à Saturne et à Mars - pour semer la discorde et faire naître des querelles entre époux. En effet, Saturne est l'ennemi de Vénus qui préside à l'amour. Si on l'absorbe et si on ne la rejette pas aussitôt, elle corrompt les humeurs et provoque la lèpre et toutes sortes de maladies qui appartiennent à Saturne. Etzler rappelle, pour illustrer son propos, qu'en juillet 1322, toutes les fontaines de France furent empoisonnées par des individus qui avouèrent sous la torture qu'ils y avaient jeté des chiffons imprégnés de sang humain et de plantes toxiques qui appartiennent à Saturne [dont sans doute l'*aster*], provoquant ainsi la mort de nombreuses personnes.

- ***aconitum****. L'aconit qui est d'une saveur désagréable et d'une couleur pourpre légèrement foncée, pousse dans les endroits très froids et escarpés. Etzler se réfère à Pline (*H N*, XXVII, 4-10), Ovide (*Métam.* VII, 410 - 419) et Théophraste (*H P*, IX, 16, 4) pour évoquer la préférence de la plante pour les sites pierreux, des endroits qui sont sous la domination de Saturne. Il précise que seule, la racine est toxique, soit parce que le poison qui est trop lourd et froid est descendu dans la racine et s'y concentre, soit parce que la plante purge ses parties aériennes de son poison sous l'action du soleil grâce à sa transpiration. Il rappelle que la racine qui se situe sous terre conserve ainsi toute l'influence de Saturne, car la terre est du domaine de Saturne, en opposition avec le Soleil. Il note aussi que la concentration de poison y est telle qu'elle tue les loups, et que le corps de ceux qui sont empoisonnés par l'aconit prend la couleur du plomb qui est une couleur dominée par Saturne, comme chez ceux qui souffrent du foie. L'aconit provoque des pamoisons, du fait de l'action de Saturne sur le cœur, par antipathie pour le Soleil qui se trouve alors attaqué et affaibli. Si l'on touche les parties sexuelles avec le suc de l'aconit, celui-ci provoque la mort. Etzler rappelle au passage que, selon Pline, (*H N,* XXVII, 4), Calperinus a enduit le sexe de ses épouses pour les faire périr durant leur sommeil. Toutefois, les parties génitales sont opposées au poison, car elles l'expulsent en le répandant dans les artères où il est étouffé par le cœur, du fait de l'antipathie du Soleil et de Vénus [qui dominent le cœur]. Etzler note par ailleurs que les plantes de Saturne appliquées au second degré sur les parties sexuelles ne sont pas mortelles, mais éteignent tout désir amoureux, du fait de l'opposition de Saturne à Vénus. L'aconit provoque aussi la folie (*mania*) qui est du domaine de Saturne et suscitée par celui-ci. En vertu de l'harmonie céleste, il est un remède contre la peste, s'il est purgé de son poison qui ne peut donc atteindre le cœur.

- ***cicuta*herba***. La cigüe est une plante à l'odeur et à la saveur désagréables, comme toutes les plantes de Saturne. Elle aime les endroits ombragés, sales, incultes et exposés au Nord, car Saturne règne sur le Nord comme sur les endroits particulièrement froids. Elle abonde ainsi autour de Suze et chez les Parthes. En revanche, elle est rare dans les endroits chauds, car la puissance du Soleil y est telle qu'elle s'oppose à celle de Saturne et l'anéantit. Ses feuilles sont découpées et légèrement foncées et elle tient de Saturne sa force qui est du 3ème degré est particulièrement destructrice. Si la cigüe est mortelle, elle le doit à "l'esprit de Saturne" qui fait suffoquer le cœur, après avoir inhibé la force vitale et les forces du Soleil qui le protègent. Etzler rappelle que, selon Pline (*H N*, XXV, 145), son suc refroidit le sang, et que les Athéniens l'utilisaient pour exécuter les condamnés à mort, comme Socrate, dont les derniers instants ont été rapportés par Platon dans son *Phédon*, tout en précisant qu'il provoque l'immobilité, les jambes devenant incapables de se mouvoir. Il ajoute qu'il trouble la raison, provoque aussi la folie, et cause également la cécité - les yeux étant sous la domination du Soleil auquel s'oppose Saturne - . Selon Pline (*H N*, XIV, 58 et 138), le vin s'oppose au poison de la cigüe, comme d'ailleurs à tous les poisons dominés par Saturne. En effet, le vin étant sous la domination du Soleil, on a recours à lui pour neutraliser les poisons de Saturne et protéger ainsi le cœur qui appartient au domaine du Soleil qui, par antipathie pour Saturne, en reste constamment l'adversaire. Portée en amulette, ou employée comme topique, la cigüe réprime tout désir amoureux et provoque aussi la stérilité, car, en étant sous la domination de Saturne, elle s'oppose à Vénus. Grâce à ses propriétés qu'elle tient de Saturne et à ses vertus astringentes, la cigüe arrête tout écoulement d'humeur et son eau distillée appliquée sur les seins, les resserre, arrête leur développement et leur inflammation.

- ***filix****. La fougère est une plante aux feuilles dentelées qui pousse dans les endroits ombragés, boisés, vallonnés et déserts, parmi les Nymphes, ce qui lui vaut d'être appelés *nympheapteris* par Dioscoride. Elle est pénétrée de "l'esprit de Saturne" et pour cette raison, elle est recherchée par ceux qui pratiquent la magie. On rapporte - et Etzler se souvient de l'avoir ressenti - que si on essaie de la déterrer au jour et à l'heure de Saturne et quand la planète se trouve en exaltation dans la dixième sphère du microcosme, on est pénétré de l'esprit de Saturne qui se trouve présent dans la racine. Il ajoute que la plante est tellement remplie de l'esprit de Saturne qu'elle donne des graines imparfaites ; en effet les plantes qui appartiennent au domaine de Saturne donnent souvent de telles graines, voire aucune graine, car Saturne est "père de la stérilité", en opposition avec Vénus et la Lune, "maitresse de la fécondité". La décoction de la plante est anaphrodisiaque et provoque la stérilité, car elle rend l'utérus incapable de conserver le sperme après le coït. Etzler note que celui qui tente de la déterrer est tourmenté par des spectres et "l'esprit de Saturne", ajoutant que, selon Serapio** et Avicenne**, si l'on suspend pour la nuit au cou d'une femme une fougère ou un *asplenum** - qui est aussi sous la domination de Saturne – ajoutée au foie d'un animal également dominé par Saturne, celle-ci deviendra stérile. La décoction de la racine mêlée à du vin, dégage les obstructions du foie, évacue bile et la mélancolie, guérit les hémorroïdes, fait venir les règles. La poudre de la racine dessèche et fait disparaître les vieux abcès qui ont été provoqués par Saturne. En outre, la racine n'est pas dépourvue de signification mystique, car, quand on la dissèque, elle fait apparaître l'image d'un aigle noir.

- ***helleborus**** aux feuilles légèrement foncées et découpées a une odeur désagréable ; il donne des fleurs en hiver, aux alentours de la fête de la Nativité. Cette plante est classée au second degré et les plus efficaces d'entre elles sont celles qui poussent dans les montagnes, comme l'Oeta, qui sont sous la domination de Saturne. C'est d'ailleurs dans la montagne note Etzler qu'Hippocrate est allé cueillir les plantes nécessaires à la guérison de la folie de Démocrite. On dit que ses propriétés sont d'une telle efficacité qu'elles protègent les hommes sains des maladies et conservent les vieillards, surtout si on en réduit les feuilles en poudre et les mélange avec du sucre, après les avoir récoltées quand Saturne est en exaltation, sous les rayons bienveillants de Jupiter et de la Lune. On protège également les vieillards avec ses feuilles, récoltées en même temps que le *balsamum**, dont les chimistes extraient le suc pour en faire un baume. L'extrait ou la teinture obtenue de ses racines convient pour purger les vieillards et évacuer les catarrhes. La plante est particulièrement efficace pour traiter les "maladies de Saturne" ou celles qui sont provoquées par la bile noire qui appartient à Saturne, telles que la fièvre quarte, l'hydrophobie, le délire frénétique, la mélancolie ou la folie. Etzler en veut pour preuve que, selon le médecin Oribase, Mélampous guérit les filles de Praetius, atteintes de folie, en les purgeant avec de l'hellébore noir. Il ajoute qu'on l'utilise aussi pour soigner la lèpre qui est envoyée par Saturne opposé à Jupiter, la chute des cheveux, les affections hépatiques. Il évacue par le bas les "humeurs saturnales". Grâce à son pouvoir céleste, l'hellébore est efficace contre l'épilepsie, l'apoplexie et l'hydropisie ainsi que pour faire disparaître en quelques jours les abcès dus à l'hydropisie qui ont atteint la poitrine. Il dissipe les voiles qui se sont développées sur la partie supérieure du cœur, et aussi, tout particulièrement, les *leukophlegmata* (infiltrations blanchâtres du tissu cellulaire par le phlegme). On utilise également, en application, des extraits de ses racines pour traiter les abcès malins dus à Saturne.

- ***hyoscyamus****. La jusquiame qui est de couleur blafarde, dégage une odeur désagréable et présente un aspect repoussant, pousse surtout dans les endroits sales et incultes qui sont sous la domination de Saturne. Etzler rappelle que celle-ci se manifeste dans le signe du Scorpion, dont la signature représente les testicules qui sont sous sa domination. Après avoir signalé que G B della Porta avait indiqué que la plante était efficace pour soigner la folie, il note que la jusquiame a des propriétés sédatives et qu'elle convient pour apaiser les douleurs causées par la goutte et les maux de dents si on applique sur celles-ci l'huile ou la liqueur obtenue par la décoction de son écorce. Il rappelle également que Saturne et la Lune ont des vertus calmantes et narcotiques, surtout aux heures qui leur appartiennent. Aussi, ceux qui ont absorbé ses graines ou sa racine sombrent-ils dans le sommeil et délirent-ils, si bien qu'on les croit agités par de mauvais démons ou pris de boisson. Selon Scribonius Largus (*Compositiones* §181), on l'appelle d'ailleurs *altercum*, parce que ceux qui en mangent ont l'esprit suffisamment troublé pour en venir à des altercations, car ils sont alors sous l'influence maléfique de Saturne qui est dans le Scorpion, le domicile de Mars qui préside aux rixes et à la haine. Si l'on mélange dans une décoction des grains de blé à des semences de jusquiame, les oiseaux qui en mangent sont comme frappés de stupeur et incapables de voler dans leur espace habituel. En cas de peste, une maladie de Saturne, on l'applique sur les bubons, qui viennent à maturité, et ceux-ci se libèrent alors rapidement de leur pus infecté.

- ***asplenum**** a la forme d'un foie, qui est le siège de Saturne dans le microcosme ; il ne donne pas de graine et pousse de préférence dans les endroits vallonnés, les bois ombragés où ne pénètrent guère les rayons du Soleil. Les ténèbres appartiennent en effet à Saturne. Aussi pour bénéficier des propriétés les plus efficaces que le Créateur a mises en elle, la plante doit être récoltée par une nuit sans Lune, trois heures avant le lever du Soleil, le jour de Saturne. En effet, alors que les plantes qui appartiennent au Soleil voient leurs propriétés renforcées par l'air chaud qu'elles respirent dès lors qu'elles sont exposées à ses rayons, les plantes qui appartiennent à Saturne voient alors au contraire leurs forces diminuer du fait de l'antipathie que le Soleil éprouve pour Saturne. On pourrait donner à cette plante le nom de "splénique", puisque, par un don du ciel, elle a la propriété de soigner les obstructions du foie, la mélancolie et autres affections qui viennent de Saturne. Elle évacue les humeurs de Saturne, fait tomber la fièvre quarte et protège la vessie - qui est du domaine de Saturne - en en chassant les calculs, et supprime les abcès anciens qui sont dus à la bile noire.

- ***arbor foetida**** a une odeur et une saveur désagréables ; il est de couleur légèrement foncée et il pousse dans les bois humides et ombragés ; c'est pourquoi, il appartient au domaine de Saturne. Peu d'auteurs en font état, remarque Etzler, et pourtant l'expérience montre qu'il est efficace - si on l'emploie en décoction avec de l'eau de chardon béni et de l'origan - pour traiter les obstructions du foie, chasser l'humeur mélancolique, la fièvre quarte ainsi que la fièvre hépatique provoquée par un excès d'humidité, les douleurs dorsales et les calculs rénaux. Il a des propriétés diaphorétiques pour évacuer par la sueur les humeurs putrides. Un emplâtre composé de la cendre de cet arbre, mélangée à de l'eau de chardon béni et à de la farine, appliqué sur la partie gauche d'un hypocondriaque, est efficace pour faire disparaître les obstructions et les affections de son foie. Il guérit aussi les vieux ulcères et les abcès dus à Saturne. Il a également des propriétés desséchantes, car le soufre qui appartient à Mars, colore son écorce en jaune. Et aucun charbon de bois ne lui est supérieur pour composer la "poudre de Mars" ou *pyrium*. La décoction de son écorce, appliquée sur les dents est bonne pour traiter l'odontalgie et les putréfactions dentaires, les dents appartenant au domaine de Saturne.

- ***lappa major**** *ou* ***xanthion**** a une odeur et une saveur désagréable ; elle est d'une couleur pourpre foncé et pousse dans les endroits sales et sombres. Elle reproduit l'image de Saturne dans le signe de la Vierge. Sa racine, récoltée à la nouvelle Lune et quand le Soleil est dans le signe de la Vierge est un excellent remède pour soigner les maux de dents ; elle contient en effet en abondance du sel de Saturne qui calme les douleurs. Récoltée à la pleine Lune, elle a la propriété de guérir les obstructions et les inflammations du foie. Ses feuilles mises en poudre sont bonnes pour soigner les ulcères malins envoyés par Saturne. En outre, grâce à l'harmonie céleste - à laquelle Etzler rappelle qu'il a consacré un livre de remèdes - le sel contenu dans la plante, avec le sel du frêne, est efficace contre la peste.

- ***muscus**** dont la forme striée rappelle celle d'un cheveu, porte la signature de Saturne. Elle pousse dans les endroits boisés, à l'abri du Soleil, et sur les pierres – qui appartiennent à Saturne - ; elle est astringente, du fait de son appartenance à Saturne. Sa décoction est efficace pour soigner l'alopécie, consolider les dents branlantes, arrêter les hémorragies. Les ours blessés par un javelot l'utilisent d'ailleurs pour obstruer leur blessure et en arrêter l'écoulement du sang qui s'en échappe. Elle protège la vessie et fait uriner, car sa substance est du domaine de Saturne, comme celle de la vessie. Elle est également somnifère, surtout celle qui pousse sur les arbres qui appartiennent à Saturne ou à la Lune. Selon Serapion**, elle provoque un profond sommeil, si on la prend en boisson dans du vin ou si on l'emploie en application.

- ***charadranon**** qui a un aspect rugueux, une forme striée et une saveur âpre est dominée par Saturne. Par ses propriétés astringentes, cette plante arrête les hémorragies, surtout celles qui sont évacuées avec les urines - car la vessie est du domaine de Saturne - ; le sel qu'elle contient détruit les calculs et sa décoction arrête les hémorroïdes et les règles.

- ***thamariscus**** qui est d'une couleur légèrement foncée aime les endroits ombragés, à l'abri du soleil ; cette plante qui donne une graine imparfaite est dominée par Saturne au 2ème degré. Elle était jadis utilisée par les magiciens scythes et Nicandre l'appelle d'ailleurs *mantis* (la prophétesse), car elle est employée par les devins. Etzler note alors que ceux dont l'horoscope est sous la domination de Saturne possède le don de divination. La rate étant le siège de la planète dans le microcosme, la plante en guérit les affections. Etzler rappelle que selon Pline, le vin dans lequel on a éteint des braises incandescentes de tamaris est bon pour la rate. La plante a la propriété de dégager les obstructions de la rate et d'expulser les humeurs mélancoliques de Saturne avec celles de la lèpre, une maladie qui vient de Saturne. Elle protège également la vessie et les dents, du fait de son appartenance au domaine de Saturne.

- ***savina**** est d'une saveur désagréable et d'une odeur repoussante ; elle aime les endroits ombragés et boisés qu'affectionne Saturne. Ses feuilles réduites en poudre sont bonnes pour soigner les ulcères malins et anciens dus à Saturne, ainsi que la vessie et la rate dont elles dégagent les obstructions. La plante est diurétique, a la propriété d'expulser le fœtus mort et cause la stérilité, qui est considérée comme une infamie pour un homme. Toute stérilité est causée par Saturne. Les magiciens malveillants (*cacomagi*) l'emploient pour leurs artifices et leurs incantations.

- ***phitophthetela herba**** est légèrement foncée, de la couleur de la chair et d'une saveur désagréable ; cette plante pousse sur les vieux murs et les endroits sous la domination de Saturne. Elle est bonne pour dégager la rate engorgée, chasser l'humeur mélancolique, protéger la vessie et en expulser les calculs.

- ***solabar**** est une plante velue, moussue, de couleur légèrement foncée, au goût amer, qui pousse dans l'ombre des bois ; elle est sous la domination de Saturne. Elle ne donne aucune graine et provoque la stérilité ; elle est bonne pour la vessie, en chasse les calculs, consolide les dents branlantes si on les enduit de sa décoction.

- ***cocles**** a une odeur et une saveur désagréables ; la plante pousse dans les endroits ombragés chers à Saturne ; Grâce au savoir-faire des chimistes, elle est un excellent remède pour soigner la peste et les empoisonnements. Elle fait transpirer, et chasse ainsi la fièvre quarte ; elle est également bonne pour traiter l'alopécie. Elle fait en effet pousser les poils qui appartiennent à Saturne, comme le montre sa signature : ses fleurs, après avoir disparu, laissent en effet place à des aigrettes ressemblant à des poils blancs. Aussi est-elle appelée *gerôntopôgon* *, parce qu'elle évoque les poils des vieillards, lesquels sont sous la domination de Saturne.

- ***sena****est de couleur brun clair, de saveur désagréable et soumise à Saturne au 1er degré. Elle chasse l'humeur de Saturne, purifie le sang, guérit les affections de la rate, la fièvre quarte, expulse la bile noire, engendre la joie, guérit les fous (*maniaci*) qui sont sous le pouvoir de Saturne.

- ***capparis**** a des feuilles légèrement foncées et une saveur désagréable ; cette plante pousse dans les endroits secs et sur les décombres, qui appartiennent au domaine de Saturne. Sa *physiognomie* (= sa morphologie) représente la vessie, qui est sous la domination de la planète Saturne ; elle en chasse les calculs et possède des propriétés diurétiques ; elle dégage les obstructions de la rate, en guérit les tumeurs, apaise les mélancoliques, purifie le sang noir et fortifie ainsi tout le corps.

- ***ruta**** est de couleur légèrement foncée, d'une odeur puissante ; ses fleurs sont jaunes ; elle est dominée par Saturne avec la participation du Soleil. Les rues sont d'autant plus sous la domination de Saturne qu'elles poussent dans les endroits montagneux et ombragés qui appartiennent à la planète. Elles sont alors davantage toxiques, selon Dioscoride (*M M*, III, 45). La rue qui pousse en Macédoine, à proximité du fleuve Haliacmon, provoque la mort de ceux qui la consomment. Mais elle a aussi la propriété de résister aux poisons et surtout aux maladies contagieuses. Car la Nature a réuni dans cette plante à la fois ce qui est favorable et ce qui s'oppose à la peste ; aussi, l'emploie-t-on pour soigner celle-ci. Elle est également bonne pour traiter la mélancolie et fortifier le cœur hypertrophié. La plante est recherchée pour faire chuter la fièvre quarte, envoyée par Saturne, la conjonction de Saturne et du Soleil ayant pour effet de constituer un excellent répulsif. La Nature a réuni en elle le Soleil et Saturne de telle sorte que si l'on broie ensemble la sauge (*salvia**) et la rue (*ruta**) avec du vinaigre, on obtient un excellent remède dont l'application chasse la fièvre quarte. Elle est aussi un excellent contrepoison. Toute la magie noire est dominée par Saturne. Mais le Soleil s'oppose à la magie noire et il exprime son opposition à celle-ci par une croix qui marque l'extrémité de la graine.

- ***polypodium**** pousse dans les endroits pierreux, boisés et ombrés, à l'abri du soleil ; il est sous la domination de Saturne au 1er degré. Le *polypodium* que l'on trouve sur les saules est de meilleure qualité que celui qui vient sur les pierres et il a une plus grande amertume. Il se nourrit en effet de la quintessence des saules, comme au sein de la mère de Saturne, les saules étant dominés par Saturne. Il est bon pour chasser la bile noire, la fièvre quarte, la mélancolie et dissiper les rêves terrifiants envoyés par Saturne, qui sont dus à un excès de bile noire. La racine, qui porte la signature de Saturne, réduite en poudre et instillée dans les narines, est efficace pour en faire disparaître les polypes qui sont générés par la bile noire.

- ***bursa pastoris**** révèle par sa *physiognomie* (= sa morphologie) et sa substance qu'elle appartient à Saturne au 1er degré. Grâce à ses propriétés froides et astringentes, elle arrête les diarrhées, la dysenterie et tout écoulement. Broyée et mélangée à du vinaigre, et appliquée au creux des mains, elle arrête tout écoulement de sang, en particulier ceux qui se produisent à l'intérieur du corps. Grâce à une propriété qui lui vient du ciel, elle guérit la gonorrhée avec du camphre. Celle-ci est en effet une maladie de Vénus ; ceux qui se trouvent dans la 6ème Maison à leur naissance en sont d'ailleurs atteints ; la plante agit par ses propriétés astringentes qu'elle tient de Saturne qui exerce en elle son antipathie pour Vénus.

- ***salices**** : les saules appartiennent à Saturne au 1er degré. Ils sont abondamment remplis d'une humeur de Saturne qui les rongent intérieurement, si bien qu'ils ne donnent que des graines imparfaites, la Nature montrant par ce signe qu'elles causeront la stérilité chez ceux qui les consommeront. Etzler rappelle que Saturne et Vénus sont en opposition et il précise que l'huile obtenue par le broyage des graines de saule éteint tout désir amoureux, si on en enduit les parties sexuelles, et d'avantage encore, si on la consomme. Il ajoute que, selon Hérodote (*Liv.* 4, § 67), les saules ont un très grand pouvoir occulte et divinatoire, qui est largement utilisé par les Scythes. Il évoque également un passage du *Psaume 137* où il est écrit que les Hébreux avaient suspendu leurs lyres aux branches des saules, sur les rives du fleuve de Babylone, en signe d'abattement, exprimant ainsi leur tristesse de ne plus pouvoir jouer de leurs instruments en l'honneur de l'Eternel. La musique, dit-il, est en effet du domaine de Vénus et la tristesse de celui de Saturne.

- ***solanum**** qui est de couleur légèrement foncée, est d'une saveur et d'une odeur désagréables. La plante se plait sur les hautes montagnes, qui sont sous la domination de Saturne avec la participation de la Lune. A cause de celle-ci, elle provoque le sommeil, car elle possède des propriétés sédatives et narcotiques. L'application de ses feuilles calme les maux de tête qui ont la chaleur pour origine. Elle est la plus réfrigérante de toutes les plantes qui sont sous la domination des planètes les plus froides. Ses baies provoquent la léthargie et l'anesthésie des sens aussi bien à l'extérieur qu'à l'intérieur du corps. Elle guérit toutes les inflammations, tant internes qu'externes. L'espèce de *solanum* appelée *halicacabon** porte la signature de la vessie ; son eau distillée ou ses fruits en guérissent les affections, en chassent les calculs, et sont efficaces pour traiter les rétentions d'urine.

- ***cuscuta**** est couverte de poils et offre un aspect strié. Elle est d'une saveur amère et on la trouve dans les endroits fertiles. Elle est sous la domination de Saturne, associé à Jupiter. Sa *physiognomie* représente les veines mésentériques et leurs obstructions qui appartiennent à Jupiter. Il y a en effet à cet endroit des poils emmêlés. Grâce à une propriété qui lui vient du ciel, elle est bonne pour les maladies du foie, les ictères, l'hydropisie, ainsi que pour supprimer les obstructions du foie et des veines, purger le sang de la bile jaune, déboucher la rate et traiter le "mal français" (*i e* la syphilis).

Etzler cite ensuite brièvement d'autres plantes, sans aucun commentaire : le gattilier (*agnus castus**) qui éteint tout désir amoureux, l'angélique (*angelica**) qui est sous la domination de Saturne quand celui-ci est dans le Verseau, la sauge (*salvia**) qui est également sous la domination de Jupiter, la patience (*rumex** ou *lapathum**), l'if (*taxus**) qui pousse dans les endroits ombragés et sur les montagnes très froides qui possède les propriétés de Saturne au 3ème degré au point que ceux qui s'assoient à son ombre s'endorment du sommeil éternel. Ce qui donne l'occasion à Etzler de mentionner quelques vers du *Thyestes* de Sénèque (IV, 1) où l'if est cité avec le cyprès pour son sombre feuillage.

- ***atriplex***** qui appartient aussi à Saturne au 3ème degré, pousse dans les endroits sales ; sous l'influence de Saturne, il provoque la pâleur chez ceux qui en consomment ainsi que les affections atrabilaires.

- ***blitum***** agit de même ; en outre, note Etzler, les épouses appelaient leur mari "*blitum*" lorsqu'ils étaient incapables de leur faire l'amour ; il ajoute que la plante provoque aussi la mélancolie et trouble l'esprit.

- ***apium***** qui a une odeur désagréable est sous la domination de Saturne. Etzler rappelle qu'on l'employait jadis pour en orner les tombes. Il signale aussi que l'on disait de ceux qui étaient malades et proches de la mort qu'ils avaient besoin d'*apium*. Les petits vers qui naissent sur les branches de la plante appartiennent à Saturne et ils provoquent la stérilité aussi bien chez les hommes que chez les femmes qui les consomment.

- ***cupressus*****. Les cyprès qui poussent sur le Mont Ida et les Monts de Leuca ainsi que dans les endroits qui sont sous la domination de Saturne, ont la propriété de teindre les cheveux en noir.

- ***cannabis*****. Le chanvre a une odeur désagréable et il est rugueuse au toucher, ce qui est sa signature ; sa graine rend stérile et provoque la folie. Selon Hérodote (*Liv.*4, § 75) la simple fumée des ses graines, brûlées sur des pierres chauffées, cause la stupeur.

- ***epithymum*****, comme en témoigne sa signature planétaire, fait pousser les cheveux et désobstrue la rate.

Les plantes de Jupiter ont pour caractéristiques d'être constituées de matière oléagineuse, de posséder une odeur et une saveur agréables, des fleurs d'une couleur rouge ou bleue, des feuilles plates, et de se plaire dans des terres riches.

Etzler indique que ces plantes sont bonnes pour purifier le sang, traiter l'anémie, guérir les plaies, et plus particulièrement le foie et sans doute les "maladies de Jupiter" que sont les hémorragies (*haemorrhagia*), les hémorroïdes (*haemorrhoïdes*), les affections hépatiques (*infirmitates epatis*), la peripneumonie, (*peripneumonia*), les fièvres continues et éphémères (*febres continuae et diariae*), la pleurésie (*pleurisis*), le flux hépatique ou hépatirrhée (*fluxius epaticus*) et toutes maladies semblables (*et similes affectus*) ainsi que celles causées par un sang trop abondant et corrompu.

La trentaine de plantes auxquelles Etzler attribue de telles vertus sont les suivantes :

- ***garyophyllum*** * est de couleur rouge, de saveur et d'odeur agréables, et ses feuilles sont glabres et molles. Cette plante aime les endroits tempérés et qui appartiennent à Jupiter, car elle est sous sa domination. La teinture de ses feuilles fortifie le foie, augmente la quantité du sang dans le corps et, par suite, rétablit les forces vitales dont Jupiter est le maître. Elle apaise la fièvre brûlante et fortifie.

- ***cerasa****. Les cerises sont pleines d'un jus dont la couleur est celle du sang, appartiennent à Jupiter dans les Poissons. Elles augmentent la quantité d'un sang d'une très grande qualité,-car le sang est sous la domination de Jupiter -, calment les inflammations du foie, le désengorgent et sont bonnes pour les ictériques. Confites ou en extrait, elles conviennent pour chasser les fièvres ardentes, calment ceux qui sont agités en refroidissant leur sang, sous l'action de Jupiter quand il est dans le signe des Poissons, dans "le trigone aquatique"(formé par le Cancer, le Scorpion et les Poissons, selon Ptolémée).

- ***fraga****. Les fraises sont aussi sous la domination de Jupiter dans le signe des Poissons ; elles ont les mêmes propriétés que les cerises, notamment pour refroidir le sang et traiter les ictères.

- ***balsami herba****. Le ***balsamum**** est une plante remarquable, originaire d'Orient, là où règne "l'esprit de Jupiter". Elle a une odeur agréable, des feuilles glabres et plates et elle est remplie d'une substance huileuse de couleur rouge. Elle aime les endroits tempérés, comme, par exemple, la vallée de Jéricho qui est, dit-on, entourée de montagnes semblables à des murailles, ainsi que dans tous les endroits soumis à une température modérée due à la nature de l'air. Elle convient pour soigner toutes les lésions, tant internes qu'externes. Appliquée en onction sur le foie, elle guérit celui-ci, car le foie est sous la domination de Jupiter. Il faut inciser la plante avec un instrument en os ou en pierre, car si on employait un couteau en fer pour le faire, on la tuerait. Le fer appartient en effet à Mars et ce dernier s'oppose à Jupiter. Car, là où réside ce qui appartient à Mars, ce qui est sous la domination de Jupiter est condamné à périr. Etzler en veut pour exemple l'histoire des abondantes plantations de *balsamum* qui prospéraient autour de Jérusalem et qui périrent lors du siège de Titus.

- ***olea****. Tout l'olivier répand une odeur balsamique, qui appartient à Jupiter. Après avoir rappelé que cet arbre est un symbole de paix et que Jupiter était le maître de la concorde et de la paix, Etzler en donne un certain nombre d'exemples. Après avoir indiqué que l'on trouve à Olympie, en Arcadie, un temple de Jupiter entouré d'oliviers, il rappelle que ceux qui s'étaient distingués à la guerre par leur comportement étaient couronnés de branches d'olivier, que, selon Dictys Cretensis, les deux chefs grecs qui ramenèrent la paix, lors de la guerre de Troie, furent couronnés de branches d'olivier, que les athlètes qui luttaient au gymnase étaient honorés par une couronne d'olivier, que selon Hérodote (*Liv*.5, 51), les suppliants, comme Aristagoras, tenaient un rameau d'olivier à la main, de même que les Athéniens qui se rendaient à l'oracle de Delphes (*Liv* .7, §141). Il ajoute que si l'on rêve que l'on est recouvert d'huile d'olive, c'est un bon présage, car Jupiter est maître de la Bonne Fortune (*eutêchia*); celui-ci a d'ailleurs sous sa domination toutes les substances oléagineuses. Etzler termine son propos en rappelant que l'olivier est l'arbre d'Athéna, et que lors de la fondation d'Athènes, il fut envoyé par Jupiter comme un présage d'heureuse destinée.

- ***betonica****. La bétoine répand une odeur agréable, a une fleur rouge, et se plait sur les terres grasses qui appartiennent à Jupiter. Elle a la propriété de purifier le sang, qui est sous la domination de Jupiter, et en expulse les substances grasses. Elle est efficace avant toute pour expulser les humeurs que l'estomac n'a pas digérées. Elle est bonne également pour traiter les obstructions du foie, qui est le siège de Jupiter dans le microcosme, quand elles apparaissent dans les cas d'ictère et d'hydropisie. Elle résiste aux poisons et, comme toutes les plantes qui appartiennent au Soleil et à Jupiter, elle est bonne pour s'opposer aux maléfices. Etzler rapporte alors qu'il a découvert sur les montagnes de Bohème une plante qui n'est pas très différente de la bétoine, dont les propriétés seraient comparables à celles de cette dernière, mais dont il ignore le nom. Il termine en précisant qu'elle est bonne pour cicatriser les plaies et guérir les ulcères.

- ***linum****. Le lin a des feuilles molles, des fleurs bleues, se plait dans les endroits tempérés et dominés par Jupiter. Il contient une substance oléagineuse, laquelle est sous la domination de Jupiter. Il a des propriétés émollientes, fait mûrir les abcès, guérit les cirrhoses et les maladies du foie, sous l'action de Jupiter. Sa graine est des plus utiles pour les phtisiques et d'autres affections "jupitériennes" telles que les amygdalites et les maux de gorge. Etzler rappelle par ailleurs que les vêtements des prêtres de l'Ancien Testament, de même que ceux de Jupiter, étaient confectionnés avec du tissu de lin.

- ***centaureum****. La centaurée qui a des fleurs rouge, signale par cette couleur qu'elle appartient à Jupiter dans le signe du Sagittaire. Elle contient un sel de soufre, comparable à la bile présente dans le corps humain ; elle a une saveur amère ; elle a une grande sympathie pour la vésicule du fiel (= la vésicule biliaire); aussi est-elle bonne pour en chasser les obstructions, traiter les ictères ainsi que les fièvres. On confectionne un purgatif avec la poudre de ses fleurs, jointe à de l'hellébore noir, pour lutter contre les fièvres. Elle cicatrise les plaies, si on la fait cuire avec des chairs, grâce à l'action de Jupiter, ce que mit à profit Chiron, selon Pline (*H N,* XXV, 66) pour retirer la flèche qui avait transpercé le pied d'Hercule. Toutes les plantes dominées par Jupiter sont bonnes pour cicatriser les plaies.

- ***berberis**** et ***ribes**** appartiennent à Jupiter quand il est dans le signe du Scorpion. Ces plantes ont des fruits rouges, du fait de Jupiter et des épines, du fait du Scorpion qui est le domicile de Mars dont l'épine est une signature. On confectionne avec leurs fruits un remède pour soigner l'angine. Ces plantes refroidissent le foie surchauffé, grâce à l'action de Jupiter domicilié dans le signe du Scorpion auquel appartient le flegme, dans le "trigone aquatique" (formé par le Cancer, le Scorpion et les Poissons, selon Ptolémée). Elles sont également bonnes pour les brûlures d'estomac. Les flegmatiques doivent toutefois veiller à ce que ces fruits ne diminuent pas suffisamment la chaleur ou ne fassent pas totalement disparaître l'hydropisie. L'art des signatures montre que l'écorce [du *berberis*] est jaune, (cette couleur étant un signe du Scorpion et du soufre) ce qui indique qu'il est bon pour soigner les ictères, expulser la bile et désengorger le foie ; en raison de ce soufre, il teint les poils en jaune. Etzler ajoute que rien n'est plus proche du corail que l'eau et le suc de *berberis*.

- ***garyophillata****. La benoite a une odeur et un parfum agréables ; sa racine qui est de couleur jaune est sous la domination de Jupiter et du Soleil (car le jaune appartient au Soleil). Elle a la même odeur que le girofle qui est désigné par le même nom et qui est sous la domination de Jupiter et de Mars ; c'est pourquoi, son emploi continu provoque des dilatations dans les "veines jupitériennes", sous l'action de Mars. Sa racine fortifie le cœur, libère le foie, affermit l'estomac. La teinture comme la racine de *balsamum** préparée par les Chimistes, est bonne pour se protéger des poisons, grâce à Jupiter et au Soleil qui sont l'un et l'autre opposés aux poisons. Elle fortifie le foie, purifie le sang (qui appartient à Jupiter) et l'échauffe.

- ***persicaria****. La renouée se signale par sa couleur rouge, aime les endroits humides et marécageux, a des feuilles plates ; elle est dominée par Jupiter avec la participation de la Lune. Elle contient un sel âcre et sa tige présente des nœuds. Aussi, selon l'art des signatures, a-t- elle la propriété de guérir les podagres. Grâce à l'action de Jupiter, elle guérit les blessures ainsi que les plaies infectées de vers à condition d'être cueillie à l'heure de Jupiter, faute de quoi elle pourrit.

- ***rosa mariana****. Le romarin a des fleurs de la couleur du sang, lequel, comme le foie, est sous la domination de Jupiter. C'est pourquoi, la plante le purifie, en en chassant la bile, ce qui la rend alors efficace pour traiter les lépreux ou ceux qui sont atteints par "le mal français"; elle cicatrise aussi les plaies, grâce à l'action de Jupiter.

- ***fumaria****. La fumeterre qui a une fleur rouge, une saveur amère et désagréable, est dominée par Jupiter avec la participation de Saturne. Elle vient sur les terres labourées, car Saturne préside à la terre ; le soufre a d'ailleurs une saveur amère. Elle libère le foie, qui est le siège microcosmique de Jupiter, est bonne pour soigner les ictères et l'hydropisie. Sous l'action de Jupiter, elle purifie le sang, et, sous l'action de Saturne, par le soufre de son suc qui est brûlant, elle en chasse les humeurs bilieuses et mélancoliques. Elle est également bonne pour soigner la gale, le "mal français" et la "sueur anglaise" (ou suette, *i e* une fièvre maligne) à condition de la récolter au jour et à l'heure de Jupiter.

- ***teucrion**** a des fleurs bleues évoquant Jupiter ; elle a une saveur amère et donne un sel soufré. Cette plante est bonne pour les fièvres pestilentielles, les ictères, les obstructions du foie, grâce à l'action de Jupiter ; elle purifie le sang, expulse, par la sueur, les humeurs viciées, résiste aux poisons, guérit la gale ainsi que les autres maladies de peau, grâce à Jupiter quand il est domicilié dans le Sagittaire.

- ***verbascum**** qui contient une substance oléagineuse et dont les fleurs sont jaunes, est sous la domination de Jupiter domicilié dans le signe du Lion. Or, rappelle Etzler, le Lion a son domicile dans le Soleil et le jaune est la couleur de cette planète chez les végétaux. Cette plante est bonne pour cicatriser les plaies, sous l'action de Jupiter et pour les accidents survenant sur les veines pulmonaires. La décoction de ses racines guérit les phtisiques ainsi que ceux qui toussent et ceux qui sont essoufflés, selon Pline (*H N*, XXVI, 27- 28). La seule odeur de sa racine est bonne pour diminuer le flegme gluant qui encombre les poumons ; aussi l'emploie-t-on pour traiter les asthmatiques ainsi que ceux qui souffrent de péripneumonie, grâce à l'action de Jupiter dans le signe du Lion qui dégage le corps de toute substance épaisse. Récoltée et distillée en mai, elle a la propriété de fluidifier le sang, à condition de l'absorber la nuit dans du vin. Elle arrête les règles trop abondantes. De plus, selon l'harmonie céleste, si on la tient dans la main, après l'avoir cueillie en août, le Soleil étant dans le signe de la Vierge, à la pleine lune, elle arrête les hémorragies. Elle guérit aussi les fractures, grâce à l'action de Jupiter, témoignant de telles propriétés par sa *physiognomie*, car ses rameaux sont ligneux. Elle guérit les piqûres des scorpions et autres animaux venimeux. L'eau distillée de ses fleurs rétablit ceux dont l'esprit est tourmenté.

- ***symphytum**** a des fleurs bleues, des feuilles plates et aime les endroits fertiles ; ses racines sont chargées d'un suc glutineux ; la plante est sous la domination de Jupiter dans le signe des Poissons. Elle convient pour les maladies et les lésions des poumons. L'huile que l'on en extrait est bonne pour les plaies et les fractures ; son nom exprime d'ailleurs ses propriétés (*sumphutô* signifiant coller). Par sa substance oléagineuse, elle arrête également les écoulements de sang.

- ***origanum**** a une odeur agréable, des feuilles plates, de couleur rouge. La plante appartient à Jupiter domicilié dans le signe du Sagittaire, comme le *galanga** dont elle a également l'odeur. Elle purifie le sang, en en chassant les substances grasses. L'origan est efficace pour se protéger du vol et des sortilèges, à condition de l'avoir récolté au jour et à l'heure de Jupiter dans le signe du Sagittaire, car, en procédant ainsi, on évite que l'esprit de la plante ne retourne à la terre. Elle conserve ce pouvoir si on la suspend dans la maison, car Jupiter qui aime la vertu, donne à ses créatures une force particulière.

- ***betula****. Le bouleau qui a une odeur et une saveur estimée, appartient à Jupiter domicilié dans le Sagittaire. Aussi, par l'action de Jupiter, guérit-il les obstructions du foie ainsi que les ictères. Son eau recueillie au printemps, une fois distillée, prise en boisson, de même que l'odeur qu'il dégage, ont la propriété de libérer le foie. Il est particulièrement bénéfique pour ceux qui souffrent du foie, le matin au lever du Soleil, quand règne "l'esprit de Jupiter" qui se répand sur les forêts de bouleaux. Ils se sentent alors merveilleusement soulagés. En effet, l'esprit de Jupiter qui s'échappe du bouleau se dirige alors vers le foie où Jupiter a son siège microcosmique. Il vient en aide aux maniaques et à ceux qui sont possédés par un démon, toutes affections qui proviennent de Saturne et de le Lune, avec la participation de Mercure. Ceux qui naissent quand Saturne est en conjonction avec Mercure sont de nature démoniaque, mais si leur sont opposés des choses qui appartiennent à la fois au Soleil et à Jupiter, ils se trouvent libérés de leurs démons. Etzler ajoute qu'il en a fait l'expérience en Italie où l'on rencontre très souvent des hommes mélancoliques ou démoniaques : quand on leur présente des rameaux de bouleau, ils sont guéris. Il termine son propos en notant que les enfants qui ont été corrigés avec des rameaux de bouleau ont été libérés de leurs démons.

- ***chamaedrys****. La germandrée petit-chêne qui a des fleurs bleues est sous la domination de Jupiter domicilié dans le signe des Gémeaux. Cette plante contient un sel subtil soufré. Aussi convient-elle pour dissoudre le tartre de soufre qui se trouve dans les nerfs et les articulations. Elle est également bonne pour traiter la goutte et les douleurs sciatiques qui ont la même cause. Elle dissout les caillots qui se sont formés à la suite d'une rupture de veine ou d'un coup.

- ***amygdalus****. L'amandier a des feuilles glabres, aime les endroits fertiles, est sous la domination de Jupiter avec la participation de Vénus. Son fruit fortifie le foie, donne un sang digne d'éloge et le nourrit pour le conserver ainsi. Tout ce qui est d'une saveur agréable appartient à Jupiter et à Vénus. Les amandes sont bonnes pour les phtisiques et ceux qui souffrent de fièvre hectique ; elles maintiennent le corps en forme et protègent le foie. Grâce à l'action de ces deux planètes, elles augmentent la production de lait chez les femmes comme celle de sperme chez les hommes et fortifient les reins qui sont le siège microcosmique de Vénus. Etzler note au passage, que, selon Hérodote, les Mèdes qui fabriquent du pain avec des amandes sont performants en amour.

- ***rubia tinctorum****. La garance donne une teinture rouge, sa tige est rugueuse et elle est sous la domination de Jupiter avec la participation de Mars. Elle dissout les coagulations du sang, guérit les ruptures, grâce à l'action conjuguée de Jupiter et de Mars, les ruptures étant dues à Mars. Ceux qui sont nés lorsque Mars est en conjonction avec la Lune, dans la 6ème ou la 8ème Maison, sont généralement sujets aux hernies, car Mars préside alors l'épiploon et les intestins. Celles-ci sont en effet provoquées par Mars qui se trouve en opposition avec Jupiter. Grâce à l'esprit de celui-ci qui agit par antipathie pour Mars, la garance est un remède ordinaire pour les guérir. Etzler rappelle à cette occasion que tous les remèdes doivent être composés de plusieurs ingrédients – comme la thériaque – dont les propriétés opposent sympathie et antipathie afin qu'ils soient des plus efficaces pour guérir les maladies.

- ***prunella**** est sous la domination de Jupiter avec la participation de Mercure. Il a des fleurs de diverses couleurs qui portent la signature de la langue et de la bouche ; il est donc bon pour soigner les amygdales et les abcès de la gorge, c'est Jupiter qui les guérit joint à Mercure qui préside à ces parties du corps, car Jupiter guérit les ruptures internes et les blessures externes.

- ***rhabarbarum****. On y observe la participation de Saturne ; sa *physiognomie* représente les veines mésentériques qui appartiennent à Jupiter et que la rhubarbe a la propriété de resserrer. En outre, grâce à l'action de Jupiter, elle expulse la bile du foie et elle est bonne pour soigner les ictères.

- ***lysimachia**** qui a des fleurs pourpre, dissipe les querelles et amène la concorde. C'est certain, si on les cueille et les porte sur soi quand Jupiter est dans le signe des Poissons. Elle rend les hommes aimables et si on la jette entre deux hommes qui se battent, elle les réconcilie aussitôt. Par ses propriétés apaisantes, grâce à l'action de Jupiter qui s'oppose à Mars, elle calme ceux qui sont sous l'emprise de celui-ci. Elle est vulnéraire et arrête tout écoulement de sang grâce à l'action de Jupiter qui le préside.

- ***buglossa**** et ***borrago**** qui sont sous la domination de Saturne domicilié dans le Verseau, expulsent la bile noire du sang ; pour cette propriété, les Grecs donnait au *borrago* le nom d'*euphrosunê* (le bienfaisant).

- ***morus****contient une substance de la couleur du sang ; aussi son fruit a-t-il la propriété de purifier le sang. Etzler note que GB della Porta en a lui-même fait l'expérience. Cette action est assurément obtenue grâce à "l'esprit de Jupiter" qui s'introduit subrepticement dans le sang et vient renforcer l'action du Jupiter microcosmique qui a son siège dans le sang.

- ***triticum****. Le blé a une grande valeur nutritive, selon Théophraste, et, grâce à l'action de Jupiter, il produit beaucoup de sang. Ce dernier appartient à Jupiter et il est purifié par les remèdes qui appartiennent à cette planète. Etzler rappelle que les Romains, lorsqu'ils étaient en guerre, en faisait une grande consommation pour obtenir un sang éclatant et se donner ainsi davantage de force.

- ***perfoliata**** indique, par sa *physiognomie* qu'elle possède la propriété de guérir les ruptures, qui lui vient de Jupiter.

- ***sophia**** et ***plumaria**** sont deux plantes qui appartiennent à Jupiter et sont bonnes pour résoudre les fractures.

- ***mala granata**** possède un jus de la couleur du sang ; elle a la propriété de le purifier et de fortifier ceux qui souffrent du foie.

- ***viola purpurea**** purifie également le sang.

Etzler termine sa notice en ajoutant qu'une telle propriété appartient aussi à beaucoup d'autres plantes aux fleurs rouges, pourpres, bleues, aux feuilles plates, à l'odeur agréable, et qui se plaisent dans les endroits tempérés.

Les plantes de Mars sont de couleur tendant vers le rouge ; elles sont rugueuses et portent des piquants ; leur saveur est brûlante et elles possèdent des propriétés desséchantes ; elles aiment les endroits secs et elles sont corrosives, elles pénètrent les chairs et les os du fait de leur chaleur intense.

Ces plantes sont bonnes pour soigner les "maladies de Mars", c'est-à-dire les douleurs provoquées par les coliques (*dolores colici*) ou causées par des matières piquantes, (*quatenus ex acuta conflantur materia*), les fièvres ardentes (*febres ardentes*), le choléra (*colera*), l'engorgement de la vésicule biliaire (*obstructio vesiculae fellis*), la goutte (*podagra*) y compris la goutte inflammatoire ou aiguë (*quatenus ardens*), l'ictère (*icterus*) et toutes les maux pénétrants de même nature (*consimilia acuta mala*) ainsi que, toutes les maladies aiguës (*omnes acuti morbi*).

Etzler se limite à ne citer que six plantes soumises à Mars. Ce sont :

- ***urtica****. L'ortie est sous la domination de Mars, car elle a des propriétés échauffantes piquantes et brûlantes, comme tout ce qui appartient à Mars. Ses feuilles amollissent et font ensuite disparaître les tumeurs et les squirrhes. Employées en friction, elles dissolvent les sels de tartre qui causent la goutte. La graine d'ortie mêlée à du miel est un bon remède pour les asthmatiques, car elle dissout les matières visqueuses qui sont présentes dans leur poitrine. Elle est également bonne pour soigner la pleurésie (dont les élancements sont soumis au pouvoir des piqûres de Mars). Tout élancement douloureux vient de Mars, rappelle Etzler qui explique : à cette sympathie de Mars pour les piqûres s'oppose dans le même temps l'antipathie de Jupiter, qui domine la plèvre ; c'est pourquoi l'ortie, grâce à l'action de Jupiter, réduit la matière qui cause la pleurésie et l'évacue par des crachats. La graine d'ortie a des propriétés caustiques et échauffantes que l'on utilise, en application, avec du suif de bouc ou de l'huile de laurier et de la cire, contre les refroidissements. Car Mars est la plus brûlantes des planètes. La racine d'ortie attendrit toute viande avec laquelle on la fait cuire, selon le témoignage de Pline. (*H N* XXI, 93). En vertu de l'harmonie céleste, si l'on récolte la graine d'ortie quand Mars se trouve dans le premier décan du Bélier ou du Scorpion ou encore du Capricorne - qui est l'exaltation de Mars – et se lève dans la 10ème Sphère du microcosme et qu'on en asperge des buveurs qui se chamaillent et en viennent aux mains, ceux-ci seront immédiatement apaisés. La raison en est que Mars macrocosmique pénètre l'esprit des hommes et sème en eux le goût des rixes et la haine, des inclinaisons bestiales qui doivent être régulées par l'esprit divin.

- ***cardus****. Le chardon aux formes piquantes montre ainsi qu'il appartient à Mars. Sa graine et sa racine signalent par cette signature qu'il est bon pour soigner la pleurésie et toute affection qui se manifeste par des pointes de douleur. Elles protègent et sont également bonnes pour soigner la vésicule biliaire qui est le siège microcosmique de Mars ainsi que les ictères. La graine, récoltée aux alentours de la St Michel, est efficace pour traiter la diarrhée, la dysenterie ainsi que tous les autres flux.

- ***anonis herba**** a des fleurs rouge clair, ce qui est un signe de Jupiter, et des épines ce qui est un signe de Mars. Cette plante est en effet sous la domination conjointe de Mars et de Jupiter. Aussi, est-elle bonne pour soigner les obstructions du foie, désengorger la vésicule biliaire, sous l'action de Mars tandis que son action sur le foie est due à Jupiter. Sa signature et les planètes qui la dominent prouvent qu'elle est bonne pour les pleurésies. Si on la récolte quand Mars et Jupiter sont en conjonction dans le même Signe et que la conjonction se produit dans la dixième sphère microcosmique, elle protège de toute violence due à Mars, des voleurs, des bagarres et des blessures causées par le fer, à condition de la porter en amulette autour du cou. L'esprit de Mars se heurte ici à l'antipathie que lui porte Jupiter. Cette plante convient à ceux qui sont nés quand Mars se trouve dans sa 8ème ou sa première Maison.

- ***esula****. L'euphorbe qui est corrosive et caustique, est sous la domination de Mars domicilié dans le Lion. Etzler rappelle que le jaune chez les végétaux appartient au Soleil et que le Lion est le Domicile du Soleil. A cause de sa chaleur et de ses propriétés, la plante provoque une inflammation de tout le corps de celui qui l'a imprudemment absorbée ainsi qu'une soif insupportable. Elle est utile pour ramollir et faire disparaître tout squirrhe. La racine, convenablement préparée selon le savoir-faire des chimistes, est bonne pour soigner les hydropiques, en évacuant leur eau.

- ***rhamni**** et ***rubi**** sont des plantes rugueuses, épineuses, irritantes, qui poussent dans les endroits secs et sont également sous la domination de Mars. Etzler n'en précise pas les propriétés, mais se contente d'évoquer ici un passage de la Bible (*Juges,* 9) où il est dit que les arbres de la région de Sichem refusèrent d'élire pour roi, la vigne, l'olivier et le figuier, et leur préférèrent *rubus*, couvert d'épines. Il ajoute qu'Abimélek qui fut élu roi, bien qu'il ait massacré les 70 fils de Gédéon, peut être comparé à ce *rubus*, car il a agi comme s'il avait été sous l'emprise du pouvoir de Mars.

Les plantes du Soleil exhalent un parfum agréable, ont une saveur exquise ; leurs fleurs sont de couleur jaune ou or, et se distinguent par leur forme majestueuse ; elles se plaisent dans les pays africains et méridionaux où les rayons du soleil peuvent pénétrer sans obstacle. Elles sont bonnes pour soigner les palpitations cardiaques (*palpitatio cordis*), les syncopes (*syncope*), la lipothymie (*deliquium animi*), ce qui arrive principalement à ceux qui sont exposés au soleil à midi *(quod inprimis accidere folet iis quibus sol tenet sextam tempore genesos)*, la lassitude spontanée (*lassitudo spontanea*) et les affections oculaires (*occulorum affectus*); elles résistent aux poisons et délivrent des enchantements magiques et des troubles sur le corps que provoquent les horoscopes, les astres ou les constellations.

La quinzaine de plantes solaires sélectionnées par Etzler sont les suivantes :

- ***crocus**** a une odeur suave, une saveur agréable, de couleur jaune, aime les endroits exposés au Soleil, car il appartient au Soleil. Grâce au savoir-faire des chimistes, on l'utilise pour confectionner un collyre qui est excellent pour soigner les yeux – ceux-ci appartiennent en effet au Soleil-, notamment ceux des individus qui sont nés avec un obscurcissement de la vue ou des troubles de la vision, parce que, le jour de leur naissance, Saturne était opposé au Soleil. La plante leur vient en aide : en attirant le Soleil macrocosmique vers le Soleil microcosmique (*i e*, les yeux), elle les fortifie et leur apporte la lumière. La teinture ou l'huile de *crocus* fortifie le cœur, de même que les parties internes du corps qui appartiennent au Soleil. L'une ou l'autre donnent au corps une couleur éclatante, et augmentent leurs forces vitales, de telle sorte que par antipathie pour ce qui vient de Sature, mélancolie et tristesse, ils provoquent la joie et le rire. Toutefois, son emploi immodéré fait naître une joie trop grande dont on meurt. Ses effets sont comme ceux du vin bu en trop grande quantité par une trop forte chaleur. Il devient alors impossible de faire diminuer l'excès de puissance apporté aux forces vitales ainsi que la température trop élevée qui en résulte, ce qui provoque la suffocation et la mort. La plante est efficace contre les poisons et la peste qui sont envoyés par Saturne, grâce à l'antipathie du Soleil pour Saturne. Pour la même raison, elle protège le cœur des empoisonnements et elle évacue les poisons par la sueur ; elle guérit également les ictères. Etzler évoque un passage de l'Histoire de la guerre de Troie de Dictys Cretensis où Agamemnon fut puni pour avoir méprisé un prêtre d'Apollon : "l'esprit du Soleil" l'abandonna et la peste se répandit sur son armée, envoyée par Saturne, qui n'avait plus alors à subir l'antipathie du Soleil qui protégeait Agamemnon et ses troupes. Quand "l'esprit du Soleil" leva la sanction, la peste disparut.

- ***crocus sylvestris**** qui pousse dans les montagnes, a la couleur de l'or ; rempli de "l'esprit du Soleil", il est utilisé pour donner la couleur de l'or au plomb et à l'argent.

- ***mala citria**** et ***aurea**** se plaisent dans les endroits ensoleillés ; ils sont de couleur jaune, d'une odeur suave, et sous la domination du Soleil. Du fait que le cœur est le siège du Soleil microcosmique, ils le fortifient, le réjouissent, développent ses forces vitales, l'illuminent et le purifient. Ils étaient plantés dans le jardin des Hespérides où Hercule cueillit leurs fruits. Ceux-ci sont bons pour le cœur et pour donner de l'énergie. Ils résistent aux poisons et en protègent le cœur, source de vie, notamment en cas de fièvres pestilentielles. Etzler rappelle que, selon Dioscoride (*M M*, I, 115), la graine, broyée dans du vin, est un bon contrepoison et que, selon Athénée, la consommation de *citrus* guérit les blessures causées par des animaux venimeux. Il n'hésite pas à citer intégralement quelques vers de Virgile (*Géor.* 2, 127-130) où le poète vante l'efficacité sans pareille du citron, "quand de cruelles marâtres ont empoisonné un breuvage, mêlant ensemble les herbes et les formules maléfiques : c'est un remède qui chasse du corps les noirs poisons". Etzler ajoute que l'arbre ressemble à un laurier, et que ses feuilles répandent une odeur qui éloigne les animaux venimeux, car le Soleil chasse tout poison et s'oppose aux incantations qui proviennent de la malveillance de Saturne.

- ***laurus****. Le laurier répand une odeur suave et se plait dans les endroits exposés au Soleil. D'un port est magnifique, il est sous la domination du Soleil ; aussi, résiste-t-il aux poisons et guérit-il les morsures des animaux venimeux, comme en témoigne sa *physiognomie*. Dans la longue notice qu'il lui consacre, Etzler fait référence à de nombreux auteurs pour vanter les propriétés du laurier. Ainsi, selon Pline, les feuilles de cet arbre purifient l'eau polluée et le corbeau neutralise le venin de caméléon mort en utilisant du laurier (*H N* VIII, 101). Du fait de sa nature solaire, il ne supporte pas le froid ; aussi le roi Mithridate ne parvint-il pas à le faire pousser aux alentours du Bosphore Cimérien (*H N*, XVI, 137): la région était trop froide et elle était en outre sous la domination de Saturne qui s'oppose au Soleil. Le laurier fut dédié à Apollon et les hommes qui venaient consulter le dieu pour connaître leur avenir lui offraient des branches de laurier. On dit que ceux qui en consomment souvent deviennent devins. C'est pourquoi, Lycophron appelle le devin *daphnêphagon*, *i e laurivorus* (celui qui consomme du laurier), les Anciens désignaient le laurier par l'expression *mantikon phuton*, "la plante qui a le pouvoir de divination" et le poète Claudianus l'appelait *prescia venturi*, " celui qui prédit l'avenir". Sénèque dans son Œdipe rappelle la présence sur le Mont Parnasse d'un laurier consacré aux

Muses doté d'un tel pouvoir. Etzler cite encore le témoignage de Virgile, selon lequel sa mère rêva, lorsqu'elle était enceinte, qu'elle se couvrait d'un rameau de laurier, un étonnant présage, car, peu après sa naissance, ce laurier donna des fleurs et des fruits, une indication prémonitoire de son excellence. Il cite aussi la célèbre légende grecque sur les dons qu'Hésiode reçut des dieux : alors qu'il gardait son troupeau sur le Mont Hélicon, il rêva qu'une Muse lui apparut et lui donna du laurier à goûter. A son réveil, il interpréta son rêve et comprit qu'il lui était conseillé d'étudier les lettres ; depuis, les poètes sont couronnés de laurier. Et Virgile dans l'Eneide met en scène Apollon comme le dieu de la divination, tel le Soleil qui éclaire de sa lumière toute créature et illumine le monde entier de l'éclat de ses rayons. Après avoir rappelé que les plantes sous la domination du Soleil illuminent l'intelligence, et rendent performants devins et prophètes, Etzler fait encore assaut d'érudition en faisant référence à Cornelius Nepos, Ovide, Hérodote, et même Cardan** (*de Subt.* 12) pour vanter les propriétés du laurier comme arbre solaire, son utilisation pour confectionner des couronnes destinées à honorer les combattants valeureux ainsi que son immunité contre les frappes de la foudre.

- vitis*. La vigne qui a une odeur et une saveur agréables, ne supporte pas les grands froids. Etzler en déduit que le meilleur vin est obtenu lorsque la chaleur, envoyée par le Soleil, est la plus élevée, car la vigne est sous la domination du Soleil. Il rappelle que le vin réjouit les hommes en augmentant leurs forces vitales qui leur viennent du Soleil, fortifie le cœur et émousse le chagrin, selon Pline (*H N*, XXIII, 38). Le chagrin est en effet du domaine de Saturne pour lequel le Soleil éprouve de l'antipathie. Le vin rend les esprits joyeux et vifs et il s'en faut de peu, comme l'écrit Pline, que les vertus du vin ne l'emportent sur le pouvoir des dieux. Il réjouit le cœur car celui-ci appartient au Soleil. L'esprit du vin qui est extrait sans feu ni chaleur artificielle est un puissant fortifiant pour ceux qui sont dépressifs. A l'appui de son affirmation, Etzler rappelle qu'Énée donnait du vin à ses soldats quand ils étaient abattus et qu'Homère fait dire à Hécube qu'à l'homme fatigué le vin donne une grande ardeur (*Iliade* VI, 261). Il ajoute que le vin purifie le sang du fait de sa nature solaire, et le rend digne d'éloges, à cause de la digestion et de la coction des aliments que l'on doit consommer en le buvant et qui doivent appartenir à Jupiter. L'apôtre Paul ne recommande-t-il pas à Timothée (*Epit*, 5, 23) de boire du vin et non plus de l'eau, à cause de son estomac. Par l'esprit et la chaleur du Soleil, il éclaire, réchauffe et fortifie tout le corps et particulièrement le ventre. Selon Celse, le pain fabriqué avec du blé, lequel appartient à Jupiter, augmente la quantité du sang, surtout si on le consomme avec du vin. Ce dernier stimule les désirs amoureux, et, pour cette raison, il était interdit aux femmes d'en boire chez les Romains. Etzler évoque l'histoire de la femme d'Egnatius Maetennius, rapportée par Pline (*H N*, XIV, 89) qui, pour avoir bu du vin au tonneau, fut bâtonnée à mort par son mari, et absous de ce meurtre par Romulus. Il rappelle également Noé qui, après le déluge, lâcha les animaux dans les pâturages et notamment le bouc dans les montagnes de Corycos en Cilicie, où il mangea des lambruches ou vignes sauvages. Il s'en enivra, puis, ayant, découvert la propriété de la lambruche, il la soigna en lui ajoutant du sang de lion et d'agneau, ce qui lui permit d'obtenir ultérieurement d'excellents fruits. En effet, le Lion appartenant au Soleil, et l'agneau à Jupiter, le sang de ce dernier affaiblit la nature sauvage [du Lion], car ce qui appartient à Jupiter est modéré et bienveillant. Toutefois, avertit Etzler, une consommation excessive de vin assèche le corps, provoque une augmentation de la chaleur vitale, une inflammation du cœur qui n'est alors plus suffisamment ventilé. Il termine sa notice en mentionnant le rêve d'Astyage relaté par Hérodote (*Liv.* 1, 108) dans lequel une vigne naissait du sexe de sa fille et recouvrait toute l'Asie, ce qui fut interprété par les Magiciens comme l'annonce que son enfant règnerait sur tout ce continent, car la vigne renvoie au Soleil, qui est maître de toute autorité. Etzler évoque encore certaines histoires de vigne en or : l'une se rapporte à Alexandre dont la vigne donnait des grappes ressemblant à des escarboucles, des pierres précieuses des Indes, qui sont sous la domination du Soleil et assurent la gloire. L'autre concerne des vignes en Germanie citérieure ainsi qu'en Pannonie, dont les feuilles et les vrilles étaient en or, une étrangeté qui serait due à la présence de mines d'or dans le sous-sol. La domination du Soleil se manifestant ainsi à la fois dans la vigne et dans l'or. Etzler clôt sa notice en citant Pline, selon lequel l'eau des feuilles de vigne efface les rougeurs de l'œil et nettoie les yeux, ceux-ci sont en effet sous la domination du Soleil qui les fortifie et les illumine.

- ***enula****. L'inule pousse de préférence dans les endroits qui plaisent à Phébus. Son odeur est suave, sa fleur jaune et son port magnifique ; la plante est sous la domination du Soleil. La teinture de ses feuilles illumine les yeux, du fait de l'harmonie céleste. Le cœur étant le siège microcosmique du Soleil, la plante prise dans du vin, chasse l'affliction, fortifie le cœur, augmente les forces vitales, écarte toute tristesse envoyée par Saturne. De même que le soleil chasse les nuages, tout ce qui est solaire qui parvient dans le corps rejette tout ce qui leur est opposé. Etzler lui attribue, sous le nom d' *helenium**, les mêmes propriétés que celles du népenthès d'Hélène, évoqué par Homère (*Od.* IV, 221) dont les effets sont comparables à ceux du vin : il remplit le cœur de joie, mais l'inule est également bonne pour les asthmatiques en dissolvant les phlegmes épais et visqueux. Il signale que la racine serait selon certains le fameux *moly**, donné par Mercure à Ulysse, mais il en doute. Il rappelle que, selon Hérodote, les rois perses s'oignaient d'*helenium**, de graisse de lion et de crocus, mélangés dans du vin, afin d'obtenir la plus grande autorité de cette mixture. Tous ces ingrédients sont en effet de nature solaire et le Soleil préside à la grandeur et à l'autorité.

- ***hypericon****. Le millepertuis dont la fleur est jaune, aime les endroits ensoleillés, est rempli de substance balsamique, est sous la domination du Soleil avec la participation de Jupiter. Aussi la plante a-t-elle de grandes propriétés vulnéraires et réparatrices ; elle est bonne pour soigner les lésions des viscères et, en onction, les ruptures des veines. Toutes les plantes vulnéraires appartiennent en effet à Jupiter. Distillée, elle est diaphorétique et convient pour évacuer par les pores les humeurs viciées du fait de sa nature à la fois solaire et jupitérienne. Cinq pétales de ses fleurs sont bons pour soigner les cinq plaies du Christ. Du fait de son influence spirituelle particulière, elle s'oppose aux fantômes et aux charlatanismes inspirés par le diable. Elle met en fuite les démons. Ceux-ci sont animés par Saturne auquel s'oppose ce qui est solaire et illuminé par le Christ, lumière du monde. Ceux qui sont possédés ne peuvent ni sentir, ni porter cette plante. Elle a la plus grande efficacité si on la cueille le jour où le Soleil et Jupiter sont en conjonction, au jour et à l'heure du Soleil, dans la dixième Sphère microcosmique. Il renvoie à G B della Porta (*Liv.* 3, chap.13) qui a écrit sur cette plante et rappelle qu'en fumigation, elle chasse les esprits qui gardent les trésors enterrés, car ces esprits appartiennent à Saturne et il ajoute que ceux dont l'heure de naissance coïncide avec celle de Saturne cachent volontiers des trésors. Grâce au Soleil, la plante s'oppose à tout ce qui est pourriture et tue les vers qui s'y développent.

- ***fraxinus**** a une forme majestueuse, et du fait de son appartenance au Soleil, il a la propriété de fortifier le cœur et de résister résiste aux poisons. Selon Pline (*H N*, XVI, 63-64), son suc, en application, est bon pour soigner les morsures de serpents ; d'ailleurs, ceux-ci ne passent pas sous leur ombre et si l'on enferme un serpent auprès d'un feu dans un cercle de feuillage de frêne, il se jette dans les flammes plutôt que dans le frêne. Le Soleil du macrocosme communique sa force au Soleil du microcosme [*i e* le cœur]. Grâce à ses vertus solaires, le frêne protège les veines et son sel est bon pour les palpitations cardiaques ; en cas d'épidémie de peste, aucun poison ne peut atteindre le cœur si l'on a pris ce sel en boisson à titre préventif, alors même que Saturne est en harmonie avec les poisons et la peste. Etzler rappelle au passage les précautions prises par Mithridate pour se protéger des poisons, évoquées par Cornelius Nepos (Chap. 14) et il note au passage qu'une coupe fabriquée en bois de frêne provoque la gaité en chassant par antipathie les pensées sombres envoyées par Saturne. Quant au suc et au sel du frêne, qui agissent par sympathie, ils sont bons pour soigner les hypochondriaques.

- ***melissa****. Les propriétés de la mélisse sont comparables à celles du frêne : grâce à l'action de Jupiter, elle est bonne pour fortifier le cœur, guérir les maladies de foie et des poumons, s'opposer à la vieillesse et conserver la jeunesse.

- ***chalta**** a une fleur jaune qui représente l'œil ; la plante est donc bonne pour les parties de l'œil qui appartiennent au Soleil. Elle en fait disparaître la rougeur causée par leur inflammation, et améliore la vue. Elle est également utile lors des épidémies de peste, car elle protège le cœur qui appartient au Soleil.

- ***heliochryson****a des fleurs jaunes qui servent à la fabrication d'un collyre ; on doit récolter les fleurs quand le Soleil est dans le signe du Lion dans le trigone de Jupiter. La plante concentre en elle autorité et splendeur qui lui viennent du Soleil ; Théophraste note (*H P,* IX, 19, 3) d'ailleurs que ceux qui se couronnaient d'*heliochryson* en s'aspergeant de parfum pris dans une fiole d'or, se conciliaient gloire et autorité.

- rosmarinus* ou ***thymiana solis***, a une odeur suave, bien qu'il soit associé à Mercure. S'il était totalement sous la domination du Soleil, ses fleurs seraient jaunes. On l'appelle aussi *thymiama Solis*, car cette plante tient du Soleil la propriété de développer les forces vitales spirituelles qui sont solaires, mais aussi le souffle vital qui appartient à Mercure (celui-ci ne peut pas fortifier le cerveau autrement que par le souffle vital car la substance du cerveau appartient à la Lune). La plante fortifie le cœur et le cerveau ; elle écarte tous les catarrhes froids, est un remède pour l'épilepsie et l'apoplexie ; sous l'action du Soleil, elle résiste aux putréfactions gangréneuses et elle évacue les poisons par la sueur. Car les plantes solaires quand il y a une participation de Mercure, sont diaphorétiques.

- corona regis* qui a une forme majestueuse, des fleurs jaunes, une odeur suave et pousse dans des endroits exposés au Soleil est également une plante solaire. Etzler n'en dit pas plus.

Les plantes de Vénus. Elles sont caractérisées par une saveur douce, une odeur envoûtante, des fleurs blanches, une humeur visqueuse, un port érigé, des feuilles glabres, et non découpées.

Elles sont excitantes et aphrodisiaques, augmentent la semence sont bonnes pour soigner les "maladies de Vénus", la gonorrhée (*gonnorrhea*), les hernies (*herniae*), les sueurs (*sudores*) de nombreuses affections génitales (*pluriùmae affectiones genitales partes*), les troubles de l'odorat (*vitium olfactus*), le mal français (syphilis) (*lues gallica*).

La dizaine de plantes de Vénus citées par Etzler sont :

- satyria*. Les orchidées ont une saveur douce, une odeur suave et sont remplies d'une humeur visqueuse, montrant ainsi ostensiblement la signature de Vénus, tout comme la racine pleine d'un suc ressemblant au sperme qui est également une indication de leur appartenance à Vénus. Ces plantes ont des fleurs pourpres, un couleur qui est chez les végétaux celle de Jupiter. Aussi sont-elles bonnes pour purifier le sang qui appartient également à Jupiter. En revanche, celles qui ont des fleurs blanches, de nombreuses racines et une odeur suave (comme les *lilia alba**) appartiennent exclusivement à Vénus. Elles excitent à l'amour, et augmentent le sperme. Selon Dioscoride, les femmes de Thessalie en mettent dans le lait pour accroitre les désirs amoureux. Elles facilitent la conception, comme tout ce qui est animé par "l'esprit de Vénus". Si quelqu'un récolte les racines de ces plantes dans sa propriété et les suspend à son cou, et qu'il est tout excité à faire l'amour dans son sommeil, il éjacule, comme ceux qui souffrent de gonorrhée. La racine tenue au creux de la main a le même effet. La Vénus du macrocosme excite la Vénus du microcosme.

- lilia*. Tous les lilas sont sous la domination de Vénus, surtout les lilas blancs qui lui appartiennent exclusivement, le blanc étant chez les végétaux la couleur de Vénus. Ceux qui présentent d'autres couleurs appartiennent à la fois à Vénus et à d'autres planètes. Ils ont une humeur visqueuse et leur racine dégage une odeur capiteuse. Si l'on récolte celles-ci à la Lune, quand Vénus est dans le Taureau, on obtient l'amour des femmes. Ces dernières sont en effet sous la domination de la Lune et de Vénus qui les rendent tout particulièrement amoureuses. Les filaments du lis blanc, de la couleur du crocus, donnés en boisson à une jeune fille, la pousseront à uriner si elle n'est pas pure, sous l'action de Vénus, qui domine la virginité. L'eau distillée des lilas, grâce à l'air qui s'en dégage, vient en aide à la parturiente, diminue ses douleurs, et fait venir le fœtus sans dommage. Les sages-femmes enduisent d'huile obtenue des fleurs de lilas les parties génitales des femmes afin de faciliter leur accouchement. Les plantes de Vénus, en application, protègent les membres vénériens qui sont alors pénétrés par "l'esprit de Vénus". Elles guérissent aussi les gonflements des seins. L'eau distillée de lilas rend tout son éclat au visage et en élimine les taches. Vénus est la déesse de la beauté et ceux qui sont nés sous le signe de Vénus dans leur maison, sont beaux, bien faits, d'un teint rose, aimable, surtout s'ils doivent leur aspect à Jupiter et à la Lune. Etzler rapporte le miracle survenu dans le temple d'Hélène, dans un endroit dédié à Vénus, rapporté par Hérodote (*Liv.* 6, 61) où une petite fille fort laide devint ultérieurement la plus belle femme de la cité, grâce à l'intervention de la déesse.

- ***lilium convallium**** a des fleurs blanches, une belle forme, se plait dans les endroits humides et marécageux, car Vénus et la Lune sont dans le signe des Poissons. La plante est bonne pour le mal caduc, et surtout pour l'utérus lunatique, une maladie qui vient de la Lune. Elle fortifie le cerveau des lunatiques et sous l'action conjointe de la Lune et de Vénus, elle protège l'utérus. L'eau distillée de ses fleurs est utile aux parturientes ; elle leur donne des forces et augmente leur souffle, afin qu'elles puissent expulser le fœtus plus facilement. Elle est également bonne pour la paralysie et les vertiges ainsi que pour les autres maladies qui touchent le cerveau. La Lune du macrocosme agit par son esprit pour fortifier le cerveau et guérir les maladies lunatiques.

- ***narcissus**** qui a des fleurs blanches, une saveur douce, un parfum capiteux, une humeur visqueuse, est sous la domination de Vénus ; sa racine augmente le sperme. Son eau distillée nettoie la peau, donne au visage une beauté éclatante, car Vénus préside à la beauté. Si une jeune femme se lave souvent les seins avec cette eau, ceux-ci deviendront fermes et ronds. Elle répare aussi ceux des femmes qui allaitent. Elle rend les jeunes filles amoureuses.

- ***nymphaea****est sous la domination de Vénus, avec la participation du Cancer et du Scorpion. La plante pousse dans les endroits humides. Selon Pline (*H N*, XXV, 75), elle serait née d'une nymphe morte de jalousie pour Hercule. Du fait de cette planète, elle est bonne pour guérir les spasmes et les vertiges, si on la récolte quand le Soleil est dans le signe du Cancer. Celui qui souffre de vertiges est soulagé rien qu'en regardant la n*ymphea*, grâce aux propriétés sédatives de la Lune qui agissent sur le cerveau. Elle fait disparaître la gonorrhée, car Vénus a de l'antipathie pour Saturne qui en est la cause. L'eau distillée, grâce à l'action de la Lune, fait disparaître toutes les inflammations, les fièvres continues et la pleurésie. Elle refroidit le foie. Elle est bonne pour éclaircir le teint du visage, en effacer les taches et lui rendre son éclat. Car la Lune domine le visage ; Vénus et la Lune dominent l'utérus, protègent la matrice ; quant à la racine, elle arrête les pertes blanches et les règles.

- rosa*. La rose est consacrée à Vénus depuis l'Antiquité ; elle est signe de pureté et de virginité ; selon les poètes, elle est née du sang de Vénus et de Cupidon. Mais c'est surtout à Vénus qu'elle doit ses propriétés : elle est bonne pour soigner la gonorrhée, arrêter les pertes blanches et les règles, favoriser la conception. Elle protège la matrice et son sel convient pour soigner celles dont la matrice est obstruée, mais aussi pour la fortifier, car Vénus et la Lune règnent sur celle-ci.

- mala dulcia* sont aphrodisiaques, annoncent d'heureux présages en songe, notamment aux amoureux, car elles appartiennent à Vénus qui par son esprit, stimule l'amour. Etzler illustre son propos en citant différents passages du *Cantique des cantiques* où sont évoqués pommes et pommier, avant de rappeler qu'en Astrologie, tout désir est suscité par Vénus.

- ficus*. Le figuier appartient à Jupiter, et la figue est aphrodisiaque. Un taureau au cou duquel on a attaché un rameau de figuier s'adoucit ; cet animal étant sous la domination de Vénus et de Jupiter qui est source de bienveillance ; mais le taureau est aussi sous la domination de Saturne, celui-ci étant la cause l'agressivité de l'animal à laquelle s'oppose Vénus et Jupiter, par antipathie pour Saturne.

- hyacinthus* exhale un parfum voluptueux, appartient à Vénus avec la participation du Soleil, car ses fleurs sont de la couleur de l'or. Le narcisse est bon s'attacher l'amour des femmes, sous l'action conjuguée du Soleil et de Vénus. Le suc des racines en onction fait disparaître les poils et les empêche de pousser à la puberté. La raison en est que les poils sont du domaine de Saturne, et grâce à son action, ils poussent abondamment, mais Vénus et le Soleil s'y opposent par antipathie pour Saturne. Etzler rappelle le mythe de Hyacinthos aimé d'Apollon, évoqué par Virgile (*Egl.*3, 13 (?)) et rapporté par Ovide (*Métam.* X, 163-219). Il ajoute que la décoction de la racine, en onction, guérit le gonflement des testicules.

Les plantes de Mercure ont des fleurs de couleurs variées ; elles naissent généralement dans les endroits sablonneux, donnent des cosses qui contiennent leur graine et dégagent un parfum délicat. Elles sont bonnes pour soigner la langue et les poumons, elles dissipent les difficultés de la respiration, fortifient la force vitale, chassent les obstructions.

Elles sont utiles pour soigner les "maladies de Mercure": les bégayements et autres affections du langage (*balbuties et alii linguae affectus*), les délires frénétiques (*phrenesis*), les insomnies (*vigiliae*) les délires provoqués par des troubles du cerveau (*deliria a laesa cerebi facultate profecta*), la toux (*tussis*), les troubles de la respiration (*anhelitus*) ainsi que les affections nasales (*vitia narium*).

Les plantes de Mercure citées par Etzler sont moins d'une vingtaine. Ce sont :

- nyctimeron herba* qui a des fleurs bleues et jaunes est sous la domination de Mercure, dont elle porte la signature, car elle est composée de feu et d'eau. Selon l'art des signatures, elle est utile pour apaiser les inflammations internes, les fièvres ardentes, l'érysipèle et autres affections très chaudes. Elle convient tout particulièrement pour éteindre les "feux techniques", si on la cueille quand la Lune et Mercure sont en conjonction et selon le rituel. Toutes les plantes qui ont deux couleurs sont en effet chargées des deux éléments qui les composent.

- chamemelum* qui a des fleurs de diverses couleurs, pousse dans les endroits sablonneux et secs, est sous la domination de Mercure. Cette plante est particulièrement utile pour soigner les maladies respiratoires. Etzler l'explique en rappelant que le Mercure du macrocosme et ses étoiles mettent le vent en mouvement dans le monde et que les espèces dominées par Mercure animent le souffle dans le microcosme. Cette plante est bonne pour les lavements, les coliques et autres affections qui demandent la dissolution des matières. Elle fortifie le cerveau et le souffle vital qui appartient à Mercure, en application sur la tête, comme une lessive (= un shampoing). Elle fait disparaitre les obstructions internes et les apostèmes pulmonaires, car les poumons appartiennent à Mercure.

- alkaleia herba* qui a des fleurs bleues et jaunes, est sous la domination de Mercure, avec la participation de Jupiter. De ce fait, elle est bonne pour les apostèmes pulmonaires et ceux du côté. Jupiter amollit les apostèmes qui touchent ces parties du corps qui sont sous sa domination. Pour ces mêmes raisons, elle dissout également les obstructions du foie et sa graine est bonne pour soigner les ictères.

- faba* a des fleurs de différentes couleurs, ses graines sont dans des gousses, ses feuilles sont légèrement sombres, elle est sous la domination de Mercure, avec la participation de Saturne. Leur consommation épaissit le sang, provoque la mélancolie et les maladies dues à Saturne, cause des flatulences, affaiblit les sens internes et entrave le souffle vital, à cause de l'action conjointe de Mercure et de Saturne. Aussi, Pythagore interdisait-il d'en manger. Les plantes de Saturne provoquent le sommeil et des rêves effrayants, du fait qu'elles appartiennent à cette planète. L'odeur des fleurs cause des maux de tête, trouble les sens, et les hommes qui sont nés quand Mercure et Saturne sont en conjonction, sont sujets au délire et de nature démoniaque. D'un fou, ne dit-on pas qu'il s'est promené sous des fèves en fleurs ? Et, selon Varon, les âmes des morts se logent dans les fèves. Celles-ci protègent la vessie du fait de sa substance membraneuse qui appartient à Saturne. Le sel de ses branches est diurétique et chasse les calculs de la vessie.

- bellides*. Les pâquerettes dont les fleurs sont de couleurs variées, sont sous la domination de Mercure dans le signe de la Balance. Elles contiennent un sel, du fait de l'humidité de la Balance et de Mercure. Elles conviennent pour l'irritabilité, adoucissent la bile qu'elles chassent sans dommage pour le foie, grâce à l'action de la Balance qui est signe de modération et de douceur. Elles sont également bonnes pour l'arthrite qui est causée par le tartre, car leur sel le dissout. On les appelle d'ailleurs *arthriticae**. Du fait de la planète qui domine la bouche et la langue, elles sont bonnes pour soigner les affections qui les touchent. Leur eau convient pour traiter les angines ainsi que les pustules sur la langue.

- toutes les espèces de ***trifolium**** sont sous la domination de Mercure. Après avoir rappelé que les abeilles et les serpents le sont également, Etzler note que, selon Pline (*H N*, XXI, 152), on ne voit jamais de serpent dans le trèfle Il signale que selon les historiens, il n'y a aucun sur l'île de Malte alors qu'il y pousse en abondance. Il remarque toutefois que, selon les *Actes des Apôtres* (28, 1-6) St Paul y fut mordu par un serpent, mais sans conséquence. Il ajoute que le trèfle évoque la Sainte Trinité ainsi que son antipathie pour le serpent qui fut le séducteur d'Ève au Paradis.

- ***trifolium odoratum**** répand une odeur à l'heure de Mercure, quand celui-ci envoie son esprit sur l'air, même par temps de pluie. À l'approche de la tempête, note Etzler, en se référant à Pline (*H N*, XVIII, 365), les autres *trifolium*, manifestent par un signe qu'elles sont sous l'action de Mercure, en dressant leurs feuilles alors qu'elles étaient flétries et penchées vers le sol. Certains utilisent le trèfle pour prédire l'avenir, notamment le trèfle à quatre feuilles. Les plantes de Mercure associé à Jupiter contiennent une force bienfaisante (*eutêchia*). Du fait de Mercure, le *trifolium asphaltites* (*i e odoratum)* protège et fortifie le cerveau, augmente le souffle vital qui appartient à Mercure. Il guérit le mal caduc, dissipe les flatulences, est diurétique, résiste aux poisons. Ses graines sont incorporées dans la thériaque dont la composition était gravée sur la pierre, dans le sanctuaire d'Esculape. D'ailleurs, note Etzler, tous les remèdes marqués du chiffre 3 sont particulièrement efficaces.

- ***juniperus**** est constitué d'une substance qui est toute entière sous la domination de Mercure. Etzler insiste sur l'importance mystique du chiffre trois dans cette plante qui ne donne des fruits que tous les trois ans, dont la forme est triangulaire et ne contiennent que trois graines. Il note que cette plante est bonne pour soigner de nombreuses affections. Les chimistes, écrit-il, l'utilisent pour confectionner des remèdes contre l'hydropisie, les calculs, les coliques, les empoisonnements, la peste, la toux, l'asthme, la goutte, la galle et bien d'autres maladies. Selon les on-dit, et Virgile (*Egl.* X, 75), les serpents fuiraient son odeur et son ombre. Toutefois, remarque Etzler, Elie, fuyant Jézabel, s'enfuit au désert où il s'abrita à l'ombre d'un genévrier et fut visité par un ange (*Livre des Rois* (19, 4). Il rappelle néanmoins que l'ombre des genévriers passe pour être toxique comme celle de l'if (*taxus**): ceux qui s'endorment à son ombre meurent, parce que ces plantes appartient à Saturne au 3ème degré. L'ombre, comme les ténèbres, appartient en effet à Saturne et elle s'avère généralement toxique, car elle protège le poison contenu dans l'if qui ne peut être détruit par les rayons du Soleil qui, par antipathie, s'oppose à Saturne. En conséquence, si l'if est pénétré par les rayons du Soleil, il n'est-il pas toxique.

- ***juglans****. Le noyer est sous la domination de Mercure, avec une certaine participation de la Lune ; par sa *physiognomie* (*i e* sa morphologie), il représente le cerveau qui appartient à la Lune ; son fruit, la noix, a la propriété d'augmenter l'esprit animal et de le fortifier. Beaucoup croient que parce que les forces de l'arbre et de ses feuilles pénètrent le cerveau et que sa seule ombre donne l'épilepsie. Et l'on raconte qu'il endommage les arbres qui poussent à sa proximité et les rend stériles. Etzler avoue qu'il n'a pas observé un tel phénomène et en conteste le bienfondé. Il note qu'à la place des fleurs, il donne des chatons qui peuvent facilement se transformer en serpents de Mercure ; d'ailleurs les serpents vivent volontiers sous cet arbre. Comme peuvent en témoigner leur *physiognomie* et l'expérience, les chatons réduits en poudre chassent les vers et que leur cendre fait fuir les vipères, grâce à l'action de Mercure. Il résiste aux poisons, comme tout ce qui appartient à Mercure. L'écorce verte de la racine est bonne pour faire vomir ceux qui ont absorbé un poison. L'eau distillée de la racine, prise en boisson convient lors d'épidémie de peste. Selon Pline (*HN*, XXIII, 149) Mithridate avait composé un antidote dans la composition duquel il y avait deux noix sèches, autant de figues et vingt feuilles de rue, en ajoutant un grain de sel. Pris à jeun, il préserve de tout poison pendant la journée. Le suc de l'écorce soigne les inflammations et les apostèmes du cou et de la gorge, grâce à Mercure qui règne sur la gorge et à la Lune qui, associée à Mercure, diminue la chaleur, surtout celle qui vient de Mercure.

- ***corylus****. Le noisetier est sous la domination de Mercure comme les écureuils qui aiment leurs fruits. Il protège le cerveau et celui-ci est fortifié par la glu que l'on extrait de sa racine au bout de 20 ans ; cette humeur qui y est alors très abondante provient de la coopération de Mercure ; à la même époque on trouve un serpent blanc dans la quintessence du noisetier dont les propriétés divinatoires sont quelque peu étonnantes. Cette glu est bonne pour soigner le mal caduc, les vertiges et autres maladies du cerveau, développer l'intelligence et la mémoire, fortifier le souffle vital, si l'on s'en sert à bon escient, grâce à l'excellente nature de Mercure. Le noisetier est si bien sous la domination de Mercure, que la baguette de noisetier, prise quand Mercure est en association avec la Lune, trempée dans du lait de chèvre, est transformée en serpent blanc au bout d'un mois.

- ***sambucus****. Le sureau contient une substance qui est bonne pour soigner de nombreuses maladies, en particulier celles qui touchent le cerveau, l'hydropisie, les fièvres. Les chimistes utilisent les graines de ses baies pour en extraire une huile qui est utile pour les podagres. Chacune des parties du sureau a des propriétés médicinales. Et il n'est pas non plus dépourvu de sens mystique : Judas se serait pendu à ses branches.

- ***serpentaria**** et *numularia** appartiennent à Mercure, et sous son action, sont bonnes pour soigner les maladies pulmonaires (car les poumons appartiennent à Mercure), l'asthme, la toux et, en gargarisme, les affections de la luette.

- ***pulmonaria**.** Cette plante porte la signature des poumons ; avec la participation de Saturne, qui règne sur l'enveloppe des poumons, elle est bonne pour soigner les maladies pulmonaires.

- ***anisum****. L'anis fortifie le cerveau, protège les poumons, est bonne pour soigner les asthmatiques, ceux qui toussent et les phtisiques, ainsi que pour désobstruer les viscères, grâce à l'action de Mercure.

- ***cubeba**** est dominé par Mercure, avec la participation de la Lune, fortifie la substance cérébrale qui appartient à la Lune, fortifie le souffle vital qui appartient à Mercure, développe l'intelligence et augmente la mémoire ; il faut le prendre le matin, pour purger le cerveau, en pilule et par le nez. Toutefois une trop forte consommation de cubebe trouble l'esprit, car il en augmente trop l'esprit animal et en diminue la substance spirituelle

- ***majorana**** augmente le souffle vital, est bonne pour soigner la léthargie et l'apoplexie, son huile fortifie les nerfs, par un emploi interne ou externe.

Les plantes de la Lune se caractérisent par des feuilles molles, épaisses, succulentes ; elles ont une saveur aqueuse ou douceâtre ; elles se plaisent dans les endroits marécageux et humides ; elles atteignent rapidement leur taille normale.

Elles font venir les règles et évacuent la bile, On les utilise pour soigner les "maladies de la Lune", l'épilepsie (*epilepsia*), l'apoplexie (*apoplexia*), les cauchemars (*incubus*) la diarrhée (*diarrhea*), le *coryza*, les catarrhes qui provoquent des étouffements (*cathari suffocantes*), les douleurs stomacales (*dolor stomachi*), les coliques provoquées par les affections du phlegme (*colica ex vitio flegmatis*), les maladies cérébrales (*morbi cerebrales*), l'hydropisie (*hydropisia*), les affections de la matrice (*morbi uterini*).

Etzler cite une vingtaine de ces plantes lunaires :

- ***caulis capitatus****. Le chou pommé a la signature de la Lune car la tête est sous sa domination, ce qu'il montre également ostensiblement en se plaisant dans les endroits humides et en étant rempli d'un suc abondant, car la Lune a son domicile dans le signe des Poissons. Il remplit de vapeurs et humidifie la tête de celui qui en mange, en particulier si on le fait cuire avec des oignons qui contiennent un poison d'origine lunaire. Il remplit la totalité du corps d'humeurs aqueuses chez les lunatiques qui le consomment. Il est recommandé d'en manger à ceux qui sont de constitution bilieuse et souffrent d'inflammations de l'estomac. Ceux qui sont de constitution froide doivent éviter d'en consommer, de même que ceux qui sont remplis d'humeurs lunatiques de crainte qu'ils ne deviennent hydropiques.

- ***brassica****. Le chou qui se distingue par une couleur qui appartient à Jupiter et représente Jupiter mêlé à la Lune, donne un sang digne d'éloge (à la différence du *caulis capitatus* qui ne donne que des humeurs aqueuses, car il n'appartient qu'à la Lune). Il protège le foie, et, du fait de l'association de Jupiter avec la Lune, il l'humidifie, calme sa chaleur et en chasse les obstructions. Sa consommation est bonne pour les colériques, le hépatiques, les ictériques, car elle adoucit la bile jaune et chasse les autres humeurs viciées par le bas et elle fluidifie les excréments. Caton avoue qu'il lui doit sa longue vie. Son eau distillée est bonne pour soigner les ictères.

- ***cucurbita****, ***melones****, ***pepones****, selon leur *physiognomie*, représentent la tête ; ils se plaisent dans les lieux humides et, du fait de leur nature lunaire, ils ne peuvent vivre dans les endroits secs. Grâce à sa nature froide qui lui vient de la Lune, l'eau distillée des concombres (*cucumeres**) est bonne pour traiter les fièvres, faire baisser la température et calmer les inflammations. Selon Suétone, Auguste en consommait avec des tiges de laitue. Le concombre est également utile pour traiter les céphalalgies causées par la chaleur, en application sur le front et les tempes. Il convient aussi à ceux qui souffrent d'inflammations de l'estomac et autres "maladies chaudes", de fièvres hectiques ainsi qu'aux phtisiques. *Melones** et *pepones** relâchent l'estomac et les intestins, car leur tige représentent ces parties du corps qui appartiennent à la Lune. Leur consommation trop fréquente provoque diarrhées et dysenteries, des affections qui appartiennent à la Lune.

- ***allium****, ***caepae**** et ***porrum**** sont sous la domination de la Lune et de Mars dans le signe du Scorpion, et de nuit les rayons lumineux de la Lune se réfléchissent sur les longues feuilles en forme de petites flammes des oignons si bien qu'on y voit la lumière de la Lune. Par le poison d'origine lunaire qu'ils contiennent, ils remplissent d'humidité le cerveau, qui est le siège de la Lune dans le microcosme, troublent le souffle vital, et provoquent la léthargie. Mais si l'on corrige ces propriétés, ils fortifient l'estomac et résistent aux poisons. Ils font venir les règles, car ils imitent les parties sexuelles, ils stimulent la sécrétion de bile ; ils produisent des humeurs âcres et "martiennes", à cause de l'association de Mars et de la Lune ; Etzler rapporte que, selon Pline (*H N*, XIX, 110), le chevalier Méla avala le poids de trois deniers de suc de poireau et expira sur le champ sans souffrance. Ces plantes sont soumises au Scorpion, comme tous les poisons. Selon Hippocrate, les oignons sont beaux à voir, mais leur consommation est nocive et ceux qui veillent pour s'adonner à des études littéraires doivent s'abstenir d'en manger. Et Etzler cite encore Horace (*Epod.* 3) qui trouve l'ail encore pire que la cigüe. Ces plantes endommagent particulièrement le ventre et peuvent provoquer la dysenterie, car Mars provoque plaies et blessures et la Lune domine le ventre et les intestins.

- ***mandragora****qui a une odeur et une saveur désagréables, une couleur livide, aime les endroits ombragés et humides, est sous la domination de la Lune et de Saturne ; elle est toxique et possède des propriétés calmantes et narcotiques. Comme tout ce qui est sous la domination de Saturne associé à la Lune ; on perçoit tout particulièrement ces propriétés aux heures des deux planètes. Les médecins les mettent à profit lorsqu'ils veulent inciser et trancher. Elle provoque la léthargie et l'anesthésie des sens tant à l'intérieur qu'à l'extérieur du corps. Son fruit est bon pour soigner les obstructions de la rate, l'éléphantiasis, les céphalalgies, les afflictions, les fièvres quartes, autant d'affections qui proviennent toutes de Saturne et de la Lune associés. Grâce à l'art chimique, qui oppose des planètes qui ont de l'antipathie pour celles-ci, en particulier le Soleil, on parvient à rétablir les malades, en évacuant les humeurs viciées dues à Saturne et à la Lune. Grâce au Soleil, on soigne toutes les inflammations, notamment l'érésipèle. La mandragore est surtout utilisée pour les artifices et les incantations magiques, à cause de la conjonction de Saturne avec la Lune. Etzler cite quelques passages d'auteurs grecs et latins (Ovide Virgile, Sénèque, Homère) qui évoquent ces pratiques magiques et les invocations à la Lune.

- ***papaver****. Le fruit du pavot a la forme de la tête ; aussi est-il sous la domination de la Lune ; mais d'autres preuves peuvent aussi expliquer qu'on puisse le comparer à une tête. Il prend pour exemple l'histoire de Tarquinius Sextus rapportée par Tite Live (*Hist. Rom.* I, 54): celui-ci ayant envoyé un messager auprès de son père pour lui demander conseil, ce dernier ne dit aucun mot au messager, mais en se promenant devant lui dans son jardin, il prit une baguette dont il se servit pour décapiter les pavots les plus élevés ; quand le messager lui rapporta la scène, Tarquinius comprit que son père avait voulu lui recommander de décapiter les personnages les plus importants de sa cité. On en améliore les propriétés grâce à l'art chimique, en le mélangeant avec de l'huile de baies de genévrier ou de laurier. Du fait de sa nature lunaire, si on ne l'a pas amélioré, il produit beaucoup de phlegme dans le cerveau, ce qui refroidit celui-ci et par suite calme le vertige causé par des vapeurs chaudes, il provoque le sommeil, même par sa seule odeur, en application. Les médecins l'emploient avec de l'opium et d'autres substances pour fabriquer du *laudanum*, qu'ils utilisent pour endormir et calmer les douleurs de leurs patients. Etzler note que le sommeil comme la mort met fin à toute douleur, citant au passage quelques vers de *l'Hercule furieux* de Sénèque et rappelle qu'on pratiquait le sommeil dans le sanctuaire d'Esculape à Épidaure pour soigner les malades.

- papaver erraticum* est sous la domination de la Lune dans le signe des Poissons. A cause de la froideur de la Lune et grâce à l'esprit de Jupiter (qui a son domicile dans le signe des Poissons) il apaise la chaleur brûlante du foie et du sang qu'il purifie. Son eau distillée est bonne pour soigner les fièvres brûlantes, et, du fait de l'harmonie céleste, en gargarisme ou en boisson, pour traiter les angines et aussi pour soulager les douleurs aigües de la pleurésie. (tout ce qui a des propriétés sédatives et narcotiques appartient à Saturne ou à Vénus); on soigne les douleurs qui viennent de Mars ou de Saturne en utilisant ce qui, selon l'harmonie céleste, éprouve de l'antipathie pour ces deux planètes. Pour calmer les céphalalgies causées par la chaleur, il faut utiliser les propriétés réfrigérantes du pavot en versant son eau distillée sur la tête du malade, mais on doit l'avoir récolté quand la Lune est dans les Poissons. On peut aussi l'utiliser pour soigner l'érésipèle qui est causé par une inflammation du sang, surtout quand la Lune est dans les Poissons.

- lactuca*. La laitue aime les endroits humides. Elle augmente les humeurs de ceux qui la mangent, fluidifie les excréments, provoque le sommeil, augmente la venue du lait chez les femmes, calme les maux de tête, calme la bile dans l'estomac.

- rapa*. Les raves qui appartiennent à la Lune dans le signe des Poissons dans le trigone aquatique (constitué formé par le Cancer, le Scorpion et les Poissons) remplissent le corps d'humeurs aqueuses, conviennent pour soigner les hommes colériques et les flegmatiques.

- tilia*. Le tilleul est sous la domination de la Lune dans le Scorpion. Son écorce est jaune, la couleur du Scorpion. Elle est bonne, prise dans du vin, pour traiter l'arrêt des règles. Son eau distillée est utile pour le cerveau, à cause de la Lune, pour soigner l'épilepsie, affermir les intestins - qui appartiennent à la Lune - et arrêter les coliques.

- paeonia*. La pivoine est sous la domination de la Lune et de Jupiter dans le signe du Cancer. Sa couleur est celle de Jupiter. Récoltée quand Jupiter et la Lune sont en conjonction, elle fait venir les règles, car elle contient alors des graines qui contiennent beaucoup de suc. Elle est bonne pour traiter l'épilepsie, portée en amulette, mais aussi une fois absorbée dans le corps. Elle chasse les fantômes et les démons nocturnes, grâce à l'action bienveillante de Jupiter. Celui-ci et le Soleil en sont en effet les adversaires. La Lune préside aux lémures nocturnes

- ***fungi****. Les champignons naissent d'une terre humide ou des sucs de certains arbres ; ils sont sous la domination de la Lune qui règne sur les humeurs ; ils sont d'ailleurs particulièrement abondants lors des années pluvieuses. Leur consommation donne à la totalité du corps une teinte pâle, remplit le corps d'humeur aqueuse et ils causent l'hydropisie qui est une maladie qui appartient à la Lune, dès lors qu'ils sont absorbés sans avoir été accompagnés par des aromates. Ils sont évacués par l'urine. Leur suc toxique est également évacué par vomissement avec la pituite. Selon Simon Seth, leur consommation fréquente génère des humeurs épaisses qui sont la cause de "maladies lunaires", telles que l'épilepsie ou l'apoplexie.

Ceux qui se nourrissent de champignons deviennent pâles et de la couleur du plomb. Etzler cite un passage d'une épigramme de Martial (I, 21) et il rappelle qu'Agrippine avait empoisonné l'empereur Claude avec des champignons (*H N*, XXII, 92). Tous les champignons sont nuisibles pour la santé, et les plus dangereux sont ceux qui contiennent une humidité qu'ils tiennent de la Lune et sont les plus pâles ; ceux qui sont d'une couleur jaunâtre sont toutefois moins toxiques, car ils contiennent du soufre et par suite, moins de putréfaction.

- ***lens aquatica****, comme toutes les plantes aquatiques ou qui poussent dans les marécages, est bonne pour les inflammations internes et externes ainsi que les maux de tête dus à la chaleur, du fait de l'action rafraîchissante de la Lune qui est froide.

- ***potamogeton**** qui se plait dans les marécages a les mêmes propriétés, grâce à la participation de Vénus, qui se manifeste par sa signature et sa couleur.

- ***sagitta Herculis**** de même, grâce à la participation de Mars.

Le petit traité d'Etzler illustre assez bien le genre de recherches auxquelles se sont livrés un certain nombre d'érudits de la Renaissance pour recenser des plantes portant, selon eux, la signature des astres. On ignore quelles sont ses sources, mais il est fort à parier qu'elles sont purement livresques et il est plus que probable qu'il n'a jamais observé par lui-même dans la nature la plupart de la centaine de plantes qu'il cite.

La Flore médicale des signatures astrales d'Heinrich Cornelius Agrippa

Heinrich Cornelius Agrippa est né à Nettesheim, un village proche de Cologne en 1486 (25). Sa vie fut passablement tumultueuse et nous est mal connue. Esprit curieux, il étudie à l'Université de Cologne à la fois le droit, la philosophie, la théologie, la médecine et plusieurs langues. Après un bref séjour à Paris, il se rend à Dôle, en 1508, où il enseigne l'hébreu et explique en public le *De Verbo mirifico*, un livre cabalistique de Reuchlin, mais il se querelle avec les Cordeliers sur des questions théologiques et doit quitter la ville. Il gagne

Londres puis retourne à Cologne où il rencontre Trithemius, abbé du monastère St Jacques de Würzburg, l'un des plus illustres cabalistes chrétiens, mais qui passe aussi pour s'intéresser de près à la magie. C'est peut-être lui qui l'encouragea à écrire son *De philosophia occulta*. Il se rend ensuite en Italie où il participe au concile de Pise en 1511, puis enseigne à Pavie et séjourne à Turin. Il sert pendant quelques années dans les armées de l'empereur Maximilien Ier, puis séjourne à Metz en 1518, mais il entre en conflit avec les autorités religieuses à l'occasion d'un procès où il défend une paysanne accusée de sorcellerie On le retrouve en 1523 à Fribourg où il exerce la profession de médecin. Il gagne Lyon en 1524 où il devient médecin personnel de Louise de Savoie, mère de François Ier. En 1528, il se rend aux Pays-Bas auprès de Marguerite d'Autriche dont il devient l'historien et l'archiviste attitré. C'est à Anvers qu'il publie en 1530 une de ses œuvres majeures, le *De incertitudine et vanitate scientiarum*, un livre contestataire qui lui vaut de nombreuses inimitiés, puis en 1531, le premier Livre d'un traité intitulé *De occulta philosophia*, consacré à la Magie naturelle, complété en 1531 par les Livres II (sur la Magie céleste) et III (sur la Magie cérémonielle). Le certaines éditions du *De occulta Philosophia* comprennent en outre un Livre IV, mais celui-ci est apocryphe. Dans ce traité, H-C Agrippa a tenté de réunir et d'ordonner un très grand nombre de données éparses sur les sympathies astrales qu'il a recueillies dans de très nombreux ouvrages anciens ou dont les auteurs étaient ses contemporains. Ce livre apparaît ainsi comme l'une des œuvres les plus complètes écrites sur ce sujet à cette époque.

Soupçonné d'hérésie et craignant pour sa vie, il se réfugie à Cologne, puis retourne à Lyon et meurt dans la misère à Grenoble en 1535.

C'est au dernier Livre du *De occulta Philosophia* consacré à la *Magie naturelle* (26) qu'Agrippa expose pour l'essentiel ses idées sur le monde végétal et ses propriétés. Il n'y cite pas moins d'une soixantaine de plantes auxquelles il consacre des développements plus ou moins importants selon les cas, largement inspirés pour la plupart de données qu'il a puisées dans les ouvrages des Anciens dont le merveilleux est loin d'être absent (27).

Mais son approche du règne végétal s'inscrit dans une conception personnelle de l'organisation du monde qu'il expose ainsi dès le début de son Livre I :

> "Le monde est triple, car il est divisé en trois plans : le plan matériel, le plan céleste et le plan des idées ou plan intellectuel. Chaque plan est gouverné par son supérieur et en reçoit les influences de sorte que l'Archétype lui-même, l'Artisan suprême, peut faire passer en nous les vertus de sa Toute Puissance par l'intermédiaire de ses messagers : les cieux, les étoiles, les éléments, les animaux, les plantes, les métaux, les pierres, car il a établi et créé chaque chose en lui donnant des qualités propres et un rôle particulier." (Chap. I, trad. J.Servier)

Agrippa affirme par ailleurs qu'il faut connaître parfaitement la nature de chacun des éléments qui constituent le monde avant d'entreprendre toute œuvre magique" (chap. IV) et que c'est par la magie que l'on accède à la connaissance :

"La magie donne de nombreux pouvoirs, elle est pleine de mystères profonds et se donne pour objet l'étude poussée des choses les plus secrètes comme la connaissance de la substance, des pouvoirs, des qualités, de l'essence et des vertus de tout ce qui existe. Elle étudie les différentes choses entre elles ainsi que leurs rapports. Elle provoque des phénomènes admirables en unissant les vertus des différents corps, en mélangeant et en mariant les inférieurs et les supérieurs et en notant leurs affinités.

Cette science est la plus parfaite, elle est la philosophie la plus sainte et la plus élevée, l'ultime aboutissement du savoir" (Chap.II, trad. J.Servier).

Et il ajoute :

"Que nul ne s'adonne à l'étude de la magie s'il n'est déjà averti des sciences physiques et naturelles qui étudient les qualités des choses et des êtres et qui font découvrir leurs propriétés cachées, ce qui est le dessein de ce livre " (id.)

Agrippa complète son propos par quelques précisions sur les propriétés des quatre éléments. Selon lui :

-"Le feu se manifeste clairement dans toutes les choses, par toutes les choses ; il est présent partout et peut aussi être caché et invisible.... Ainsi les plantes vivent de chaleur comme tout ce qui vit, car tout ce qui vit ne vit que par le feu intérieur." (Chap. V)

- "La terre est la base de tous les éléments, car elle est le sujet, l'objet, le réceptacle de tous les rayonnements, de tous les influx. En elles sont déposés tous les germes et toutes les semences ; elle est animale, végétale, minérale, ayant été fécondée par tous les autres éléments et par le ciel et elle est capable d'engendrer toutes choses. Elle est la matrice de toutes les fécondités, et comme la Mère Première, elle engendre sans fin : centre, fondement et mère de tout." (Chap. III)

-" L'eau est si nécessaire qu'aucun animal ne peut vivre sans elle ; aucune plante, aucune herbe ne peut vivre si elle n'est arrosée. L'eau porte en elle la vertu séminale de toute chose. La semence des fruits et des plantes, même si elle est de nature terrestre, a grand besoin d'eau : soit qu'elle s'imbibe de l'humidité de la terre, de la rosée ou de la pluie, soit qu'elle est arrosée par l'eau d'irrigation....." (Chap. VI)

- Quant à l'air, "il est un esprit vital qui pénètre tous les êtres, leur donnant à tous vie et consistance...Il est le premier à recevoir les influx des corps célestes et à les transmettre à tous les corps simples ou mixtes." (Chap. VI, trad. J.Servier)

Agrippa ne se contente pas de donner ainsi ses propres visions sur la nature même des éléments, il évoque également leur origine en faisant référence aux conceptions des Platoniciens : les choses et les êtres d'ici-bas reçoivent leurs idées des idées supérieures. Il affirme que celles-ci "sont en Dieu un principe unique et vont en se divisant dans l'âme du monde."

" Dans la nature, écrit-il, les germes sont des formes minuscules pénétrées par les idées qui attendent de se manifester, comme les ombres attendent la lumière pour paraître. Tous les germes présents dans l'âme du monde sont autant d'idées dans l'esprit de Dieu, des idées qu'il a projetées dans le ciel par-delà les étoiles et les signes [du zodiaque] et qui donnent aux corps matériels toutes leurs propriétés et toutes leurs vertus. C'est donc de ces étoiles et de ces signes que viennent toutes les propriétés et toutes les vertus des espèces créées. Chaque espèce a une figure céleste qui lui correspond et dont elle tire ses propriétés particulières et ses effets propres.

Les idées sont ne sont pas seulement les causes d'existence particulière à chaque espèce, elles sont les causes de chaque vertu, de chaque propriété particulière à chaque espèce. " (Chap. XI, trad. J.Servier)

"Chaque élément a deux qualités spécifiques dont l'une lui appartient en propre et l'autre est un moyen terme de transition avec la propriété essentielle de l'élément suivant. Ainsi, le feu est chaud et sec, la terre sèche et froide, l'eau froide et humide, l'air humide et chaud. Les éléments se répartissent donc en deux groupes opposés deux à deux : l'eau et le feu d'une part, la terre et l'air d'autre part." (Chap.III)

Quant aux "corps composés stables ou parfaits que sont les pierres, les métaux, les plantes ainsi que les animaux", tous les éléments entrent dans leur composition, mais chacun d'eux

"suit un élément plus particulier dont il tire sa caractéristique principale".

Ainsi, par exemple, "les plantes s'accordent avec l'air : elles ne peuvent en effet croître et se développer ailleurs qu'à l'air libre." Agrippa reconnaît toutefois que la réalité est plus complexe et que :

"Chez les plantes les racines cherchent la terre et en ont la densité ; les feuilles appartiennent à l'eau, car elles sont pleines de sève ; les fleurs à l'air à cause de leur légèreté et les graines au feu à cause de leur pouvoir germinatif." (Chap. VII)

Vertus naturelles et propriétés occultes des corps

A la suite de ces considérations sur la composition des corps, Agrippa ajoute que chacun d'eux possède des vertus naturelles et des propriétés occultes.

Les vertus naturelles proviennent d'abord des qualités premières des éléments qui les composent et conditionnent leurs possibilités d'action, comme par exemple, réchauffer, refroidir, humidifier ou dessécher. Mais ces vertus naturelles peuvent être complétées par la combinaison des quatre éléments et leurs dosages respectifs à l'intérieur des corps composés, ce qui donne à ceux-ci

" de nouveaux modes d'action en plus des premiers : la maturation, la digestion, la résolution, l'amollissement, le durcissement, les propriétés styptiques ou fortement astringentes, les propriétés abstersives ou détersives, corrosives, caustiques, apéritives, évaporatives, confortatives, mitigatives ou modératives, conglutinatives, opilatives, c'est-à-dire la propriété d'obstruer les conduits naturels, et les propriétés facilitant l'expulsion ou au contraire provoquant la rétention ainsi que les propriétés attractives, répercussives, stupéfactives, élargitives, lubtrificatives, et bien d'autres encore." (chap. ix)

Ces vertus naturelles sont généralement répandues dans tout corps composé. Ainsi, par exemple,

"La chélidoine ou éclaire qui guérit les maux d'yeux, non par une seule de ses parties, mais par toutes à la fois, la racine aussi bien que les feuilles ou les graines." (Chap.XX).

Mais ces vertus, remarque Agrippa, peuvent aussi ne se trouver localisées que dans une seule partie du corps composé, voire même seulement dans un organe bien déterminé.

"Ainsi, des vertus différentes sont réparties diversement dans les organes. En effet, ces vertus sont envoyées par les astres mais leur répartition se fait en fonction du degré de réceptivité des divers organes" (Chap. XX)

A l'appui de ses assertions, Agrippa ne donne malheureusement que des exemples pris dans le règne animal. Il précise en revanche que "la vertu qui est dans les plantes et dans les herbes ne cessent de vivre et de rester actives après qu'elles aient été cueillies et desséchées." (chap.XXI)

Quant aux propriétés occultes des corps, leur cause en est cachée. Agrippa affirme qu'elles ne procèdent d'aucun élément :

"Il y a dans les choses des propriétés mystérieuses ou occultes qui ne viennent pas de leur nature élémentaire, mais sont comme des dons célestes, non perçus par nos sens et compris avec peine par la raison." (Chap.XV)

Il tente néanmoins d'en donner une explication qui peut se résumer en une phrase : c'est Dieu qui est l'origine et la fin de toutes les propriétés. Mais celles-ci pénètrent dans les corps grâce à l'intervention d'un intermédiaire qu'il appelle l'Esprit du Monde ou *quintessence* :

"parce qu'elle n'appartient à aucun des quatre éléments, mais à un cinquième supérieur aux autres, différent des autres. La force de l'âme du monde se répand en toutes choses par la quintessence. C'est par celle-ci que toutes les vertus secrètes sont communiquées aux plantes, aux pierres, aux métaux, aux êtres animés par l'intermédiaire du soleil, de la lune, des planètes et des étoiles qui sont au-dessus des planètes." (Chap. XIV)

Si Agrippa donne ici quelques exemples empruntés au règne végétal pour justifier sa théorie deux ne sont guère convaincants, car il les a extraits d'une liste de plantes magiques aux pouvoirs merveilleux citées par Pline (28):

"Il y a une herbe d'Ethiopie qui dessèche les étangs et ouvre ce qui est fermé. Nous lisons que chez les Perses, l'on donnait aux légats et aux ambassadeurs une herbe appelée *latace* afin qu'ils puissent obtenir de tout en abondance, quel que soit le lieu de leur mission. Il y a aussi une herbe de Sparte ou de Scythie qui mâchée ou tout au moins gardée dans la bouche, permet, à ce que disent les Scythes, de rester douze jours sans souffrir de la soif et de la faim." (Chap. XIII)

A la recherche des propriétés occultes : sympathie et antipathie à l'œuvre dans le monde

En dépit des difficultés que présente une telle recherche, Agrippa juge que l'on peut néanmoins parvenir à la connaissance de ces propriétés occultes non seulement "par hypothèse et par expérience", mais aussi par l'étude de l'aspect et du comportement des éléments qui composent le cosmos, ainsi que par une observation attentive de leurs rapports de sympathie et d'antipathie.

"Car toute chose en redoute une autre qui est son agent destructif et comme son pire ennemi. Inversement, toute chose se réjouit de la présence d'une autre qui lui plaît et la fortifie." (Chap. XVII)

A l'appui de cette affirmation, Agrippa donne un certain nombre d'exemples tirés du règne végétal qu'il a largement puisé dans la littérature grecque et latine, notamment chez Pline.

> "La racine de *l'aproxis** attire à elle le feu, même si elle en est éloignée ; il y a une inclinaison semblable entre la palme (*palma*) mâle et la palme femelle qui, lorsqu'elles se touchent, s'enlacent dans un baiser (29). La femelle ne porte pas de fruit sans le mâle et l'amandier solitaire a peu de fruits. Les vignes (*vites**) aiment l'orme (*ulmus**) et le pavot (*opium**) (30), comme l'olivier (*oliva**) aime le myrte (*myrtum**) et le figuier (*ficus**)." (Chap. XVII)

Agrippa ajoute que cette sympathie existe aussi entre espèces de genres différents, notamment entre plantes et animaux et ces derniers la mettent à contribution pour se soigner (31):

> " Le chat aime la cataire (*nepeta herba* *) dont le frottement féconde les chattes et supplée l'absence de mâle...Les grenouilles, les crapauds, les serpents et tous les reptiles venimeux aiment la plante que l'on appelle *risus apium** dont les médecins disent que celui qui en mange risque de mourir de rire (32). La tortue, lorsqu'elle est mordue par un serpent, mange de l'origan (*origanum**) et s'en trouve guérie. De même la cigogne trouve dans l'origan un remède contre les morsures de serpents. La belette, avant de combattre le basilic (un serpent venimeux), mange de la rue (*ruta**); nous voyons que l'origan comme la rue ont une vertu qui combat le venin des serpents.
>
> Il y a donc chez les animaux une connaissance naturelle, un art inné de la médecine (*ars innata medicinalis*). Le crapaud, lorsqu'il est mordu par un autre animal ou frappé par un venin, va chercher de la rue ou de la sauge (*salvia**) pour frotter sa plaie et se prémunir contre l'empoisonnement. Les hommes ont appris par les animaux bien des remèdes à leurs maladies et la vertu de bien des choses.
>
> Les hirondelles ont montré que la chélidoine (*chelidonia**) (33) est bonne pour la vue, car elles s'en servent pour guérir les yeux de leurs petits. Lorsque la pie est malade, elle porte dans son nid une feuille de laurier et se guérit ainsi. Les ramiers, les geais, les perdrix, les merles se purgent tous les ans avec des feuilles de laurier et les corbeaux s'en servent contre le venin des caméléons...
>
> Lorsque la huppe est malade d'avoir trop mangé de raisin, elle se guérit en prenant de la capillaire (*adiantum**). Les cerfs nous ont appris que le dictame (*dictamnum**) était utile pour faire tomber les flèches ; lorsqu'ils sont atteints, ils vont brouter cette herbe. Les chèvres de Crète agissent ainsi et les biches se purgent avant de mettre bas avec de la *seseli** (34)... Lorsque les corbeaux souffrent d'un empoisonnement, ils ont recours pour se soigner, au chêne ou, selon certains, à la *corvativa*. Des éléphants qui ont avalé un caméléon se guérissent en mangeant de l'oléastre (*oleaster**). Les ours malades d'avoir mangé de la racine de mandragore se guérissent en mangeant des fourmis. Les oies, les canards et les autres oiseaux aquatiques ne se soignent qu'en mangeant de la *sideritis**. Les colombes, les tourterelles et les poules emploient l'*herba helxine**. Les grues prennent le jonc (*juncus**) comme remède. Les panthères utilisent comme contrepoison à l'aconit (*aconitum**), les excréments de l'homme. Les sangliers ont le lierre (*hedera**) pour remède et les biches l'*herba cinaris**." (Chap. XVII)

Quant aux antipathies, elles sont tout aussi nombreuses dans la nature. Parmi les nombreux exemples cités par Agrippa, voici ceux qui portent sur les végétaux :

"La rhubarbe (*rheubarba*)* a de l'aversion pour la bile et le gattilier (*agnus-castus**) pour les désirs sexuels. La pivoine a de l'aversion pour l'épilepsie...L'origan (*origanum**) est contraire à toutes bêtes qui vivent sous terre et aux salamandres. Il y a en outre une telle opposition entre ces animaux et le chou (*brassica**) qu'ils se détruisent mutuellement. Les concombres (*cucumeres**) ont une telle aversion pour l'huile qu'ils se détournent d'elle et se recourbent en hameçon pour ne pas la toucher ...Les chèvres détestent tant l'*ocimum** qu'aucune odeur ne leur est plus odieuse." (Chap. XVIII)

Mais Agrippa n'hésite pas à citer des cas encore plus étonnants comme celui-ci :

"Il y a aussi opposition entre l'olivier et les prostituées : si un olivier est planté par l'une d'elles, il sera toujours stérile ; on dit même qu'il se desséchera aussitôt." (Chap. XVIII)

Les mélothésies planétaires et zodiacales d'Agrippa

Si Agrippa a puisé la plupart de ses exemples de sympathie et d'antipathie à l'œuvre dans le monde chez les auteurs grecs et latins, il a également fait sienne une certaine conception du cosmos élaborée par les astrologues de l'Antiquité, notamment par les Grecs des premiers siècles de notre ère, selon laquelle il existe des relations privilégiées entre les planètes ou les signes du zodiaque et les pierres, les animaux, les plantes, ainsi que les parties du corps humain.

Parmi les différentes mélothésies qu'il a probablement dû consulter, Agrippa en a privilégié une qu'il attribue d'ailleurs à la tradition des Arabes, sans se soucier d'en justifier le bien fondé. Elle porte non seulement sur l'influence des planètes, mais aussi sur celle des signes du zodiaque. Voici d'abord les éléments de la mélothésie planétaire qu'il nous propose :

"- Le Soleil domine le cerveau et le cœur, la cuisse, la moelle, l'œil droit et le souffle de vie (*spiritua virtus*); Mercure domine la langue, la bouche et les autres fonctions ou organes des sens aussi bien intérieurs qu'extérieurs, les mains, les pieds, les jambes, les nerfs et l'imagination (*virtus phantastica*);

- Saturne domine la rate, l'estomac, la vessie, la matrice, l'oreille droite et la perception (*virtus receptiva*).

- Jupiter règne sur le foie, la partie la plus charnue de l'estomac, le ventre et le nombril ; pour cette raison, selon d'anciennes traditions, un nombril (*umbilicus*) était représenté dans le temple de Jupiter Ammon. Certains lui attribuent aussi les côtes, la poitrine, les intestins, le sang, les bras, la main droite, l'oreille gauche et le tempérament (*virtus naturalis*).

- Mars domine le sang, les veines, les reins, le fiel, les fesses, le dos, le sperme et l'irascibilité.

- Vénus domine en second les reins, les testicules, la vulve, la matrice, les secrétions séminales et la concupiscence ; en outre, la chair, la graisse, le ventre, l'embonpoint, le nombril et tout ce qui contribue à l'œuvre de Vénus, comme les os du sacrum, de l'épine dorsale et les flancs, la tête et la bouche où l'on donne le baiser, gage d'amour.

- La Lune régit tout le corps et les membres selon la diversité des signes [zodiacaux]; on lui a cependant affecté plus particulièrement le cerveau, les poumons, le moelle épinière, l'estomac, les menstrues, et tous les excréments, l'œil gauche et la croissance." (Chap. XXII) (trad. J. Servier)

A la suite, Agrippa propose une mélothésie zodiacale, car, note-t-il, les signes du zodiaque régissent aussi les membres et les organes :

"Le Bélier régit la tête et la face, le Taureau, le cou, les Gémeaux, les bras et les avant-bras, le Cancer, la poitrine, les poumons, l'estomac et les muscles. Le Lion domine le cœur, l'estomac, le foie et le dos, la Vierge les intestins et l'estomac, la Balance gouverne les reins, les hanches et les fesses, le Scorpion, les organes génitaux masculins et féminins, le Sagittaire, les cuisses et les parties subinguinales, le Capricorne, les genoux, le Verseau, les jambes et les chevilles, et les Poissons règnent sur les pieds." (Chap.XXII) (trad. J. Servier)

Il précise en outre que les signes du zodiaque se regroupent en "triplicités" célestes et qu'il faut en tenir le plus grand compte, lorsqu'on propose un remède. Ainsi, note-t-il, par exemple

"S'il fait froid, les pieds, le ventre et la poitrine sont atteints, car ils appartiennent à une même entité céleste : en apportant remède à l'un, on guérit l'autre, par exemple en se chauffant les pieds, on fait cesser le mal de ventre." (Chap.XXII) (trad. J. Servier)

Un peu plus loin, Agrippa justifie sa théorie en donnant pour exemple, une liste de plantes médicinales dont les propriétés thérapeutiques sont en relation avec des entités célestes regroupées par trois ou par deux :

"*Paeonia**, *citraria**, *gariophyllon**, *cortices citri**, *amaracus**, *dorycnium**, *cynnamomum**, *crocus**, *lignum aloes**, *thus**, *ambra, muscus* * et une partie de *myrrha** sont des remèdes pour la tête et le cœur à cause du Soleil, du Bélier et du Lion. *Arnoglossa**, l'herbe de Mars, est un remède pour la tête et les testicules à cause du Bélier et du Scorpion." (Chap.XXII)

A la recherche des signes astraux

Agrippa n'a garde de souligner que la recherche des propriétés des plantes qui sont sous la domination des planètes ou des signes du zodiaque est une entreprise ardue.

"En vérité, note-t-il, il est difficile de connaître sous quel astre ou quel signe les choses sont placées. Cependant on peut y parvenir [en observant] la similitude des rayons, du mouvement ou de la figure des corps supérieurs [planètes ou constellations] ainsi que les couleurs, les odeurs, les effets produits par ces astres." (Chap.XXIII) (trad. J. Servier)

Il mentionne toutefois quelques grands principes qui peuvent aider à conduire la recherche. En effet :

"Dans le règne végétal, tout ce qui porte fruit est à Jupiter, comme tout ce qui fleurit est à Vénus. Toutes les écorces et toutes les graines sont à Mercure, les racines à

Saturne, le bois à Mars, les feuilles à la Lune. Ainsi, tout ce qui porte fruit sans produire de fleurs appartient à Saturne et à Jupiter, les plantes qui fleurissent sans donner de fruits sont à Vénus et à Mercure et celles qui se reproduisent sans fleurs ni graines sont à la Lune et à Saturne. Tout ce qui est beau est à Vénus, tout ce qui est fort est à Mars. Chaque planète dispose de ce qui lui est semblable et le régit." (Chap. XXX) (trad. J. Servier)

Il ajoute que l'on peut aussi se reporter aux ouvrages d'un certain nombre d'auteurs qui ont répertorié par le passé quelles-unes des plantes dominées par les planètes et les signes du zodiaque. Il cite comme exemple deux textes donnant une liste de plantes planétaires, l'un attribué à Apulée (c'est-dire évidemment du pseudo-Apulée), l'autre à Hermès Trismégiste dont se serait, selon lui, inspiré Albert le Grand.

Agrippa remarque toutefois que les grands principes qu'il a énoncés plus haut ainsi que la consultation des auteurs anciens ne sont pas suffisants pour guider celui qui entreprendra de rechercher les propriétés occultes des plantes dominées par les astres. En effet, une même plante subit souvent l'influence de plusieurs entités célestes :

"Les pierres, les plantes, les animaux ne rassemblent pas l'influence d'un seul astre, beaucoup reçoivent des influx multiples et conjoints.... Ainsi, dans le règne végétal où la serpentaire (*serpentaria**) est régie par Saturne et le Serpentaire céleste (35), le lentisque (*mastiche**) et la menthe (*menta**) par Jupiter et le Soleil. Mais, le lentisque reçoit en outre l'influence du cœur de Lion et la menthe celle du Bélier. L'ellébore (*elleborus**) est régi par Mars et la tête d'Algol (*i.e.*le Bélier), le musc (*muscus**) et le santal (*sandal*) par le Soleil et Vénus, la coriandre (*coriandrum**) par Vénus et Saturne." (Chap.XXXII) (trad. J.Servier).

Les signes des plantes

Agrippa note qu'il est toutefois possible de surmonter de telles difficultés provoquées par l'influence de plusieurs astres sur une même plante. Il remarque en effet que les plantes sont marquées par des signes secrets tracés sur elles par les rayons des astres et qui peuvent se cacher jusqu'au plus profond d'elles-mêmes. Ils n'ont d'autres raisons d'être que de permettre une fois décryptés d'accéder à la connaissance des propriétés occultes des plantes.

"Chaque chose par son harmonie interne et par l'étoile qui la régit porte un signe ou un caractère. Ce signe, marque de l'étoile et de son harmonie, précise la vertu propre qui est donnée, différente en genre, en espèce et en intensité, de la vertu préexistante de la matière. Chaque chose, chaque être a sa marque particulière imprimée par son étoile pour lui donner un caractère particulier... Ces signes ou marques contiennent en eux et retiennent le principe même des vertus et des propriétés données par l'étoile. Ils sont capables de produire des effets semblables sur les autres choses sur lesquelles on viendrait à las graver ... Les anciens sages qui ont examiné la nature occulte de bien des choses ont remarqué les images (*imagines*), les figures (*figurae*), les marques (*signacula*), les empreintes (*sigilla*), les caractères (*characteres*) que la nature elle-même, par les rayons des astres a imprimé sur les pierres, sur les plantes, à la jonction des rameaux et aux nœuds des tiges et des branches, comme dans les membres et les organes des animaux. Le laurier (*laurus*), le lotus (*lotus*), l'héliotrope (*heliotropium*) sont des plantes solaires. Lorsqu'on les coupe, on voit dans leurs racines ou dans leurs nœuds les caractères du Soleil." (Chap.XXXIII) (trad. J.Servier).

Ces signes sont évidemment cachés au commun des mortels et Agrippa se plait à souligner le secret qui les entoure :

"Si le nombre des étoiles est seul connu de Dieu, il en est de même de leurs effets sur les choses de ce monde comme des signes qu'elles y impriment : nulle intelligence humaine ne peut en avoir la connaissance. Cependant les vieux philosophes et les chiromanciens (*chiromantici*) ont noté quelques-uns de ces signes, bien peu il est vrai, qu'ils ont découverts en partie par raisonnement en partie par expérience, beaucoup sont restés cachés dans le trésor de la nature." (Chap.XXXIII) (trad. J.Servier).

Agrippa propose ainsi une sorte de "*théorie des signes*" qui n'est rien d'autre qu'une "*théorie des signatures*" mais strictement limitées aux astres. Mais il ne donne aucune explication sur une quelconque relation entre la cinquantaine de signes qu'il a répartis entre les planètes (36) et chacune des plantes qu'il leur a attribuées.

La méthode d'investigation qu'il a suivie l'a conduit à recenser un nombre de végétaux beaucoup plus élevé que celui qui figure dans les opuscules de botanique astrologique hérités de l'Antiquité. Bien qu'il ait affirmé qu'il ne s'était pas contenté de recopier ce que d'autres avaient écrit sur les sujets qu'il aborde, mais qu'il avait tenu le plus grand compte de sa propre expérience, les exemples qu'il donne à l'appui de ses dires sont loin d'être convaincants et témoignent souvent de son incroyable naïveté.

On remarquera toutefois qu'il n'a pas cru nécessaire de décrire les plantes qu'il a sélectionnées, ce qui complique singulièrement leur identification et laisse supposer qu'il ne s'est probablement pas livré à beaucoup d'observations *in situ* pour vérifier ce qu'il avançait. Il est par ailleurs surprenant qu'il n'ait pas éprouvé le besoin, alors qu'il était médecin, de consacrer quelques commentaires aux propriétés curatives de chacune d'elles.

Des plantes astrales

Dans la partie de sa *De occulta Philosophia* où il aborde les propriétés des plantes, Agrippa distingue celles qui sont sous la domination des planètes, celles qui le sont sous celle des signes du zodiaque ainsi que celles qui sont en relation avec un certain nombre d'étoiles.

Plantes et planètes

Agrippa rappelle d'abord que d'autres avant lui ont déterminé quelles étaient les plantes dominées par les planètes et les signes zodiacaux, et il cite tout d'abord Apulée (*i.e* le pseudo-Apulée) qui a écrit (cf. *sup*. p. 20-21):

"Au Bélier correspond *elelisphacon**, au Taureau *peristereon orthion**, aux Gemeaux *peristereon hyption**, au Cancer *symphyton**, au Lion *cyclaminum**, à la Vierge *calamynthum**, à la Balance *artemisia**, au Scorpion *scorpiuron**, au

Sagittaire *anagallis**, au Capricorne *lapathum**, au Verseau *drachontea**, aux Poissons, *aristolochia**, à la planète Saturne, *sempervivum**, à Jupiter *eupatorium**, à Mars *peucedanum**, au Soleil *heliotropium**, à Vénus *panax** ou *callitrichum**, à Mercure *phlomum**, à la Lune *agloophotis**." (Chap. XXXII)

Il mentionne également une liste différente qu'il attribue à Hermès Trismégiste et dont, selon lui, Albert le Grand se serait inspiré :

"A Saturne : *asphodelus**, à Jupiter : *hyosciamus**, à Mars : *arnoglossa**, au Soleil : *polygonia**, à Vénus : *verbena**, à Mercure : *pentaphyllon* *et à la Lune *chenostates**." (Chap. XXXII) (37)

Mais il ajoute à l'appui de ses références cette surprenante remarque :

"Nous savons déjà par expérience qu'*asparagos** est dominé par Arès et *basilicon** par le Scorpion. Car de la raclure de corne de bélier naissent les asperges et du basilic broyé entre deux pierres sortent des scorpions."

Quant à son propre inventaire des plantes qui portent la signature des planètes, il paraît s'être laissé guider pour l'établir par un ou plusieurs critères qui varient d'ailleurs d'une planète à l'autre. Les plus constamment évoqués sont les couleurs ou les formes des végétaux, mais aussi les éléments, les qualités sensibles, les humeurs et les saveurs attribuées à chacune des planètes.

Les plantes du Soleil

Agrippa commence par indiquer que, parmi les éléments qui sont solaires, il y a le feu et la flamme claire ; parmi les humeurs : le sang très pur et le souffle de vie ; parmi les saveurs, ce qui est âcre mêlé de douceur. Il énumère ensuite les plantes qui selon lui, portent la signature du Soleil, soit par leur mouvement, soit par la forme de leurs feuilles ou de leurs fruits, soit par le fait qu'elles sont sempervirentes, soit enfin parce qu'elles ont la propriété d'écarter la foudre (que l'on supposait avoir été envoyée par Jupiter). Il leur ajoute certains végétaux dont la couleur jaune des fruits, (comme le citron) ou des fleurs (comme celles de la chélidoine), peut évoquer le Soleil ainsi que certaines épices dont la saveur (comme celle du poivre) est perçue comme particulièrement brûlante :

"Parmi les plantes et les espèces arbustives, sont solaires celles qui se tournent vers le Soleil comme l'*heliotropium** et celles qui replient leurs feuilles au coucher du Soleil et les déploient à son lever, comme le *lotos**; tout dans cet arbre montre qu'il appartient au Soleil, la forme des feuilles comme celle des fruits. Il faut ajouter : la pivoine (*paeonia**), la chélidoine (*chelidonia**), le citron (*citraria**),le gingembre (*zinziber**), la gentiane (*gentiana**), le dictame (*dictamnus**), la verveine (*verbena**) qui est aussi remarquable pour les oracles et les sacrifices expiatoires ainsi que pour faire fuir les mauvais démons, le laurier (*laurus**) consacré à Phoebus, le cèdre (*cedrus**), le palmier (*palma**), le frêne (*fraxinus**), le lierre (*hedera**), la vigne (*vitis**) et [les végétaux] qui écartent les poisons et la foudre, sont toujours verts et ne craignent pas le froid de l'hiver. Sont également solaires : la menthe (*menta**),le lentisque (*mastix**), le zédoaire (*zedoaera**) (38), le safran (*crocus**), le baumier (*balsamus**), l'ambre (*ambra*), *muscus**, le miel jaune, le bois d'aloès, le giroflier (*gariophyllum**), la cinnamome (*cinnamomum**), le roseau odorant (*calamus aromatus**), le poivre (*piper*), l'encens (*thus**), la marjolaine (*amaracus*) et le romarin (*libanotis**) qu'Orphée a appelé *Solis thymiama* (*i e* "parfum du Soleil")." (Chap. XXIII)

Les plantes de la Lune

Selon Agrippa, les éléments lunaires sont la terre et l'eau, - celle de la mer comme celle des fleuves -, tout ce qui est humide chez les arbres et les animaux, ainsi que ce qui est très blanc comme le blanc d'œuf, les graisses, les sueurs, les humeurs et les secrétions du corps ; parmi les saveurs, ce qui est salé et fade. Quant aux plantes placées sous la domination de la Lune, ce sont celles qui suivent ses mouvements ou se développent en fonction de ses cycles :

"Parmi les plantes et les espèces arbustives sont lunaires : le *selenotropion** (39) qui se tourne vers la Lune, comme l'héliotrope (*heliotropium**) se tourne vers le Soleil, le palmier (*palma**) qui donne une nouvelle branche à chaque nouvelle lune, l'hysope (*hyssopus**) qui est une espèce de romarin (*rosmarinus**), un très petit arbre et la plus grande des plantes, participant de chacun des deux, le gattilier (*agnus castus** ou *casta arbor*), l'olivier (*oliva**), le (*chenostates**) qui croît et décroît avec la Lune, en substance et en nombre de feuilles, et pas seulement en humeur et en force, comme toutes les plantes, à l'exception des *cepae Martiae** qui, seuls, s'affaiblissent lorsque la Lune croît et augmentent leurs forces lorsqu'elle décroît." (Chap. XXIV)

Les plantes de Saturne

Agrippa note que les éléments qui appartiennent à Saturne sont la terre et l'eau ; parmi les humeurs, la bile noire, tant naturelle qu'étrangère, à l'exception de celle qui est brûlée ; parmi les saveurs, celles qui sont acides, âcres et lourdes. La planète ayant mauvaise réputation, les plantes soumises à son influence seront des plantes qui reflètent les caractéristiques peu attrayantes de Saturne : elles sont dangereuses, difformes, d'un aspect peu engageant, d'un goût désagréable ou d'une odeur repoussante, celles qui sont stériles ou dont les fruits de couleur sombre ne sont guère attirants :

"Parmi les plantes et les espèces arbustives sont [sous la domination de Saturne]: l'asphodèle (*asphodelus**), la serpentaire (*serpentaria**, la rue (*ruta**), le cumin (*cyminum*), l'hellébore (*helleborus*), le *silphium* (40), la mandragore (*mandragora**), le pavot (*opium**) et celles qui sont stupéfiantes, celles qui ne portent jamais de fruits si ce n'est des fruits noirs ou des baies noirâtres, comme le figuier noir (*ficus atra*), le pin (*pinus*), le cyprès (*cupressus*), l'arbre lugubre (*arbor feralis*), qui ne se reproduit pas à partir de baies, celui qui est tordu, a une saveur amère, une odeur entêtante, une ombre épaisse, une résine très âcre, qui ne porte pas de fruits, n'est pas altéré par l'âge, funeste (*arbor funesta*) (41), [ceux qui sont] consacrés à Dis (42) comme l'ache (*apium**) que les Anciens avaient l'habitude de répandre sur les tombes avant d'y mettre le corps de leurs morts. C'est pourquoi il était permis de confectionner les couronnes que portaient les convives avec toutes sortes de plantes et de fleurs à l'exception de l'ache (*apium**), parce que [cette plante] est lugubre et ne convient pas à la gaieté." (Chap. XXV)

Les plantes de Jupiter

Le seul élément qu'Agrippa attribue à la planète Jupiter est l'air ; en revanche, les humeurs dominées par elle sont nombreuses. Selon lui, elle règne sur le sang, le souffle de vie, tout ce qui touche au développement de la vie, à la nutrition, à la végétation, et parmi les saveurs, sur ce qui est doux et agréable. La liste des végétaux soumis à Jupiter est particulièrement longue. Pour la dresser, Agrippa a en effet retenu en premier lieu les plantes ou les arbres attribués à Jupiter par les Anciens qui étaient censés écarter la foudre, comme la joubarbe des toits, ou encore les différentes variétés de chênes, l'arbre de Jupiter par excellence, honoré au sanctuaire de Dodone en Grèce ; mais il leur a ajouté les plantes alimentaires puisque Jupiter préside à la croissance et à la vie, ainsi que des végétaux réputés "favorables" (*arbores felices)* qui s'opposent en quelque sorte à ceux qui passaient pour être "funestes" (*arbores infelices*) attribués à Saturne, tout comme la bienveillance de Jupiter pour les hommes s'oppose à la légendaire malveillance de Saturne envers eux :

> "Parmi les plantes et les espèces arbustives, celles de Jupiter sont : la joubarbe (*barba Jovis**), le basilic (*ocymum*), la buglosse (*buglossa**), *macis**, *spica** (43), la menthe (*menta**), le lentisque (*mastiche**), l'aunée (*inula**), *viola**, l'ivraie (*lolium*), la jusquiame (*hyosciamus**), le peuplier (*populus**), les arbres qui passent pour être favorables (*felices arbores*) (44) tels que le chêne (*quercus**), le chêne farnetto (*aesculus**) (45),le chêne vert (*ilex**), le hêtre (*fagus**), le coudrier (*corilus**), le peuplier (*populus**),le sorbier (*sorbus**), le figuier blanc (*ficus alba*), le poirier (*pyrus**), le pommier (*malus**), la vigne (*vitis**), le prunier (*prunus**), le frêne (*fraxinus**), le cornouiller (*cornus**), l'olivier (*oliva**) et l'huile d'olive (*olivum*), les céréales : le blé (*frumentum**), l'orge (*hordeum**), le blé dur (*triticum**), les raisins secs * (*uvae passulae* *), la réglisse (*liquiricia**), le sucre (*zaccharum*) et tout ce qui est doux et léger, avec une saveur astringente et piquante comme les noix (*nuces**), les amandes (*amygdalae**), les pignons (*pineae**), les noisettes (*avellanae***), les pistaches (*pistaciae*), les racines de pivoine (*paeonia**), de myrobolan (*mirobalanum**) et de rhubarbe (*rheubarba**) ainsi que la manne (*manna*) (46). Orphée lui attribue aussi l'aliboufier (*styrax**)." (Chap. XXVI)

Les plantes de Mars

Pour Agrippa, les éléments de Mars sont le feu ainsi que tout ce qui est brûlant et ardent ; parmi les humeurs la bile ; parmi les saveurs celles qui sont amères, âcres, brûlent la langue et lacrymogènes. Les plantes attribuées à Mars seront donc celles qui sont épineuses, irritent ou brûlent la peau ou provoquent les larmes :

> "Parmi les plantes et les espèces arbustives : l'ellébore (*elleborus**), l'ail (*allium**), l'euphorbe (*euphorbium**), la renoncule (*carca bana*) (47), *armoniacum** (48), le raifort (*raphanus*), (*laureola**), l'aconit napel (*napellus**), le liseron scammonée (*scammonia**) et toutes celles qui sont nuisibles à cause de leur chaleur, celles qui sont protégées par des épines ou dont le contact irrite la peau, celles qui piquent ou provoquent des ampoules comme l'ortie (*urtica**), *flammula**, celles qui font venir les larmes comme les oignons (*cepae**), l'oignon *d'Ascalon* (*ascolonia**) (50), le poireau (*porrum**), la moutarde (*sinapium**), le *castoreum* (51) et toutes les espèces

arbustives épineuses ainsi que le cornouiller (*cornus**) consacré à Mars." (Chap. XXVII)

Les plantes de Vénus

Agrippa indique que les éléments de Vénus sont l'air et l'eau ; parmi les humeurs la pituite, le sang, l'esprit et la semence génitale ; parmi les saveurs, le doux, l'onctueux, et le délectable.

Le sang est ainsi attribué à deux planètes, Mars et Vénus. De même certaines plantes sont en relation avec plusieurs planètes :

> "Parmi les plantes et les espèces arbustives, celles de Vénus sont la verveine (*verbena**), la violette (*viola**), la capillaire (*capillus veneris**), la valériane (*herba lucia* ou *valeriana** c'est-à-dire *phu* chez les Arabes") (52), le thym (*thymus**), la résine de ciste (*ladanum**), l'ambre (*ambra*), *muscus**, le santal (*sandalum*), la coriandre (*coriandrum**), toutes les plantes odorantes et aux fruits délectables et doux, comme le poirier (*pyra dulcia**), le figuier (*ficus**), la grenade (*mala punica**), qui, selon les poètes, avait été planté par Vénus elle-même à Chypre ; en outre lui sont également consacrées la rose du matin (*rosa Luciferi**) (53) et le myrte (*Hesperi myrtus**)." (Chap. XXVIII)

Les plantes de Mercure

Enfin, Agrippa considère que les éléments de Mercure sont l'eau comme tout ce qui est mouvant ; parmi les humeurs, celles qui sont mêlées (il note que la planète dirige également l'esprit animal (*spiritus animalis*)); parmi les saveurs, celles qui sont variées, étrangères et mêlées. Ainsi, pour Agrippa, ce qui paraît essentiellement en relation avec cette planète, c'est la variété, le mixage, la mouvance. Ces considérations l'ont peut-être guidé dans le choix des végétaux, au demeurant peu nombreux qu'il attribue à Mercure. Ce sont :

> "Parmi les plantes et les espèces arbustives : le coudrier (*corilus**), la quintefeuille (*pentaphyllon*), la mercuriale (*mercurialis**), la fumeterre (*fumus terrae**), la pimprenelle (*pinpinella**), la marjolaine (*majorana**), le persil (*petroselinum**) et celles qui ont des feuilles plus courtes et plus petites et composées de nature et de couleurs variées." (Chap.XXIX)

Plantes et zodiaque

Agrippa n'a pas négligé de consacrer également quelques lignes aux plantes soumises à la domination des signes zodiacaux, mais il se contente d'en donner la liste, en se référant à un passage d'Apulée dont nous avons donné la teneur plus haut (cf. p. 41) sans y ajouter de commentaires personnels.

Les plantes et les quinze étoiles fixes

Agrippa a complété son inventaire des plantes dominées par les astres par une liste de végétaux qu'il attribue à Hermès Trismégiste selon lequel ceux-ci sont en rapport avec quinze étoiles fixes. Il veut en effet démontrer que "les pierres, les plantes, les animaux ne rassemblent pas l'influence d'un seul astre, mais que beaucoup reçoivent des influx multiples et conjoints". Mais il ne donne aucune indication sur les relations de ces étoiles avec les parties ou les organes du corps humain et il ne mentionne pas davantage quelles sont les signatures que ces étoiles fixes auraient pu tracer sur les pierres, les plantes ou les animaux qu'elles dominent. (54)

Ce long texte n'est pas totalement dénué d'intérêt. En effet, Agrippa a voulu y montrer que les plantes pouvaient être sous la domination de plusieurs corps célestes et qu'à l'inverse, un même corps céleste pouvait régner sur plusieurs végétaux. Mais il ne semble pas avoir eu conscience que la multiplication des combinaisons possibles des relations entre les astres et les végétaux pouvait compliquer singulièrement la recherche et la découverte des signatures déposées par les corps célestes sur chaque espèce de plante pour en indiquer les vertus cachées.

On aura remarqué par ailleurs que, si les passages de la *Magie naturelle* consacrés aux plantes sont loin d'être négligeables, ils sont notoirement incomplets. Agrippa s'est en effet limité à donner un certain nombre de caractères communs à toutes les plantes qu'il a attribuées à une même planète, sans se préoccuper d'affiner son exposé et de préciser quelle était la signature que l'on pouvait percevoir sur chacune d'elles.

On a noté plus haut qu'il avait complètement négligé de décrire chacun des végétaux qu'il a répertoriés, mais il faut lui reconnaître qu'il n'a jamais prétendu que son ouvrage puisse être assimilé à un traité de botanique.

On observera aussi qu'il ne l'a pas davantage envisagé comme une pharmacopée, car il n'a nullement songé à mentionner comment mettre à profit les propriétés des plantes qu'il a sélectionnées parce qu'elles portent les signatures des planètes. S'il affirme que celles-ci conviennent sans aucun doute pour soigner les affections qui touchent les membres ou les organes dominés par les planètes, il ne précise jamais sous quelle forme, à quelle dose et pour quelle durée, elles peuvent-elles être utilisées.

En dépit de leurs lacunes, les pages de la *Magie Naturelle* qu'Agrippa a consacrées aux plantes sont suffisamment importantes pour constituer l'une des flores médicales des signatures astrales les plus complètes dont nous disposions aujourd'hui.

Toutefois, son inventaire est d'une bien moins grande importance que celui que nous devons à Porta dont la *Phytognomonica* couvre, il est vrai, un champ de recherche qui ne se limite pas aux seules plantes porteuses de signatures astrales.

La Flore médicale des signatures astrales de G-B della Porta

Sa vie

Porta est né à Naples en 1535 (ou en 1540, selon certains) dans une famille aisée. Elevé par un de ses oncles, il reçoit une solide formation et se montre très tôt particulièrement doué pour les langues anciennes, les lettres, la philosophie.

Il complète son éducation par un certain nombre de voyages dans différents pays d'Europe. A une extrême curiosité, il joint une vive imagination, et il manifeste très jeune un net penchant pour le merveilleux et l'insolite, mais fait également preuve d'une incroyable crédulité pour tout ce qu'il lit ou tout ce qu'on lui rapporte. Il publie en 1558 les quatre premiers Livres de sa *Magie Naturelle* qu'il complètera et corrigera ultérieurement. Il s'agit en partie d'une vaste compilation qui témoigne de l'érudition de son auteur, où l'on trouve pêle-mêle des recettes pratiques et des procédés magiques qui relèvent des domaines les plus variés, dont certains sont d'une déconcertante puérilité. Les chapitres dans lesquelles il traite des propriétés des plantes sont assez nombreux, mais présentés sans aucun ordre et l'on y trouve par exemple, aussi bien des conseils pour obtenir des fruits précoces ou sans noyaux que des énumérations de plantes aphrodisiaques ou anaphrodisiaques. En 1580, il crée l'*Academia dei Segreti*, ce qui fit croire que ses membres s'occupaient de magie et lui valut en conséquence d'être contraint à se rendre à Rome pour en justifier l'activité scientifique devant le Pape Paul V qui accueillit son plaidoyer avec bienveillance. Il fut d'ailleurs admis ultérieurement dans l'illustre Academia des Lincei fondée à Rome par F. Cesi pour l'étude des mathématiques, de la physique et des sciences naturelles Il participe également aux travaux scientifiques de l'Académie des Oziosi à Naples. Tout au long de sa vie, il écrit de nombreux ouvrages qu'il consacre aux sujets les plus divers. On se limitera à n'en citer que quelques-uns parmi les plus connus. En 1563, il publie *De furtivis litterarum notis* qui est un traité de cryptographie et en 1586 *De humana physiognomia* dans lequel il traite des différentes parties du corps humain, définit les lignes qui décèlent le caractère des individus et s'emploie à comparer les physionomies humaines à celles des animaux (55); en 1588, il fait éditer *Phytognomonica* que nous analyserons plus loin, et rééditer un an plus tard une nouvelle version de sa *Magie naturelle* qui comprend alors 20 Livres (56); en 1592, est publié *Villae* qui est un ouvrage d'économie rurale, dans lequel il a consigné de nombreux témoignages de l'expérience acquise dans la gestion de son domaine agricole situé aux environs de Naples où il séjournait souvent (57); en 1601, il fait paraître *De Refractione optices parte* consacré à des questions d'optique et à l'anatomie de l'œil, ainsi que *De Coelesti Physiognomonia*, traité dans lequel il s'élève contre certains aspects de l'astrologie judiciaire, tout en reconnaissant formellement l'influence des astres. Nous lui devons encore un *De Distillationibus* (1608) où il décrit les différents procédés de distillation et d'extraction des simples employés à son époque, et un *De Aeris Transmutationibus* (1609), un ouvrage de météorologie. On lui prête de nombreuses inventions comme celle du premier télescope et celle de la chambre noire. Ajoutons qu'il eut en outre le temps de composer 17 pièces de théâtre dont certaines connurent un certain succès ; ellesfurent réunies en 4 volumes édités en 1726, longtemps après sa mort qui survint en 1615.

Sa *Phytognomonica*

Cet ouvrage se présente pour l'essentiel comme un traité de botanique médicale en huit Livres dont la plus grande partie est consacrée aux signatures des plantes. Les quelques chapitres qui portent sur les animaux n'y occupent en effet qu'une modeste place.

On empruntera à M. Adanson** le passage suivant extrait de ses "*Familles des plantes*" (58) dans lequel il résume fort bien le contenu de ce traité :

> "Porta, dans un ouvrage intitulé *Phytognomica seu methodus nova facillima que, quâ Plantarum ac rerum omnium vires exprima faciei inspectione assequantur*, divise les plantes en 7 classes, en les considérant selon leur lieu natal et les rapports qu'elles ont avec les hommes ou les animaux, soit par la figure de certaines parties, soit par leurs mœurs et enfin par les rapports qu'elles ont avec les astres....De ces 7 classes, pas une n'est naturelle, elles sont divisées en 47 sections, dont 2 sont naturelles.
>
> Suivant Porta les plantes dont quelque partie représente un foie, sont bonnes aux maladies de foie ; celles qui représentent des ieux, sont bonnes aux ieux ; celles qui ont la forme de testicules, sont bonnes aux maladies des testicule ; celles qui représentent de doigts, sont bonnes à la goute, & ainsi des autres. Cette idée & la méthode qu'il a fondée dessus, est très ingénieuse & contient au moins autant de vérités que de faussetés." (Adanson, *Familles des plantes*, *Préface* XI- XIII)

La *Phytognomonica* comprend huit Livres. Mais la *Flore médicale des signatures* qu'il contient doit être recherchée dans différents passages de ces derniers, car Porta n'y a pas consacré un ou plusieurs Livres particuliers.

Voici un aperçu du contenu de chacun d'eux :

- Le premier Livre est consacré à un exposé général sur les fondements de la phytognomonie, ses différents aspects et ses méthodes qu'il développera largement dans les Livres suivants. Dans son dernier chapitre (XXII), Porta s'attache à en donner la définition : "*Est autem Phytognomonica virium plantarum vestigandi methodus, ex partibus & vitœ, quœ insunt signis fixis & mobilibus*" Ce qui impose quelques précisions qu'il s'empresse de donner. Ainsi, l'expression "*ex partibus & vitae*" signifie qu'il faut observer non seulement la similitude des parties des plantes avec les parties du corps humain et ses maladies ainsi que celles des animaux, mais encore leur mode de vie et les analogies que l'on peut relever, en étudiant par exemple leur germination et leur fructification. Il explique par ailleurs que par "*signis fixis & mobilibus quae insunt*", les signes constants et variables que les plantes contiennent, il faut comprendre que les premiers sont les graines, les racines et les fleurs qui sont toujours les mêmes quels que soient la région et le climat, tandis que les seconds sont l'odeur, la saveur, la couleur, la forme, la présence d'épines, la fragilité qui dépendent du sol, du climat ou de la culture.

Il explique aussi l'étymologie du mot *Phytognomonica* composé de *Phyto* qui signifie *planta*, la plante et de *gnômê* qui veut dire *scientia*, la connaissance. Et il compare ceux qui cherchent à connaître les plantes par la *scientia* aux magistrats d'Athènes qui pouvaient déterminer l'âge d'une jument en examinant ses dents (*gnômones*). Ainsi, conclue-t-il, de même que la *Physiognonomia* permet de connaître les caractères de l'homme en observant l'aspect de son corps, de même la *Phytognomonica* permet de deviner les propriétés des plantes d'après leur aspect naturel.

- Le Livre II porte essentiellement sur l'étude de la variété des plantes et de leurs propriétés en fonction des sols et des climats. Pour une large part, il se présente comme un exposé de biogéographie. Il y aborde notamment la question de la transplantation et de l'acclimatation des végétaux, celle de la modification de leurs propriétés qui en résulte. Il donne un bref inventaire des plantes qui viennent dans les terres humides ou marécageuses, au bord des rivières ou de la mer, dans des terres grasses, maigres ou sableuses, de celles qui poussent dans les régions chaudes, froides, tempérées ou dans les montagnes ou encore de celles que l'on trouve dans les plaines, sur les collines, dans les vallées, dans les champs ou qui sont cultivées. Il s'attache à exposer quelles en sont les propriétés et à expliquer dans quelle mesure celles-ci dépendent du sol et du climat. Quelques chapitres de ce Livre sont réservés aux animaux.

- Le Livre III est consacré en premier à l'étude des différentes couleurs que peuvent revêtir les plantes ou, plus exactement, certaines de leurs parties, chaque couleur étant considérée par Porta comme une signature indicatrice d'une ou plusieurs vertus thérapeutiques contenues dans la plante qui en est revêtue. Porta se livre ensuite à un long exposé qui lui demande plusieurs chapitres, sur les rapprochements que l'on peut observer entre la morphologie des plantes et celle de l'homme. Il y affirme que la forme ou la consistance des végétaux doivent être perçues comme des signatures grâce auxquelles il est possible d'accéder à la connaissance de leurs propriétés.

- Dans le Livre IV, Porta traite des ressemblances que l'on peut observer entre certaines plantes et différents animaux et il en déduit qu'elles possèdent des propriétés curatives identiques à celles de ces derniers. Il peut s'agir d'analogies de formes, de couleurs ou d'odeurs, mais aussi de comportements ; les arbres à feuilles persistantes étant par exemple comparés aux animaux qui hibernent sans se nourrir ou les plantes parasites aux animaux qui vivent sur d'autres et à leurs dépens.

- Dans le Livre V, Porta établit une sorte de répertoire de caractéristiques propres à un certain nombre de végétaux qu'il juge en rapport avec les manifestations de différentes maladies assez courantes ; il les perçoit comme des signatures, par lesquelles les plantes révèlent leurs propriétés et manifestent discrètement qu'elles sont source de remèdes susceptibles de soigner celles-ci.

Les Livres VI et VII suivants sont consacrés à l'observation de signatures végétales moins évidentes, mais qui sont néanmoins de nature à faciliter l'accès à la connaissance des propriétés cachées des plantes.

- Le Livre VI traite plus particulièrement des remèdes que l'on peut tirer de l'étude du "comportement " et du cycle végétatif de différentes plantes. Il y développe notamment l'idée que certaines plantes médicinales poussent tout spécialement dans les régions où sévissent les maladies qu'elles ont la propriété de soigner (59) et que d'autres poussent à la saison où apparaissent les affections qu'elles peuvent guérir (60)

- Le Livre VII réserve une place plus importante que les autres aux animaux et aux remèdes que l'on en peut tirer. Les quelques chapitres que Porta y accorde au règne végétal portent essentiellement sur les sympathies et les antipathies entre plantes (chapitres 20, 23, 25), mais aussi entre plantes et animaux (chapitre 29).

- Le Livre VIII enfin est entièrement consacré aux relations des plantes avec les planètes et peut être considéré comme un petit traité de médecine astrologique.

La *Phytognomonica* de Porta apparaît comme un ouvrage d'une grande originalité qui se distingue aisément des autres flores médicales des signatures publiées jusqu'alors.

Porta y a en effet recensée un nombre incomparablement plus élevé de plantes qui portent une signature, et il a accompagné leur citation de brèves notes qui ont évidemment pour premier objet de justifier leur sélection parmi les nombreuses plantes médicinales utilisées de son temps.

Il s'est efforcé de décrire, sommairement – bien que pas systématiquement il est vrai -, les végétaux qu'il a répertoriés, en insistant notamment sur leurs caractéristiques morphologiques ou la couleur de leurs fleurs.

Il n'a pas négligé d'ajouter à son exposé quelques données pharmacologiques. Il indique à de nombreuses reprises quelles sont les affections que chaque plante est censée soigner, allant même parfois jusqu'à mentionner son mode d'utilisation, voire sa posologie, en se référant aux pratiques des médecins de son temps.

Malheureusement, ses commentaires sur les plantes qu'il a recensées ont été, pour leur plus grande partie, puisés dans les ouvrages les plus connus de l'Antiquité consacrés au règne végétal, quelquefois à certains médecins arabes et, à de rares occasions, aux pratiques thérapeutiques de ses contemporains. En revanche, on n'y relève pratiquement pas de comptes rendus d'observations personnelles. On peut dire qu'il a davantage parcouru les ouvrages des bibliothèques que les espaces naturels pour sélectionner les végétaux qu'il cite dans son Livre. Démarche sans doute assez courante à son époque où les références littéraires dans les ouvrages de botanique restent nombreuses, mais qui témoigne de son insatiable curiosité et de sa grande érudition.

La *Phytognomonica* a longtemps été regardé comme l'ouvrage le plus complet sur les signatures attribuées aux plantes et nombreux sont les auteurs de flore médicale ou de traité de matière médicale édités tout au long des XVII ème et XVIII ème siècles qui y font référence et conseillent à leurs lecteurs de s'y reporter.

Nous nous limiterons à présenter ici son inventaire des plantes porteuses de signatures en relation avec les astres, réservant les chapitres suivants aux signatures chromatiques et morphologiques.

Ce n'est curieusement que dans le VIII ème et ultime Livre de sa *Phytognomonica* que Porta s'est attaché à prouver que les astres entretenaient des relations privilégiées avec un certain nombre de plantes et que celles-ci en portaient la signature.

Dans les premières pages de ce Livre, il remarque que différents végétaux présentent certains signes de similitude avec les astres, signalant par-là même qu'ils en possèdent les vertus. Il y observe aussi que les fleurs sont en relation avec les étoiles, certaines imitant leurs formes tandis que d'autres suivent leurs mouvements : elles s'ouvrent à leur lever, suivent leur déplacement dans le ciel au cours de la journée et se ferment à leur coucher. D'ailleurs, écrit-il, Pythagore et ses disciples n'appelaient-ils pas les fleurs resplendissantes "les yeux des étoiles" et les étoiles "les fleurs du ciel" ? Et Columelle (*R R* X, I, ligne 96) n'a-t-il pas écrit que certaines fleurs étaient des "astres terrestres" (*terrestria sidera*) ? "

Il y fait également référence à Hermès (Trismégiste) pour affirmer que tout ce qui est inférieur reçoit ses forces et ses vertus de ce qui lui est supérieur et que celles-ci sont d'autant plus fortes que les éléments qui les reçoivent sont plus purs, d'où il déduit que les fleurs étant les parties les plus pures des plantes, elles en possèdent les propriétés les plus pures et les plus puissantes qui leur sont communiquées par les étoiles.

Enfin, après avoir déclaré au début de son premier chapitre que les deux organes les plus importants du corps humain sont le cerveau et le cœur et qu'ils correspondent respectivement au Soleil et à la Lune, il ouvre son catalogue de la flore médicale des signatures astrales par les plantes du Soleil.

Les plantes du Soleil

Les critères utilisés par Porta pour sélectionner les plantes du Soleil sont variés. Il privilégie toutefois la couleur de leurs fleurs, leurs formes, les mouvements qu'elles effectuent par rapport à la course du Soleil ou encore leur habitat.

Des plantes à la couleur de l'or (Livre VIII, Chap. I)

Après avoir rappelé que le Soleil dans le ciel est source de chaleur, comme le cœur dans le corps est source de vie, Porta en déduit que les plantes aux "fleurs solaires" (*flores solares*) ont la propriété de soigner les maladies en rapport avec le cœur telles que, selon lui, les fièvres, les troubles mentaux, les empoisonnements. Mais on verra qu'il y a ajouté un certain nombre d'affections caractérisées par une température excessive du corps, comme, les morsures ou les piqûres d'animaux dangereux.

Selon lui, les plantes du Soleil sont prioritairement celles dont les fleurs sont d'une couleur qui évoque spontanément le Soleil. Cependant, toutes les plantes à fleurs jaunes ne sauraient être en relation avec l'astre du jour. Il faut en effet tenir compte de la diversité des nuances que peut présenter la couleur jaune (*croceus*). Est-elle resplendissante et éclatante ou bien terne et sombre ? Porta explique que la différence provient de la densité de la lumière du Soleil qui a pénétré les plantes. Celles dans lesquelles elle s'est profondément introduite sont étincelantes et de la couleur de l'or (*aureus*), car elles ont concentré en elles la lumière de la planète. En revanche, celles qui en ont faiblement été baignées sont d'un jaune moins vif (*luteus*) et si Porta leur prête des vertus comparables, il considère qu'elles ne sont pas en relation avec le Soleil, mais avec la planète Jupiter, moins rayonnante que celui-ci.

Ce critère lui permet de proposer une longue liste de plantes solaires dont les fleurs sont jaunes d'or, auxquelles il ajoute des végétaux qui produisent des fruits ou des légumes à la peau dorée.

Parmi les plantes dont les fleurs sont de la couleur de l'or, Porta en a sélectionné une vingtaine :

L'***heliochrusum**** aux capitules jaunes en bouquets denses, dont les involucres de bractées globuleux sont d'un jaune d'or brillant. Porta note que la plante est bonne pour soigner les morsures de serpents, une des vertus thérapeutiques que lui reconnaissent aussi bien Pline (*H.N.* XXI, 168-169) que Dioscoride (*M.M.*IV, 57) à laquelle Porta ajoute une propriété magique rapportée par Théophraste, qui la tient d'une rumeur répandue à son époque :

> "On obtient, dit-on, une bonne renommée en se couronnant de la fleur d'*heleiochrysos* et en s'oignant de parfum pris dans une boîte d'or apyre." (*H. P.* IX, 19, 3)

L'***abrotonum**** aux nombreux capitules de couleur dorée disposés au sommet des pousses. C'est un antidote aux poisons mortels. Porta lui prête en outre deux propriétés mentionnées par Pline (*H.N.* XXI, 162) et Dioscoride (*M.M.* III, 24): son odeur fait fuir les serpents et on l'utilise, en onction, pour soigner les frissons de fièvre.

L'***atriplex**** appelé aussi *chrusolachanon**, c'est-à-dire "légume doré" car, remarque Porta, de vert il devient de la couleur de l'or. Et il considère qu'il est efficace contre les piqûres des scorpions et des araignées.

Le ***chrysogonon**** (61) dont le nom signifie "qui est né de l'or" et la fleur dorée est semblable à celle du *verbascum** qui est bon pour soigner les morsures des animaux venimeux.

L'***hypericon**** à la floraison dorée qui chasse les fièvres tierces et quartes et s'oppose aux morsures des animaux venimeux.

L'***ascyrum**** – qui est une autre espèce de millepertuis - a des propriétés identiques.

La ***ruta**** aux fleurs dorées. Prise en boisson, elle est bonne pour les frissons des fièvres périodiques ; elle est également efficace comme contre-poisons et elle accroît l'acuité visuelle.

La ***quinquefolium**** dont les fleurs sont jaunes pâles, après avoir été blanches, et cherchent à égaler la couleur de l'or.

La ***potentilla**** (62) aux fleurs dorées qui a des propriétés particulières et remarquables. En effet, si l'on s'en enduit la paume des mains et la plante des pieds, elle diminue rapidement la chaleur de la fièvre.

L'***eupatorium**** de Mésué** (63) dont les fleurs sont disposées en ombelles, à la manière de l'*heliochrusum* ou *herba julia* qui est efficace, en boisson pour traiter les fièvres quotidiennes et les morsures de serpents.

La ***tormentilla****, dont les vertus sont bonnes pour lutter contre tous les poisons, les maladies contagieuses (*pestilentiae*) et les fièvres pestilentielles.

Le ***tussilago**** qui est souverain, "selon l'expérience de mes contemporains", écrit Porta, pour soigner la peste et les fièvres pestilentielles.

Le ***sonchus****, aux fleurs dorées comme le miel, qui est, au dire de Porta, utilisé par ses contemporains pour traiter les fièvres et les piqûres de scorpions.

Le ***verbascum**** de Florence, qui doit être donné à boire, goutte à goutte, avec de l'eau à ceux qui perdent connaissance ; il tonifie le cœur et il est d'un grand secours pour les piqûres des scorpions.

Trois ou quatre feuilles d'***hyosciamus****, prises en boisson qui sont bonnes pour les "fièvres froides" (ou fièvres continues) appelées *epiolas* (=*êpialos*).

L'***iris**** qui est utile contre les poisons.

Le ***chamaepityos**** qui est bon contre les poisons et les araignées phalanges.

La ***lysimachia**** aux fleurs d'or dont l'odeur très pénétrante fait fuir les serpents, tout comme la *conyza major**, jonchée sur le sol, que l'on utilise aussi pour soigner leurs morsures.

Porta a aussi sélectionné certains légumes dont la peau, le suc ou les graines sont de couleur dorée. Ce sont :

Le concombre cultivé (***cucumis****) qui dégage une odeur efficace pour traiter ceux qui perdent connaissance.

Le suc des graines de ***melopepo**** qui est souverain pour les fièvres.

La ***scorzonera**** (64) qui est bonne pour les cardiaques

Le ***rapus****, le ***napus****, la ***bunias**** qui émoussent la force des poisons.

La ***brassica**** qui est d'un grand secours pour les morsures de vipères.

La ***sinapis**** que l'on donne à boire contre la sécheresse des fièvres périodiques, les faiblesses de la vue, les blessures des serpents et des scorpions.

L'***hieracium**** (65) dont chacune des deux espèces est bonne contre les piqûres de scorpions.

La ***lactuca sylvestris****, une laitue sauvage, qui est également efficace contre les piqûres des scorpions et des araignées phalanges.

Certains fruits dont la peau (épicarpe) est dorée ont également été retenus par Porta parmi les plantes portant la signature du Soleil :

Les coings (***cotonea mala****) que les Grecs appellent *chrysomelon* et Virgile *aurea mala* ont des couleurs tirant sur le doré ; par l'odeur qu'elles dégagent, elles émoussent la force des poisons mortels et diminuent leur intensité. Porta ajoute que, selon Plutarque, le coing avait la propriété de neutraliser, rien que par son odeur, la nocivité d'un poison nommé *Pharicum* et que ceux qui absorbaient un breuvage dans lequel on avait mêlé des coings, n'en subissaient aucun dommage. (66)

Les ***mali medici**** ou ***citrii*** sont également de couleur dorée. Porta note que Juba de Mauritanie distinguait plusieurs espèces de *malum aureum*, appelées *aurantia* ou *narantia*. Il précise que celles qui passent du vert à l'or sont des citrons (*limones*) et que celles qui prennent une teinte jaune foncé, sont des *ponceria*. Selon Porta, elles suppriment les dommages causés par les poisons et il en appelle à Virgile pour en vanter les propriétés :

"[La Médie produit les sucs acides et la saveur persistante de la *felix malum*] qui est d'une efficacité sans pareille, quand de cruelles marâtres ont empoisonné un breuvage mêlant ensemble les herbes et les formules maléfiques : c'est un remède qui chasse du corps les noirs poisons" (*Géorg.* II, 126-130).

Porta signale aussi que, selon Avicenne**, elles maintiennent en bonne santé ceux qui en consomment, fortifient le cœur et protègent des épidémies.

Parmi les différentes espèces de ***persica**** (67), il en existe certaines qui brillent de l'éclat de l'or, comme les poires et les pommes appiennes (*mala Appia**), que l'on appelle d'ailleurs *chrusomala* et qui sont jugées efficaces contre les poisons.

Des plantes dont les fleurs suivent les mouvements du Soleil durant la journée (Livre VIII, Chap. VIII)

Les Anciens avaient remarqué que certaines plantes présentaient des aspects différents selon l'heure du jour. Ils avaient également observé que les fleurs de certaines semblaient se tourner en direction du soleil et suivre sa course dans le ciel, tandis que d'autres s'ouvraient et se fermaient au cours de la journée. De son côté, Porta s'émerveille de ce que les plantes puissent indiquer la position exacte du Soleil alors même que le ciel est couvert de nuages et donner ainsi l'heure aux humains. C'est pour lui un miracle de la Nature (*prodigiosum Naturae miraculum*) qu'il s'emploie à illustrer par plusieurs exemples. On notera que les plantes qu'il a sélectionnées n'ont pas nécessairement des fleurs couleur d'or, Porta négligeant ici ce critère au profit de l'héliotropisme :

Il cite d'abord l'héliotrope (***heliotropium****) (68) et rappelle que la plante était appelée *solsequia* ["la plante qui suit le soleil"] et aussi *Solis sponsa* [la "fiancée du soleil"]. Il rapporte qu'il suit la course du Soleil durant la journée et qu'il indique ainsi l'heure aux agriculteurs, même par temps couvert. Porta explique que ce phénomène est dû à l'action du Soleil dont la chaleur dessèche l'*humeur* des plantes [*i e* leur suc et l'eau contenue dans leurs cellules], qui, épuisées se penchent alors vers lui et il note que cela arrive de préférence lorsque les plantes sont imprégnées d'une humeur abondante.

Il fait par ailleurs état d'une autre observation qu'il a relevée chez Théophraste (*HP*, VII, 15, 1), et qui, selon lui, montre la relation privilégiée que l'héliotrope entretient avec le soleil : sa floraison coïncide avec le solstice.

Porta en déduit que les vertus de cette plante qui porte ainsi la signature du Soleil, sont en relation avec les propriétés de l'astre. A l'appui de son affirmation, il se réfère à Pline qui a consacré un long passage de son *Histoire Naturelle* à l'héliotrope "qui tourne toujours avec le Soleil, même par temps couvert tant il a de sympathie pour cet astre." (*H.N.* XXII, 60-61)

Le ***lotus**** d'Égypte (69) a un comportement encore plus étonnant que Porta se plait à décrire en s'inspirant largement des descriptions qu'en ont fait Théophraste et Pline (*H N* XIII, 108 – 109). Voici le texte du premier qui a d'ailleurs servi de modèle au second :

"Le *lotus* apparaît au sommet d'une tige comme la fleur de la fève. C'est une fleur blanche comparable aux fleurs du lis par l'étroitesse de ses pétales, qui toutefois sont nombreux et serrés. Au coucher du soleil, ils se ferment et se recouvrent la tête, mais à son lever, ils s'ouvrent tout grands et apparaissent à la surface de l'eau… On dit que dans l'Euphrate, le tête et les pièces florales s'enfoncent et descendent sous l'eau jusqu'à minuit : même en plongeant le bras, il n'est pas possible de les attraper ; puis dès l'aube, elles remontent, et plus encore vers le lever du jour ; avec le soleil, la fleur apparaît à la surface de l'eau, s'ouvre, et une fois qu'elle s'est ouverte, la "tige" continue de monter : longue en est la partie qui émerge de l'eau." (*H P*, IV, 8 à 10) (trad. S.Amigues)

Porta tente d'expliquer ce curieux phénomène par les actions opposées du froid et du chaud. Selon lui, sous l'effet du froid, l'*humeur* contenue dans la plante est comprimée et s'épaissit, ce qui oblige la fleur à se refermer, mais dès l'apparition des premiers rayons du soleil, la chaleur qui la pénètre dilate son *humeur* qui avait été contractée par le froid, ce qui a pour effet d'en provoquer l'ouverture.

Porta considère que toutes les espèces de chicorées (*seris**) sont également des plantes solaires, car elles s'ouvrent au lever du Soleil, même par temps couvert, et tournent avec lui jusqu'à son coucher pour ne se fermer qu'à la nuit. Il ajoute une remarque qu'il a recueillie chez Pline selon lequel la chicorée possèderait des pouvoirs magiques (*HN*, XX, 74):

"Selon les Mages, ceux qui s'enduisent du suc de la plante entière avec de l'huile s'attirent plus de faveur et obtiennent plus facilement ce qu'ils désirent."

Et, plus sérieusement, il se réfère à Dioscoride (*M.M.* II, 132) pour mentionner que la plante sert à soigner les cardiaques en onction avec de la polenta et qu'elle est aussi utilisée pour lutter contre les poisons.

Les fleurs de la mauve (*malva**) qui s'ouvrent vers midi quand le Soleil est à son point culminant mais se referment après une ou deux heures alors que le soleil baisse, ce que Porta se plait à souligner en citant ce vers de Columelle qui évoque :

"la mauve qui suit le soleil en penchant la tête" (*De re rustica* X, 247)

Il rappelle que cette propriété de la mauve était si bien établie que Théophraste l'avait appelée *horaria*.

Une espèce de ***tithymalus***** appelé ***helioscopios*****, (*i e* "qui regarde le soleil") qui suit également la course du Soleil tout au long du jour en se penchant dans sa direction, "tant est grand son désir de contempler l'astre", souligne Porta.

Porta rappelle que, selon Athénée, les fleurs de l'***hemerocallis***** se flétrissent la nuit et s'épanouissent au lever du Soleil (70). Il précise qu'on ne saurait dire qu'elles se flétrissent mais plutôt qu'elles se resserrent et se recroquevillent sous l'effet de l'humidité et du froid de la nuit, car, dès qu'elles sont exposées à la lumière, elles renaissent à la vie. Il rappelle qu'elles sont utilisées pour les affections du cœur ainsi que les malaises causés par une perte de l'esprit.

Le lupin (***lupinus*****) qui tourne avec le Soleil, même par temps couvert, et donne ainsi, lui aussi, l'heure aux cultivateurs. Une observation que Porta a recueillie chez Pline (*HN*, XVIII, 133), tout comme l'indication des propriétés qu'il lui attribue : le lupin rend le teint plus vif, si l'on en mange souvent et il embellit la peau (*HN*, XXII, 154-156).

Les fleurs de ***tragopogon**** qui s'ouvrent quand il fait beau, et se ferment quand le ciel est couvert. Selon Porta, la plante a des propriétés identiques à celles de la *scorzonera**, citée plus haut, car elle est bonne pour les cardiaques ; mais il ajoute qu'elle protège en outre des peurs nocturnes et que, si on la mâche, elle éloigne la tristesse et provoque l'hilarité.

Le ricin (***ricinus****) qui tourne lui aussi avec le Soleil, selon Porta. Ce dernier, après avoir précisé qu'on lui donne d'ailleurs le nom d'***heliotropium**** à cause de cette particularité, note qu'il chasse la bile qui provoque la fièvre tierce.

Les plantes dont la forme des fleurs évoque le Soleil (Livre VIII, Chap. XIII)

Il s'agit de plantes dont les fleurs, qui sont de la couleur du Soleil, en imitent la forme : leurs pétales dorés sont disposés en cercle et forment comme des rayons à partir du centre. De plus, elles s'ouvrent et s'épanouissent souvent en fonction de la position de l'astre. Porta a sélectionné les suivantes :

L'***heliochruson**** dont la fleur est de la couleur de l'or a déjà été mentionné par Porta, mais il se plaît à rappeler ici qu'on l'appelle la plante du Soleil (*solaris herba*), et qu'elle procure la gloire.

L'***helenium**** (71) dont la fleur dorée imite le disque solaire : elle a des pétales délicats et longs disposés en rayons autour d'un cœur bombé couvert de poils. Porta reprend ce qu'en dit Pline (*H.N.* XXI, 159): elle provoque la joie et chasse les chagrins tout comme le *népenthès*.

L'***hélianthès****, un végétal impossible à identifier que Pline fait figurer dans sa liste des plantes aux vertus magiques (*H.N.* XXIV, 165). Porta se borne d'ailleurs à rapporter ce qu'il en dit :

> "L'*hélianthès* est une plante à feuille de myrte de la région de Thémiscira et des montagnes côtières de la Cilicie. Bouillie avec de la graisse de lion, additionnée de safran et de vin de palme, les mages et les rois de Perse s'en frictionnent pour donner belle apparence à leur corps."

L'***anthémis****, également appelée *chrysocome*, mais aussi *auricoma* (72) et par les sages d'Egypte *Soli sacrata* dont les fleurs ont la forme de boutons globuleux jaunes, entourés de pétales, disposés comme les moyeux d'une roue ; elle est bonne pour soigner toutes les espèces de fièvres.

Le suc de la ***scorzonera****, déjà citée, dont les fleurs sont disposées en rayons, est efficace pour soigner les cardiaques.

La fleur de la ***caltha**** est un sujet d'émerveillement pour Porta. Il note qu'elle a la forme d'un cercle dont le centre ressemble à une bosse entourée de pétales formant comme des rayons distincts les uns des autres, brillants comme de l'or. Affirmant qu'elle ne le cède en beauté à aucune autre fleur, il note qu'on la mange en salade pour traiter les affections cardiaques et pour accroître l'acuité visuelle.

Plantes qui poussent dans des régions torrides (Livre VIII, Chap. XVI)

Porta a encore imaginé que certaines plantes qui poussent dans des régions très chaudes, là où le Soleil est le plus ardent, ne pouvaient manquer d'être imprégnés de ses propriétés. Il en déduit que ces plantes conviennent pour traiter les affections cardiaques ainsi que les fièvres, soigner les blessures diverses provoquées par les morsures ou les piqûres d'animaux venimeux qui donnent une sensation de brûlure. Elles sont aussi généralement aphrodisiaques et favorisent les relations sexuelles. En outre, comme elles viennent dans des régions où la luminosité est la plus forte, elles sont censées posséder de réelles vertus pour améliorer la vue. Porta se limite à n'en citer qu'un très petit nombre qu'il estime suffisamment représentatif :

Le ***balsamum**** qui pousse en Judée est efficace pour soigner les morsures des serpents et celles des animaux venimeux, dissiper aussi les frissons de fièvre et améliorer la vue.

Le ***cinnamomum**** qui est originaire de la partie de l'Ethiopie peuplée de Troglodytes, selon Pline (*H.N.* XII, 86) est bon pour traiter les brouillards de la vue ainsi que les cardiaques.

Le ***caryophillon**** qui vient en Inde orientale est employé pour traiter les affections cardiaques, dissiper les brouillards de la vue et améliorer l'acuité visuelle.

La ***casia*** *qui pousse en Ethiopie et en Arabie est bonne pour soigner les morsures de vipères et améliorer la vue.

Les plantes de Jupiter (Livre VIII, Chap.II)

Porta explique qu'il y a une certaine parenté entre les "plantes du Soleil" et celles de Jupiter. Les premières transforment la lumière éclatante de la planète en couleur d'or tandis que les secondes, d'abord d'une splendeur immaculée, pâlissent et voient leur couleur passer de l'or au jaune (*luteus*) tandis que leur éclat premier se ternit, sans doute parce que les rayons du Soleil les ont moins profondément pénétrées et qu'elles en ont été plus faiblement imprégnées. Elles n'en possèdent pas moins les mêmes propriétés que les "plantes solaires", peut-être d'une efficacité moins grande, celle-ci étant proportionnelle à l'intensité de leur couleur. Porta a d'ailleurs attribué certaines plantes à la fois au Soleil et à Jupiter.

D'après lui, elles sont bonnes pour traiter les troubles de l'esprit, les affections cardiaques et les empoisonnements ainsi que les morsures ou les piqûres d'animaux sauvages. Plusieurs sont réputées pour provoquer la gaité ou le bien-être, vertus en relation avec la bienveillance générale que la planète est censée éprouver pour les hommes. Porta a seulement attribué une dizaine de plantes à Jupiter, en précisant pour chacune d'elles les propriétés qui justifient sa sélection :

Le safran (***crocus****) qui réjouit tant le cœur qu'il provoque un rire ininterrompu, et l'on dit qu'une joie immodérée peut provoquer la mort.

La ***mentha graeca**** aux fleurs abondantes de la couleur du *crocus* dont l'odeur forte est bonne pour le cœur.

Le ***caryophyllon**** déjà attribué au Soleil par Porta, qui réjouit selon lui, l'esprit par son odeur.

La roquette (***eruca****) qui est bonne pour soigner les morsures de serpents.

L'***anagyris**** qui convient pour soigner les piqûres d'araignées phalanges.

Le *sena** qui purifie le cœur ainsi que tous les sens du corps, est réputé comme fortifiant et pour provoquer la gaieté.

Le bois de couleur dorée, mais aussi les feuilles, les racines et le suc de l'***asphalatum**** appelé aussi ***santalum**** (73) qui provoquent l'allégresse du cœur, ont des vertus fortifiantes et sont efficaces comme antidotes. Porta se réfère à Avicenne** pour avancer que cette plante serait en outre efficace contre les fièvres.

La ***phyllitis*** qui est utilisée, selon Porta, par les médecins de son temps pour fortifier le cœur, avec de la racine d'angélique et de *seris**.

Le suc jaune du ***balsamum****, déjà attribué au Soleil par Porta, qui dissipe les brouillards de la vue, est bon contre les poisons ainsi que les morsures de serpents et fortifie le cœur. L'encens (***thus****), la myrrhe (***myrrha****) et l'ambre (*ambra*) qui possèdent des propriétés identiques.

Les Plantes de la Lune (Livres VIII, Chap.III, IX, X, XIV, XV, XVI)

Porta consacre plusieurs chapitres du Livre VIII de sa *Phytognomonica* aux plantes qu'il attribue à la Lune. Il constate d'abord que la planète change de couleurs selon sa position dans le ciel : blanche tirant sur le jaune d'or (*alba croceus*) à la pleine lune, blanche jaunâtre (*alba flavescens*) à la mi-lune, blanche (*alba*) quand elle est en conjonction avec le Soleil ; il remarque aussi qu'au cours de son cycle, elle n'a pas les mêmes qualités sensibles définies par Aristote : la planète est humide et assez chaude au début, puis chaude et sèche, ensuite sèche et froide, enfin froide et humide.

Porta utilise plusieurs critères pour sélectionner les plantes lunaires, c'est-à-dire celles qui portent la signature de la Lune. Il retient d'abord celles dont les fleurs sont blanches ou de la couleur de l'argent, la couleur traditionnellement attribuée à la planète, ainsi que celles dont différentes caractéristiques morphologiques peuvent être comparées à celles de la Lune.

Il retient par ailleurs des plantes qui passent pour soigner des maladies censées être en relation avec les mouvements de la Lune telles que, notamment, les troubles du cycle menstruel, les fièvres qui se manifestent de façon intermittente, comme les fièvres tierces et quartes ou encore l'épilepsie ainsi que certaines pathologies dues à une augmentation de l'humidité ou à une diminution de la sécheresse. Il n'oublie pas enfin que la Lune "domine" certaines parties du corps, en particulier le cerveau et il en déduit que certaines plantes auxquelles on prête généralement la propriété de le soigner sont des plantes "lunaires".

Les plantes dont la couleur des fleurs est en relation avec celle de la Lune (Livre VIII, Chap.III)

Porta n'avait que l'embarras du choix pour sélectionner ses "plantes lunaires", tant est élevé le nombre de celles dont la floraison est de couleur blanche ou argentée, les couleurs de l'astre de la nuit. Il se contente d'en donner une liste succincte où chaque plante est mentionnée avec l'indication des vertus qu'il lui reconnaît. Ce sont :

La scille (***scilla****) dont les fleurs sont blanches (*candida*) qui est bonne pour soigner l'épilepsie, tout comme l'ail (***allium****), le ***galanga****, ou la rue sauvage (***ruta silvestris****) dont les fleurs sont blanches (*albescens*).

La bryone (***vitis alba**** ou ***bryona****) et le dictamne (***dictamnum****), qui sont particulièrement efficaces, selon Porta, pour traiter l'épilepsie et l'apoplexie.

Celui-ci a également sélectionné parmi les plantes à fleurs blanches en correspondance avec la Lune, la marjolaine (***amaracus****), parce qu'elle est bonne pour fortifier le cerveau, ainsi que l'***oenanthus**** qui, répandue en poudre dans les aliments, est salutaire (*salutaris*), c'est-à-dire "bonne pour la santé", ce qui est évidemment bien général !

Les plantes qui accompagnent les mouvements de la Lune (Livre VIII, Chap. IX)

Probablement pour faire un parallèle avec les plantes du Soleil qui ont la particularité de suivre les mouvements de l'astre durant la journée, Porta mentionne quatre plantes qui ont, selon lui, la particularité de naître et se développer à la lune croissante et de dépérir à la lune décroissante :

La ***scilla**** et l'***allium**** déjà cités plus haut, qui sont l'une et l'autre efficaces pour traiter l'épilepsie ; la première ayant en outre la vertu de faire disparaître les vertiges.

Le ***senecio**** (74) dont les jeunes fleurs jaunes sont en forme de Lune avant de se transformer rapidement en pappus qui est également bon pour l'épilepsie.

Porta cite enfin une espèce d'oignon (***cepa****) qui présente la particularité d'avoir un cycle végétatif en opposition aux mouvements de la Lune : la plante pousse et se développe à la Lune décroissante ; elle se dessèche et dépérit à la Lune croissante. Aussi, Porta relève-t-il qu'on l'utilise pour soigner les crises d'épilepsie qui surviennent à la lune croissante. Il signale en outre que les prêtres égyptiens de Pelusiota ont renoncé à en manger, mais il n'en donne pas les raisons.

Les plantes qui resplendissent la nuit à la lumière de la Lune (Livre VIII, Chap.X)

Ces plantes ont la réputation d'être bonnes pour traiter l'épilepsie et provoquer la fécondité. Plusieurs ne sont que des plantes magiques, souvent purement imaginaires et merveilleuses, dont font mention plusieurs auteurs grecs ou latins, comme Elien**, Pline**, Flavius Josèphe**, le pseudo-Plutarque** ou le pseudo-Apulée**. Porta n'en a retenu que trois :

Le ***cynospatos**** appelé aussi ***aglaophôtis**** qui est une plante brillant la nuit ; Porta rappelle qu'elle est réputée pour guérir l'épilepsie ainsi que les affections oculaires et il résume ce qu'en a dit Elien qui l'avait longuement décrite :

> "Il existe une plante du nom de *kunospastos* que l'on appelle aussi *aglaophôtis* qui, de jour, se fond au milieu des autres plantes et on ne peut pas la distinguer, mais la nuit, elle se révèle et brille comme une étoile. Elle flamboie et ressemble à un feu. Aussi, les gens plantent-ils près de ses racines un repère avant de s'en aller, car, s'ils ne le faisaient pas, ils seraient incapables de reconnaître, quand il fait jour, sa couleur ou même sa forme. Ils reviennent lorsque la nuit est passée et c'est seulement quand ils aperçoivent et reconnaissent le repère qu'ils ont laissé qu'ils peuvent en déduire qu'il s'agit bien de la plante qu'ils recherchent, car elle est parfaitement semblable aux plantes qui l'entourent et ne s'en distinguent aucunement." (*Nat Anim.* XIV, 27, trad. A. Zucker)

Porta indique également ce qu'Elien avait rapporté sur les modalités bien particulières de son arrachage (qui seront plus tard transposées sur l'arrachage de la mandragore):

> "[Les gens] font venir un jeune chien qui a été privé de nourriture pendant plusieurs jours et se trouve donc affamé ; ils l'attachent à une corde de sparte très résistante qu'ils passent, à l'autre bout, autour de la tige de la plante en faisant un nœud très solide et ils se tiennent aussi loin d'elle que possible…. Ils présentent ensuite au chien une grande quantité de viandes rôties qui exhalent un fumet appétissant. Le chien affamé et excité par l'odeur, se précipite sur les viandes qui sont devant lui et, dans son élan, arrache la plante avec sa racine." (*Nat Anim.* XIV, 27, trad. A. Zucker)

Cette plante merveilleuse n'est autre que la pivoine (75) à laquelle les Anciens attribuaient de multiples propriétés thérapeutiques. Ils en étaient même arrivés à lui prêter de nombreuses vertus magiques, dont on trouve l'énumération dans différents opuscules grecs d'astrologie

- La ***lunaria graeca****, une plante à fleurs bleues dont les graines sont dans des cosses, larges et plates comme des lamelles, qui, par leur forme ronde et l'éclat de leur couleur argentée, sont à l'image de la Lune.

- Le ***nyctegreton**** (*i e* le "veilleur de nuit") mentionné par Pline qui se réfère lui-même à Démocrite et Porta se borne à reproduire son texte :

> "Le *nyctegreton* a fait comme peu de plantes, l'admiration de Démocrite : couleur d'hysgine, à fleur épineuse, il ne s'élève pas au-dessus du sol et le plus beau vient de Gédrosie. Voici ce qu'il en conte : on l'arrache avec la racine après l'équinoxe de printemps et il sèche trente jours au clair de lune, ce qui le fait briller la nuit ; les Mages et les rois parthes emploient cette plante pour prononcer leurs vœux ; on la nomme aussi *chenamiche* parce que les oies sont prises de panique dès qu'elles la voient et d'autres la nomment *nyctalops* parce qu'elle brille de loin la nuit." (*H.N.* XXI, 62)

Les plantes dont la forme évoque celle de la Lune (Livre VIII, Chap.XIV)

Porta observe que certaines plantes présentent des parties ou des éléments dont la forme ronde ou en croissant peut évoquer la Lune et il en déduit qu'elles en possèdent les propriétés. Ce sont :

Le séné (***sena****) qui a des gousses ou de petites feuilles en forme de croissants de lune. Porta indique, en se référant à Mésué**, que la plante purifie et fortifie le cerveau ainsi que les nerfs, améliore l'acuité visuelle et provoque la gaieté.

La ***lunaria minor**** qui a une tige ronde et porte sept feuilles, ce qui correspond au nombre de jours de la semaine et fait ainsi référence, selon Porta, au quartier de Lune. Celui-ci reconnaît que l'on n'a pas encore exploré ses propriétés mais il ne doute pas qu'elles soient semblables à celles des autres plantes "lunaires".

La plante appelée ***selênê**** dont Porta a sans doute relevé le nom et les propriétés dans un passage du *Traité des fleuves* du pseudo-Plutarque (XVIII, 5), selon lequel elle pousserait sur le Mont Apsante (76):

> "Elle rend une écume que les bergers ramassent avec soin au début du printemps. Ils s'en frottent les pieds et elle les préserve de la morsure des serpents."

Porta compare cette écume à celle de la lune condensée dans la pierre spéculaire appelée *aphroselenus* qui passait pour soigner l'épilepsie.

Parmi les différentes espèces de palmiers (*palmae**), Porta remarque qu'il en existe une dont les fruits ont la forme d'un croissant de lune que "les gens superstitieux polissent à la lime pour se protéger des maléfices" .

L'***alectorolophos**** dont le nom signifie "crête de coq" qui a des feuilles dentées en forme de crête (*cristatum*) et de faux (*falcatum*), ainsi que des cosses en forme de croissant de lune (*siliqua lunata*) à l'enveloppe membraneuse. Porta se contente de citer la brève notice qui lui consacre Pline :

> " Il a des feuilles semblables à une crête de coq, et nombreuses, une tige mince, une graine noire dans des gousses. Cuit avec des fèves écrasées, il est bon pour la toux, et, additionné de miel, pour l'obscurcissement de la vue. On jette la graine entière dans l'œil, et, bien loin de troubler la vue, elle se charge du mal, change alors de couleur : de noir, elle commence à blanchir, se gonfle et sort d'elle-même." (*H.N.* XXVII, 40)

Le ***dracunculus**** dont les feuilles ont la forme d'un croissant et sont attachées à la tige par un pétiole courbé qui est bon pour arrêter les règles si on l'a arraché à la lune montante et à condition qu'il n'ait pas été touché par le fer, précisions que Porta emprunte une fois encore à Pline (*H.N.* XXIV, 149).

L'***anaxarytis****, un genre de *rumex* aux feuilles sagittées dont la base se prolonge en deux lobes divergents et pointus qui font penser à des cornes. Porta note qu'il fait venir les règles et qu'il est également bon pour arrêter les écoulements des femmes.

L'***arum****, aux feuilles larges et sagittées présentant les mêmes caractéristiques que la précédente, qui fait également venir les règles.

Porta remarque que les feuilles de l'***hemionion**** et de la ***phyllitis**** sont en forme de lune, mais il avoue qu'on en ignore encore les vertus.

Les plantes dont les feuilles ou les fruits présentent des taches comparables à celles que l'on peut observer sur la Lune (Livre VIII, Chap. XV)

Porta ne s'étend guère sur cette signature de la Lune et se contente de citer quatre plantes répondant à ce critère :

Le suc de ***cyclamen**** dont les feuilles présentent des taches blanches sur le dessus ou sur le dessous qui est bon pour purger la tête, si on l'introduit par les narines.

Les graines de l'***arum**** dont les feuilles ont quelques taches blanches sont utilisées pour faire venir les règles.

Le caméléon noir (***chameleon****) qui a des feuilles de couleurs variées selon l'endroit - ici vert, ici blanc, ici rouge- est bon pour soigner les *rhumatismos* (*i.e* les écoulements, les fluxions) ainsi que l'hydropisie.

La ***persicaria**** dont les feuilles ont des taches disposées en lignes et présentent la forme des cornes de la Lune qui a les mêmes propriétés que la *molybdena* c'est-à-dire du *plumbago**. Aussi l'utilise-t-on pour extraire de l'œil une sorte de maladie, qui est appelée "plomb".

Pour en terminer avec les plantes que Porta considère comme "lunaires", on retiendra un autre passage de son Livre VIII (Chap. XVI) où il note que les plantes des régions du Nord, qui poussent dans des endroits humides et froids sont sous la domination de la Lune. Ainsi, par exemple, note-t-il, la cigüe (***cicuta****) du pays des Parthes mentionnée par Pline (XXV, 153- 154) ayant les propriétés du froid, tue plus efficacement mais elle est par ailleurs bonne pour traiter les écoulements (*rhumatismos*).

Les plantes de Mars (Livre VIII, Chap. IV)

Porta précise d'abord que différentes plantes dont des fleurs sont de couleur rouge (*ruber*) ou dégagent une odeur de charbon sont sous la domination de la planète Mars. Il affirme qu'elles sont efficaces pour traiter les affections qui ont un rapport avec le sang et aussi les maladies du foie, car celui-ci est censé être à l'origine du sang. Porta n'en mentionne que trois :

gramen c'est-à-dire probablement le chiendent (***Cynodon dactylon*** Pers.) sous la plume de Porta, qui a, selon lui, la propriété d'arrêter les hémorragies et de purifier le sang auquel il donne ainsi de l'éclat.

La centaurée (***centaurium****) aux fleurs dorées offrant différentes nuances de pourpre, qui passent du *puniceus* au *purpureus*. Porta se limite à indiquer ici qu'elle est bonne pour traiter les obstructions du foie.

L'***anagallis****qui a les mêmes vertus. Il s'agit d'une espèce de mouron (*Anagallis* L.), mais Porta ne précise pas s'il s'agit du mouron rouge (*Anagallis phoenicea* Scop.) ou du ou mouron bleu *Anagallis caerulea* Schreb.) que les Anciens distinguaient pourtant soigneusement.

Les plantes de Vénus (Livre VIII, Chap. V)

Pour Porta, ce sont des plantes dont les fleurs ont une couleur semblable à celle de la chair et dont les vertus sont en relation avec la beauté et l'amour charnel. Alors que les plantes qui répondent à ces critères pourraient, en cherchant bien, se révéler relativement nombreuses, Porta s'est contenté de n'en citer qu'un tout petit nombre. Il mentionne :

D'abord une plante appelée couramment ***incarnatum*** (77) parce qu'elle a une couleur de chair. Selon lui, elle est magnifique et sa couleur indique qu'elle a un tempérament chaud et humide. Il lui prête évidemment la propriété de favoriser la procréation et les relations sexuelles.

Ensuite l'***antirrhinum**** qui a une fleur blanche légèrement rose ou pourpre ou encore rouge violacé, mais Porta ne se livre à aucun commentaire personnel sur cette plante et ne fait que rapporter ce qu'en dit Pline :

> "Les Mages pensent que ceux qui en sont frottés embellissent et ne peuvent avoir à souffrir d'aucune substance nocive, tout comme ceux qui la portent en bracelet." (*H.N.* XXV, 129)

La mauve (***malva****) dont les propriétés aphrodisiaques sont souvent citées dans les textes anciens. Porta ne s'étend pas sur la réputation de cette plante et s'en remet à un ouvrage de Xénocrate**, aujourd'hui perdu, mais que Pline a certainement consulté puisqu'il écrit :

> "les mauves naissent tellement pour l'amour que, d'après Xénocrate, un saupoudrage avec la graine de l'espèce unicaule pour le traitement des maladies des femmes accroît infiniment leurs désirs, comme aussi trois racines attachées près du sexe." (*H.N.* XX, 227)

Le ***caryophyllon****, déjà cité, qui a des fleurs pourpres et dont Porta dit qu'il est très recommandé comme aphrodisiaque.

Parmi les différentes espèces de roses (***rosae****), Porta en a remarqué une d'un rouge pâle que l'on utilise pour soigner les affections de la matrice et pour faciliter la conception. Les femmes la suspendent à leur cou pour chasser les mauvaises odeurs de sueur et comme charme d'amour (78).

Les fleurs roses de l'amandier (***amygdala****) qui passent pour avoir des vertus aphrodisiaques et fortifiantes.

Le ***cyclamen**** qui est utilisé pour accélérer les accouchements, mais aussi pour inciter au coït et faire venir les règles. Porta s'appuie sur Théophraste pour l'affirmer (*H.P.* IX, 9, 3).

Les plantes de Saturne (Livre VIII, Chap.VI)

Porta considère que les plantes de Saturne sont en relation avec la rate, organe qui est sous la domination de la planète. Leurs fleurs sont de couleurs mal définies. Elles peuvent ainsi être bleuâtres, verdâtres, jaunâtres, blanchâtres, et, d'une façon générale, pâles, passées, sans éclat. Porta en cite plusieurs auxquelles il prête les mêmes propriétés curatives :

La ***myrica**** ou **tamaris*** qui est excellente pour la rate. Pour l'affirmer, Porta s'appuie sur Columelle (*R.R.* VII, 10) selon lequel le suc de tamaris a des propriétés thérapeutiques telles qu'il faut soigner les truies dont la rate est gonflée par un excès de nourriture en leur faisant boire de l'eau dans des auges taillées dans du bois de tamaris. Mais il fait aussi référence à Démocrite qui recommandait de faire boire de l'eau dans laquelle on avait éteint des charbons incandescents de *myrica* à ceux qui souffraient de la rate. L'efficacité légendaire de cette plante est rappelée par Pline :

> "On lui accorde une si merveilleuse antipathie pour ce seul viscère que, lorsque les porcs, assure-t-on, boivent dans des auges faites de ce bois, on ne leur trouve pas de rate. Et c'est pourquoi aux hommes aussi malades de la rate, on donne la nourriture et la boisson dans des vases faites de ce bois." (*H.N.* XXIV, 67-68)

Le ***chamaedrys**** aux fleurs pourpres qui passe aussi, selon Pline (*H N* XXIV, 130) pour consumer la rate.

Le ***teucrium*** * qui porte des fleurs semblables à celles du *chamaedrys*. Porta s'en remet à Dioscoride (*MM*, III, 98) et à Pline (*HN*, XXIV, 131) pour rappeler que la plante est également appelée *hemionion* et *splenios* et qu'elle a les mêmes propriétés que le *chamaedrys*.

L'***amaracus**** dont la fleur pâlotte tire sur le pourpre, qui est bonne pour soigner la rate

La bétoine (***betonica****) aux fleurs d'un pourpre passé, qui est également bonne pour traiter les affections de la rate.

L'***hysopus**** utilisé en onction avec une figue et du nitre qui convient pour soigner les affections de la rate.

Le ***tragoriganum****, pris en boisson avec du vinaigre qui est également recommandé pour soigner la rate.

Le ***pulegium**** tout comme l'espèce d'*urtica** dont les fleurs sont blanches qui ont les mêmes propriétés.

Le ***nardus italica**** aux fleurs d'un pourpre clair, mais c'est l'espèce femelle aux fleurs blanches qui est utilisée pour soigner la rate.

L'***asarum**** est bon pour soigner les engorgements de la rate et les abcès tumoraux (*scirrhosos tumores*), selon Mésué**.

Le lupin (***lupinus****) aux fleurs purpurines qui possède des vertus identiques, tout comme le ***dictamnum**** que Porta mentionne avec une citation de Virgile, tirée de l'Eneide (XII, 411-415) mais qui ne concerne nullement cette propriété (79).

Les plantes de Mercure (Livre VIII, Chap.VII)

Après avoir rappelé qu'une couleur avait été attribuée à chaque planète, comme par exemple : le rose à Vénus, le jaune à Jupiter, l'or au Soleil, le blanc verdâtre à Saturne, Porta (qui oublie de citer Mars et la Lune) note que l'on donne généralement à Mercure un mélange de couleurs variées qui correspond d'ailleurs au caractère tout en nuance prêté à la planète elle-même.

Il ne lui attribue que deux plantes aux propriétés comparables :

L'***iris****, comparé à l'arc-en-ciel, dont le suc est à utiliser pour purger le cerveau de la pituite.

La pâquerette (***bellis****), également appelée communément *margarita*, dont les fleurs sont composées de pétales qui sont chez les unes dorés au centre, chez d'autres rouge ou blanc tirant sur le rouge. Porta assure que ses propriétés sont identiques à celles de l'*iris*.

La Flore médicale des signatures astrales de Porta contient un important nombre de plantes. Il a malheureusement négligé de répertorier celles qui portent une signature des signes du zodiaque. Sa *Phytognomonica* n'en resta pas moins longtemps un ouvrage de référence.

L'intérêt pour la médecine et la pharmacopée astrales ne se démentit pas pour autant au cours des siècles suivants et certains s'attachèrent même à enrichir les catalogues de plantes en sympathie avec les planètes et les signes du zodiaque, tels Nicholas Culpeper, par exemple, qui publia à Londres en 1652 un Herbier médical intitulé "*The English Physician or Astrologo-physical Discourse of the Vulgar Herbs of this Nation.*" (79). Selon lui, 53 plantes appartiennent à Saturne, 33 à Jupiter, 40 à Mars, 25 au Soleil, 72 à Vénus, 35 à Mercure et 26 à la Lune, soit au total près de 300 plantes poussant principalement en Grande Bretagne (80). Il ne manqua pas d'y indiquer également les relations entre les planètes et les signes du zodiaque. Mais il ne fait aucune allusion aux signatures que l'on pourrait relever sur les plantes répertoriées et qui seraient susceptibles d'attirer l'attention pour signaler leurs propriétés curatives.

Une telle curiosité pour les relations entre les plantes et les astres semble encore aujourd'hui susciter l'intérêt, si bien que paraissent encore de nos jours des ouvrages consacrés en tout ou en partie à des plantes médicinales jugées en sympathie avec les planètes ou les signes du zodiaque, sélectionnées selon divers critères, qui ne sont d'ailleurs guère différents de ceux des auteurs de l'époque moderne (81).

NOTES DU CHAPITRE 4

1. Rappelons que l'on donne le nom de mélothésie (du grec *melothesia*, mot composé de *melos,* membre et *thesis*, action de placer) à une conception de l'organisation du cosmos selon laquelle les différentes parties du corps humain sont soumises à l'influence des astres. Elle a été largement illustrée au cours des siècles et nous disposons de nombreuses gravures où l'artiste a représenté un homme dont les différentes parties sont soumises aux influences des planètes ou des signes du zodiaque. L'une des plus célèbres est sans doute celle qui figure dans *Les riches heures du duc de Berry,* manuscrit magnifiquement illustré datant du début du XV ème siècle, conservé au Musée de Chantilly.

2. Sur ce point de vue cf. A. Pavesio-Séguin : *Apulée médecin et ses ouvrages scientifiques*, Revue d'Histoire de la Pharmacie, 1966. A.Pavesio Epistème 6, 1972 pp. 40 - 48. L.Voigts : The signifiance of the name *Apuleius* to the *Herbarium Apulei.* Bulletin of the History of Midicine, pp.214-227, Baltimore, 1978.

3. L'édition critique de référence du texte de l'*Herbarius* du Pseudo-Apulée a été publiée par E. Howald et H.E. Sigerist *in Corpus medicorum latinorum* IV, Leipzig-Berlin Teubner 1927. On pourra aussi consulter une excellente reproduction photographique d'une version de l'ouvrage conservée à Graz en Autriche (*Codex Vidobonensis* 93) accompagnée d'une traduction française par M.Dulong in *Medicina Antiqua* Paris, Club du Livre 1978.

4. La page de titre de l'ouvrage est : "*Apuleius Platonicus : De viribus herbarum ad veterum exemplarium fidem magna diligentia excusus : cui adscripta est nomenclatura qua officinae herbarii et vulgus gallicum effere solent.*" Parisiis apud Petrum Drouart, in vicio Jacobaeo, sub signo Scuti solaris 1543. Le volume publié par Pierre Drouart comprend en outre les trois ouvrages suivants : *La physionomie des songes*, sans nom d'auteur et non daté, *Proposition astrologique et pronostication naturelle de l'incomparable Docteur Astrologue Ioan Indagine Aleman.* Paris Nicolas Buffet, demeurant en la rue d'Escoce, près le Collège de Reims, 1545 et *L'art de mémoire qui est autrement inscript le Phénix, livre treffort utile et profitable à tous professeurs des siences, grammairiens, rhéteurs, dialectiques, légistes, philosophes et théologiens.* A Paris, par Nicolas Buffet, près le Collège de Reims. 1545.

5. Le texte grec de cet opuscule a été publié dans le Tome VIII, 3, pp.132 - 165 du *Catalogus Codicum Astrologicorum Graecorum* (*C.C.A.G.*), recueil de textes astrologiques grecs en 12 volumes établis et publiés sous la direction de F. Cumont, Bruxelles, Lamertin, 1898-1936. Cet opuscule a probablement été écrit en Egypte, soit par un Egyptien hellénisé, soit par un Grec établi en Egypte. Friedrich (H.V) a publié différentes versions du texte grec de cet opuscule- attribué au médecin Thessalos -, accompagnées de trois traductions latines (*Thessalos von Tralles*, Beiträgezur Klassisschen Philologie herausgegeben von Reinhold Merkelbach, Helf 28, Meisenheim am Glan, A Hain, 1968). L'une provient du *Codex Montepesselanus fac med 277* (XIV ème siècle), l'autre du *Codex Vindobonensis 3124*, la troisième de la *Versio latina Parisiis anno 1528 prolata* laquelle est très proche de celle dont nous donnons ici la traduction. Des fragments d'une version latine ont également été publiés dans le *C C A G*, VIII, 4, pp. 253-262. Nous avons donné une traduction des différents passages de ce petit traité grec qui ont sans doute servi de modèle à l'auteur anonyme de notre opuscule

latin dans notre *Flore magique et astrologique de l'Antiquité* (pp. 286, 297, 324. 352 – 353, 359. 384-385, 395, 400,407, 413, 423, 432, 436, 443, 444, 451, 452, 458, 462, 464).

6. C'est à Dioscoride que nous devons les descriptions les plus complètes de chacune de ces deux plantes. Sur la première espèce, il note que " La *peristereon orthos* pousse dans les endroits humides ; elle doit son nom au fait que les pigeons se plaisent à séjourner auprès d'elle. C'est une herbe longue d'une palme ou davantage, à feuilles découpées blanchâtres partant de la tige. Elle a généralement une tige et une racine uniques." (*M.M.* IV, 59) Matthioli signale dans ses *Commentaires* de ce passage (op. cit, p. 393) qu'on l'appelait également verveine droite, et en latin *verbena recta*, voire *columbina* ou *columbaris*. Il ajoute qu'en France, on la désignait par l'expression "verveine masle". Pline a lui aussi consacré quelques lignes aux deux espèces de *peristereon*. Il a retenu la densité du feuillage comme critère pour les distinguer l'une de l'autre ; son propos est malheureusement assez confus et il considère d'ailleurs que les deux ont des propriétés curatives identiques. (*H.N.* XXV, 105-106).

7. Selon Dioscoride " La *peristereon huptios* appelée aussi *hiera botanê*, a des tiges d'une coudée ou davantage, anguleuses, entourées par intervalle de feuilles ressemblant à celles du chêne, mais plus étroites et moins découpées sur le pourtour, un peu glauques et une racine longue et fine." (*M.M.* IV, 60) Matthioli indique dans son *Commentaire* de ce texte (op. cit, p. 393) qu'on l'appelait *Sacra herba* ou *Verbenaca supina, herba sagminalis* et que les Français la désignait par l'expression *verveine femelle.*

8. cf. J. André (1985) p. 193. L'identification de chacune de ces deux *peristereon* n'a pas davantage fait l'unanimité chez les botanistes de la Renaissance et Matthioli s'en est fait l'écho dans ses *Commentaires* aux notices que Dioscoride a consacrées à ces deux plantes. (op. cit. p. 393). On attribue aujourd'hui au *Lycopus europaeus* L. des propriétés antioxidantes, anti-inflammatoires et d'être utile pour traiter l'hyperthyroïdie associée à des troubles cardiaques (A. Dolivo, (2010), p. 241).

9. Sur ce traité consacré exclusivement à la pivoine, Cf notre *Flore magique,* pp. 298 – 303.

10. Le *De Plantis* du pseudo-Aristote est un traité de botanique qui a probablement été rédigé en grec par Nicolas Damascène au Ier siècle de notre ère, sur des données recueillies dans un ouvrage perdu d'Aristote consacré à la botanique. Cf. notre *Flore magique et astrologique de l'Antiquité* pp.48 –51.

11. Sur Albert le Grand et le *De vegetatibus,* Cf. E.H.F. Meyer : *Geschichte der Botanik,* Tome IV, pp. 9- 84. Sur le Livre VI du Traité, cf. Klaus Biewer : *Albertus Magnus, De vegetatibus, Buch VI, Traktat 2,* Wissentschaftliche Verlagsgesellschaft mbH Stuttgart, 1992.

12. Le *Liber Aggregationis* (Livre du Rassemblement, *i.e* Recueil) contient des extraits de différents ouvrages attribués à Albert le Grand. Le *Grand Albert* dont la première édition française date de 1703 est un ouvrage qui eut un succès considérable jusqu'à une époque récente et il est encore réédité de nos jours. Il réunit différentes publications parues séparément au fil des siècles dont la plupart ont été faussement attribuées à

Albert le Grand. Sur l'histoire de cet ouvrage, cf. l'importante préface de Bernard Husson à son édition sous le titre "Le Grand et le Petit Albert" parue en 1970 aux Editions Pierre Belfond. On notera que la réputation du Grand et du Petit Albert était telle qu'on n'hésita pas à éditer au XVIII ème siècle sous le titre accrocheur de *L'Albert moderne* un recueil de recettes plus ou moins magiques, dont la majorité traite de remèdes. Son auteur est Pons Augustin Alletz (1703 – 1785) et l'ouvrage dont la première édition est de 1764, fut plusieurs fois réédité.

13. L'incunable - un ouvrage imprimé non paginé antérieur à 1500 - que nous avons utilisé a été imprimé à Strasbourg. Il est ainsi répertorié au fichier de la Bibliothèque du Muséum national d'histoire naturelle à Paris (8°Res. 69): "*Liber secretorum Alberti magni de virtutibus herbarum, et animalium quorundam : eiusdemq[ue] liber de mirabilibus mundi : et etiam de quibusda[m] effectib[us] causat[is] a q[ui]busdam a[n]i[m]alib[us] [et]c. Editeur, date : Impressum Argentine [Strasbourg] :~s.n.,# 1493 p[ri]die id[us] mar.*" Ce précieux exemplaire fait partie de l'inventaire de la dizaine d'incunables répertoriés par B. Husson et publié dans sa préface (op.cit. Cf. sup. note 12).

14. Nous avons jugé le contenu de ce texte par trop éloigné de notre sujet pour en donner la traduction ici. Le lecteur curieux pourra en consulter une version française aux pages 119 à 124 de l'édition "Le Grand et le Petit Albert" (Belfond, Paris, 1978). On pourra aussi consulter une version française de ce texte extrait du manuscrit 2872 de la Bibliothèque de l'Arsenal à Paris édité par L. Delatte (Textes latins et vieux français relatifs aux Cyranides, Bibliothèque de la Faculté de Philosophie et Lettres de l'Université de Liège, Fascicule XCIII, 1942). pp.335 – 340). Selon lui, il s'agit d'une copie datant de la fin du XIV ème siècle d'un opuscule rédigé en vieux français, intitulé "Ci commence le livre des secrez de nature sus la vertu des oyseauls et des poissons pierres et herbes et bestes lequel le Noble Roy Alphonse d'Espagne fit transporter de grec en latin". Les seize plantes qui font l'objet de cette première partie de l'incunable du Muséum sont citées dans l'ordre suivant : *eliotropium*, urtica**, *Virga pastoris* (*Dipsacus fullonum* L. = *Dipsacus sylvestris* L.), *celidonia**, *Proventalis ou Provinca* (*Vinca major* ou *Vinca minor* L.), *nepta* (= *nepeta**), *lingua canis* (*Cynoglosson officinale* L.), *jusquiamus**, *lilium, viscus querci**, *centaurea**, *salvia**, *verbena, melisophylos**, *rosa**, *serpentina** .

15. La référence à l'empereur Alexandre au début de l'opuscule laisse supposer qu'il s'agit de la traduction latine d'un des nombreux traités grecs d'astrologie dont F.Pfister a fait l'inventaire en les regroupant selon les illustres auteurs auxquels ils sont attribués (Hermès Trismégiste, Thessalos, Harpocration, le roi Salomon, Alexandre..) in *Paulys Realencyclopädie der Classischen Altertumswisenschaft* (*R.E.*), XIX, 20 (1938) pp.1446-1456 *s.v. Pflanzenaberglaube*. On trouvera les références aux textes "attribués à Alexandre" à la page 1450 de la notice de F.Pfister, avec l'indication des Tomes du *Catalogus Codicium Astrologicorum Graecorum* (*C.C.A.G.*) 12 volumes, (Bruxelles : Lamertin, 1898-1936) dans lesquels ils ont été publiés.

16. Parmi les différentes versions des textes attribués à Alexandre, on peut avancer l'hypothèse que celle qui a été publiée dans le *C.C.A.G.* VIII, 3, pp.159-163 pourrait avoir servi de modèle au pseudo-Albert qui a malheureusement souvent latinisé les noms des plantes avec des maladresses qui en rendent souvent difficile l'identification. On en trouvera une traduction dans notre *Flore magique* p. 282, 294, 315. 326, 335, 363, 364.

17. Le mot *alchone*, inconnu par ailleurs, est probablement une transcription erronée du mot *chamaileon* qui figure dans le manuscrit qui a servi de modèle. En effet, c'est généralement le signe zodiacal du Lion qui est considéré comme le domicile diurne du Soleil - qui n'a évidemment pas de domicile nocturne.

18. Référence implicite aux mélothésies planétaires grecques selon lesquelles le Soleil "règne" sur ces parties du corps.

19. Il faut sans doute comprendre "qui lui vient de la planète (*i.e* le Soleil) ou du signe dans lequel la planète est domiciliée (*i.e.* le signe du Lion) (sous entendu : « à sa naissance »).

20. Référence aux mélothésies qui placent l'estomac et la poitrine sous la "domination" de la Lune.

21. Selon les astrologues grecs, *Ares* (Mars chez les Romains) a son domicile diurne dans le

22. Le mot *achaton* est synonyme d'autres mots tels que *sagcharônion* et *alcharanios* utilisés par les Grecs pour désigner la jusquiame.

23. Le mot *peristereon* est à raprocher de *peristerena*, un nom qui désigne aussi bien le pigeon que la colombe, les oiseaux préférés d'Aphrodite, dans la Mythologie grecque, d'où le nom de *coloumbaria*, utilisé pour désigner la plante de la déesse et qui est d'ailleurs cité par le ps-Albert.

25. Heinrich Cornelius a ajouté Agrippa à son nom pour faire référence à son origine géographique, Cologne, qui portait le nom de *Colonia Agrippina* sous l'Empire romain.

26. Nous avons utilisé l'édition latine des frères Béringos à Lyon, conservée à la Bibliothèque interuniversitaire de médecine à Paris (BIUM). Elle n'est pas datée, mais elle a très probablement été imprimée dans la seconde partie du XVI ème siècle. Les traductions françaises ne sont pas toujours fidèles au texte original et contiennent de nombreuses erreurs d'identification des plantes. Nous avons essentiellement utilisé la traduction de Jean Servier (Berg International éditeurs, Paris, 1982); nous y avons ajouté, entre parenthèses, les noms latins utilisés par Agrippa pour désigner les végétaux, tels qu'ils apparaissent dans l'édition des frères Béringos, ce qui nous a conduit à proposer parfois des identifications de végétaux différentes de celles retenues par J. Servier.

27. Agrippa donne au Chapitre II de sa *Magie naturelle* une longue liste des auteurs "qui ont considéré la magie comme la plus haute et la plus vénérable des sciences" et chez lesquels il a recueilli une large part de ses informations. Ce sont : Zalmoxis, Zoroaste, Abbaris, Hyperborée, Charmondas, Damigeron, Eudoxe, Hermippe, Hermès Trismégiste, Porphyre, Jamblique, Plotin, Proclus, Dardanos, Orphée, Treicius, Gog le Grec, Germa le Babylonien, Apollonius de Tyane, Osthanès, Pythagore, Empédocle, Démocrite, Platon. Mais Agrippa cite d'autres noms au cours de son ouvrage à l'appui de ses théories, en particulier Héraclite, Thalès, Hésiode, Pline, Virgile, Ovide, Apulée, Avicenne ou encore Albert le Grand.

28. Deux des trois plantes citées par Agrippa sont mentionnées par Pline (*H.N.* XXVI, 18). Il s'agit de *l'aethiopis* (l'herbe d'Ethiopie) et de la *latacé*, plantes magiques indéterminées. La troisième en revanche est probablement la réglisse (*Glycyrrhiza* L.) à laquelle Théophraste a consacré un exposé (*H.P.* IX, 13, 2) qu'Agrippa a sans doute consulté.

29. Ce passage sur la fécondation des palmiers est inspiré de Théophraste (*H.P.* II, 8, 4) et de Pline (*H.N.* XIII, 34- 35*)*.

30. Le mot *opium* désigne généralement le suc du pavot dans les textes latins. Il semble qu'Agrippa fasse ici référence à la plante elle-même (*Papaver somniferum* L.).

31. La plupart des exemples que donne Agrippa sont empruntés à Pline (*H.N.* VIII, 97-101)

32. La plante appelée *risus apium* ou *apium risus* est une renoncule (*Ranunculus* L.), peut-être la renoncule scélérate (*Ranunculus sceleratus* L.). Elle était désignée en latin par le mot *apium* car on lui prêtait, comme à d'autres plantes également appelées *apium* (telles que l'ache ou le céleri), la propriété d'attirer les abeilles (*apis*). L'expression *apium risus* qui signifie "l'*apium* qui provoque le rire" a peut-être été utilisée pour désigner cette plante parce que l'absorption de son suc, particulièrement amer, passait pour causer des contractions des lèvres comparables à celles que provoque le rire (*risum*). Mais cette expression pourrait aussi avoir été suscitée par l'impression d'un rire figé que laissaient les contractions des muscles de la face sur le visage de ceux qui étaient morts pour en avoir absorbé une dose fatale.

33. Les propriétés prêtées la chélidoine (*Chelidonium majus* L.) auraient été découvertes en observant la vie des hirondelles auxquelles on attribuait une vue perçante. Le nom grec *chelidonion* qui a donné *chelidonia* en latin est d'ailleurs forgé sur *chelidôn* qui désigne l'hirondelle. Les Anciens ont diversement expliqué la relation de la plante avec l'oiseau. Pour les uns, la plante sortait de terre à l'arrivée des hirondelles et se fanait à leur départ, pour d'autres, les hirondelles soignaient les yeux blessés de leurs petits avec le suc de la plante et leur rendaient ainsi la vue (Cf. Pline *H.N.* XXV, 89-30).

34. Le mot *seseli* ou *seselis* désigne plusieurs plantes (cf. J.Andé (1985) s.v. *seselis*). Il s'agit ici du seseli tortueux (*Seseli tortuosum* L.). L'anecdote des biches utilisant cette plante pour se purger avant de mettre bas est rapportée par plusieurs auteurs grecs et latins (cf. par exemple Pline *H.N.* XX, 37, Dioscoride *M.M.*III, 53).

35. La serpentaire céleste est le nom parfois donné à la constellation Ophiuchus (*Ophiouchos*).

36. On trouvera des exemples de ces répertoires de signes dans le *Catalogus Codicum Astrologicorum Graecorum*, (*C C A G* X, pp. 87- 97). Parmi les signes recensés, on en relève un certain nombre qui sont propres à chaque planète. Ils étaient conçus pour être utilisés à la place d'une lettre de l'alphabet grec et destinés à être inscrits à l'encre sur les supports alors employés – surtout des papyrus – à l'appui des suppliques destinées aux divinités planétaires. On notera qu'Agrippa ne fait aucune mention des signes du zodiaque.

37. Le texte d'Hermès Trismégiste qui aurait été suivi par Albert le Grand est celui qui a été également attribué à Alexandre et publié dans le *C C A G* (VIII, 3 p. 160). On notera que le *chenostates* est une transcription du mot *chinostates* cité par Agrippa dans la notice qu'il a consacré aux plantes de la Lune. Le mot *chenostates* est probablement une transcription erronée du mot *chynostates*, relevé chez le pseudo-Albert qui est lui-même une déformation du grec *kunosbatê* utilisé pour désigner un rosier sauvage ou de *kunospastos*, mot synonyme de *aglaophôtis* qui désigne la pivoine, ces deux plantes étant associées à la lune, dns les opuscules d'astrologie grecque.

38. Le *zedoaera* est une plante orientale (*Curcuma zedoaria* Roscoe). Garcia da Orta lui consacre un long exposé (*Colloque des Simples et des drogues de l'Inde*, traduction de S. Messinger Ramos, A Ramos et F Marchand-Sauvagnargues, Actes Sud, 2004, pp. 629-637) N. Lémery note (*op. cit.* p. 813, *s.v. zedoaria)* que "c'est une racine dont nous voyons deux espèces qu'on nous apporte sèches des grandes Indes et de l'Isle St Laurent où elles naissent … elles sont tirées d'une même plante nommée *Zadura herba.*

39. Le mot *selenotropion* est à rapprocher du mot grec *selênogonon* qui désigne la pivoine (*Paeonia* L.), une plante attribuée à la Lune dans de nombreux textes grecs consacrés à l'astrobotanique (Cf notre *Flore magique* pp. 295-311).

40. *silphium* : ce mot désigne une espèce de férule de Cyrénaïque dont le suc, très prisé, était utilisé comme remède et comme condiment. La surexploitation des sites où elle poussait naturellement a entraîné sa disparition dès l'Antiquité. Son identification précise a donné matière à de nombreuses hypothèses dont aucune n'est réellement convaincante. Cf. A.C Andrews : *Isis,* 33 (1941). D. Roques : *REG* (1984) pp. 218-231, *REG* (1993) pp. 380-399. S. Amigues Une panacée mystérieuse, le silphium des Anciens (2002), p.195

41. *arbor funesta* qui doit être compris comme un synonyme d' *arbor infelix*. Ce dernier mot signifie à la fois "improductif, stérile" (qui est à rapprocher de *infecundus*) et "funeste, sinistre, maudit". Une liste de ces "arbres funestes" est donnée par Pline (*H.N.* XVI, 108); elle comprend le tamaris (*tamarix*), le peuplier (*populus*), l'aune (*alnus*), l'orme d'Atina (*ulmus Atinia*), l'alaterne (*alaternus*). Théophraste (*H.P.* III, 4, 2) avait auparavant cité quelques-uns de ces arbres qui ne donnent pas de fruits (*akarpa*): l'orme, le saule, le peuplier blanc et le peuplier noir. C'est Macrobe (*Saturnales* III, 20, 3-4) qui en dresse la liste la plus complète : " l'alaterne aux rameaux rougeâtres (*alternus sanguinis*), la fougère (*filix*), le figuier noir (*ficus atra*), ceux qui portent des baies noires et des fruits noirs, le houx (*acrifolium*), le poirier sauvage (*pirus silvatica*), le fragon épineux (*ruscus*), la ronce (*rubus*) et les arbustes épineux (*sentes*)". Cf.André (J) : *Arbor felix, arbor infelix*, Latomus LXX, 1964 pp. 34-46.

42. *Dis* : divinité romaine assimilée à Pluton, dieu des Enfers.

43. *spica* : ce mot désigne d'abord un épi, mais aussi différentes plantes, telles que l'épeautre, l'asaret, le nard celtique (Cf. André (J) (1985) *s.v. spica*), ou encore la lavande aspic (*Lavandula latifolia* Medicus = *Lavendula spica* L.

44. Il est vraisemblable qu'Agrippa se soit inspiré de Macrobe (*Saturnales* III, 20, 4) qui a donné une listes des arbres "favorables" (*félices arbores*): "le chêne (*quercus*), la chêne farnetto (*aesculus*), le chêne vert (*ilex*), le chêne liège (*suberies*), le hêtre (*fagus*),

le coudrier (*corylus*), le sorbier (*sorbus*), le figuier blanc (*ficus alba*), le poirier (*pirus*), le pommier (*malus*), la vigne (*vitis*), le prunier (*prunus*), le cornouiller (*cornus*), le micocoulier (*lotus*)." Sur les "arbres favorables" dans l'Antiquité romaine, cf. André (J) : *Arbor felix, arbor infelix*, Latomus LXX, 1964 pp. 34-46.

45. *aesculus* : le chêne farnetto (*Quercus farnetto* Ten.) était consacré à Jupiter (Cf. Virgile, *Géorgiques* II, 16 "le chêne, géant des futaies, dont la frondaison est chère à Jupiter")

46. Le mot *manna* désigne selon N.Lémery (op. cit. p. 468-469) "un suc concret blanc ou jaunâtre qui tient beaucoup du sucre ou du miel, se fondant ou se dissolvant facilement dans l'eau, d'un goût doux, mielleux, d'une odeur faible et fade ; il sort sans incision ou par incision, à la manière des gommes, du tronc des grosses branches et de feuilles des Frênes cultivés ou non cultivés, qui croissent en abondance en Calabre, en Sicile, et particulièrement vers Gallipoli, au mont Saint Ange et à l'Atolfe." Pour Pline (XII, 62), ce sont des miettes qui se sont détachées des boules d'encens au cours de leur transport. Cf. aussi Dioscoride *M.M.* I, 68.

47. L'expression *carca bana* est peut-être une transcription fautive de *carcadana* mot cité parmi les synonymes de *l'herba scelerata* ou *batracion*, la renoncule (*Ranunculus sceleratus* L. L.) dans l'*Herbarius* du pseudo-Apulée (notice VIII, p.40 annot. lig.14 de l'édition E.Howald et H.Sigerist (1927).

48. Le mot *armoniacum* désigne généralement l'abricotier ou l'abricot. Les propriétés de cet arbre et de ses fruits ne correspondent pas à celles des plantes de Mars sélectionnées par Agrippa. Peut-être s'agit-il d'une des substances chaudes répertoriées par Paracelse (cf. p.38) et identifié comme *Gummi ammoniacum*, dans l'édition Ascher *i e Dorema ammoniacum* D.Don . N. Lémery 'p. 33) note que cette gomme "a une odeur désagréable et d'un goût tirant sur l'amer", ce qui expliquerait davantage sa présence dans la liste des plantes de Mars.

49. Le mot *flammula* désigne, selon Fuchs (*Kreüterbuch* (1543) Chap.LVII) la plante qu'Apulée appelle *herba scelerata*, c'est-à-dire la renoncule (*Ranunculus sceleratus* L.) sans doute parce que son suc avait la réputation de brûler la peau comme une flamme.

50. Le mot *ascolonia* désigne une variété d'oignon provenant de la région d'Ascalon en Judée selon Pline (*H.N.* XIX, 101) et appréciée dans l'Antiquité. Cf. aussi Théophraste *H.P.* VII, 4, 7 et la note 28, très complète de S.Amigues pp. 107-108.

51. Agrippa cite le *castoreum* parmi les plantes alors que le mot désigne généralement une substance provenant de certaines glandes du castor. H. Fischer (1928) note toutefois (p.260) que le mot *castoreum* pouvait désigner l'aristoloche (*Aristolochia baetica* L.).

52. Il s'agit de la grande valériane (*Valeriana phu* L.). N. Lémery (op. cit. pp. 778) note : "les valérianes sont cardiaques, sudorifiques, vulnéraires, apéeitives, propres pour résister au venin, pour fortifier le cerveau, pour chasser les vers, pour exciter les mois aux femmes, pour aider à la respiration…la valériane sauvage, tirée de terre au mois de mars est un bon remède contre l'épilepsie."

53. *rosa Luciferi* : rose de Lucifer, expression peu courante peut-être synonyme de "rose du diable" ou "rose de sorcière" employée pour désigner l'églantier (*Rosa canina* L.)

54. La source principale à laquelle Agrippa a puisé ses informations est probablement la version latine d'un opuscule grec aujourd'hui perdu intitulé *De quindecim stellis, quindecim lapidibus, quindecim herbis et quindecim imaginibus*. Nous disposons néanmoins d'une traduction arabe due à un astrologue du VIII ème siècle, Messalah, qui jouissait d'une grande réputation de science tant en Orient qu'en Occident. La version latine dont nous disposons aujourd'hui a été établie d'après cette traduction arabe et a été publiée par L. Delatte (1942) p.266-272 ; A-J Festugière lui a consacré un long commentaire dans *La révélation d'Hermès Trismégiste*, Tome 1, pp.160-186. On remarque toutefois des différences par rapport à celui-ci. Ainsi, l'ordre dans lequel Agrippa énumère les constellations n'est pas rigoureusement identique tout comme la liste des végétaux qu'il cite et qu'il a d'ailleurs complétée, mais sans mentionner les propriétés prêtées à chacun d'eux. Ces modifications ont-elles été voulues par Agrippa ou a-t-il eu entre les mains des versions différentes de cet opuscule ou s'est-il tout simplement trompé en le recopiant ? Difficile de trancher !

55. La physiognomonie (*physiognomia*) est l'art de connaître le caractère des hommes d'après leur physionomie. Porta est un des premiers à y avoir consacré un ouvrage entier. Au XVIII ème siècle, Lavater en approfondit le contenu (*Fragments physiognomoniques* 1772-1775), après avoir défini la physiognomonie comme la science qui apprend à connaître l'intérieur de l'homme par son extérieur. On ramène souvent aujourd'hui toutes les physionomies à huit types principaux que l'on trouve plus ou moins associés aux planètes dans chaque visage : types carrés (Mars et Terre); types ovales (Vénus, Soleil); type triangulaire (Mercure) et deux types dégénérés (Jupiter et Saturne).

56. La première édition de la *Magie Naturelle* en quatre Livres ou les secrets et les miracles de la Nature qui connut immédiatement un grand succès, fut rééditée plusieurs fois en latin et traduite en italien (1560), français (1565), allemand (1566).On notera qu'il aborde différentes questions qui portent sur le règne végétal essentiellement dans ses Livres I et II. Dans le Livre I, par exemple, on trouve des chapitres consacrés aux propriétés cachées d'un certain nombre de plantes, à la sympathie ou l'antipathie existant entre certains végétaux et aux relations que plusieurs d'entre eux entretiennent avec le soleil et la lune, aux meilleurs moments à observer pour la cueillette des simples ainsi que des conseils pour leur préparation et leurs mélanges. Dans son Livre II, on relèvera qu'il s'intéresse plus particulièrement à différentes questions de pomologie, de cosmétique et de parfumerie, à plusieurs procédés de préparation de "remèdes endormants" dans lesquels il est fait appel aux vertus du pavot, de la mandragore et de la jusquiame ainsi qu'aux plantes aphrodisiaques et anaphrodisiaques. Les Livres III et IV ne contiennent pas d'exposés plus particulièrement consacrés aux vertus des plantes. La dernière version qui comprend 20 Livres fut éditée en 1589, sous le titre *Magiae naturalis Libri XX in quibus scientiarum naturalium divitiae et deliciae demonstrantur*. On y retrouve une partie du contenu des quatre Livres de la première édition qui ont été corrigés, mais aussi de nombreux développements sur de sujets nouveaux qui ont peut-être fait l'objet de discussions à l'Académie des Oziosi et d'expérimentations par Porta lui-même.

57. Le traité intitulé *Villae* publié en 1592 comprend 12 Livres. Le Livre I est consacré aux bienfaits de l'agriculture ; les Livres II et III aux arbres des forêts et des bois, le Livre IV sur les greffes et les soins à apporter aux arbres, le Livre V aux arbres fruitiers, le Livre VI aux oliveraies, le Livre VII à la vigne, le Livre VIII aux arbustes fruitiers, le Livre IX au jardin d'agrément (fleurs coronaires), le Livre X au jardin potager, aux herbes condimentaires et aux plantes mellifères, le Livre XI aux champs cultivés, le Livre XII aux prairies. Porta ne se contente pas de mentionner près de 300 végétaux dans l'ensemble de son Traité. Il les décrit, précise les conditions climatiques et environnementales qui sont favorables à leur culture, et signale à l'occasion quelles sont les maladies qui les atteignent et les remèdes à utiliser pour les soigner.

58. Adanson (1727- 1806). Dans ses "*Familles des plantes*" (1763), il expose les différents systèmes de classification des végétaux proposés par un certain nombre de botanistes qui l'ont précédé. Porta figure en bonne place dans sa *Préface* et dans sa *Table cronologike des auteurs de botanike* (sic). Adanson est sans doute le premier à avoir tenté d'expliquer les fondements théoriques de la classification naturelle des végétaux et à avoir décrit la méthode à utiliser pour parvenir à une telle classification. Il se montra un adveraire déterminé de Linné dont il critiqua aussi bien la nomenclature que la systématique.

59. Porta avance l'idée (chap. 23) que la Nature, toujours généreuse à l'égard des hommes, a placé les plantes et les pierres qui guérissent certaines maladies dans les régions où celles-ci sévissent plus particulièrement. Il cite par exemple les Indes où l'on soigne la peste avec le gaiac, l'Afrique où l'on trouve les plantes efficaces pour traiter les morsures de serpents qui y abondent, les glands de certains chênes qui sont un excellent remède pour soigner les morsures d'un serpent appelé *drynus* qui vit sous leur ombre, une plante appelée *leontophonos* qui se plait dans les régions où il y a des lions et qui a la propriété de soigner leurs morsures…

60. Porta note (chap. 24 à 30) que certaines plantes apparaissent à la même époque que les maladies qu'elles ont la propriété de soigner. Il consacre ainsi de longs développements aux maladies qui sont particulièrement fréquentes à chacune des quatre saisons et il mentionne en regard un grand nombre de plantes qui apparaissent, s'épanouissent fleurissent ou donnent des graines à chacune d'elles et dont les proprietés thérapeutiques sont alors les plus efficaces. Ainsi, par exemple, les maladies qui sont provoquées par un excès de bile jaune qui s'accumule précisément en été peuvent être guéries par les plantes habituellement réputées pour chasser la bile, mais dont le principe actif est alors le plus concentré et donc le plus puissant.

61. Cette propriété était signalée par Dioscoride (*M.M.* IV, 56). A. Matthioli (op. cit. p. 390) note :"si daventure quelqu'un ne l'apporte de quelque païs estrange, je suis d'opinion de le mettre au rang des herbes incogneues : sinon qu'on prit peine de le rechercher au grand jardin de cest Univers." Selon J.André toutefois (1985) *s.v. chrysogonon*, il s'agit d'une espèce de léontice (*Leontice chrusogonon* L.). N. Lémery (op. cit. p. 113-114) note qu'on l'appelle *blattaria* ou "herbe aux mites", qu'elle ressemble beaucoup au *verbascum*, mais qu'on s'en sert peu en médecine. Le mot *verbascum* désigne une molène, en particulier le bouillon blanc (*Verbascum thapsus* L.).

62. Ce pourrait être une autre espèce de potentille (*Potentilla anserina* L.). P A Matthiole précise dans ses commentaires sur l'*eupatorium* de Dioscoride (op. cit. IV,

XXXVII, p. 383) qu'on l'appelle aussi *tanaise* ou *aigremoine sauvage*. Il lui attribue les mêmes propriétés merveilleuses que Porta.

63. L'*eupatorium* de Mésué est mentionné par Matthioli dans ses Commentaires à Dioscoride (op. cit., *s v eupatorium*, p. 383). Il y explique que trois plantes différentes sont appelées *eupatorium* par les auteurs de son époque : l'une est l'*eupatorion* des Grecs, l'aigremoine (*Agrimonia eupatoria* L.); l'autre est l'*eupatorium* de Mésué qui est une achillée (*Achillea ageratum* L.); la troisième est l'*eupatorium* d'Avicenne (*Eupatorium cannabinum* L.).

64. Le mot *scorzonera*, d'origine espagnole, désigne le salsifis ou *tragopogon* (*Tragopogon porrifolius* L.). P.A. Matthiole signale dans ses Commentaires à Dioscoride (Chap. II, CXXXVII, p.226) que la plante est bonne pour soigner les morsures de vipères (appelées *scurzo* par les Espagnols). N.Lémery (op. cit p. 690) également, mais ni Pline (*H.N.* XXVII, 142), ni Dioscoride (*M.M.* II, 143) ne lui reconnaissent de propriétés médicinales.

65. Les Anciens distinguaient un grand et un petit *hieracium* (en grec *hierakion*) aux propriétés identiques. Son emploi pour traiter les piqûres de scorpions est signalé par le pseudo-Dioscoride (*M.M.* III, 64 RV). L'identification de cette plante est délicate. Cf. J. Berendes (1902) note (p.305), sans prendre parti, que l'on a proposé par le passé d'identifier le grand *hieracium* à *Tragopogon picroïdes* L. et le petit *hieracium* à *Scorzonera resedifolia* L. ou *Scorzonera elongata* Willd. (?).

66. Il s'agit des fruits du cognassier, les coings (*Cydonia oblonga* Miller). Porta cite Plutarque (Plutarchos), sans doute par erreur. En effet, dans les quelques passages où Plutarque évoque les propriétés des coings, il ne fait nullement allusion à leur propriété de neutraliser un poison appelé *pharicum*. En revanche, Athénée (*Deipnosophistes* III, 81 e) rapporte un passage de l'historien Phularchos (dont le nom a peut-être été confondu par Porta ou son éditeur avec Plutarchos) selon lequel on prêtait aux coings la vertu de rendre inoffensif le poison *pharicum*.

67. Le mot *persica* désigne généralement les pêches (cf. Pline *H.N.* XII, 14, XVII, 151). Toutefois, dans un passage consacré aux prunes (*H.N.* XV, 42), Pline emploie le mot *persica* pour en désigner une variété. Mais J.André dans son commentaire (p.88, §42, 1) croit que Pline ne fait référence dans ce passage ni aux pêches, ni aux prunes, mais au fruit du sébestier. Le texte de Porta accroît la confusion. En effet, selon lui, le mot *chrusomela* qui est utilisé pour nommer une espèce de *persica*, est employé par Pline – qui sert souvent de source à Porta - pour désigner une variété de coings "marqués de sillons, d'une couleur tirant sur l'or, - dont une nuance plus pâle donne son nom aux coings d'Italie, d'excellente odeur." (*H.N.* XV, 37). Le *persica* de Porta peut donc être une pêche, une prune, le fruit du sébestier ou encore un coing !

68. Sur l'héliotropium et les différentes plantes du soleil ainsi que leurs particularités, cf. S. Amigues (2002, p. 379 -394).

69. Les textes grecs et latins qui citent le *lotus* ne sont pas toujours suffisamment précis pour que l'on puisse identifier celui-ci avec certitude. Il peut s'agir de *Nymphea* ou de *Nelumbo*. La première partie du texte de Théophraste porte sur le *lotus* d'Egypte que l'on l'appelait aussi "fève d'Egypte" qui comprend deux espèces, *Nymphea lotus* L. et

Nymphea caerulea Sav. En revanche, la plante au comportement étrange qui pousse dans l'Euphrate est vraisemblablement un Nelumbo (*Nelumbium speciosum* Willd. ou *Nelumbo nocifera* Goertn.), une sorte de grand nénuphar à fleurs roses. Les Anciens en utilisaient les graines broyées pour en faire du pain. Ils ne semblent pas avoir utilisé le *lotus* en médecine. Porta qui s'inspire de ce texte ne fait pas la différence entre les deux.

70. Porta fait référence à ce passage d'Athénée (*Dypnosophistes* 681 e):"La fleur appelée *hèmérokallés* se fane la nuit et est épanouie au lever du soleil". L'identification de l'*hemerocallis* (dont le nom signifie "belle comme le jour") est délicate et elle est loin de faire l'unanimité. J.André (1985), par exemple, suggère qu'il pourrait s'agir d'une espèce de lis à fleurs jaunes, telle que le lis martagon (*Lilium martagon* L.). Dans ses Commentaires à Théophraste (*H.P.* VI, 1, 1- note 6, pp. 120-121), S.Amigues, après avoir rappelé différentes propositions d'identification avancées jusqu'à maintenant, retient une autre hypothèse : il pourrait s'agir d'une espèce d'asphodèle, l'asphodèle jaune (*Aphodeline lutea* (L.) Reichenb. On appelle aujourd'hui hémérocalle différentes espèces de plantes vivaces du genre *Hemerocallis* (Hémérocallidacées). Le coloris des fleurs va du blanc presque pur au pourpre foncé ou au rouge presque noir en passant par toute une gamme de jaune et d'orangé.

71. Pline lui prêtait d'autres propriétés que Porta n'a pas mentionnées, en particulier celle de conserver intacte chez les femmes la peau du visage et même du corps, ainsi que celle de cicatriser les blessures causées par les serpents et de tuer les rats. Le mot *helenium* peut désigner deux plantes fort différentes, d'une part une aunée, notamment la grande aunée (*Inula helenium* L.) dont la fleur correspond à la description qu'en fait Porta, et d'autre part une des nombreuses espèces de thym (peut-être *Thymus incanus* L.) dont Pline a cité les propriétés thérapeutiques dans la notice rappelée ci-dessus que Porta a partiellement recopiée. Celui-ci a donc confondu les deux plantes en attribuant à l'aunée aux belles fleurs jaunes qui évoquent le soleil les vertus curatives du thym (dont les fleurs sont roses ou pourpre).

72. Le mot *anthémis* désigne différentes plantes, généralement une espèce du genre *Anthemis* L. (notamment *Anthemis tinctoria* L. aux fleurs jaunes) ou une camomille *Chamomilla recutica* (L) Rauschert = *Matricaria chamomilla* L.). En revanche, il n'apparaît jamais comme un synonyme du *chrysocome* qui est donné par les Anciens à une espèce d'aster (*Aster linosyris* Bernh.), voire à une espèce d'immortelle comme le précise N. Lémery (op. cit. p 289) qui mentionne ce nom parmi ceux donnés à l'*elichrysum* ; le mot *auricoma* signifie "à la chevelure d'or" et l'expression *Soli sacrata*, la "plante sacrée du Soleil". Selon Pline (*H.N.* XXI, 50 et 148), on donne en boisson sa racine qui est échauffante et astringente pour les affections du foie et des poumons ainsi que pour calmer les douleurs de la matrice ; il ajoute qu'on la donne également aux hydropiques et qu'elle fait venir les règles. Dioscoride (*M.M.* IV, 55) lui prête les mêmes propriétés. Aucun des deux ne mentionne ses vertus fébrifuges. Dans ces conditions, il paraît vain de vouloir identifier la plante mentionnée ici par Porta.

73. Le mot *asphalatum* est donné par Porta comme un synonyme de *santalum*. Celui-ci désigne le santal (notamment *Santalum album* L.) dont N.Lémery (1760) distingue trois sortes (santal citrin, blanc et rouge). Selon lui, "ils fortifient le cœur, l'estomac, le cerveau, ils purifient le sang". N. Lémery (op. cit. p. 112) note que le mot *asphalatus* est un synonyme de *bitumen judaicum*, le bitume de Judée. En général, le mot *asphalatum* est plutôt utilisé par les auteurs latins pour désigner d'autres plantes, telles que la psoralée bitumineuse (*Psoralea bituminosa* L.), la quintefeuille (*Potentilla reptans* L.) ou encore la renouée des oiseaux (*Polygonum aviculare* L.). Cf. J.André (1985).

74. Le mot *senecio* (du latin *senex* : vieillard) désigne différentes espèces de séneçon (notamment *Senecio vulgaris* L.). Les Grecs l'appelaient *erigeron* parce que, selon Dioscoride, (*M.M.* IV, 96), ses fleurs deviennent au printemps des "*pappoi*" (*êri* = printemps, *gerôn* = vieillard). Le mot grec *pappos* désigne à la fois le grand père et l'aigrette de soies plumeuses surmontant le fruit de certaines plantes. Le mot a donné *pappus* en latin, conservé par les botanistes. Pline (*H.N.* XXV, 169) indique que la plante est donnée à manger aux épileptiques.

75. Cf. notre *Flore magique et astrologique de l'Antiquité* pp. 295-311, en particulier, les pages 298-303 qui portent sur le *Traité sur la pivoine*, opuscule grec entièrement consacré aux très nombreuses propriétés attribuées à cette plante.

76. La plante appelée *selênê* fait référence à la Lune (*Selênê* en grec); il s'agit sans doute de la pivoine. Le *Traité desfleuves* est un ouvrage apocryphe attribué faussement à Plutarque, et difficile à dater. (cf. Bidez *Pierres et plantes magiques d'après le pseudo-Plutarque : De Fluvis.* Mélanges offerts à O. Navarre Toulouse 1935).

77. Cette épithète a pu être été donnée à une plante dont les fleurs avaient la couleur de la chair et dont les propriétés thérapeutiques étaient celles que l'on attribuait généralement aux plantes dominées par la planète Vénus : traiter les affections de la peau, procurer la beauté, faciliter la procréation et favoriser les relations sexuelles. Il est impossible de l'identifier.

78. Porta a recueilli chez Dioscoride (*M M* I, 99) les indications sur l'usage que les femmes font des roses, pour se prémunir de la mauvaise odeur de la sueur ; Pline (*H N* XXI, 121-125) note que "l'on fait des poudres avec les pétales pour arrêtrer les sueurs qu'on laisse sécher sur le corps à la sortie du bain avant de les enlever avec de l'eau froide." Il note aussi qu'on emploie le suc des pétales de roses comme remède pour la matrice.

79. Culpeper, né à Londres en 1616 et décédé à Spitafields en 1654 a rédige plusieurs ouvrages sur les plantes médicinales. Ce n'était ni un médecin, ni un botaniste, mais il avait travaillé comme apprenti chez un apothicaire avant d'ouvrir lui-même boutique. Il s'était très tôt intéressé à l'astrologie et à la médecine et il avait acquis une certaine notoriété pour ses connaissances botaniques et pour sa compassion envers les personnes pauvres auxquelles il donnait gratuitement des consultations et prescrivait des remèdes.

80. *The english Physician, Culpeper's British Herbal*, a été plusieurs fois rééditée (notamment par Crosby's Improved Edition, London,1809). On dispose d'une édition plus récente, non datée (W Foulsham & Co, LTD, London, s d) avec une indication des noms scientifiques au regard des noms anglais utilisés par Culpeper.

81. On citera par exemple les ouvrages de Jean Mavéric : *La médecine hermétique des plantes* (Paris 1935, réédit. Nice Bélisane 1980); Anne Osmont : *Plantes médicinales et magiques* (Paris, Editions des Champs-Élysées 1944 ; Th. Terestchenko *Méthode astrologique de la Médecine hermétique* (Paris, Editions Traditionnelles 1984); Patrick Rivière : *La médecine spagyrique* (Bruxelles, Editions savoir pour être, 1994); Toni Ceron : *Phytospagirie*, (Orcier Editions Col du Feu, 1995); Ronika Winckle : *Astro-Plantes* (Editions Alpen, 2006).

CHAPITRE 5

Flore médicale des signatures chromatiques

De tout temps, les couleurs que nous offrent les plantes ont intrigué les hommes. On ne saurait les limiter à celles que revêtent les fleurs. En effet, les feuilles, les tiges, les fruits, les graines ou encore les racines de nombreux végétaux se signalent également par des couleurs fort variées qui peuvent même être différentes d'une espèce à l'autre. Les nuances du vert, du rouge ou du jaune notamment sont d'une grande diversité dans le monde végétal.

Nous avons vu plus haut que les Anciens avaient fait des rapprochements plus ou moins judicieux entre les couleurs de différentes plantes et celles des symptômes physiques de certaines maladies. Et ils en avaient parfois déduit que ces plantes devaient posséder des propriétés thérapeutiques efficaces pour les traiter. Les textes où ils exprimaient de telles réflexions furent mises à profit par les tenants de la théorie des signatures appliquée au règne végétal. Porta fut sans doute celui auquel nous devons les développements les plus élaborés sur le sujet. Nous lui consacrerons donc ce court chapitre, en suivant son texte au plus près, malheureusement souvent limité à de longues et fastidieuses listes de plantes, exceptionnellement assortis de brefs commentaires qui sont d'ailleurs fréquemment identiques d'un végétal à l'autre.

Les noms latins utilisés par Porta pour les désigner - que nous avons fait suivre d'un astérisque (*) - sont inventoriés dans *l'Index des plantes citées*, en fin de volume ; ils sont accompagnés de leurs identifications dont certaines prêtent toutefois à discussion, et ne doivent donc être considérées que comme des hypothèses vraisemblables.

Porta se déclare convaincu que la couleur des plantes devait être interprétée comme l'une des principales signatures de la Nature qui manifestait ainsi la très grande sollicitude de Dieu pour le genre humain et le soulagement de ses souffrances. Selon lui, elle indiquait aux hommes quelles étaient leurs propriétés thérapeutiques et tout le profit qu'ils pourraient tirer de leur utilisation ; elle devait donc être considérée comme un guide précieux susceptible de faciliter la recherche de leurs vertus curatives.

Pour étayer son propos, il s'est livré à de longues et pertinentes investigations qui portent sur différents champs de recherche.

Il a d'une part effectué une sorte de classification des plantes en prenant la couleur d'un de leurs éléments comme critère de sélection. (1). Mais l'entreprise n'était pas sans difficultés. Porta ne les a pourtant pas délibérément écartées et il n'a pas hésité à mentionner, à l'occasion de la citation d'une plante, quelques-unes des différentes questions que ne manquait pas de lui poser l'observation des signatures chromatiques chez les végétaux. En voici quelques-unes : les propriétés thérapeutiques d'une plante sont-elles contenues dans sa seule partie colorée ou dans la plante toute entière ; ou bien : comment déterminer l'élément d'un végétal qui possède les vertus curatives les plus efficaces quand celui-ci se signale par des éléments de couleurs différentes comme les fleurs et les fruits ; ou bien : comment une plante peut-t-elle receler des propriétés médicinales en relation avec sa couleur si celle-ci ne teinte que les parties superficielles des feuilles ou des fleurs et ne les pénètre pas en profondeur ; ou encore : dans les cas où l'on constate que les couleurs d'un même élément d'une plante évoluent au fil des jours, est-il possible de déterminer le moment où celui-ci contient les principes actifs les plus puissants et d'en déduire en conséquence l'époque de l'année où la plante doit être récoltée.

Porta s'est d'autre part attaché à répertorier les maladies les plus courantes observées de son temps et les remèdes végétaux alors utilisés pour les traiter. N'étant pas médecin et ne pouvant donc s'appuyer sur sa propre expérience pour étayer son argumentation, il est donc nécessairement tributaire de ses lectures et tout particulièrement des ouvrages médicaux qui faisaient toujours autorité à son époque. Il y a recensé les cas où l'on pouvait observer une similitude entre la couleur des plantes médicinales prescrites par les médecins et celle de la peau provoquée par certaines affections qui avaient pour origine, croyait-on, un dysfonctionnement d'une des quatre humeurs présentes dans le corps humain, selon la théorie héritée de l'Antiquité et toujours admise de son temps. Il a jugé pertinent de signaler aussi un certain nombre de relations observables entre les couleurs de certaines plantes médicinales et le traitement de maladies provoquées par l'absence ou la surabondance de liquides de même coloration qu'elles, comme le sperme, le lait maternel, la sueur ou les larmes.

Les ouvrages qu'il a consultés et auxquels il fait plus ou moins explicitement référence sont d'abord ceux de Pline** et de Dioscoride** auxquels il a emprunté des passages entiers. Nous avons indiqué dans l'*Index des plantes citées* les principales références des textes qu'il a utilisés. Mais il ne manque pas de citer également un certain nombre d'auteurs de l'Antiquité : aussi bien des philosophes - et tout particulièrement Aristote**- que des médecins comme Galien**, Paul d'Egine** ou Aetius**. Il ne néglige pas de mentionner également différents auteurs d'ouvrages médicaux plus récents comme ceux d'Avicenne**, de Mésué** ou encore de Simon Seith** qui étaient alors considérés comme des références incontournables.

Les recherches sur les signatures chromatiques auxquelles s'est livré Porta tant dans les ouvrages de botanique que dans les traités de médecine l'ont conduit à retenir en priorité les couleurs des quatre humeurs distinguées chez l'homme par Hippocrate**: le jaune en relation avec la bile jaune, le noir avec la bile noire ou mélancolie, le blanc avec la pituite ou phlegme et le rouge avec le sang. Il y a toutefois ajouté le vert qu'il a rattaché au jaune, le bleu qu'il a associé aux couleurs sombres, notamment au noir ou à certains rouges foncés.

Ajoutons qu'il a souvent jugé utile de préciser par des adjectifs quelles pouvaient être les nuances de chacune des couleurs que les plantes recensées étaient susceptibles d'offrir à un observateur attentif. (2)

Son exposé complète donc abondamment les réflexions qu'il avait consacrées à l'association de la couleur de certaines plantes avec celle qui était traditionnellement affectée à chacune des planètes et à leurs vertus curatives.

Le Jaune

La langue latine est riche de nombreux adjectifs pour nommer la couleur jaune ; ceux-ci sont souvent dérivés de noms de substances ou d'objets dont la couleur est caractéristique et connue de tous. Parmi les plus couramment utilisés par Porta, on peut citer : *aureus* (de la couleur de l'or), *buxeus* (jaune comme le buis), *cereus, cereolus* (de la couleur de la cire), *croceus* (jaune comme le safran), *flavus* (jaune qui tire sur le blond comme les blés), *fulvus* (couleur du feu, fauve), *florus* (blond), *gilvus* (jaune pâle, isabelle), *helvus* (jaunâtre), *luteus* (d'un jaune tirant sur le rouge), *melleus* (jaune comme le miel), *sulfureus* (jaune pâle comme le soufre) et aussi *aureus* pour caractériser un jaune qui a l'éclat de l'or ; certains ont une connotation péjorative, comme *luridus* ou *pallidus,* et sont employés pour caractériser une pâleur jaunâtre, une lividité, une peau blême, proche de celle d'un cadavre et désagréable à la vue. ... (3) Porta se limite toutefois à n'employer qu'un petit nombre d'entre eux.

Il a établi une longue liste de plantes dont la racine, la tige, les graines, le suc et surtout les fleurs ont un rapport avec les différentes nuances du jaune, et auxquelles il prête des propriétés thérapeutiques pour traiter un certain nombre de maladies dont la couleur jaune est le signe visible. Il a tout particulièrement exposé les relations entre la couleur jaune et la bile, l'urine, la chaleur et la teinte des cheveux.

On notera qu'il se réfère essentiellement aux citations des ouvrages des Anciens et des médecins arabes, et il est loin de s'être systématiquement préoccupé de vérifier si de telles vertus étaient confirmées par l'usage.

Le jaune et la bile (Livre III, Chap. IV, V, VI)

Porta affirme que de nombreuses plantes dont un des éléments est de couleur jaune ont une relation privilégiée avec la bile jaune. Selon lui, certaines ont la propriété de chasser la bile jaune en excès dans le corps, d'autres au contraire d'en accroître la quantité. Il remarque aussi que la consommation prolongée de quelques-unes est de nature à provoquer des maladies de foie, la décoloration des membres et même leur déformation. Il recommande donc d'éviter d'en absorber trop longtemps.

Porta donne tout d'abord une courte liste de plantes (Chap. IV) qui ont la propriété d'expulser la bile jaune en excès ainsi que les humeurs qui ont cette même couleur.

Il cite en premier les différentes espèces d'arroches (***atriplex****) (4) - qui peuvent d'ailleurs présenter diverses nuances de jaune - et se réfère à Pythagore** et à Pline pour en évoquer les propriétés, mais aussi les risques qu'elles font courir à ceux qui les consomment. Il recopie d'ailleurs presque mot à mot ce texte de Pline :

> "L'atriplex est sauvage et cultivé. Pythagore l'a accusée de causer l'hydropisie, la jaunisse et la pâleur, et d'être très difficile à digérer ; il lui a reproché que, même dans les jardins, tout ce qui pousse près d'elle est languissant. Dionysus et Dioclès ont ajouté qu'elle engendre beaucoup de maladies." (*H.N.* XX, 219)

Pline ajoute que certains médecins « en donnent aussi la graine avec du miel dans la jaunisse." (*H.N.* XX, 221), une prescription également mentionnée par Dioscoride (*M.M.* II, 119, s v *andraphaxus*). La plupart des espèces d'arroche ayant des fleurs verdâtres, il est possible que Porta fasse ici référence à l'arroche maritime (***Atriplex halimus* L**) dont les fleurs sont jaunes.

Ce dernier cite ensuite le cumin (***cuminum****) pour remarquer qu'il est d'abord jaune, puis prend une couleur livide ; ce qui explique la pâleur qu'il provoque chez ceux qui en boivent. Cette observation est mentionnée par de nombreux auteurs, mais Porta, à l'appui de son affirmation, se limite à ne citer intégralement que le passage suivant de Pline :

> "Toute espèce de cumin rend pâles ceux qui en boivent. C'est de cette façon du moins, dit-on, que les disciples du fameux professeur d'éloquence Porcius Latro, imitaient la pâleur donnée par l'étude, et naguère Julius Vindex, ce défenseur de la liberté contre Néron, lui fit ainsi sa cour en le laissant capter son testament." (*H.N.* XX, 160)

Il ajoute que l'***ammi**** (5) provoque également la pâleur et que la consommation excessive de safran (*crocus**) (6) a les mêmes effets tandis que la mousse (***moschus****) (7) passe pour décolorer les membres de ceux qui l'emploient.

Porta mentionne ensuite plusieurs végétaux réputés pour provoquer une augmentation de la sécrétion de bile jaune et dont la consommation était parfois déconseillée : le navet (***napus****) et la rave (***rapus****) dont les racines pressées donnent un jus jaune, la bette (***beta****) dont les feuilles et les fleurs virent du vert au jaune au cours de leur croissance, les cucurbitacées (***melopepones****) dont la peau est de couleur jaune et donnent des malaises chez ceux qui boivent du vin après en avoir absorbé ; le fruit du cocotier ou noix de coco (***indica nux****) dont les fruits passent du rouge au jaune et sont interdits aux bilieux ; les fruits du figuier (*ficus**) qui, à maturité, sont secs et jaunes, et provoquent de la fièvre ainsi que des vomissements de bile jaune, si l'on fait la sieste après en avoir consommé ; les pommes (***verna mala****) et les poires (***verna pyra****) qui sont de couleur jaune à maturité au printemps ; les noix (***nuces****) dont l'enveloppe passe du vert au jaune en mûrissant et qui sont de couleur jaune à l'intérieur ;

l'***arnabo**** ou ***zedouria****(8) dont les feuilles passent progressivement du vert au jaune.

Porta complète cette brève liste par une énumération de plantes dont les feuilles ou les graines, mais aussi le suc extrait des fleurs ou des racines sont de couleur jaune. Selon lui, si elles sont absorbées dans l'alimentation, elles ont notamment pour effet d'attirer les humeurs de couleur jaune présentes dans notre corps et de les expulser soit par des vomissements, soit "par le bas".

Ainsi, le suc et les fleurs d'***aloes*** (9) chassent la bile, tout comme le séné (***sena****) (10), l'absinthe (***absinthium****) (11), la petite centaurée (***centaurea minor****) (12) les différentes espèces d'euphorbes (***tithimalus****) (13), l'espèce de millepertuis appelé ***ascyron**** (14) ainsi que celle qui est appelée ***androsaemon**** (15), la coloquinte (***colocynthis****) (16), la momordique (***cucumis sylvestris****) (17), les cucurbitacées (***melopepones****), la thapsie (***thapsia****) (18), le ricin (***ricinus****) (19), la **camélée** ou garoupe (***chamaelaea****) (20), la ***thlaspis**** (21), la cuscute (***cassuta****) (22), les fruits du myrobolan (***myrobalanum****) (23), l'***empetron**** ou ***calcifraga**** (24).

Porta note encore que la casse (***cassia****) (25), l'écorce et le jus du citron (***citrius****), celui de l'orange (***arancia****), les baies jaunes du genévrier (***juniperus****) (26) ainsi que son bois et surtout son suc sont efficaces pour assainir l'estomac et expulser la bile ; celle-ci est également chassée par le ***rhaponticum**** (27) dont l'écorce noirâtre, marquée de taches jaunes prend, une fois mâchée, la couleur du safran ; le bois de l'aulne noir (***frangula****) (28), l'écorce noirâtre marquée de taches glauques de la rhubarbe (***rhabarbarum****), la racine de couleur glauque de l'aristoloche (***aristolochia****), les racines de la patience (***lapathum****) (29), de la fougère (***filix**** (30) et de la mercuriale (***mercurialis****) (31) sont également efficaces pour évacuer la bile.

Porta a jugé bon d'écrire un chapitre (Chapitre VI) plus spécialement consacré aux relations entre la couleur jaune des plantes et l'ictère.

Après avoir rappelé que l'ictère (*Regius morbus* ou *arcuatus morbus*) est une maladie caractérisée par un épanchement de la bile qui envahit toutes les parties du corps et lui donne une coloration jaune, Porta note que l'on peut soigner cette affection en utilisant des substances jaunes provenant de plantes, d'animaux ou de pierres de même couleur et il précise que le malade ictérique (*bile suffusus*) peut bénéficier de leur action en les absorbant ou simplement en les regardant. Sur ce dernier point, Porta se réfère à une conception de la vision héritée de l'Antiquité selon laquelle le simple fait de poser son regard sur un objet conduit à se laisser imprégner de ses propriétés comme si celui-ci diffusait naturellement ses vertus et qu'on pouvait aisément les capter et en bénéficier en le contemplant (32).

Il donne une longue liste de végétaux dont les fleurs sont jaunes et qui sont réputées pour soigner la jaunisse. Certaines ont déjà été mentionnées dans le paragraphe précédent. Ce sont : l'arroche (***atriplex****) que les Anciens ont surnommé ***chrusolachanon**** (33), la garance (***erythrodanon minor****) (34), les différentes espèces d'***absynthium**** (35) qui ont toutes des fleurs jaunes, la chélidoine (***chelidonium major****) (36).

Porta note que si les ictériques boivent du ***buphtalmon**** (37), ils recouvrent leur teint naturel et il attribue les mêmes propriétés au ***chrysanthemum*** (38), ainsi qu'au cumin sauvage (***cucumis sylvestris****) dont le suc est utilisé pour la fabrication de l'***elaterium***, un remède considéré comme efficace par les Anciens pour traiter la jaunisse (39); Porta mentionne aussi l'***anthemis**** (40) qui chasse la bile en excès tout comme le nard celtique (***nardus celticus****) et le nard syriaque (***nardus syriaca****) (41). Porta cite à la suite un certain nombre de plantes, sans aucune précision sur leurs caractéristiques, mais il les tient toutes pour efficaces dans le traitement des affections hépatiques, en s'appuyant notamment sur ce qu'en ont dit Galien, Avicenne* et Mésué, mais surtout Pline, sans pour autant citer ses références avec davantage de précision.

Ce sont les différentes espèces d'***osyris**** à fleurs jaunes, ***conyza*, hippomarathum*, senecio*, lactuca****(42), ***pentaphyllon*, asparagus*, aloës*, rosmarinus*, cachrys**** (43), ***chamaepytis*, ruscus*, erysinum*, ambubeia*, tussilago*, brassica*, mercurialis*, verbena*, fragaria****, les différentes espèces d'***aquilina****qui ont des fleurs couleur d'or, ***caltha*, herba turcha*, sena*, cuminum*, asarina*, eruca silvestris *, lupulus*, laserpitium *, lichen*, asplenium*, tamarix*, sabina*.***

Celui-ci ajoute que certaines plantes dont les racines sont de couleur jaune sont bonnes pour soigner les ictères ; ainsi, par exemple celles de la patience (***lapathum****) tout comme celles de la rhubarbe (***rhabarbarum****), de la grande centaurée (***centaureum major****) qui deviennent jaunes après avoir été rouges, de la ***pastinaca****, de l'asphodèle (***asphodelus****), du curry (***curcuma****).

Il remarque que certains fruits et différentes graines sont également efficaces pour soigner la jaunisse, comme ceux du ***citrium****, du ***solanum**** (44), de l'**alkekenge** (***helicacabum****), du tamarinier (***tamarinda****) (45).

Porta complète cette longue liste quelque peu aride et fastidieuse par la mention d'un certain nombre de légumes de couleur jaune qui ont les mêmes propriétés curatives quand on en mange très souvent : le pois (***pisum****), le pois chiche (***cicer****), la gesse (***cicercula****), ainsi que le lupin (***lupinus****) qui, en outre, rend le teint plus vif, auxquels il ajoute la casse (***casia****) et la cuscute (***cuscuta****).

Le jaune et l'urologie (Livre III, Chap. XXIX)

Porta consacre un court chapitre aux plantes dont les fleurs, les fruits, les racines, le suc ou la gomme sont de couleur jaune, voire glauque et qu'il juge efficaces comme diurétiques. Mais il se contente d'en donner une longue liste, sans accorder de commentaires à chacune d'elles.

Ce sont : ***ageratum *, abrotonum**** (46), ***hypericum*, coris*, celtica nardus*, asarina*, crocum*, crocomagna*** (47), ***cucumis sativus* et cucumis sylvestris*, asparagus*, crithamon*, eruca sylvestris*, asphodelus luteus*, ononis*, absinthium*, mentha graeca*, ruta*, panax Heraclium**** *et* ***panax Chironium*, seseli*** (48), ***anethum *, foeniculum sativum* et *sylvestris*, rosmarinum**** dont la graine est appelée ***cachrys*, abies*, artemisia*, conyza*,***

anthemis**, *****althaea*****, *****ajuga*****, *****heliochrysum*****, *****corydalis*****, *****citisus*****, *****bunium*****, *****stoechas citrina**** (49), ***genista*****, *****ruscus**** et il ajoute que toutes les plantes à fleurs jaunes ont des propriétés diurétiques, ce qui lui permet d'abréger une liste déjà fort longue. Il la complète cependant en mentionnant un certain nombre de végétaux dont les fruits sont jaunes et qui possèdent, par conséquent des vertus thérapeutiques identiques : ***cotonea*****, *****punica ******, *****cicer****, ***lupinus*****, *****smilax hortensis*****, *****amni*** de Syrie*, ***solanum somniferum**** (50), ***cotyledon*****.

A cette liste, Porta ajoute quelques végétaux dont les racines sont jaunes : ***gentiana*****, *****phu nardus*****, *****costus*****, *****vitis nigra*****, *****aspalathum**** (51).

Il complète son inventaire par un certain nombre de plantes qui donnent des gommes d'un jaune flamboyant et possèdent également des propriétés diurétiques : ***lentiscus*****, *****térébinthus*****, *****juniperus*****, *****cupressus*****, *****amygdala*****, *****olea ethiopica*****, *****bdellium*****.

Le jaune et la chaleur (Livre III, Chap. VIII)

Les causes de la présence de la couleur jaune chez certains végétaux intrigue sans doute Porta, mais il ne semble pas en avoir trouvé une explication valable ; il se contente de l'interpréter comme une signature qui indique la qualité interne de la plante : celle dont les fleurs ou le suc sont de couleur jaune doit être considérée comme chaude, car, dit-il, si le jaune est la couleur du soleil, il est aussi celle de la flamme... Il en cite une cinquantaine, mais il n'accompagne sa liste d'aucun commentaire (52).

Le jaune des plantes et la teinture des cheveux (Livre III, Chap. XXXVI)

Porta considère que la couleur jaune que l'on peut observer chez certaines plantes doit être interprétée comme une signature de leur capacité tinctoriale. Il insiste tout particulièrement sur leur emploi pour donner aux cheveux une coloration blonde ou rousse. A titre d'exemple, il cite ***lysimachia**** (53), ***xanthium**** (54), ***ligustrum**** (55), les feuilles d'***erythrodanum**** dont les graines et la racine sont rougeâtres, ***chrusolachanon*****, *****accipitrinus pes****, le bois et la racine de ***lycium****, le fruit et la racine de ***lotus****, le fruit de ***lotus vulgaris**** appelé aussi ***jujuba**** (56), ***thapsos*** (57), le suc de ***rhabarbarum*****, *****euonymos**** (58).

Porta ajoute incidemment que le miel qui est couleur d'or, est également utilisé pour teindre les cheveux ainsi que la décoction de litharge (monoxyde de plomb) qui donne des cheveux dorés. Et il termine même son exposé par une recette de décoction de plantes utilisées pour la teinture des cheveux en blond (59).

Le Vert et le jaune (Livre III, Chap. IX)

La couleur verte (*viridis*) est sans doute celle qu'il est le plus facile d'associer au règne végétal. Pourtant la place que Porta lui accorde dans son ouvrage est relativement modeste. Il est vrai qu'il s'en tient à l'associer à l'une des différentes nuances que peut revêtir la couleur de la bile jaune. Il observe que celle-ci peut être *prassina*, c'est-à-dire de la couleur du poireau (*prasus*) ou *aeruginosa*, vert-de gris ou *pallida*, d'un jaune très pâle tirant sur un vert clair, voire verdâtre ou encore *citrina* c'est-à-dire d'un jaune comparable à celui du citron. Ces différentes couleurs de la bile permettent à Porta de recenser un certain nombre de végétaux aux propriétés cholagogues dont une partie est colorée d'une de ces nuances. Mais son inventaire est peu fourni et il se contente de citer le narcisse (***narcissus****), l'amarante blette (***blitum****), l'arroche (***atriplex****), l'espèce de *thlaspi** originaire de Crète tout comme celle qui est originaire de Cappadoce ainsi que le genet épineux (***genista senticosa****). Porta reconnaît toutefois que les fleurs sont rarement de couleur franchement verte, mais qu'on en rencontre qui sont plutôt d'un jaune très pâle tirant sur un vert clair (*pallida*), comme, par exemple, celles de la bryone (***bryona****) et celles de l'***hemerocallis**** (60), tout comme le fruit de la mandragore femelle (***mandragora foemina****) (61).

Porta considère par ailleurs que le vert est de nature froide et humide et il invite à se méfier des plantes dont les fleurs, les fruits, les racines ou les graines sont d'un jaune pâle tirant sur le vert clair (62). Et de citer, comme exemple, le ***napellus**** (63), la pomme épineuse ou stramoine (***stramonium****), la grande cigüe (***cicuta****), la mandragore (***mandragora****) et particulièrement l'espèce que l'on appelle ***molengiana**** (64), la jusquiame (***hyosciamus****). Porta ajoute que les champignons qui sont d'un jaune pâle verdâtre (*pallidus*), voire très pâle (*pallidior*) sont très toxiques, les blancs (*albidus*) étant plus inoffensifs.

Le Noir (Livre III, Chap. X)

Il n'y a guère de plantes qui se distinguent par la couleur noire de leurs feuilles ou de leurs fleurs. Porta en est évidemment conscient. Aussi nuance-t-il son propos en expliquant qu'il faut considérer comme noires, des plantes dont les fleurs sont de couleurs sombres ou foncées, - comme le bleu foncé du fer ou le pourpre fané - ou dont les feuilles sont parsemées de taches noires. On peut sans doute aussi ranger parmi elles, celles dont les graines, les fruits ou les racines sont d'une couleur proche du noir.

Selon Porta, ces plantes augmentent la bile noire, associée à la mélancolie (65), provoquant ainsi des maladies redoutables, des délires frénétiques (66) ou encore la perte de la vue, qui est évidemment liée au noir, des sommeils troublés par des cauchemars, des affections dentaires, comme les caries et bien entendu, des idées noires. Et dans certains cas, ces plantes peuvent même s'avérer mortelles. Quelques-unes toutefois ont des propriétés tinctoriales que l'on peut mettre à profit pour la teinture des cheveux.

Après avoir rappelé que, dans l'Antiquité, le noir avait mauvaise réputation et qu'il était perçu comme une couleur en relation avec la mort, il évoque un passage de Macrobe**, qui classe les plantes noires parmi les *arbores infelices*

(67) et il cite Tarquinus Priscus qui en a recensés plusieurs : ce dernier affirme qu'elles sont sous la tutelle des dieux du monde souterrain et qu'elles annoncent des malheurs, voire une mort effrayante.

Mais Porta ne s'intéresse qu'aux seules plantes noires qui ont des propriétés thérapeutiques ou à celles dont la consommation provoque des maladies. Son inventaire qui est relativement modeste, comprend :

- La fève (***faba****) (68) qui avait depuis longtemps mauvaise réputation, car on croyait à la suite de Pythagore - qui en avait d'ailleurs interdit la consommation - qu'elle était en relation avec le royaume des morts. Porta ne manque pas de mentionner les noms d'un certain nombre d'auteurs qui avaient fait état de la dangerosité des fèves et signalé qu'elles avaient notamment pour effet de déranger l'esprit et de troubler le sommeil en suscitant des rêves effrayants.
- Les graines de la « fève d'Egypte » (***Ægyptia faba****) dont l'odeur et la saveur sont désagréables et qui deviennent noires en séchant, passaient pour augmenter la sécrétion de bile noire et par conséquent provoquer différentes maladies liées à un excès de cette humeur. En outre, sa consommation fréquente donne au corps un teint pâle.
- La lentille (***lens****) dont une consommation excessive déclenche un excès de bile noire, donne naissance à des tumeurs et à l'éléphantiasis, émousse l'acuité visuelle, produit un sang qui peine à s'écouler, engorge le foie, provoque des inflammations de la rate, des rêves agités ainsi que des maux de tête et cause des dommages aux nerfs.
- Le haricot commun (***hortensis smilax**** appelé aussi ***phaselus****) dont les fleurs sont chatoyantes, tirant sur le pourpre et le fruit noir et rouge foncé, provoque de lourdes insomnies.
- La vesce (***vicia****) dont les fleurs sont d'un pourpre sombre est un légume dont la digestion est difficile ; il est mauvais pour l'estomac et il donne un suc épais et nuisible, qui génère de la bile noire.
- Les différentes espèces d'ache (***apium****) (69) aux feuilles sombres et aux graines noires, qui, dans l'Antiquité, ne devaient être consommées qu'au cours des repas funèbres. Porta note qu'on en couronnait d'ailleurs les tombes et qu'elles avaient aussi la réputation de ruiner la santé de ceux qui en consommaient. On leur prêtait aussi des propriétés malfaisantes.
- La jusquiame (***hyoscyamos****) (70) dont il existe une espèce aux fleurs pourpre tirant sur le noir provoque des étourdissements, la paralysie et la folie.
- Une espèce de pavot (*papaver**) aux graines noires qu'on appelle *phthisim* provoque la léthargie et même la mort. Porta rapporte l'opinion de plusieurs médecins grecs sur la dangerosité de cette plante, comme Diagoras** ou Erasistrate**, qui condamnaient son emploi et interdisaient même de l'utiliser pour traiter les inflammations des yeux, parce qu'elle nuit à la vue. Il signale qu'Andreas ajoutait de son côté que ceux qui s'en enduisent deviennent aveugles. Porta ajoute que le médecin Mnesidès** admettait toutefois qu'on pouvait mettre à profit son odeur

en le respirant pour rechercher le sommeil, mais il en interdisait d'autres usages. En effet, il passait pour provoquer la mort pendant le sommeil, et d'ailleurs, rapporte Porta, plusieurs personnes sont mortes en absorbant ce suc, lorsqu'une maladie intolérable leur rendait la vie insupportable.

- Porta rapporte qu'il existe deux espèces de ***sonchus**** dont, une blanche et une noire. Il précise que la consommation de la première est sans danger, mais que celle de la seconde est source de maladies, si l'on en croit le médecin grec Cleomporus**.
- Porta rapporte qu'il existe aussi deux espèces de ***thymum****, une blanche et une autre qui a des fleurs sombres dont la consommation est déconseillée par le médecin Aetius** parce qu'elle se putréfie, une fois absorbée, et provoque des humeurs bilieuses.
- Porta fait également état de deux espèces de ***marrubium**** (71), une blanche et une noire, mais sans aucun commentaire.
- Il mentionne aussi le cardon (***carduus****) aux fleurs d'un pourpre foncé dont le suc noir imprègne les mains et les dents et, selon Galien, provoque la sécrétion de bile noire.
- La bette (***blitum*** *) à feuilles noires dérange le ventre et provoque le "cholera" (*i e* la diarrhée à selles bilieuse noires) tandis que l'espèce "blanche" - mais dont les graines sont noires !- cause des maladies oculaires.
- Le poireau (*porrum**) possède un suc mortel qui est mauvais pour l'estomac. A l'appui de son affirmation, Porta cite intégralement ce passage de Pline (*H N* XIX, 110) :

  " On rapporte que le chevalier Méla, accusé par l'empereur Tibère lorsqu'il quitta sa charge de procurateur, au comble du désespoir, avala le poids de trois deniers d'argent de suc de poireau et expira sur-le-champ sans souffrance."

- L'oignon (***cepa****) doit être regardé plutôt que consommé, selon Hippocrate, rappelle Porta ; en effet, il altère la vue. (72)
- L'if (***taxus****) est mortel et ses graines donnent aux poules une coloration noire !
- Porta fait référence à Galien et Érasistrate pour signaler que les graines de chou (*brassica**) mais aussi les branches et les feuilles – d'un vert (*caesius*) tirant sur le noir- provoquent la lourdeur de l'esprit, et nuisent aux dents ainsi qu'aux gencives ; quant à son suc, il obscurcit la vue et provoque la mélancolie.
- La truffe (***tuber****) (73) noire à l'extérieur, provoque des humeurs épaisses selon Avicenne**, mais aussi d'après Simon Sethi**, l'épilepsie et l'apoplexie, si on en consomme fréquemment.
- Les aubergines (***molengiana****) qui sont de couleur pourpre, bleutée voire violacée, sont mortels si l'on a l'imprudence de les manger ; appelés d'ailleurs *mala insana*, elles provoquent, selon Avicenne**, des humeurs bilieuses, des engorgements du foie et de la rate ainsi que des fièvres quotidiennes.

Porta ajoute dans un autre chapitre (Livre III, Chap. XXXVI) que plusieurs plantes dont certaines parties sont noires, notamment les graines, les racines ou les feuilles, ont des propriétés tinctoriales et qu'on les met à profit pour teindre les cheveux. Il a recueilli la plupart de ses informations chez Pline et Dioscoride. Ce sont notamment : le lierre (***hedera****) dont les corymbes deviennent noirs, le myrte (***myrtus****) dont les baies sont noires, la ronce (***morus***) dont le fruit passe du rouge au noir en mûrissant, le tamier (***vitis nigra****) dont les fruits deviennent rouge sang en mûrissant, teintent les mains en noir, le figuier (***ficus nigra****) dont les feuilles cuites avec celles du tamier dans de l'eau de pluie teignent en noir, le sumac des corroyeurs (*rhus nigra**) dont les fruits noircissent en mûrissant, le capillaire (***adiantum****, appelé aussi *callitrichon** et *polytrichon**) aux tiges fines comme des fils de soie qui tirent sur le noir (*fuscus*), la lentille batarde (***ervum****), dont les graines et les cosses sont noires, le cyprès (*cupressus**) dont les feuilles sont noires, le suc des graines mûres d'*acacia** qui sont noires à maturité, celles de ***polemonia****, de millepertuis (***hypericon****), l'écorce de la racine du chêne vert (***ilex****) (74), les galles (***gallae****) (75), la litharge (***lithargyrus***) ou monoxyde de plomb bouilli avec de la cendre de chêne et de la chaux, l'oléo-résine (*ladanum*) obtenue des feuilles de certains cistes et Porta va ici jusqu'à donner la recette d'une teinture qu'il l'a lui- même expérimentée avec succès pour teindre sa barbe et ses cheveux ! (76)

Les couleurs foncées (Livre III, Chap. XI, XII, XIV, XV)

Porta a consacré une notice aux plantes qui se signalent par la couleur noire d'un de leurs éléments, nous l'avons signalées plus haut. Mais il a jugé nécessaire de mentionner aussi un certain nombre de plantes dont le seul trait commun est d'avoir des fleurs d'une couleur foncée (77).

Selon lui, elles signalent par de telles couleurs - qu'il juge brillantes, riantes, charmantes, agréables - qu'elles contiennent des propriétés médicales efficaces. Porta en donne une longue liste où sont rassemblées celles qui sont renommées pour chasser la bile noire et soigner certaines affections en relation avec celle-ci, traiter les états fiévreux, guérir ceux qui sont atteints de frénésies, de certaines maladies de peau, de troubles de la vision, ainsi que ceux qui sont dépressifs et souffrent de mélancolie, voire protéger des démons et de leurs maléfices. Toutefois, Porta considère que certaines des plantes qu'il a répertoriées sont parfois détentrices de plusieurs propriétés curatives et sont donc susceptibles de soigner un éventail assez large de maladies différentes.

Plantes sombres et bile noire (Livre III, Chap. XI)

Porta prête aux plantes sombres des vertus identiques à celles dont un élément est de couleur noire. Quelques-unes lui semblent plus particulièrement bonnes pour expulser la bile noire, mais il ne néglige pas pour autant de mentionner leurs autres vertus thérapeutiques. Ce sont : la violette (*viola**) (78), dont les fleurs sont d'un éclatant pourpre très intense, la bourrache (***buglossum****** ou ***borago****) dont les fleurs sont d'un éclat pourpre ou bleu sombre et sont utilisées pour traiter les affections cardiaques, les maladies provoquées par la mélancolie, les fièvres tierces et quartes, stimuler l'activité de l'esprit et chasser la tristesse (79), le séné (***sena****) à la fleur bleue foncé, qui, pris avec du jus de poule, chasse la bile noire et les engorgements du foie (80), le pois chiche (***cicer****) et la gesse (***cicercula*** *) aux fleurs pourpres qui passent pour guérir les lichens, les gourmes les gales, les gangrènes et les ulcères malins (*cacoethes*), diminuer les frissons des fièvres quartes, l'origan (***origanum****) qui expulse les humeurs noires avec les excréments, la menthe pouliot (***pulegium****) qui évacue la bile noire par le bas tout comme le dictame (***dictamnum****), le thym (*thymus**) aux fleurs purpurines qui évacue les humeurs et doit être donné aux mélancoliques, la cuscute (***epithymum****) qui évacue la bile noire par le bas ; le ricin (***palma Christi****) aux fleurs purpurines qu'il faut donner aux mélancoliques ; la graine de l'***alypum**** (81) dont les fleurs sont pourpres est efficace pour évacuer la bile noire ; la menthe (***mentha****) qui supprime les maladies provoquées par la bile, si on la boit dans du vinaigre, le calament (***calamintha****) qui est bon pour traiter l'éléphantiasis (*i e* une forme de lèpre) ; la scrofulaire (***galeopsis****) (82) pour traiter le carcinome ; le fumeterre (***capnos****) qui est efficace pour purger le sang des humeurs brûlantes, traiter les carcinomes et l'éléphantiasis ; le basilic (***ocymum****) aux fleurs roses ou pourpres est bon pour soigner les fièvres quartes ; la bétoine (*betonica**) pour les fièvres tierces et quartes ; l'***aron**** (83) aux fleurs pourpre foncé dont le suc est utile pour soigner toutes les espèces d'ulcères : les ulcères phagédéniques, les carcinomes, les herpès ainsi que les polypes dans les narines ; la sarriette (***satureia****) aux fleurs pourpres tirant sur le blanc, tout comme le thym (***thymum****), donne de l'acuité à une vue affaiblie ; la sauge (***salvia****) aux fleurs d'un gris-vert ou pourpres fait disparaître les ulcères malins ; le serpolet (***serpilum****) aux petites fleurs faiblement pourpres est bon pour ceux qui sont atteints de phrénésie ; l'hellébore noir (***veratrum nigrum****) dont les feuilles et les racines sont noires est bon pour traiter les mélancoliques ainsi que les fous ; le peucedan (***peucedanum****) dont la racine est noire à l'extérieur est bon pour soigner les frénétiques ; le chou (*brassica**) aux feuilles d'un bleu foncé est bon pour soigner les gangrènes, les ulcères phagédéniques et chasser la bile noire ; la mandragore noire ou mandragore femelle (***mandragora foemina****) aux racines noires est bonne pour évacuer la bile noire par le haut ; l'ortie (***urtica sylvestris****) aux feuilles et aux graines noires est efficace pour traiter les gangrènes et les carcinomes ; la scorsonère (***scorzonera vulgaris****) (84) dont la racine est noire à l'extérieur est bonne pour ceux qui sont sujets aux palpitations cardiaques et aux tremblements ; elle dissipe la fièvre tierce et provoque la bonne humeur ; la mélisse (***melyssophulon****) dont la feuille est d'une couleur foncée est bonne pour le cœur ; elle rend joyeux, fait fuir les soucis et disparaître les visions ainsi que l'anxiété causée par la bile noire ; le myrobolan (***myrobalanum****) est bon pour expulser la bile noire et remédier aux afflictions profondes.

Plantes sombres, fièvres et phrénésie (Livre III, Chap. XI)

Porta mentionne quelques plantes dont les propriétés fébrifuges lui paraissent particulièrement efficaces : le basilic (***ocymum****) (85), la bétoine (***betonica****), la bourrache (*buglossum** ou ***borago****)

Il en signale aussi quelques autres qui sont d'un grand secours pour soigner ceux qui souffrent de phrénésie : le serpolet (***serpilum****), le peucedan (***peucedanum****).

Plantes sombres et dermatologie (Livre III, Chap. XI, XII)

Porta remarque que plusieurs plantes dont les fleurs sont bleues ou pourpres conviennent pour soigner un certain nombre de maladies qui se manifestent par des altérations plus ou moins sombres de la peau. Quelques-unes rendent à celle-ci une belle et agréable couleur aussi bien chez ceux qui l'avaient perdue à la suite d'une longue maladie que chez ceux qui veulent embellir leur visage. Porta en cite un certain nombre dont plusieurs ont été déjà mentionnées plus haut : ***capnos****, ***cicer**** aux fleurs bleues et ***cicercula****, ***calamintha**** surtout bonne pour traiter l'éléphantiasis, *galeopsis** pour soigner les carcinomes, ***aron****, ***betonica*** * dont la fleur est bleue ou pourpre, prise en boisson, purifie tout particulièrement une peau couleur de plomb, ***salvia*** * aux fleurs gris-vert ou pourpres fait disparaître les ulcères malins, ***urtica sylvestris**** est efficace pour traiter les gangrènes et les carcinomes, ***allium*** *dont les semences sont noires est utile pour donner au corps un teint plus soutenu, ***crithamon**** appelé aussi *batis** dont la feuille est bleu foncé donne à la peau un teint plus agréable, ***casia nigra**** qui chasse la bile convient parfaitement à ceux qui sont affligés d'une pâleur naturelle, ***sonchus niger****qui est noir et hérissé d'aiguillons acérés dont la tige, consommée par les nourrices a la propriété d'améliorer le teint des enfants qui leur sont confiés, la lentille bâtarde (***ervum*** *) dont la semence est d'un noir tirant sur le roux améliore le teint de tout le corps si l'on en prend chaque jour en boisson, le lupin (***lupinus****) améliore le teint de ceux dont la peau a perdu ses couleurs s'ils en mangent souvent, le safran (***crocus****) donne un teint pâle et des nausées à ceux qui en consomment trop souvent, mais donne un teint agréable si l'on en mange raisonnablement, la figue (***ficus****) en particulier celle de Carie qui a la couleur de la bile augmente la sécrétion de bile, si l'on en mange abusivement, mais les figues sont bonnes pour ceux qui ont perdu leurs couleurs à la suite d'une maladie, s'ils en consomment souvent, comme un remède, ***agaricum**** est bon, à la dose d'une drachme, pour rendre un teint plus agréable à ceux dont les membres sont devenus blêmes, la cerise (***cerasus****) qui est remplie d'un suc rouge, expulse le sang par la bile noire et rend la peau plus éclatante et plus agréable à regarder.

Plantes sombres et acuité visuelle (Livre III, Chap. XI)

Porta laisse entendre que la couleur sombre que l'on peut observer chez certaines plantes doit être interprétée comme une signature qui nous informe qu'elles ont la propriété de remédier aux obscurcissements de la vue ou d'améliorer l'acuité visuelle. Ce sont les suivantes : ***satureia****, ***allium**** (86), ***brassica****, ***lactuca**** (87), ***anagallis**** (88), ***myosostis**** (89).

Plantes sombres et tristesse (Livre III, Chap. XI)

Porta mentionne en outre deux plantes – déjà citées pour d'autres vertus- qui ont la propriété de chasser les idées noires et sont bénéfiques chez ceux qui les utilisent ; ils retrouvent en effet la gaité et la joie de vivre : ***scorzonera vulgaris****, ***melyssophulon****.

Plantes sombres et mélancolie (Livre III, Chap. XII, XIII)

Porta distingue deux catégories de "mélancoliques". Les uns sont des "possédés" dont le corps a été pénétré par des démons qui les contraignent à commettre des œuvres impies et que l'Eglise essaie de délivrer par les exorcismes, les prières et le jeûne ; ils n'intéressent pas Porta. Les autres que l'on appelle aussi atrabilaires sont ceux qui souffrent d'un excès de bile noire. Or, rappelle-t-il, la bile noire est une humeur active et redoutable qui agit puissamment au point de troubler l'esprit en se rependant dans le corps. Il note qu'elle provoque des fièvres extrêmement fortes si bien que ceux qui en souffrent en viennent à s'exprimer en d'autres langues et à tenir des propos sur des sujets dont on ne les avait jamais entendus parler.

Et il recommande de soigner ces malheureux mélancoliques en ayant recours à différents remèdes dont certains sont végétaux aux couleurs sombres : ***thymus*, palma Christi, veratrum nigrum*, sena*, borago*, herba Paris*** (90), ***verbena****(91), l'***orchis*** appelée ***palma Christi**** (92).

Plantes sombres et protection contre les maléfices et les démons

Porta consacre un bref passage de son livre aux plantes qui protègent des maléfices, et qui, à l'égal des exorcismes, chassent plus particulièrement les démons. Ce sont : ***betonica**** (93), ***alyssum*** (94), ***ruta**** qui écarte d'autant mieux les maléfices qu'elle a une croix dessinée sur sa graine, ***scilla*** *(95), l'espèce de ***rhamnus**** appelé aussi ***spina caerulea**** (96), ***hypericon**** que l'on appelle d'ailleurs ***fuga daemonum****.

Porta ajoute que l'odeur de l'encens quand on le froisse entre les mains, chasse aussi les démons et que c'est un don de Dieu.

Plantes sombres et impuissance (Livre III, Chap. XIV)

Porta rapporte que l'on a imaginé que la mélancolie due à la bile noire empêcherait le coït, si bien que très souvent les mélancoliques croient qu'ils ont été ensorcelés et qu'ils sont "liés" ou "noués". En effet, note Porta, c'est un fait établi que ceux qui s'imaginent être ensorcelés perdent toute leur force lors d'un coït, alors que leur impuissance a pour cause leur propre tempérament qui, étant froid et sec, s'oppose à Vénus.

Porta affirme que les animaux noirs (*niger*), verts (*viridis*), sombres (*fuscus*) ou pourpres (*purpureus*), tout comme les pierres et les plantes qui sont teintées de ces mêmes couleurs ont la force d'écarter ce genre de pathologie. Mais Porta ne cite ici que deux plantes qui auraient la propriété de "dénouer l'aiguillette" : ***paeonia*** (97) et ***abrotonum*** (98).

Le Blanc

Porta n'a guère rencontré de difficulté pour établir un inventaire de plantes médicinales dont la fleur, la racine ou encore les graines sont blanches. Elles sont en effet fort abondantes dans la nature.

S'il a cru bon de se livrer à quelques réflexions sur la nature même du blanc - froide et humide - (99), il a surtout vu chez les végétaux dont un ou plusieurs éléments offrent une telle couleur la signature de leurs capacités thérapeutiques à traiter l'excès de pituite, la sécrétion insuffisante de lait, la production de sperme associée à la procréation et à la fréquence des relations sexuelles.

Le blanc et la pituite (Livre III, Chap. XVI, XVII)

Porta affirme que certaines plantes de couleur blanche qui ont une saveur douce et âcre, prises dans l'alimentation, provoquent la pituite et il convient d'éviter d'en consommer. Ainsi :

- L'absorption fréquente de basilic (***ocymum*** *) dont les fleurs sont blanches endommage les intestins en y provoquant un excès d'humeurs excrémentielles qu'il empêche d'évacuer.
- Les ***cucurbitae**** dont les fleurs sont de couleur blanche chargent l'estomac d'un poids inutile et préjudiciable et sont donc également à proscrire de l'alimentation.
- La consommation d'oignons blancs (***cepae****) ainsi que celle de champignons blancs (***fungi****) n'est guère recommandée, tout comme celle des laitues blanches (***lactucae albae****) dont le suc est blanc laiteux.

A contrario, Porta mentionne un grand nombre de plantes dont les fleurs ou les racines sont blanches et qui sont particulièrement bonnes pour la santé, car elles sont efficaces pour chasser la pituite ou les phlegmes. Ce sont les suivantes : ***daphnoidus*****, ***chamelaea*****, ***thymelaea*** *****, ***marrubium*****aux fleurs et aux feuilles d'un blanc brillant, ***hippophaes**** qui a des feuilles et des fleurs blanches ainsi qu'une racine gorgée d'un liquide laiteux, ***caucalidus*****, ***veratrum album*****, ***heliotropion majus*****, ***sambucus ebulus*****, ***pyrethrum*****, ***sphondilon*****, ***capparis*****, l'espèce d'***anemone**** à fleurs blanches, ***angelica*****, ***vitis alba*****, ***ricinus*****, ***ligustrum*****, ***laurus*****, ***beta sicula*****, l'espèce de chou (***brassica*** *) à fleurs blanches, ***sinapis*****, ***porrum*****, ***ampeloprasum*****, ***lactuca candida*****.

A cette importante liste de végétaux dont un élément est de couleur blanche, Porta ajoute un certain nombre de plantes dont la chair est molle et qui sont gorgées d'humeurs sur lesquelles flottent leurs graines, lesquelles donnent, une fois mûres, une humeur épaisse et visqueuse quand on les presse entre les doigts. Selon lui, elles manifestent par cette autre forme de signature qu'elles ont également la propriété de purger le corps de la pituite. Et de citer : ***cyclaminum****, ***bryonia****, ***iasminon****, ***nasturtium****, ***isos*** **ou** ***ision****, ***lamium****, ***oxys ****, ***lupulus****, ***cepa****, ***masticha****.

Le blanc et le lait (Livre III, Chap. XXIV)

Certaines plantes laissent échapper un liquide dont la blancheur rappelle celle du lait. Porta en déduit qu'elles indiquent, par cette signature, qu'elles ont la propriété de faire venir le lait aux femmes qui les consomment. Il a recensé les suivantes : ***lactuca****, ***sonchus****, ***iasine****, ***althea**** (100), ***lanaria*** appelée aussi ***lactoris****, ***bryona****, ***tragium****.

Porta signale par ailleurs que l'on peut observer des taches blanches sur un certain nombre de plantes. Il s'agit évidemment pour lui d'un signe dont la Nature a voulu les marquer pour indiquer aux hommes qu'elles avaient la propriété de faire venir le lait. Porta indique que cette signature se remarque par exemple chez ***carduus lacteus**** (101), mais aussi chez bien d'autres plantes, comme ***cerinthe****, ***lycopsis**** et ***borago****, avouant toutefois qu'on n'a pas encore vérifié si elles possédaient une telle propriété. Il cite en outre ***cytisus**** qui est employé pour donner du lait en abondance afin de nourrir les animaux, ***glaux****, ***polygala****, ***nigella*** * (102), ***cicer****.

Porta ajoute que la mastication de certaines graines ou de quelques fruits donne une pâte laiteuse dont la consommation est galactogène et il donne comme exemple : le grain de blé (*granum* ***tritici****) et le grain d'orge (***hordeum****(103) ainsi que trois fruits secs dont les propriétés galactogène sont signalées par Avicenne**: l'amande (*amygdala**), la noisette (***avella****) et la fève (***faba****).

Le blanc et les humeurs (Livre III, Chap. XXVI)

Porta observe que le suc de certaines plantes qui a une apparence laiteuse est de nature séreuse et il note que si on le laisse reposer quelque temps, après l'avoir extrait, il donne un sérum, comparable à celui du lait caillé ou petit-lait (*serum*). Il en a d'ailleurs les propriétés – mentionnées aussi bien par Avicenne que Pline (*H N* XXVIII, 127) et Dioscoride (*M M* II, 70) et se révèle plus efficace que le lait pour expulser les humeurs séreuses du corps.

Il prête de telles propriétés à toutes les espèces de ***tithymalus****, notamment celle que l'on appelle ***lathyris****, ainsi qu'à ***pityusa****, ***peplus****, ***peplis****, au suc du figuier (***ficus****) à l'écorce de la racine de mûrier noir (***morus****), au suc du sycomore (***sycomorus****), à celui des ***cucurbitæ****, du chou marin (***brassica marina****), de la laitue (***lactuca****), à celui de ***hieracium candidus**** (104), à celui qui s'échappe de la racine de l'***hippophaes**** et au suc laiteux du ***chamaelaea****.

Le blanc et le sperme (Livre III, Chap. XXV, XXVII)

Porta note que si le suc laiteux secrété par un certain nombre de végétaux est comparable au lait, il peut aussi évoquer le sperme par sa couleur et sa consistance. Il associe d'ailleurs les réactions qu'il peut provoquer sur le lait à celles qu'il peut produire sur le sperme. Mais il remarque qu'il est susceptible d'avoir des propriétés différentes d'une plante à l'autre. Chez certaines, il fait cailler le lait et coaguler le sperme, chez d'autres au contraire, il fluidifie le lait, l'empêche de cailler, dissout le sperme et le rend stérile. Porta y voit une nouvelle fois, les intentions bienveillantes de la sagesse divine qui montre ainsi aux hommes les substances qui leur permettront d'assurer ou non leur reproduction.

Et il cite plusieurs exemples de plantes qui ont de telles propriétés. Il mentionne tout d'abord celles qui coagulent le lait et ont la réputation de favoriser la procréation : ***carduus spinosus**** , ***cnicus****, ***spina alba****, ***ficus**** et surtout ***caprificus****, ***galion****, ***balsamum****.

Il donne ensuite une liste de plantes qui diluent le lait et provoquent la stérilité : les feuilles de menthe (***mentha****) (105), les graines de ***canabis**** qui ont la propriété de coaguler et rendent stérile celui qui en consomme, les feuilles de calament (***calamintha****), le suc d'une férule (***laser****), la fleur de chou (***brassica****), introduite dans l'utérus, et la figue qui n'est pas parvenue à maturité (*grossus*).

Porta remarque dans un autre passage (Livre III, chapitre XXV) que ce suc blanchâtre contenu dans certaines plantes peut aussi avoir la propriété de provoquer la production de sperme ou encore celle d'inciter aux relations sexuelles. Ainsi, le suc de l'euphorbe (***tithymalus****) (106), celui du pavot (***papaver****), du pissenlit dent de lion (***dens leonis****), du liseron des champs (***iasoné****), de ***dracunculus**** (107), des amandes (***amygdalae****), des pignons de pin (***pinei nuclei****), des pistaches (***pistaceae****), de celui des racines de ***thrasus****. Certains légumes possèdent aussi de telles propriétés : le pois chiche (***cicer****), le cytise (***cytisus****), la figue (***ficus****), le riz (***oryza****), le haricot (***phaseolus****).

Le blanc et les secrétions toxiques des animaux (Livre III, Chap. XXVII)

Porta note que le suc blanchâtre de certaines plantes peut également être interprété comme le signe de leur capacité à traiter efficacement ceux qui ont été victimes d'animaux qui crachent ou secrètent un liquide qui a l'apparence du lait. Elles le dissolvent ou le coagulent. Ainsi, par exemple, ceux qui sont blessés par une salamandre dont le suc est laiteux au contact de la langue ou par un lézard aquatique doivent-ils avoir recours aux pignons de pins (***pinei nuclei****) (108), au lait frais, principalement le lait de vache, à la scammonée (***scammonium****), au baumier (***balsamum****), à la férule (***laser****). Quant aux piqûres du scorpion dont la queue contient un venin laiteux, il faut les traiter avec le suc laiteux de la laitue, cultivée ou sauvage (***lactuca sylvestris**** et ***lactuca sativa****), l'opium extrait du pavot (***papaver****) qui a l'apparence d'un liquide laiteux. Porta ajoute que le lait est coagulé par le carthame laineux (***cnicus****) et que ceux qui ont été piqué par un scorpion n'éprouvent pas la douleur de la piqûre tant qu'ils tiennent cette plante à la main.

Il mentionne encore plusieurs végétaux qui, donnant également un suc laiteux, passent pour avoir des propriétés antivenimeuses : ***sonchus*****, ***laser*****, ***zea*****, ***oryza**** ***trago*****, ***ficus*****, ***caprificus*****, ***tithymalus*****.

Le Rouge

Selon Porta, le rouge que l'on peut observer sur certaines plantes doit être perçu comme la signature des propriétés thérapeutiques dont elles sont porteuses et qu'il juge efficaces pour traiter différentes affections où le sang joue un rôle majeur. Il s'emploie à tenir compte des nuances que peut revêtir cette couleur en utilisant une grande variété de termes qu'il n'est pas toujours possible de rendre en français (109). Mais il est parfaitement conscient que la relation que ces plantes sont censées entretenir avec le sang peut prendre des aspects bien différents. Porta note en effet que certaines sont bonnes pour arrêter le sang, qu'il s'agisse par exemple de celui qui s'écoule d'une blessure ou de celui des règles. Il observe que d'autres au contraire sont réputées efficaces pour provoquer la venue du sang, notamment celui de règles irrégulières ou inexistantes ou encore stimuler une augmentation de la quantité de sang dans le corps d'une personne anémiée. Il remarque que d'autres encore doivent être utilisées pour purger un organisme jugé par trop gorgé de sang ou pour purifier une humeur comme la bile d'un malade qui en serait anormalement chargée. On notera qu'un certain nombre de plantes cumulent plusieurs propriétés.

Le rouge et le sang (Livre III, Chap. XIX)

Porta signale que la consommation de certaines plantes peut provoquer une augmentation de la quantité de sang dans le corps, mais il se limite à citer la variété de laitue (***lactuca communis****) appelée ***Caeciliana**** mentionnée par Columelle** qui est gorgée d'un suc de la couleur du sang (110).

Le rouge et l'expulsion du sang (Livre III, Chap. XX)

Porta observe que quelques plantes dont les fleurs, la racine, le suc ou un autre élément sont de couleur rouge ont la propriété de provoquer l'expulsion des humeurs sanguinolentes. Il cite comme exemple les fleurs du rosier (***rosa****), la rhubarbe (***rhabarbarum****), le fruit du cerisier (***cerasus****) qui expurgent le sang, mais colorent toutefois le corps de ceux qui en consomment, l'ail (***allium****), le **filaria*** (111), la petite centaurée (***centaurium minus****), le chardon appelé ***crocodilion**** (112), le lis rouge (***rubra lilia*** *).

Le rouge et les blessures (Livre III, chapitre. XXI)

Porta accorde une large place aux propriétés vulnéraires et hémostatiques de différentes plantes dont certains éléments sont rouges. Il ajoute parfois à celles-ci d'autres propriétés que possèdent quelques plantes recensées dans ce chapitre. Il cite : le mûrier noir (***morus****) (113), la ronce commune (***rubus****) dont les fruits qui ressemblent à ceux du mûrier noir arrêtent les menstrues, et, selon Galien, le sang des blessures, les crachements de sang, la dysenterie et les diarrhées, la ronce de l'Ida, c'est-à-dire le framboisier (***rubus idaeus****), le fruit rouge du grenadier (***malum granatum****)qui est bon pour les écoulements de sang et les abcès à la vulve, le ***cytinus**** (114), le ciste (***cistus****) et son parasite, le cytinet (***hippocistus****), la renouée des oiseaux (***polygonos****) appelé aussi ***sanguinaria*** *, la lysimaque rouge (*lysimachia**) qui est vulnéraire, bonne pour les blessures, les écoulements de sang et les crachements, la renouée bistorte (***bistorta****) aux fleurs et à la racine rouges qui passe pour arrêter les menstrues chez les femmes qui en prennent en décoction ou s'en enduisent le sexe, et qui, en application, cicatrise les blessures, elle est également efficace pour traiter les hépatites sanglantes, si en en boit goutte à goutte, l'amarante (***amaranthus****), en particulier celle qui est en provenance de Tyr dont la couleur est d'un rouge éclatant comparable à celui d'une flamme qui a la propriété d'arrêter les règles trop abondantes ainsi que les crachements de sang, ***sideritis*** (115), le sumac des corroyeurs (***rhus erythros****) qui doit son nom à la couleur de ses baies d'un rouge écarlate qui arrêtent les règles excessives, les fraises (***fragae****) qui guérissent les blessures et stoppent la dysenterie, le cornouiller (***cornus****) dont les baies rouges sont bonnes pour arrêter la dysenterie et les règles trop abondantes tandis que ses baies blanches conviennent pour stopper les écoulements blancs, l'espèce de cerise (***cerasus****) appelée *amaerandulum*, les baies rouges du buisson ardent (***oxyacantha****) dont la consommation arrête les diarrhées et le flux menstruel, l'espèce d'***aronia**** appelée ***azarolus**** qui est bon pour arrêter la dysenterie, le ***myrtus**** (116) dont les fruits et l'écorce sont rouges, les baies rouges du lentisque (***lentiscus****) qui sont bonnes pour traiter l'hémoptysie et les règles tout comme les fruits rouges du térébinthe (***térébinthus****), les œufs des insectes qui apparaissent sur le chêne kermès (***ilex coccifera****), les baies du ***tragium*** (117), les fruits du baumier (***balsamum****) dont l'intérieur est rouge sont bons pour cicatriser les blessures, arrêter la formation d'hémorroïdes et le sang qui s'écoule du siège, les graines rouges de pivoine (***paeonia****) prises dans du vin fort qui arrêtent les règles, les graines ainsi que la racine rouge de l'iris sauvage (***xiris****) conviennent pour traiter les blessures et les fractures du crâne, la petite centaurée (***centaurium minus****) dont la racine roussâtre est bonne pour arrêter les hémorragies et les règles, la consoude tubéreuse (***symphutum petraeum****) dont la racine est d'un rouge clair est bonne arrêter les règles excessives ainsi que la dysenterie et cicatriser les blessures récentes, l'orcanette (***anchusa****) dont la racine colore les mains en rouge est recommandée pour arrêter les hémorragies, ***lycopsis*** (118), la quintefeuille (***potentilla****) dont la racine est pourpre convient pour les dysenteries et les écoulements de la matrice, la pyrole (***pirola****) dont la fine racine rouge, prise en boisson est bonne pour cicatriser les blessures, la verge d'or (***virga aurea****) dont la racine et la tige sont rouges sont hémostatiques et cicatrisantes, la tormentille (***tormentilla****) qui a des racines ainsi que des rameaux rouges cicatrisent les blessures, arrêtent les règles, le sang qui s'écoule des plaies et la dysenterie, l'amarante tricolore (***symphona**** que l'on appelle aussi ***cromphe****na**), qui a des feuilles vertes et d'autres rouges est bonne pour l'hémoptysie, le ***milium indicum**** (119), l'amarante blette (***blitum****), dont les feuilles prennent une coloration écarlate, arrêtent les règles, le poivre d'eau (*hydropiper**) tout comme la persicaire (***persicaria****) aux feuilles rouges tachées de noir guérissent merveilleusement les blessures, le trèfle des prés (***pratense trifolium****) est emménagogue, les différentes espèces de millepertuis (***hypericum*, ascyron*, androsaemon* coris****) dont les feuilles et les fleurs pressés dans les mains colorent celles-ci en rouge agissent comme un baume sur les blessures, la bette (***beta****) aux feuilles et aux racines rouges est efficace pour soigner les flux de ventre et d'estomac, la pimprenelle (***pimpinella sanguisorba****) aux tiges rouges est bonne pour les écoulements des femmes, la dysenterie et les blessures à la tête, l'oseille (***oxalis****), la verge d'or des Sarracènes (***solidago sarasenica****) dont la tige est rougeâtre qui doit son nom à sa propriété de fermer les blessures et de les cicatriser, l'***equisetum****(120) dont les rameaux sont rouges donne un suc rouge qui arrête les hémorragies nasales ainsi que la diarrhées et cicatrise les blessures, l'***aspalathus**** (ou ***santalum rubrum****) (121) qui est bon pour soigner les abcès sanglants, le bois d'aloès (***agallochum****) qui est astringent, le chêne (***quercus robussenum**** (122), le camphrier (*caphura**) dont la résine qui suinte de l'écorce provoque des taches rouges quand on l'applique, puis un effet de chaleur ou de feu brûlant, avant de contenir les épanchements de sang et d'arrêter l'hémorragie, le jonc odorant (***juncus odoratus****) dont la tige est rouge supprime l'hémoptysie.

Le rouge et les règles (Livre III, chapitre XXVIII)

Après avoir noté que le sang menstruel provient d'un excès d'humeur et qu'il est cependant particulièrement utile pour nourrir le fœtus dans l'utérus, Porta remarque que certaines plantes dont un élément est de la couleur du sang ont la propriété de faire venir les règles. Les plantes qu'il cite ici viennent s'ajouter à celles dont les propriétés sont identiques qu'il a déjà mentionné au chapitre précédent. Ce sont, par exemple : la garance (***rubia****) dont la racine et les graines sont emménagogues, le pois chiche (***cicer****) qui arrête les règles, le fragon (***ruscus****) dont les baies sont rouges fait venir les règles, la casse (***casia****) qui a la couleur du corail provoque la venue des règles (123) tout comme la cannelle (***cinnamomum****), le laurier de l'Ida (***laurus****) dont les fruits sont rouges, les "larmes" de l'olivier d'Éthiopie (***olea aethiopica****) que l'on appelle d'ailleurs ***lacryma ethiopica***, les corymbes du lierre (***hedera****) broyés et utilisés en pessaire, les fleurs de cyclamen (***cyclaminus****) prises en boisson, celles d'anémone (***anemone****), la racine de la grande centaurée (***centaurea***

major*), les baies rouges de **filaria** (***phyllirea****), la racine rouge de la carotte (***pastinaca****), le violier aux fleurs rouges (***leucoium****), les graines rouges de pivoine (***paeonia****), le millepertuis (***hypericum****) dont la fleur rouge donne un jus de la couleur du sang quand on la presse entre les doigts, le suc huileux contenu dans les baies rouges du genévrier commun (***juniperus****), les graines de l'***arum**** (124).

Le rouge et la chaleur (Livre III, Chap. XXII)

Si Porta s'interroge sur les causes de la présence de la couleur rouge sur de nombreuses plantes, il ne s'engage pas dans de longues considération sur ce point, se limitant à rappeler que, selon Averroès, le rouge indique la chaleur, à cause du feu qui couve en lui, et que, selon Albert le grand, le rouge provient de la transformation en rouge d'une eau claire et d'une terre subtile sous l'action de la fumée d'un feu. En toute hypothèse, il ne semble pas considérer comme chaudes toutes les plantes qui se signalent par un de leurs éléments de couleur rouge. Mais il n'a guère approfondi la question et les quelques lignes qu'il lui consacre ne permettent pas de savoir ce qu'il en pensait.

Un problème : le panachage des couleurs sur une même plante (Livre III, chapitre XXIII)

De nombreuses plantes donnent des fleurs de différentes couleurs ; certaines offrent même au regard des feuilles ou des tiges panachées. Porta remarque qu'Aristote et Théophraste avaient déjà signalé cette particularité aisément observable. Il rappelle que ce dernier avait attiré l'attention sur le fait qu'il existait des fleurs d'une seule couleur, d'autres de deux couleurs et même certaines de plusieurs couleurs. Quant à Aristote, remarque Porta, il avait signalé dans son *De Coloribus* que l'on pouvait observer sur une même fleur une partie qui était rouge (*ruber*), une autre d'un pourpre grenat (*puniceus*), une autre tirant sur le blanc (*candidus*), une autre d'un rouge cramoisi (*purpureus*). De telles fleurs, juge-t-il, doivent la diversité de leurs couleurs au fait que certaines de leurs parties ont atteint un niveau de maturation plus grande que d'autres ou encore que la même humeur peut être présente dans des proportions variables d'une de leurs parties à l'autre. Il rappelle aussi que si la diversité et l'exubérance des couleurs est plus grande chez les fleurs que chez les feuilles ou les fruits, c'est parce que les parties les plus fines et les plus transparentes des plantes se trouvent chez les fleurs, laissant ainsi percevoir la grande variété des couleurs des humeurs qu'elles contiennent, tout comme la langue chez l'homme.

Il remarque également qu'une même fleur change de couleur au fur et à mesure qu'elle vieillit, comme les humeurs de notre corps qui se transforment par la digestion.

De telles observations ne manquent pas de poser problème à Porta qui se demande si l'on peut appliquer la théorie des signatures à ces plantes panachées pour déceler leurs propriétés thérapeutiques. Il résout la question en affirmant qu'une même plante peut posséder des vertus différentes et même contraires, du fait qu'elle est composée d'humeurs variées qui coexistent en elle sans nécessairement s'opposer. Ainsi, selon lui, une plante aux fleurs bicolores possède des propriétés curatives en relation avec chacune de ses deux couleurs et une fleur panachée détient autant de vertus différentes qu'elle présente de couleurs. En effet, les particules qui les composent n'ont pas fusionnées mais se sont simplement juxtaposées.

C'est pourquoi l'on trouve des plantes qui se signalent par des couleurs variées et possèdent des propriétés différentes, voire opposées. Ainsi, par exemple, les plantes dont les fleurs sont à la fois blanches et jaunes purgent aussi bien la pituite que la bile jaune : la camomille (***anthemis****) et la grande camomille (***parthenium****) dont les pétales blancs entourent un capitule jaune ne sont-ils pas recommandés pour soigner la pituite et les fièvres bileuses ? Le sureau noir (***sambucus****) et l'hièble (***ebulus****) qui portent des ombelles dont les fleurs sont blanches mais jaunes en leur centre, ne sont-ils pas également efficaces pour évacuer la bile et la pituite ? Quant à l'arbre que l'on appelle ***frangula**** qui a des fleurs blanches et dont le bois est jaune à l'intérieur, n'a-t-il pas la propriété d'évacuer la pituite ?

Porta donne aussi quelques exemples de plantes dont les racines sont à la fois blanches et noires, et qui sont bonnes pour chasser aussi bien la pituite que la bile noire ou mélancolie. Mais il se contente de citer la mandragore femelle (***mandragora****) et l'euphorbe "poire (*apios**) dont les racines sont noires à l'extérieur et blanches à l'intérieur sont réputées pour posséder de telles propriétés thérapeutiques.

Porta mentionne également à l'appui de sa démonstration quelques plantes dont les diverses propriétés sont en relation avec les couleurs de certains de leurs éléments. La rhubarbe (***rhabarbarum****) qui a une racine noire au dehors, roussâtre (*rufescens*) à l'intérieur, voire d'un vert blanchâtre n'évacue pas seulement la bile, mais éclaircit également le sang et la pituite. La casse (***casia****) qui est jaune et rouge a la vertu d'expulser la bile dont la couleur peut varier selon les affections dont souffre le malade. L'***iris**** qui se fait remarquer par la très grande variété de couleurs de ses fleurs qui peut être jaune (*flavus*), pourpre (*purpureus*) ou blanche (*albus*), possède un grand nombre de propriétés thérapeutiques, notamment celle de purger la pituite et la bile et d'être bonne pour soigner les hémorroïdes. Porta note enfin que la rose (***rosa****), le lis (***lilium****), l'***aster atticus****, le câprier (***capparis****) ont également des fleurs de multiples couleurs et possèdent des propriétés variées, qui sont parfois opposées, mais il ne s'étend davantage sur celles-ci.

Porta ne manque pas de rappeler que les nombreuses couleurs que l'on peut observer chez les plantes témoignent de la bienveillance que la Nature porte à la santé des hommes. Et d'en donner deux exemples plus détaillés. Il cite d'abord le cas des champignons dont les changements d'aspect et de couleurs, aussitôt après leur cueillette, signalent la toxicité : d'abord blancs, ils virent au vert, deviennent noirâtres à l'intérieur, d'un blanc jaunâtre sur les bords et se creusent de rides, si bien que leur aspect répugnant suscite des frissons d'horreur. Or, si de telles couleurs apparaissent chez ceux qui se sont empoisonnés avec des champignons vénéneux ou qui se sont étranglés avec un lacet, elles sont absentes chez les champignons qui ne sont pas toxiques.

Porta donne comme autre exemple le cas du ***tripolium**** (125): il change de couleur au cours de la journée : blanc le matin, pourpre à midi et rouge foncé le soir, manifestant ainsi qu'il est bon pour soigner ceux qui se sont empoisonnés et dont le corps passe par ces différentes couleurs.

Porta n'a sans doute pas voulu rédiger une flore médicale des signatures chromatiques, aussi complète qu'on aurait pu le souhaiter, à l'instar des botanistes ou des médecins de son temps qui rivalisaient de zèle pour mettre à la disposition de leurs contemporains les flores les plus exhaustives et les plus détaillées qu'il leur était possible.

N'étant ni médecin, ni tant soit peu botaniste, mais d'une grande érudition livresque, il s'est attaché à rechercher dans les ouvrages des Anciens, mais aussi dans les publications de certains de ses contemporains, des exemples qui lui paraissaient suffisamment pertinents pour démontrer le bien-fondé de la théorie des signatures chromatiques appliquée au monde végétal.

Il n'a malheureusement pas cherché à vérifier, en s'informant notamment auprès de praticiens, si chacun des végétaux qu'il avait recensés en fonction de leurs couleurs, possédait effectivement les vertus curatives qu'il leur attribuait.

Si l'on peut donc lui reprocher d'avoir établi son inventaire sur des bases essentiellement littéraires, sans aucun recours aux plus élémentaires expérimentations, on ne saurait en revanche le blâmer d'avoir omis de mentionner de nombreuses plantes et d'avoir négligé de traiter certaines couleurs pourtant très présentes dans le monde végétal, comme, par exemple, le bleu, l'orange ou le violet. On peut en effet penser, à sa décharge, qu'il a probablement jugé que son inventaire était suffisamment important pour apporter la preuve du bien-fondé de la théorie des signatures appliquées aux couleurs des plantes. De fait, il est le plus complet dont nous disposions encore aujourd'hui.

NOTES DU CHAPITRE 5

1. L'étude des couleurs couvre un vaste champ de recherche, car elle peut être abordée sous différents angles, botanique, technique, chimique, historique, médical (chromothérapie), pharmacologique, artistique, symbolique, magique voire astrologique. La bibliographie des ouvrages qui lui sont consacrés est immense. On se limitera à signaler quelques flores pratiques destinées au grand public qui proposent d'identifier les plantes à partir de l'observation de la couleur de leurs fleurs. Ainsi, par exemple : A. Kosch : *Quelle est donc cette fleur* (Paris, Nathan, 1949, réédité et complété par D. Aichelle1975); Marjorie Blamey : *les fleurs sauvages par couleur* (Paris, Flammarion, 2006); Thomas et Claus Caspari : *Guide Delachaux des plantes par couleur* (Paris, Delachaux et Niestlé, 2007). Wolfgang Hensel : 350 plantes médicinales répertoriées par couleur Delachaux et Niestlé Paris 2008. On pourra aussi consulter les pages 161 à 194 de l'ouvrage de G. Clément : *Le jardin en mouvement* (Sens et Tonka édit., Paris, 1999) où l'on trouve la liste des espèces composant les différents jardins du Parc A. Citroën à Paris, selon leur couleur : jardin bleu, jardin vert, jardin orange, jardin rouge, jardin argenté, jardin doré. A visiter ; évidemment !

2. On trouvera au chapitre XVIII du *Botanical Latin* de W. Stearn (New Edition 1983, David & Charles London) une liste très complète des principaux mots latins utilisés pour définir chacune des couleurs observées chez les végétaux. Cf. aussi D. Gledhill *The Names of Plants*, (Fourth Edition, Cambridge University Press 2008); J. André : *Etudes sur les termes de couleur de la langue latine*. Etudes et Commentaires VII, Paris, Klincksieck, 1949 ; cf aussi in *Couleurs et vision dans l'Antiquité classique*, ouvrage collectif sous la direction de Laurence Villard, Publications de l'Université de Rouen, 2002.

3. Certains noms évoquent indirectement la couleur jaune comme *icterus* qui désigne le loriot (également appelé *galbulus*ou *galgulus*), un oiseau au plumage jaune (d'où dérive *ictericus* : atteint par la jaunisse) ou *lutum* qui désigne la gaude, une plante employée en teinture pour donner une couleur jaune aux étoffes (d'où dérive *luteus*), ou encore *xanthium* (dérivé du mot grec *xanthos* qui désigne la couleur jaune ou blonde) qui a été donné à une plante utilisée pour teindre les cheveux en blond (*Xanthium strumarium* L.).

4. Porta note les couleurs que peuvent prendre les différentes espèces d'*atriplex* au fil du temps ; à partir d'un jaune sombre de la couleur du plomb (*flavus plombeus*) elles peuvent noircir ou bien prendre la couleur éclatante des feuilles de vigne fanées (*xerampelinus*) ou bien encore passer au pourpre (*purpurescunt*) après avoir été de la couleur du safran (*croceus*). Le mot *atriplex* est employé par les auteurs latins pour désigner aussi bien l'arroche cultivée (*Atriplex hortensis* L.) que les différentes espèces d'arroche sauvage (*Atriplex nitens* Schkuhr., *Atriplex litoralis* L., *Atriplex roseus* L., *Atriplex halimus* L.). Mais ces différentes espèces ont des fleurs verdâtres, à l'exception toutefois celles d'*Atriplex halimus* L. ou arroche maritime qui sont jaunes. Selon J. André (op. cit.) le mot pourrait également désigner le Bon-Henri (*Cenopodium bonus henricus* L.).

5. Des propriétés notées aussi bien par Pline (*H.N.* XX, 164) que par Dioscoride (*M.M.* III, 62) Pline (*H.N.* XX, 164) ajoute "qu'il active les urines et les règles."

6. Porta note que sa couleur est flamboyante (*flammeus*), comme celle de l'or (*aureus*). Selon Pline il avait en particulier la propriété de "dissiper les ulcérations du foie" (*H.N.* XXI, 137).

7. Porta note que le *moschus* ou *muscus* est jaunâtre (*colore subflavido*) et se réfère ici à Aetius, sans doute Aetius d'Amoda écrivain grec du VI ème siècle après J -C, auteur d'un important ouvrage de médecine (*Libri medicinales*).

8. Porta précise que c'est un arbre qui pousse en Orient. Il s'agit d'une plante vivace herbacée (*Curcuma zedoaria* (Chr.) Rosc.), proche de *Curcuma longa* L. le curry. Sa souche rhizomateuse est souvent de couleur jaune.

9. Il s'agit d'une des diverses espèces d'aloès (peut-être *Aloe vera* L.). Dioscoride (*M.M.* III, 22, sv *aloê*) précise que la couleur du suc de l'aloès rappelle celle du foie et, comme Pline (*H.N.* XXVII, 14 - 20) il signale "qu'on le donne pour soigner la jaunisse

10. Porta note que ses fleurs sont d'un jaune pâle (*pallidus luteus*) et que selon Mésué**, il n'a pas son pareil pour expulser la bile de l'estomac et des intestins.

11. Selon Dioscoride (*M.M.* III, 23, s v *apsinthion*) et Pline (*H.N.* XXVII, 47 - 48) sa décoction est très efficace pour évacuer la bile.

12. Il s'agit probablement de *Centaurium maritimum* (L) Fritsch (= *Erythrea maritima* (L.) Pers) dont les fleurs sont jaunes. Selon Pline (*H.N.* XXVI, 54) "une drachme de petite centaurée dans une hémine d'eau et de vinaigre a un effet purgatif et évacue la bile."

13. Le mot *tithymalus* désigne différentes espèces d'euphorbes (Genre *Euphorbia* L.) aux fleurs jaunes (*croceus*). Selon Pline (*H.N.* XXVI, 64) le suc, pris en boisson, évacue la pituite et la bile.

14. Selon Pline (*H N*, XXVII, 37) "la graine de l'*ascyron* lâche le ventre, évacue la bile."

15. Selon Pline (*H N*, XVII, 26) "la plante évacue la bile."

16. Porta s'appuie ici encore sur Pline (*H N* XX, 15) selon lequel " dans la jaunisse, on prend sept graines de *colocynthis* et de l'hydromel aussitôt après."

17. Dioscoride (*M M*, IV, 150 s v *sikus agrios* appelé aussi *elatêrion*) ainsi que Pline (*H N* XX, 3 – 10) notent que l'on injecte l'élaterium c'est-à-dire le suc de la momordique dans les narines pour guérir la jaunisse.

18. Porta note que la plante dont les ombelles portent des fleurs de couleur jaune (*luteus*) est bonne en purgation pour évacuer la bile ; elle avait la réputation d'être un redoutable purgatif. Le mot *thapsia* désigne une espèce de férule dont l'identification précise est incertaine (peut-être *Thapsia garganica* L.). Selon N. Lémery (op. cit. p. 754) : "Elle purge la pituite et les sérosités ; mais elle agit avec tant de violence et d'âcreté qu'on n'ose pas la mettre beaucoup en usage."

19. Porta note que ses fleurs sont jaunes (*flavescens*) et que c'est la graine qui évacue la bile par le bas, une précision notée par Dioscoride (*M.M.* IV, 161, s v *kiki*)

20. Le mot *chamaelaea* désigne ici la camélée ou garoupe (*Cneorum tricocum* L.). Porta dit que les feuilles de la *chamaelaea* dont les fleurs sont jaunes (*croceus*), sont efficaces pour évacuer la bile par le bas. Selon N. Lémery (*op. cit.* p. 201) : "La camelée est un purgatif très violent dont les Anciens se servoient : mais on ne l'employe plus présentement, à cause de sa qualité brûlante qui pourroit causer de l'inflammation dans les viscères ; on s'en sert dans les remèdes extérieurs pour déterger les vieux ulcères."

21. le mot *thlaspis* désigne généralement la bourse-à-pasteur (*Capsella bursa pastoris* L.) mais comme ses fleurs sont blanches, il ne peut s'agir de cette plante ici, mais plus probablement d'un autre végétal désigné par le même mot : le sénevé sauvage ou moutarde des champs dont les fleurs sont jaunes (*Sinapis arvensis* L.). Pline (*H.N.* XXVII, 139) et Dioscoride (*M.M.* II 156, s v *thlaspi*) notent que ce sont les graines qui purge la bile par le haut et par le bas.

22. Le mot *cassuta*, synonyme de *cuscuta,* désigne la cuscute, une plante parasite. Il ne s'agit pas ici de la petite cuscute (*Cuscuta epithymum* L.) dont les fleurs sont roses, mais de la cuscute champêtre (*Cuscuta campestris* L.) dont les tiges et les fleurs sont jaunes. Porta précise que ses fines tiges jaunes, sont semblables aux cordes d'une lyre qui s'enroulent sur la vigne, et qu'elle chasse les humeurs bilieuses du ventre et des veines. Selon Pline (*H.N.* XXVI, 56), "séchée à l'ombre et prise en boisson dans un demi-acétabule d'eau, elle évacue la pituite et la bile en relâchant doucement l'intestin."

23. Le mot *myrobalanum* peut désigner le moringa (*Moringa peregrina* (Forsk.) Fiori = *Moringa arabica* (Lam) Pers) dont le fruit (*balanos*) est la "noix de Ben" qui n'est pas une noix mais une longue gousse remplie de graines dont la forme est voisine de celle d'un gland. Il peut aussi désigner un autre arbre (*Terminalia* L, notamment *Terminalia chebula* Retz) dont les fruits étaient autrefois employés comme purgatifs. Sur les différentes espèces de myrobolan, cf. Garcia da Orta (*Colloque des Simples et des drogues de l'Inde*, traduction de S. Messinger Ramos, A Ramos et F Marchand-Sauvagnargues, Actes Sud, 2004, p. 448-456) et les notes qui accompagnent le texte. Porta note que ses fruits sont jaunes (*luteus*, *flavescens*) et chassent la bile jaune, tandis que ceux qui sont noirs expulsent la bile noire. L'espèce *empelicum* qui est de couleur blanche chasse la pituite et celles qu'on appelle *chebula* de couleur pourpre (*fuscus*) qui tourne vers le roux sont bonnes pour chasser le sang qui provient de la mélancolie (c'est-à-dire d'un excès d'humeur mélancolique).. Selon N. Lémery qui en distingue cinq espèces (*op. cit.* p. 515) :" Les Myrobolans de toutes les espèces sont légèrement purgatifs & astringens, à peu près comme la rhubarbe ; mais on estime les Citrins (de couleur jaune rougeâtre) propres pour purger particulièrement l'humeur bileuse ; les Indiens (de couleur noire) pour purger l'humeur mélancolique & les autres pour purger la pituite."

24. Selon Pline (*H.N.* XXVII, 75) l'espèce qui est proche de la mer est salée, et prise en boisson, elle évacue la bile et la pituite.

25. Porta précise que les longs tubes (*syringodes*) de *casia*, de couleur rouge qui deviennent jaune foncé tirant sur le noir chassent la bile " incandescente" du ventre, notamment celle qui s'est altérée dans les intestins. N. Lémery précise (*op. cit.* p. 174) que "la casse est une silique longue ordinairement comme le bras, plus grosse que le pouce, presque ronde ou cylindrique, ligneuse, de couleur noirâtre" et "qu'elle purge

doucement les humeurs bileuses, & elle ne laisse guères d'impression de chaleur dans le corps."

26. Porta note que ses baies sont jaunes (*flavus*) tout comme son bois ainsi que le suc qui en suinte et s'épaissit sous l'action de la chaleur pour devenir une sorte de gomme de couleur jaune qu'on appelle *vernix* ; ces indications sont insuffisantes pour déterminer à laquelle des différentes espèces de genévrier il se réfère. La gomme jaune que l'on appelle *vernix* est attribuée au genévrier commun (*Juniperus communis* L.).

27. Porta qui se réfère ici à Mésué**, note qu'il est rouge (*ruber*) et jaune (*flavus*) et devient jaune (croceus) quand on le mâche.

28. Porta note que son bois est flavescens et qu'il devient jaune quand on le mastique. Selon P. A. Matthioli (op. cit. p. 462) : "L'écorce de *frangula* est laxative et astringente, tellement qu'elle est propre à lascher le ventre, & à corroborer les parties nobles de mêsme que la rhubarbe. Elle evacüe la cholère & la flegme, & pareillement l'hydropisie." N. Lémery (op. cit. p. 319-320) lui accorde les mêmes propriétés.

29. Selon Pline (*H N,* XX, 231) et Dioscoride (*M M,* II, 114, s v *lapathon*), la racine des espèces sauvages, bouillie dans du vinaigre, prise en boisson est un remède pour la jaunisse.

30. Porta ne précise pas s'il s'agit de la fougère mâle ou de la fougère femelle, les deux espèces alors connues à son époque. Selon P. A. Matthioli note (*op. cit.* p. 469):"Toutes deux sont fort contraires à l'estomach. Elles laschent le ventre, evacuant premièrement la cholère, & les aquosités par apres."

31. Pline (*H.N.* XXII, 41) qui en distingue deux espèces (une mâle et une femelle) note que la plante évacue la bile. Dioscoride également *(M.M.* IV, 189 s v *linozôstis*).

32. Porta semble ici faire implicitement référence à la théorie de l'imprégnation par le regard, une croyance qui remonte à l'Antiquité selon laquelle le simple fait de porter son regard sur un bel objet avait des conséquences sur l'esprit. Ainsi, par exemple, il était recommandé à la femme de regarder la statue d'un bel homme pendant le coït pour engendrer de beaux enfants, mâles évidemment ! En effet l'image contemplée était supposée pénétrer l'observatrice qui pouvait ainsi la transmettre au fœtus en gestation.

33. Porta note ici que l'*atriplex* ou *chrusolachanon* est efficace pour traiter l'ictère, après avoir noté que la plante a de nombreuses petites fleurs jaunes (*luteolus*) et que ses feuilles, en se fanant, passent du jaune (*luteus* ou *flavus*) à un jaune d'or (*aureus*). Il fait référence à Dioscoride et Pline. Celui-ci (*H.N.* XX, 221) note qu'il en est [des médecins] qui en donnent aussi la graine avec du miel dans la jaunisse." Dioscoride également (*M.M.* II, 119 s v *andraphaxus*)

34. Porta qui se réfère ici à Dioscoride (*M.M.* III, 143, s v *eruthrodanon*) note que les fleurs de l'*erythrodanon minor* sont jaune pâle et que ses racines rouges (*rubellus*) deviennent jaunes. Il ajoute une précision qu'il a trouvée chez Pline (*H N*, XXIV 94) " cette plante guérit la jaunisse, même si on ne fait que la porter en amulette et la regarder."

35. le mot *absynthium* désigne une absinthe (*Artemisia absinthium* L.). Porta en mentionne trois espèces : *absinthium Santonicum* probablement *Artemisia maritima* L., *absinthium Ponticum*, (*Artemisia pontica* L.) ou (*Artemisia abrotonum* L.) et *absinthium Seriphium*, (*Artemisia caerulescens* L. (?). Il ; Porta signale que prises en infusion ou en décoction à raison de trois cyathes par jour l'absinthium est excellent pour la santé, une indication qu'il a sans doute recueillie chez Dioscoride (*M.M.* III, 23 s v *apsinthion*). Il rappelle que selon Pline (*H.N.* XXVII, 45) les troupeaux de la région du Pont qui en consomment, naissent sans bile ; une information notée par Théophraste (*H.P.* IX, 17, 4). Cf. sur ce point, le commentaire de S. Amigues (Tome V, p. 213-214 note 9).

36. Porta note que ses fleurs sont jaunes (*luteus*) et que leur suc jaune (*croceus*) a des propriétés vulnéraires tandis que sa racine, prise en boisson avec du vin blanc chasse la jaunisse, une information recueillie chez Dioscoride (*M.M.* II, 180, s v *chelidonion*).

37. Le mot *buphtalmon,* (ou *bouphtalmon*) qui signifie "œil de bœuf" peut désigner différentes plantes et l'unanimité est loin de se faire sur son identification. Les traducteurs de Dioscoride proposent généralement de l'identifier au *Chrysanthemum coronarium* L.. Mais il peut tout aussi bien s'agir de *Chrysanthemum segetum* L.. Porta qui précise que ses fleurs sont jaune d'or (*aureus*) fait ici référence au poète Alcman (ou Alcmeon, qui vivait au VII ème siècle av.J-C), mais ce qu'il note est également signalé par Dioscoride (*M.M.* III, 139 s v *bouphthalmon*): "On dit que si une personne ayant la jaunisse boit les fleurs au sortir du bain, elles lui rendront sa couleur naturelle." P. A. Matthioli (op. cit. p.350-351) fait état des divergences sur la question de son identification qu'il a pu constater dans ses lectures.

38. Porta note que la plante se signale par sa resplendissante couleur d'or (*aureus*) et il rapporte qu'elle rend en peu de temps un beau teint à ceux qui ont la jaunisse, s'ils boivent ses fleurs, en sortant d'un bain prolongé. Une information qu'il a vraisemblablement recueillie chez Dioscoride dans la notice qu'il a consacrée à l'immortelle (*M.M.* IV, 57 s v *heliochruson* ou *chrysanthemon*).

39. Porta indique que l'*elaterium* provient de *cucumis sylvestris*. Il s'agit du suc de la momordique ou concombre sauvage qui subit un traitement particulier (mentionné à la fois par Pline et par Dioscoride). Le premier note (*H.N.* XX, 3-6 et 9) qu'il est bon pour la jaunisse, le second (*M.M.* IV, 150, s.v. *sikus agrios*) qu'il "évacue la bile par le haut et par le bas". Théophraste (*H.P.* IX, 9, 4 et 5) note qu'il purge à la fois par le bas et par le haut.

40. Porta précise qu'elles sont jaune d'or à l'intérieur et jaune comme le coing à l'extérieur. Il s'agit d'une plante de la famille des Asteracées (Composées) dont les fleurs présentent un capitule composés de minuscules fleurons de couleur jaune groupés en un disque central, entouré de ligules également de couleur jaune. Dioscoride (*M M.* III, 137s v *anthemis*) et Pline (*H N* XXII, 53) en distinguent trois espèces qui se distinguent par la couleur des ligules qui peuvent être blancs, rouges ou jaunes. Le premier note qu'elles sont bonnes pour purger le foie et soigner la jaunisse, le second pour guérir les affections du foie et les épanchements de bile. J. André propose (Commentaire à Pline *H.N.* XXII, 53 note p.94) d'identifier la première espèce à ligules blancs à *Matricaria Chamomilla* L. = *Chamomilla recutica* (L) Rauschert, la seconde à fleurs pourpres à *Anthemis rosea* Sibth., et la troisième à ligules jaunes à *Matricaria*

aurea L. = *Chamomilla aurea* (Loefl.) Gay ex Cosson & Kralik. Mais on ne peut exclure que cette dernière puisse être une espèce du Genre *Anthemis* L., comme *Anthemis tinctoria* L., ou une espèce du Genre *Chrysanthemum* L. comme *Chrysanthemum segetum* L. ou *Chrysanthemum coronarium* L. ou encore une espèce du Genre *Leucanthemum* L. En l'absence de description plus précise, on ne saurait retenir une identification certaine.

41. L'expression *nardus celticus* désigne le nard celtique, (*Valeriana celtica* L. et *nardus syriatica* le nard syriaque, (*Patrinia scabiosifolia* Fisch.). Dioscoride (*M.M.* I, 9, sv *keltikê nardos*) note que le nard celtique est bon pour soigner les affections du foie et la jaunisse.

42. Le mot *lactuca* était généralement utilisé pour désigner différentes espèces de laitue (Genre *Lactuca* L.), mais aucune d'elles n'était censée soigner les affections hépatiques. Toutefois, le mot pouvait aussi désigner différentes espèces d'euphorbe (Genre *Euphorbia* L.) Pline indique en effet que "l'euphorbe était appelée [chez les Romains] *herba lactaria* ou *lactuca caprina* (*H.N.* XXVI, 62). Dans le passage qu'il consacre plus précisément à la "laitue sauvage "qu'on nommait aussi *lactuca caprina* et qui est une euphorbe (*H.N.* XIX, 128), il ne cite pas parmi les propriétés qu'il lui prête, celle de soigner les ictères (*H.N.* XX, 58). J. André (1985) l'identifie à l'euphorbe réveille-matin (*Euphorbia helioscopia* L.). Pline attribue en revanche à une autre euphorbe qu'il appelle *characias* (*Euphorbia characias* L.) la propriété d'évacuer la bile (*H.N.* XXVI, 65). Il est possible que Porta ait confondu les deux espèces.

43. Lemot *cachrys* évoque un bourgeon d'hiver de certains arbres (Pline *H.N.* XXVI, 30) ou un grain d'orge grillé. Il désigne aussi le fruit de plusieurs plantes. Il est difficile de savoir à laquelle Porta fait référence. Théophraste note qu'il existe deux espèces de *libanôtis* (*H.P.* IX, 11,10) dont l'une porte un fruit appelé *cachrys*, mais il n'indique pas qu'il est utilisé pour soigner la jaunisse. Dioscoride (*M.M.* III, 74) note qu'il existe deux espèces de *libanôtis* - que les Romains appellent *rosmarinus* – dont l'une est stérile et l'autre donne un fruit que l'on appelle *cachrys*. "Celui-ci, pris en boisson avec du poivre et du vin guérit la jaunisse." Pline de son côté écrit qu'il existe deux espèces de romarin dont l'un donne un fruit résineux qu'on appelle *cachrys* ; il précise que "le suc de la plante et de la racine guérit la jaunisse et ce qui a besoin d'être purgé (*H.N.* XXIV, 99). On peut avancer avec certitude qu'il ne s'agit pas d'un romarin, mais il est par trop hasardeux de retenir une identification fiable parmi les nombreuses propositions qui ont été faites par les commentateurs de Théophraste, de Pline et de Dioscoride (cf. Commentaire de S Amigues à Théophraste *H P*,Tome V, p.160- 161 notes 28 et 29).

44. Le mot *solanum*, désigne différentes plantes, généralement accompagné d'une épithète pour en préciser l'espèce. Si l'on retient les deux critères auxquels se réfère Porta, à savoir la couleur jaune d'un des éléments de la plante et ses propriétés pour soigner les affections du foie, ce pourrait être ici le coqueret ou alkékenge (*Physalis alkekengi* L.). La virgule placée entre *solanum* et *heliacacabum* est probablement fautive, et il faut lire *solanum halicacabum* expression usitée alors pour désigner l'alkékenge.

45. Le mot *tamarinda* désigne le tamarinier (*Tamarindus indica* L.) et son fruit, le tamarin. Selon N. Lémery (*op. cit.* p. 739-740) : "*tamarindi* ou *oxyphoenica* est une

pulpe ou substance moelleuse, noire, aigre, assez agréable au goût qui se trouve dans les fruits d'un arbre des Indes appelé Tamarindus" et il ajoute plus loin que "les tamarins sont détersifs, légèrement laxatifs & astringens ; ils calment par leur acidité le trop grand mouvement des humeurs ; ils modèrent la fièvre, ils rafraîchissent, ils désaltèrent." Mais aucune indication sur son emploi pour le traitement de la jaunisse. Garcia da Orta (op. cit. p.589) note "qu'on en fait un grand usage en purge et que son infusion fait digérer et supprime une partie de l'humeur bilieuse ainsi que l'humeur flegmatique."

46. Dioscoride (*M.M.* III, 24) distingue une espèce "mâle" et une espèce "femelle" d'*abrotonum* (ou *habrotonum*); Pline également (*H.N.* XXI, 160). Tous deux leur attribuent à peu près les mêmes propriétés, et notamment celle d'être efficace pour traiter la rétention d'urine. Porta note que ses corymbes sont de la couleur de l'or. Leur identification a fait l'objet de différentes hypothèses. J. André (1985) propose d'identifier l'espèce femelle à la santoline ou petit-cyprès (*Santolina chamaecyparissus* L.), S. Amigues à une espèce d'armoise (*Artemisia arborescens* L.) (Commentaire à Théophraste *H.P.* I, 9, Tome I, p. 97, note 18); l'espèce mâle pourrait être une autre armoise (Genre *Artemisia* L., *Artemisia abrotanum* L. par exemple)

47. Le mot *crocomagna* désigne "le résidu ou marc qui demeure après qu'on a exprimé du safran récolté le suc qui sera mélangé avec de l'huile pour fabriquer un onguent, l'*unguentum crocinum*." (J. André, Commentaire à Pline *H.N.* XXI, 139, p. 148). Pline note que "cette "lie du safran" (*crocamagna*) a son utilité pour la cataracte et pour la dysurie". Dioscoride (*M.M.* I, 27 s v *krokomagma*) donne les mêmes indications.

48. Le mot *seseli* (ou *sesseli*) désigne différentes plantes parmi lesquelles les plus souvent mentionnées sont : le tordyle (*Tordylium officinale* L.), le séseli tortueux (*Seseli tortuosum L.),* le buplèvre *(Bupleurum fruticosum L.),* une espèce d'ombellifère (*Malabaila aurea* Sibth.& Sm.) ou encore le laser siler ou "seseli des pharmaciens" (*Laserpitium siler* L.). En l'absence de description de la plante et compte tenu des critères de sélection retenus par Porta pour établir son inventaire (couleur jaune et propriété diurétique), il est impossible de se prononcer sur l'espèce de *seseli* qu'il a mentionnée. Dioscoride distingue trois espèces de sesseli (*M.M.* III, 53), le seseli de Marseille, celui d'Ethiopie et celui du Péloponnèse. Il note que le premier a des feuilles comparables à celles du fenouil et des ombelles semblables à celles de l'aneth. Il lui prête des propriétés diurétiques. Pline (*H.N.* XX, 36) indique que le meilleur est celui de Marseille, à graine large et d'un jaune- roux (*fulvus*) et que la graine est bonne pour la strangurie, à la dose de deux ou trois cuillérées."

49. Le binôme *stoechas citrina* ne désigne pas ici la lavande stoechas (*Lavandula stoechas* L.), dont les fleurs ne sont pas jaunes, mais l'immortelle dorée, (*Helychrysum stoechas* (L) Moench) A.Matthioli (op. cit. p. 391) note que la plante est une espèce *d'helichrysum et* que "l'herbe ou sa décoction mesme est bonne à ceux qui ne peuvent uriner, car elle délivre les reins & fait sortir l'urine." N. Lémery (op. cit. p.289) note que *stoechas citrina* est synonyme d'*helichrysum*.

50. A l'époque de Porta, l'expression *solanum somnificum* désigne généralement *belladona* (*Atropa belladonna* L.) ou *datura* (*Datura stramonium* L.) mais ces identifications ne semblent pas convenir ici, car aucune de ces deux plantes n'a de

propriétés diurétiques. De plus, ni leurs fleurs, ni leurs fruits ne sont de couleur jaune. Il semble que Porta ait confondu les noms et se soit référé à *solanum vesicarium* appelé aussi *solanum halicacabum* à son époque (*Physalis alkekengi* L.) qui a effectivement un fruit dans un petit sac de couleur safran (*crocatus*, écrit Porta) et dont les propriétés diurétiques étaient bien connues dès l'Antiquité. Dioscoride (*M.M.* II, 71) note qu'il existe une plante appelée *struchnon* ou *halikakkabon*, voire *physallis* qui était diurétique et dont on se servait pour soigner la jaunisse. Malheureusement, il mentionne aussi une autre plante *struchnon hupnôtikon* (M.M. II, 72) que l'on appelait aussi *halikakkabon*, mais qui était essentiellement connue pour ses propriétés somnifères. N. Lémery (op. cit., p.23) note que ses fleurs sont des rosettes à cinq pointes de couleur jaunâtre" et qu e ses fruits, entre autre, sont "propres pour exciter l'urine."

51. Porta note que l'intérieur du bois d'*aspalathum* est jaune (*flavus*). Son identification est incertaine. Il est cité par Théophraste (*H.P.* IX, 7, 3) dans une liste d'aromates usuels. Dioscoride note (*M.M.*, I, 20, s.v. *aspalathos*) qu'il est bon pour soigner la dysurie. Il s'agit peut-être d'*Alhagi maurorum* Medicus. Selon N. Lémery (*op. cit.* p. 76) : "Il est dessicatif, un peu astringent, il résiste à la malignité des humeurs, il excite la transpiration ; mais comme il est un peu rare, on lui substitue assez souvent le bois d'aloès ou les santaux."

52. Sur la question des plantes chaudes et des plantes froides, soulevée par certains auteurs de l'Antiquité, cf. notre *Flore magique et astrologique de l'Antiquité* p. 43. Porta se réfère à Aristote (*De coloribus*) pour rappeler qu'il existe une relation entre la couleur jaune et la chaleur, mais il cite également Galien et Avicenne pour justifier son inventaire des plantes chaudes. Nous avons conservé l'ordre des citations de Porta qui ne semble obéir à aucun critère particulier. Il donne d'abord une liste de plantes à fleurs jaunes qu'il considère comme chaudes et sèches. On se reportera à l'*Index des Plantes citées* pour leur identification : *anagyris**, *stoechas citrina**, *hypericum**, *androsaemon**, *ascyrum**, *cori**, *ajuga**, *thapsia**, toutes les espèces de *tithumalus**, *cucumis agrestis**, *helenium**, *foeniculum sativum**, *foeniculum sativum***silvestre**et *cachrys**, *artemisia**, *abies**, *absinthium**, *abrotonum**, *ranunculus**, *colocinthis**, *nardus celtica**, *asarina**, *costus**, *balsamum**, *aspalathus croceus**, *crocus**, toutes les résines jaunes, *juniperus**, *polium**, *foenum graecum**, *lupinus**, *cicer**, *panax Heraclium**, *seseli**, *smyrnium**, *anethum**, *crithamum**, *cuminum**, *eruca silvestris**, *ammi**, *asphodelus luteus**, *pyrethrum**, *chelidonium major**, et *chelidonium minus**, *ferula**, *ononis**, *peucedanum**, *genista**, *mentha graeca**, *anthemis**, *ruta**, *conyza**, *verbascum**, *heliochrysos**, *ageraton**.

53. Porta note que la *lysimachia* a des fleurs dorées (*aureus*); il rappelle que Dioscoride (*MM* IV, 3) et Pline (*H N* XXV, 131 et XXVI 131, 141) lui donnent le nom de *lytron*. Ce nom désigne différentes plantes : la salicaire ou lysimaque rouge (*Lythrum salicaria* L.) dont les fleurs sont rouges et la lysimaque vulgaire ou grande lysimaque (*Lysimachia vulgaris* L.) dont les fleurs sont effectivement jaunes. Porta note que selon Vitruve ceux qui ne peuvent se procurer une plante appelée *chrysocolla* en utilisent une autre appelée *luteum* (gaude, *Reseda luteola* L.), ils l'imprègnent de bleu pour obtenir un très beau vert. De même, dit-il, nos teinturiers mélangent la *lysimachia* au *glastum* (guède, pastel, *Isatis tinctoria* L.) pour obtenir du vert ; mais s'ils emploient la lysimaque seule, ils obtiennent du jaune. Les peintres broient du bleu avec du jaune pour obtenir du vert ; ils broient les fleurs de lysimachia pour obtenir une couleur jaune.

55. Porta note que les feuilles de *ligustrum* sont de couleur jaune (*croceus*) ou rousse (*russus*) et qu'on les utilise une fois broyées pour teindre les cheveux en roux ; il note que Dioscoride (*M M* I, 95 s v *kupros*) l'appelle *cyprum* ; il ajoute qu'il est importé de Turquie et qu'on l'appelle généralement *alchena* et note que A. Matthioli a identifié le *cyprum* de Dioscoride (op. cit., p. 85- 86) au *ligustrum vulgare*, c'est-à-dire du troène (*Ligustrum vulgare* L.). Il conteste implicitement cette identification, car, pour lui, le *cyprum* de Dioscoride est une autre plante, ce qui est exact, car le *cyprum* de Dioscoride est le henné (*Lauwsonia inermis* L.). La confusion avec le troène est déjà signalée par Pline (*H N* XII, 109 et XXIV, 74). Celui-ci dit que "les feuilles du henné, pilées avec addition de jus de coing, colorent les cheveux en blond roux." (*H N*, XXIII, 91)

56. L'expression *lotus vulgaris* désigne le micocoulier (*Celtis australis* L.). Porta note que la racine et le fruit de *lotus vulgaris* appelé aussi *jujuba* donne une coloration jaune d'or aux cheveux signale que selon Pline (*H N* XVI, 24), la racine est utilisée pour teindre la laine, et les écorces pour teindre les peaux, alors que selon Dioscoride, elle sert à teindre les cheveux. Il ajoute que le lotus commun ou lotus d'Afrique qui est aussi appelé *jujuba* (*Ziziphus lotus* (L) Lam, *Ziziphus lacryma-christi* (L) Willd) est employé par les femmes pour donner à leurs cheveux une couleur dorée.

57. Le mot *thapsos* qui désigne l'arbre à péruque (*Rhus cotinus* L. = auj. *Cotinus coggyria* Scop.) tire son nom de la ville de Thapsos en Sicile. Porta se réfère au poète Théocrite (2, 88) pour rappeler que la plante sert à rendre la chevelure rousse ainsi qu'à teindre les laines tout comme les cheveux ; il précise que cette plante doit être distinguée de la thapsia, une férule (*Thapsia garganica* L.) dont les ombelles sont semblables à celles de l'aneth et les fleurs de couleur jaune.

58. Porta rappelle qu'on l'appelle aussi *fusanum*, qu'il a une fleur jaune, des siliques carrés dans lesquels se trouve une graine dont l'enveloppe est de couleur jaune safran (*crocatus*) et que son bois est jaune (*buxeus*). Il ajoute qu'il est utilisé en onguent par les femmes pour embellir et teindre leurs cheveux en blond. D'après P. A. Matthioli note (*op. cit.* p. 95) :"La décoction de ses grains (disent nos femmes), fait venir beaux les cheveux, oste les furfures & tue les poux, si on s'en lave."

59. Cette décoction est composée d'une grande quantité de graines de rhubarbe, d'une poignée de fenugrec, de crocus, de réglisse, d'écorce d'orange, de blé barbu, le tout cuit, après avoir été additionné de cendre et mélangé à trois doigts d'eau.

60. L'identification de l'*hemerocallis* a fait l'objet de plusieurs hypothèses. On a notamment proposé de l'identifier à une espèce de lis. S. Amigues (*Commentaire à Théophraste* (*H P* VI, 1), Tome III, p. 120-121, note 6) en a fait un inventaire assez complet et propose de l'identifier à l'asphodèle jaune (*Asphodelus lutea* (L) Reichenb.). Porta note qu'après avoir commencé à s'ouvrir, elle devient franchement jaunâtre et que, prise en boisson, elle évacue l'eau du sang. Cf. Pline (*H.N.* XXI, 158) : "L'hémérocalles a la feuille vert pâle et molle, la racine odorante et bulbeuse. En application sur le ventre avec du miel, la racine évacue l'eau et même le mauvais sang." Mêmes indications chez Dioscoride (*M.M.* III, 122).

61. Pline (*H.N.* XXV, 147 à 150) et Dioscoride (IV, 75 s.v. *mandragoras*) précisent qu'il y a deux espèces de mandragore, la blanche (*Mandragora vernalis* Bert) qui est

considérée comme mâle et la noire (*Mandragora autumnalis* Spr.) comme femelle. Porta note que le fruit de la mandragore femelle qui est de couleur jaunâtre évacue par le haut la bile et la pituite, car celle-ci est toujours jaunâtre, mélangée à de la bile noire. Selon Pline (§ 150): "On la prend au lieu d'hellébore – mais l'hellébore est plus efficace – pour faire vomir et évacuer la bile noire." Indication plus précise chez Dioscoride : "Le suc, bu à la dose de deux oboles avec du vin miellé, évacue par le haut le phlegme et la bile, comme le fait l'hellébore." Porta note un peu plus loin que la mandragore – sans en préciser l'espèce – donne des pommes jaunâtres (*pallida*) dont le jus provoque la torpeur chez ceux qui en boivent, et que brûlées et desséchées, elles atténuent la douleur et insensibilisent ; il ajoute que, pris en boisson en trop grande quantité, ce jus provoque la mort.

62. Porta ne néglige cependant pas de s'interroger sur la rareté des plantes dont les fleurs sont d'une couleur verdâtre. Pour tenter de l'expliquer, il s'appuie sur un texte d'Albert le Grand, probablement d'un passage de son *De vegetalibus*. Selon lui, la couleur verte ne se trouve pas dans les fleurs et ne peut en constituer la matière, parce qu'une telle couleur est censée provenir d'une humeur aqueuse, épaisse, brute, terrestre, impure. Elle ne peut donc être présente dans la fleur qui apparaît comme la partie la plus fine et la plus pure de la plante. Il fait par ailleurs explicitement référence à un passage d'Aristote qui porte sur le teint de la peau (*Problèmes*, section XXXVIII, sur le teint : 966b à 967b) pour expliquer les variations d'une même couleur que l'on peut observer dans le genre végétal. Il en résume les propos en rappelant l'importance qu'il faut notamment accorder à l'influence de l'altitude, de la consistance du sol, de l'exposition au vent, de l'humidité de l'air ou encore de la température.

63. Le mot *napellus* désigne généralement l'aconit napel (*Aconitum napellus* L.) dont les fleurs en forme de casque sont bleues. Ce ne peut être la plante mentionnée par Porta, car il note qu'elle est d'un jaune très pâle (*subpallida*) et que, selon Galien, elle provoque la putréfaction et la mort. Il est vraisemblable que le *napellus* que Porta cite ici est une autre espèce de *napellus*. Selon N. Lémery (*op. cit.* p. 45 et 210) deux autres plantes étaient alors désignées par le mot *napellus*. Il s'agit d'une part de *napellus racemosus* ou *christophoriana*, appelé aussi herbe de Saint Christophe (*Actaea spicata* L.), dont les feuilles sont de couleur verte-blanchâtre et les fleurs blanches et qui "est un poison, comme l'aconit", d'autre part l'*anthora* (*Aconitum anthora* L.) appelée aussi *napellus Moysis*, "dont chaque fleur représente en quelque manière une tête couverte d'un heaume de couleur jaune pâle", mais cette plante n'est pas toxique, bien au contraire, puisqu'elle "résiste au venin".

64. Porta précise qu'un usage fréquent de cette plante dont les fleurs sont blanchâtres (*subcandida*) ou jaunâtres (*subpallida*) provoque l'obstruction de la rate et de la vessie, l'éléphantiasis, des maux de tête, la tristesse, des fièvres permanentes, des états maladifs. Cf. P.A. Matthioli (*op. cit.* p. 404) indique que si l'on consomme par trop de ces *mala insana*, "elles opillent les parties nobles & interieures & engendrent chancres, ladreries, douleurs de teste, tristesses, mélancolies & oppilations du foye & de la ratte ; dont après s'ensuient fièvres longues & une indisposition générale de tout le corps."

65. Le mot mélancolie désigne la bile noire ou atrabile, mais aussi "une maladie " : un délire sans fièvre en rapport avec l'état de la bile noire. À distinguer de la léthargie : "Sommeil ou assoupissement profond & contre nature, accompagné d'une diminution

considérable du sentiment & du mouvement volontaire, de délire, d'oubli, & d'une petite fièvre continue".

66. Le mot phrénésie est employé pour désigner une maladie "psychiatrique" qui associe au symptôme majeur du délire, l'agitation et la fièvre.

67. Porta fait ici référence à un passage des *Saturnales* de Macrobe (III, 20, 2 - 4) dont nous avons donné la traduction aux notes 41et 44 du chapitre 4. Il y est précisé que la liste des arbres réputés heureux avait été mentionnée par un certain Verianus, dans son traité *Des formules pontificales*. Quant à celle des arbres réputés malheureux, Macrobe l'attribue à Tarquitus Priscus qui l'aurait citée dans son Livre des Prodiges, en y recommandant de les brûler pour éviter les phénomènes de mauvais augure". Sur ce texte, cf. J. André, *Arbor felix*, *arbor infelix* (*Latomus* LXX (1964).

68. Porta rapporte que ses fleurs sont bigarrées, en partie pourpres, en partie noires et couvertes de taches noires, qui, selon Varron, sont appelées des lettres lugubres (*lugubres litteras*). Pline (*H N* XVIII, 118) mentionne cette observation de Varron extraite d'un ouvrage de ce dernier aujourd'hui disparu. Porta note aussi que selon Festus Pompeius, les âmes des morts habitent les fèves, une remarque qui est également notée par Pline dans ce même paragraphe. Porta cite un certain nombre d'auteurs, comme Amphiaraus, Orphée, Callimaque ou encore Cicéron, qui recommandaient de s'abstenir de consommer des fèves, car ils étaient convaincus qu'elles troublaient l'esprit et perturbaient le sommeil. On croyait même que le seul fait d'en respirer les fleurs provoquait aussi de graves dérangements de l'esprit. Sur Pythagore et les fèves, Cf. A.Delatte *Faba Pythagorae cognata* in Serta Leodiensia 44 (1930) p. 33 à 57.

69. Porta s'inspire ici librement d'un passage de Pline (*H N* XX, 113-114):"Chysippe et Dionysus disent qu'il ne faut admettre ni l'ache femelle, ni l'ache mâle parmi les aliments, et que c'est même un sacrilège, car l'ache est consacrée aux repas funèbres, qu'elle nuit à la clarté de la vue, que la tige de l'espèce femelle engendre des vermisseaux, et que, pour cette raison, ceux qui en mangent deviennent stériles, hommes ou femmes ; que les nouveaux nés qui tètent des nourrices en ayant mangé deviennent épileptiques." Porta rappelle toutefois, toujours selon Pline, que l'espèce blanche n'est pas nocive et qu'elle a même des propriétés thérapeutiques.

70. Porta précise que la jusquiame (genre *Hyoscyamus* L.) est aussi appelée "fève de porc" (*suilla faba*) selon Elien**, car les sangliers s'en nourrissent. Il note que sa fleur est jaunâtre, qu'il en existe une espèce noire aux fleurs noires et pourpres, aux graines noires et à l'air triste. Il s'appuie sur Xénophon** et surtout sur Scribonius Largus** (CLXXXI) qui l'appelle *altercum* pour énumérer les dangers auxquels s'exposent ceux qui en consomment. Il indique qu'elle provoque la démence et un sommeil profond, à cause de sa nature froide. Il a sans doute utilisé aussi les indications de Pline qui en distingue quatre espèces (*H.N.* XXV, 35-37): "La plante a la nature du vin, et c'est pourquoi elle trouble l'esprit. On emploie la graine telle quelle ou on en exprime le suc. On l'exprime aussi séparément des tiges et des feuilles. On emploie aussi la racine, mais c'est, à mon avis, un traitement tout à fait risqué. Il est en effet certain que les feuilles même dérangent l'esprit, si l'on en prend plus de quatre." Selon Dioscoride (*M.M.* IV, 68) qui n'en distingue que trois espèces, la consommation des feuilles trouble l'esprit.

71. Porta s'appui sur Castor, un botaniste, ami de Pline, pour préciser qu'il existe deux espèces de marrube, le noir et le blanc qu'il estime davantage (*H.N.* XX, 244), une distinction déjà notée par Théophraste (*H.P.* VI, 2, 5).

72. Porta fait ici référence à Hippocrate qui recommandait d'avoir recours aux oignons davantage pour soigner la vue que comme nourriture. Pline (*H.N.* XX, 39-43) rapporte à plusieurs reprises son emploi bénéfique en ophtalmologie. Porta ajoute que ceux qui se livrent à des études à la lumière d'une lampe doivent éviter d'en consommer, car il fait mal aux yeux et obscurcit la vue. Il indique en outre qu'il stimule la sécrétion de bile. Il rapporte par ailleurs que, selon le médecin Dioclès, tous les bulbes gâtent la vue.

73. A l'époque de Porta, la truffe - qu'elle soit noire ou blanche -, n'avait pas la réputation flatteuse qu'elle a acquise de nos jours. Cf., par exemple, P. A. Matthioli (*op. cit.* p. 228) : "Les truffes engendrent humeurs grosses et mélancoliques plus que viande qui soit. Tellement que ceux qui les continuent par trop, sont en danger de tomber en apoplexie ou paralysie. Davantage, elles sont fort difficiles à digérer & chargent l'estomach."

74. Porta rappelle que son bois, ses feuilles et ses racines due chêne vert sont noires. Il ajoute que l'écorce de la racine cuite toute une nuit dans de l'eau jusqu'à ce qu'elle devienne molle, utilisée en onction sur la chevelure, teinte celle-ci en noir, si on l'a nettoyée au préalable avec de la terre de *Cimola*, une île des Cyclades. Il a recueilli cette recette chez Dioscoride (*M.M.* I, 106).

75. L'emploi des galles (*gallae*) brûlées, en décoction dans du vinaigre, est mentionné par Dioscoride (*M.M.* I, 107) et par Pline (*H.N.* XXIV, 10).

76. Il s'agit d'une teinture préparée avec de la lessive (*lixivium*), des feuilles de sauge (*salvia**) et de laurier (*laurus**) mélangées à de l'écorce verte de noix (*juglans**); Porta ajoute qu'après l'avoir appliqué sur les cheveux, il faut ensuite les laver ou les purifier avec une éponge humide.

77. Porta s'interroge (Livre III, chapitre XV) sur la nature du noir et des couleurs sombres. Il rappelle, en citant Aristote, Averroès, Avicenne, Albert le Grand que le noir et le vert sont constitués de parties sèches et de terre, et proviennent d'une grande chaleur. Tout ce qui est brûlé est de couleur noire ou foncée et dépourvu aussi bien de chaleur que d'humidité, car la chaleur absorbe l'humidité. Ces couleurs sont donc associées au froid et au sec. Ainsi, par exemple, la jacinthe (*hyacinthus*) de couleur pourpre, est froide et sèche, selon Galien. La fleur de bleuet (*cyanus**) comme celle de la violette (*viola*) (de couleur bleue) sont refroidissantes et astringentes. Il utilise pour le signaler différents qualificatifs comme le bleu foncé (*caeruleus nigrescens*) ou le pourpre très foncé (*fuscus*), le pourpre foncé tirant sur le noir (*purpureus ater*), le gris-vert (*caesius*) .

78. Porta note que, selon Mésué**, la fleur de la violette chasse la bile noire. Il précise qu'il l'a lui-même constaté. Selon P.A. Matthioli (*op. cit.* p. 432), qui cite également Mésué « Les violettes évacuent les humeurs coleriques & apaisent les ardeurs de la cholère... Les violettes sèches déssopilent le foye, resolvent toutes inflammations & donnent grand secours à la jaunisse."

79. À l'époque de Porta les deux mots *buglossum* ou *boraginis* désignent la bourrache (*Borrago officinalis* L.), mais aussi la buglosse ou langue-de-bœuf (*Anchusa officinalis* L.).. La bourrache officinale était inconnue des Anciens. En revanche ses propriétés semblent avoir été mises à profit au Moyen Age. Albert le Grand en fait une exacte description. Porta note que les fleurs sont d'un éclat pourpre (*purpureus*) ou bleu sombre (*caeruleus*) et sont utilisées pour les affections cardiaques, les maladies mélancoliques, les fièvres tierces et quartes. Selon lui, la plante stimule l'activité de l'esprit, fait disparaître la tristesse et suscite la gaieté. D'ailleurs, note-t-il, les Grecs l'appellaient *euphrosunê* ou *nêpenthes*. Il signale qu'il en existe une autre espèce toujours verte (*virens*) qui est bonne pour traiter les affections du cœur et la mélancolie. Porta a recueilli une partie de ses informations dans la notice que Pline a consacrée à la langue de bœuf (*H N* XXV, 81). Selon P.A. Mathioli (op. cit. p. 433 – 434), les deux plantes ont les mêmes vertus curatives ; il écrit en effet : "La borrache et la buglosse ont une merveilleuse vertu & propriétés contre les deffauts du cœur, & contre les maladies procedans dela mélancolie, & spécialement leur décoction faite en vin ou en eau."

80. Porta note que le séné (*sena*) à la fleur bleue (*caerulea*) chasse la bile noire et les engorgements du foie avec du jus de poule. Cf. N. Lémery (*op. cit.* p. 698) : "Les feuilles & les follicules purgent par le bas les humeurs mélancoliques & les autres humeurs, étant prises en poudre ou en infusion."

81. Porta note que, selon Dioscoride (*M.M.* IV, 178, s.v. a*lupon*), la graine de l'*alypum* qui a des fleurs pourpres (*purpureus*) a la propriété d'évacuer la bile noire. Dioscoride précise que l'*alypon* chasse la bile noire, prise avec un poids égal d'*epithumum*, du sel et du vinaigre. Pline (*H.N.* XXVII, 22) note qu'elle est purgative, prise dans de l'eau additionnée de sel.

82. L'identification de la plante que Porta appelle *galeopsis* ne fait pas l'unanimité. Celui-ci note qu'elle est bonne pour traiter les carcinomes, une information recueillie chez Dioscoride (*M.M.* IV, 94 s.v. *galêopsis*) et Pline (*H.N.* XXVII, 81). Les commentateurs de ces auteurs l'identifient généralement à la scrofulaire (*Scrofularia peregrina* L.). Mais cette hypothèse est contestée par P.A.Matthioli (*op. cit.* p. 417-418) selon lequel le mot *galeopsis* désigne une autre plante appelée également *urtica foetida.* Pour N. Lémery (*op. cit.* p. 327) *galeopsis* est synonyme d'*urtica iners*, *flore luteo* : "Elle est propre pour arrêter les cours de ventre, les fleurs blanches, pour exciter l'urine, pour les maladies de la ratte, prise en décoction & appliquée." Ce qui ne correspond guère aux propriétés que prête Porta à la *galeopsis*, mais bien plutôt à celles qui sont attribuées à la scrofulaire par N. Lémery ; selon ce dernier, en effet, la scrofulaire "est résolutive, vulnéraire, atténuante ; on l'emploie extérieurement pour les maladies scrophuleuses & pour les plaies".

83. Porta a probablement puisé ses informations chez Pline (*H N* XXIV, 146) dont il reproduit le texte.

84. Porta note que la scorsonère dont la racine est noire à l'extérieur est bonne pour ceux qui sont sujets aux palpitations cardiaques et aux tremblements ; elle dissipe la tristesse et provoque la bonne humeur. Aucune notice correspondante chez Pline ou Dioscoride, la plante étant probablement inconnue des Anciens. En revanche, on trouve des indications thérapeutiques identiques à celles notées par Porta chez P.A. Matthioli

(*op. cit.* p. 227) : "La racine [de *Scorzonera Hispanica* dont l'écorce est noirâtre] est aussi fort profitable au mal de cœur, aux vertiginositez, & défaillances, et mesme à ceux qui sont sujets aux palpitations & tremeurs du cœur. Il est bien tout certain que sa racine mangée rend les personnes alaigres & joyeuses, chassant toute tristesse."

85. Porta note que ses fleurs sont roses (*roseus*) ou pourpres (*purpureus*) et qu'il est bon pour soigner les fièvres quartes. Il fait ici explicitement référence à Martialis, c'est-à-dire à Gargilius Martialis, écrivain latin du III ème siècle, auteur de nombreux ouvrages dont deux sont parvenus jusqu'à nous : *Des jardins* et *Des remèdes tirés des légumes et des fruits*. C'est dans ce dernier qu'il a traité des propriétés du basilic (chap. 22).

86. Porta précise que l'ail dont les graines sont noires trouble la vision, si on en fait un usage fréquent, ce qu'avaient noté Pline (*H N* XX, 57) et Dioscoride (*M M* II, 152 s v *skordon*). Porta ajoute que c'est néanmoins un bon remède car, en provoquant l'évacuation des selles, il fait disparaître les obscurcissements de la vue.

87. Le mot *lactuca* désigne la laitue (une des différentes espèces du Genre *Lactuca* L., peut-être *Lactuca serriola* L.). Il est difficile de savoir quelle est celle que Porta mentionne ici. Celui-ci note que le suc laiteux de la laitue qui a des fleurs d'un bleu sombre (*caeruleus*) est bon pour la vue. Un exemple assez représentatif dans ce registre des signatures chromatiques où l'opposition entre la couleur foncée des fleurs, qui peut évoquer la cécité et la blancheur du suc de la plante qui peut suggérer la clarté de la vision retrouvée. Théophraste (*H.P.* VII, 6, 2) qui en distingue trois, indique que "la laitue guérit les yeux du néphélion, et fait disparaître les leucomes, pris dans du lait de femme." Pline signale qu'il existe plusieurs espèces de laitues (*H.N.* XIX, 125-130) "qui ont toutes un suc blanc dont les propriétés sont aussi semblables à celles du pavot. Recueilli à l'époque des moissons par incision de la tige, conservé dans un vase de terre neuf, il est excellent pour guérir toutes les affections des yeux avec du lait de femme, les points blancs, les néphélions, les cicatrices et toutes les brûlures, surtout les brouillards." (*H.N.* XX, 61) Mêmes propriétés mentionnées par Dioscoride (*M.M.* II, 136 s.v. *thridax agria*).

88. Porta précise que c'est le suc du mouron à fleurs pourpres (*purpureus*) qui est bon pour soigner les obscurcissements de la vue. Selon Pline (*H N* XXV 144 – 145), "le suc des deux espèces, avec du miel, dissipe les brouillards de la vue, les épanchements de sang à la suite d'un coup et les points blancs, et plus encore celui de l'espèce rouge, en onction avec du miel attique. Il dilate la pupille, et c'est pourquoi on en bassine les yeux avant l'opération de la cataracte. Ces plantes guérissent aussi les yeux des bêtes de somme." Mêmes indications sur les propriétés des *anagallis* chez Dioscoride (*M M* II, 178).

89. Porta note que cette plante a une fleur bleu sombre (*caeruleus*) et que sa racine guérit les fistules lacrymales alors que son suc écarte la fièvre quarte. Il pourrait s'agir du myosotis (*Myosotis scorpioides* (L) Hill ssp *palustris* F. Herm.), alors réputé pour traiter les inflammations oculaires. Selon Dioscoride, "la racine est bonne pour les fistules lacrymales" (*M.M.* II, 183, s.v. *muos ôta*). Mais Porta s'est surtout largement inspiré de Pline dont il a partiellement recopié le texte : « La racine, grosse comme le doigt, est pourvue d'un abondant chevelu. Elle a des propriétés septiques et exulcérantes ; aussi guérit-elle l'aegilops (fistule lacrymale). Les Égyptiens prétendent

que si le 28 du mois qu'ils appellent *thoti*- jour qui tombe généralement dans notre mois d'août – on se frotte le matin, avant d'avoir dit un mot, avec le suc de cette plante, on n'aura pas d'ophtalmie cette année-là." (*H.N.* XXVII, 105).

90. Porta note que l'efficacité des vertus de l'herbe à Pâris cette plante a été particulièrement vantée. Il précise qu'elle a des feuilles d'une couleur sombre, comparable à celle du sang virginal, que ses fleurs sont d'un vert jaunâtre (*luteus herbaceus*) et rouge (*purpureus*) en leur centre ; elle donne des fruits vénéneux en forme de petites boules, semblables à un grain de raisin et sa racine est blanche. Il rapporte que, selon Pandectarius**, si l'on en absorbe en boisson la graine réduite en poudre pendant 20 jours à raison d'une drachme par jour, on recouvre la santé.

91. Porta s'est largement inspiré d'une notice de Pline (*H N* XXV, 105 - 106) pour rappeler qu'aucune plante n'était plus renommée chez les Romains que la verveine (*verbena*) dont les petites fleurs sont d'un pourpre clair ; ils l'appelaient d'ailleurs *hiera botané,* et c'est avec elle qu'on balayait l'autel de Jupiter, qu'on procédait à la purification ainsi qu'à la lustration des maisons et pour en chasser les démons. De plus, ajoute-t-il, si l'on asperge une salle de banquet avec de l'eau dans laquelle elle a trempé, les repas deviennent plus gais parce qu'elle chasse la mélancolie en évacuant la bile noire.

92. Porta note que l'espèce appelée *palma Christi* aux fleurs d'un beau pourpre est d'un grand secours pour soigner les maniaques, s'ils en portent la racine en amulette. Selon P. A. Matthioli (*op. cit.* p. 344) il en existe deux espèces dont l'une a des racines qui "servent grandement à ceux qui sont furieux & enragez & sont singulières aux deffauts & accidens qui surviennent aux nerfs".

93. Porta qui s'est largement inspiré de Pline (*H N* XXV, 127) note que la bétoine dont le feuillage est noir et la fleur ainsi que la graine sont pourpres a une telle renommée qu'une maison dans laquelle elle est plantée est protégée de toute calamité, et que la graine, prise en boisson dans du vin miellé ou du vin de paille ou en poudre à la dose d'une drachme dans quatre cyathes de vin vieux évacue par le bas les substances nocives ; il faut faire vomir et faire prendre à nouveau la potion. Ceux qui en prennent chaque jour n'éprouveront, dit-on, aucun mal des substances nocives. Une des nombreuses vertus curatives prêtées à cette plante citée dans l'opuscule *De herba vettonica* du ps-Musa** (Antonius) qui lui est entièrement consacré.

94.. Porta note que l'*alyssum* dont la fleur est pourpre, suspendue dans la maison ou portée en amulette, protège hommes et bêtes des maléfices. Son identification est difficile. P.A. Matthioli (*op. cit.* p. 321) renonçait lui-même à se prononcer. Le mot désigne en effet différentes plantes, comme la lunettière (genre *Biscutella* L.), la garance sauvage (genre *Rubia* L.) dont les fleurs sont jaunes. On a aussi proposé la rapette couchée (*Asparago procumbens* L.) dont les fleurs sont violettes à pourprées, ce qui correspondrait mieux à la plante citée par Porta, sans qu'on puisse l'affirmer, car celui-ci a recueilli ses informations sur les propriétés de l'*alyssum* chez Dioscoride (*M.M.* III, 91)… qui ne donne aucune indication sur la couleur des fleurs, et qui décrit une plante qui correspondrait davantage à la lunettière ! Ayons la sagesse de Matthioli !

95. Porta qui a en partie recopié le texte de Pline (*H N* XX, 101) rapporte que la scille (*scilla*) suspendue à la porte de la maison, protège des maléfices (*mala medicamenta*); une propriété également mentionnée par Théophraste (*H P* VII, 13, 4) et Dioscoride (*M M* II, 171). Mais Porta en donne une explication : la raison en est que seule parmi les plantes, elle fleurit trois fois, manifestant ainsi le mystère de la sainte Trinité, ce qui sous-entend une signature qui doit inciter à faire confiance en la puissance de sa protection.

96. Porta note que la première espèce de *rhamnus* (genre *Rhamnus* L.), également appelée *spina caerulea*, qui a des rameaux hérissés de redoutables aiguillons avait la réputation d'écarter les maléfices, si on les fixait sur les clôtures et aux fenêtres. Une information recueillie chez Dioscoride (*M.M.* I, 90 s v *rhamnos*). Il ajoute que l'on a confectionné la couronne de Jésus-Christ au cours de sa très douloureuse Passion avec des rameaux de cette plante et que, pour cette raison on l'appelle aussi communément *spina santa*. La précision donnée par Porta sur la couronne du Christ pourrait s'appliquer à la paliure, appelée aussi Épine du Christ (*Paliurus spina christi* Miller).

97. Porta note que la pivoine a la propriété d'écarter les cauchemars et les taquineries des Faunes ou démons nocturnes. Il rappelle que, pour cette raison, les Anciens l'appelaient d'ailleurs *ephialtion*, un mot rarement employé qui est dérivé de *ephialtês* : cauchemar. Il a recueilli ses informations chez Dioscoride (*M M* III, 140 s v *glukusidë*) et Pline (*H N* XXV 29 ; XXVII, 84 - 87). Sur les nombreuses propriétés prêtées à la pivoine, cf notre *Flora magique et astrologique de l'Antiquité* p. 295 – 311.

98. Porta qui a recopié Pline (*H N* XXI, 162) note qu'un rameau d'*abrotonum* placé sous l'oreiller excite au coït et empêche tout ce qui pourrait s'opposer à un rapport sexuel.

99. Porta consacre le chapitre XVIII de son Livre III à un certain nombre de réflexions sur la nature de la couleur blanche et aux qualités qui lui étaient prêtées par les Anciens. Il se réfère tout particulièrement à deux ouvrages d'Aristote, le *De Génératione animalium* (notamment à son Livre V) et le *De coloribus*. Il fait également appel au *De Causis plantarum* de Théophraste. Son but étant de démontrer que la couleur blanche est associée au froid et à l'humide, il donne quelques exemples de plantes dont les fleurs sont blanches et qui sont de nature froide et humide, tels par exemple que les champignons blancs, la renouée (*polygonum*), le nénuphar (*nymphaea*) les roses blanches ou encore les cerises (*cerasa*) les poires (*pyra*) et les pommes (*mala*) provenant d'arbres à fleurs blanches.

100. Porta note que la racine de la guimauve additionnée d'eau en plein air s'épaissit et favorise la lactation ; il ajoute qu'elle est également efficace pour prévenir les affections de seins. Ni Pline (*H N* X X, 225 et 230) ni Dioscoride (*M M* III, 146 s v *althaia*) qui note que sa racine est blanche et visqueuse, ne mentionnent ses propriétés galactogènes.

101. L'expression *carduus lacteus* (*i e* chardon laiteux) désigne probablement le chardon béni ou chardon Notre-Dame ou chardon Marie (*Silybum marianum* (L) Goertn.), ainsi nommé car une légende du Moyen-âge attribuait les marbrures blanchâtres de ses feuilles à des gouttes de lait de la Vierge Marie. Porta note que cette plante qui a de grandes feuilles dont les nervures sont panachées de blanc et portent des

taches de la couleur du lait provoque une abondante sécrétion de lait chez les femmes du menu peuple.

102. Porta note que les graines de cumin noir ont non seulement la propriété de faire venir le lait aux femmes si elles en consomment tous les jours, mais encore celle de leur procurer un visage au teint blanc comparable à la couleur du lait. Selon Pline (*H N* XX 159) "Toute espèce de cumin rend pâles ceux qui le boivent." N. Lémery (*op. cit.* p.528) écrit qu'il augmente le lait des nourrisses.

103. Porta précise que le grain de l'orge devient laiteux quand on le mastique, la preuve en est la présence d'un lait abondant dans la fécule (*amylum*) et dans la ptisane, deux préparations à base d'orge dont Pline donne la recette (*H.N.* XVIII, 74 et 76).

104. Porta note que pris en boisson avec de l'eau vinaigrée (*posca*), il purge le ventre et que, selon Crateuas**, il est efficace pour soigner les hydropiques. Ces indications ont été recueillies chez Pline (*H N* XX, 60) qui présente cette plante comme une espèce de laitue (genre *Lactuca* L.) et précise qu'on l'appelle *hiéracion* parce que les éperviers, en la grattant et en se mouillant les yeux de son suc, s'éclaircissent la vue quand ils la sentent s'obscurcir. Mêmes indications chez Dioscoride (*M M* II, 136 s v *thridax*). Mais le mot *hieracium* désigne généralement une autre plante dont l'identification est incertaine (*M M* III, 64 R V s v *hierakion to mega*).

105. Porta note que les feuilles de menthe mises dans du lait l'empêchent de cailler, qu'appliquées sur les seins, elles rendent le lait liquide, et que placées avant le coït dans le sexe de la femme, comme un pessaire, elles l'empêchent de concevoir. Une propriété, note Porta, signalée par le médecin Aetius**, mais aussi par Pline (*H.N.* XX, 147) et Dioscoride (*M.M.* III, 34).

106. Porta note que le *tithymalus* dont le suc est laiteux excite les hommes et les porte à faire l'amour. Une information recueillie chez Pline (*H N* XXVI, 99), mais contestée par P. A Matthioli selon lequel (op. cit. p. 457) "le tithymalus commun est fort véhément à évacuer les phlegmes & desseche tellement le corps, qu'il amortit le sperme génératif. Aussi l'appelle-t-on Médecine des païsans."

107. Porta note que la racine de *dracunculus* ainsi que les fruits de ce dernier qui contiennent un lait, font venir un sperme laiteux chez ceux qui les mastiquent.

108. L'emploi des pignons de pin broyés pour neutraliser les effets d'un venin est évoqué par P. A. Matthioli (*op. cit.* p. 558) dans son commentaire au chapitre IV du Livre VI* du *De materia Medica* de Dioscoride consacré aux poisons. Porta note par ailleurs que les pignons du pin sont recommandés pour augmenter la quantité de sperme et P. A. Matthioli (*op. cit.* p. 56) note "qu'ils excitent le jeu d'amour".

109. Porta utilise un grand nombre d'adjectifs pour qualifier le rouge. On trouve notamment, sous sa plume, - classés par ordre alphabétique, ce qui ne correspond pas à la fréquence de leur utilisation - : *coccineus* (écarlate, provenant de kermès, cochenille), *cruentatus* (rouge sang), *erythros* ou *erythraeus* (rouge d'Erythrée), *miniatus* (vermillon), *minius* (rouge incarnat, vermeil), *phoeniceus* qui est d'un rouge éclatant, pourpre, *puniceus* (pourpre, rouge éclatant, rouge vif, pourpre phénicien), *purpureus*

(couleur pourpre variant de l'écarlate au violet foncé), *ruber* (rouge), *rubescens* (rougissant), *rubicundus* (rubicond), *rubidus* (rouge brun), *rubiginosus* (de la couleur de la rouille, cf *ferrugineus*), rubineus (de la couleur du rubis), *rufus* (rougeâtre), *robeus* ou *rubeus* (roux, roussâtre), *sanguineus* (rouge sang), *russeus* (rouge foncé), *subpurpureus* (faiblement pourpre), *subrubens* (modérément rouge), subrubescens (légèrement rouge), *subrusseus* (faiblement rouge foncé), *subrufus* (faiblement rougeâtre). Pline qui aborde la question des couleurs se montre plus mesuré (*H N* XXI, 45 – 46 et IX, 125 – 141).

110. Porta qui a puisé ses informations chez Pline (*H.N.* XIX, 125) et surtout Columelle (*De re rustica* XI, 3, 25-27) précise que l'espèce de laitue en provenance de Chypre - en particulier l'espèce appelée *Caeciliana* - est d'un blanc tirant sur le rouge et qu'elle est gorgée d'un suc de la couleur du sang, Il rapporte que certains médecins lui reprochent de trop augmenter la quantité de sang, ce que réfute P.A. Matthioli (*op. cit.* p.222) qui écrit : "Aucuns ne disent pas qu'elle engendre simplement le sang, ains afferment qu'elle engendre beaucoup de sang. Toutefois encores que ces derniers ayant quelque occasion de blasmer la laitue, selon leur opinion : ce neanmoins, ils sont plus esloignez de la verité que les autres… Que s'ils blasment la laitue parce qu'elle engendre trop de sang, on y peut aisément remédier, à faire plus grand exercice & à ne continuer tant la laitue… Cependant, il faut noter qu'au lieu que les autres herbes engendrent bien peu de sang & qui encore n'est trop bon, la laitue seule engendre de bon & en quantité, si toutefois il n'est entièrement bon."

111. Le mot peut désigner une espèce de filaria (*Phillirea* L.) dont les fruits sont d'un rouge bleuté avant complète maturité. C'est cette plante que Porta évoque ici quand il note qu'elle porte des fruits en forme de silique de couleur rouge sang (*sanguineus*) et que ses feuilles évacuent le sang. Il a recueilli ses informations chez Pline (*H.N.* XXIV 50) selon lequel "les feuilles en pessaire arrêtent les menstrues et prises en boisson évacuent le sang." Dioscoride (*M.M.* I, 96 s v *philura*) note seulement que la plante est emménagogue.

112, Porta note que la tige du *crocodilion* est rouge sang (*sanguineus*) et qu'il provoque l'écoulement par les narines d'un sang abondant et épais. Il s'inspire de Pline (*H.N.* XXVII, 64) selon lequel "il pousse dans les sablières ; en boisson, il provoque l'écoulement par les narines d'un sang abondant et épais." Même propriété citée par Dioscoride (*M.M.* III, 10 s v *krokodeilon*). Notons que dans son commentaire à cette notice, J. Bérendès (op. cit.) l'identifie à *Carduus pycnocephalus* L.

113. Porta note que les fruits du mûrier sont rouge sang (*sanguineus*), colorent en rouge les mains et les lèvres de ceux qui les mangent ; quand ils ne sont pas mûrs, ils deviennent roux et arrêtent les écoulements de sangs ; une fois parvenus à maturité, et devenus de couleur noire, ils relâchent le ventre. Il s'inspire de Pline (*H.N.* XXIII, 135-137) qui rappelle qu'on lui accordait des propriétés quelque peu magiques : "Si le jus du fruit relâche le ventre sur le champ alors que "le suc des fruits verts resserre le ventre, on cite encore des merveilles à son sujet : au début du bourgeonnement, avant la sortie des feuilles, on cueille de la main gauche les fruits en germe que les Grecs appellent ricins. S'ils n'ont pas touché terre, portés en amulette, ils arrêtent les hémorragies provenant soit d'une blessure, soit des narines, soit des hémorroïdes : on les met de côté en réserve à cet usage. On attribue le même effet à un rameau commençant à avoir du fruit, cassé à la pleine lune, pourvu qu'il n'ait pas touché la terre, surtout contre les

règles excessives, attaché au bras des femmes." Selon Dioscoride (*M.M.* I, 126, s.v. *morea*) le fruit et la décoction de la racine lâchent le ventre et que les feuilles broyées sont bonnes pour soigner les brûlures.

114. Porta note que le *cytinus* a la propriété de coaguler les plaies sanguinolentes, en particulier l'espèce qui pousse en Crète et à Chypre, dont les fleurs sont d'un rouge plus vif (*rubicundior*) et qui est encore plus efficace. Pline (*H.N.* XXIII, 110-113) vante les admirables propriétés que les Anciens lui ont accordées. " Ayant donc expérimenté les petites fleurs qui naissent naturellement avant l'apparition de la grenade elle-même, ils ont découvert que c'était un remède contre les scorpions. En boisson, elles arrêtent les menstrues ; elles guérissent les ulcères de la bouche, les amygdales, la luette, l'hémoptysie, les flux de ventre et d'estomac, les parties génitales, et les ulcères suintants, où qu'ils soient." Dioscoride (*M.M.* I, 97 s.v. *kistos*) note qu'il est bon pour les flux de ventre, la dysenterie, ceux qui crachent le sang et pour arrêter le flux menstruel.

115. *sideritis*. Ce mot désigne une dizaine de plantes aux propriétés hémostatiques antiseptiques et cicatrisantes. On trouvera chez J.André (1985) s v *sideritis* p. 238 un inventaire des identifications proposées ; cf. aussi notre *Flore magique*... p. 506, note 73. Porta note que la troisième espèce à fleurs pourpres (*purpureus*) arrête le sang qui s'écoule des blessures récentes.

116. Le mot *myrta* peut désigner le myrte (*Myrtus communis* L.) ou le fragon petit-houx (*Ruscus aculeatus* L.). C'est ce dernier que Porta mentionne ici, car il précise qu'il s'agit de l'espèce pourpre (*puniceus*) et non de la noire. En effet, les fruits du myrte sont noirs alors que ceux du fragon sont rouges. Il rappelle en outre que les fruits et l'écorce sont rouges (*rubeus*) et qu'ils sont bons pour soigner ceux qui crachent le sang et les règles, des propriétés mentionnées par Dioscoride (*M.M.* IV, 144, s.v. *mursinê agria*) selon qui " La décoction de la racine est diurétique, emménagogue, dissout les calculs, guérit la jaunisse, la strangurie, et les maux de tête." Pline (*H.N.* XXIII, 165) est plus restrictif : " On pile la racine avec du vin pour la jaunisse et pour purger la matrice."

117. L'identification du *tragium* est incertaine ; il s'agit probablement ici du pistachier de Palestine (*Pistacia palestina* Boiss.). Porta note que les graines rougeâtres (*rufus*) de *tragium* sont un remède pour traiter les règles excessives. Selon Dioscoride (*M.M.* IV, 49) s v *tragion*) la feuille, le fruit et ses "larmes", sont efficaces, utilisés en onction avec du vin, pour extraire les épines et tout ce qui est fiché dans le corps et, pris en boisson, pour traiter la strangurie, briser les calculs et faire venir les règles.

118. Porta se réfère à Dioscoride (*M.M.* IV, 26) pour rappeler que la racine est bonne pour soigner les blessures. Celui-ci note, en effet, que sa racine est astringente et que, cuite avec de l'huile, elle est bonne pour cicatriser les plaies.

119. Porta note que ses fleurs et sa racine sont rouges (*ruber*) et qu'il arrête les écoulements féminins. Selon Pline (*H.N.* XXII 130) : "Il arrête les flux de ventre et supprime les coliques... On l'emploie dans tous les cas où la chaleur doit faire du bien. La farine de mil, avec de la poix liquide, se met sur les blessures des serpents et des mille-pattes."

120. Le mot *equisetum* désigne les prêles en général (genre *Equisetum* L.), ainsi nommées car elles ressemblent aux crins de la queue d'un cheval. Porta note que l'*equisetum* dont les rameaux sont rouges donne un suc rouge (*rubens*) qui arrête les hémorragies nasales, ainsi que la dysenterie et qu'il cicatrise les blessures. Il a recueilli ses informations chez Pline (*H.N.* XXVI 132-133) qui rappelle toutefois que les Grecs désignent différentes plantes sous ce nom. Il n'en mentionne que deux ; la première a le pouvoir merveilleux d'arrêter par simple contact les écoulements sanguins, l'autre qu'on appelle aussi *hippuris, ephedron* ou *anabasis* "a des propriétés astringentes et son suc, maintenu dans les narines tarit le sang qui en coule ; il arrête aussi la diarrhée et guérit la dysenterie, pris dans trois cyathes de vin doux." Mais il n'est pas certain que cette dernière puisse être une espèce de prêle, car Pline précise que cette plante pousse auprès des arbres sur lesquels elle grimpe, et cette indication a suffisamment semer le doute pour que certains commentateurs aient voulu l'identifier à une espèce d'éphédra (*Ephedra fragilis* L.).

121. L'identification de l'*aspalathus* ou *santalum rubrum* est incertaine et a fait l'objet de différentes hypothèses dont on trouvera la liste chez J. Bérendes (op. cit. p. 48-49). Porta fait explicitement référence à Avicenne** pour signaler qu'il est bon pour soigner les abcès sanglants. Dioscoride (*M.M.* II, 20, s.v. *aspalathos*) note qu'il est bon pour ceux qui crachent le sang et pour soigner différentes sortes d'abcès. Cf. sup. note 51.

122. *quercus robussenum*, chêne (Genre *Quercus* L., probablement ici *Quercus rubra* L.) Porta note que le bois d'une espèce de chêne qui a des veines rouges est appelée *robussenum* pour cette raison ; il ajoute que, selon Festus**, il convient pour soigner les écoulements sanglants des blessures, les selles sanguinolentes, la dysenterie, et que ses feuilles cicatrisent les blessures. Il rapporte en outre que Galien** recommande, quand on n'a rien d'autre sous la main, d'appliquer ses feuilles sur les blessures, après les avoir frottées sur une pierre. Selon Dioscoride (*M.M.* I, 106 s.v. *drus*) tous les chênes sont astringents, en particulier la substance qui se trouve entre l'écorce et le tronc dont la décoction convient pour traiter les coliques, la dysenterie, les crachements de sang et l'excès de flux menstruel.

123. À l'époque de Porta, le mot *casia* désigne généralement la casse (*Cassia fistula* L.), silique du canéficier. Mais il peut aussi désigner la cannelle, notamment celle de Chine (*Cinnamomum cassia* Blume = *Cinnamomum obtusifolium* Ness, var. *Cassia*). Porta note qu'elle a la couleur du corail et qu'elle provoque les règles. Dioscoride (*M.M.* I, 13, s.v. *kassias*) mentionne ses propriétés emménagogues. Quant au *cinnamomum* qui désigne la cannelle de Ceylan (*Cinnamomum zeylanicum* Nees), Porta note qu'elle est de couleur rouge (*russus*) et qu'elle fait également venir les règles. Selon Dioscoride (*M.M.* I, 14, s.v. *kinnamomon*), elle provoque les règles et a des propriétés abortives. P. A. Matthioli (*op. cit.* p. 15-19) consacre un long commentaire aux différentes identifications des plantes citées par Dioscoride sous les noms de *kassias* et de *kinnamomon*. Sur les difficultés à les identifier, cf. le long commentaire de S. Amigues *in* Théophraste (*H P* IX, 5 1, Tome V, p. 90-92), et aussi ceux de J. Berendes à Dioscoride (op. cit. p. 35 à 39).

124. Porta note que les graines d'*arum*, d'une couleur écarlate (*coccineus*), comparable à celle du corail, prises à raison de deux drachmes font venir les règles. Il a recueilli ses donnée dans la notice assez confuse que Pline a consacrée à l'*aros*, en se référant à ses

sources grecques : "Sec et répandu en poudre sur une boisson ou un électuaire, il est diurétique et emménagogue, et également bu ainsi dans de l'oxymel.... Deux drachmes de la graine ou de la racine dans deux cyathes de vin suffisent pour amener les règles. La même potion fait encore évacuer l'arrière-faix, s'il ne sort pas après l'accouchement." (*H.N.* XXIV, 144 -147).

125. *tripolium.* Son identification est incertaine et a suscité différentes hypothèses rappelées par S. Amigues (*H P*, IX, 19, 2, Tome V, note 5, p. 233 –234): *Statice limonium* L., *Aster tripolium* L., *Statice sinuatum* L. = *Limonium sinuatum* (L) Miller., *Limoniastrum monopetalum* (L) Boiss. Porta a recueilli les particularités de cette plante chez Dioscoride (*M.M.* IV, 132) : « On raconte que sa fleur change de couleur trois fois par jour, qu'elle est blanche le matin, purpurine à midi et violette le soir" et sans doute aussi chez Pline qui note le même phénomène (*H.N.* XXI, 44). La plante était signalée par les Anciens pour entrer dans la composition de charmes et passait pour une plante magique, mentionnée comme telle par Théophraste (*H.P.* IX, 19, 2), mais ni Pline, ni Dioscoride ne font pas état des propriétés que lui prête Porta.

CHAPITRE 6

Flore médicale des signatures morphologiques

Les diverses couleurs que peuvent revêtir les différentes parties d'un végétal ne sauraient pouvoir être considérées comme les seules signatures permettant de connaître les propriétés thérapeutiques des plantes.

D'autres espèces de signatures peuvent en effet être découvertes à partir d'une étude attentive de leur morphologie. Aucun des textes sur le sujet dont nous disposons aujourd'hui n'en offre un inventaire systématique, encore moins une classification. Nous avons tenté d'y remédier en présentant dans le présent chapitre le recensement le plus complet possible de cette catégorie de signatures que nous appellerons pour simplifier des "signatures morphologiques".

C'est à la *Phytognomonica* de Porta que nous devons ici encore faire appel, car cet ouvrage apparaît de loin comme le plus complet en la matière (1). Porta y a en effet mentionné un très grand nombre de plantes qu'il a jugées porteuses de signatures morphologiques. Son inventaire est beaucoup plus important que celui qu'il a consacré aux signatures chromatiques que nous avons analysé au chapitre précédent. Comme ce dernier, il ne repose malheureusement que sur ses lectures et très rarement sur ses observations personnelles. Il ne s'agit en effet pour l'essentiel que d'une vaste compilation de nombreux ouvrages dont il ne cite qu'exceptionnellement les auteurs et pratiquement jamais les titres.

Ses longues listes de noms de plantes dont l'identification pose parfois problème et qui ne sont pas toujours accompagnées de commentaires pour justifier leur sélection, sont le plus souvent empruntées, parfois d'ailleurs textuellement à ses principales sources d'information.

N'ayant généralement pas observé par lui-même les plantes qu'il cite et se fiant aveuglément aux affirmations des auteurs dont il a exploité les ouvrages, Porta nous livre fréquemment des exposés d'une naïveté déconcertante et parfois d'une grande confusion, mais qui voisinent à quelques rares occasions avec de pertinentes considérations générales sur le comportement des plantes.

Pour la clarté de l'exposé, nous avons choisi de reporter à *l'Index des plantes*, en fin de volume, et pour certaines, en notes, les hypothèses d'identification des plantes recensées par Porta, ainsi que, chaque fois qu'il a été possible, les différentes sources où il a puisé ses informations. En revanche, nous n'avons pas examiné le bien fondé des propriétés thérapeutiques que Porta a prêté aux plantes qu'il a répertoriées, au regard des connaissances actuelle en pharmacognosie, et nous n'avons pas davantage vérifié au cas par cas, les différents critères sur lesquels il s'est appuyé pour justifier sa sélection.

Les signatures morphologiques relevées par Porta sont d'abord celles que l'on peut aisément percevoir au premier coup d'œil, en observant superficiellement l'aspect général des végétaux ou celui d'un de leurs éléments. Ce sont ensuite celles dont la découverte exige une attention plus poussée et suppose un œil exercé. Elles comprennent notamment les signatures que révèlent une plus ou moins grande ressemblance entre certaines parties d'une plante et les organes ou les parties du corps humain. Elles incluent aussi les signatures qui évoquent une ou plusieurs caractéristiques d'un animal, généralement considérées comme étant en relation avec une affection donnée dont souffre le genre humain.

Signatures et aspect général d'une plante

Porta a recensé un certain nombre de caractéristiques évidentes des plantes que tout un chacun peut aisément observer au premier abord comme leur taille, leur beauté, leur relative vigueur ou encore leurs malformations et qu'il considère comme des indicateurs de leurs propriétés cachées. Elles lui permettent une première sélection de végétaux possédant des propriétés thérapeutiques, qu'il ne semble d'ailleurs pas avoir voulu présenter en suivant un ordre précis.

La taille des plantes (*magnae & parvae plantae*) (Livre VI, Chapitre 19)

Il est aisé de constater que les végétaux présentent une grande variété de taille et se répartissent sur un large éventail allant des minuscules mousses et lichens qui se développent sur les rochers aux gigantesques arbres des forêts tropicales et équatoriales. Après avoir rappelé que ces différences de taille sont dues à une grande diversité de facteurs, en particulier à la consistance des sols et à leur plus ou moins grande humidité, aux conditions d'exposition aux vents et au soleil, à l'altitude ou encore aux variations de température, Porta explique que la taille d'une plante est une signature par laquelle la Nature a manifesté son désir de signaler quel était le degré d'efficacité de ses vertus curatives. Selon lui, en effet, la Nature semble avoir donné à chaque végétal, dès son embryon, différentes possibilités de développement. Certains mettent à profit les éléments nutritifs qu'ils absorbent pour favoriser leur croissance, parvenir à une taille élevée ou bénéficier d'un abondant feuillage, d'autres au contraire, négligeant le développement de leur taille, préfèrent utiliser ces mêmes éléments pour donner le maximum d'efficacité à leurs propriétés. Porta en déduit que les plantes de grande taille ont de faibles vertus curatives alors que celles qui sont petites sont dotées de propriétés bien plus grandes. Il remarque en outre que les espèces cultivées atteignent une plus grande hauteur que les espèces sauvages, ce qui laisse supposer que celles-ci sont plus efficaces que celles-là, une croyance qui remonte à l'Antiquité.

Parmi les plantes de grande taille, dont certaines n'ont d'ailleurs aucune propriété thérapeutique, Porta cite, sans aucun commentaire le pin (***pinus****), le sapin (***abies****), le cyprès (***cupressus****), le palmier (***palma****), le platane (***platanus****), le peuplier (***populus****) et le figuier d'Egypte (ficus Ægyptia*).

Il s'étend plus longuement sur quelques arbres remarquables par leur taille que Théophraste (*H P*, I, 7, 1) et Pline (*H.N.* XII, 9), ont d'ailleurs signalés : le platane (***platanus****) du Lycée d'Athènes qui atteignait 36 coudées en partant d'une seule racine et un autre platane très célèbre pour son prodigieux branchage qui se situait en Lycie, à proximité d'une source glacée, le figuier d'Inde (***ficus Indica****) (*HN*, XII, 22, 24) dont les fruits sont plutôt rares mais dont la largeur est comparable au pelte des Amazones et les grandes branches sont utilisées par les pasteurs pour servir d'enclos à leurs troupeaux, le ***lotus**** (*HN*, XVI, 124) dont les rameaux s'étendent si loin du tronc qu'ils étendent leur ombre au-delà de la maison jusqu'à sa route d'accès, le sapin (***abies****) qui atteint une hauteur exceptionnelle, tel ce sujet apporté d'Égypte par bateau jusqu'au Vatican pour servir d'obélisque (*HN*, XVI, 201), le mélèze (***larix****) qui est le plus grand de tous les arbres dont le tronc élevé et droit sert pour les mâts et les antennes de navire. Porta n'a garde de citer celui qui avait été observé à Rome au pont Naumachiarus à l'époque de Tibère et qui fut, selon Pline (*HN*, XVI, 200), considéré comme le plus grand d'entre eux, atteignant 120 pieds de haut et une épaisseur de deux pieds.

Porta note cependant que certains arbres de grande taille passaient pour avoir des propriétés thérapeutiques, comme le platane qui était jugé bon pour les enflures selon Dioscoride (*M M* I, 79) ou le mélèze, dont la résine était recommandée pour soigner les blessures, la galle (*psoria*) et les calculs.

Parmi les plantes herbacées de grande taille, Porta se contente de citer la fève d'Egypte (***faba Ægyptia****), les ***cucumeres**** et les ***cucurbitae****.

Quant aux plantes de petite taille ou qui ont de menues racines ou de petites graines et dont les propriétés thérapeutiques sont reconnues comme particulièrement efficaces, Porta se limite à n'en citer que quelques-unes, sans aucun commentaire : le poivre (*piper**), la moutarde (*sinapis**), l'hysope (*hyssopum**), l'aristoloche (*aristolochia**), la petite centaurée (*centaurium parvum**), la rue (*ruta**), la menthe (*mentha**), l'origan (*origanum**) et l'aconit (*aconitum**).

Beauté des plantes (*pulcherrimae plantae*) (Livre VI, Chapitres 17 et 18)

Certaines plantes attirent le regard par leur beauté et la couleur de leurs fleurs ou suscitent l'intérêt par leur odeur. D'autres en revanche présentent un aspect rébarbatif, voire répugnant et n'incitent guère à être observées. Pour Porta, la beauté ou la laideur des plantes doivent être considérées comme des signatures par lesquelles la Nature a voulu avertir les hommes de leurs propriétés. De même que chez les êtres humains, un beau corps laisse deviner une belle âme, et un corps difforme une âme monstrueuse, les plantes manifestent quelles sont leurs propriétés cachées bénéfiques ou néfastes par leur aspect extérieur, mais à la différence des hommes, elles sont incapables de dissimuler aussi bien leurs défauts que leurs vertus. Pour lui, les belles plantes se signalent par une harmonieuse proportion entre leur hauteur et leur largeur mais aussi par la disposition équilibrée de leurs racines, de leurs fleurs, de leurs feuilles et de leurs fruits, ainsi que par la couleur et l'élégance de leurs fleurs. Et il n'hésite pas à affirmer que l'on peut engendrer de beaux enfants si l'on touche, mange ou porte sur soi certaines plantes qu'il juge d'une beauté particulièrement remarquable.

Il mentionne tout d'abord le palmier (***palma****), le plus beau des arbres selon lui, chanté par Homère qui compare sa beauté à celle des jeunes filles de Phénicie ; il vante l'aspect de son tronc rond, lisse, élancé et il ajoute qu'à la différence d'autres plantes comme la myrte, le laurier ou l'olivier, qui perdent leurs feuilles mais les remplacent par d'autres, le palmier conserve les siennes qui lui procurent un ornement constant ; il assure qu'en Syrie et en Égypte, il produit des dattes qui dépassent en douceur les friandises et les autres fruits secs et il rapporte qu'en Phénicie, les plus belles dattes sont appelées *Nicolaos*, en référence au surnom de l'empereur, rappelant ainsi qu'il est le plus aimable et le plus beau.

Porta cite ensuite d'autres plantes dont la beauté provoque son admiration, comme l'immortelle (***heliochrysos****) dont les corymbes de la couleur de l'or évoquent les rayons du soleil et qui était employée pour couronner les dieux, et tout particulièrement Diane, la vierge d'Éphèse ; il cite également l'heliantes* aux feuilles de myrte ainsi que la fleur de safran (***crocus****) aux filaments d'une couleur or tirant sur le rouge et à l'odeur intense ; le pin (***pinus****), d'une hauteur remarquable, dont les longues et fines aiguilles sont comparables à un cheveu long et très fin.

Il mentionne encore le chou frisé (***brassica crispa****) dont Caton vantait la beauté (*De Agr*.157, 2), mais aussi la rose (*rosa* *) dont la splendeur a été chantée par les poètes qui l'ont associée à Vénus et à Cupidon, car, dit-il, elle est si belle que Jupiter l'aurait choisie s'il avait voulu donner une reine aux fleurs. Mais la fleur du lis (***lilium****), retient également son attention car les Grecs, écrit-il, en ont fait la fleur des fleurs (***anthos anthôn***) et il en donne une brève description pour en vanter l'incomparable beauté ; il s'attarde également sur l'iris (***iris*** *) dont les fleurs qui présentent une agréable variété de couleurs le fait comparer à l'arc-en-ciel, l'olivier (*olea**) dont la beauté est telle qu'Homère quand il cherche à dépeindre la forme la plus remarquable de la jeunesse, compare celle-ci à l'olivier, qui prospère sur une terre fertile et sous un ciel clément. De son côté, Porta n'hésite pas à comparer la mort de l'olivier, déraciné par la force des vents, à celle d'Euphorbe tué par Ménélas.

Mais Porta qui fait ici étalage de son érudition ne précise ni comment utiliser les végétaux qu'il a cités ni quelles sont les propriétés de chacun d'eux, oubliant au passage le message de leur signature. Il se contente de donner la formule d'une préparation appelée *hermesie* - qu'il a copiée chez Pline (*H N* XXIV, 166 et XXVI, 19) - composée de pignons de pin broyés et mélangés à du miel, de myrrhe, de safran et de vin de palme qu'il est recommandé de boire pour engendrer de beaux enfants. Et il ne fait que citer également le fruit doré du coing (***chrysomala****) qui est agréable à voir et à sentir et il se croit obligé d'affirmer en se référant à Solon et à Plutarque (*Moralia* 138 D) qu'il est efficace d'en consommer pour avoir de beaux enfants.

Quant aux plantes qu'il juge particulièrement laides ou dont l'odeur est exécrable, elles sont pour lui toxiques et donc dangereuses. Il entend en administrer la preuve, sous forme de questions. Qu'y a-t-il de plus laid que l'aconit (***aconitum****) ? écrit-il. N'est-elle pas née de l'écume de Cerbère, et n'indique-t-elle pas à Héraclée du Pont l'entrée des Enfers (2). Sa fleur, hideuse et blafarde, tue à coup sûr, dans d'atroces douleurs, sans qu'il soit possible d'y porter remède. Quoi de plus repoussant que l'odeur et l'aspect de la ciguë (***cicuta****) ? tout comme l'odeur que répandent les feuilles de chanvre (***canabis****), du bois puant (***anagyris****), de la mandragore (***mandragora****) ou encore les tiges de l'***apocymum****; quoi de plus sinistre que le *cyprès* (***cupressus****)? s'écrit-il. N'est-ce pas l'arbre choisi pour les pendaisons et que dire de la sabine (***sabina****) qui expulse le fœtus mort ? Quant aux champignons vénéneux, ne sont-ils pas d'une extrême blancheur à l'extérieur et de la couleur du plomb à l'intérieur, et n'ont-ils pas un aspect repoussant ?

Et pour terminer ce bref inventaire des plantes qu'il juge les plus belles ou les plus repoussantes, Porta note que, d'une façon générale, celles qui sont humides, chaudes ou sèches, sont odorantes et d'un aspect agréable alors que celles qui sont froides, humides, généralement insipides et qui dégagent une odeur désagréable, sont "nuisibles à la nature humaine".

Les plantes au port érigé (Livre VIII, Chapitre 17)

Pour Porta, certaines plantes au port érigé ou qui se dressent vers le ciel à l'approche de l'orage sont efficaces pour se protéger de la foudre. Il mentionne le trèfle des prés (***trifolium****) (3) qui dresse ses feuilles à l'approche de la tempête, sans considérer pour autant que ce comportement est une signature à proprement parler. Il cite le cas de la vigne vierge (*bryonia** appelée aussi ***alba vitis****) qui est bonne contre la foudre et il rappelle que Palladius** dans son *Traité d'agriculture* (X, 345) recommandait de la planter dans les jardins pour les protéger de la grêle et que Columelle** dans son *De Re Rustica* (X, 346 – 347) avait écrit que Tarchon entoura souvent son domaine de bryones pour détourner la foudre du grand Jupiter.

Porta mentionne aussi le laurier (***laurus****) qui passait pour n'être jamais touché par la foudre et il reprend intégralement à son sujet les observations que Pline avait notées sur cet arbre :

> " Seul des arbres cultivés et reçus dans les demeures, le laurier n'est pas frappé par la foudre….Le laurier montre son aversion pour le feu par un crépitement manifeste et par une sorte de protestation, car son bois se tord en reproduisant les contractions

des entrailles et des nerfs. L'empereur Tibère, quand il tonnait, en portait une couronne pour se protéger de la foudre." (H.N. XV, 135)

Il cite encore quelques végétaux qui étaient susceptibles de protéger de la foudre, comme le figuier (***ficus****) qui passait pour ne jamais être frappé par la foudre, une plante bulbeuse indéterminée (***bulbus****) ou encore la truffe (***tuber****). *A contrario*, rapporte Porta, le ***cucumis**** n'est d'aucun secours, car, quand le ciel tonne, il se retourne, comme saisi par la peur.

Des plantes codées (Livre VII, Chapitre 32)

Porta ne pouvait oublier de mentionner un certain nombre de plantes qui se signalent par le nombre de leurs branches, de leurs racines, de leurs feuilles ou encore des nœuds observables sur leur tige, voire de la forme triangulaire ou quadrangulaire de celle-ci. Pour lui, il s'agit là de codes ou, si l'on préfère, de signatures, que l'on doit à l'ingéniosité de la Nature qui les a imaginés pour le bien des hommes et qu'il faut savoir déchiffrer. Mais sa démarche n'a rien d'original, car il se contente de reprendre un raisonnement analogique qu'il a pu recueillir dans ses modèles grecs et latins.

Dans le chapitre qu'il consacre à la question, il rappelle que les nombres ont une signification, que l'on peut observer aussi bien dans les Saintes Écritures que chez Platon, Pythagore ou Homère. Mais il ne s'intéresse finalement qu'aux plantes qui affichent une relation privilégiée avec les nombres trois et quatre et passent pour traiter les fièvres tierces et quartes en chassant la bile qui les a provoquées. Il précise curieusement que la plupart des fièvres tierces se transforment en fièvre quartes, comme, dans la nature les branches triangulaires se transforment en branches quadrangulaires !

Ainsi, dans sa liste relativement longue des plantes répondant à ces critères, il prend soin de mentionner pour chacune d'elles où se situe la partie codée.

La décoction de petite centaurée (***centaurium minus****) appelée également ***febrifuga**** qui se signale par une tige anguleuse chasse la bile par le bas et, par conséquent, la fièvre tierce ; le cabaret (***asarum****) qui a une tige anguleuse a les mêmes propriétés ; la germandrée petit-chêne (***chamaedrys****) dont la tige est quadrangulaire, prise en décoction, chasse la bile et guérit la fièvre tierce ; la mélisse (***melissophyllon****) (4) qui a une tige quadrangulaire semblable à celle de la ballote, purge le sang de ses "vapeurs atrabilaires"; l'hièble (***ebulus****) et le ***picnocomon**** (5) qui ont l'un et l'autre une tige quadrangulaire chassent la bile ; quant à la verveine (***verbena**** ou ***herba sacra****) qui a des tiges anguleuses et noueuses, il faut en donner à boire le troisième nœud par rapport au sol avec ses feuilles à ceux qui sont atteints de fièvre tierce et le quatrième nœud pour la fièvre quarte, selon Dioscoride (*M M*, IV, 60 s v ***peristereôn***) et Pline (*H N* XXVI 117); il note aussi que les graines et les racines de la buglosse (***buglosson****) à trois tiges, sont données en boisson, une fois broyées, pour soigner les frissons de la fièvre tierce, et que l'on emploie celles de l'espèce à quatre tiges pour traiter ceux de la fièvre quarte ; il rappelle encore que l'on donne trois racines de plantain (***plantago****) qui a de petites tiges angulaires, avec trois cyathes de vin, pour soulager ceux qui sont atteints de fièvre tierce et quatre racines pour soigner la fièvre quarte. Bien qu'elles ne concernent aucunement le traitement des fièvres tierces ou quartes, Porta évoque ici les propriétés du chiendent (***gramen****), sans doute parce qu'elles sont en relation avec des nombres, en rapportant textuellement ce passage de Pline (*H N*. XXIV, 180), où celui-ci évoquait avec prudence une pratique thérapeutique qu'on lui avait signalée,: " Quelques-uns prescrivent d'envelopper neuf nœuds d'une, deux ou trois plantes, pourvu qu'on atteigne ce nombre d'articulations - dans de la laine noire comme remède des écrouelles et des abcès cutanés."; et il ajoute que, toujours selon Pline, "le chiendent qui présente sept espaces entre ses nœuds est particulièrement efficace en amulette contre les maux de tête". Porta cite également la potentille (***quinquefolium****) (6) dont la racine ronde qui devient noire et quadrangulaire en séchant, selon Théophraste (*H P* IX, 13 5), est bonne pour soigner les fièvres périodiques. Porta complète cette information en reproduisant le mode d'emploi qu'en donne Dioscoride (*M M* IV, 42 s v ***pentaphullon***) : "il convient d'employer les feuilles de quatre rameaux pour les fièvres quartes, de trois rameaux pour les fièvres quartes et d'un seul pour les fièvres quotidiennes ". Porta termine sa liste en signalant que l'espèce de plantain d'eau (***plantago aquatica****) à cinq nervures est bonne pour soigner les doigts ; l'herbe au bitume (***trifolium asphaltitum****) dont trois feuilles ou trois graines prises en boisson, conviennent pour soigner la fièvre tierce et quatre de l'une ou de l'autre pour traiter la fièvre quarte ; l'astragale (***poterium****) dont les feuilles divisées en trois est également efficace pour soigner la fièvre tierce ; l'***helioscopium tricoccum**** (7) dont trois graines sont recommandées pour lutter contre la fièvre tierce et quatre contre la fièvre quarte et enfin les graines de ***cucurbita**** en nombre pair qui sont bonnes pour soigner les fièvres périodiques.

On aura remarqué que si les nombres servent de critère pour sélectionner les plantes ayant la propriété de soigner les différentes espèces de fièvre, voire quelques maladies de peau, ils doivent également être pris en considération dans l'établissement de la posologie.

Suivant son habitude, Porta s'est contenté de rechercher chez ses auteurs de référence quelles étaient les plantes qui pouvaient présenter des signatures numériques, mais sans apporter aucun jugement critique sur les exemples qu'il avait trouvés et sans vérifier dans des ouvrages de médecine et auprès des praticiens de son époque quelle valeur il fallait leur accorder.

Plantes mâles et plantes femelles (*mares & foeminae plantae*) (Livre I, Chapitre 17)

Porta reprend à son compte une théorie qui avait été élaborée par les auteurs de l'Antiquité pour distinguer parmi les végétaux, ceux qui sont de sexe mâle de ceux qui sont de sexe féminin. Ceux-ci n'avaient aucune idée de la reproduction sexuée chez les plantes et de la fonction de la fleur dans les processus de fécondation chez les phanérogames, et *a fortiori*, n'avaient pas imaginé qu'il pourrait exister des plantes monoïques et des plantes dioïques. Ils avaient donc avancé l'idée que les caractéristiques extérieures des plantes permettaient de distinguer leur sexe, comme chez les humains. Mais, pour eux, les plantes mâles n'étaient pas celles qui portaient des organes sexuels mâles et les plantes femelles celles qui étaient pourvues d'organes sexuels femelles. Ils établirent leur distinction à partir d'autres critères : ils considérèrent, par exemple, que la plante mâle était celle qui était la plus robuste, la plus rugueuse, la plus hérissée de poils alors que la plante femelle était celle qui paraissait la plus faible, la plus lisse, la plus glabre, et toutefois la plus apte à porter des fruits.

Porta donne une liste des caractéristiques qu'il attribue aux plantes mâles et aux plantes femelles. Cette distinction revêt chez lui une grande importance, car il juge que les remèdes qui proviennent des plantes femelles sont beaucoup moins efficaces que ceux qui sont issus des plantes mâles. En effet, il estime que chez ces dernières, la nourriture qu'elles ont absorbée leur a totalement profité, tandis que chez les plantes femelles, une partie de l'alimentation qu'elles ont consommée a été destinée non seulement à assurer leur propre croissance, comme chez les plantes mâles, mais aussi à fournir les éléments indispensables à la reproduction, ce qui revient à dire que c'est au détriment de leur développement. Selon lui, la Nature a donc fait un choix : une même nourriture, à quantité égale, ne peut être consacrée à la croissance et à la vigueur du végétal et, dans le même temps, à sa reproduction.

De plus, Porta estime que les plantes mâles conviennent pour les hommes alors que les plantes femelles sont destinées à être consommées par les femmes et qu'elles sont même nuisibles pour les hommes.

Porta se réfère aux écrivains grecs et romains, pour justifier son opinion. Il déclare donc que selon Pline (*H N*, XXI, 46) les "arbres mâles" sont grands, secs, vigoureux, riches en bois, en fibres et en nœuds, difficiles à fendre, ont des branches nombreuses, un bois coloré, une écorce rugueuse au toucher, une fructification peu abondante au goût âpre ; la plupart sont stériles ; ils sont odoriférants, et leur croissance est lente ; ils poussent de préférence dans les endroits sableux, rocheux, les décombres et les lieux exposés au soleil. Les "arbres femelles" au contraire sont, toujours selon Pline (*H N*, XVIII, 60), moins hauts, plus étalés, plus "gras"; leur bois a une texture plus lâche, ils sont plus fragiles, plus tendres, sans nœud, sans fibre, incolores, leur écorce est lisse et plaisante ; ils ont une fructification abondante et charnue, ils sont inodores, au goût fade, ils se plaisent principalement dans les endroits humides et à l'ombre ; ils ont un aspect plus séduisant et une floraison plus abondante que les plantes mâles ; ils poussent plus rapidement mais vieillissent plus vite que celles-ci.

Il prend pour exemple un passage que Théophraste a consacré au tilleul (***tilea****) dans lequel il a exposé les caractéristiques qui permettent de distingue le tilleul mâle du tilleul femelle (8); il se penche aussi sur les différentes espèces de chêne (***quercus****) et il signale que sur le Mont Ida les espèces mâles sont fertiles alors que les espèces femelles sont stériles, ce qui le conduit à considérer que l'on ne peut se fier au seul critère de la fructification pour distinguer à coup sûr les sujets mâles des sujets femelles. Porta rapporte d'autres exemples empruntés à Théophraste et à Pline pour illustrer sa démonstration, mais il considère qu'il n'y a pas de différenciation plus manifeste des sexes que chez les palmiers (***palmae****) (9). Il évoque toutefois la difficile question de la fertilité chez les figuiers en distinguant le figuier cultivé (***ficus****) et le figuier sauvage (***caprificus****) (10) pour en déduire que les figuiers mâles sont défavorables à la conception tandis que les figuiers femelles ont la propriété de la favoriser.

D'autres plantes offrent également des propriétés thérapeutiques différentes, selon que le sujet est mâle ou femelle. Ainsi, l'aristoloche femelle (***aristolochia****) dont la racine est ronde est un excellent remède pour faciliter les accouchements ; le myrte (***myrtus****) dont l'espèce mâle est noire tandis que l'espèce femelle est blanche est bon pour les procidences et les écoulements de la matrice, mais c'est l'espèce mâle qui est la plus efficace ! Chez les raves (***rapa****), l'espèce longue est mâle, l'espèce femelle est ronde ; la première est excellente pour exciter au coït, la seconde n'est bonne que pour l'alimentation. Porta ajoute que chez le genévrier (***cedrus****), le laurier (***laurus****), le cyprès (***cupressus****) et la sabine (***sabina****), il y a des espèces mâles et femelles : les premières sont stériles et détruisent le fœtus, les secondes sont fertiles et fructifient. Il note qu'il existe également des mercuriales mâles (***mercurialis****) dont les racines ressemblent à des testicules et passent pour avoir la propriété de favoriser la conception de garçons et des mercuriales femelles qui favorisent celle de filles. Il rappelle qu'il existe aussi deux espèces d'armoise (***artemisia****), l'une qui est d'un aspect plus épanoui aux feuilles très larges qui est l'espèce femelle et l'autre à une seule tige, aux feuilles étroites, de couleur jaune qui est un remède de grande renommée pour les maladies des femmes, depuis la reine Artémis. Il évoque également les deux espèces de pivoine (***paeonia***), l'espèce mâle qui ressemble à la guimauve (***althea****) et l'espèce femelle à la mauve (***malva****), cette dernière étant évidemment bonne pour les femmes. Il observe encore qu'il y a des orties mâles et femelles (***urticae****), les premières plus rugueuses, plus sauvages et plus sombres auxquelles il semble n'accorder aucune propriété particulière, à la différence des secondes qui sont bonnes pour les règles et les procidences de la matrice. Porta signale qu'il y a aussi chez les molènes (***verbascum****) une espèce femelle qui pousse dans les champs dont les feuilles sont larges, claires, la tige assez lisse, les fleurs blanches tirant sur le jaune clair et une espèce mâle qui a de grandes feuilles plus sombres et une tige plus mince. Mais il ne donne aucune indication sur les propriétés de chacune des deux.

En dépit de ces observations, Porta ne semble guère avoir été convaincu de la pertinence des critères permettant de distinguer le sexe des végétaux, et de les considérer comme des signatures fiables, révélatrices de leurs vertus curatives.

Plantes atrophiées (*plantae aliquibus partibus carentes*) (Livre VI, Chapitre 10)

Porta remarque que certains végétaux viennent sans feuille ou sans racine ou sont dépourvus d'une partie de leur anatomie analogue à celle du corps humain. Il les juge nuisibles ou hostiles. Cependant, écrit-il prudemment, tant qu'il n'est pas démontré qu'elles sont effectivement nuisibles, elles peuvent être utiles. Porta prend pour exemple les champignons. Il observe qu'ils sont dépourvus de fleurs, de feuilles, de graines, de moelle, de nerfs, de veines, de tiges, d'écorce, de nœuds, de racines et qu'ils sont nuisibles à différentes parties de notre corps. En outre, rappelle-t-il, s'ils sont au voisinage de substances toxiques, ils les absorbent du fait des relations d'affinité qui règnent dans la nature. Ainsi, par exemple, écrit-il, si les champignons naissent et se développent à proximité d'un trou où se cache un serpent, d'un clou de chaussure, de quelque objet de fer rouillé ou d'une guenille pourrie, ils se chargent du suc et du poison qu'ils contiennent.

Si certains champignons toxiques sont dangereux pour l'homme, il existe bien d'autres plantes qui se signalent par l'atrophie de certaines de leurs parties et doivent également susciter la méfiance, car leur emploi a des effets néfastes. Porta fait tout d'abord remarquer qu'il existe des végétaux sans feuilles que les Grecs désignaient sous le nom d'*aphulla* mais il se veut plus précis en citant un certain nombre de plantes qui lui paraissent manifestement atrophiées, car elles apparaissent dépourvues de feuilles ou de racines ou ne donnent jamais de fleurs. Ce sont, par exemple, le jonc (***juncus****) qui provoque des maux de tête ; le genêt d'Espagne (***sparthion****) qui a des verges sans feuilles et qui est bon pour purger, avec autant de force que l'hellébore ; une espèce de genêt (***genista****) qui dérange l'estomac et provoque des malaises cardiaques ; l'***orobanche**** appelée ***limodorus*** par Théophraste, ***cuscuta*** par les Arabes et ***cassyta**** par Pline qui se distingue par ses petits rameaux sans feuille et par son absence de fleurs ; Porta remarque qu'elle naît sur des racines qu'elle abandonne dès qu'elle se développe, pour aller se nourrir au détriment d'autres plantes qu'elle enserre et finit par étrangler ; il rappelle que consommée avec des légumes, elle accélère la digestion, qu'elle provoque l'ivresse et que, selon Mésué**, elle diminue la rate ; il cite à la suite le lierre (***hedera****) qui étouffe les arbres en s'épanouissant sur eux, attaque les nerfs et dont les corymbes, pris en boisson, affaiblissent le corps, troublent l'esprit, expulsent l'embryon et rendent stériles ; le ***psilothrum**** dont les "larmes" ont la réputation de briser les dents et de diminuer la rate ; le ***teucrion**** (11) dont la tige est semblable à un jonc, mince et sans feuille, qui pousse dans les lieux arides, ne donne ni fleurs, ni semences, est de saveur amère, et passe pour avoir la propriété de réduire la rate ; le tamaris (***tamarix****) celle de la détruire ; l'osier (***salix****) qui est desséchant celle de provoquer la constipation.

Porta se garde bien d'omettre de signaler ici qu'il existe aussi des plantes sans racines comme le gui (***viscum****), le polypode (***polypodium****) et la dryopteris (***dryopteris****) qui se développent sur les branches des arbres, en particulier celles des chênes. Or, pour Porta qui a toujours en tête des équivalences entre les parties des plantes et celles du corps humain, les racines qui dirigent la nourriture vers les rameaux correspondent à l'estomac, la rate, le foie et les autres viscères ; les plantes qui en sont dépourvues indiquent donc, par une telle signature, qu'elles sont nuisibles à ces différents organes, détruisent le foie, provoquent des nausées et diminuent la rate.

Plantes charnues (*Plantæ carnosæ*) (Livre III, Chapitre 32 et Livre V, Chapitres 5 et 6)

Porta observe que certaines plantes présentent des parties comparables à la chair du corps humain. Il en déduit qu'elles manifestent par cette particularité, - qui peut être considérée comme une signature - qu'elles ont la propriété de rendre les hommes charnus, mais aussi de guérir ceux dont la chair est corrompue.

Il reconnaît que ces plantes aux racines épaisses dont certaines sont d'ailleurs cultivées sont des plantes alimentaires, mais il remarque qu'elles sont aussi prescrites par les médecins aux phtisiques, ainsi qu'à ceux dont les chairs sont putréfiées par des ulcères ou qui ont anormalement maigri.

Il en donne une courte liste, sans aucun commentaire, simplement à titre d'exemple : le raifort (***raphanus****), le chou-rave (***rapa****), l'***arum**** (12), le safran (***crocus****), la bette (***beta****), l'asphodèle (***hastula regia****) (13), les plantes bulbeuses (*bulbi**), la scille (***scilla****), l'oignon (***cepa****), la ciboulette (***gethyum****).

Il ajoute à cette brève sélection quelques plantes dont une autre partie que la racine apparaît également charnue, mais auxquelles on prête les mêmes propriétés thérapeutiques. Ce sont, par exemple, les feuilles et les tiges renflées du chou (***brassica****) comme celles du chou-rave (***rapum****) déjà cité qui sont données une fois cuites à ceux qui sont épuisés, le suc du poireau (***porrum****) qui est prescrits aux phtisiques, de même que le jus extrait de la chair du melon (***melopepon****), mélangé à de la tisane d'orge ou encore les feuilles de plantain (***plantago****), le fruit du figuier (***ficus****) qui cicatrise les plaies ; quant aux bulbes d'asphodèle (***albucum****) semblables à celui d'un petit navet, mais beaucoup plus nombreux - jusqu'à en comprendre 80-, ils constituent un mets très agréable. Porta ajoute que tous les bulbes sont comestibles et génèrent de la chair, tout comme les fèves et les champignons ; quant aux glands des différentes espèces de chênes, il rappelle qu'ils furent parmi les premiers végétaux à être consommés par l'homme, bien avant les céréales et qu'on les utilise encore pour engraisser les porcs.

Porta observe que si certaines plantes charnues peuvent être considérées comme d'excellents remèdes, leur consommation peut aussi provoquer l'obésité, car elles sont riches en substances grasses. D'ailleurs, les fruits ou les graines de certaines d'entre elles sont donnés au bétail pour l'engraisser, comme les graines de lin (***linum****), les faînes du hêtre (***fagus****), les "larmes" du ***laser****, le marc des noix, les différentes espèces de gui (***hypear**** ou ***viscum****) qui se plaisent sur le mélèze et le sapin ou encore le vélar (***irio****).

Il s'étend longuement sur le sujet, considérant implicitement que les plantes charnues devaient être perçues comme porteuses de signatures diététiques (14), évoquant à l'occasion les recommandations des médecins, selon lesquels on maigrit par l'absorption de ce qui est maigre et sec, et en buvant peu, tandis que l'on prend de l'embonpoint en consommant ce qui est doux et humide ainsi qu'une boisson abondante.

Porta affirme par ailleurs que les plantes maigres provoquent *a contrario* l'amaigrissement, mais il se contente de citer le frêne (***fraxinus****) qui est sec, donne une graine sèche et rend insensiblement maigres ceux qui sont obèses, une observation signalée par Pline (*H N* XXIV, 46) ainsi que les "larmes" de ***cancamum**** qui sont dépourvues de toute graisse et passent pour avoir les mêmes vertus, ce que Dioscoride avait noté (*M M* I, 24 s v ***kagkamon***).

Plantes dont certaines parties sont renflées (*stirpium tumentes partes*) (Livre V, Chapitre 23)

Porta remarque que certains végétaux offrent au regard des parties exagérément renflées, voire des sortes d'abcès globuleux provoquées par des humeurs comparables à celles qui agissent dans le corps humain et y ont les mêmes effets. Pour lui, la Nature nous avertit ainsi qu'ils sont bons pour soigner les enflures et les œdèmes, ainsi que certaines parties du corps, comme, l'œil, les amygdales, les testicules, mais aussi des affections qui présentent une forme ronde, comme les hémorroïdes.

Porta cite d'abord les glands du chêne (***quercus****) dont la forme évoque les pustules qui se manifestent sur le corps atteint par la peste et recommande de traiter celles-ci avec de l'eau extraite de jeunes feuilles de chêne, laquelle est également bonne pour soigner les fièvres pestilentielles et les indurations appelées *cacoethes* (une tumeur proche du carcinome) ; il note aussi que les fruits du concombre sauvage (***cucumis****) qui ressemblent à de petites glandes, sont bons pour soigner les petites enflures et les tumeurs. Quant aux pustules qui se manifestent sur le corps quand on est atteint de fièvre pestilentielle et auxquelles on donne le nom de *lenticulae* - car elles ont la forme de lentilles -, rien n'est meilleur pour les faire disparaître - au dire d'Aristote, précise Porta - qu'une décoction de lentilles (*lenticulae*) ; et pour traiter la maladie appelée *boi* (15), qui est caractérisée par une coloration rouge de la peau, il est recommandé d'utiliser les branches de sureau rouge (***sambucus****) qui porte des baies de même couleur. Porta mentionne encore la tige du chou (***brassica****) qui attire l'attention par un renflement à proximité de la racine et qui est également bonne pour soigner les enflures.

Il note que, plus généralement, tous les plantes à bulbes (***bulbus****) sont efficaces pour traiter celles-ci ; il rappelle en outre que les *oignons* (***cepae****) sont recommandés pour soigner plus particulièrement les tuméfactions des testicules, l'ail (***allium****) pour les tuméfactions en général, les racines d'***ephemerum**** pour les plaies boursouflées et les petites enflures, les racines bulbeuses d'***hemerocallis**** pour les abcès oculaires, le ***dracunculus**** pour les engelures aux pieds (16), les grains d'orge (***hordeum****) pour les tumeurs à l'œil que l'on appelle *hordeolum* ou encore *orgiolum* (17); les figues, selon Pline (*H N*, XXIII, 118), de même que les racines noueuses, de ***gladiolus**** (18) pour soigner toutes sortes de tuméfactions. La grande scrofulaire (***scrophularia****) dont les racines rugueuses et tubéreuses présentent des parties saillantes arrondies, notamment celle du dessous qui est allongée en forme de scrofule, convient comme émollient pour soigner les ulcères scrofuleux, spongieux et les carcinomes ; la petite scrofulaire (***scrofularia minor****) dont les feuilles ressemblent à celles du lierre et les racines, au nombre de trois ou quatre, ont la forme de grains de blé est réputée pour faire disparaître les scrofules, les fics et notamment les fics de l'anus (19); les racines rondes de ***cyclaminus****, celles du ***dracunculus**** qui ont la forme de scrofules, celles de la mandragore de même que celles de l'***iris***, de l'***eryngium*** * ou du tamier (***vitis nigra****) sont également bonnes pour traiter scrofules et excroissances diverses, car elles présentent des sortes d'enflures qui peuvent assez aisément évoquer de telles affections cutanées.

Porta considère par ailleurs qu'un certain nombre de plantes qui présentent également des parties renflées possèdent des propriétés thérapeutiques qui peuvent être avantageusement mises à profit pour soigner plus particulièrement des affections qui touchent différentes parties du corps présentant des formes globulaires. Il donne à titre d'exemple, une espèce d'***arum****dont les racines laissent pendre de nombreux petits bulbes qui sont utiles pour soigner aussi bien les amygdales que les hémorroïdes ; ces dernières pouvant également être traitées avec l'***oenanthe**** appelée aussi ***filipendula*** * dont les racines présentent les mêmes particularités ; Porta rapporte à la suite que le ***chelidonium minus**** convient pour les fics de l'anus ; le laiteron (***sonchus****) pour les abcès du siège ; le rapum*, selon Simeon Seith**, pour les grosseurs inguinales ; les petites boules remplies de liquide aqueux que l'on observe sur l'orme (***ulmus****) (20) pour les enteroceles, les fruits du mûrier (***morus****) pour les abcès à l'anus et aux testicules (21), les fruits du figuier sauvage (***erinum****) pour les fics de l'anus ; les champignons (***fungus****) - selon Pline (*H N* XXIII, 98) - pour les excroissances de chair de l'anus que l'on appelle *fungi* ("champignons").

Porta n'a garde d'oublier les verrues qui peuvent être supprimées par les graines du petit héliotrope (***heliotropium minus****), notamment celles que les Grecs appellent *acrochordanas*, par le pois chiche (*cicer**) ainsi que par le thym (***thymum****) du moins celles qui ont la même couleur que celui-ci.

Plantes poilues (*villæ plantæ*) (Livre III, Chapitres 35 et 37)

Porta observe que de nombreuses plantes ont des racines, des tiges ou des feuilles couvertes de poils plus ou moins denses et plus ou moins visibles à l'œil nu ou sous un faible grossissement. Mais il ne fait aucune distinction entre leur taille ou leur aspect et ne tient guère compte de la partie de la plante où l'on peut les observer. Il ne s'interroge pas davantage sur leurs différentes fonctions. Il n'évoque à aucune occasion, par exemple, l'absorption de l'eau et des sels minéraux par les poils absorbants des racines, la restriction des pertes d'eau en milieu aride par la pubescence des feuilles, le rôle défensif des poils contre les attaques des insectes, la sécrétion des poils glandulaires chez les plantes à parfum… Il s'en tient à remarquer que les poils (*velli*) de divers végétaux qui ornent l'extrémité de leurs rameaux sont comparables à une agréable chevelure (*coma*) et il juge qu'ils doivent être perçus comme des signatures. Il considère en effet que les plantes poilues signalent ainsi qu'elles ont la propriété de guérir les alopécies, de stopper la chute des cheveux et de faire repousser la chevelure, voire parfois les poils de la barbe. Il considère que les fines étamines de certaines fleurs, mais aussi les pédicelles des corymbes ou les rayons des ombelles des inflorescences de diverses plantes peuvent également évoquer les cheveux et signaler ainsi qu'elles possèdent les mêmes propriétés que celles qui sont pourvues de poils.

L'alopécie est une maladie dont aucun traitement ne peut encore aujourd'hui être considéré comme réellement efficace, mais les remèdes proposés pour sa guérison ont toujours suscité un intérêt soutenu – surtout chez les hommes, de loin les plus touchés par cette affection - si bien qu'à toutes les époques, il s'est trouvé des charlatans pour vanter les mérites de telle ou telle préparation miracle qui aurait la vertu non seulement d'arrêter la chute des cheveux mais encore de les faire repousser, voire même de les teindre. Porta n'a eu qu'à puiser dans la littérature grecque et latine pour faire un recensement des plantes qui passaient pour avoir cette vertu et de sélectionner parmi elles celles qui présentaient une certaine pilosité. Son inventaire comprend : les différents capillaires (***polytrichon****, ***adianton****, ***callitrichon****) (22) et notamment celui dont les très nombreuses petites tiges de couleur foncée sont fines comme des cheveux, ce qui lui a valu le surnom de "cheveux de Vénus" (*capillos Veneris**) et qui a la propriété de rendre les cheveux noirs et beaux, le polytric officinale ou capillaire rouge (***trichomanes****) (23) qui présente les mêmes particularités morphologiques, et possède les mêmes vertus. Porta cite également pour lutter contre l'alopécie : le suc de la thapsie (***thapsia****), la santoline (***abrotonum****) qu'il faut employer brûlée et réduite en cendre (24), les petites boules que l'on observe sur le chêne rouvre (25), les fleurs à *pappus* (26), le suc du chardon (***carduus****), l'écorce de roseau (***arundo****) réduite en cendres, mélangée à du vinaigre, les férules (***ferulae****) comme par exemple la férule de Cyrénaïque (***laserpitium****) mélangée à du vinaigre, du poivre et du vin, l'euphorbe (***euphorbium****) aux ombelles sphériques qui est mentionnée par Avicenne** dans son traité sur l'alopécie, le maceron sauvage (***smyrnium****) toujours selon Avicenne, le suc de différentes férules comme l'(*h*)***ammoniacum****, la ***sagapenum**** ou encore l'***opopanax**** (27) dont les fleurs sont également en forme d'ombelle, mais aussi le suc de l'oignon (***cepa****) et celui de l'ail (***allium****) ainsi que certaines plantes dont les fleurs ont des étamines qui ressemblent à des cheveux comme le myrte (***myrtus****) et dont l'huile est bonne pour traiter l'alopécie, tout comme celle extraite du lis (***lilium****) notamment du lis martagon, le nénuphar (***nymphaea****) à fleurs de lis, le laurier (***laurus****), le millepertuis (***hypericon****) ainsi que le safran (***crocus****) et la cuscute (***epithymum****) qui s'enroule autour du thym et ressemble à des cheveux, selon Avicenne.

A son inventaire, Porta ajoute quelques plantes qui ont la particularité d'avoir des poils frisés (*plantæ crispæ*). Il n'hésite pas à les considérer comme ayant la propriété d'embellir la chevelure de ceux qui les mettront à contribution. Ce sont la capillaire (***adiantum****), l'ache (***apium****) qui attire l'attention par ses feuilles légèrement crépues et découpées, la berce (***sphondylium****) aux feuilles frisées à leurs extrémités, le châtaigner dont les fruits (***castanea****) présentent des poils frisés à leur pointe qui font penser à des cheveux bouclés.

Plantes aux tiges et aux feuilles glabres (*glabri & crispi plantarum caules & folia*) (Livre III, Chapitre 37)

Après avoir remarqué que de nombreuses plantes avaient de petites tiges lisses et totalement dépourvues de poils, Porta en déduit que cette caractéristique est une signature qui informe l'observateur attentif que ces plantes sont à utiliser pour supprimer les poils disgracieux ou pour rester imberbe. Il se réfère à Pline qui en a cité quelques-unes, car l'usage de s'épiler s'était répandue à son époque, même chez les hommes, - peut-être en relation avec l'homosexualité -, mais Pline qui a noté cette mode ne se risque pas à en donner une explication (*H N*, XXVI, 164). Porta n'en mentionne que trois, sans leur accorder le moindre commentaire : la plante qui porte le nom de ***hyacinthus****, dont la tige ne présente aucune aspérité (28), le ***cyperus**** aux petites branches lisses et glabres (29) et la *dryopteris* (***dryopteris****).

Plantes tachetées (*masculosæ plantæ*) (Livre V, Chapitres 16 et 17)

Certaines plantes attirent l'attention par des taches qui marquent certaines de leurs parties, en particulier les fleurs, les feuilles, les racines et les tiges. Selon Porta, elles sont évidemment bonnes pour faire disparaître différentes espèces de taches qui se manifestent sur la peau, mais aussi sur l'œil. La liste qu'il en a établie est importante. On y relève les plantes suivantes : le ***dracunculus major**** aux tiges maculées de taches rouges et le ***dracunculus minor**** (30), les feuilles d'un ***arum**** sur lesquelles on distingue de petites piqûres, une espèce d'ail (***allium anguinum****) dont les feuilles présentent des taches qui est plus précisément efficace pour traiter les taches blanches de la peau (*vitiligines*), les taches de rousseur (*lentigines*) et les marques des meurtrissures (*suggilationes*), le cyclamen (***cyclaminus****) dont les feuilles qui présentent des taches blanches sur leurs deux faces, mélangées à du miel font disparaître les défauts du visage, celles de ***persicaria**** aux taches sombres et rouges, le ***chamaeléon**** à feuilles noires - que Porta distingue du *chamaeléon* rouge – qui est bon pour traiter les éruptions cutanées (*impetigines*), les taches blanches sur la peau (*vitiligines*) et les défauts sur le visage (*vitiae in facie*), la renoncule (***ranunculus****), appelée aussi ***allium silvestris*** qui fait disparaître les marques faites sur la peau (*stigmata*), une espèce d'**orchis** appelée ***testiculus**** dont les feuilles sont tachetées qui convient pour nettoyer le visage, l'espèce d'***iris**** dont les fleurs présentent de petites taches qui est bonne pour enlever les taches de rousseur et les défauts de la peau ; quant au le lis rouge (***lilium rubrum****) appelé aussi jacinthe des poètes (***poetarum hyacinthus****), chantée par Ovide dans ses *Métamorphoses* (X, 212 sq) dont Porta cite quatre vers, il fait également disparaître les taches de rousseur ainsi que les points noirs.

Porta signale également que les fleurs de fève (***faba****) (31) sont couvertes de taches et il rappelle que, selon Galien, la farine de fèves nettoie les saletés de la peau, ce que les femmes mettent à profit en l'utilisant quotidiennement dans leur bain, et elle est également efficace pour effacer les taches dues à une exposition au soleil. Figurent également dans l'inventaire de Porta les graines multicolores de ricin (***ricinus****) qui sont bonnes pour les défauts du visage et nettoyer les narines, celles de lupin (***lupinus****) et surtout celles du lupin sauvage (***lupinus sylvestris****) qui sont couvertes de taches et sont bonnes pour nettoyer le visage et en effacer les taches, tout comme l'écorce verte tachetée de ***melopepon**** selon Galien (32). Porta mentionne enfin, en se référant encore à Galien, le bouleau (***betula****) (33) à l'écorce bigarrée dont la racine, laisse échapper un liquide abondant quand on la perfore à la tarière, qui a la propriété d'effacer les taches et de donner un teint éclatant.

Porta considère par ailleurs que certaines plantes tachetées conviennent pour traiter différentes affections oculaires caractérisées par des taches sur l'œil qui obscurcissent la vue ; il les appelle *nubecula*, *argema*, *albugo*, *glaucoma*, *suffusio* et aussi *caligo.* Ce sont quelques végétaux qu'il a déjà mentionnés plus haut : le ***dracunculus minor****, l'*arum**, le ***cyclaminum****, le ***testiculus****, auxquels il ajoute l'ébène (***ebenum****) dont le bois est noir et les raclures merveilleusement efficaces pour dissiper l'obscurité de la vue et supprimer les taies blanches sur les yeux, des propriétés signalées par Pline (*H N* XXIV, 89) il mentionne pour terminer le ***corocomagma****, une galle qui se développe sur les feuilles de l'orme qui est également noir et réputé pour dissiper les brouillards de la vue.

Porta mentionne également ici des plantes dont le suc est de la couleur du lait et qui est donc bon selon lui, pour soigner les affections oculaires, tel celui de la laitue sauvage (*lactuca**), de l'***hieracium****, du ***dracunculus**** ou encore celui de ***chamaesica****, selon Avicenne**.

Plantes écailleuses (*squarosæ plantæ*) (Livre V, Chapitre 18)

Porta s'est également intéressé à certaines plantes dont les rameaux, les fruits, l'écorce de leur tronc, le calice de leurs fleurs ou encore leurs graines paraissent recouverts d'écailles. Pour lui, une telle particularité ne pouvait être comprise que comme une signature par laquelle la Nature, toujours bienveillante envers les hommes, leur signalait que ces plantes avaient la propriété de soigner certaines maladies de peau que Porta nomme : *lepra*, *psora*, *scabiosa*, *vitiligo*, *psora* et *ungues scabros.*.

A l'appui de son affirmation, Porta donne quelques exemples de plantes particulièrement utiles en dermatologie : la ***scabiosa**** qui porte au sommet de ses rameaux des fleurs dont les corolles présentent des écailles disposées en rangées qui convient plus particulièrement pour traiter les scabies (34), la plante que l'on appelle ***morsus diaboli**** dont les fleurs présentent de petits renflements aux écailles serrées, le ***scolymus**** qui a des fruits en forme de cône et dont les écailles sont alignées comme des tuiles sur un toit, le ***chamaeleon**** dont les fleurs sont serrées comme des écailles, les feuilles de ***sedum**** disposées elles aussi en écailles, les fleurs d'***origanum**** serrées en épi comme des écailles, le plantain (***plantago****) dont les fleurs sont en épi, entrecroisées comme des tuiles et réunies au sommet d'une petite tige qui convient plus particulièrement pour soigner l'éléphantiasis.

Porta juge qu'il faut aussi compter parmi les "plantes écailleuses" certains arbres dont les fleurs sont resserrées sur leur tige à la manière de tuiles et pendent des branches, comme des vers, mais il ne cite que le noyer (***juglans****) (35). En revanche il mentionne plusieurs arbres ou arbustes qui portent des cônes aux écailles serrées et qui donnent une résine ou une huile utilisée avec succès pour traiter certaines affections de la peau (*lepra*, *impetigo*, *scabros ungines*) : le pin (***pinus****), le pin maritime (***pinaster****), l'épicéa (***picea****), le mélèze (***larix****), le cyprès (***cupressus****).

À cette liste d'arbres, Porta ajoute deux plantes de taille plus modeste : la sabine (***sabina****) dont les petits rameaux portent des feuilles squameuses et il précise – en se référant explicitement à Pline (*HN*, XXIV, 102) – qu'il peut donner autant de résine que le ***cinnamomum**** qui est utilisée avec du miel pour soigner les défauts du visage et les taches de rousseur (*lentigines*); il mentionne aussi le lis (***lilium****) dont le bulbe est formé de plusieurs couches d'écailles, auquel il prête la propriété de soigner les "lichens", les "lèpres", les écailles épidermiques (*furfures*) sur le visage et les taches (*vitiligines*) .

Plantes perforées (*perforatæ plantæ*) (Livre V, Chapitre 19)

Porta a observé qu'il existait des plantes dont les feuilles, les racines ou les fruits étaient percés de trous. Il en déduit qu'elles ont la propriété de soigner les perforations et les blessures cutanées profondes. Il cite comme exemple de ces plantes vulnéraires une espèce de gentiane appelée ***gentianella**** par les herboristes à cause de sa petite taille et qui aurait des propriétés supérieures à celles de la gentiane ; en effet, note Porta, sa racine est divisée en trois ou quatre parties et présente quatre trous disposés en croix, si bien qu'on l'appelle *cruciata** et que pour cette raison, elle est bonne comme vulnéraire ; le millepertuis (***hypericum****) dont les feuilles sont percées d'une multitude de trous laissant passer aussi bien le regard que la lumière du soleil, (d'où son nom qui signifie "aux mille trous" ou mille –pertuis), l'***ascyrum**** et l'orme (***ulmus****) dont les feuilles sont perforées comme celles du millepertuis ; Porta précise, en se référant explicitement à Dioscoride (*M M* I, 84 s v *pteleas*) que son écorce est fissurée par endroits et forme comme des lanières qui peuvent être courbées, à la manière du laurier, et qu'elle convient, en décoction pour résoudre les fractures.

Plantes dont les fruits ou les racines ont la dureté de la pierre ou qui font éclater les pierres (Livre V, Chapitre 30 et Livre VI, Chapitre 20)

Porta a relevé chez certains de ses auteurs de référence que ceux-ci avaient été frappés par la dureté et la forme des fruits ou des graines de différentes plantes et qu'ils leur avaient attribué la propriété d'expulser ou de dissoudre les calculs, à tout le moins celle de calmer les douleurs qu'ils provoquent.

Porta reprend à son compte leurs observations, jugeant sans doute que ces caractéristiques particulières des fruits ou des graines devaient être considérées comme des signatures.

En premier lieu, il cite le grémil (***lithospermum****) qui doit son nom à ses graines ; c'est pour Pline, rappelle-t-il, la plus admirable de toutes les plantes et il reproduit une partie du passage de ce dernier, dont nous avons donné le texte complet au chapitre 1 (p. 9):

Toutefois, il ne cite pas une importante remarque de Pline qui est pourtant une implicite référence à la théorie des signatures. Il est vrai que pour Porta, c'est d'une telle évidence qu'il estime inutile de le rappeler :

> "Aucune autre herbe n'indique avec plus de certitude a quel remède elle est destinée ; son aspect est tel en effet que, même sans autre garant, on peut la reconnaître d'un premier coup d'œil." (*H.N* XXVII, 99)

Porta mentionne ensuite la graine de ***lachryma Joppea**** qui a l'apparence du silex, comparable au ***lithospermum****, mais en plus résistante. Porta cite également le fragon (***ruscus****) qui présente la particularité d'avoir des feuilles sur lesquelles apparaissent de petites baies rouges à l'intérieur desquelles se trouve un noyau dur comme un os. Porta se réfère ensuite à Théophraste (*HP*, III, 7, 4-5) et à Pline (*HN*, XVI, 29) pour faire remarquer que le chêne (***quercus****) produit des sortes de pierres ponces et il en déduit que celles-ci sont bonnes pour briser les calculs.

Il note par ailleurs que plusieurs plantes ont des racines sur lesquelles sont attachées de petites pierres et de petites boules qui sont également bonnes pour briser les calculs, car elles ressemblent à ces derniers. C'est le cas des racines du souchet (***cyperus****) qui ont une forme comparable à des olives, de celles de ***thrasus****, du chiendent (***gramen caninum***) ou encore de la ***saxifragia**** dont les racines ont elles-mêmes une forme globulaire.

Il mentionne encore les graines de pivoine "femelle"(***paeonia****), l'***oenanthe**** (peut-être parce que cette plante pousse tout particulièrement dans les terrains pierreux selon Pline) ainsi que les parties très dures des fruits du néflier (***mespilum****) qui ont des propriétés identiques pour éliminer les calculs rénaux.

Porta a complété son inventaire en ajoutant aux plantes dont les fruits ou les graines ont la dureté de la pierre, celles qui ont la propriété de les briser. Il rappelle qu'elles pénètrent dans les interstices des pierres et des rochers, les percent et les fendent à la manière de petits pics ou de clous particulièrement robustes. Selon lui, ce comportement est une signature par laquelle la Nature, bonne et compatissante (*Natura benigna et indulgens*) nous avertit qu'elles ont la propriété de briser les calculs et les dents. Il relève que les Grecs les appelaient d'ailleurs *lithontriba*, les "briseuses de pierres".

Il cite de nouveau la ***saxifraga****, mais il reconnaît qu'il en existe plusieurs espèces aux propriétés identiques, parmi lesquels on compte celle que Dioscoride appelle *saxifragon** et ***empetron**** et celle que Pline désigne sous le nom de ***polytrichon**** (37), tout en rappelant que, de leur côté, les auteurs de son temps en distinguent trois espèces, toutes efficaces pour briser les calculs : l'une a des feuilles semblables à celles du fenouil, mais plus longues, petites et peu nombreuses, ainsi que des fleurs en ombelle, donne une graine comparable à celle de l'ache (***petroselinum****), une racine semblable à celle de la carotte (***pastinaca****), pousse dans les endroits pierreux, montagneux et infertiles ; une autre espèce a des feuilles semblables à celles du lierre terrestre, une tige mince et revêtue de poils, une fleur blanche, sans graine, une racine grêle et pendante comme celle de la petite chélidoine ; la troisième espèce qu'il qualifie de pierreuse (*lapicida*) est un arbrisseau ligneux, tordu, aux nombreux rejets, aux petites feuilles blanchâtres, allongées, pointues, aux graines rouges, qui pousse dans les endroits siliceux et dont la racine enfoncée dans les interstices des pierres est difficile à extraire.

Porta mentionne ensuite la *pimpinella hircina** qu'on l'appelle aussi *petrifindula,* qui pousse dans les endroits pierreux, a une très grande racine et dégage une désagréable odeur de bouc ce qui lui vaut son surnom d'***hircina***, mais aussi parce qu'elle protège des calculs, comme le sang de la chair du bouc adulte, l'***oreoselinum**** (38) et le ***petroselinum*** *que l'on trouve dans les montagnes et les endroits rocheux, la racine de l'***oenanthe**** qui pousse au milieu des pierres, le figuier (*ficus*) qui se plait sur les murs et les endroits pierreux, l'***helsine***, appelée aussi ***pariétaria*** qui soigne les calculs si on l'applique en onction sur le pubis, après l'avoir chauffée sur des tuiles et arrosée de vin de Crête, une recette mentionnée par P. A. Matthioli (op.cit. p. 414), la mousse qui pousse sur les pierres (*mucus lapideus**), l'hyssope (***hyssopus****) (39) qui croît sur les murs, le genêt (***genista****) dont la très longue racine s'enfonce dans le sol jusqu'à trente pieds, qui est également efficace pour traiter les calculs, selont Mésué**, les différentes espèces de capillaire (***adiantum*, trichomanes*, asplenium*** * ou ***scolopendrium****) qui se développent dans les endroits pierreux et humides, les grottes et les fontaines, le ***gerontopogon**** ou ***saxisica*** (40), qui pousse parmi les pierres et dont les petites feuilles ressemblent à des cheveux, la plante appelée ***calcifraga**** chez les Romains et ***empetron**** chez les Grecs - déjà citées- qui pousse à proximité de la mer sur des rochers dénudés ; le champignon (***fungus****) appelé ***lyncurius**** (41) qui pousse parmi les pierres.

Porta signale par ailleurs que certaines plantes qui ont la propriété de faire éclater les pierres peuvent être appliquées sur les dents pour les briser et les extraire. D'ailleurs, rappelle-t-il, les meilleurs médecins n'hésitent pas à les utiliser. Il cite ainsi le lierre (***hedera****) qui envahit tombes et murs et s'y introduit ; aussi est-il appliqué sur les dents branlantes ou gâtées qui ne demandent qu'à être enlevées, en ayant pris soin au préalable de protéger celles qui leur sont proches avec de la cire ; la gomme du grand genévrier (***cedrus magna****) qui affectionne les endroits rocheux des montagnes qui sert à briser les dents et calmer les douleurs qu'elles provoquent ; enfin la racine du chaméléon noir (***chameleon****) qui pousse dans les sites pierreux proches de la mer qui est bonne, une fois coupée et prise en décoction dans du vinaigre, pour briser les dents sur lesquelles on l'applique avec un stylet qui sert habituellement pour écrire.

Plantes "osseuses" (*ossosæ plantæ*) (III, 33)

En se laissant aller à comparer les parties dures et ligneuses de certaines plantes aux os du corps humain qui sont recouverts de chair, Porta considère qu'elles sont évidemment toutes désignées pour résoudre les fractures, traiter les affections des os, mais encore pour reconstituer la chair sur les os décharnés et parfois aussi pour extraire les esquilles d'os qui ont pénétré la peau.

Porta a sélectionné - en se référant explicitement à Théophraste - un certain nombre de ces plantes - qu'il appelle d'ailleurs "osseuses" - auxquelles il prête de telles propriétés thérapeutiques, en particulier celles qui sont dotées de nombreuses racines ligneuses : l'armoise arborescente (*(h)**abrotonum****), la roquette (***eruca****), et tout particulièrement ses espèces sauvages, l'arroche (***atriplex****), la bette (***blitum****), l'aneth (***anethum****), la patience (***rumex****), la *coriandre* (***coriandrum****), toutes les espèces de basilic (***ocymum****), en particulier celles qui ont plusieurs tiges. C'est en décoction qu'il recommande, en général d'utiliser leur écorce, ou parfois leurs feuilles ou leurs racines.

Il précise que les plus appréciées des médecins sont celles qui ont en outre la propriété de dessécher et de nettoyer sans échauffer, car, selon lui, les os malades sont ceux qui souffrent d'un manque de sécheresse. Il complète donc sa sélection de plantes "osseuses" en y ajoutant celles qui passent également pour dessécher : la myrrhe (***myrrha****), l'orme (***ulmus****), le myrte (***myrtus****), le lentisque (***lentiscus****), le baumier (***balsamum****), le houx (***aquifolium silvestris****) et la molène (***verbascum****).

Porta s'en tient à cette courte liste, remarquant qu'il existe d'autres plantes sauvages aux propriétés comparables, mais il note que leurs propriétés n'ont pas encore été expérimentées.

Plantes "nerveuses" (*nervosæ plantæ*) (Livre III, Chapitre 34)

Porta observe que certaines plantes qu'il appelle "nerveuses" sont constituées d'un tissu continu, fissile, tout en longueur, sans ramification et sans pousse. Il en donne comme exemple, en faisant encore ici explicitement référence à Théophraste (*HP*, VI, 1, 4): la férule (***ferula****), la petite férule (***ferulago****) et le fenouil (***foeniculum****) ainsi que différentes plantes dont les rameaux souples et flexibles sont utilisés pour confectionner des cordes et des cordages, tels que le lin (***linum****), le chanvre (***cannabis****) et l'ortie (***urtica****).

Il remarque aussi que certaines plantes présentent des nervures, en particulier sur leurs feuilles, qu'il n'hésite pas à comparer à des nerfs, tout en notant qu'elles ont pour fonction d'acheminer la nourriture. Il affirme aussi que ces "nerfs" jouent un rôle dans le port des végétaux, selon qu'ils sont plus raides ou plus flexibles et en relation avec le bois ou la chair du végétal.

De ces différentes considérations, Porta déduit que de telles plantes sont bonnes pour traiter les blessures ainsi que les inflammations des nerfs et des tendons, mais surtout les maladies nerveuses comme les convulsions et les contractions. Il évoque ainsi une espèce d' astragale (***poterion****) appelée ***neurada**** par les Ioniens dont les trois racines longues de deux ou trois coudées, dures et nerveuses, sont efficaces, une fois broyées, pour cicatriser les nerfs et les blessures et plus précisément selon Dioscoride (*M.M.* III, 15), prises en décoction, pour les affections des nerfs, la mauve (***malva****) dont les racines sont très nerveuses et de ce fait difficiles à arracher, mais sont bonnes pour les nerfs, prises en décoction, selon Pline (*HN*, XX 227-228), la guimauve (***althea****) dont la racine nerveuse et dure qui convient, toujours selon Dioscoride (*M.M.* III, 146), pour traiter les raideurs des nerfs (*nervorum rigores*), le peucedan (***peucedanum****) dont la tige est semblable à celle du fenouil (***foeniculum****) ainsi que le ***laserpitium**** originaire de Syrie, dont la tige est semblable à celle d'une férule qui sont efficaces l'un et l'autre pour soigner les nerfs malades et les convulsions, la gomme (***sagapenum****) d'une férule orientale qui est utilisée pour les paralysies des nerfs et aussi les convulsions, une propriété que Mésuée** prête également à l'***euphorbium**** qui est une férule originaire de Lybie. Porta ajoute que la farine de blé (***triticum****) dont la feuille est semblable à celle du roseau, est bonne pour les suppurations des nerfs, et il rappelle incidemment que Pline a écrit que "le lait nourrit les os, les céréales les nerfs et l'eau les chairs" (*H N*, XXIII, 37); il note encore que les cendres des feuilles de figuier (*ficus**) dont les nervures sont très apparentes, conviennent pour les affections des nerfs et les convulsions. L'observation des feuilles de vigne (***vitis****) qui ont également des nervures en saillie, conduit Porta à rapporter que si l'on en croit Pline (*H N*, XXIII, 6, 37, 45-53), le vin, de même que les cendres de sarments de vigne, sont bons pour les nerfs, sans oublier pour autant que trop de vin leur est nocif. Il complète sa liste en mentionnant l'***iris**** dont les feuilles sont nervées et semblables à celles du roseau et en signalant qu'il est bon pour traiter les convulsions, tout comme l'iris des marais (***acorum****), la lavande (***lavandula****) dont les petites tiges ont quatre nervures longitudinales, l'herbe à chameau (***juncus odoratus****), la férule appelée ***galbanum****, "l'herbe à rasoir" (***xyris****), le ***libanotis**** (42), le chanvre (***cannabis****) qui est utile pour adoucir les contractions des nerfs et celles des articulations, une indication puisée chez Pline (*H N*, XX, 259), l'aneth (***anethum****) pour calmer les douleurs provoquées par les nerfs, selon Avicenne**, la prêle (***equisetum****) pour souder les blessures survenues aux nerfs, toujours selon Avicenne**, ainsi que l'asphodèle (***albucum****) difficile à arracher mais qui est bon pour les nerfs, selon Pline (*H N* XXII, 67).

Porta affirme par ailleurs que les plantes qui ont la propriété de tendre nerfs et tendons sont également bonnes pour provoquer l'érection, et par conséquent favoriser les relations sexuelles. Porta prête de telles propriétés au lin (***linum****), à l'ortie (***urtica****), à la férule (***ferula****), à la ***cephilionis****, au chardon (***cardus****) ainsi qu'au glaïeul (***gladiolus****) et au *galanga**). Mais il n'accompagne sa sélection d'aucun commentaire.

Plantes "cartilagineuses" (*cartilagineæ plantæ*) (Livre III, Chapitre 34)

Porta distingue des plantes dont une partie est caractérisée par une structure cartilagineuse, c'est-à-dire, selon lui, épaisse et dure tout en restant souple et flexible afin qu'elle ne soit pas brisée, car un cartilage rompu ne se reforme pas.

Il affirme qu'elles ont donc la propriété de soigner les cartilages endommagés chez l'homme, et c'est à Pline qu'il a eu recours pour en dresser une courte liste (*H N* XIX 60 – 62). Elle comprend ***cucumis**, *cucurbita**, *raphanus**, *rapa**, *napus**, *pastinaca**** et ***hibiscus**** qui, rappelle Porta, est aussi appelée ***moloche agria**** ou encore ***plistolochia****, comme le signale Pline (*HN*, XX, 222).

Plantes à secrétions. (*Arborum lacrymæ* et *sudores* (Livre III, Chapitre 30 et 31) ; ***plantæ salivosæ*** (Livre V, Chapitres 14 et 22)

Les diverses résines et gommes que produisent certains arbres et arbustes n'avaient pas manqué d'attirer l'attention de la plupart des auteurs grecs et latins qui avaient rédigé des ouvrages sur les végétaux. Porta s'en est largement inspiré pour leur attribuer de très nombreuses propriétés thérapeutiques qui peuvent être sollicitées pour traiter diverses étancher la soif, traiter les abcès purulents, soigner plusieurs espèces d'affections cutanées ou encore expulser les calculs.

Les affections oculaires. Percevant ces différentes substances comme des "larmes" que secrètent les végétaux, Porta les juges efficaces pour soigner différentes affections oculaires. Il en cite plusieurs auxquelles il attribue de telles vertus : les larmes de l'arbre à encens (***thus****) qui tombent goutte à goutte de l'écorce par les fortes chaleurs de l'été, celles de la myrrhe (***myrrha****), la résine (*resina**) (43), les secrétions du styrax (***styrax****); il précise que les petites larmes de l'olivier d'Éthiopie (***olea aethiopica****) qui s'en écoule, goutte à goutte, éclaircissent la vue, en application sur les yeux, font disparaître les cicatrices ainsi que les taies blanches sur l'œil, et il ajoute que "nos oliviers ainsi que nos oliviers sauvages (***oleaster****) répandent une exsudation semblable." Il mentionne enfin les "larmes" qui perlent des racines blessées du ***tragacantha**** qui sont employées comme remèdes pour les yeux et les extinctions de voix.

La sudation. Porta cite à la suite quelques substances végétales qui s'écoulent de certains végétaux comme la sueur qui suinte des pores de la peau et sont renommées pour provoquer une forte sudation, telle la gomme appelée ***sagapenum**** qui est secrétée par les branches d'une férule blessée ; les larmes de la myrrhe en provenance d'Arabie (***myrrha****) qui sont utilisées avec de l'alun en onction mais pour modérer la transpiration aux aisselles, et aussi pour calmer les écoulements de longue durée ainsi que pour cicatriser les plaies aux yeux, le ***smyrnium**** qui a la saveur et l'odeur de la myrrhe, la gomme que secrète le figuier quand il a pris de l'âge (***anus ficus***); quant aux figues mûres, elles sont diurétiques, laxatives, sudorifiques et font venir des papules ; aussi sont-elles mauvaises en automne, parce que les sueurs qu'elles provoquent sont suivies d'un grand refroidissement ; les fruits du figuier sauvage (***caprificus****) sont également sudorifiques de même que le suc du ***panax**** que l'on incise à l'automne ; toutefois, note Porta en se référant implicitement à Pline (*H N*, XXV, 31), celui qui provient de Macédoine auquel on donne le nom d'***opopanax**** s'écoule spontanément de l'arbre.

L'étanchement de la soif. Ayant remarqué que la consistance de quelques autres secrétions végétales était proche de celle de la salive, Porta observe qu'elles sont bonnes pour étancher la soif de ceux qui souffrent de fièvre. Mais il se limite à n'en citer que trois : le pourpier (***portulaca****) dont les feuilles sont grasses car elles contiennent des humeurs en abondance et un suc gluant plus visqueux que la salive, si bien que, selon un auteur nommé Leontius, ses feuilles placées sous la langue de ceux qui sont torturés par la soif, font passer le désir de boire ; le ***ladanum**** (qu'il appelle *ledo*) dont les épaisses feuilles (qui présentent une extrémité semblable à une langue), contiennent du suc en abondance et restent toujours vertes, ont la propriété de rafraichir et de faire venir la salive quand on les place sous la langue ; et enfin les ***cucumeres**** sans aucun commentaire.

Cicatrisation des blessures et résolution des fractures. En revanche, Porta consacre un important exposé aux plantes dont la racine ou les feuilles en particulier secrètent une sorte de gomme, généralement visqueuse, qui a la propriété de souder (*solidare*, *consolidare*, *ferruminare*) les blessures, qu'elles soient extérieures ou internes et, pour certaines, de résoudre également les fractures.

Il cite en exemple l'***hibiscus**** (44) dont la racine passe pour avoir la propriété de figer l'eau, la grande consoude (***consolida major****) aux racines visqueuses à laquelle il accorde quelques développements. Après avoir noté que les feuilles ont les mêmes propriétés vulnéraires que les racines, il note que si l'on met des chairs à cuire avec celles-ci, elles s'agglutinent entre elles. Il ajoute que si on les prend en boisson, une fois broyées, elles sont bonnes pour réduire les fractures et en application, pour souder les plaies récentes ; Porta consacre également plusieurs lignes à l'***aquifolium**** dont les fleurs congèlent l'eau, au dire de Pythagore ; il précise que son écorce est utilisée comme glu par les oiseleurs. Il développe d'ailleurs son propos et consacre quelques lignes à la préparation des écorces. Il écrit qu'on les met dans une fosse située dans un endroit humide après les avoir enveloppées de feuillages où on les laisse pourrir une douzaine de jours ; on les pile ensuite au mortier dans de l'eau courante pour évacuer les restes d'écorce et les saletés jusqu'à ce qu'elles deviennent visqueuses et gluantes ; il n'y a rien de plus visqueux, juge-t-il, que la glu ainsi obtenue et elle convient pour que les oiseaux y prennent leurs plumes. Et il ajoute qu'on l'utilise pour soigner les plaies. Il cite encore les baies vertes (*acini*) comme celles du lierre et du gui que l'on cueille à l'époque des moissons ; il précise qu'après les avoir fait sécher, on les broie au marteau, puis on les plonge dans de l'eau où on les laisse pourrir pendant une douzaine de jours. Il précise que certains complètent ce mélange avec du ***galbanum**** à parts égales, des indications qui sont proches de celles que Pline (*H N* XVI, 248) a noté dans sa notice consacrée à la confection de la glu avec les baies vertes du gui ; Porta cite à la suite la racine du ***chamaeleon**** blanc appelé aussi *ixia* qui est enveloppée d'une matière visqueuse et il fait référence à un passage de Pline (*H N* XXII, 45) où celui-ci a écrit "qu'en certains lieux, le *chamaeleon* blanc produit une glu blanche à l'aisselle des feuilles, comme naît, dit-on, l'encens, surtout vers le lever du Chien, ce qui l'a fait appeler *ixia* ; les femmes s'en servent comme du mastic"; Porta cite encore les larmes du sarcocolle (***sarcocolla****) qui pousse en Perse (45), la gomme qui suinte des écorce des racines de l'orme (***ulmus****), la gomme qui provient des feuilles grasses et épaisses de l'aloès (***aloes****), la myrrhe (***myrrha****) qui est visqueuse et convient plus particulièrement pour cicatriser les blessures à la tête et les oreilles cassées. Il cite ensuite un certain nombre de plantes résineuses qui donnent des gommes-résines d'un usage courant pour cicatriser les plaies ou résoudre les fractures : la résine du pin (***pinus****), celle du cèdre (***cedria****), les gommes que l'on appelle *elemi*, la gomme de l'olivier d'Éthiopie (***olea aethiopica****), la résine de lentisque (***lentiscus****). Porta rappelle également que les feuilles d'un certain nombre de plantes se signalent également par leur gomme : il en est ainsi des feuilles de la réglisse (***glycyrrhiza****) qui sont visqueuses et riches en gomme, les feuilles de ***laudanum**** qui selon Pline (*H N*, XII, 73), secrètent au printemps une substance grasse que les chèvres recueillent sur leur barbiche et sur leurs pattes couvertes de poils et s'en nourrissent. Porta cite pour terminer les feuilles de cistes (***cistus****) et les graines de millepertuis (***hypericum****) qui sont visqueuses et dégagent une odeur de résine, les fruits de l'***ascyrum**** ainsi que ceux de l'***androsaemon**** qui sont également résineux.

Le traitement des abcès purulents. Porta n'a pas manqué de remarquer que la consistance et la couleur de certaines résines ou gommes avaient parfois l'apparence du pus, ce qui l'amène à les considérer comme la "sanie" des arbres et à en déduire qu'elles sont bonnes pour soigner les ulcères suintants qui peuvent apparaître sur différentes parties du corps. Il mentionne ainsi la résine de térébinthe (***terebinthina****) qui est bonne pour supprimer la sanie des égratignures et les crachats remplis de pus qui proviennent de la poitrine, le "mastic" du lentisque (***lentiscus****) qui est bon pour la gale des pieds et les apostumes du foie, la résine du mélèze (***larix****) qui convient pour traiter la gonorrhée et les ulcères corrompus, celle du pin (***pinus****) et de l'épicéa (***picea****) pour soigner les excrétions purulentes, celle de l'arbre à encens (*thus**) pour les ulcères coulants qui surviennent sur la tête, celle de la myrrhe (***myrrha****) pour les oreilles purulentes et celle du cèdre (***cedria****) pour la gale et les ulcères des poumons.

Mais il ne s'en tient pas là, car il déduit également de l'observation des caractéristiques de certaines résines que si les arbres les secrètent, c'est pour s'en débarrasser et il en déduit qu'elles ont la vertu de supprimer diverses affections cutanées, dont certaines ne sont parfois que les manifestations extérieures de graves maladies, notamment le "mal français" (*morbus Gallicus* appelé en France" mal napolitain" (*morbus Neapolitanus*) qui n'est autre que la syphilis. Il complète donc son inventaire en y intégrant la gomme produite par le cerisier (*cerasus**), dissoute dans du vinaigre, qui a la propriété, en application, de dissoudre les "gommes" qui apparaissent sur notre corps, la gomme que l'on extrait de la férule de Syrie (*laser**) qui est utilisée en onction pour supprimer les callosités et les indurations des pieds, préalablement incisés tout autour, selon Dioscoride, la gomme ammoniaque (*ammoniacum**) dissoute dans du vinaigre, tout comme l'***opopanax**** et la ***tagamacha**** occidentale qui ont des propriétés identiques.

L'expulsion des calculs. Porta juge par ailleurs que la gomme-résine secrétée par différents arbres provient d'une trop grande putréfaction ou si l'on préfère d'une indigestion et qu'elle est condensée par la chaleur du soleil. Comparable aux calculs qui se forment dans les reins à partir des matières viciées, putrides, indigestes que génère ce que nous mangeons, elle a donc la propriété de dissoudre les calculs rénaux. Ont une telle vertu thérapeutique, selon Porta, la gomme-résine du cerisier (***cerasus****), celles du prunier (***prunus****), de l'amandier (***amygdala****), du pêcher (***persica****), du sapin (***abies****), du peuplier (***populus****), du ***bdelium**** et du mélèze (***larix****). Il attribue les mêmes propriétés à la gomme qui se développe sur les rameaux de la vigne (***vitis****), que l'on appelle d'ailleurs les "larmes de la vigne" (*vitis lachrymae*).

Signatures et Parties des plantes

Si l'aspect général de certaines plantes permet à Porta de repérer au premier coup d'œil des signatures et de les interpréter pour en déduire leurs vertus curatives, il juge qu'un examen plus approfondi de leurs différentes parties est nécessaire pour y déceler des signatures plus secrètes qui révèlent certaines des propriétés thérapeutiques dont elles sont dotées.

Ses observations portent donc tout naturellement sur chacune des principales parties des plantes. Mais s'il rend bien compte des résultats de ses investigations, il le fait sans que leur présentation obéisse à un ordre rigoureux. Nous avons tenté de les regrouper en distinguant : la tige ou le tronc (s'il s'agit d'arbres), les feuilles, les fleurs, les fruits et enfin les racines.

La tige

Porta semble avoir prioritairement porté son attention aux plantes dont les tiges sont creuses ou anguleuses, mais aussi aux troncs de certains arbres dont l'écorce attire plus particulièrement le regard.

Les tiges creuses **(Livre V, Chapitre 19).** Selon Porta, les plantes aux tiges creuses et vides sont bonnes non seulement pour cicatriser les blessures, mais aussi pour combler les fistules.

Il n'a garde d'oublier de rappeler que toutes les céréales (*olera*) et les plantes qui sont semblables aux roseaux présentent de telles tiges, mais il ne va pas jusqu'à en déduire qu'elles sont toutes vulnéraires. Il se limite en effet à n'en mentionner qu'un tout petit nombre qui lui paraissent avoir cette propriété : la gentiane (***gentiana****), la consoude (***symphutum****), le laiteron (***sonchus****), l'hellébore blanc (***helleborum album****) et l'hellébore noir (***helleborum nigrum****) qui supprime en deux ou trois jours les callosités qui se produisent dans les fistules et le lupin (***lupinus****) qui fait disparaître les ulcères de la tête que l'on appelle *theriômata.*

Porta ajoute que les végétaux dont les troncs ou les branches ont été creusées par des vers ont également la propriété de soigner les ulcères et les blessures. Il précise, en se référant à Dioscoride (*M M*, I, 84 s v *pteleas*) que la sciure farineuse que les insectes ont laissée sur les branches des vieux arbres où elle s'est accumulée, est particulièrement efficace pour nettoyer et cicatriser les plaies qui en ont été saupoudrées. La forme sinueuse des galeries creusées par les vers dans le bois ne pouvant manquer d'évoquer celle des serpents, Porta en déduit que cette vermoulure est également bonne pour se protéger de leurs morsures. Il précise qu'elle est d'autant plus efficace qu'elle provient d'espèces végétales auxquelles on prête des propriétés vulnéraires. Pour prouver l'efficacité de ces poudres de bois, il prend comme exemple celle du bois de gaïac qui passait pour soigner tous les ulcères avec un succès remarquable, et tout particulièrement ceux que l'on appelle malins (*cacoetha*) et qui sont causés par le "mal français" (*morbus gallicus*). Il se dispense d'en donner d'autres exemples, se contentant de signaler que Pline - qui a consacré plusieurs passages de son *Histoire naturelle* aux vers qui endommagent les arbres (*H N*, XVII, 220 – 221 et XXX, 115 - 116) - a indiqué que les vers eux-mêmes qui naissent dans le bois, utilisés en application avec de l'huile, sont bons pour soigner tous les ulcères et que Galien avait vanté les propriétés de la sciure qui provenait de l'orme.

***Les tiges anguleuses* (Livre V, Chapitre 20)**. Porta considère que les plantes dont la tige est anguleuse, ont, tout comme les plantes épineuses, la propriété de cicatriser les blessures causées par une arme, les dards de l'abeille ou tout objet pointu et acéré.

Ainsi, par exemple, les feuilles de *sideritis heraclea** ont la propriété, en application, de cicatriser les plaies sans provoquer d'inflammation. D'autres plantes aux tiges quadrangulaires – ou, si l'on préfère qui ont une section carrée - passent aux yeux de Porta pour avoir les mêmes propriétés de cicatriser les blessures, voire d'effacer leurs traces. Il en cite quelques-unes, accompagnant parfois leur nom d'un bref commentaire : la petite centaurée (***centaurium minus****) soude les plaies, nettoie les blessures anciennes et les cicatrise, la germandrée petit-chêne (***chamaedris****) dont les feuilles sont efficaces pour réduire les fractures et soigner les plaies, selon Théophraste (*H P* IX, 9, 5), la germandrée-scordium (***scordium****) qui cicatrise les plaies, la bétoine (***betonica****) qui, selon le pseudo Antonius Musa**, en application, après avoir été broyée, guérit les plaies et les cicatrise avec une merveilleuse rapidité, la grande consoude (***sumphutum****), la fève (***faba****) qui calme les inflammations provoquées par les plaies, le chèvrefeuille (***clymenum****) dont les feuilles broyées, en application, cicatrisent les plaies, le plantain (***plantago****), le ***pycnocomon**** utilisé en onction avec de la polenta, extrait les petites pointes et les dards enfoncés dans la peau, le rubanier (***sparganium****) qui a des feuilles au dos desquelles la nervure principale est légèrement en saillie, et sont aiguës et tranchantes, si bien qu'elles blessent la main qui les saisit, possède, selon Galien**, des propriétés desséchantes, donc cicatrisantes, ce qui la rend utile pour soigner les blessures. Bien entendu, Porta inclut dans sa liste l'***iris****, qui a la forme d'une épée, le ***xyris**** dont les feuilles se terminent en pointe aigüe et le glaïeul (***gladiolus*** *) sont bons pour extraire les pointes fichées dans le corps.

Porta ajoute aux plantes à tiges anguleuses celles qui sont épineuses et qui ont des vertus thérapeutiques comparables, comme, par exemple, la ronce commune (***rubus****), le ***tribulus****, le houx (***aquifolium****), le chardon à carder (***dipsacus****)*, l'astragale (***poterium****), l'aloes (***aloe****), le ***lycium****, le ***pecten veneris****. Porta n'a fait aucun commentaire sur les propriétés qu'il leur prête.

Les écorces (Livre V, Chapitre 13)

Dans l'exposé qu'il consacre aux écorces des arbres, Porta observe que certains arbres perdent spontanément leur écorce. Jugeant que ce phénomène qui attire tout particulièrement l'attention, doit être compris comme une signature, il affirme que de tels arbres ont la propriété de nettoyer la peau.

Après une longue digression sur les différentes écorces que l'on peut observer sur les arbres, leur fonction et leur utilisation par les hommes, dont il a largement emprunté les principaux éléments à Théophraste, Dioscoride et Pline (46), il donne, à titre d'exemple, le chêne- liège (***quercus suber****) dont l'écorce est bonne pour les ulcères malins et les indurations que l'on appelle malignes (*cacoethes*) *;* les larmes de la vigne (***vitis lachrymae****) - dont l'écorce est crevassée - qui collent aux rameaux comme de la gomme et sont bonnes pour soigner la lèpre et la galle, en onction, une fois mélangées à du nitre et enfin la *lambrusca** qui a les mêmes vertus.

Porta associe aux arbres qui perdent leur écorce, différentes plantes dont le bulbe présente plusieurs enveloppes superposées qui s'écaillent et tombent quand elles sont sèches. Il mentionne, en faisant référence à Théophraste qui les a longuement décrit (*H P* VII, 12 - 13) l'ail (***allium****), la scille (***scilla****) et l'oignon (***cepa****) qui ont la propriété, utilisés en onction avec du miel, de soigner les lichens, les lèpres ainsi que les peaux squameuses.

Porta complète son inventaire en y ajoutant certaines graminées dont les grains sont entourés de glumes acérées. Il mentionne à titre d'exemples, le son du froment (***triticum****), employé en onctions chaudes, une fois cuit dans de l'eau vinaigrée pour chasser les lèpres et les vieilles indurations cutanées, l'orge (***hordeus****) appliqué en cataplasme avec du vinaigre piquant, pour traiter les lèpres, l'avoine (***avena****) aux propriétés identiques, et la semoule d'épeautre (***alica****) qui donne de l'amidon, en décoction dans du vinaigre, pour chasser les lèpres et en onguent pour traiter les ongles infectés en les faisant tomber.

Les feuilles

Porta accorde une attention plus particulière aux végétaux dont les feuilles sont pointues ou encore à ceux dont le feuillage est persistant pour y voir des signatures permettant de connaître leurs propriétés cachées.

Plantes aux feuilles pointues (acutifoliae plantae) **(Livre V, Chapitre 21).** Pour Porta, la Nature nous avertit que certaines plantes sont bonnes pour traiter tout ce qui est aigu et faible ; s'il prête en premier lieu de telles propriétés à celles dont les feuilles sont pointues, il affirme qu'il faut également compter parmi elles, celles dont les tiges et les graines sont pointues, ou encore celles qui présentent de petites épines ou des feuilles extrêmement fines comme des cheveux. Selon lui, toutes ont la propriété de soigner les affections qui provoquent une grande douleur, comme les maux de dents, ou dont les symptômes sont d'une grande intensité, comme l'épilepsie, mais aussi, à l'inverse, les états qui se traduisent par un grand abattement et une grande faiblesse, comme la léthargie. Elles peuvent également se montrer efficaces pour traiter certaines blessures causées par des pointes, des morsures de serpents ou des piqûres de scorpions. Porta précise au passage que ces plantes qui poussent dans les endroits secs, ont des "qualités sèches" et que les espèces sauvages sont plus sèches et ont des feuilles plus étroites que celles qui sont cultivées. Aussi leurs vertus curatives sont-elles plus efficaces.

Il en dresse une importante liste, mais s'il mentionne à plusieurs reprises certaines caractéristiques morphologiques de chacune des plante qu'il a sélectionnées qu'il interprète comme des signatures, il ne précise malheureusement pas toujours, tant s'en faut, quelles sont les propriétés thérapeutiques qui justifient son choix et lui paraissent en relation avec la signature qu'il a pu y déceler.

Selon Porta, le ***peucedanum**** dont les feuilles, fines comme un cheveu, conviennent pour traiter efficacement et rapidement les épileptiques et les léthargiques, le ***sagapenum**** est bon pour soigner les épileptiques et sa seule odeur suffit pour traiter les suffocations hystériques, l'euphorbe à feuilles de férule (***euphorbium****) qui a des propriétés caustiques est bonne pour soigner la sciatique, pour extraire les écailles d'os, après avoir enduit d'un onguent l'endroit du corps où elles se trouvent et aussi pour traiter les léthargies, après en avoir frotté l'arrière de la tête, mais cette plante provoque également l'éternuement, le ***pyrethrum**** dont les feuilles, semblables à celles de la carotte sauvage (***daucus sylvestris****) et du fenouil (***foeniculum****) ont une saveur brûlante et des propriétés caustiques, sont efficaces contre les maux de dents, le romarin (***romarinum****) qui donne un fruit appelé *cachryas* et dont les feuilles sont semblables à celles du fenouil (***foeniculum****), a des propriétés incisives (46), le suc irritant du *galbanum** de Cyrénaïque dont l'odeur provoque des étourdissements et met en fuite les serpents, les minces feuilles de ***melanthion**** qui font disparaître les lèpres et les taches sur la peau, les feuilles épineuses aux arêtes tranchantes de l'***acanthium****, le chardon appelé épine blanche (***spina alba****) dont les feuilles sont hérissées d'épines et la tige terminée par une boule épineuse, qui a de minces graines d'essence subtile et de qualité chaude, les feuilles minces et acérées de l'*ammi**, l'***anthemis**** aux feuilles petites et fines qui a des propriétés échauffantes et adoucissantes, l'***artemisia**** aux fines feuilles, l'***asplenum**** aux feuilles oblongues et pointues qui est menue dans toutes ses parties et sèche sans être chaude pour autant, le gingembre (***gingiber****) aux feuilles semblables à celles du roseau ou des graminées, qui est menu dans toutes ses parties, mais moins que le poivre, le panicaut (***eryngium****) épineux, sec et d'essence subtile qui est bon pour traiter l'épilepsie, l'herbe à chameau (*juncus odoratus**) qui est diurétique, le roseau odorant (*calamus odoratus**) aux feuilles pointues, le millet (*milium**) aux feuilles semblables à celles du roseau qui est d'essence subtile, le myrte (*myrtus**) aux minces feuilles qui est de nature chaude, la férule (*ferula**) qui a des vertus adoucissantes, l'*oxyacantha** qui a les mêmes propriétés que la résine de lentisque et d'épicéa.

Les plantes à feuilles persistantes **(Livre IV, Chapitre 24 et Livre VI, Chapitre 31).** Porta constate que de nombreux végétaux ne perdent pas leur feuillage, et cette particularité ne manquant pas de l'intriguer, il tente d'en trouver une explication chez ses principaux auteurs de référence (Aristote, Théophraste, Empédocle, Timée le Mathématicien, Aphrodiseus, ou Plutarque). N'étant guère convaincu par celle qu'ils en ont données, il croit, pour sa part que c'est le suc de la plante qui en est la cause. Selon lui, ce dernier se maintient dans les pédoncules des feuilles durant toute l'année grâce à sa chaleur et à sa lenteur de circulation due à sa viscosité, et il leur assure ainsi une nourriture suffisante pendant l'hiver, tout comme les animaux qui passent les mauvaises saisons sans se nourrir.

Ayant ainsi expliqué que le feuillage de ces plantes restait vert quelle que soit la saison, il en déduit que les plantes à feuilles persistantes ont la propriété de soigner un grand nombre de maladies qui peuvent apparaître à n'importe quel moment de l'année. De plus, ajoute-t-il, de telles plantes présentent un réel avantage sur celles dont les feuilles sont caduques, car on peut en disposer à tout instant, prêtes à l'emploi, ce qui sous entend que ce sont pour lui les feuilles qui sont porteuses de propriétés thérapeutiques. Peut-être juge-t-il en outre que celles-ci sont d'autant plus efficaces qu'elles ont su résister aux rigueurs des saisons froides.

A l'appui de ses propres déductions, Porta a établi une liste sélective de végétaux sempervirents (47) auxquels il attribue de très nombreuses vertus curatives, généralement selon les affirmations des auteurs grecs et latins qu'il a consultés. Mais il n'explique pas pourquoi la permanence de leur feuillage serait la signature de leurs propriétés à soigner tant d'affections aussi diverses que précises. Il se contente d'affirmer qu'elles peuvent être efficacement utilisées pour traiter des maladies qui peuvent survenir à n'importe quelle période de l'année. Pour lui, la signature est implicite : la constance de leur feuillage garantit la constance de leurs propriétés.

Il accorde toutefois une place à part à celles qu'il juge bonnes pour traiter l'alopécie, peut-être parce qu'il lui était plus facile de démontrer par cet exemple que la pérennité apparente de leur feuillage était la signature de leur propriété à arrêter la chute des cheveux.

Son inventaire comprend : ***myrtus****, ***palma****, ***laudanum****, ***aloe****, ***(h)abrotonum****, ***adiantum****, ***trichomanes**** et *olea sylvestris**.

Les racines

Les auteurs d'ouvrages de botanique, aussi bien grecs que latins, accordent une attention particulière aux racines des végétaux, en particulier à leur forme, et par suite, à leurs propriétés. Ils seront suivis sur ce point par les écrivains de la Renaissance. Les dessins qui accompagnent leur texte représentent presque toujours les plantes avec leurs racines, considérées à juste titre comme un élément essentiel de leur morphologie. Un souci de précision qui se perdra au fil des siècles suivants ! Et force est de constater que ce détail important est malheureusement absent de la plupart des ouvrages consacrés de nos jours aux végétaux.

Les parties souterraines des plantes ont attiré l'attention de Porta, mais il ne semble guère s'être interrogé sur leurs diverses fonctions. D'ailleurs, il ne fait aucune distinction entre racine, rhizome, tubercule ou corme, voire tige souterraine (48); pour lui, il n'y a que des racines qui peuvent présenter les formes les plus diverses et sont donc susceptibles d'être interprétées comme autant de signatures (49). Il a toutefois établi une typologie sommaire des racines, en distinguant celles qui sont uniques, nombreuses, noueuses, bulbeuses, voire percées de trous.

Une seule racine* (Livre VI, Chapitre 6).** Porta rappelle que certaines plantes qui n'ont qu'une racine unique et profonde, sont de nature sèche et ne peuvent absorber qu'une nourriture tellement faible qu'elle est à peine suffisante pour assurer leur existence et leur développement ; c'est pourquoi, affirme-t-il, elles sont dans l'impossibilité de produire des rejets, comme le sapin (abies****), le pin (***pinus****), le mélèze (***larix****), le palmier (***palma****), voire le ***cedrus**** et le cyprès (***cupressus****). Il remarque également que les arbres oléagineux rejettent toute greffe provenant d'une autre espèce, car, de la blessure occasionnée par la greffe, s'écoule un liquide huileux qui s'oppose à elle ; de plus, la nourriture qu'ils absorbent disparaît dans tout leur corps pour se transformer en graisse, ne laissant aucune part à la production de semence, tout comme chez les hommes gras qui sont incapables d'engendrer des fils.

Porta remarque aussi que les arbres n'ayant qu'une seule racine qui se développe en s'allongeant, ne donnent ni rejets, ni fruits et sont stériles. Il interprète cette particularité comme une signature et il en déduit que de tels végétaux possèdent des propriétés contraceptives, voire abortives. Selon lui, en effet, elles expulsent le fœtus et l'arrière -faix. Et de citer le cyprès (***cupressus****) (50), le ***cedrus****, le pin (***pinus****), l'épicéa (*picea**), la sabine (***sabina****) et le chou (***brassica****) (51).

Des racines nombreuses.* (Livre VI, Chapitre 8).** Porta observe que certaines plantes manifestent leur fécondité par leur touffe, ou par des racines nombreuses et denses qui se développent sous terre à la fois en longueur et en largeur ou encore par l'abondance de leurs ramifications. Selon lui, elles avertissent ainsi les hommes qu'ils doivent veiller à la postérité de l'humanité et donc se reproduire pour assurer leur postérité. A cette occasion, il ajoute quelques réflexions sur la croissance de ces végétaux : il considère qu'elle est favorisée non seulement par l'humidité du sol, car la sécheresse nuit au développement radiculaire, mais aussi par la plus ou moins grande profondeur des racines ; en effet, d'après lui, celles qui sont superficielles et sinueuses sont avantagées par la Nature, car elles bénéficient de l'air et surtout de la force du soleil, qui favorisent l'élaboration du suc nécessaire à leur développement et à la formation de nouvelles racines. Porta juge que l'abondance des racines doit être perçue comme une signature et que les plantes qui présentent cette caractéristique ont la propriété de favoriser la fécondité. Il en cite plusieurs qui lui paraissent se signaler tout particulièrement par la forte croissance de leurs parties souterraines, comme la vigne (vitis****) et l'olivier (***olea****), le palmier dit ***palma humilis**** qui, coupé à ras chaque année, reprend facilement à partir de ses racines et produit des tiges semblables à celles des asperges (51), les asperges (***asparagi****) qui émettent de nombreux rejets, tout comme les chardons (***cardui****).

Des racines noueuses (geniculatae radices) **(Livre VI, Chapitre 8).** Porta ajoute que les plantes dont les racines présentent de nombreux nœuds, favorisent également la fécondité et les rapports sexuels. Ainsi, le roseau (***arundo****) qui, même brûlé par le soleil ou raccourci, reprend de plus belle et dont la racine, broyée fraiche et bue dans du vin est aphrodisiaque, selon Pline (*HN*, XXIV, 87); le ***galanga****, le ***thrasus**** (53) qui a des racines semblables à celles du souchet ou encore certaines céréales, comme le blé (***triticum****), qui ont également des racines noueuses et sont d'une grande fécondité. Un seul de leurs grains ne donne-t-il pas de nombreuses tiges ou épis ? N'est-ce pas la preuve qu'elles sont bonnes pour nourrir le corps et lui donner des forces ? Et Porta de rappeler que "Sans Cérès et sans Bacchus, Vénus est froide."

Des racines bulbeuses (bulbosae radices) **(Livre VI, Chapitre 8).** Porta s'appuie sur Dioscoride (*M M* II, 170 s v *bolbos edôdimos*) pour affirmer que, d'une façon générale, toutes les plantes à bulbes sont aphrodisiaques et favorisent le coït. Il en donne pour exemple l'ivraie (***lolium***) qui, selon Dioscoride (*M M* II, 100 s v *aria*), favorise la conception si on l'utilise en fumigation, avec de la polenta, de l'encens, de la myrrhe ou du safran, l'oignon (***caepa****) dont les racines donnent naissance à des radicelles ou des nœuds d'où partent de nombreuses pousses, selon Aristote (*Gen. An.* III, 761 b) ; Porta mentionne également quelques plantes qui, selon Théophraste (*H P*, VII, 1-2), se multiplient par les rejetons de leur racine, comme le muscari (***bulbus****), la ciboulette (***gethium****) ou la scille (***scilla****) et sont donc aphrodisiaques, comme d'ailleurs toutes les autres plantes à bulbes, une propriété que le poète Martial a voulu évoquer dans ces vers que Porta cite à l'appui de son affirmation :

"Lorsque ta femme devient vieille, lorsque tes membres sont morts, rien de mieux que les bulbes pour pouvoir te rassasier (*Epig.*11, 52, 14)

Il complète son inventaire par l'oignon (***cepa****) qui donne une graine féconde, selon Siméon Seith**, l'ail (***allium****) qui est aphrodisiaque, selon Pline (*H N*, X X, 57) si on le consomme en boisson avec du vin, le poireau (***porrum****), l'ail rocambole (***scorodropasum****), le safran (*crocus**), l'asphodèle (*asphodelus*) dont la racine, selon Pline (*H N*, XXI, 109) ressemble à un petit navet et groupe souvent quatre-vingt bulbes, si bien qu' aucune plante n'en a davantage qu'elle, ce qui justifie sa réputation d'être aphrodisiaque, utilisé en friction ou pris en boisson avec du vin et du miel, enfin l'***arum*** * dont la racine est entourée de nombreux filaments et de bulbilles longues et rondes qui donnent des tiges et qui a selon Dioscoride (*M M*, II, 167 s v *aron*), les mêmes propriétés aphrodisiaques que le ***dracunculus****.

Des racines perforées (perforatae plantae) **(Livre V, Chapitre 19).** Quelques plantes se signalent par des racines présentant des perforations. Porta note ainsi que l'espèce de *gentiana** appelée *gentianella** a une racine divisée en trois ou quatre parties dont les perforations sont disposées en croix et il en déduit qu'elle est bonne pour les blessures qui perforent la peau.

Les fleurs et les fruits

Porta s'est surtout intéressé aux différentes couleurs qu'elles peuvent revêtir, et non à leur structure. Nous renvoyons donc au chapitre précédent où nous avons exposé comment il en avait interprété les variétés. En revanche, il a consacré plusieurs chapitres de sa *Phytognomonica* aux fruits, en accordant une place importante aux végétaux qui donnent beaucoup de fruits, mais aussi à ceux qui attirent l'attention par certaines de leurs particularités, comme ceux dont les fruits abritent des insectes, ceux qui nécessitent le concours d'autres végétaux pour être fécondés ou encore ceux dont les fruits apparaissent sur les feuilles.

Des fruits en abondance ! **(Livre VI, Chapitre 12).** Selon Porta, les plantes qui donnent des fruits ou des graines en abondance favorisent la conception et la fécondité. Il en veut pour exemple le cas des différentes espèces de chêne (***quercus****, ***cerrus****, ***robur****)* qui lui semble particulièrement probant. De tous les végétaux, il lui apparaît comme celui qui est le plus fécond et dont le développement est le plus spectaculaire, qu'il s'agisse de ses racines, de ses branches, de ses feuilles et de ses rejets, manifestant ainsi la bienveillance de Dieu à l'égard des hommes. Et il se laisse aller à vanter longuement à la fois la majesté et la diversité de ses formes ainsi que son exubérante vitalité, mais aussi l'incomparable place qu'il a occupée dans l'histoire de l'humanité, car, rappelle-t-il, les glands constituèrent la première nourriture des hommes, et le chêne fut très tôt vénéré comme un arbre sacré dédié aux dieux. (54)

Mais, écrit-il, le chêne ne donne pas que des glands. Il produit aussi d'autres substances en abondance, en particulier différentes sortes de galles (55) dont certaines abritent parfois des moucherons. Il rappelle au passage que le gui (***viscum****) se développe aussi sur ses branches et que différentes espèces de champignons (***boletus*****, *suillus*****, *agaricum****) se plaisent sur ses racines.

Pour Porta, une telle abondance de parasites qui se développent sur le chêne doit être perçue comme une manifestation supplémentaire de son exceptionnelle vitalité. Et il ne manque pas de souligner que les glands sont efficaces pour favoriser les relations sexuelles tout comme le gui qu'il abrite et nourrit, mais, à cette occasion, il ne fait curieusement aucune allusion à la signature qu'il aurait pu facilement évoquer en observant que la forme des glands peut être aisément comparée à celle du pénis.

Les plantes vivipares (viviparæ plantæ) **(Livre VI, Chapitre 13).** Les plantes qu'il appelle "vivipares", c'est-à-dire celles où l'on peut observer la naissance et la multiplication d'animaux dans leurs propres fruits attire également l'attention de Porta. Il considère que leur présence et leur abondance sur une même plante doivent être comprises comme un signe manifeste de sa capacité à favoriser la fécondité. Il en veut pour exemple quelques végétaux mentionnés par les Anciens qui avaient décrit avec une relative précision la venue et pullulement d'insectes dans leurs fruits : le chêne (***quercus****), le figuier (***ficus****), l'orme (***ulmus****), le pistachier (***térébinthus****), le pistachier d'Inde (***Indica terebinthinus****) et l'asphodèle (***albucum****) (56).

A partir de ces quelques exemples, Porta en vient à considérer que toutes les espèces de légumes (***legumina****) dans lesquels naissent et se développent des insectes ont également la propriété de faciliter la fécondation.

Les plantes solidaires **(Livre III, Chap. 15).** Porta considère que les plantes qui parviennent à éviter que leurs fruits tombent avant maturité et réussissent à les conserver jusqu'à ce qu'ils soient mûrs indiquent par ce signe qu'elles sont bonnes pour maintenir l'embryon dans la matrice de leur mère jusqu'à l'accouchement. En effet, selon Théophraste (*H P*, II, 8, 1), un certain nombre de plantes "sont sujets à perdre leurs fruits avant la maturité : l'amandier, le pommier, le grenadier, le poirier, et surtout le figuier et le palmier ; c'est précisément à ces derniers qu'on cherche les moyens de venir en aide." Porta se réfère donc au botaniste grec pour rappeler succinctement comment palmiers et figuiers parviennent à conserver leurs fruits jusqu'à maturité grâce à l'aide qu'ils reçoivent et que Théophraste appelle la "caprification."

Pour le palmier, il s'est inspiré d'un passage de ce dernier :

> "Pour les palmiers, il s'agit du concours que les sujets mâles prêtent aux sujets femelles. Ce sont les mâles qui font subsister <les fruits> jusqu'à complète maturité <par une opération > que certains, se fondant sur la ressemblance, appellent "caprification". Voici comment elle se déroule : quand l'arbre mâle fleurit, sitôt après avoir détaché la spathe d'où émerge l'inflorescence, telle quelle on la secoue pour faire tomber le duvet, la fleur et la poussière sur les fruits de l'arbre femelle qui, soumis à ce traitement, les conserve jusqu'au bout sans perte. Apparemment dans les deux cas, le mâle prête son concours aux femelles, puisqu'on appelle femelle l'arbre qui porte les fruits." (*H P* II, 8, 4).

Sur la fructification du figuier, Porta a également recueilli ses informations chez Théophraste (*H P*, II, 8, 1 à 3), mais surtout chez Pline dont il reproduit partiellement le texte :

> "La maturation de la figue excite l'admiration, car seul entre tous, ce fruit arrive à maturité par un artifice de la nature. On nomme caprifiguier le figuier sauvage dont les figues ne mûrissent jamais, mais qui donne aux autres ce qu'il n'a pas lui-même, puisqu'on observe un transfert naturel des causes et que, comme de la pourriture, il naît ici quelque chose. Il engendre donc des moucherons ; ceux-ci, privés de nourriture sur l'arbre où ils sont nés, quand il se décompose en pourriture, s'envolent vers le fruit son parent : criblant les figues de morsures, c'est-à-dire s'en repaissant goulûment, ils en ouvrent les pores, et, pénétrant ainsi à l'intérieur, ils y font d'abord entrer le soleil avec eux et livrent passage aux souffles fécondants par ces portes ouvertes. Bientôt ils épuisent le suc laiteux, qui est la prime enfance du fruit, ce qui se produit aussi sans leur intervention ; aussi place-t-on dans les plantations de figuiers un caprifiguier au dessus du vent dont le souffle portera sur les figuiers le vol des moucherons." (*HN*,. XV, 80)

Jugeant que ces deux exemples sont suffisamment probants pour illustrer son propos, il ne leur accorde aucun commentaire. Il laisse toutefois entendre que la consommation de figues et de dattes est efficace pour éviter les avortements et il se contente de mentionner une croyance pour justifier la propriété ainsi prêtée aux dattes : il convient, écrit-il, de consommer deux dattes récentes auxquelles on a ôté le noyau, et dont on a rempli l'espace ainsi libéré avec de la poudre de chêne kermès. Il signale aussi tout l'intérêt que présentent certaines pierres pour prévenir les avortements, en s'inspirant sans doute d'une notice de Pline (*H N,* XVI, 198- 199).

Des fruits sur les feuilles !* (Livre VI, Chapitre 16).** Porta remarque que l'on peut observer la présence de fruits sur les feuilles de certaines plantes, et il y voit une signature par laquelle la Nature indique qu'elles sont aisément fécondes ; il en déduit qu'elles ont la propriété de réveiller les sens assoupis, de faciliter les accouchements et de soigner les parties intimes. Il attribue de telles vertus, par exemple, au fragon petit houx (myrtacantha****) qui exhibe une petite baie rouge au milieu de la face supérieure de ses feuilles et dont la racine, broyée dans du vin, est bonne pour purifier la matrice et traiter les difficultés à uriner, l'***hippoglossum**** (57) dont les feuilles présentent en leur milieu comme une cavité d'où sort une autre feuille semblable à une langue près de laquelle émerge une petite baie rouge et qui est d'un grand secours pour traiter les affections de l'utérus, une espèce de chou (***brassica****) qui exhibe une petite tige sur ses feuilles, et qui provoque la purgation des femmes, si elles le prennent comme aliment, expulse le fœtus mort, consommé cru, et facilite aussi l'accouchement. Porta indique enfin qu'il se produit au milieu des feuilles du chêne kermès (***ilex coccifera****) une sorte d'excroissance de forme globuleuse et de couleur rouge, de bel aspect, mais il se contente de lui reconnaître la propriété de fortifier le cœur.

Morphologie des plantes et parties du corps humain (Livre I, Chapitre 2 ; Livre III, Chapitres 38 à 52)

La comparaison des différentes parties des végétaux avec celles du corps de l'homme ou des animaux est parfois évoquée par certains auteurs de l'Antiquité qui servent habituellement de référence à Porta (58). Parmi eux, c'est sans doute Pline qui en a rendu compte avec le plus de netteté dans le passage suivant :

> "Le corps des arbres, comme celui des animaux, a une peau, du sang, de la chair, des nerfs, des veines, des os, de la moelle. La peau, c'est l'écorce…Immédiatement sous l'écorce est généralement une graisse nommée aubier pour sa couleur, partie molle et la plus mauvaise du bois…..Sous l'aubier est la chair, sous celle-ci les os, c'est-à-dire le meilleur du bois…. Tous les arbres n'ont pas de la graisse ou de la chair en abondance, comme les animaux les plus actifs… Dans la chair de certains arbres, on trouve des fibres et des vaisseaux, la distinction est facile : les vaisseaux sont plus larges et plus blancs ; les fibres se voient dans les bois de fente… " (*H N*, XVI, 181 - 187)

Porta ne s'en tient pas à ces considérations. Il juge que la forme de certaines parties des végétaux présente une telle ressemblance avec différents éléments de l'anatomie humaine qu'il faut y voir des signatures voulues par la Nature pour indiquer aux hommes qu'elles possédaient des propriétés efficaces pour les soigner.

Afin de le démontrer, Porta a effectué un recensement des plantes qui offraient de telles ressemblances en les présentant grosso modo *a capite ad calcem*, c'est-à-dire en examinant de la tête aux pieds les principales parties du corps humain, suivant ainsi un ordre souvent adopté dans l'Antiquité par les auteurs d'ouvrages de médecine.

La tête (Livre III, Chapitre 38). Porta donne une courte liste de plantes dont la forme ronde des racines, des inflorescences, des fruits ou encore des graines évoque une tête humaine. Selon lui, elles ont la propriété de calmer les maux de tête, l'épilepsie, de dissiper l'ébriété ou de provoquer le sommeil.

Ce sont : la scille (***scilla****) qui est bonne pour traiter l'épilepsie ainsi que les maux de tête, en particulier ceux qui sont causés par le froid, tout comme le ***pancratium****, l'espèce d'***apium**** que Porta dit avoir vu en Campanie, dont les feuilles et les graines sont noires et qui, selon Siméon Seith** est efficace pour préserver de l'ébriété, la noix de coco (***nux indica****) dont on tire une huile utilisée pour calmer les céphalalgies, la ***cotonea struthea**** qui est une espèce de coing, appelée aussi *cotonea majora*, dont la forme sphérique peut être comparée à une tête, et qui est bonne pour lutter contre les maux de tête, les ***cucurbitæ****, en particulier les melons (***melones****) sont recommandées pour soigner les douleurs de la tête, notamment, précise Porta, le malaise que l'on appelle *syriasis* (une affection fébrile caractérisée par des troubles cérébraux qui correspond probablement à la méningite). Il termine sa liste par le pavot (***papaver sativum****) qui procure le sommeil.

Les yeux.* (Livre III, Chap. 39).** Porta observe que certaines plantes ont des fleurs composées, présentant une partie centrale colorée, ronde et parfois bombée (*umbilicus*) entourée de nombreux éléments en forme de languettes (*foliolus*), également colorés, l'ensemble étant aisément susceptible d'être comparé à un œil aux paupières garnies de cils. Ce sont généralement des Astéracées (ou Composées) dont la morphologie et les couleurs sont parfois sommairement précisées par Porta. Selon lui, elles sont bonnes pour soigner les affections oculaires. Les plantes qu'il a sélectionnées sont l'anthemis**** appelé aussi ***chamaemelon**** dont le capitule est jaune d'or entouré de bractées blanches et pourpres, qui est bonne pour soigner l'***œgilops***, l'***aster atticus**** dont la fleur, portée à l'extrémité d'une tige, est divisée, comme l'anthémis, tout autour du bord extérieur de son capitule en de nombreuses bractées disposées en étoile, qui est bon pour soigner les inflammations oculaires, comme la grande joubarbe (***sempervivum majus****) également appelée ***aizoon*, *Jovis oculum*, *buphthalmon*** ou encore ***zoophthalmon*** et, selon Pline (*H N*, XXV, 160-161) parce que certaines de ses feuilles sont dressées de sorte que le cercle qu'elles forment a l'aspect d'un œil. Porta mentionne encore une espèce de nard celtique (***nardus celticus****) aux fleurs blanches disposées en rayon, comme le précédent, qui est bon, selon Dioscoride (*M M*, I, 7 s v *nardos*), pour guérir les ophtalmies, le souci (*caltha**) dont la fleur de forme ronde, bombée en son centre évoque une sorte d'œil ou de pupille qui améliore l'acuité visuelle en emploi quotidien ; en outre, ajoute Porta, l'application sur l'œil d'un linge de lin imprégné de l'eau distillée de cette fleur est efficace pour soigner les conjonctivites et les inflammations oculaires, le ***hieracium*,*** (59) dont le nom évoque l'épervier, qui, - rapporte Porta en citant Pline (*H N*, XX, 60) - utilise son suc pour s'éclaircir la vue quand ils la sentent s'obscurcir, qui est également efficace pour traiter toutes les affections oculaires de l'homme, en particulier les brouillards, les obscurcissements de la vue et les larmoiements, la ***scorzonera**** dont la fleur est formée de nombreuses bractées disposées en couronne tout autour de sa partie centrale ronde dont la racine donne un suc laiteux ayant la propriété d'aiguiser la vue, l'***aconitum pardalianches**** dont la fleur est également formée d'un capitule globuleux entouré de nombreuses bractées qui sert à confectionner des médicaments pour soulager la douleur provoquée par les affections oculaires, l'***helenium**** aux fleurs ressemblant à un petit œil, comme l'anthémis, dont les racines, macérées dans du vin, sont efficaces pour aiguiser la vue, la ***seris**** dont les nombreuses folioles disposées en rayon évoquent un œil, [entouré de cils], convient également pour les inflammations oculaires, tout comme l'***abrotonum foemina**** aux nombreuses fleurs d'un jaune d'or éclatant en grappes, l'***anemone**** dont la fleur qui ressemble à celle du pavot est noire en son centre, qui est non seulement bonne pour les inflammations oculaires, mais aussi pour les cicatrices et les faiblesses de la vue, le pavot (***papaver****) qui a les mêmes propriétés que l'anémone, l'***argemone**** dont les fleurs sont bonnes pour soigner les taies oculaires et les brouillards de la vue, la ***scabiosa**** dont les fleurs ressemblent à des globes oculaires qui est bonne pour supprimer les taches blanches sur l'œil, l'***iris**** dont la fleur présente de nombreuses variétés de couleurs évoquant celles de l'œil qui provoque la sécrétion de larmes, l'***acacia**** dont les graines ressemblent à celles du lupin ou au cristallin de l'œil et le suc sert à confectionner des médicaments pour les yeux, notamment pour traiter l'exophtalmie.

Les dents*. (Livre III, Chapitre 41).* Porta observe que différents végétaux donnent des fruits qui évoquent assez facilement des dents. Il en déduit que cette ressemblance est une signature de la Nature par laquelle il est indiqué aux hommes que ces plantes ont la propriété de calmer les douleurs dentaires ainsi que celles qui accompagnent la pousse des dents. Ainsi, la décoction des graines de grenade (*punica malus**) qui ressemblent à des dents est-elle bonne pour calmer les inflammations des gencives et raffermir les dents branlantes, le feuillage des pins (*pinus**) dont les pignons peuvent aussi évoquer des dents, pris en décoction avec du vinaigre, passe pour calmer les douleurs dentaires. Quant à la *dentaria herba** (60) dont les racines ont la forme de dents, elle a les mêmes propriétés.

Les principaux organes du corps

Le cœur (Livre III, Chapitre 46). Porta remarque que certaines plantes ont des racines, des feuilles ou des fruits qui ressemblent à un cœur et il considère que, par cette analogie qui doit être perçue comme une signature, elles nous signalent qu'elles sont bonnes pour soigner les affections cardiaques ainsi que les fièvres. C'est ainsi que le ***citrium**** est prescrit par Avicenne**, pour soigner les maladies du cœur, et ajoute Porta, par les médecins modernes contre les fièvres pestilentielles, l'***anakardium**** dont le fruit a la couleur et la forme du cœur d'un petit oiseau s'avère utile pour traiter les pertes de connaissance, l'***antora**** qui a deux racines qui ressemblent à de petits cœurs convient pour toutes les maladies du cœur, mais surtout pour les fièvres pestilentielles, le ***nardus montana**** qui a des racines comparables à de petits cœurs est bon, comme le nard celtique (***nardus celticus****), pour soigner les cardiaques et ceux qui perdent connaissance, utilisé non seulement en boisson, mais aussi en instillation nasale, le ***persea**** (61), la ***vesicaria**** (62), le ***triphyllon**** appelé également ***alleluya**** qui a des feuilles en forme de cœur au sommet de ses rameaux, est efficace, si on la donne avec de l'eau, au goutte à goutte, pour soigner ceux qui souffrent de fièvre, les pommes de pin (***pinus****) ressemblent au cœur et les aiguilles de pin vertes broyées prises en boisson avec du vin calment les douleurs cardiaques, la mélisse (***melissophyllon****) qui est tant vantée par les Maures pour ses propriétés cardiotoniques, la "noix de ben" (***nux ben*** *) mentionnée par Avicenne** de même que le ***myrobalanum****, le coing (***cydonia****), les pommes (***mala****) et les poires (***pyra****) dont les formes évoquent un cœur sont bons pour traiter les maladies cardiaques.

Les poumons et la trachée (Livre III, Chapitres 47 et 50). Porta reconnaît qu'il n'existe pas de plantes ayant la forme des poumons, mais il remarque que certaines ont des feuilles couvertes de taches blanchâtres qui évoquent les poumons. Il n'en mentionne que trois : la ***pulmonaria**** que l'on trouve sur les branches des chênes et de quelques autres arbres ainsi que dans les endroits obscurs des forêts (63), la ***pulmonaria**** appelée ***cynoglosson**** et une autre espèce qui ressemble à une chicorée (64).

Parmi les plantes dont les tiges sont creuses, Porta en a sélectionné plusieurs qui lui paraissent évoquer la trachée. Après s'être interrogé sur la fonction de ces tiges et en avoir recherché l'explication chez Aristote et Théophraste, Porta affirme qu'elles sont bonnes pour soigner la toux, les irritations de la gorge, l'orthopnée, l'asthme, les crachements de sang, les réanimations. Porta cite la ***casia*** (65), ***triticum harundicimo calamo**** (66), l'orge (***hordeum***) qui est bon pour les irritations et les ulcérations de la gorge, la mauve (***malva****) dont la décoction de la racine et des feuilles, prise en gargarisme, convient pour adoucir la gorge, alors que consommée cuite avec les aliments, elle est efficace pour faire disparaître les enrouements, le poireau (***porrum****) qui donne de l'éclat à la voix, et Porta en veut pour preuve la consommation qu'en faisait l'empereur Néron, qui, selon Pline (*H N*, XIX, 108) " en mangeait à l'huile pour sa voix chaque mois à jour fixe, sans rien prendre d'autre, même du pain" ; l'ail (***allium****) qui a également la propriété d'éclaircir la voix, la langue de bœuf (***lingua bovis****) qui a, selon Avicenne**, la propriété d'être utile pour les irritations de la gorge ; Porta ajoute qu'on l'emploie aussi pour calmer la toux et pour traiter ceux qui ont le souffle court, le roseau odorant (***calamus odoratus****) dont le suc pris en boisson convient tout particulièrement pour arrêter la toux ; la quatrième espèce de ***cinnamomum**** (probablement ici le camphrier), le ***smyrnium**** qui calme l'orthoptie, le ***hieracium**** que l'on mélange à de l'hysope pour apaiser la toux, la prêle (***equisetum****) qui est bonne pour soigner l'orthopnée et la toux, tout comme la bourrache (***borago****), selon Avicenne** et la guimauve (***malva****), selon Pline, l'oignon (***cepa****) qui convient pour ceux qui toussent, mais aussi ceux qui ont le souffle court, et souffrent d'asthme, la ***spina alba**** qui est bonne pour ceux qui crachent le sang, l'avoine (***avena****), la grande valériane (***phu****), ainsi que l'ail (***allium****) déjà cité, qui sont utiles pour soigner ceux qui toussent et ceux qui ont le souffle court, tout comme la fève (***faba****), les ***cucumeres****, les melons (***melones****), et le ***sonchus****.

Parmi ces différentes plantes, Porta signale celles qui lui semblent plus particulièrement efficaces pour stimuler la respiration, voire réanimer ceux qui ont perdu connaissance : ***hordeum****, ***triticum****, ***faba****, ***cepa****, *allium** et ***avena**** auxquelles il ajoute ***scorodoprasum****.

Le foie (Livre III, Chapitre 48). Porta remarque que quelques plantes ont une forme qui évoque le foie et sont donc bonnes pour traiter les affections hépatiques. Il rappelle d'abord que chez Galien, le foie est appelé *sukôton* parce qu'il ressemble à une figue (*sukon*), et il note que pour cette raison, on engraisse le foie des oies avec des figues ; n'oubliant pas pour autant de signaler que celui-ci est appelé *ficatum* en latin, un mot qui fait évidemment référence à la figue (*ficus*). Il ne mentionne ensuite que deux plantes offrant une telle particularité : l'espèce de ***capnos**** appelée *cava radix* par les herboristes, *bulbosa fumaria* par Pline, *capnos phragmitis* par Cordus, *chelidonia phragmitis* par certains ou encore *capnum Aetium*. Il note que sa racine est ronde et présente des cavités une fois la plante adulte, ce qui lui suggère l'idée qu'on peut comparer celles-ci aux lobes du foie et que la plante serait bonne pour soigner les tumeurs indurées du foie (*scirrhoses*). La seconde plante que Porta a sélectionnée est l'***agaricum**** que Dioscoride (*M M* III, 1, s v *agarikon*) a recommandé pour soigner les maladies de foie.

La rate et les reins (Livre III, Chapitre 49). Porta rappelle que la fonction de la rate est d'expulser le sang impur qui provient du foie et dont elle est gorgée. Il précise que celle-ci est de la taille de la main, de structure creuse, bombée, en forme de croissant et que plusieurs plantes ont des feuilles ou certaines de leurs parties qui présentent des caractéristiques comparables. Il en cite plusieurs : l'***asplenum**** dont le nom, que lui ont donné les Anciens, rappelle Porta, signifie "sans rate", "privé de rate". Il note que cette plante a des feuilles en forme de rate dans leur partie inférieure et qu'on l'appelle aussi ***hemionion*** ou *asplenon* parce qu'elle consume la rate des animaux. Il cite au passage une croyance ancienne rapportée par Pline (*H N*, XXVI, 45 et XXVII, 34) et Dioscoride (*M M*, III, 134 s v *asplênos*), selon laquelle les troupeaux qui paissent dans une pâture, proche de Cnossos en Crète, près du fleuve Poterum où poussent cette plante seraient dépourvus de rate alors que ceux qui broutent dans la même région, mais dans des prairies où elle est absente, possèdent cet organe. Porta cite ensuite le lierre (***hedera nigra****) dont les feuilles en forme de demi-lune ou bombées, consommées crues ou cuites dans du vinaigre, sont bonnes pour soigner la rate ; en outre, rapporte-t-il, selon un auteur nommé Damageron, trois boutures de lierre noir, liées dans de la toile de lin, portées en amulette pendant trois jours, guérissent la rate. Il mentionne encore le ***lonchitis**** qui a des fleurs en forme de petits bonnets d'où sort une petite langue blanche ressemblant à la rate, dont la racine récoltée avant que la plante ait perdu sa graine, prise en décoction ou trempée dans l'eau, et appliquée en onction est bénéfique pour soigner la rate, le lupin (***lupinus****) qui, pris en décoction, est efficace pour la rate, l'aristoloche ronde (***aristolochia****) dont les éléments renflés évoquent la rate, convient pour soigner celle-ci, de même que le cyclamen (***cyclaminus****) dont la forme imite une rate gonflée, pris en décoction.

Porta n'ajoute à cette liste qu'une seule plante qui la vertu de soigner les affections rénales. Il s'agit du ***dolichos**** appelé aussi ***lobus***, ou ***phaseolus***, une plante grimpante, mentionnée par le médecin Paul d'Égine ** qui donne une gousse comparable à celle du fenugrec contenant des graines en forme de rein.

La vessie et les conduits urinaires (Livre III, Chapitres 50 et 52). Porta pense que les plantes donnant des gousses en forme de vessie remplies d'air ont la propriété de soigner les affections de la vessie et d'en chasser les calculs, mais aussi d'expulser le fœtus. Il en a seulement sélectionné quatre : l'alkékenge (***solanus heliacacabus****) qui porte de petites gousses ressemblant à une vessie qui contiennent une graine renommée pour chasser les calculs et pour ses propriétés diurétiques, mais qu'on emploie aussi pour calmer les inflammations, le ***collutea Liparae**** dont il a recopié intégralement la description qu'en a donné Théophraste (67), une plante appelée *séné* par les Maures (68) et le ***staphylodendros**** (69) qui passent toutes pour avoir la propriété d'expulser les calculs.

Pour Porta, certaines des plantes dont les tiges sont creuses ont des propriétés diurétiques. A ses yeux, leur tige évoque tout naturellement l'uretère et l'urètre. Dans son recensement se trouvent quelques-uns des végétaux qu'il a cités auparavant pour leurs vertus béchiques. Son inventaire, qu'il n'accompagne d'ailleurs d'aucun commentaire, comprend : ***spina alba****, ***hordeum****, ***cepa****, ***porrum****, ***allium****, ***scorodoprasum****, ***phu****, ***hieracium****, ***smyrnium****, ***equisetum****, ***gentiana****, ***pepo****, ***casia fistula****, ***cinnamomum****, ***calamus odoratus****, ***cucumis****, ***lupinus****, ***milium**** **et** ***harundo****.

Les parties sexuelles (Livre III, Chap. 44, 45, 51). Porta observe que la Nature a donné à certains fruits ou à certaines racines des formes qui peuvent être aisément comparées aux organes génitaux mâles ou femelles, notamment avec le pénis, les testicules, la vulve ou l'utérus. Interprétant aisément de telles particularités comme des signatures, il assure que les plantes qui en sont porteuses ont la réputation d'être aphrodisiaques, ou de favoriser la conception. Il en donne une longue liste, qu'il n'a eu aucune difficulté à dresser, ce thème ayant été largement traité par les auteurs grecs et latins. Elle comprend : la fève (*faba**) (70), le gland du chêne (***glans****) qui pend au bout d'un rameau et présente ainsi une forme comparable à celle du gland à l'extrémité de la verge de l'homme. Porta note que, pris comme nourriture, il provoque des flatuosités selon Dioscoride**, mais que, selon Simeon Sethi**, il accroît les désirs sexuels chez l'homme, l'*orchis** (71) sur les propriétés duquel Porta s'étend longuement, en citant Pline, Apulée, Dioscoride et Théophraste, l'***eruthronium**** (72), le ***dracunculus major**** et le *dracunculus minor**, l'***hastula regia**** aux nombreuses racines en forme de testicules qui est aphrodisiaque, utilisé en friction avec du miel ou pris en boisson avec du vin. Porta cite encore d'autres plantes réputées pour leurs propriétés aphrodisiaques : le safran (***crocus****), l'ail (***allium****), l'oignon (***cepa****), l'***ampeloprasum****, le poireau (***porrum****) dont la forme oblongue évoquant celle du scrotum lui vaut une réputation proverbiale, la roquette (***eruca****) qui provoque un désir ardent de relations sexuelles chez les hommes comme l'oignon chez le bétail, le ***staphylinum**** qui, consommé comme aliment, est aphrodisiaque, selon Apulée** (§ 80) et favorise la conception selon Pline (*H N* XX, 32), le raifort (***raphanus****), le ***siser****, le navet (***napus****), la rave (***rapum****) et la ***pastinaca****.

Porta observe par ailleurs que certaines plantes ont des racines couvertes d'une sorte de duvet qui évoque celui du pubis. Il se contente d'en citer deux auxquelles on prêtait également des propriétés aphrodisiaques, sans doute à cause de cette particularité : l'***eryngium**** dont les racines sont entourées de feuilles duveteuses qui rendent plus excités à faire l'amour ceux qui les consomment avec du sucre ou du miel, et le ***leontopodion**** qui a une racine d'où partent des sortes de lanières blanches et cotonneuses aux propriétés aphrodisiaques signalées par Dioscoride (*M M* III, 96 s v *leontopodion*).

Porta rappelle aussi que certaines plantes passaient même pour avoir la propriété de faire concevoir des garçons ou des filles. Ce sont le ***cynos orchis**** auquel Porta accorde quelques lignes inspirées par les ouvrages de Théophraste, Pline et Dioscoride (73). Il note en effet que la plante a une racine bulbeuse, oblongue comme une olive et divisée en deux parties : celle du haut étant plus dure, celle du bas plus tendre. Et il rapporte que la croyance voulait que si les hommes mangeaient la plus grande de ces racines, ce serait des garçons qui seraient engendrés, tandis que si les femmes mangeaient la plus petite, ce serait des filles qui naîtraient. En effet, précise-t-il, la racine la plus grosse qui permet d'engendrer des garçons a la forme des testicules gonflés tandis que celle qui a la propriété de faire enfanter des filles apparaît non comme une boule pleine, mais comprimée, vide et flasque.

Porta n'a pas recherché une explication à cette particularité des racines des orchidées, qui n'avait pas manqué d'attirer l'attention des Anciens, mais s'est contenté de rapporter quelques-uns des nombreux fantasmes auxquels elle avait donné naissance (74). Rappelons brièvement qu'elle est due au fait qu'en fin de floraison, l'un des deux tubercules de l'orchis est maigre, flasque et ridé, car il a nourri les parties aériennes du végétal au cours des mois passés, alors que l'autre est ferme et lisse, en attente, car il renferme les matières de réserve destinées à alimenter la plante l'année suivante. Porta cite ensuite le ***cotyledon**** dont il existe deux espèces, l'une qui a une racine ronde comme une olive, l'autre dont la racine est au contraire longue, et il rappelle qu'Hippocrate recommandait d'utiliser la première pour avoir des garçons et la seconde pour avoir des filles ; il mentionne encore différentes espèces de mercuriale désignées par les mots ***arrhenogonon*, thelugonon*, mercurialis**** (75), ***hermupoa*, carduus**** dont, rapporte Porta, il existe deux espèces, l'une à l'extrémité compacte et refermée qui est mâle, l'autre ouverte qui est femelle. Il précise qu'on les place dans la matrice pour concevoir des garçons.

Porta consacre en outre un long passage à mettre en parallèle le développement du fœtus dans l'utérus au mûrissement des fruits, considérant que l'enveloppe de ces derniers peut être comparée aux différentes membranes qui entourent l'embryon – sans les distinguer - mais aussi que leur queue peut l'être au cordon ombilical ; une telle analogie l'amène à expliquer que, quand l'embryon est parfaitement formé, il sort de l'utérus, comme le fruit mûr fait éclater la cosse dans laquelle il est enfermé et se détache de l'arbre.

Il cite alors plusieurs plantes qui ont la propriété de faciliter les accouchements, voire, parfois, de provoquer des avortements : en tout premier l'aristoloche (***aristolochia****) dont le nom signifie qu'elle est excellente pour les accouchements, et dont on affirmait qu'elle avait la même forme que l'utérus, et la propriété de venir efficacement en aide aux jeunes accouchées, mais de faire venir les règles en retard et d' expulser l'arrière-faix que les Latins appelaient *secundae* et *secundinae* (placenta et membranes); le cyclamen (***cyclaminus****) dont on disait qu'une femme enceinte avortait si elle en enjambait la racine, la noix du noyer (***juglans****) (76) qui est constituée d'une enveloppe dure cachée par une enveloppe verte protégeant une amande divisée en quatre parties séparées par une membrane ligneuse et que l'on utilise de multiples façons pour les affections de l'utérus et les accouchements, la noix de coco (***nux indica****) (77) dont les différentes enveloppes protègent une matière compacte douce, blanche et charnue, le pin (***pinus****) qui donne des cônes ressemblant à des noix dans lesquels se trouve un noyau recouvert d'une enveloppe de couleur brun foncé que l'on emploie, en fumigation, pour expulser l'arrière-faix, l'*arum** qui évoque aisément pour Porta l'embryon protégé par plusieurs membranes. Après en avoir donné une brève description (78), il affirme que la plante est bonne pour les accouchements et il note que, selon Pline (*H N*, XXIV, 147), deux drachmes de la graine ou de la racine dans deux cyathes de vin suffisent pour faire venir les règles et évacuer l'arrière-faix, s'il ne sort pas après l'accouchement, le ***dracunculus**** (79) dont l'odeur est tellement puissante qu'elle fait avorter et évacuer l'arrière- faix, l'ail (***allium****) (80) et l'aristoloche (***aristolochia****) déjà mentionnée plus haut, dont les graines, contenues dans de petits sacs gonflés, comme le fœtus dans l'utérus, et appliquées en pessaire, font sortir le fœtus du ventre de la femme qui s'est en vain épuisée à l'expulser, dans de terribles souffrances, alors que le fœtus avait déjà rompu les membranes qui l'entouraient.

Quelques autres parties internes du corps **(Livre V, Chapitre 29)**. Porta mentionne encore dans un bref chapitre quelques plantes qu'il n'a pas mentionnées dans d'autres passages de son ouvrage et qui présentent une particularité qu'il interprète comme une signature et conviennent donc, selon lui, pour soigner certaines maladies particulières. Il cite d'abord *papaver spumeum**, une petite plante blanche et couverte d'une écume semblable à celle qui sort de la bouche des épileptiques et qui, selon Dioscoride (*MM*, IV, 66 sv *mêkôn aphrôdês*) est donc bonne pour soigner l'épilepsie. Porta cite ensuite ***saponaria**** qui donne beaucoup d'écume si on l'agite avec les mains et il suppose qu'elle a les mêmes propriétés que la plante précédente, mais il avoue que l'on manque d'expérience pour l'affirmer, l'***hippoglossum**** qui a des feuilles pointues et dont les médecins de son temps ont constaté les propriétés pour traiter les points de côté, enfin la galle (***galla****) du chêne (***quercus****) qui ressemble à la structure fibreuse de la rate et dont la cendre prise en boisson avec du vinaigre consume cet organe, si l'on en croit Pline (*HN*, XXIV, 10).

Quelques parties extérieures du corps

Les aisselles (Livre III, Chapitre 42). Porta compare les parties creuses (***alae***) formées à l'insertion des feuilles ou des rameaux sur la tige de certaines plantes à celles que l'on peut observer sur le corps humain et il pense tout particulièrement aux aisselles. Ayant observé que celles-ci dégagent souvent une odeur désagréable, il a sélectionné un certain nombre de plantes qui présentent de telles cavités et dégagent une odeur forte, mais auxquelles on prêtait des propriétés désodorisantes. Il cite le ***scolymus**** chez lequel on peut remarquer des cavités à l'endroit où s'insèrent les branches et les rameaux sur sa tige, et il note que, selon Pline (*H N* XXII, 87) sa racine, sans sa moelle, corrige la mauvaise odeur des aisselles, mais il complète son information en précisant que si, après l'avoir fait bouillir à la dose d'une once dans trois hémines de vin de Falerne jusqu'à réduction du tiers, on en prend un cyathe à jeun après le bain, et un autre après le repas ; il ajoute qu'elle provoque aussi une urine abondante et nauséabonde. Porta cite à la suite le ***dipsacus**** qui a une tige ponctuée de nœuds dont chacun est entouré de deux feuilles opposées qui forment une sorte de cavité dans laquelle se dépose un suc que l'on emploie en onction pour dessécher et dissiper les mauvaises odeurs, le ***smyrnium**** dont la une tige passe au travers de ses feuilles rondes, formant ainsi une sorte de cavité en leur milieu. Porta note qu'on peut le comparer à la myrrhe (***myrrha****) que l'on passe en onction avec de l'alun liquide dans les aisselles pour en chasser la vermine ; il indique qu'on l'emploie pour chasser la mauvaise haleine, et il rapporte en outre qu'il est particulièrement utilisé par les prostituées pour retrouver un souffle pur, après avoir mangé de l'ail, le chèvrefeuille (***periclymenum****) que Porta cite ici parce qu'il a les feuilles perforées comme le ***smyrnium***, mais il avoue que ses propriétés comme déodorant n'ont pas été expérimentées. Porta mentionne enfin l'***albucus**** sans aucun commentaire, probablement parce que il avait lu chez Pline (*H.N.* XXII, 72) que le suc de l'***albucus***, avec de la jusquiame et de la poix liquide, chasse les mauvaises odeurs des aisselles et des cuisses.

Les doigts et les articulations (Livre III, Chapitre 43). Porta constate que les parties d'un certain nombre de plantes présentent des formes qui font aisément penser à des doigts ou à des articulations. Il en déduit qu'elles seront bonnes pour traiter les douleurs articulaires ainsi que les podagres et qu'elles seront également efficaces pour résoudre les fractures. Son inventaire comprend les plantes suivantes : l'***hermodactylus**** dont la racine qui a la forme d'un doigt et son extrémité ressemble même à un ongle se divise en quatre ou cinq. Porta note que Serapion** et Avicenne** ont remarqué qu'elle ressemblait à une main, et que, pour cette raison, on l'appelle aussi ***Christi palma*** et il indique qu'on l'utilise pour les ruptures de tendons ainsi que les crises de goutte ; l'espèce de plante appelée ***gramen digitatum**** qui pousse sur les murs et dont l'extrémité se divise en cinq parties qui ressemble à une main ouverte ; l'***ischaemon**** qui, précise Porta, est celle des trois espèces de ***dactylos*** citées par Pline (*H.N.* XXIV, 182) qui a cinq pointes au sommet ou plus et dont Pline rapporte qu'on introduit ces pointes enroulées dans les narines avant de les retirer pour faire venir le sang. Porta signale qu'il en existe une autre espèce qui est semblable à l'orpin (***aizoon****) et s'emploie avec de l'axonge pour les panaris, les envies des ongles, et les excroissances de chair aux ongles ; le ricin (***ricinus****), appelé également ***Christi manus*** qui a une racine divisée en quatre ou cinq radicelles, comme des doigts et convient, selon Mésué** pour dissoudre ce qui gêne les articulations, calmer les douleurs articulaires, notamment celles que cause la goutte ; enfin le figuier (*ficus**) dont les feuilles ont une forme qui peut évoquer une main, conviennent en cataplasme pour traiter les articulations douloureuses.

Porta reconnait par ailleurs que certaines plantes noueuses sont efficaces pour traiter les affections articulaires et notamment la goutte. Après avoir évoqué et partiellement recopié un passage de Théophraste consacré aux végétaux qui présentent des nœuds (81), il en déduit que les espèces sauvages sont davantage noueuses que celles qui poussent en ville et que les nœuds sont particulièrement nombreux chez les végétaux qui ressemblent au roseau ainsi que chez les graminées. Et de conclure que les plantes noueuses sont des plantes sauvages et sèches, et que c'est par leur sécheresse qu'elles dissolvent les humeurs pituiteuses qui remplissent les articulations et dénouent les nerfs. Il cite les sarments de vigne (***vitis****) et rappelle que le vin est réputé pour réchauffer les articulations, le roseau (***arundo****) qui est recommandé par Avicenne** pour résoudre les fractures, la ***salsapariglia**** aux nombreuses nodosités qui est bonne pour apaiser les douleurs nerveuses, [comme la sciatique], la racine de ***china**** qui est utile pour soigner les podagres, l'***iris*** *dont les racines noueuses comme celles du roseau conviennent pour soigner la goutte et la dureté des articulations, le ***sagapenum**** dont la tige est noueuse, qui est efficace selon Mésué** pour dissoudre les humeurs visqueuses qui bloquent les articulations et calmer les douleurs qu'elles provoquent. Porta mentionne ensuite, sans aucun commentaire, ***ammoniacum*, thapsia*, meum*, sambucus**** et ***ebulus**** aux propriétés sans doute identiques et il cite pour terminer plusieurs plantes noueuses qui conviennent tout particulièrement pour traiter la goutte : l'orge (***hordeum****), ***cucurbita*, cucumis****, la coloquinte (***colocynthis****), l'aristoloche (***aristolochia****) et le chou (***brassica****).

Plantes pouvant être comparées à des animaux (Livre I, Chapitre13 ; Livre IV, Chapitres 1 à 22)

Porta ne s'est pas limité à rechercher des analogies entre les plantes et les différentes parties ou organes du corps humain. Il a entrepris de recenser les plantes portant des signes susceptibles d'évoquer certains animaux. Les interprétant comme des signatures, il considère qu'elles possèdent des propriétés thérapeutiques pouvant être mise à profit pour soigner les affections causées par ceux-ci ou bien qu'elles possèdent des vertus identiques à celles qu'ils détiennent.

Il s'est livré à un travail particulièrement fastidieux consistant à dresser une liste de végétaux ayant quelque ressemblance avec une des caractéristiques les plus communément remarquées chez un animal et de chercher quelles étaient les vertus curatives qui pouvaient en être déduites.

Il a retenu une vingtaine de critères pour établir son catalogue qui couvre un Livre entier.

Mais, ce faisant, il s'est condamné à de nombreuses redites. On retrouve en effet, au fil de ses chapitres de nombreuses plantes déjà répertoriées dans d'autres Livres de son ouvrage.

Ne suivant apparemment aucun ordre logique, il commence par les animaux réputés dangereux pour l'homme : les scorpions, les serpents, les insectes volants. Il prend ensuite comme critère les différents aspects que peut présenter la peau d'un animal (tachetée, écailleuse, couverte d'écailles ou de poils). Il termine son recensement en prenant successivement comme critère la tête, l'oreille, les yeux, la bouche ou le bec, la langue, les dents, le cou, les mamelles, la rate, le cœur, les testicules ou le sexe d'un animal.

Les scorpions, les serpents et les vers (Livre IV, Chapitres 1 et 2)

Selon Porta, les plantes dont certaines parties, notamment la racine, la fleur ou le fruit évoquent la queue d'un scorpion signalent par une telle signature qu'elles possèdent évidemment la propriété de soigner les piqûres de cet animal : ***thêluphonon****, une espèce d'aconit appelée ***cynochtonon**** ou *lycoctonon* * (83), une autre espèce d'aconit (***doronicus****) (84), le souchet (***cyperus****) dont les racines sont allongées comme des olives, noires et rondes, entourées de fibres et de petites excroissances ressemblant à des pinces d'un scorpion. Curieusement, il ne cite pas les fleurs des différentes espèces d'aconit dont certaines pièces florales pointues peuvent évoquer un éperon, et implicitement une piqûre.

Porta assure que les plantes dont une partie, généralement la racine ou le rhizome, peut aisément évoquer la forme ou l'aspect d'un serpent sont efficaces pour soigner les morsures de ce reptile. Il note d'abord que les racines du chêne (***quercus****) sont blanches, et vont progressivement en s'amincissant vers leur extrémité, évoquant ainsi le serpent *drynos* qui se plait dans les racines des chênes et des hêtres (***fagus****); c'est pourquoi, écrit-il, on soigne ses morsures en appliquant sur elles des racines pilées de chêne ; une propriété, ajoute-t-il, que Dioscoride prête à tous les arbres portant des glands ; ***bistorta**** appelée aussi *britannica*, ***serpentaria*** ou encore ***colubrina*** dont les racines sont entortillées, recourbées, entrelacées, étalées, évoquent la forme d'un serpent enroulé sur lui-même ; ***bonus Henricus**** (85) appelé aussi *colubrina*, dont la racine est enroulée comme le corps d'un serpent ; ***dracunculus**** dont la racine évoque un dragon enroulé sur lui-même et fait fuir les serpents ; ***holostium**** appelé aussi ***sylvestris coronopum*** dont les fines racines sont entortillées comme un serpent et convient pour soigner leurs morsures, si bien qu'on l'appelle également ***serpentina*** . Porta cite encore ***scorzonera**** qui est particulièrement efficace pour soigner les morsures du serpent appelé scorzone ; sa racine, précise-t-il, est longue d'un pied et demi, épaisse à son extrémité, se terminant en pointe acérée, de couleur noire, comme ce serpent et, ajoute-t-il, il n'existe pas meilleur antidote que le suc de sa racine pour soigner les morsures de ce serpent ; de plus, ceux qui en prennent à titre préventif ne seront pas mordu par celui-ci. Porta indique qu'il n'ignore pas qu'il existe aussi des plantes en Afrique et aux Indes occidentales où poussent des plantes ayant quelque ressemblance avec des serpents et sont bonnes pour soigner leurs morsures, mais il n'en cite aucune.

Porta affirme également que différents végétaux dont la forme des racines ressemble à un vers sont efficaces pour tuer les vers intestinaux. Ce sont : ***gentiana minor**** qui a de nombreuses racines, blanchâtres et rondes ressemblant à des vers, et qu'on emploie en emplâtre, après les avoir broyées, pour faire périr les vers intestinaux ; ***dictamnum vulgare****alors réputé pour ses propriétés ocytociques, et d'une façon plus générale pour sa capacité à expulser du corps tout ce qui était considéré comme indésirable ; la fougère (***filix*** *) aux racines larges et longues dont le suc chasse les vers intestinaux ; tout comme le *costus** et le ***chameleon**** qui ont les mêmes propriétés.

Porta note qu'il y a aussi des fruits de forme ovale, des sortes de noix recouvertes d'écailles, remplies de graines qui pendent aux branches des arbres comme des panicules ou des chatons évoquant un très long ver ; c'est pour lui une signature de la Nature qui a voulu indiquer ainsi qu'ils sont bons pour chasser les vers, les ténias et les serpents. Il en donne comme exemple : le noisetier (***corylus****) (87), le noyer (***juglans****) (88) dont les fruits ou noix (***nuces***) sont réputées pour chasser les poisons, mais aussi pour expulser les vers et le ténia ; les fruits du châtaignier (***castanea****) ou "noix d'Eubée", broyées avec du miel, qui sont bonnes pour soigner les blessures causées par les chiens enragés ; l'arbre que les Grecs appellent *cittaros** qui donne une substance très dure, efficace pour chasser le ténia, de même que la *poix* liquide que l'on utilise, mélangée à du sel pour soigner les morsures des vipères cérastes et plus généralement celles des serpents.

Mouches, papillons, frelons, abeilles et quelques autres (Livre IV, Chapitres 3 et 4)

Porta remarque que certaines plantes évoquent différents insectes comme les faux bourdons, les mouches, les abeilles ou les papillons. Observant qu'ils sont particulièrement féconds, il en déduit qu'elles ont la propriété de favoriser la procréation. Il en donne pour exemple les différentes espèces d'orchidées, tout particulièrement ***cynosorchis****, ainsi que plusieurs espèces de la famille des Fabacées, à cause de la morphologie et parfois la couleur de leurs fleurs qui pouvait évoquer un papillon : le pois (***pisum****), la fève (***faba****), le pois chiche (***cicer****), le haricot (***smilax hortensis****) dont les fleurs évoquent le papillon appelé *phaselus.*

Après avoir mentionné ces différentes plantes qui présentent quelques ressemblances avec des reptiles ou des insectes, Porta se réfère à Théophraste qu'il considère ici comme un maître qui a enseigné la Phytognomonie, pour donner quelques exemples de plantes dont certains éléments ressembleraient selon lui à une ou plusieurs parties d'un animal. Sa liste comprend pêle-mêle les végétaux suivants : le ***polypodium**** dont la racine creuse est hérissée de poils évoque les trompes des polypes et évacue les polypes par le bas, tandis que la poudre de la plante desséchée introduite dans les narines consume les polypes ; la châtaigne (***castanea****) (89), le ***psyllium**** qui porte au sommet de ses tige des graines noires, brillantes et dures qui passe, selon Dioscoride (*M M*, IV, 69 s v *psyllion*) pour protéger des puces la maison dans laquelle il est présent ; le ricin (***ricinus herba****) dont les graines ressemblant à la tique (*ricinus*) qui s'attaque aux chiens, aux bœufs et aux chèvres et se gorge de leur sang. Porta ajoute que ces graines - tout comme l'animal appelé *ricinus* -, sont bonnes pour soigner le feu sacré ; l'ortie (***urtica****) qui est piquante et provoque des démangeaisons, comparables à celles que cause une actinie appelée *urtica marin*a, dont le contact irrite la peau des mains et des parties sexuelles. Pour Porta, les picotements qui s'ensuivent réveillent les désirs assoupis et il en déduit que la plante, comme l'actinie d'ailleurs, a des propriétés aphrodisiaques ; le lierre (***hedera*** *) qui s'agrippe aux murs et aux arbres, dont les racines ressemblent aux nombreuses pattes de la scolopendre et le suc possède des propriétés épilatoires, analogues à celles de la scolopendre, qui avait en effet, selon Dioscoride (*M M*, II, 14 s v *skolopendra thalassia*) la réputation, cuite dans de l'huile, et en application, de faire tomber les cheveux ; le ***chelonium**** dont la racine a la forme d'une tortue, qui offre des propriétés curatives identiques à celles de cette dernière, une citation qui donne l'occasion à Porta de rappeler que selon Hippocrate** la cervelle de tortue placée dans l'utérus expulse le fœtus mort, que, selon Paul d'Egine** et Aetius**, son sang séché convient pour soigner les morsures des vipères, et que, selon Rhazes**, la patte gauche d'une tortue posée sur le pied gauche guérit la goutte dont il est atteint et que la patte droite a le même effet sur le pied droit. Porta cite ensuite le cyclamen (***cyclaminus****), pour noter qu'il expulse l'enfant mort dans l'utérus, sans inconvénient pour la mère, et qu'il est efficace pour soigner la goutte et chasser tous les serpents, mais il ne mentionne pas à quel animal il peut être comparé ; le ***rapulus**** ou ***rapunculus****, appelé aussi *lacusta* (la langouste), selon Avicenne**, parce que sa forme rappelle celle de la langouste, à laquelle on prêtait la propriété d'être efficace pour soigner les morsures de serpent et les dysuries, une propriétés qu'il avoue avoir lui-même mises à profit pour traiter ses difficultés à uriner. Porta cite enfin l'***uva marina****, une plante marine qui porte à l'extrémité d'une tige des fleurs ressemblant à des grains de raisin, qui a la propriété, si on la laisse pourrir dans du vin, de dégoûter du vin ceux qui boive cette mixture. Mais il n'indique pas à quel animal elle ressemble (90).

Porta considère sans doute ces quelques exemples comme une sorte de préambule aux chapitres suivants qui se présentent comme un catalogue aussi complet et précis que possible des nombreuses plantes dont un élément lui parait avoir une quelconque ressemblance avec une partie d'un animal.

Il commence son inventaire par une liste de végétaux qui peuvent évoquer la peau de certains animaux.

La peau des animaux

Animaux à la peau tachetée (Livre IV, Chapitres 5 et 6). Porta considère que certaines plantes dont les feuilles ou les tiges sont couvertes de taches semblables à celles dont est marquée la peau de certains reptiles ont donc des propriétés thérapeutiques pour soigner leurs morsures. Mais il pense qu'elles peuvent aussi guérir certaines affections oculaires ou encore différentes affections cutanées. Il mentionne d'abord celles qui évoquent la peau d'un serpent : la grande serpentaire (***serpentaria major****) qui a une tige glabre et lisse, couverte à son extrémité de taches foncées, pourpres, noires, jaunes, disposées en travers, tout en long et au hasard et qui est ainsi comparable à une dépouille de serpent, si bien que regardée rapidement de loin, elle inspire la terreur. Selon Dioscoride (*M M*, II, 166 s v *drakontion*), note-t-il, celui qui se frotte les mains avec ses feuilles ou qui porte sa racine sur lui ne sera pas mordu par les vipères. En outre, ajoute-t-il, cette plante aux propriétés abortives peut aussi évoquer une murène, mais surtout la peau du dragon marin ou vive (*draco marinus*) dont les aiguilles sont venimeuses, mais dont la chair en application guérit les blessures ; la petite serpentaire (***dracunculus****) dont la tige est lisse, de l'épaisseur d'un bâton et de couleurs variées comparables aux taches de la peau des serpents a été ainsi conçue par la Nature pour nous avertir que si l'on s'en enduit les mains avec sa racine, on ne sera pas mordus par les vipères ; Porta précise que trente graines mélangées à de l'oxycrat prises en boisson provoquent l'avortement et que l'odeur de ses fleurs fanées fait périr l'embryon et même les jeunes enfants. Porta cite ensuite une plante qui pousse en Lusitanie qui aurait des caractéristiques comparables aux précédentes qu'il a lui-même trouvée dans la région de Pausilypius, mais il n'en donne pas le nom ; l'*aron** dont la tige rouge pâle, parcourue de taches variées évoque une peau de serpent qui a les mêmes propriétés abortives que le ***dracunculus,*** l'***ophiusa**** (91), l'ail serpentin (***ophioscorodon****) dont les feuilles sont maculées de taches variées et dégage une odeur assez proche de celle de l'ail d'ours ; l'ail cultivé, jugé plus efficace par Galien, qui répand une odeur à faire fuir les serpents et qu'on utilise en boisson pour soigner les blessures de toutes les bêtes, et, en application, celles dues en particulier à l'*haemorrhois,* un serpent redoutable . Enfin les graines du lupin (***lupinus****) sauvage qui présentent des taches noirâtres et de la couleur de la cendre, comme celles des vipères, et sont bonnes contre les aspics.

Porta ne se limite pas à mentionner des plantes dont certains éléments ressemblent à la peau des serpents, il en cite plusieurs qui évoquent la peau d'autres animaux. Ce sont la persicaire (***persicaria****) dont les feuilles présentent des taches en forme de rayures, comparables aux cornes de la lune, tout comme la panthère qui, selon Pline (*H N,* VIII, 62) a sur le poitrail une tache semblable à la lune qui s'arrondit et se creuse en croissant avec elle. Porta ajoute que selon Albert le Grand**, le suc de l'espèce de persicaire appelée ***hydropiper**** efface les traces de coup sur la peau ; certaines espèces d'orchidées (***orchis****) qui présentent des taches semblables à celles qui ornent la peau du lynx, ce qui permet à Porta de citer au passage un vers de Virgile, tiré de l'Eneide (I, 323) où est évoquée la peau tachetée du félin, et de se référer encore une fois à Pline (*H N*, XXVIII,122) dont il reproduit partiellement ce passage : "On dit que dans l'île de Carpathos, tous les ongles de lynx brûlés avec la peau sont un remède très efficace : cette cendre, en boisson, réprime le libertinage des hommes, et le dévergondage des femmes si on les en asperge ; elle calme aussi les démangeaisons"; le ***dracunculus**** appelé ***hieracium**** dont la tige porte des taches évoquant celles du poitrail de l'épervier, réputé pour sa vue perçante, qui donne un suc capable de guérir toutes les affections oculaires ; le cyclamen (***cyclaminus****) dont les feuilles ont des taches blanches sur le dessus et sur le dessous, que Porta compare à celles du lézard ou scinque auquel on prêtait des propriétés aphrodisiaques, selon Pline (*H N*, XXVIII, 119) et il se réfère à Théophraste (*H P*, IX, 8, 3) pour rappeler que le cyclamen a les mêmes propriétés ; la bette (***blitum****) dont les feuilles présentent des taches de différentes couleurs, notamment vertes, jaunes et rouges qui ressemblent à des plumes de perroquet, un animal réputé, comme l'oie, pour être efficace contre les poisons, notamment ceux des scorpions, ce qui conduit Porta à déduire que les bettes ont les mêmes propriétés qui s'ajoutent à celles d'être utiles pour soigner les ictériques ; le ***chamaeleon**** noir dont les feuilles peuvent revêtir différentes couleurs et font penser à certaines espèces de geais (ou de pies) qui est bon pour soigner les maux de dents ; l'espèce de trèfle (*trifolium**) qui présente des taches de forme courbe ressemblant aux taches de la peau du lézard appelé *stellion,* évoquée par Ovide (*Metam.* V, v 461) qui est bonne, selon Dioscoride (*M M*, III, 109 s v *triphullon*) pour soigner la dysenterie et l'hydrocèle ainsi que les flux de sang chez les femmes ; l'***arum**** dont les feuilles sont tachetées et sont bonnes pour soigner diverses affections oculaires, et le bouleau (***betula****) dont l'écorce blanche couverte de taches qui évoquent un étourneau fait disparaître les marques sur la peau et les taches sur le visage.

Animaux à la peau écailleuse (Livre IV, Chapitre 7*).* Porta a recensé un certain nombre de végétaux dont les fruits, les feuilles, les branches ou les parties souterraines ont l'aspect d'une peau écailleuse, comparable à celle de différents reptiles. Il rappelle qu'ils sont efficaces pour traiter les morsures des serpents, mais aussi les blessures causées par les scorpions ou encore les araignées-phalanges. On remarquera que les conifères y occupent une place importante. Son inventaire comprend : le cèdre (***cedrus****) un arbre de grande taille qui produit des cônes couverts d'écailles dont la résine (*cedria*) est bonne en application avec du sel pour soigner les morsures de la vipère appelée céraste, mais aussi comme antidote ; le pin (***pinus****) qui porte des cônes ligneux dont les pièces latérales (ou écailles) de forme conique ressemblent à des squames, tout comme l'écorce des branches nouvelles et donne une poix qui est bonne, prise avec de la polenta pour soigner les morsures des cérastes, selon Pline (*H N*, XXIV, 37). Porta note que l'épicea (***picea****), le mélèze (***larix****) et le cyprès (***cupressus****) ont les mêmes propriétés ; les chatons du coudrier (***corylus****), du noyer (***juglans****) et du châtaignier (***castanea****) également ; ***erice**** et ***myrica**** dont les feuilles sont rugueuses comme couvertes d'écailles, qui sont efficaces pour soigner les morsures de serpents, notamment celles de vipères ; l'***eryngium**** dont l'extrémité de la tige est hérissée de piquants qui est né, selon Pline (*H N*, XXII, 18) "pour combattre les serpents et tous les poisons"; le ***chamaeleon**** blanc (92) absorbé dans du vin, qui résiste au venin des serpents ; la joubarbe (*sempervivum**) dont les nombreuses feuilles sont en forme d'écailles, qui est bonne pour les piqûres des araignées -phalanges et celles des scorpions ; la scabieuse (***scabiosa****) dont les tiges se terminent par des sortes de petites têtes couvertes d'écailles qu'on applique une fois broyée pour traiter les morsures des serpents ; le bleuet (***cyanus****) dont la fleur présente un calice écailleux et qui est bon pour les blessures dues aux scorpions, aux araignées-phalanges et à toutes les bêtes venimeuses ; l'***origanum onitis****, une plante épineuse, dont la graine est squameuse, qui est bonne, prise en boisson avec du vin, pour soigner les morsures de serpents, le blé (***triticum****) aux épis pointus qui donne un son aux propriétés identiques ; enfin la racine du nard celtique (***nardus celtica****), écailleuse et en forme d'épi, qui est utile pour traiter les morsures des bêtes venimeuses.

Animaux à la peau velue *(Livre IV, Chapitre 8).*Porta imagine que les plantes couvertes de poils imitent la peau de certains animaux et il en déduit qu'elles possèdent leurs propriétés thérapeutiques. Ce sont : la piloselle (***pilosella****) qui est recouverte de très nombreux poils particulièrement souples que Porta compare à ceux du lièvre qui descendent jusqu'à ses pattes, si bien qu'il est appelé *dasypous* (*i e* aux pattes velues). Il note que, selon Dioscoride, (*M M,* II, 19 s v *chersaios lagôs*), le sang de lièvre est bon pour soigner ceux qui souffrent de dysenterie, de flux céliaques ou celles dont les règles sont trop abondantes, et, selon Galien, ceux qui sont atteints de maladies ou d'abcès qui touchent la rate. Il en déduit que la piloselle possède les mêmes vertus. Il note qu'il existe une espèce de ***verbascum**** dont les feuilles sont couvertes d'une substance laineuse, blanche, épaisse, que l'on appelle vulgairement *taxatum barbatum* (*i e* blaireau barbu) parce qu'elle ressemble à cet animal dont le dos est recouvert de poils blancs, noirs et denses. Il rappelle alors que, d'après Serenus**, le blaireau est bon pour les projections de sang et que, d'après Leonello, sa graisse entre dans la composition de médicaments pour soigner la goutte. Ce verbascum a-t-il les mêmes vertus ? Porta ne le dit pas, mais il ajoute que, selon Dioscoride qui distingue deux espèces principales de cette plante, on l'utilise pour les fractures et que sa décoction est efficace pour les affections nerveuses ainsi que les tremblements. Porta précise qu'il y a une autre espèce de ***verbascum**** qu'on appelle ***lupina cauda**** à cause de ses poils laineux et souples qui évoque ceux du loup. Il rapporte que, selon Pline, le foie d'un loup dans du vin tiède calme la toux et que, d'après Rhases** et Albert**, si l'on enveloppe d'une peau de loup celui qui éprouve des douleurs dans le ventre dues à la colique, celles-ci disparaissent, notamment si le malade s'assoit très souvent sur une peau de loup. Porta complète son propos en signalant que la décoction de cette espèce de *verbascum* calme la toux et que ses fleurs réduites en poudre sont bonnes pour les coliques. Il cite aussi le ***lychnis**** dont les feuilles molles, épaisses, couvertes de poils laineux, comme celles de l'***aethiopis*** (une espèce de sauge) évoquent les poils de souris. Après avoir rappelé que, selon Dioscoride**, Galien** et Avicenne**, les souris domestiques coupées en morceaux sont très utiles, en application, pour les piqûres des scorpions, il affirme que le *lychnis* a ces mêmes propriétés ; l'espèce d'***adiantum**** appelée ***porcinum capillum*** ou ***cauda porcina**** parce que ses petites tiges évoquent les soies du porc, selon un commentateur d'Avicenne**, qui est bonne pour les chutes de cheveux et l'alopécie ; l'***anethum**** appelée aussi *triches cynocephalou* (*M M*, III, 58 R V s v *anethon*), car ses poils ressemblent à ceux du chien qui convient,, selon Aetius**, une fois sèche et brûlée pour soigner les morsures de chien ; l'***herba laniaria**** qui, selon Pline (*H N*, XXIV, 168) "donnée aux brebis, leur fait venir le lait en abondance, car la plante est laineuse comme les brebis"; la ronce (***rubus****) aux feuilles à la peau épineuses qui est bonne pour les affections oculaires. Elles sont en effet comparables à la raie dont le dos, la queue et la gueule, voire tout le corps, sont épineux et qui est recommandée pour les affections oculaires, notamment son fiel pour traiter la cataracte.

Porta constate ensuite que de nombreuses plantes ont des feuilles ondulées, comme les plumes de l'autruche et celles de la colombe. Il prend pour exemple la myrrhe (*myrrha**) qui, selon Théophraste (*H P*, IX, 4, 3) est bonne pour les affections oculaires, les taies blanches et les obscurcissements de la vue. Il remarque alors que, selon Elien**, on trouve dans le ventre de l'autruche une pierre qui est bonne pour soigner les affections des yeux. La signature est donc trouvée ! l'***euphragia**** dont les feuilles ont les mêmes particularités et qui a par conséquent les mêmes propriétés ; le ***costus**** dont les feuilles ondulées, comme celles des deux précédentes, évoquent également les plumes de l'autruche. Ayant relevé chez Elien** que la graisse d'autruche était utilisé comme remède pour soigner les paralysies des nerfs, Porta rappelle que le *costus* est aussi un excellent remède pour les nerfs, une propriété d'ailleurs signalée par Dioscoride (*M M*, I, 16, s v *kostos*); enfin l'***apium****, en particulier l'espèce appelée *apium crispifolium** aux feuilles ondulées qui pousse notamment en Macédoine, qui est bon pour chasser les calculs et dont la racine mélangée à du miel est utile pour accroître l'acuité visuelle. Porta rappelle en outre, preuve ultime de la signature qui explique la première propriété prêtée à cet *apium*, que, selon Rhabi Mose, l'enveloppe intérieure de l'estomac de l'autruche est bonne pour dissoudre les calculs.

Animaux à la peau dure (Livre IV, Chapitre 9). Porta cite un certain nombre de végétaux dont les fruits ont une enveloppe particulièrement dures et il leur attribue la vertu de protéger, telle une cuirasse, des agressions des animaux venimeux, tout comme certains animaux, comme le crocodile ou l'huitre, se protègent de leurs ennemis par une carapace particulièrement dure. Porta cite le pin (***pinus****) dont les fruits en forme de cône ligneux sont bons contre les morsures des cérastes, tout comme ceux du pin maritime (***pinaster****), de l'épicéa (***picea****), du noyer (***juglans****), du noisetier (***avellana****), de l'amandier (***amygdalus****) et du pistachier (***pistacium****); les cônes ligneux du ***cedrelate**** qui sont bons pour soigner les morsures des cérastes et s'opposer aux venins des lièvres marins, de même que ceux du cyprès, les châtaignes et les glands. Porta termine sa liste en mentionnant la grenade (***punicum malum****) qui est protégée par une écorce glabre appelée *malicorium*, mais il ne donne pas ici d'indication sur ses propriétés thérapeutiques.

Plantes évoquant la tête ou la gueule d'un animal (Livre IV, Chapitre 10)

Porta cite différentes plantes dont le fruit ou la fleur ressemble à la tête d'un animal ou à celle d'un homme. Il leur prête des propriétés thérapeutiques variées, selon l'espèce d'animal qu'elles sont censées représenter. Ce sont : l'***echium**** dont la fleur pourpre contient une graine qui a la forme d'une tête de vipère, sur laquelle sont représentés sa petite bouche et le dessin de ses yeux. Porta rappelle que Dioscoride (*M M*, IV, 27 s v *echion*) recommande d'en appliquer les feuilles sur les morsures de vipères et d'en manger. Il ajoute que ceux qui en ont consommé à titre préventif ne seront pas mordus ; l'***alcibiaca****, une autre espèce d'***echium**** qui doit son nom à un certain Alcibius dont l'histoire est rapportée par Nicandre**: celui-ci s'étant endormi dans la cour d'une maison, il avait été mordu à l'aine par une vipère, durant son sommeil. À son réveil, il avait recherché cette plante, en avait extrait le suc, l'avait appliqué sur la morsure, ce qui l'avait sauvé d'une mort certaine ; une plante appelée ***ocymoïdes****, qui doit son nom à sa ressemblance avec l'***ocymum**** et qui est également bonne pour les morsures des serpents, selon Dioscoride (*M M*, IV, 28 s v *ôkimoides*) et Pline (*H N* XXV, 104), l'***antirrhinon**** (93), ***phyteuma*** dont les graines sont percées de trous qui évoquent ceux du crâne et, selon Dioscoride (*M M*, IV, 128 s v *phuteuma*), sert à la confection de philtre ; une variété de poix chiches (***cicer****) appelée *krios* par les Grecs et *arietinum* par les Latins parce qu'elle ressemble à la tête d'un bélier (*aries*) à cause de ses pointes, qui a des propriétés aphrodisiaques et favorise la procréation. Aussi, ajoute Porta, en donne-t-on aux chevaux pour qu'ils soient féconds. En effet, rappelle-t-il, les béliers ont la réputation d'être des animaux particulièrement lubriques. Il signale qu'il existe aussi une espèce de poix chiches aux mêmes propriétés, appelée *columbinum*, car ils sont blancs, ronds et lisses, évoquant ainsi une tête de colombe, mais aussi *venerium* car les colombes ont, elles aussi, la réputation d'être lubriques ; le ***psyllium*** * appelé aussi *cynomia* et *cynocephallon* selon Dioscoride (*M M,* IV, 69, s v *psullion*) et encore *cynoïs* selon Pline (*H N* XXV, 140) parce que ses feuilles ont une certaine ressemblance avec une tête de chien. Mais Porta juge que le texte où cette comparaison est évoquée est peut-être fautif, car il ne trouve pas que les feuilles puissent évoquer la tête de cet animal. Ce qui ne l'empêche pas de trouver à cette plante des propriétés thérapeutiques que l'on attribuait alors aux chiens. Il se réfère pour l'affirmer à Sextus**, selon lequel les excréments de chien sont bons, en boisson, pour les hydropiques, sans oublier néanmoins de rappeler que, selon Pline (*H N*, XXVI, 101) "on applique la graine de *psyllium* pour éteindre le feu de la goutte"; le ***napelus**** dont les fleurs pourpres rappellent aisément la forme d'un crâne humain avant de s'ouvrir, ce qui doit nous avertir qu'on ne doit ni la manger ni l'utiliser. Porta précise qu'elle est mortelle et tellement vénéneuse qu'il n'existe pas d'antidote suffisamment puissant pour la neutraliser et qu'elle provoque la mort non seulement si on la mange, mais encore si on la prend dans ses mains ; l'***arcion**** dont la graine ronde, hérissées de poils pointus comme des épines, ressemble à une tête d'ours qui est recommandé par Dioscoride (*M M*, IV, 105 s v *arktion*) pour les brûlures et les engelures aux pieds, une propriété que Porta rapproche cette de celle accordée à la graisse d'ours par Pline (*H N*, XXVIII, 221) dont il cite le texte : "La graisse d'ours cicatrise les engelures et toutes les crevasses des pieds ; le remède est plus efficace en y ajoutant de l'alun"; les différentes espèces de ***geranion**** dont les fruits ressemblent à des becs de grue mais dont les propriétés thérapeutiques ne sont pas identiques ; ainsi, précise Porta, celle qui est appelée *pes columbinus* est bonne pour les affections intestinales, alors que celle qui a des feuilles ressemblant à celles de la mauve est efficace selon Pline (*H N*, XXVI, 109) pour soigner ceux qui sont affaiblis ou qui souffrent d'opisthotonos. Pour justifier la relation qu'il a relevée entre les propriétés du ***geranion*** et celles de la grue, Porta fait référence à Marcellus** (*De Medicamentis*, XVIII, 7), selon lequel on utilise la graisse de grue pour assouplir les raideurs de la nuque et aussi ses pattes et ses ailes pour soigner ceux qui souffrent des nerfs.

Plantes évoquant des cornes d'animal (Livre IV, Chapitre 11)

Porta a dressé une liste particulièrement fournie de plantes dont les fleurs ou les fruits, notamment les gousses, peuvent évoquer des animaux cornus ou encore des serpents. Mais il s'est surtout intéressé à ceux qui sont dotés de cornes aux formes les plus variées, bœuf, vache, chèvre, cerf, taureau, rhinocéros, voire escargot. Selon lui, les plantes qui portent la signature d'un de ces animaux sont porteuses des mêmes propriétés thérapeutiques que ceux-ci. Il donne comme exemple : le ***cytisus**** dont les gousses ressemblent à des cornes de chèvre, et il se réfère à Columelle (*Re Rust.* V, 12) pour noter que le *cytisus* est bon pour engraisser toutes sortes d'animaux, notamment les brebis et les chèvres et que si les femmes manquent de lait, il faut mettre des cytises secs à tremper dans de l'eau pendant une nuit, en exprimer le suc et le leur donner à boire dans trois hémines en le coupant avec un peu de vin ; leurs enfants seront alors fortifiés par l'abondance de lait qu'elles seront dès lors à même de leur donner ; le ***tragum**** appelée aussi *tragokerôs* c'est-à-dire "corne de bouc" et aussi *caprae cornu* qui est bon, cru ou cuit, pour soigner les morsures de serpents tout comme le sang de bouc ; la luzerne (***medica trifolium****) dont les gousses sont recourbées comme des cornes qui est utilisée comme fourrage pour engraisser le bétail, afin qu'il donne beaucoup de lait, et par suite du fromage et aussi pour qu'il se reproduise ; le térébinthe (***terebinthus****) qui porte, comme l'orme, selon Théophraste (*H P*, III, 15, 4) - auquel Porta fait explicitement référence- "des excroissances creuses à l'aspect de besace où se forment des insectes semblables à des moucherons " qui ont des cornes semblables à celles des chèvres, ce qui permet à Porta d'affirmer que le térébinthe est un excitant aux relations sexuelles, les chèvres comme les boucs ayant la réputation d'être des animaux lubriques ; le pistachier (***pistaceorum arbor****) et le ***lentiscus**** qui ont les mêmes propriétés ; le séné (***sena****) dont les gousses ressemblent aux cornes de chèvre, qui offre, selon Mésué** de nombreuses propriétés curatives, notamment celle d'expulser la bile noire, purger le ventre, développer la vigueur, retarder la sénilité, engendrer la gaité, augmenter l'acuité de la vue, chasser toutes les formes de maladies dues à la mélancolie et traiter l'épilepsie. Certaines de ces vertus sont comparables à celles prêtées au lait de chèvre qui est tout particulièrement recommandé aux mélancoliques et aux épileptiques ; la casse (***casia solutiva****) qui est une silique noire, tordue et rugueuse ressemblant à une corne de chèvre, qui a les mêmes propriétés que le séné : on en donne à boire aux malades avec du petit-lait de chèvre et on l'utilise également pour expulser les calculs rénaux ; l'*anagyris** a aussi des siliques tordues et Porta se réfère à Pline (*H N*, XXVII, 30) pour en donner les propriétés, mais en en tronquant le texte, ce qui le rend incompréhensible. Celui-ci avait noté :"On applique les feuilles sur les abcès ou on les attache comme amulette aux femmes dont l'accouchement est laborieux, en ayant soin de les enlever aussitôt après la délivrance. Si le fœtus est resté arrêté, et si l'arrière-faix et les règles sont en retard, on en fait boire les feuilles dans du vin cuit à la dose d'une drachme"; l'***hedysaron**** qui donne une gousse contenant une graine recourbée comme une corne et qui est utilisée comme antidote, une propriété mise à profit par les chèvres ; ***sferra cavalo**** dont les graines sont semblables à celles de l'*hedysaron* et qui en a évidemment les mêmes propriétés ; ***sertula campana**** aux gousses recourbées qui est bonne pour les affections oculaires, tout comme la bile de la chèvre sauvage, rappelle Porta ; ***cuminum silvestre**** dont la gousse recourbée en forme de corne contient une graine qui est bonne pour soigner les blessures des bêtes venimeuses et pour chasser les calculs, des propriétés que Porta attribue aux chèvres, puisqu'aussi bien, rappelle-t-il, le fumier de chèvre est bon pour expulser les calculs et celui de la chèvre sauvage pour les morsures causées par des animaux venimeux ; le genêt (***genista****) qui a des gousses en forme de croissant de lune et convient pour chasser les calculs, comme la bile de chèvre ; le ***smilax hortensis**** qui est diurétique, comme le sang de chèvre, lequel est également bon pour les hydropiques ; l'***aphaca*** qui est efficace pour les morsures d'animaux venimeux, comme la vesce (***vicia*** *), le haricot (***phaseolos****), la fève (***faba****) et le pois (***pisum****) qui sont enveloppés dans des gousses en forme de cornes et sont réputés pour stimuler les relations sexuelles ; Porta accorde davantage de commentaires au fenugrec (***foenum graecum****) appelé par les Grecs *kerapôdês*, c'est-à-dire *cornuta herba* (l'herbe cornue) ou encore *bokeros*, c'est-à-dire *bovis cornua* (qui a des cornes de bœuf). Il rappelle que les Hébreux le désignent également par un nom qui fait référence à ses cornes comparées à celles des bœufs, et il note que la plante donne des graines, présentes dans des gousses en forme de corne, longues, rondes, incurvées comme des cornes de bœufs ; il rapporte que, selon Pline (*H N*, XXIV, 188), la farine de fenugrec ainsi que la cendre de ses sommités sont bonnes pour calmer la toux chronique. Il indique en outre que, selon Marcellus (*De Medicamentis*, XXIII, 23), la poudre de la corne de bœuf est utile pour ceux qui souffrent de la rate mais il n'attribue pas pour autant une telle propriété au fenugrec, bien que celle-ci ait été mentionnée par Pline. Il ajoute que la décoction dans du vin, en application, convient pour soigner les podagres et bien d'autres maladies ; l'espèce de pavot (***papaver****) dite *kerapôdês* dont la une gousse est en forme de corne recourbée, comme celle du fenugrec, évoquant aussi une corne de bœuf qui est bon, en onction, pour les obscurcissements de la vue et les taches blanches qui apparaissent sur les yeux du gros bétail d'après Dioscoride (*M M*, IV, 64) et Galien. Porta rapproche cette propriété de celle que l'on accordait, selon Pline, à la bile et à la "pierre de bile"* (*fellea lapidela*) [sans doute un calcul] que l'on trouve dans la bile de bœuf pour augmenter l'acuité visuelle. Il ajoute que les feuilles de pavot (*papaver**) sont efficaces pour purger les intestins malades, comme la graisse de taureau, selon Pline, tandis que sa bile fait venir les règles, selon Hippocrate ; la fleur de violier (***leucoion****) qui fait venir les règles et les racines conviennent pour les podagres ; la chélidoine (***chelidonion major****) qui a une gousse ronde ressemblant à celle du fenugrec qui est bonne selon Pline (*H N* XXV, 142 et 170) pour la vue, l'épilepsie et les maladies de la peau, les taies blanches chez les bêtes de somme ainsi que les maux de dents, notamment chez les bœufs selon Galien, et, plus particulièrement pour traiter l'épilepsie selon Hippocrate ; le tribule (***tribulus****) également appelé *tauroceros* (*i e* "corne de taureau") et aussi *bucephalon* (*i e* "tête de bœuf"), des surnoms qui conduisent Porta à attribuer à la plante des propriétés prêtées aux bovidés. Il note ainsi que la moelle de vache est bonne pour les abcès dans les oreilles et que, selon Pline, l'écorce de chêne en décoction avec du lait de vache est bonne pour les morsures des animaux venimeux. Il ajoute que le fumier est bon pour les abcès, selon Galien, et pour accroître l'acuité visuelle, selon Dioscoride ; le ***coronopus**** appelé aussi *herba stellaria* dont les feuilles aux nombreuses échancrures font penser à la ramure d'un cerf qui est efficace, selon Dioscoride (*M M*, II, 130 s v *korônopous*), pour soigner les affections céliaques, comme la corne de cerfs brûlée, selon Galien.

Porta rappelle que toutes les plantes qui ressemblent à une férule et évoquent les cornes de cervidés sont bonnes contre les poisons et pour soigner les épileptiques. Après avoir évoqué la morphologie de la tête du rhinocéros et la réputation de sa corne, il cite la moutarde (*sinapis**) dont le fruit est une silique terminée en bec et qui est bonne pour l'épilepsie, les morsures des bêtes venimeuses, comme l'ont indiqué Pline (*H N*, X X 236- 240) et Dioscoride (*M M*, II, 154 s v *sinêpi*) et qui est également aphrodisiaque ; la roquette (***eruca****) qui passe aussi pour être aphrodisiaques, mais qui convient en outre pour soigner les morsures des bêtes venimeuses, selon Pline auquel Porta fait ici explicitement référence (*H N*, XIX, 154 et XX, 125 -126); le chou (***brassica****), le navet sauvage (***napus****) et le chou-rave (***rapum****) qui ont sans doute les mêmes propriétés, bien que Porta ne fait que les citer sans commentaire ; il en va de même pour la serpentaire (***dracunculus****) qui a une fleur pourpre se terminant en pointe et l'*arum** dont la graine est contenue dans une gousse terminée en pointe ; la fleur [ou plutôt l'épi] de ***granus indicus**** appelé aussi *mauz* qui porte des graines ; l'***alleluya**** aux capsules droites, longues et rigides qui convient plus particulièrement pour soigner les morsures des serpents ainsi que l'épilepsie et est utile comme contrepoison, comme le *geranium** qui a des pointes en forme d'éperon ; le ***piperastrum**** qui donne une longue gousse, de forme pyramidale et pointue et qui a les propriétés du poivre, notamment celle d'être efficace contre les morsures des serpents ; l'avoine (***avena****) dont l'épi laisse pendre à son extrémité comme de petites sauterelles à deux pattes qui donne une farine, employée en cataplasme, comme celle de l'orge (***hordeum****), resserre le ventre, et calme la toux. Selon Pline, on y ajoute des escargots, dans les emplâtres, pour traiter la dysenterie.

Porta remarque aussi que les pointes effilées des glumes des épillets des céréales évoquent les antennes des crabes, surtout celles qui sont en avant de leurs yeux et que ceux-ci comme les céréales sont bons pour les morsures des chiens enragés et des vipères. Après avoir cité un certain nombre de crustacés, homard (*astacus*), langouste (*locusta*) ou encore squilles (*squillae*) dont il note le nombre et la taille des antennes, il indique que les petites écrevisses (*cancelli*) comme les céréales sont bonnes pour les morsures des animaux venimeux. Il note aussi que les crustacés excitent aux relations sexuelles, de même que le riz (***oryza***) le seigle (***secale***), l'épeautre (***zea***), l'orge (***hordeum***). Porta note encore que les escargots [dont les tentacules sont comparées à des cornes] sont bons pour soigner la goutte, comme le froment (***frumentum***) et, à l'appui de son indication, il reproduit textuellement ce passage de Pline (*H N*, XII, 120): "Sextus Pomponius, qui eut un fils préteur, un des notables d'Espagne citérieure, dirigeait le vannage de ses grains, quand il fut saisi par une douleur de la goutte ; il s'enfonça jusqu'au dessus des genoux dans le blé et fut soulagé ; l'eau de ses pieds s'asséchа merveilleusement et il se servit depuis de ce remède."

Plantes évoquant une crête ou une aigrette (Livre IV, Chapitre 12)

Porta constate qu'un grand nombre d'animaux portent sur le sommet de la tête une crête (*crista*), une aigrette (*apex, arbuscula crinita*) ou encore une huppe (*galea, cirrus*) dont la forme et la consistance varient d'une espèce à l'autre. Il cite entre autres, le paon, le faisan, la corneille, l'alouette huppée, la foulque, le pic vert, la grue des Baléares et surtout les gallinacées. Considérant que certaines plantes présentent une telle caractéristique, il leur attribue des propriétés identiques à celles de ces animaux. Elles sont donc différentes selon l'animal retenu en comparaison. Certaines sont considérées comme efficaces pour soigner les coliques, d'autres pour favoriser les relations sexuelles, un grand nombre contre les morsures des serpents et des animaux venimeux. Porta cite les suivantes : le ***corydalion**** appelé aussi *capnos* que Dioscoride considère comme une espèce de fumeterre dont les fleurs en forme d'aigrette ont été comparées à la huppe de l'alouette par Galien dans son Livre XI sur les médicaments, un oiseau réputé efficace pour soigner la colique, comme la plante qui lui ressemble ; l'***alektôrolophos****, appelé aussi *scarlea* dont les feuilles rugueuses évoquent une crête de coq, qui est aphrodisiaque, ce qui n'a rien d'étonnant puisque le coq passait pour un animal extrêmement lubrique, ce que sa crête était censée signaler ; les deux espèces, sauvage et cultivée, d'***horminum**** appelé aussi *centrum galli* car ses feuilles évoquent la crête des coqs, qui sont également aphrodisiaque ; la verveine (***verbenaca****) dont les rameaux évoquent des crêtes de coqs est bonne contre les morsures de serpents, tout comme le bouillon de volailles, selon Pline (*H N*, XXV, 107 ; XXIX, 78) et Dioscoride (*M M*, II, 49 s v *alektorides*). Porta n'oublie pas de rappeler ici que l'on prêtait également à la verveine de nombreuses propriétés si bien qu'on l'appelait l'herbe sacrée, qu'elle était utilisée dans les incantations et dans la confection de philtres d'amour et qu'elle était bonne pour soigner les fièvres tierces et quartes ; l'***adiantum**** dont l'extrémité des feuilles ressemble à la crête des volailles qui est donné aux coqs afin de les rendre plus combatifs, mais

Porta n'indique pas ses propriétés [qui sont antivenimeuses selon Dioscoride (*M M,* IV, 134, s v *polutrichon*)] ; l'espèce femelle de *satyrium** dont les fleurs en forme de capuchon ou de crête ressemblent à des crêtes de coq, qui a des racines aux propriétés aphrodisiaques.

Porta se plait tout particulièrement à comparer l'aigrette du paon à l'ombelle (en grec *skiadion* et en latin *umbella*) de certaines plantes qui ressemble, à son avis, à l'ombrelle que les femmes utilisent pour se protéger du soleil et il en déduit, par exemple que le paon ayant une bonne vue, l'ombellifère appelée ***cachrys**** est également bonne pour la vue ; Porta pousse plus loin la comparaison entre les propriétés du paon et celle de cette plante, en notant au passage que selon Simeon Seth**, les os du paon, brûlés et broyés dans du vinaigre, sont bons en application pour soigner la lèpre, une propriété également attribuée à la *cachrys*.

Mais les plantes ombellifères lui paraissent surtout bonnes pour traiter les morsures des animaux venimeux et des serpents, notamment ceux qui, comme le céraste et le basilic, ont de petites pointes sur le dessus de la tête. Après avoir cité comme exemple le nard celtique (***nardus celtica****), Porta donne une longue liste de plantes ombellifères auxquelles il reconnaît une telle propriété, mais il ne l'accompagne d'aucun commentaire (94).

Plantes évoquant une oreille d'animal (Livre IV, Chapitre 13)

Porta observe que certaines plantes présentent une certaine similitude avec les oreilles de quelques animaux. Chez ceux-ci, elles peuvent être grandes ou petites ; parfois même, elles peuvent être réduites à des cavités qui leur servent néanmoins à entendre. Mais Porta ne prête généralement pas à ces plantes des propriétés particulièrement efficaces pour traiter les affections qui touchent les oreilles, ou pour améliorer l'ouïe. Il leur attribue les mêmes vertus curatives que celles qui étaient attribués aux animaux (souris, chien, lièvre, âne ours) dont les oreilles pouvaient évoquer la forme d'une de leurs parties, notamment leurs feuilles. Il a sélectionné les suivantes : ***muos ôta**** dont les feuilles étroites et allongées, tirant sur le noir, présentent une arrête sur le dos, et ressemblent à des oreilles de petites souris, d'où son nom, et qui passe pour guérir la fistule lacrymale, selon Dioscoride (*M M*, II, 183 s v *muos ôta*) et Pline (*H N*, XXVII, 105), une propriété thérapeutique qui est à rapprocher de celle de la cendre de la tête de souris, qui, selon Pline (*H N*, XXIX, 118) mélangée à du miel, en onction, éclaircit la vue ; l'*alsine* que certains appellent *muos ôta* parce qu'elle ressemble à des oreilles de souris qui est bonne pour les inflammations oculaires et les douleurs des oreilles, selon Dioscoride (*M M*, IV, 86 s v *alsinê*) et Pline (*H N,* XXVII, 23). Porta n'hésite pas à considérer que cette propriété de calmer les douleurs auriculaires est comparable à celle de la cendre de rat qui, selon Pline (*H N* XXIX, 134), mélangée à du miel ou bouillie dans l'huile rosat et employée en instillation, calme les douleurs d'oreille ; et il fait référence à Galien** pour rappeler que la vertu qui lui est prêtée de guérir les inflammations oculaires est analogue à celle de la chair du rat, mélangée à du jaune d'œuf, et utilisée en application ; la piloselle (***pilosella****) appelée couramment aussi *auricula muris* parce que ses feuilles sont couvertes de poils et ressemblent à des oreilles de souris, qui est efficace pour chasser les calculs, une propriété mise à profit, selon Porta, par les médecins de son temps, qui est à rapprocher, dit-il, d'une prescription déjà signalée par Dioscoride (*M M*, II, 80 s v *apopatos*), Pline, Galien** et Avicenne** selon laquelle ce sont les crottes de rat, mélangées à du vin miellé et à de l'encens et prises en boisson qui sont bonnes pour expulser les calculs ; une espèce de ***cicercula**** dont les feuilles minces et veineuses ressemblent à des oreilles de lièvre, qui a des propriétés aphrodisiaques ; le ***dictamnum sylvestrus**** appelé aussi *leporis auricula* (*i e* "oreille de lièvre") à cause de sa forme, qui est utile pour extraire un corps fiché dans la peau et Porta rappelle que les chèvres de Crète atteintes par des flèches s'en débarrassent en mangeant cette plante. Il ajoute que ses contemporains utilisent la graisse de lièvre en y incorporant trois ou quatre fleurs de fève pour extraire ce qui a pénétré la peau, notamment les clous enfoncés dans la plante des pieds ; le mouron à fleurs bleues (***anagallis****) appelé *nukteris* que l'on intègre dans la composition de l'onguent d'Aetius** appelé *helenes*, qui est recommandé pour soigner la sciatique ainsi que les affections oculaires. Porta remarque que selon Dioscoride (*M M*, II, R V 178 s v *anagallis*) les Mages appelaient *nukteritis* le mouron bleu (*anagallis hê kuanê*), une expression qui le conduit à le rapprocher de celui donné à la chauve-souris par les Grecs (*nukteris*) et à attribuer à l'anagallis les propriétés curatives prêtées à l'animal. A l'appui de sa déduction, il cite Avicenne**, selon lequel, l'urine nocturne de la chauve-souris est bonne pour les taies sur l'œil et son sang pour les morsures des serpents. Et il rapporte que, selon Pline (*H N,* XXV, 144), l'*anagallis** convient pour traiter les taies sur l'œil et les obscurcissements de la vue, ainsi que les morsures de serpents ; la consoude (***symphutum****) appelée également *asini auricula* ("oreille d'âne") parce qu'elle a de grandes feuilles qui ressemblent à des oreilles d'âne. Or, remarque Porta, en citant Pline le lait d'ânesse est bon pour les affections cœliaques ainsi que pour la dysenterie (*H N*, XXVIII, 204) et le fumier d'âne est bon pour arrêter les saignements de nez (XXVIII, 239). Il attribue donc à la consoude des propriétés identiques, d'ailleurs mentionnées par Pline (*H N*, XXVI, 45) qui avait écrit "la racine de la grande consoude, prise dans du vin, arrête le flux de ventre et la dysenterie." Mais Porta ne le cite pas ; la ***sanicula**** appelée *sanicula alpa* ou *auricula ursi* dont les feuilles épaisses, charnues, lisses, recourbées, dentelées et rondes peuvent évoquer des oreilles d'ours, qui est efficace pour soigner les rhumatismes articulaires, comme la graisse d'ours utilisé avantageusement, selon Pline (*H N,* XXVII, 216 et 219) pour traiter les douleurs articulaires et la goutte.

Plantes évoquant les yeux d'un animal (Livre IV, Chapitre 14)

Après avoir remarqué que les éléments de certaines plantes pouvaient aisément être comparées à l'œil d'un animal, Porta s'est attaché à en sélectionner un certain nombre qui n'étaient pas nécessairement réputées pour traiter les affections oculaires, mais dont les vertus curatives lui paraissaient identiques à celles qui étaient attribuées à l'animal qu'elles évoquaient. Il rappelle ainsi que, selon Galien, le ***buphtalmon**** doit son nom au fait que sa fleur ressemble à l'œil d'un bœuf et il note aussi que les Romains l'appellent *boaria* et les paysans *oculus bovis*. Il indique que les fleurs avec de la cire font disparaître abcès et indurations, une propriété signalée par Pline (*H N*, XXV, 82) et Dioscoride (*M M*, III, 139, s v *bouphtalmon*). Il ajoute que les fleurs rendent leur couleur à ceux qui sont atteints par la jaunisse et il rapproche cette propriété de l'une de celles attribuées au bœuf en évoquant une recette tirée d'Hippocrate qui recommande aux ictériques de ceindre leur corps, sous les côtes, d'un bandeau de lin imprégné de bile de bœuf pendant trois jours, à renouveler chaque jour. Il signale aussi que, selon Dioscoride (*M M*, II, 79, s v *aima*), le sang de taureau, pris avec de la polenta, dissipe les abcès ; quant à la *galeopsis** ainsi appelée parce qu'elle évoquait la figure d'un œil (*opsis*) de belette (*gaelê*), sa citation donne à Porta l'occasion de rappeler que, selon Pline (*H N*, XXX, 36) et Marcellus** (*De Medicamentis*, XV, 79), la consommation d'une belette ou de son sang supprime les scrofules et que, selon Archigenès, le sang de belette, en onction, guérit les parotides, autant de propriétés Pline (*H N*, XXVII, 81) et Dioscoride (*M M*, IV 94 s v *galêopsis*) attribuent à la plante. Mais Porta ne s'en tient pas là : le mot *galéopsis* suscite chez lui un rapprochement avec l'expression *pulegium galeopsion* qui désigne une autre plante, la menthe pouliot, dont il a trouvé mention chez le pseudo-Dioscoride (*M M*, III, R V 31 s v *glêchon*) et qui était utilisé, prise en boisson dans du vin, pour soigner les morsures des serpents ainsi que pour traiter la goutte, ce qui le conduit à rappeler que la belette est utile pour traiter les podagres selon Aetius** et que sa verge séchée, prise en boisson, serait bonne pour les morsures de serpents, selon un certain Hali ; le ***lycopsis**** - une espèce d'***anchusa*** - dont les fleurs purpurines ressemblent à un œil de loup, qui est bonne pour le feu sacré ; mais Porta ne s'est pas cru obligé de rapporter que l'on prêtait alors au cœur de loup la propriété d'être efficace pour traiter l'épilepsie (cf. N. Lémery, op. cit. p. 450); l'***elaphoboscon**** que l'on appelle aussi *cervi oculorum*, parce que cette plante évoque une certaine ressemblance avec l'œil d'un cerf et qu'elle est bonne contre les serpents, car le cerf a été désigné par la Nature pour être l'ennemi des serpents ; et c'est d'ailleurs pour cette raison qu'on l'appelle aussi *ophioctonos* ; l'espèce d'*aster* ***atticus**** appelée *hyophthalmos* parce qu'elle évoque un œil de cochon (*hus, huos* : cochon, *ophtalmos*, œil) qui est efficace selon Dioscoride (*M M*, IV, RV, 119 s v *astêr attikos*) pour soigner l'épilepsie ainsi que les inflammations qui se manifestent à l'aine, chez les enfants. Porta ajoute que, toujours selon Dioscoride, si le patient tient la fleur sèche de la main gauche, et qu'il l'applique sur l'aine où il souffre, la douleur disparaîtra. Il précise que, selon Galien, il n'est pas nécessaire de l'utiliser en onction mais qu'il suffit de porter la plante, suspendue au cou, pour obtenir le même résultat. Il rapproche ces propriétés de celle prêtée aux testicules desséchées de cochon qui, trempées dans du lait, étaient recommandées pour soigner l'épilepsie, selon Pline (*H N*, XXVIII, 224) et de celle attribuée à l'urine de cochon qui, en application directe ou dans de la laine grasse sur l'aine douloureuse, passait pour avoir les mêmes effets, selon Marcellus (*De Medicamentis*, XXXII, 44). Porta termine sa liste en mentionnant le ***cynopsis*** dont le nom évoque l'œil d'un chien, qui apparaît avec les premières pluies, après l'équinoxe, qui ne serait autre, selon lui, que le ***psyllium****, une plante à épis dont la fleur est semblable à l'œil d'un chien, aux poils raides, dont la graine ressemble à une puce. Après avoir rappelé que Dioscoride (*M M*, IV, 69, s v *psullion*) l'appelle également *cynomia* et *cynocephalon* et Pline (*H N*, XXV, 140) *cynoïs* et *cynomyia*, il rapproche les vertus curatives attribuées à la plante de celles prêtées au chien : ses vomissures appliquées sur le ventre provoquent l'évacuation des eaux, selon Pline (*H N*, XXX, 105) et sa bile calme la goutte ; le *psyllium* était en effet donné à boire dans du vin aux hydropiques et aux podagres.

Plantes évoquant la bouche ou le bec d'un animal (Livre IV, Chapitre 15)

Porta se propose de recenser ici les plantes dont les fleurs ou les feuilles peuvent aisément évoquer la bouche, le bec, le mufle, le museau ou encore la gueule d'un animal. Il cite l'***antirrhinum****, une plante aux fleurs pourpres, violacées ou roses, longues et molles dans leur partie supérieure, qui évoquent, pour Porta le mufle d'un veau ou la gueule d'un lion. Il remarque qu'elles sont comme des capsules tantôt fermées tantôt ouvertes, si bien qu'on les appelle plutôt *leonthostomos* (*i e* "gueule de lion"). On rapporte, écrit Porta, qu'elle embellit ceux qui s'en enduisent avec de l'huile de lis, et qu'elle les protège de toute substance nocive, de même que ceux qui la portent en bracelet, faisant ainsi implicitement le rapprochement entre les propriétés de la plante et celles attribuées au lion, car il ajoute qu'on est protégé de ses ennemis si l'on porte sur soi une amulette confectionnée avec de la graisse de lion et que, si l'on en croit Pline et les Mages (*H N*, XXVIII, 89), la graisse de lion, en particulier celle qui est prélevée entre les sourcils, permet à celui qui s'en enduit d'obtenir un crédit plus facile auprès du roi et du peuple ; quant à l'*helianthes**, il ne suscite aucun commentaire de Porta qui se contente de citer intégralement ce passage que Pline lui a consacré (*H N*, XXIV, 165): "C'est, selon Démocrite**, une plante dont les feuilles ressemblent à celles du myrte qui se rencontre dans la région de Thémiscira et dans les montagnes de Cilicie, proches de la mer. Bouillie avec de la graisse de lion, additionnée de safran et de vin de palme, les mages et les rois de Perse s'en frictionnent pour donner belle apparence à leur corps ; aussi l'appelle-t-on aussi *héliocallis*."

Après avoir mentionné - sans commentaire - quelques plantes qui fleurissent au printemps et offrent quelque ressemblance avec une gueule de lion, telles que ***candida leucoia*, caltha*, narcissus*, lilium*, viola*, rosa****, Porta s'attache plus particulièrement à comparer les propriétés de l'*iris** parfois appelé *leonis* ou *lycostomos* à celles que l'on prêtait au lion et au loup. Il note en effet que, selon Pline, la bile de lion est bonne pour soigner la jaunisse, et que selon

Dioscoride (*M M*, I, I s v *iris*) l'iris pris en boisson guérit les ictères. Il ajoute que, selon une scholie à Nicandre**, l'iris est appelé *lycos* (loup), parce que les bords retroussés de ses feuilles ont l'aspect d'une gueule de loup, qu'il convient merveilleusement pour hâter l'accouchement et que la fleur, en application, est bonne pour le provoquer. Le rappel de telles propriétés lui permet de faire le rapprochement avec la chair du loup dont la consommation passait, selon Pline (*H N*, XXVIII, 247), pour faciliter les accouchements des femmes qui en avaient mangé, ou qui avait auprès d'elles quelqu'un qui en avait mangé ; l'***orobanche**** également appelée *leo*, par Dioscoride (*M M*, II, 142 s v *orobanchê*) parce que, précise Porta, les fleurs qui se trouvent au bout de ses tiges évoquent la gueule ouverte d'un lion, d'après Sotion le Grec, dans les *Géoponiques***. Il note qu'on l'appelle aussi *ospríoleon*, et que, si l'on veut que cette plante parasite n'apparaisse pas dans son champ, on doit se procurer quinze tuiles sur lesquelles on dessine, peint en blanc, Hercule étranglant un lion et les déposer aux quatre coins et au milieu de son champ. Il ajoute que Démocrite** propose une autre recette : sachant que le lion craint la vue du coq, il faut faire le tour du champ en tenant un coq à la main, ce qui provoque la mort immédiate de la plante appelée *leonteios poa* - un autre nom donné à l'orobanche -, car elle éprouve la même peur que le lion. Il rapporte encore que si l'on répand du sang de coq lorsque l'on ensemence un champ, on est débarrassé de l'*herba leonina* (encore un autre nom donné à l'orobanche) et il ajoute que, selon Nicandre**, l'orobanche, comme la chair du lion, est un efficace contrepoison ; l'*acanthe* dont la fleur ressemble à la bouche ouverte d'une grenouille ou d'une rainette, est, selon Dioscoride, efficace pour soigner les brûlures (*M M*, III, 17 s v *akanthos*), une propriété que Porta rapproche de celle que l'on attribuait aux grenouilles, utilisées dans le traitement des fièvres ; le ***dracunculus**** réputé pour la ressemblance de sa racine avec un serpent qui est particulièrement utile pour soigner leurs morsures, de même que l'***arisarum**** dont la fleur assez longue semble sortir d'une feuille en forme de corne qui, en s'entrouvrant vers le haut, ressemble à une bouche de reptile, alors que les étamines qui en émergent évoquent la langue d'un serpent ; le calament (***calamintha****) dont les fleurs présentent des éléments comparables à des langues de serpents qui a les mêmes propriétés que les deux plantes précédentes ; une espèce particulière de champignons à laquelle on donne le nom de ***suilli*** (*i e* "champignon de porc") qui apparaît d'avril à mai, de couleur pâle et sombre, avec un chapeau allongé, en forme de cône protubérant pouvant évoquer la forme d'un groin de porc, qui est également efficace, en application avec de l'eau, pour soigner les morsures des serpents, une propriété que Porta rapproche de celle attribuée aux excréments de porcs par Aetius**, qui les prescrivait, cuits dans du vinaigre pour soigner les morsures des animaux venimeux ; l'***hyoseris**** appelé généralement *suillum cardum* et *cicerbita* par les Italiens qui est une espèce de laiteron épineux (*sonchus spinosus*) dont les fleurs ont un calice évoquant un groin de porc (*suis nasus*). Après avoir rappelé au passage que Ruellius**l'appelle *rostrum porcinum* et certains *leonis dens*, Porta note que, selon Pine (*H N*, XXVII, 90), elle ressemble à la chicorée (***intubus***), mais en plus petit et plus rude au toucher et que, pilée, c'est un remède excellent pour les blessures. Il ajoute que, selon Dioscoride, (*M M*, II, 131 s v *sogchos*), elle fait venir le lait. Porta cite enfin l'***aquilina herba**** dont les fleurs se prolongent dans leur partie arrière par un éperon recourbé évoquant le bec d'un aigle, ce qui lui vaut son nom. Après avoir noté une recette qui figure d'ailleurs également chez A. Matthioli (op. cit. p. 253), selon laquelle la graine, prise en breuvage, au poids d'une drachme en vin de Candie, avec un peu de safran guérit la jaunisse, sans oublier de faire suer le patient aussitôt après, il rapproche cette propriété d'une de celle que l'on attribuait à l'aigle, puisqu'aussi bien, selon Pline (*H N*, XXX, 94), le cerveau de l'aigle pris dans trois cyathes de vin était jugé efficace pour traiter la jaunisse.

Plantes évoquant la langue d'un animal (Livre IV, Chapitre 16)

Porta remarque que la langue présente des aspects différents selon les animaux, qu'il s'agisse par exemple, de celle du serpent, du crocodile, des poissons, des grenouilles ou encore de l'éléphant. Et il constate par ailleurs qu'il existe un certain nombre de plantes dont les fleurs ou les feuilles évoquent assez facilement la langue d'un animal. Il en va ainsi des plantes suivantes : le ***kunoglosson**** dont les feuilles sont plus étroites que celles du plantain, plus petites, duveteuses, tendres, rugueuses au toucher et sont facilement comparables à une langue de chien, ce qui lui vaut son nom (du grec : *kuôn*, chien et *glôssa*, langue). Cette plante est évidemment bonne pour les morsures de chien, selon Dioscoride (*M M*, IV, RV 127 s v *kunoglôsson*), tout comme la peau et la chair du chien ; le *buglosson** qui a des feuilles rugueuses comme une langue de bœuf, d'où son nom (du grec *bous*, bœuf et *glôssa*, langue) est bonne pour les fièvres tierces et quartes ainsi que pour provoquer la joie, selon Dioscoride (*M M*, IV, 127 s v *bouglôsson*), mais aussi pour traiter les maladies de cœur et comme contrepoison, selon Apulée**; en revanche, il ne fait aucune allusion aux propriétés prêtées au bœuf qui correspondraient à celles qu'il attribue à la plante. Il considère par ailleurs qu'une autre plante appelée ***boraginis*** mais aussi *bovaginis,* un nom qui évoque également le bœuf présente les mêmes caractéristiques, et, par suite les mêmes vertus Il précise toutefois qu'on doit la prendre dans du vin et du lait de vache pour faire tomber la fièvre quarte (95); le ***symphytum*** dont les feuilles allongées, rugueuses, évoquent également assez facilement une langue de bœuf est bonne pour refermer et cicatriser les plaies, selon Dioscoride (*M M*, IV, 4 s v *sumphuton petraion*). Une propriété, note Porta, qui est à rapprocher, de celle de la colle qu'on obtient à partir du cou et de la peau de taureau. Il est vrai que des propriétés vulnéraires étaient alors attribuées au taureau, mentionnées d'ailleurs à différentes reprises par Pline (*H N*, XXVIII, 195, 209, 236, 243, 244); l'***arnoglosson**** appelé aussi ***plantago****, qui doit son nom à sa ressemblance avec une langue d'agneau (du grec *arnos*, agneau et *glôssa*, langue), selon Théophraste (*H P*, VII, 8, 3). Une telle similitude incite Porta à énumérer différentes propriétés thérapeutiques que l'on prêtait aux ovins : la cendre du fumier des brebis passe pour être particulièrement efficace pour traiter les carcinomes, leur peau neuve pour la fièvre quarte et la dysenterie, selon Aetius**; leur laine pour soigner les morsures de chien enragé, après le septième jour ; de plus, la bile des agneaux prise avec du miel est bonne pour traiter l'épilepsie, d'après Pline** (*H N*, XXX, 88) et leur urine pour l'hydropisie, selon Rhazes**. Après ce rappel, il affirme que les propriétés curatives du *plantago* sont identiques ; l'***orneoglosson**** serait d'après Ruellius**, un petit frêne, aux feuilles semblables à celles de l'amandier, dont le fruit est de la taille d'une olive, à l'intérieur duquel se trouve une moelle, qui ressemble à une langue d'oiseau, ce qui lui vaut son nom (du grec, *orneos*, oiseau et *glôssa*, langue). Porta note qu'il excite aux relations sexuelles et qu'il est bon pour la reproduction (96), les oiseaux passant alors pour être particulièrement féconds ; le ***passerina lingua**** qui a des feuilles assez longues et arrondies, et ressemble à une langue de moineau, ce qui lui vaut son nom. Porta note qu'on l'appelle aussi *polygonum** ou encore *polycarpon** car il produit de nombreuses graines, et que, pour cette raison, il passe aussi pour favoriser les relations sexuelles et la conception ; le *phyllis** qu'on appelle aussi *lingua cervina* qui a des feuilles longues d'une palme et demie, droite, très lisses, toujours vertes, ressemblant, selon Dioscoride, à une langue de cerf et qui, selon lui, sont bonnes, prises en boisson dans du vin, pour les morsures de serpents. Porta rappelle que la viande de cerf a les mêmes propriétés, et en outre qu'elle chasse les fièvres, allant jusqu'à affirmer qu'une consommation régulière de viande de cerf protège efficacement de la fièvre. Il accorde des vertus identiques au *phyllis*, et il vante même l'efficacité d'une préparation chimique à base de feuilles de *phyllis* contre les fièvres pestilentielles ; l'***ophioglosson**** dont les fleurs ont une pointe piquante qui ressemble à une langue de serpent qui est bon contre les morsures de serpents ; l'***echium*** aux feuilles blanchâtres, hérissées de poils qui est aussi appelé *lingua hirsina*, langue de bouc, car elles ressemblent à la langue de cet animal et aussi parce que les boucs et les chèvres se plaisent à les brouter. Porta note que, selon Dioscoride (*M M*, IV, 27 s v *echion*), cette plante est bonne pour soigner les morsures de serpents et elle augmente la sécrétion de lait chez les femmes. Il ajoute que la chair des chèvres et surtout leur fromage sont galactogènes, selon Hippocrate, et que, selon Pline (*H N*, XXVIII, 152) la corne ou le poil de chèvre brûlé, ou la cendre de ses cornes prise en boisson font fuir les serpents.

Porta note que de nombreuses plantes portent également des fleurs dont les étamines divisées en deux à leur extrémité évoquent la langue fourchue des serpents, mais il n'en donne aucun exemple. Il mentionne toutefois quatre plantes ***phalangion*****, ***anchusa*****, ***pseudacorum**** et ***caryophillis**** qu'il juge particulièrement efficaces contre les morsures de serpents, ainsi que comme contrepoisons et fort utiles pour protéger de la contagion de la peste.

Plantes évoquant les dents d'un animal (Livre IV, Chapitre 17)

Après avoir consacré un long développement aux différents types de dentition que l'on peut observer chez les animaux, Porta remarque que de nombreuses plantes se défendent contre leurs morsures par des épines. S'inspirant largement de Théophraste et de Pline (*H N*, XXI, 91), il explique qu'il faut distinguer les plantes entièrement épineuses de celles qui ne le sont qu'en partie ; en effet, chez certaines, ce sont les rameaux qui sont couverts d'épines, chez d'autres ce sont les fruits, chez d'autres encore ce sont les feuilles. Il donne un certain nombre d'exemple de plantes épineuses dont la principale propriété est d'être efficace contre les morsures des serpents. Ce sont : la ronce (***rubus****) dont les rameaux sont couverts d'épines pointues et crochues, portant des feuilles dont le dessus et le dessous sont également épineux qui est particulièrement efficace contre les morsures des serpents venimeux ; la tribule (***tribulus****) dont la graine est épineuse et les feuilles pourvues d'épines rigides, qui donne un suc dont la consommation en boisson ou l'emploi en onction, sont bons pour soigner les blessures des vipères ; ***spina alba**** dont les feuilles sont hérissées d'épines et la tête épineuse, semblable à celle d'un oursin, qui est efficace, prise en boisson, contre les morsures des serpents, et, portée en amulette, pour faire fuir les reptiles ; le paliure (***paliurus****), un arbuste épineux et le cédratier (***citria****) aux épines rigides qui donnent des graines dont l'absorption en boisson, est efficace contre les bêtes venimeuses, d'après Athénée**. Porta cite encore le ***chamaeleon**** blanc qui a des feuilles rugueuses et piquantes, comme un oursin, mais sans en indiquer les propriétés ; l'***erigeron**** qu'il mentionne ici sans aucun commentaire ; ***carduus benedictus**** qui a des feuilles hérissées de poils et des têtes aux aiguillons pointus au sommet d'une tige droite, qui est également cité sans commentaire ; *smilax* * dont les rameaux épineux sont comparables à ceux de la ronce ou du paliure, qui est un antidote efficace contre les poisons ; Porta ajoute que son suc, pris en boisson, protège des poisons pour toujours ; le ***lycium****, un arbuste épineux qui est bon pour soigner les morsures des chiens enragés ; tout comme le ***ribes**** selon Pline (97).

Porta remarque qu'il existe aussi des plantes utiles pour soigner les piqûres des scorpions, bien qu'elles ne présentent que de très petites épines, voire aucune épine ou pointe ou aiguille, mais qui sont néanmoins bonnes pour soigner les piqûres des guêpes et des araignées phalanges. Il en cite ainsi quelques-unes dont les graines sont couvertes d'épines comme ***spinacia**** dont le suc, pris en boisson est bon pour soigner les blessures dues aux scorpions et aux araignées phalanges ; ***sonchus aspera****, ***lactuca sylvestris**** que Porta ne fait que citer, sans mentionner leurs propriétés. Il ajoute ***atractylis*** * qui a des feuilles et une tête épineuses ; ***paliurus**** déjà mentionné auquel il attribue la propriété d'être bon pour soigner les piqures de scorpions, tout comme ***scorpio*** (98) dont il existe deux espèces ; ***asparagus**** qui est bon pour les piqûres des araignées phalanges ; l'ortie (***urtica****) au duvet d'une si grand finesse qu'il semble impossible qu'il puisse pénétrer la peau et qui provoque cependant si on la touche une douleur comparable à celle des dards des guêpes et des abeilles ; ***lupus salictarius**** dont les rameaux sont rugueux, couverts de poils épineux, qui est un antidote efficace contre les poisons les plus dangereux.

Plantes évoquant le cou, les mamelles, la rate, le cœur d'un animal (Livre IV, Chapitre 18)

Dans un chapitre quelque peu "fourre-tout", Porta cite quelques plantes dont les propriétés thérapeutiques sont identiques à celles prêtées à un animal ou à l'une de ses parties. D'ailleurs, certaines d'entre elles sont désignées par un nom qui fait référence à un animal précis. Ce sont : ***smilax**** que les Romains appellent aussi *mergina* à cause de ses longs rameaux qui peuvent évoquer le long cou d'un oiseau, ce qui conduit Porta à rapprocher ce synonyme du mot *mergus*, qui désigne le plongeon, un oiseau doté d'un long cou (99) dont le sang était considéré comme un puissant antidote contre les animaux venimeux ; tout comme les feuilles du *smilax** qui étaient plus particulièrement jugées efficaces selon Aetius**contre les morsures des chiens enragés ; ***fumaria**** appelée aussi *Dioscoridis peristereon* c'est-à-dire *columba,* dont les feuilles ressemblent à la gorge d'une colombe. Une telle analogie incite Porta à rapprocher les propriétés attribuées à cet oiseau de celle qu'il prête au fumeterre en rappelant que, selon Arétée** il est recommandé aux hydropiques de se nourrir de colombes et de perdrix et que selon Mésué** la fumeterre est recommandée pour ceux qui souffrent d'éléphantiasis ou de carcinomes, car elle fait évacuer la bile et les humeurs brûlantes ; ***sebesten**** qu'on appelle couramment *persica* et aussi *mamilla canis*, selon Silvaticus**, à cause de sa forme qui peut évoquer une mamelle de chienne, qui est d'un grand secours pour ceux qui souffrent de catarrhes et auxquels il est conseillé de s'entourer le doigt d'une peau de chien ; l'asphodèle (***asphodelus****) dont les racines ressemblent à des mamelles de vaches, sont bonnes, au dire des Grecs, pour expulser tous les poisons, en particulier ceux qui causent des coliques et des inflammations ; Porta ajoute que, selon Pline et Dioscoride, elles passent pour d'excellents vomitifs et que, selon Nicandre**, elles sont efficaces contre les serpents et les scorpions ; il rappelle en outre que l'asphodèle met aussi le sommeil à l'abri des cauchemars ; ***anacardia**** un arbre dont le fruit de couleur rouge comme celle du cœur, a la forme du cœur des petits oiseaux, ce qui lui vaut son nom. Porta fait ici référence aux Arabes pour indiquer que ce fruit ranime ceux qui ont perdu connaissance, remédie aux pertes de mémoire et aux accidents cérébraux, et il ajoute que R Mosé** a écrit, dans ses *Aphorismes*, que la chair de nombreux oiseaux, comme celle de l'épervier, fortifie l'esprit, et convient pour soigner la mélancolie, les troubles mentaux ainsi que l'épilepsie ; la mauve (***malva****) appelée aussi *lien capræ* par les Mages à cause de la ressemblance de sa feuille avec une rate de chèvre. Un tel synonyme amène Porta à rappeler que, selon Sextius**, il est recommandé de boire de la rate de chèvre à ceux qui souffrent de coliques et que, selon Pline (*H N*, XX, 222-228), la mauve est bonne en application pour ceux qui souffrent de coliques et qu'elle est efficace contre les poisons et les piqûres des bêtes venimeuses ; il ajoute que les mauves sont emménagogues, aphrodisiaques, favorisent la conception et qu'elles sont utiles pour traiter les crises d'épilepsie et chasser les calculs, autant de propriétés, rappelle-t-il, que l'on prête aux chèvres.

Plantes qui évoquent les testicules et le sexe d'un animal (Livre IV, Chapitres 19 et 20)

Porta cite quelques plantes bulbeuses dont les racines ont une forme qui ne peut manquer d'évoquer des testicules, surtout lorsque les bulbes sont doubles. Il rappelle qu'une telle forme a été imaginée par la Nature pour indiquer aux hommes que ces plantes étaient aphrodisiaques et qu'elles étaient bonnes pour assurer conception et reproduction. Il a déjà traité ce sujet, mais il complète ici son propos en abordant la ressemblance de quelques plantes avec des testicules de certains animaux, notamment le chien, le bouc et le milan. Ce sont : *cynos orchis* que Porta a déjà mentionné et sur les propriétés duquel il reproduit ici les indications de Pline (cf. note 73). Il ajoute que, selon Dioscoride, tous les bulbes (***bulbi****), en onction avec du miel ou de la poudre de poivre sont efficaces contre les morsures de chien. Il note enfin que si quelqu'un mélange son urine à celle d'un chien, il devient impuissant ; ***palma Christi**** (100), dont les racines ressemblent à des testicules de chien, abstraction faite de leurs prolongements en forme de doigts, sans aucun autre commentaire ; ***tragorchis**** ainsi nommée parce qu'elle répand une odeur de bouc (*hirsinus*) et qu'elle est couverte d'un duvet comparable aux barbes de chèvre (*caprilla barba*). Porta indique que cette plante est bonne pour exciter aux relations sexuelles, et qu'elle est d'ailleurs la plus efficace des plantes bulbeuses en ce domaine, car le bouc est un animal lubrique qui a une très grande vitalité sexuelle ; ***triorchis***, une espèce d'*orchis* L. appelée aussi *serapida Ægineta* par les Égyptiens qui aurait trois bulbes dont aucun ne serait plus faible que les autres, à la différence des autres orchidées. Aussi ses propriétés leur seraient-elles largement supérieures. Selon Porta, le *triorchis* ressemble à un milan, un oiseau dont les testicules passent pour exciter aux relations sexuelles. D'ailleurs, rapporte-t-il, si celui qui est impuissant mange à jeun, pendant trois jours des testicules de milan en décoction dans de l'eau d'une fontaine, mélangées à du miel, il retrouvera toute sa vigueur. Il en déduit que le *triorchis* a les mêmes propriétés que ce dernier ; Porta termine sa liste en citant ***colchicon**** qu'on appelle aussi *testiculum canis* à cause de ses graines doubles (et non pour sa racine bulbeuse qui est unique, mais fendue au milieu). Après avoir rappelé que cette plante est vénéneuse et cause la mort des imprudents qui en ont mangé, il rapproche sa dangerosité de celle de la salive des chiens (sans doute des chiens enragés) qui est venimeuses, transmet la rage et cause la mort.

A la suite des plantes dont les racines ressemblent à des testicules, Porta cite quelques végétaux dont une partie évoque le sexe d'un animal, notamment un pénis, et passent pour favoriser la procréation. Sa sélection comprend : l'***orobanche**** qu'on l'appelle aussi *cynomorion*, car elle ressemble aux parties génitales d'un chien, une observation que l'on trouve chez Pline (*H N*, XXII, 162) et que Porta juge pertinente quand on observe la plante : il précise en effet qu'une tige émerge de la racine, droite, nue, glabre au sommet de laquelle apparaissent des feuilles entre lesquelles on distingue des fleurs comme réunies en pelotes ; ***thyrcites**** ainsi appelée par les Chypriotes parce qu'elle porte comme un thyrse. Porta note qu'elle a une tige droite qui se termine par une sorte de petit casque dont la forme évoque les parties génitales d'un chien. Il ajoute qu'on l'appelle aussi *tora*, parce que les vaches qui l'ont broutée sont en rut et désirent être couvertes par le taureau ; le chêne (***quercus****) sur lequel on peut observer, outre les glands, une galle en forme de verge dont Théophraste a donné une description (*H P*, III, 7, 4) que Porta reproduit partiellement (101), rappelant à l'occasion que les glands favorisent la fécondité ; enfin le lis (***lilium****) dont la fleur laisse apercevoir au milieu des étamines une sorte de "quenouille "(*colus i e* le pistil) au sommet de laquelle on distingue comme une petite tête (*capitulum i e* le stigmate à l'extrémité du style) que Porta compare au sexe d'un âne ! Après avoir rappelé que Nicandre** recommande le lis comme antidote d'un poison appelé *pharicum*, particulièrement dangereux, Porta note que les fleurs, en application, assouplissent l'utérus, font venir les règles, facilitent la conception et sont bonnes contre les morsures des serpents, des indications qu'il a recueillies chez Dioscoride (*M M*, III, 102 s v *krinon*). Il rappelle aussi que les testicules d'âne excitent au coït, une indication donnée par Pline (*H N* XXVIII, 261) et que le lait d'ânesse pris en boisson neutralise les poisons, en particulier, la jusquiame, mais aussi le lièvre marin, selon Pline (*H N* XXVIII, 158) et le *pharicon*, selon Nicandre** (*Alex.* 398)

Plantes évoquant la queue d'un animal (Livre IV, Chapitres 21 et 22)

Porta rappelle qu'il existe de nombreuses plantes dont les fleurs, les gaines de leurs épis, les graines ou encore les racines ressemblent à la queue d'un animal, et qu'elles indiquent ainsi qu'elles possèdent les mêmes propriétés curatives des animaux qu'elles évoquent, ou bien qu'elles sont bonnes pour remédier aux morsures d'animaux tels que le scorpion dont l'extrémité de la queue est munie d'un aiguillon venimeux recourbé qui provoque de graves blessures. Porta a sélectionné un certain nombre de plantes qui répondent à ces critères et il justifie son choix par un bref commentaire sur chacune d'elles. En voici la liste : ***scorpioïdes herbula*** * (cf. note 99), ***telephium**** (102) dont les racines ressemblent à la queue d'un scorpion, qui est bon pour soigner leurs piqûres ; Porta note qu'il existe une autre plante des terres cultivées, dont il ne donne pas le nom, qui a une tige droite, grêle, d'un pied à un pied et demi de haut qui se termine à son sommet par de petites cornes aux pointes recourbées, imitant la petite queue des scorpions, aux articulations transversales ; il précise que ses fleurs sont jaunes, très petites et leurs petites feuilles disposées comme le **tribule,** mais il avoue qu'on en ignore les propriétés, affirmant néanmoins que l'on peut aisément les deviner d'après de telles caractéristiques ; ***heliotropium magnum*** * qui porte de délicates fleurs en grappe, recourbées comme la queue d'un scorpion, au sommet de petites tiges ; Porta note que, pour cette raison, on l'appelle aussi *scorpiuro*, *scorpioctonos* ou encore *scorpii intersector* (*i e* "le tueur de scorpion") selon Dioscoride, et que, pris en boisson ou en application, il est bon pour tuer les scorpions ou pour soigner leurs piqûres ; ***ocimastrum**** (103) qui, rappelle Porta, est également appelé *scorpiouros* par Dioscoride à cause de la forme de ses tiges, quoique le nom conviendrait mieux à l'***echium****; il précise que la rangée de ses fleurs disposées sur de petites tiges recourbées en arrière évoque la queue d'un scorpion, tout comme l'***anchusa**** et qu'il convient comme antidote du venin des serpents, et probablement aussi de celui des scorpions ; Porta cite encore différentes plantes épineuses appelées ***tragos**** mentionnées par Théophraste, Dioscoride et Pline (104) et réputées pour soigner les piqures de scorpion : ***cuminum sylvestris**** qui donne des graines cornues semblables à la queue d'un scorpion et qui, pris en boisson, est bon pour soigner les morsures de serpents ainsi que les piqûres des scorpions et des scolopendres, voire les blessures causées par tous les animaux venimeux ; ***caltha**** dont les graines sont contenues dans une enveloppe qui ressemble à la queue d'un scorpion et qui est un bon remède contre les poisons, si l'on en croit les auteurs de son temps qu'il dit avoir consultés ; ***herba cancri*** ainsi appelée par Fuchs** et quelques autres non parce que ses rameaux évoquent la queue d'une "écrevisse de mer" (*cancer*), c'est-à-dire d'un crustacé comme le homard, la langouste ou le crabe, mais, pense Porta, parce qu'elle a la propriété de soigner les carcinomes ; Porta rappelle toutefois que les pinces des "écrevisses de mer" ressemblent aux queues des scorpions et qu'elles sont bonnes pour soigner les carcinomes ; ne rapporte-t-on pas en effet, écrit Porta, qu'elles se transforment en scorpions ainsi que le rappelle Ovide (*Métam*. XV, 371 sq.) dans ce passage reproduit par Porta : "Si vous enlevez à l'écrevisse de mer, hôte des rivages, ses pattes recourbées, et si vous recouvrez de terre ce qui reste de l'animal, de la partie ensevelie sortira un scorpion, qui de sa queue crochue, se fera menaçant"; ***cucuminus**** sur les caractéristiques et les propriétés duquel Porta se contente de reproduire ce texte de Pline (*H N*, XX, 7): "Ceux qui vantent le concombre lui-même, disent que le meilleur est celui d'Arabie, puis celui d'Arcadie ; d'autres disent qu'à Cyrène, il ressemble à l'héliotrope, avec un fruit de la grosseur d'une noix placé à l'aisselle des feuilles, que la graine présente une queue recourbée, comme celle des scorpions, mais est blanche. Certains donnent aussi le nom de scorpion au concombre sauvage, dont la graine et l'***élatérium**** sont très efficaces contre les piqûres de ces animaux." Porta complète cette liste par la simple citation de quelques plantes caractérisées par des graines enfermées dans des enveloppes qui ont la forme d'une queue de scorpion et sont donc bonnes, selon lui, pour traiter les venins des aspics et des scorpions, mais sans aucun autre commentaire. Ce sont : ***raphanus*, rapus*, ervus*, lupinus*, eruca*, vicia**** et ***genista****.

Porta a jugé bon de préciser que les ressemblances que l'on pouvait observer entre la forme de certaines parties des plantes et la queue de différents animaux, étaient variables d'un animal à l'autre, notamment, par exemple, selon la taille, la présence ou l'absence totale, voire partielle de poils. Il en donne plusieurs exemples, en commençant curieusement par celui d'un poisson, appelé *pastinaca* (*i e* la pastenague) par les Latins et *trugôn* par les Grecs dont la queue colorée et ronde, est semblable à la racine de la ***pastinaca****, la carotte (sauvage ou cultivée). Il rappelle que c'est un des plus dangereux poissons présents dans la mer, selon Oppianus** et il rapporte, pour illustrer le bien-fondé d'une telle réputation, un épisode du mythe de la magicienne Circée qui avait donné cet aiguillon à son fils Theligonos - qu'elle avait eu d'Ulysse - pour qu'il se protège de ses ennemis, mais qu'il utilisa malencontreusement pour tuer son propre père qu'il n'avait pas reconnu lors du sac d'Ithaque. Il cite également Élien**, selon lequel l'aiguillon de ce poisson qui se trouve à l'extrémité de sa queue est tellement dangereux et venimeux qu'il fait mourir non seulement les hommes et les animaux, mais même les arbres et les végétaux qui en ont été piqués. Ceux-ci perdent leur feuillage aussitôt après la piqure et se dessèchent comme s'ils avaient été soumis aux rayons intenses du soleil, ce que confirme d'ailleurs Nicandre** (*Thér.* 828- 835); Porta rappelle alors que selon Celse** la plante appelée *pastinaca* est bonne pour soigner les morsures des serpents et que ceux qui en consomment à titre préventif n'en seront pas mordus. Il ajoute que selon Dioscoride (*M M*, III, 52 s v *staphulinos*), la plante, de même que l'aiguillon du poisson, placée sur le ventre de la parturiente, facilite l'accouchement ; Porta mentionne ensuite la prêle (***equisetum****) dont il donne une brève description : c'est une plante semblable à un jonc, dont les feuilles sont menues, serrées et noires, disposées tout autour de petites tiges ; il en pend de fins rameaux nombreux, et noirs, entourés, par intervalles, de très abondantes feuilles minces, comparables à des filaments de soie rugueux, ressemblant aux crins de la queue d'un cheval. Il indique que la prêle arrête les saignements de nez et que sa graine prise avec du vinaigre et de la laine stoppe tous les écoulements. Il rapproche cette propriété de celle attribuée aux poils de la tête d'un cheval qui, réduits en cendres et utilisés en application, passaient pour avoir également la propriété d'arrêter les saignements ; l'***alopecuros**** que Porta décrit en s'inspirant de Théophraste (*H P*, VII, 11, 2) comme une plante dont l'épi n'est ni effilé, ni aristé ; il précise qu'il est hérissé d'un duvet dense et rugueux, qu'il forme un épi semblable au plantain, mais qu'il ne fleurit pas comme lui, qu'il se couvre, comme le froment, par épis entiers, de petits flocons laineux, si bien qu'il est comparé à la queue d'un renard, d'où son nom (du grec *alôpêx*, renard et *oura* : queue); il complète sa description en signalant que Pline (*H N*, XXI, 101) a classé l'*alopecuros* parmi les plantes à épis après avoir précisé que "son épi était mou garni d'un épais duvet, qui n'est pas sans ressemblance avec une queue de renard, d'où son nom." Porta termine son propos en remarquant que les plantes comparables au blé sont utiles pour soigner ceux qui toussent, tout en rappelant que le renard a aussi cette propriété ; ***peucedanum**** également appelé *cauda porcina* (*i e* "queue de porc") par Silvaticus** parce que l'extrémité de sa longue racine se dresse comme les poils durs et raides du porc et aussi parce qu'il ressemble à toutes les espèces de ***seseli****. Afin de justifier l'identité des propriétés thérapeutiques attribuées respectivement au porc et au *peucedanum*, Porta a cru bon de rappeler ici un certain nombre de vertus curatives que différents auteurs ont prêté au porc : selon Galien**, l'urine de porc ou de sanglier séchée, bue dans du vinaigre est bonne pour soigner l'épilepsie ; selon Aetius**, les os de ses pieds brûlés sont bons pour soigner la céphalalgie et, selon Serenus** avec de l'axonge mélangé à des vers de terre pour traiter les nerfs blessés ; enfin, selon Pline**, la graisse de porc mélangée à du miel et à de la résine, tout comme le foie ou la cervelle de porc pris en boisson dans du vin, sont bons contre les serpents. Autant de vertus curatives prêtées au *peucedanum* par Dioscoride** (*M M*, III, 78 s v *peukedanon*) ajoute Porta pour clore son chapitre.

Plantes évoquant les pattes d'un animal (Livre IV, Chapitre 23)

Ayant remarqué que certaines plantes ressemblaient à des pattes d'animaux, Porta observe que celles-ci diffèrent d'une espèce à l'autre, en particulier par leur forme ou le nombre et la disposition de leurs doigts. Ainsi, par exemple, certaines sont palmées, d'autres ont quatre doigts dont trois sont d'un côté et le quatrième d'un autre, d'autres se terminent par un sabot qui peut être fendu ou non. Porta a sélectionné plusieurs plantes qu'il juge porteuses d'une signature évoquant un animal précis : ***leontopodion**** (105) dont le nom qui signifie "patte de lion" lui a été donné, à cause des nombreux poils dont sont couvertes ses feuilles, comme une patte velue et non pas à cause de ses fleurs. Porta remarque que celles-ci présentent la marque de petits trous qui ressemblent aux empreintes d'une patte de lion et il fait référence à Dioscoride, (*M M* IV, 133 s v *kêmos*) pour affirmer que la plante est bonne pour stimuler les relations amoureuses et pour résoudre les petites tumeurs. Il cite également Pline, (*H N*, XXVIII, 89), dont il reproduit le texte pour mentionner d'autres propriétés attribuées au lion : "L'imposture des Mages promet un crédit facile auprès des peuples et des rois, à ceux qui sont enduits de cette graisse de lion, surtout de celle qui est entre les sourcils, région où il ne peut en exister." Il ajoute que la plante est bonne pour traiter les hémorroïdes et les amygdales ; ***leontopetalon**** qui est une plante dont les feuilles, selon Porta, sont semblables à celles du chou, mais divisées comme celles du pavot et ressemblent à une patte de lion, une caractéristique que les auteurs ne mentionnent généralement pas ; il note, en se référant à Dioscoride (*M M*, III, R V 96 s v *leontopetalon*) que cette plante, prise en boisson dans du vin, est bonne pour soigner les morsures de serpents et en apaiser très rapidement la douleur ; des propriétés qu'il compare à celle que l'on attribuait à la chair du lion qui passait pour protéger les hommes de toutes les bêtes sauvages ; ***lagopum**** qui est une plante dont le nom rappelle sa ressemblance avec un pied de lièvre, selon le pseudo-Apulée (*Herba leporis pes* § LXI); Porta précise que ses épis pointus aux poils abondants et mous sont de la couleur des pattes de lièvre, et qu'elle est bonne, selon Hippocrate, pour traiter les diarrhées, refermer les plaies profondes et les cicatriser, soigner les tumeurs inguinales et contenir les hernies, des propriétés que Porta compare à celles que Pline (*H N,* XXVIII, 210-235) attribuait au sang et à la fiente de lièvre qui étaient utiles pour les flux de ventre, la dysenterie, les affections cœliaques, et les entérocèles, après avoir été broyés avec du miel ; ***lycopoda**** (*i e* "pied de loup") qui est une plante agréablement odorante, semblable au ***marrubium silvestris***, dont les feuilles sont semblables à des pieds de loup, les rameaux noueux sont remplis d'une moelle spongieuse, et les nombreuses racines sont fines comme des cheveux ; Porta ajoute qu'on l'appelle aussi *cardiaca* parce qu'elle est également bonne pour les maladies de cœur, mais ce sont les vertus curatives de ses feuilles broyées qui attirent son attention, car elles sont recommandées pour les affections de l'estomac, une propriété attribué aux chairs du loup par Avicenne** qui en vantait l'efficacité ; Porta saisit l'occasion pour rappeler que le loup est animal particulièrement vorace, doté d'un estomac solide, qui est capable de tout dévorer ; ***tussilago**** également appelé *ungula caballina* à l'époque de Porta, parce que, note ce dernier, il a six ou sept feuilles rondes, finissant en angles aigus qui ont la forme du sabot d'un petit cheval. Il se réfère à Dioscoride (*M M*, III, 112, s v *bêchion*) pour en recommander l'utilisation en fumigation sèche, pratiquée au moyen d'un entonnoir placé dans la bouche ouverte pour soigner ceux qui souffrent d'une toux sèche ou d'orthopnée. Il note que le *tussilago* convient aussi, en boisson, pour faire sortir l'enfant mort-né du ventre de la mère, comme le sabot de cheval, employé en fumigation, selon Pline (*H N*, XXVIII, 252); ***allearia****, également appelé *pes asini* (*i e* "patte d'âne") chez Pandectario, à cause de la forme de ses feuilles, selon Porta, pas très différente de celle du tussilage, qui est efficace pour ceux qui toussent, une propriété que Porta rapproche de celle attribué au poumon d'âne broyé pris en boisson, selon Hali**; ***acanthum veterum**** qu'on appelle aussi *branca ursina* (*i e* "patte d'ours") en Italie et en France parce que, explique Porta, la plante est hérissée de poils, ce qui lui donne quelque ressemblance avec une patte d'ours ou bien parce que l'extrémité de ses rameaux longs de trois pieds a la forme des doigts. Selon Dioscoride (*M M*, III, 17 s v *akanthos*), elle est bonne pour traiter les brûlures, mais Porta ne précise pas qu'il faut utiliser sa racine, en onction, comme l'ont indiqué Dioscoride et Pline (*H N*, XXII, 76). Il note en revanche que la graisse d'ours est bonne pour les brûlures en se référant à Pline (*H N*, XXVIII, 235); ***coronopus**** qu'on l'appelle aussi *pes corvinus*, *cornicis* ou encore *herba stella* qui est une plante aux feuilles épaisses, grasses, hérissées de poils, fendues en lanières qui évoquent les pattes d'un corbeau, d'où lui vient son nom. Porta signale qu'on l'appelle aussi ***coronopoda***, c'est-à-dire "patte de corneille" et qu'on l'utilise pour appâter les poissons. Il ajoute que, selon Dioscoride (*M M*, II, 130 s v *korônopous*), sa racine est bonne pour traiter les affections céliaques, une propriété qu'il rapproche de celle de la fiente de corneille qui passait pour soigner la dysenterie ; ***pes milvinus*** qui pourrait être la même plante que la précédente si l'on en croit Columelle (*De Re Rustica*, XII, 7, 1-5) est ainsi nommée parce que l'extrémité de ses feuilles évoque la patte d'un oiseau ou d'un milan ; Porta indique qu'on consomme cette plante crue en salade vinaigrée ou cuite avec du vinaigre et du sel, mais il n'en mentionne pas les vertus curatives ; le figuier (***ficus****) dont les feuilles divisées ressemblent à une patte de corneille, selon Théophraste (*H P*, I, 10, 5) et Hippocrate. Après avoir rapporté que, selon Dioscoride, les figues sèches sont bonnes pour ceux qui, à la suite d'une longue maladie, ont perdu leurs couleurs, il rapproche une telle propriété de celle prêtée à la chair des corneilles dont la consommation était recommandée pour traiter les longues maladies, ainsi que le rapporte Pline (*H N*, XXX, 103); l'espèce sauvage d'***atriplex**** appelé aussi *pes anserinus*, parce que ses feuilles sont divisées comme des pattes d'oie, qui est bonne pour traiter les mêmes maladies que la graisse d'oie, notamment le feu sacré ainsi que les tumeurs et plus généralement, tout ce qui nécessite d'être ramolli. Après avoir rappelé que la graisse d'oie est utilisée comme émollient, en particulier pour soigner les affections de la matrice, il rapporte que certains médecins recommandent de l'utiliser en mélange avec de l'axonge pour traiter la goutte et qu'Hippocrate prescrivait de traiter les affections de la matrice en répandant de l'*atriplex* sur elles ; il ajoute qu'utilisé cru ou en onction, l'*atriplex* est également bon pour nettoyer toutes les indurations et traiter le feu sacré ainsi que la goutte, mélangé à du miel, du vinaigre et du nitre ; l'***eryngium**** qui a aussi une certain ressemblance avec une patte d'oie serait, si l'on en croit le médecin Héraclide, cité par Pline (*H N*, XXII, 18), une fois cuite dans du bouillon d'oie, "le plus efficace des remèdes contre les poisons des flèches et contre l'aconit" ; ***capnos duplex*** également appelé *pes gallinaceus*, parce qu'il ressemble à une patte de volaille, qui se plait dans les murs et dans les haies. Après avoir indiqué que le fiel de poule, dilué dans de l'eau, donne une vue perçante et est efficace pour guérir les taies sur l'œil, selon Marcellus** (*De Med.* VIII, 182) et que, selon Galien, le jus des vieilles volailles relâche le ventre, Porta note que le suc de cette plante éclaircit la vue, et que Mésué** la recommande pour les flux de ventre ; ***thlaspea**** parfois appelé aussi *pes gallinaceus* du fait que ses feuilles ressemblent à des pattes de volailles, qui est efficace, prise en boisson à raison d'un acétabule, pour évacuer la bile par le haut et par le bas, selon Dioscoride (*M M,* II, 156 s v *thlaspi*), une propriété qu'il compare à celle du jus de volaille qui, cuit avec des œufs chasse la bile par le haut et par le bas, selon Nicolas Massa** avant d'ajouter que l'on donne à consommer un chapon de Mundella aux bilieux fiévreux ; quant aux vertus curatives de l'***ischoemon****, Porta les mentionne en se limitant à reproduire ce passage de Pline (*H N*, XXV, 83): "La Thrace a découvert l'*ischaemon* qui, dit-on, arrête le sang d'un vaisseau non seulement ouvert, mais tranché. Il rampe sur le sol ; il est semblable au millet et a des feuilles rêches et lanugineuses. On tamponne les narines avec l'espèce qui vient en Italie, et elle arrête le sang, de même qu'en amulette." Après avoir donné une brève description de la graine, Porta rappelle qu'on l'appelle couramment *pes galli*, car on observe à l'extrémité de son fruit trois parties qui ressemblent à la patte d'une poule. Une telle particularité l'amène à comparer les propriétés de la plante à celles que l'on attribuait à cette volaille ; il note ainsi que, selon Pline (*H N*, XXX, 57-58), le bouillon de poule est bon pour la dysenterie et relâche l'intestin, que le sang de poule, selon Galien, est utile pour les afflux de sang au cerveau, et que les médecins conseillent d'utiliser les œufs cuits pour arrêter les écoulements de sang dans la bouche et le nez ; le lierre (***hedera****) dont les racines évoquent la scolopendre, appelée aussi millepatte, et qui grimpe sur les arbres. Porta se réfère à Dioscoride (*M M*, II, 14 s v *skolopendra* et II 179 sv *kissos*) pour affirmer que les scolopendres sont bonnes, tout comme le lierre, comme dépilatoire ; ***consolida regalis**** qui est une espèce de cumin sauvage (***cuminus sylvestris****) appelé par les "modernes" *sprondi cavagliero* (*i e* "éperon de cavalier") ou encore *galli calcar* (*i e* "éperon de gallinacées", "ergot de coq"), parce que ses fleurs ont une sorte de petite corne à l'arrière qui ressemble à l'éperon des gallinacées ; Porta note que, selon Dioscoride (*M M,* III, 60 s v *kuminon agrion*), cette plante est bonne, prise en boisson, pour soigner les morsures des serpents et expulser les calculs ; une propriété qui conduit Porta à rappeler qu'elle est identique à celle qui était attribuée aux petites pierres trouvées dans le jabot des volailles ou l'estomac des ramiers et que l'on devait consommer, selon Pline (*H N*, XXX, 67), contre les calculs, une fois broyées et versées dans un breuvage ; ***caucalis**** (106) aussi appelée *pes gallinaceus* ou encore *pes pulli*, sans doute parce que l'extrémité de ses feuilles ressemble à une patte de poule ; après avoir précisé que celles qui sont sur le bas de la tige ressemblent à celles de l'ache, Porta rappelle que, selon Dioscoride (*M M*, II, 139 s v *kaukalis*), la plante est diurétique et que, selon Nicandre**, il convient de l'incorporer dans la thériaque contre les poisons, une propriété qui était également prêtée au jus de poule jugé bon, selon Dioscoride, comme antipoison et, selon Pline pour soigner les morsures de serpents, et chasser les calculs ; ***cimbalaria**** que Porta décrit comme une plante qui pousse dans les murs, dont les menues feuilles, anguleuses, ressemblent à celles du lierre et sont remplies de suc, les petites fleurs sont en forme de corbeille, d'une couleur qui va du pourpre au bleu, et les racines blanches sont semblables à celles de la rave sauvage ; après avoir noté que la plante dont les feuilles de forme arrondie pourrait difficilement évoquer une patte de gallinacées, il note que la fleur dont la corolle présente à sa base un éperon lui parait plus suggestive ; il indique que la plante est bonne pour donner une vue perçante, une propriété identique, selon lui, à celle qui était attribuée au coq ; ***portulaca*** que Macer **et Silvaticus **appellent aussi *pes pulli* est une plante qui est bonne, selon Arétée** (de Capadoce) pour les maux de tête, une indication qui incite Porta à rappeler que la chair de coq est un bon remède contre les serpents, mais aussi pour soigner la dysenterie et les affections oculaires ; autant de propriétés attribuées à cette plante par Dioscoride (*M M*, II, 124, s v *andrachnê*); ***sesamorides**** qu'on l'appelle aussi *minor coronion* dont les feuilles découpées sont semblables à celles de ***coronopus**** et ressemblent à des pattes de corneilles. Porta indique que cette plante fait disparaître les tumeurs, une indication donnée par Pline (*H N*, XXII, 133) et que la fiente de corneilles efface les dartres blanches ; ***lychnis sylvestris*** qu'on l'appelle aussi *hieracopodion* ou encore *accipitrinus pes* (*accipiter* : oiseau de proie, *pes* : patte) parce que ses feuilles ressemblent aux pattes d'un oiseau de proie (épervier, faucon…) qui est utile contre les piqûres des scorpions, une propriété que Porta rapproche cette de celle que l'on attribuait aux excréments des oiseaux de proie qui passaient pour être efficaces contre les morsures des stellions. De plus, ajoute-t-il, le foie ou le cœur d'un épervier ou d'un milan porté sur soi protège des morsures des serpents ; enfin ***geranopodium**** qu'on l'appelle aussi ***lychnis coronaria*** qui est bon contre les morsures des serpents, selon Dioscoride (*M M*, III, 100 s v *lychnis*), une propriété identique à celle prêtée à la grue – que Porta considère sans doute comme un oiseau de proie – qui était jugée bonne pour soigner les blessures des animaux venimeux et une telle réputation était si bien établie, rappelle-t-il, qu'Avicenne** et Rhazès** recommandaient de nourrir des grues chez eux à ceux qui, la nuit, craignent les bêtes venimeuses,

Plantes dégageant l'odeur de certains animaux (Livre IV, Chap. 29)

Porta observe que de nombreuse plantes ont un feuillage, des fleurs, des fruits ou des racines qui exhalent une odeur d'animal et il en déduit qu'elles possèdent les différentes vertus curatives attribuées aux animaux qui répandent la même odeur qu'elles. Il cite en tout premier certaines plantes aphrodisiaques, qui répandent une odeur de bouc (*hicinus*), un animal réputé lubrique. Il remarque que le cerf en rut dégage également une odeur forte et il rappelle que le cerf passe aussi pour un animal lubrique. Il note par ailleurs que ces animaux sont bons contre les serpents et il en déduit que les plantes qui dégagent la même odeur que le bouc ou le cerf ont également la propriété d'être efficace contre les morsures des serpents. Il prend comme exemple les plantes suivantes : ***nardus celtica****qu'on l'appelle aussi *hirculo*, car il répand une forte odeur, qui est bon contre les morsures des animaux venimeux ; ***sampharitico**** qui est une espèce de nard répandant une odeur de bouc encore plus forte que le précédent et qui entre dans la composition d'antidotes aux blessures des bêtes venimeuses ; ***tragorchis**** qui doit son nom à la très forte odeur de bouc qu'il répand, et qui est bon contre les bêtes venimeuses ; ***pimpinella**** qui exhale également une forte odeur de bouc qui est efficace contre les morsures des animaux venimeux et pour chasser les calculs, une propriété également attribuée au sang de bouc.

Porta évoque ensuite brièvement la formation du musc chez les chèvres sauvages. Il semble croire que la forte odeur qu'il répand tient à leur nourriture, constituée pour une large part aux plantes odorantes notamment au nard qu'elles broutent sur les montagnes où elles pâturent. Selon lui, le musc est formé de sang putréfié contenu dans un petit sac qui se trouve entre la peau et la chair de l'animal que ce dernier expulse en se frottant contre les pierres et qu'il blanchit au soleil sur les rochers. Porta fait référence à Avicenne**, Mésué**, Siméon**, mais surtout à Platéarius** pour en énumérer les diverses propriétés curatives qui lui étaient attribuées : il est efficace contre les poisons, en particulier contre l'aconit napel ; par son odeur, il fortifie l'esprit et toutes les forces du corps, il donne de l'énergie à la parturiente, il est bon pour soigner la lipothymie, il supprime les vertiges, il invite au sommeil, il est aphrodisiaque, affermit le cerveau, chasse les appréhensions des mélancoliques, fait disparaître les taies blanches sur l'œil, accroît l'acuité visuelle, rend l'appétit, remédie aux suffocations de la matrice et chasse la mauvaise haleine.

Porta observe par ailleurs que de nombreux végétaux ainsi que des fruits et des racines répandent une odeur comparable à celle du musc, telles que : ***rosa moschatula**** qui est réputée pour traiter la lipothymie ; *geranium** qu'on l'appelle aussi *acus muscata* qui répand une agréable odeur de musc et possède les mêmes propriétés que celui-ci ; ***bryon**** qu'on l'appelle aussi *splachnon* et répand une odeur agréable qui, quand on le brûle, facilite l'endormissement. Porta ajoute que, selon Avicenne**, cette plante est bonne pour fortifier le cerveau et qu'elle est l'un des meilleurs médicaments pour le cœur parce que son odeur est bonne pour les évanouissements. Porta mentionne aussi quelques plantes dont l'odeur est comparable à celle des chiens : ***hyosciamus**** que Macer** et Sylvaticus** appellent aussi *canicular* (la chienne), à cause de son odeur qui est semblable à celle des petits chiens qui tètent, une odeur qui est également perceptible chez le ***cynoglosson****. Cette comparaison amène Porta à rappeler que, selon Dioscoride (*M M*, II, 70 s v *gala*) le lait de chienne est un excellent antidote contre les poisons et que, selon Pline (*H N*, XXIX, 58), rien n'est plus efficace contre les poisons que le sang de chien. Il ajoute que, selon Sextus**, le crâne de chien broyé est bon, contre les tumeurs des testicules, et que la jusquiame est bonne contre les poisons et, selon Pline (*H N*, XXVI, 89), en onction, pour les abcès aux testicules ; *cynoglosson** (*i e* "langue de chien") dont les feuilles, selon Dioscoride (*M M*, IV, RV 127 s v *kunoglôsson*) mélangées à de la vieille graisse de porc sont bonnes contre les morsures de chien ; enfin la coriandre (***coriannon****) qui répand une odeur désagréable de punaise mais possède des propriétés curatives. Porta rappelle en effet que, selon Pline (*H N*, XX, 216) "certains prescrivent dans les fièvres tierces, d'en avaler trois graines avant l'accès ou d'en appliquer davantage sur le front", une propriété comparable à celle alors attribuée aux punaises, selon Dioscoride (*M M*, II, 34 s v *koreis*) qui avait écrit que " sept punaises, enfermées dans une gousse de fève prises avant que la fièvre vienne, sont bonnes pour la fièvre quarte."

NOTES DU CHAPITRE 6

1. La *Phytognomonica* n'est cependant pas entièrement consacrée aux signatures que l'on peut observer sur les plantes. Porta y aborde également de nombreux sujets de Botanique comme l'influence de la qualité du sol, de l'exposition, de l'altitude ou encore du climat sur la végétation, les antipathies et sympathies entre plantes, les migrations des végétaux et leur adaptation aux conditions locales, la grande richesse des variétés régionales… (cf. *supra* Chapitre 4, p.).

2. Le mythe de l'aconit (*Aconitum* L.) née de l'écume de Cerbère et qui indique l'entrée des Enfers à Héraclée du Pont est rapporté par Diodore de Sicile, dans sa *Bibliothèque historique* (IV, 45).

3. Porta a recueilli cette indication chez Pline (*H.N.* XVIII, 365). Elle a été reprise par d'autres auteurs comme Fuchs que cite Porta. Celui-ci mentionne également une espèce de *trifolium* à odeur de bitume que l'on appelle pour cette raison *asphaltion*, qui répand une odeur encore plus forte par temps pluvieux et à l'approche d'une tempête. Selon Fuchs, ajoute-t-il, quand ses fleurs sont nombreuses, c'est l'annonce d'une année pluvieuse et d'inondations, mais, en revanche, quand elles sont peu abondantes, c'est le signe que l'année à venir sera sèche. Il s'agit de la psoralée bitumineuse (*Psoralea bituminosa* L.)

4. Porta s'appuie ici sur Avicenne** ainsi que sur Serapio** selon lequel la plante chasse aussi les visions agitées provoquées par la bile. Matthioli (*op. cit.* p. 328) cite ainsi le passage d'Avicenne consacré à la mélisse auquel Porta fait sans doute référence : "Elle est laxative & est si vertueuse en ses évacuations, qu'elle purge & resoult les vapeurs mélancoliques qui sont es esprits vitaux, au sang, au cœur & aux autres & les évacue." Il cite également Sérapio en ces termes :" Elle est fort bonne aussi aux battements & pétillements de cœur & oste sollitudes & imaginations du cerveau & principalement celles qui procèdent d'humeurs mélancoliques, ou de phlegmes bruslées."

5. Porta a sans doute recueilli ses informations chez Pline (*H N* XXVI, 54) et Dioscoride (*M M* IV, 174) s v *puknokomon*). Son identification est incertaine. Matthioli (*op. cit.* p. 462) avoue avec beaucoup d'humilité qu'il ne sait pas l'identifier : "Certainement il ne m'est encore advenu de remarquer une plante qui se peut rapporter au pycnocomun et par ainsi pour en parler rondement, je la mets avec les autres herbes qui me sont incognües à fin de donner le loisir plus grand à ceux qui viendront après moy de s'en enquérir davantage, & de mettre en avant ce qu'ils en auront appris, espérant qu'il ne leur facher a point de metttre en avant les plantes par eux inventées à fin d'immortaliser leurs noms & montrer par mesme moyen, le zèle qu'ils ont au profit de la république commune des hommes."

6. Porta ajoute cet autre passage Pline (*H N* XXVI, 26) :"La quintefeuille guérit tous les maux des doigts et particulièrement les ptérygions".

7. Porta a recueilli cette information chez Pline (*H N* XXII, 60) selon lequel "quatre graines prises en boisson passent pour guérir la fièvre quarte ; trois la fièvre tierce, ou encore si, après avoir porté trois fois la plante autour du malade, on la met sous son chevet."

8. Porta fait référence à ce passage de Théophraste (*H.P.* III, 10 4) "Chez le tilleul, une espèce est mâle, l'autre femelle. Elles se différencient par leur aspect général, par celui de leur bois et par le fait que l'une est fructifère, l'autre dépourvue de fruits. Le bois du tilleul "mâle" est sec, jaune, plus noueux et plus compact, celui du tilleul "femelle" plus blanc. L'écorce du tilleul "mâle" est plus épaisse, et, une fois levée, trop dure pour être pliée ; celle du tilleul "femelle", plus mince, se plie bien et sert à confectionner des corbeilles." Théophraste avait également abordé (*H P* III, 3, 7) la question des relations entre floraison, fructification et sexe des arbres.

9. Porta s'est aussi appuyé sur les ouvrages de Théophraste (*H P* I, 13, 5 ; II, 8, 4) et de Pline (*H.N.* XIII, 34-35) pour évoquer les palmiers "amoureux. Chez ce dernier, il n'a pu manquer de relever ce curieux passage : "On affirme que dans une forêt naturelle, les palmiers femelles privés de mâles, n'engendrent pas spontanément, que les dattiers femelles entourant à plusieurs un arbre mâle, elles s'inclinent vers lui pour le caresser de leur couronne de feuillage, tandis que lui dresse et hérisse ses feuilles, et de son souffle, de sa seule vue et aussi de sa poussière, il les féconde toutes. Si on le coupe, les dattiers femelles, réduits au veuvage, redeviennent stériles. Ils possèdent à un tel degré la sexualité, que l'homme a inventé un moyen de les féconder en saupoudrant les pieds femelles avec les fleurs, le duvet, et parfois la simple poussière des pieds mâles."

10. Pline a consacré une longue notice à la caprification du figuier sauvage (*caprificus*) (*H.N.* XV, 79 à 81). La question avait été traitée par Théophraste (*C P* II, 9 5 sq.) Sur la fécondation des figuiers, cf. R. Laumonnier, *Cultures fruitières méditerranéennes*. J B Baillière et fils Paris, 1960, pp. 162-163.)

11. La réputation de détruire la rate attribuée au *teucrion* – la plante de Teucer- une appellation synonyme d'*asplenon* est mentionnée par Théophraste (*H P* IX, 18, 7), Pline (*H.N.* XXV, 45) et Dioscoride (M M III, 134 s v *asplênos*).

12. Porta s'est inspiré de Pline (*H N* XXIV, 145) qui signale que le médecin Diodote l'a prescrit pour la phtysie en électuaire avec du miel et il indique aussi que le suc est un merveilleux remède pour les ulcères de toutes sortes.

13. Porta s'est inspiré de la notice de Pline (*H N* XXII, 67-72) : "On a observé que les bulbes, cuits dans de la décoction d'orge, réussissent très bien dans la consomption et la phthysie, et que le pain fait de bulbes pétris avec de la farine est très salutaire." Porta précise qu'on doit consommer ces bulbes grillés sous la cendre et auxquels on ajoute du sel et de l'huile, ou encore écrasés avec des figues. Il cite un certain Aristarcus qui a écrit que la racine d'asphodèle dégage une odeur agréable et qu'on donne ses bulbes à ceux dont le corps est affaibli et aux gens épuisés avec de la ptisane et que l'on en fait du pain avec sa farine qui est très salutaire. Ces indications figurent aussi chez Dioscoride (M M II, 169 s v *asphodelos*).

14. Porta consacre le Chapitre 5 de son Livre V à une longue digression sur les végétaux oléagineux et résineux qui signalent par leurs secrétions – qu'il interprète comme des signatures – qu'ils peuvent rendre obèses ceux qui consomment leurs fruits. D'ailleurs, écrit-il, certaines plantes périssent elles-mêmes de l'excès de graisse qu'elles ont accumulée, notamment dans leurs racines. Et il en donne plusieurs exemples (le pistachier, le térébinthe, le noisetier (*avellana*), qu'il a souvent recueillis chez

Théophraste (*H.P.* IX, 1 à 3) et chez Pline (*H N* XVI, 38 à 61). Il précise néanmoins que les arbres qui poussent lentement, engraissent lentement et conservent leur graisse plus longtemps, tandis que ceux qui poussent rapidement, engraissent également rapidement, mais perdent leur graisse tout aussi rapidement. Porta donne également quelques exemples de fruits qui peuvent engraisser ceux qui les mangent en trop grande quantité : les amandes, les "noix" du cocotier, les cédrats. Porta nuance toutefois son propos en notant que certaines graisses absorbées se maintiennent dans le corps alors que d'autres sont rapidement dissoutes.

15. Cette information a été recueillie chez Pline (*H.N.* XXIV 53) qui note : "On donne le nom de *boa* (= *boi*) à une maladie caractérisée par des papules rouges sur tout le corps ; on frappe le malade avec une branche de sureau.".

16. Porta a probablement recueilli l'indication de la propriété qu'il prête à cette plante chez Dioscoride (*M M* II, 166 s v *drakontion*). Selon S Amigues (Commentaires à Théophraste, *H P* VII, 12, 2, Tome IV note 8, p. 152), la plante décrite par Dioscoride pourrait être plus précisément une espèce de serpentaire (*Dracunculus muscivorus* (L. fil.) Parl.)

17. Les mots *hordeolus* ou *orgiolus* désigne l'orgelet dont l'étymologie rappelle la ressemblance de cette affection oculaire avec un grain d'orge. Porta rapporte que les femmes le perce avec un grain d'orge pour le faire disparaître. Il indique par ailleurs qu'il y a des inflammations de l'œil dont la forme est comparable à une perle (*unio*) et sont pour cette raison communément appelées *perlas*, et il précise qu'il faut instiller de la poudre de perle dans l'œil pour les faire disparaître et recouvrer une vue claire. Il ajoute qu'il a eu souvent recours à cette thérapie, à sa plus grande satisfaction.

18. Porta s'inspire ici des indications morphologiques de Pline (*H.N.* XXV, 138) et de Dioscoride (*M M* IV, 20 s v *xiphion*) qui a noté sa racine double.

19. Porta emploie les mots *ficus* et *marisca* ; le premier désigne la figue, mais aussi un fic, une verrue, un kyste, une hémorroïde ; le second désigne le fic de l'anus qui est appelé *ficus marisca* ou plus simplement *marisca*.

20. Porta fait allusion aux galles (*folliculi*) qui se forment et se développent sur les feuilles de l'orme. Cette particularité est mentionnée par Théophraste (*H P* II, 8, 3 ; III, 7, 3 ; III, 14, 1), Pline (*H N*, XXIV, 49), Dioscoride (*M M* I, 84 s v *pteleas*).

21. Porta compare les fruits de la ronce aux excroissances molles et sanguinolentes qui se forment à l'anus et il indique ici qu'il a personnellement utilisé les fruits et les feuilles de ronce réduits en poudre pour les faire disparaître. Des propriétés mentionnées par Pline (*H N* XIX, 120) et Dioscoride (*M M* IV, s v *batos*).

22. Le mot *callitrichon* (du grec *kallos* : beau et thrix, au génitif, trikos : poil, cheveu) signifie "qui embellit les cheveux" ou "aux beaux cheveux". La plante était aussi appelée *polytrichon* (i.e "très chevelu") ou encore *adianton* (*i.e.* "non mouillé", la plante passant pour rester sèche quand elle était exposée à la pluie ou quand on la trempait dans l'eau. D'après la description de Porta qui renvoie explicitement au ps-Apulée (§ 51), il s'agit du capillaire noir (*Asplenium adiantum nigrum* L.).

23. La plante appelée *trichomanes* est le polytric officinal (*Asplenium trichomanes* L.). Selon Pline (*H.N.* XXVII, 138) " En topique, il arrête la chute des cheveux, ou, s'ils sont tombés, il les fait repousser ; pilé dans l'huile et appliqué en liniment, il efface l'alopécie." Même propriété contre l'alopécie notée par Dioscoride (*M* M IV, 135 s v *trichomanes*)

24. Porta fait ici référence à Galien. Cette propriété de l'*(h)abrotonum* est également signalée par Matthioli (*op. cit.* p. 278): "La cendre d'auronne est fort bonne à faire renaistre le poil tombé par la pelade. Et mesme, elle fait avancer la barbe à ceux à qui elle demeure trop à venir appliquée aucun des huiles dessusdicts, ou bien huile de lentisque."

25. Porta note que l'on donne le nom de *pilula* à ce genre de "boule" et il signale que Théophraste en a fait mention (*H.P* III, 8, 6). Il note aussi que Pline mentionne également la présence de ces boules sur le chêne (*H.N.* XVI, 33) et qu'il en cite les propriétés : "Les boules qui poussent sur les rouvres, avec de la graisse d'ours, restaurent les cheveux dans les alopécies." (*H.N.* XXIV, 13).

26. Porta cite les *papposi flores* qui présentent un duvet compact comme des cheveux au sommet des capitules de certaines plantes, mais il n'en cite aucune. Il aurait pu en mentionner quelques-unes qui présentent cette caractéristique, signalée par les auteurs de l'Antiquité qui lui servent constamment de référence : Pline (*H N*, XXI, 97), Théophraste (*H.P.* III, 16, 6 et VI, 4, 10), Dioscoride (*M.M.* IV, 96).

27. Le mot *ammoniacum* désigne la gomme ammoniaque extraite d'une espèce de férule d'Egypte (*Ferula communis* L.), la *sagapenum* est une férule orientale (*Ferula persica* Willd), l'*opopanax* désigne la gomme–résine que l'on extrait de l'opopanax (*Opopanax hispidus* (Friv.) Griseb.). Porta note que ces trois gommes sont administrées en boisson pour traiter l'alopécie. Il ajoute qu'elle entre dans la composition de l'électuaire appelé Hiera Logodion dont la formule est donnée dans différents ouvrages de Pharmacopée du XV et du XVI ème siècle, sous le nom de Hiera Picra à base d'aloes, surtout utilisé comme purgatif. Cf. C J S Thomson : Mystery and Art of Apothecary p. 41.

28. Porta note que la tige de l'hyacinthus n'a aucune aspérité et reproduit ensuite intégralement ce passage de Pline (*H.N.* XXI, 170) : "La racine est bien connue des marchands d'esclaves : en lotion avec du vin doux, elle arrête la puberté et n'en permet pas le développement." Porta ajoute que la tige et la racine en onction sur le ventre des adolescents ont la propriété d'y retarder la pousse des poils, une information recueillie chez Dioscoride (*Eup.* I, 98). Porta écrit que cette recette est liée à la légende du jeune Hyacinthe qui était aimé d'Apollon et fut tué par un disque que ce dernier lança dans sa direction. Selon la légende, le dieu, inconsolable pour avoir commis involontairement ce meurtre, fit naître de son sang la fleur qui porte son nom et évoque une éternelle adolescence.

29. Il s'agit probablement ici du curcuma long ou souchet des Indes (*Curcuma longa* L.) dont Dioscoride (*M.M.* I, 5) dit "qu'en application, il fait immédiatement tomber les poils."

30. Porta fait ici référence à Dioscoride (*M.M.* II, 166 s v *drakontion* ou *drakontia megalê*) et il précise, l'ayant lui-même expérimenté, que c'est la racine broyée avec du miel et de la graisse de cerf qui est utilisée pour faire disparaître les taches (*vitiligines*) sur les mains et sur tout le corps.

31. Porta fait ici référence à un passage de Galien où celui-ci vante les propriétés de la farine de fève pour effacer les taches présentes sur la peau ainsi que les taches rousses qui sont causées par le soleil. (cf. P.A Matthioli (op. cit. p. 196)

32. Porta fait référence à un passage de Galien que Matthioli (*op. cit.* p. 221) a traduit et commenté à la suite de la notice de Dioscoride consacrée au *pepo* (*M M* II, 135 s v *sikus hemeros, pepôn*)

33. Porta fait ici référence à Théophraste (*H P* III, 14, 4) pour rappeler que l'arbre a une écorce de plusieurs couleurs. Mais celui-ci ne lui reconnaît aucune propriété thérapeutique. En revanche, selon Matthioli (*op. cit.* p. 74 : "Si l'on perce le tronc d'un bouleau avec un foret, il en sort une grande quantité d'eau, laquelle a grande propriété & vertu rompre la pierre tant aux rheims qu'en la vessie, si on continüe d'en user, selon qu'aucuns disent. Cette eau oste les taches du visage, & rend la peau & charnûre belle."

34. Le mot scabiosa désigne une des nombreuses espèces de scabieuse, notamment *Scabiosa succisa* L. = *Succisa praetensis* Moench, *Scabiosa columbaria* L., *Knautia arvensis* (L) Coulter, réputées depuis le Moyen-Âge pour leurs propriétés thérapeutiques et utilisées en dermatologie. Porta note que la *scabiosa* doit son nom au fait qu'elle est bonne pour soigner différentes affections de la peau qu'on désignait alors sous le nom de *scabies*. Ce sont, écrit-il, *alphus, impetigo et naevus*. Celles-ci sont mentionnées par Celse (*De Medecina* V, 28, 14 à 19) avec l'indication des remèdes pour les traiter. Cf aussi Pline *H.N.* XX, 4. On traduit souvent scabies par gale.

35. Porta fait sans doute allusion aux fleurs mâles du noyer (*Juglans regia* L.) qui sont des chatons latéraux pendants qui se forment sur les rameaux de l'année précédente alors que les fleurs femelles apparaissent sur le bois de la même année et sont de courts épis érigés.

36. L'expression *lacryma Joppea*, "larme de job" désigne une graminée originaire d'Orient (*Coix Lacryma Jobi* L.) Elle était inconnue de Pline et de Dioscoride. Porta note qu'elle est bonne en décoction avec de la farine pour les calculs des reins et de la vessie et que la graine percée en son milieu est utilisée pour la confection de chapelets.

37. A l'époque de Porta, le mot *saxifraga* - composé de *saxum* (pierre, rocher) et de *frangere* (briser, rompre, casser, fracasser) désignait plusieurs plantes différentes auxquelles on prêtait la propriété de briser les calculs, ce que rappelle P.A. Matthioli dans son *De Plantis Epitome* : "Il y a plusieurs herbes qu'on met en avant sous le nom de *saxifraga* ou perce pierre, comme sont le capilus veneris, polytrichon, salva via, cetrac, fili prudula, seseli de Marseille & la pimpinelle puante & plusieurs autres herbes qu'on appelle toutes perce pierres parce qu'elles provoquent à uriner, & qu'elles rompent la pierre & la font sortir."

38. L'identification de l'*oreoselinum* (du grec *oreos*, montagne et *selinum*, ache) est incertaine et donnait déjà matière à discussion à l'époque de Porta, ce que rappelle longuement Matthioli (op. cit. p. 303-304). Porta explique que selon Dioscoride (*M M* III, 65 s v *oreoselinon*) la plante doit son nom aux endroits où elle pousse, mais il ne ne cite que ses vertus émménagogues et diurétiques ; Porta ajoute que le sang d'un bouc qui aurait mangé de l'*oreoselinum* et du siler des montagnes passe pour être efficace pour briser les calculs vésicaux.. N.Lémery (*op. cit.* p. 510 et 581) identifie l'*oreoselinum* et *petroselinum* à différentes espèces de persil qui sont efficaces pour traiter les calculs

39. Porta écrit que l'*hyssopus* chasse les calculs et il donne la recette de la composition qu'il convient de préparer pour y parvenir : selon lui, il faut le mélanger à de l'eau de pariétaire et le prendre la préparation à jeun pendant dix jours

40. Porta note que le *gerontopogon* ressemble au *tragopogon* cité par Dioscoride (*M M* II, 143) et Pline (*H N* XXVII, 142). Il rappelle que Nicandre l'appelle *geranopogon* (Cf. A S F Gow, Nicander, fragment 74, ligne 71 de son *Georgica*).

40. Le mot *saxisica* (= *saxifrica*) désigne une plante qui a la propriété de briser les pierres et qui, selon les auteurs, est également appelée *saxisica*, *geranopogon*, *petrae barba* ou encore *barba senis*. Porta précise qu'elle pousse parmi les pierres, qu'elle a de petites feuilles qui ressemblent à des cheveux et qu'elle est efficace pour soigner les affections des reins et de la vessie.

41. l'expression *fungus lyncurius* désigne une espèce de champignon indéterminé qui ressemble à la pierre appelée *lyncurius* ou pierre de lynx ; celle-ci passait pour être efficace dans le traitement des calculs. Porta déclare l'avoir utilisé à sa plus grande satisfaction (*frequenter nobis usque ad admirationem expertum*). Il explique d'ailleurs comment le préparer et l'utiliser : il faut faire désssécher le champignon à l'ombre et le broyer, puis le mélanger à de la vieille urine et prendre cette préparation à jeun pour purger les reins des calculs qui s'y sont formés et le remède est si efficace qu'ils ne s'y formeront jamais plus, - ce que semble pourtant contredire l'utilisation fréquente qu'avoue en faire notre auteur !

42. Il s'agit d'une plante dont l'odeur est comparable à celle de l'encens (*libanos*) et dont l'identification est difficile. Porta lui prête les mêmes propriétés qu'au *galbanum* et au *xyris*. Théophraste (*H P*, IX, 11, 10), Pline (*H N* XIX, 187, XX, 172, XXI, 58) et Dioscoride (*M M* III, 75 s v *libanôtis*) qui mentionnent le *libanotis*, mais aucun des trois auteurs de référence de Porta ne fait état des propriétés du *libanotis* pour soigner une affection qui toucherait les nerfs. Matthioli (*op. cit.* p. 311) qui traduit *libanotis* par *rosmarinum coronarium* rend compte des discussions de son temps pour l'identifier et pense qu'il en existe trois espèces.

43. Théophraste consacre une notice classant les différentes résines selon leur qualité (*H P* IX, 2, 2). Dioscoride (M M I, 71, 2) et Pline également (*H N* XIV, 122 – 123 et XXIV 32 – 36). Tous s'accordent à désigner la résine de térébinthe comme la meilleure. Dioscoride note que celle-ci est bonne pour traiter certaines affections oculaires et des paupières ainsi que pour les larmoiements, tandis que Pline (*H.N.* XXIV, 36 et 43) vante plus particulièrement les propriétés de la résine de lentisque" contre le renversement des paupières"

44. Porta rappelle qu'Hippocrate classait la guimauve parmi les médicaments vulnéraires, comme le font également Dioscoride et Pline. Il note que, selon Théophraste (*H P*, IX, 18, 1), la plante a la propriété de figer l'eau si après l'avoir broyée, on expose le liquide en plein air, une particularité mentionnée par Théophraste (H P IX, 18, 1), Pline (*H N* X X, 230) et Dioscoride (*M M* III, 146 s v *althaia*). Il ajoute que le liquide est alors tout entier imprégné de mucilage, si bien que si l'on y fait cuire des chairs, elles s'aggrègent et sont alors fortement soudées. C'est pourquoi, dit-il, on l'utilise pour réduire les fractures et refermer les blessures.

45. Le mot *sarcocolla* - formé de *sarx*, (gén. sarkos): chair et de *kolla* : gomme - signifie donc "qui unit fortement les chairs" (notamment des plaies, des blessures). Porta note que c'est une larme qui ressemble à de la poudre d'encens, et qu'elle est bonne pour refermer les blessures, une propriété que lui reconnaît Dioscoride (*M M* III, 85 s v *sarkokolla*).

46. Porta note que le romarin a des feuilles semblables à celles du fenouil (*foeniculum*), que ses fruits portent le nom de *cachrys* et qu'il a des propriétés incisives, une indication recueillie chez Pline (*H.N.* XXIV, 99) .

47. Cette liste comprend les plantes suivantes :

Plantes sempervirentes sélectionnées par Porta	**Propriétés thérapeutiques mentionnées par Porta**
le pin (*pinus*)	pour les affections du foie, les brûlures, les ulcères qui couvrent le haut du corps ; utilisé en fumigation, pour faciliter les accouchements, expulser l'arrière-faix, arrêter les flux de ventre, provoquer la mixtion, calmer les inflammations, apaiser les douleurs provoquées par les maux de dents et protéger les plaies de toute inflammation.
le lentisque (*lentiscus*)	pour l'hémoptysie, la dysenterie, les déchirures sanglantes de la matrice, réduire les fractures, cicatriser les plaies, et faciliter la mixtion.
le cyprès (*cupressus*)	pour soigner les difficultés à uriner, les polypes dans le nez, extirper les ongles raboteux, contenir les hernies, souder les plaies, et secourir ceux qui sont atteints du feu sacré, du charbon, ou qui souffrent de maux d'estomac.
le genévrier (*juniperus*)	pour les inflammations, les coliques, les chutes, les convulsions, les étranglements de la matrice ainsi que pour les "lèpres".
le laurier (*laurus*)	pour les affections de la matrice et de la vessie, les piqûres de guêpes et de scorpions, les lassitudes, les calculs, l'expulsion du fœtus, et pour protéger du tonnerre et de la foudre
le tamaris (*myrica*),	pour la jaunisse, provoquer la mixtion, calmer les douleurs dentaires, les écoulements féminins, la phtiriase, les lentes, la respiration difficile.
le houx (*aquifolum*),	pour les raideurs articulaires, les fractures et protéger de la foudre et des maléfices
la scille (*scilla*)	pour protéger des maléfices
la verveine (*herba sacra*)	idem
le nerprun (*rhamnus*)	idem

l'olivier (*olea*), l'olivier sauvage (*oleaster*)	pour le feu sacré, les blessures des serpents, les abcès sordides et rongeants, le charbon, la pelade, les hémorragies, le flux cœliaque, les affections oculaires, les furfurs, la gale, les ongles raboteux et les gencives pourries.
le tilleul (*phyllirea*)	idem
le laudanum (oleo-résine de *Cistus incanus* L. subsp *creticus* (L.) Heywood)	pour les plaies ouvertes des vaisseaux, l'expulsion de l'arrière-faix, les affections de la matrice et provoquer la mixtion.
le palmier (*palma*)	pour refermer les blessures, arrêter la dysenterie, soigner les affections de l'estomac, des viscères, des reins et de la vessie, fabriquer des cosmétiques pour teindre les paupières, supprimer les excroissances de chair, les luxations.
le myrte (*myrtus*)	pour les fistules lacrymales, l'ivresse, les affections du siège et de la matrice, les furfurs, les ulcères coulant de la tête, les fractures, les inflammations des testicules, les sueurs provoquées par des malaises cardiaques, les envies et les excroissances de chair sur les ongles ou sur l'œil.
le caroubier (*syliqua*)	pour faciliter la mixtion
le citronnier (*citrus*)	pour les empoisonnements, les suffocations, fortifier l'estomac, se protéger de la peste et des fièvres pestilentielles.
le lierre (*hedera*),	pour les brûlures, la dysenterie, la rate, toutes les espèces d'ulcères, les maladies de la peau, et aussi comme contraceptif, pour faire venir les règles et expulser l'arrière-faix.
l'aristoloche (*aristolochia*)	pour faire venir les règles, expulser le fœtus, faciliter les accouchements, soigner les affections de la matrice, les hoquets, l'asthme, les convulsions, extraire les épines et les esquilles d'os de la peau, et soigner les ulcères putrides.

48. Rappelons quelques brèves définitions : tubercule : tige souterraine renflée stockant des réserves (ex : pomme de terre); rhizome : tige souterraine horizontale, généralement épaissie, émettant des tiges dressées et des racines (ex : iris); bulbe : tige courte recouverte de feuilles charnues, le bulbe peut être écailleux ou tuniqué (ex : oignon); corme : tige souterraine qui ressemble à un bulbe, mais dont les feuilles sont petites et fines et les réserves sont stockées dans la tige plutôt que dans les feuilles (ex : glaïeul).

49. Théophraste avait d'ailleurs noté avec beaucoup de perspicacité dans son *Historia Plantarum* (*H P* I, 6, 9) que toutes les parties profondément enfoncées d'un végétal ne sont pas nécessairement des racines. Il a en outre consacré d'importants passages de son Livre IX, (13 et 14) aux racines, considérant que les différences entre elles résident dans leur goût et leur odeur, mais aussi leur couleur et leur forme. On notera tout particulièrement ces quelques lignes que Porta n'aurait certainement pas reniées, dans la mesure où l'on peut aisément y voir des exemples de la théorie des signatures : "Un certain nombre de racines ont des formes particulières, comme celle de la plante appelée *skorpion* et celle du *polupodion.* La première ressemble à un scorpion et, entre autres usages, elle est particulièrement employée pour soigner sa piqûre. La racine du *polupodion* a beaucoup de chevelu et des ventouses comme en ont les tentacules du poulpe. Elle purge par le bas et on prétend que si vous la portez en amulette, il ne vous vient pas de polype."

50. Porta note que le cyprès meurt si on en coupe la cime, une indication donnée par Pline (*H N* XVII, 236) dont il cite un passage (*H N* XVI, 139) : "Il est consacré à Dis et placé pour cette raison devant les maisons en signe de deuil." Il ajoute que son suc est très amer et contraceptif, comme celui du cèdre et de la sabine. Il n'est pas impossible que cette indication ait été suggérée à Porta par Pline (*H N* XVI, 140 et XVII, 73) selon lequel "le cyprès femelle est fertile, le mâle est stérile."

51. Porta note que le chou ne repousse pas à partir de ses racines, mais qu'il referait des pousses sur sa tige, si l'on en croit Théophraste (*H P,* VII, 2, 4). Il ajoute que, mis en pesaire, il est abortif et que sa fleur, enveloppée dans de la laine a les mêmes propriétés, des propriétés mentionnées par Pline (*H N* XX, 86) et Dioscoride (*M M* I 120 s v *krambê*)

52. Porta fait ici référence à un passage de l'*Historia Plantarum* de Théophraste (*H P*, II, 6, 11) où celui-ci mentionne la grande vitalité des palmiers nains (*Chamaerops humilis* L.). Porta note qu'en Sicile, on les appelle *cephiliones*, qu'ils ressemblent à des asperges et qu'ils ont la propriété d'inciter au coït.

53. Porta note que cette plante a des racines bulbeuses comme celles du souchet, entourées d'excroissances épaisses, qui, prises en boisson, sont aphrodisiaques. Dans la description qu'il en donne, N. Lémery (*op. cit.* p.769) est plus précis : "ses racines sont des fibres menuës auxquelles sont attachés des tubercules charnus, gros comme les plus petites noisettes : ronds, relevés d'une espèce de petite couronne, comme aux nèfles, couverts d'une écorce ridée assez rude, jaunâtre ou rousse, ayant la chair blanche, ferme, d'un goût doux...." Il ajoute que "la plante est bonne pour exciter la semence, étant mangée ou prise en décoction."

54. Porta ne manque pas de se rapporter à Théophraste, Plutarque, Hésiode, Pline pour évoquer les Arcadiens et les druides gaulois qui vouaient un culte au chêne (*Quercus* L.) ainsi qu'aux dryades et aux hamadryades considérées comme les génies du chêne. Il n'hésite pas à recopier ici un passage entier de Pline (*H N* XVI, 249 – 251) consacré au culte rendu au chêne par les Gaulois. Et de citer aussi un passage de Théophraste : " Le chêne n'en est pas moins le plus riche en produits ; à plus forte raison si vraiment, suivant le mot d'Hésiode, il produit du miel et des abeilles ; en tout cas ce suc mielleux provenant de l'atmosphère, paraît se déposer principalement sur lui." (*H P,* III, 7, 4).

55. Porta consacre un long développement sur les différentes galles du chêne qu'il a en grande partie recueilli chez Théophraste (*H P*, III, 7, 4) et Pline (*H N* XVI, 26 – 32). Il cite en particulier un passage de ce dernier sur les *cachrys* que portent les chênes rouvres : "On nomme ainsi, écrit-il, une petite boule utilisée en médecine pour ses propriétés caustiques. " Ce sont en fait des bourgeons d'hiver, protégés par des écailles qui tombent au printemps lorsque le bourgeon éclate et qu'apparaissent les jeunes feuilles.

56. Porta a recueilli l'essentiel de ses informations sur les insectes que l'on peut observer sur certains arbres chez Théophraste, Pline et Dioscoride.

Les insectes du chêne	Théophraste (*H P*, III, 7, 4)
Les insectes du figuier	Théophraste (*H P* II, 8, 2), Pline (*H N* XVII, 255)
Les insectes des ormes	Théophraste (*H P*, III, 15, 4), Dioscoride (*M M*, I, 84 s v *pteleas*)
Les insectes du pistachier	Théophraste (*H P*, III, 15, 4), Pline (*H N*, XIII, 54).
Les insectes de l'asphodèle	Théophraste (*H P* VII, 13,3)

57. Ni Pline (*H N* XXVII, 93), ni Dioscoride (*M M* IV, 129 s v *hyppoglôsson*) ne lui prêtent les propriétés que lui attribue Porta ; A. Matthioli (*op. cit.* p. 435) en revanche, signale que "les Modernes lui attribuent beucoup plus de vertus que n'ont fait les Anciens. Car ils en font grand cas pour les deffectuosités de la matrice et des lieux naturels des femmes. Tellement qu'une cuillérée de poudre de la racine ou de l'herbe, prise avec un peu de vin ou avec un bouillon, guérit soudainement une femme travaillée du mal de l'amarris."

58. Porta cite en particulier des philosophes présocratiques, Anaxagoras, Démocrite, Empédocle, Damageron, Pythagore, des médecins comme Aphrodiseus, Mnesitheus, Galien, mais ce sont surtout les ouvrages de Théophraste, Aristote, Platon et Pline qu'il a consultés. Théophraste fait allusion à ces comparaisons, mais une recherche systématique des analogies entre les parties des animaux et celles des végétaux lui paraît sans intérêt : " Il faut éviter de chercher une similitude totale avec les animaux, tant pour ce qui a trait à la reproduction, que pour le reste, et voir des parties dans les produits mêmes, par exemple les fruits : ce n'est absolument pas le cas des fœtus d'animaux.... Voilà ce qu'on ne doit surtout pas oublier, s'il faut sur quelque poinr raisonner par analogie, comme pour les animaux, en se référant évidemment aux éléments les plus ressemblants et les plus parfaits, et même simplement quand il s'agit d'assimiler des données du monde végétal à celles du monde animal, dans la mesure où l'on peut assimiler ce qui est analogue." (*H P*, I, 3, 3 et 5) Porta n'a pas eu la sagesse de tenir compte de cet avertissement.

59. L'identification du *hieracium* est incertaine. Il s'agit probablement ici d'une laitue sauvage. (cf. chapitre V, p. 19, note 104)

60. La plante doit son nom à la forme de son rhizome qui ressemble à un chapelet de dents. Selon J. André (1985), le mot *dentaria* pouvait aussi désigner le pistachier de Palestine (*Pistacia palestina* Boiss.) dont la gomme mâchée raffermit les gencives et aussi le pyrèthre d'Afrique (*Anacylus pyrethrum* D C = *Anthemis pyrethrum* L.) une racine salivaire employée dans les névralgies dentaires. N. Lémery (op. cit. p. 274) en compte quatre espèces différentes, aux propriétés comparables.

61. Le mot *pulmonaria* ne désigne pas ici la pulmonaire, (*Pulmonaria officinalis* L.), mais une espèce de lichen du chêne (*Lichen pulmonarius* L.). Porta note que sa partie supérieure est verte et sa partie inférieure plus pâle sur laquelle on distingue des taches qui évoquent les poumons. Selon lui, cette plante est bonne pour soigner les ulcères pulmonaires, les crachements de sang, les asthmatiques, les langueurs (*tabes*), les respirations difficiles. Ses indications sont proches de celles qu'en donne Matthioli (*op. cit.* p.389) et N Lémery (*op. cit.* pp. 430, 622)

64. Il s'agit ici de la pulmonaire (*Pulmonaria longifolia* L. plutôt que *Pulmonaria officinalis* L.). Porta note que cette herbe que l'on appelle aussi *cynoglosson* a des

feuilles rigides semblables à celles du buglosse, velues, portant des taches blanches et des fleurs pourpres qui n'est pas à négliger pour soigner les poumons et les purifier. Quant à l'autre espèce de pulmonaire (peut-être *Pulmonaria officinalis* L.) qui ressemble à une chicorée, il précise qu'elle se distingue par des taches blanchâtres qui évoquent les poumons et qu'elle est recommandée pour soigner les affections pulmonaires.

65. Porta note que la casse ou fruit du canéficier (*Cassia fistula* L.) est dépurative et purgative, qu'elle se présente comme une longue gousse, divisée à l'intérieur par de minces membranes qui séparent des alvéoles et ces anneaux cartilagineux évoquent ceux de la trachée ; on l'appelle gurtur ou spiritalis fistula ; il ajoute qu'elle est bonne d'après l'expérience qu'en ont faite les Arabes, pour la poitrine et la gorge.

66. l'expression *triticum harundinaceo calamo* désigne une espèce de blé (*Triticum* L.). Porta note qu'il a des membranes circulaires, comme le roseau, qu'on le donne pour traiter une trachée irritée et que sa farine convient pour soigner ceux qui crachent le sang, des indications recueillies ces chez Dioscoride auquel il fait explicitement référence (*M M* II, 85 s v *puros*), ainsi que chez Pline (*H N*, XXII, 120, 124 et 136)

67. Porta fait référence à Théophraste dont il a recopié le texte (*H P* III, 17, 2) pour en donner une description précise. Il ajoute qu'il porte une gousse membraneuse, transparente, comme gonflée d'air, que les enfants s'amusent à faire éclater en crépitant, en la pressant entre leurs doigts et que la graine contenue dans cette membrane est sombre, dure, de la grosseur d'une lentille, de la saveur du pois.

68. Porta précise qu'il existe deux espèces - une sauvage et une cultivée - d'une plante que les Maures appellent *séné*. Il note qu'elle porte des gousses qui tombent sous l'action du vent avec lesquelles les bergers nourrissent leur bétail. Il ajoute qu'Actuarius dit qu'une drachme de sa poudre débarasse l'intestin de ses obstructions et qu'elle dégage la vessie, des propriétés mentionnées par N. Lémery (*op. cit.* p.697 – 698).

69. Porta termine sa liste des plantes aux propriétés diurétiques par cet arbre dont les fruits, selon A. Matthioli (*op. cit.* p.124) auraient les propriétés suivantes : "Ils ne mondifient seulement les reins & la vessie. Ils sont fort bons à ceux qui ne peuvent pisser que goutte à goutte, & pour cette cause, les modernes Médecins les ordonnent coustumerieurement ès affections & maladies que dessus."

70. Porta fait ici référence à Théophraste dont il a partiellement recopié ce passage : "Chez la fève et les autres légumineuses, dont la tige et la racine sortent de la même pousse, à l'endroit où leur graine s'attache à la cosse : elles ont là comme une amorce bien visible. Parfois plus précisément, son aspect rappelle une verge, comme sur les fèves, les pois chiches (*Cicer arietinum* L.) et les lupins (*Lupinus albus* L.). C'est de là que partent la racine vers le bas, la tige vers le haut." (*H P* VIII, 2,1) Porta ajoute que les légumineuses telles que *cicer* et et *lupinus* ont les mêmes propriétés aphrodisiaques que la fève et poussent très rapidement à la débauche. C'est d'ailleurs pour cette raison, note-t-il au passage, que Pythagore interdisait de consommer des fèves.

71. Porta remarque que d'abord que les orchidées ont depuis longtemps été considérées comme aphrodisiaques, car leurs bulbes ont la forme des testicules, si bien qu'on les

appelle aussi *testiculum*. Il précise toutefois que selon Pline (*H N* XXVI, 97) et Apulée (§ 15), le *satyrium* n'a qu'un seul bulbe. De ce fait ce *satyrium* ne serait pas une orchidée, mais une fritillaire (*Fritillaria graeca* L.) (cf. J.André (1985) p. 228). Porta remarque qu'il existe plusieurs espèces d'orchidées qui ont deux bulbes et ressemblent à des testicules. Il précise que la tige est couverte de nombreux poils, comme ceux qui poussent sur le pubis et qu'à l'intérieur des bulbes, il y a un suc liquide et gluant comme le blanc d'alun (c'est-à-dire du salep) qui ressemble au sperme. Il note que ces plantes fleurissent quand le soleil entre dans le signe des Gémeaux (mai-juin), et il rapporte un passage de Dioscoride (*M M* III, 126 s v *orchis*) où celui-ci signale qu'en Thessalie, les femmes boivent la racine la plus charnue du kunos orchis dans du lait de chèvre pour s'exciter aux relations sexuelles et utilisent l'autre racine qui est ridée pour se calmer, la vertu de l'une neutralisant celle de l'autre. Il se réfère aussi à un passage de Théophraste (*H P*, IX, 18, 3 et 4) consacré aux propriétés génésiques de l'orchis : "On prétend que certaines drogues tirées de la même plante déterminent l'activité ou l'absence d'activité génésique, comme dans le cas de "l'herbe à testicules" (orchis): étant donné qu'elle en a une paire, un gros et un petit ; on dit que le gros stimule l'instict sexuel, administré dans du lait de chèvre des montagnes, et que le plus petit l'affaiblit et le réprime." (Trad. S. Amigues) Il ajoute une précision donnée par Dioscoride (M M, II, 128 s v *saturion*) dans une notice dont Matthioli (*op. cit.* p. 343) a donnée la savoureuse traduction suivante : "Sa racine est bulbeuse et de la grosseur d'une pomme, estant gresle en dehors, & blanche en dedans, comme un œuf. Elle a un gout doux & bonne à manger. Beuë en gros vin, elle est bonne aux spasmes, qui font retirer la teste & les nerfs en arrière. Quand on voudra jouster contre les Dames, il est bon d'user de cette racine : car elle rend l'homme gentil compagnon."

72. Porta note que la plante a une fine racine, qu'elle est rouge et blanche à l'intérieur et il rapporte cette précision qu'il a recueillie chez Dioscoride (*M M* III, 128) et chez Pline (*H N* XXVI, 97-98) : "Lers Grecs prétendent que tenue seulement dans la main, sa racine stimulerait l'appétit vénérien et agirait encore davantage, prise en boisson dans du vin âpre." (Trad. A. Ernout). Porta ajoute qu'il en existe une espèce appelée *serapias* qui doit son nom à la déesse Sérapis, vénérée par les Egyptiens, et qui a les mêmes propriétés. Il cite également Martial :

"Ta femme est vieille et tes membres n'ont plus de vigueur.
Les oignons ne peuvent être bons qu'à t'en rassasier." (*Epigrammes*, XIII, XXXIV Bulbi)

Martial avait fait allusion aux propriétés aphrodisiaques de l'oignon dans une autre épigramme, nettement plus explicite, mais Porta ne la cite pas :

"Il y a longtemps, Lupercus, que ta verge a cessé de se redresser.
Tu fais pourtant l'impossible pour qu'elle se tende encore.
Mais la roquette n'y peut rien, non plus que les oignons excitants
La sariette lascive reste elle-même sans effet." (*Epigrammes*, (III, LXV)

73. Porta s'inspire ici de Pline (*H N* XXVII, 65) et de Dioscoride (*M M*, III, 126 s v *orchis*); selon le premier " On dit que si les hommes mangent la plus grande de ces racines, ce sont des garçons qui seront engendrés, et si les femmes mangent la plus petite, ce sont des filles qui naissent. En Thessalie, les hommes avalent la racine la plus tendre dans du lait de chèvre, pour s'exciter au coït, et la plus dure pour en réprimer l'envie ; les deux racines se contrarient l'une l'autre." (Trad. A.Ernout). Mais selon Dioscoride, ce sont les femmes qui boivent la racine la plus charnue pour s'exciter et la racine la plus ridée pour réprimer leurs désirs.

74. Porta fait explicitement référence aux travaux de Théophraste (*H P,* IX, 18, 3 - 4) qui a consacré un long passage de ses *Recherches sur les plantes* à ces végétaux qui possédent des doubles racines d'inégales formes et à leurs propriétés. Porta s'en est largement inspiré. Il a même ajouté que l'enfant à naître sera d'autant plus beau que les tubercules seront plus beaux.

75. Porta a sans doute trouvé chez Théophraste l'indication de cette propriété des mercuriales :

> "Il y a aussi, paraît-il, des plantes qui font engendrer des garçons ou engendrer des filles ; c'est pourquoi une forme de la mercuriale (*phullon*) est dite "génératrice de garçons" (*thelugonon*), l'autre "génératrice de filles" (*arrenogonon*), encore que les deux se ressemblent et présentent l'aspect du basilic. Toutefois le fruit de la "génératrice de filles" est comparable au corps mousseux de l'olivier, en plus jaune, tandis que celui de la "génératrice de garçons" est exactement telle qu'une olive lorsqu'elle naît à peine du corps mousseux, mais divisé en deux, comme des testicules humains." (*H P* IX, 18, 5).

Porta donne en outre le mode d'emploi des mercuriales pour concevoir des garçons ou des filles qu'il a recopié chez Pline (*H N* XXV, 39-40) : "La mercuriale mâle fait engendrer des garçons, la femelle, des filles. Ce résultat s'obtient si, aussitôt après la conception, on boit le suc dans du vin de paille ou si on mange les feuilles bouillies avec de l'huile et du sel ou bien crues avec du vinaigre (sans doute de l'une ou l'autre espèce selon le sexe désiré de l'enfant à naître). Quelques-uns font bouillir la plante dans un vase de terre neuf avec de l'héliotrope, et deux ou trois épis jusqu'à ce qu'il s'épaississe. Ils precrivent de donner aux femmes cette décoction, ainsi que la plante même en aliment, pendant trois jours à partir du lendemain des règles, et que, le quatrième, après le bain, elles aient des rapports avec leur mari." (Trad. J.André)

76. Porta a partiellement cité ce passage de Pline : "La Nature a fait un honneur particulier aux noix, en les protégeant d'une double enveloppe, d'abord d'une écale à bourrelet (*calycis*), puis d'une coquille ligneuse (*putamen*). C'est la raison qui a fait d'un fruit si bien gardé, un symbole religieux dans les noces, explication plus vraisemblable que celle tirée des trois rebonds sonores qu'elles font en tombant...La seule différence entre les espèces est dans la coquille, dure ou fragile, mince ou épaisse, compartimentée ou simple. C'est le seul fruit que la nature ait enfermé dans une enveloppe faite d'éléments assemblés. En effet les coquilles se séparent en deux barques (*carinae*) et le fruit se divise encore en quatre quartiers séparés par une membrane ligneuse." (*H N*, XV, 86) En mentionnant l'emploi des noix dans les cérémonies nuptiales, Pline semble suggérer l'idée que les deux enveloppes qui protégent la noix symbolise peut-être la solidité espérée de l'union des jeunes mariés. Il fait plus précisément aussi allusion aux noix que devait jeter le jeune marié aux enfants et qui devaient rebondir trois fois, indiquant par là même un heureux présage. Porta compare le son que font retentir les noix en tombant aux cris que pousse la jeune vierge et à celui de la femme au cours de l'accouchement.

77. Porta ne cite pas les propriétés noix de coco, mais on peut supposer qu'elles sont identiques à celles des noix puiqu'elles présentent une morphologie comparable. Il en donne une brève description, moins précise toutefois que celle de P. A. Matthioli (*op. cit.* p. 125).

78. A la description quelquepeu confuse qu'en donne Porta, on préfèrera celle de N. Lémery (*op. cit.* p. 72): " Elle pousse de sa racine des feuilles oblongues, larges,

triangulaires, vertes, luisantes ; il s'élève d'entre elles une petite tige ronde,, qui porte en son sommet une fleur à une seule feuille coupée en langue, & roulée en manière de cornet (la spathe). Quand cette fleur est passée, il paroit des bayes rouges, entassées comme en grappes dans la base d'une espèce de pilon (le spadice) qui s'est élevé du fond de la fleur : chacune de ces bayes contient une ou deux semences presque rondes."

79. Porta en donne une brève description, assez proche, mais nettement moins précise que celle de N. Lémery (cf. sup. note 16).

80. Porta en donne une description, qui met surtout l'accent sur les nombreuses membranes qui enveloppent le bulbe, nettement plus succincte et moins précise que celle qu'en donne N. Lémery (*op. cit,* p. 24).

81. Porta s'est essentiellement inspiré de Théophraste (*H.P.* I 8, 1) qui a consacré un passage de son *Historia Plantarum* à la présence ou à l'absence de nœuds chez les arbres.

82. Porta reproduit ici ce passage de Pline (*H N* XXV, 122): "La plante appelée *telyphonon* est appelée par d'autres scorpion à cause de la ressemblance de sa racine, dont le contact tue les scorpions ; aussi la prend-on en boisson contre leurs piqûres. Un scorpion mort, frotté avec de l'hellébore blanc, revient, dit-on, à la vie. Le thêlyphonon tue tous les quadrupèdes, si on applique la racine sur leurs parties génitales." Et cet autre passage (*H N* XXVII, 6): "Les scorpions touchés par cette plante demeurent ainsi sans mouvement et sans couleur, avouant ainsi leur défaite." De telles propriétés prêtées au *thêlyphonon* sont également rapportées par Théophraste (*H P*, IX, 18, 2).

83. Porta rappelle que l'espèce d'aconit appelée *lycoctonon* (*i e* "tue loup") doit son nom au fait que les chasseurs l'utilisent pour tuer les loups. Selon lui, ses racines sont noires comme les bras des squilles et de l'hypocampe marin, qu'elles sont divisées en entrenoeuds qui vont progressivement en s'amincissant, comparables à la queue des squilles et des écrevisses.

84. Porta note que parmi les différentes espèces de *doronicus,* il en est une qui s'appelle aussi *aconitum*. Il précise que sa racine fine, ronde, écailleuse, et va progressivement en diminuant vers son extrémité, évoque la forme du corps d'un scorpion et qu'elle est bonne, comme toutes les autres espèces d'aconit pour soigner ceux qui ont été piqués par un scorpion. Son identificaton précise est impossible. L'inventaire des espèces d'aconit à l'époque de Porta est évoquée par Matthioli (*op. cit.* p. 404 à 407) qui consacre un long commentaire aux différentes espèces d'aconit qu'il illustre par treize gravures.

85. Porta précise que le *bonus Henricus* est également appelé *colubrina*, que sa racine est enroulée comme un serpent et qu'elle est bonne pour soigner les morsures de serpent. Il ne s'agit donc pas ici de *Chenopodium bonus Henricus* L. habituellement désigné par l'expression *bonus Henricus*. Selon Matthioli (*op. cit.* p.243) qui mentionne cette plante dans ses commmentaires sur l'*arum*, c'est une espèce de serpentaire que les Allenands appellent *bonus Henricus* et qu'on appelle aussi coulevrée (*Arum dracunculus* L. = *Dracunculus vulgaris* Schott) et "dont on fait grand cas pour guérir les morsures des bestes venimeuses."

86. Porta rappelle que l'*holostium* est aussi appelé *sylvestris coronopum*. Son identification est incertaine. N. Lémery indique que l'expressio *coronopus sylvestris* désigne le *myosuros* (ou queue de souris (*Myosurus minimus* L.) (*op. cit.* p. 514) tandis que l'*holostium* (*op. cit.* p. 369) désigne le plantain argenté (une espèce du Genre *Plantago* L.). C'est probablement cette dernière identification qu'il faut retenir ici.

87. Porta, qui compare les chatons du noisetier à de gros vers, rapporte ici une croyance qu'A. Matthioli avait noté (op. cit p. 127): "Si un serpent est frappé d'une verge du coudre, nos villageois asseurent qu'il en sera tout estourdi & mesme disent qu'il mourra : & de vrai puique la noix prise avec figues & ruë est bonne contre les poisons & morsures des bestes venimeuses, cela ne doit sembler éloigné de vérité."

88. Porta évoque les longs chatons jaunes qui apparaissent sur les branches au printemps et les fruits du noyer (*nuces*) qui s'entrouvent, se déssèchent et tombent alors que le feuillage se développe. Ce sont sans doute les chatons et leur forme qui ont attiré son attention et l'ont conduit à les comparer à un reptile. Mais il ne semble pas avoir perçu que ce sont les fleurs staminées (ou mâles) qui se forment sur les rameaux de l'année précédente alorsque ce sont les fleurs pistillées (ou femelles), groupées par deux ou quatre qui apparaissent au sommet des pousses de l'année .... et que les noix ne proviennent pas de l'évolution des chatons !

89. Porta compare la bogue (*echinus*) qui entoure la châtaigne au "herisson marin" (*herimaceus marinus*, i e un oursin) et au hérisson terrestre (*echinus*). Il note que les châtaignes arrêtent puissamment les flux de l'estomac et du ventre, arrêtent les règles et sont bonnes pour soigner les morsures de chiens enragés. Il justifie la signature qu'il perçoit dans la bogue de la châtaigne en se refèrant à Avicenne qui avait indiqué que la chair des hérissons était bonne pour arrêter les flux de ventre. Il cite aussi Albert le Grand qui la jugeait efficace pour traiter l'alopécie, la lèpre et les abcès sordides.

90. Selon N. Lémery (*op. cit.* p. 293-294 et 805), l'expression "raisin de mer" peut désigner différentes espèces d'ephedra dont les fruits sont de petites baies, regroupés en grappes, de couleur rouge, remplies d'un jus d'un goût aigre ou doux, selon les espèces, mais aussi "un insecte marin dont la figure est oblongue, informe, toute couverte de glandes rouges & bleues qui représentent en quelque manière des raisins " (il s'agit en fait des œufs d'une espèce de céphalopode).

91. Porta recopie ici le texte que Pline (*H N*, XXIV, 163) à consacré à l'*ophiusa* : c'est est une plante qui pousse à Eléphantine (Egypte), également en Ethiopie, est livide et hideuse à voir ; prise en boisson, elle provoque de si terrifiantes visions de serpents menaçants que cette crainte conduit au suicide ; c'est pourquoi on contraint les sacrilèges à la boire." L'*ophiusa* est une plante inconnue qui figure dans la liste des plantes merveilleuses et magiques recensées par Pline.

92. Porta en donne une courte description, que l'on trouve plus détaillée chez N. Lémery (op. cit. p. 169). Porta a recueilli l'indication de ses propriétés chez Dioscoride (*M M*, III, 8, s v *chamaileôn leukos*): "Sa décoction, bue dans du vin, résiste au venin des serpents."

93. Porta note que l'*antirrhinon* (*i e* "qui ressemble à un mufle de veau") a des fruits en forme de têtes perforées comme les trous du crâne humain où se logent les yeux. Il note qu'elle est bonne pour confectionner des philtres, tout comme la *phyteuma*. Théophraste (*H P*, IX, 19, 2) l'avait mentionnée comme exemple des bobards qui couraient de son temps sur les propriétés de certaines plantes. Dioscoride (*M M*, IV, 130 s v *antirrinon*) note de son côté : "On raconte que c'est un antidote contre les poisons si on la porte sur soi en amulette, et qu'en onction avec de l'huile de lis, elle donne de la séduction." Mêmes propriétés signalées par Pline (*H N*, XXV, 129).

94. La liste des plantes c sélectionnées par Porta sont citées dans l'ordre suivant : *costus*, ***prason***, *ampeloprason, allium, panax heracleium, ligusticum, pastinaca, anisum, carvi, cuminum sylvestris, ammi, apium, levisticum, smyrnium, imperatoria, elaphoboscon, foeniculum sativum et eraticum, daucum, rosmarinum, cachrys, ferula, peucedanum, laserpitium, sagapenum, euphorbium, galbanum, heliochrysos, angelica, sambucus.* On trouvera l'identification de ces plantes, maintes fois citées par ailleurs par Porta, à l'Index des noms de plantes.

95. La confusion entre la bourache et la buglosse est signalée par A. Matthioli (*op. cit.* p. 433-434) qui l'impute à une erreur de lecture d'Apulée (*Herbarius*, XLI) qui a indiqué que les habitants de Lucanie donnaient aussi à la buglosse (*herba bovis lingua*) le nom de *corrago* ce qui supposait qu'elle était bonne pour le cœur. Or, ce mot a été pris pour borrago qui désigne la bourrache à laquelle on prêtait effectivement des vertus pour traiter les affections cardiaques. Porta a bien vu qu'il s'agissait de deux plantes différentes, mais il considère qu'elles ont des propriétés thérapeutiques identiques, car elles portent la même signature, la ressemblance avec une langue de bœuf.

96. Il s'agit sans doute d'une espèce de frêne (*Fraxinus ornus* L.). Matthioli (*op. cit.* p 71) écrit : "Quelques-uns appellent le petit fresne, Ornus & Orneoglosson, je crois à cause de son fruit qui est semblable à une langue d'oiseau. Pline, parlant de l'orneoglossum (*H N,* XVI, 73) dit que si on le boit avec du vin, il sert au foye, aux douleurs de costez & aux hydropiques ; & amaigrit peu à peu ceux qui sont trop trop chargez de graisse, s'ils en usent. Les Modernes en usent pour rendre l'homme plus vaillant envers les Dames."

97. Le mot *ribes* désigne généralement le groseiller à fruits rouges (*Ribes rubrum* L.) à l'époque de Porta. Celui- ci précisant que ses rameaux sont couverts d'épines, il est probable qu'il ait voulu désigner le groseiller épineux (*Ribes uva-crispa* L.). Mais comme il précise que Pline vantait les merveilleuses propriétés de cette plante pour soigner les morsures de chiens enragés, il ne peut s'agir d'un groseiller, celui-ci étant inconnu des Anciens...! Force est de renoncer à l'identifier.

98. Plusieurs plantes étaient ainsi appelées *scorpio* dans l'Antiquité. Porta indique qu'il en existe deux espèces, une information qu'il a recueillie chez Pline (*H N*, XXII, 39) qui explique que "l'herbe appelée *scorpio* a reçu ce nom par comparaison : la graine ressemble en effet à la queue d'un scorpion ; les feuilles sont peu nombreuses. Elle est également efficace contre la piqûre de l'animal dont elle porte le nom. Il y a aussi une autre plante de même nom et de mêmes propriétés, sans feuille, à tige d'asperge, portant au sommet un aiguillon, d'où son nom." J. André (1985) propose d'identifier la première espèce à la coronille à queue de scorpion (*Coronilla scorpioides* Koch). La

seconde reste indéterminée. Théophraste (*H P*, IX, 18, 2) et Dioscoride (*M M*, IV, 192 s v *scorpioeides*) citent également d'autres plantes appelées *scorpion* utilisées contre les piqûres de scorpion.

99. Porta cite ici un passage d'Ovide (*Métam.* Livre XI, 762-795) évoquant le mythe d'Æsacos selon lequel la nymphe Hespérié, pousuivie par Æsacos qui en est amoureux, meurt dans sa fuite, mordue par un serpent. Æsacos, fou de douleur, tente de se suicider en se jetant dans la mer, mais Thétis prise de pitié pour le malheureux, le sauve de la mort, en le métamorphosant en plongeon. Parmi les propriétés du *smilax*, Porta aurait pu rappeler que selon Dioscoride (*M M*, IV, 79 s v *smilax*) si l'on fait manger de cette plante à un enfant qui vient de naître, il sera protégé des poisons pour le reste de sa vie.

100. L'expression *palma Christi* désigne généralement le ricin (*Ricinus communis* L.). Mais il s'agit plus vraisemblablement ici d'une espèce d'orchis, comme l'a bien compris. Matthioli (*op. cit.* p. 343-344) : la plante ainsi nommée " produit deux racines qui seroient semblables à celles du couillon de chien, n'étoient qu'elles ont plusieurs fourcheures, semblables aux doigts de la main, de sorte qu'elles retirent à une main."

101. Porta a recopié ici ce passage de Théophraste où celui-ci a donné une description assez précise de cette galle du chêne : " Elle se présente comme une verge qui, au terme de son développement, est encoredure, érigée et trouée ; celle-ci évoque en un sens plus précisément une "tête de taureau " ; quand on en brise l'enveloppe, elle présente à l'intérieur une excroissance pareille à un noyeau d'olive." (*H P*, III, 7, 4). Cf. le long et précieux commentaire de S. Amigues (Tome II, p. 140- 141) pour expliquer les différents termes utilisés par Théophraste pour décrire cette galle.

102. L'identification du *telephium* est loin de faire l'unanimité. Matthioli (*op. cit.* p.255) note que plusieurs sçavants Simplistes se sont trompés en l'identifiant à crassula minor, mais il ne se propose pas de l'identifier : "En telles doutes, je laisse à toute personne le jugement libre." N. Lemery (*op. cit.* p. 35) la cite comme synonyme d'orpin, reprise, joubarbe des vignes, anacampseros (*Sedum anacampseros* L.). J. André (1985) propose de l'identifier à une espèce d'andrachnée (*Andrachne telephioides* L. (?)) ou une espèce d'orpin (*Sedum album* L. *Sedum stelatum* L.). J. Berendes (op. cit. p. 259) propose *Cerinthe aspera* L.. Pline (*H N*, XXVII, 137) et Dioscoride (*M M*, II, 186 s v *têlephônion*) disent qu'il ressemble au pourpier tant par sa tige que par ses feuilles, mais ne mentionnent pas les propriétés que lui attribue Porta, Pline se limitant à indiquer, plus généralement, qu'il guérit les plaies et les fistules.

103. Le pseudo Dioscoride (*M M*, III, RV 43 s v *akinos*) dit que les Romains ont donné le nom d'*ocimastrum* à l'acinus, une plante qui pourrait être un espèce de basilic (Genre *Ocimum* L.), mais ce n'est qu'une hypothèse que conteste d'ailleurs Matthioli (*op. cit.* p. 290). J. Bérendès (*op. cit.* p. 292) l'identifie à une espèce de thym (*Thymus acinos* L.).

104. Porta fait allusion aux différentes plantes épineuses mentionnées sous le nom de *tragos* par Théophraste (*H P*, VI, 1, 3), Pline (*H N*, XIII, 116 et XXVII, 142) et Dioscoride (*M M*, IV, 49,50 et 51 s v *tragos* et *tragion*) auxquelles on prêtait la propriété de soigner les piqûres de scorpions. Leur identification est loin de faire l'unanimité. Matthioli (*op. cit.* p. 387 - 388) le signale, par exemple, pour les espèces de

tragos citées par Dioscoride et il s'en prend avec véhémence à ceux dont il juge les identifications totalement erronées. En voici un extrait où il pourfend ceux qui selon lui, se sont trompés : " je pense qu'il faudra user de ciseaux pour empescher d'oresnavant de telles langues pestiférées & venimeuses n'infectent & corrompent le jardin de medecine excellent & tant bien cultivé."

105. Matthioli (*op. cit.* p. 435) note que son identification n'est pas aisée et hésite à l'identifier, tout en contestant la proposition d'identification de Brunfels : "Au reste, Brunfelsius erre grandement, prenant l'Alchemilla pour leontopodium. Mais si ceste faute est seule, Dieu la luy pardonne." Depuis, on a proposé de l'identifier à *Gnaphalium leontopodium* L., *Evax pygmaeus* L. ou encore *Leontice leontopodium* L.

106. Cette plante a fait l'objet de différentes hypothèses d'identification : *Pimpinella saxifraga* L., *Orlaya granfiflora* L., *Caucalis grandiflora* L. La dernière et la plus convaincante est avancée par S. Amigues *Tordylium apulum* L. = *Condylocarpus apulus* Hoffm. (*Comment à* Théophraste *H P*, VII, 7, 1).

CHAPITRE 7

Flore médicale des signatures biologiques et physiologiques

Porta n'a pas oublié d'aborder différents sujets de biologie végétale dans le but de démontrer que certains d'entre eux doivent être interprétés comme des signatures que la Nature a imaginées pour signaler les propriétés thérapeutiques des plantes. Nous les avons réunies sous les thèmes suivants : reproduction, fécondité et stérilité ; calendrier des floraisons ; phytopathologie ; brièveté et longévité de la vie des espèces végétales.

Reproduction, fécondité et stérilité

En dépit de son insatiable curiosité, Porta n'a nullement cherché à approfondir la question de la reproduction des plantes dont Théophraste avait donné une première approche (*H P*, III, 1, 1). Il ne se penche longuement sur leur reproduction sexuée que pour y rechercher les signatures susceptibles d'indiquer aux hommes qu'elles ont la propriété de favoriser ou d'empêcher la conception.

Plantes et reproduction (Livre VI, Chap.1)

Après avoir rappelé que les végétaux sont sans vie apparente à certaines époques de l'année, qu'ils se développent à une autre et qu'ils donnent des fleurs et des fruits encore à une autre, Porta note que les plantes ne vivent généralement que pour produire des graines dont la fonction est d'assurer leur descendance. Et de préciser que la Nature a fait en sorte que les fleurs n'apparaissent pas avant que la plante ait développé ses rameaux et que la graine n'apparaisse pas dans la fleur avant que celle-ci soit désireuse de produire du fruit. C'est grâce à la graine que la tige se dresse et sans graine, il n'y aura pas de tige. Cette observation le conduit d'ailleurs à comparer les fleurs aux menstrues et à remarquer que sans menstrues, la femme ne peut concevoir de même que ne sera pas féconde une plante qui ne montre pas de graine ou dont l'embryon des fleurs ne laisse pas deviner qu'elles deviendront des fruits. Porta fait référence à Aristote (*Problèmes* XX, 7) qui s'est interrogé sur la reproduction des plantes en remarquant que certains végétaux vivent jusqu'à la formation des graines, puis se dessèchent après les avoir portées ; tandis que certaines plantes [annuelles] parmi les légumes, ne peuvent parvenir à donner des graines la première année et périssent alors. Porta en déduit que les graines sont donc extrêmement précieuses pour assurer la survie de l'espèce ; aussi, note-t-il, la Nature a prévu de les protéger en les entourant d'une enveloppe coriace afin que les animaux ne les détériorent pas par leurs morsures et qu'elles ne pourrissent pas au cours du temps. Selon Alexandre Aphrodiseus **, la Nature a fait en sorte de les protéger ainsi pour qu'elles puissent se succéder perpétuellement, leur fonction principale étant de donner naissance à d'autres graines.

Plantes et stérilité (Livre VI, Chapitres 1 et 2)

Porta constate qu'il existe cependant des plantes ou des arbres qui ne produisent pas de semences et ne peuvent donc se reproduire. En effet, rappelle-t-il, en citant Théophraste (*H P*, III, 2, 1) certains végétaux fructifient, d'autres ne fructifient pas, certains ont des feuilles caduques, d'autres dressent une tige et donnent des fleurs, mais aucun fruit alors qu'il n'y a pas de fruit sans fleur. Il rappelle à cette occasion que Caton disait que les arbres productifs (*felices*) sont ceux qui donnent des fruits et que les arbres improductifs (*infelices*) sont ceux qui n'en portent pas." Il rapporte également que Pline avait écrit (*H N*, XVI, 108): "on regarde comme sinistres (*infelices*) et la religion condamne les arbres que l'on ne sème jamais et qui ne portent pas de fruits." Et il reproduit textuellement un passage de son *Histoire Naturelle* (*H N*, XVI, 95): " la fleur est la joie des arbres, mais cela a été refusé à beaucoup : tous ne fleurissent pas ; il en est de tristes et d'insensibles aux joies des années ; ils ne s'égaient d'aucune fleur et n'annoncent d'aucun signal chatoyant la naissance annuelle des fruits."

Porta considère que l'existence de plantes qui ne donnent ni fleurs, ni graines, ni fruits n'est pas imputable à une négligence de la Nature. Bien au contraire, il juge qu'il faut y voir une attention toute particulière de celle-ci à notre égard, en quelque sorte un message destiné à nous avertir que les plantes *eunuchiae* ("eunuques") ou *spadoniae* (stériles) sont contraceptives, abortives, ou encore qu'elles provoquent la stérilité.

Mais Porta tempère son propos en rappelant que le milieu naturel a une influence sur la fécondité des plantes. Ainsi, par exemple, note-t-il, dans un lieu sec, les plantes ont moins de tiges, de fleurs et de fruits ; les plantes sauvages sont en général plus sèches et moins fécondes que les plantes cultivées ; celles qui poussent dans les endroits secs et pierreux sont souvent stériles et produisent moins de fruits à cause du manque d'humidité.

Après ces considérations générales, Porta donne une liste de plantes dont les propriétés lui paraissent être tout particulièrement en relation avec la stérilité : la laitue (*lactuca**) au sujet de laquelle reproduit un passage d'Athénée (*Deipnosophistes* II, 69 e) sans le nommer : "Ibicus, un auteur de la secte des Pythagoriciens dit que la **laitue** de Génésé, à feuille large, étendue, acaule, est appelée *eunochion* ou *spadonia* et *astylida* (pour *astytida ?*) par les femmes ; "

non seulement parce que cette plante cause une diminution de la fécondité, mais aussi parce si elles en mangent, elles donneront naissance à des fils dérangés ou insensés ; quant à ceux qui en consomment souvent, ils deviennent très indolents lors du coït car elle supprime chez eux toute ardeur amoureuse"; Porta rappelle que différents auteurs grecs et latins, comme Nicandre**, Callimaque**, Cratinus**, Eubolus** avaient fait état des propriétés anaphrodisiaques de la laitue. Il signale en outre qu'on en consommait lors des repas funèbres ; les fougères (***filices****) mâle et femelle n'ont ni fleur, ni graines, ni tiges et leur unique feuille leur donnent un air triste. Porta note qu'on les donne aux femmes enceintes pour les faire avorter et qu'elles peuvent même rendre les femmes totalement stériles car la Nature a donné aux deux espèces la propriété de provoquer la stérilité ; il ajoute que si une femme enceinte se risque à enjamber une fougère, elle avortera ; la doradille (***hemionion****) qu'on appelle aussi *mularia*, une référence aux mules, parce que celles-ci s'en délectent ou plutôt parce qu'elles sont stériles ; Porta précise que la plante n'a ni tige, ni fleurs, ni graines et qu'elle rend stérile celles qui la consomment ; l'orcanette (***onosma****) n'a ni tige, ni graines, ni fleurs et ses feuilles prises dans du vin, provoquent l'avortement. Porta ajoute que, selon Dioscoride *(M M*, III, 131 s v *onosma*), il suffirait de marcher sur la plante pour obtenir le même effet ; la scolopendre (***asplenium**** ou ***scolopendrium****) n'a ni tige, ni feuille, ni graine et elle a la réputation de rendre stérile, et Porta rapporte, en s'inspirant ici de Dioscoride (*M M*, III, 134, s v *asplenos*) qu'elle a les mêmes propriétés abortives si on la porte pendue au cou avec une rate de mule ; il précise qu'on recommande de la cueillir par une nuit sans lune et qu'elle prive les hommes de descendance ; le dictame (***dictamnum****) n'a ni graines ni fleurs, et ne doit pas être pris en boisson, mais utilisé en application : il provoque l'expulsion du fœtus mort et on doit s'abstenir d'en introduire dans une pièce où séjourne une femme enceinte, car par sa seule odeur il provoquerait un avortement ; la sabine (***sabina****) qui n'a ni fleurs ni fruits, provoque la mort du fœtus et son expulsion ; Porta note que cet emploi préjudiciable est condamné par tous et il ajoute qu'en application ou en fumigation, elle fait avorter ; l'***epimetron****, une plante qui ne fleurit pas, ne donne pas de fruit, dont la racine détruit le fœtus, et prise en boisson, rend les femmes incapables de toute conception ; aussi leur est-il déconseillé d'en consommer ; l'***adianton**** tout comme le ***tricomanes**** n'a ni graine, ni fleur, ni tige, fait sortir l'arrière-faix, broie les calculs, provoque des avortements ; des deux espèces de genévrier (***cedrus****), selon Théophraste (*H P*, III, 3, 8), celle qui fleurit est stérile, alors que celle qui fructifie ne fleurit pas ; Porta ajoute que, selon Dioscoride (*M M*, I, 77 s v *kedros*) si l'on en enduit les parties sexuelles avant le coït, il rend stérile et il mentionne l'observation de Pline (*H N*, XVI, 96) qui juge inexact de distinguer des genévriers qui fructifient sans fleurir et des genévriers qui fleurissent tout en ne donnant pas de fruits. "Tous les genévriers sont maussades. Ainsi en est-il pour beaucoup d'hommes dont la destinée est aussi sans fleur"; le tamaris (***myrica****) figure dans la liste des *arbores infelices*, car il ne porte rien et on ne le plante jamais. A l'appui de cette mention, Porta cite intégralement deux passages de Pline ;

dans le premier (*H P*, XXIV, 72), celui-ci rapporte " On dit que la cendre de l'arbre, mêlée à de l'urine de bœuf, et prise en boisson ou en aliment, met fin aux désirs amoureux. Le charbon de cet arbre, éteint dans cette urine, est gardé à l'ombre ; quand on veut l'allumer, il se désagrège. Les Mages ont rapporté qu'on obtient le même effet avec l'urine d'eunuque." Dans le second passage (*H N*, XXVIII, 81), Pline a noté :" Laïs et Éléphantis ont donné, touchant ce pouvoir abortif [du sang menstruel] des recettes contradictoires, recommandant un charbon de racine de chou, ou de myrte ou de tamaris, éteint dans ce sang"; la saponaire (***struthium****) n'a pas de graine, selon Pline (*H N,* XIX, 48) et provoque la mort du fœtus dans l'utérus, selon Dioscoride (*M M* II, 163 s v *strouthion*); une variété de lierre (*hedera**) appelé aussi *helix*, qui ne donne pas de fruit, dont les corymbes pris en boisson, rendent stériles et le pédoncule introduit dans la matrice, provoque l'expulsion du fœtus, selon Dioscoride (*M M*, II, 179 s v *kissos*) ; la mandragore (***mandragora****) qui n'a pas de tige et dont les fleurs pendent au bout de fins rameaux a la propriété d'expulser le fœtus, toujours selon Dioscoride (*M M* IV, 75 s v *mandragoras*) ; le cyclamen (***cyclaminus***) qui a des fleurs à l'extrémité de fines tiges, provoque rapidement l'accouchement, portée en amulette ; il ajoute qu'elle a aussi des propriétés abortives et qu'elle expulse le fœtus si la parturiente ne fait qu'enjamber sa racine. Il est vrai, ajoute-t-il, cette plante a la réputation d'être un abortif particulièrement efficace ; le saule (***salix****) perd sa semence avant qu'elle soit parvenue à maturité, si bien qu'Homère (*Odyssée.* X, 510) l'a appelé *ôlesikarpos* ("destructeur de fruit"), un terme que Porta traduit par *frugiperda* ou *seminiperda.* Après avoir signalé que le fruit du saule, avant de mûrir, se garnit d'une sorte de toile d'araignée, il reproduit ce passage de Pline :" Les âges suivant [l'époque d'Homère] ont interprété criminellement le sens de cette épithète, puisqu'il est certain que la graine de saule provoque la stérilité chez les femmes." Il ajoute que, prise dans de l'eau, elle ôte à celles-ci tout espoir de concevoir et il complète son propos par cet autre passage de Pline (*H N*, XXIV, 58), qu'il a partiellement recopié : "les feuilles, pilées et prises en boisson, modèrent les excès amoureux et un usage répété les éteint complètement"; le peuplier (***populus****) qui n'aurait pas de fruit selon Théophraste (*H P*, III, 3, 4) et selon Dioscoride (*M M* I 83, s v *aigeiros*), provoquerait la stérilité si l'on en donnait l'écorce à boire, après l'avoir mélangé avec un rein de mule ; il ajoute toutefois que le peuplier donne de petits chatons suspendus à des pédoncules assez longs qui donnent des graines soyeuses (*pappi*) lorsqu'ils viennent à maturité, mais il n'en déduit rien, alors que cette observation contredit ce qu'il a écrit auparavant ; le cyprès femelle (***cupressus****)* est stérile alors que, selon Théophraste (*C P*, I, 5, 4), l'espèce mâle a une graine peu visible, et minuscule, selon Varron. Porta ajoute ici qu'en Arcadie, on l'appelle *parthenon*, c'est-à-dire vierge parce qu'elle rend stérile et il note qu'elle donne un suc très amer comme le cèdre et la sabine ; une espèce de laurier, surnommée ***laurus triomphalis****(1) qui serait, selon certains, l'espèce mâle, c'est-à-dire le pied portant des fleurs mâles (le laurier est dioïque) prend soin de préciser Porta, car Pline lui-même a eu quelque doute sur cette détermination ; prudent, Porta ajoute en effet que selon d'autres ce laurier stérile serait celui qu'on appelle *spadonia* ("eunuque"), qui supporte merveilleusement l'obscurité et sur lequel Dioscoride avait écrit qu'on avertit les femmes enceintes de se méfier de ses racines car elles tuent le fœtus ; le thym (*thymus*) donne une graine qu'il est difficile de récolter, car elle se trouve confondue avec sa fleur, selon Théophraste (*H P*, VI, 2, 3); Porta ajoute que, selon Dioscoride (*M M* III, 36, s v *thumos*), il expulse le fœtus mort ainsi que l'arrière faix ; la menthe (***mentha****) (2) et enfin le calament (***sisumbrium****) dont les graines sont difficiles à voir, tout comme celles de la menthe, ne doit pas être donné à manger aux femmes enceintes, car, selon Pline (*H N*, X X, 146), il les ferait avorter.

Porta remarque que certaines plantes donnent des graines si minuscules et difficiles à observer que l'on en déduirait à tort qu'elles sont stériles, comme l'ont cru les auteurs grecs et latins qui se sont intéressés aux plantes, tels Théophraste, Dioscoride et Pline, mais aussi ultérieurement arabes. C'est le cas de nombreux végétaux qui ont su s'adapter au climat et à leur environnement, comme par exemple, ceux qui viennent dans les régions où tout est grillé par la chaleur ou dans celles qui sont soumises aux rigueurs du froid. A l'appui de son observation, il donne quelques exemples de plantes - dont il a déjà cité certaines - qui passent pour être dépourvues de graines, car celles-ci sont particulièrement difficiles à observer : la fougère (***filix****) dont l'envers des feuilles se couvre d'un duvet laineux, d'une couleur bleue foncée dans lequel se balancent des graines noires et brillantes qui arrivent à maturité au solstice d'été. Il précise que si l'on veut les observer avec plus d'attention, il faut couper les tiges, proches des racines, les laisser se dessécher sur un linge blanc et recueillir au bout d'une dizaine de jours, les graines qui y seront tombées ; ***phyllitis**** (3), ***asplenum**** (4), ***dryopteris**** (5) et ***filicula**** qui présentent en commun la particularité d'avoir au dos de leurs feuilles, comme de petits vers, sessiles, disposés en lignes obliquement de part et d'autre [de la nervure médiane], nullement pendants, paraissant couverts de poils, à l'intérieur desquelles se trouvent des graines ; le dictame (***dictamnum****) que les auteurs de l'Antiquité ont décrit comme n'ayant ni fleur, ni graine, ni tige, mais, ajoute-t-il, on sait maintenant qu'il donne des graines ; le capillaire (***adiantum****) (6) porte des graines admirablement cachées à la vue sur les enroulements des extrémités de ses feuilles, et il précise qu'il les a lui-même observées après en avoir cueillis certains pieds dans les thermes d'Antonin et les endroits humides dans ruines de Rome ; le raifort (***radicula****); le saule (***salix****) qui passait pour stérile, ce qui semble inexact à Porta, au regard de ce passage de Pline (*H N*, XVI, 110) où est évoqué le cas considéré toutefois comme exceptionnel d'un saule situé à la descente de la grotte de Jupiter dans l'île de Crète qui donne à maturité une graine dure et ligneuse, de la grosseur d'un pois-chiche ; la menthe (***mentha****) porte ses graines, comme le thym (***thymum****), à l'extrémité de ses fleurs, et lorsqu'elles sont parvenues à maturité, petites et devenues rousses, elles tombent des épis si on les froisse dans la main, mais elle se transforme en calament ; et enfin les champignons (***fungi***) donnent de petites graines noires et il juge que Porphyre** s'est trompé quand il a affirmé que les champignons et les truffes étaient des "enfants des dieux" parce qu'ils ne produisaient pas de semence et ne pouvaient donc se reproduire. C'est en effet, tente d'expliquer Porta, dans l'enveloppe des truffes, comme dans les cônes globuleux des cyprès, que se trouve une graine noire et c'est la raison pour laquelle on les trouve souvent dans les forêts où elles prolifèrent et pourrissent. Il ajoute qu'on en trouve aussi dans les endroits où l'on procède au lavage ou à l'étalage des écorces.

Plantes et fécondité (Livre VI, Chap. 4)

Selon Porta, l'abondance des graines que l'on peut observer à l'intérieur de certains fruits ainsi que le grand nombre de racines sont des signatures par lesquelles les plantes signalent qu'elles ont la propriété de faciliter la conception, en augmentant la quantité de sperme chez l'homme.

Il rappelle que Théophraste a signalé que le figuier (***ficus****), le poirier (***pyrus****), le pommier (***malus****) ont des fruits deux fois, voire trois fois par an. Il note que plus les graines sont petites, plus grande est leur fertilité, comme, par exemple, chez le millet (***milium****), le vélar (***erysimum****), le pavot (*papaver**), le cumin (***cuminum****) et que, par ailleurs leur extrême petitesse est compensée par leur très grand nombre. En outre, elles sont disposées de telle manière qu'une seule tige puisse en diffuser un maximum. Porta donne une liste de végétaux établie par un certain Veranius** qui sont qualifiés de féconds (*felices*) car ils sont réputés pour l'abondance de leurs fruits.

Porta reconnait que cet inventaire auquel il a déjà eu recours (cf. chapitre 5, note 67) est loin d'être complet et il mentionne un certain nombre de plantes qui n'y figurent pas et sont pourtant très fécondes : ainsi, la vigne (***vitis****) fait preuve d'une telle fécondité que si on ne la taille pas une année, elle ne produit plus de fruit, et meurt, et si elle n'est pas capable d'absorber tout ce qui provient d'un sol très fertile, elle est en quelque sorte détruite par sa propre fécondité ; l'olivier (***olea****) et surtout l'olivier sauvage (***oleaster****) sont si fertiles qu'on insère leurs rameaux dans les troncs d'arbres infertiles pour les rendre productifs et Porta reproduit textuellement ce passage de Palladius** (*De Re rustica*, XIV v 53-54): "L'olivier sauvage, tout stérile qu'il est, féconde celui dont nous recueillons les olives grasses, et lui apprend à donner des fruits qu'il ne saurait produire lui-même"; ***daucus*, siser**** et ***pastinaca*** qui ont de nombreuses graines dans leurs ombelles ont des propriétés aphrodisiaques. Quant au cumin (***cuminum****), Porta fait référence à Théophraste (*H P*, VII, 3, 3) qui avait noté l'étrange pratique qu'il fallait observer pour en obtenir une récolte abondante :" On prétend en effet qu'il faut, en le semant, le maudire et l'injurier si l'on veut qu'il soit beau et dru." Porta observe au passage que le mot *kuminos* doit être rapproché du verbe *kuô* qui signifie "être enceinte" et indique que pour accroître la fécondité des femmes, on en introduit dans leur matrice. Porta mentionne également l'***ammi**** qui est semblable au cumin et serait, dit-on, le cumin d'Éthiopie ; Porta se réfère à Pline (*H N*, XX, 163-164) pour noter que les femmes qui en respirent l'odeur pendant le coït, conçoivent plus facilement ;

la renouée des oiseaux (***polygonum mas****) aussi appelé *polyspermos* par les Grecs et *millegrana* par les Latins a de nombreuses graines gonflées sous toutes ses feuilles ; Porta note que, selon Quintilien**, il est consommé par les animaux pour être plus féconds ; la renouée persicaire (***crataegon****) dont les graines seraient fortifiantes et le fruit, selon Théophraste (*H P,* IX, 18, 6), pris en boisson dans de l'eau, rendrait le sperme fécond ; la coriandre (***coriandrum****) donne de nombreuses graines et, selon Dioscoride (*M M*, III, 63 s v *korion*), elle a la propriété d'augmenter la quantité de sperme ; le basilic (***ocimum****) sur lequel, rapporte Porta, Pline (*H N*, XIX, 120) a écrit : "Rien n'est plus fécond que le basilic. On recommande de le semer en proférant des malédictions et des injures pour qu'il vienne mieux". Mais, si Porta relève qu'on dit proverbialement "semer du basilic" pour souhaiter du mal à quelqu'un, il néglige de mentionner que Pline a ajouté que ceux qui sèment du cumin, font des prières pour qu'il ne lève pas ! En revanche, il a signalé que Pline avait complété sa notice sur le basilic dans un autre passage (*H N*, XIX, 120): "la graine est aphrodisiaque ; aussi l'a fait-on prendre également aux chevaux et aux ânes au moment de la monte"; la roquette (***eruca sylvestris****) qui a de nombreuses tiges ainsi qu'un grand nombre de petites cornes (*i e* des fruits en silicules) sur ses tiges, augmente le sperme et passe pour un puissant aphrodisiaque, la moutarde (***sinapis****) possède les mêmes propriétés que la roquette, mais Porta ajoute que des graines de roses et de moutarde suspendues avec une patte de belette entre les rameaux d'arbres stériles et peu productifs les rendent féconds et ils produisent de nouveau ; le cresson alénois (***nasturtium****) (7) qui pousse aussi bien dans les rigueurs de l'hiver que dans la chaleur de Sirius, et porte de nombreuses graines sur ses tiges est un stimulant pour les relations sexuelles ; l'ortie (***urtica****) qui a de nombreuses grappes filamenteuses et couvertes de poils, donne beaucoup de graines et prospère inopportunément partout, a des propriétés aphrodisiaques ; le caille-lait (***galion****) a de nombreuses graines groupées et serrées à l'extrémité de ses grappes et ses racines excitent aux relations sexuelles ; la patience (***lapathum****) surtout l'espèce africaine, se signale par une grande fécondité et, suspendue au bras gauche, elle donne l'espoir d'enfanter à ceux à ceux l'ont perdu en leur donnant une nouvelle fécondité ; enfin l'orchidée (***satureia****) dont les tiges sont ornées d'une abondante et remarquable floraison, stimule au coït ceux qui sont impuissants, d'où son nom qui évoque un Satyre.

Plantes et saisons

Porta a relevé dans un certain nombre de textes du *Corpus hippocraticum* que de nombreuses maladies étaient provoquées par des causes externes, parmi lesquelles les conditions climatiques saisonnières jouaient un rôle essentiel (8). Ayant constaté que différentes affections surviennent de préférence à une saison déterminée au moment même où apparaissent, verdissent ou fleurissent les plantes ayant la propriété de les soigner, il juge qu'une telle synchronisation apparente ne doit pas être attribuée au hasard. Pour lui, ce phénomène doit être interprété comme une signature de la Nature qui a poussé sa sollicitude à l'égard du genre humain jusqu'à faire apparaître les plantes porteuses de remèdes à l'époque même où surviennent les maladies qu'elles ont la vertu de soigner. Dès lors, il s'est attaché à recenser les plantes généralement prescrites pour soigner chacune des maladies classées par saison par les médecins hippocratiques, et il s'est appliqué à sélectionner parmi cette flore médicale, les plantes médicinales qui lui paraissaient naître, se développer ou fleurir à chacune des quatre saisons.

Les plantes du printemps (Livre VI, Chap. 24)

Porta commence son recensement des plantes médicinales printanières par une référence à Théophraste qui a donné un calendrier des floraisons des plantes sauvages (*H P*, VI, 8). Pour sa part, il note, sans aucun commentaire que le perce-neige (*viola alba**) est la première plante à fleurir, là où le ciel est clément, plus tard sous un climat plus rude, En même temps que lui ou peu après vient également ce qu'on appelle le ***lilium**** que l'on appelle aussi ***viola flammea**** ainsi que toutes les plantes coronaires, celles-ci devançant les autres de beaucoup ; ensuite apparait le narcisse (***narcissus****), la fleur de la vigne (***viti flora***), la violette (***viola nigra****), l'immortelle sauvage (***sylvestris aurelia****) et l'espèce de ***fremium*** qu'on appelle aussi ***limonium****, le glaieul (***pugio***) et la jacinthe (***hyacinthus****); la rose (***rosa****), plus tardive, apparait la dernière. (9)

A la suite, Porta se réfère à Hippocrate (*Aphorismes* III, 20), qui a mentionné les différentes maladies survenant principalement au printemps. Nous en donnons la liste établie par Porta ; elle n'est qu'une traduction latine des termes grecs utilisés par l'auteur des *Aphorismes* que nous avons accompagnée entre parenthèses de leur traduction par E. Littré (Œuvres complètes d'Hippocrate, Tome 4):

Ce sont : *furores* (les affections maniaques), *melancholiae (*les affections mélancoliques), *morbi comitales* (les affections épileptiques), *sanguinis profusiones* (des hémmoraghagies *i e* des écoulements de sang), *anginae* (des angines), *gravedines* (des coryzas), *leprae* (des lèpres), *tusses* (des toux), *impetigines* (des lichens), *alphi,* (des alphos), *pustulae ulcerosae* (beaucoup d'éruptions ulcéreuses), *tubercula* (des furoncles) *et articulorum dolores* (des affections arthritiques). Il ajoute que la quantité de sang dans le corps augmente au printemps et qu'il a alors le plus de force ; la rose (***rosa****) qui fleurit à cette saison a la propriété d'expulser le sang, ce qui coïncide donc avec le moment où nous en avons le plus besoin.

Pour traiter la plupart de ces affections, notamment les affections mélancoliques, qui ont pris naissance en hiver mais sont restées à l'état latent dans le corps pour ne se manifester qu'au printemps sous l'effet de la chaleur de cette saison, Porta cite les plantes suivantes, généralement sans accompagner sa liste du moindre commentaire, et sans justifier les critères qu'il a retenus pour effectuer sa sélection :

– Pour les affections maniaques (*furores*) et les affections mélancoliques, causées par la bile noire (*melancholiae*), il faut utiliser : les feuilles de bétoine (***betonica****), en boisson avec du suc de mauve (***malva****), au poids de six onces ; la décoction de buglosse (***buglosson****), prise dans du vin ; la mélisse (***melissophyllon****) qui, selon Avicenne, chasse le sang et les vapeurs mélancoliques.
– Pour les affections épileptiques (*morbi comitales*) qui se forment en hiver, mais n'apparaissent qu'au printemps ainsi que pour la pituite en provenance de la tête qui se déplace et se répand dans le corps au printemps : les graines de peuplier noir (***populus nigra****), en boisson dans du vinaigre ; la bétoine (***betonica****), en boisson avec de l'eau ; le plantain (***plantago****), la moutarde (***sinapis****), ***scilla****, ***coniza****, la bryone (***vitis alba****), le tamier (***nigra viticula****) qui facilite l'accouchement, l'achillée (***achillaea****) en boisson mélangé à de l'oxymel ; les fleurs de ***caryophyllum****; le suc de *galanga**; l'immortelle (***heliochrysos****).
– Pour les inflammations des amygdales (*tonsillarum inflammationnes*): le mûrier (***morus****) et pour les angines (*anginae*): la violette (***viola purpurea****).
– Pour les affections de la peau (*cutis vitia*) et les lèpres (*leprae*): la thapsie (***thapsia****), le narcisse (***narcissus****), la vigne sauvage (***vitis sylvestris****), la bryone (***bryonia****), la décoction de lupin (***lupinus****), *la patience* (***lapathum****), le glaïeul (***xiphia****).
– Plus particulièrement pour les lèpres (*leprae*, *pustulae ulcerosae*), les feuilles d'orme (***ulmus****), de chou (***brassica****), de moutarde (***sinapis****), le cresson alénois (***nasturtium****), la renoncule (***ranunculus****), le lis (***lilium****).
– Pour les lichens (*impetigines*) et les plaies dues aux serpents : ***rhamnus**** en application, le plantain (***plantago****), la gentiane (***gentiana****), la scabieuse (***scabiosa****), le houblon (***lupulus****), le narcisse (***narcissus****).
– Pour la toux (*tussus*): le tussilage (***tussilago****), ***dracunculus****, l'asphodèle (***asphodelus****), la scille (***scilla****), le marrube (***marrubium****), la pariétaire (***helxine****), la jusquiame (***hyosyamus****), la bryone (***bryonia****), la grande valériane (***phu****) et ***arum****.

Porta mentionne en outre avec quelques brefs commentaires différentes plantes qui sont plus particulièrement efficaces pour soigner les morsures de serpents, dont l'apparition coïncide avec l'arrivée du printemps : le frêne (***fraxinus****) pour lequel Porta reproduit ici ce passage de Pline (*H N*, XVI, 64): "Contre les morsures de serpents, qu'on exprime le jus des feuilles pour le boire et qu'on les applique sur la plaie, elles sont d'une efficacité que rien n'égale. Telle est leur vertu qu'un serpent ne passe pas sous leur ombre, même le matin ou le soir, lorsqu'elle est la plus longue, et même se tient loin de l'arbre. Si l'on enferme un serpent auprès d'un feu dans un cercle de feuillage de frêne, il se jette pour s'enfuir dans les flammes plutôt que dans le **frêne**. Par une merveilleuse bonté de la Nature, le frêne fleurit avant la sortie des serpents et ne perd ses feuilles qu'après leur retraite"; le ***dracunculus**** dont Porta expose les propriétés en empruntant ici aussi un passage de Pline (*H N*, XXV, 19): "[La plante à tige nommée *dracunculus*] est merveilleuse d'une autre façon ; quand les serpents commencent leur mue, elle s'élève hors de terre à deux pieds environ de hauteur, puis se renfonce avec eux dans le sol, et tant qu'elle est complètement cachée, aucun serpent n'est visible ; cela serait un très grand service que rendrait la Nature, si elle ne faisait que nous avertir et nous indiquer le moment du danger"; en outre les serpents fuient ceux qui portent la plante sur eux ; l'*aris**, dont l'odeur quand on le brûle, chasse les serpents, en particulier les aspics, ou les enivre au point qu'on les trouve engourdis, selon Pline (*H N*, XXIV, 148); le *trifolium asphaltites** dont Porta rappelle les propriétés : la décoction de ses fruits, de sa racine et de ses feuilles, en fomentation, fait cesser les douleurs causées par les morsures de serpents, et il ajoute que si l'on verse l'eau de cette décoction sur la blessure de quelqu'un d'autre, ce dernier souffrira autant que s'il avait été mordu par un serpent ; l'***abrotonum**** dont l'odeur fait fuir les serpents ; puis Porta se contente de citer la menthe pouliot (***pulegium****), l'origan (***origanum****), la ronce commune (***rubus****), la chondrille (***chondrilla****), le mourron (***anagallis****), la férule (***ferula****), le gratteron (***aparina****), ***anchusa****, la vipérine (***echium****), l'inule (***coniza****), le marrube (***marrubium****), le cresson alénois (***nasturtium****), le serpolet (***serpillum****), la nigelle (***melanthium****), l'héliotrope (***heliotropium****),le panais sauvage (***elaphoboscon****), le fenouil (***foeniculum****), le poireau (***ampeloprasum****), l'ail commun (***allium****), la bette (***beta****), l'immortelle (***heliochryson****), la verveine (***herba sacra****),le pavot (***papaver****), l'aigremoine (***eupatorium****), l'asphodèle (***asphodelus****), le lis (***lilium****).

A ces nombreux végétaux aux propriétés antivénéneuses, il ajoute une espèce de patience (***oxylapathum****) qu'il recommande plus spécialement contre les piqûres de scorpions et la mauve (***malva****) contre celles des araignées phalanges et des guêpes.

Les plantes de l'été (Livre VI, Chap. 25, 26 et 27)

Porta fait ici également référence au catalogue des maladies qui surviennent plus particulièrement en été, selon Hippocrate (*Aphorismes* III, 20). Ce sont : *febres continuae et ardentes* (fièvres continues et ardentes), *tertianae plurimae et quartanae* (fièvres tierces et quartes), *vomitiones* (vomissements) *et alui profluvia* (diarrhées), *lippitudines* (ophtalmies), *aurium dolores* (douleurs d'oreilles), *oris exulcerationes* (ulcérations de la bouche), *genitalium putredines* (pourritures des parties génitales) et *sudamina* (vésicules qui viennent sur la peau ordinairement causées par la sueur).

Elles ont pour cause la bile jaune qui s'accumule alors dans le corps. Aussi Porta donne-t-il une liste de plantes ayant la propriété de l'expulser, sans accorder pour autant une place privilégiée à celles dont les fleurs sont jaunes, pourtant en relation évidente avec la bile jaune (cf. chapitre 5) ou à celles qui sont sous la domination du soleil dont l'intensité est la plus forte en été (cf. chapitre 4). Il cite l'aloès (***aloes****) dont le suc doit être récolté en été selon

Galien, ***thlaspi**** (10) qui donne des graines en juin, et ensuite les plantes suivantes, sans aucun commentaire : la nielle des blés (***lychnis****), le millepertuis (***androsaemon****), le ricin (***ricinus****), la thapsie (***thapsia****), l'euphorbe (***tithimalos****), l'épurge (***lathyris****), la momordique (***cucumis agrestis****), le sureau noir (***sambucus****), l'hièble (***ebulus****), l'héliotrope (***heliotropium****), l'absinthe (***absinthium****), l'origan (***origanum****).

Porta cite ensuite les plantes de l'été auxquelles on attribue des propriétés curatives :

- Pour les fièvres tierces et quartes (*febres tertianae et quartanae*) : trois et quatre feuilles de psoralée bitumineuse (***trifolium asphaltum****), le millepertuis (***hypericum****), la verveine (***herba sacra****), l'héliotrope (***heliotropium****) (11), le pourpier (***portulaca****), la petite centaurée (***centaurium minus****).
- Pour les diarrhées (*alui profluvia*), il convient d'employer le suc des plantes suivantes : chondrille (***chondrilla****), aneth (***anethum****), l'orchis de Sérapis (***orchis Serapidis****), la guimauve (***althaea****), ***alisma****, la renouée (***polygonum***), la clématite (***clematis****), le trèfle (***lagopum****), l'orcanette (***anchusa****), l'ivraie vivace (***phoenix****), le jonc (***juncus****), le cumin noir (***papaver nigra****), la molène (***verbascum****), ***uva austera****, la verge d'or (***virga aurea****), le néflier (***mespilum****), le poirier sauvage (***pyrus silvestris****).
- Pour les ophtalmies (*oculorum lippitudines*): pourpier (*portulaca**), le plantain (*plantago**) et pour les larmoiements (*oculorum distillationes*): les différentes espèces de pins (***pinus****), le fenugrec (***foenum graecum****), l'ophioglosse (***ophioglosson****), l'euphrasie (***euphragia*** *).
- Pour les douleurs des oreilles (*aurium dolores*), il faut instiller dans les oreilles le suc de peuplier (***populus****), de saule (***salix****), de bette (***beta****), de ***dracunculus****, de poireau (***porrum****), d'origan (***origanum****), de melilot (***melilotus****), de peucedan (***peucedanum****), de gratteron (***aparine****), de marrube (***marrubium****), de pariétaire (***helxina****), de jusquiame (***hyoscyamum****), d'aubergine (***solanum hortensis****), de mauve (***malva****) et de sureau noir (***sambucus****).

Porta accorde une attention particulière aux plantes qui poussent par un été humide. Il fait d'abord référence à Galien pour rappeler que la Nature produit des fruits chargés d'eau et juteux afin que leur chair ranime la constitution interne de l'homme affaiblie par les ardeurs de Sirius. Il rappelle ensuite que, selon Théophraste, les plantes poussent généralement lors d'un été humide. Mais, ajoute-t-il, il en est qui poussent aussi à des saisons différentes et elles doivent leur germination à l'humidité et à la chaleur ; on dit aussi que certaines viennent par un été froid, d'autres par un hiver chaud de telle sorte que la nature même de chacune des deux saisons s'en trouve ainsi modérée. Il cite les melons (***melopepones****) auxquels il prête des vertus hydratantes et rafraîchissantes, qui favorisent par conséquent la composition d'un sang aqueux lequel, se concentrant dans le foie, s'oppose à la chaleur et à l'agressivité de la bile jaune ; Porta ajoute qu'il en existe une espèce dont le jus extrait de ses graines est bon pour traiter les fièvres ; le concombre (***cucumis****) qui est également d'un tempérament froid et humide, est rempli de substance aqueuse. Porta note qu'on l'utilise pour soigner les fièvres chez l'enfant en lui en appliquant sur son front pendant qu'il dort, et que d'après Quintilien, ils viendraient même à bout de toutes les fièvres ardentes ; la citrouille (***anguria****) dont le tempérament est aussi froid et humide, convient tout particulièrement pour traiter ceux qui sont victimes d'un coup de chaleur ; ***cucurbita**** qui est de nature froide et humide, étanche la soif ; ses rameaux, appliqués sur la tête conviennent pour calmer chez les enfants les violents maux de tête dus à la fièvre qu'on appelle *syriasis* ; le suc de ses rameaux est efficace pour calmer les douleurs d'oreilles, les inflammations de la peau dues à la fièvre ardente ; les feuilles écartent les mouches ; l'huile que l'on en extrait est bonne pour les inflammations et les douleurs des reins ainsi que les maux de tête provoqués par la fièvre ; la laitue (*lactuca**) qui vient en été est de nature réfrigérante, et a la propriété d'étancher la soif.

Porta n'a garde d'oublier de citer ici les fruits d'été tels que les mûres, les prunes, les poires, les pêches, les raisins qui sont gorgés de suc aqueux et sont donc rafraîchissants.

Porta constate par ailleurs que certaines plantes qui poussent en été sont propres à réveiller les désirs sexuels affaiblis par la chaleur de la saison, et il cite un certain nombre d'entre elles qui étaient réputées pour leurs propriétés aphrodisiaques ; le scolyme (***scolymon****) sur les propriétés duquel Porta reproduit ce passage de Pline (*H N*, XXII, 87): " Pris dans du vin, il est aphrodisiaque, selon Hésiode et Alcée, qui ont écrit que, pendant la floraison, les cigales chantent le plus fort, et les femmes sont le plus amoureuses, tandis que les hommes sont le moins portés sur le coït, comme si c'était par une prévoyance de la nature que ce stimulant est alors le plus agissant"; la roquette (***eruca****), la racine de ***dracunculus major****; l'asphodèle, (***asphodelus****), le cresson alénois (***nasturtium****), le poireau (***porrum****), les plantes à bulbe (***bulbi****) mangée après avoir été cuites ; l'ortie (***urtica****), le glaïeul (*gladiolus**), le suc de menthe (***mentha****), la carotte sauvage (***pastinaca erratica****), les orchidées (***testiculi**** et ***satyrii****), la sauge-hormin (***horminum****), la graine de frêne (***fraxinus****), les carottes (***dauci****), l'aubergine bouillie (***mala insana****), le poivre (***largum piper****), le pois chiche (***cicer****), la rave (***rapum****), le panais (***siser****), le cardon (***cinara****), la moelle de la férule (***ferula****), et bien d'autres encore qu'il serait trop long de citer, ajoute Porta.

Celui-ci complète son inventaire des plantes qui poussent en été, par celles qui ont la propriété de soigner les morsures des chiens enragés, peut-être parce qu'ils sont jugés particulièrement agressifs en été. Ce sont l'***alyssum**** dont le nom évoque la rage (en grec, *a* privatif et *lussa* la rage), rappelle Porta et qui, selon, Dioscoride (*M M* III, 91) est efficace pour soigner les morsures des chiens enragés. Il rapporte également un passage de Galien où celui-ci recommande de cueillir cette plante pendant les jours chauds de l'été, la faire sécher, la réduire en poudre et la conserver ainsi pour qu'elle ne soit pas perdue. Porta invite aussi à suivre en cette saison les conseils diététiques de Dioscoride qui recommande de manger des aulx, des poireaux et des oignons nouveaux, ceux du médecin Aetius qui prescrit de manger du fenouil, des scandix, des chicorées sauvages, des asperges sauvages et cultivées ainsi que de l'oseille. Il rappelle également les conseils d'Avicenne qui invite à se purger efficacement avec hellébore, la cuscute, le séné, la fumeterre et la thapsie. Quant à lui, il mentionne la panacée (*panax**) et la ballote (***ballota****) pour soigner les blessures causées par des bêtes enragées.

Porta propose enfin d'avoir recours à un certain nombre de plantes pour chasser les puces, les moustiques, les mouches et les punaises, peut-être parce que ces insectes apparaissent en été ou parce qu'ils sont plus nombreux et plus agressifs en cette saison : la menthe pouliot (***pulegium***) pour laquelle Porta cite ce passage de Pline (*H N*, XX, 152); "On rapporte que, respiré, il protège la tête contre les injures du froid et de la chaleur et contre la soif, et que ceux qui portent au soleil deux branches de pouliot attachées aux oreilles ne souffrent pas de la chaleur." Il rappelle en outre que la fleur de pouliot frais, brûlée, tue les puces par sa seule odeur ; l'herbe aux puces (***psyllium****) qui fleurit en été et empêche les puces de pénétrer dans la maison ; l'inule (***conyza****) qui tue les puces, une fois répandue sur le sol et dont la fumée chasse les moustiques, la momordique (***cucumis sylvestris*** *) dont la racine, humectée d'eau de mer chasse les puces et les moustiques et les feuilles placé dans le lit en chasse les punaises ; la nigelle (***melanthium****) macérée dans l'eau a des propriétés identiques ; de même que le cumin sauvage (***cuminum silvestre****) broyé et mélangé à de l'eau ; les feuilles du peuplier noir (***populus nigra****) et celles du tribule (***tribulus****) également, selon Pamphyle ; le cumin noir (***nigella****) dont la fumée chasse les moustiques ; le chanvre (***cannabis****) dont on dit que si l'on en place un rameau en fleur auprès de celui qui dort, celui-ci ne sera pas importuné par les moustiques ; l'origan (***origanum****) dont l'odeur fait fuir les moustiques, tout comme celle du vinaigre, selon Démocrite ; le sureau (***sambucus****) dont les feuilles, en décoction, chassent les mouches, selon Beritius ; le caprier (***capparis****) dont les feuilles macérées dans de l'huile fait fuir les moustiques, tout comme le suc de cumin sauvage (***cucumis sylvestris****), répandu sur le lit, de même que la staphisaigre (***staphis****).

Plantes de l'automne (Livre VI, chap. 28)

Porta rappelle que, selon Hippocrate (*Aphorismes* III, 21), certaines maladies surviennent surtout en automne : *febres quartanae* (fièvres quartes), *atqua erraticae* (fièvres erratiques), *lienes magni* (engorgements de la rate), *aquae intercutes* (hydropisies),*tabes* (phthisies), *urinae stillicidia* (stranguries), *levitates* (lienteries), *difficultates intestinorum* (dysenteries), *coxae dolores* (coxalgies), *anginae* (angines), *asthmata* (asthmes)), *ilei* (ileus), *morbi comitiales* (épilepsies), *furores* (affections maniaques) et *melancholiae* (affections mélancoliques) dues à un excès de bile noire.

Pour les soigner, Porta donne une liste de plantes qui poussent à l'automne et sont particulièrement efficace comme purgatif. En tête, il mentionne :

l'hellébore (***helleborus niger****) qui, selon Théophraste (*H P*, IX, 10, 2) est à point en automne, mais ne l'est pas au printemps. Porta ajoute que, selon Dioscoride (*M M* IV, 162, s v *helleboros melas*), il chasse par le bas la bile noire et la bile jaune et qu'il est bon pour traiter les fièvres périodiques et diurnes ; la cuscute (***epithymum*** *) est bonne, prise avec du miel, pour chasser la bile noire, soigner les maladies du cerveau, la mélancolie, l'épilepsie, et les affections de la rate ; la mandragore (***mandragora****) dont le suc, extrait en été et pris à raison de deux oboles dans du vin, fait vomir la bile noire, comme l'hellébore ; l'origan (***origanum****) qui, pris en boisson dans de l'eau, a les mêmes propriétés que la mandragore, tout comme la menthe pouliot (***pulegium****), le genêt (***sparthium****), le basilic (***ocymum****) et la mélisse (***melissophylon****).

Porta complète son inventaire en citant quelques plantes réputées efficaces

- Pour ceux qui souffrent de la rate : l'ortie brûlante (***urtica****), la racine de cyclamen (***cyclamen****), le fruit du câprier (***capparis****), pris en boisson ; la garance (***rubia****), l'iris sauvage (***xyris****), le chèvrefeuille (***periclymenon****), l'orcanette (***anchusa****) en décoction, l'aristoloche (***aristolochia****), la bryone (***bryonia****).
- Pour l'épilepsie : le pavot (*papaver**).
- Pour l'hydropisie : le suc de momordique (***cucumis sylvestris****), les bulbes (***bulbi****) qui viennent en été ; les graines de ricin (***ricinus****) et celles de scille officinale (***scilla****), en onction avec du miel.

Plantes d'hiver (Livre VI, Chap. 29)

Porta mentionne une liste de maladies survenant à cette saison selon Hippocrate : *pulmonis inflammationes* (pleurésies), *lethargi* (léthargies), *grandines* (coryzas ou plutôt chalazions),, *raucitates* (enrouements), *tusses* (toux), *dolores pectoris* (douleurs de la poitrine) *dolores laterum* (douleurs du côté), *dolores capitis* (céphalées), *vertigines* (vertiges) et *apoplexiae* (apoplexies).

Porta ajoute qu'en cette saison, la pituite est en abondance, et qu'il faut l'évacuer en utilisant tout particulièrement les plantes suivantes dont la plupart sont vertes en hiver : l'iris (*iris**) dont la racine est creuse en hiver, le cyclamen (***cyclamen****) qui est dans toute sa force en hiver et donne des fleurs à cette saison ; l'aloès (***aloes****), le daphné-laurier ou laurier des bois (***daphnoides****); le garou (***thymelea****) et le daphné olivier nain (***chamelea****).

- Pour l'épilepsie et les vertiges : la bryone (***bryonia****).
- Pour la toux : l'*iris* (***iris****), les baies de genévrier (***juniperus*** * et ***cedrus****), en boisson,
- Pour les affections pulmonaires et les toux persistantes : les figues sèches (*ficus**); les petites racines de tussilage (***tussilago****), l'asphodèle (***asphodèlus****), l'ail (***allium****) ainsi que la scille (***scilla****).

Après avoir dressé cette liste de plantes aux propriétés curatives, Porta remarque que les fruits qui viennent à maturité en hiver sont généralement de nature chaude, selon Théophraste et Cléodermus et qu'ils peuvent donc transmettre leur chaleur au corps humain. Il rappelle qu'ils ont une chair ligneuse dure ou sont protégés par une enveloppe ligneuse ou sont enfermés dans des gousses. Il fait observer qu'ils contiennent des sucs épais, que leurs fruits sont secs et pratiquement dépourvus de jus. Il constate par ailleurs que les végétaux sempervirents ont des fruits tardifs et parviennent difficilement à les élaborer à cause du froid, de la sécheresse, ou encore du peu de matière nourrissante provenant du sol. Il se contente d'en donner deux exemples, les poires sauvages (***pyrus sylvestris****) et les glands (***glans***), mais sans les accompagner du moindre commentaire. Il mentionne en revanche différentes plantes aux propriétés échauffantes qu'il est recommandé de consommer en hiver, car, selon lui, l'estomac qui est plus chaud en cette saison peut alors broyer des substances très dures, mais il ne précise pas quelles sont les maladies qu'elles ont précisément la propriété de soigner : le raifort (***raphanus****), le panais (***siser****), la rave sauvage et cultivée (***rapum silvestris*** *et* ***sativum****), le navet (***napus****), la carotte sauvage et cultivée (***pastinaca sativa*** et ***sylvestris*** *), les plantes à bulbes (***bulbi****).

Plantes qui fleurissent plusieurs fois et maladies cycliques (Livre VI, Chap. 30)

Porta constate qu'il existe plusieurs plantes qui fleurissent à différentes reprises au cours de l'année et il observe que ces floraisons interviennent chaque fois au moment même où se déclarent un certain nombre de maladies. Porta ne résiste pas à la tentation de faire le rapprochement entre ces deux phénomènes et il n'hésite pas à en déduire que de telles plantes manifestent ainsi qu'elles ont la propriété de soigner ces affections. Il prend pour exemple les plantes suivantes, en s'inspirant à plusieurs reprises de Théophraste, mais il n'indique pas systématiquement quelles sont les maladies qu'elles ont la propriété de soigner ; on peut supposer que ce sont celles dont l'apparition coïncide avec chacune de leurs floraisons : le basilic (***ocimum****) dont Théophraste (*H P*, VII, 3, 1) dit qu'il fleurit successivement partie par partie, de telle sorte qu'il reste longtemps fleuri, tout comme l'***heliotropium**** et la chicorée (***cichorium***) (*H P*, VII, 9,2); le souci (*caltha**) dont les fleurs jaunes apparaissent aux calendes des mois, si bien qu'on l'appelle *kalendula* et même parfois "la fleur de tous les mois" (*flos omnium mensium*), car elle fleurit aux calendes de tous les mois ; il précise que la fleur, prise en boisson dans du vin fait venir les règles ainsi que l'arrière-faix et qu'elle est bonne, utilisée sèche en fumigation, pour traiter de très nombreuses affections féminines ; le séneçon (***senecio****) fleurit longtemps ; tandis que la première fleur se fane, une autre lui succède et ainsi sans interruption pendant tout l'hiver et le printemps jusqu'à l'été, une particularité signalée par Théophraste (*H P*, VII, 10, 2); il rappelle qu'on l'appelle *flos cujusque mensis* car elle fait venir les règles ; la chicorée sauvage (*picris**) fleurit toute l'année et que sa décoction purge les femmes et expulse le fœtus mort ; le ***rosmarinum coronarius**** (12) fleurit toute l'année et surtout quand l'année est clémente. Porta ajoute que selon les écrivains arabes, il fait venir les règles ; la scille (***scilla****) a trois floraisons, mais Porta n'en précise pas les propriétés ; en revanche il mentionne une espèce de scille appelée ***pancratium****qui, prise en boisson dans du vin, fait venir les règles ; l'asphodèle (***asphodelon****) fleurit deux fois dans l'année et selon Nicandre** qui l'a mentionnée dans sa *Thériaque* (v. 534), sa racine, prise en boisson, faisait venir les règles ; la petite passerage (***iberis****) qui est toujours en fleurs est bonne pour les douleurs sciatiques chroniques.

Plantes à feuillages persistant et maladies inopinées (Livre VI, Chap. 31)

Porta paraît convaincu que certaines maladies peuvent être efficacement traitées par des plantes dont le feuillage est persistant. Elles présentent à ses yeux un grand intérêt, car, dit-il, on peut les trouver et bénéficier de leurs vertus, quelle que soit la saison. Nous en avons donné la liste plus haut (cf. chapitre 6, note 48), accompagnée des brèves indications données par Porta sur les différentes affections qu'elles sont susceptibles de guérir.

On constatera que la plupart des plantes citées peuvent être considérées comme de véritables panacées, tant sont importants et quelque peu surprenants le nombre et la variété des maladies susceptibles d'être guéries par elles. Porta semble avoir ici complètement perdu de vue sa théorie des signatures. On ne saurait en effet par l'observation de la seule permanence apparente de leur feuillage, reconnaître chez ces plantes une quelconque indication d'un aussi grand nombre de vertus curatives. En un certain sens, Porta met en évidence dans ce chapitre, sans doute sans en avoir pris conscience, l'illogisme de sa démonstration et l'absurdité de sa démarche.

Phytopathologie et maladies de l'homme

Porta n'ignore pas que les plantes, comme les hommes, souffrent de nombreuses maladies. Il s'est donc livré à un inventaire sommaire d'un certain nombre d'entre elles qui lui paraissaient comparables à celles qui se manifestent le plus souvent chez les hommes. Il s'est tout particulièrement intéressé aux plantes rongées par les vers, aux plantes parasites, aux plantes blessées ainsi qu'à certains arbres qui souffrent de maladies particulières.

Les plantes et les vers (Livre V, Chap. 8)

Porta constate que les plantes, comme le corps humain, sont sujettes à l'attaque de vers qui les rongent et les dévorent de l'intérieur, certains préférant le bois des arbres, d'autres les fruits (13). Mais il observe qu'il existe des plantes qui ne sont jamais agressées par les vers. Porta rappelle que, selon Théophraste, les espèces âcres et odorantes ainsi que celles qui sont pleines d'une sève laiteuse sont les moins sensibles à la vermoulure. Il prend comme exemple le laurier (***laurus****) et le caprifiguier (***caprificus****) qui est moins vermoulu que le figuier à cause de son suc particulièrement caustique. Il cite également la scille (***scilla****) qui par son odeur et sa chaleur fait fuir la vermine, tout comme le lupin (***lupinus****) et le pois-chiche (*cicer**) à cause de leur amertume et de leur causticité.

Il déduit de ses observations que les végétaux qui résistent ainsi aux vers ou les repoussent doivent être efficaces comme médicaments vermifuges. Il rappelle à l'appui de sa réflexion qu'Avicenne recommande contre les vers : les graines de laurier (***laurus***), l'écorce de la grenade (***punicum***), et, parmi les légumes le lupin (***lupinus***) et le pois-chiche (***cicer***). Mais il ajoute à ces derniers une longue liste, sans aucun commentaire, composée en grande majorité de plantes alimentaires ou de condiments : le cumin (***cuminum****), la moutarde (***sinapis****), la menthe (***mentha****), le fenouil (***foeniculum****), l'ache (***apium*** *), les graines des choux (***caulis****), le cresson alénois (***nasturtium****), l'armoise (***abrotonum****), l'absinthe (***absinthium****), la rave (***rapum****), le raifort (***raphanus****), la roquette (***eruca****), le poireau (***porrum****), l'origan (***origanum****), la sarriette (***satureia****), et la coriandre (***coriannum****).

Porta remarque en outre que les graines qui sont les dernières à durcir et qui ont une saveur âcre sont les meilleures pour éloigner les vers et les moucherons ; il signale, au passage que certaines plantes comme la *menthe* (***mentha****) qui ne sont pas attaquées par les vers sont également bonnes pour faire fuir les serpents et soigner leurs morsures. Il observe par ailleurs que, selon Théophraste, l'olivier (***olea****), l'oléastre (***oleaster****) et le genévrier (***juniperus****) sont imputrescibles par nature et il en déduit que c'est à cause de cette propriété particulière que l'huile d'olive tue les vers. Porta fait référence à Avicenne pour préciser qu'il faut surtout utiliser l'huile d'olive que l'on obtient avec des olives qui ne sont pas encore mûres (***omphacium***), car c'est grâce à leur amertume que cette huile est efficace pour se débarrasser des vers. Il juge que, pour cette même raison, le genévrier (***cedrus****) qui n'a ni vers, ni pourriture, est bon pour purger le corps de ses corruptions, supprimer, en instillation, les vers dans les oreilles et détruire les lentes, les poux ainsi que les vers intestinaux. Porta note également que le suc du citron (ou du cédrat) (***citrium****) qui n'est pas attaqué par les vers, détruit les serpents ainsi que les vers intestinaux, et, placé parmi les vêtements, les conserve intacts ; il ajoute que le suc des feuilles de cyprès (***cupressus****) est une protection efficace contre les vers.

Plantes parasites (Livre IV, chap. 27 ; Livre V, Chap. 11 ; Livre VI, Chap. 22)

Porta remarque à plusieurs reprises que certaines plantes se plaisent à se fixer sur d'autres végétaux, en tirent leur nourriture et provoquent ainsi la mort de leur hôte par dépérissement. Il juge qu'en aspirant leur suc, elles les affaiblissent, et qu'en les étranglant, elles les tuent. Ce sont, entre autres, la cassythe (***cadytes****), le gui (***viscus****), le polypode des chênes (***dryopteris****), ***filicula****, différents champignons (***fungi****), le cytinet, parasite des cistes (***hypocystis****), et de rappeler un passage de Pline (*H N*, XVI, 244) où celui-ci mentionne différentes plantes "qui ne peuvent venir dans la terre et naissent dans les arbres. Sans domicile fixe, ils vivent sur celui des autres comme le gui et l'herbe de Syrie appelée ***cassytas,*** qui s'enroule non seulement autour des arbres, mais même autour des épines ; de même, aux environs de Tempé de Thessalie, les plantes nommées ***polypodion***, et dolique (***dolichos****), et le serpolet (***serpyllum****). Ce qui pousse sur l'oléastre, après sa taille, s'appelle ***phaulos****. Ce qui croît sur le chardon à foulon se nomme ***hippophaeston.***"

Il en déduit que ces plantes parasites seront efficaces pour extraire du corps humain les humeurs néfastes qu'il contient ou bien pour détruire les parasites qu'il abrite.

A titre d'exemple, il cite le gui (***viscum****) qui se plait sur un grand nombre d'arbres, notamment sur le chêne pédonculé, le rouvre, l'yeuse, le poirier sauvage, le térébinthe, l'amandier, le châtaignier, le sorbier auquel on prête la propriété de ramollir les petites tumeurs (*tubercula*), les vieux ulcères ainsi que les abcès anciens et de faire disparaître les abcès parvenus à maturité ; Porta ajoute qu'il consume la rate et qu'on l'utilise avec de l'orpiment pour enlever les ongles ; le lierre (***hedera****) dont le suc, extrait du tronc, est bon pour traiter les oreilles purulentes, ses feuilles, en décoction, pour traiter les ulcères, ses pédoncules, placés sur la matrice, pour expulser le fœtus et ses larmes comme dépilatoire ; la cassythe (***cassutha****) qui diminue la rate et est bonne pour évacuer les humeurs bileuses ; la cuscute (***epithymum****) qui vit sur le thym, puise ses propriétés sur celui-ci et ces dernières sont même plus pénétrantes que le thym lui-même, si bien que Galien juge que l'*epithymum* est plus efficace que le thym pour expulser la bile noire.

Porta disserte longuement sur ces plantes parasites, en s'inspirant largement de Pline (*H N*, XVI, 243- 246) et en développant l'idée qu'elles tiennent leurs propriétés de la plante qu'elles parasitent. Il juge même que celles qui tirent leur nourriture des humeurs provenant des branches les plus hautes où l'air est le plus pur, bénéficient ainsi de sucs plus riches et plus élaborés que ceux de leur hôte. Porta complète son propos en citant d'autres plantes parasites : le polypode ou réglisse des bois (***polypodium****) qu'il vit sur les branches des arbres les plus vieux, en particulier sur celles des chênes et il rappelle que Mésué** préférait celui qui pousse sur les arbres à celui qui vient sur des sols pierreux, car ce dernier est néfaste pour l'estomac ; les mousses (***muscus***) qui se développent sur différents arbres. Porta signale que, selon Dioscoride (*M M*, I, 21 s v *bruon*) elles se plaisent tout particulièrement sur le genévrier, le peuplier et le chêne et selon Galien sur le pin et le mélèze. Pour sa part, il estime que les meilleures sont celles que l'on trouve sur les genévriers, les moins efficaces sur les peupliers parce que le genévrier possède plus de propriétés que le peuplier ; il ajoute qu'en Italie, celles du mélèze sont meilleures que celles du peuplier qui a de faibles propriétés astringentes. En effet, selon lui, les mousses qui poussent sur des arbres aux propriétés astringentes possèdent elles aussi des propriétés astringentes. Il ajoute que celle qui vient sur le genévrier a des propriétés émollientes et relâche le ventre ; le lichen (*lichen**) qui pousse sur les pierres et qu'on appelle aussi "mousse des pierres". Il rapporte que, selon Galien, il a la propriété de dessécher et de resserrer ; le cytinet (***hippocistus****), qui prend ses propriétés sur le ciste, est plus astringent et plus desséchant que celui-ci, mais Porta ne donne pas d'autre précision : le polypode (***agaricum****) qui pousse sur les branches des arbres, en particulier sur celles du mélèze et du genévrier a les propriétés de ces derniers et Porta rappelle que Galien considérait qu'il était composé de substances aériennes.

Plantes blessées (Livre V, Chap. 12)

Porta constate que de nombreuses plantes qui souffrent de blessures ou dont les branches ont été cassées parviennent à cicatriser leurs plaies par elles-mêmes. Il admet que si certaines espèces ne survivent pas aux dommages qu'elles ont subis et en meurent, d'autres en réchappent et il en est même quelques-unes qui en ressortent plus vigoureuses. Il en déduit qu'elles sont bonnes pour refermer les blessures et résoudre les fractures et il signale que de telles propriétés sont mises à profit par les chirurgiens qui les utilisent volontiers. Après avoir rappelé les passages que Théophraste avait consacrés à la sève des végétaux et tout particulièrement aux résineux (*H P*, IX, 1 à 7), Porta se limite à citer le pin (***pinus****) et l'épicea (***picea****),sans commentaire ; le térébinthe (***terebinthina****) dont la résine est bonne pour soigner les ulcères, cicatriser les plaies et résoudre les fractures et dont l'huile de l'espèce sauvage ferme les blessures ; l'orme (***ulmus****) qui soude non seulement les plaies, mais aussi les os brisés ; le platane (***platanus****) dont la cendre, selon Avicenne, a les mêmes propriétés que l'orme ; la vigne (***vitis****), l'inflorescence de la vigne sauvage (***oenanthe****) et le vin, en application, sont bons pour soigner les blessures qui saignent ; le figuier (*ficus**) dont la cendre est utilisée pour faire la lessive, et, en emplâtre, pour cicatriser, nettoyer et ressouder les chairs ; la grenade (***punicum****) cicatrise les plaies ouvertes qui saignent ; le bourgeon du grenadier (***cytinus****) qui a les mêmes propriétés cicatrisantes que la grenade ; le pommier (*malus**) dont les feuilles, l'écorce et le suc que l'on en extrait ont, selon Avicenne, des propriétés cicatrisantes ; le poirier (***pyrus****) a des propriétés identiques à celles du pommier ; la myrrhe (***myrrha****) qui est obtenue par incision depuis la racine jusqu'aux branches convient, selon Pline, pour cicatriser les plaies à la tête et traiter les os mis à nu ; le baumier (***balsamum****) dont on incise les branches avec du verre ou un couteau d'os, mais pas au-delà de l'écorce, d'où s'écoule des larmes d'une exquise suavité qu'on appelle ***opobalsamum*** et que l'on utilise pour soigner les blessures à la tête.

Plantes qui se transforment et évolution des maladies (Livre V, Chap. 15)

Porta semble avoir été intrigué par les mutations qui paraissent se produire chez différentes espèces végétales. Il en donne un certain nombre d'exemples qu'il n'a évidemment pas observés lui-même, mais dont il a eu connaissance à la lecture de ses auteurs anciens de référence, en particulier Théophraste (*H P*, II, 2, 9), mais aussi des agronomes romains, notamment Varron, qu'il cite d'ailleurs à l'occasion. Il mentionne la transformation du peuplier blanc (***populus alba****) en peuplier noir (***populus nigra****), celle du blé (***triticum****) et de l'orge (***hordeum****) non cultivés en blé cultivé (***triticum domesticum***), en avoine (***avena****), en roseau (***typha****) ou en épeautre (***zea****), et vice versa, la transformation de l' épeautre et du roseau en blé, de l'orge en avoine, de l' épeautre en avoine, du seigle (***siligo****) en épeautre et plus rarement en orge, du basilic (***ocimum***) en serpolet (***serpillum***) et en menthe sauvage (***sisymbrium***), de la menthe cultivée (***mentha****) en calament (***calamintha****) ou encore de la marjolaine sauvage (***sampsuchus****) en origan (***origanum****).

Porta ne peut manquer de comparer ces transformations végétales à l'évolution de certaines affections qui touchent les hommes, à en croire certaines croyances médicales plus ou moins fondées qui étaient répandues à son époque. Il note ainsi que les fièvres changent de nature, passant d'une espèce à une autre et inversement, que la "gale" (*scabies*) évolue en "lèpre" (*lepra*) et celle-ci en "cancer", le "vertige" (*vertigo*) en épilepsie (*epilepsia*), la syphilis (*morbus gallicus*) et la goutte (*podagra*) en affections articulaires (*morbi articulares*), les flux cœliaques *(*cœliaca*) en "lienterie" (*lienteria*) et en diarrhée (*diarrhoea*), les inflammations (*inflammationnes*) en "scirrhes" (*scirrhi*).

Porta déduit de ces observations que les plantes qui se transforment peuvent être utiles pour soigner les maladies qui sont susceptibles de changer de nature au cours de leur évolution. Il prend comme exemple le blé (***triticum****) qui réduit les grosseurs et les furoncles et Porta rappelle que le pain frais guérit les vieux abcès et que la farine fait disparaître toutes les inflammations, ainsi que, avec du vin soufré, les vieux ulcères, la gangrène, le "lichen" et les "lèpres"; l'orge (***hordeum****) dont la farine, mélangée à de la poix, est bonne pour soigner les enflures, les inflammations des articulations et les podagres, le lin (***linum****) qui empêche les ulcères de se répandre, guérit la gangrène et les duretés des articulations, les flux de ventre, élimine les vieux ulcères, la "lèpre" et les "lichens"; le basilic (***ocimum****) qui est bon pour soigner les inflammations des poumons ; Porta rappelle qu'on lui prêtait bien d'autres propriétés, selon Pline (*H N*, XX, 119) dont il a recopié ce passage : " Certains ajoutent que, pilé et recouvert d'une pierre, il engendre un scorpion et des vers s'il est mâché et exposé au soleil. Les Africains prétendent qu'une personne piquée par un scorpion le jour où elle a mangé du basilic ne peut être sauvée. Certains rapportent même qu'une poignée de basilic pilée avec dix crabes ou dix écrevisses attire tous les scorpions des alentours. Chrysipe a aussi blâmé le basilic : mauvais pour l'estomac, l'urine et également pour la clarté de la vue, il cause en outre la démence, la léthargie et des troubles du foie"; le peuplier noir (***populus nigra****) dont les feuilles bouillies dans du vinaigre, sont utilisées, en applications, pour calmer les douleurs de la goutte et les graines dans du vinaigre pour traiter l'épilepsie ; le serpolet (***serpilum****) qui est également bon pour soigner les piqures de scorpions et dont les feuilles et les branches, en décoction dans du vin, sont efficaces pour les maux de tête, la frénésie, la léthargie, les coliques, la dysurie, l'angine et les affections du foie.

Arbres ayant des maladies particulières (Livre V, Chap. 9)

Porta a remarqué que certains végétaux souffraient de maladies spécifiques alors que d'autres semblaient en être épargnés ou disposaient de moyens de défense particuliers qui leur permettaient de s'en protéger ou de les combattre (14). S'inspirant de ces considérations, Porta pense que les végétaux qui surmontent les maladies dont ils sont atteints sont porteurs de propriétés curatives susceptibles de soigner quelques affections particulières qui touchent les hommes, notamment des maladies de peau. Il explore ainsi une piste originale pour rechercher des signatures nouvelles.

Il prend curieusement comme premier exemple le pois-chiche (*cicer**) dont les racines se dessèchent, mais qui échappe au dépérissement car l'eau de pluie déposée dans ses fleurs les lave de leur sécrétion salée ; Porta rapproche cette particularité des vertus curatives prêtées aux pois-chiches réputés pour traiter la galle et toutes les maladies provoquées par l'humeur salée, selon Dioscoride (*MM*, II, 104 s v *erebinthos*).

Porta mentionne ensuite l'olivier (***olea****) qui est attaqué par "l'impétigo" et des lichens et donne, quand il est jeune, une "sueur" qui est bonne pour traiter les lichens, les pellicules (*furfures*) et la gale (*scabia*). Porta rappelle aussi que selon Caton (*De Agr*. 6, 2) la mousse rouge peut infester l'olivier et que des mousses se développent sur le cèdre, le peuplier blanc, le chêne, selon Dioscoride, le pin, le mélèze et le sapin, selon Galien, ainsi que sur le frêne et le genévrier, ajoute Porta. Il rappelle que leur écorce est bonne pour traiter différentes affections qui se manifestent par des altérations de la peau, telles que la "lèpre", les "lichens" et la "gale". Il précise son propos en donnant deux exemples : celui du genévrier (***juniperus****) qui est efficace, en application, pour soigner l'éléphantiasis et la gale des quadrupèdes, selon Dioscoride (*M M*, I, 77 s v *kendros*), et celui de l'eau qui stagne dans le creux des chênes (*quercus**) qui est bonne pour traiter toute gale ulcérée. Il mentionne également les écorces du pin et de l'épicéa sur lesquelles on trouve des mousses blanches qui conviennent pour soigner "impétigo" et "lichen", la résine du mélèze qui est bonne pour les dartres blanches (*alphos*), la cendre de genévrier et de frêne, en application, mélangée à de l'eau, pour la "lèpre". Porta note qu'il a lui-même observé très souvent des mousses, des "impétigos" et des lichens sur les arbres et les pierres, notamment sur les branches des poiriers, des figuiers, des oliviers, de la vigne et du genévrier. Il indique que le *lichen** enlevé sur les branches de ces arbres, en les raclant, utilisé en décoction et en application est un remède pour soigner les "impétigos".

Il donne aussi d'autres exemples qui lui paraissent significatifs dans un ordre quelque peu confus, car il revient à plusieurs reprises à quelques lignes d'intervalle sur les maladies et les propriétés thérapeutiques d'un même végétal. Il mentionne le *lichen** qui pousse dans les endroits humides réputé efficace pour traiter les "impetigos"; la pulmonaire ou lichen du chêne (***pulmonaria****) qui adhère aux arbres comme le lichen que l'on recommande pour les ulcères des "parties honteuses" et certaines gales (*scabrities*); le figuier (*ficus**) qui est atteint par un certain nombre de maladies signalées tant par Théophraste (*H P*, IV, 14, 5) que par Pline (*H N*, XVII, 225) dont Porta s'inspire pour rappeler que le figuier perd son feuillage quand il est arrosé de pluies trop abondantes qui imbibent ses racines d'eau, ce qui cause la chute de ses fruits ; il souffre aussi de "gale" (*scabia*) causée par un excès d'humeur qui apparait à la suite de pluies moins abondantes après les Pléiades (aux ides de mai) qui le pénètrent et y séjournent ; parmi ses nombreuses propriétés curatives recensées par Pline (*H N*, XXIII, 117 sq.), Porta n'a retenu ici que celles qui passent pour guérir différentes maladies de peau : les figues, avec du noir de cordonnier, sont bons pour les enflures des jambes et les ulcères malins (*cacoethicus*) et son suc, pris avec de la polenta est bon pour la "lepra", le "lichen" et les "*psoras vulgares* "; la vigne (***vitis****) souffre d'une maladie particulière des articulations causée soit par la violence des tempêtes qui endommage les bourgeons, soit par les blessures d'une culture malhabile ; elle peut aussi être atteinte par une maladie appelée *roratio* (la coulure de la vigne) provoquée par un excès d'humidité dû à la rosée qui la prive d'alimentation, ce qui provoque la chute des grains ou les empêche de parvenir à une taille normale à maturité ; Porta note que des raisins en application guérissent les infections des articulations ainsi que la goutte et il rappelle que le vin facilite la digestion, tout en étant très efficace comme fortifiant ; l'olivier (***olea****) qui est attaqué par le clou, une maladie appelée *fungum* ou *olla* due aux brûlures du soleil, est bon pour faire disparaître le charbon (*carbunculus*), les envies aux doigts (*reduvia*), les ulcères rongeants (*noma*) et les croûtes (*crustae)*; le polypode du mélèze (***agaricum****), qui se plait sur le mélèze, a la propriété de chasser les secrétions qui adhèrent à la moelle des os, aux nerfs et aux muscles ; certains champignons (*fungi**) que Porta considère comme des secrétions des souches d'arbres ou de la terre, ont selon Pline (*H N*, XXII, 98) quelques vertus curatives, notamment celle de faire disparaitre les excroissances charnues (*excrescentes in carne*). Il rappelle aussi que Théophraste a tout particulièrement cité celui qui vient sur le chêne. Il rappelle que dans les aisselles des branches on trouve aussi de petites boules sessiles (*pilulae*), sans pédicules parmi lesquelles Théophraste (*H P*, III, 5, 5) a tout particulièrement cité celle qui est appelée *cachrys* et vient sur le chêne dont on utilise en médecine les propriétés caustiques, selon Pline (*H N*, XVI, 30). Porta précise qu'elle a la propriété de brûler de nombreuses gales.

Brièveté et longévité de la vie (Livre V, Chapitre 1)

Porta pense que la comparaison de certaines maladies qui atteignent les plantes avec celles que contractent les hommes peut nous informer sur leurs propriétés thérapeutiques. Il rappelle que les arbres souffrent de plaies diverses, du froid, de brûlures, d'insolation et aussi qu'ils peuvent être attaqués par différents parasites. Autant d'atteintes plus ou moins graves à leur bonne santé qui sont comparables à celles qui agressent les hommes. Mais, remarque Porta, ils savent se soigner par eux-mêmes, sans le secours de personne et sans se déplacer. Il en déduit que la résistance des végétaux aux maladies peut être considérée comme une signature de la Nature qui a voulu nous indiquer ainsi un certain nombre de remèdes à utiliser pour traiter des maladies humaines comparables.

Porta ajoute que l'observation de la longévité de la vie des plantes ou au contraire leur éphémère existence doit également attirer notre attention. Elle peut en effet nous conduire à consommer certaines plantes ou au contraire à éviter d'en absorber d'autres.

Il rappelle au passage que la mort des plantes peut être naturelle ou provoquée, la cause pouvant en être externe ou interne. Parmi les causes extérieures qui peuvent être plus ou moins violentes, les moins agressives sont dues aux mauvaises qualités de l'air. Quant aux causes internes, les plus courantes sont essentiellement la *discrasie*, c'est-à-dire un déséquilibre des humeurs à l'intérieur du corps ou l'*inanitio* qui est due à un manque de nourriture ou qui est provoqué au contraire par un excès d'engrais. Mais il considère que la longévité des plantes est à l'évidence différente selon les espèces, comme chez les humains.

Les plantes résistantes aux maladies (Livre V, Chapitres 4 et 7)

Porta note que la courte vie de certaines plantes est un signe qui nous invite à nous abstenir d'en consommer, car leur absorption est dangereuse. Il indique que ce sont des plantes qui naissent dans des milieux putréfiés et qu'elles sont elles-mêmes putrides, toxiques et peuvent causer la mort. Il cite en tout premier certains champignons (15) qui naissent rapidement et provoquent la putréfaction, puis quelques fruits ou légumes qui se flétrissent en peu de temps, comme, par exemple, les différentes espèces de cucurbitacées (***cucurbitacae***), les melons (***pepones****), les mûres (***mora****), les cerises (***cerasa****) et d'autres du même genre qui génèrent des humeurs putrides chez ceux qui les consomment. Porta attire l'attention sur le danger que l'on court à manger certains champignons (***fungi****) qui provoquent l'étouffement ainsi que le *choler*a. Ceux qui viennent à l'occasion des pluies d'automne et dans les endroits humides, au goût aqueux, provoquent des humeurs grasses et atrabilaires et peuvent souvent causer chez ceux qui les consomment apoplexie et paralysie.

Parmi les différentes causes qui peuvent expliquer la brièveté de la vie de certaines plantes, Porta insiste tout particulièrement sur le rôle que jouent certaines maladies provoquées par des causes extérieures, telles que le coup de chaleur (*sideratio*), l'attaque des vers (*vermiculatio*) ou la pourriture des racines (*sphacelismus*), n'hésitant pas à comparer celle-ci à la gangrène qui ronge les hommes (16). Mais il constate que de nombreuses plantes qui souffrent de telles maladies savent s'en protéger et il en déduit qu'elles ont la propriété de soigner tout particulièrement les états gangréneux. Il cite le cas du pois-chiche (***cicer****) qui est sensible au *sphacelismus* est bon pour traiter les carcinomes et les ulcères, en particulier ceux que l'on appelle *cacoetha*, en onction avec du miel et de l'orge ; celui du figuier et de la vigne qui sont sensibles aux coups de soleil, selon Théophraste (*H P*, IV, 14, 2): 1091), de la sauge (***salvia****) appelée aussi ***elelisphakos*** qui pousse dans les collines arides et dont les feuilles sont rugueuses, ont un aspect desséché et flétri, comme brûlée par le soleil, est bonne pour soigner la gangrène et rendre leur chaleur et leur vigueur aux parties mortellement atteintes ; du figuier (*ficus**) dont les rameaux réduits en cendre servent à faire de la lessive qui est bonne, en application, pour traiter la gangrène ; du raisin (***uva****) écrasé et débarrassé de ses pépins, en onction avec de la rue (***ruta****) est bon pour soigner la gangrène ainsi que les pourritures qui se manifestent dans les articulations ; du grenadier dont Porta affirme qu'il a vu les racines atteintes par la chaleur devenir très frêles et rappelle que le suc tiré des pépins de grenade (***punica malus****) est bon pour les ulcères qui se produisent sur le sexe masculin et au fondement ainsi que pour les envies aux doigts (*reduviae*).

Les plantes de longue vie (Livre V, Chap. 1)

Porta est frappé par la longévité de certains arbres, signalée à maintes reprises par les Anciens qui en ont dressé différentes listes. Après avoir fait référence à Hippocrate (*Des humeurs*, 11) et à Démocrite ainsi qu'à Théophraste pour expliquer les causes de la longévité de certains végétaux (17), il en donne un inventaire, largement emprunté à Pline (*H N*, XVI, 212), qui comprend le cyprès (***cupressus****), le ***cedrus****, l'ébène (***hebenus****), le ***lotos****, le buis (***buxus****), l'if (***taxus****), le genévrier (***juniperus****), l'olivier (***olea*** * et ***oleaster****), accordant des développements plus importants au *cedrus**) au genévrier (*juniperus**), au cyprès (***cupressus****), à l'olivier (***olea****) et à la vigne (***vitis****). Selon lui, le recours à leurs propriétés par les hommes est de nature à leur assurer une vieillesse longue et sereine.

- Sur le ***cedrus****, il écrit, s'inspirant de Pline (*H N*, XVI, 213) qu'on l'a utilisé pour la construction du temple d'Artémis à Éphèse, une preuve célèbre de la qualité de son bois, car on mit cent vingt à l'achever, avec la contribution de l'Asie entière. On s'accorde à penser, note-t-il, que son toit est fait de *cedrus* et il ajoute que "mémorable aussi est le temple d'Apollon à Utique, où tiennent encore les poutres de *cedrus* de Numidie, telles qu'elles furent posées lors de la fondation de la ville, il y a 1178 ans." Porta complète son propos en s'inspirant toujours de Pline (*H N*, XIII, 53) en rappelant que "le bois de *cedrus* dure éternellement ; c'est pourquoi on en a fait fréquemment les statues des dieux Il y a dans un temple, à Rome, une statue d'Apollon Sosianus en bois de *cedrus* qui fut apporté de Séleucie. Il y a près de la cité de Tripoli de Syrie au sommet du Mont Liban des cèdres plantés en quinconce de la main de Salomon. Et on se souvient des livres de Numa, en bois de *cedrus* qui contenaient les écrits de Pythagore et qui, découverts 535 ans après leur rédaction n'avaient pas été attaqués par les vers. Porta rapporte encore que, selon Jamblique, Pythagore recommandait de sculpter les statues des dieux dans du bois de *cedrus*, de laurier, de cyprès, de chêne et de myrte. Porta note encore que, selon Dioscoride (*M M*, I, 77, s v *kedros*), la résine du *cedrus* a la propriété de conserver le corps des morts, si bien qu'on l'appelle "la vie des morts" (*vita mortuorum*)

- Sur le genévrier (***juniperus****), Porta se limite à noter qu'il a les mêmes propriétés que le *cedrus*, mais que sa moelle est plus dure que celle de ce dernier. Il mentionne toutefois ce passage de Pline (*H N*, XVI, 216): "[Est encore mémorable] en Espagne, à Sagonte, le temple de Diane venue de Zacynthe avec les fondateurs de la ville, deux cents ans avant la ruine de Troie, d'après Bochus, [auteur d'un ouvrage sur l'Espagne, par ailleurs inconnu] - il est au pied de la ville et Hannibal l'épargna par respect religieux - ses poutres de genévrier existent encore aujourd'hui. "
- Sur le cyprès (***cupressus****), Porta cite à nouveau le temple de Diane à Éphèse pour vanter la longévité de son bois, en recopiant ce passage de Pline (*H P*, XVI, 215 – 216) :" Les battants des portes sont de cyprès dont tout le bois, au bout de près de quatre cents ans, est comme neuf. Il faut noter que les battants, assemblés à la colle, ont attendu quatre ans avant d'être posés. Le cyprès fut choisi pour les faire, parce que c'est la seule espèce de bois entre toutes dont le poli demeure éternellement.... La statue de Véjovis en bois de cyprès, consacrée l'an 561 de Rome, n'existe-telle pas encore au Capitole ?" Porta rappelle encore que Thucydide avait écrit que les cercueils dans lesquels on plaça les cadavres des morts tombés au combat pendant la guerre étaient fabriqués en cyprès, car c'était le seul bois qui était jugé imputrescible. Il cite encore Platon (*Lois* 741 c) qui avait prescrit de déposer dans les temples les lois de la cité gravées sur du bois de cyprès, car il jugeait qu'elles dureraient plus longtemps que l'airain.
- Sur l'olivier (***olea****), et l'olivier sauvage (***oleaster****), Porta s'inspire ici encore de Pline (*H N*, XVI, 234): "On peut croire illimitée l'existence de certains arbres, si l'on juge aux profondeurs du monde et aux forêts inaccessibles. Mais pour nous en tenir à ceux dont les hommes gardent le souvenir, des oliviers plantés par la main du premier Africain dans son bien de Literne, durent encore." Porta cite aussi l'olivier qui existait encore (XVI, 239 - 241) à Argos, au temps de Pline, celui-là même auquel Argus attacha Io, changée en génisse ; il ajoute qu'on voit encore à Olympie, un olivier sauvage dont Hercule se couronna le premier, et qui est encore aujourd'hui l'objet d'une vénération religieuse et qu'à Athènes aussi, dit-on, vit encore l'olivier que fit naître Minerve, lors de la dispute (avec Neptune). L'olivier est donc des plus vivaces, puisque les auteurs comme Théophraste (*H P*, IV, 13,5) s'accordent pour lui donner deux cents ans d'existence (18). Porta ajoute que l'olivier pousse si lentement que, selon Hésiode celui qui plante un olivier n'en récoltera pas les fruits.
- Sur la vigne (***vitis****), Porta fait référence à Pline (*H N*, XIV, 9) dont il a recopié ici encore ce passage : "On voit à Populonium une statue de Jupiter, taillée dans un seul cep, que tant de siècles n'ont pas endommagée et à Marseille une panthère. A Métaponte, le temple de

Junon était soutenu par des colonnes en bois de vigne. Aujourd'hui encore, on monte au temple de Diane, à Éphèse, par un escalier fait d'un seul cep de vigne, de Chypre, dit-on, où elle atteint une taille extraordinaire. Aucun bois ne dure plus longtemps ; mais je serais porté à croire ces ouvrages faits en bois de vigne sauvage." Et aussi ce passage : "On hésite pour la statue de la déesse Diane à Éphèse : tous la croient d'ébène, mais Mutianus, trois fois consul, un des plus récents écrivains qui l'ait vue, rapporte qu'elle est en bois de vigne, que c'est toujours la même malgré sept restaurations du temple."

Porta note au passage que la Nature providentielle a donné deux liquides remarquables au genre humain : l'huile et le vin, ce qui lui offre l'occasion d'inclure ici un long développement sur les bienfaits du vin, notamment du vin miellé (*mulsum*) ainsi que ceux de l'huile d'olive. L'un et l'autre ont un effet bénéfique sur la santé, sans doute, suggère Porta, par l'action de ce que les Chimistes appellent la quinte essence (*quinta essentia*), c'est-à-dire le principe actif qu'ils contiennent.

Porta observe par ailleurs que les plantes "grasses", c'est-à-dire celles qui donnent de l'huile, de la poix ou de la résine, sont d'une plus grande longévité que les autres et il en déduit qu'il faut mettre à profit une telle particularité. Il rappelle que Théophraste avait dit que respirer l'odeur de vieux mélèze, de noyer, d'épicéa et de pin était bon contre la pourriture et les vers même les plus résistants d'entre eux qui ont vécu plusieurs années sous terre. Il se réfère également à Pline dont il a recopié ce passage (*H N*, XXIV, 28):"Il est reconnu que les forêts composées uniquement d'arbres qu'on incise pour la poix et la résine sont excellentes pour les phtisiques ou pour ceux qui ne se remettent pas d'une longue maladie ; que l'air de cette région est plus profitable qu'un voyage par mer en Égypte et que l'absorption de lait provenant des pâturages d'été dans les montagnes." Porta rappelle que les anciens médecins recommandaient la consommation de pignons de pin (***pinus****) aux vieillards : ils sont en effet nourrissants, une chaleur humide et graisse de telle sorte qu'ils ramollissent toutes les rugosités, augmentent l'humeur naturelle, dessèchent ce qui est superflu et chassent ce qui est corrompu. Il est recommandé aux vieillards, note-t-il, d'en consommer une drachme par jour après le repas, car ils fortifient le foie et l'estomac, une propriété partagée avec les pistaches.

Il s'étend plus longuement sur les vertus thérapeutiques du palmier (***palma****), du chêne vert ou yeuse (***ilex****), du chêne (***quercus****), du platane (***platanus****), de l'oranger (***aranciorum arbor****), de l'aloès (***aloes****) et de la scille (***scilla****):

– Sur le palmier (*palma**) Porta note qu'il est à l'abri de la mort et de la vieillesse, avant de citer Pline (*H N*, XVI, 240) qui avait rapporté : "On voit à Délos un palmier contemporain de la naissance du dieu Apollon." Il ajoute que cet arbre est le symbole de la gloire et de la victoire et que, d'ailleurs, les Grecs l'appelaient *empedophullon* et *aeiphullon*, parce qu'il se signale par le fait qu'il conserve continuellement des feuilles dans toute leur force, car il remplace celles qui tombent par une autre qui pousse sous elle. Il indique que les dattes appelées dactyles, sont des amies de la vieillesse qu'elles prolongent. Il considère en s'appuyant sur Pline (*H N,* XIII, 44): que "leur supériorité tient au suc gras qu'elles secrètent et qui unit une sorte de saveur vineuse à celle d'un miel très doux."

– Sur le chêne vert (***ilex****), Porta se contente de recopier Pline (*H N*, XVI, 237): "IL y a sur le Vatican, une yeuse plus vieille que Rome, portant une inscription sur bronze en étrusque, où l'on voit que l'arbre était alors déjà l'objet d'un culte religieux. Les Tiburtins aussi ont une origine bien plus reculée que Rome. On trouve chez eux trois yeuses plus anciennes encore que Tiburnus, le fondateur de la ville, qui fut, dit on, consacré près d'elles. La tradition en fait le fils d'Amphiaraos, qui mourut devant Thèbes une génération avant la guerre de Troie."

– Sur le chêne (***quercus****), Porta s'est inspiré de Pline (*H N*, XVI, 238 - 239) dont il a recopié ce premier passage : " On voit aujourd'hui, en face de la ville d'Ilion, auprès de l'Hellespont, sur le tombeau de Protésilas, des arbres qui depuis, à chaque génération, après avoir assez grandi pour voir Ilion, se dessèchent, puis se remettent à croître. Près de la ville, sur le tombeau d'Ilius, sont des chênes plantés, dit-on, quand elle prit le nom d'Ilion...Dans le Pont, près d'Héraclée, sont les autels de Jupiter, surnommé Statios, avec deux chênes plantés par Hercule. " Porta cite à la suite cet autre passage de Pline (*H N*, XVI, 6): "Dans les mêmes régions septentrionales, l'énormité des chênes de la forêt hercynienne, respectés par le temps et contemporains de l'origine du monde, dépasse toute merveille, par leur condition presque immortelle...C'est un fait que les racines, se rencontrant et se repoussant, soulèvent de <véritables> collines ou bien, si la terre ne suit pas, s'arc-boutent comme des lutteurs pour former des arcs jusqu'à la hauteur des branches mêmes, ainsi que des portes béantes où peuvent passer des escadrons de cavalerie."
Porta rappelle par ailleurs que les glands ont été les premiers aliments des hommes et que, selon Plutarque, les Arcadiens ont même été surnommés les "mangeurs de glands" (*balanophagi*) et que Pline a écrit (*H N*, XVI, 15) que "Les glands continuent encore maintenant, les ressources de nombreuses nations, même en temps de paix." Ils se conservent longtemps sans se corrompre. Porta ajoute que les arbres porteurs de glands vivent très longtemps mais que ceux qui poussent à la campagne davantage que ceux qui sont plantés dans les villes. D'ailleurs, rapporte Porta, Théophraste (*H P*, IV, 13, 1 -2) avait remarqué que tous les arbres sauvages vivent plus longtemps que les arbres cultivés.

– Sur le platane (***platanus****), Porta recopie encore ici les indications de Pline (*H N*, XVI, 238 - 240): "Certains auteurs assurent que le platane de Delphes fut planté de la main d'Agamemnon, ainsi qu'un autre dans un bois sacré de Caphya d'Arcadie....Dans la région d'Aulocrené qu'on traverse pour aller à Apamée, en Phrygie, on montre le platane auquel fut pendu Marsyas, après sa défaite par Apollon, et qui fut choisi alors pour sa grosseur."

- Sur l'oranger (***aranciorum arbor****). Porta note sobrement que c'est un arbre qui vit longtemps, au moins deux cents ans et qu'il a la propriété d'éliminer toutes les "pourritures" du corps.
- Sur l'aloès (***aloes****), Porta note qu'il est constamment vert, ne se flétrit jamais et que, selon Mésué**, il est bon, additionné de myrrhe, contre toute putréfaction aussi bien des corps des vivants que ceux des morts.
- Sur la scille (***scilla****). Porta note qu'elle est toujours verte, qu'elle vit longtemps hors de la terre et que dans la maison, elle écarte les maléfices. Elle rend immortelles les plantes sur lesquelles on la dépose et elle les débarrasse de toute pourriture ; elle a ce même effet sur les hommes.

Porta remarque encore que certaines céréales comme le blé (***triticum****) et le millet (***milium****) peuvent se conserver longtemps, qu'elles ont été les premières nourritures des hommes et que par conséquent, elles sont bonnes pour conserver la santé et garantir ainsi une longue existence à ceux qui les consomment. Pour étayer sa recommandation, Porta rappelle que Glaucos aurait acquis l'immortalité en consommant du blé selon le poète Eschyle - cité par Athénée dans ses *Deipnosophistes,* (V, 295) - et que les Grecs donnaient le nom de *coronopoda* à une espèce de céréale, parce que ses grains avaient la forme d'une patte de corneille, un oiseau réputé pour vivre vieux.

Enfin, après avoir rappelé tout l'intérêt que présentait le sucre extrait d'un roseau (*arundo**) (19), Porta en vante l'imputrescibilité et signale son usage pour soigner les plaies qui sont gagnées par la pourriture. Il aurait aussi, selon lui, la propriété de prolonger la vie, car il empêche la formation d'abcès et la putréfaction des aliments dans les intestins.

Il accorde en outre une large place aux différentes espèces de miel et aux plantes préférées des abeilles, car celles-ci ont, selon lui, la propriété d'être efficaces contre la putréfaction et, par conséquent, de prolonger la vie. Il en donne une liste qu'il a sans doute consultés dans les œuvres de différents auteurs latins comme Varron (*R R*, 3, 16, 13) ou Pline (*H N*, XXI, 70). Mais c'est à Columelle (*R R*, IX, 4, 1, 7) qu'il fait explicitement référence. Elle comprend les plantes suivantes : *thymus*, thymbra*, serpillum*, origanum*, marinus ros*, satureia*, melissophylum*, erica*, arbutus*, pinus*, ilex*, hedera*, glandiferis*, terébinthe*, lentisque*, cedrus*, amellus*, cassia**. Il indique les pays où l'on trouve les miels qui lui paraissent les meilleurs, tels ceux qui proviennent de Sicile, des Monts Hymette et Hybla et surtout de l'île Calydna et il ne manque pas de rappeler tout le soin qu'il faut apporter à choisir les implantations des ruches qui sont les plus favorables à la production de miel de qualité. Pour justifier la pertinence de ses affirmations sur les propriétés antiseptiques attribuées au miel, et à son pouvoir de prolonger la vie, il donne quelques exemples particulièrement célèbres rapportés par les Anciens. Il évoque ainsi le mythe de la nymphe Melissa et la nature divine du miel, tout en rappelant que la mélisse passe pour être la fleur préférée des abeilles, selon Pline (*H N*, XXI, 149). Il évoque aussi le cadavre de Papinius d'Alexandrie qui fut enduit de miel pour évier qu'il se putréfie et le cas de Pythagore qui ne se nourrissait que de miel, de gâteau de miel et de pain pour conserver sa santé. Démocrite, ajoute-t-il, disait que l'on pouvait prolonger la vie par l'odeur du miel et du vin.

Porta rappelle aussi que les abeilles vivent très longtemps, et il rapporte que celles qui meurent en hiver, sous les toits, et sont desséchées au soleil du printemps, pourraient revenir à la vie si on les réchauffait toute une journée par de la cendre de figuier. Porta consacre alors un long développement à la propriété des odeurs sur la santé, et tout particulièrement à celle du miel, notant que sa seule odeur est nourrissante et fortifie l'esprit et le cerveau. Les abeilles, note-t-il, se plaisent dans des endroits fertiles, où l'air est pur, parfumé, non pollué, où poussent de préférence les arbres fruitiers et les fleurs. Il fait remarquer que les hommes qui vivent le plus longtemps habitent des régions particulièrement salubres, où l'air est sain, où les rayons du soleil, les vents et le froid sont modérés. D'ailleurs, remarque Porta, Platon a écrit que les hommes les plus vieux vivent dans les régions d'altitude. Il ne manque pas de vanter les avantages qu'il y a à préférer les animaux, les plantes (*i e* les fruits et les légumes), les céréales et les huiles qui proviennent de ces régions élevées, à l'abri des vents, exposées au soleil, sans eaux stagnantes, où les cultures ne sont pas traitées avec du fumier, mais avec des engrais naturels...car tout ce qui naît dans ces régions reste longtemps inaltéré ! Et il invite à séjourner et à se promener parmi les platanes, les pins, les cyprès, les myrtes, les plantations d'agrumes (citronniers ou cédratiers), et parmi les plantes vivaces et odorantes, telles que ***rosmarinum**** , ***saturea****, ***serpillum****, ***salv**ia**. Il ajoute qu'en les manipulant avec les mains et en les utilisant en friction, elles chassent, grâce à leur odeur, toute pourriture du cœur, du cerveau, du sang, des humeurs, de l'air inhalé et elles prolongent ainsi la vie !

*

*   *

L'inventaire des plantes porteuses de signatures morphologiques et biologiques que nous propose Porta n'est rien moins qu'impressionnant. Comprenant plusieurs centaines de plantes, il ne se présente malheureusement pas comme une synthèse d'observations recueillies lors de nombreuses et patientes herborisations mais il apparaît sans aucun doute possible comme le résultat d'une lecture attentive d'un grand nombre d'ouvrages et d'un laborieux travail de classification des données récoltées. Aussi, sans aucune mise à distance des affirmations qu'il a reproduites et à vouloir trop prouver le bien-fondé de la théorie des signatures appliquées au règne végétal par l'accumulation du plus grand nombre possible d'exemples, mais sans aucun discernement, et sans s'être donné la peine de vérifier leur pertinence, Porta n'a fait que mieux prêter le flanc aux critiques qu'une telle théorie ne pouvait manquer de soulever.

NOTES DU CHAPITRE 7

1. Porta rappelle que, selon Pline (*H.N.* XV, 130) le laurier stérile est l'espèce de laurier appelé "laurier triomphal" (*laurus triomphalis*), "celui dont usent les triomphateurs". Il précise que selon certains il s'agit de l'espèce mâle, mais que, selon d'autres, ce laurier stérile serait celui qu'on appelle *spadonia* ("eunuque"), qui supporte merveilleusement l'obscurité. Il ajoute que selon Dioscoride, on avertit les femmes enceintes de se méfier de ses racines car elles tuent le fœtus. Dioscoride (*M M*, I, 78 s v *daphnê*) note plus précisément que l'écorce de la racine tue le fœtus. J.André (1985) identifie ce laurier "eunuque" à une pervenche (*Vinca major* L. et *Vinca minor* L.).

2. La menthe (*mentha*) semble ne pas avoir de semence, alors qu'elle donne des fleurs, car, écrit Porta, une fois desséchée et broyée, aucune graine n'apparaît. Il s'appuie sur un passage de Théophraste (*H P*, VII, 7, 1) pour l'affirmer : "Toutes les plantes du second groupe (*i e* les plantes coronaires odorantes) fleurissent et produisent des graines, mais on a l'impression qu'il n'en est pas ainsi de toutes parce qu'il y en a dont le fruit ne se voit pas. De fait sur quelques unes, la fleur même est indistincte, ailleurs, elle se développe lentement et assez difficilement, et on a de préférence recours à la plantation (plutôt qu'au semis). Pourtant certains soutiennent que c'est parce que ces plantes n'ont pas de fruit ; eux-mêmes, disent-ils, les ont maintes fois séchées, triturées, semées, et n'ont jamais encore vu germer le serpolet, l'ivette musquée, le calament ni la menthe, sur laquelle également l'expérience a été faite. Malgré tout, la première opinion est plus juste (celle des gens qui croient que les graines existent, mais ne se voient pas):des gens qui se font fort de leur expérience figurent aussi parmi ses partisans et la nature des plantes sauvages témoigne en sa faveur." (trad. S.Amigues). Porta cite ici Aristote qui a noté dans ses Problèmes (section XX, 2) que la menthe détruit la semence ; il ajoute qu'elle empêche le lait de cailler, ce que Dioscoride (*M M*, III, 34 s v *hêduosmon*) et Pline (*H N*, X X, 147) avaient noté. Après avoir rappelé le mythe de la nymphe Mintha (Menthê), qui fut aimée par Pluton mais transformée en une mauvaise herbe appelée mentha à la demande de Perséphone l'épouse jalouse de Pluton. Porta note encore que, selon Strabon, si l'on enduisait la vulve avec cette plante avant le coït, elle avait un effet contraceptif, une propriété que Dioscoride avait également signalée.

3. On trouvera dans l'article que N. Lémery (*op. cit.* p.441) a consacré à la *lingua cervina* appelée également *phyllitis* une description des caractéristiques de ses feuilles et de l'emplacement de ses graines, plus précises que celles mentionnées par Porta : "Le dos des feuilles est garni de plusieurs lignes ou sillons parallèles, membraneux, rougeâtres, rangés d'un côté et d'un de l'autre, ils renferment un amas de plusieurs coques, entâssées les unes sur les autres ; chaque coque est presque ovale, entourée dans sa moitié d'un cordon, par la contraction duquel se déchirent et répandent quelques semences."

4. Porta considère que cette plante présente les mêmes caractéristiques que la précédente. N. Lémery (*op. cit.* p. 197) donne une description de ses feuilles qui fait ressortir la petitesse de ses graines : "Le dos [des feuilles] est rougeâtre ou jaune, velu & couvert d'une poudre écailleuse, entre laquelle M de Tournefort a remarqué par le moyen d'un microscope, des petits fruits ou boules membraneuses entassés les uns sur les autres, & garnies chacune d'un cordon à grains de chapelet, qui par sa contraction fait ouvrir ce fruit en deux parties comme une boëte à savonette, & répand quelques semences fort menues."

5. N. Lémery (*op. cit.* p. 313) cite ici Tournefort :"Cette plante, dit-il, en parlant de la fougère mâle, porte ses fruits sur le dos des feuilles où ils sont le plus souvent rangés à double rang le long de leurs découpures : ils ont la figure d'un fer à cheval appliqué immédiatement sur ces feuilles & comme rivé par derrière : chaque fruit est couvert d'une peau relevée en bossette, & qui paroit comme écailleuse : cette peau se flétrit ensuite, se ride & se réduit en petit volume au milieu du fruit ; elle laisse voir alors un tas de coques ou vessies presque ovales, entourées d'un cordon à grains de chapelet, par le raccourcissement duquel chaque coque s'ouvre en travers comme par une espèce de ressort, & jette beaucoup de semences menuës."

6. Porta note que l'*adiantum* porte des graines admirablement cachées à la vue sur les enroulements des extrémités de ses feuilles, mais il relate qu'il les a lui-même observées après avoir cueillis certains pieds de la plante dans les thermes d'Antonin et les endroits humides dans ruines de Rome. N. Lémery (op. cit. p.13) en donne la description suivante :" cette plante ne porte point de fleurs : son fruit, selon les observations de M de Tournefort, naît sur les plis des extrémités de ses feuilles, qui après s'être allongées, se replient sur elles-mêmes, & couvrent plusieurs capsules sphériques, qui sont collées contre ces mêmes plis, & et qui ne peuvent être découvertes que par le microscope ; ces capsules sont garnies d'un cordon à ressort qui, par contraction, les fait ouvrir ; elles contiennent quelques semences presque rondes."

7. Les avis sur ses propriétés divergent d'un auteur à l'autre. Dioscoride (*M M*, II, 155 s v *kardamon*) dit qu'il est aphrodisiaque. Mais Pline indique au contraire qu'il est anaphrodisiaque (*H N*, XX, 127) de même que d'autres auteurs comme Marcellus (*De Medicamentis*, XXXIII, 50).

8. Le principe de base est ainsi énoncé par l'auteur hippocratique des Aphorismes (III, 19): "Toutes les maladies naissent dans toutes les saisons ; mais certaines, en certaines saisons, naissent et s'exaspèrent de préférence." (Trad. E. Littré, Œuvres complètes d'Hippocrate, Tome 4). Cette idée est également évoquée et plus ou moins développée dans d'autres œuvres du *Corpus hippocraticum*, en particulier dans les traités *Airs, Eaux, Lieux* (c 10-11), *Nature de l'Homme* (c 8) *Pronostic* (c 25), *Épidémies* I et III où l'auteur a noté, année par année, les maladies qui dominent, saison par saison.

9. Le texte de Théophraste (*H P*, VI, 8, 1) est plus complet et plus précis : "La première feuille est le perce-neige qui se montre dès l'entrée de l'hiver sous un climat doux, plus tard sous un climat plus rude, au printemps dans quelques endroits. En même temps que lui ou peu après vient également ce qu'on appelle le petit souci sauvage. Ces espèces dont on utilise les fleurs pour dresser des couronnes devancent les autres de beaucoup. Après elles apparaissent le narcisse, et parmi les plantes sauvages l'anémone dans sa variété dite "de montagne "et le muscari à toupet (lui aussi parfois entremêlé dans les couronnes). Là-dessus viennent la filipendule, la violette et, à l'état sauvage l'immortelle avec l'anémone dite "des prairies", le glaïeul, une jacinthe et presque toutes les autres fleurs des montagnes dont il est fait usage. La rose leur succède ; des fleurs printanières, elle apparaît la dernière, et cède la place la première, car sa floraison dure peu." (trad. S. Amigues) Porta note que le sang augmente et accroît sa force au printemps et il signale que la rose qui fleurit à cette saison a la propriété d'expulser le sang.

10. L'identification de la plante appelée *thlaspi* est incertaine. On a proposé notamment la bourse à pasteur (*Capsella bursa pastoris* L.), une moutarde (*Sinapis alba* L. et *Brassica nigra* L.) ou encore diverses crucifères. Porta précise qu'elle donne des graines en juin et qu'elle a la propriété de chasser la bile. A. Matthioli (*op. cit.* p. 234) note que, selon Galien, "la graine, prise en breuvage, au poids de quinze dragmes, purge les humeurs colériques, & par dessus & par dessous."

11. Il s'agit del'*heliotropium majus*, bien que Porta ne le précise pas. Les propriétés fébrifuges qu'il lui prête sont mentionnées par Dioscoride (*M M* IV, 190, s v *heliotropion to mega*)

12. L'expression *rosmarinus coronarius* ne désigne pas le romarin (*Rosmarinus officinalis* L.), mais une autre plante mentionnée par Théophraste, Pline et Dioscoride dont l'identification a fait l'objet de plusieurs hypothèses. On a notamment proposé de l'identifier à *Cachrys libanotis* L. et à *Seseli libanotis* (L) Koch. Porta note qu'il fleurit deux fois dans l'année, au printemps et à l'automne, mais que dans son pays, il fleurit toute l'année et surtout quand l'année est clémente. Il ajoute que selon les écrivains arabes, il fait venir les règles. Il aurait pu se référer également à Théophraste *(H P,* IX, 10, 10) qui en distingue deux espèces, dont l'une est stérile, mais note que l'on utilise la racine de celle qui est fertile pour les ulcères et comme emménagogue. S. Amigues (Commentaires à ce passage, p.160-161) pense qu'il pourrait s'agir d'*Athamanta macedonia* (L) Sprengel. Pline (*H N*, XXIV, 100) et Dioscoride (*M M*, III, 74 s v *libanôtis*) qui mentionnent cette plante et indiquent qu'elle fait venir les règles.

13. Porta s'inspire ici de Théophraste (*H P*, IV, 14, 2 – 5 et V, 4, 4 – 5) et de Pline (*H N*, XVI, 220) pour distinguer les différentes espèces de vers qui rongent les végétaux et les arbres qui sont les plus ou les moins sensibles à leurs attaques.

14. Porta s'est largement inspiré ici de Théophraste qui a consacré aux maladies des arbres un long passage de ses *Recherches sur les plantes* (*H P*, IV, 14, 1 à10) et surtout à Pline (*H N*, XVII, 216 à 245) dont l'extrait suivant est assez significatif : "Les arbres eux aussi sont sujets aux maladies. Certaines frappent tous les arbres, d'autres sont particulières aux espèces. Les maladies communes sont les vers, la sidération (coup de chaleur) et les douleurs des membres, qui produisent la débilité des parties : elles partagent leurs noms avec les misères humaines." (*H N*, XVII, 216, 219). La comparaison entre l'arbre et le corps humain se précise encore davantage dans le paragraphe suivant :"L'arbre est, comme l'homme, sujet à des maladies des nerfs, et de deux sortes également : la violence de la maladie attaque ou les pieds, c'est-à-dire les racines, ou les jointures, c'est-à-dire les doigts, à la cime, qui poussent à l'extrémité de l'ensemble du corps. Ces parties se dessèchent donc, et les Grecs ont un nom particulier pour l'une et l'autre maladie. C'est d'abord une douleur diffuse, puis un amaigrissement des parties atteintes rendues cassantes, enfin la pourriture et la mort, le suc n'arrivant pas ou ne circulant pas." (*H N*, XVII, 224)

15. Pline (*H N*, XXII, 96 - 99) a consacré une longue notice aux champignons dans laquelle il esquisse leur répartition : "les espèces en sont nombreuses, mais tous sont produits par l'humeur des arbres. Les plus sûrs sont ceux dont le derme est rouge, d'un rouge moins clair que celui des "bolets"; puis les blancs, dont on remarque le pédicule semblable à l'apex d'un flamine. Les "champignons de porcs", très propres à

empoisonner, forment une troisième espèce...Quelques-uns ont classé les champignons d'après les espèces d'arbres où ils poussent, ceux du figuier, de la férule et des arbres à gomme, rejetant ceux de l'if, du rouvre et du cyprès, comme nous l'avons dit (XVI, 31)." Dioscoride (*M M*, IV, 82 s v *muketes*) en donne une classification différente. Porta attire l'attention sur le danger que l'on court à manger certains champignons qui provoquent l'étouffement ainsi que le "cholera". Ceux qui viennent à l'occasion des pluies d'automne et dans les endroits humides, au goût aqueux, provoquent des humeurs grasses et atrabilaires et peuvent souvent causer chez ceux qui les consomment apoplexie et paralysie.

16. Porta a emprunté ce passage à Théophraste (*H P*, XIV, 14, 2): "Les arbres domestiques ont davantage de maladies, les unes en quelque sorte générales ou communes à la plupart d'entre eux, les autres propres à chaque genre. Comme affections générales, il y a par exemple la vermoulure, les coups de soleil, le pourridié."

17. Porta donne ici sa traduction d'un passage d'Hippocrate "Les arbres ont une écorce légère et sèche, ainsi qu'au dedans un tissu ferme ; ils sont sains et durent longtemps, vu qu'ils ne pourrissent pas facilement". Il cite également un texte de Démocrite (A 162, p.485 in J P Dumont *Les écoles présocratiques*) où ce dernier explique pourquoi les plantes droites aux minces et faibles racines ont une vie plus brève que celles qui sont contournées et dont les racines sont longues et épaisses. Il cite aussi Théophraste qui a mentionné et contesté les hypothèses de Démocrite dans son *De causis plantarum* (*C P* II, XI, 7 -8): ce ne sont pas les arbres qui ont des racines longues et épaisses qui ont les vies les plus longues. Ainsi, par exemple, le figuier qui a des racines longues et épaisses ne vit pas vieux ; en revanche, des végétaux qui sont droits comme *abies*, *palma* et *cupressus* n'ont pas une vie brève. Les causes de leur longévité tiennent à leur densité, leur sécheresse et leur réserve de matière grasse. Porta ajoute que, selon Théophraste, les plantes aquatiques vivent moins longtemps que les espèces terrestres et les espèces sauvages comme *oléaster* ou *caprificus* vivent plus longtemps que les espèces cultivées comme *olea* et *ficus*.

18. Porta fait ici allusion à ce passage de Théophraste (*H P*, IV, 13,5): "la vie de l'olivier, en tant qu'individu, paraît correspondre à l'âge de son tronc, s'il faut prendre sa base comme mesure pour en évaluer la durée, en nombre rond, quelque deux cents ans."

19. Il s'agit du sucre de canne (*Saccharum officinarum* L.) cité par Pline (*H N*, XII, 32) et par Dioscoride (*M M*, II, 82, s v *mêli*) et qui était alors considéré comme une sorte de miel solidifié et utilisé comme médicament. Son usage était répandu à l'époque de Porta pour sucrer certains mets, mais aussi comme remède.

CHAPITRE 8

Les contestataires de la Théorie des signatures

Si la théorie des signatures proposée par Paracelse fut adoptée par un certain nombre de médecins et de naturalistes, elle fut loin de faire l'unanimité parmi les botanistes qui s'étaient plus particulièrement attachés à recenser les plantes médicinales et à les classer selon leurs propriétés et les différentes maladies qu'elles étaient censées soigner.

La contestation de la théorie se manifesta dès la fin du XVI ème siècle, mais la controverse se poursuivit tout au long du siècle suivant, et même au-delà. Quelques-uns se contentèrent de mettre en doute son bien-fondé, d'autres en critiquèrent de nombreux aspects, en s'appuyant sur des exemples précis, plusieurs la rejetèrent en totalité et s'y déclarèrent même farouchement opposés.

Les critiques des contestataires, qui ne couvrent généralement que quelques pages, ont trouvé place dans les ouvrages qu'ils consacrèrent à la Matière médicale et, plus précisément, aux propriétés thérapeutiques des plantes (1).

Les arguments avancés par ces détracteurs sont assez voisins d'un auteur à l'autre. Nous en donnerons un aperçu en nous limitant à évoquer les passages des ouvrages où ils développent les plus pertinents d'entre eux.

Il s'est toutefois trouvé un médecin, Jean Forget, qui alla jusqu'à publier en 1633 un ouvrage entièrement consacré à la dénonciation de la théorie des signatures : *Artis signatae designata fallacia, sive de vanitate signaturarum plantarum*.

Il nous a paru intéressant de compléter son analyse par celle d'un opuscule intitulé *De Signaturis Plantarum* publié en1653, dont l'auteur, Wolfgang Ambrosius Fabricius, est un étudiant en médecine, qui avait tenté de faire la synthèse de la question.

Quelques passages critiques dans des ouvrages de botanique

Il peut paraître étonnant qu'une critique plus ou moins approfondie de la théorie des signatures n'ait guère trouvé place dans les livres de botanique ou de médecine des XVI ème et XVII ème siècles. Parmi les rares ouvrages dont les auteurs en ont contesté la pertinence, nous en avons retenu quatre dont l'argumentaire paraît le plus rigoureux : le *Stirpium historiae pemptades sex* (1616) de Rembert Dodoens, le *Quadripartiumde simplicium medicamentorum facultatibus* (1640) de Simon Paulli, le *De vegetabilibus plantis* (1670) de Werner Rolfinck et le *Catalogus plantarum circa Cantabrigiam nascentium* (1660) de John Ray.

Le *STIRPIUM HISTORIAE PEMPTADES SEX* de Rembert Dodoens (1517 – 1585)

Rembert Dodoens (dit *Dodonaeus*) est un de ceux qui se sont intéressés très tôt à la théorie des signatures, considérée comme une méthode susceptible de faciliter la recherche des propriétés thérapeutiques des végétaux. Mais, après l'avoir étudiée en se référant aux principaux auteurs qui en ont défini les principes, il s'est attaché à en démontrer le manque de sérieux.

R. Dodoens est né à Malines en 1517. Après avoir étudié la médecine à Louvain, il assume de 1574 à 1579, les fonctions de médecin ordinaire de l'empereur Maximilien II, puis de l'empereur Rodolphe à Vienne ; il exerce ensuite à Malines, puis à Anvers, et enfin à Leyde où il est nommé professeur en 1582. C'est dans cette ville qu'il meurt en 1585.

Sa culture est étendue, mais il se consacre surtout à l'étude des végétaux dont les vertus curatives pouvaient être mises à profit dans le traitement des principales maladies constatées à son époque. A partir de 1552, il publie une série d'ouvrages de botanique, certains écrits en flamand, d'autres en latin. On lui doit notamment un *Cruijdeboeck* (1563) qui contient plus de 700 gravures sur bois, traduit en français sous le titre "*Histoire des plantes* " (1583) et un *Stirpium historiae pemptades sex sive libri XXX* (1583), composé de six Pemptades, - c'est-à-dire de six parties comprenant chacune cinq livres, soit trente livres au total - dans lequel il décrit plus 2000 plantes accompagnées de plus de 1000 dessins. Celles-ci n'y sont pas présentées par ordre alphabétique de leur nom latin ou vernaculaire, mais selon une classification originale de son auteur, qui marque un premier effort de classification dans l'histoire de la botanique. C'est dans la dernière édition de cet ouvrage, publiée en 1616 après sa mort, que Dodoens se livre à une critique de la théorie des signatures. Elle prend place dans la première partie de l'ouvrage (Chapitre XI), après les chapitres consacrés à la classification des plantes, à la définition de leurs différentes parties ainsi qu'à celle de leurs propriétés. Dodoens la présente comme l'une des différentes méthodes recommandées pour parvenir à la connaissance de vertus thérapeutiques des végétaux.

Il note d'abord que si les Anciens – et même Aristote - ont bien observé qu'il pouvait exister des correspondances entre les traits d'un visage et le caractère d'un individu (sous le nom de *Physionomia*), on ne trouve dans leurs œuvres aucun témoignage sur les signatures des plantes. Reconnaissant qu'une telle théorie a été inventée à son époque, il rappelle brièvement que, selon ses partisans, la Nature aurait marqué toutes ses créations de ses empreintes, qu'ils appellent "caractères " (*characterismi*) ou "signatures" (*signaturae*) et il précise que celles-ci ne sont rien d'autre que les formes ou les couleurs qu'offrent à notre observation, les plantes entières ou l'une de leurs parties, comme la fleur, le fruit, la racine ou encore le suc. Grâce à elles, il serait dès lors possible de connaitre leurs vertus curatives, voire même celles qui sont cachées et occultes. Considérant qu'une telle démarche est peu fiable et illusoire, Dodoens affirme, avant de le prouver par un certain nombre d'exemples, qu'il serait tout à fait déraisonnable de vouloir rechercher les propriétés thérapeutiques d'un végétal en se fiant à une telle théorie.

Les signatures morphologiques

Les exemples qu'il a retenus portent d'abord sur la forme des plantes. Ainsi, les racines de la ***scrofularia**** qui présentent des boules et des nœuds seraient bons pour soigner les scrofules, que les Grecs appelaient *choirades*, c'est-à-dire les tumeurs dures, qui surviennent sur les ganglions du cou, des aisselles, ou de l'aine. Il note qu'on les croit tellement efficaces qu'il suffirait de les porter sur soi pour être guéri, ce qui lui paraît évidemment totalement aberrant. Il reconnaît toutefois qu'elles sont bonnes, en application, non seulement pour traiter les scrofules, mais encore les hémorroïdes. Ces propriétés, explique-t-il, sont dues au tempérament chaud et sec de la plante et non à la présence sur ses racines de nœuds qui ressemblent à des scrofules. Si, en effet, elles avaient de telles propriétés à cause de ces particularités morphologiques, il serait logique que d'autres plantes qui présentent les mêmes caractéristiques, comme, par exemple, le ***telephium**** et le ***polygonatum**** soient également efficaces pour soigner les scrofules et les hémorroïdes. Or, ni l'une ni l'autre n'est bonne pour traiter ces deux affections.

R. Dodoens remarque ensuite que sur les menues racines de ***chelidonium minor**** adhèrent des sortes de grains oblongs qui ressemblent à des hémorroïdes et que ces racines sont efficaces pour les dessécher, mais, questionne-t-il, qui a entendu dire que la ***ranunculus Illyricum**** qui a des racines semblables étaient bonnes pour traiter cette affection ? Quant aux cerneaux des noix qui sont protégés par une enveloppe ligneuse, que l'on pourrait sans doute comparer au cerveau qui est protégé par la boîte crânienne, on pourrait déduire de cette ressemblance que toutes les noix sont bonnes pour soigner le cerveau. Or, si les noix muscades (***nuces myristicæ***) ont effectivement cette propriété, les noix du noyer commun (*nuces juglandes*) et les amandes (***avellanæ***) ne sont nullement utiles pour traiter les affections de la tête ; bien plus, il n'est pas rare qu'elles causent des névralgies et, en outre, elles pèsent sur l'estomac.

R. Dodoens complète sa démonstration en prenant comme exemple deux autres plantes dont la morphologie pouvait susciter l'intérêt des partisans de la théorie des signatures.

Le premier porte sur l'***hallicacabon****. S'il est vrai, note-t-il, que son fruit se trouve dans des vésicules qui ressemblent à des vessies et sont bonnes pour soigner les affections de cet organe et provoquer l'urine, il existe bien d'autres plantes qui n'ont pas de telles vertus, bien que leur fruit ou leur graine soient également contenus dans des vésicules, comme, par exemple, ***alcea vesicaria**, *solanum somniferum**, *colutea****ou encore ***nux vesicaria****.

Son second exemple concerne **l'*heliotropium majus****. Si R. Dodoens admet que son feuillage et sa graine sont effectivement recourbés comme la queue d'un scorpion, et que pour cette raison, les Anciens considéraient cette plante comme un remède pour soigner leurs piqûres, il observe que la graine de ***calendula**** et les siliques de l'***ornithopodium**** évoquent aussi la queue d'un scorpion, mais, interroge-t-il, qui se risquera à affirmer que celles-ci sont efficaces pour traiter leurs piqûres ?

Les signatures chromatiques

R. Dodoens aborde également la question des couleurs que l'on peut observer chez les végétaux pour contester l'interprétation qui en est faite par les adeptes de la théorie des signatures. Il se limite à évoquer le jaune, le rouge et le blanc.

La couleur jaune

De la similitude de cette couleur avec celle des manifestations cutanées de la jaunisse (*morbus regium*), faut-il déduire que les plantes dont une partie est jaune ont la propriété d'être utiles pour soigner cette maladie ? R. Dodoens admet qu'il existe effectivement des plantes de couleur jaune qui conviennent pour soigner la jaunisse, comme ***rhabarbarum***,* mais il remarque que l'***agaricus**** qui est totalement blanc est souvent plus efficace pour chasser les humeurs pituiteuses dont l'épaisseur obstrue le passage de la bile jaune. Et s'il reconnaît que la racine jaune de la ***chelidonia major**** ou les fleurs jaunes de ***conyza**, *chrysanthemum**** et ***buphthalmum**** sont bonnes pour libérer ce passage (et donc guérir la jaunisse), il note que bien d'autres plantes à fleurs jaunes ne sont d'aucune utilité pour traiter l'ictère, comme par exemple ***calendula**, *verbascum**, *virga aurea**, *pentaphyllon**, *tormentilla**, *lysimachion**, *helichrysum**, *chrysocome**, *ageratum**, *aster atticos**, *santolina**, *balsamita**, *lutum herba****. D'ailleurs, ajoute-t-il, de nombreuses plantes aux couleurs jaunes ne sont d'aucun usage en médecine. Et de conclure par une boutade : "qui aurait l'idée, écrit-il, de guérir un ictère en prescrivant d'absorber une renoncule (***ranunculus****) aux fleurs d'un magnifique jaune d'or ou les fruits de l'***armeniaca****, des abricots dont le jaune est proche de celui de la cire ou des prunes jaunes (***cerea pruna****) ou encore les fruits jaunes de la ***mandragora*** (2) ?"

La couleur rouge

R. Dodoens rappelle d'abord qu'on était autrefois convaincu que tout ce qui était rouge était nécessairement chaud, car on associait cette couleur à celle du feu. Après avoir signalé que Galien avait réfuté cette erreur dans le Livre XI de son traité *Des Simples médecines*, il note que, de son temps, les plantes de couleur rouge, sont considérées comme astringentes et efficaces pour arrêter les écoulements sanguins (entre autres, ***rosa rubra****, ***balaustium****, ***oxyacantha acida****, ***berberis vulgo****, ***corna****, ***sandali****, ***sanguis draconis herba****, ***bistorta**** et ***tormentilla*** *). Mais il remarque qu'il existe bien d'autres plantes qui n'ont pas de telles propriétés bien que leur suc ou une de leurs parties soient rouges. Ainsi, par exemple, le suc d'***hypericum****, d'***ascyrum****, de ***ruta**** qu'on exprime en froissant leurs feuilles n'arrêtent nullement le sang ; bien au contraire, il provoque les règles ! De même, les fruits rouges de l'***agrifolium****, un arbrisseau dont on utilise l'écorce pour faire de la glu, ne sont nullement astringents, mais provoquent puissamment les selles.

La couleur blanche

R. Dodoens cite en tout premier lieu la laitue (*lactuca**) qui produit un suc semblable au lait dilué et fait parfois venir le lait aux femmes. Mais, écrit-il, il s'écoule également du ***tithimalus**** blessé un suc blanc comme du lait. Est-ce une raison pour croire que sa seule consommation augmenterait la sécrétion de lait ? Personne de prudent n'oserait l'affirmer. En fait, *tithimalus**, qui est chaud et sec, en purgeant et en perturbant singulièrement le ventre, s'oppose au contraire à toute lactation. On peut aussi observer qu'une liqueur qui ressemble au lait, s'écoule du pavot (*papaver**), mais elle ne purge pas et n'est nullement galactogène ; en revanche, elle est narcotique et provoque le sommeil. R. Dodoens complète sa démonstration en précisant que la laitue provoque la lactation non pas parce qu'elle produit un suc ressemblant au lait, mais bien plutôt parce qu'elle contient en excès chaleur et sécheresse ; il précise en outre qu'elle provoque la lactation de préférence chez les femmes de nature chaude, sèche et bilieuse tandis qu'elle est nuisible aux tempéraments froids. R. Dodoens évoque aussi l'*euphrasia** qui serait bonne pour soigner les yeux malades et accroître l'acuité visuelle, parce que la signature de telles propriétés se lirait sur sa fleur qui présente une grande variété de couleurs comparable à celle de l'œil. Mais, constate R. Dodoens, la violette (*viola**) qui offre également une grande gamme de couleurs n'est cependant d'aucune utilité pour traiter les affections oculaires.

Les signatures physiologiques

Pour en démontrer leur manque de pertinence, R. Dodoens s'étend longuement sur les supposées signatures de ***ros solis**** dont on affirmait qu'elle avait la particularité de conserver tout au long d'une journée, les gouttes d'eau qui adhéraient à ses folioles et ne s'évaporaient pas, même sous un soleil écrasant. C'est à tort, écrit R. Dodoens, que l'on a interprété ce phénomène étonnant comme une signature indiquant que la plante aurait la propriété de conserver et même d'augmenter ce qui est naturellement humide chez l'homme. En effet, explique-t-il, cette plante pousse dans un sol très humide et les gouttes qui adhèrent aux folioles s'évaporent bien, mais elles sont remplacées par de nouvelles qui se forment continuellement grâce à la présence de l'eau qui imprègne la mousse située à sa base. R.Dodoens relève par ailleurs que, selon les disciples de Paracelse, *ros solis** porterait une autre signature qu'il juge tout aussi contestable. En effet, ceux-ci affirment que la liqueur obtenue par la distillation de cette plante est d'un jaune pâle, une couleur qui serait due au sel volatil qu'elle contient, à la différence de celle que donne la distillation des autres végétaux et qui est semblable à l'eau. De cette particularité, perçue comme une signature, ils déduisent que *ros solis** aurait la propriété de conserver l'humeur génitale et d'être tout particulièrement bonne pour soigner la phtisie. R. Dodoens remarque que si l'on peut effectivement conserver les corps des morts et les viandes avec du sel, son action est beaucoup moins remarquable chez les vivants et elle se révèle même nuisible, notamment chez les phtisiques. En effet, le sel affaiblit tout le corps et le dessèche par absorption des humeurs. Or, ceux qui souffrent de phtisie n'ont aucunement besoin d'être desséchés, mais doivent, au contraire, être bien nourris pour se rétablir rapidement. En outre, le sel obtenu par distillation, loin de conserver les poumons, y forment des ulcères et les corrompent. R. Dodoens en déduit que, si cette plante est un remède efficace pour soigner les phtisiques, ce n'est pas parce qu'elle est couverte de rosée sous un soleil brûlant ou parce qu'elle contient un sel volatil, mais pour d'autres raisons qu'il faut rechercher ailleurs.

Au terme de sa démonstration, R. Dodoens concède qu'il y eut des Anciens pour donner foi à ce genre de raisonnement. Ainsi, par exemple, écrit-il, ils n'ont pas hésité à recommander d'avoir recours à différentes espèces d'***orchis**** pour s'exciter au coït parce que leurs racines sont formées de deux boules qui peuvent être comparées aux testicules, ou encore de consommer les espèces mâles de ***mercurialis**** et de ***phyllon**** pour avoir des garçons, les espèces femelles pour avoir des filles, parce qu'on croyait voir le dessin de leur sexe sur les graines et les fleurs de ces plantes. Mais selon lui, ce ne sont là que des cas isolés et il est certain que les Anciens n'ont jamais prêté une grande attention aux signes et n'en ont pas davantage tenu compte. Ce sont, juge-t-il à la suite de Galien, les disciples (*sectatores*) des Égyptiens et autres charlatans (*præstigiatores*) qui ont pollué la Matière Médicale par leurs mensonges et leurs âneries, sans rien lui apporter.

Et de conclure qu'on ne saurait rechercher les propriétés thérapeutiques des plantes par la seule observation des caractères particuliers (désignés en grec par le mot *charaktêrismoi*), c'est-à-dire des signes (*signationes*) ou des signatures (*signaturae*) dont elles peuvent être marquées. Une telle méthode ne saurait être adoptée et considérée comme fiable, car les vertus curatives des végétaux ne doivent être tenues pour certaines que si elles ont été validées par l'expérience (*experientia*) (3) qui est le moyen le plus sûr pour juger de l'efficacité des remèdes.

Le *Quadripartitum de simplicium medicamentorum facultatibus* de Simon Paulli (1603-1680)

Simon Paulli est un médecin danois né à Rostock en avril 1603. Il fut professeur d'anatomie, de chirurgie et de botanique à l'Université de Copenhague et premier médecin du roi Frédéric III de Danemark ; on lui doit différents traités de médecine et de botanique, notamment *Quadripartitum Botanicum, de Simplicium Medicamentorum Facultatibus* publié en latin en 1639, *Flora Danica* (1648), *Commentarius De Abusu Tabaci Americanorum Veteri, Et Herbæ Thee Asiaticorum in Europe Novo* (1661), traduit en anglais en 1746 sous le titre *A treatise on tobacco, tea, coffee, and chocolate* dans lequel il expose les avantages et les dangers de la consommation de ces plantes. Ses connaissances botaniques lui ont valu d'être distingué pour donner son nom à un Genre de la famille des *Sapindaceae* sous le nom de *Paullinia.* Il est mort à Copenhague en 1680. C'est dans son traité *Quadripartitum de simplicium medicamentorum facultatibus* plus spécialement consacré aux plantes médicinales que Paulli expose brièvement ses critiques sur le bien-fondé de la théorie des signatures. On les relève dans deux notices qui portent, l'une sur le cornouiller (***cornus****) (p. 1 et 2) où il refuse d'accorder une quelconque valeur aux signatures chromatiques, l'autre sur ***morsus diaboli**** (p. 401 – 402) où il récuse le recours aux signatures morphologiques pour rechercher les propriétés thérapeutiques des plantes.

La notice qu'il a rédigée sur le *cornus** figure dans la première partie de son traité, consacrée aux mois de décembre, janvier et février. Après avoir rappelé qu'il s'agit du ***cornus hortensis mas****, décrit par Bauhin**, que l'on appelle ainsi pour le différencier des autres espèces de *cornus*, il note que ses fruits ont pour qualité d'être refroidissants, desséchants et astringents ; il fait référence à Dioscoride et à Galien, pour rappeler qu'on l'emploie dans les cas de dysenterie, afin de resserrer les intestins, après que ceux-ci aient été nettoyés et dégagés. Il ajoute en commentaire qu'il faut davantage faire confiance à ces qualités des simples qu'à leurs signatures pour en déduire l'utilité et l'efficacité. Ainsi, remarque-t-il, les fruits du cornouiller mâle ne soignent pas les déjections sanglantes parce qu'ils sont rouges, mais parce qu'ils ont pour qualité d'être astringents. Et il complète son argumentation en relevant que les fruits d'***aquifolium****, de ***pseudocarpsicum****, d'***arum****, de ***ruscus****, d'*asparagus** sont eux aussi d'un rouge intense, mais, questionne-t-il, qui aurait l'idée, même un médecin débutant, de se fier à cette caractéristique pour les prescrire à ceux qui souffrent de dysenterie afin de supprimer leurs déjections sanglantes ? Pour compléter ses propres indications, Paulli recommande de se reporter à différents auteurs : Nicolas Monardus, (*Tract de Ros.*), Scaliger (*Comment au De Plantis* d'Aristote, I, 5), Dodoneaus (*Pempt.*, I, 11) ainsi que Porta (*Phytognom.*III, 21) (4).

Dans la notice qu'il consacre au ***morsus diaboli*** - ainsi appelé à cause de sa racine découpée, comme si elle avait été mordue par le diable - (5), Paulli note d'abord qu'il s'agit de la *succisa glabra* de Bauhin** et il rappelle, en se référant d'ailleurs à une remarque de Galien, qu'il n'est pas nouveau d'avoir recours à de grandes sottises pour attribuer de grandes propriétés à des plantes. Ne voit-on pas, ajoute-t-il, certains *Botanographori* rechercher les propriétés des végétaux en se référant aux signatures du Soleil, et non à l'expérience et à l'observation des effets de leur utilisation. Ainsi, note-t-il, Porta cite le *morsus diaboli* dans le chapitre de sa *Phytognomonica* (V, 18) qu'il consacre aux plantes squameuses qui seraient bonnes pour soigner les maladies de peau, à cause de ses fleurs qui présentent de petits renflements aux écailles serrées. Or, écrit-il, si une plante donne bien l'aspect d'une peau couverte de boutons, c'est certainement la ***dentaria**** (6) dont la racine est squameuse. Si l'on interprète cette particularité comme une signature, cette plante devrait être notoirement efficace pour soigner toutes les maladies de peau. Il en va de même pour le ***limodoron**** (7). Mais, demande-t-il, qui n'a jamais entendu dire que *dentaria* ou *limodoron* guérissait les maladies de peau (*alphos et impetigines*) ? Ce n'est donc pas parce que la plante appelée *morsus diaboli* a une fleur couverte d'écailles qu'elle est efficace pour soigner les maladies de peau, mais bien parce qu'elle possède des propriétés thérapeutiques propres qui lui sont d'ailleurs reconnues notamment par Dodoens** et Césalpin **.

Le *De Vegetalibus plantis suffruticibus, fruticibus, arboribus in genere* de Werner Rolfink (1599 -1673)

Werner Rolfink, né à Hambourg en 1599, mort à Iéna en 1673, est un médecin qui s'est tout particulièrement intéressé à la botanique. Il a étudié la médecine à Wittenberg, fréquenté pendant une huitaine d'années différentes Universités (Hollande, France, Angleterre, France, Italie) et est finalement reçu Docteur en médecine à Padoue en 1625. Il enseigne l'anatomie, la chirurgie et la botanique à Iéna en 1628, y encourage l'extension du jardin botanique et y devient titulaire de la première chaire de chimie ouverte en Allemagne en 1641. Réputé pour sa grande érudition, il est l'auteur de nombreux ouvrages. Nous lui devons en particulier deux importants traités consacrés aux végétaux : *De purgantibus vegetalibus* (Iéna, 1670) et *De vegetalibus plantis suffruticibus, fruticibus, arboribus in genere* (Iéna, 1670).

C'est dans la section VIII du Livre II (Chapitres IV à VII) de ce dernier ouvrage consacrée aux différentes méthodes à suivre pour rechercher les propriétés des plantes qu'il aborde la théorie des signatures appliquée aux végétaux.

A la différence d'autres contestataires de cette théorie, il se montre très modéré dans ses critiques. Rigoureux dans ses exposés, il cite consciencieusement les auteurs auxquels il fait référence pour nourrir son exposé, allant même jusqu'à préciser le titre et les pages des ouvrages qu'il a consultés et il mentionne souvent plusieurs plantes pour illustrer ses démonstrations.

Rolfink s'est d'abord cru obligé de rappeler quelle était la définition et le contenu de la théorie des signatures avant d'en citer quelques-uns des aspects qui lui semblaient les plus pertinents. Il a ensuite réservé un chapitre aux critiques les plus sérieuses qu'elle a soulevées et qu'il a recueillies chez différents auteurs. Et il a terminé son analyse en nous livrant sa propre opinion sur la question.

Définition et pertinence de la théorie des signatures (Livre II, Chap. IV et V)

Rolfink n'écarte pas *a priori* la méthode que proposent les tenants de la théorie des signatures sous le nom de *Phutognômia* pour rechercher les propriétés thérapeutiques des plantes, que ce soit par l'observation de certains de leurs aspects qui peuvent évoquer les différentes parties du corps humain, ou celle des couleurs revêtues par telle ou telle de leurs parties.

Il constate qu'il existe en effet quelques plantes dont les couleurs peuvent être considérées comme des indicatrices de leur " qualité " chaude, froide, sèche, ou humide ou de leur capacité à soigner certaines maladies en rapport avec les quatre humeurs. Pour illustrer son propos, il en mentionne quelques-unes mais s'en tient à celles dont les propriétés sont "évacuantes".

- Parmi les plantes de couleur jaune, ***rhabarbarum****, ***myrobalanum****, ***citrina**** expulsent la bile jaune chez les ictériques et ceux qui souffrent de fièvre tierce.
- Chez celles qui sont de couleur noire ou sombre (*fuscus* ou *ater*), ***polypodium**** et ***helleborus niger****, ont la propriété de chasser la mélancolie, c'est-à-dire la bile noire, et sont efficaces pour soigner ceux qui sont atteints de fièvre quarte.
- Quant à la couleur blanche que ***colocynthis**** et ***cucumis asininus**** offrent à notre vue, elle signale que ces plantes sont bonnes pour chasser la pituite des ventres engorgés.
- Enfin, les fleurs de ***persica**** qui sont rouges passent pour purifier le sang, en éliminant la cacochymie.

Après avoir donné ces quelques exemples, Rosfink rappelle que les adeptes de la *Phutognômia* se sont fixé pour objet d'observer attentivement les formes et les couleurs des plantes, mais aussi la consistance de leur matière, pour y déceler des signatures, et d'en déduire qu'elles ont la propriété de les soigner et de les préserver de tous maux. En effet, note-t-il, les partisans de la *Phutognômia* affirment que ces signatures ne sont pas dues au hasard et ne sont pas sans utilité, mais qu'elles ont été voulues par la Nature dans le but de faire connaître aux hommes les propriétés cachées des plantes. C'est ainsi, disent-ils, que grâce à l'observation des signatures, on peut découvrir de nouveaux médicaments et donc d'en augmenter le nombre. Pour plus de détails, Rosfink renvoie à ceux qui ont largement recommandé d'y avoir recours : Paracelse**, Porta**, Quercetanus** ou encore Crollius** dont il cite quelques extraits (8). Il mentionne également quelques ouvrages dont les auteurs ont succinctement évoqué la théorie des signatures : la *Physiologia britannica* de W.Hove (9), le

Pantheum hygiasticum Hippocratico-Hermeticum de Claudius Deodatus, (10) ainsi que deux importants traités d'A. Kircher (11) et il n'oublie pas de mentionner aussi deux passages de la Bible que les tenants de la théorie des signatures ont parfois cités pour en justifier le bien-fondé (12).

Critiques de la théorie des signatures végétales (Livre II, Chapitre VI)

S'il est des médecins pour faire l'éloge de la théorie des signatures, Rodfink reconnaît que d'autres la contestent et il en expose succinctement les arguments.

Après avoir rappelé que Galien avait déjà observé dans son *De simplicium medicamentorum* que l'évaluation de la propriété des plantes par leur couleur et autres particularités n'était pas suffisamment rigoureuse, il cite quelques-uns des principaux adversaires de la théorie des signatures, R. Dodoens** que nous avons mentionné plus haut, A. Libavius** (13), M. Sebizius** (14) et H. Conringius** (15).

A leur suite, et, semble-t-il, convaincu par leurs arguments, Rolfink reconnaît que la recherche des propriétés des plantes par l'observation des signatures est une méthode bien incertaine. En effet, remarque-t-il, celles-ci n'indiquent pas toujours les vertus curatives présentes dans une plante et toutes les plantes médicinales ne les signalent pas par une quelconque signature. Et chez quelques-unes, leurs propriétés sont même à l'opposé de celles que suggèrent leurs signatures. Il illustre ses critiques en donnant quelques exemples qui concernent aussi bien les signatures chromatiques que les signatures morphologiques. Il les a tous empruntés à R. Dodoens dont il suit fidèlement l'exposé.

Contestation de certaines signatures chromatiques

Rolfink remarque que de nombreuses plantes de couleur jaune, sombre (*fuscus*), blanche ou rouge, n'ont aucun effet sur la bile, la mélancolie, la pituite ou le sang.

A l'appui de son propos, il mentionne plusieurs plantes de couleur jaune, déjà signalées par R. Dodoens, qui ne sont d'aucune efficacité pour traiter les ictériques et plus généralement, ceux dont la bile jaune est en excès. Il ne fait d'ailleurs que citer celles que R. Dodoens a mentionnées : ***calendula****, ***verbascum****, ***virga aurea****, ***pentaphyllon****, ***tormentilla****, ***lysimachia lutea****, ***helichrysum****, ***chrysocome****, ***ageratum****, ***aster atticus****, ***balsamita**** et ***lutum herba****, de même que ***armenica mala**** ou ***crocea poma****. Il ajoute à cette liste, mais dans un autre passage, que la renoncule (***ranunculus****) dont les fleurs sont de couleur jaune n'est d'aucune efficacité pour soigner la jaunisse, tout comme le fruit jaune de la mandragore (***mandragora****).

Il cite aussi quelques exemples de plantes dont la signature est en relation avec la couleur rouge du sang, mais n'ont nullement la propriété d'en arrêter les écoulements : l'***hypericum****, l'***ascyron****, l'***agrifollium****. Roslink s'en tient aux arguments de R. Dodoens pour mettre en évidence que les signatures chromatiques ne sauraient être interprétées comme des indicatrices de leurs propriétés. Il n'y ajoute aucune réflexion personnelle.

Contestation de certaines signatures morphologiques

Rolfink donne également quelques exemples de signatures morphologiques qui évoquent différentes parties du corps humain, mais ne sont d'aucune utilité pour les soigner quand elles sont atteintes par la maladie. Ainsi le chou (***brassica****), les différentes espèces de ***poma**** et de pavot (***papaver****) qui offrent quelque ressemblance avec la tête ne possèdent aucune propriété pour en soigner les maladies et il ajoute "Qui serait assez fou pour prescrire le fruit du pavot (*papaver**) ou celui de la pomme épineuse (***datura****) à des personnes en léthargie ?" Quant à la ***viola tricolor trinitatis**** dont la fleur évoque les différentes couleurs des yeux, personne ne songe à la recommander pour soigner les affections oculaires. De même, ***alcea vesicaria****, ***colutea****, et ***nux vesicaria**** ont des fruits en forme de vessie et pourtant ne sont d'aucune utilité pour en soigner les affections.

En résumé, note-t-il, il ne faut en aucune manière accorder totalement confiance aux signatures chromatiques ou morphologiques que peuvent présenter les plantes, pour parvenir à la connaissance de leurs propriétés thérapeutiques, si celles-ci n'ont pas été validées par l'expérience.

L'opinion personnelle et toute en nuance de Rolfink (Livre II, chapitre VII)

Dans un court chapitre qui clôt son exposé, Rolfink déclare que si la recherche des propriétés des plantes par l'observation des signatures est loin d'être infaillible, elle n'est pas totalement à rejeter, car, dans certains cas, il est possible que celles-ci ne soient pas fortuites. Mais, remarque-t-il, beaucoup de caractères particuliers observés sur les plantes sont considérés à tort comme des signatures ; ils sont en fait dus, par exemple, aux composants de la matière dont les plantes sont constituées, aux conditions dans lesquelles elles se sont développées ou encore à leur propre adaptation aux données climatiques et aux propriétés de la terre où elles sont nées.

Quant aux signatures astrologiques observables sur différentes plantes qui représenteraient certaines maladies, en vertu d'une relation privilégiée qu'elles entretiendraient avec les planètes, il juge que les arguments avancés pour les justifier ne sont guère difficiles à rejeter.

Il conclue avec philosophie que les plantes doivent d'abord être considérées comme la parure de l'univers, et que l'usage qu'en fait l'homme n'est que secondaire.

Le *Catalogus plantarum circa Cantabrigiam nascentium* de John Ray (1628 – 1705)

D'origine modeste, (son père était forgeron), John Ray (ou Wray, ou sous son pseudonyme latin Raius) s'intéressa très tôt aux sciences naturelles. Après ses études au collège de la Trinité à Cambridge, il y est nommé professeur de grec, puis d'humanités et de mathématiques. Ordonné prêtre en 1660, il publie cette même année un *Catalogue des plantes des environs de Cambridge*. Il quitte alors l'Université et entreprend des voyages d'études scientifiques en Europe au cours desquels il recueille de nombreuses données pour l'étude de la zoologie et de la botanique. Ni médecin, ni apothicaire, mais excellent botaniste, Ray se passionna pour l'étude de l'ensemble du règne végétal, sans éprouver un intérêt plus particulier pour celle des plantes médicinales. Il publie en 1682 un important traité de botanique *Methodus plantarum nova* où il s'attache notamment à préciser les caractéristiques à prendre en compte pour distinguer les monocotylédones et les dicotylédones. Il s'intéresse également à la géographie et publie, entre 1686 et 1704, une importante *Historia plantarum generalis.*

C'est dans son *Catalogue des plantes qui poussent dans la région de Cambridge* qu'il consacre quelques pages aux signatures des plantes et plus précisément dans la notice qu'il a rédigée sur le sureau, (***sambucus vulgaris****). Il y note que cet arbre abrite une espèce de champignon particulier auquel on a donné le nom d'***auricula Judae*** à cause de sa ressemblance avec une oreille (16) et il rappelle qu'on en a déduit que ce dernier était bon pour soigner les maux d'oreille. Il saisit ici l'occasion pour déclarer que les signatures marquées sur les plantes ne doivent pas être considérées comme des indications de leurs propriétés internes, contrairement à ce qu'affirment les "Chimistes", c'est-à-dire les tenants des théories de Paracelse.

Et il entend le démontrer, en développant son argumentation en sept points qu'il a numérotés lui-même :

1. Parmi les plantes considérées comme spécifiques pour soigner une partie précise du corps humain ou une maladie particulière, la majorité est dépourvue de signatures, comme le prouve aisément celles qui sont utilisées pour soigner le cœur, la poitrine ou le foie.

2. Les différentes parties d'une même plante, comme, par exemple, les feuilles, les racines ou les fleurs, portent des signatures différentes et parfois même opposées.

3. De très nombreuses plantes évoquent des images de choses naturelles ou artificielles auxquelles on n'a cependant jamais recours. Il en est ainsi, par exemple, des fleurs d'orchidées qui présentent une telle ressemblance avec les mouches, les araignées, les grenouilles, les abeilles ou les papillons que tout un chacun la perçoit immédiatement et se persuade que ce ne peut être le fruit du hasard, mais provient d'une intention manifeste de la nature.

Mais il en est bien d'autres : ***bursa pastoris**** aux petits sacs remplis de semence, ***thlaspi biscutatum**** aux fruits en forme de deux petits boucliers,

anthirrhinum vulgaris* qui ressemble à une tête de veau, ***pisum cordatum**** qui évoque la forme du cœur, ***tragopogon****, la barbe de bouc, la racine de ***terrae glandes****, la souris, l'***iris**** et le ***gladiolus**** un glaive, les siliques **de *fenugraecum****, des cornes.

En dépit de ces ressemblances, note Rey, on ne doit ou on ne peut en aucune manière avoir recours à ces plantes.

4. Il y a des parties des plantes qui représentent des parties du corps humain auxquels elles sont cependant totalement néfastes. Ainsi, par exemple, le fruit de l'***anacardius**** a la forme d'un cœur et il est cependant toxique ; le suc de ***tithymallus**** ressemble à du lait, mais personne n'est assez fou pour le boire afin d'augmenter la sécrétion de lait ; la chair des fruits du ***mespilum**** a la couleur et la consistance des excréments et pourtant il n'a aucune action pour purger les intestins ; le champignon (***fungus igniarius***) qui pousse sur les troncs d'arbres a l'aspect des poumons dont il a la couleur et la consistance molle et spongieuse ; il est cependant toxique et funeste pour les poumons.

5. Les mêmes parties du corps humain sont affectées de maladies différentes, voire opposées et leur traitement exige d'avoir recours à une grande diversité de remèdes adaptés à chaque cas et nécessitant par conséquent, des propriétés différentes.

6. Les plantes dont certaines parties présentent la même apparence et la même forme n'ont pas nécessairement les mêmes propriétés. Ainsi, par exemple, parmi les racines en forme de bulbe, on constate que certaines provoquent les vomissements, comme celles du narcisse (***narcissus*** *), d'autres au contraire fournissent un aliment des plus agréables comme celles des tulipes (***tulipae****)

7. Les signatures, et surtout celles qui sont manifestement évidentes, ne sont pas en nombre suffisant pour prouver qu'elles sont dues à l'intervention diligente de la nature. En revanche, remarque ironiquement Rey, si les signatures sont le fait du hasard et apparaissent fortuitement, il est probable que l'homme grâce à son intelligence et à la force de son imagination, aura tôt fait d'en trouver facilement autant qu'il y a de plantes !

Estimant sans doute que l'affirmation de ces principes et la citation des quelques plantes qu'il a sélectionnées étaient suffisantes pour démontrer l'ineptie de la théorie des signatures, J. Ray n'a pas jugé nécessaire de leur accorder une plus grande place dans son ouvrage et de développer davantage son argumentaire.

L'*Artis signatae designata fallacia, sive de vanitate signaturarum plantarum* de Jean Forget

Jean Forget est un médecin dont la vie ne nous est guère connue. On sait qu'il est né à Essey, en Lorraine, mais on ignore la date exacte de sa naissance. Premier médecin de Charles IV, duc de Lorraine, il accompagna ce dernier dans ses opérations militaires. Il en a laissé des mémoires manuscrits qui se terminent en 1639. Forget ayant fait valoir au Duc que son état de santé ne lui permettait plus guère d'assumer ses fonctions auprès de lui, ce dernier lui accorde un congé absolu en 1644, par des Lettres Patentes qui témoignent de ses compétences médicales. Par celles-ci, le souverain lui manifeste officiellement son estime pour ses connaissances, son zèle et sa fidélité.

Il nous a laissé un ouvrage entièrement consacré à la dénonciation de la Théorie des signatures appliquée aux plantes intitulé *Artis signatae designata fallacia, sive de vanitate signaturarum plantarum*. Dédié au cardinal de Lorraine, Nicolas Franciscus, il parut à Nancy en 1633. On ne sait pour quelles raisons Forget se lança dans ce réquisitoire de 179 pages qui apparaît sans nul doute comme la publication la plus importante qui ait jamais été entièrement consacrée à la contestation de la théorie des signatures végétales.

Forget s'y emploie à prouver que celle-ci ne repose sur aucun fondement sérieux et c'est pour l'essentiel contre Giambattista della Porta que sont dirigés ses critiques. Pour les étayer, il fait d'abord appel aux auteurs de l'Antiquité qui ont écrit sur les plantes et leurs propriétés, tels Aristote, Théophraste ou Pline ou sur les maladies et les remèdes qu'ils recommandent pour les traiter, comme Hippocrate et Galien. Il fait également référence à plusieurs auteurs plus proches de lui soit pour les critiquer, soit pour conforter ses propres opinions. Mais il ne néglige pas non plus de rendre compte de son expérience personnelle de médecin pour justifier ses jugements.

L'ouvrage de Forget comprend sept chapitres. Le premier est pour l'essentiel consacré à un bref rappel des méthodes utilisées par les Anciens pour parvenir à la connaissance des propriétés des végétaux (17). Dans le second, Forget expose les grandes lignes de la nouvelle méthode imaginée par Paracelse**, Crollius** ainsi que Thurneisser** et longuement exposée par Porta, qui propose de rechercher les propriétés des plantes selon les signatures internes et externes dont elles seraient marquées. Les chapitres suivants se présentent essentiellement comme des exposés critiques des différents aspects de la théorie des signatures développés par Porta dans sa *Phytognomonica* dont Forget suit d'ailleurs assez fidèlement le plan pour en contester la pertinence. Ainsi, le Chapitre III est consacré à la biogéographie végétale, et notamment à la grande diversité des plantes dont les propriétés et les aspects sont différents selon les régions, l'altitude, le climat ou encore la composition des sols. Au Chapitre IV, Forget considère que les déductions que l'on peut tirer de l'observation de diverses correspondances entre les parties des plantes et celles du corps humain n'ont aucun sens, et il s'attache à réfuter le concept même de signatures chromatiques. Le Chapitre V contient essentiellement une critique des signatures morphologiques, et plus spécialement celles qui se signalent par une ressemblance avec les plantes et les parties de certains animaux ou les symptômes de différentes maladies. Dans son Chapitre VI, Forget traite de certains aspects de la biologie végétale, comme la reproduction ou le développement des plantes, mais dans le seul but de récuser l'interprétation qu'en a donnée Porta qui y voit des signatures que nous avons appelées biologiques. Enfin dans son Chapitre VII, Forget analyse pour les rejeter les considérations sur les signatures astrologiques.

Nous avons réuni, dans les pages qui suivent, l'essentiel des arguments qu'il a développés dans son traité pour contester le bien-fondé des signatures chromatiques, morphologiques, biologiques et astrologiques, et nous les avons accompagnés des nombreux exemples qu'il a retenus, à l'appui de ses démonstrations.

Contestation des signatures chromatiques

Forget rappelle brièvement que, selon la théorie des signatures chromatiques exposée par Porta, les plantes signaleraient leurs propriétés thérapeutiques par leurs couleurs, car celles-ci seraient en correspondance avec les différentes humeurs présentes dans le corps humain.

Pour Forget, une telle théorie est contestable et il en dénonce le manque de rigueur à plusieurs reprises dans son chapitre 4, sous forme de quelques questions posées au détour d'une phrase. Ainsi, par exemple, interroge-t-il, si une telle théorie était fondée, les plantes polychromes, comme les tulipes, ne devraient-elles pas avoir la propriété de guérir toutes les maladies ?

Et quand une même plante offre des couleurs externes ou superficielles différentes de ses propres couleurs internes, à laquelle de ces couleurs faudrait-il se fier pour déterminer les vertus curatives de la plante elle-même ?

Et pourquoi le suc d'une plante aurait-il des vertus différentes de celles de la plante qui le contient, pour la seule raison qu'il est d'une autre couleur que celle de celle-ci ?

Et, remarque-t-il encore malicieusement, si les propriétés des plantes dépendaient de leur couleur, toutes les plantes qui affichent la même couleur devraient avoir les mêmes propriétés, ce qui ne correspond évidemment pas à la réalité.

En outre, ajoute-t-il, s'il était vrai qu'une couleur soit liée à une propriété curative déterminée, il suffirait aux chimistes de changer la couleur de n'importe quelle substance pour obtenir le remède souhaité, ce qui n'a aucun sens !

Mais Forget ne s'en tient pas à de telles considérations générales. Il approfondit la question en faisant plus particulièrement porter ses critiques sur certaines couleurs, interprétées comme des signatures chromatiques par Porta. Pour en démontrer l'ineptie, il suit toujours le même schéma. Après avoir exposé les principes de la théorie appliqués à une couleur donnée, il mentionne un certain nombre d'exemples où elle est prise en défaut, ce qui lui permet d'affirmer à maintes reprises que la recherche des propriétés curatives des plantes par l'observation de leurs signatures n'est d'aucun intérêt, tant elle souffre d'exceptions.

La couleur jaune

Forget observe que si la couleur jaune associée au chaud et au sec est en correspondance avec la bile jaune, comme l'affirme les partisans de la théorie des signatures, toutes les substances jaunes utilisées comme médicament devraient avoir la propriété d'expulser la bile jaune. Or, remarque-t-il, certaines plantes comme ***blitum*** * et ***atriplex**** qui sont de couleur jaune, mais sont froides et humides ont également la propriété de faciliter la production et l'expulsion de bile jaune. Forget signale aussi que, si l'on en croit Porta, les plantes jaunes devraient normalement posséder des qualités chaudes et sèches. Or, note-t-il, il en est qui ne les ont pas. Ainsi, entre autres, la ***nymphea citrina*** * qui est froide et humide, l'***hypocistis**** qui est froid et extrêmement astringent, le ***sonchus**** dont la fleur est jaune n'est pourtant pas chaud, le ***cucumis**** non plus.

La couleur blanche

Forget rappelle que la pituite ou phlegme est en relation avec ce qui est froid et humide. Or, constate-t-il, il y a des plantes qui ne sont ni de nature froide, ni de nature humide, mais qui sont néanmoins utilisées pour chasser la pituite. Ainsi, par exemple : ***sinapis alba**** et ***sinapis nigra**** qui sont de nature sèche et chaude, ***lithospermon**** dont les fruits sont blancs et qui est chaud et sec, ***lepidium**** dont la fleur est blanche, mais qui est chaud au quatrième degré, ***veratrum album*** qui est blanc et n'est pas de nature froide. Forget ajoute que le laurier cerise (***laurus****), à cause de ses fleurs blanches, aurait la vertu d'expulser la pituite de la tête. Mais, se demande-t-il alors, pourquoi, si cette couleur signale cette propriété, ne provoque-t- il pas la formation de pituite et pourquoi n'expulse-t-il pas la bile jaune à cause de la couleur verdâtre de ses feuilles ?

Le noir et les couleurs sombres

Ce qui est noir est de nature froide et sèche et a la réputation d'être néfaste. Aussi, note Forget, ceux qui adhèrent à la théorie des signatures attribuent-ils aux plantes, aux arbres, aux racines, au bois, aux fruits ou aux graines de couleur noire, la propriété d'augmenter et d'expulser la mélancolie ou bile noire.

Or, il est facile d'observer que certaines plantes dont les fruits ou les feuilles sont de couleur foncée ne sont nullement néfastes, bien au contraire ! Ainsi, par exemple, les figues (***ficus****) qui sont de couleur sombre sont pourtant excellentes pour la santé ; ***melissophilon**** ainsi que ***tamarinda**** dont les feuilles sont sombres sont bons pour le cœur, *papaver** est froid et humide, mais il la même propriété que le rouge qui est chaud et sec ; quant à ***veratrum nigrum**** et ***sinapis nigra****, ils sont chauds et secs. Et que dire des fèves (***fabae****) qui passent pour produire et expulser les humeurs mélancoliques parce que ses fleurs sont noires, mais qui possèdent aussi d'autres propriétés du fait de la variété des couleurs qu'elles présentent : elles chassent en effet la pituite parce qu'elles sont partiellement blanches, la bile parce que les feuilles en sont vertes, et même le sang, parce qu'elles ont des traces de rouge !

Contestation des signatures morphologiques

Ayant pris le parti de suivre l'enchainement des chapitres de la *Phytognomonica*, pour en contester le contenu, Forget aborde l'inventaire des signatures morphologiques relevées par Porta et fondées sur l'observation de différentes correspondances entre les parties ou les organes du corps humain, mais aussi les particularités de quelques animaux avec celles d'un certain nombre de plantes.

Anatomie humaine et morphologie de certaines plantes

Forget se plait à remarquer à différentes occasions que si l'on peut observer des correspondances entre la morphologie de certains végétaux et celle de différentes parties du corps humain, on ne saurait en déduire qu'elles sont le signe de propriétés curatives. En effet, remarque-t-il, de nombreux végétaux mentionnés comme porteurs d'une signature morphologique en relation avec différentes parties ou organes du corps humain, ou avec les manifestations corporelles de diverses maladies, n'ont en fait aucune propriété pour les soigner. D'autres plantes sont au contraire reconnues comme efficaces pour traiter ces maladies bien qu'elles n'attirent l'attention par aucune signature particulière. Forget a entrepris de démontrer une telle évidence en examinant depuis la tête jusqu'aux pieds la plupart des signatures morphologiques citées par Porta.

La tête

Pour Forget, les plantes ayant une partie ronde, ou une forme comparable à une tête n'ont pas nécessairement la vertu de soigner efficacement les maladies cérébrales. Ainsi, par exemple, le chou (***brassica****) dont la rondeur pourrait aisément être comparée à un crâne, n'est pas particulièrement renommé pour traiter les céphalalgies. En revanche, la bétoine (***betonica****), la sauge (***salvia****) et le romarin (***rosmarinus****) sont efficaces pour les soigner tout comme le pavot (***papaver****), le nénuphar (***nymphea****), le saule (***salix****), alors que leur morphologie n'évoquent nullement un crâne.

Les yeux

Après avoir rappelé que, selon les partisans de la théorie des signatures, toutes les plantes pouvant évoquer les yeux, auraient seules, la propriété de guérir les affections oculaires, Forget estime que cette affirmation doit être nuancée, en distinguant leur couleur et leur forme. Il juge que la ressemblance de leur couleur avec celle des yeux est sans intérêt, car les plantes qui poussent dans les régions tempérées présentent une grande variété chromatique et n'ont, selon Porta lui-même, que des propriétés « tempérées », c'est-à-dire modérées.

Quant à leur forme, elle n'est pas davantage un signe de leurs propriétés ophtalmologiques. Ainsi, par exemple, le fenouil (***foeniculum****), l'euphrasie (***euphrasia****), la chélidoine (***chelidonia****) qui ne possèdent aucun élément de forme globulaire, conviennent parfaitement pour traiter les affections oculaires. Forget ajoute que ce n'est pas parce que des plantes se signalent par des ombelles qui peuvent évoquer la forme des yeux, qu'il faudrait en déduire que toutes les ombellifères recensées par Daléchamps** ont la vertu de soigner ceux-ci. Et que dire, demande-t-il, des végétaux dont les racines présentent de nombreuses nodosités susceptibles d'évoquer la forme des yeux et qui ne sont d'aucune utilité en ophtalmologie…?

Les dents, les doigts, les articulations

Différentes plantes dont certaines des parties ou les fruits sont épineux et peuvent évoquer des dents, des cornes ou des ongles, signaleraient ainsi qu'elles auraient la propriété de soigner les dents ainsi que les douleurs articulaires. Pour contester cette assertion, Forget se contente de mentionner le ricin (***palma Christi****) dont les feuilles ont la forme de doigts ; cette plante, surtout recommandée pour traiter les maladies de cœur, n'est d'aucune efficacité pour soigner les affections de la main ou guérir ceux qui sont atteints par la peste. Il remarque aussi que tous les végétaux qui présentent des nœuds ne sauraient être bons pour soigner la goutte, alors que ceux-ci auraient pu être considérés comme une signature, mais il ne cite aucune plante pour illustrer son objection.

Les parties sexuelles

Forget rappelle que, selon une croyance qui remonte à l'Antiquité, toutes les plantes à bulbes faciliteraient la reproduction et certaines favoriseraient même la conception de garçons et d'autres celle de filles. Il juge qu'une telle réputation n'a plus lieu d'être à son époque. Prenant pourexemple les deux racines bulbeuses de l'espèce d'orchis appelée ***cynosorchis****, il conteste l'idée même que prendre en boisson la plus molle des deux puisse modifier les intentions de la nature et permettre d'obtenir du féminin plutôt que du masculin. Car, s'il est concevable que l'une des deux racines soit plus vigoureuse que l'autre pour des raisons diverses, il n'y a aucune raison valable d'en déduire que la plus faible diminue la faculté de concevoir des garçons.

Les parties internes du corps

Forget consacre quelques lignes à certaines d'entre elles : le cœur, les poumons, le foie, et la rate, en mentionnant plusieurs plantes à l'occasion, dans le seul but de démontrer ici encore combien la théorie des signatures est fallacieuse.

Le cœur. Si Forget reconnaît volontiers que le citron (***pomum citrium****) qui présente une ressemblance formelle avec le cœur, a la propriété de soigner les affections cardiaques, il estime que le fruit de l'anacarde (***anacardium****) offre encore plus de ressemblance avec cet organe alors qu'il est connu pour être particulièrement toxique.

En revanche, note-t-il, il est des plantes ou des fruits tels que ***nux vomica****, ***nucleus pini****, ***borago****, ***buglossum****, ***rosa****, ***viola*****, ***melissa**** qui n'ont aucune ressemblance avec un cœur, mais qui sont d'excellents remèdes pour soigner les maladies cardiaques.

Les poumons. Selon Porta, les plantes dont les feuilles sont parsemées de taches évoquant les poumons sont bonnes pour traiter les affections pulmonaires. Or, remarque Forget, il en est de nombreuses qui ne portent aucune signature susceptible d'évoquer les poumons et sont pourtant efficaces pour les soigner comme, par exemple, ***adiantum*****, ***hissopus*** **et** ***glyciriza****.

Le foie. Forget note que des plantes telles que ***endivia*****, ***chicoreum****, ***hepatica*****, ***eupatorium**** sont excellentes pour soigner les maladies hépatiques, bien qu'elles ne portent aucune signature pouvant suggérer la morphologie d'un foie.

La rate. De même, affirme Forget, ***lupulus****, ***epithymus****, ***scolopendrium****, ***capparis**** qui ne présentent aucune ressemblance avec la rate, sont efficaces pour en soigner les affections, alors que ***lunaria**** qui offre quelque similitude avec cet organe n'est d'aucun secours pour les guérir.

Les intestins, la trachée artère, l'utérus et la vessie. Forget rappelle que selon certains, *cassia**, comme toutes les plantes à tiges creuses remplies d'une moelle molle, conviendrait pour soigner les intestins ou selon d'autres les affections de la trachée artère ; pour sa part, il se contente de contester que de telles plantes soient porteuses de ces propriétés. Il trouve ridicule par ailleurs que l'on puisse comparer l'enveloppe des graines et des fruits à celle de l'utérus et de la vessie, mais il ne s'étend pas sur le sujet, jugeant que de tels rapprochements sont le fruit de l'imagination, tout comme ceux qui conduisent à voir la forme d'un corps humain dans la racine de la mandragore (***mandragora****).

Morphologie de certains animaux comparée à celle de quelques plantes

Forget retient pour seul exemple celui des cornes de la chèvre avec lesquelles certaines plantes auraient quelque ressemblance : ***cytisus****, ***tragoceron*****, ***anagyris*****, ***sertula campana****, ***cuminum****, ***smilax hortensis****, mais il n'approfondit pas la question de savoir si leurs propriétés étaient comparables, voire identiques à celles attribuées à la chèvre, à son lait et à certains de ses organes notamment.

Contestation de signatures biologiques

Forget n'a pas contesté tous les aspects des signatures biologiques mentionnées par Porta. Il ne s'est en effet intéressé qu'à celles qui sont en relation avec la procréation, la beauté, la longévité de la vie ou encore la diététique. Mais ses propos sont souvent superficiels et il ne justifie qu'exceptionnellement ses critiques en s'appuyant sur des exemples précis. Aussi le nombre de plantes qu'il cite est-il relativement peu élevé. En revanche, il se laisse parfois aller à des digressions plus ou moins longues, accompagnées à l'occasion de réflexions philosophiques, voire théologiques, sur la nutrition des végétaux, leur développement, leur taille, leur adaptation à leur environnement, les causes de leurs maladies ou leur résistance aux parasites et à la putréfaction. Ses connaissances en biologie végétale y apparaissent bien modestes et il se contente généralement d'emprunts à ses auteurs de référence qui ont traité le sujet.

Fertilité et procréation

Selon la théorie des signatures, les plantes qui donnent beaucoup de graines ou qui ont de nombreux rameaux seraient bonnes pour faciliter la procréation. Or, remarque Forget, des plantes telles que les ***citrulli****, ***melones****, ***pepones****, ***melopepones**** qui donnent de nombreuses graines, n'augmentent nullement la quantité de sperme ; quant au lierre (***haedera****) qui se développe en grimpant aux arbres et aux murs, il donne des fruits globuleux qui sont anaphrodisiaques, et il ajoute que si le pavot (***papaver****) qui produit une infinité de graines est d'une prodigieuse fertilité, on ne saurait affirmer qu'il augmente la production de sperme et stimule aux relations sexuelles. Il en est de même du glaïeul (***gladiolus****) et de l'artichaut (***articocalus****).

La perte précoce de ses fruits par un arbre n'est pas non plus un signe de propriétés abortives. En effet, la majorité des fruits parviennent à complète maturité sur l'arbre et quand ils s'en détachent avant d'être mûrs, ce ne peut être qu'accidentellement, soit parce que leur attache sur la branche est trop faible, soit parce qu'ils sont trop lourds ou bien qu'ils souffrent d'un excès ou d'une insuffisance de suc. C'est le cas, par exemple, des amandes (***amygdala****), mais personne ne prétend qu'elles provoquent des accouchements avant terme.

Forget évoque aussi quelques questions posées par les signatures biologiques auxquelles il n'accorde aucun crédit. Il réfute ainsi l'idée que les arbres stériles puissent nécessairement avoir des propriétés contraceptives. De même, il conteste la théorie selon laquelle les graines les plus petites seraient plus efficaces que les grandes pour faciliter la fécondation, parce qu'elles sont en plus grand nombre dans un fruit. Il rejette également l'idée que les plantes qui ne donnent pas de graines aient des propriétés contraceptives ou abortives et rendent stériles. Mais il ne donne aucun exemple à l'appui pour justifier son opinion.

La beauté des plantes

Forget refuse de croire que les belles plantes puissent avoir la propriété de faciliter la conception de beaux enfants. Il prend comme exemple l'***aconium**** notamment ***napellus*** qui est une des plus belles plantes qui soit, mais elle est mortelle, le cyprès (***cupressus****) qui est utilisé pour la décoration ainsi que l'embellissement des jardins, et qui est pourtant toxique ; le sapin (***abies****) (18), toujours vert, dont le port est majestueux, mais qui passe pour endommager le fœtus.

Longévité de la vie

On rapporte, note Forget, que certains arbres réputés pour leur longévité auraient la propriété de prolonger la vie, sans doute parce qu'ils résistent avec succès à la pourriture. Mais, remarque-t-il, on ne trouvera personne pour soutenir que, par exemple, le cèdre (***cedrum****), le cyprès (***cupressus****) ou le genévrier (***juniperus****) ont une telle propriété.

Et ceux qui consomment des châtaignes ne voient pas leur vie prolongée pour autant, alors que le châtaignier (***castanaea****) est un arbre d'une grande longévité.

Plantes grasses et diététique

Forget note que, selon la théorie des signatures, les plantes grasses devraient engraisser ceux qui les consomment. Or, remarque-t-il, ***malum* auranzium* citrium**** sont des fruits particulièrement épais, mais ils ne font pas grossir ; *china**, au contraire est sec et ne contient pas beaucoup de graisse, mais il est recommandé pour prendre du poids. Quant au lierre (*hedera**), s'il ne fait pas grossir, c'est parce qu'il est froid et que son suc, indigeste, n'est pas nourrissant.

Le traitement des blessures et des fièvres

Les plantes dont certaines parties sont anguleuses ou présentent des pointes acérées seraient bonnes, selon la théorie des signatures, pour soigner les plaies. L'ail (***allium****) devrait donc avoir une telle propriété. Or, remarque Forget, il brûle fortement du fait de sa qualité chaude. Forget conteste également l'idée même que les plantes dont la tige est de section triangulaire ou quadrangulaire puissent guérir les fièvres tierces et quartes ; il constate en effet que de nombreuses plantes dont la tige est ronde conviennent parfaitement pour traiter toutes les fièvres, mais il n'en cite aucune.

Contestation des signatures astrales

Selon les astrologues, rappelle Forget, la Lune domine le cerveau, Jupiter les poumons, le Soleil le cœur, Mercure le foie, Mars la bile, Saturne la rate, et Vénus les reins, et chacune de ces planètes est associée à une couleur ; il néglige toutefois de mentionner leurs différentes nuances, pourtant relevées par Porta.

Pour démontrer l'absence de pertinence des signatures astrales, Forget n'a retenu que deux espèces de plantes, quelques-unes dont certains éléments présentent une couleur blanche, censée être sous la domination de la Lune, et d'autres de couleur jaune, sous celle du Soleil. Peut-être a-t-il jugé que ces deux exemples suffisaient à sa démonstration.

Forget doute que l'association de la Lune au cerveau et au blanc puisse être invoquée pour rechercher des plantes pouvant soigner les diverses affections qui touchent le cerveau, car elle souffre de trop nombreuses exceptions.

Ainsi, note-t-il, Porta croit que l'***allium**** est bon pour le cerveau parce que ses fleurs sont blanches, alors qu'il est interdit à ceux qui souffrent de catarrhes. La marjolaine (***amaracum****), les fleurs de la renoncule (***apium palustris****) et de persil (***petroselinum**** *) sont blanches, mais provoquent des crises d'épilepsie. Il en est de même pour les fleurs de cigüe (***cicuta**** *) et de nombreux champignons ainsi que des plantes suivantes qui, sans avoir nécessairement des fleurs blanches passent pour être sous l'influence de la Lune : ***paeonia*, iris*, zedoaria*, rosmarina*, majorana*, ruta*, siler montanum*.***

Et il remarque que, plus généralement, la croyance en l'utilité des fleurs blanches pour traiter les affections du cerveau est contraire à l'expérience, car celle-ci nous apprend que tout ce qui est blanc a pour qualité d'être froid et humide et augmente par conséquent la pituite, devenant même nuisible en cas de consommation excessive.

Selon la théorie des signatures, les plantes à fleurs jaunes seraient, comme le cœur, sous la domination du Soleil et auraient par conséquent des propriétés efficaces pour soigner les maladies cardiaques. Or, remarque Forget, de nombreuses plantes dont les fleurs offrent une telle couleur ou suivent le parcours du Soleil dans le ciel au cours de la journée, n'ont pas de telles propriétés thérapeutiques. Et de citer à l'appui de son objection : ***ricinus*, seris*, chondrilla*, tithymalus*, helioscopos*, malva*, ros solis*, matricaria*, camomilla****. Quant à la renoncule scélérate (***sardonia herba****), elle est mauvaise - comme l'asphodèle (***hastula regia****) et le ***caryophyllum**** - et provoque des convulsions ainsi que le "rire sardonique". En revanche, reconnait Forget, ***borago*, melissa*, angelica*, buglossum*, trifolium acetosum**** qui ont quelque ressemblance avec le soleil sont d'excellents remèdes pour le cœur.

Ainsi, pour contester la théorie des signatures appliquée aux végétaux, Forget n'a eu de cesse de souligner tout au long de son ouvrage que, si certaines plantes signalaient effectivement leurs propriétés par des signatures chromatiques, morphologiques, biologiques ou astrologiques, il en était de nombreuses autres qui n'en portaient aucune et possédaient néanmoins des propriétés identiques à celles qui en étaient pourvues. Il s'est par ailleurs évertué à démontrer à de nombreuses reprises qu'une telle théorie ne reposait ni sur l'observation d'un très grand nombre de cas pathologiques, ni sur l'expérience acquise par les praticiens ; elle n'avait donc aucune valeur "scientifique". Ce qui l'a tout logiquement amené à conclure que la doctrine des signatures ne saurait donc avoir une portée universelle et ne devrait en aucun cas être considérée comme un moyen sûr de rechercher avec succès les propriétés des plantes.

L'ouvrage, original s'il en est, que Forget a consacré à une critique approfondie de la théorie des signatures ne semble pas avoir attiré l'attention des auteurs de flores médicales. Elle n'a pas davantage suscité une réaction de la part de ceux qui avaient été séduits par la théorie des signatures et la jugeaient pertinente. L'ouvrage semble n'avoir provoqué aucune polémique. Il est tout simplement passé inaperçu.

Le *De signaturis plantarum* de Wolfgang Ambrosius Fabricius (1625-1653)

On ne sait pas grand-chose de cet auteur. Il est né en 1625 à Nuremberg. Il a étudié la médecine dans différentes villes universitaires, en particulier à Strasbourg, Tübingen, Ingolstadt et Padoue. Il a aussi effectué différents voyages en France et en Italie. Il meurt à Lyon en 1653, victime de la fièvre typhoïde.

On lui doit un opuscule d'une quarantaine de pages, intitulé *De signaturis plantarum* publié à Nuremberg en 1653. Sur la couverture, à la suite de son nom, il est précisé qu'il est "Medicin Candidatus", c'est-à-dire "étudiant en dernière année de médecine"(19). Cet ouvrage doit-il être considéré comme un mémoire de fin d'étude, destiné à être présenté devant un jury d'examen où comme un simple exercice académique, dont l'objet était de traiter une question d'actualité (la correspondance entre les signatures des plantes et leurs propriétés) qui divisait les spécialistes ? Rien ne permet de le savoir. Bien que son mémoire apparaisse souvent confus, en raison notamment de la surabondance des citations des auteurs auxquels il se réfère, il présente néanmoins un certain intérêt dans la mesure où il s'attache à y présenter et à y résumer les différents points de vue sur la théorie des signatures appliquée au règne végétal avant d'exprimer timidement sa propre opinion sur le sujet.

Son ouvrage est composé de 127 paragraphes qui couvrent 38 pages où il expose les principales thèses défendues par les "Chimistes", favorables à la théorie des signatures, avant d'accorder une large place aux critiques de ceux qu'il appelle les "Galéniques" qui contestent le bien fondé de cette théorie, et de livrer brièvement sa propre opinion sur la question.

L'argumentaire des Chimistes

Selon Fabricius, les auteurs qui ont expliqué la théorie des signatures avec le plus de pertinence sont Sennert**, Crollius**, Porta**, Quercetanus** et Deodatus** (20). Il résume leurs propositions en rappelant que, selon eux, l'art des signatures remonte aux origines de l'humanité (21) et repose sur l'affirmation que Dieu et la Nature qui en est l'exécutante, sont à l'origine de tout ce qui existe dans le monde et que tout a été créé dans un but certain. Ainsi, les couleurs, les formes, les odeurs, les saveurs, les tailles d'un certain nombre de plantes, ne doivent rien au hasard, mais doivent être perçues comme des indices externes qui permettent de connaître leurs propriétés internes. Les Chimistes les considèrent comme des signatures apposées par Dieu qui, dans sa grande mansuétude envers les hommes, a voulu leur indiquer ainsi quelles étaient leurs vertus curatives - demeurées toutefois cachées et secrètes au commun des mortel - ainsi que les parties du corps humain qu'elles avaient la propriété de guérir. Fabricius ajoute que les Chimistes affirment également que certaines plantes sont sous la domination des sept planètes dont elles portent la signature. Il précise également que les partisans de cette théorie emploient différents mots pour désigner ces marques de l'attention divine envers l'humanité, notamment : *Characteres, Characterismi, Symbolismi, Sermones taciti, Notae Hieroglyphicae, Signationes, Signa, Signacula, Sigilla, Specula et Indica.*

Pour illustrer cette théorie, Fabricius a consciencieusement composé deux tableaux qui résument, pour l'essentiel, les catalogues de plantes publiés par D. Sennert** et d'O. Crollius**. Le premier est consacré aux signatures des humeurs en relation avec les couleurs jaune (*croccus*), noir (*fuscus*) ou sombre (*ater*), blanche (*albus*) et rouge (*ruber*). Le second est un inventaire des plantes en relation avec les parties du corps dont elles portent la signature.

La contestation des Galéniques

Pour Fabricius, Rembert Dodonaeus** (22), Andrea Libavius** (23), Jacob Schallingius** (24), Melchior Sebizius** (25) et Joseph Quercetanus ** (26) sont les érudits qui lui semblent avoir exprimé les critiques les plus pertinentes du bien-fondé de la doctrine des signatures. Après avoir cité quelques courts passages de leurs ouvrages, il s'attache à prouver, à l'aide d'un certain nombre d'exemples, qu'elle est incertaine et imparfaite et qu'elle ne remonte nullement à l'Antiquité, comme le prétendent les Chimistes, car elle n'est citée par aucun Ancien.

La doctrine des signatures est incertaine

Selon Fabricius, il est des plantes médicinales dont l'efficacité est prouvée mais qui ne portent aucune signature, que toutes les plantes qui présentent la même signature n'ont pas des propriétés thérapeutiques identiques, que les signatures observables sur les plantes ne signalent pas toujours les vertus thérapeutiques qu'elles seraient censées indiquer, et l'on observe même des cas où les propriétés thérapeutiques d'une plante confirmées par l'expérience, n'ont aucun rapport avec ses signatures .

Ainsi, par exemple, de nombreuses plantes dont un élément est de couleur jaune ne sont d'aucune utilité pour soigner les ictériques et les affections dues à la bile jaune. Il en donne une liste qu'il a recueillie chez R. Dodoens : ***calendula*, verbascum*, virga aurea*, pentaphyllon*, tormentilla*, lysimachion*, helichrysum*, chrysocome*, ageratum*, aster atticos*, santolina*, balsamita*, lutum*, armenica mala*, crocea poma****.

De même, note-t-il, de nombreuses plantes dont un élément comme le suc ou les fruits est de couleur rouge n'ont aucunement la propriété d'arrêter les écoulements de sang. Et d'en citer quelques exemples également empruntés à

Dodoens : ***hypericum*, ascyrum*, ruta hypericoïda*, agrifolium****. Et il ajoute que personne n'aurait l'idée de prescrire ***viola tricolor**** - appelée ***herba trinitatis*** * et aussi ***jacea*** - pour traiter les affections oculaires sous prétexte qu'elle a une fleur de trois couleurs différentes, comparables aux couleurs des yeux.

Quant aux plantes dont certaines parties portent la signature d'un membre humain, Fabricius remarque que ni le chou (***brassica****), ni les différentes espèces de fruits de forme ronde (***poma****), ni les pavots (***papaver****) qui ressemblent tous à une tête n'ont une quelconque efficacité pour soigner les maladies qui touchent celle-ci. Et il emprunte cette exclamation à Libavius** (27) "Qui serait assez fou pour traiter les léthargiques avec les fruits de ***papaver*** ou de ***datura stramonium*** ? Il cite également quelques végétaux dont les fruits présentent une certaine ressemblance avec la vessie, comme ***alcea vesicaria*, solanum somniferum*, colutea*, staphilodendron**** appelé aussi ***nux vesicaria**** pour remarquer qu'ils ne sont d'aucune utilité pour soigner les affections qui touchent cet organe.

Fabricius mentionne aussi différentes plantes dont les propriétés n'ont aucun rapport avec celles que suggèrent leurs signatures. Ainsi, les fleurs de ***ranunculus**** sont d'un beau jaune d'or et pourtant personne ne les prescrit pour traiter la jaunisse ; alors que les fruits de la mandragore (***mandragora****) qui sont d'un jaune beaucoup moins vif conviennent parfaitement. Quant au suc de l'euphorbe (***tithymalus****) qui est d'un blanc laiteux, qui oserait affirmer qu'il a la propriété de provoquer une sécrétion de lait plus abondante ? En effet, si l'euphorbe convient pour purger et soigner les affections intestinales, parce qu'il est chaud et sec, il est tout à fait inutile pour favoriser la production de lait. Et le suc laiteux contenu dans les fruits du pavot (***papaver****) possède des vertus narcotiques et somnifères, mais aucune propriété purgative ou galactogène.

La doctrine des signatures est imparfaite

Fabricius rappelle que pour être validée, toute théorie doit s'appuyer sur un raisonnement rigoureux et être soumise à l'*experentia* (cf. note 3). Or, la faiblesse des expérimentations et l'insuffisance d'une longue pratique clinique ne permettent pas d'accorder quelque crédit que ce soit aux affirmations des Chimistes. La théorie des signatures est donc imparfaite. Elle peut même s'avérer dangereuse, quand elle conduit à attribuer des propriétés thérapeutiques à une plante, alors qu'elle s'appuie sur une *experientia* par trop succincte ou qui manque de rigueur. Le recours à des remèdes qui n'ont pas été soumis au préalable à une *expérientia* sérieuse peut en effet provoquer la mort du malade.

Et Fabricius rappelle qu'on ne peut pas déterminer les propriétés des végétaux au vu des résultats d'un seul test, mais qu'il faut en réaliser un grand nombre. Il précise au passage que pour apprécier correctement l'action d'une plante sur un patient, il faut évaluer avec soin ses différentes caractéristiques ainsi que l'époque et le lieu de sa récolte et il ajoute qu'on ne doit pas s'en tenir à constater ses effets sur un seul corps et à la suite d'une seule application, mais qu'il est nécessaire d'en effectuer de nombreux essais ; de plus, ajoute-t-il, il est également indispensable de tenir compte du tempérament, de l'âge, du sexe et de la constitution du patient. (28)

A l'appui de son propos, Fabricius fait référence à un certain nombre d'auteurs qui se sont particulièrement attachés à souligner toute l'importance qu'il fallait accorder à l'*experientia*, aussi bien dans l'Antiquité (29) qu'à son époque (30).

Si Fabricius considère que l'*experientia* est insuffisante pour justifier la pertinence de la théorie des signatures, il juge que le raisonnement utilisé par les Chimistes pour la justifier est également contestable. Selon lui, il repose en effet sur un syllogisme dont la majeure est erronée.

En effet, quand ils affirment que rien n'a été créé inutilement dans l'univers par Dieu et que les signatures que l'on peut observer sur les plantes n'ont rien de fortuit, mais ont pour but précis de signaler leurs vertus curatives, ils ne fournissent aucune preuve à l'appui pour justifier leur assertion. La majeure est donc incertaine et leur raisonnement est fautif. Ainsi, par exemple, remarque-t-il, si Dieu avait inscrit des nœuds sur les racines de certaines plantes pour indiquer qu'elles étaient bonnes pour soigner les scrofules, toutes les plantes dont les racines présenteraient cette particularité devraient être bonnes pour traiter celles-ci. Or, il n'en est rien ! Fabricius en veut pour preuve trois plantes : ***telephium****, ***polygonatum**** et ***ranunculus****. Les racines des deux premiers présentent des nodosités qui ont la forme de scrofules et cependant personne n'envisage de les utiliser pour soigner celles-ci ; les racines de la renoncule d'Illyrie ont des granulosités qui ressemblent à des veines déformées par les hémorroïdes, mais personne n'envisage de les recommander pour traiter celles-ci.

D'ailleurs, remarque-t-il en citant encore une fois Sebizius**, Dieu n'a-t-il pas créé les plantes pour orner la terre et non pour que les hommes puissent en tirer parti ?....

La théorie des signatures est récente

Fabricius constate qu'on ne trouve aucune trace d'une telle théorie chez les auteurs anciens (31) et il remarque que lorsque les Chimistes font remonter à Adam, l'origine de la théorie des signatures, ils s'appuient sur deux textes qu'on ne saurait retenir comme des preuves (32). D'autant que si cette origine était avérée, tous les peuples de la terre utiliseraient le même mot pour désigner chaque plante, ce qui n'est évidemment pas le cas.

Un avis personnel

En définitive, Fabricius s'avoue convaincu par les critiques des Galéniques et il reconnaît qu'on ne peut déterminer les propriétés thérapeutiques des végétaux en se fiant exclusivement aux signatures dont ils sont marquées. Mais il concède que la théorie des signatures n'est pas à rejeter totalement, car elle offre une voie de recherche parmi d'autres qu'on aurait tort de ne pas explorer. Une grande prudence qu'il partage avec celle de Roflink évoquée plus haut.

Au-delà des contestataires

Les appréciations mesurées de Rolfink et de Fabricius sur l'intérêt de la théorie des signatures comme une possible voie d'accès à la connaissance des vertus des plantes ne semblent guère avoir convaincu les médecins et les auteurs de flore médicale postérieurs au XVII ème siècle. Rares en effet sont ceux qui y font ne serait-ce qu'une allusion, si ce n'est toutefois pour remarquer à l'occasion, l'existence de certaines similitudes entre la couleur ou la morphologie d'une plante et ses vertus médicales. Mais jamais pour signaler que celles-ci auraient été à l'origine de leur découverte.

La théorie des signatures n'est cependant pas complètement tombée dans l'oubli et il se trouve parfois encore des écrivains pour y faire discrètement allusion, généralement pour illustrer une analogie aisément observable entre la couleur ou la forme d'une plante et ses propriétés, mais sans manifester pour autant qu'ils en approuvent la pertinence.

Il est vrai qu'elle fut condamnée sans appel au Siècle des Lumières par l'auteur du bref article "signature" de l'Encyclopédie de Diderot et d'Alembert (33) qui n'a pas hésité à la définir ainsi : "Rapport ridicule des plantes entre leur figure & leurs effets. Ce système extravagant n'a que trop régné."

NOTES DU CHAPITRE 8

1. Hormis les quatre traités dont il sera donné un aperçu dans ce chapitre, on peut citer les ouvrages suivants où quelques pages sont consacrés à la critique de la théorie des signatures végétales : J. Franckenius, *De signaturis herbarum idiomate Germanico* (1618), H A. Mengering : *Questionum aliquot philosophicarum lanx satura de societat calendarum, signaturis plantarum, melle sine fumo, aetite resono ut et miltite, librisque.* Question 2 : *An ex signaturis simplicium certum et infallibile quid colligi liceat et an semper secundum istas haec appropriatu sint illis humani corporis membris et affectibus, quorum figuram exhibeant ?* (1640); Johann Friedrich Helvetius ; *Amphitheatrum physiognomiae medicum* (1660).

2. Les Anciens distinguaient une mandragore mâle et une mandragore femelle, dont les fruits étaient de couleur différente. C'est à la "mandragore mâle" (*Mandragora vernalis* Bert) que Dodoens fait allusion. En effet, selon N. Lémery (op. cit. p. 465)" ses fleurs sont blanches, tirant sur le purpurin et son fruit est une petite pomme ronde, grosse comme une nèfle, charnue, de couleur jaune, verdâtre ; elle contient quelques semences blanches qui ont souvent la figure d'un petit rein." En revanche, les fleurs de la "mandragore femelle" (*Mandragora autumnalis* Spr.) sont de couleur violette et son fruit "est plus petit & plus pâle, non pas formé en poire, mais ovale, odorant, rempli de suc, & contenant des semences plus petites."

3. Le mot « *experientia* » souvent employé dans la controverse sur la *Théorie des signatures* a plusieurs sens. Il signifie d'une part les essais, les épreuves, les expériences, les tests réalisées pour en mesurer l'efficacité d'un remède. Il s'agit d'expérimentation. Il signifie d'autre part l'expérience acquise par la pratique, celle qui se dégage des résultats obtenus à la suite de la prescription d'un médicament sur une longue période et sur un nombre important de malades pour traiter une affection précise, voire plusieurs. Il correspond à la pratique, par rapport à l'expérimentation. Les auteurs de la Renaissance prêtent souvent les deux sens au mot *experientia.*

4. Les propriétés thérapeutiques que Paulli prête au cornouiller sont mentionnées par Dioscoride (*M M*, I, 119 sv *krania*). A l'appui de ses indications, Paulli reproduit une notice de Pline (*H. N.* XXIII, 151): "On reçoit l'eau qui sort d'une branche de cornouiller sur une lame de fer chauffée à blanc, sans que le bois la touche et l'application de la rouille qui en résulte guérit les lichens à leur début". Les vertus du cornouiller citées par Paulli sont également notées par N. Lémery (op. cit. p 241): "Les feuilles & les fruits du cornouiller sont astringens, ils arrêtent les cours de ventre & les hémorragies."

5. Paulli rappelle que l'identification du *morsus diaboli* a suscité de vives et nombreuses querelles parmi les botanistes qui en rendent d'ailleurs compte dans leurs ouvrages, mais je sais, dit-il, que *succisa,* synonyme de *morsus diaboli* n'a pas été signalée par Galien, Dioscoride ou Hippocrate. Il précise que Bauhin l'appelle *succisa glabra* et que Fabius Columna (1567 -1650) a proposé de l'identifier au *pycnocomum* de Dioscoride (*M M*, IV, ce qui ne le convainc guère, car il s'appuie sur Matthioli (*op. cit.* Livre IV, chap. 169) pour mettre en doute cette hypothèse. Il pense que la plante a été ajoutée beaucoup plus récemment à la liste de celles que les Européens ont adoptées après un long usage. Paulli se contente donc de rapporter les propriétés thérapeutiques qui sont

prêtées à *siccusa* par Dodoens**, Camerarius** et A. Cesalpinus** (*De Plantis* XIII, 59) dont il cite le texte.

6. Le mot *dentaria* désigne plusieurs plantes dont la propriété principale était de soulager les maux de dents ; elle n'est jamais citée parmi celles qui sont efficaces pour soigner les maladies de peau. Il s'agit probablement ici *Dentaria bulbifera* L. (= *Cardamine bulbifera* (L) Crantz).

7. Le mot *limodoron* (ou *haemodoron, aimodôron*) pourrait désigner une orobanche (*Orobanche cruenta* L.). Les tenants de la théorie des signatures s'appuient sur l'aspect de la tige ou de la racine susceptible d'évoquer une peau couverte de pustules pour lui attribuer des propriétés curatives et de la recommander pour soigner les affections de la peau. Or, selon N. Lémery (op. cit. p. 439), on ne lui reconnaissait guère que des propriétés apéritives.

8. Les quelques exemples que Rolfink a recueillis chez Crollius (cf. *sup.* Chapitre 3) concernent : l'enveloppe de la fleur de pivoine (*pœnia*) qui offre une certaine analogie avec les sutures du crâne et qui est recommandée pour soigner les affections de la tête et l'épilepsie ; les petites graines de *l'herba Paridis*, l'*euphrasia* aux fleurs de couleurs variées, tout comme les roses qui représentent l'image de l'œil et sont donc bonnes pour soigner les yeux ; les graines d'*acetosa* qui représentent la figure du cœur et sont également utiles pour traiter les maladies de cœur ; tout comme l'*alleluia officinalis* ; l'*hallicacabum* qui a la forme de la vessie est bon pour les maladies qui touchent celle-ci et pour en chasser les calculs ; la *pulmonaria* qui présente des taches qui ressemblent à celles du poumon et qui est bonne pour les affections pulmonaires ; l'*asplenium* qui fait penser à la rate et qui convient pour soigner celle-ci ; et la racine de l'*aristolochia rotunda* ainsi que la *nux myristica* qui ont la forme de l'utérus et sont bonnes pour soigner ses affections. Rolfink ajoute que Crollius signale aussi un certain nombre de plantes qui poussent dans les décombres et portent la signature de maladies. Il se contente de mentionner *lilium convallum* qui a la signature de la goutte, car ses fleurs pendent comme une goutte ainsi que plusieurs plantes qui représentent des calculs et, du fait de cette signature, sont efficaces pour les chasser : les racines de *saxifragia alba, lithosperma, lacryma Jobi, la graine d'alkekenge,* les noyaux de cerise (*cerasium*), de pêche (*persica*), de nèfle (*mespilum*), la graine de *cynorrhodon.*

9. L'auteur de la *Physiologia britannica* est William Howe (1620 – 1656). Il y écrit dans un passage qui sert de Préface à Pline (*H N* II, 6) que la divinité a dessiné les remèdes sur les fleurs et que le Maître souverain de la Nature a imprimé des "signatures physionomiques" sur les plantes et elle a gravé sur celles-ci des marques et des caractères tellement nombreux qu'ils indiquent non seulement leurs propriétés cachées mais aussi des figures et des représentations les plus ressemblantes possibles des parties du corps qu'elles soignent.

10. C'est dans le Livre I, chapitre I p. 90 sq. que Deodatus a abordé la théorie des signatures végétales (*Medico Homini vitam ad 120 annos extendere connant, rerum naturalium signaturas, characterismos et adnarandas earumdem cum homine tum sympathias tum antipathias cognitas esse debere*). Il s'est essentiellement inspiré de Porta pour sélectionner un certain nombre de plantes porteuses de signatures chromatiques et morphologiques.

11. Rolfink note que Kircher a abordé la question des signatures dans plusieurs ouvrages et il donne en référence un passage de son *Mondus Subterranus* (Livre 4, section 2, p. 217) et un passage d'un autre traité : "*De arte magnetica demiurgica, Œdipo,* Tome 2, *Veterum Ægyptiorum medicina.*"

12. Rolfink cite d'une part un passage du Livre de la Genèse et d'autre part un passage du Premier Livre des Rois. Le premier concerne Adam qui avait donné un nom à chaque être vivant lors de son séjour au jardin d'Eden : "Le Seigneur Dieu modela du sol toute bête des champs et tout oiseau du ciel qu'il amena à l'homme (Adam) pour voir comment il les désignerait. Tout ce que désigna l'homme avait pour nom "être vivant"; l'homme désigna par leur nom tout bétail, tout oiseau du ciel et toute bête des champs." (I, 19-20, trad. TOB). On remarquera que l'auteur de ce texte ne cite pas explicitement les plantes. Cette désignation des êtres vivants par Adam (*nominalium nuncupatio*) est appelé *onomathesia.* Elle a donné matière à de nombreux commentaires. Les uns se déclarèrent convaincus qu'Adam avait donné son nom à chaque être vivant au regard de la signature dont il était porteur, les autres jugèrent que faire remonter la théorie des signatures à l'*onomathesia* d'Adam était sans fondement sérieux, car celui-ci n'avait pas donné un nom à chaque créature en observant les signatures, mais en étant inspiré par la grande sagesse dont Dieu l'avait comblé. Le second texte fait référence à la grande sagesse de Salomon :" Salomon parla des arbres : aussi bien de cèdre du Liban que de l'hysope qui pousse sur le mur ; il parla des quadrupèdes, des oiseaux, des reptiles et des poissons" (V, 13). trad. TOB). Les partisans de la théorie des signatures faisaient référence à ces versets pour affirmer que celle-ci remontait à Salomon qui avait la connaissance de l'utilité et des propriétés de chaque plante grâce aux signes dont elle était marquée. Ceux qui contestaient une telle origine avançaient que Salomon n'avait nul besoin de faire appel à de telles signatures pour fonder son savoir car il bénéficiait de la grande sagesse que Dieu lui avait accordée et avait donc la connaissance de toute chose.

13. Le texte du *Rerum chymicorum epistolica forma* mentionné par Rolfink est au Livre 3, Epistol. 4. Libavius y évoque rapidement la théorie des signatures. Après avoir rappelé que, selon quelques-uns, les propriétés internes des plantes se signalent par des marques (*Characteres*) qui leur ont été imprimées soit par l'action des astres, soit par la Nature elle-même et que ces marques sont destinées à être observées attentivement et interprétées, il déclare qu'une telle théorie lui paraît bien incertaine, et que ses partisans ont tendance à voir des prodiges en toutes choses, alors qu'il ne s'agit que de hasard et qu'il n'y a rien de scientifique dans leur démarche.

14. Rolfink cite son commentaire au traité de Galien sur les *propriétés des médicaments simples* dans lequel il rappelle qu'aucun auteur d'ouvrages médicaux de l'Antiquité n'a fait mention de la théorie des signatures et il considère, comme beaucoup de ceux qui la condamnent, qu'elle a été imaginée par des charlatans et des incantateurs qui étaient pour leur majorité des Egyptiens ou des Chaldéens (c'est-à-dire des magiciens) (cf. *infra* note 25).

15. L'ouvrage d'Hermannus Conringius (1606 – 1681), que cite Roslink est *De Hermeticorum Ægyptiorum vetere et Paracelsiorum nova Medicina* (1648) et plus précisément un passage de son chapitre 20 où il rappelle, lui aussi, qu'aucun auteur

ancien ne mentionne la théorie des signatures, mais qu'on la doit à la « secte hermétique » (*Secta Hermetica*) et qu'elle est une pure invention de Paracelse.

16. L'expression *auricula Judae* désigne un champignon parasite des arbres. N. Lémery (*op. cit.* p. 86) explique qu'on appelle ainsi ce champignon « à cause qu'il a la forme d'une oreille & qu'il se trouve attaché au sureau, où l'on dit que Judas se pendit après avoir trahi le Sauveur du monde ». Il note qu'il est « fort résolutif, propre pour les tumeurs & pour les inflammations de la gorge & des autres parties, étant écrasé & appliqué dessus. On ne doit pas s'en servir intérieurement. »

17. Forget rappelle que la recherche des propriétés des plantes a été essentiellement fondée sur l'observation de leurs formes grâce à la vue et au toucher et à celle de leurs qualités - c'est-à-dire de leurs quatre qualités principales que sont le chaud, le froid, le sec et l'humide -, qui peuvent être perçues par nos cinq sens, notamment le goût et l'odorat. Mais il reconnaît que si certaines sont évidentes, d'autres sont difficiles à identifier car elles sont cachées et mélangées et on ne peut les saisir que par l'expérience (*expérientia*) (cf. sup. note 3). Ainsi, par exemple, les saveurs des plantes étant infinies du fait qu'elles résultent d'un mélange, il est difficile de déterminer quel est leur degré de chaleur selon lequel on aura l'âcre (*acre*), l'amer (*amarum*), le salé (*salsum*), l'onctueux (*pingue*) tout comme le degré de froid qui donnera l'acerbe (*acerbum*), l'aigre (*austerum*), l'acide (*acidum*) ou l'insipide (*insipidum*). Forget rappelle également que l'on distingue les signatures externes et les signatures internes. Les premières sont à l'extérieur de la plante, et dépendent du climat, de la nature du sol, de la région dans lesquels elles poussent. Ce sont notamment la couleur et la forme, celle-ci pouvant évoquer des parties du corps humain ou celles de certains animaux ou encore les astres. Les secondes sont plus difficiles à déceler et supposent d'avoir recours au raisonnement pour y parvenir.

18. Une telle réputation était généralement attribuée au pin, comme l'indique Dioscoride (*M M* I 69) s v *pitus*): "son parfum provoque l'expulsion de l'embryon." Mais on la prêta, sans doute, plus généralement à un conifère, comme *abies*, sapin (*Abies* L.).

19. L'opuscule a été publié avec une brève introduction par Massimo Luigi Bianchi en 1997 à compte d'auteur à Lecce. Celui-ci précise qu'il s'agit d'une reproduction anastatique de l'exemplaire conservé à la *British Library* sous la côte 1508/791 (6). Il est probable que Rolfink en a eu un exemplaire entre les mains car il en cite des phrases, recopiées mot à mot, en plusieurs passages de son exposé. Fabricius fait précéder son texte d'une lettre à Marco Aurelio Severino (1580 – 1656), suivie d'une dédicace à Lazarus Riverius, professeur de médecine à Montpellier et d'un hommage à Janus Chunradus Rhumelius, qui, nous l'avons vu plus haut, s'était particulièrement intéressé à la théorie des signatures.

20. Fabricius ajoute cependant ici trois textes qui lui paraissent particulièrement intéressants où la théorie des signatures est considérée comme pertinente dans certains cas. Le premier est un passage de Sennert (*De consens & differens Galenicor. & Chymicor*, chapitre 8) où ce chimiste remarque que les Galéniques avouent eux-mêmes, comme il est naturel chez des hommes de grande expérience, que de nombreux médicaments dont certaines parties sont ornées de signatures sont efficaces et employés

couramment. Le second texte est emprunté à Aldrovandi (*Museum Metallicum in Libros III distributum* Livre 2, chap. 14 (1648) où l'auteur prescrit de l'ocre rouge à ceux qui souffrent d'une affection du foie, surtout lorsque leurs excréments sont d'une couleur semblable à celle de la viande crue. Il considère en effet que ce viscère peut être fortifié par l'ocre rouge dont la couleur doit être comprise comme la signature de ses propriétés. Les vertus des remèdes, note-t-il, sont souvent indiquées par leur couleur. Ainsi, par exemple, *Rubrica* (ocre rouge), *Haematite* (hématite, oxyde de fer), *Sarda* (cornaline) qui sont rouges signalent par cette couleur qu'ils ont la propriété d'arrêter les hémorragies et de soigner les blessures. Le troisième texte est emprunté à la *Phytologia Britannica* dont nous avons donné les références plus haut (cf. note 9).

21. Pour démontrer que l'art des signatures remonte aux origines de l'humanité, les Chimistes s'appuient sur deux passages de la Bible que nous avons cités plus haut (cf. note 12)

22. Fabricius fait référence à un chapitre du *Stirpium historiae pemptades sex sive libri XXX* de R. Dodonaeus qui porte sur la théorie des signatures et que nous avons analysés plus haut.

23. Fabricius cite un passage de son *Alchymia Triumphante*, (chapitre 48) et quelques lignes de son *Rerum chymicorum epistolica forma* (Livre 3, chap. 4) qui ont été repris par Rolfink. Cf. sup note 13.

24. Jacobus Schallingius, médecin et doyen de l'Université d'Iéna, est l'auteur d'un traité d'ophtalmologie qui se présente comme un mélange de données médicales et de considérations mystiques : *Ophtalmia, Disquisito hermetico-galenica de natura oculorum visilibus characteribus, morbis et remediis eorum librei 3* (1615). Fabricius se rapporte au Livre 3, sect. 2, chapitre 1, (*Was Artzinehen sein mit was Eigenschafft und Zeichen*), mais ne cite qu'une partie du passage où l'auteur aborde la question des signatures sur les plantes pour en dénoncer l'inanité. Il y note en effet que l'on se trompe quand on croit pouvoir découvrir les propriétés des plantes en trouvant des analogies entre leurs diverses caractéristiques et les membres du corps humain. Comme, par exemple quand on affirme que les plantes appelées *satyria* (*Orchis* L.) sont bonnes pour la procréation, parce qu'elles la forme de testicules, que la *cannabina* (*Cannabis sativa* L.) est bonne pour la goutte parce qu'elle a la forme du genou, et le *cyclamen* ainsi que le *capnium tuberosum* (*Corydalis bulbosa* L.) sont bons pour la matrice parce qu'ils ont une un bulbe creux.

25. Melchior Sebizius (cf. sup. note 14) invite à se méfier de la théorie des signatures, car, déclare-t-il dans ses commentaires à un traité de Galien (*De simplicium medicamentorum temperamentis et facultatibus*, *Disput.*2, *Coroll.*3), s'il arrive parfois que les propriétés des plantes correspondent aux signatures, on constate que celles-ci leur sont souvent opposées. Et il ajoute qu'il faut avoir le moins souvent possible recours aux signatures pour rechercher les propriétés des végétaux, mais s'en remettre pour plus de sûreté à l'*experientia*. (cf. sup. note 3)

26. Fabricius termine curieusement ses références à des auteurs qui contestent la valeur de la *Théorie des signatures* en mentionnant Joseph Quercetanus dont nous avons exposé les conceptions plus haut (cf. chapitre 3). Mais il ne donne aucune référence

précise à l'appui de sa citation, se contentant de noter que ce n'est pas en s'appuyant sur les signatures que Quercetanus a perçu la constitution même des plantes, laquelle est propre à chacune et se manifeste par sa forme, sa morphologie et ses couleurs, mais en recherchant leurs propriétés à partir des trois principes chimiques qui y sont présents dans des proportions variables, le sel qui donne la saveur, le sulfure qui donne l'odeur et surtout le mercure qui donne les couleurs.

27. Cet emprunt à Libavius se trouve dans *Rerum chymicorum epistolica forma* Livre 3, Epistol. 4).

28. Fabricius fait ici référence à D. Sennert (*Institutionem Medicinae Libri* 5, part. 1, sect. 1, cap. 22) qui a énoncé ces principes.

29. Parmi les Anciens, il se limite à citer des passages des ouvrages de Galien (*In Hippocratis aphorismos commentari. Comment.* 24 et *De optima secta ad Thrasybulum*, chap. 2); et d'Aristote (*De gen.* Liv 3, Chap. 16 et *Physic.* Livre 8, chap. 3) où ceux-ci insistent sur la nécessité de valider par l'*experientia* ce qui est seulement avancé par le raisonnement.

30. Les auteurs plus proches de lui dont il cite les noms ainsi que les références des passages de leurs ouvrages où ceux-ci traitent de l'importance qu'il faut accorder à l'*experientia* sont plus nombreux. Ce sont : J. B. Sylvaticus (*Controversiae medicae numero centum* Controv. 43); A. T. Petronius (*De Morbo Gallico Libri VII*, Livre 3, Chap. 5 Commentaires aux traités de Galien *De simplicium medicamentorum temperamentis et facultatibus* Livre 2, chap. 13 ; *Methodus medendi* Livre 1, chap. 2 et *In Hippocratis aphorismos commentari, Comment.* 24); R. Dodonaeus (*Stirpium historiae pemptades sex sive libri XXX.* Pemptade 1, Livre 1, chap. 12); Victor Trincavellius (Commentaires aux traités de Galien *De differentiis febrium,* chap. 7. *Ad Glauconem de medendi methodo*, chap. 9); J. Fernelius (*Meth. Med.* Livre 4, chap. 3), Roderic a Castro (*De universa mulebrium morborum medecina*, chapitre 16); D. Sennertus (*Institutionem medicinae libri V* Livre 5, Part. 1, sect. 1, chap. 22, et Part 2, sect 1, chap 1.); M. Sebizius (Commentaire du traité de Galien *De simplicium medicamentorum temperamentis et facultatibus*, Disput. 2, Coroll.); S. Schnizerus (*Epit.* à *Paulus Simlerus*): G. Wirth (*Epistol.* À J. Langius, Electeur Palatin (Livre 3); A. Massarias (*De Peste,* Livre 2); Oddus (Commentaire à Galien *Ars Medica*); J. Heurnius (Commentaire à Galien *In Hippocratis aphorismos commentari*); Roderic a Fonceca (Commentaire aux *Aphorismi* d'Hippocrate, chap.1). Hieron Capivaccius (*Meth. Medic.* Chap. 4); J. Langius (*Epistolae Medicin.* Livre 3, 1);

31. Fabricius cite trois auteurs récents qui indiquent que la théorie des signatures n'a jamais été mentionnée par les Anciens : R .Dodoens (*Stirpium historiae pemptades sex sive libri XXX* Pempta. 1, Livre I, chap. 11); M. Sebizius, qui a noté dans ses commentaires à Galien cf. sup note 86) que le signalement des propriétés des plantes par les signatures ne figure pas chez les meilleurs auteurs d'ouvrage de médecine, mais que ce signalement a été imaginé par des charlatans dont la plupart sont des Egyptiens ou des Chaldéens.); H. Conringius (*De Hermetica Aegyptiorum vetere et Paracelsicorum nova medicina Liber unus*, chap.20) qui note que la nouvelle secte hermétique s'éloigne des Anciens, avec quelque vanité et que le précepte de Paracelse selon lequel on peut juger de la propriété des plantes à partir de leur couleur et de leur

aspect n'apparaît chez aucun des écrivains de l'Antiquité. Fabricius conteste à la suite une autre affirmation des Chimistes qui prétendent que la médecine hermétique remonterait aux Grecs, aux Phéniciens ou aux Egyptiens ou encore et à la secte des Asclépiades. Une occasion pour lui d'évoquer rapidement les origines de la médecine à Cnide, Rhodes et Cos. Sur les sectes médicales, Cf. D. Gourevitch : la médecine dans le monde romain *in* M.D. Grmek : Histoire de la pensée médicale, Tome 1, p. 95 – 122.

32. Fabricius rappelle un thème fréquemment évoqué par les Chimistes selon lequel, ce serait Adam qui aurait été à l'origine de la science des signatures, que le roi Salomon en aurait possédé la connaissance et que cet "alphabet" (des signatures) qui avait été caché jusqu'alors dans une obscurité profonde fut mis a jour par les tenants de la "médecine hermétique". (cf. *sup*. note 12). L'intérêt qu'il éprouve pour la question le conduit à des digressions qui n'ont plus guère de rapport direct avec la théorie des signatures.

33. Ce bref article est publié au Tome XV, p. 817 de l'Encyclopédie, édité en 1765. Il est signé du chevalier Louis de Jaucourt (1704 – 1779). Celui-ci est médecin. Erudit, il est l'auteur d'un très grand nombre d'articles de l'Encyclopédie consacrés à la médecine et aux sciences. Diderot lui rend un vibrant hommage dans l'Avertissement du Tome XV.

INDEX DES PRINCIPAUX AUTEURS CITÉS

Adanson (1727- 1806). Botaniste français. Dans ses "*Familles des plantes*" (1763), il est sans doute le premier à avoir tenté d'expliquer les fondements théoriques de la classification naturelle des végétaux et à avoir décrit la méthode à utiliser pour parvenir à une telle classification.

Aetius d'Amida (VI ème siècle après Jésus-Christ) médecin grec auteur d'un important traité de médecine, *Libri medicinales*, qui comprend sept livres. Il est parfois cité dans les ouvrages des médecins-botanistes de la Renaissance.

Albert le Grand, cf. chapitre 4

Aldrovandi (Ulisse). Cf. Chapitre 3

Alexandre Aphrodiseus : philosophe de l'école d'Alexandrie (II ème siècle av. J-C), un des principaux commentateurs d'Aristote

Andreas, médecin grec, qui exerçait à Alexandrie, mort en 217 av. J.-C., auteur d'un recueil de remèdes intitulé *Narthex*.

Apulée (pseudo), cf. chapitre 4

Aristote (384 – 322 av. J-C) philosophe grec, disciple de Platon, fondateur d'une école de philosophie à Athènes, le Lycée. On lui doit un nombre considérable d'ouvrages auxquels feront fréquemment référence de nombreux écrivains du Moyen-âge et de la Renaissance ; son traité de Botanique (*Peri Phutôn*) est malheureusement perdu. La version dont on dispose aujourd'hui n'est qu'une rétroversion grecque d'une traduction latine (*De Plantis*) d'un ouvrage arabe que l'on doit à un certain Nicolas de Damas qui vivait au Ier siècle ap. J-C.

Averroès ou **Ibn Rochd de Cordoue,** philosophe, théologien musulman, juriste, mathématicien et médecin, né en 1126 à Cordoue, en Andalousie, et mort le 10 décembre 1198 à Marrakech, au Maroc. Il est l'auteur de nombreux ouvrages (droit, philosophie, religion notamment) dont certains soulevèrent la polémique.

Avicenne, (nom latinisé de Ibn Sina), surnommé "Le Prince" ou "Le Maître" par les Arabes, Philosophe et médecin né en 980 à Khormeitan, près de Boukhara et mort en 1037, près d'Hamadhan. Il est l'auteur de nombreux ouvrages scientifiques, philosophiques et médicaux. Il est surtout célèbre pour son "*Canon de la médecine*", traduit en latin au XII ème siècle par Gérard de Crémone qui fut une des références majeures de toutes les écoles de médecine jusqu'au XVII ème siècle. Dans cet ouvrage en cinq Livres, il a rassemblé les connaissances théoriques et pratiques nécessaire à l'exercice de la médecine. Le Livre I est un exposé général sur la médecine, le Livre II est consacré aux remèdes, les Livres III et IV aux maladies, le Livre V aux formulaires pour préparer des médicaments composés.

Bauhin Gaspard (1560-1624), médecin et botaniste né à Bâle. Il est surtout célèbre pour ses ouvrages d'anatomie et de botanique. On lui doit notamment *Phytopinax* (1596), *Prodomos Theatri botanici* (1620), *Pinax theatri botani* (1623). Il s'y est attaché à décrire un grand nombre de végétaux. Le dernier est particulièrement précieux car il se présente comme un répertoire synonymique où il a tenté de réunir tous les noms donnés par ses prédécesseurs et ses contemporains aux plantes dont il publie l'inventaire Ce *Pinax* illustre assez bien la grande confusion qui régnait alors dans la dénomination des végétaux. Il a aussi tenté d'établir une première désignation des plantes par un binôme latin.

Bolos de Mendès en Égypte vécut vers 200 avant J-C, et appartenait peut-être à la secte des néopythagoriciens. On le trouve généralement cité sous le nom de Démocrite peut-être parce qu'il avait largement utilisé parmi ses sources les ouvrages de Démocrite, le philosophe qui vivait à Abdère au IV ème siècle. Il est l'auteur de plusieurs livres dont l'un porte sur les sympathies et antipathies des animaux, des végétaux et des minéraux classées par ordre alphabétique, intitulé *Peri sumpatheiôn kai antipatheiôn.*

Brasavola (Antonio Musa), médecin italien (1500-1555) originaire de Ferrare où il créa un jardin botanique. On lui doit un important traité de botanique, *Examen omnium simplicium medicamentorum* publié en 1536, consacré essentiellement aux plantes médicinales dont il a testé lui-même les propriétés curatives sur des prisonniers. Il a en outre milité pour que la botanique soit nettement distinguée de la médecine.

Callimaque (310 – 240 av. J-C), poète alexandrin, auteur d'un très grand nombre d'épigrammes et d'hymnes, dont une infime partie est parvenue jusqu'à nous.

Camerarius ou **Camerer** (Rudolf Jacob), (1665 – 1721), médecin et professeur à l'Université de Tübingen, auteur d'une lettre adressée à Valentini, professeur à Giessen, *Epistola ad. D. Mich. Bern. Valentini De Sexu plantarum* où il prouve expérimentalement pour la première fois l'existence de sexe chez les plantes.

Cardan Jérôme, médecin et philosophe italien, né à Pavie en 1501, mort à Rome en 1576. Reçu Maître ès Arts à Venise en 1524, docteur en médecine à Padoue en 1526, il enseigne les mathématiques à Milan, puis parcourt l'Europe où il jouit d'une grande réputation, mais mène une vie aventureuse, jalonnée de scandales qui finit par le réduire à la pauvreté. Il professa à Bologne de 1562 à 1570, mais dut s'enfuir à Rome où il vécut jusqu'à la fin de sa vie, grâce aux bienfaits du pape Grégoire XII. Esprit original et haut en couleurs, il écrivit un nombre considérable d'ouvrages dont les plus célèbres sont le *De Subtilitate* et *le De Natura rerum.* Ce sont des sortes d'encyclopédies où il aborde les sujets les plus divers, mêlant savoir et superstition, sans grand souci de méthode. Selon lui, chaque chose possède une propriété secrète (une subtilité qui fait sa spécificité) que l'on peut découvrir par la méthode analogique, fondée sur l'observation des correspondances entre différents éléments de l'univers, comme les planètes et les couleurs ou les saveurs. Le Livre VIII du *De Subtilitate* est entièrement consacré aux plantes. Rappelons qu'il inventa un système de suspension qui porte son nom.

Carrichter (Bartholomäus) (né vers 1510 à Rekingen (Suisse) et mort en 1567 à Vienne), médecin et un astrologue suisse. Il devient, en 1556, médecin de l'empereur Ferdinand Ier du Saint-Empire (1503-1564) et en 1564 de Maximilien II (1527-1576).

Disciple convaincu de Paracelse, il en enseigne la doctrine de (1493-1541). Il est l'auteur de *Practica* (qui paraît après sa mort en 1575) et de deux livres mêlant astrologie et médecine et qui seront très souvent réédités : « Kräuterbuch » (1575) et « Von der Heilung zauberischer Schäden » (1608).

Celse, auteur latin qui vécut sous le règne de Tibère ; sa vie ne nous est pas connue ; il écrivit une importante encyclopédie dont seule la partie consacrée à la médecine (*De Medicina*) nous est parvenue.

Césalpino (Andrea) né en 1519 à Arezzo, mort à Rome en1603. Médecin et chercheur, il découvrit la circulation du sang dans le corps humain, attribuée à tort à Harvey (Cf. ses *Questiones paripapeticae* (V, 4) ouvrage publié en 1569. Il passa la plus grande partie de sa vie à l'Université de Pise. Il dénonça les impostures de la magie et de la sorcellerie (*Daemonium investigatio peripapetica*). Mais on lui doit surtout un remarquable ouvrage consacré aux plantes, le *De Plantis Libri XVI* (édité à Florence en 1583) qui est une première tentative sérieuse de systématisation de la botanique. Accordant une grande place à l'observation, sans négliger pour autant une approche philosophique de certains phénomènes, il jette les bases d'une anatomie et d'une physiologie végétale, dans le Livre I de son *De Plantis*. Il a également confectionné un herbier comprenant 768 plantes, aujourd'hui conservé à Florence.

Cleemporos, médecin grec auquel Pline fait référence (*H N*, XXII, 90), mais dont on ignore à quelle époque il a vécu et quelles sont ses œuvres.

Conringius (Hermannus) (1606 – 1681), médecin allemand, professeur de médecine, auteur de nombreux ouvrages, notamment *De Hermeticorum Ægyptiorum vetere et Paracelsiorum nova Medicina* (1648) où il rappelle (chapitre 20), lui aussi, qu'aucun auteur ancien ne mentionne la théorie des signatures, mais qu'on la doit à la « secte hermétique » (*Secta Hermetica*) et qu'elle est une pure invention de Paracelse.

Crateuas, médecin grec ayant vécu à la cour de Mithridate (II – I siècle av. J-C), auteur de plusieurs ouvrages de botanique médicale - dont un "herbier" illustré - auxquels Pline et Dioscoride font référence à plusieurs reprises parmi leurs sources d'information.

Crollius (Oswald), cf. Chapitre 3

Culpeper, né à Londres en 1616 et décédé à Spitafields en 1654 ; il n'était ni médecin, ni botaniste, mais il avait travaillé comme apprenti chez un apothicaire avant d'ouvrir lui-même boutique. Il s'était très tôt intéressé à l'astrologie et à la médecine et il avait acquis une certaine notoriété pour ses connaissances botaniques et pour sa compassion envers les personnes pauvres auxquelles il donnait gratuitement des consultations et prescrivait des remèdes. Il publia en 1652 un Herbier médical intitulé "*The English Physician or Astrologo-physical Discourse of the Vulgar Herbs of this Nation*" dans lequel il a recensé plus de 250 plantes poussant en Grande Bretagne réparties entre les sept planètes.

Dallechamp ou **Dalechamps**, médecin, né à Caen en 1513, mort à Lyon en 1588. Auteur d'une remarquable *Historia generalis plantarum, in Libros XVIII* (1587).

Deodatus (Claudius) ou Claude **Dieudonné**, médecin suisse, médecin personnel de l'archevêque de Bâle. Féru d'alchimie et fervent partisan de la médecine spagyrique, il est surtout connu pour être l'auteur d'un ouvrage intitulé *Pantheum hygiasticum Hippocratico-Hermeticum, de hominis vita ad centum et viginti annos salubriter* *producenda* en trois volumes, paru en 1628. C'est dans le Livre I, chapitre I p. 90 sq. que Deodatus a abordé la théorie des signatures végétales (*Medico Homini vitam ad 120 annos extendere connant, rerum naturalium signaturas, characterismos et adnarandas earumdem cum homine tum sympathias tum antipathias cognitas esse debere*). Il s'est essentiellement inspiré de Porta pour sélectionner un certain nombre de plantes porteuses de signatures chromatiques et morphologiques.

Diagoras de Chypre, médecin grec du IIIe siècle, plusieurs fois cité par Pline, comme source de ses informations sur les propriétés thérapeutiques des plantes.

Dictys de Cretensis, auteur d'un ouvrage perdu intitulé *Ephemeris belli Troiani*, en six livres. Le texte latin dont nous disposons a en fait pour auteur un certain Quintus Septimius (IVe siècle après J.-C) qui prétend traduire le texte de Dictys qui aurait été retrouvé après un tremblement de terre en Crète sous le règne de Néron. **Dioclès,** médecin grec du IVe siècle av. J.-C., natif de Carystos en Eubée, et qui vécut notamment à Athènes. Aucun de ses nombreux ouvrages n'a été conservé, et on en possède seulement quelques 200 fragments mentionnés par différents auteurs postérieurs. Son *Traité d'herboristerie* est cité par Pline.

Dioscoride médecin grec né à Anazarbe, une cité de Cilicie, en Asie Mineure, mais nous ignorons à peu près tout de sa vie, sinon qu'il vécut au Ier siècle après J-C. Il doit sa renommée à son ouvrage écrit en grec, le *Peri hulês iatrikês* – "Sur la matière (*hulê*) médicale (*iatrikê*)"- plus souvent désigné par la traduction latine de son titre, *De materia medica*. Il est composé de cinq Livres et certaines versions en comprennent un sixième, qui est réservé principalement aux substances toxiques, mais ce dernier n'est pas de Dioscoride. Consacré pour sa plus grande partie aux plantes médicinales et à leur emploi, le *Peri hulês iatrikês* de Dioscoride est l'unique traité grec de *Matière médicale* qui présente une approche botanique de la connaissance des *simples*. Toutefois, bien que les plantes y soient décrites avec une relative précision, ce n'est pas pour autant un traité d'herborisation, car, même si les végétaux représentent environ 80 % des substances qui y sont étudiées, il comprend aussi des notices sur les substances d'origine animale et minérale. On lui attribue un autre ouvrage intitulé *Peri aplôn pharmakôn* (ou *Euporista*) qui décrit les remèdes à employer pour soigner les maladies, celles-ci étant répertoriées en partant de la tête pour aller jusqu'aux pieds, un ordre souvent adopté dans ce genre d'ouvrage (*de cape ad calcem*). Traduit d'abord en latin, puis en plusieurs langues, remanié à différentes reprises, il a fait l'objet d'un très important commentaire du médecin siennois Matthioli au XVI ème siècle ; il demeurera longtemps l'une des principales références des médecins et des apothicaires.

Dodoens, cf. Chapitre 8.

Dubois (**Jacques**) est né à Amiens en 1478, mort à Paris en 1555. Il fait ses études à Paris et acquiert des connaissances étendues en grec, latin et hébreu ; puis il se rend à Montpellier où il suit les cours de médecine à la Faculté, mais quitte la ville pour rejoindre Paris sans avoir obtenu le titre de docteur, à la suite, semble-t-il, de son refus d'acquitter les frais d'études et de diplôme. Il est néanmoins reçu bachelier en médecine à Paris en 1531, et il est nommé professeur de médecine au Collège Royal. Il est l'auteur de nombreux ouvrages de médecine et de quelques opuscules grammaticaux.

Du Chesne ou **Quercetanus (Joseph**), cf. Chapitre 3

Elien (**Claude**) (170-225 ap. J-C) 'auteur d'un traité de zoologie : *De Natura Animalium*, publié sous le titre *La personnalité des animaux* - consacré pour l'essentiel au comportement animal. On lui doit aussi un recueil de faits divers intitulé *Histoires variées*.

Etzler (August), cf. Chapitre 4

Fabricius (Wolfgang Ambrosius), cf. chapitre 8

Forget (Jean) cf. Chapitre 8

Erasistrate de Céos, médecin grec (330-250 av. J.-C.), qui exerça à Antioche et à Alexandrie.

Festus Pompeius, Grammairien latin du IIe siècle apr. J.-C., auteur d'une sorte de dictionnaire des antiquités romaines intitulé *De Significatione Verborum*, dont une partie seulement est parvenue jusqu'à nous.

Fuchs (Leonart) (1501-1566) médecin et botaniste allemand d'origine suisse, né en 1501 à Wembdingen, mort en 1566. Après ses études à Heilbronn et à Erfurt, puis à Ingolstadt où il est reçu Maître ès Art (1521), il est reçu docteur en médecine en 1524. Il s'établit à Munich où il séjourne deux ans, puis à Ingolstadt où il enseigne la médecine. En 1528, il obtient le poste de premier médecin du margrave d'Anspach, puis la chaire d'enseignement de la médecine à Tübingen qu'il conservera jusqu'à sa mort. Il a publié de nombreux ouvrages, parmi lesquels un remarquable traité de botanique illustré dans lequel il décrit 550 plantes (*De Historia Stirpium* Bâle 1542), traduit en plusieurs langues (français, allemand, espagnol). Les illustrations ont été gravées par Veit Rudolph Speckle d'après des desins de Albert Mayer.

Galien (**Claude**), médecin grec, né en 129, sous le règne d'Hadrien à Pergame en Asie mineure. Il y étudie la médecine, puis complète ses études à Smyrne, Corinthe et Alexandrie. Rentré à Pergame, il y devient le médecin des gladiateurs. En 162, il part pour Rome où il devient assez rapidement connu à la suite de ses succès dans le traitement des malades qui le consultent, ce qui lui vaut d'être jalousé par plusieurs de ses confrères. Après avoir quitté Rome où sévit une épidémie de peste, il y revient à la demande de l'empereur Marc-Aurèle qui lui confie le soin de surveiller la santé de son fils Commode. Il séjourne à Rome, sous le règne de ce dernier, puis sous celui de Septime-Sévère et quitte la ville vers 200- 210 (?) pour rentrer à Pergame où il meurt probablement vers 216. Il est considéré comme le deuxième « père fondateur » de la médecine après Hippocrate. Il a écrit un nombre considérable d'ouvrages (édités sous le titre *Opera omnia* par C.G. Kühn, 20 volumes 1821-1833). Il sera l'une des références les plus souvent mentionnées dans les ouvrages des médecins-botanistes de la Renaissance. Il cite de nombreuses plantes à l'occasion de ses prescriptions, notamment dans les traités généralement désignés sous un titre latin : *De simplicium medicamentorum et facultatibus* (Kühn, XI), *De compositione secundum locos* (Kühn, XII), *De compositione medicamentorum per genera* (Kühn, XIII), *De remediis parabilibus* (Kühn, XIV), *De Antidotis* ((Kühn, XIV).

Gaffarel (Jacques), cf. Chapitre 3.

Géoponiques, encyclopédie agricole attribuée à Cassianus Bassus surnommé *Scholasticus* agronome et écrivain grec mal connu originaire de Maroton, en Bithynie, qui vivait probablement vers le VIe dans l'empire byzantin. Le texte dont nous disposons aujourd'hui a été composé au Xe sur l'ordre de l'empereur Constantin VII Porphyrogénète (913-959). Il s'agit d'une compilation en vingt livres dont les sources principales sont les *Morceaux choisis sur l'agriculture* de Cassianus (VI ème siècle) et de la *Collection (Synagoge) des pratiques agricoles* écrite au quatrième siècle par Vindonius Anatolius de Beyrouth

Ghini (Luca) (1490-1556), originaire d'Imola, fut professeur de médecine à Bologne de 1528 à 1544 avant de venir enseigner à Pise. Il fut nommé *Lector simplicium* de la première chaire d'enseignement de la botanique, crée à Padoue en 1533. A l'Université de Bologne, en 1534, Luca Ghini se voit confier une leçon extraordinaire sur les plantes médicinales (*Lectura medicinae*) qui fait suite à ses leçons de pratique médicale qu'il enseigne depuis 1528. En 1537, cette chaire devient autonome et fut intitulée d'abord *Lectura libri Galeni de simplicibus*, puis *De simplicibus medicinalibus* en 1539. Ghini quitte Bologne en 1544 pour occuper la chaire de Botanique à l'Université de Pise où il crée un jardin botanique en 1547. On lui attribue généralement la réalisation du premier herbier qui devait contenir environ 300 plantes séchées, collées sur des feuilles de papier, malheureusement perdu.

Grew (Nehemiah) (1641 -1712), botaniste anglais, auteur d'une *Anatomy of Plants* (1671) où il décrit avec précision les différentes parties d'une plante.

Hahnemann (Samuel, Christian, Frédéric) né en 1755 à Meissen, en Saxe, mort à Paris en 1843. Il est le fondateur de l'homéopathie dont il énonce les principes dans son *Organon der rationellen Heilkunde* ouvrage de référence publié en 1810. Selon lui, "Pour guérir d'une manière douce, prompte, certaine et durable, il faut choisir dans chaque cas de maladie, un médicament qui soit capable, par lui-même de provoquer une affection semblable à celle contre laquelle on se propose de l'employer." A ce principe de similitude, l'homéopathie en ajoute un autre qui continue aujourd'hui encore d'alimenter la polémique : la dissolution infinitésimale du principe actif des substances dans le remède élaboré. On remarquera que les théories originales de Paracelse sur la thérapeutique ne portent en aucune manière sur ces deux concepts fondamentaux de l'homéopathie. D'ailleurs, Hahnemann refusera toujours de reconnaître en Paracelse l'initiateur de ses propres théories et il niera s'être inspiré de celui-ci pour concevoir les fondements mêmes de l'homéopathie

Haller (Albrecht von) (1708 – 1777), physiologiste suisse, auteur de nombreux ouvrages parmi lesquels certains sont consacrés à la botanique. On lui doit notamment un traité sur *La statique des végétaux*, consacré à la physiologie végétale. Il s'opposa aux propositions de nomenclature et de systématique de Linné.

Hérodote (né à Halicarnasse en Carie vers 484 – mort à Thourioi dans le sud de l'Italie vers 420 av. J-C). Auteur d'un important ouvrage (*Historia*, i e *Enquête*) en 9 livres dans lequel il décrit les nombreuses régions qu'il a visitées, en livrant pour chacune d'elles de précieuses indications d'ordre historique et ethnographiques, notamment sur les coutumes et croyances locales.

Hippocrate est né en 460 av. J-C, mais on ignore la date de sa mort qui se situe probablement entre 375 et 351, à Larissa, en Thessalie. L'ensemble des ouvrages publiés sous son nom sont regroupés dans la *Collection hippocratique* (ou *Corpus hippocraticum*). Celle-ci comprend une soixantaine de traités écrits à peu près tous entre 450 et 350 av. J-C. Certains ont vraisemblablement été rédigés par Hippocrate lui-même, d'autres l'ont été par des disciples de son "école", notamment par son gendre

Polybe. La famille d'Hippocrate prétendait descendre d'Asklépios lui-même, par l'intermédiaire de son fils Podaleirios (Podalire). On rapportait en effet que ce dernier se serait échoué, à son retour de la guerre de Troie sur les rivages proches de la cité de Syrna, en Carie, berceau de sa famille. De là, celle-ci aurait émigré, en se scindant en trois, vers Cnide, Cos et Rhodes. Les deux premières cités deviendront des centres d'enseignement de la médecine, quand le savoir médical ne fut plus exclusivement transmis aux seuls membres d'une même famille, mais dispensé également à des disciples associés par serment à celle-ci. Les végétaux occupent une place qui est loin d'être négligeable dans plusieurs traités de la *Collection hippocratique*. Plus de trois cents y sont citées à des titres divers. Il est possible que leurs noms, l'indication de leurs propriétés et leur mode d'emploi aient été réunis dans un ouvrage spécial aujourd'hui perdu, appelé *Pharmakitis* dont il est fait mention dans le traité *Des Affections* (IX, 15, 28). Ce traité ne nous est malheureusement pas parvenu.

Isaac le Hollandais et son fils sont deux célèbres alchimistes du XVe siècle. On leur doit de nombreux ouvrages, édités pour la plupart au XVII ème et au XVIIIème siècle : *Opera mineralia* (1600) - *De triplici ordine elixiris et lapidis theoria* (1608), *Opera vegetabilia* (1617), *Opus Saturni* (1670), *Ratiores chemiae operationes* (1714) *Tractatus de salibus et oleis metallorum* (1723).

Jung (Joachim) (1587 – 1657) naturaliste allemand, professeur de sciences naturelles à Hambourg. On lui doit deux ouvrages importants : *De plantis doxoscopiaephysicae minores* (1662) et *Isagogue phytoscopia* (1679) dans lesquels il traite de la morphologie des végétaux et propose un vocabulaire précis pour décrire les différents éléments qui composent une plante.

Kircher (Athanase) (1602-1681), jésuite allemand, réputé pour l'étendue de ses connaissances. Il est l'auteur de nombreux ouvrages où il traite des sujets les plus variés. Il a abordé la question des signatures dans plusieurs ouvrages notamment dans son *Mondus Subterranus* (Livre 4, section 2, p. 217) et dans un passage d'un autre traité : "*De arte magnetica demiurgica, Œdipo,* Tome 2, *Veterum Ægyptiorum medicina.*"

Lémery (Nicolas), né à Rouen en 1645. Après avoir effectué son apprentissage chez son oncle, apothicaire, il se rendit à Paris pour compléter sa formation auprès de Ch. Glaser, apothicaire démonstrateur de chimie au jardin du Roy. En 1668, il gagna Montpellier pour y parfaire ses connaissances en pharmacie. De retour à Paris, en 1674, il s'y installe et donne des cours publics, publie une première édition de son *Cours de Chymie* qui fut suivi les années suivantes de nombreuses éditions en français, en anglais, allemand, espagnol, latin, italien et néerlandais. Cet ouvrage fut longtemps considéré comme le manuel de référence consacré à la chimie. Reçu docteur en médecine à l'Université de Caen, il dut abjurer la religion réformée en 1686 à la suite de la révocation de l'Édit de Nantes pour pouvoir exercer comme médecin et il obtint alors le privilège exceptionnel de pouvoir continuer à exercer également comme apothicaire. Il publia en 1697 sa *Pharmacopée universelle* et en 1698 son *Dictionnaire universel des drogues simples*. Nommé "associé chimiste" à l'Académie des sciences en 1699, il en devint pensionnaire en 1700. Il est mort à Paris en 1715. Son *Dictionnaire* (édition de 1760) comprend une importante bibliographie des ouvrages de botanique qu'il a utilisés (dont la *Phytognomonica* de Porta), un inventaire des noms donnés aux plantes par les botanistes les plus célèbres au cours des siècles précédents, une description précise des plantes, ainsi qu'une brève indication de leurs propriétés thérapeutiques.

Libavius (Andreas), forme latinisée de Libau, chimiste et médecin né à Halle vers 1560, mort à Cobourg le 25 juillet 1616. Il est connu surtout comme chimiste. Il découvrit le bichlorure d'étain, qu'on appelle encore quelquefois liqueur fumante de Libavius et qu'il employait comme caustique. Bien qu'il crût à la transmutation des métaux et aux vertus médicamenteuses de l'or, il s'employa à différentes occasions à réfuter les rêveries des alchimistes. Il fut également réputé comme médecin et il imagina quelques nouveaux remèdes. Il aurait été le premier, dit-on parfois, à avoir eu l'idée de la transfusion du sang que lui aurait inspiré le mythe d'Æson, rajeuni de cette façon par la magicienne Médée. Il est l'auteur de plusieurs ouvrages ; les principaux d'entre eux ont été réunis et publiés sous le titre *Opera omnia medico-chymica* en 3 volumes (1615), parmi lesquels son *Alchymia Triumphante* (1595, rééd. 1606), considéré comme le plus ancien manuel de chimie générale, où il écrit (chapitre 48) qu'on ne peut tirer aucune certitude des signatures vantées par les chimistes, car elles sont fortuites.

Linné (Carl von) (1707 – 1778) médecin et botaniste suédois, auteur de plusieurs publications parmi lesquelles *Genera Plantarum* (1737) et *Species plantarum* (1753) sont des ouvrages de référence ; il normalisa la désignation des plantes - que Tournefort (1656 – 1708) avait déjà engagée plusieurs années avant lui -, en proposant de désigner chaque plante par un binôme latin, dont le premier terme désigne le genre et le second l'espèce. Cette nomenclature qui suscita d'âpres discussions à son époque fut finalement adoptée par les botanistes du monde entier.

Lobelius (Mathias de l'Obel) (1538 Lille – 1616 Highgate) a étudié la médecine à Montpellier chez Rondelet. Médecin personnel de Guillaume d'Orange, puis Botanicus à la cour de James Ier en Angleterre. Auteur d'un *Plantarum seu stirpium historia* (1576)

Lulle (Raymond) (1232 (?) Palma de Majorque - 1315). Franciscain, théologien, philosophe, poète, romancier, missionnaire, écrivain mystique, auteur de très nombreux ouvrages. La majeure partie des dates que nous connaissons de sa vie proviennent d'un ouvrage qu'il a dicté à ses disciples intitulé *La vie contemporaine*. On se limitera à remarquer ici qu'il a traité brièvement des plantes dans *Felix ou le livre des merveilles du monde* et qu'il a évoqué la botanique et la biologie dans son *Arbre de la science*. Des ouvrages apocryphes furent publiés sous son nom, notamment un traité d'alchimie intitulé De secretis naturæ seu de quinta essentia.

Malpighi (Marcello) (1628 – 1694), médecin italien, l'un des premiers à utiliser le microscope pour l'étude des tissus végétaux. On lui doit notamment un *Anatome plantarum* (1675) où il expose le résultat de ses recherches sur la structure des différentes parties d'une plante.

Martial (Martialis Valerius) (40 – 102), poète latin, auteur de 14 livres d'*Épigrammes* dolt les premiers sont consacrés à décrire les jeux du cirque ainsi que les cadeaux distribués au cours des banquets, mais la majorité de ces courts poèmes a pour objet de solliciter des secours financiers ou de décrire des scènes satiriques d'un réalisme souvent cru, voire trivial.

Macrobe (Macrobius) (Ambrosius Theodosius) (vers 400 ap. J-C) écrivain et grammairien latin ; auteur d'un commentaire sur *Le songe de Scipion* de Cicéron et d'un ouvrage de compilation *Les Saturnales* où il a rassemblé de nombreux fragments d'œuvres aujourd'hui disparues.

Matthioli (parfois cité sous les noms de Mattioli, Matthiole, Matthiolus) Pietro Andrea (Pier Andrea, Petrus Andrea), médecin et botaniste italien, né à Sienne en 1501. Après ses études de médecine à Padoue, il exerce à Sienne, puis à Rome (entre 1521 et 1527), ensuite à Trente, auprès de l'archevêque Clesio pendant 14 ans, à Görtz pendant 12 ans, comme médecin de la ville. Médecin réputé, il fut appelé à Prague (en 1553) par l'empereur Ferdinand Ier pour devenir le médecin de son fils, l'archiduc Ferdinand. Il devint ensuite le médecin personnel de l'empereur Maximilien II. Il est mort de la peste à Trente en 1577. Auteur de plusieurs ouvrages, il est surtout connu pour ses *Commentarii in sex libros Pedacii Dioscoridis* qui paraît pour la première fois en 1544, illustré de nombreuses gravures de plantes. Cet ouvrage sera imprimé par la suite dans de nombreuses versions, et enrichis de gravures supplémentaires (plus de mille dans les versions les plus récentes), traduit dans de nombreuses langues dont le français (Antoine Pinet éditée en 1655, à Lyon, chez Claude Prost). Ses commentaires portent à la fois sur les identifications des plantes recensées par le médecin grec, mais aussi sur les propriétés qui leur étaient prêtées, aussi bien dans l'Antiquité qu'à son époque. A l'occasion, il fait état de ses propres recherches et de son expérience acquise en particulier lors de ses excursions botaniques ainsi que de ses échanges de plantes avec d'autres naturalistes, destinés à approfondir ses connaissances. Il y complète les descriptions des végétaux proposées par Dioscoride, en les précisant et il ajoute à l'inventaire de ce dernier un certain nombre de plantes que celui-ci n'avait pas mentionnées, mais qui lui paraissent dignes d'intérêt. Il ne manque pas de faire référence à différents auteurs de l'Antiquité, notamment Théophraste, Pline, Galien, mais aussi à des botanistes plus récents. Il lui arrive de contester, parfois avec vigueur, les identifications qu'ils ont parfois imprudemment proposées et il s'applique à démontrer pourquoi ceux-ci se sont lourdement trompés. Il est aussi l'auteur d'un important *De Plantis Epitome utilissima* (1586), un catalogue illustré des principales plantes médicinales connues à son époque.

Mésué, médecin arabe (Yuhanna-ibn-Masawaih) né vers 776 à Khouz, près de Ninive. Il dirigea la traduction en arabe de nombreux ouvrages grecs, persans et syriaques. Il est mort vers 855-857. Mais l'auteur que les ouvrages de la Renaissance désignent sous le nom de Heben Mésué ou Johannes Mésué et auquel ils font souvent référence est un autre personnage dont nous ignorons à peu près tout. Sous son nom furent publiés un ensemble de compilations latines portant le titre d'*Opera medica.* Cet ouvrage connut un grand succès car on y trouvait rassemblés de manière commode les différents procédés thérapeutiques prescrits par les auteurs grecs et arabes. Il se présentait comme un manuel pratique donnant au cas par cas, le mode concret d'opérer.

Monardes (Nicolás Bautista) (1493 - 1588), médecin et botaniste espagnol, auteur de plusieurs ouvrages de Botanique, notamment *Diálogo llamado pharmacodilosis* (1536), *De Secanda Vena in pleuriti Inter Grecos et Arabes Concordia* (1539). *De Rosa et partibus eius* (1540) et surtout *Historia medicinal de las cosas que se traen de nuestras Indias Occidentales* (1565, 1569 et1574) traduit en latin par Charles de L'Écluse et en anglais par J. Frampton.

Musa (Antonius), médecin de l'empereur Auguste. Sous son nom fut publié un petit traité sur les propriétés de la bétoine où sont recensées 47 affections différentes pour le traitement desquelles elle peut être prescrite

Nicandre de Colophon est un écrivain grec du II ème siècle avant J.C. qui a écrit deux poèmes, l'un traite des blessures causées par des animaux venimeux (*Theriaka*), l'autre des poisons (*Alexipharmaka*). Il serait également l'auteur de *Géorgiques*, mais cet ouvrage ne nous est pas parvenu.

Oribase, médecin, né à Pergame en 325, mort à Byzance en 403. Il accompagna Julien en Gaule en 355 ; celui-ci, devenu empereur le nomma questeur de Byzance. On lui doit une véritable encyclopédie médicale, *Collectiones medicae* où il a réuni l'essentiel des connaissances médicales de son temps. Il en tira deux manuels d'un usage courant et plus pratique à consulter : la *Synopsis* et les *Euporista*. Le Livre XV donne un répertoire des plantes de l'*abrotonon* à l'*ôkimon.*

Pandectarius (Mattheaus Sylvaticus), médecin italien, professeur à Salerne mort en 1342, auteur d'un *Liber pandectarum medicine omnia medicine ssimplicia continens* (1317). Il aurait été à l'origine d'un jardin botanique à Salerne.

Paracelse, cf. Chapitre 2

Paul d'Égine (VII ème siècle ap. J-C) médecin grec, auteur d'un manuel de médecine en sept livres (*Epitomae medicae libri septem*) une compilation d'ouvrages médicaux parmi lesquels les traités de Galien occupent une place majeure. Ce manuel figure parmi les références les plus citées par les médecins et les apothicaires de la Renaissance. Son Livre VII est consacré aux propriétés des médicaments simples et composés parmi lesquels les substances végétales occupent la plus grande place.

Paulli (Simon), cf. chapitre 8

Palladius (**Rutilius Taurus Emilianus**) (Vème siècle ap. J-C ?), auteur d'un traité d'agriculture en 14 livres (*De Re Rustica*)

Patin (**Guy**), né à Hodenc en Bray (1602), mort à Paris 1672) médecin, doyen de la Faculté de Médecine de Paris, auteur de plusieurs ouvrages de médecine, mais surtout connu pour ses *Lettres* publiées en trois recueils (1692, 1695, 1718). Il s'y montre opposé - parfois violemment - à toutes nouveautés, notamment aux découvertes d'Harvey sur la circulation du sang.

Platéarius (mort à Salerne en 1161), auteur vraisemblable du *Livre des simples médecines*, et d'un commentaire de *L'Antidotaire Nicolas* (*Glossae in Antidotarium Nicolaei*), un recueil de formules de remèdes, probablement rédigé par un médecin de Salerne au début du XIIème siècle.

Pline l'Ancien (**C. Plinus Secundus**), né en 23 et mort en 79 apr. J.-C. lors de l'éruption du Vésuve) a rédigé une monumentale *Histoire naturelle* en 37 livres dont 16 (Livres XII à XXVII) portent exclusivement sur l'étude des végétaux. Il y a recensé environ neuf cents végétaux qu'il décrit plus ou moins sommairement, sans oublier de mentionner leurs propriétés médicinales, et de rappeler à de nombreuses reprises comment et par qui celles-ci ont été décelées. Ces Livres de l'Histoire Naturelle constituent l'ouvrage le plus important consacré à la botanique, après ceux de Théophraste, qui remontent à plusieurs siècles auparavant, et ils resteront une des principales sources d'information sur les connaissances des plantes et leurs propriétés au début de notre ère.

Ptolémée (**Claude**) (né en Égypte vers 100, mort vers 170 ap. J-C), illustre astronome, mathématicien, géographe grec, auteur de nombreux ouvrage, notamment sur l'astronomie (*Almageste*), la géographie (*Geographia*), l'astrologie (*Tetrabiblos*) qui feront longtemps autorité.

Porta (Jo Baptista della), cf. chapitres 4, 5, 6, 7

Ray (John), cf. chapitre 8

Rhazes, (nom latinisé de Abu Bakr Muhammad ibn Zakariyya ar-Razi), médecin surnommé le « Galien des Arabes », né vers 865 à Ravy, métropole proche de Téhéran. Après y avoir étudié la philosophie, les mathématiques, l'alchimie, l'astronomie et la musique, il se rend à Bagdad vers la fin du IX ème siècle, attiré par la réputation de brillant centre culturel dont jouit la ville ; il se tourne vers la médecine qu'il exercera jusqu'à la fin de sa vie, survenue vers 925. Auteur d'un grand nombre d'ouvrages parmi lesquels ceux qui sont consacrés à la médecine occupent une place importante. Ce sont les traductions latines de certains d'entre eux auxquelles font référence les médecins-botanistes de la Renaissance.

Ripleus, nom latinisé de Ripley (**George**) (1415 ? – 1490 ?), célèbre alchimiste anglais du XVème siècle. Chanoine au prieuré des Augustins de Bridlington. Il est notamment l'auteur d'un traité intitulé *Compound of Alchemy or twelve Gates* (Composé d'Alchimie ou les douze Portes (1470-1471), d'un ouvrage intitulé *Medulla Alchimiae* (Moelle de l'Alchimie (1476).

Rhumelius (Johan Pharamund), cf. Chapitre 3

Rolfink (Werner), cf. Chapitre 8.

Scaliger (Julius Caesar) (né à Vérone en 1484, mort à Agen 1558). Humaniste et médecin français d'origine italienne. Après avoir étudié la philosophie à Bologne et la médecine à Padoue (1519), il s'établit à Vérone, puis à Agen comme médecin auprès de l'évêque Antoine de La Rovère. Il est l'auteur de nombreux ouvrages dont l'un des premiers est un violent pamphlet dirigé contre Érasme (*Orationes duae* (1621). On lui doit des ouvrages moins polémiques comme le *De causis linguae latinae* (1540), un traité de *Poétique*, ses *Exercitationes exotericae de subtilitate* (1557) où il discute les problèmes scientifiques et métaphysiques soulevés par le *De subtilitate rerum* de Girolamo Cardano, des traductions accompagnées de commentaires des livres d'Aristote consacrés à l'*Histoire naturelle* ainsi que les *Insomnies* d'Hippocrate. Il s'intéressa aussi à la botanique dans son *Commentarius et animadversiones in VI libros de causis plantarum Theophrasti* (1556) et il se déclara partisan d'abandonner la classification des plantes basées sur leur propriétés et d'en établir au contraire une répartition fondée sur leurs caractéristiques distinctives.

Scribonius Largus, médecin d'origine sicilienne, formé dans la tradition empirique, vivant au I er siècle ap. J-C. Il est l'auteur d'un recueil (*Compositiones*), qui réunit 271 prescriptions pour la plupart de son invention. Une importante partie en fut reprise au Vème siècle par Marcellus Empiricus dans son ouvrage *De Medicamentis Empiricis, Physicis, et Rationabilibus.*

Sebizius (Melchior) (1578 – 1674), médecin et professeur de médecine à Strasbourg. Il est l'auteur de plusieurs ouvrages :*Execitationes medicae, Miscellaneae Questiones medicae, Speculum medicinae practicum*. Dans son commentaire au traité de Galien sur les propriétés des médicaments simples, il rappelle qu'aucun auteur d'ouvrages médicaux de l'Antiquité n'a fait mention de la théorie des signatures et il considère, comme beaucoup de ceux qui la condamnent, qu'elle a été imaginée par des charlatans et des incantateurs qui étaient pour leur majorité des Egyptiens ou des Chaldéens (c'est-à-dire des magiciens).

Seith (Simeon) ou **Sethi (Symeon)**, médecin bysantin du XIe siècle, originaire d'Antioche, grand chambellan de l'empereur Michel VII Doukas. Il rédigea un important ouvrage sur les propriétés des aliments, que l'on peut assimiler à une sorte de traité de diététique (*Suntagma kata stoicheiôn peri trophôn dunameôn*, traduit en latin *Syntagma de alimentorum facultatibus* ou *De cibarium facultate* [1re éd.1538]). On lui doit aussi un ouvrage sur les "choses naturelles "(*Conspectus rerum naturalium*) divisé en cinq livres.

Sennert (Daniel), cf. Chapitre 3

Sextus Placitus, auteur d'un *Liber medicinae ex animalibus*, composé vraisemblablement vers le Vème siècle ap. J-C.

Sérapion (ibn Sarabiyun), médecin arabe, auteur d'un ouvrage de médecine écrit en syriaque vers le IXème siècle. Sa version arabe fut traduite en latin par Gérard de Crémone sous le titre de *Breviarum* ou *Practica.* Toutefois, l'ouvrage auquel font référence les médecins de la Renaissance n'est probablement pas celui-ci, mais une compilation, faussement attribuée à Sérapion, présentant les simples classés d'après leurs qualités et leurs degrés, avec un certain nombre d'explications puisées chez les auteurs grecs et arabes.

Théophraste (né en 372-370 av. J.-C. à Eresos, dans l'île de Lesbos, mort en 288-286 à Athènes). Philosophe, disciple d'Aristote auquel il succède à la direction du Lycée. Il est l'auteur de plusieurs ouvrages dont seuls nous sont parvenus ses *Caractères* dont s'inspira La Bruyère ainsi que aujourd'hui perdus, ainsi que deux ouvrages majeurs consacrés aux espèces végétales que l'on désigne généralement sous leur titre latin : une *Historia Plantarum* (*Recherches sur les plantes*) et un *De causis plantarum* (*Les causes des phénomènes végétaux*). Si ce dernier qui se présente pour l'essentiel, comme un traité de physiologie végétale ne semble pas avoir suscité chez les botanistes des siècles suivants tout l'intérêt qu'il aurait mérité, son *Historia plantarum* en revanche connut un franc succès et il sera longtemps considéré comme un incontournable ouvrage de référence, l'une des principales sources d'information sur les plantes - avec les œuvres de Pline et de Dioscoride - à laquelle ont puisé tous ceux qui, de l'Antiquité à la Renaissance, se sont attachés à leur étude. Théophraste y rend compte d'un inventaire aussi complet que possible des végétaux alors connus, soit plus de quatre cents, qu'il tente de décrire avec précision et de classer, non sans avoir exposé avec pertinence la méthode qu'il convient de suivre avec rigueur pour entreprendre le recensement de la flore locale.

Thurneisser zu Turn (Leonard), cf. Chapitre 3

Vettius Valens, astrologue né à Antioche, probablement au II ème siècle de notre ère, auteur d'un ouvrage intitulé *Anthologies* en neuf Livres, qui se présente comme un traité d'astrologie pratique destiné à ses disciples.

Xénocrate d'Aphrodisias, médecin grec qui a vécu au Ier siècle de notre ère, probablement sous le règne de l'empereur Tibère. Ses ouvrages, aujourd'hui perdus, ont été largement utilisés par Pline.

LES MOTS DES MALADIES

Les noms donnés aux maladies par les auteurs d'ouvrages médicaux de l'Antiquité et de la Renaissance n'ont évidemment pas le même sens que de nos jours. Leur identification exacte donne encore aujourd'hui matière à discussion.

Nous avons réuni dans ce bref index la plupart des mots employés par les auteurs dont nous avons cités les textes pour nommer les diverses affections que les végétaux étaient censés guérir. Nous n'avons pas cherché à identifier celles-ci au regard des connaissances médicales actuelles et nous nous en sommes tenu aux définitions qu'en donnent, selon les cas, E. Col de Vilars (C V), Doyen de la faculté de Médecine de Paris (*Dictionnaire françois-latin des termes de Médecine*, Paris (1754) qui, selon son auteur "ne pourra manquer d'être de quelque utilité aux étudiants en Médecine.", P-H Nysten (N): *Dictionnaire de Médecine*, Paris, 1814 et E. Littré (L): *Dictionnaire de Médecine*, Paris (édit de 1884). On pourra toutefois consulter aussi avec profit P. Bouché : *Les mots de la médecine*, Belin 1994.

ægilops : "petit ulcère qui se forme à l'angle interne de l'œil" (C V)

albugo : "tache blanche qui se forme à l'œil sur la cornée" (C V)

alphos, alphus : dermatose caractérisée par des taches blanches squameuses ; "l'alphus semble renfermer deux affections très distinctes " l'une qui peut être le psoriasis et l'autre qui se confond avec le vitiligo" (L)

alvi profluvium : cours de ventre, diarrhée.

apostème : "tumeur contre nature, dont la matière dégénère en pus ou en sanie ; c'est la même chose qu'abcès, il y en a d'enkistés, d'autres qui ne le sont pas" (C V)

aqua intercus : synonyme d'anasarque, hydropisie générale du tissu cellulaire (N), " tumeur ou enflure œdémateuse de toute l'habitude du corps, qui retient l'impression du doigt, & qui est accompagnée de langueur, de pâleur, de difficulté de respirer, & d'autres symptômes qui dénotent la cachexie. Elle est causée par une lymphe qui séjourne dans les cellules du corps graiseux." (C V)

argema : "petit ulcère de la cornée qui parait blanc" (N), kératite.

cachexie :" mauvaise habitude du corps, qui le fait dégénérer de sa couleur naturelle, & le rend pâle, livide, plombé, mou & livide, par le ralentissement d'une lymphe ou d'un suc nourricier aqueux, cru, indigeste, mal broyé, dont les pores des fibres sont plutôt abreuvés que nourris." (C V)

cacochymie : "replétion (*ie* grande abondance) de mauvaises humeurs dans la masse du sang." (C V)

cacoethicus cacoëthe : "épithète qu'on donne aux ulcères malins qui sont très longs & très difficiles à guérir. Tels sont les ulcères véroliques, scrophuleux, scorbutiques & ceux dont les cacochymes sont attaqués." (C V)

caligo : "obscurcissement de la vue" (N)

cancer : "tumeur dure, ronde, inégale, livide ou plombée, environnée de plusieurs vaisseaux gonflés, variqueux, qui représentent à peu près les pattes d'une écrevisse, appelée en latin *cancer*, d'où cette tumeur a pris son nom. Elle se divise en cancer occulte & en cancer ulcéré....Celui qui attaque le visage s'appelle *noli me tangere*" (C V)

carbunculus, charbon : " C'est une tumeur rouge, un peu dure, ronde, élevée en pointe, d'une chaleur brûlante et d'une grosse pustule dans le milieu ou de plusieurs petites qui se changent en une croûte noire ou cendrée, comme si on y avait appliqué un fer chaud.il y a deux sortes de charbon, l'un simple, l'autre malin ou pestilentiel. " (C V)

causus : "espèce de fièvre caractérisée par une chaleur et une soif excessive ; les modernes la nomment fièvre ardente, et la regarde comme une complication de la fièvre bilieuse avec la fièvre inflammatoire." (N).

cœliaca, coeliaque : flux cœliaque ; "flux de ventre chyleux dans lequel le chyle sort par les selles confondu avec les excréments, ce qui les rend cendrés, grisâtres ou blanchâtres. La passion coeliaque diffère de la lienterie, en ce que dans cette dernière maladie les alimens sortent tout cruds, n'ayant pas le temps d'être digérés, au lieu que dans la première, ils le sont entièrement ou en partie ; mais le chyle qui en résulte ne pouvant passer par les vaisseaux lactés se précipite avec les matières fécales." (C V)

chiragra : "goutte qui prend aux mains " (CV)

cholera : "maladie très aigue de l'estomac & des intestins, dans laquelle on rend, avec beaucoup d'efforts par le vomissement & par les selles, des humeurs âcres, bilieuses, acides, corrosives, jaunes, vertes, noires & qui est accompagnée de cardialgie, de douleurs de coliques considérables, de défaillance, d'oppression, d'un pouls fréquent, petit, inégal,, de sueurs froides au front & aux extrémités, d'une soif pressante, souvent de convulsions & d'autres fâcheux symptômes qui font quelquefois périr les malades dans les vingt-quatre heures." (CV)

chyle : "humeur blanchâtre qui provient des aliments digérés" (N)

febris, fièvre : "mouvement déréglé de la masse de sang, avec fréquence permanente du pouls & lésions des fonctions, accompagné le plus souvent d'une chaleur excessive. " (CV). On en distinguait de nombreuses variétés selon leur durée, celle des intervalles entre deux accès et leur intensité.

febres ardentes : fièvres ardentes, fièvres continues appelées également *causus*.

febres continuae : "Il y a trois espèces de fièvres continues simples, l'éphémère qui ne dure ordinairement qu'un jour, la synoque qui s'étend jusqu'au quatrième ou au septième, quelquefois davantage et la fièvre ardente appelée *causus*." (CV)

febres erraticae : fièvres erratiques ; fièvre continue périodique qui revient à intervalles irréguliers.

febres intermittentes : fièvres intermittentes ; "il y a trois sortes de fièvres intermittentes : la quotidienne, la tierce et la quarte "(CV)

febres quartanae, fièvres quartes "quand les accès sont séparés par deux jours d'apyrexie." (L); la fièvre quarte revient après trois jours (deux accès en quatre jours).

febres tertianae, fièvres tierces "quand les accès reviennent de deux jours l'un et sont séparés par un jour d'apyrexie complète." (L); la fièvre tierce revient après deux jours (deux accès en trois jours).

fic : "espèce de condylome ou excroissance charnue ; c'est une petite tumeur, indolente et ronde, qui pend en manière de figue, d'où elle a pris son nom, ainsi que de sa substance interne composée de petits grains qui la font ressembler à la chair de ce fruit. Le fic vient aux yeux, aux paupières, au menton, à la langue, au fondement et aux parties naturelles de l'un & l'autre sexe". (CV)

flux coeliaque, cf. *cœliaca.*

furores : "ensemble des mouvements et des cris violents qui caractérisent le plus haut degré de la folie et qui peuvent être de longue durée ou survenir par accès." (L)

gale : "maladie de la peau ; éruption de petites pustules " (C V); On distingue deux variétés de la gale qui ne diffèrent que par le volume des pustules ; l'une est la *grosse gale, scabies crassa, scabies humida* ; l'autre est la *miliaire* ou *canine* : celle-ci se nomme aussi *gale sèche, scabies sicca* parce qu'elle ne suppure pas ; *prurigineuse, pruriginosa,* et *gratelle, impetigo* parce qu'elle cause une démangeaison plus vive que l'autre variété." (N)

glaucoma : altération du crystallin qui devient opaque & de couleur azurée ou de verd de mer, ensuite grisâtre ou blanchâtre (C V), glaucome.

grando, grandines : "petite tumeur dure, ronde, mobile & transparente come un grain de grêle, qui se forme à la paupière supérieure" (C V)

grenouillette : "tumeur liquide du plancher de la bouche, qui tire son nom de ce que ceux qui la portent parlent, dit A. Paré, en coassant à la façon d'une grenouille". (L)

impetigo : "une variété d'eczéma caractérisée par l'existence de pustules au lieu de vésicules" (L); " Mot latin par lequel quelques auteurs désignent la gale miliaire ou canine" (N)

lepra. Synonyme de ladrerie ; maladie de la peau qui n'est pas ce que l'on entend aujourd'hui par lèpre. "Gale très invétérée, accompagnée de stupeur & d'insensibilité dans les tégumens && d'autres symptômes très considérables. On la distingue en deux espèces, la *lèpre des Grecs* & la *lèpre des Arabes*. La première est appelée par Celse *impetigo* ; par Avicenne *Albaras nigra*, ou *impetigo excorticativa.* La seconde qui est plus affreuse & le dernier degré de cette maladie, se nomme *Elephantiasis*, parce que les malades ont la peau épaisse & ridée comme celle des éléphants ou *Satyriasis*, ou *Leontiasis*, à cause de leur horrible figure & de leur lubricité. Depuis 200 ans, elle est presque éteinte." (C V); gale et lèpre sont souvent désignées par l'expression Mal Saint Main.

léthargie : "sommeil ou assoupissement profond & contre nature, accompagné d'une diminution considérable du sentiment & du mouvement volontaire, de délire, d'oubli, & d'une petite fièvre continue". On a bien de la peine à réveiller les léthargiques ; ils sentent cependant quand on les piques ; ils ouvrent les yeux, ils répondent, mais hors de propos ; ils sont sans mémoire, paroissent comme stupide, retombent aussitôt dans leur assoupissement, & parlent souvent entre les dents" (C V)

lichen :"Selon Hebra, le nom de *Lichen* devrait être réservé uniquement à une affection caractérisée par des papules ayant une forme typique qu'elles conservent sans se modifier en efflorescences, telles que vésicules et pustules : dès lors, il ne décrit que *L. scrofuleux,* et le *L. ruber, acuminé* ou *plan.* Pour Hardy, le lichen est une manifestation dartreuse, très voisine de l'eczéma, caractérisée dès son apparition, par une éruption papuleuse et présentant ensuite trois caractères fondamentaux, rudesse, épaississement de la peau, augmentation des rides." (L)

lienes magni : engorgements de la rate

Lienterie :"flux de ventre dans lequel on rend les alimens cruds, ou à demi digérés, peu de tems après qu'on les a pris." (CV)

lippitudo, lippitudines : ophtalmie ; "chassie des yeux qui consiste dans l'écoulement d'une humeur épaisse, visqueuse & âcre, qui suinte des bords des paupières, les colle l'une à l'autre & les enflamme" (C V)

mal ou feu St Antoine, l'ergotisme, provoqué par la consommation de farine contaminée par l'ergot de seigle ; mal St Claude : méningite ; mal St Eutrope : hydropisie ; mal St Fiacre : gale ou hémorroïdes ; mal St Gilles : terreurs nocturnes des enfants ; danse de St Guy : chorée ; mal St Hubert : rage ; mal St Gildas : rage ; mal St Jean : épilepsie ; mal St Laurent : dermatose avec sensation de brûlure ; mal St Marcoul : écrouelles ; mal St Mathurin : folie ; mal St Maur : goutte ; mal St Méen ou Main : gale.

mélancolie désigne la bile noire ou atrabile, mais aussi "une maladie ", un délire sans fièvre en rapport avec l'état de la bile noire. "C'est une rêverie ou un délire sur certains objets particuliers, sans fureur & sans fièvre, ordinairement accompagné de crainte & de tristesse, sans occasion apparente. Les Mélancoliques aiment la solitude, fuient toutes les compagnies, ont le visage pâle, abattu, maigre, la respiration lente, le pouls rare & petit, les extrémités froides. Ils rêvent continuellement à l'objet de leur délire & raisonnent assez bien sur tous les autres. Il s'en est vu d'une infinité de force. Les uns se croient Rois, Princes, Prophètes. D'autres s'imaginent être lièvres, lapins, chats, loups, chiens & tâchent d'en imiter les actions. Il y en a eû qui, se persuadant être morts, ne vouloient ni boire, ni manger. On en a remarqué qui croyoient être de verre, de cire & qui évitoient avec grand soin tout ce qui pouvoient leur être nuisible selon leur pensée. La différence de tous ces délires vient de celle du tempérament & des idées dont on s'est le plus occupé" (C V)

morbi comitales : épilepsies

morbus gallicus, morbus napolitanus : "grosse vérole", syphilis.

naevus : "une tache congénitale sur la peau" (L).

noma : "ulcères corrosifs qui s'étendent toujours" (J. Boudot, *Dictionarium universale latino-gallicum* Paris, 1780)

nubecula : nubécule des yeux, synonyme de néphélion : "petite tache demi-transparentede la cornée qui laisse passer les rayons lumineux, comme à travers un nuage". (N)

oris exulcerationes : ulcérations de la bouche.

phrénésie : "délire continuel et furieux, accompagné de fièvre aigue, d'insomnie et d'inflammation du cerveau et de ses membranes" (C V)

plexus : "entrelacement réciproque de plusieurs branches nerveuses ou de vaisseaux d'un même ordre anastomosés." (L)

plumbum, plomb : affection oculaire, marquée sans doute par la couleur de la cornée, comparable à celle du plomb (Pline *H N* XXV, 155)

podagra : "goutte qui attaque les pieds" (N)

psora : "gale accompagnée d'aspérités de la peau & d'une grande démangeaison. "C V); "nom générique des maladies vésiculeuses ou pustuleuses de la peau" (L)

raucitas, raucitates : "raucité ; son particulier de la voix devenue plus grave et comme voilée dans certaines affections du larynx." (L) enrouements.

réseau : "entrelacement de vaisseaux sanguins, de fibres ou de nerfs qui forment comme une espèce de filet ou de rets." (L)

reduviae : "petit ulcère qui vient à la racine des ongles" (J. Boudot *op. cit.*); " envies aux doigts" (L).

sanguinis profusiones : hémmoraghagies, "perte de sang de quelque partie du corps que ce soit, causée par l'ouverture, la rupture ou l'érosion des vaisseaux sanguins." (C V)

sanie : "pus séreux qui sort des ulcères, particulièrement de ceux des jointures, parce qu'elles sont abreuvées d'une synovie qui se convertit facilement en sérosité purulente & âcre. Le sanie est différente du véritable pus qui est plus épais & plus blanc" (C V).

scabiosa, cf. gale.

scabritie : synonyme de "gale, rogne, farcin ; croute qui se forme sur une plaie" (J. Boudot *op. cit.*); "conjonctivite granuleuse" (L).

suffusio, synonyme de cataracte : "petite taie ou pellicule qui se forme dans l'humeur aqueuse. Cette petite peau se place derrière la prunelle ; elle ferme le trou, comme une espèce de rideau & empêche de voir". (C V)

scabies : "Maladie de la peau. Éruption de petites pustules entre les doigts, aux mains, aux poignets, aux bras, aux jarrets, aux cuisses, aux jambes, & souvent par tout le corps, excepté le visage. Ces pustules sont précédées & accompagnées d'une grande démangeaison." (C V)

scirrhe : "tumeur dure, indolente, pesante, qui se forme & croît lentement dans les parties molles du corps, tant internes qu'externes, sans inflammation & sans changement de couleur."

sphacelismus ou **sphacelus :** "Mortification entière de quelque partie du corps, causée par l'interception de la circulation du sang & des autres humeurs & par la corruption des parties sphacélées. Le sphacèle ne diffère de la gangrène que du plus au moins. Le sphacèle est une mortification totale, la gangrène n'en est que le commencement." (C V)

struma peut désigner les tuméfactions les plus diverses, de petites tumeurs superficielles bénignes de la peau, les scrofules ou encore le plus souvent, les écrouelles.

sudamina : "échauboulures, petites élevures rouges (i e vésicules) qui viennent sur la peau, causent un picotement ou une démangeaison vive et mordicante, et sont ordinairement l'effet de la sueur en été." (N).

tabes : "maladie de consomption, phtthisie, atrophie, hétisie, marasme" (C V)

tophus : " dépôt de substances dures, qui se forme dans l'intérieur des organes ou aux en virons des articulations, et qui est composé dans le premier cas de phosphate de chaux ; dans le second, d'urate de soude (goutte)." (L)

tubercule : petite saillie arrondie d'un volume variable, siégeant à la surface d'un organe ou dans la profondeur des tissus.

ungues scabros : ongles raboteux, rudes au toucher.

urinae stillicidia : stranguries.

v**ertigo :** " vertige, maladie du cerveau dans laquelle il semble que tous les objets tournent, & qu'on tourne soi-même.il y a deux espèces ou deux degrés de vertige, l'un simple, l'autre ténébreux. Le simple ne consiste que dans un tournoyement apparent des objets externes, sans que la vue en soit obscurcie. Le ténébreux (*vertigo tenebricosa* appelé autrefois *scotomia*) est celui dans lequel non seulement le malade s'imagine que tout ce qu'il voit autour de lui tourne, mais aussi ses yeux s'obscurcissent comme s'ils étoient couverts de nuages & il tombe par terre avec des palpitations du cœur. Ce vertige est ordinairement l'avant-coureur de l'épilepsie & de l'apoplexie." (C V)

vitiligo *:* " affections cutanées, caractérisées par l'apparition de plaques blanches, lisses, luisantes, entourées d'une aréole brune sur la peau des parties génitales, des mains, de la face, du cou, et parfois d'une grande étendue sur la surface du corps."(L)

BIBLIOGRAPHIE

N B : Les ouvrages ou articles cités dans l'ouvrage et dans les notes qui accompagnent les chapitres ne sont pas tous mentionnés dans cette Bibliographie.

I. Littérature médicale et botanique (Antiquité)

1. Auteurs grecs

AETIUS d'AMIDA : *Libri medicinales*, édit. Olivieri (A). *Corpus medicorum graecorum* VIII Leipzig-Berlin, Teubner, 1935-1950.

ALEXANDRE de TRALLES : *Libri duodecim de re medicina*, éd. et trad. all. par Puschmann (T), Wien, Braumüller, 1878-1879. Traduction française seule : Oeuvres médicales d'Alexandre de Tralles (4 Tomes) par Brunet (F), Paris, Librairie orientaliste, P.Geuther, 1933-1937.

ARISTOTE : *Génération des animaux*, texte établi et traduit par Louis (P), Paris, Les Belles Lettres, 1961 ; *Histoire des animaux*, texte établi et traduit par Louis (P), Paris, Les Belles Lettres, 1964-1969 ; *Longévité et briéveté de la vie*, publié *in Petits traités d'histoire naturelle*, texte établi et traduit par Mugnier (R), Paris, Les Belles Lettres, 1965 ; *Métaphysique*, texte traduit par Tricot (J), Paris, Vrin, 1953 ; *Parties des animaux*, texte établi et traduit par Louis (P), Paris, Les Belles Lettres, 1990.

ARISTOTE (Pseudo): *De plantis*, texte et trad. angl. par Hett (W.S) *in* Aristotle, *Minor Works* (XIV, pp. 139- 233) London, Loeb classical Library, 1980 ; *Peri Chrômatôn in* Aristotle *Minor Works* (XIV, pp. 139- 233) London, Loeb classical Library, 1980.

CATALOGUS CODICUM ASTROLOGICORUM GRAECORUM (*C C A G*). Textes établis et publiés sous la direction de Cumont (F), 12 volumes. Bruxelles : Lamertin, 1898-1936

DIOSCORIDE : - *De materia medica* et *Liber de simplicibus* (*Peri haplôn pharmakôn*), texte établi par Wellmann (M), Berlin, 1906-1914, rééd. 1958. (Des fragments de Crateuas et de Sextius Niger sont également édités dans cet ouvrage *in* Vol. III); *Codex Aniciae Iulianae picturis illustratus nunc Vidobonensis Med. Grec.* I *photocopice editus* J de Karabacek, A de Premestern, C. Wessely, J.Mantuani, A WSitjthoff, 1906. Ce *Codex* a fait l'objet d'une reproduction photographique plus récente, en couleurs, éditée par l'Université de Graz, accompagnée d'un volume de commentaires par Gerstinger (H), 1965-1970 ; *Der Wiener Dioskurides,* reproduction du *Codex med. I der Österreichischen Nationalbibliothek*, commentaire de O. Mazal, Graz, Akademische Druck u. Verlagsanstalt, 1999 ; *Dioscorides Arzneimittellehre*, trad. allem. du *De materia medica* par Berendes (J) accompagnée de propositions d'identification des plantes avec un bref commentaire,

Stuttgart, 1902. Réédit. Liechstenstein, Sandig, 1987 ; *The greek Herbal of Dioscoride*, trad. angl. de Goodyer (A.D) en 1655, éditée par Gunther (R.T) avec reproduction simplifiée des gravures du manuscrit de Vienne, London, Hafner, 1968 ; *Plantas y remedos medicinales* (*de Materia Medica*) traductio y Notas de Manuella Garcia. Editorial Gredos Madrid 1998.

Cf. aussi : Valerius Cordus (1515-1544) *Annotationes in Pedacii Dioscoridis de Materia Materia* (1561); Cornelius Petrus (*Annotatiunculae aliquot Cornelii Petri Leydenensis physici in quator Libros Dioscoridis Anazarbei* (1533); P. A Matthioli (cf. infra).

ELIEN : *De la nature des animaux* (*N.A.*), édit et trad. angl. par Scholfield (A.F), London, Loeb classical Library, 1959. Trad.fr. *La personnalité des animaux* par A.Zucker Paris, Les Belles Lettres, 2001.

GALIEN : *Opera omnia*, Texte grec et texte latin établis par C.G. Kühn, (20 volumes), 1821-1833. Réimpr.Hildesheim, G. Olms, 1964-1965. On peut consulter cette édition sur le site de la Bibliothèque Interuniversitaire de Médecine (*BIUM.*): http://www.biusante.parisdescartes.fr

HERMÈS TRISMÉGISTE, texte établi et traduit par Nock (A D) et Festugière (A J), (4 Tomes), Paris, Les Belles Lettres, 1946-1954.

HIPPOCRATE : *Oeuvres complètes*, texte établi et traduit par Littré (E), Paris, 1839-1861. Réimpr. Amsterdam, Hakkert, 1973. On peut consulter cette édition sur le site : http://www.biusante.parisdescartes.fr ; *De l'art médical*, textes présentés, commentés et annotés par Gourevitch (D), Paris, Librairie générale, française (Le Livre de poche), 1994 ; *Des airs, des eaux et des lieux*, texte établi et traduit par Jouanna (J), Paris, Les Belles Lettres, 1996 ; *Maladies II*, texte établi et traduit par Jouanna (J), Paris, Les Belles Lettres, 1983 ; *De la nature de l'enfant,* texte établi et traduit par Joly (R), Paris, Les Belles Lettres, 1970, *Maladies IV*, texte établi et traduit par Joly (R), Paris, Les Belles Lettres, 1970 ; *Du régime*, texte établi et traduit par Joly (R), 1967.

NICANDRE de Colophon : *Theriaka* et *Alexipharmaka*, édit. par Schneider (O), Leipzig, Teubner, 1856 ; *The poems and fragments*, édit. et trad. angl. par Gow (A.S.F) et Scholfield.Cambridge, University Press, 1953 ; *Scholia in Nicandri Theriaka*, edit. par Grugnola (A), Milano, Cisalpino, 1971 ; Scholies *Almexipharmaka*, edit. par Geymonat (M), Milano, Cesalpino Goliardica, 1974 ; Les Thériaques, texte établi et traduit par M. Jacques, Paris, Les Belles Lettres, 2002 ; Les Alexipharmaques, texte établi et traduit par M. Jacques, Paris, Les Belles Lettres, 2002.

ORIBASE : *Œuvres*, texte établi et traduit par Bussemaker (C) et Daremberg (Ch), Paris, Imprimerie impériale/Imprimerie Nationale, 1854-1876.

PAUL d'ÉGINE : *Œuvres*, édit. par Heiberg (I.L) in *Corpus medicorum graecorum* IX, Leipzig, Teubner, 1924.

PRÉSOCRATIQUES : H. Diels – W. Kranz : *Die Fragmente der Vorsocratiker*, Berlin1903- 1952 ; J P Dumont *Les écoles présocratiques*, Paris, Gallimard, 1991.

PTOLEMEE : *Tetrabiblos*, édit. et trad. Anglaise par F. E. Robbins, Loeb Classical Library (rééd. 1980); *Tetrabiblos*, traduction de Bourdin de Villeneuve, revue et corrigée par A. Bartault, Paris, Vernal, Ph. Lebaud 1986 ; *Le Livre unique de l'Astrologie,* traduction et commentaires de P. Charvet Paris, Nil éditions, 2000.

THEOPHRASTE : *Recherches sur les plantes* [*Historia plantarum* (*H.P.*)], texte établi et traduit par Amigues (S), 5 Tomes, Paris, Les Belles Lettres, 1988-2006 ;*Enquiry into Plants*, édit. et trad. angl. par Hort (A) (à l'exception des paragraphes 18, 3 à 18,

11 du Livre IX consacrés aux plantes aphrodisiaques !!) (Index des plantes et tableau de leur identification en fin du Tome II établi par Thiselton-Dyer (W), London, Loeb classical Library, 1916-1926 ; *De causis plantarum* (*C.P.*), édit. et trad. angl. par Einarson (B) et Link (G.K.K.), London, Loeb classical Library, 1976-1990 ; *Theophrasti Eresii Historia Plantarum*, édit. par Wimmer (F.), Leipzig, Teubner, 1854.

THESSALOS de TRALLES *(griechisch und lateinisch)*, *De Vertutibus Plantarum* herausgegeben von Friedrich (H-V): Beiträge zur klassischen Philologie herausgegeben von Reinhold Merkelbach, Heft 28, Meisenheim am Glan, A.Hain, 1968

2. Auteurs latins

APULÉE (Pseudo): *Herbarius*, *in Corpus medicorum latinorum* IV, édit. par Howald (E) et Sigerist (H E), Leipsig-Berlin, Teubner 1927.

CATON : *De l'agriculture*, texte établi et traduit par Goujard (R), Paris, Les Belles Lettres, 1975.

CELSE : *De medicina*, édit. et trad. angl. par Spencer (W G), London, Loeb classical Library, 1935- 1938.

GARGILIUS MARTIALIS *Les remèdes tirés des légumes et des fruits*, texte établi et traduit par Maire (B) Paris, Les Belles Lettres, 2002

MACER FLORIDUS *De viribus herbarum* texte et traduction de Baudet (L), Paris Panckoucke 1845

MACROBE : *Les Saturnales*, texte établi et traduit par de Bornecque (H). Paris : Garnier, 1937.

MARCELLUS :*De medicamentis*, *in Corpus medicorum latinorum* V, édit. et trad. all. par Liechtenhan (E), Kollesch (J) et Nickel (D), (2 vol.), Berlin, Teubner 1968.

Ps-MUSA (Antonius): *De herba vettonica*, *in Corpus medicorum latinorum* IV, édit. par Howald (E) et Sigerist (H.E), Leipzig-Berlin, Teubner 1927.

OVIDE : *Les Métamorphoses*, texte établi et traduit par Lafaye (G), Paris, les Belles Lettres, 925- 1930 ;*Les Métamorphoses*, trad. par Chamonard (J), Paris, GF-Flammarion, 1966.

PALLADIUS : *Traité d'agriculture*, texte établi et traduit par Martin (R), Paris, Les Belles Lettres, 1976.

PLINE : *Histoire naturelle (H.N.)*, Livre XII à XXVII, texte établi et traduit par J. André à l'exception des Livres XII, XXVI et XXVII (A.Ernout) et XVIII (H. Le Bonniec), Paris, Les Belles Lettres, 1949-1974 ; *Natural History* (*N.H.*), édit et trad. angl. (10 vol.), [Index des plantes établi par Jones (W.H.S.) avec leur identification à la fin du Tome 7], London, Loeb classical Library, 1956, 2ème édit. révisée par A.C. Andrews, 1980 ; *Historia naturalis*, édit. par Mayhoff (K), Leipzig, 1892-1909. Rééd. Stuttgart, Teubner, 1970, cf en particulier le Vol VI, *Indices*, qui contient le répertoire complet des noms des plantes citées dans l'*Histoire naturelle*, mais sans leur identification].

QUINTUS SERENUS *Liber Medicinalis* texte établi, traduit et commenté par (R) Paris, Pepin PUF, 1949

SCRIBONIUS LARGUS *Compositiones* texte établi par Sconocchia (S), Leipzig, Teubner 1983

THEODORUS PRISCIANUS *Euporiston*, texte établi par Rose (V), Leipzig, Teubner 1894

VARRON : *Économie rurale*, texte établi et traduit par Heurgeon (J), Paris, Les Belles Lettres, 1978.

II. Littérature médicale et botanique (Moyen-Âge – XVII ème siècle)

AGRIPPA (Heinrich Cornelius): *De philosophia occulta* (1531)

ALBERTUS MAGNUS, *De vegetatibus,* Buch VI, Traktat 2, Übersetzung und Kommentar von Klaus Biewer, Wissentschaftliche Verlagsgesellschaft mbH Stuttgart, 1992

ALDROVANDI (Ulisse): *Monstrorum Historia* (1642); *Dendrologiae naturalis scilicet arborum historiae libri duo* (1668)

BAUHIN (G) *ProdomosTheatri Botanici* (édit de 1620); *Pinax Theatri Botanici* (édit de (1623)

BÖHME (J): *De Natura rerum* (1620), trad.franç. par P. Deghaye *De la Nature des choses* Grasset, Paris, 1995

CARDAN *De Subtilitate Libri XXI,* trad.franç. *Les Livres de Hierome Cardanus intitulés De la Subtilité* (1556)

CROLLIUS (Oswald): *De signaturis seu vera et viva anatomia majoris et minoris Mundi* ; trad franç. *Traité des signatures ou vraye et vive anatomie du grand & petit monde.* De signaturis internis rerum ; die lateinische Edition princeps (609) und die deutsche erstübeisetzung (1623), herausgegeben und eingeleitet von W. Kühlmann und J. Telle, Stuttgart 1996

DEODATUS (Claudius) DIEUDONNÉ (Claude): *Pantheum hygiasticum Hippocratico-Hermeticum, de hominis vita ad centum et viginti annos salubriter producenda* (1628)

DODOENS) (R): *Stirpium historiae pemptades sex sive libri XXX* (1583)

DU CHESNE (QUERCETANUS): *De priscorum philosophorum* (1603) trad franç. *Traicté de la Matière, préparation et excellente vertu de la Médecine balsamique* (1626)

ETZLER (August): *Isagoge physico magico medica in qua signaturae non paucorum vegetabilium et animalium tam internae quae externae accurate depinguntur* (1631)

FABRICIUS (Wolfgang Ambrosius): *De Signaturis Plantarum* (1653)

FORGET (Jean): *Artis signatae designata fallacia, sive de vanitate signaturarum plantarum* (1633)

FRANKENIUS (J): *De signaturis herbarum idiomate Germanico* (1618)

FUCHS (L): *Kräuterbuch* (1543), trad. franç. *Histoire des plantes* Lyon (1550)

GARCIA da ORTA : *Colloque des Simples et des drogues de l'Inde*, traduction de S. Messinger Ramos, A Ramos et F Marchand-Sauvagnargues, Actes Sud, 2004,

GAFFAREL (Jacques): *Curiositez inouyessur la sculpture talismanique des persans, horoscope des patriarches et lecture des Estoilles* (1629)

HELVETIUS (Johann Friedrich): *Amphitheatrum physiognomiae medicum* (1660)

IBN AL BAYTAR : *Traité des simples*, traduction de L.Leclerc, Reproduction de l'édition de 1877, Paris, Institut du monde arabe, s.d.

MATTHIOLI (Pierre André): Les commentaires de P. A. Matthiollus, médecin senois sur les six Livres de Pedacius Dioscoride Anazarbeen, De la matière médicale, traduit de latin en français par A. de Pinet, Lyon, chez Cl. Prost, 1655, p. 287.

MENGERING (H A): *Questionum aliquot philosophicarum lanx satura de societate calendarum, signaturis plantarum* Question 2 *An ex signaturis simplicium certum et infallibile quid colligi liceat et an semper secundum istas haec appropriatu sint illis humani corporis membris et affectibus, quorum figuram exhibeant.* (1640)

PARACELSE Œuvres rassemblées et éditées par K. Sudhoff : *Theophrast von Hohenheim genannt Paracelsus, Sämtliche Werke,* 14 volumes, Münich-Berlin, Oldenburg 1922-1933 dont le texte a été établi à partir de l'édition de J. Huser : L'édition de K. Sudhoff a été complétée par W. Matthiessen et, plus récemment par K. Goldammer. L'édition de J. Huser a été transcrite en allemand moderne par B. Aschner : *Paracelsus, Sämtliche Werke*, 4 volumes, Vienne, G.Fischer 1926-1932.

PAULLI (Simon): *Quadripartiumde simplicium medicamentorum facultatibus* (1640)

PORTA (G B della) *Phytognomonica* (édit. 1650)

RAY (John): *Catalogus plantarum circa Cantabrigiam nascentium* (1660)

ROLFINK (Werner): *De vegetalibus plantis suffruticibus, fruticibus, arboribus in genere* (1670)

RHUMELLIUS (Johan Pharamund): *Medicina spagyrica, Herbarium hermeticum* (1648).

SENNERT (Daniel): *De chymicorum cum Aristotelicis et Galenicis consensu ac dissensu* (1619)

THURNHEISSER zu TURN (Leonard): *Historia sive description plantarum omnium tam domesticum quam exoticam* (edit de 1578)

III. Bibliographie générale

ADANSON, *Familles de plantes*, 1763

ALIOTTA (G), PIOMELLI (D), Antonio POLLIO (A), TOUWAIDE (A): *Le Piante Medicinalli des "Corpus Hippocraticum"* A.Guerini e Associati, Milano, 2003 André 1958

ALLANDRY (R): *Paracelse, le médecin maudit*, Paris, Gallimard 1937

AMIGUES (S): *Les traités botaniques de Théophraste,* in Wöhrle (G): Biologie, Steiner, Stuttgart, 1999, pp. 124-154 ; *Les fiancées du soleil* in Les Astres, Actes du colloque international de Montpellier (23- 25 mars 1995)", Publications de la Recherche, Université P. Valéry, Montpellier, 1996, pp. 101- 119 ; *La signature des plantes, source de croyances ou de savoir dans l'Antiquité gréco- romaine*, Cahier d'histoire des techniques 3, Université de Provence, Aix en Provence, 1995, pp. 127-138 ; *Une famille d'assassins : les akoniton,* L.A.M.A. 13, 1994, pp. 11-33 ; *Hyakinthos. Fleur mythique et plante réelle,* R E G, 1992, pp. 19-36 ; *Sur le persea d'Egypte*, Hommages à F.Daumas, Montpellier, 1986, 25-31 ; *Etudes de botanique antique,* Mémoires de l'Académie des Inscriptions et Belles lettres, Tome XXV, Paris, de Boccard, 2002

ANDERSON (F. J.): *An illustrated History of the Herbals.* New York, Columbia University Press Réédit., 1977, (1ère édit : 1912).

ANDRÉ (J) : *Lexique des termes de botanique en latin*, Paris, Klincksieck, 1956 ; *Les noms de plantes dans la Rome antique*, Paris, Les Belles Lettres, 1985.

ANTONIO (Biancastella) et Ubrizsy Savoia Andrea in *L'herbier d'Ulisse Aldrovandi* Actes Sud 2004.

ARBER (A): *Herbals*, Cambridge University Press, 1912 (rééd. 1938); *From Medieval Herbalism to the Birth of Modern Botany* (in *Science, Médicine and History : Essays on the evolution of scientific Thought and medical practise written in honour of Ch. Singer,* London, Oxford University Press, 1953).

AUFMESSER (M): *Etymologische und wortgeschichtliche Erläuterungen zu De Materia medica des Pedanius Dioscurides Anazarbeus* Olms, Hildesheim, 2000
BAKHOUCHE (B), FAUQUIER (F), PEREZ-JEAN (B): *Picatrix, un traité de Magie oriental.* Turnhout, Brepols, 2003
BAUDRY (H): *Contribution à l'étude du paracelsisme en France au XVI ème siècle*, Paris, Champion, 2005.
BECHTEL (G): *Paracelse et la naissance de la médecine alchimique*, Paris, 1970
BELLAKHDAR (J) *Plantes médicinales du Maghreb* Editions Le Fennec Casablanca 2006
BENEZET (J-P): *Pharmacie et médicament en Méditerranée* occidentale, Paris, Champion, 1999
BIANCHI, (M.L): *Signatura rerum. Segni magia e conoscenza da Paracelso a Leibnitz*, Ed. dell'Ateneo, Roma 1987.
BLAMEY (M.), GREY-WILSON (Ch.): *La Flore d'Europe occidentale*, Paris, Arthaud, 1991 ; *Mediterranean Wild Flowers,* Jersey, Harper Collins Publishers, 1993, trad fr.: *Toutes les fleurs de Méditerranée*, Lausanne, Delachaux et Niestlé, 2000. BLUNT (W.): *The Art of Botanical Illustration*, New York, Dover Publications, 1994.
BLUNT (W.), RAPHAEL (S.): *The illustrated Herbal,* New York, Thames and Hudson, 1994
BONNIER (G): *Flore complète illustrée en couleurs de France et de Belgique.* 1911-1935. Réédit. Paris : Belin, 1990.
BOUCHÉ (P): *Les mots de la médecine* Paris, Belin, 1994
BOUDOT (J) *Dictionarium universale latino-gallicum* Paris, 1780
BOULLARD (B): *Dictionnaire de botanique*, Paris, édition Marketing (Ellipses), 1988 ; *Dictionnaire Plantes et champignons*, Paris, ESTEM, 1997 ; *Guerre et paix dans le règne végétal.* Paris, Ellipses, 1990 ; *Plantes médicinales du monde*, Paris, ESTEM, 2001
BRAUN (L) *Paracelse*, Lucerne-Lausanne 1988.
BRICE (F) *Les Mots de la Botanique* Arles, Actes Sud 2011.
BRUNET (Marc Émile Prosper Louis) *Siméon Seth, médecin de l'empereur Michel Doucas ; sa vie, son oeuvre. Première traduction en français du traité "Recueil des propriétés des aliments par ordre alphabétique"*, Delmas, Bordeaux, 1939.
BRUNETON (J): *Plantes toxiques. Végétaux dangereux pour l'homme et les animaux*, Paris, Lavoisier, 1996 ; *Pharmacognosie : Phytochimie, plantes médicinales*, Paris, Lavoisier, 1993, *Phytothérapie, Les données de l'évaluation,* Paris, Lavoisier, 2002.
BUBENICEK (L): *Dictionnaire des plantes comestibles*, Paris, L'Harmattan, 2001.
BURDET (H M): *Ouvrages botaniques anciens. Catalogue des ouvrages prélinnéens de la Bibliothèque des Conservatoires et Jardins botaniques de Genève. Edit des Conservatoires et Jardins botaniques de Genève.* 1985.
CHARVET (P): *Ptolémée, Le Livre unique de l'Astrologie, Astrologie mondiale et thème de Naissance*, Traduction et commentaires de P. Charvet, Paris, Nil éditions 2000.
COUDERC (P): *L'Astrologie*, Paris, PUF, 1974.
CHIARUGI (A) *Le date di fondazione dei primi orti botanici del mondo*, Nuovo Giornale Botanico Italiano, vol LX, n.. 4, 1953.);
COL de VILARS *Dictionnaire françois-latin des termes de Médecine*, Paris, 1755. COLLINS (M) *Medieval Herbals*, British Library, 2000.
CULPEPER'S BRITISH HERBAL, London reed.1809.

DEBELMAS (A M) DELAVEAU (P): *Guide des plantes dangereuses*, Paris, Maloine, 1983.
DE CLEENE (M) LEJEUNE (M-C) *Compendium of Symbolic and Ritual Plants in Europe* Man & Culture, Ghent Rééd. 2000.
DELAVEAU (P): *Plantes agressives et poisons végétaux*, Paris, Horizons de France, 1974 ; *Histoire et renouveau des plantes médicinales*, Paris, A. Michel 1982. *Les épices*, Paris, Albin Michel, 1987 ; *La mémoire des mots en médecine, pharmacie et sciences*, Paris, Louis Pariente, 1992.
DIERBACH (J H): *Die Arzneimittel des Hippokrates*, Heidelberg, Gross, 1824.
DOLIVO (A) *Plantes médicinales du monde* Rossolis Musée botanique cantonal Lausanne 2010
DORVAULT (F.L.M), *L'Officine ou Répertoire général de Pharmacie pratique*, Paris, (édit de 1928)
DORVEAUX (P): *L'Antidotaire Nicolas*, Paris, Welter, 1896
DUCOURTHIAL (G) *Flore magique et astrologique de l'Antiquité* Paris, Belin 2003.
ENCYCLOPEDIA UNIVERSALIS *Dictionnaire de Botanique* Paris, A.Michel 1999
FAUSTI (D) HAUTALA (S) *Bibliographia della Botanica antica*, Centre Jean Palerne, Université de Saint-Étienne, Lettre d'information, nouvelle série n°6, 2007
FISCHER (H): *Mittelalterische Pflanzenkunde*München, 1929
FISCHESSER (B) DUPUIS-TATE (M-F): *Guide illustré de l'écologie,* Editions de La Martinière, 1996
FOURNIER (P): *Les plantes médicinales et vénéneuses de France* (3 vol.), Paris, Lechevalier, 1948.
FRAAS (C): *Synopsis plantarum florae classicae*, Münich, Fleischmann, 1845.
FRAZER (J.G): *Le Rameau d'or* (version française en 4 Tomes, Éditions R. Laffont, Paris 1981
FRILEY (J): *Les simples et autres plantes médicinales*, Milly la Forêt, Conservatoire national des plantes à parfum, médicinales, aromatiques et industrielles, 2001.
GARNIER (M) DELAMARRE (V, J, et Th): *Dictionnaire des Termes de Médecine*, Paris, Maloine, 2002.
GENAUST (H): *Etymologisches Wörterbuch der botanischen Pflanzennamen*, Basel, Boston, Stuttgart, Birkhauser Verlag, 1983.
GERT van WIJK (H L): *A Dictionary of Plant-Names* (latin, anglais, allemand, français, néerlandais), Amsterdam, 1909-1916, Réedit. Asher, 1971.
GLEDHILL (D): *The Names of Plants*. Cambridge (fourth edition 2008)
GOUREVITCH (D):*Histoire de la médecine ; leçons méthodologiques* Paris, Ellipses, 1995 ; *La médecine dans le monde romain*", in Grmek (M.), 1995, pp.95-122 ; *Les faux amis dans la traduction des textes médicaux*, Mémoires du Centre J. Palerne, n° 3, 1982. Saint Etienne
GRIEVE (M): *A modern Herbal*, London, J.Cape, 1931, réédit. 1985.
GRMEK (M D): *Histoire de la pensée médicale en Occident*, Tome 1, Antiquité et Moyen-Âge (Ouvrage collectif sous la direction de Mirko D. Grmek) Paris, Seuil, 1995, *Les maladies à l'aube de la civilisation occidentale*, Paris, Payot, 1983, rééd. 1994.
GUERILLOT-VINET (A), GUYOT (L): *Les épices*, Paris, P.U.F., 1963.
GUINOCHET (M) *Phytosociologie* Paris, Masson 1973.
HALIOUA (B): *Histoire de la Médecine* Masson, Paris, 2009.
HALLIDAY (G), BEADLE (M): *Consolided Index to Flora Europaea*, Cambridge University Press, 1982. (B): Histoire de la médicine Masson, Paris, 2009.

HARIG (G) *Bestimmung der Intensität in medizinischen System Galens*, Akademie der Wissenschaften der D D R Zentral Institut für alte Geschichte und Archäologie, Berlin 1974.

HATTON (R. G) *1001 Plant and Floral Illustrations from Early Herbals* Dover Pub. New-York 1996.

HOEFNER (F): *Nouvelle bibliographie générale depuis les temps les plus reculés jusqu'à 1850-1860.* Firmin Didot Paris 1855 (Rééd. Rosenkilde et Bagger Copenhague); *Histoire de la botanique*, Paris, Hachette, 1872.

JACQUART (D): *L'épopée de la science* arabe, Paris, Découvertes Gallimard 2005.

JACQUART (D), MICHEAU (F): *La médecine arabe et l'occident médiéval* Maisonneuve et Larose, Paris, 1990.

JOUANNA (J): *Hippocrate*, Fayard, Paris, 1992.

JUDD (W. S.), CAMPBELL (Ch. S.), KELLOGG (E.A.) STEVENS (P): *Botanique systématique, une perspective phylogénétique*, Paris-Bruxelles, De Boeck Université, 2000.

KÜHN (J.H), FLEISCHER (U): *Index Hippocraticus* (4 vol.), Göttingen, Vandenhoeck und Ruprecht, 1986-1989. (Cf. en particulier les références des noms des végétaux cités dans l'édition E.Littré des Œuvres d'Hippocrate).

LAFONT (O) *Dictionnaire d'Histoire de la Pharmacie*, Paris, Pharmathèmes 2003.

LEBRUN (F): Se soigner autrefois, Paris, Éditions du Seuil, 1995.

LECLERC (H): *Précis de phytothérapie*, Paris, Masson, 1927.

LEE GREENE (E): *Landmarks of Botanical History*. Smithsonian Institution, Washington, 1909, rééd. 1983.

LEMERY (N): *Dictionnaire universel des Drogues simples,* Paris, (édit. de 1760).

LIEUTAGHI (P): *La plante compagne, pratique et imaginaire de la flore sauvage en Europe occidentale*, Genève, Conservatoire et Jardin botanique de Genève, 1991 ; *L'herbe qui renouvelle*, Paris, Editions de la Maison des sciences de l'homme, 1986 ; *Le Livre des bonnes herbes*, Morel, 1966, Rééd. Arles, Actes sud, 1996 ; *Le Livre des Arbres, des Arbustes & Arbrisseaux* Arles, Actes Sud 1969. Rééd. 2004.

LITTRE (E) *Dictionnaire de Médecine*, Paris (édit de 1884)

LIVRE DES SIMPLES MÉDECINES, traduction française, Éditions Ozalid et Textes Cardinaux - Bibliothèque nationale, Paris, 1986.

LLOYD (G.E.R) "*The hot and the cold, the dry and the wet in greek philosophy*" in *The Journal of hellenic Studies* LXXXIV London 1964.

MÄGDEFRAU (K): *Geschichte der Botanik*, Stuttgart, G. Fischer, 1973.

MAGNIN-GONZE (J): *Histoire de la Botanique*Delachaux-Niestlé, Paris, 2004.

MANUILA (L), MANUILA (A), NICOLE (M), LAMBERT (H): *Dictionnaire français de médecine et de biologie* (4 vol.), Paris, Masson, 1970-1975.

MAUSS (M): *Esquisse d'une théorie générale de la magie*, in Sociologie et Anthropologie, Paris, Année sociologique, 1902-1903, rééd. PUF, 1989, 1-141.

MAVERIC (J): *La médecine hermétique des plantes*, Nice, Boumendil, 1980 (réédit de l'édition de 1935).

MAYR (E): *Histoire de la biologie*, Paris, Fayard, 1989.

MEYER (E): *Geschichte der Botanik* (4 vol.), Königsberg, Borntrager, 1854-1857, rééd. Amsterdam, Ascher, 1965.

MÖBIUS (M): *Geschichte der Botanik von den ersten Anfängen bis zur Gegenwart*, Iena,1937.

MOISAN (M):- *Lexique du vocabulaire botanique d'Hippocrate*, Laboratoire de recherches hippocratiques, Université de Laval (Canada), 1990.

MONNIER (Y) FRANCOIS (L): *Rabelais et l'herbier de Besançon*, Neo Editions, Besançon 2008
MORELOT (S) *Nouveau Dictionnaire Général des Drogues simples et composées de Lémery* Paris 1807
MORTON (A G.): *History of Botanical Science*, London, Academic Press, 1981.
MOZZANI (E): *Le livre des Superstitions*, Paris, R. Laffont, 1995.
NYSTEN (P-H): *Dictionnaire de Médecine* Paris, 1814
PAGEL (W) *Paracelsus, an Introduction to Philosophical Medicine in the area of the Renaissance,* Bâle et New-York, Katger, 1958, trad. fr., Paris, Arthaud 1963 ;
PARIS (R R), MOYSE (H.) *Précis de Matière Médicale* (3 vol.), Paris, Masson, 1965
PASTOUREAU (M) SIMONNET (D) *Le petit livre des couleurs*. Paris, Edit du Panama 2014
PELT (J-M.): *La médecine par les plantes*, Paris, Fayard, 1981 ; *Drogues et plantes magiques*, Paris, Fayard, 1983.
PETIT (E): *Grammaire latine pour servir aux travaux de phytographie et de nomenclature Botanique*, Meise, Edition du Jardin botanique national de Belgique, 1979.
PHILIPS (R), FOY (N): *Herbes*, trad. fr., Paris, La Maison Rustique, 1991.
PIC (A), BONNAMOUR (S): *Phytothérapie, médicaments végétaux*, Paris, Baillière, 1923.
PINAULT SORENSEN (M): *Le livre de botanique*, BNF, Paris, 2008
PINGREE (D): *Picatrix, the latin version*, London, The Warburg Institut 1986
PLANCHON (L), BRETIN (P), MANCEAU (P): *Précis de matière médicale*, Paris, Maloine, 1946.
PLESCH (A) *Répertoire bibliographique de la Bibliothèque Arpad Plesh* : *Mille et un Livres botaniques* Arcade, Bruxelles, 1973
POIRION (D) THOMASSET (C) *Tacuinum Sanitatis* (*L'Art de vivre au Moyen-Âge*) Paris, Edit. du Felin, 1995
POLETTI (A): *Fleurs et plantes médicinales* (3 vol.), Neuchâtel, Delachaux et Niestlé, 1988.
RASHED (R), MORELLON (R): *Histoire des Sciences arabes,* Tome III, Technologie, Alchimie et Sciences de la vie, Le Seuil, Paris, 1997
RAYNAL-ROQUES (A): *La botanique redécouverte*, Paris : Belin, 1994.
REEDS (K.M): *Botany in Medieval and Renaissance Universities*. Garland Publishing, Inc., New York, London 1991.
REILLE (M) : *Dictionnaire visuel de Botanique* Paris, Editions Ulmer, 2014. RIFFARD (P A): *L'ésotérisme*, Paris, R.Laffont, 1990.
RIVIERE : *Paracelse, médecin alchimiste, "philosophe par le feu"*, Paris, de Vicchi 2000.
RONAN (C): *Histoire mondiale des sciences* Paris, Seuil, 1988
ROTH (L) DAUNDERER (M), KORMANN (K) *Giftpflanzen, Pflanzengifte* Nikol Hamburg 5 ème édit. 2008.
SABBAH (G), CORSETTI (P-P), FISCHER (K D) (édit.): *Bibliographie des textes médicaux latins, Mémoires VI*, Saint-Étienne, Centre Jean Palerne, Université de Saint-Étienne, 1987 ; *Premier supplément 1986-1999 établi par Fischer (K-D), Mémoires XIX*, Saint-Etienne, Centre Jean Palerne, Université de Saint-Étienne, 2000.
SACHS (J von): *Histoire de la Botanique du XVI ème siècle à 1860* trad franç. Paris, 1892. SALLMANN (J-M): *Dictionnaire historique de la Magie et des Sciences occultes*, Paris, 2006.
SCHAUENBERG (P), PARIS (F): *Guide des plantes médicinales*, Neuchâtel, Delachaux et Niestlé, 1996.
SECRETS et VERTUS des plantes médicinales, (Ouvrage collectif préfacé par R.Paris), 2ème édit. Paris, Sélection du Reader's Digest, 1981.

SERARCHANGELI (C): *L'orto dei simpli : primo tentativo di insegnamento pratico*, Medicina nei Secoli - Journal of History of medicine- Arte e Scienza 16/2 (2004) pp. 439-453.
SOURNIA (J-Ch): *Histoire de la Médecine*, La Découverte, Paris, 1997.
SOURNIA (J) et TROUPEAU (G): Médecine arabe : Biographies critiques de Jean Mésué (VIII ème siècle) et du prétendu « Mésué le jeune » (Xème siècle), in *Clio Medica* 3 1968 pp.109-117.
STEARN (W T): *Botanical Latin*, London, David and Charles, 1985.
TATON (R): *La science antique et médiévale des origines à 1450*, Paris, PUF, 1966.
TOUWAIDE (A): *Bibliographie historique de la botanique*, Saint-Étienne, Centre Jean Palerne, Université de Saint-Étienne, Lettre d'information n° 30, déc. 1997- janv. 1998, pp. 2-22 ; n° 31, juillet- sept 1998, pp. 2-65.
THORNDIKE (L): *History of Magic and Expérimental Science* (8 vol.), Columbia University Press, 1923-1958.
TUTIN (T G), HEYVOOD (V H) et all.: *Flora Europaea*, Cambridge University Press, 1964 - 1980.
ULMANN (M): *La médicine islamique*, Paris, PUF, 1995
VALMONT DE BOMARE *Dictionnaire raisonné universel d'Histoire naturelle* Paris (édit de 1775 en 9 volumes)
VALNET (J.): *Phytothérapie*, Paris, Maloine (Livre de poche), rééd.1986.
VANDERMONDE (C A) *Dictionnaire portatif de santé* Paris (1788)
VAUCHER (H.): *Elsevier's Dictionnary of trees and shrubs (latin, english, french, german, italian)*. Amsterdam : Elsevier Scientific Publishing Company, 1986.
VAUGH (M.R MC) *Arnaldi de Villanova, Aphorismi de gradibus*, Grenade-Barcelone 1975
Weidlich (Th.) *Die Sympathie in der Antike Literatur* Stuttgart, C.Liebich, 1894
WEITZMANN (K): *Ancient Book Illumination*, Cambridge, Mass. Harvard Univ. Press, 1959.
WHEELER (W): *L'illustration botanique* 1999.
WHITESIDE (B), HUTIN (S): *Paracelse*, Paris, 1966.
WICHTL (M), ANTON (R): *Plantes thérapeutiques, tradition, pratique, officinale, science et thérapeutique*, édition française, Paris, Lavoisier, 1999.
WILLIS (J.C): *Dictionnary of the flowering plants and ferns*, Cambridge University Press, éd.1985.
WÖHRLE (G):*Theophrasts Methode in seinen botanischen Schriften*, Amsterdam, B.R. Grüner, 1985 ; *Aristoteles als Botaniker*, in Kullmann (W), Föllinger (S) (édit.), *Aristotelische Biologie, Intentionen, Methoden, Ergebnisse, Akten des Symposions über Aristoteles'Biologie vom 24-28 juli 1995*, Stuttgart, F. Steiner, 1997, 387-396 ; *Geschichte der Mathematik und der Naturwissenschaften in der Antike*, Band I, Biologie, Stuttgart, Steiner, 1999.
ZANDER (R): *Handwörterbuch der Pflanzennamen*, Stuttgart, Ulmer, rééd.Encke (F), Buchheim (G) et Seybold (S), 1984.

Addenda

BOUCHE (P) Les mots de la Médecine Paris, Belin, 1994
PASTOUREAU (M) SIMONNET (D) *Le petit livre des couleurs* Paris, Edit du Panama 2014
REILLE (M) Dictionnaire visuel de Botanique Paris, Ulmer 2014

QUELQUES EXEMPLES DE PLANTES PORTEUSES DE SIGNATURES

238 IOAN. BAPTISTÆ PORTÆ

EVVLSOS à *maxilla dentes tabellula oculis ſubiecta exprimi... dextris è dentariis ſpeciem vnam deſignauimus, putantes ad denti... ſimilitudinem effigiandam ſuffecturam : à ſiniſtris pineum con... deſquamatum, vt è ſuis loculis iacentes, & exemptæ pitydes, ſiu... pineoli), & in medio mali punici cortices & membranulam diſſecuimus, vt acini eoſdem ſimulantes in conſpectum venirent.*

GB della Porta *Phytognomonica*

Plantes évoquant les dents

pineus, punica malus

In propatulo tuſſilaginem, mox hederam, paulo poſt eryngium marinum, ſiue aquaticum, & poſtremo ficum adduximus; ac animalia, quorum pedes effinxerint, in conſpectu ſunt; nam prima equinæ vngulæ; ſecunda marinæ ſcolopendræ multiplices pedes; tertia, aquaticarum auium, ſiue anſerum; poſtremo, corui pedes expreſſimus.

GB della Porta *Phytognomonica*

Plantes évoquant les pattes d'un animal

tussilago, hedera, eryngium maritimum ou *aquaticum, ficus*

PHYTOGNOMONIC. LIB. IV. 317

PASTINACA, alopecuros, & equisetum accuratißime sculpturis indicantur, marini trigoni, vulpis, & equi caudarum similitudinem sibi vendicantes; quæ omnia abs te attentißime spectari velim, ut horum exemplis alia naturæ pernoscenda, vestigandaque perscruteris.

GB della Porta *Phytognomonica*

Plantes évoquant la queue d'un animal

pastanica, alopecuros, equisetum

PHYTOGNOMONIC. LIB. IV. 315

TRIVM plantarum icones huic capiti communes præfiximus, quæ non particulares, sed solius scorpionis caudæ sibi vendicarent imagines; primo, heliotropij summis florum spicarum retortis apicibus; secundo, siluestris cumini alterius corniculatis vaginalis; tertio, scorpioidis siliquulis eas imitantibus; in calce scorpionem ipsum affinximus, vt arctam similitudinem intuearis.

GB della Porta *Phytognomonica*

Plantes évoquant la queue d'un animal

heliotropium, *cuminum sylvestre*, *scorpioidis* (*herbula*)

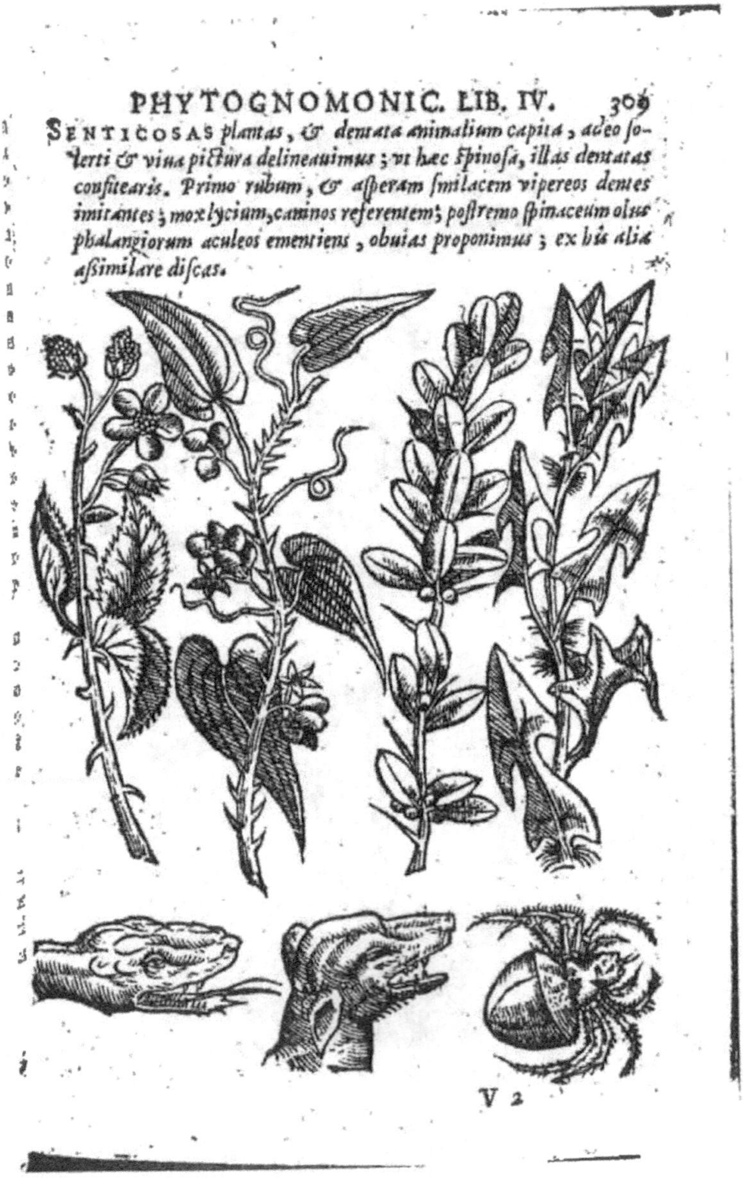

PHYTOGNOMONIC. LIB. IV. 309

SENTICOSAS plantas, & dentata animalium capita, adeo solerti & viua pictura delineauimus; vt hæc spinosa, illas dentatas confitearis. Primo rubum, & asperam smilacem vipereos dentes imitantes; mox lycium, caninos referentem; postremo spinaceum olus phalangiorum aculeos ementiens, obuias proponimus; ex his alia assimilare discas.

V 2

GB della Porta *Phytognomonica*

Plantes épineuses évoquant les dents d'un animal

rubus, smilax, lycium, spinaceum olus (*spinacia*)

PHYTOGNOMONIC. LIB. IV. 303

HASCE plantulas tibi proponimus, animalium linguas imitantes; cynoglossum canis linguam exprimit; in mox subsequenti, buglossum, bouinam; post, elaphoglosson ceruinam; postremo, ophioglosson serpentinam, insuper apparentibus vnà è regione animalium nominatorum linguis; propositum spectaculum intuitor, & contemplator.

GB della Porta *Phytognomonica*

Plantes évoquant la langue d'un animal

cynoglosson, buglosson, elaphoglosson, ophioglosson

298 IOAN. BAPTISTÆ PORTÆ

En tibi tres plantulas offerimus ſuis floribus animalium rictus oſtentantes; antirrhinon, leonis os referentem; dracunculum, draconis rictum ſimilantem, & acanthum biantis os ranæ mentientem; ex his reliqua tuo marte conijcies.

phraſto memoratur, Theodorus *caninum oculum* vertit: hoc olus ſtatim primis imbribus poſt æquinoctiū emicat, & inter

GB della Porta *Phytognomonica*

Plantes évoquant la bouche ou le bec d'un animal

antirrhinon, dracunculus, acanthum

292 IOAN. BAPTISTÆ PORTÆ

Hic corydalem, horminum, & fœniculum offendes, è regione alaudæ, galli, & pauonis criſtas effigiantes, ut mutuas ſimilitudines mutuo contempleris.

æmulantur. Inquit igitur Galenus: Adieci hæc ſermoni, quod vellem clare hoc animal, nempe galeritam manifeſtare, quod ferat in capite pilos erectos; quandoquidem expertus ſum

GB della Porta *Phytognomonica*

Plantes évoquant une crête ou une aigrette

corydalis, horminum, foeniculum

PHYTOGNOMONIC. LIB. IV. 289

SVPERIORES *plantarum figuræ ad subiecta animalium cornua spectant; anterior coronopi, ceruorum posterior fœnigræci, bouis; sequens ari, monocerotis; postrema cytisi, capræ cornua simulantes, singulæ singulis è regione respondentes, vt diligens intuitor*
269 *eas prompte & mutuo conferat, & perpendat.*

Galeno; ad idem taurinum fel valet, ex Dioscoride. Leucoion

GB della Porta *Phytognomonica*

Plantes évoquant la corne d'un animal

coronopus, foenugraecum, arum, cytisus

278 IOAN. BAPTISTÆ PORTÆ

PRÆSENTI figura ad maculosas serpentum pelles indicandas, allium anguinum, arum, arisarum, & dracunculum solum depinximus; ab 163
re enim fuisset, maculosas herbas horum gratia delineare. Infra marinum draconem, & colubrem maculosum ita expressimus, vt ad manus viui occurrere.

GB della Porta *Phytognomonica*

Plantes évoquant la peau tachetée d'un animal

allium anguinum, arum, arisarum, dracunculus

270 IOAN. BAPTISTÆ PORTÆ

TRES aconitûm icones ex vivis plantis expressimus; prima Pliniani pardalianchis, quam cammaro similem facit; secunda Dioscoridis; 158 tertia Theophrasti, integrum referens scorpionem. Infra cammari & scorpij effigies subiecimus, vt arcta, quam mutuo habent, similitudo contempletur.

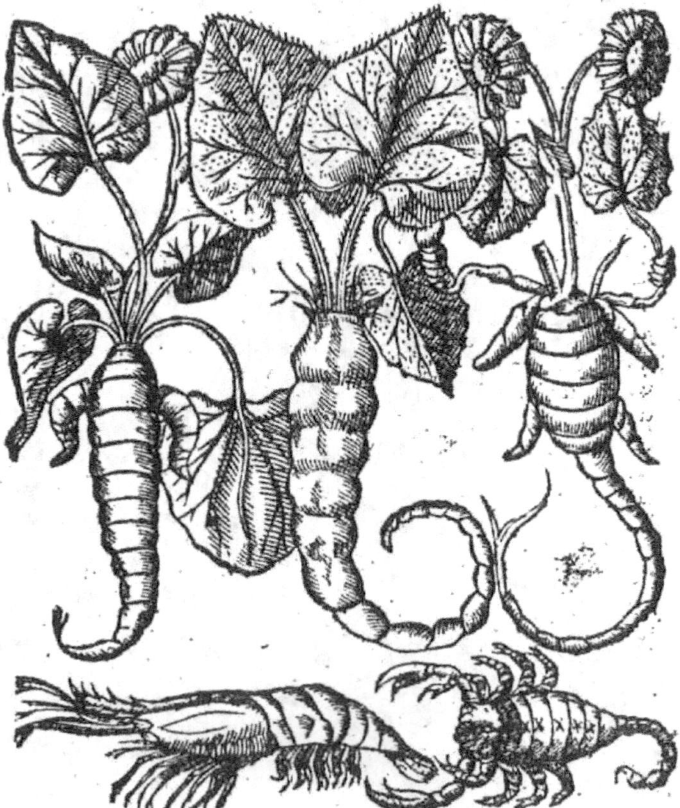

GB della Porta *Phytognomonica*

Plantes évoquant un scorpion

aconitum de Pline, *aconitum* de Dioscoride, *aconitum* de Théophraste

240 IOAN. BAPTISTÆ PORTÆ

HVC potißimum spectant palmæ Christi vocatæ, hermodactyli, vulgaris ischæmi, siue dactyli Pliniani plantæ, digitatas manus notantes, vt in superiore sede videntur; in ima vero manus cum suis digitis spectantur. 140

nis, & Pauli monitu vim habent ad articulorum defluxum præcipuam. Sunt è testiculorum genere *digiti citrini* appellati

GB della Porta *Phytognomonica*

Plantes évoquant les doigts

palma Christi, hermodactylus, ischaemon

262 IOAN. BAPTISTÆ PORTÆ

PECVLIARES effigies in hac tabula iuglandis, nucis Indicæ, allij, & arifructus è variis, multiplicibusque tunicis, nexibus ambientibus euulsis, conspiciuntur. Infra humanus fœtus in vtero inuolucris oblonga, & transuersa sectura dissectis, apertus in conspectum venit, vt vtriusque similitudo concinne possit comprehendi.

GB della Porta *Phytognomonica*

Plantes évoquant le fœtus *in utero*

juglans, nux Indica, allium, arum

144 IOAN. BAPTISTÆ PORTÆ

ORCHIDVM ſpecies tres finximus; duas didymi, tertiam triorchis, 142
ſimplicis bulbi, cum pleræque ſint, omiſimus. Confert cum humanis,
& in nihilo diſcrepabunt.

minori dracunculo dicendum. Gladiolus radicibus geminis
conſtat, bulborum modo alterum ſuper alterum inſidente,
quarum inferior gracilis, ſuperior vberiorem: ſuperiorem in

GB della Porta *Phytognomonica*

Plantes évoquant les parties sexuelles

orchis (double), *triorchis*

PHYTOGNOMONIC. LIB. III. 265

VESICARIAS plantas, primo haliacacabum, mox vesicariam repentem, post coluteam præsens icon insinuat; ac vesica e sui musculis nudata è regione spectatur; conduxerit itaque spectanti, mutuo simul eas conferre similitudines, quum ad vivum delineatæ sint.

R 4

GB della Porta *Phytognomonica*

Plantes évoquant la vessie

solanus halicacabus, colutea Liparae

254 IOAN. BAPTISTÆ PORTÆ

ETSI *cuique capiti tabellam peculiarem interiicere constituissemus: compendio tamen consulentes, pro præsenti, & subsequenti hanc concinnauimus; à dextra sui parte pulmonariam promit, subalbidis maculis variam, pro pulmone; à sinistra* capnos phragmitis *visitur, pro iecore.*

148

GB della Porta *Phytognomonica*

Plantes évoquant un poumon et un foie

pulmonaria, capnos phragmitis

PHYTOGNOMONIC. LIB. III. 251

QVATVOR hac pictura occurrunt plantarum partes; ac harum primæ in extremis partibus duæ antoræ, & montanæ nardi radices appa-rent, habentes in medio citrij fructum. In ſuperiori omnium ſede ap-poſuimus perſeæ fructum, omnes cordis imaginem, quantum picturis aſſequi datum eſt, proxime exprimentes; ac iuxta eum è pulmone euulſum cor, quam fieri licuit, appinximus, vt mutua ſimilitudo
146 exactius contemplari valeat.

GB della Porta *Phytognomonica*

Plantes évoquant le cœur

antora, montana nardus, citrium, persea (fructus)

PHYTOGNOMONIC. LIB. III. 233

OCVLARIVM florum ſpectandas delineationes peculiaris hæc tabella exhibet, quæ hoc capite pertractantur: primam ſedem à dextris ſibi vendicat aſteris Attici planta, ſecundam pardalianchis aconiti, ſubſequentem aizoi, poſtremam anthemidis. In calce in proſpectum, & in obliquum oculos expreſſimus.

P 4

GB della Porta *Phytognomonica*

Plantes évoquant un œil

aster atticus, aconitum pardalianches, aizoon, anthemis

niorem locum nacturi in vniuersa plantarum historia.

MVLTIPLICES *quercus fructus hac tabella ostendimus; quatuor gallarum species, vniones super frondes, cirros, capillos, fungos, monstra, agaricum, & fungos circa stipitem, viscum, & similia. Infra capillos, cristas, tauri cornua, & mutonem, vt mutuas similitudines contempleris.*

GB della Porta *Phytognomonica*

Végétaux évoquant la fécondité

quercus (fructus), gallae, agaricum, fungi, viscum,

PHYTOGNOMONIC. LIB. V. 377

PINASTRVM, *scabiosam, iuglandem, & lilium repræsentamus,*
190 *quæ conos, capitula, iulos, & radices squamosas, & scabritie insignes, explicant. Squamosa præterea animalia, serpentes & pisces, vt ex voto squamas contempleris.*

Aa 4

GB della Porta *Phytognomonica*

Plantes évoquant la peau d'un animal

pinaster, scabiosa, juglans, lilium

CAPILLARES *plantæ capillorum formam experimentes hac tabella curauimus vt in conſpectum venirent. In extremis ſedibus adiantum appinximus; in media polytrichon Apulei, infra quercus excreſcentiam quandam.*

Smyrnium ſilueſtre vmbelliferum; ex eodem ad alopeciam capillo replendam ingeritur. Sic ammoniacum, ſagapenum,

GB della Porta *Phytognomonica*

Plantes évoquant la chevelure

adiantum, polytrichon Apulei, quercus excrescentia

186 IOAN. BAPTISTÆ PORTÆ

SONCHI *speciem, chelidonium minus, & scrophulariam attulimus, quarum radicum innumeri fere globuli imam partem ambiunt, ad tubercula strumarum, & hæmorrhoidum ostendenda.*

Columella nona die necare dixit, nisi curentur; tumorem in lingua cum inflammatione præcipue partis, *batrachion* Græci vocant: curatur cuspide lignea, qua rana rubeta transfixa sit,

GB della Porta *Phytognomonica*

Plantes évoquant les enflures et certaines parties rondes du corps

sonchus, chelidonium minus, scrofularia

INDEX DES PLANTES CITÉES

L'Index des plantes citées dans la *Flore médicale des signatures* est présenté sous forme d'un tableau divisé en quatre colonnes.

La première colonne comprend tous les noms donnés aux plantes par les auteurs des différents textes cités dans l'ouvrage, qu'il s'agisse des noms latins, grecs, français ou allemands.

Dans la deuxième colonne sont proposées, sous leur nom scientifique, l'identification des plantes citées ; selon les cas, il peut s'agir d'une identification communément admise, voire de simples hypothèses vraisemblables, parfois l'aveu de notre incapacité à les identifier. Certains noms figurant dans la première colonne peuvent désigner plusieurs plantes différentes entre lesquelles les textes ne permettent pas toujours de faire un choix. Nous les avons mentionnés, souvent sans proposer un choix, faute de détails suffisamment précis dans les textes pour pouvoir se déterminer.

Dans la troisième colonne sont indiqués les noms communément utilisés aujourd'hui en français pour les désigner.

La quatrième colonne réunit, pour la plupart des noms de plante recensés, des références aux ouvrages des principaux botanistes de l'Antiquité gréco-romaine :

Théophraste (*Recherche surles plantes*, appelé communément *Historia plantorum* (*HP*)), publié et traduit par S. Amigues (PUF, Les Belles Lettres)

Pline (*Histoire Naturelle* (*HN*)) publié et traduit par J. André (PUF, Les Belles Lettres)

Dioscoride (*Peri hulês iatrikês* désigné généralement sous son titre latin *De Materia Medica* (*MM*), publié par M. Wellmann (Berlin Weidmannsche Verlagsbuchhandlung).

Nous avons jugé utile d'y faire également référence au *Dictionnaire universel des Drogues simples* (Paris, édition de 1760) qui recense la plupart des plantes citées par les auteurs de textes sur la théorie des signatures appliquée aux végétaux.

La cinquième colonne donne les pages de l'ouvrage où sont citées les plantes mentionnées sous le nom qui est indiqué dans la première colonne.

Noms donnés aux plantes par les auteurs de Flores médicales	**Noms scientifiques**	**Noms communs français**	**Références à Théophraste (*HP*) à Pline (*HN*), à Dioscoride (*M M*), à N. Lémery (*N L*)**	**Page où la plante est citée**
abies	une espèce du Genre *Abies* L.	sapin	*HP*,I, 1 ; 5 ; 6 ; 8 ; 9 ; 10 ; 12 ; 13 ; II, 3 ; III, 1 ; 3 ; 4 ; 5 ; 6 ; 7 ; 9 ; 10 ; IV, 1 ; 4 ; 5 ; 15 ; 16 ; V, 1 ; 3 ; 4 ; 5 ; 6 ; 7 ; 8 ; 9 ; IX1 ; 2 ; sv *elatê* *H N* XVI, 48, 49, 195 *N L*, p.1	318, 359, 367, 381,386, 504
abrotonum ou habrotonum abrotonum fæmina	*Santolina chamaecyparissus* L ou *Artemisia arborescens* L. ou Artemisia abrotanum L.	santoline ou petit-cyprès ou armoise, aurone	*H P* I, 9 ; VI 1 ; 3 ; 7 ; s v *abrotonon* *H N* XXI, 160-162 *MM* III, 24, s v *habrotonon* *N L*, p 673	140, 155, 287, 318, 327, 370, 376, 386, 392, 460, 457
absinthium absinthium Ponticum absinthium Seriphium santonicum herba	*Artemisia absinthium* L. ou *Artemisia maritima* L. ou *Artemisia pontica* L. ou *Artemisia abrotonum* L. ou *Artemisia caerulescens* L.	absinthe	*HP*, I, 12 ; IV, 5 ; VII, 9 ; IX, 17 ; s v *apsinthion* *HN*, XXVI, 151 ; XXVII, 45- 52 *M.M.* III, 23, sv *apsinthion* *N L*, p. 3, 4, 72, 699	162, 317,318, 461, 467
acacia	*Acacia nilotica* (L) Willd	acacia d'Égypte	*H P*, IV, 2, 8 ; sv *akantha he aiguptia* *H.N.* XXIV, 109-110 *N L*, p. 4, 498	323, 392
acanthium acanthum veterum	une espèce du Genre *Acanthus* L., notamment : *Acanthus spinosus* L., *Acanthus mollis* L.	acanthe	*H P*, IV, 10, 6 ; sv *akantha keanôthos* *H N* XXII, 76 ; XXIV, 108 *M M* III, 17, s v *akanthos* *N L*, p. 5	384, 417, 427
accipitrinus pes	une espèce du Genre *Hieracium* L.	"patte d'épervier ", une espèce d'épervière		319
acetosa	*Rumex acetosa* L.	oseille	*H N*, XX, 231 *M M*, II, 114 ; sv *lapathon* *N L* p. 8	154, 163
achaton	mot peu usité ; désigne peut-être *Hyoscyamus* L.	jusquiame	*H N*, XX, 35 *N L*, p. 377	233, 234
achillea	*Achillea millefolium* L. ou *Achillea ageratum* L.	achillée	*H N* XXV, 42 ; XXVI, 131, 151 *M M*, IV, 36, s v *achilleios* *N L*, p.11, 492	12, 459

acinus	*Ocimum basilicum* L. ou *Thymus acinos* L.	basilic sauvage ou une espèce de thym mais plus souvent : graine ou baie de certains végétaux comme le lierre ou le gui	*HP*, I, 6 ; 10 ; VII, 1 ; 2 ; 3, 4 ; 5 ; sv *ôkimon* *H N,* XXI, 174 *M M*, III, 43 sv *akinos*	379
aconitum aconitum pardalianches	une espèce du Genre *Aconitum* L.: *Doronicum pardalianches* Jacq. ou *Aconitum napellus* L. ou *Aconitum anthora* L.	aconit, aconit napel doronic, mort aux panthères aconit anthora	*HP*, IX, 16 ; sv *akoniton* *HN*, XXV, 122, XXVII, 9 *M M*, IV, 76 ; s v *akoniton* *N L*, p.11, 279, 359, 518	16, 17, 72, 140, 150, 152, 159, 186, 238, 272, 359, 361, 392, 304
aconitum salutiferum, syn. de uva versa et aussi d'herba parisi	*Solanum nigrum* L.	morelle noire, "tue-chien"	*NL* p 359	187
acorinus, acorus syn. de calamus aromaticus	*Acorus calamus* L.	roseau odorant	*H P*,IV, 8 ; IX, 7 ; s v *kalamos ho euôdês* *H N*, XXII, 104 *M M*, I, 18, s v *kalamos aromatikos* *N L* p. 12	95
acorum acorus aquaticus acorus luteus acorus palestris	*Iris pseudacorus* L. *Iris germanica* L.	iris jaune iris faux acore, flambe d'eau iris des marais	*HP*, I, 7 ; IV, 5 ; IX, 7 ; 8 ; 13 ; s v *iris* *H N*, XXV, 157 -158 *M M* I, 2, s v *akoron* *N L* p. 394	178, 377
adiantum	*Adiantum capillus-Veneris* L. ou *Asplenium adiantum nigrum* L. ou *Asplenium trichomanes* L. ou *Pimpinella saxifraga* L.	capillaire de Montpellier ou capillaire noir ou capillaire rouge, appelé également polytric officinal, et boucage	*HP*, VII, 10 ; 14 ; sv *adianton* *H.N*. XXII, 62- 64 *M M* IV 134 s v *adianton* *N L* p. 13	19, 34, 140, 172, 272, 323, 297, 370, 375, 386, 406, 412, 453, 455, 503
Ægyptia faba, cf. faba Ægyptia				
aeizôon, cf. aizoum				40, 225
aesculus	*Quercus frainetto* Ten.	chêne frainetto	*H P*, III, 8 ; s v *drus hê platuphullos* *H N*, XVI, 16-24 *M M*, I, 106 sv *drus*	790
affodilius, cf. asphodellus				232, 234
agallochum = lignum aloes	*Aquilaria agallocha* Roxb.	bois d'aloes en provenance de l'Inde.	*M M* I, 22, s v *agalochon* *N L*, p. 430	332

agaricum	*Lariciformes officinalis* (Vill.) Kotl. & Pouzar (= *Polyporus officinalis* (L.) Friess = *Lariciformes officinalis* (Vill.) Kotl. & Pouzar	nom donné à plusieurs espèces de champignon, notamment à l'agaric, polypore du mélèze	*H.N.* XVI, 33 ; XXV, 103 ; XXVI, 33, 39, 75, 78, 89, 110, 113, 123, 137, 155 *M M* III, 1 s v *agarikon* *N.L*, p. 16	158, 172, 179, 325, 389, 395, 469, 472, 488
ageratum	*Achillée ageratum* L.	achillée	*H.N.* XXVII, 13 *M.M.* IV, 58, sv *agêraton* *N L* p. 16	318, 488, 494, 508
aglaophanton, aglaophôtis, cf paeonia				40, 45, 225, 230, 277, 295
agnus castus	*Vitex agnus castus* L.	gattilier	*HP*, I, 3 ; 14 ; III, 12 ; s v *agnos* *H N*, XXIV, 59 *M.M.* I, 103 *N L* p. 17	152, 245, 273, 278
agorabotanon, cf. saturion				41
agrifolium, synonyme d'aquifolium	*Ilex aquifolium* L.	houx	*HP*, I, 3 ; 9 ; III, 3 ; 4 ; 5 ; IV, 1 ; V, 7 ; s v *kêlastron* *H N*, XXIV, 119 *N L* p. 52	488, 494, 509
agrimonia, cf eupatorium				147, 156, 158
aizoum (grand) aizoum (petit)	*Aeonium arboreum* Webb & Berth. (= *Sempervivum arboreum* L.) ou une espèce du Genre *Sedum* L. *Sempervivum tectorum* L.	joubarbe arborescente ou une espèce d'orpin joubarbe des toits	*HP*, I, 10 ; VII, 15 ; sv *aeizôon* *H N*, XXV,160 *M M*,IV, 88, sv *aeizôn* *N L* p. 19, 694	19, 40, 225, 392, 399
ajuga	*Ajuga chamaepitys* (L) Schreber	ivette commune	*H.N.* XXIV, 29 *M.M.* III, 158 sv *chamaipitus*	319
akinakês, cf.petasites				40
albucum	une espèce du Genre *Asphodelus* L	asphodèle	*HP*, I, 610 ; VII, 9 ; 12 ; 13 ; s v *asphodelos* *H N* XXI, 109, XXVI, 21 *M M*, II, 169, sv *asphodelos* *N L* p. 78	367, 377, 389, 399
alcea vesicaria, syn. de ketmia et de malva horaria vulgo			*N L* p. 401	488, 495, 509

alcharanios, cf. huoskuamon				40
alchone, syn. de chamaileon				231
alcibiaca, alcibium, alkibion	une espèce du Genre *Echium* L.	vipérine	*HP,* VII, 10, 3 ; sv *onocheiles* *HN,* XXII, 50, XXV, 104. *M M,* IV, 27 sv *echion* *N L*, p. 286	21, 408
alectorolophos, alektôros lophos synonyme de crista galli	identification incertaine *Celosia* L. ou *Salvia verbenaca* L.	célosie sauge verveine	*N L*, p. 250	296, 412
aliboufier cf styrax				279
alica	*Triticum dicoccum* Schrek	semoule d'épautre	*M M* II, 96 s v *chondros*	383
alisma	identification incertaine peut-être *Alisma plantago* L.	plantain d'eau	*H N,* XXV, 124 ; *M M,* III, 152, s v *alisma* *N L* p. 23	461
alkaleia herba	peut-être alcali végétal, *i e* potasse			261
alkekenge	*Physalis alkekengi* L.	alkekenge	*H N*, XXI, 177 *M M,* IV, 71 et 72, s v *struchnon hallikakkabon* *N L*, p. 23	20, 46, 142, 157, 164, 174, 178, 318
allearia ou alliaria	*Alliaria* Scop.		*N L*, p. 24	427
alleluya syn de triphyllon (chez Porta)	*Oxalis acetosella* L.	surelle, pain de coucou, oxalis petite-oseille	*H N*, XXVII, 112 *N L*, p. 557	173, 191, 393, 411
allium	*Allium sativum* L.	ail commun	*HP*, I, 6 ; 10 ; VII, 1 ; 2 ; 4 ; 13 ; IX, 13 ; s v *skorodon* *H N* XX, 50 -57 *M.M.* II, 152 s v *skordon* *N L*, p. 24	33, 100,153, 143, 157, 182, 185, 265, 279, 294, 318, 330, 368, 370, 371, 383, 388, 394, 396, 398, 460, 464, 505, 506
allium colubrinum	*Allium sativum* L. spp *ophioscorodon* (Link) J. Holub	ail serpentin	*N L* p. 786	159
allium silvestris, cf. ranunculus				371

alopecuros	*Polypogon monspeliensis* (L) Desf.	queue de renard	*H P*, VII, 11, 2 ; s v *alôpekuros* *H N*, XXI, 101	425
aloes aloe hepatica lignum	une des espèces du Genre *Aloes* L., notamment *Aloe vera* L.	aloès bois de l'aloes	*H N* XXVII, 14 à 20 ; *M M* III, 22, sv *aloe* *N L*, p. 26	26, 156, 158, 274, 277, 317, 318, 380, 383, 386, 460, 464, 476, 478
althaea	*Althaea officinalis* L.	guimauve	*HP*, IX, 15 ; 18 s v *althaia* *H N* XX, 29, 222- 230 ; *M.M.* III, 146, s v *althaia* *N L* p. 27	149, 156, 158, 319, 328, 325, 377, 461
alphaônia, cf paeonia				40
alypum	*Globularia alypum* L.	turbith blanc ou globulaire turbith	*H.N.* XXVII, 22 *M.M.* IV, 178, s.v. a*lupon*	324
alyssum	identification incertaine une espèce du genre *Biscutella* L. ou une espèce du genre *Rubia* L.	lunetière garance sauvage	*H N*, XXIV, 95 *M M* III, 91, s v *alysson* *N L* p. 29	326, 462
amaerandulum cf cerasus				331
amara dulcis	*Solanum dulcamara* L.	morelle douce-amère	*HP*, IX, 15 ; s v *struchnos* *H N*, XXIII, 20 *N L*, p. 282	158
amaracum, amaracus	*Origanum majorana* L. *Origanum vulgare* L., *Majorana hortensis* Moench, ou *Chrysanthemum parthenium* Bernh	différentes espèces de marjolaine grande camomille	*HP*, I, 9 ; VI, 1 ; 7 ; IX, 7 ; s v *amarakon* *HN* XXI, 61, 67 ; 163, 176 *M M*, III, 138, s v *amarakon* *N L*, p. 461	274, 277, 294, 299, 506
amaranthus	*Amaranthus caudatus* L.	amarante	*H N* XXI, 47, *M M*, IV, 57, s v *amaranton* syn. de *helichruson* *N L* p. 29	147, 331
ambubeia syn. de cichorium	*Cichorium intybus* L.	chicorée sauvage	*HP*, cf cichorium *HN*, XX, 73 *NL* p 612	318
amellus	*Aster amellus* L.	aster amelle, œil du Christ	*H N*, XXVII, 36 *M M*, IV, 119, sv *aster attikos*	478
amerina	une espèce du Genre *Salix* L. *Salix nigricans* L. ou *Vitex agnus castus* L.	saule gattilier	*H.N.* XXIV, 58 *N L*, p. 17 (salix amerina)	33

ami, ammi, amni de Syrie	*Trachyspermum copticum* Link =*Ammi copticum* L., ou *Ammi majus* L., *Carum copticum* L., *Carum ajowan* L.	ajouan ou cumin d'Ethiopie	*H.N.* XX, 164 *M.M.* III, 62, s v *ami* *N L*, p. 32	316, 319, 385, 456
ammoniacum	gomme ammoniaque extraite de *Ferula communis* L., var *brevifolia* L., ou *Ferula marmarica* L.,	férule d'Égypte	*H N*, XXIV, 23 *M.M.* III, 84, s v *ammôniakon* *N L*, p. 33	370, 381, 400
ampeloprasum	*Allium ampeloprasum* L.	poireau d'été	*H N*, XXIV, 136 *M M*, II, 150, s v *ampelaprason* *N L*, p. 687	327, 396, 460
amygdala, amygdalum, amygdalus	*Prunus amygdalus* Stokes (= *Prunus dulcis* (Miller) D A Webb)	amandier, amande	*H.N.* XXIII, 144 *M.M.* I, 123 sv *amugdalês* *N L*, p. 35	146, 152, 250, 279, 278,318, 328, 329, 381, 407, 504
anacardium	*Anacardium occidentale* L.	anacarde	*N L*, p. 36	43, 152, 145, 156, 393, 421, 497 502
anagallis	*Anagallis arvensis* L. spp *Anagallis phoenica* Scop. et *Anagallis arvensis* L. spp *Anagallis caerulea* Schreber	mouron à fleurs rouges ou mouron mâle mouron à fleurs bleues ou mouron femelle	*HP*, VII, 8,3 ; s v *korchoros* *H.N.* XXV, 144, 166, XXVI, 35, 90, 119 *M.M.* II, 178, s.v. *anagallis* *N L*, p. 36 – 37	43, 147,153, 153, 180, 221, 229, 277, 297, 326, 414, 460
anagyris commovens anagyros	*Anagyris foetida* L.	bois puant	*H N*, XXVII, 30 *M M*, III, 150, s v *anagyros* *N L*, p. 37	293, 361, 409, 503
anaxyritis cf. lapathon				296
anchusa	*Alkanna tinctoria* Tausch. ou une espèce d'*Echium* L.	orcanette ou vipérine	*HP*, VII, 8 ; 9 ; s v *agchousa* *H N*, XXII, 48, 49, 51 ; XXVII, 59 *M M*, IV, 23 et 24, s v *anchousa* *N L*, p. 39	153, 154, 156, 181, 331, 415, 419, 424, 460, 461, 464
andrachle agria	une espèce de *Sedum* L. *Portulaca oleacera* L.ou *Arbutus andrachnê* L.	une espèce d'orpin pourpier arbousier d'Orient	*HP*, I, 5 ; 9 ; III, 3 ; 4 ; 6 ; 16 ; IV, 4 ; 7 : 15 ; VII, 1 ; 2 ; s v *andrachnê*) *H N*, XXV, 162 ; *M M* II, 124, et IV, 90, s v *andrachnê* *N L* p 613	19

andraphaxus	*Atriplex hortensis* L.	arroche des jardins	*HP*, I, 14 ; VII, 1 ; 2 ; 3 ; 4 ; 5 ; s v *andraphaxus* *H N*, XIX, 99, 119 XX, 219-221 ; *M M*, II, 119 ; *N L*, p. 83	27
androsaemon, androsaimon	une espèce du Genre *Hypericum* L. notamment *Hypericum androsaemum* L.	androsème officinal	*H.N.* XXVII, 26 *M M* III, 156 s v *androsaimon* *N L*, p. 39	26, 45, 317, 332, 380, 461
aneblattum, cf. dentaria				180
anemone	*Anemone sylvestris* L. *Anemone pulsatilla* L.	anémone pulsatille, herbe au vent	*HP*, VI, 7 ; 8 ; VII, 7 ; 8 ; 10 ; s v *anemone* *H N* XXI, 165-166 *M M* II, 176, s v *anêmonê* *N L*, p 41 et 622	140, 172, 327, 332, 392
anethum	*Anethum graveolens* L.	aneth	*H P* I, 11 ; 12 ; VI, 2 ; VII, I, 1 ; 2 ; 4 ; s v *anethon* *H N*, XX, 196 *M M* III, 58, s v *anethon*	318, 376, 377, 406, 461
angelica angelica mare minor angelica magna fœmina angelica majore	*Angelica archangelica* L. ou *Laserpitium latifolium* L. ou *Levisticum officinale* Koch	angélique ou laser ou livèche	*N L*, p. 41	83, 136, 157, 245, 327, 606
angelila	*Carlina acaulis* L. *Carlina vulgaris* L.	carline	*N L* p 169	162
anguria	une espèce du Genre *Cucurbita* L. *Cucurbita pepo* L.	citrouille	*H N*, XIX, 69-74 *N L*, p. 221	462
anisum	*Pimpinella anisum* L.	anis	*HP*, I, 11 ; 12 ; IX, 7 ; s v *annêson* *H N*, XX, 185 *M M*, III, 56, s v *anêsson* *N L*, p. 43	166, 235, 263
anonis, cf. ononis				252
anserina	*Potentilla anserina* L.		*N L*, p. 614	155, 166, 235

anthemis ou camomilla	*Chamomilla recutica* (L) Rauschert (=*Matricaria chamomilla* L.) *Chamomilla aurea* (Loefl.) Gay ex Cosson & Kralik. (= *Matricaria aurea* L.) ou *Anthemis tinctoria* L. ou une espèce du Genre *Chrysanthemum* L. *Chrysanthemum segetum* L. ou *Chrysanthemum coronarium* L. ou encore une espèce du Genre *Leucanthemum* L.	camomille commune petite camomille ou camomille sauvage marguerite	*HP*, I, 13 ; VII, 8 ; 14 s v *anthemon* *H N* XXII, 53, 54 *M M* III, 137 s v *anthemis* *N L*, p. 202	140, 172, 291, 318, 319, 334,385 392
anthera rosarum		remède composé de roses	*N L* p. 647	157
anthora, antithora, antiphora antora	*Aconitum anthora* L.	aconit anthore	*N L*, p. 45	141, 156, 173, 393
anthos		fleur, mot parfois employé pour désigner la fleur de romarin	*N L*, p. 649	160, 181
anthrôpocheira, abthrôpocheiron, cf. pentadaktulon				41
anthropophoron syn. de satyrium	une des nombreuses espèces du Genre *Orchis* L.			143
antirrhinon, antirrhinum sylvestre, anthirinum	*Antirrhinum orontium* (L.) Stem = *Misopates orontium* (L) Rafin. ou *Antirhinum majus* L.	muflier gueule de loup	*H P*, IX, 19, 2 ; s v *antirrinon* *H N*, XXV, 129 *M M*, IV, 130 s v *antirrinon* *N L*, p. 46	140, 183, 298, 408, 416, 497
aparina	*Galium aparine* L. ou *Arctium* L.	gratteron ou bardane	*HP*, VII, 8 ; 14 ; VIII, 8 ; s v *aparinê* *H N*,XXVII, 32 *M M*, III, 60, s v *aparinê* *N L*, p. 47	460, 461
aphaca	*Lathyrus cicera* L. ou *Taraxacum officinale* Weber	gesse chiche pissenlit	*H N*, XVII, 38, XXI, 89 *M M*, II, 148, s v *aphakê* *N L*, p. 273	410
apios	*Euphorbia apios* L.	euphorbe « poire »	*H P* IX, 9, 5 ; s v *apios* *M M* IV, 175, s v *apios* *N L*, p. 48	334

apium	*Apium graveolens* L. *Apium graveolens* var *sativum* *Petroselinum crispum* (Miller) A.W. Hill	ache sauvage et ache cultivé céleri persil	*HP*, I, 2 ; 6 ; 9 ; 12 ; VII, 1 ; 2 ; 3 ; 4 ; 5 ; 6 ; s v *selinon* *H.N.* XX, 112, 113-114 *M M,* III, 64 s v *selinon* *N L*, p. 49	34, 44, 152, 245, 272, 279, 321, 370, 391, 407, 467
apium palustris	*Ranunculus sceleratus* L. ou *Sium latifolium* L.	renoncule scélérate berle	*N L,* p. 708	506
apocymum	*Cynanchum acutum* L.	scammonée de Montpellier	*HP*, VII, 3 ; 8 ; 9 ; 10 ; 15 ; s v *hêliotropion* *M.M.* IV, 80, R V s v *apokunon* *N L*, p. 50	361
aproxis	plante non identifiée.		*H.N.* XXIV, 158	272
aquifolium	*Ilex aquifolium* L.	houx	*HP*, I, 3 ; 9 ; III, 3 ; 4 ; V, 7 ; s v *kêlastron* *H N* XXIV, 116 *N L*, p. 52	376, 379, 383, 491
aquilegia	*Aquilegia vulgaris* L.	ancolie	*N L,* p. 53	153, 161
aquilina	une espèce du Genre *Aquilegia* L.	ancolie		318, 418
arancia, arantium, aurantium	Fruit de *Citrus aurantium* L. var. *sinensis* Gall et de *Citrus vulgaris* var. *amara* (Link.) Risso	Fruit de l'oranger à fruit doux et de l'oranger à fruit amer	*N L,* p. 85	156, 317, 476, 478, 505
arbor foetida	*Anagyris foetida* L.	anagyris, bois puant	*H N*, XXVII, 30 *M M*, III, 150, s v *anaguros* *N L*, p. 37	241
arbuta, arbutus	*Arbutus unedo* L.	arbousier	*HP*, I, 5 ; 9 ; III, 16 ; V, 9 ; s v *komaros* *H N*, XV, 99 *N L*, p. 62	184, 478
archangelica, syn. d'urtica alba	*Lamium album* L.	lamier, ortie blanche	*H N*, XXI, 93, XXII, 37 *N L*, p. 408	183
architônia, cf. huoskuamon				40
arcion	*Arctium lappa* L.	bardane	*HP,* cf. sup : aparina *H N*, XXV, 113, XXVI, 129 *M M*, IV, 105 s v *arktion* *N L*, p. 101	408
argemone, argemônion	*Papaver argemone* L.	pavot argemone	*HN*, XXV, 102 *M M* II, 177 s v *argemônê* *N L*, p. 64	140, 172, 190, 226, 392

aris	*Arum maculatum* L. *Arum italicum* L. Miller *Arum dracunculus* L.	une espèce d'arum	*HP*, I, 6 ; 10. VII, 2. 12 ; 13 ; s v *aron* *HN*, XXIV, 151 *MM*, II, 166 RV s v *drakontia megalê*, 167 *aron* *H N*, XXIV, 148 *N L*, p 72	460
arisarum	*Arisarum vulgare* L.	gouet capuchon de moine	*MM*, II, 168 s v *arisaron* *N L*, p. 67	182, 417
aristereon, cf verbena	*Verbena officinalis* L.	verveine	*H N*,XXV, 105 *N L*, p. 781	34
aristolochia aristolochia rotunda aristolochia longa	une espèce du Genre *Aristolochia* L. *Aristolochia ronda* L. ou *Aristolochia longa* L. ou *Aristolochia clematitis* L. ou *Aristolochia rotunda* L.	aristoloche aristoloche ronde aristoloche longue aristoloche clematis aristoloche à feuilles rondes	*H P* IX, 13 ; 14 ; 15 ; 20 s v *aristolochia* *H N* XXV, 95 *M M* III, 4 s v *aristolochia* *N L*, p. 67	43, 44, 100, 142, 145, 149, 157, 159, 162, 176, 222, 223,199, 224, 229, 277, 317, 359, 365, 395, 377, 398, 400, 464
armeniaca, armoniacum	*Prunus armeniaca* L.	abricot	*N L*, p. 70	279, 488, 494, 508
armoise, cf. artemisia				148
arnabo cf. zedouria				317
arnoglôsson, cf. plantago				40, 232, 234, 274, 277, 418
aron, arona, arone, arum arum minus ; cf. aussi aris	une espèce du Genre *Arum* L. *Arum maculatum* L. ou *Arum italicum* Miller ou *Arum dracunculus* L. (= *Dracunculus vulgaris* Schot.)	arum gouet, gouet tacheté, pied de veau gouet d'Italie	*HP* cf aris *H.N.* XXIV, 144 -146 *M.M.* II, 166- 167, s v *aron* *N. L.* p. 72	83, 142, 157, 158, 175, 179, 180, 182, 296, 324, 325, 333,367, 371372, 388, 398, 404,405, 411, 459, 491
aronia	*Crataegus azarolus* L.	aubépine azerolier	*H N*, XV, 84 *M M* I, 118 s v *mespilon* *N L*, p. 93	331
arrenogonon arrhenogonon arsenogonon	plante non identifiée, peut-être *Mercurialis perennis* L. *Mercurialis annua* L.	mercuriale (qui a la propriété de faire engendrer des garçons)	*H P*, IX, 18, 5 et 6 ; s v *phullon* *H N*, XXVI, 99,162 XXVII, 62 *M M* III, 125 s v *phullon* *N L* p 488	24, 25, 397
arrête-boeuf	*Ononis antiquorum* L.	bugrane	*H P*, VI, 1, 3 ; 5, 1, 3 et 4 ; s v *onônis* *H N*, XXI, 98, XXVII, 29 *MM*, III, 18, sv *anônis*	147

artemisia, artemisia rubra arthemisia	*Artemisia vulgaris* L. *Artemisia campestris* L. *Artemisia arborescens* L.	armoise	*HP*, I, 9 ; VI, 1 ; 3 ; 7 ; s v *abrotonon* *H.N.* XXV, 73 – 74, 130, XXVI, 81, 159 *M.M.* III, 113, sv *artemisia* *N. L.* p. 72	11, 43, 83, 147, 162, 164, 182, 219, 220, 229, 276, 318, 365, 385
arthritica	*Ajuga chamaepitys* (L) Schreber),	ivette commune, bugle jaune	*N L.* p. 129 et 204	261
articocalus	*Cynara scolymus* L.	artichaut	*N. L.* p. 215	504
arum arum minus, cf. aron				
arundo	une espèce du Genre *Arundo* L.	roseau	*HP,* IV, 11 ; s v *donax* et I, 5 ; 6 ; 10 ; II, 2 ; IV, 8 ; 9 ; 10 ; 11 s v *kalamos* *HN*, XVI, 156-173 XXIV, 85- 87 *M M*, I, 40, s v *kalamos* *N L*, p. 73	31, 34, 370, 387400
asa foetida, assa foetida	*Ferula assa- foetida* L.	gomme provenant de l'ase fétide	*N L*, p. 79	157
asarina, asariun, asarum ascarum	*Asarum europaeum* L.	asaret, cabaret des murailles, asaret d'Europe, "oreille d'homme"	*HN*, XII, 47, XXI 30 et 134 *M.M.* I, 10, s v *asaron* *N. L.* p. 74	141, 154, 155, 156, 157, 172, 190, 299, 318, 362
ascolonia	*Allium cepa* L.	oignon d'Ascalon (Israel), échalotte	*HP*, VII, 4, 7et 8 s v *askalônion* *HN* XIX, 101 *N L* p 75	279
ascyron, ascyrum syn. de hypericon	*Hypericum perfoliatum* L. *Hypericum perforatum* L.	millepertuis perfolié millepertuis perforé	*HN*, XXVII, 26 – 27 et 37 ; *M M.* III, 155 sv *askuron* *N. L*, p 378- 379	186, 287, 317, 332, 373, 380, 489, 494, 509
aspalathum, aspalathus croceus	*Alhaghi maurorum* (L.) Medicus	alhagi astragale	*HP*, IX, 7, 3 ; s v *aspalathos* *M.M.*, II, 20, s v *aspalathos* *N. L*, p. 76	319, 332
asparagus	*Asparagus officinalis* L.	asperge sauvage	*HP*, I, 10 ; VI, 1 ; 4 ; s v *asparagos* *H N*, XIX, 145 ; XX, 108- 110 *M.M.* II, 125 s v *asparagos* *N. L*, p. 77	156, 157, 163, 277, 318, 387, 420, 491
asphalatum, cf santalum				293, 319
asphentilia	*Asphodelus* L.			40

asphodelon, asphodelos, asphodelus, asphodilon	*Asphodelus* L.	asphodèle	*HP*, I, 6 ;10 ; VII, 9 ; 12 ; 13 s v *asphodelos* *H.N.* XXI, 109, XXII, 71 *M M*, II, 169 s v *asphodelos* *N. L*, p. 78	40, 145, 158, 231, 277, 318, 367, 388, 421, 459, 460, 462, 464, 466
asphodelus luteus	*Asphodeline lutea* (L) Reichenb	asphodèle jaune	*H N* XXII, 70 *M M* II, 169	318
asplenium asplenum	*Asplenium adiantum nigrum* L., *Asplenium ceterach* L. (= *Ceterach officinarum* D C.) ou *Phyllitis scolopendrium* (L) Newmann (=*Asplenium scolopendrium* L.) ou *Asplenium trichomanes* L.	capillaire noir, ceterach, doradille, herbe dorée	*HP*, VII, 4,1 ; s v *adianton to melan* et *trichomanes* *H N*, XXII, 64, XXVI, 22, 45, 124 ; XXVII, 34 *M M* III, 134 s v *asplenos* *N. L*, p. 197	76, 152, 158, 174, 241, 318, 388, 385, 395, 453, 455
aster atticus	*Aster amellus* L.	aster amelle	*H N*, XXVII, 36 *M M* IV, 119 s v *astêr attikos* *N. L*, p. 79	140, 172, 237, 334, 392, 415, 488, 494, 508
atractylis	*Carthamus lanatus* L.	chardon	*HP*, VI, 4, 3 et 6 ; IX, 1, 1 *H N*, XXI, 90, 95, 134 *M M* III, 93 s v *atraktulis* *N. L*, p. 81	420
atriplex	*Atriplex hortensis* L. *Atriplex nitens* Schkuhr. *Atriplex litoralis* L., *Atriplex roseus* L., *Atriplex halimus* L. *Chenopodium bonus henricus* L.	arroche cultivée, différentes espèces d'arroches sauvages arroche maritime anserine Bon-Henri, épinard sauvage	*H P*, I, 14, 2 ; VII, 1, 2, 3, 4 et 5 ; s v *andraphaxus* *H N* XX, 219- 221 *MM* II, 119, s.v. *andraphaxus* *N L*, p 83 et 206	27, 152, 154, 245, 287, 316, 317, 320, 376, 428, 500
augia, cf hêlioskopios				40
auranzium malum, cf. malum aurantium				505
aurelia sylvestris	une espèce du Genre *Helychrysum* L.	immortelle	*N L*, p 289	458
auricoma, syn. d'anthemis				291
auricula Judae	une espèce du Genre *Fungus* L.	champignon parasite des arbres	*N L*, p. 86	496
auricula murina	*Hieracium pilosella* L.	épervière piloselle	*N L*, p. 591	155
aurone, cf. abrotonum				147

avena	une espèce du Genre *Avena* L	différentes espèces d'avoine	*HP*, VIII, 4, 1 ; 9, 2 ; sv *bromos* *H N* XXII, 137 *MM*, II, 94, s v *bromos* *N L*, p. 84	383, 394, 411, 470
avella, avellana	fruit de *Corylus avellana* L.	noisette, noisetier	*HP*, I, 3 ; 10 ; III, 3 ; 5 ; 6 ; 7 ; 15 ; s v *hêrakleôtikê* *MM*, I, 125 sv *karua pontika* *H N*, XVI, 74, 120 *N L*, p. 245	146, 279, 328, 407, 487
azarolus, cf. aronia				331
baguenaudier	*Colutea arborescens* L.		*H P* III, 14, 4 ; s v *kolutea* *N L*, p 230	145
balaustium, cf. malum granatum	*Punica granatum* L.	grenadier sauvage	*N L* p. 624	489
ballota balôtê	*Ballota nigra* L.	ballote fétide marrube noir	*H N*, XXVII, 54 *MM*, III, 103 s v *ballôtê* *N L*, p. 94	43, 463
balsamina fœmina	*Impatiens noli-tangere* L.	balsamine impatiente	*N L* p. 95 et 531	158
balsamita	*Chrysanthemum balsamita* L.	menthe balsamine	*N L* p. 247 s v *costus hortorum*	488, 494, 508
balsamum	*Comnifera opobalsamum* Engl.	baumier	*HP*, IV, 4 ; IX,1 ; 4 ; 6 ; 7 ; s v *balsamon* *H N* XII, 123 *M M* I, 19, s v *balsamon* *N L* p. 96	152, 246, 277, 292, 293, 329, 331, 376, 469
barba jovis	*Sempervivum tectorum* L.	joubarbe des toits	*H N*, XVI, 76 *N L* p. 100	108, 279
basilicum	*Ocimum basilicum* L.	basilic	*N L* p 537	149, 277, 457
batis, cf crithamon				325
batrachion	une espèce du Genre *Ranunculus* L.	renoncule	*H N* XXV, 172, XXVII, 112 *M M*, II, 175, s v *batrachion* *N L* p 634	43
bdellium	gomme-résine d'une espèce du genre *Commiphora*, peut-être *Commiphora mukul* (Hook. ex Stocks) Engl.	gomme résine	*HP*, IV, 4 ; IX, 1, 2 ; s v *akantha hê indikê* *MM* I, 67 s.v. *bdellion* *N L* p. 102	318, 381
been album	*Centaurea behen* L.	behen blanc	*N L* p. 103	157

been rubrum	*Limonium vulgare* Miller (= *Statice limonium* L.)	behen rouge	*N L* p. 440	157
bellis, bellides	*Bellis perennis* L.	pâquerette	*H.N.* XXVI, 26 ; *N L*, p. 105	153, 156, 261, 300
berberis berberes	*Berberis vulgaris* L.	épine vinette	*N L* p. 106	152, 247, 489
beta, beta sicula	une espèce du Genre *Beta* L. *Beta vulgaris* L. *Beta cicla* L.	bette, bette blanche	*HP*, I, 10 ; VII, 1 ; 2 ; 3 ; 4 ; 5 ; s v *teutlion* *H.N.* XIX, 132, XX, 69 –71 *M.M.* II, 123 s v *seutlon* *N L* p. 107	156, 327, 331, 367, 460, 461
bethonica, betonica betonikê	*Stachis officinalis* (L.)Trevisan (= *Betonica officinalis* L.	bétoine	*H.N.* XXV, 84, *M M,* IV,1 s v *kestron* *N L* p. 107	43, 140, 152, 158,161, 186, 247, 299, 324,325, 382, 459, 501
betula	*Betula pendula* Roth	bouleau	*H P* III, 14, 4 ; s v *sêmuda* *H N*, XVI, 74-75 *N L* p. 108	142, 176, 181, 249, 372, 405
bibenella nigra soboles bibenella aleximor bibenella vera fœmina bipinella	une espèce du Genre *Pimpinella* L., notamment *Pimpinella saxifraga* L.	boucage	*N L* p. 767	137
bistorta	*Polygonum bistorta* L.	renouée bistorte, couleuvrée	*H N*, XXVII, 113 *N L* p. 112	147, 154, 185, 307, 331, 401, 489
blitum	*Beta vulgaris* L. ou *Amaranthus lividus* L. = *Amaranthus blitum* L.	bette ou blette amarante blite	*HP*, I, 10 ;VII, 1 ; 2 ; 3 ; 4 ; 5 ; 8 ; sv *teutlion* *H N*, XX, 252 *M M* II, 117, s v *bliton* *N L* p. 114	152, 245, 320, 322, 331, 376, 405, 500
bolbinê	*Ornithogalum umbellatum* L.	ornithogale dame d'onze heures	*H P,* VII, 13, 9 ; s v *bolbinê*) *H N*, XX, 107	28
boletus boletus cervinus	une espèce du Genre *Fungus* L.	espèce de champignon	*N L* p. 115	176, 186, 289
bolloculus	synonyme de *lapis vulgo*	peut-être une pierre dont la forme ressemble à un œil	*N L* p. 120	190
bonus Henricus	*Chenopodium bonus Henricus* L.	chénopode bon Henri épinard sauvage	*N L* p. 118	401

borago	*Borrago officinalis* L.	bourrache	*NL* p 120	83, 153, 156, 161, 251, 324, 325, 325, 328, 394, 503, 506
boraginis, bovaginis	*Borrago officinalis* L. ou *Anchusa officinalis* L.	bourrache ou buglosse		418
botrys	*Chenopodium chenopodioides* (L.) Aellen	chenopode	*H N*, XXV, 74 *N L* p. 121	156
brassica	*Brassica oleracea* L.	chou	*H P*, I, 3 ; 6 ; 9 ;10 ; IV, 4 ;16 ; VII, 1 ; 2 ; 4 ; 5 ; 6 ; s v *raphanisa* *H.N.* XIX, 136, XX, 78, 82 – 87, 92, 93 ; XXIV, 1 *M M* II, 120 s v *krambê emeros* *N L* p. 122	30, 146, 153, 264, 273, 288, 318, 324, 325, 327, 329, 367, 368, 386, 390, 400, 411, 459, 495, 501, 509
brassica capita	*Brassica oleracea* var. *capitata* L.	chou pommé	*N L* p. 122	153
brassica crispa	*Brassica oleracea,* var. *acephala* D C	chou frisé	*N L* p. 122	360
brassica marina	*Convolvulus soldanella* L.	chou marin	*H N* XX, 96 *N L* p. 711	328
Breitwegerich	*Plantago major* L	plantain	*N L* p 600	167
bryon	*Evernia prunastri* (L) Ach.	mousse du chêne	*M M*, I, 21 s v *bruon*	431
bryonia	*Bryonia alba* L., *Bryonia cretica* subsp. *dioïca* Jacq	bryone blanche ou bryone dioïque	*HP*, IX, 14 ; 20 ; s v *ampelos agria* *H N* XXIII, 21 –27 *M M* IV, 182 sv *ampelos leukê* *M M* IV, 182 s v *ampelos melaina* *N L* p. 125	143, 147, 157, 162, 180, 294, 320, 328, 361, 459, 464
buglossum, buglossos	*Anchusa officinalis* L.	buglosse ou langue-de-bœuf	*H N*, XXV, 81 *M M*, 127, s v *bouglôsson* *N L* p. 128	153, 156, 158, 161, 251, 279, 324, 325, 362, 418, 459, 503, 506
bulbus	plante bulbeuse, sans précision	plante bulbeuse en général,	*H N* XX, 102- 106 *M.M.* II, 170 s v *bolbôs edôdimos*	157, 362, 367, 368, 387, 462, 464, 465
bunias, bunium, syn.de napus sylvestris	*Brassica napus* L.	navet sauvage navet cultivé	*H N* XX, 21 *M.M.* II, 111, s v *bounias* *N. L*, p 519	288, 319
bouphtalmon buphtalmon, buphtalmus	identification incertaine *Chrysanthemum coronarium* L *Chrysanthemum segetum* L. ou *Sempervivum arboreum* L. *Aeonium arboreum* (L.) Webb& Berth.)	chrysanthème chrysanthème des moissons, chrysanthème des jardins ou joubarbe arborescente	*M.M.* III, 139, s v *bouphtalmon* ; *M M*, IV, R V 88 s v *aeizôon mega* *N L* p 130, 248	18, 140, 155, 318, 392, 415, 488

bursa pastoris	*Capsela bursa pastoris* (L) Medicus	bourse à pasteur tabouret	*NL*, p 131	108, 152, 244, 496
buxus	*Buxus sempervirens* L.	buis	*HP*, I, 5 ; 6 ; 8 ; 9 ; III, 3 ; 4 ; 6 ; 15 ; V, 3 ; 4 ; 5 ; 7 ; s v *puxos* *H N,* XVI, 70 *N L*, p. 132	474
cachrys	identification incertaine *Cachrys libanotis* L. *Athamata macedonia* (L) Sprengel (= *Libanotis macedonia* Bertol.)		*H P* IX, 11, 10 ; s v *kachrys* *H.N.* XXIV, 99, *M.M.* III, 74, s v *libanôtis*	318, 413
caeciliana cf lactuca				330
caepa, cf cepa				
calamintha calamynthum kalaminthê	Une des différentes espèces du Genre *Calamintha* Miller, notamment. *Calamintha nepeta* (L) Savi.	calament	*H N* XX, 144- 146 *M M*, III, 34-35, s v *kalaminthê* *N L*, p. 141	43, 157, 218, 229, 276, 324, 325, 329, 417, 470
calamus anserinus	une espèce du Genre *Arundo* L.	roseau	*H N*, XVI, 159 *N L* p 73	185
calamus odoratus, calamus aromaticus	*Acorus calamus* L.	roseau odorant, rhizome d'acore	*M M* I, 2 s v *akoron* I, 18 s v *kalamos aromatikos* *N L* p. 12 et 142	142, 163, 174, 277, 385, 394, 396
calcifraga cf. empetron				20, 317, 375
calendula, cf. caltha				155, 488, 494, 508
callitrichon kallitrichon	*Adianton capillus veneris* L. *Asplenium adiantum nigrum* L. *Asplenium trichomanes* L.	capillaire de Montpellier, capillaire noir capillaire rouge	*HP*, VII, 10 ; 14 ; s v *adianton* *HN.* XXII, 62 *M M*, IV, 134, s v *adianton* *N L*, p. 13	20, 34, 41, 227, 277, 323, 370
caltha ou kaltha	*Calendula arvensis* L. *Calendula officinalis* L. ou *Chrysanthemum coronarium* L.	souci des champs, souci commun chrysanthème des jardins	*H N*, XXI, 28 *M.M.* IV, 58 RV s v *chrysanthemon* *N L*, p. 144	140, 148, 291, 318, 392, 416, 424, 465

camomilla chamomilla	*Chamomilla recutica* (L) Rauschert (= *Matricaria chamomilla* L.) *Tanacetum parthenium* (L) Schultz Bip (= *Chrysanthemum parthenium* (L) Bernh) *Chamaemelum nobile* (L) All. (= *Anthemis nobilis* L.)	petite camomille grande camomille camomille romaine	*H N*, XXII, 53, *M M* III, 137, s v *anthemis* *N L*, p. 202	148, 162, 506
camphorum, camphura	*Cinnamomum camphora* (L.) Nees. & Eb.),	camphre	*N L*, p. 148	157
canabis, cannabis	*Cannabis sativa* L.	chanvre	*H N* XX, 259 *M M*, III 148, s v *kannabis N L* p 155	146, 245, 329, 361, 376,463
caphura cf. camphorum				332
cancamum	gomme d'une plante résineuse d'Arabie et d'Amérique Indéterminée		*M M*, I, 24 s v *kagkamon* *N L*, p. 150	368
capillus veneris cf callitrichon	*Adiantum capillus veneris* L.	capillaire de Montpellier	*N L*, p. 13	155, 280, 370
capnos capnos phragmitis	*Fumaria officinalis* L.	fumeterre officinal	*H.N.* XXV, 156, XXVI, 35, 57 *M.M.*, IV, 109 s.v. *kapnos* *N L*, p. 322	142, 324, 325, 394, 428
capnos duplex syn de pes gallinaceus	plante non identifiée			428
cappares, capparis	*Capparis spinosa* L.	caprier, parfois, fruit du câprier, câpre	*HP*, I, 3 ; III, 2 ; IV, 4 ; VI, 1 ; 5 ; VII, 8 ; 10 ; s v *kapparis* *H N* XIII, 125-127 et XX, 165 ; *M M* II, 173, s v *kapparis* *N L*, p. 158	152, 154, 243, 327, 334, 463, 503
capreolos	*Vitis vinifera* L.	vrille de la vigne	*N L*, p. 794	158
caprificus	*Ficus carica* L. var *caprificus* Risso	figuier sauvage	*HP*, II, 2, 4 ; s v *sukê agria* *H.N.* XV, 79- 81 XXIII, 126-130 *M M* I, 128 s v *suka* *N L*, p. 159	328, 330, 365, 379, 466
cardiaca cf molucca	Identification incertaine *Leonurus cardiaca* L. ou *Marrubium vulgare* L. ou *Lycopus europaeus* L.	agripaume marrube lycope d'Europe, pied de loup	*HP*, VI, 1 ; 2 ; s v *prasion* *HN*, XX, 241 *MM*, III, 105 sv *prasion* *N L*, p. 167	163, 173,

cardo, carduus	*Eryngium campestre* L. *Cynara cardunculus* L.	panicaut cardon	*HP*, VI, 1, 3 ; s v *êruggion* *H N*, XXI, 94. XXII, 20 *MM*, III, 21sv *êruggê* *NL*. p 299	83, 99, 100, 146, 152, 252, 322, 370, 377, 387, 397
carduus benedictus	*Cnicus benedictus* L.	chardon béni	*HP*, I, 10 ; VI, 4 ; s v *akorpa* et *knêkos hê agria* *H N*, XXI, 90 *MM*, III, 188 sv *knêkos* *N L*, p. 167	158, 161, 182, 420
carduus lacteus carduus Mariae	*Silybum marianum* (L) Gaertner	« chardon laiteux » chardon Notre-Dame chardon Marie	*H N*, XXII, 85 ; VI, 40 *M M*, IV, 155, s v *sillubon* *N L*, p. 168	158, 161, 182, 328
carduus spinosus	probablement *Atractylis gummifera* L.	chardon à glu	*HP*, VI, 4 ; IX, 1 ; 12 s v *ixinê* et *chamaileôn ho leukos* *HN* XXII, 45- 46 *M M* III, 8 s v *chamaileôn leukos* *NL* p 81	329
carvi	*Carum carvi* L.	carvi	*H N*, XIX, 164 *N L*, p. 171	157
caryophyllum, carryophyllata gariophyllon	*Eugenia caryophillata* Thumb. = *Syzygium aromaticum* Merr. et Perr. *Dianthus sylvestris* Wulfen *Dianthus carryophyllus* L.	clou de girofle, bouton floral du giroflier, œillet	*H N*, XII, 30 *N L*, p. 172 et 173	154, 156, 293, 278, 419, 459, 506
casia, cassia casia solutiva	*Cassia fistula* L.	casse, fruit du canéficier	*H N* XII, 95 *M M*, I, 13, s v *kassias* *N L* p. 174	142, 174, 292, 317, 318, 325, 332, 334, 364, 396, 409, 478
cassutha, cassytas, cassuta	*Cassytha filiformis* L. *Cuscuta* L, spp, notamment *Cuscuta epithymum* L.	cassythe, plante de Syrie cuscute	*HP*, VIII, 8, 4 ; s v *orobanchê* *H N*, XVI, 244 ; XXVI, 55-56 *MM*, IV, 177, sv *epithumon* *N L* p. 261	185, 317, 366, 467
castanea	*Castanea sativa* Miller	châtaignier	*H N*, XVI, 74 *N L* p. 175	370, 402, 405, 505
caucalidus caucalis	identification incertaine *Tordylium apulum* L. = *Condylocarpus apulus* Hoff. *Caucalis grandiflora* L.	tordyle caucalide	*H P* VII, 7, 1 ; s v *kaukalis* *H N* XXII, 83 *M M* II, 139, s v *kaukalis* *N L*, p. 184	327, 429

cauda porcina syn d'adiantum				406
caulis caulis capitatus	*Brassica oleacera* L *Brassica oleracea* var. *capitata* L.	chou chou pommé blanc	*N L*, p 122	264, 467
cedrelate	*Juniperus excelsa* Bieb.	grand genévrier	*HP*, III, 12, 3 ; s v *kedros* *HN,* XVI, 52 ; XXIV, 17 *MM* I, 77 sv *kedros* *NL* p 396	407
cedria	résine de *Cedrus* L.	gomme- résine du cèdre, ou huile de cade ou du grand genévrier	*NL* p 185, 397	380, 405
cedrum, cedrus	Genre *Cedrus* L. *Cedrus libani* L. *Cedrus atlantica* L. et une espèce du Genre *Juniperus* L. *Juniperus communis* L. *Juniperus excelsa* Bieb. *Juniperus oxycedrus* L.	cèdre, cèdre du Liban cèdre de l'Atlas et une des différentes espèces de genévrier genévrier commun, grand genévrier genévrier oxycèdre ou cade	*H P*, III, 2 ; IV, 5 ; 7 ; 16 ; V, 8 ; s v *kedros* (= cèdre) *HP,* I, 5 ; ; 10, 12 ; III, 6 ; 10 ; 12 ; 13 ; IV, 3 ; 5 ; V, 3 ; 4 ; 9 ; IX, 1 ; s v *kedros* (= genévrier) *H N*, XIII, 52 ; XXIV, 18, 19 *M M,* I, 77 s v *kedros* *N L*, p. 185 et 396	33, 277, 365, 380, 386, 405, 453, 464, 467, 474, 478, 505
cedrus magna	*Juniperus excelsa* Bieb.	grand genévrier	*H P*, III, cf sup. cedrelate *H N*, XXIV 17 *M M* I, 77 s v *kedros* *N L* p. 396	375
centaurea minor centaurium minus centaurium parvum	*Centaurium maritimum* (L) Fritsch (= *Erythrea maritima* (L.) Pers) *Erythrea centaurium* L. *Centaurium erythrea* Rafn.	petite centaurée.	*H N* XXV, 66, 68, 127 ; XXVI, 54, 153 *M M* III, 7 s v *kentaurion to micron* *N L*, p. 187	44, 147, 156, 162, 181, 297, 317, 330, 331, 359, 362, 382, 461
centaureum major	*Centaurea centaurium* L.	grande centaurée centaurée officinale	*H.N.* XXVI, 123 *M M* III, 6, s v *kentaureion to mega* *N L*, p. 187	63, 83, 152,156, 247, 297, 318, 332
cepa cepae Martiae, pour cepae Marsicae	*Allium cepa* L.	oignon oignons du pays des Marses	*HP*, I, 5 ; 6 ; 10 ; V, 1 ; VII, 1 ; 2 ; 3 ; 4 ; 5 ; 12 : 13 ; s v *kromuon* *H N* XX, 39 - 43 *M M* II, 151 s v *kromuon* *N L*, p. 188	103, 146, 153, 157, 158, 163, 178, 265, 277, 279,294, 322, 327, 328, 357, 368, 370, 383, 387, 394, 396,

cephilionis, peut-être un synonyme de cephalitis	plante non identifiée, peut-être une espèce du Genre *Ferula* L. ?	une espèce de férule ?		377
cerasus, cerasa	*Prunus cerasus* L. *Prunus avium* L.	cerisier, cerise et merisier	*HP*, III, 13 ; 15 ; IX, 1 ; s v *kerasos* *H N*, XV, 102, XXIII, 141 *M M* I, 113 s v *kerasia* *N L*, p. 190	178, 187, 188, 246, 325, 330, 331, 381, 473
cerintha	*Cerinthe major* L.	mélinet	*H N* XXI, 70 *N L*, p. 194	328
cerrus	*Quercus cerris* L.	chêne chevelu	*HP*, III, 8 ; V, 1 ; s v *aliphlios* *H N*, XVI, 17, XXIV, 13 *N L* p. 629	388
cervaria mare cervaria fœmina cervaria soboles	identification incertaine ; peut-être une espèce du Genre *Peucedanum* L. ? notamment *Peucedanum cervaria* Lapeyr. ?	une espèce de peucédan ?		138
cervicaria	une espèce du Genre *Campanulla* L., peut-être *Campanula cervicaria* L.	une espèce de campanule, cervicaire	*H N*, XXVII, 104 *M M*, IV, 18, s v *mêdion* *N L* p. 148 et 478	141, 156, 173
ceterach, cetrach	*Ceterach officinarum* D C	doradille	*HP*, IX, 18 ; ; s v *hêmionos* *N L*, p. 197	142, 145, 156, 174
chærephyllum mare, foemina et soboles	une espèce du Genre *Chaerophyllum* L.	différentes espèces de cerfeuil	*H N*, XIX, 170 *N L*, p. 192	138
chalta, chalca	*Calendula arvensis* L. *Calendula officinalis* L. *Chrysanthemum coronarium* L.	souci chrysanthème des jardins	*HP*, VI, 6 ; s v *phlox ;* VII, I, 13 ; 14 ; s v *anthemon* *H N*, XXI, 28, 168, *M M*, IV, 57, s v *chrusanthemon* *N L* p. 144	257
chamaebalanus	une espèce du Genre *Lathyrus* L. ou du Genre *Vicia* L.	gesse vesce	*N L*, p. 199	
chamaedrys chamaidrus	*Teucrium chamaedrys* L.	germandrée petit chêne	*H P* IX, 9, 5 ; s v *chamaidrus*) *H N* XXIV, 130 *M M*, III, 98, s v *chamaidrus* *N L*, p. 200	63, 152, 250, 299, 319, 362, 382
chamaelaea	*Cneorum tricocum* L. *Daphne oleides* L., *Daphne pleaefolia* L.	camélée, garoupe daphné, olivier nain	*H N* XXIV, 133 *M M* IV 171 *N. L*, p. 201	147, 317, 327, 328, 464

chamaeleôn	*Cardopatium corymbosum* Pers. *Atractylis gummifera* L.	chaméléon noir chameleon blanc chardon à glu	*H P*, VI, 4 ; IX, 12 ; 14 ; s v *chamaileôn* *H.N.* XXII, 45- 47 ; *M.M.* III, 9 s v *chamaileôn mêlas M.M.* III, 8 s v *chamaileôn leukos* *N L*, p. 169	40, 44, 297, 371, 372, 375, 380, 402, 405, 420
chamaemelon	*Chamomilla recutica* (L) Rauschert (= *Matricaria chamomilla* L.)	petite camomille ou camomille sauvage	*H N* XXII, 53-54 ; *M M*, III, 137 s v *anthemis* *N L*, p. 202	153, 155, 261, 392,
chamaepytis chamaipitus	*Ajuga chamaepitys* (L) Schreber	ivette commune, bugle jaune	*H.N.* XXIV, 29 *M.M.* III, 158 *N L*, p. 203	63, 154, 156, 288, 318
chamaesica	*Euphorbia chamaesyce* L.	euphorbe petit figuier	*H N* XXIV, 134 *M M* IV, 169 s v *chamaisukê* *N L*, p. 204	372
chamomilla cf chamaemelon	*Chamomilla recutica* L. (L) Rauschert (= *Matricaria chamomilla* L.) *Chamaemelum nobile* (L) All.	petite camomille camomille romaine	*NL* p 202	155, 162
charadranon	plante non identifiée			242
cheiri	*Cheiranthus cheiri* L.	giroflée, violier	*N L*, p. 401	154
chelidonia, chelidoinium major	*Chelidonium majus* L.	chélidoine grande éclaire	*HP*, VII, 15, 1 ; s v *chelidonion* *H N*,XXV, 59 *M M*, II, 180, sv *chelidonion mega* *N L*, p. 205	15,16, 27, 76, 147, 149, 155, 162, 164, 181, 270, 272, 277, 317, 411, 488, 502
chelidonium minus	*Ranunculus ficaria* L. (= *Ficaria verna* Hudson, *Ficaria ranunculoides* Roth.)	renoncule ficaire petite chélidoine ou petite éclaire	*H N*, XXV, 89 *M M*, II, 181, sv *chelidonion mikron* *N L* p. 205	143, 185, 184, 277, 369, 487
chelonium	une espèce du Genre *Cyclaminus* L	une espèce de cyclamen	*HP*, VII, 9 ; IX, 9 ; s v *kuklaminos* *H N*, XXV, 114 *N L* p. 262	403
chenostates	plante inconnue			277, 278
chicoreum, cf cichorium				
china	*Smilax China* L.	squine, smilax de Chine	*N L*, p. 205	400, 505

chondria chondrilla	*Chondria juncea* L.	chondrille	*HP*, VII, 7 ; 11 ; s v *chondrulla* *H N*, XXI, 89 *M M*, II, 133, s v *chondrillê* *N L*, p. 210	159, 460, 461, 506
Christi manus syn de ricinus				399
chrusagkathon, cf. huoskuamon				40,
chrusagkanthos, cf. huoskuamon				40
chrusanêthon, cf. huoskuamon				40
chrusogonon	*Bongardia chrysogonum* (L) Griseb (= *Leontice chrysogonum* L.)	bongardia	*M.M.* IV, 56, s v *chruspgonon* *N L*, p. 113	287
chrusolachanon cf. atriplex	une espèce du Genre *Atriplex* L. mais parfois aussi *Hieracium silvaticum* L. *Lapsana communis* L.	une espèce d'arroche épervière ou lapsane	*H.N.* XX, 221 *N L*, p 409	27, 287, 317, 319
chrysanthemum parfois synonyme d'helichryson	*Chrysanthemum coronarium* L.ou *Chrysanthemum segetum* L. ou *Helichrysum orientale* L.	chrysanthème immortelle	*HP*, VII, 14, 2 ; (s v *anthemon* *H N*, XXI, 28, 168, *M M*, IV, 57, s v *chrusanthemon* *N L*, p. 211	318, 488
chrysocome	*Aster linosyris* Bernh ou *Helichrysum stoechas* L.	aster ou immortelle stoechas	*HP*, VI,8 ; IX, 19 ; s v *helichrusos* *H.N.* XXI, 148 *M M*, IV, 55, s v *chrusokomê* *N L*, p. 289	27, 291, 488, 494, 508
chrysomala, chrysomelon cf cydonia		"pomme d'or", coing		288, 361
chynostates, syn. de kunosbatê				232, 234
cicer	*Cicer arietinum* L.	pois chiche	*HP*, II, 4 ; VIII, 1 ; 2, 3 ; 5 ; 6 ; 7 ; 9 ; 10 ; 11 s v *erebinthos* *H N* XXII, 148, 149 *M M* II, 104, s.v. *erebinthos* 109 *N L* p. 212	142, 175, 318, 319, 324, 325, 328, 329, 332, 369, 402, 408, 462, 467, 471, 473

cicercula	*Lathyrus sativus* L.	gesse	*HP*, VIII, 3 ; 10 ; s v *lathuros* *H N*, XXII, 148 *N L*, p. 418	318, 324, 325, 414
cichorium, kichorion cichorea, chicoreum	*Cichorium intybus* L ou *Cichorium endivia* L	chicorée sauvage chicorée cultivée	*H P*, I, 10 ; VII, 7 ; 8 ; 9 ; 10 ; 11 s v *kichorion* *H N*, XIX, 129, XX, 73, XXI, 88 *N L*, p. 212	34, 40, 83,100, 142, 161, 167, 175, 465, 503
cicuta	*Conium maculatum* L.	grande ciguë	*HP* I, 5 ; VI, 2 ; IX, 8 ; 15 ; 16 ; 20 ; s v *kôneion* *H N* XXV, 151-154 *M M* IV, 78 s v *kôneion* *N L*, p. 214	150, 152, 238, 297, 320, 361, 506
cimbalaria	*Lynaria cymbalaria* L.	linaire	*HN* XXVII, 74 *MM* IV, 40 sv *elatinê* *N L*, p. 264	429
cinara, cinare, cinaris	*Cynara cardunculus* L.	cardon ou artichaud	*HP*, IV, 4 ; VI, 4, 10 et 11 ; s v *kaktos* *HN*, XXI, 97 *N L*, p. 215	16, 146, 272, 462
cinnamomum kinnamômon	*Cinnamomum cassia* Blume *Cinnamomum zeynalicum* Blume	cannelle de Chine cannelle de Ceylan	*H P*, IX, 4 ; 5 ; 7, s v *kinamômon* *H.N.* XII, 86 *M M* I, 14 *M M*, I, 14 s v *kinamômon* *N L*, p. 217	274, 277, 292, 332, 373, 394, 396
cistus	Une espèce du Genre *Cistus* L. *Cistus villosus* L. *Cistus salviaefolius* L.	ciste	*HP*, VI, 1, 4 ; 2, 1 ; s v *kisthos* *H H* XXIV, 81 *M M* I, 97, s v *kisthos* *N L*, p. 219	323, 331, 380
citria, citrium, citreum, citraria, citrina, citrus cortices citri	fruit de *Citrus medica* L. var. *limonum* Risso et aussi celui de *Citrus medica* L.	fruit du citronnier ou du cédratier écorce de citron	*H P*, IV, 4, 2 ; s v *mêlea hê persikê* ou *mêlea hê indikê* *H N*, XIII, 103 *M M*, I, 115, 5 s v *mêlea hê persika* *NL*, p 219	141, 145, 156, 156, 173, 274, 277, 317, 318, 393, 420, 467, 493, 502, 505
citisus, cf. cytisus				
citrulus	*Citrulus vulgaris* Schrad. ou une espèce du genre *Cucurbita* L., notamment *Cucurbita maxima* Duchesne et *Cucurbita pepo* L.	pastèque ou potiron ou courge, citrouille	*N L*, p. 221	153, 504

cittaros, pour cissaros	une espèce du Genre *Hedera* L.	une espèce de lierre, dit "lierre de Dionysos"	*M M,* I, 97 s v *kissarôs* *N L*, p. 352	402
clematis	une espèce du Genre *Clematis* L.	clématite	*HP*, V, 9, 6-7 ; s v *athragenê* *H N*, XXIV, 84 *MM,* V, 180 s v *klêmatis* *N L*, p. 221	461
clymenum	une espèce du Genre *Calendula* L. ou du Genre *Lonicera* L. ou du Genre *Latyrus* L.	une espèce de souci ou de chèvrefeuille ou de gesse	*H P*, IX, 18, 6 et 7 ; s v *klumenon* *H.N.* XXV, 70 *M.M.* IV, 13, s v *klumenon* *N L*, p. 223	382
cnecus, cnicus	*Carthamus tinctorius* L. *Carthamus lanatus* L.	carthame, safran-bâtard carthame laineux	*HP*, I, 11 ; 13 ; VI, 1 ; 4 ; 6 ; s v *knêkos* *H N* XXI, 184 *M M* III, 93 s v *atraktulis* *N L*, p. 81 et 223	329
cocciferum	cochenille du *Quercus coccifera* L.	cochenille du chêne kermès	*N L*, p. 224 ;	390
cocles, syn. de gerontopogon				243
colchicon	*Colchicum automnale* L.	colchique	*HP,* IX, 16, 6 ; s v *ephêmeron* *M M* IV, 83, s v *kolchikon,* *N L*, p. 226	422
collutea Liparae	*Cytisus aeolicus* Guss	cytise de Lipari	*H P* I, 11 ; III, 17 ; s v *koloitia hê peri Liparan*	395
colocynthis	*Citrullus colocynthia* Schrad.	coloquinte	*H N*, XX, 15 *N L*, p. 227	27, 83, 154, 317, 400, 493
colubrina	*Arum dracunculus* L. (= *Dracunculus vulgaris* Schot.)	serpentaire	*N L*, p. 112	185, 401
columbini	*Pisum* L.	une espèce de pois		189
colutea colutea vesicaria	*Colutea arborescens* L.	baguenaudier	*N L*, p. 230	142, 174, 488, 495, 509
concordia, syn. de solanum vesicarium	*Physalis alkekengi* L.	alkekenge	*N L*, p. 23	141
conferva	*Conferva* L.	algue d'eau douce	*H N,* XXVII, 69	45
coniza cf. conyza		inule		459, 460
consiligo	*Helleborus niger* L.	hellébore noir	*HN,* XXV, 48 *M M*I, V, 162, s v *helleboros melas* *N L*, p. 357	152, 237

consolida major	*Symphytum officinale* L.	grande consoude	*H N* XXVII, 41 *M M* IV, 9 s v *sumphuton petraion* *N L* p. 734	83, 148, 158, 379
consolida regalis	*Consolida regalis* S.F Gray (= *Delphinium consolida* L.)	une espèce de dauphinelle, pied d'alouette	*N L* p. 271	182, 429
consolida Saracenica	*Solidago virgaurea* L.	verge d'or	*N L* p. 793	158
conyza conyza major	une espèce du Genre *Dittrichia* W. Greuter, *Dittrichia viscosa* (L) W. Greuter (= *Inula viscosa* L. Aiton) *Dittrichia graveolens* (L) W. Greuter (= *Inula graveolens* Desf.)	inule inule visqueuse inule "mâle" inule "femelle"	*HP*, VI, 1 ; 2 ; VII, 10 ;, s v *konuza* *H N*, XXI, 59, *M.M.* III, 121, s v, *konuza* *N. L*, p. 232	288, 318, 459, 463, 488
convonvulus	*Convolvulus sepium* (L.) R. Br.	liseron	*N L*, p. 231	178
corallum	*Centranthus ruber* (L) D C	centranthe rouge	*N L* p. 235	
cori, coris	une espèce du Genre *Hypericum* L.	une espèce de millepertuis	*H N*, XXVI, 86 *M.M.* III, 157, s v *koris* *N L*, p. 239	318, 332
coriandrum corriannum	*Coriandrum sativum* L.	coriandre	*H P*, I, 11 ; VII, 1 ; 2 ; 4 ; 5 ; s v *koriandron* *H N*, XIX, 123, XX, 216 *M M*, III, 63 s v *korion* *N L* p. 237	275, 280, 376, 431, 457, 467
corilus	*Corulus avellana* L.	coudrier, noisetier	*N L* p. 245	279, 280, 402
cornus	*Cornus mas* L.	cornouiller	*HP*, I, 8 ; III, 12 ; s v *kraneia* ; I, 6 ; III, 3 ; 4 ; 6 ; 12 ; V, 4 ; 6 ; s v *kraneia hê arrên* *H N* XXIII, 151 *M M* I, 119 s v *krania* *N. L*, p 240	279, 280, 331, 489, 491
corocomagna	une galle qui se développe sur les feuilles de l'orme (*Ulmus campestris* L.)		*H P* III, 14 1	372
corona regis	identification incertaine peut-être synonyme de corona regis	hélianthème	*N L*, p. 241	258
corona solis	*Helianthemum vulgare* Gaertner = *Helianthemum nummularium* (L) Miller		*N L*, p. 241	158

coronopus sylvestris	*Plantago coronopus* L. *Coronopus procumbens* Gilib (= *Senebiera coronopus* Poir.)	plantain corne de cerf	*HP*, VII, 8, 3 ; s v *korônopous* *H N*, XXII, 48 *M M*, II, 130 s v *korônopous* *N L*, p. 242	401,411, 427, 429
corrigiola, syn de poligonia				281
corvativa	plante non identifiée			272
corydalis, corydalion	identification incertaine *Corydalis lutea* (L) D C) ou *Fumaria* L. (?)	corydalle jaune ou fumeterre	*M M*, IV, 109 R V s v *kapnos*	318, 412
corylus	*Coryllus avellana* L.	noisetier, coudrier	Cf, sup *avella*	153, 263, 279, 402, 405
costus	racine de *Saussurea costus* (Falc) Lipsch ou de *Saussurea lappa* Clarke.	saussérée	*HP*, IX, 7, 3 ; s v *kostos* *H N*, XII, 41 *M.M.* I, 16, s v *koston* *N L*, p. 246	319, 402, 407
cotonea	*Cydonia vulgaris* Pers. (= *Cydonia oblonga* Miller)	coing, fruit du cognassier	*M.M.* I, 115 *N L*, p. 262	288, 319, 391
cotyledon	une espèce du Genre *Saxifraga* L. *Umbillicus rupestris* (Salisb.) Dandy (= *Umbillicus pendulinus* DC, = *Cotyledon pendulina* (D C) Batt.)	saxifrage nombril de Vénus	*H.N.* XXV, 159 *M.M.* IV, 91-92, s v *kotulêdon* *N L*, p. 249	19, 142, 174, 319, 397
coulevrée, cf. bryonia				147
crassula	une espèce du Genre *Sedum* L.ou *Sempervivum*.	orpin ou joubarbe	*N L* p 35 et 694	157
crataegis, crataegon, crataegonon	*Polygonum persicaria* L.	renouée persicaire	*H P,* IX, 18, 6 ; s v *krataiogonon* *H N*, XXVI, 99, XXVII, 62 *M* M, III, 124, s v *krataigonon*	24, 457
crithamon	*Crithmum maritimum* L.	criste marine	*H N* XXVI, 83 *M.M.* II, 129, s v *krêthmon* *N L*, p. 251	318, 325
crocodilon	identification incertaine *Dipsacus fullonum* L. ou *Eryngium maritimum* L.	chardon à foulon ou chardon des sables	*HP*, VI, 4, 3 ; s v *strouthion* *H N* XXVII, 64 *M M* III, 10, s v *krokodeilon* *NL* p 258	330
crocomagna, cf corocomagna				318

crocum, crocus	*Crocus sativus* L.	safran	*HP*, I, 6, 7, 11 ; IV, 3 ; VI, 6 ; VII, 9 ; 10 ; 13 ; IX, 7 ; s v *krokos* *HN*, XXI, 31137 *M M* I, 26, s v *krokos* *N L*, p. 252	83, 147, 152, 154, 155, 165, 181, 253, 274, 277, 292, 316, 318, 325, 360, 367, 370, 388, 396
cromphena cf. symphona				332
cruciata, crucianata, cf. aussi gentianella	*Cruciata laevipes* Opiz	croisette gaillet croisette	*N L*, p. 253	157, 186, 373
chynostates = kunosbatê ou kunosbatos	probablement *Rosa canina* L.	rose		232
cubeba	*Piper cubeba* L.	cubebe	*N L*, p. 255	263
cucumer, cucumis, cucumis sativus, cucuminus	*Cucumis sativus* L.	concombre cultivé	*HP*, I, 10 ; 12 ; 13 ; VII, 1 ; 2 ; 3 ; 4 ; 5 ; 6 ; s v *sikuos* *H N* XIX 61- 62, XX, 9, 10 *M.M.* II, 135 sv *sikus N L*, p. 256	153, 154, 273, 288, 318, 359, 362, 378, 379, 394, 400, 324, 461, 493, 501
cucumis sylvestris, cucumis agrestis cucumis asininus cucumer silvestris	*Ecbalium elaterium* (L.) A.Richard	concombre sauvage momordique	*HP*, VII, 6 ; 8 ; 10, IX, 15 ; s v *sikuos ho agrios* et IV, 5 ; IX, 9 ; 14 ; sv *elaterion* *H N*, XX, 4-9 *M.M.* IV, 150 s v *sikus agrios* *N L*, p. 257	23, 25, 186, 264, 317, 318, 368, 378, 396, 400, 461, 463, 463, 464, 493
cucurbita cucurbita sylvestris	une Cucurbitacée, notamment *Lagenaria siceraria* (Molina) Standley, *Citrullus colocynthis* Schrad., Citrulus lanatus (Thunb.) Mansf. *Cucurbita pepo* L., *Cucurbita maxima* L. Duchesne	calebasse, gourde coloquinte pastèque, melon citrouille courge, potiron	*HP*, I, 11, 12, 13 ; VII, 1 ; 2 ; 4 ; 5 ; sv *kolokunntê* *H N*, XIX, 71-74, XX, 11, 14 *M M*, IV, 176, s v *kolokuntha* *N L*, p. 258	140, 153, 154, 264, 327, 328, 359, 363, 378, 391, 400, 462, 473
cuminum, cuminum sativum cuminum silvestre cuminum fœmina cuminum germanicum	*Cuminum cyminum* L. *Lagoecia cuminoides* L.	cumin cultivé cumin sauvage	*H P*, I, 11 ; VII, 1 ; 2 ; 3 ; 4 ; III, 3 ; 7 ; 10 s v *kuminon* *H N*, XIX, 120 ; XX, 161, 162 *M.M.* III, 59 s v *kuminon to hemeron* III, 60 s v *kuminon agrion* *N L*, p. 259	137, 146, 157, 278, 316, 318, 410, 424, 456, 463, 467, 503

cunila	*Origanum* L spp	origan	*H P* I, 9 ; 12 ; VI, 1 ; 2 ; VII, 1 ; 2 ; 6 ; s v *origanon* *H N*, XX, 175 *M M*, III, 27-29, s v *origanos* *N L*, p. 550	15
cunosbatos kunosbatê, kunosbatos	probablement *Rosa canina* L	rose de chien, églantier	*HP*, III, 18 ;; IX, 8 ; s v *kunosbaton* *NL* p 646	232
cunos orchis cynosorchis	une espèce du genre *Orchis* L.	orchidée "couille de chien"	*H N*, XXVII, 65 *M.M.* III, 126, s v *kunosorchis N L*, p. 549	25, 176, 396, 402, 388
cupressus	*Cupressus sempervirens* L.	cyprès	*HP*, I, 5 ; 6 ; 8 ; 9 ; 10 ; II, 2 ; 7 ; III, 1 ; 2 ; IV, 1 ; 2 ; 3 ; 12 ; IV, 3, 5 ; 16 ; V, 3 ; 4 ; 7 ; s v *kuparittos* *H.N.* XVI, 141, XXIV, 15 -16 *M.M.*, I 74, s.v. *kuparissos* *N L*, p. 260	12,152, 245, 278, 319, 323, 359, 361, 365, 373, 386, 386, 405, 454, 467, 474, 475, 504, 505
curcuma	rhizome du *Curcuma longa* L.	souchet ou curry, safran des Indes indien	*N L*, p. 749	181, 318
cuscuta cuscuta minor	*Cuscuta epithymum* L. *Cuscuta europaea* L. *Cuscuta campestris* L.	cuscute	*HP*, VIII, 8, 4 ; s v *orobanchê* *H N*, XXVI, 56, *M M*, IV, 177, s v *epithumon* *N L*, p. 261	158, 185, 245, 318, 324, 366, 370
cyanus	*Centaurea cyanus* L.	bleuet	*H N*, XXI, 48, 68 *M M*, III, 6-7, sv *kentaurion* *N L*, p. 262	163, 405
cyclaminum, cyclaminus kuklaminon	une espèce du genre *Cyclamen* L. notamment *Cyclamen purpurascens* Miller (= *Cyclamen europaeum* auct.) *Cyclamen graecum* Link. *Cyclamen purpurascens* Miller	cyclamen	*HP*, VII,9 ; IX, 9 ; s v *kuklaminos* *H N* XXV, 114-115, XXVI, 100, 155 ; *M M* II, 164 s v *kuklaminos* *N L*, p. 262	43, 142, 145, 149, 155, 174, 176, 217, 229, 276, 297, 298, 328, 332, 369, 371, 372, 395, 397, 403, 404, 454, 464
cydonia, cf. malum cydoneum	*Cydonia oblonga* Miller = *Cydonia vulgaris* Pers.),		*NL* P 262	156, 361, 393
cynochtonon, syn.de thêlugonon				401
cunoglossos	*Plantago* L. *Cynoglossum officinale* L.	plantain cynoglosse "langue de chien"	*H N* XXV, 81 *M M*, IV, RV 127 s v *kunoglôsson* *N L*, p. 265	43, 145, 158, 394, 418, 431

cynorhodon syn de rosa sylvestris	*Rosa canina* L.	églantier, rosier sauvage	*H.N.* XXV, 17 *NL* p 265	11, 155
cynos orchis	Une espèce du Genre *Orchis* L.	une espèce d'orchidée	*H P,* IX, 18, 3 – 4 ; s v *orchis* *H N* XXVII, 65 *M M*, III, 126 s v *orchis* *N L*, p. 549 et 679	176, 396, 402, 502
cynospatos		pivoine		295
cyperus	*Cyperus* L. *Curcuma longa* L.	souchet curcuma long souchet des Indes	*HP,* I, 5 ; 6 ; IV, 8 ; 10 ; 11 ; IX, 7 ; s v *kupeiron* *H.N.* XXI, 118 *M.M.* I, 4 et 5s v *kuperos* *N L*, p. 266 et 749	146, 371, 374, 401
cytinus cf. hypocistis	bouton floral du grenadier ou plante parasite du *Cytinus hypocistis* L.	cytinet	*H N* XXIII, 110-113 XXVI, 49 *N L*, p. 379 et 623	331, 469
cytisus	*Laburnum anagyroides* Medicus (= *Cytisus laburnum* L.) *Laburnum alpinum* Berchtold & Presl. peut-être aussi *Cytisus purgans* (L) Boiss. *Medicago arborea* L.	cytise, cytise purgative luzerne arbustive	*HP*, I, 6 ; V, 3 ; s v *kutisos* *H N*, XIII, 130 *M.M.* IV, 112, s v *kytisos* *N L*, p. 268	319, 328, 329, 409, 503
dactyletus	*Aristologia longa* L.	grande aristoloche aristoloche mâle	*HP*, IX, 13 ; 14 ; 15 ; 20 ; s v *aristolochia* *H N*, XXV, 95 *M M* III, 4 s v *aristolochia* *N L*, p. 67, 68, 69	178
dactylos syn.de ischaemon selon Porta	*Cynodon dactylon* Pers. Ouune espèce du Genre *Sedum* L	chiendent orpin		399
daphnoidus daphnoides	*Daphné laureola* L.	daphné-laurier laurier des bois	*HP*, III, 18, 13 ; s v *chamaidaphnê* *H N* XXIII, 158 *M M* IV, 146, s v *daphnoeides* *N L*, p. 420	327, 464
datura	*Datura stramonium* L.	pomme épineuse	*H P*, IX, 11, 6 ; s v *thruon* *H N*, XXI, 178 *M M*, IV, 73, s v *struchnon* *N L*, p. 270	495, 509

daucus sylvestris daucus germanicus mas daucus magnus soboles daucus italicus daucus creticus fœmina	*Daucus carota*, var *silvestris* L. ou *Athamanta cretensis* L.	carotte sauvage, panais athamante de Crète	*H N*, XXV, 110 *M M*, III, 72, s v *daukos* *N L*, p. 270, 271	137, 384, 456, 462
dens leonis	*Taraxacum officinale* L.	pissenlit dent de lion	*N L*, p. 273	329
dentaria herba	une espèce du Genre *Cardamine* L. (= *Dentaria* L.) *Cardamine* L., peut-être *Cardamine bulbifera* (L) Crantz (= *Dentaria bulbifera* L.)	cardamine	*N L*, p. 274	141, 146, 173, 180, 191,393, 492
dictamnum, dictamnus diptamus	*Origanum dictamnus* L.	dictamne	*H P*, IX, 16 ; s v *diktamnon* *H N*, XXV, 92-94 ; XXVI, 153 *M.M.* III, 32, s.v. *diktamnon* *N L*, p. 276	15, 76,148,162, 272, 277, 294, 299, 324, 401, 414, 453, 455
digitalis	*Digitalis purpurea* L.	digitale pourpre	*N L*, p. 277	153, 156, 157
dipsacus	*Dipsacus fullonum* L.	chardon à foulon	*HP*, VI, 4, 3 ; sv *strouthion* *H N*, XXVII, 71 *N L*, p. 278	383, 399
Distel	une espèce du Genre *Carduus* L.	chardon		79, 99, 100
dolichos	*Vigna sinensis* Endl	dolique, mongette	*H N*, XVI, 244 *M M*, II, 146 s v *smilax kêpaia*	395, 468
doronicum, doronicus syn. d'aconit selon Porta	une espèce du Genre *Aconitum* L. (d'après Porta) et non du Genre *Doronicum* L.	aconit	*N L* p 11 et 279	401
dorycnium	*Convolvulus oleaefolius* Desr *Datura stramonium* L.	liseron ou pomme épineuse	*H N*, XXI, 179 *M M*, IV, 74, s v *doruknion* *N L*, p. 279	274
drachontea, dracunculus dracunculus major dracunculus minor draguncul us major	*Dracunculus vulgaris* Schott = *Arum dracunculus* L. *Dracunculus muscivorus* (L. fil.) Parl. *Polygonum bistorta* L. *Arum maculatum* L. *Arum italicum* Miller	serpentaire renouée bistorte ou couleuvrée gouet, pied de veau gouet d'Italie	*HP*, VII, 12, 2 ; IX, 20, 3 ; s v *drakontion* *H N* XXIV, 143- 148, XXV, 18-19 *M M* II, 166 sv *drakontion ; drakontia megalê ;* *M M* II 167 s v *aron* ou *drakontia mikra* *N L*, p. 281	21, 143, 159, 185, 188, 222, 230, 277, 296, 329, 369, 371, 372, 388, 396, 398, 401, 404, 411, 417, 459, 461, 462

dracuntea, dracontium, dracontium majus : synonyme de dracunculus major :	*Dracunculus vulgaris* Schott (= *Arum dracunculus* L.)	serpentaire	*M M* XXIV, 150 *M M*, II, 166, s v *drakontion* *N L*, p. 281	21, 182, 185, 222, 277
dryopteris	une espèce du genre *Dryopteris* A.	dryopteris	*HP*, IX, 18, 8 ; 20, 5 ; s v *pteris* *H.N.* XXVII, 72, *M.M.* IV, 187 s v *druopteris* *N L*, p. 313	366, 371, 455, 467
ebenus	Genre *Diospyros* L.	ébène	*H.N.* XII, 17-20, XXIV, 89 *M M* I, 98 s v *ebenos* *N L*, p. 283	372, 474
ebulus	*Sambucus ebulus* L.	hièble, sureau	*HP*, I, 5 ; 6 ; 8 ; III, 4 ; 13 ;V, 3,3 (sv *aktê*) *H N* XXIV, 51-52 *M M* IV, 173 s v *aktê* *N L*, p. 284	147, 334, 362, 400, 431
echion, echium, echis	une espèce du Genre *Echium* L., *Echium vulgare* L., *Echium diffusum* Sibth., *Echium plantagineum* L. ou *Echium rubrum* L.	vipérine	*H N*, XXV, 104 *M M*, IV, 27 s v *echion* *N L*, p. 286	21, 76, 159, 186, 189, 407, 419, 424, 410
elaphoboscon	*Pastinaca sativa* L.	panais sauvage	*H N*, XXII, 79 *M M* III, 69, s v *elaphoboskon* *N L*, p. 570	415, 460
elatêrion, elaterium cf cucumis sylvestris	*Ecballium elaterium* (L) A. Richard	momordique	*HP* cf cucumis sylvestris *H.N.* XX, 3, 6 *M.M.* IV, 150, § 3 s v *sikus agrios* *N L*, p. 257	25, 44, 186, 318, 424
elelisphakos	une espèce du Genre *Salvia* L. *Salvia triloba* L.	sauge	*HP*, VI, 1, 4 ; 2, 5 ; s v *sphakos,* et *elelisphakos* *H N*, XXII, 146 *M M*III, 33, s v *elelisphakos* *N L*, p. 668	43, 213, 214, 229, 276, 474
elemi gummi elemi	gomme-résine provenant d'un balsamier, *Canarium luzonicum* Miq. (?)	nom donné à différentes gommes	*N L*, p. 288	158, 380
elleborus candidus, cf. veratrum				

empetron, empetros	identification incertaine *Crithmum maritimum* L. ou *Frankenia hirsuta* L. ou *Frankenia pulverulenta* L.	criste marine ou frankénie hérissée frankénie poudreuse	*H N* XXVII, 75 *M M*, IV, 179, s v *empetron* *N L*, p. 291	20, 317, 374,375
encens				149
endivia	*Cichorium endiva* L.	endive	*H N*, XIX, 129, XXI, 88 *M M*, II, 132, s v *seris* *N L*, p. 292	165, 168, 235, 503
englische Distel	*Cirsium anglicum* (Lam.) D C = *Cirsium dissectum* (L) Hill.)	"chardon anglais", cirse		79, 80
enula	une epèce du genre *Inula* L. *Inula helenium* L.	inule, aunée	*H N*, XIX 91, XX, 38 *M M*, I, 28 *N L*, p. 354	162, 256
epatica	*Marchantia polymorpha* L. *Hepatica nobilis* Miller (= *Anemone hepatica* L.)	hépatique des fontaines anémone hépatique	*N L*, p. 358	164
ephemerum	*Colchicum autumnale* L. ou *Polygonatum multiflorum* All. *Polygonatum verticillatum* All.	colchique d'automne sceau de Salomon	*H P*, IX, 16, 6 ; s v *ephemeron* *H N*, XXV 170, XXVI, 122 M M IV, 83 sv *kolchinon* et 84 s v *ephemeron* *N L*, p. 228	368
epithymum cf. cuscuta minor			*N L*, p. 294	245, 324, 370, 464, 468, 503
epimetron, epipetron.	identification incertaine : une espèce du Genre *Sedum* L. ou une espèce du Genre *Sempervivum* L. (*Sempervivum reginae - amaliae* Heldr. & Guicc. ?)	une espèce d'orpin ou une espèce de joubarbe	*H P*, VII, 7, 4 ; s v *epipetron* *H N*, XXI, 89	453
épurge, cf. lathyris				146
equisetum	une espèce du Genre *Equisetum* L.	prêle	*HN* XXVI 132-134 *M M* IV, 46, s v *hippouris* *N L*, p. 295	143, 177, 332, 377, 394, 396, 425
erable	une espèce du Genre *Acer* L.	érable	*N L* p 7	190

erice, erica	*Erica arborea* L.	bruyère	*HP*, I, 14, 2 ; IX, 11, 11 ; s v *ereikê* *H N*, XXIV, 64 *M M*, I, 88, s v *ereikê* *N L*, p. 296	405, 478
erigeron	*Senecio vulgaris* L.	séneçon	*HP*, VII, 7 ; 10 ; s v *êrigerôn* *H M*, XXV, 167-169 *M M*, IV, 96, s v *êrigerôn* *N L*, p. 296	420
erinum, syn. de caprificus				369
eruca sylvestris	*Eruca vesicaria* (L) Cav subsp. *sativa* (Miller) Thell.	roquette sauvage	*H P* I, 6 ; VII, 1 ; 2 ; 4 ; 5 ; s v *euzômon* *H.N. H N*, XIX, 154, 155 ; XX, 125-126 *M.M.* II, 140, s.v. *euzômon* *N L*, p. 297	33, 293, 318, 376, 396, 411, 424, 457, 462, 467
eruthrodanon	*Rubia tinctorum* L. *Rubia peregrina* L.	garance cultivée garance sauvage	*HP*, VI, 1, 4 ; VII, 9, 3 ; IX, 13 ; s v *ereuthedanon* *H N*, XXIV, 94 *M M*, III, 143, s v *eruthrodanon* *N L*, p. 650	26, 45, 317, 319
eruthronium	*Serapias cordigera* L. ou *Erythronium dens canis* L.	helléborine erythrone dent-de-chien	*H N* XXVI, 97-98 ; *M M* III, 128 R V sv *saturion* *NL* p 272	396
ervum, ervus	*Vicia ervilia* Willd = *Ervum ervillia* L.	lentille bâtarde	*H N* XXII, 151- 153 *N L*, p. 298	323, 325, 424
eryngium, eryngion, eryngé	une espèce du genre Genre *Eryngium* L. *Eryngium viride* Link., *Eryngium planum* Matth., *Eryngium maritimum* L., *Eryngium campestre* L.	panicaut, chardon Roland	*HP*, VI, 1, 3 ; s v *êruggion* *H N*, XXII, 18 – 22 *MM.* III, 21 s v *êruggê* *N L*, p. 299	24, 158, 161, 369, 385, 396, 405, 428
erysinum	*Sisymbrium officinale* (L) Scop. *Erysimum* L. spp	sysimbre, herbe aux chantres velar	*HP*, VIII, 1 ; 3 ; 6 ; 7 ; s v *erusimon* *H.N.* XXII, 158 *M.M.* II, 158, s v *erusimon* *N L*, p. 299	318, 456
erythrodanon minor cf. sup. eruthrodanon	*Rubia tinctorium* L. *Rubia peregrina* L.	garance cultivée garance sauvage	*N L*, p. 650	317, 319
esula	*Euphorbia esula* L.	euphorbe	*N L*, p. 300	152, 165,235, 252
eugénia	une espèce de *Vitis vinifera* L.	un cépage	*H N*, XIV, 25	32

euonymos	*Euonymus latifolius* Miller	fusain, bonnet de prêtre	*HP* III, 4 ; s v *tetragônia* *H N*, XIII, 118 *N L*, p. 301	319
eupatorion, eupatorium, eupatorium de Mésué, eupatorium d'Avicenne	*Agrimonia eupatoria* L. *Eupatorium cannabinum* L. *Achillea ageratum* L.	aigremoine eupatoire achillée	*H N*, XXV, 65 *M M*, IV, 41, s v *eupatorios* *N L*, p. 17 et p 301	40, 41, 147, 154, 156, 158, 225, 226, 230, 277, 287, 460, 503
euphorbium	*Euphorbia* L. spp	euphorbe gomme résineuse d'une plante d'Afrique du Nord	*H.P* IX, 8 ; 11 ; 15 ; s v *tithymallon* et *mêkônion* *H N* XXVI, 62 –71 *M M* III, 82 s v *euphorbion* ; IV, 164 s v *tithymallon* *N L*, p. 302	28, 40, 279, 334,370, 377, 384
euphragia, euphrasia	une espèce du Genre *Euphrasia* L. *Euphrasia officinalis* L.	euphraise	*N L*, p. 302	76, 106, 107, 141, 145, 155, 172, 407, 461, 489, 502
faba	*Vicia faba* L.	fève	*HP*, VII, 3 ; VIII, 1 ; 2 ; 3 ; 5 ; 6 ; 7 ; 8 ; 9 ; 10 ; 11 ; s v *kuamos* *H N* XVIII, 117-122 *M M* II, 105 s v *kuamos Hellênikos* *N L*, p. 303	142, 146, 149, 153, 164, 175, 189, 261, 321, 428, 371,382, 394, 396, 402, 410, 500
Ægyptia faba	*Nelumbo nucifera* Gaertner (= *Nelumbium speciosum* Willd.).	fève d'Égypte, lotus rose	*HP*. IV 8 ; s v *kuamos ho aiguptios* *HN*. XVIII, 121 *MM*. II, 106 s v *Aiguptios kuamos* *NL* p 227	321, 359
fagus	*Fagus sylvatica* L. ou .	hêtre	*H P*, III, 3 ; 6 ; 10 ; 11 ; V, 6 ; 7 ; 8 ; s v *oxua* *H N*, XVI, 18 ; XXIV, 14 *N L*, p. 306	279, 367,401
fabaria	une espèce du Genre *Sedum* L.	orpin	*N L*, p. 35	158
febrifuga cf centaurium				362
feliculae, syn . de herba felicis				184
feniculum, cf fœniculum				

ferula ferula mare ferula fœmina	*Ferula communis* L., *Ferulago sylvatica* (Besser) Reichenb. ou Ferulago *nodosa* (L) Boiss. ou *Ferulago campestris* Besser (= *Ferula ferulago* L.). *Thapsia garganica* L.	férule	*HP*, I, 2 ; 6 ; VI, 1 ; 2 ; 3 ; s v *narthex* *H N* XX, 260-261 *M M* III, 77 s v *narthex* *N L*, p. 310	34,136, 370, 376, 377, 385, 460, 462,
ferulago	Genre *Ferula* L., peut-être *Ferulago sylvatica* (Besser) Reichenb.	une espèce de férule "petite férule"	*H P*, VI, 1, 4 ; 2, 7 ; s v *narthekia*	376
ficus	différentes espèces du genre Ficus L., notamment *Ficus carica* L.	figuier, figuier cultivé figue	*HP*, I, 3 ; 5 ; 6 ; 7 ; 8 ; 9 ; 10 ; 11 ; 12 ; 14 ; II, 1 ; 2 ; 3 ; 5 ; 6 ; 7 ; 8 ; III, 3 ; 4 ; 5 ; 7 ; 17 ; IV, 2 ; 4 ; 5 ; 7 ; 13 ; 14 ;15 ; 16 ; V, 3 ; 6 ; 9 ; s v *sukê* *H N* XV, 68-83, XVI, 90-128,181, 186, 241 *H N* XXIII, 117-130 *M M* I, 128 s v *suka* *N L*, p. 311	141, 145, 146, 149, 153, 178, 184, 260, 272, 278, 280, 316, 323, 325, 329, 362, 365, 367, 368, 375, 377, 378, 389, 394, 399, 427, 456, 464, 471, 474, 500
ficus Aegypta	*Ficus sycomorus* L. *Ceratonia siliqua* L.	sycomore d'Egypte caroubier appelé aussi "figuier d'Egypte"	*H P*,I, 1 ; 14 ; IV, 1 ; 2 ; s v *sukaminos hê aiguptia* ; I, 11 ; 14 ; s v *kerônia* *H N*, XIII, 56 *N L*, p. 733	359
ficus indica	*Ficus bengalensis* L. (= *Ficus indica* L.)	figuier d'Inde	*HP*, IV, 4, 4 ; s v *sukê hê indikê* *HN*, XII, 24	359
filaria	*Phillirea angustifolia* L. *Phillyrea latifolia* L.	filaria	*M M* I, 96, s v *philura* *N L*, p. 586	330, 333
filicula	identification incertaine peut-être *Polypodium vulgare* L.	polypode	*N L*, p. 314	184, 455, 467
filipendula	*Filipendula vulgaris* Mench (= *Spirea filipendula* L.), *Filipendula ulmaria* (L.) Maxim. (= *Spirea ulmaria* L.)	reine des prés	*HP*, VI, 6 ; 8 ; s v *oinanthê* *N L*, p. 313	143, 369
filix filix femina	*Dryopteris filix mas* (L) Schott. (= *Polystichum filix mas* Roth.) et *Pteridium aquilinum* (L) Kuhn (= *Pteris aquilina* L.)	fougère, fougère mâle fougère aigle ou grande fougère	*H P*, I, 10, 5 ; IX, 18, 8 ; 20, 5 ; s v *pteris* *H N*, XXVII, 78-80 *M M*, IV, 184 s v *pteris* *N L*, p. 313	31, 143, 147, 152, 154, 155, 158, 177, 190, 239, 317, 402, 453, 455
flammula	*Plumbago europea* L. ou *Clematis flammula* L.	dentelaire clématite odorante	*N L*, p. 276	279
flomus, cf. phlomos,				229, 230

flos cuculi, cf anagallis	*Anagallis arvensis* L.	mourron rouge	*N L*, p. 165	162
flos asteri attici flos tinctorius,	*Aster amellus* L.	aster amelle	*H N*, XXVII, 36 *M M,* IV, 119 s v *aster* N L p 79	226, 172
flos solis, syn. de corona solis	*Helianthemum vulgare* Gaertner = *Helianthemum nummularium* (l) Miller	hélianthème	*N L*, p. 241	155, 158
foeniculum sativum fœniculum fœmina fœniculum montanum	*Foeniculum vulgare* Miller *Meum athamanticum* Jacq.	fenouil cultivé fenouil des Alpes	*HP*, I, 11 ; 12 ; VI, 1 ; 2 ; VII, 3 ; s v *marathon* *H.N.* XX, 256 *M.M.* III, 70, s.v. *marathon* *N L*, p. 316, 491	137, 318, 376, 384, 460, 467, 502
fœniculum mare hippomarathron foeniculum sylvestre	*Cachrys ferulacea* (L) *Calestani.*	fenouil sauvage	*HP*, VI, 1, 4 ; s v *hippomarathon* *H.N.* XX, 258 *M.M.* III, 71 s.v. *hippomarathon* *N L*, p. 171	15, 16, 76, 137, 318
foenum graecum	*Trigonella foenum-graecum* L.	fenugrec	*H N*, XVIII, 140, XXIV, 184-188 *N L*, p. 316	166, 235, 410, 461, 497
fraga, fragaria fragum,	une espèce du Genre *Fragaria* L	fraisier, fraise	*H N*, XV, 98, *N L*, p. 318	147, 164, 181, 246, 318, 331
frangula	*Alnus glutinosa* (L) Gaertner	aulne noir	*H P* I, 4 ; III, 3 ; 4 ; 6 ; 14 ; s v *klêthra* *N L*, p. 319	317, 334
fraxinus	*Fraxinus excelsior* L.	frêne	*H P*, III, 3 ; 4 ; 6 ; 11 ; V, 1 ; 6 ; 7 ; s v *melia* *H.N*, XXIV, 46 *M M,* I, 80, s v *melia* *N L*, p. 320	33, 167, 180, 257, 277, 279, 368, 459, 462
fremium syn de limonium				458
frumentum	une espèce du Genre *Triticum* L.	blé ou une des différentes espèces de céréales	*H.N.* XVIII, 81,	279, 412
fuga daemonum, cf hypericon	une espèce du Genre *Hypericum* L.	"chasse démons " millepertuis		183, 326

fumaria fumaria bulbosa fumus terrae	*Fumaria officinalis* L.	fumeterre officinale ;	*N L* p. 322	142, 145, 152, 153, 162, 167, 248, 280, 394, 421
fungus	une espèce du Genre *Fungus* L.	champignon en général	*N L* p. 323	153, 173, 183, 267, 320, 327, 369, 375, 455,467, 472, 473, 497
gaïac	*Guaiacum officinale* L.	gäiac	*N L* P 345	382
galanga	racine d'*Alpinia officinarum* Hance ou d'*Alpinia galanga* Swartz. *Alpinia galanga* (L) Wild),	plante originaire de Chine	*N L* p. 326	174, 294, 377, 387, 459
galbanum	*Ferula galbaniflua*	férule galbanifère	*HP*, IX, 1, 7, 9 ; s v *chalbanê*	377, 379, 384
galeopsis	*Scrofularia peregrina* L.	scrofulaire	*H N* XXVII, 81 *M M* IV, 94 s.v. *galêopsis* *N L*, p. 327	184, 324, 325, 415
galion, galium	*Galium verum* L.	caille-lait	*H N* XXVII, 81 *M M* IV, 95 s v *galion* *N L* p. 330	146, 329, 457
gallae, gallus,		galles	*H N*, XXIV, 10 *M M* I, 107, s v *kêkis* *N L* p. 327	166, 323, 398
gariophyllata	*Eugenia caryophyllata* Thunb. = *Syzygium aromaticum* (L) Merr. & Perr.	clou de girofle	*N L* p. 173	152, 248, 274, 277
gariophyllos hortenses et sylvestres , gariophyllon	*Dianthus sylvestris* Wulfen ; *Dianthus caryophyllus* L.),	œillet des fleuristes, œillet des rochers	*HP*, VI, 1 ; 6 ; 8 ; s v *diosanthos* *N L* p. 172	152, 246, 274
genista	une espèce du Genre *Genista* L., probablement *Spartium junceum* L. *Spartium scoparium* L. (= *Cytisus scoparius* (L.) Link.) ou *Spartium junceum* L.	une espèce de genêt probablement genêt à balais genêt d'Espagne genêt des teinturiers	*HP*, I, 5, 2 ; s v *linosparthon* *H.N.* XXIV, 66 *N L* p. 332	318, 366, 375, 410, 424
genista senticosa	*Genista scorpius* (L) D C, ou *Genista acanthoclada* D C. ou *Genista hitrsuta* Vahl.	genêt épineux	*H.N.* XXIV, 65 *M.M.* IV 154 s v *spartion* *NL* p 689	320
gentiana	*Gentiana lutea* L.	gentiane	*H N*, XXV, 71 *M M* III, 3 s v *gentianê* *N L* p. 333	147, 148, 277, 319, 293, 366, 381, 388, 396, 401, 459

gentianella, syn. de crucianata, cruciata	une espèce du Genre *Gentianella* Moench ou *Cruciata laevipes* Opiz	croisette	*N L* p. 253	186, 373, 388
geranion geranium sanguinarium	une espèce du Genre *Geranium* L. *Geranium tuberosum* L., *Erodium moschatum* (L) L'Hér. *Geranium sanguineum* L.	geranium geranium tubéreux cicutaire musquée, bec de grue musquée sanguinaire	*H N*, XXVI, 108-109 *M M*,III, 116, s v *geranion* *N L* p. 333	143, 147, 154, 158, 177, 180, 408, 409, 411, 431
geranopodium	*Lychnis coronaria* Desr.	coquelourde des jardins	*HP*, VI, 8, 3 ; s v *luchnis* *M M*, III, 100 s v *lychnis* *N L* P 451	190, 430
germandrea	*Teucrium chamaedrys* L.	germandrée petit-chêne	*H P*, IX, 9, 5 ; s v *chamaidrys* *H N*, XXIV, 130 *M M*, III, 98, s v *chamaidrys* *N L* p. 200	147, 183
gerontopogon	identification incertaine *Tragopogon porrifolius* L. (?)	salsifis	*H P*, VI, 7, 1 ; s v *tragopôgôn* *N L* p. 767	243, 375
gethyum	*Allium schoenoprasum* L.	ciboulette	*H P*, I, 6 ; 10 ; VII, 1 ; 2 ; 4 ; 5 ; 9 ; s v *gêthuon* *H N*, XX, 39-48 *M M*, II, 152 s v *skordon*	367, 387
gingiber	*Zingiber officinale* Rosc	gingembre	*N L* p. 815	385
gingidium	*Anthriscus cerefolium* (L) Hoffm.	cerfeuil	*H P*, VII, 7, 1 ; s v *enthruskon* *N L* p. 192	157
gladiolus	*Gladiolus segetum* L. Gawler, *Gladiolus vulgaris* L.	glaïeul	*H P*, VI, 8 ; 13 ; s v *xiphion* *H.N.* XXV, 138 *M M* IV, 20 s v *xiphion* *N L* p. 334	184, 186, 368, 377, 383, 462, 497, 504
glans, cf quercus	fruit des différentes espèces de *Quercus* L.	gland du chêne	*N L* p. 629	142, 175, 396, 465, 477, 478
glaophôtê, cf. paeonia				40, 46
glaux	identification incertaine *Glaux maritima* L. ou *Polygala* L, spp	"herbe au lait" Une espèce du genre polygale glaux maritime	*H N* XXVII, 82 *M M* IV, 138, s v *glaux* *N L* p. 336	328
glukusidê, glukusiditos, glycyside, cf. paeonia				27, 40

glycyrrhiza	*Glycyrrhiza glabra* L.	réglisse	*H P*, IX, 13, 2 ; s v *glukeia riza* et *skuthikê* *H N* XXII, 24 *M M* III, 5 s v *glukurriza* *N L* p. 338	153, 156, 380, 503
gramen, gramen caninum, gramen digitatum	une espèce du Genre *Cynodon* L. notamment *Cynodon dactylon* Pers.	peut désigner différentes herbes notamment le chiendent	*H P*, I, 6 ; IV, 10 ; 11 ; s v *agrôstis* *H N*. XXIV, 178 *M.M.* IV, 29 s v *agrôstis* *N L* p. 340	34, 142, 297, 363, 374, 399
gramphaena, gromphena cf. symphona				
granata, cf. malum granatum	*Punica granatum* L.	grenade		156, 190
granus indicus, synonyme de *mauz*	indéterminé (*mauz* = *musa* = bananier)	peut-être *Musa sapientium* L. ?	*N L* 508	411
gratia Dei, syn. de geranium			*N L* p. 333	177
gratiola	*Gratiola officinalis* L.	gratiole	*N L* p. 341	168
Griesskraut cf. potentille	*Potentilla anserina* L.et *Potentilla reptans* L.	quintefeuille		168
guimauve, cf. althaea				149
hallicacabon cf alkekenge	*Physalis alkekengi* L.	coqueret, alkekenge	*N L* p. 23	20, 142, 174, 318, 395, 487
Harmel	*Peganum harmala* L.).			83
harundo	une espèce du Genre *Arundo* L. ou *Acorus calamus* L.	une espèce de roseau roseau odorant	cf. arundo et acorinus	31, 396
hastula regia hasta regia	une espèce du Genre *Asphodelus* L.	asphodèle	Cf asphodèle *N L* p. 78	367, 396, 506
hebenus, cf ebenus				474
hedera	*Hedera helix* L.	lierre	*H P*, I ; 3 ; 9 ; 10 ; 13 ; III, 4 ; 10 ; 14 ; 18 ; IV, 16 : V, 3 ; 9 ; VII, 8 ; s v *kittos* et *helix* *H.N.* XVI, 144- 145 XXIV, 75 - 80 *M.M.*, II 179 sv *kissos* *N L* p. 352	15, 30, 34, 145, 158, 163, 272, 277, 323, 332, 366, 375, 379,395, 403, 428, 454, 468, 478, 504, 505
hedysaron	*Securigera securidaca* (L) Degen & Dörfler	sécurigère	*M M*, III, 130 s v *hêdusaron* *N L* p. 693	410
helenion, pour selenion syn. de paeonia				40, 46

helenium	*Inula helenium* L.	inule aunée	*H P*, IX,11, 1 ; s v *panakes hê cheirônion* *H N*, XXI, 159 *N L* p. 354	40, 140, 153, 155, 291, 392
heliacacabum cf. halikakkabon				318
helianthes	plante non identifiée		*H N*, XXIV, 165	291, 360, 416
helichrysum helychrysus helychrysum heliochruson heliochrysum	une espèce du genre *Helychrisum* Miller, *Helichrysum orientale* L. *Helichrysum stoechas* (L.) Moench ou *Tanacetum annuum* L.	immortelle ou une espèce de tanaisie	*H P*, VI, 8 ; 1 ; IX, 19, 3 ; s v *helichrysos* *H N*, XXI, 168-169 MM, IV, 57 *N L*, p 289	27, 153, 257, 287, 291, 319, 360, 460, 488, 494, 508
helioscopium tricoccum heliotropium tricocum	*Chrosophora tinctoria* (L.) A. Jussieu	chrosophore des teinturiers	*H N* XXII, 60-61 *N L* p 355	363
hêlioscopios	une espèce du Genre *Euphorbia* L. *Euphorbia helioscopia* L. (?)	euphorbe	*HP* cf. euphorbium *H.N*, XXVI, 69 *M M*, IV, 164, s v *tithumallos*	40, 290, 506
hêliotropion, heliotropium majus cf aussi parfois synonyme de ricinus	*Heliotropium europaeum* L. mais parfois *Cynanchum acutum* L.	grand héliotrope scammonée de Montpellier	*H P*, VII, 3 ; 8 ; 9 ; 10 ; 15 ; sv *heliotropion* *H N* XXII, 57-58, *M M* IV, 190, s v *heliotropion to mega* *N L*, p 355	22, 40, 155, 159, 224, 230, 275, 276, 278, 289, 291, 327, 423, 460, 461, 465, 488
hêliotropion, heliotropium minus	*Chrosophora tinctoria* (L.) A. Jussieu	petit héliotrope chrosophore des teinturiers	*H N* XXII, 60-61 *M M* IV, 191, s v *heliotropion to micron* *N L*, p 355	40, 155, 275, 276, 278, 369.
helleborum album, helleborus albus, helleborus candidus	*Veratrum album* L.	hellébore blanc, vératre	*H P*, IV, 5 ; VI, 2 ; IX, 2 : 8 ; 10 ; 14 ; 15 ; 16 ; 18 ; s v *helleboros leukos* *M M* IV, 148, s v *helleboros leukos* *N L*, p 779	16, 44, 82, 382
helleborum nigrum helleborus niger	*Helleborus cyclophyllus* Boiss. *Helleborus niger* L.	hellébore noir.	*H P*, IX, 8 ; 10 ; 14 ; 15 ; 16 ; 18 ; s v *helleboros hô melas* *H N* XXV, 54 *M M* IV, 162, s v *helleboros melas* *N L*, p 356	31, 44, 71, 79, 80, 82, 95, 96, 149, 152, 154, 164, 167, 239, 275, 278, 279, 382, 364, 493
helsine, helxina, helxine	*Parietaria officinalis* L.	pariétaire	*H.N*, XXII, 41 *M M*, IV, 39, s v *helxinê* *N L*, p. 567	16, 272, 375, 459, 461

hemerocallis	identification incertaine *Asphodelus lutea* (L) Reichenb. ou une espèce du Genre *Lilium* L.,	asphodèle jaune ou une espèce de lis à fleurs jaunes,	*H P*, VI, 1 ; 6 ; s v *hêmerokalles* *H N*, XXI, 59, 158 *M M*, III, 122 sv *hêmerokalles* *N L*, p 435	290, 320, 368
hêmionon hemionitis	*Asplenium ceterach* L. (= *Ceterach officinarum* D C)	ceterach, doradille, herbe à la mule	*H P*, IX, 18, 7 *H.N*, XXVII, 34, XXV, 45, XXVI, 41 *M.M.* III, 134-135 *N L*, p 358	297, 395, 453
hepatica	*Hepatica nobilis* Miller (= *Anemone hepatica* L.) ou *Marchantia polymorpha* L.	hépatique hépatique des fontaines	*N L*, p 358	142, 145, 156, 173, 191, 503
heraclion siderion	identification incertaine *Scrofularia lucida* L.	scrofulaire	*H N*, XXV, 34, XXVI, 140	26
herakleion, cf. panakeia				41
herba basilica	*Ocimum basilicum* L.	basilic	*H P*, I, 6 ; 10 ; VII,1 ; 2 ; 3 ; 4 ; 5 ; s v *ôkimon* *H N*, XX, 119, 124 *M M*, II, 141, s v *ôkimon* *N L*, p 537	277
herba cancri	une espèce du Genre *Heliotropium* L.	héliotrope	*N L*, p. 355	161, 424
herba carrichteri, syn. de rapunculus	*Phyteuma spicatum* L.	herbe de Carrichter raiponce	*N L*, p. 637	179
herba cinaris	identification incertaine peut-être *Cynara cardunculus* L ou *Cynara scolymus* L. (?)	cardon artichaut	*HP*, VI, 4 ; s v *kaktos* *H.N*, XXI, 96, 97 *MM* III, 14 s v *skolumos* *N L*, p 215	272
herba dentaria	*Dentaria bulbifera* L. = *Cardamine bulbifera* (L) Crantz);	dentaire	*N L*, p. 274	173, 393
herba filicis	*Polystichum filix mas* Roth ou *Pteridium aquilinum* (L) Kuhn (=*Pteris aquilina* L.)	fougère mâle ou grande fougère	*N L*, p. 313	184
herba laniaria, lanaria	*Saponaria officinalis* L.	"herbe à laine" saponaire	*H N*, XXIV, 168 *N L*, p. 675	406
herba Paris, parfois syn. d'aconitum salutiferum	*Paris quadrifolia* L. *Solanum nigrum* L.	herbe à Pâris, parisette, raisin de renard "tue chien"	*N L*, p. 359	141, 148, 172, 326

herba sacra	*Verbena officinalis* L.	verveine	*H N*, XXV, 105 *M M*, IV, 60, s v *peristereon* *N L*, p 781	362, 460, 461
herba sardonia	*Ranunculus sceleratus* L.	renoncule scélérate	*N L*, p. 634	506
herba trinitatis cf. viola	*Viola tricolor* L.	pensée sauvage, violette	*N L*, p 360	509
herba turcha syn.de herniaria	une espèce du Genre *Herniaria* L. peut-être *Herniaria glabra* L.	turquette herniole	*H.N.* XXVII, 76 *M.M.* IV, 108 s v *epipaktis* *N L*, p 361	179, 318
herba venti	*Anemone pulsatilla* L.	herbe au vent, pulsatille	*H N*, XXI, 164 *M M*, II, 176, s v *anemone* *N L*, p. 41 et 622	172
herniaria, cf. herba turcha				179
hermodactylus hermodactylum hermodactylos, syn. de pentaphullon exoticum syn. de dactyletus	*Potentilla reptans* L. ou une espèce du Genre *Colchicum* L. peut-être *Colchicum autumnale* L.	potentille, quintefeuille ou colchique	*H N*, XXV, 109 *M.M.* IV 42 s v *pentephullon* *N L*, p 360	141, 158, 178, 188, 191, 399
hermupoa cf mercurialis	*Mercurialis* L spp	"plante d'Hermès" mercuriale	*N L* P 488	397
hibiscus	*Althaea officinalis* L.	guimauve	*H P*, IX, 18, 1 ; s v *althaia H.N*, XX, 222 - 230 *M M* III, 146 s v *althaia* *N L*, p. 27	378, 379
hièble, cf. ebulus				147
			HP, IX, 8, 5 ; s v *phullon* *H N*, XXVII, 125 *MM*, III, 125 s v *phullon* *N L* p 488	
hieracium, hierakion	identification incertaine une espèce du Genre *Hieracium* L., ou une espèce du Genre *Lactuca* L. ou une espèce du Genre *Urospermum* L. (*Urospermum picroides* (L.) Scop ?) ou une espèce du Genre *Tragopogon* L. (*Tragopogon picroïdes* L. ?)	épervière laitue sauvage urosperme salsifi	*H N* XX, 60 *M M* III, 64 R V s v *hierakion to mega* *N L*, p 362	28, 140, 161, 172, 175, 288, 328, 372, 392, 394, 396, 404

hippocistus hypocystis hyposistis	*Cytinus hypocistis* L.	cytinet	*H N*, XXVI, 49, 81, 145, 160 *M M*, I, 97 R V, sv *hypokistis* *N L*, p 379	27, 157, 331, 467, 501
hippoglossum	*Ruscus hypoglossum* L..	fragon hypoglosse	*H N* XXVII, 93 *M M* IV, 129 s v *hyppoglôsson* *N L*, p 422, 653	182, 390, 398
hippophaes	*Euphorbia spinosa* L. *Euphorbia acanthothamnos* L.	euphorbe épineuse	*H N*, XXII, 29 *M M* IV, 159	327, 328
hippophaeston	*Centaurea spinosa* L. *Ptilostemon stellatus* (L) W.Greuter (= *Cirsium stellarum* L.	centaurée épineuse	*H N*, XVI, 244 *M M*, IV, 160, sv *hippophaiston* *N L*, p 142	468
hirundinaria minor	une espèce du Genre *Chelidonium* L.	chélidoine	*N L*, p 205	182
holostium	une espèce du Genre *Plantago* L. ou *Myosurus minimus* L.	plantain ou ratoncule, queue de souris	*N L*, p. 514 et p. 369	401
hordeum	une espèce du Genre *Hordeum* L.	orge	*H N*, XVIII, 71- 82 XXII, 122 *M M* II, 86 s v *krithê* *N L*, p 371	146, 279, 328, 368, 383, 394, 396, 400, 412, 470
horminum	*Salvia viridis* L. (= *Salvia horminum* L.)	sauge-hormin	*H N*, XXII, 159 *M M*, III, 129, s v *horminon* *N L*, p 372	412, 462
huoskuamon, cf. hyoscyamus				40
hyacinthus poetarum hyacinthus, cf lilium rubrum	une espèce du Genre *Hyacinthus*, notamment *Hyacinthus orientalis* L. ou une espèce de *Scilla* L., *Scilla bifolia* L.	jacinthe ou scille dauphinelle ou pied d'alouette	*H P*, VI, 8 ; s v *huakinthos* *H.N.* XXI, 65,170 *M M*, IV, 62 sv *huakinthos* *N L*, p 373	12, 150, 153, 260, 371, 458
hydropiper	*Polygonum hydropiper* L. *Bidens tripartita* L.	persicaire ou poivre d'eau bident, chanvre d'eau	*M.M.* II, 161 s v *hudropeperi* *N L*, p 110 et 578	167, 185, 332, 404
hyoscyamum, hyoscyamus	une espèce du Genre *Hyoscyamus* L. *Hyosciamus niger* L.	jusquiame appelée aussi "fève de porc" jusquiame noire	*H N* XXV, 35- 37, 99 *M M* IV, 68, s v *huskuamos* *N L*, p 377	40, 141, 152, 155, 173, 240, 277, 279, 288, 320, 321, 431, 459, 461

hyoseris	identification incertaine *Taraxacum officinale* subsp. *dens leonis* auct. ou une espèce du Genre *Sonchus* L.	pissenlit laiteron	*H N*, XXVII, 90 *M M*, II, 131 s v *sogchos* *N L*, p.712 et 273	417
hypear, hyphear, cf. viscum				367
hypericon, hypericum hypericon	une espèce du Genre *Hypericum* L., notamment *Hypericum perfoliatum* L. *Hypericum perforatum* L.	une espèce de millepertuis millepertuis perfolié millepertuis perforé	*H N* XXVI, 85-87, 158, 164 *M M* III, 154 s v *huperikon* *N L*, p. 378	63, 82, 83, 100, 143, 148, 149, 152, 155, 158, 160, 177, 182, 186, 256, 287, 318, 323, 301, 326,332, 333, 370, 373, 380, 461, 489, 494, 509
hypocistis	*Cytinus hypocistis* L.	cytinet, parasite des cistes	*H.N.* XXVI, 49 *NL*P 379	27, 467, 469, 501
hyppomarathum hippomarathum	une espèce du Genre *Cachrys*L. notamment *Cachrys ferulacea* (L) Calestani	fenouil	*M M*,III, 71, s v *hippomarathon* *N L*, p 171	318
hysopum, hyssopum	*Hyssopus officinalis* L. mais aussi différentes espèces de *Satureia*. *Micromeria graeca* Bentham (= *Satureia graeca* L.)	hysope sarriette	*H.N.* XXVI, 76 *M.M.* III, 25, s v *hussopos* *N L*, p 379	31, 165, 235, 278, 299, 359, 375, 394, 503
iasine, iasione iasone	*Convovulus arvensis* L. *Convolvulus sepium* L. *Calystegia* R. Br.	liseron des champs liseron des haies	*H N* XXI, 105 ; XXVII, 82 *NL* p 231	28, 328, 329
iasminon	*Jasminum officinale* L.	jasmin	*N L*, p 386	328
iberis	*Lepidium graminifolium* L.	petite passerage	*H N*, XXV, 87-88 *N L*, p 387	466
ilex, ilex coccifera	*Quercus ilex* L.	chêne vert, yeuse	*HP*, III, 2 ; 3 ; 4 ;V, 1 ; 3 ; 5 ; 9 ; s v *aria* *M.M.* I, 105 ; V, 48 s v *kokkos baphikê* *N L*, p 389	279, 323, 331, 390, 476, 478
imperatoria, syn. d'ostrutium	*Peucedanum ostruthium* (L) Koch. *Heracleum sphondylium* L.	peucedan impératoire berce	*N L*, p 389	166, 136
imperatoria fœmina, syn. de panax heracleonis	*Opopanax hispidus* (Friev) Griseb.	berce	*HP*, IX, 11 ; s v *panakes to êrakleion* *HN*, XXV, 32 *M M*, III, 48, s v *panax Herakleios* *N L*, p 546	136
incarnatum	plante non identifiée			298
indica nux cf. nux indica	fruit de *Cocos nucifera* L.	noix de coco, fruit du cocotier	*N L*, p 233	316

inula	*Inula helenium* L. *Inula viscosa* (L) Aiton *Inula graveolens* (L) Desf	aunée, inule, inule "mâle" et inule "femelle"	*H P*, VI, 2, 6 ; s v *konuza* ; IX, 11, 3 ; s v *panakes to cheirônion* *H N*, XIX, 91, XX, 38 *M M*, I, 28, s v *helenion* *N L*, p 354	146, 279
irio, syn. d'erysimum	*Sisymbrium officinale* (L) Scop.	vélar	*H N* XVIII, 96 XXII, 158 *N L*, p 299	367
iris iris lutea	une espèce du Genre *Iris* L. peut-être *Iris pseudacorus* L.	iris iris jaune ou flambe d'eau	*H N* XXI, 140 à 144 *M M* I, 1 *N L*, p. 394	34, 148, 154, 184, 288, 299, 334, 360, 369, 371, 377, 383, 392, 400, 416, 464, 497, 506
ischaemon, ischemon ischoemon	*Dichanthium ischaemum* (L) Roberty (= *Andropogon ischaemum* L.)	probablement arrête sang, chiedent à balai,	*H P*, IX, 15, 3 ; s v *ischaimos* *H N* XXIV, 182 ; XXV, 83	142, 190, 399, 428
isos, ision, probablement pour ixos		glu tirée du gui	*HN* XXIV, 11- 12 *NL*, p 793	328
jecoraria = hepatica fontana	*Marchantia polymorpha* L.	hépatique des fontaines	*N L*, p 358	173
juglans	*Juglans regia* L.	noyer	*H P*, I, 11 ; 12 ; III, 2 ; 3 ; 4 ; IV, 5 : VIII, 2 ; s v *karua* *M M*, I, 125 sv *karua* *N L*, p 233, 533	153, 171, 174, 262, 373, 397, 402, 405, 407
jujuba	*Ziziphus jujube* Miller	jujubier	*H N*, XXI, 51 *N L*, p 395	319
juncus	*Scirpus holoschoenus* L.	jonc	*H P*, IV, 12 ; s v *schnoinos* *H N* XXI, 112-119 *M M* IV, 52 s v *schnoinos* *N L*, p. 396	272, 366, 461
juncus aquaticus	identification incertaine une espèce du Genre *Scirpus* L. *Scirpus lacustris* L., *Scirpus maritimus* L., *Scirpus holoschoenus* L. ou une espèce du Genre *Juncus* L. *Juncus acutus* L. *Juncus maritimus* L.	jonc d'eau	*N L*, p. 396 et 684	179

juncus odoratus	*Cymbopogon scoenanthus* Spreng.	"jonc odorant", herbe à chameau	*H.N.* XXI, 120 *M M* I, 117 s v *schoinos* *N L*, p 682	146, 332, 377, 385
juniperus	*Juniperus communis* L. *Juniperus oxycedrus* L. *Juniperus phoenicea* L.	genévrier commun ou genévrier oxycèdre (= genévrier cade) ou genévrier de Phénicie	*HP*, III, 3 ; 4 ; 6 ; 12 ; IV, 1 ; s v *arkeuthos* *H.N.* XXIV, 27,54 *M.M.* I, 75 s.v. *arkeuthos* *N L*, p 396	16, 149, 153, 158, 166, 183, 235, 262, 317, 319, 333, 464, 467, 471, 474, 505
kalaminthê, cf. calamintha				43
kallitrichon, cf. callitrichon				41, 227
kichorion, cf. chamaileon				40
kuklaminon, cf. cyclaminum				43
kunoglôsson, cf. cunoglosson,				43
kunosbatos, kunosbatê	*Rosa canina* L.			40, 46, 232
lacrima ethiopica				332
lacryma joppea lacryma jobbea	*Coix lacryma-jobi* L.	"larme de Job (= Jupiter)", graminée originaire d'Orient	*N L*, p. 405	178, 374
lactoris, lactuca, lactuca sylvestris, lactuca sativa, lactuca erratica, syn. d'hyeracium	une des nombreuses espèces du Genre *Lactuca* L. *Lactuca serriola* L. *Lactuca scariola* L.	laitue laitue sauvage	*H.P.* I, 10 ; 12 ; IV, 6 ; VII,1 ; 2 ; 3 ; 4 ; 5 ; 6 ; IX, 8 ; s v *thridax* et *thridakinê H.N.* XIX, 125-130 et XX, 60 - 68 *M.M.* II, 136 s.v. *thridax agria N L*, p 405	16, 28, 146, 153, 166, 235, 266,288, 318, 326, 327, 328, 329, 330, 420, 452, 462, 489
lactuca alba, lactuca candida, syn de méconis	*Lactuca virosa* L.	"laitue blanche" laitue vireuse	*H P*, IX, 8, 2 ; s v *thridakinê HN* XIX, 126, XX,61 *M M* II, 136 s v *thridax agria N L*, p 405	266, 327, 328
ladanum	oleo-résine de *Cistus incanus* L. subsp *creticus* (L.) Heywood	ladanum	*H.N.* XII, 73, XXVI, 47 *M M* I, 97 s v *kistos* *N L*, p. 406	280, 323, 379, 380, 386
lagopum	*Trifolium lagopus* Pourr. (=*Trifolium smyrnaeum* Boiss.)	trèfle, pied de lièvre	*H N*, XXVI, 53 *N L*, p. 407	426, 461
lambrusca, labrusca	*Vitis vinifera* sbsp *sylvestris* (C C Gmelin) Hegi.	vigne sauvage	*H N* XXIII, 19, XXVII, 44 *M M*, IV, 181 s v *ampelos agria NL*p 402	383
lamium	une espèce du Genre *Lamium* L.	lamier	*H N* XXII, 37 *N L*, p. 408	101, 328

lanaria	*Saponaria officinalis* L.	saponaire	*H N* XXIV, 168	328, 406
lapathum, lapathum sanguineum lapathum acutum lapathus	une des espèces du Genre *Rumex* L *Rumex sanguineus* L. *Rumex crispus* L.	patience rumex sanguin	*H P*, I, 6 ; VII, 1 ; 2 ; 4 ; 7 ; s v *lapathos* *H N*, XIX, 98, XX, 231 *M* M, II, 114, s v *lapathon* *N L*, p. 410	43, 143, 154, 221, 229, 245, 277, 317, 318, 457, 459
lappa major, syn de xanthion	identification incertaine *Arctium lappa* L. *Xanthium strumarium* L.	bardane ou lampourde, glouteron	*H N*, XXI, 104 *N L*, p. 101et 808	241
larix	*Larix decidua* Miller	mélèze	*H N* XVI, 43, XXIV, 28 *N L*, p. 416	171, 359, 367, 373, 380, 381, 386, 405, 471
laser	*Ferula tingitana* L. *Ferula asa foetida* L. *Ferula communis* L.	férule	*HP*, I, 6 ; VI, 1 ; 2 ; 3 ; s v *narthex*, *silphion*) *H N* XXII, 101-103 *M M* III, 77 et 80 s v *narthex* et *silphion* *N L*, p. 417	329, 330, 367, 381
laserpitium	une espèce du Genre *Ferula* L. *Ferula tingitana* L.	"suc de laser", férule férule de Cyrénaïque	*H.P.* VI, 3, 1-6, IX, 1, 3-4 *H.N.* XIX, 38- 39, XXII, 101, 104 *M M* IV, 80 s v *silphion* *N L*, p. 76 et 417	318, 370, 377
lathyris	*Euphorbia lathyris* L.	épurge	*HN* XXVII, 95 *M M* IV,166, s v *lathyris* *N L*, p. 417	146, 328, 461
laudanum, cf. ladanum				280, 380, 386
laureola	*Daphné gnidium* L. *Daphne oleïdes* L. *Daphne mezerum* L. ou une des espèces du Genre *Ruscus* L	daphné-olivier-nain bois-gentil fragon	*HP*, IX, 20 ; s v *kokkos* *HN*, XXVII, 70 *MM*, IV, 172 s v *Knidios kokkos* *N L*, p. 419-421	279
laurus	*Laurus nobilis* L. *Laurus laurocerasus* L.	laurier laurier cerise	*HP*, I, 5 ; 6 ; 8 ; 9 ; 11 ; 12 ; II, 1 ; 2 ; 4 ; 5 ; III, 7 ; 11 ; 12 ; 13 ; 14 ; 1516 ; 17 ; IV, 4 ; 5 ; 7 ; 13 ; 16 ; V, 3 ; 7 ; 8 ; 9 ; s v *daphnê* *H.N.* XV, 127, XXIII, 152 -158 *MM*, I, 78 *NL* p 421	12, 16, 30, 34, 153, 156, 254, 275, 277, 327, 361, 365, 370, 454, 466, 501

laurus	*Ruscus hypoglossum* L.	laurier d'Alexandrie ou laurier de l'Idea, fragon à languette	*HP*, I, 10, 8 ; III, 17, 4 s v *daphnê hê alexandreia* *H N* XXIII, 158 *M M* IV, 145, sv *daphnê Alexandria* *N L*, p. 422	332,
lavandula	une espèce du Genre *Lavandula* L.	lavande	*N L*, p. 418, 725	106, 377
lecaltha (pour caltha ?)	*Tussilago farfara* L.	tussilage, pas d'âne		172
legumen		légume en général		389
lens	*Lens culinaris* Medicus	lentille	*HP*, II, 4 ; VIII, 3 ; 5 ; 8 ; s v *phakos* *H N* XVIII, 123, XXII, 142-145 *M M* II, 107, s v *phakos* *N L*, p. 423	162, 179, 187, 321, 368
lens aquatica, lens palustris	*Lemna minor* L.	petite lentille d'eau	*HP*, IV, 10 ; s v *ikmê* *H N*, XXII, 145 *N L*, p. 423	153, 267
lentiscum, lentiscus	*Pistacia lentiscus* L.	lentisque	*HP*, IX, 1, 2 ; s v *schinos* *H.N.* XXIV, 42- 43 *M.M.* I, 70 s v *schinos dendron* *N L*, p. 423	157, 319, 331, 376, 380, 409, 478
leontopetalon, leontopetalum	*Leontice leontopetalum* L.	leontice	*HP*, VII, 12, 3 ; s v *thêseion* *H N*, XXVII, 96 *M M*, III, R V 96 s v *leontopetalon* *N L*, p. 426	142, 176, 426
leontopodion	*Leontice leontopodium* L.	leontice	*M M* III, 96 s v *leontopodion* *N L*, p. 426	158, 396, 426
lepidium	*Lepidium latifolium* L.	passerage cresson alènois	*H N*, XIX, 166, XX, 181 *M M*, II, 174, s v *lepidion* *N L*, p. 426	501
leucoium	*Cheiranthus cheiri* L.	violier, giroflée	*HP*, VI, 6 ; 8 ; VII, 13 ; s v *ion* et *leukoion* *M M* III, 123, IV, 121 s v *leukoion* et *ion* *N L*, p. 418	333, 411, 416

libanotis	identification incertaine *Rosmarinus officinalis* L. *Cachrys libanotis* L. une espèce du genre Genre *Ferula* L. *Athamanta macedonia* (L) Sprengel, (= *Libanotis macedonia* Bertol. (?)	romarin "herbe à encens" férule athamante	*H P* IX, 11 ; s v *libanôtis* *H N* XIX, 187, XX, 172, XXI, 58 *M M* III, 75 s v *libanôtis* *N L*, p. 429	278, 377
lichen	une des nombreuses espèces de lichen ou *Marchantia polymorpha* L. *Marchantia stellata* L.	lichen ou hépatique	*H.N.* XXVI, 22 et 124 M M IV, 53 s v *leichen* *N L*, p. 430	156, 173, 318, 468, 471
ligustrum	*Ligustrum vulgare* L.	troène	*H P*, I, 14, 2 ; VI, 1, 4 ; s v *speiraia* *H N* XVI, 77 *N L*, p. 434	319, 327
lilia rubra lilium rubrum	*Lilium Chalcedonicum* L.	lis rouge, peut-être lis de Chalcédoine	*H N* XXI, 25 et 126 *M M* III, 102 s v *krinon* *N L*, p. 437	330, 371
lilium lilium album	une espèce du Genre *Lilium* L. notamment *Lilium candidum* L. *Convallaria majalis* L.	lis notamment lis blanc lis des vallées, muguet	*H P*, I, 6 ; 13 ; II, 2 ; VI, 6 ; VI, 6 ; 8 s v *krinon* *H N*, XXI, 22-24, 126-127 *M M* III, 102 s v *krinon* *N L*, p. 437	106, 147, 152, 153, 157, 158, 165, 235, 258, 334, 360, 370, 373, 416, 423, 458, 459, 460
lilium convallium	*Convallaria majalis* L.	lis des vallées, muguet	*N L*, p. 437	147, 148, 153, 160, 177, 258
limodoron, limodorus haemodoron aimodôron	*Orobanche cruenta* L.	orobanche	*H.P.* VIII, 8, 5 (sv *aimodôron*) *H N* XIX, 176 *N L*, p. 439	366, 492
limonium	*Anemone coronaria* L.	anémone des prairies	*H P*, VI, 8, 1 ; s v *anemônê* *M M*, II, sv *anemônê* *N L*, p. 440	458
lingua avis	*Fraxinus exelsior* L.	fruit du frêne	*N L*, p. 320	158
lingua bovis	*Anchusa officinalis* L.	buglosse	*H N*, XXV, 81 ; XXVI, 116 *M M*, IV, 127, s v *bouglosson* *N L*, p. 128	394
lingua cervina, cf phyllis				142, 156, 158,174, 419
lingua hircina, cf. echium				186, 419

linum	*Linum usitatissimum* L. *Linum angustifolium* Huds.	lin	*H N*, XIX, 7-25, XX, 249 - 251 *M M* II, 103 s v *linospermon* *N L*, p. 441	146, 247, 367, 376, 470
liquiricia, liquiritia, syn. glyzyrrhiza				279
lithospermum	*Lithospermum officinale* L.	grémil	*H N*, XXVII, 99 *M M*, III, 141 s v *lithospermon N L*, p. 444	18, 20, 149, 178, 374, 501
lolium	*Lolium temulentum* L.	ivraie	*HP*, I, 5 ; II, 4 ; VIII, 7 ; 9 ; s v *aira MM*, II, 100 *H N*, XXII, 160 *N L*, p. 445	279, 387
lonchitis	probablement *Serapias lingua* L.	helléborine	*H N* XXV, 137 *M M* III, 144 -145 s v *lonchitis N L*, p. 445	395
lotos, lotus vulgaris	*Celtis australis* L. *Ziziphus jujuba* L., *Ziziphus lotus* (L) Lam. *Ziziphus lacryma Christi* (L) Willd	micocoulier jujubier	*H P*, I, 5 ; 6 ; 8 ; IV, 2 ; 3 ; 4 ; 5 ; 8 ; s v *lôtos* *H N* XVI, 124 *M M* I, 117, s v *lôtos* *N L*, p. 186, 395, 446	275, 277, 319, 3569, 474
lotus d'Egypte lotus de l'Euphrate	*Nymphea lotus* L. *Nymphea saerulea* Sav. *Nelumbium speciosum* Willd. *Nelumbo nucifera* Gaertn.	lotus d'Egypte nelumbo nénuphar rose	*H P*, IV, 8, 9-11, s v *lôtos* *H N* XIII, 107- 110 *M M*, IV, 113	289
lounaria, syn. de paeonia				40, 46
lunaria serratula lunaria lunaria minor perfoliata lunaria minor lunaria graeca	identification incertaine une espèce du Genre *Lunaria* L. *Lunaria annua* L. *Botrychium lunaria* (L.) Swartz une espèce du Genre *Biscutella* L.	lunaire, monnaie-du-pape petite lunaire botryche lunaire lunetière	*N L*, p. 447 et 448	148, 158, 178, 295, 296, 503
lupina cauda	plante non identifiée une espèce du Genre *Verbascum* L.	"queue de loup" molène		180, 406
lupinus	une espèce du Genre *Lupinus* L. notamment *Lupinus albus* L	lupin lupin blanc	*HP*, I, 3 ; 7 ; III, 2 ; IV, 7 ; VIII, 1 ; 2 ; 5 ; 11 ; s v *thermos* *H N* XVIII, 133 XXII, 154 - 157 *M.M.* II, 109 s v *thermos hêmeros* *N L*, p. 448	142, 146, 148, 174, 175, 290, 299, 318, 319, 325, 372, 382, 395, 404, 424, 459, 467
lupulus lupus salictarius	*Humulus lupulus* L.	houblon	*H N*, XXI, 86 *N L*, p. 448	158, 318, 328, 421, 459, 503
lutum herba	*Reseda luteola* L.	gaude	*N L*, p. 450	488, 494, 508

lychnis, lychnis coronaria	*Lychnis coronaria* (L) Desr.	coquelourde des jardins	*HP*, VI, 8, 3 ; s v l*ychnis* *H N*, XXI, 171 *M M,* III, 100 et 101 s v *lychnis* *N L,* p. 451	406, 429
lychnis sylvestris	*Agrostemma githago* L.	nielle des blés	*H N*, XXI,171 *M M,* III, 101 s v *lychnis agria* *N L,* p. 452	429, 461
lycium	graine et suc d'une espèce du Genre *Rhamnus* originaire de Lycie d'où son nom	nerprum "graine d'Avignon"	*H N* XXIV, 125 *M M* I, 100 s v *lukion* *N L,* p. 452	319, 383, 420
lycoctonon	une espèce du Genre *Aconitum* L.	une espèce d'aconit	*M M* IV, 77, sv *akoniton heteron* ou *lukoktonon* *N L,* p. 11	401
lycopoda	*Lycopus europaeus* L.	"pied de loup" lycopode	*N L,* p. 454	427
lycopsis	identification incertaine peut-être une espèce du genre *Echium* L.,	vipérine	*H N* XXVII, 97 *M M* IV, 26 s v *lykapsos* *N L,* p. 454	328, 331, 415
lyncurius		une espèce de champignon indéterminée		375
lysimachia, lysimachion	*Lysimachia vulgaris* L. ou *Lythrum salicaria* L. ou *Scutellaria galericulata* L.	lysimaque vulgaire lysimaque rouge grande salicaire	*H P*, IV, 10 ; s v *eleagnos* *H N* XXV, 75, XXVI, 131, 141 *M M* IV, 3, s v *lysimacheios N L,* p. 456	251, 288, 319, 331, 488, 494, 508
macis	*Myristica fragrans* Houtt.	arille qui entoure la noix muscade	*H.N.* XII, 32 *M.M.* I, 82, s v *maker* *N L,* p. 500	176, 279
Magsamen	*Papaver somniferum* L.	Pavot		167
majorana	*Origanum majorana* L.	marjolaine	*H P*, I, 9, VI,1 ; 7 ; IX, 7, s v *amarakon* *HN*, XXI, 163 *M M,* III, 39, sv *sampsuchon* *N L,* p. 460	92, 106, 152, 264, 280, 506
mala insana cf. molengiana				322, 462
mala, malum, malus,	*Pirus malus* L.	fruit du pommier et pommier	*H N* XV, 47-52, XXIII,100 *M M,* I, 115, s v *mêlea* *N L,* p. 463	194, 189, 279, 316, 393, 456, 469, 505

malum aurentium malum aureum mala Appia, syn. chrusomala	*Citrus aurantium* L. var. *dulcis* Pers. ou *Citrus aurantium* var. *amara* Pers.	oranger à fruit doux oranger à fruit amer	*N L,* p. 85	153, 190, 254, 289, 505
malum citrium	*Citrus limon* (L.) Burm.	citron	*N L,* p. 219	153, 154, 254, 288
malum cydoneum mala cydonia mala cotonea	*Cydonia oblonga* Miller (= *Cydonia vulgaris* Pers.)	coing	*H N,* XXIII, 103 *M M,* I, 115, s v *kudônia mêla* *N L,* p. 262	140, 172, 173, 288, 361
malum granatum	*Punica granatum* L.	grenade	*HP,* I, 3 ; 5 ; 6 ; 9 ; 10 ; 11 ; 13 ; 14 ; II, 1 ; 2 ; 3 ; 6 ; 7 ; III, 6 ; 18 ; IV, 3 ; 5 ; 13 ; 14 ; 16 ; VI, 1 ; VII, 13 ; s v *rhoa* *H N* XIII, 112 -113, XXIII, 106-114 *M M,* I, 110, s v *rhoa* *N L,* p. 623	156, 176, 251,280, 331
mala dulcia	une espèce du Genre *Malus* L	"pomme douce"	*H N,* XIII, 113	260
mali medici felix malum	*Citrus medica* L.	cédratier pommier de Médie" (d'où son nom) ou "pommier d'Assyrie" ou encore "pommier de Perse",	*H.P.* IV, 4, 2 ; s v *mêlea hê mêdikê* *mêlea hê persikê* *H.N.* XV, 47 *M M,* I, 115, s v *persica mêla* *N L* p 219	288
malum persicum mala persica	*Prunus persica* Sieb. & Z. *Prunus persica* (L) Batsch.	pêche, pêcher	*H.N.* XII, 14, XVII, 151 *M M,* I, 108 *N L,* p. 578	141, 181, 289
malus punica malum punicum cf.malum granatum	fruit du *Punica granatum* L.	grenade, grenadier	*H N* XXIII, 106 -114 *M M,* I, 110 s v *rhoa N L,* p. 623	33, 141, 173, 176, 190, 280, 393, 467, 474
malum Appianum syn. de chrusomala	une variété de *Pirus malus* L.	pomme appienne ; variété de pomme issue de la greffe du cognassier sur une espèce de pommier appelé Scaudius.	*HN,* XV, 49	289
malva	une espèce du Genre Genre *Malva* L. ou *Althea officinalis* L.	mauve gui mauve	*HP,* I, 3 ; 9 ; IV, 15 ; VII, 7 ; 8 : IX, 15 ; 18 s v *malachê* et *althaia* *H.N.* XX 222-228 *M M,* II, s v *molochê* III, 146, s v *althaia* *N L,* p. 27 et 462	149, 158, 290, 298, 365, 377, 394, 421, 459, 460, 461, 506

mandragora mandragora foemina	une espèce du Genre *Mandragora* L. *Mandragora vernalis* Bert *Mandragora autumnalis* Spr.	mandragore mandragore femelle ou mandragore blanche mandragore mâle ou mandragore noire	*HP*, IX, 8 ; 9 ; s v *mandragoras* *H N* XXV, 147 à 150 *M M* IV, 75 s v *mandragoras* *N L*, p. 465	16, 43 101, 143, 153, 265, 278, 320, 324, 334, 361, 369, 454, 464, 488, 494, 503, 509
marathon, maratum, marathrum cf. foeniculum	*Fœniculum vulgare* Mill.	fenouil	*HP* cf. foeniculum *H N*, XXI, 54, XX, 254 *M* M, III, 70, s v *marathon N L*, p. 316	16, 43 ,222, 229
margarita, syn de bellis				299
marrubium	*Marrubium peregrinum* L. et *Marrubium vulgare* L. *Ballota nigra* L.	marrube “blanc” marrube " noir" ballote fétide	*H P*, VI, 1 ; 2 ; s v *prasion* *H N* XX, 241- 244 *M M* III, 103, 105 sv *ballôtê* et *melamprasion* *N L*, p. 94 et 474	322, 327, 427,459, 460, 461
mastic, masticha, mastiche, mastix	secrétion du *Pistacia lentiscus* L.	gomme du lentisque	*HP*, IX, 1, 2 (sv *schinos*) *HN*, XII, 72 *M M*, I, 42, sv *mastichinon*, I ? 70 s v *schinos*, IV, 59, s v *mastichê* *N L*, p. 476	149, 158, 275, 279, 328
matricaria	*Camomilla recutica* (L) Rauschert (= *Matricaria chamomilla* L.)	petite camomille matricaire,	*H N*, XXI, 155 *M M*, III, 138, sv *parthenion* *N L*, p. 476	150, 506
mauz ou musa	*Musa sapientum* L.	bananier, banane	*N L*, p. 508	411
mechoaca, michoaca	*Ipomoea pandurata* Meyer	jalap	*N L*, p. 477	182
medica trifolium	une espèce du Genre *Trifolium* L. ou du Genre *Medicago* L.	une espèce de trèfle ou de luzerne	*N L*, p. 478	409
médion, medium	*Campanula lingulata* L.	campanule	*H.N.* XXVII, 104 *M M*, IV, 18, s v *mêdion* *N L*, p. 478	26
melampodium	*Helleborus cyclophyllus* R. Br	hellébore noir	*H N* XXV, 47 *M M*, IV, 162, sv *melampodion*	11
melanthion, melanthium	*Nigella sativa* L.	nigelle	*H.N.* XX, 182 -183 *M.M.* III, 79, s v *melanthion* *N L*, p. 538	157, 384, 460, 463

melissa melissophyllon	une espèce du Genre *Melissa* L. *Melissa officinalis* L.	mélisse	*H N*, XX, 116 ; XXI, 53, 149 *M M*, III, 104, s v *melissophullon* *N L*, p. 483	82, 92, 95, 105, 141, 145, 153, 156, 157, 162, 167, 257, 324, 362, 393, 459, 478, 500, 503, 506
melilotus	une espèce du Genre *Melilotus* Miller	melilot	*H P*, VII, 15, 3 ; IX, 7, 3 ; s v *lôtos* et *melilôtos* *H N*, XXI, 39, 53, 63 *M M*, III, 40, sv *melilôtos* *N L*, p. 483	461
melongena, molengina	*Solanum melongena* L.	aubergine	*N L*, p. 485	320, 322
melo melopepo	une des différentes espèces de Cucurbitacae L., notamment *Cucumis melo* L.	melon	*N L*, p. 486	140, 153, 264, 288, 316, 367, 372, 391 394, 461, 504
melyssophulon cf melissa				173, 324, 326, 362, 393, 459, 464, 478, 500
mentastrum aquaticum	*Mentha aquatica* L.	menthe aquatique	*H N*, XIX, 159	172
menta, mentha	Une espèce du Genre *Mentha* L.	menthe	*HP*, II, 4 ; VI, 7 ; VII, 7 ; s v *mintha* et *heduosmon* *H.N.* XX, 147, 150 *M.M.* III, 34 s.v. *hêduosmos* *N L*, p. 484 et 486	95, 146, 162, 275, 277,279, 324, 329, 359, 455, 462, 467, 470
mentha aquatiqua	*Mentha aquatica* L.	menthe aquatique	*H N*, XIX, 159	141, 190
mentha graeca, syn. de costus hortorum	identification incertaine *Balsamita major* Desf. (= *Chrysanthemum balsamita* (L.) Baillon)	menthe-coq	*N L*, p. 247	293, 318
mercurialis	*Mercurialis annua* L.	mercuriale	*H P* IX, 18, 5 ; s v *phullon* *H.N*, XXV 38- 39 *M.M.* IV, 189 s v *linozôstis* *N L*, p. 488	148, 154, 182, 280, 317, 318, 365, 397, 490
mespilium	*Mespilus germanica* L. ou une des différentes espèces du Genre *Crataegus* L.	néflier ou une des différentes espèces d'aubépines	*H P*, III, 12 ; 13 ; 15 ; s v *mespilê* *H N*, XV, 84, XXIII, 141 *M M*, I, 118, s v *mespilon* *N L*, p. 490	149, 178, 374, 461, 497

meum	*Meum athamanticum* L. *Athamantha cretensis* L.	athamanthe athamanthe de Crète	*H N*, XX, 253 *M M* I, 3 sv *mêon* *N L*, p. 491	157, 400
michoaca ou syn. de mechoacan	*Ipomoea pandurata* Meyer ou *Convolvulus* jalapa L.	jalap, bryone noire Jalap blanc, bryone d'Amérique	*NL* p 384	180
milium	*Panicum miliaceum* L.	millet	*H N*, XVIII, 53, 55, 100, XXII 130, *M M*, II, 97, s v *kegchros* *N L*, p. 492	385, 396, 456, 478
milium solis	*Lithospermum officinale* L.	grémil	*H N*, XXVII, 98 M M, III, 141, s v *lithospermon* *N L*, p. 444	149, 178
millefolium	*Achillea millefolium* L.	millefeuille	*H N*, XXIV, 152 *M M*, IV, 114, s v *myriophyllon* *N L*, p. 492	158, 164, 186
millepertuis, cf. hypericum				100, 147, 149
millium indicum	*Sorghum vulgare* Pers.	sorgho	*H N*, XVIII, 55 *N L*, p. 482	332
Miltzkraut	*Chrysosplenium alternifolium* L.	dorine	*N L*, p 211	167
molengiana	*Solanum melongena* L.	aubergine		320, 322
moloche agria, cf. hibiscus	*Althaea officinalis* L.	guimauve		378
molu, moly	indentification incertaine une des différentes espèces du Genre *Allium* L., *allium latifolium* et *allium angustifolium*	une des différentes espèces d'ail	*N L*, p. 496	11, 12, 256
molucca melissa molucca, syn de cardiaca			*N L*, p. 495	173
molybdena, syn. de plumbago	une espèce du Genre *Plumbago* L.		*N L*, p. 602	297
morsus diaboli	surnom donné à *Succisa pratensis* Moensch.	scabieuse	*N L*, p. 730	164, 372, 491
morum, morus cf. rubus				184, 186, 323, 331, 369
morus	*Morus nigra* L.	mûrier noir	*H N* XXIII, 135-137 *M M* I, 126 s v *morea hê sukaminon* *N L*, p. 499	184, 186, 251, 328, 331, 409, 425

moschus, muscus muscus lapideus muscus oblongus	plante non identifiée	une mousse	*N L*, p. 511	140, 155, 172, 274, 275, 316, 334, 420
mourron, cf anagallis				147
muguet, cf. lilium convallium				148
Mullkraut	identification incertaine, peut-être *Verbascum lychnitis* L. ?	molène	*N L* p 780	168
muscus arborum muscus arboreus muscus capillaris, syn. d'adiantum aureum	*Usnea barbata* L. *Polytrichum commune Hedw.* *Adiantum capillus-Veneris* L.	barbe de capucin, lychen barbu polytric commun capillaire de Montpellier	*N L*, p. 13, 511	155, 242, 274, 275,277, 280, 459
muos ôta, cf myosotis				413
muriophullon, muriophyllon	*Myriophyllum spicatum* L.	myriophylle à épis	*H N*, XXIV, 152 *M M*, IV, 114 s v *muriophullon*	43
myosotis	une espèce du Genre *Myosotis* L.	myosotis,"oreille de souris"	*H N*, XXVII, 105 *M.M.* II, 183, s v *muos ôta* *N L*, p. 513	326, 413
myrica, myricé	une espèce du du Genre *Tamarix* L.	tamaris	*HP*, I, 4 ; 9 ; 10 ; III, 3 ; IV, 5 ; s v *murikê* *H N* XXIV, 67, *M M*, I, 87 s v *murikê* *N L*, p. 740	33, 298, 405, 453
murisculus	*Hieracium pilosella* L.	épervière piloselle	*N L* p 362 et 591	166
myrobalanum, myrobalanos citryoas	une espèce du Genre *Terminalia* L. *Terminalia citrina* Roxb.	myrobolan myrobolan citrin	*H N*, XII, 100 *N L*, p. 515	145, 154, 173, 279, 317, 324, 393, 493
myrrha	*Commiphora myrrha* Engl.	myrrhe	*HP*, IV, 4 ; IX, 1 ; 4 ; 7 ; s v *smurna* *H N* XII, 66 -71, *M M*, I, 64, s v *smurna* *N L*, p. 516	149, 157, 158, 274, 295, 376, 378, 380, 399, 407, 459

myrta, myrtum, myrtus hesperi (pour myrtus hêmeros ?), myrtacantha	*Myrtus communis* L. ou *Ruscus aculeatus* L.	myrte commun fragon petit-houx	*HP*, I, 3 ; 9 ; 10 ; 13 ; 14 ; II, 2 ; 5 ; 7 ; III, 6 ; IV, 2 ; 5 ; V, 8 ; VI, 8 ; s v *murrine* et *kentromurrinê* *H N* XV, 122, XXIII, 159 -166 *M M* I, 112, s v *mursinê* ; IV, 144 s v *mursinê agria* *N L*, p. 517 et 653	34, 272, 280, 323, 331, 365, 370, 376, 385, 386, 390
napellus, napellus Moysis napellus racemosus napellus christophoriana	*Aconitum napellus* L. *Aconitum anthora* L. *Actaea spicata* L.	aconit napel herbe de Saint Christophe	*M M*, IV, 76-77 s v *akoniton* *N L*, p. 45 et 210	72, 279, 320, 408, 504
napus	*Brassica napus* L. *Raphanus sativus* L.	navet radis	*H N*, XVIII, 131, XX, 21 *N L*, p. 519	76, 146, 288, 316, 378, 396, 411 465
narcissus	une espèce du Genre *Narcissus* L.	narcisse	*HP*, I, 13 ; III, 13 ; VI, 8 ; VII, 13 ; s v *leirion* et *narkissos* *H N* XXI, 128 *M M* IV, 158, s v *narkissos* *N L*, p. 520	150, 153, 157, 259, 320, 416, 458, 459, 497
nardus nardus celticus	*Nardostachys jatamansi* D C *Valeriana celtica* L.	nard nard celtique	*HP*, IX, 7 ; s v *nardos* *H N*, XII, 42, XXI, 135 *M.M.* I, 7, et 8 s v *nardos* et *Keltikê nardos* *N L*, p. 521	145, 156, 173, 318, 319, 392, 393, 406, 413, 430
nardus italica	*Lavandula latifolia* Medicus (= *Lavandula spica* auct. non L.)	lavande aspic nard d'Italie	*N L*, p. 418	299
nardus montana	plante non identifiée, peut-être *Valeriana tuberosa* L. ?	nard de montagne, grande valériane	*M M*, I, 9 s v *oreinê nardos*	141, 393
nardus syriatica	*Patrinia scabiosifolia* Fisch ?	nard syriaque	*M.M.* I, 7, s v *nardos*	318
nasturtium	*Lepidum sativum* L.	cresson alénois	*HP*, I, 12 ; VII, 1 ; 4 ; 5 ; s v *kardamon* *H N* XX, 127 *M M*, II, 155 s v *kardamon* *N L*, p. 523	328, 457, 459, 460, 462, 467
nenuphar	une espèce du Genre *Nymphea* L.	nénuphar	*N L* p 535	99
nepeta herba	*Calamintha nepeta* (L.) Savi *Nepeta cataria* L.	calament cataire	*H N*, XX, 158 *M M*,III, 35 sv *kalaminthê* *N L*, p. 524	272
neurada cf poterion				377

nicotiana	*Nicotiana tabacum* L.	tabac	*N L*, p. 526	158
Schwartze Niesswurtz cf. *savina*				167
nigella	*Nigella sativa* L.	cumin noir	*H N* XX 182 M M, III, 79, s v *melanthion* *N L*, p. 528	328, 463
nucleus pini	probablement graines ou pignons de *Pinus pinea* L	graine de pomme de pin	*N L* p 593	503
numphaia nymphea alba nymphea lutea nymphea citrina	*Nymphaea alba* L. *Nuphar lutea* (L) Sibth & Sm.	nénuphar blanc nénuphar jaune	*HP*, IV, 8 ; 10 ; IX, 13 ; s v *lôtos*, *numphaia* et *sidê* *H.N.* XXV, 75, 132 *MM*, III, 132 s v *numphaia* *N L*, p. 535	99, 142, 153, 155, 157, 176, 259, 370, 500, 501
numularia	*Lysimachia nummularia* L.	nummulaire	*N L*, p. 532	263
nux, nuces cf. juglans	fruit de *Juglans regia* L.	noix	*H N*, XXIII, 148 *M.M.* I, 125 s.v. *karua basilica* *N L*, p. 533	140,146, 279, 319, 367, 402
nux ben,	fruit du *Moringa arabica* Pers (= *Moringa aptera* Gaertn.) ou de *Moringa pterygosperma* Gaertn. (= *Moringa oleifera* Lam.)	son fruit (*balanos*) est une gousse, improprement appelée noix de Ben	*HN*, XIII, 8 ; XXIII, 88 *M.M.* IV, 157, s v *balanos murepsikê* *N L*, p. 105	393
nux indica	fruit de *Cocos nucifera* L.	fruit du cocotier, noix indienne, noix de coco	*N L*, p. 233	140, 316, 391, 397
nux moschata nux myristica	fruit de de *Myristica fragens* Houtt.	noix muscade	*N L*, p. 500	142, 156, 157, 487
nux vesicaria, syn de staphylodendron	fruit de *Staphylea pinnata* L.	fruit du faux-pistachier	*H N*, XVI, 69 *N L*, p. 723	145, 488, 495, 509
nux vomica	*Strychnos nux vomica* L.	noix vomique	*HN*, XXI, 62 *NL* p 535	503
nyctimeron (?)	plante non identifiée			260
nyctegreton	plante non identifiée		*HN*, XXI, 62	295
ocimastrum, ocymastrum	une espèce du Genre *Circaea* L. ou une espèce du Genre *Ocimum* L. *Ocimum pilosum* L. ou une espèce du genre *Thymus* L. *Thymus acinos* L.	circée basilic thym	*MM*, III, RV 43 s v *akinos* *N L*, p.218, 222, 537, 759	159, 424

ocimum, ocymum	*Ocimum basilicum* L.	basilic	*HP*, I, 6 ; 10 ; VII, 1 ; 2 ; 3 ; 4 ; 5 ; 9 ; s v *ôkimon* *H N*, XIX, 120 ; XX 119-124 *M.M.*, II, 141 s.v. *ôkinon* *N L*, p. 537	273, 279, 325, 327, 376, 408, 457, 464, 465, 470,470
oculus Jovis	*Sempervivum tectorum* L.	grande joubarbe, joubarbe des toits	*H N*, XXV, 160 *M M,* IV, 88, s v *aeizôn* *N L*, p. 694	45, 140, 392
ocymastrum, cf ocimastrum				159
ocymoïdes	une espèce du Genre *Lychnis* L. ou Silene L.	lychnis, croix de Malte	*M M*, IV, 28 s v *ôkimoides* *N L*, p. 315	408
oenanthe, syn de filipendula	*Filipendula vulgaris* Moench (= *Spirea filipendula* L.) *Filipendula ulmaria* (L) Maxim);	filipendule reine des prés	*H N* XXI, 65, 167 *M M*, III, 120, s v *oinanthê* *N L*, p. 538	138, 148, 158, 294, 369, 374, 375, 469
olea, oliva	*Olea europea* L.	olivier	*HP*, I, 3 ; 5 ; 6 ; 8 ; 9 ; 10 ; 11 ; 12 ; 13 ; 14 ; II, 1 ; 2 ; 3 ; 5 ; 7 ; III, 2 ; 12 ; 15 ; 17 ; IV, 2 ; 3 ; 4 ; 7 ; 13 ; 14 ; 16 ; V, 3 ; 4 ; 5 ; 6 ; 9 ; VI, 2 ; s v *elaia* *H N,* XV, 13-17, XXIII, 69-75 *M M*, I, 105, s v *elaia* *N L*, p. 539, 540	34, 152, 178, 246, 272, 279, 360, 387, 456, 467, 471, 472, 474, 475
olea aethiopica	*Olea europea* L. var. *sylvestris*	variété d'olivier sauvage	*HP*, cf *elaia* *HN*, XXIII, 76 *M M* I, 105 s v *agrielaia*	319, 332, 378, 380
oleaster, olea sylvestris	*Olea europea* L. var. *silvestris* Miller	olivier sauvage, oléastre	*MM*, I, 105 s v *agrielaia* *N L*, p. 539	16, 272, 378, 386, 456, 467, 474, 475
olusatrum	*Smyrnium olusatrum* L. ou *Petroselinum segetum* (L) Koch	maceron persil des moissons	*H N*, XIX, 162, 187, *M M* III, 67, s v *petroselinon* et 68, s v *smyrnion* *N L*, p. 581 et 710	157
ononis, onosma, anonis	une espèce du Genre *Ononis* L., probablement *Ononis spinosa* L., subs. *antiquorum* (L.) Archangeli (= *Ononis antiquorum* L.) *Onosma echioïdes* L.	burgrane, "arrête-bœuf" orcanette jaune	*H N*, XXVII, 29, 110 *M M*, III, 18 s v *onônis* et 131 s v *onosma* *N L*, p. 543	152, 178, 252, 318, 453
ophioglosson	*Ophioglossum vulgatum* L.	ophioglosse vulgaire, langue de serpent	*N L*, p. 544	159, 185, 419, 461

ophioscorodon, ophioscordon	*Allium sativum* ssp. *ophioscorodon* (Link) J. Holub	ail serpentin	*HP*, cf allium *H N*, XX, 50 *M M*, II, 152 et173, s v *ophioskordon* *N L*, p. 786	185, 188, 368
ophiusa	plante non identifiée		*H N*, XXIV, 163	404
opium	suc du *Papaver somniferum* L.	pavot	*H N*, XX, 199 *N L*, p. 546	272, 278
opopanax	gomme résine d'une espèce du Genre *Opopanax* L. comme Opopanax *chironium* Koch, ou *Opopanax hispidus* (Friv) Griseb	gomme-résine d'opopanax	*H P* IX, 11, 1 et 3 ; s v *panakes to hêrakleion* *HN* XII, 27 ; XXV, 30 *M M* III, 48 s v *panakes heracleon* *N L*, p. 546	370, 379, 381
orchis, orchidea, syn de muôdês	une espèce du Genre *Orchis* L.	orchis	*H P*, IX, 18, 3 et 4 ; s v *orchis* *H N*, XXVI 95- 99 *M M* III, 126 s v *orchis* *N L*, p. 549	23, 45, 99, 143, 157, 159, 175, 326, 371, 390, 404, 422, 461, 490
oreoselinum	identification incertaine *Petroselinum crispum* (Miller) A.W. Hill (?)	persil "céleri des montagnes"	*HP*, VII, 6, 3 et 4 ; s v *oreoselinon* *HN*, XX, 117 *MM*, III, 65 s v *oreoselinon* *NL*, p. 549	375
origanum origanum onitis	une espèce du Genre *Origanum* L. peut-être *Origanum onites* L. *Origanum vulgare* L. *Origanum majorana* L.	origan marjolaine	*HP* I, 9 ; 12 ; VI, 1 ; 2 ; 6 ; 7 ; VII, 1 ; 2 ; 6 ; IX, 7 ; s v *origanon, amarakos, maron* *H N*, X X, 175, 177-180 *M.M.* III, 27 s v *origanos Herakleôtikê* III, 29, s v *agrioriganos* *N L*, p. 550	15, 152, 160, 249, 272, 273, 324, 359,, 373,405, 460, 461, 464, 467, 470, 478
orneoglosson (pour arnoglosson ?)	plante non identifiée			419
ornithopodium	une espèce du Genre *Ornithopus* L. (peut-être *Ornithopus perpusillus* L.) ou du Genre *Polygala* L ;	ornithope "pied d'oiseau" polygala	*N L*, p. 551	488
orobanche	*Cuscuta europaea* L. ou *Cuscuta epithymum* L. ou *Orobanche crenata* Forsk.	orobanche	*H.N.* XXII, 162 *M.M.* II, 142, s v *orobanchê* *N L*, p. 551	366, 417, 411

oryza	*Oryza sativa* L.	riz	*H H*, XVIII, 71 *M M*, II, 95, s v *oryza* *N L*, p. 553	329, 412
ostrutium	*Peucedanum ostruthium* (L) Koch (= *Imperatoria ostruthium* L.)	peucédan impératoire	*N L*, p. 389	83
osyris	*Osyris alba* L. ou une espèce du Genre *Linaria* L.	Osyris Linaire	*H.N.* XXVII, 111 *M.M.* IV, 140, s.v. *osiris* *N L*, p. 440	318
oxalis	*Rumex acetosa* L.	oseille des prés	*H N* XX, 231 *M M* II, 114 s v *oxulapathon* *N L*, p. 8	147, 332
oxyacantha	*Pyracantha coccinea* M. J. Roehmer *Cotoneaster pyracantha* (L) Spach. *Crataegus oxyacantha* L.	buisson ardent aubépine	*M M*, I, 93, s v *oxyakantha* *N L*, p. 556	145, 181, 331, 385,489
oxylapathum	*Rumex crispus* L.	parelle, patience crépue	*H N*, XX, 231 *MM*, II, 114 s v *lapathon* *N L*, p. 8	158, 178, 460
oxys	*Oxalis acetellosa* L.	oxalide petite oseille	*H N*, XXVII, 112 *N L*, p. 8	328
paeonia, poenia	une espèce du Genre *Paeonia* L., généralement *Paeonia officinalis* L.	pivoine	*HP*, IX, 8, 6 ; s v *paiônia* *H N* XXV 29 ; XXVII, 84 - 87 *M M* III, 140 s v *glukusidê* *N L*, p. 558	11, 27, 40, 45, 105, 140, 146, 149, 183, 155, 161, 164, 167, 171, 179, 224, 266, 274, 277, 279, 327, 331, 333,365, 374, 506
paliurus	*Paliurus spina christi* Miller	paliure, épine du Christ	*H N*, XXIV, 115 *M M*, I, 92 s v *paliouros* *N L*, p. 561	420
palma	*Phoinix dactylifera* L.	palmier	*HP*, I, 2 ; 4 ; 5 ; 6 ; 9 ; 10 ; 11 ; 12 ; II, 2 ; 6 ; 8 ; IV, 3 ; 4 ; 7 ; 13 ; 14 ;15 ; 16 ; V, 3 ; 6 ; 9 ; s v *phoenix* *H N* XIII, 26, XXIII, 97-99 *M M*, I, 109 s v *phoenix* *N L*, p. 268	277, 296, 359, 360, 365, 386, 387, 476, 389
palma Christi	*Ricinus communis* L.	ricin	*HP*, I, 10 ; III, 18 ; s v *krotôn* *H N*, XV, 25, *M M*, IV, 161s v *kiki* *N L*, p. 645	141, 149, 158, 164, 177, 190, 324, 326, 399, 422, 502

panakeia, cf. callitrichon				41, 228, 230
panax, panax heraclium panaces	une espèce du Genre *Opopanax* L., notamment *Opopanax hispidus* (Friv) Griseb *Helianthus annuus* L. *Helianthemum nummularium* (L) Miller)	opopanax panacée d'Héraclès	*H P*, IX, 11 ; s v *panakes to herakleion* *HN*, XXV, 30 à 33 *MM*, III, 48, s v *panakes Herakleion*	277, 318, 379, 463
panax chironium syn. d'helianthemum	*Inula helenium* L.	grande aunée panacée de Chiron	*H.P.* IX, 11, 1 ; s v *panakes to cheironion* *H.N.* XXV, 30 à 33 *N L*, p. 354	318
pancration, pancratium	une espèce du Genre *Scilla* L. ou *Pancratium maritimum* L.	une espèce de scille	*H N* XXVII, 118 *M M* II, 172 s v *pagkration* *N L*, p. 561	391, 466
papaver papaver sativum	*Papaver somniferum* L.	pavot	*H P*, I, 9 ; 11 ; 12 ; IX, 8 ; 12 ; 16 ; s v *mêkôn* *H.N.* XX, 198-204 *M M* IV, 64 s v *mêkôn* *N L*, p. 563	28, 140, 147, 150, 153, 167, 171, 265, 321, 329, 391, 392,410, 456, 460, 465, 489, 495, 500, 501, 504, 509
papaver erraticum	*Papaver rhoeas* L.	coquelicot	*HP*, IX, 12,4 ; sv *mêkôn hê rhoias* *HN*, XIX, 169, XX, 204, *MM*, IV, 63 sv *mêkôn rhoias* *N L*, p. 564	266
papaver nigra	*Papaver setigerum* DC	pavot noir	*HP*, IX, 11,9 ; 12, 3 ; s v *mêkôn hê melaina* *M M*, IV, 64 sv *mêkôn melaina* *NL* p 563	461
papaver spumeum	*Silene vulgaris* (Moench) Garcke	silène enflé, pavot d'Héraclès	*HP* IX, 12, 5 : s v *mêkôn hê hêrakleia* *H.N.* XX, 205 *M.M.* IV, 66 s.v. *mêkôn aphrôdês*	398
pardalianchès, cf aconitum				16, 140
parietaria sylvestris	*Parietaria officinalis* L.	pariétaire	*N L*, p. 567	153,375
parthenium	*Tanacetum parthenium* (L) Schulz Bip.	grande camomille	*H N* XXI, 176 *M M* III, 138, s v *parthenion* *N L*, p. 202	148, 334
passerina lingua	*Polygonum aviculare* L.	"langue de passereau" renouée des oiseaux	*H N*, XXVII, 113 *M M*, IV, 4, s v *polygonon arren*	419

pastinaca sativa pastinaca sylvestris, pastinaca lutea	*Daucus carota* L. *var. sativa* ou *Daucus carota* L. *var. sylvestris* ou *Pastinaca sativa* L. subsp. *sylvestris* (Miller) Rouy & Camus	carotte cultivée ou carotte sauvage panais sauvage	*H N* XXV, 112 *M M* III, 52 s v *staphulinos* *N L*, p. 170, 271, 369	146, 157, 237, 318, 333, 375, 378 396, 425, 456, 462, 465
pecten veneris	*Scandix pecten veneris* L.	peigne de Vénus	*HN*, XXIV, 175 *N L*, p. 681	383
pêlegonia, cf polugonon				40
pentadaktulon, pentadaktulos	une espèce du Genre Genre *Potentilla* L. notamment *Potentilla reptans* L.	potentille, quintefeuille	*MM*, IV, 42, RV s v *pentadaktulon* *N L*, p. 614	40, 41
pentaneuron, pentaneuros, cf. arnoglôsson				40
pentapetalon, cf. pentadaktulon				41
pentasites, cf. petasites				40
pentaphillon, pentaphullon, pentaphyllon	*Potentilla reptans* L.	potentille, quintefeuille,	*HP*, IX, 13, 5 ; s v *pentaphullon hê pentapetes* *H N*, XXV, 109 *M M*, IV, 42, s v *pentephullon* *N L*, p. 630	41, 232, 234, 277, 280, 318, 363, 488, 494, 508
peplis, peplus	*Euphorbia peplis* L.	euphorbe-péplide euphorbe maritime	*HP*, IX, 11, 7 ; s v *tithumallos ho paralios* *H N* XX, 210, XXVII, 119 *M M* IV, 168, s v *peplis* *N L*, p. 574	328
pepo, pepones	*Cucumis melo* L. *Cucurbita maxima* Duchesne	melon citrouille	*M M*, II, 135 s v *pepôn* *N L*, p. 573	264, 396, 473,504
pera pastoris syn. de bursa pastoris	*Capsela bursa pastoris* (L) Medicus	bourse à pasteur	*H N*, XXVII, 139 *M M*, II, 156, s v *thlaspi* *N L*, p. 131	157
perfoliata, perfoliatum, perforata	*Hypericum perforatum* L. *Hypericum perfoliatum* L. *Bupleurum rotundifolium* L.	millepertuis perforé buplèvre percefeuille	*H N*, XXVI, 85-86 *M* M, III, 154, s v *huperikon* *N L*, p. 577	100, 163, 179, 251
periclimentum periclymenum	*Lonicera etrusca* L.	chèvrefeuille	*HP*, IX, 8 ; 18 ; s v *klumenon* *H N*, XXVII, 120 *M M*, IV, 14, s v *periclumenon* *N L*, p. 577	157, 399, 464

peristereon huptios peristereôn orthos	*Verbena officinalis* L. *Verbena supina* L. *Lycopus europaeus* L. (?)	verveine lycope, "patte de loup"	*M M,* IV, 60, RV, s v *peristereôn huptios* IV, 59 RV *peristereôn orthos*	41, 43, 43, 216, 229, 276, 362
persea	identification incertaine *Mimusops schimperi* Hochst ?		*H P*, II, 2 ; III, 2 ; IV, 2 ; s v *persea* *H N*, XV, 45 *M M*, I, 129, s v *persaia*	32, 393
persica, persicus	*Prunus persica* Sieb. et Zucc.	pêcher	*H N*, XV, 39-40, XXIII, 132 *MM*, I, 115, s v *mêleas pases* § 4 *N L*, p. 578	178, 289, 381, 421, 493
persicaria	*Polygonum persicaria* L. *Polygonum hydropiper* L. *Polygonum lapathifolium* L.	renouée persicaire ou pied rouge renoué poivre d'eau ou herbe de Saint Vincent renouée à feuilles de patience	*H P,* IX, 18, 6 ; s v *krataigonon* *H N*, XXVI, 99, XXVII, 62 *M M* II, 161, s v *hudropeperi* ; III, 124, s v *krataigonon* *N L*, p. 578	79, 80, 82, 99, 149, 152, 153, 154, 160, 164, 182, 185, 187, 248, 297, 332, 371, 404
pes anserinus syn d'atriplex				428
pes galli pes gallinaceus				428
pes leporis	*Trifolium arvense* L.	trèfle, "pied de lièvre"	*N L*, p. 770	180
pes milvinus syn de coronopoda (?)				427
pes pulli				429
petasitês	une espèce du Genre *Petasites* Miller	pétasite	*MM*, IV, 107, s v *petasitis* *N L*, p. 580	40
petroselinum petroselinum mare petroselinum macedonium	*Petroselinum crispum* (Miller) A.W. Hill). (= *Petroselinum hortense* auct, *Petroselinum sativum* Hoffm.). *Petroselinum segetum* (L) Koch	persil cultivé persil des moissons	*HP*,_VII, 6, 4 (sv_*oreoselinon*) *H N* XX, 118 *M M* III 66 s v *petroselinon* *N L*, p. 581	137, 280, 375, 506
peucedanum, peukedanon, peukedanos, peucedanus	une espèce du Genre *Peucedanum* L., sans doute *Peucedanum officinale* L.	peucédan	*H N* XXV,117 *M.M.*III,78 s v *peukedanon* *N L*, p. 582	40, 44, 83, 227, 230, 277, 324, 377, 384, 425, 426, 461
phalangion	peut-etre *Phalangium ramosum* Poir (= *Anthericum ramosum* L.)	phalangère	*H N*, XXVII, 124 *M M*, III, 108 s v *phalaggion N L*, p. 583	419

phallus, phallus batavicus phalus hollandica	une espèce de champignon, notamment *Phallus impudicus* *Itiphallus impudicus* L. ?	satyre puant		137, 176, 191
phaseolus	*Phaseolus vulgaris* L.	haricot commun	*N L*, p. 584	157, 321, 329, 395, 402, 410
phaulos, phaunos	fruit d'un *Olea europea* L., var *sylvestris*	fruit d'un olivier sauvage	*H P* II, 2, 12 ; s v *kotinos* *H N*, XVI, 244	468
phitophtela herba	plante indéterminée			242
phlomum, phlomos	une espèce du Genre *Verbascum* L	molène	*H N*, XXV, 120 M M, IV, 103, s v *phlomos* *N L*, p. 780	41, 228, 230, 277
phoenix, cf palma	*Phoenix dactylifera* L. *Lolium perenne* L.	palmier dattier ivraie vivace,	*HP*, cf palma *H N*, XXII, 135 *M M*, IV, 43, s v *phoinix* *N L*, p. 269, 588	74, 149, 461
phrynion, cf. potirium				21
phu nardus	*Valeriana phu* L.	grande valériane	*H N*, XII, 45 *M.M.* I, 11, s v *phou* *N L*, p. 777	167, 280, 319, 394, 396, 459
phyllirea	une espèce du Genre *Phyllirea* L.	philaria	*N L*, p. 586	333
phyllis, phyllitis, phyllitide, syn. de lingua cervina	*Phyllitis scolopendrium* (L.) Newman (= *Scolopendrium officinale* Sm, *Asplenium scolopendrium* L.) *Phyllitis sagittata* (D C) Guinea & Heywood (= *Scolopendrium hemionitis* Schwartz)	scolopendre langue de cerf	*M M*, III, 107, s v *phullitis* *N L*, p. 441	142, 174, 293, 297, 419, 455
phyllon	*Mercurialis annua* L. *Mercurialis perennis* L.	une espèce de mercuriale	*HP*, IX, 18, 5 ; s v *phullon* *H N*, XXVII, 125 *M M*, III, 125, s v *phullon* *N L*, p. 589	490
phyteuma	*Reseda phyteuma* L.	réséda	*HN*, XXVII, 125 *M M*, IV, 128 s v *phuteuma* *N L*, p. 589	408
picea	*Picea excelsa* Link	épicéa commun	*H N*, XVI, 40 *MM* I, 69, s v *pitus* *N L*, p. 2	155, 373, 380, 386, 405, 407, 469

picnocomon, pycnocomon	identification incertaine *Leonurus marrabiastrum* L., *Leonurus cardiaca* L. ou *Succisa pratensis* L.ou une espèce du Genre *Scabiosa* L. *Valeriana tuberosa* L.....?		*H N* XXVI, 57, 125, 128 *M M* IV, 174 s v *puknokomon*	362, 382
picris	*Cichorium intybus* L.	chicorée sauvage	*HP*, I, 10 ; VII, 7 ; 8 ; 10 ; 11 ; s v *kichorion* *H N*, XX, 73, 74 *M M*, II, 132, sv *seris* *N L*p. 212	465
piliquercini	une espèce d'*Usnea* ou d'*Evernia* (peut-être *Evernia prunastri* (L) Ach ?)	"poil de chêne", sans doute un lichen qui se plait sur le chêne		190
pilosella, syn d'auricula muris	*Hieracium pilosella* L.	piloselle	*M M*, II, 19 s v *chersaios lagôs* *N L*, p. 591	406, 414
pimpinella sanguisorba pimpinella robustor mare	*Sanguisorba minor* Scop. (= *Poterium sanguisorba* L.) ou *Pimpinella major* (L) Hudson	pimprenelle grand boucage	*N L*, p. 592	137, 280, 332
pimpinella hircina	*Pimpinella tragium* Vill.	boucage	*MM*, IV, 49 et 50 s v *tragion* *N L*, p. 592	334, 398
pinaster	*Pinus pinaster* L.	pin maritime	*H N*, XIV, 127, XV, 36, XVI, 38, 39 *N L*, p. 593	331, 372
pinei nuclei	*Pinus pinea* L.	pignons de pin parasol	*H N*, XVI, 38 ; XIV, 103, *M M* I, 69, s v *pitus*	141, 142,146, 149, 279, 329, 503
pinus	une espèce du Genre *Pinus* L.	pin	*HP*, I, 3 ; 5 ; 6 ; 8 ; 9 ;10 ; 12 ; II, 2 ; 5 ; III, 1 ; 2 ; 3 ; 4 ; 5 ; 6 ; 7 ; 9 ; IV, 1 ; 5 ; 7 ; 15 ; 16 ; V, 4 ; 5 ; 6 ; 7 ; 6 ; IX, 1 ; 2 ; s v *peukê* *MM*, I, 69 s v *pitus* *N L*, p. 593	141, 142, 149, 173, 175, 278, 359, 360, 373, 380, 386, 388, 393, 397, 405, 407, 461, 468, 471, 476, 478
piper	une espèce du Genre *Piper* L.	poivre	*N L*, p. 594	277, 359, 462
piperastrum	*Polygonum hydropiper* L.	renouée poivre d'eau, herbe de Saint Innocent	*NL* P 579	167, 411

pirola, pirula, pyrola	une espèce du Genre *Pyrola* L. peut-être *Pyrola media* Swartz *Pyrola rotundifolia* L. *Chimaphila umbellata* (L) W.Barton (=*Pyrola umbellata* L.)	pyrole	*N L*, p. 627	173, 337
pirum, pyrum, pyrus	*Pirus communis* L.	poire, poirier	*HP*, I, 2 ; 3 : 8 ; 10 ; 11 ; 12 : 13 ; 14 ; II, 1 ; 2 ; 5 ; 7 ; 8 ; III, 2 : 3 ; 4 ; 6 ; 10 ; 12 ; 13 ; 14 ; 18 ; IV, 2 ; 3 ; 4 ; 5 ; 13 ; 14 ; s v *apios* *H N*, XV, 53-56, *M M*, I, 116, s v *apion* *N L*, p. 628	149, 173, 190, 279, 280, 317, 393
pistaceorum arbor, pistacia	*Pistacia vera* L.	pistachier, pistache	*HP*, I, 9 ; III, 2 ; 3 ; 4 ; 15 ; IV, 4 ; 16 ; V, 3 ; 7 ; IX, 1 ; 2 ; s v *terminthos* *H N*, XIII, 51, XV, 91, XXIII, 150 *MM*, I, 71 sv *N L*, p. 597	175, 279, 329, 407, 409
pistereon, cf. peristereôn				234
pisum, pisa	*Pisum sativum* L.	pois	*HP*, VIII, 1 ; 2 ; 3 ; 5 ; 10 s v *pisos* *H N*, XVIII, 123-125 *N L*, p. 597	142, 146, 176, 190, 318, 402, 410
pisum cordatum	*Cardiospermum halicacabum* L.	pois de cœur		174, 497
pityusa	*Euphorbia pityusa* L.	euphorbe petit-pin	*H N* XXIV, 31 *M M*, IV, 165, s v *pituousa* *N L*, p. 300	328
plantago	*Plantago major* L. *Plantago lanceolata* L.	plantain	*HP*, VII, 8, 10, 11 ; s v *arnoglôsson*, *H.N*, XXV, 80 XXVI, 115 *M M* II, 126 s v *arnoglôsson* *N L*, p. 600	143, 157, 165, 167, 177, 232, 362, 367, 373, 382, 418, 459, 461
plantago aquatica	*Alisma plantago* L.	plantain d'eau	*H N*, XXV, 124, XXVI, 25 *M M*, III, 152, s v *alisma* *N L*, p. 23	363
platanus	une espèce du Genre *Platanus* L.	platane	*HP*, I, 4 ; 6 ; 7 ; 8 ; 9 ; 10 ; III, 1 ; 4 ; 6 ; 7 ; IV, 5 ; 7 ; 8 ; 11 ; 13 ; 15 ; V, 3 ; 7 ; 9 ; s v *platanos* *H N*, XII, 6 *M M*, I, 79, s v *platanos* *N L*, p. 602	34, 359, 469, 476, 477

platumandila, cf. petasites				40
plokamis, cf. callitrichon				41
plumaria	plante non identifiée			251
plumbago	plante non identifiée		*H N*, XXV, 155	297
polemonia	identification incertaine *Polemonium cæruleum* L. ? *Hypericum olympicum* L. ?	valériane grecque millepertuis	*H.N.* XXVI, 164 *M M*, IV, 8, s v *polemonion* *N L*, p. 604	323
polium	*Teucrium polium* L.	germandrée polium	*HP*, I, 10 ; VII, 10 ; s v *polion* *H N*, XXI, 44, 100, 145 *M M*, III, 110, s v *polion* *N L*, p. 604	63
polugonon, polugonos	*Polygonum aviculare* L.	renouée		40
polygala	une espèce du Genre *Polygala* L. peut-être *Polygala vulgaris* L.	une espèce de polygala	*HN* XXVII, 121 *MM*, IV, 139, s v *polugalon* *N L*, p. 605	328
polygonatum	*Polygonatum verticillatum* L. *Polygonatum odoratum* (Miller) Druce), (= *Polygonatum officinale* L.)	sceau de Salomon	*HN*, XXVII, 113 *MM*, IV, 6, s v *polugonaton* *N L*, p. 606	157, 487, 510
poligonia, polygonos, polygonum	une espèce du Genre Polygonum L. probablement *Polygonum aviculare* L.	renouée renouée des oiseaux	*H N*, XXVII, 113 *M M*, IV, 4, s v *polugonon* *N L*, p. 607	40, 231, 234, 277, 331, 419, 457, 461
polypodium, polipodium quernum	*Polypodium vulgare* L. ou *Gymnocarpium dryopteris* (L) Newman, (= *Polypodium dryopteris* L.)	une espèce de fougère polypode du chêne	*HN*, XXVI, 58 *MM*, IV, 186, s v *polupodion* *N L*, p. 607	45, 152, 154, 156, 158, 162, 184, 243, 366, 402, 468, 468, 493
polytrichum aureum polytricon Apulei polythryx, cf. adiantum	*Polytrichum commune* Hedw *Asplenium trichomanes* L.	polytric officinal, capillaire rouge	*HP*, VII, 14, 1 ; s v *trichomanes* *HN*, XXII, 63 *MM*, IV, 135, s v *trichomanes* *N L*, p. 608	20, 140, 155, 172, 323, 370, 375
poma	tous les fruits de forme ronde, qu'ils soient à pépins ou à noyaux : pomme, orange, citron, grenade, coing			156, 494, 508
poma quercini		galle du chêne		180

populus	Genre *Populus* L.	peuplier	*H P*, I, 10 ; III, 1 ; 3 ; 4 ; 6 ; 13 ; 14 ; 16 ; 18 ; V, 9 ; s v *leukê* *H N*, XVI, 108, XXIV, 47 *M M*, I, 81, s v *leukê* 83, s v *aigeiros* *N L*, p. 611	12, 180, 279, 359, 381, 454, 461
populus nigra populus alba	*Populus nigra* L. *Populus alba* L.	peuplier noir peuplier blanc	*HP*, I, 2 ; 5 ; III, 1 ; 3 ; 4 ; 6 ; 13 ; 14 ; IV, 1 ; 7 ; 13 ; V, 9 ; s v *aigeiros* *H N*, XXIV, 47 *M M*, I, 81, s v *leukê* 83, s v *aigeiros* *N L*, p. 611	158, 459, 461, 463, 470
porcilum capilum syn. d'adiantum				406
porrum	*Allium porrum* L.	poireau	*HP*, VII, 1 ; 2 ; 3 ; 4 ; 5 ; 8 ; s v *prason* *H N* XIX, 108, 110, XX, 44, 46, 47, 49 ; *M M* II, 149 s v *prason*	143, 153, 176, 265, 279, 322, 327, 367, 388, 394, 358, 396, 461, 462, 467
portulaca	*Portulaca olracea* L.	pourpier	*HP*, VII, 1 ; 2 ; s v *andrachnê* *M.M.* II, 124 s v *andrachnê* *N L*, p. 613	142, 177, 379, 429, 461
potamogiton, potamogeton	*Potamogeton natans* L.	potamot, épi d'eau	*H N*, XXVI, 50 *M M*, IV, 100, s v *potamogeiton*	33, 153, 267
potentilla	*Potentilla reptans L.* *Potentilla anserina* L.	quintefeuille	*HP*, IX, 13 ; s v *pentaphullon* *H N*, XXV, 109 *M.M.* IV, 42, s.v. *pentephullon* *N L*, p. 614	141, 172, 190, 287, 331
poterium, potirion	*Astragalus poterium* Labill.	astragale	*H N*, XXVII,122- 123 ; XXV, 123 *M M* III, 15 s v *potirrion*	21, 363, 377, 383
prassium	*Marrubium vulgare* L.	marrube	*HP*, VI, 1 ; 2 ; s v *prasion* *H N*, XX, 241 *M M*, III, 105, s v *prasion* *N L*, p. 474	156
primula veris	*Primula veris* L.	coucou	*N L*, p. 615	157, 161, 181
prunus, pruna sylvestris L prunella	*Prunus domestica* L. *Prunus spinosa* L. *Prunella vulgaris* L.	prunier domestique, prunier sauvage prunelle, fruit du prunellier, prunellier	*HP*, I, 10 ; 11 ; 12 ; 13 ; III, 6 ; s v *kokkumêlea* *H N*, XV, 41-44 *M M* I 121 s v *kokkumêlea* *N L*, p. 616	164, 182, 250, 279, 381, 488

pseudacorum	*Iris pseudacorus* L	iris faux acore, flambe d'eau		419
pseudoanchusa, cf echium				21
pseudocapsicum,	une espèce du Genre *Capsicum* L.	piment	*N L*, p. 161	491
pseudohermodactylus	plante indéterminée			141
pseudoselinon, cf. pentadaktulon				41
psilothrum	identification incertaine probablement *Bryonia alba* L.	bryone	*H N* XXIII, 21- 26 *M M* IV, 182 s v *ampelos leukê*	366
psyllium	*Plantago arenaria* Waldst & Kit. (= *Plantago psyllium* L.) *Plantago sempervirens* Crantz. (=*Plantago cynops* L.)	plantain des sables, herbe aux puces	*H N*, XXV, 140 *M M*, IV, 69 s v *psyllion* *N L*, p. 618	145, 159, 402, 408, 416, 463
pugio		glaïeul		458
pulegium, pulegium galeopsion	*Mentha pulegium* L.	menthe pouliot	*H N*, XX, 152, 155 XXI, 92 *M.M.* III, 31, s.v. *glêchôn* *N L*, p. 620	299, 324, 415, 460, 463, 464
poulmon pulmonaria pulmonaria arborea pulmonaria maculosa	*Lichen pulmonarius* L. différentes espèces du Genre *Pulmonaria* L., notamment *Pulmonaria officinalis* sp *maculosa* (Hayne) Gams. *Pulmonaria longifolia* L.	lichen du chêne pulmonaire pulmonaire officinal	*N L*, p. 430, 622	141, 145, 155, 165, 174, 191, 263, 393, 394, 471
punica malus, punicum malum, cf.malum granatum, malum punicum	*Punica granatum* L.	grenade, fruit du grenadier	*H.N.* XXIII, 106-114 *M.M.* I, 110 NL, p 623	319, 393, 407, 467, 469
pycnocomon, cf picnocomon				382
pyrethrum, syn. de salivaris	identification incertaine *Anacyclus pyrethrum* (L) Link. *Anacyclus pyrethrum* D C (= *Anthemis pyrethrum* L.)	pyrthre, racine salivaire	*M M* III, 73 s v *pyrethros* *N L* p. 626	327, 384
pyrola, cf pirola				173, 332
pyrum, pyrus pyrus sylvestris	une espèce du Genre *Pyrus* L. *Pirus communis* L.	poire, poirier,	*HP*, cf pirum *H N*, XV, 53-56 *M M*, I, 116, s v *apion* *N L* p. 628	142, 149, 173, 279, 280, 316, 393, 456, 461, 465, 469

quercus	une espèce du Genre *Quercus* L.	chêne	*HP*, I, 2 ; 5 ; 6 ; 8 ; 9 ; 10 ; 12 ; II, 2 ; III, 3 ; 4 ; 5 ; 6 ; 7 ; 8 ; 16 ; IV, 2 ; 5 ; 14 ; 15 ; V, 1 ; 3 ; 4 ; 5 ; 6 ; 7 ; 8 ; 9 ; VIII, 2 ; s v *drus* *H N*, XXIV, 7 *M M* I, 106 s v *drus* et *phêgos* *N L* p. 629	183, 279, 364, 368, 370, 374, 388, 389, 398, 401, 423, 471, 477
quercus robussenum	une espèce du Genre *Quercus* L., probablement *Quercus rubra* L.	chêne	*MM*, I, 106 s v *drus*	33, 332
quercus suber	*Quercus suber* L.	chêne-liège	*H N* XXIV, 7 *M M* I, 106 s v *drus*	383
quinquefolium	une espèce du Genre *Potentilla* L., peut-être *Potentilla reptans* L.;	potentille	*H P* IX, 13 ; s v *pentaphullon* *H.N.* XXV, 109, XXVI, 26 *M M* IV, 42 s v *pentaphullon* *N L*, p 574 et 630	287, 363
radicula	une espèce du Genre *Raphanus* L. ou du Genre *Armoracia* Gilib.	radis raifort	*N L*, p 636	455
ranunculus ranunculus Illyricum ranunculus bulbosus	une espèce du Genre *Ranunculus* L *Ranunculus bulbosus* L.	renoncule renoncule bulbeuse	*HN*, XXV, 172- 174 *MM*, II, 175 s v *batrachion* *N L*, p 634	42,143, 158, 371,459, 487, 488, 494, 509, 510
rapa, rapum, rapus	*Brassica rapa* L. *Raphanus raphanistrum* L.	rave, chou-rave, ravenelle	*HP*, I, 6 ; VII, 1 ; 2 ; 3 ; 5 ; 6 ; 9 ; s v *goggulis* *H N*, XVIII,126 XIX, 75, XX,18, *M M*, II, 110, s v *goggulê* *N L*, p 635	179, 187, 266, 288, 316, 365, 367, 369, 378, 396, 411, 424, 462, 465, 467
raphanus	*Raphanus sativus* L.	raifort	*HN*, XIX 78-87, XX, 23-28 *MM*, II, 112, s v *raphanos* *N L*, p 636	157, 279, 367, 378, 396, 424, 465, 467
rapulus, rapunculus	*Phyteuma spicatum* L.	raiponce	*N L*, p 637	179, 403
rhabarbarum, rheubarba	*Rheum rhabarbarum* L. *Rheum raponticum* L.	rhubarbe	*HN*, XXVII, 128 *MM* III, 2, s v *rha* *N L*, p. 639	102, 147, 148, 152, 154, 156, 162, 186, 250, 273, 279, 317, 318, 319, 330, 334, 488, 493
rhamnus, syn. de spina caerulea, spina santa.	une espèce du Genre *Rhamnus* L. *Paliurus spina Christi* Miller	nerprun paliure, épine du Christ	*HP*, III, 18 (s v *rhamnos*) *H N*, XXIV,124 *MM*, I, 90, s v *rhamnos* *N L*, p. 640	34, 145, 152, 253, 326, 459

rhaponticum	rhizome de plusieurs espèces du Genre *Rheum* L., *Rheum raponticum* L. *Rheum ribes* L.		*N L* p. 641	147, 317
rhus, rhus erythros, rhus nigra	*Rhus coriaria* L.	sumac des corroyeurs	*HP*, III, 18 ; s v *rhous* *H N* XIII, 55, XXIV, 91-93 *M M* I, 108 s v *rhous N L*, p. 643	323, 331
ribes	*Ribes rubrum* L.	groseiller à fruits rouges	*N L*, p. 644	152, 247, 420
ricinus ricinus americanus	*Ricinus communis* L.	ricin ricin d'Amérique	*HP*, I, 10 ; III, 18 ; s v *krotôn* *H N* XV, 25, XXIII, 83- 84 *M M* IV, 161 s.v. *kiki krotôn N L*, p. 296 et 645	141, 158, 291, 317, 327, 372, 399, 402, 461, 464, 506
Rittersporn	une des espèces du genre *Genre Delphinium* L. ou *Consolida* L	dauphinelle, pied d'alouette	*N L* p 271	167
robur, cf.quercus				288
rosa rosa alba roseti rubei rosa canina rosa rubra	une des espèces du genre *Rosa* L *Rosa canina* L. *Rosa gallica* L.	rose églantier rosier rouge	*HP*, I, 13 ; IV, 8 ; 10 ; VI, 2 ; 6 ; 8 ; s v *rhodon* *H N* XXI, 16 – 21, 121-125 *M M* I, 99 s v *rhoda* *N L*, p. 647	40, 106, 150, 153, 154, 156, 157, 160, 181, 260, 298, 330, 334, 360, 416, 431, 458, 489, 503
rosa Luciferi	*Rosa canina* L.	rose de Lucifer églantier	*NL* p 265	280
rosmarinum, rosmarinus rosmarinus coronarius rosa marina	une espèce du Genre *Romarinus* L. notamment *Rosmarinus officinalis* L.	romarin	*H N* XIX, 187 *M.M.* III, 75 s v *libanôtis* *N L*, p. 649	152, 153, 156, 248, 258, 278, 318, 384, 465, 478, 479, 501, 506
rosa sylvestris, cf. cynorrhodon				155
ros solis rosella	*Drosera rotundifolia* L.	rossolis, herbe aux gouteux	*N L*, p. 649	155, 165, 178, 235, 490, 506
ruba Idaea, rubus Idaeus ruba vulgaris, rubus	*Rubus idaeus* L. *Rubus fruticosus* L.	framboisier ronce commune	*HP*, I, 3 ; 5 ; 9 ; 10 ; III, 18 ; IV, 8 ; 12 ; VI, 1 ; s v *batos* *H N*, XXIV, 117-123 *M M*, IV, 37 - 38, s v *batos, batos Idaia* *N L*, p. 200 et 651	14, 152, 158, 253, 331, 383, 406, 420, 460

rubia, rubia tinctoria rubia tinctorum	*Rubia tinctorum* L.	garance	*H* P, VI, 4 ; VII, 8 ; IX, 13, s v *ereuthedanon* *HN*, XXIV, 94 *M M* III, 143 s v *eruthrodanon N L*, p. 650	26, 152, 153, 154, 156, 250, 332, 464
rubus, cf. ruba	*Rubus fruticosus* L.	ronce		
rumex	une espèce du Genre *Rumex* L., notamment *Rumex acetosa* L.	patience	*H P*, I, 6 ; VII, 1 ; 2 ; 4 ; 6 ; 7 ; s v *lapathos* *H N*, XIX, 184, XX, 231 *M M*, II, 114, s v *lapathon* *N L*, p. 8	164, 222, 245, 376
ruscus	*Ruscus aculeatus* L.	fragon, petit houx	*HN*, XXIII, 165, *M M* IV, 144 s v *mursinê agria* *N L*, p. 653	154, 318, 332, 374, 491
ruta ruta hypericoïda ruta muraria	une espèce du Genre *Ruta* L. *Ruta graveolens* L. *Ruta chalepensis* L. *Asplenium ruta- muraria* L.	rue rue des murailles, capillaire à feuille de rue, capillaire blanc	*HP*, I, 3 ; 9 ; II, 1 ; VI, 5 ; 7 ; VII, 2 ; 4 ; 5 ; 6 ; s v *pêgnon* *H N*, XIX,156, XX, 131 - 143 *M.M.* III, 45, s v *pêganon* *N L*, p. 654	15, 34, 163, 183, 189, 243,272, 278, 287, 294, 318, 326, 359, 474, 489, 506, 509
sabina, savina	*Juniperus sabina* L.	sabine, genévrier sabine	*H.N*, XXIV, 102 *M M* I, 76, s v *brathu* *N L*, p. 656	95, 142, 152, 158, 166, 167, 176, 177, 235, 242, 318, 361, 365, 373, 386, 453
sagapenum	gomme extraite de *Ferula persica* Willd.	férule orientale dite gomme séraphique	*HN*, XX, 197 *M M* III, 81 s v *sagapênon* *N L*, p. 659	157, 370, 377, 378, 384, 400
sagitta Herculis sagittalis	*Sagittaria sagittifolia* L.	sagittaire, flèche d'eau	*H N*, XXI, 111 *N L*, p. 659	153, 186, 267
sagcharônion, sakcharanion, cf. huoskuamon				40
salix	une espèce du Genre Genre *Salix* L	différentes espèces de saule, osier	*HP*, I, 4 ; III, 1 ; 3 ; 4 ; 6 ; 13 ; 14 ; IV, 5 : 8 ; 10 ; 11 ; 13 ; 16 ; V, 3 ; 7 ; 9 ; s v *helikê* et *itea* *H.N*, XVI, 174, XXIV, 56 - 58 *M M* I, 104, s v *itea* *N L*, p. 664	152, 182, 244, 366, 454, 455, 461, 501
salsapariglia, salse petrille	*Smilax aspera* L.	salsepareille	*H N*, XVI, 153-154 XXIV, 83 *M M*, IV, 142, s v *smilax* *N L*, p. 677	146, 400

salvia	une espèce du Genre *Salvia* L. notamment *Salvia officinalis* L. *Salvia triloba* L. *Salvia viridis* L. (= *Salvia horminum* L.) *Salvia pratensis* L.	une espèce de sauge sauge trilobée saugehormin sauge des prés	*HP*, VI, 1 ; 2 ; s v *sphakos* *H N*, XXII, 146 *M M*, III, 33, sv *elelisphakon*, *N L*, p. 668	106, 163, 214, 245, 272, 324, 325, 474, 479, 501
sambucus	*Sambucus nigra* L. *Sambucus racemosa* L.	sureau noir sureau rouge	*HP*, I, 5 ; 6 ; 8 ; III, 4 ; 13 ; V, 3 ; s v *aktê* *H N* XXIV 51- 53 *M M*, IV, 173 s v *aktê* *N L*, p. 669	153, 178, 181, 263, 334, 368, 400, 461, 463, 496
sambucus ebulus	*Sambucus ebulus* L.	hièble	*H N* XXIV, 52 *N L*, p. 284	327, 334
sampsuchus	*Majorana hortensis* L.	marjolaine	*H N*, XXI, 61, 163 *M M*, III, 39, s v *sampsuchon*	470
sandalum	*Santalum album* L.	santal	*N L*, p. 672	275, 280, 489
sanguinaria cf. polygonos sanguinarium, cf. geranium				180, 331
sanguis draconis herba	résine provenant de différents végétaux, notamment de *Calamus draco* Willd., *Pterocarpus indicus* Willd., *Daemonorops draco* Blume	sang dragon	*N L*, p. 671	158, 489
sanicula	identification incertaine. *Sanicula europea* L. *Astrantia minor* ou *major* L.	sanicle, sanicle des montagnes astrance "oreille d'ours"	*N L*, p. 672	158, 166, 235, 414
santalum rubrum	*Pterocarpus santalinus* s. *indicus* L	santal rouge	*N L*, p. 672	180, 293, 332
santolina, santolinum, santonicum	*Santolina chamaecyparissus* L.	santoline	*HN*, XXI, 60 *M M*, III, 24, s v *habrotonon* *N L*, p. 673	167, 488, 508
sapena riparum, syn. de hydropiper,				99, 185
saponaria	*Saponaria officinalis* L.	saponaire	*HP*, VI, 8 ; s v *strouthion* *M M*, II, 163, s v *strouthion* *N L*, p. 675	398

sarcocolla	gomme d'un arbre épineux *Astragalus fasciculifolius* Boiss., *Astragalus sorcocolla* L. (?).	sarcocolle astragale	*H N*, XIII, 67, XXIV, 128 *M M* III, 85 s v *sarkokolla* *N L*, p. 676	158, 380
sardona herba	*Ranunculus sceleratus* L. *Ranunculus sardous* Crantz	renoncule scélérate renoncule sarte	*H N*, XXV, 172 *M M*, II, 175, s v *batrachion* *N L*, p. 634	506
saria parilla, sans doute pour sarsaparilla	*Smilax aspera* L.	salsepareille	*H N*, XVI, 163 *M M*, IV, 142, s v *smilax* *N L*, p. 677	158
satureia	*Satureia hortensis* L. *Satureia thumbra* L. *Thymus capitatus* Hoff. (= *Satureia capitata* L.)	sarriette	*HP*, I, 12 ; VI, 1 ; 2 ; VII, 1 ; 5 ; 6 ; s v *thumbra* *H N*, XIX, 165 *M M*, III, 37 s v *thumbra* *N L*, p. 678	324, 326, 457, 467, 478, 479
saturion, satyria satyris satyrium satyrium rubrum	différentes espèces des Genres *Orchis* L., *Aceras* L., *Serapias* L. satyrion rouge, dent de chien ;	différentes espèces d'orchidées	*HN*, XXVI, 96- 99 *M M*, III, 128, s v *satyrion* *N L*, p. 679	24, 41, 99, 143, 145, 146, 153, 161, 175, 258,462
satyrum erythronium	une espèce du Genre *Serapias* L., peut-être *Serapias cordigera* L.		*M M*, III, 128, s v R V *saturion*	175
satyrus, cf. orchis				462
savina, cf sabina				166, 167,177, 235, 242
saxifraga saxifragon	une espèce du genre *Saxifraga* L. ou du Genre *Pimpinella* notamment *Pimpinella saxifraga* L	saxifrage boucage	*HN*, XXVII, 75 ; *M.M*, IV, 16, R V s v *saxifragon* *N L*, p. 698	19, 69, 95, 149, 157, 177, 374
saxisica	identification incertaine peut-être synonyme de saxifraga			375
scabiosa scabiosa succisa	une des nombreuses espèces du Genre *Scabiosa* L. notamment *Succisa praetensis* Moench (= *Scabiosa succisa* L.) *Scabiosa columbaria* L.	scabieuse, succise	*N L*, p. 698 et 730	156, 158, 165, 172, 184, 235, 372, 392, 405, 459
scammonium	suc de *Convolvulus scammonia* L. ou de *Cynanchum acutum* L.	scammonée, suc résineux	*HP*, IV, 5 ; IX, 1 ; 9 ; 20 ; s v *skammônia* *H N* XXVI, 59 – 61, XXV, 54 ; XXVII, 79 *M M* IV, 170, s v *skamônia* *N L*, p. 680	25, 31, 83, 107, 146, 279, 329

scilla, scylla squille	*Urginea maritima* Baker (= *Scilla maritima* L.) *Urginea scilla Steinh*	scille scille maritime	*HP*, I, 4 ; 6 ; 10 ; II, 5 ; VII, 2 ; 4 ; 9 ; 12 ; 13 ; s v *skilla HN*, XIX, 93- 94 XX 97- 101 *M.M.* II, 171, s v *skilla N L*, p. 683	140, 146, 157, 172, 190, 367, 294 326, 383, 387, 391, 459, 464, 466, 467, 476, 478
scolopendrium scolopendria, skolopendrion	*Phyllitis scolopendrium* (L) Newmann, *Phyllitis sagittata* (D C) Guinea & Heywood (= *Scolopendrium hemionitis* Schwartz)	scolopendre,	*M M*, III, 134, s v *asplenos* et R V *skolopendrion N L*, p. 197, 441, 573	142, 162, 174, 375, 453, 503
scolymon, scolymus	*Scolymus maculatus* L.	scolyme	*HP*, VI, 4 ; VII,10 ; s v *skolumos HN*, XX, 262-263 XXII, 86, 87 *M M*, III, 14 s v *skolumos N L*, p. 686	372, 398, 462
scordium	*Teucrium scordium* L.	germandrée-scordium	*H N*, XXV, 63 *M.M.* III, 111 s v *skordion N L*, p. 687	382
scorodropasum	*Allium scorodoprasum* L.	ail rocambole	*M M* II, 153, s v *skorodoprason N L*, p. 687	388, 394, 396
scorpio, scorpion scorpioïdes herbula	identification incertaine *Coronilla scorpioides* Koch *Scorpiurus muricatus* L. *Doronicum orientale* Hoffm	coronille à queue de scorpion scorpiure doronic d'Orient	*H P*, IX, 13 ; 18 ; s v *skorpios H N*, XXII, 39 *M M*, IV, 192 s v *scorpioeides N L*, p. 689	22, 26, 45, 145, 159, 420, 424
scorpiouron scorpiurus	*Heliotropium europaeum* L.	grand héliotrope	*HP*, VII, 3 ; 8 ; 9 ; 10 ; 15 ; s v *hêliotropion HN*, XXII, 60 *MM*, IV, 190 s v *hêiotropion to mega*	22, 43, 218, 219, 220, 229, 276
scorzonera vulgaris scorzonera syn. de tragopogon	*Scorzonera humilis* L. *Scorzonera hispanica* L. *Tragopogon porrifolius* L.	scorsonère salsifis	*H N*, XXI, 89, 142 *N L*, p. 690	159, 186, 288, 291, 324, 326, 392, 401
scrophularia, scrofularia major	une espèce du Genre *Scrofularia* L peut-être *Scrofularia nodosa* L.	grande scrofulaire scrofulaire noueuse	*N L*, p. 691	141, 158, 161, 179, 180, 184, 369, 487
scrofularia minor syn. de chelidonium minus, chelidonia	*Ficaria ranunculoides* L. *Ranunculus ficaria* L.	ficaire, petite éclaire, petite chélidoine	*HP*, VII, 8, 3 ; s v *apargia* *HN*, XXV, 89 *MM*, II, 181, s v *chelidonion to mikron* *N L*, p. 205	183, 184, 368, 369, 487
sebesten	*Sebesten mixa* L. (= *Cordia myxa* L)	fruit du sébestier	*N L*, p. 691	421
secale		seigle	*NL* p 692	412
securidaca	*Securigera securidata* (L), Degen & Dorfer	coronille	*N L*, p. 693	158

sedum sedum minus	une des nombreuses espèces du genre *Orpin* L. ou une espèce du Genre *Sedum* L. probablement *Sedum album* L.	orpin orpin blanc ; trippe-madame, trique-madame	*HP*, I, 10 ; VII, 15 ; s v *aeizoôn* *H N*, XXV, 161 *M M* IV, 89, s v *aeizoôn micron* *N L*, p. 694	141, 173, 373
selênaia, selênê selenotropion selênogonon	une espèce du Genre *Paeonia* L.	pivoine	cf. paeonia	40, 277, 296
sempervivum majus	*Aeonium arboreum* (L.) Webb & Berth. (= *Sempervivum arboreum* L) *Sempervivum tectorum* L.	joubarbe arborescente grande joubarbe joubarbe des toits	*H N*, XXV, 160 *M M* IV, 88, s v *aeizoôn mega* *N L*, p. 694	140, 161, 225, 230, 277, 392, 405
sena, senna	une espèce du Genre *Cassia* L., notamment *Cassia angustifolia* Vahl. *Cassia acutifolia* Del. (= *Cassia senna* L.).	séné de l'Inde séné d'Alexandrie	*N L*, p. 697	152, 156, 157, 243, 293, 296, 317, 318, 324, 326, 395, 409
senecio	*Senecio vulgaris* L.	séneçon	*HP*, VII, 7 ; 10 ; s v *êrigeron* *H N*, XXV, 167 *M M*, IV, 96, s v *êrigeron* *N L*, p. 696	163, 294, 318, 465
serapias	une espèce du Genre *Orchis* L.	orchis	*H N*, XXVI, 95 *M M*, III, 127, s v *serapias*	23
seris	*Cichorium endivia* L. *Cichorium intybus* L.	chicorée frisée, endive chicorée sauvage	*HP*, cf cichorium, *H N*, XX, 76 *M M* II, 132 s v *seris* *N L*, p. 213, 292, 405	190, 290, 392, 506
serpentaria, serpentaria major, serpentina, serpentine	*Dracunculus vulgaris* Schott. = *Arum dracunculus* L.	serpentaire grande serpentaire	*H N* XXIV, 142, 143, 149, *M M*, II, 166, s v *drakontion* *N L*, p. 112, 281, 792	83,145, 159, 185, 188, 263, 275, 278, 401, 404
serpilum, serpullum	*Thymus serpyllum* L.	serpolet	*HP*, I, 9 ; II, 1 ; VI, 6 ; 7 ; s v *herpullos* *H N* XX, 245 *MM*, III, 38, s v *herpullos* *N L*, p. 700	22, 325, 460, 467, 470, 478, 479
serratula lunaria	une espèce du Genre *Serratula*L.	serratule, sarrette, jacée	*N L* 700	158
sertula campana	une espèce du Genre *Melilotus* L.	mélilot	*HP*, VII, 8 ; 15 ; IX, 7 ; s v *melilôtos* *H N*, XXI, 53 *M M*, III, 40 s v *melilôtos* *N L*, p. 483	410, 503

sesamoides	identification incertaine peut-être une espèce du Genre *Reseda* L.	réséda	*H N*, XXII, 133 ; *M M*, IV, 149 s v *sêsamoides to mega* *N L*, p. 701	429
seseli, seseli mare seseli aethiopium seseli fœmina seseli soboles	*Seseli tortuosum* L. *Tordylium officinale* L. *Seseli libanotis* (L) Koch. (= *Libanotis montana* Crantz). *Bupleurum fruticosum* L. *Malabaila aurea* Sibth. & Sm. (=*Laserpitium siler* L.)	séseli tortueux tordyle buplèvre laser siler, "seseli des pharmaciens"	*HN*, XX, 36 *M.M.* III, 53, s v *seseli* *N L*, p. 429, 434, 702	138, 157, 272, 318, 425
sferra cavalo	*Hippocrepis comosa* L.	"fer à cheval"	*N L*, p. 310	410
sideris, sideritis	désigne une dizaine de plantes différentes, notamment *Sideritis romana* L. *Parietaria officinalis* L., différentes espèces du Genre *Achillea* L. *Scrofularia lucida* L. *Sanguisorba minor* Scop.…	crapaudine romaine pariétaire achillée scrofulaire pimprenelle	*H N*, XXV, 42-44 *M.M.* IV, 33 - 35, s v *sideritis* *N L*, p. 702	16, 28, 100, 163, 272, 331
sideritis heraclea	identification incertaine *Sideritis romana* L.	crapaudine romaine	*H.N.* XXV, 34, 43 *M.M.* IV, 33, s v *sideritis* (*Herakleia*)	16, 382
sigillum Salomonis	*Polygonatum odoratum* (Miller) Druce	sceau de Salomon	*H N*, XXVII, 113 *MM*, IV, 6, s v *polygonaton* *N L*, p. 606	164
sikuos agrios	*Ecballium elaterium* (L) A. Richard	momordique, concombre sauvage	*HP*, VII, 6 ; 8 ; 10 ; IX, 9 ; 15 ; s v *sikuos ho agrios* *H N*, XX, 3-4 *M.M.* IV, 150, s v *sikus agrios* *N L*, p. 257	25
siler montanum	identification incertaine peut-être *Ligustrum vulgare* L. *Laserpitium siler* L.	troëne laser	*H N*, XVI, 77, *N L*, p. 434	506
siligo	*Secale cereale* L.	seigle	*H N*, XVIII, 141 *N L*, p. 692	470

silphium	identification incertaine	une espèce de férule de Cyrénaïque	*H P*, I, 6 ; III, 1 ; 2 ; IV, 3 ; VI, 3 ; 5 ; IX, 1 ; s v *silphion* *H N*, XIX, 38, XXII, 100 *M M*, III, 80, s v *silphion* *N L*, p. 417	278
sinapis sinapis alba sinapis nigra sinapium	*Sinapis alba* L. *Brassica nigra* L.	moutarde moutarde blanche moutarde noire	*HP*, I, 12 ; VII, 1 ; 3 ; 5 ; s v *napu* *H N* XIX, 170-171, XX, 236- 240 *M M* II, 154, s v *sinêpi* *N L*, p. 706	33, 163, 279, 288, 327, 359, 411, 457, 459, 467, 501
sinari	*Senecio cineraria* DC	séneçon cinéraire	*HP*, VII, 7 ; 10 ; s v *hêrigeron* *HN*, XXV, 167 *MM*, IV, 96 s v *hêrigeron* *N L*, p. 696	166, 235
sioukiamious, cf. huoskuamon				40
siser	*Pastinaca sativa* L. *Sium sesarum* L.	panais chervi	*H N*, XIX, 90-92, X X, 34 *M M*, II, 113, s v *sisaron* *N L*, p. 707	396, 456, 462, 465
sisumbrium,	*Nasturtium officinale* L. ou *Calamintha nepeta* (L) Savi	cresson calament	*H P*, II, 1 ; 4 ; VI, 1 ; 6 ; 7 ; s v *sisumbrion* *H N*, XX, 146 *M M*, II, 128, s v *sisumbrion*, III, 35, s v *kalaminthê* *N L*, p. 523, 707	455, 470
smilax	*Smilax aspera* L. ou *Taxus baccata* L. ou *Convolvulus sepium* L.	salsepareille ou if ou liseron des haies	*HP*, I, 9 ; 10 ; III, 18 ; VI, 8 ; VII, 8 ; s v *smilax* *H N*, XVI, 153, XXIV, 82-83 *M M*, IV, 142 s v *smilax tracheia* IV,143, s v *smilax leia* *N L*, p. 231, 709	420, 421
smilax hortensis	*Phaseolus vulgaris* L.	haricot commun	*M.M.* II, 146, s v *smilax kêpaia* *N L*, p. 585	319, 321, 402,410, 503
smirnium smyrnium	*Smyrnium olusatrum* L.	maceron	*HP*, I, 9 ; II, 2 ; VII, 2 ; 6 ; IX, 1 ; 15 ; s v *hipposelinon* *H N* XIX, 162, XXVII, 133 ; *M M* III, 68 s v *smurnion* *N L*, p. 710	157, 370, 378, 394,396, 399

sogchos, sogkos	*Sonchus asper* L. *Sonchus oleraceus* L.	laiteron	*HP*, VI, 4 ; VII, 8 (s v *sogchos*) *H N*, XXII, 88 *M M*, II, 131, s v *sogchos* *N L*, p. 712	28
solabar	plante non identifiée			242
solanum	une espèce du Genre *Solanum* L. notamment *Solanum nigrum* L.	morelle morelle noire	*HP*, VII, 7 ; 15 ; IX, 11 ; 15 ; 19 ; s v *struchnos* *H N*, XXVII, 132 *N L*, p. 711	69, 152, 174, 244, 318
solanum halicacabum solanus halicacabus	*Physalis alkekengi* L.	coqueret alkékenge	*H N*, XXI, 177 *M M* IV, 71 sv *struchnon halikakabon* *N L*, p.23	141, 142, 244, 318, 395
solanum hortensis	*Solanum melongena* L.	aubergine	*N L*, p. 485	461
solanum somnificum	*Atropa belladonna* L. ou *Datura stramonium* L.	belladona datura	*HP* VII, 15 ; IX, 11 ; 19 ; s v *struchnos ho manikos* *H N*, XXI, 180 *M M* IV, 72, s v *struchnon hupnotikon* *N L*, p. 104, 270	69, 319, 488, 509
solanum vesicarium cf. solanum halicacabum				141, 142, 395
solaris herba, cf heliochruson				291
solidago sarasenica	*Solidago vigaurea* L.	verge d'or du pays des Sarracènes (un peuple d'Arabie)	*N L*, p. 793	332
solis sponsa, solequia, syn. de heliotropium				289
solsequium	une espèce du Genre Cichorium L., peut-être Cichorium intybus L.	chicorée sauvage	*N L*, p. 213	155
sonchus, sonchus aspera sonchus niger	*Sonchus oleraceus* L. *Sonchus asper* L.	laiteron	*HP*, VI, 4 ; VII, 8 ; s v *sogkos* *H N* XXII, 88-90 et XXVI, 163 *M M* II, 131 s v *sogkos* *N L*, p. 712	288, 322, 327, 328, 330, 369,381, 394, 420, 501
sophia	*Descurainia Sophia* (L) Web (= *Sisymbrium sophia* L.)	sisymbre sagesse,	*N L*, p. 713	107, 251

sorbus	*Sorbus domestica* L.	sorbier, coudrier	*HP*, II, 2 ; 7 ; III, 2 ; 5 ; 6 ; 11 ; 12 ; 15 ; s v *oa* *H N*, XV, 85 *M M* I, 120, sv *oa* *N L,* p. 714	279
souci, soulsi				145, 148
sparganium	*Sparganium ramosum* Curt.	rubanier ruban d'eau	*H.N.* XXV, 109 *M.M.* IV, 21 s v *sparganion* *N L,* p. 715	382
sparthion sparthon	*Spartium junceum* L.	genêt d'Espagne	*HP*, I, 5, 2 ; s v *linospartion HN.* XXIV, 65 *M M*, IV, 154 s v *spartion* *N L,* p. 715	366, 464
sphondilon, sphondylium	*Heracleum sphondylium* L.	berce	*H N* XXIV, 25- 26 *M M* III, 76 s v *sphondulion* *N L,* p. 717	327, 370
spica spica celtica, cf nardus celtica spica indica	*Lavandula latifolia* L. (= *Lavandula spica* L.) *Lavandula stoechas* L. *Valeriana celtica* L. *Nardostachys Jatamansi* D C	lavande à larges feuilles lavande stoechas nard celtique nard indien	*N L,* p. 418, 521, 522, 725	166, 235, 279
spina alba	identification incertaine, sans doute une espèce du Genre *Carduus* L. ou *Crataegus* L., peut-être *Crataegus monogyna* Jacq.	chardon, épine blanche aubépine,	*H N* XXIV, 108 *M M* III, 12 s v *akantha leukê* *N L,* p. 556 et 718	159, 329, 384, 394, 396, 420
spina caerulea	une espèce du Genre *Rhamnus* L., peut-être *Rhamnus saxatilis* Jacq.,	nerprun à fruits noirs	*HP*, III, 18,2 ; s v *rhamnos hê melaina* *H N* XXIV, 124 *M M,* I, 90, s v *rhamnos*	326
spinacia	*Spinacia oleracea* L.	épinard	*N L,* p 718	420
spongiola, syn. de bédégar	*Rosa canina* L.	galle chevelue sur un rameau de l'églantier (cynorhodon)	*H N*, XXV, 18 *N L,* p. 265-266	155
squille, cf. scilla				146, 190
staphilodendron staphylodendros	*Staphylea pinata* L	faux pistachier, staphylier	*H N*, XVI, 69 *N L,* p 723	142, 157, 174, 395, 509
staphylier	*Staphylea pinata* L			157
stoechas citrina	*Helychrysum stoechas* (L) Moench	immortelle dorée	*N. L,* p 289	147, 319

stramonium	*Datura stramonium* L.	stramoine, pomme épineuse	*HP*, VII, 15 ; IX, 11 ; 19 ; s v *struchnos ho manikos, thruon* *H N* XXI, 178 *M M* IV,73 s v *struchnon* *N L*, p. 726	320
staphylinum	*Daucus carota* L. *Pastinaca sylvestris* L.	carotte sauvage carotte cultivée panais	*H N*, XX, 30-32 *M M* III, 52 s v *staphulinos* *N L*, p. 170, 271	237, 396
staphis	*Delphinum staphysagria* L.	staphisaigre "herbe aux poux"	*H N*, XXIII, 17 *N L*, p. 723	463
struthium	*Saponaria officinalis* L.	saponaire	*HP*, VI, 8 ; s v *strouthion* *H N,* XIX, 48 *M M* II, 163 s v *strouthion*	158, 454
struchnos	*Solanum nigrum* L. *Physalis alkekengi* L. *Withania somnifera* (L) Dunal. *Datura stramonium* L *Atropa belladonna* L.		*H N*, XXI, 89, 178, 180 *M M*, IV, 71 et 72 s v *struchnos* *N L*, p. 711	43
styrax	*Liquidambar orientalis* Miller (= *Styrax officinalis* L.)	aliboufier résine odorante extraite de cet arbre	*H N*, XII, 124 *M M*, I, 66, s v *styrax N L*, p. 728	279, 378
suilli		"champignon de porc", peut-être une espèce de bollet	*H N,* XXIV, 96	389, 417
sumphuton cf. symphutum				43, 152, 163, 229, 249, 382
sycomorus	*Ficus sycomorus* L.	sycomore "figuier d'Egypte "	*HP*, I, 1 ; 14 ; IV, 1 ; 2 ; s v *sukaminos hê aiguptia* *H N* XIII, 56 *M M* I, 127, s v *sykomoron* *N L*, p. 733	328
syderica, peut-être syn. de dracontium majus	plante non identifiée			100, 185
symphona, symphonia	*Amaranthus tricolor* L.	amarante de trois couleurs	*H.N.* XXVI, 40 *N L*, p 733	332
symphytos symphutum	*Symphytum officinalis* L. *Symphytum tuberosum* L. *Symphytum bulbosum* C. Schimper	grande consoude, consoude tubéreuse consoude bulbeuse	*H N*, XXVI, 45, 81, 137, XXVII, 41 *M M* IV, 9 et 10, sv *symphyton* *N L*, p. 734	33, 43, 152, 163, 216, 217, 229, 249, 276, 381, 382, 414, 418

symphutum petraeum	*Sumphutum tuberosum* L.	consoude tubéreuse	*H N* XXVII, 41 *M M* IV, 9, s v *symphyton petraion*	331
tagamacha occidentale tacamahaca.	résine extraite de différents arbres originaires des îles de l'Océan indien (Genre *Callophyllum* L.) ou d'Amérique (*Populus balsamifera* L.	tacamaque peuplier baumier	*N L*, p 735	381
tamarinda	*Tamarindus indica* L.	tamarinier, tamarin	*N L*, p. 739	318, 500
tamariscum tamarix	une des nombreuses espèces du Genre *Tamarix* L.	tamaris	*HP*, I, 4 ; 9 ; III, 3 ; 16 ; IV, 5 ; s v *murikê* *H N* XXIV, 67- 68 *M M* I, 87, s v *murikê N L*, p. 740	12,152, 154, 156, 242, 298, 318, 366
tanaize sauvage	*Tanacetum vulgare* L.	tanaisie	*N L* p. 742	190
tapsus barbatus cf verbascum			*N L* p 780	180
taxus	*Taxus baccara* L.	if	*HP*, I, 9 ; s v *smilax* *H.N.* XVI, 50-51 *M.M.* IV, 79 s.v. *smilax* *N L*, p. 746	152, 245, 323, 474
telephium	*Andrachne telephioïdes* L. *Sedum anacampseros* L	andrachné orpin	*H N* XXVII, 137 *M M,* IV, 90, s v *aeizôon* *N L*, p. 35, 746	145, 179, 423, 487, 510
térébinthe, terebinthus	une espèce du Genre *Pistacia* L., notamment *Pistacia vera* L. et *Pistacia terebinthus* L.	pistachier térébinthe	*HP*, I, 9 ; III, 2 ; 3 ; 4 ; 15 ; IV,4 ; 16 ; V, 3 ; 7 ; IX, 1 ; 2 ; 4 ; s v *terminthos* *H.N.* XXIV, 27 *M.M.* I, 71 s v *terminthos N L*, p. 747	95, 158, 319, 331, 380, 389, 409, 469, 478
Tereniabin	*Alhaghi maurorum* (L.) Medicus	Gomme d'alhagi	*N L* p 18	82
Terpentin	Chez Paracelse, térébenthine provenant de différents conifères, notamment de *Larix decidua* L. (Lärchenbaum)			82
terrae glandes syn. de chamaebalanus	*Euphorbia apios* L.	euphorbe	*N L*, p. 199	497
testiculus, cf. orchis				371, 372, 462
teucrion, teucrium	*Ceterach officinarum* D C. une espèce du Genre *Teucrium* L.	doradille germandrée	*H P* IX, 18, 7 ; s v *hêmionos* *HN*, XXV, 45 *M M* III, 134 s v *asplênos*	152, 248, 299, 366

thapsia	*Thapsia garganica* L.	thapsie férule	*H P* IX, 8 ; 9 ; 20 ; s v *thapsia* *H.N*, XIII, 125 ; *M M* IV 153 s v *thapsia* *N L*, p. 754	140, 172, 317, 370, 400, 459, 461
thapsos	*Cotinus coggyria* Scop. (=*Rhus cotinus* L.)	arbre à perruque		319
thelugonon	plante non identifiée, peut-être *Mercurialis perennis* L. *Mercurialis annua* L.	mercuriale (qui a la propriété de faire engendrer des filles)	*H P*, IX, 18, 6 ; s v *krataigonon* *M M*, III, 124, s v *krataigonon* *H N*, XXVI, 99, 162 XXVII, 62, 62	24, 397
thêlyphonon	*Doronicum pardalianches* L. *Doronicum orientale* Hoffm.	une espèce de doronic	*H.P*, IX, 18, 2 ; s v *thêluphonon* *H N*, XXV, 122, XXVII, 9 *M M*, IV, 76, s v *akoniton*	22, 45, 401
thlaspea thlaspis	identification incertaine *Capsella bursa pastoris* L. *Sinapis arvensis* L.	bourse-à-pasteur sénevé sauvage, moutarde des champs	*M.M.* II, 156 s v *thlaspi* *N L*, p.755	62, 317, 320, 428, 461
thlaspi biscutatum	*Biscutella laevignata* L.	lunetière	*N L*, p.756	496
thrasus cf. trasus				
thus	*Boswellia carterii* Birdw	arbre à encens encens	*HP*, IV, 4 ; IX, 1 ; 4 ; 20 ; s v *libanos, libanôtos* *H.N*, XII, 51- 65 XXV, 41 *M M* I, 68 s v *libanos* *N L* p. 757	158, 274, 277, 293, 378, 380
thymbra	*Satureia thymbra* L.	sariette de Crète	*HP*, I, 12 ; VI, 1 ; 2 ; VII, 1 ; 5 ; 6 ; s v *thumbra* *M M*, III, 37, s v *thymbra* *N L* p. 758	478
thymelaea	*Daphne gnidium* L.	garou	*H N* XIII, 114 *M M* IV, 172, s v *thumelaia*	146, 147, 327, 464
thymiama solis, cf. rosmarius				258
thymum, thymus	*Thymus vulgaris* L. *Thymus capitatus* (L) Hoffmanns & Link.	thym	*H P*, I, 12 ; IV, 3 ; VI, 2 ; 7 ; s v *thumos* *H.N.* XXI, 56, 154- 157 *M M* III, 36, s v *thumos* *N L* p. 759	280, 322, 324, 326, 369, 455, 478
thyrcites		une espèce d'orobanche	*M M*, II, RV 142 s v *orobagchnê*	423

tilia	une espèce du Genre *Tilia* L.	tilleul	*HP*, I, 5 ; 10 ; 12 ; III, 3 ; 4 ; 5 ; 10 ; 11 ; 13 ; IV, 4 ; 5 ; 8 ; 15 ; V, 1 ; 3 ; 6 ; 7 ; 9 ; s v *philura* *H N* XXIV, 50 *M M*, I, 96, s v *philura* *N L*, p. 761	153, 179, 266, 364
tithymalus, tithymalos	une des différentes espèces du Genre *Euphorbia* L.	euphorbe	*HP*, IX, 8 ; 11 ; 15 ; s v *tithumallos* et *mêkônion* *H N* X X, 269, XXVI, 62, 71, 99 *M.M*, III, 82, s v *euphorbion* IV, 164, s v *tithumallos* *N L* p. 763	28, 146, 290, 317, 328, 329, 461, 489, 497, 506, 509
tormentilla cf potentilla	*Potentilla erecta* (L) Räuschel (= *Potentilla tormentilla* Stokes).	tormentille	*N L*, p 765	154, 164, 180, 187, 287, 332, 489, 494, 508
tournesol	*Helianthus* L			145, 148
tragacantha	une espèce du Genre *Astragalus* L	tragacanthe, une espèce d'astragale	*HP*, IX, 1 ; 8 ; 15 ; s v *tragakantha* *H N*, XIII, 115 *M.M.* III, 20 s v *tragakantha* *N L*, p 766	378
tragion tragium tragum	identification incertaine *Pimpinella tragium* L. *Pistacia palestina* Boiss.	boucage pistachier de Palestine	*HP*, cf pistaceorum arbor, *H N* XIII, 115 XXVII, 141 *M M* IV, 49, 50 et 51, s v *tragion* *N L*, p. 293	43, 69, 328, 331, 409
tragoceron	plante non identifiée			503
tragopogon	une espèce du Genre *Tragopogon* L. ou du Genre *Scorzonera* L.	salsifi	*HP*, VII, 7, 1 ; s v *tragopôgôn* *H N*, XXI, 89, XXVII, 142 *M M*, II, 143, s v *tragopôgôn* *N L*, p. 767	291, 497
tragorchis	une espèce du Genre *Orchis* L. à odeur de bouc (*tragos*),	orchis "couille de bouc"		143, 175, 422, 430
tragoriganum	*Thymus graveolens* Sibth. *Thymus tragoriganum* L. *Origanum heracleoticum* Richb.	une espèce de thym une espèce d'origan	*M.M.* III, 30	299
tragos	*Salsola kali* L. *Ephedra distachia* L.	soude éphèdre	*H N*, XIII, 116 ; XVIII 93 ; XXVII, 142 *M M* II 93 s v *tragos* ; IV, 49, 50 et 51 s v *tragion* *NL* p 293 et 769	36, 330, 424

trasus	une espèce du Genre *Cyperus* L., *Cyperus rotundus* L., *Cyperus esculentus* L.	souchet	*HP*, I, 5 ; 6 ; 8 ; IV, 8 ; 10 ; 11 ; IX, 7 ; s v *kupeiros* *MM*, I, 4 sv *kupeiros* *H N*, XXI, 115, 117 *N L*, p 769	329, 374, 387
tribulum aquaticum	*Trapa natans* L.	mâcre, châtaigne d'eau	*H N*, XXI, 98 *N L*, p 770	157
tribulus	*Tribulus terrestris* L.	tribule	*H.N*, XXII, 27 *M M*, IV, 15 s v *tribolos* *N L*, p 769	383, 411, 420, 423, 463
trichomanes	*Asplenium trichomanes* L.	capillaire	*HP*, VII, 14, 1 ; s v *trichomanes* *H.N*, XXVII, 138 *M* M IV, 135 s v *trichomanes* *N L*, p. 608	19, 140, 156, 172, 370, 375, 386, 453
tricoccum	une espèce du Genre *Heliotropium* L.	héliotrope	*H N*, XXII, 60	22
trifolium acetosum	*Oxalis acetosella* L.	oxalis petite oseille, pain de coucou	*N L*, p. 557	141, 156, 506
trifolium asphaltites trifolium asphaltitum trifolium odoratum	*Psoralea bituminosa* L.	psoralée bitumineuse	*H N*, XXI, 54-55 *M M* III, 109 s v *triphullon*	262, 363, 460, 461
trifolium pratense, trifolium aureum	une espèce du Genre *Trifolium* L. notamment *Trifolium pratense* L. ou du Genre *Melilotus* L. notamment *Melilotus officinalis* (L) Pallas	trèfle des prés mélilot	*HP*, VII, 8 ; 15 ; IX, 7 ; s v *lôtos*, *melilôtos* *H N*, XXI, 54-55, 152 *M M* III, 109, s v *triphullon* *N L*, p. 770	153, 156, 262, 332, 361, 405
triorchis	une espèce du Genre *Orchis* L.		*N L*, p. 349	422
triphullion, triphyllion triphyllon	identification incertaine une espèce du Genre *Trifolium* L. ou du Genre *Melilotus* Miller ou du Genre *Lotus* L.		*H N*, XXI, 54-55, 152 *M M* III, 109, s v *triphullon* IV, 110, s v *lôtos*	43, 393
tripolium	identification incertaine *Aster tripolium* L., *Statice limonium* L., *Statice sinuatum* L. = *Limonium sinuatum* (L) Miller *Limoniastrum monopetalum* (L) Boiss.		*H P* IX, 19, 2 ; s v *tripolion* *H N* XXVI, 39 *M M* IV, 132, s v *tripolion* *N L*, p 771	335

triticum	une espèce du Genre *Triticum* L. notamment *Triticum turgidum* L., *Triticum durum* Desf.	blé	*HP*, I, 5 ; 6 ; 11 ; II, 2 ; 4 ; VIII, 1 ; 2 ; 3 ; 4 ; 6 ; 7 ; 8 ; 9 ; 10 ; 11 ; s v *puros* *H.N*, XXII, 119 -124 *M M* II, 85 s v *puros N L*, p 771	189, 251, 279, 328, 377, 383, 387, 394, 405, 470, 478
tsirasol, cf hêlioskopios				40
tuber, tubera tubera rotunda quercubus	une espèce du genre *Tuber* L galle provoquée par une espèce de Cynipide	truffe, truffes galle du chêne	*H N* XIX, 34, 37 ; *N L*, p 772	183, 322, 362
tulipa	une espèce du Genre *Tulipa* L.	tulipe	*N L*, p 773	497
tunica	*Dianthus carryophyllus* L.	œillet.	*N L*, p. 172	153
tussilago	*Tussilago farfara* L.	tussilage, pas d'âne	*H.N*, XXVI, 30, *M M*, III, 112, s v *bêchion* *N L*, p. 775	156, 163, 288, 318, 427, 459, 464
typha	une espèce du Genre *Typha* L.	roseau	*N L*, p. 776	470
ulmus	une espèce du Genre *Ulmus* L.	orme	*H P*, I, 8 ; 10 ; II, 8 ; III, 1 ; 3 ; 4 ; 5 ; 6 ; 7 ; 11 ; 14 ; 15 ; IV, 5 ; 15 ; V, 1 ; 3 ; 4 ; 6 ; 7 ; IX, 1 ; s v *ptelea H N*, XXIV, 48-49 *M M* I, 84 s v *pteleas* *N L*, p. 798	148, 178, 180, 186,272, 369, 473, 376, 380, 389, 459, 469
umbilicus veneris	*Umbilicus rupestris* (Salisb.) Dandy	nombril de Vénus	*N L*, p. 249	142, 157, 163, 174
urtica alba urtica mortua	*Lamium album* L.	ortie blanche, lamier ortie morte,	*N L*, p. 408	104, 183
urtica sylvestris	une espèce du Genre *Urtica* L. *Urtica dioica* L. *Urtica urens* L.	ortie, ortie brûlante	*H.N.* XXI, 92-93, XXII, 31 – 36 *M.M.* IV, 93, s.v. *akalêphê* *N L*, p. 802	104, 149, 152, 160, 252, 279, 299, 234, 335, 365, 376, 402, 421, 457, 462, 464
uva, uvae passae, passulae, uvarum acini,	*Vitis vinifera* L.	fruit de la vigne, raisin, raisins secs. cf. vitis	*N L*, p. 795	143, 156, 176, 279, 474
uva austera	identification incertaine une espèce du Genre *Vitis* L.			461
uva lupina	*Solanum nigrum* L.	raisin de loup, morelle tue-chien.		155
uva marina	une espèce du Genre *Ephedra* L.	raisin de mer	*N L*, p. 293	403
uva versa : syn. d'aconitum salutiferum	*Solanum nigrum*			187
uvularia	*Campanula trachelium* L.	campanule gantelée	*N L*, p. 148	141, 168, 173,
valeriana	*Valeriana phu* L.	grande valériane	*N L*, p. 778	166, 167, 280

veratrum album, syn d'elleborus candidus	*Veratrum album* L.	vératre, « hellébore blanc »	*HP*,VI, 2 ; IX, 8 ; 10 : 15 ; 18 ; s v *helleboros ho leukos* *H N* XXV, 56- 61 *M M* IV, 148, s v *helleboros leukos* *N L*, p. 779	82, 327, 450
veratrum nigrum	*Helleborus cyclophy llus* R. Br.	hellébore noir	*H P*, IX, 10, s v *helleboros ho melas*) *HN* XXV 54 *M M* IV162, s v *elleboros melas* *N L*, p. 397	154, 156, 324, 326, 501
verbascum verbascum lanuginosum	une espèce du Genre *Verbascum* L. notamment *Verbascum thapsus* L. *Verbascum rotundifolium* L. *Verbascum pulverulentum* L.	molène bouillon blanc. molène "laineuse";	*HP*, VII, 11, 2 ; s v *thruallis* *H N*, XXV, 120, 121 *M M* IV, 103 s v *phlomos* *N L*, p. 780	152, 155, 180, 249, 288, 365, 376, 406, 461, 488, 494, 508
verbena	*Verbena officinalis* L. *Verbena supina* L.	verveine	*H N* XXV, 105-106, XXVI, 117, 123 *M.M.* IV, 60 s.v. *peristereon huptios* *N L*, p. 781	83, 108, 158, 215, 277, 280, 318, 325, 362, 412
vermicularis	une espèce du Genre *Sedum* L., notamment *Sedum album* L.	orpin blanc, trique-madame	*M M*, IV, 88, s v *aeizôon* *N L*, p. 283	161
veronica	*Veronica officinalis* L.	véronique officinale	*N L*, p. 783	83, 156, 165, 235
vesicaria vesicaria repens	*Physalis alkekengi* L. *Allium ampelopsarum* L. *Ranunculus sceleratus* L. *Ranunculus repens* L.	alkékenge poireau des vignes renoncule scélérate renoncule rampante	*N L*, p. 23, 634	20, 46, 142, 174, 393
vicia	*Vicia sativa* L. *Vicia cracca* L.	vesce cultivée vesse sauvage	*H N*, XVIII, 137 *MM.* II, 148 s.v. *aphakê* *N L*, p. 786	181, 321, 410, 424
viola viola nigra viola purpurea	Une des différentes espèces du Genre *Viola* L. dont *Viola odorata* L.	violette violette odorante violette pourpre	*HP*, I, 13 ; VI, 6 ; 8 ; s v *ion to melan* *HN*, XXI, 27 *MM*, IV, 121 sv *ion* *N L*, p. 790	150, 153, 153, 165, 235, 251, 279, 280, 323, 416, 458, 459, 489, 503
viola alba	*Matthiola incana* R. Br (= *Cheiranthus cheiri* L.) *Galanthus* L. spp.	giroflier, violier perce-neige	*HP*, IV, 7 ; VI, 6 ; 8 ; s v *ion* *HN*, XXI, 27 *MM*, IV, 121 sv *ion* *N L*, p. 428, 520	458
viola dentaria	*Cardamine bulbifera* (L) Crantz, (= *Dentaria bulbifera* L.)	cardamine, dentaire à bulbilles	*N L*, p. 275	141

viola flammea	identification incertaine une espèce du Genre *Dianthus* L.	œillet	*HP*, VI, 1. 6. 8 ; s v *diosanthos* *N L*, p. 172	458
viola tricolor syn. d'herba trinitatis	*Viola tricolor* L.	pensée sauvage	*N L*, p. 360	495, 509
virga aurea	*Solidago virga aurea* L.	verge d'or	*N L*, p. 793	332, 461,488, 494, 508
viscum viscus quercinus	*Viscum album* L. *Loranthus europaeus* Jacq.	gui blanc gui du chêne	*HP*, III, 7 ; 16 ; s v *huphear*, *ixia* *H N* XVI, 31, 245-251 *M M* III, 89, s v *ixios* *N L*, p. 793	158, 163, 179, 367, 379, 389, 467
vitex	*Vitex agnus castus* L.	gattilier	*HP*, I, 3 ; 14 ; III, 10 ; 12 ; 18 ; IX, 5 ; s v *agnos* et *oisos* *MM*, I, 103 s v *agnos* *H N*, XXIV, 59 *N L*, p. 17	34
viticula nigra	*Tamnus communis* L.	tamier		459
vitis vitis lachrymae vitis sylvestris	*Vitis vinifera* L. *Vitis vinifera* subsp *sylvestris* (C C Gmelin) Hegi *Solanum dulcamara* L.	vigne vigne sauvage douce-amère	*HP*, I, 2 ; 3 ; 5 ; 6 ; 8 ; 9 ; 10 ; 11 ; 12 ; 13 ; 14 ; II, 1 ; 2 ; 3 ; 5 ; 6 ; 7 ; III, 4 ; 5 ; 15 ; 17 ; 18 ; IV, 3 ; 4 ; 5 ; 7 ; 13 ; 14 ; 16 ; VIII, 2 ; IX, 14 ; 18 ; 20 ; s v *ampelos* et *ampelos agria* *H.N*, XVI, 126 ; XXIII, 3, 6, 37, 45-53 ; *M M* V, 1 s v *ampelos oinophoros M M* V, 6 s v *oinoi* *N L*, p. 282, 402, 794	30, 31, 33, 44, 158, 184, 189, 255, 272, 277, 279, 377, 381, 383, 387, 400, 456, 458, 459, 469, 472, 474, 475
vitis alba	*Bryonia dioïca* Jacq	vigne blanche, bryone	*HP*, IX, 20 ; s v *ampelos agria* *H N* XXIII, 21 *M M* IV, 182 s v *ampelos leukê* *N L*, p. 125	294, 328, 361, 459
vitis nigra vitis niger	*Bryonia alba* L. ou *Tamnus communis* L.	bryone dioïque tamier	*H.N.* XXIII, 27-28 *M.M.* IV, 183, s.v. *ampelos melaina* *N L*, p. 125, 741	154, 158, 319, 323, 369
volubilis	*Convolvulus sepium* L.	liseron des haies.	*H N*, XXI, 23 *N L*, p. 231	158
Wasserblut		persicaire		82
Wasserpfefer	*Polygonum hydropiper* L.	renouée poivre d'eau	*N L* p 579	167
xanthion xanthium	*Xanthium strumarium* L.	lampourde glouteron	*M M*, IV, 136, s v *xanthion* *N L*, p. 808	152, 241, 319

xiphia xiphion	*Gladiolus italicus* Miller (= *Gladiolus segetum* Ker-Gawler)	glaieul	*HP*, VI, 8 ; VII, 13 ; s v *xiphion* *H N*, XXV, 137-138, XXVI, 94 *M M*, IV, 20, s v *xiphion* *N L*, p. 809	43, 459
xiris, xyris	une espèce du Genre *Iris* L. *Iris foetidissima* L. *Serapias vomeracea* (Burman) Briquet	iris sauvage iris puant	*HP*, IX, 8, 7 ; s v *xiris* *HN*, XXI, 143 *M M*, IV, 22, s v *xyris* *N L*, p. 811	331, 377, 383, 464
zea	*Triticum dicoccum* Schrank. *Tricocum spelta* L.	amidonnier épautre	*HP*, II, 4 ; VIII, 1 ; 4 ; 8 ; 9 ; s v *zeia* et *olura* *H N* XVIII, 81-82 *M M* II, 89, s v *zea* *N L*, p. 813	330, 412,, 470
zedoaera, zedouria	*Curcuma zedoaria* (Chr.) Rosc.	zedoaire	*N L*, p. 813	277, 317, 506
zingiber	*Zingiber officinale* Rosc.	gingembre	*H N*, XII, 28 *M M*, II, 160, s v *ziggeberi* *N L*, p. 815	157, 174, 277
zoophtalmon	*Sempervivum tectorum* L.	grande joubarbe, joubarbe des toits.		18, 140, 392

TABLE DES MATIÈRES

L'HARMATTAN ITALIA
Via Degli Artisti 15; 10124 Torino
harmattan.italia@gmail.com

L'HARMATTAN HONGRIE
Könyvesbolt ; Kossuth L. u. 14-16
1053 Budapest

L'HARMATTAN KINSHASA
185, avenue Nyangwe
Commune de Lingwala
Kinshasa, R.D. Congo
(00243) 998697603 ou (00243) 999229662

L'HARMATTAN CONGO
67, av. E. P. Lumumba
Bât. – Congo Pharmacie (Bib. Nat.)
BP2874 Brazzaville
harmattan.congo@yahoo.fr

L'HARMATTAN GUINÉE
Almamya Rue KA 028, en face
du restaurant Le Cèdre
OKB agency BP 3470 Conakry
(00224) 657 20 85 08 / 664 28 91 96
harmattanguinee@yahoo.fr

L'HARMATTAN MALI
Rue 73, Porte 536, Niamakoro,
Cité Unicef, Bamako
Tél. 00 (223) 20205724 / +(223) 76378082
poudiougopaul@yahoo.fr
pp.harmattan@gmail.com

L'HARMATTAN CAMEROUN
BP 11486
Face à la SNI, immeuble Don Bosco
Yaoundé
(00237) 99 76 61 66
harmattancam@yahoo.fr

L'HARMATTAN CÔTE D'IVOIRE
Résidence Karl / cité des arts
Abidjan-Cocody 03 BP 1588 Abidjan 03
(00225) 05 77 87 31
etien_nda@yahoo.fr

L'HARMATTAN BURKINA
Penou Achille Some
Ouagadougou
(+226) 70 26 88 27

L'HARMATTAN SÉNÉGAL
10 VDN en face Mermoz, après le pont de Fann
BP 45034 Dakar Fann
33 825 98 58 / 33 860 9858
senharmattan@gmail.com / senlibraire@gmail.com
www.harmattansenegal.com

L'HARMATTAN BÉNIN
ISOR-BENIN
01 BP 359 COTONOU-RP
Quartier Gbèdjromèdé,
Rue Agbélenco, Lot 1247 I
Tél : 00 229 21 32 53 79
christian_dablaka123@yahoo.fr

Achevé d'imprimer par Corlet Numérique - 14110 Condé-sur-Noireau
N° d'Imprimeur : 129854 - Dépôt légal : juin 2016 - *Imprimé en France*

www.ingramcontent.com/pod-product-compliance
Lightning Source LLC
LaVergne TN
LVHW011216061026
849535LV00001BA/61
* 9 7 8 2 3 4 3 0 9 4 7 2 4 *